CIENCIA Y PRÁCTICA DE LA PRODUCCIÓN PORCINA

El profesor ***Colin T. Whittemore*** NDA, BSc, PhD, DSc, FIBiol, es director del Instituto de Ecología y Manejo de Recursos de la Universidad de Edimburgo, Profesor de Agricultura y Economía Rural y Presidente de la Escuela de Agricultura. Tiene una extensa labor investigadora así como de comunicación científica. Ha publicado otros tres libros en la editorial Longman:

Lactation, Pig Production y *Elements of Pig Science.*

A mi familia y amigos

Ilustración de la cubierta: D. Low, *The breeds of the domestic animals of the British Islands,* 1842, Longman.

Ciencia y práctica de la producción porcina

COLIN WHITTEMORE
NDA, BSc, PhD, DSc, FIBiol

Traducido por

Pedro Ducar Maluenda
Veterinario Militar

Editorial ACRIBIA, S.A.
ZARAGOZA (España)

Título original: The Science and Practice of Pig Production, 1ª edición.

Autor: Colin T. Whittemore

Editorial: Longman Group UK Limited, London

This translation of *The Science and Practice of Pig Production,* First Edition is published by arrangement with Longman Group UK Limited, London.

I.S.B.N.: 84-200-0803-6

IMPRESO EN ESPAÑA PRINTED IN SPAIN

Depósito legal: Z-893-96 Editorial ACRIBIA, S.A. - Royo, 23. 50006 Zaragoza

Imprime: Tipo Línea, S.A. Isla de Mallorca, s/n. 50014 Zaragoza. 1996

Índice de contenido

Prefacio y reconocimientos

Este libro es el quinto y con mucho el más amplio que he escrito. Como resultado de una burla amistosa preparé un *libro oportuno;* es decir, con el objetivo de abarcar de forma amplia y completa la totalidad del espectro internacional correspondiente a la ciencia y práctica de la producción porcina.

Resistí la tentación de realizar una conferencia y publicar las actas, o de reunir a un grupo de investigadores y editar un título escrito por varios autores. Considero que tales libros carecen de cohesión y finalidad y no logran poner de manifiesto una filosofía integrada. Aquí deseo conducir al lector a través de esta materia, examinando los conocimientos ofrecidos desde una perspectiva que, aunque multidimensional, procede de una fuente única. Este requisito impone que se trate de un único autor.

De forma necesaria, un autor y el concepto de conocimientos amplios y variados resulta contradictorio de alguna manera. El dilema solamente puede resolverse aprendiendo de otros y beneficiándose de sus consejos. Así, he procedido durante muchos años felices de producción práctica, enseñanza en la universidad, investigación científica y actividad como consultor. También encuentro felicidad en reconocer formalmente a todos estos colegas de reputación internacional que han sido tan amables de leer cuidadosamente, juzgar y, cuando ha sido necesario, enmendar los capítulos que siguen.

Agradezco, en consecuencia, a todos aquellos que me han permitido acumular información, conocimiento y ciencia. Sin embargo, este precioso recurso ha sido sometido a filtración, enmiendas y algunas veces rechazo, y ha ido aumentado copiosamente en el curso de muchos años de trabajo cuidadoso y paciente del grupo de científicos de Edimburgo.

Reconozco con gratitud que una parte considerable del contenido de este libro procede originariamente de las mentes y del trabajo de otros. Así, agradezco de todo corazón a mis colegas en la práctica ganadera, en los aspectos agrícolas relacionados y en el campo de la enseñanza y de la investigación en las universidades y en los institutos de investigación de todo el mundo. Solamente debo considerarme responsable del formato final del libro.

Finalmente, agradezco el insustituible apoyo moral y práctico de mi esposa y familia y de mi secretaria en toda la preparación de este texto.

COLIN T. WHITTEMORE

Edimburgo

CAPÍTULO 1

Introducción

La finalidad agropecuaria fundamental del cerdo consiste en proporcionar alimentos para el hombre (frescos, curados o procesados), por lo que la producción porcina se ocupa necesariamente de la calidad de la carne del cerdo y de la eficacia de su producción. Un aspecto de la eficacia de la explotación porcina consiste en que los animales consigan un crecimiento rápido, otro depende de su elevada tasa de reproducción y un tercero de sus hábitos alimenticios omnívoros y adaptativos. Históricamente, el cerdo solía considerarse como un animal que se alimentaba de residuos en los campos y bosques de zonas rurales, y que utilizaba subproductos y residuos de alimentos destinados al hombre en zonas urbanas. Estas consideraciones han determinado que el cerdo haya sido utilizado como un animal domesticado en casi la totalidad del mundo, aunque generalmente, en explotaciones con un número reducido de cabezas de forma que facilitase la utilización de subproductos y estimulase las prácticas agropecuarias simples.

La historia reciente ha sido testigo de un incremento en la demanda de productos de elevada calidad derivados de la carne del cerdo a nivel mundial como consecuencia del aumento de población en el mundo y de una mejora en las aspiraciones nutritivas del hombre. Esto ha determinado una mejora en las características del crecimiento y de la reproducción del cerdo. Simultáneamente, avances en otras ramas de las prácticas agrícolas han permitido producir cantidades importantes de cereales, leguminosas y semillas oleaginosas que no eran apropiadas –o no eran necesarias– para consumo humano. La industrialización en la preparación de los alimentos destinados para consumo humano (tales como la elaboración de productos farináceos derivados de harinas de cereales, y de margarinas y otros derivados de los aceites vegetales) ha determinado que subproductos y residuos de los alimentos pasen de ser usados de forma local y doméstica hacia zonas centralizadas de fabricación.

Éstas son algunas de la razones que han determinado cambios en la naturaleza, y realmente en los objetivos, de la producción porcina durante las últimas décadas. Un hecho importante ha sido la creación de una industria agropecuaria integrada a gran escala, que ha permitido la producción de cantidades importantes de productos cárnicos de elevada calidad que pueden ser comercializados fácilmente a través de las fronteras internacionales. Las ciencias agropecuarias y biológicas se han ensamblado perfectamente en servicio de la producción porcina y el resultado ha constituido un ejemplo asombroso del éxito en la aplicación de la ciencia a la industria en beneficio de la humanidad. La explotación porcina moderna tiene un parecido ligero o nulo con la de hace tan sólo unas pocas décadas, tanto en su estructura, o en sus métodos de comercialización, o en sus definiciones de la calidad del producto final, o en sus prácticas de reproducción, alimentación, alojamiento, sanidad y manejo.

Para el observador, los cambios más importantes percibidos son quizá la sofisticación y la amplitud de las explotaciones y, asociada con esto último, la producción intensiva. Los avances científicos han permitido hacer frente a estos cambios, y la ciencia ha proporcionado nuevas prácticas de manejo, nuevos conocimientos sobre crecimiento, reproducción y sanidad, nuevas apreciaciones sobre bienestar y medio ambiente, nuevos avances en nutrición, y técnicas genéticas modernas y mejoradas. Aunque por encima de todos estos aspectos ha desempeñado un papel esencial la aplicación de la ciencia en los últimos avances de la comercialización. La respuesta biológica debe ser interpretada no solamente en términos de avances físicos sino, y de forma más importante, en términos de consecuencias financieras.

Aunque las tendencias de la producción porcina han sido, en cierta medida, paralelas en todo el mundo, sigue existiendo una enorme diversificación en las prácticas internacionales de producción y en los objetivos del producto final. Así, aunque una elevada proporción de las ciencias afines a la producción porcina son transferibles a través de las fronteras entre las naciones, la forma en que se utiliza la información científica puede tener que variar considerablemente. Los aspectos más útiles de la base de la información científica son aquellos que se orientan hacia las causas básicas de la respuesta biológica y económica, y no los que determinan las propias respuestas en forma de normas y recomendaciones.

En la totalidad del libro se busca la causalidad y la lógica antes de presentar resultados y tentativas en evitación de la presentación desnuda de los resultados de una u otra investigación sobre producción como si esto último constituyese una cierta forma de verdad universal; que, por supuesto, no lo sería. En cualquier texto de uso internacional es fundamental que junto con la descripción de los fenómenos se incluya su explicación. La universalidad depende de la profundidad del conocimiento de los procesos biológicos y económicos, no necesariamente de la exactitud de su descripción. Sin embargo, la producción porcina es una actividad cuantitativa así como cualitativa. La carne tiene que ser producida en cantidades determinadas y con unas características definibles a partir de alimentos con un valor nutritivo cuantificable cuando son consumidos por cerdos con unos genotipos específicos en unas circunstancias ambientales, de manejo y económicas que puedan ser definidas. En consecuencia, cuando es posible, los factores que influyen sobre el proceso de producción son presentados en términos exactos y cuantificables. Después de todo, únicamente a través de la cuantificación puede compararse, juzgarse y en último término utilizarse la importancia absoluta y relativa de los diversos aspectos científicos y prácticos de la producción porcina.

El éxito de la producción mundial de cerdos se fundamenta en la aplicación de la ciencia al manejo. En las Figuras 1.1 y 1.2 se aprecia perfectamente la magnitud del éxito. Aunque no existen razones para quedar satisfechos, y debe aplicar-

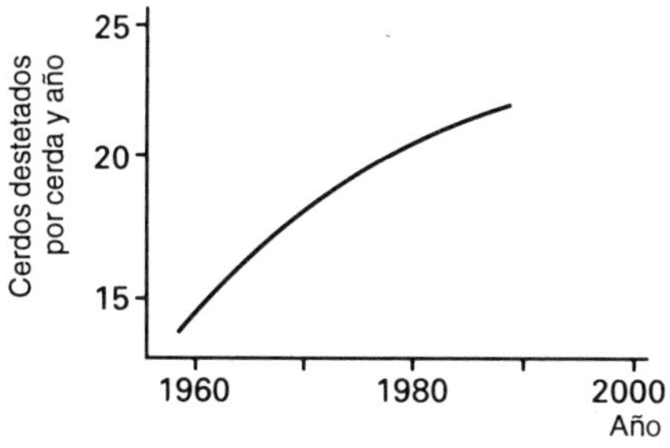

Figura 1.1 Tasa de incremento en la productividad de las cerdas (datos del norte de Europa).

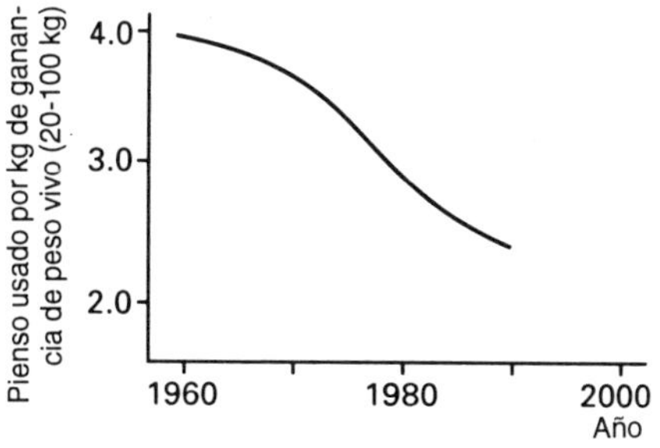

Figura 1.2 Tasa de mejora en la conversión del pienso por kilogramo de ganancia de peso vivo. En los años setenta se introdujeron cantidades importantes de dietas con elevada densidad de nutrientes (datos del norte de Europa).

se un esfuerzo notable para mejorar el nivel de la eficacia en la producción y de la calidad del producto final.

La mayoría de las explotaciones porcinas del mundo se encuentran por debajo de los niveles óptimos de producción, y existe una considerable disparidad –generalmente innecesaria– en la eficacia de la producción entre las diferentes naciones. En comparación con el potencial conocido actualmente, la producción porcina mundial queda bastante por debajo. La aplicación de los principios científicos y de buenas prácticas de producción puede reducir esta deficiencia.

CAPÍTULO 2

Calidad de la carne y de la canal del cerdo

Introducción

La popularidad de la carne del cerdo difiere ampliamente entre las distintas zonas del mundo. El 60% de toda la carne consumida en los países escandinavos procede del cerdo, mientras que en la Comunidad Europea supone el 50%, en Japón el 45%, en América del Norte el 35%, y en Argentina tan sólo el 5% de toda la carne consumida tiene su origen en el cerdo. A nivel mundial, sin embargo, la carne de cerdo es la más popular de todas las carnes disponibles. Puede asegurarse que la carne de cerdo debe ser primero necesaria (es decir, debe tener un mercado) y a continuación sana. También debe ser producida de forma eficiente (con un precio competitivo) y con el nivel exigido de calidad. Además la producción de carne porcina debe satisfacer otros criterios en relación con el método de producción y aspectos ambientales de su obtención, que deben ser sostenibles y éticos.

En el transcurso de épocas recientes, el cerdo ha sido criado tanto para acumular gran cantidad de grasa (el producto requerido es el tocino) como para proporcionar fundamentalmente carne magra (el artículo requerido es el músculo). El que la canal aceptable de cerdo sea grasa o magra depende mucho de las preferencias nacionales. Según avanza la industrialización, la preferencia por la carne magra parece dominar en la definición de la calidad de la canal. Las inclinaciones de los países del este de Europa, de Japón y de América del Norte y del Sur se orientan progresivamente, al igual que en el oeste de Europa, hacia menores niveles de grasa en la carne. Los cerdos asiáticos, abundantes en China y países del Pacífico, resultan demasiado grasos para las exigencias occidentales, y es probable que también exista un cierto deseo de reducir su contenido de grasa. Sin embargo, por cada cerdo magro en el país queda otro cerdo cebado.

En Europa, el mercado de carne porcina se orienta hacia una producción masiva con un precio reducido. Realmente, los progresos experimentados por el conocimiento de la producción porcina han determinado que el coste real de la carne de cerdo sea actualmente tan sólo el 30% lo que era hace 40 años. La reducción de grasa, que actualmente ha alcanzado casi su nivel óptimo, se inició originalmente no por la discriminación del consumidor contra la grasa sino como consecuencia de la economía que supone para la producción y el procesado de los cerdos, aspectos ambos que se benefician de una canal magra. Los mercados siguen tendiendo a dividirse en dos tipos: uno utiliza la carne de cerdo como materia prima para preparar una gran variedad de productos cárnicos manufacturados y satisface una necesidad permanente de disponer de carne de bajo coste; mientras que el otro, con una importancia creciente, suministra al consumidor carne de cerdo y bacon de elevada calidad comestible. Este último mercado requiere unos cortes cuidadosamente preparados, un bajo nivel de grasa subcutánea, un nivel adecuado de grasa intramuscular y una masa importante de tejido magro que origine en el consumidor una buena percepción del placer de su consumo. Esto requiere que la carne sea jugosa, blanda y sabrosa, evitando todo aquello que suponga sequedad, palidez, manchas o dureza.

Los productores pueden aparecer poco dispuestos a aceptar las limitaciones que les impone un mercado de la carne preocupado principalmente por la calidad del producto. Por el contrario, el mercado puede ser lento en transferir a los productores parte de los beneficios que reportan las técnicas modernas y las prácticas de producción racionalizada. Estos problemas persistirán con una industria que sigue basándose en una comercialización adversa y que desconfía en cada punto de relación de la cadena de producción. El éxito futuro de las industrias porcinas de todo el mundo es probable que requiera los beneficios de la integración entre criador, productor, fabricante de piensos, preparador de la carne y detallista. El productor necesita líneas eficaces de comunicación con el mercado. Si esta comunicación genera información útil, se beneficiarán tanto el productor como quien comercializa la carne.

Comercialización

Los cerdos vivos se comercializan en cualquier momento posterior al destete (que puede realizarse entre 6 y 20 kg de peso vivo y entre 3 y 8 semanas de edad). Los cerdos pueden venderse para ser sacrificados para carne, o para criarlos hasta alcanzar un peso mayor. La carne de cerdo puede proceder desde un cerdito lactante en un extremo hasta, en el otro, de animales con 180 kg de peso destinados a la preparación de grandes jamones tipo Italiano Parma. Las preferencias nacionales de consumo determinan que los cerdos sean cebados y consumidos con una amplia variedad de pesos entre dichos extremos. Como el tamaño adulto de muchos tipos de cerdos asiáticos es mucho menor que el de los tipos europeos, también suelen ser menores los pesos de sus canales. En muchos países europeos el peso vivo de 50-80 kg es el margen tradicional de carnicería para la preparación de tajos pequeños de carne fresca de cerdo que son vendidos y consumidos de forma local, mientras que en Japón, Australia, América del Norte y del Sur y en todos los países de Europa, el peso vivo de 90-120 kg es el margen tradicional para el procesado industrial en plantas envasadoras de carne que distribuyen tajos de carne fresca, productos de bacon curado y suministran a las tiendas de platos preparados. Los animales destinados a la producción de jamones que son curados por deshidratación mediante procesos lentos y naturales (tales como el prosciutto en Italia [140-170 kg de peso vivo] y el serrano en España), suelen cebarse hasta alcanzar pesos vivos incluso superiores. Las cerdas de vientre desechadas con peso de 120-300 kg pueden alcanzar un precio conveniente según sea la situación del mercado. La carne de las cerdas desechadas puede ser incorporada de forma satisfactoria en diversos productos, y cuando el precio es conveniente puede ser rentable la venta de animales desechados en buenas condiciones corporales. Los cerdos machos adultos que se han utilizado como reproductores no son idóneos para consumo humano, ya que la carne resulta dura y con frecuencia presenta olores desagradables. Esta crítica no se aplica a machos enteros sometidos a cebamiento rápido y pertenecientes a tipos raciales europeos que son sacrificados con menos de 110 kg.

La carne de primera suele obtenerse cuando los animales alcanzan el 30-60% de su tamaño adulto (Figura 2.1). Con menos del 30% existe una tendencia hacia la falta de sabor, mientras que si el tamaño supera el 60% del correspondiente a los animales adultos existe una tendencia hacia una carencia de blandura. Los tipos porcinos que alcanzan mayores tamaños al ser adultos proporcionan canales de mayor peso y puede apreciarse que durante los últimos años han aumentado los pesos convencionales de sacrificio en la industria porcina europea. La mayoría de los cerdos de países industrializados cuya carne se destina al procesado y envasado alcanzan un peso adulto entre 250 y 350 kg, mientras que los tipos asiáticos alcanzan la madurez con pesos de tan sólo 150 kg.

La producción porcina primaria puede segregarse en explotaciones especializadas, con frecuencia en granjas de cría y de cebo. Las unidades especializadas en la crianza venderán cerdos destetados o iniciado el crecimiento con pesos de 20-40 kg a unidades para cebo, que los alimentarán hasta alcanzar el peso de mercado. Con frecuencia, las explotaciones de cría son reducidas, formando parte de una empresa agropecuaria familiar mixta. Las unidades dedicadas a cebamiento, por otra parte, suelen ser mayores y más industrializadas, comprando a muchos proveedores. Actualmente se aprecia que dicha especialización determina más problemas que soluciones, como consecuencia principalmente de los efectos perjudiciales representados por el transporte y la comercialización de animales jóvenes, la variabilidad en los tipos de cerdos suministrados, y la introducción de enfermedades. Las explotaciones modernas se encuentran mejor estructuradas al realizar las operaciones de cría/cebo en una sola unidad que

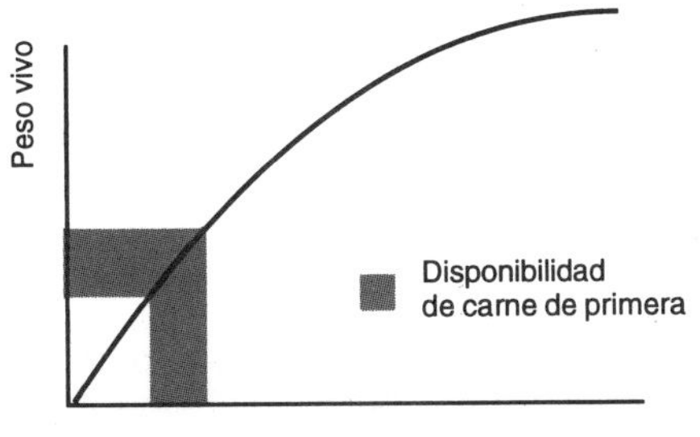

Figura 2.1 Los cerdos sacrificados con un peso entre el 30 y el 60% del correspondiente a los individuos adultos proporcionan carne de primera clase.

realiza la crianza y cebamiento hasta que los cerdos alcanzan su especificación final. Las explotaciones unitarias permiten también una relación más efectiva entre el cliente final y el productor primario; así los aspectos de la calidad de la carne percibidos por quienes preparan las canales y los detallistas pueden ser transferidos de forma más eficaz al criador. La elección del tipo de cerdo o de híbrido por parte del criador tiene una importancia vital tanto para el cebador como para envasadores y detallistas. Cualquier discontinuidad en el flujo de producción, como el que puede presentarse en una explotación basada en negocios independientes con respecto a los procesos de producción dependientes de la crianza y del cebamiento, solamente puede servir para oscurecer una política óptima y retrasar el desarrollo de la industria.

En el seno de cualquier nación, o grupos de naciones relacionadas comercialmente, la industria porcina puede experimentar una expansión o una recesión. La importancia de esta posibilidad depende directamente del número de productores que disponen de fuentes alternativas de ingresos. Cuando los cerdos alcanzan buenos precios aumenta el tamaño de la cabaña reproductora y se inician nuevas exploraciones. Esto puede conseguirse fácilmente destinando a la reproducción hembras que se habían destinado inicialmente para sacrificio, o mediante la adquisición de reproductoras híbridas. Estos animales producirán lechones 6 meses más tarde, y transcurridos otros 6 meses se pondrá a la venta un número adicional de animales destinados al sacrificio. En este momento aumenta el suministro y es fácil que los precios sufran una merma. La elasticidad en la demanda de productos porcinos es de tal naturaleza que aunque los consumidores comprarán más carne de cerdo según descienden los precios y se abarata este producto, la capacidad para comer más no guarda relación con el descenso de los precios. El proceso de la caída de los precios del cerdo se mantendrá durante un año aproximadamente, en cuyo momento las explotaciones de reproductores disminuirán tanto de tamaño como en su número. Este proceso puede mantenerse durante otro año antes de que sea evidente un recorte en el número de cerdos disponibles para sacrificio y se inicie de nuevo una ascensión en los precios. Este ciclo simplificado de los precios de los cerdos (Figura 2.2) es perturbado por los vendedores de carne fresca que igualan los precios de diversas carnes, y también por fluctua-

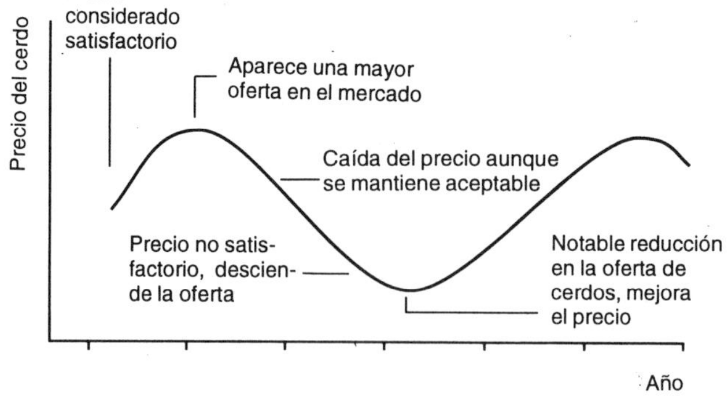

Figura 2.2 Naturaleza cíclica de los precios de los cerdos. Además se encuentran sometidos a la influencia del precio de carnes competitivas, al precio del pienso y disponibilidad de capital.

ciones en el suministro mundial de ingredientes para la alimentación porcina. Los precios de los cereales y de la soja son relativamente independientes de los precios de los cerdos porque los cereales se utilizan para fines distintos de la alimentación de los cerdos. Cuando son bajos los precios de los ingredientes para la alimentación porcina, los productores pueden soportar un descenso en el precio de la canal porcina durante más tiempo antes de que sea necesario reducir la producción. Una combinación favorable en los precios internacionales de los cereales y en los precios de las canales porcinas determinará una mejora en los beneficios y acelerará la tasa de expansión.

Los altibajos del ciclo porcino como resultado de los precios de los cerdos y de los cereales son más aparentes en países donde los costes del dinero no influyen de forma significativa. Para una explotación porcina intensiva de tipo industrial con elevadas inversiones de capital en sus edificaciones, la disponibilidad de dinero con unos intereses satisfactorios actúa como un regulador sobre la capacidad del empresario bien para ampliar, cuando los momentos son buenos, como para reducir la producción cuando no lo son.

Pautas de consumo

El consumo mundial estimado de productos animales (millones de toneladas) es: leche 400 (sostenido), cerdo 63 (en aumento), vacuno y ternera 48 (sostenido), aves 33 (en aumento), huevos 20 (sostenido), pescado de piscifactorías 8 (en aumento), ovejas y cabras 6 (sostenido). La carne de cerdo representa más del 40% del consumo mundial de carne y es producida por unos 850 millones de cerdos. De estos cerdos una tercera parte se encuentra en China, el 10% en Rusia, y el 5% en EE.UU. A continuación aparecen como grandes productores de cerdos Brasil, Alemania y Japón. La Comunidad Europea tiene unos 110 millones de cerdos de los que proceden 14 millones de toneladas de carne de cerdo. Esto determina que la Comunidad Europea disponga de más del 20% de la producción mundial de carne de cerdo. En el seno de la Comunidad más del 30% de la producción de carne de cerdo corresponde a Alemania, mientras que Francia, los Países Bajos, Italia y España producen sobre el 12,5% en cada uno de los mismos, y el Reino Unido y Dinamarca alrededor del 10% cada uno. Sobre el 25% de la carne de cerdo consumida en la Comunidad Europea lo es en forma de carne fresca, el resto en forma de productos curados o procesados con un mayor o menor grado de valor añadido.

El informe del Reino Unido del Comité sobre Aspectos Médicos de la Política Alimentaria relacionada con la Dieta y las Enfermedades Cardiovasculares menciona de forma específica la necesidad de reducir el nivel de grasas en la dieta humana. Se considera generalmente que disminuye la incidencia de enfermedades cardiacas al aumentar la proporción de ácidos grasos insaturados con respecto a los ácidos grasos saturados en la dieta, aunque sigue sin demostrar de forma adecuada la idea aceptada generalmente de que los ácidos grasos saturados de la dieta se asocian con una mayor probabilidad de padecer enfermedades coronarias. El 40% aproximadamente de la energía total contenida en la dieta de muchas personas del mundo industrializado procede de grasas de origen vegetal o animal. La proporción de la energía dietética total procedente de las grasas ha aumentado de forma inexorable durante los últimos años; y quizás sea esta simple estadística lo que resulta más importante. Mientras tanto, se ha producido una intensa reducción simultánea en el contenido de grasa en la carne porcina, descendiendo desde el 30% aproximadamente de la canal total en la década de l960-70 hasta el 15% o menos en una canal actual de 100 kg. Los espesores de la grasa dorsal subcutánea han sido reducidos en unos 0,5 mm anuales mediante la genética, la nutrición y el manejo de la alimentación. El tejido adiposo subcutáneo del cerdo contiene sobre el 70% de lípidos, y dos terceras partes o más de toda la grasa descubierta en una canal porcina pueden encontrarse en los depósitos subcutáneos. Para el bacon de categoría superior, los objetivos correspondientes al espesor de la grasa dorsal en el punto P2 para cerdos de 90 kg de peso vivo pueden ser de tan sólo 12 mm. Teniendo en cuenta el potencial de la carne porcina para ser sumamente magra, puede asegurarse que en términos sanitarios únicamente, el consumo de carne de cerdo y de productos derivados del cerdo seguirá aumentando todavía.

Bajo un punto de vista médico se aconseja reducir el consumo de grasa hasta el 30% aproximadamente de la energía total de la dieta, y que el cociente ácidos grasos poliinsaturados:saturados sea igual a 1,0 aproximadamente. Actualmente en muchos países del mundo occidental este cociente es de 0,3 aproximadamente. El Comité sobre Aspectos Médicos de la Política Alimentaria ha sugerido que 0,45 es una meta alcanzable. Como sobre la mitad de toda la grasa de la dieta procede de productos animales (incluyendo leche, productos lácteos, huevos y carne), y teniendo en cuenta que algunas grasas cárnicas presentan un mal cociente entre ácidos grasos poliinsaturados y saturados, puede suponer un beneficio para el consumidor la identificación de la carne y de los productos cárnicos con un contenido bajo de grasa, y de las grasas que son ricas en ácidos grasos poliinsaturados.

No obstante, resulta necesario que la carne contenga algo de grasa para que su calidad sea óptima, particularmente en relación con su jugosidad, sabor, textura y facilidad de cocción. El ácido linoleico (18:2) es un nutriente esencial en la dieta para un funcionamiento corporal normal, siendo el precursor –de forma limitada en cierta medida– del ácido gamma linoleico (18:3) que, a su vez, lo es de los ácidos dihomo gamma linoleico (18:3) y araquidónico (20:4); esta serie interviene generalmente en el buen funcionamiento de las membranas, en la producción de fosfolípidos, elaboración de hormonas, función cardiaca y flujo sanguíneo. (En «l8:2», etc., el número anterior a los dos puntos hace referencia al número de átomos de carbono en la cadena, y el número tras los dos puntos al número de dobles enlaces. Cuanto mayor sea el número de dobles enlaces, menos saturada es la grasa). Los ácidos eicosapentaenoico (20:5) y docosahexaenoico (22:6) que aparecen en los aceites de pescado se consideran particularmente útiles para reducir la incidencia de enfermedades cardiacas, para mejorar el flujo sanguíneo encefálico y funciones asociadas. Como el cerdo, a través de su metabolismo, es capaz de movilizar los ácidos grasos desde las fuentes dietéticas hacia los lípidos del propio cerdo, es posible la incorporación en la carne porcina de ácidos grasos beneficiosos para la salud humana desde la grasa de los piensos destinados a los cerdos.

Las estirpes modernas de cerdos magros pueden producir carne que es en sí misma baja en grasa; el músculo *semitendinosus* contiene sobre un 3% de grasa y el músculo *longissimus dorsi* el 1% aproximadamente. El cociente ácidos grasos poliinsaturados:saturados de los lípidos descubiertos en la carne de cerdos magros se aproxima a un excelente 0,8 (es decir, próximo al recomendado como ideal bajo un punto de vista médico, y superior al objetivo correspondiente a la dieta global), siempre que la dieta del cerdo no haya sido suplementada con sebo. La presencia de aceites insaturados, tales como el aceite de soja, en la dieta del cerdo resulta beneficiosa para mejorar la proporción de ácidos grasos poliinsaturados en la carne del cerdo. Una característica de la grasa porcina consiste en reflejar la composición en ácidos grasos de la dieta consumida, así el contenido de C18:2 de la grasa de un cerdo alimentado con una dieta que contiene aceite de soja será casi tres veces superior que el de un cerdo cuya dieta contiene sebo. También sucede que la grasa de los cerdos magros presenta un mayor cociente poliinsaturados:saturados que la grasa de los cerdos más cebados. Según mejora el contenido magro de la canal, así lo hace el cociente entre ácidos grasos. Resulta evidente, según estudios recientes realizados en Edimburgo, que la carne de las estirpes modernas de cerdos magros no solamente se adapta a los criterios médicos de reducir el consumo global de grasa, y preferir los cocientes altos de ácidos grasos poliinsaturados:saturados, sino que además la carne de cerdo puede superar los objetivos médicos y, en consecuencia, suponer una mejora del valor sanitario de la dieta global.

En la mayoría de los países europeos avanzados se consumen unos 70-90 kg de carne total por persona y año; este consumo es un 30% aproximadamente menor que en EE.UU. En el Reino Unido se consume mucha menos carne de

Tabla 2.1 Consumo de carne de cerdo a nivel mundial (1990).

	Población (millones)	*Consumo de carne de cerdo (kg por persona)*	*Notas*
Dinamarca	5	45	1, 2, 4
Alemania	80	60	1, 3
Países Bajos	12	40	1, 4
Reino Unido	54	25	1, 4
América del Norte	400	30	2, 4
América del Sur	300	7	
URSS	300	15	
China	1.100	20	
Japón	120	15	4

Notas

1 El consumo de carne de cerdo casi se ha duplicado durante los 40 últimos años en Europa.

2 Del total de carne consumida, la carne de cerdo representa el 65% en Dinamarca y el 35% en América del Norte.

3 Es posible que en algunos países el consumo de carne de cerdo casi haya alcanzado la saturación. Los alemanes consumen casi tanta carne de cerdo como la que consumen los ingleses de todo tipo de carnes.

4 Los Países Bajos y Dinamarca son autosuficientes en más del 200% y son exportadores masivos. El Reino Unido es autosuficiente en un 70% y es un importador importante. América del Norte y (especialmente) Japón son también grandes importadores de carne de cerdo (el último principalmente de Taiwan). La Comunidad Europea en conjunto es autosuficiente en el 100%.

cerdo, tanto en términos absolutos como proporcionales, que en Dinamarca, Alemania u Holanda (Tabla 2.1). En el Reino Unido el consumo de carne de cerdo curada e importada y de productos derivados de carne porcina representa el 30-40% del consumo total y procede de fuentes diversas, incluyendo Dinamarca, Holanda, Polonia y Alemania.

El consumo medio anual de carne por persona en la Comunidad Europea es de 5 kg de carne ovina (en descenso), 25 kg de carne de vacuno (sostenido), 15 kg de carne de aves (en aumento) y 35 kg de carne de cerdo y bacon (en aumento). La Comunidad Europea es autosuficiente al 100% en cuanto a sus necesidades de carne porcina. La producción total en toneladas de la Comunidad Europea es de 12,8 millones de toneladas procediendo 3,2 de Alemania Occidental, 2,0 de Holanda, l,7 de Francia, 1,3 de España, 1,2 de Dinamarca, 1,1 de Italia, 1,0 del Reino Unido, 0,8 de Bélgica y Luxemburgo, 0,5 de Portugal, Grecia e Irlanda del Norte. La Comunidad Europea explota unos 12 millones de cerdas de cría de las que procede esta producción.

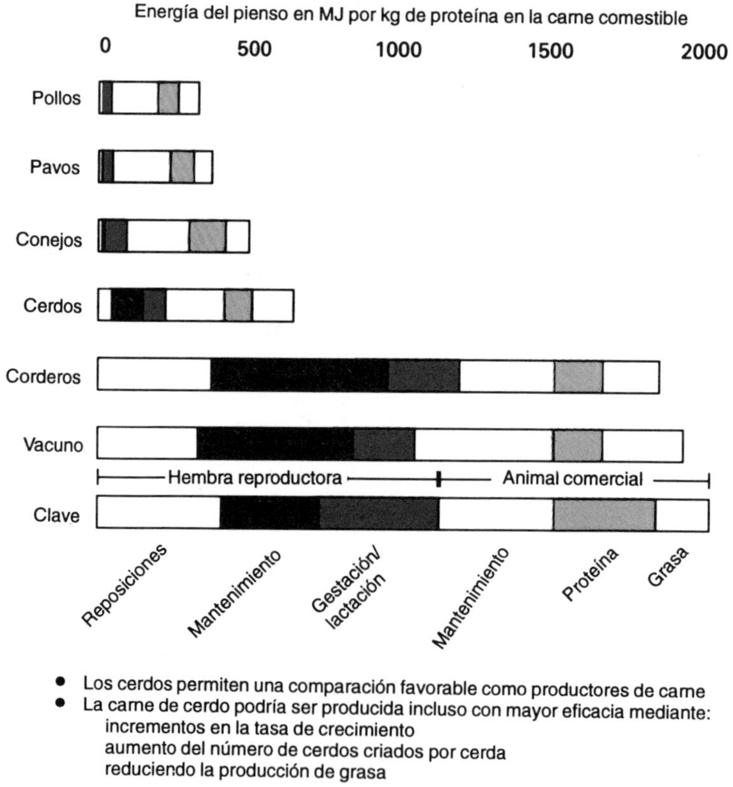

Figura 2.3 Eficacia de la transformación del pienso en carne (según el estudio a largo plazo de EAAP sobre el futuro de la producción porcina en Europa).

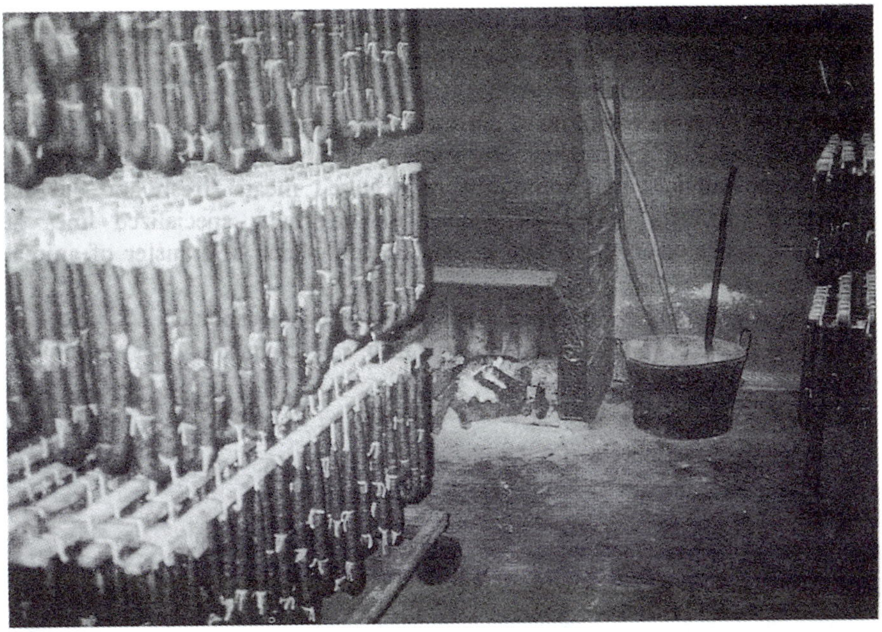

Figura 2.4 Ahumado de salchichas con fuego de madera natural de roble, España. La diversificación de los productos porcinos es el mejor procedimiento para aumentar el consumo en algunos países.

En términos de valor monetario, la carne de cerdo es una compra mejor que la de vacuno o cordero, y rivaliza con el pollo y el pavo. La carne de cerdo es sumamente versátil, siendo usada para tajos de carne fresca, tajos curados, bacon, carnes cocidas (frescas y curadas), productos procesados, paté, platos preparados, etc. El índice de conversión del pienso en carne de cerdo es elevado (Figura 2.3) y sigue mejorando con la aplicación de nuevas tecnologías de producción. El incremento experimentado por la gama de productos derivados de la carne porcina y del bacon de que puede disponer el consumidor (Figura 2.4) es probablemente el procedimiento más apropiado actualmente para ampliar el sector de la carne de cerdo.

Calidad de la carne de cerdo

En comparación con la carne procedente del ganado lanar y vacuno, la posición anatómica de la pieza tiene menor influencia sobre la calidad de la carne del cerdo. Sin embargo, las piezas correspondientes a dorso y lomo (músculo *longissimus dorsi*) son particularmente adecuadas para consumo en fresco, asadas o fritas, mientras que el jamón es bueno para asar y, por supuesto, para

Figura 2.5 Las técnicas imaginativas de corte mejoran la variedad del producto y amplían las posibilidades de elección del consumidor (cortesía de la Meat and Livestock Comission, Reino Unido).

curado. Las técnicas imaginativas de despiece (Figura 2.5) aumentan mucho la variedad de productos y el consumo de carne de cerdo. Los métodos modernos de despiece realizan el recorte de la grasa subcutánea hasta el nivel preciso, utilizan los músculos naturales como base para el despiece, aportan una variedad de productos idóneos para la demanda existente y presentan la carne de forma conveniente para su manipulación y cocinado.

La demanda de niveles de grasa en los productos porcinos varía mucho entre las naciones consumidoras de carne de cerdo, aunque existe una tendencia casi universal hacia la reducción de los niveles de grasa asociados de forma inevitable con la pieza de carne. Con frecuencia la demanda pública de carne magra es superior a la que pueden aportar los tipos indígenas de cerdos, como sucede en América del Norte. En este caso, es necesario recortar una cantidad considerable de grasa para que el producto sea popular.

La reducción del contenido de grasa ha representado el aspecto más importante en la mejora de la calidad de la carne de cerdo durante los últimos 25 años. Las canales porcinas han sido más magras al mejorar los conocimientos sobre las necesidades nutritivas y a través de la selección para tipos magros. La carne de cerdo rivaliza actualmente en magrura con las aves, y es considerablemente menos grasa que la carne de lanar y de vacuno. La grasa presente en la carne de los cerdos magros contiene además menos lípidos que la de los rumiantes, y los lípidos son más ricos en ácido linoleico (poliinsaturados). Según desciende el contenido en grasa en el animal, así aumenta el porcentaje de agua en el tejido adiposo asociado con las porciones magras. Cuando se determina la adiposidad del cerdo a través del espesor de la grasa subcutánea en el punto P2, el porcentaje de agua en el tejido adiposo diseccionado puede ser aproximadamente: 35-1 (P2mm).

Según se reducen los niveles de grasa, los propios tejidos adiposos aparecen más blandos (debido a que se incrementa la proporción de ácidos grasos insaturados) y más húmedos. La grasa blanda ejerce un beneficio positivo para algunos procesos de curación y, por supuesto, en los contextos de la nutrición humana. Aunque si, como es más frecuente, la carne se vende con la grasa, bien fresca o habiendo sido procesada mediante métodos modernos, la grasa blanda se considera como desventajosa. La grasa blanda no resulta tan agradable al ser consumida, dificulta el corte en lonchas y el envasado, y reduce la vida útil de la carne. Debe establecerse, en este momento, una distinción entre los depósitos de lípidos encontrados entre los haces musculares y los lípidos subcutáneos, estos últimos constituyen el principal depósito de grasa en los cerdos. Puede aceptarse un nivel de poliinsaturados mucho mayor en la grasa intramuscular que en la subcutánea. Si el nivel de ácido linoleico en la grasa dorsal es superior a 150 gramos de ácido linoleico por kg de grasa, aumenta la posibilidad de que se presenten problemas de grasa blanda. El cociente ideal de ácidos grasos insaturados:saturados en la grasa del cerdo es aproximadamente de 1,5:1. La incorporación de vitamina E en la dieta puede mejorar la capacidad de conservación de la carne de cerdo. Los tocoferoles son transferidos de la dieta a la grasa del cerdo y ayudan a mantener la frescura y retrasar la aparición del enranciamiento.

La grasa subcutánea blanda en los cerdos se asocia positivamente, en cualquier raza o sexo, con la propia magrura; aunque también puede existir una tendencia para que la grasa sea ligeramente más blanda en los machos enteros que en las hembras, incluso con el mismo nivel de cebamiento. Los ácidos grasos insaturados de la dieta, especialmente la sustitución del esteárico (C18:0) por el linoleico (C18:2), puede influir sobre el tipo de grasa depositada en el organismo, determinando que sea más blanda (Figura 2.6). El contenido de ácido linoleico en la grasa del cerdo, y su influencia sobre la blandura de la misma, se relaciona también con la rapidez (en términos de gramos por día) con que se deposita la grasa. Una deposición de 50 gramos diarios de grasa determina que los ácidos grasos tisulares contengan sobre el 15% de linoleico; mientras que una deposición de 200 gramos diarios de grasa se traduce en que los ácidos grasos tisulares contengan sobre el 10% de linoleico.

La magrura, cuando es llevada a niveles extremos en los cerdos, puede provocar además que la grasa adquiera aspecto de encaje y se separe de la carne magra (Figura 2.7). La separación de la grasa puede constituir un problema cuando el envasador desea preparar cortes dejando algo de grasa en los mismos, como sucede al preparar bacon. Aunque el problema de la separación de la grasa es menor cuando la pieza de carne se vende conteniendo sólo magro, como es el caso de los lomos de cerdo de estilo continental que contienen únicamente el músculo *longissimus dorsi.*

El espesor de grasa dorsal (generalmente en el punto P2; Figuras 2.8 y 2.9) suele ser el principal criterio para determinar la calidad de las canales porcinas

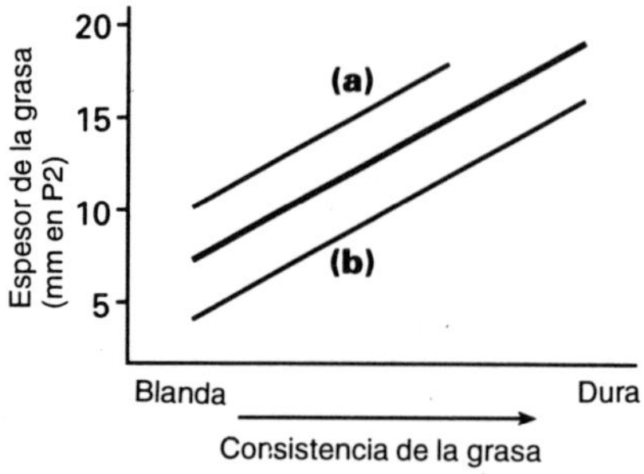

Figura 2.6 Influencia del espesor de la grasa sobre su calidad, (a) corresponde a cerdos alimentados con dietas especialmente ricas en ácidos grasos insaturados tales como linoleico, mientras que (b) corresponde a cerdos alimentados con dietas especialmente pobres en ácidos grasos insaturados.

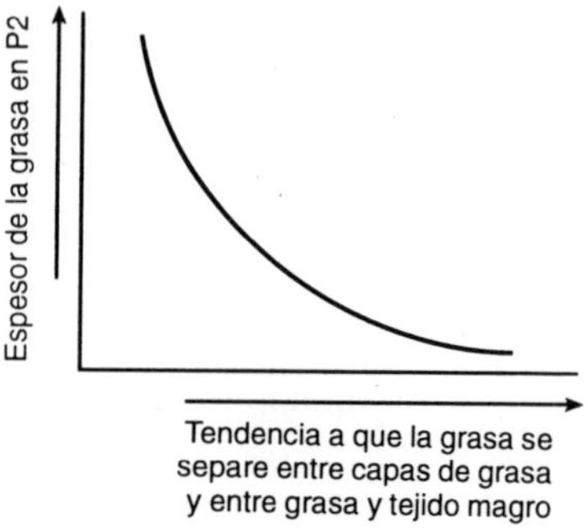

Figura 2.7 Según disminuye el espesor de la grasa, aumenta su tendencia a agrietarse.

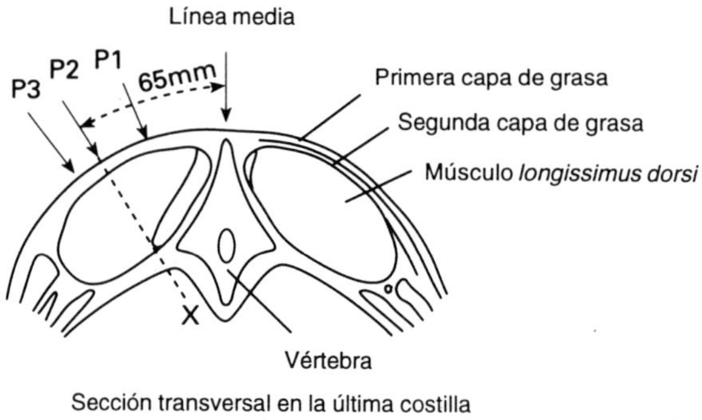

Figura 2.8 Colocación de la sonda para mediciones en P1 (45), P2 (65) y P3 (80), en milímetros desde la línea media tomada en la última costilla. X indica la línea tomada a través del músculo *longissimus dorsi* por sondas tales como la Fat-o-meter y la sonda para categorización Hennessy que miden tanto el espesor de la grasa como el del músculo (ver también Figura 2.9).

con vistas al pago al productor. Y cuando la carne se vende conservando la grasa subcutánea, el espesor de la grasa resulta totalmente crucial para la percepción de su calidad en los puntos de compra y de consumo. Los niveles de grasa subcutánea tienen menos importancia si la carne es recortada y preparada antes de su venta.

En el punto de venta, tras un despiece bien realizado, la calidad de la carne porcina suele definirse según términos de color, capacidad para retener agua y consistencia de la propia carne magra.

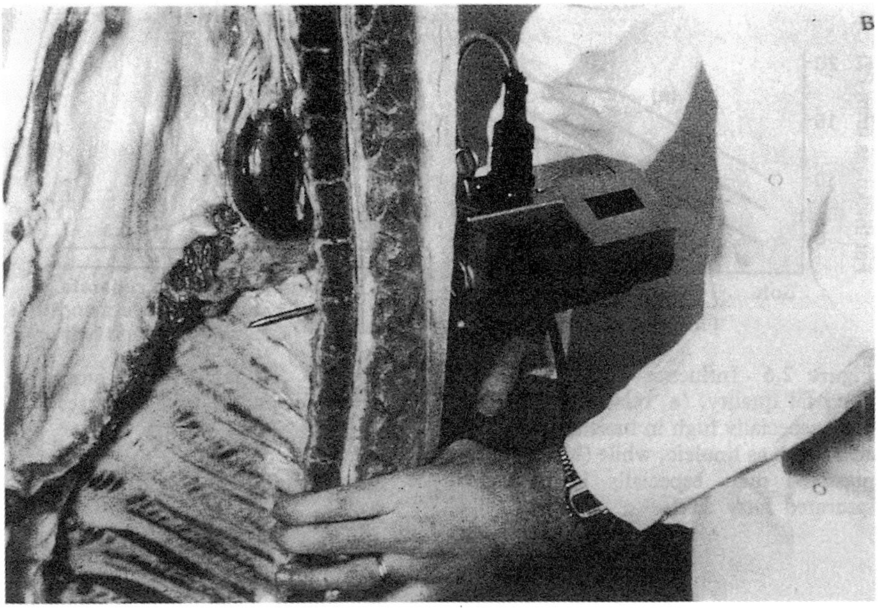

Figura 2.9 Medición con sonda en la ubicación P2 tanto del espesor de la grasa como del músculo (cortesía de MLC).

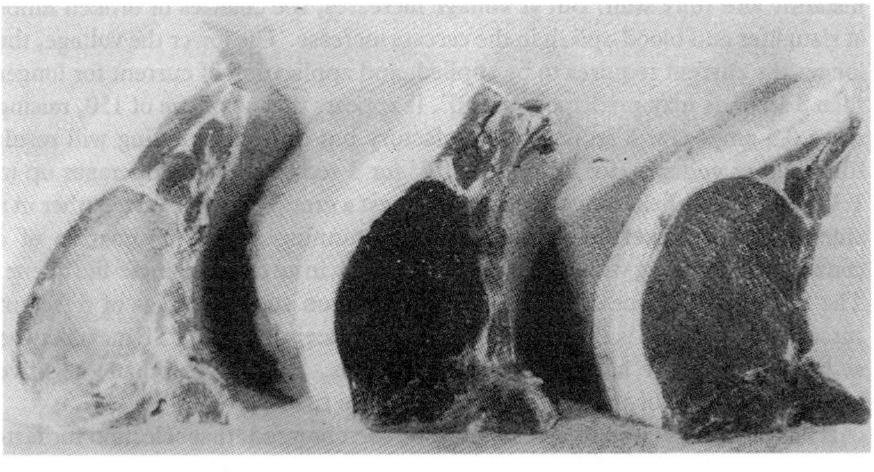

Figura 2.10 Músculo porcino pálido, oscuro y normal (cortesía de MLC).

Casi en el 12% de la canales europeas puede identificarse una tendencia hacia la existencia de músculos pálidos, blandos y exudativos (PSE) (Figura 2.10). La intensidad de esta alteración no suele ser suficiente para reducir la aceptabilidad de la carne aunque en un 5% de los casos disminuyen las posibilidades de curación y procesado y la carne fresca vendida pierde humedad y carece de blandura. La incidencia de músculos PSE es sumamente variable entre las distintas plantas envasadoras de carne, en algunas la incidencia alcanza hasta el 25%.

El músculo del cerdo vivo es rojo y su pH es 7 aproximadamente. Tras el sacrificio, mientras la canal sigue caliente, el metabolismo de la energía reduce el pH del músculo (cantidades de glucógeno muscular se transforman en ácido láctico), disminuye la intensidad del color hasta un tono rosa y aumenta la humedad. Normalmente el descenso del pH es gradual, llegando finalmente hasta 5,4 aproximadamante 24 horas después del sacrificio. Aunque si se prolonga esta actividad metabólica muscular, o tiene lugar con excesiva rapidez, el pH puede descender por debajo de 6 una hora aproximadamente después del sacrificio, en lugar de tardar 4-6 horas como es normal. La rapidez de la acidificación muscular determina que los tejidos musculares de la canal resultante sean inaceptablemente pálidos, blandos y exudativos. El tejido muscular PSE es resultado de la precipitación de proteínas solubles, determinando la permeabilidad de las membranas de las fibras musculares según se agota la energía y el fluido intramuscular rico en ácido láctico sale del interior de las fibras. Este proceso se ve favorecido si el cerdo es sometido a estrés antes del sacrificio y/o si prosigue la actividad de las fibras musculares tras la muerte. En general, puede suponerse que aumenta la probabilidad de PSE si la acidificación es demasiado rápida y la carne presenta un pH inferior a 5,7 al realizar su determinación 45 minutos tras el sacrificio.

La aparición de músculos oscuros, duros y secos (DFD) es relativamente infrecuente en los cerdos y puede atribuirse a una manipulación defectuosa antes del sacrificio y al agotamiento del glucógeno muscular por excitación del animal. El pH de esta carne tiende a no descender y se mantiene próximo o superior a 6,5. El estrés crónico suele provocar la utilización de glucógeno y sus niveles serán inadecuados en el momento del sacrificio. Esto determina una formación escasa de ácido láctico y, en consecuencia, la carne no alcanza un pH suficientemente bajo. En los casos peores la carne resulta incomestible. Cuando la alteración es menos intensa carece de sabor, aunque puede ser relativamente blanda.

La aparición de músculos PSE parece estar relacionada con una o con ambas de estas dos causas: una es la manipulación defectuosa y el estrés a que son sometidos los cerdos, y la otra la constitución genética del cerdo. Estas causas interactúan de forma que los cerdos susceptibles, cuando son sometidos a estrés, presentarán con suma frecuencia carne PSE, mientras que si no son sometidos a estrés puede reducirse a la mitad la frecuencia de músculos PSE, incluso en animales totalmente susceptibles. El defecto de la carne PSE aparece estrechamente relacionado con la presencia en el genotipo del gene halotano. Los cerdos que padecen el síndrome de estrés porcino (PSS), que también suele estar asociado con el gene halotano, son especialmente susceptibles a presentar carne PSE. Aunque todos son susceptibles de padecer una reducción en la calidad de su carne por PSE si son manipulados defectuosamente y sometidos a estrés antes o durante su sacrificio –especialmente si son mezclados con otros grupos de animales, durante su transporte hacia el matadero, en las cochiqueras del matadero y en el punto de su sacrificio–. Las cochiqueras serán pequeñas y, si las condiciones son buenas, una permanencia de 1-4 horas tras la llegada al matadero suele ser satisfactoria. En climas calurosos suele ayudar una pulverización con agua.

Los cerdos quedan inconscientes mediante aturdimiento por descargas eléctricas o por dióxido de carbono en forma de gas. Aunque este último procedimien-

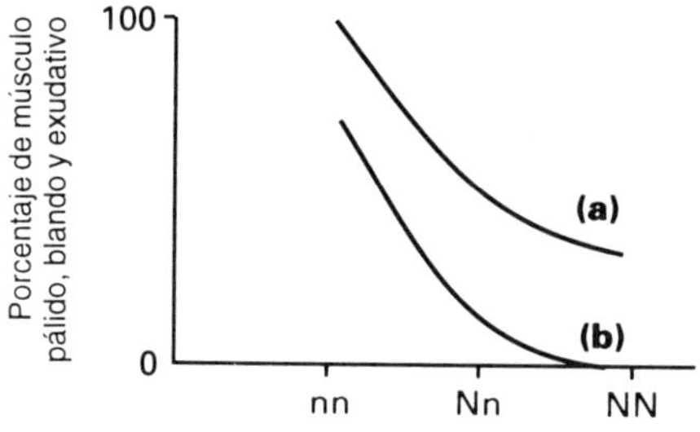

Figura 2.11 Influencia de la presencia del «gene halotano» sobre PSE, nn es halotano positivo, NN es halotano negativo, y Nn es el cruce. Las respuestas proceden de dos plantas procesadoras: (a) con escasos medios para la manipulación y (b) con buenos medios para la manipulación.

to puede ser más suave, en ciertos sistemas puede provocar algunas veces malestar respiratorio. El aturdimiento con voltajes elevados (hasta + de 600 voltios) parece tener ciertas ventajas sobre el CO_2 y sobre el empleo de voltajes más bajos (70-120 voltios) que pueden no aturdir de forma instantánea y completa. Aunque según aumenta el voltaje se incrementa la probabilidad de rotura de extremidades durante el sacrificio y de salpicadura de sangre en la canal. La corriente debe aplicarse durante más tiempo cuando el voltaje es bajo, y la aplicación de corriente eléctrica durante periodos superiores a 8 segundos puede predisponer a padecer PSE. Parece ser que un voltaje de 150 voltios, elevando hasta unos 0,5 amperios, durante 8 segundos resulta un método satisfactorio aunque el aturdimiento será más rápido con voltajes más altos (por ej., 210 voltios durante 3 segudos), y amperajes hasta 1,3. El empleo de pinzas accionadas manualmente para aturdir a un grupo de cerdos reunidos en un local parece menos conveniente que el aturdimiento al final de un pasillo de transporte a través del cual caminan los cerdos tranquilamente en fila. En la Figura 2.11 se indica la influencia variable de los distintos mataderos sobre estirpes de cerdos con distinta susceptibilidad a presentar músculos PSE. La susceptibilidad a padecer PSE puede ser hasta del 50% para animales halotano positivos, del 10% para animales halotano negativos y del 20% para el primer cruce entre los dos tipos anteriores.

Ha sido sugerido, aunque no ha sido confirmado, que la selección orientada hacia estirpes de cerdos magros de crecimiento rápido ha incrementado la proporción de fibras musculares blancas en comparación con las rojas. Sobre el 80% de las fibras musculares son blancas en genotipos altamente mejorados, en comparación con el 30% aproximadamente en los verracos salvajes. Las fibras musculares blancas se caracterizan por desarrollar una menor función locomotora, son más gruesas, disponen de menos grasa intramuscular y gozan de mayor capacidad para producir ácido láctico aunque, como resultado de su menor aporte de sangre, son menos capaces de eliminarlo. Recientemente se ha indicado, aunque no se ha demostrado de forma cierta, que todas estas características tienden a reducir la sapidez y la blandura de la carne y aumentar el riesgo de PSE. La mejora de la calidad de la carne de los cerdos magros, ahora que los problemas del exceso de grasa son resueltos fácilmente mediante selección genética, constituye un objetivo importante en los programas de reproducción y de alimentación.

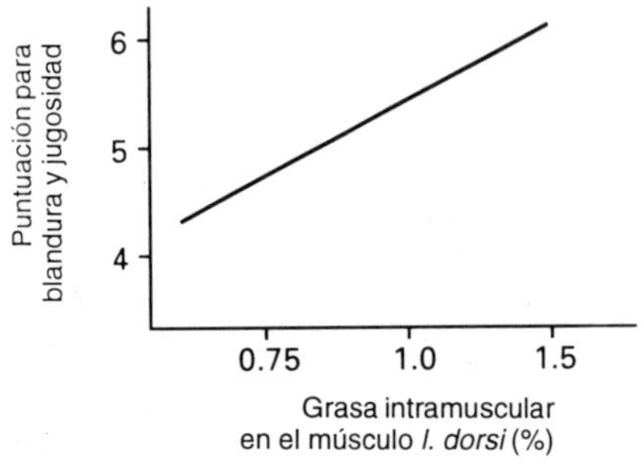

Figura 2.12 Existe una influencia pequeña aunque positiva de la grasa sobre la calidad comestible del tejido magro. Nótense los bajos niveles de grasa en estas muestras de músculos procedentes de cerdos híbridos europeos.

A pesar de las consecuencias negativas que entraña el color de la carne de cerdo que resulta demasiado oscura, en algunos países, como Japón, se prefiere un color rosa intenso al blanco pálido en la carne. En otras naciones sucede al revés, y la carne de cerdo (en alusión al pollo) ha sido denominada «la otra carne blanca». La carne que resulta particularmente magra, y la carne de machos enteros o de cerdos Duroc, tiende a presentar un color más intenso.

Siempre que la carne sea presentada con un nivel aceptablemente bajo de grasa subcutánea e intermuscular (el primer requisito de la calidad de la carne), puede alcanzarse un beneficio adicional manteniendo al menos el 1% de grasa intramuscular en el seno de los músculos. La calidad comestible de la carne magra parece estar relacionada positivamente con su contenido de grasa intramuscular. Este hecho es bien conocido en la carne de vacuno y de ovino aunque también es importante para la jugosidad de la carne porcina; la Figura 2.12 hace referencia a cerdos blancos mejorados. La mejora de los cerdos ha determinado fuertes reducciones en su contenido de grasa que, a través de los años, parecen haber originado mermas en la blandura (Tabla 2.2) aunque no en la aceptabilidad, que ha aumentado porque, sobre todo, el consumidor percibe la calidad en términos de carne magra. En el caso de la carne del cerdo la mayor parte de la grasa se almacena en los depósitos adiposos subcutáneos, ya que el contenido de grasa intramuscular solamente aumenta del 0,5% en cerdos magros al 3% aproximadamente en cerdos grasos. En general, se alcanza una calidad comestible óptima con niveles de grasa dorsal en P2 entre 8 y 14 mm de espesor en cerdos de 100 kg de peso vivo. Por debajo de los 8 mm disminuye la calidad de la carne magra, mientras que por encima de los 14 mm la carne resulta demasia-

Tabla 2.2 Tendencias en las puntuaciones para engrasamiento y blandura.

Año	*Porcentaje de carne magra en la canal*	*Porcentaje de grasa en la canal*	*Porcentaje de grasa en el músculo longissimus dorsi*	*Puntuación para sabor y blandura del músculo (1-5)*
1960	40	40	2,5	3,5
1975	50	30	1,5	3,0
1990	60	20	1,0	2,5

do grasa. Dentro de unos márgenes correspondientes a 0,5-3% de grasa intramuscular es posible conseguir pequeñas, aunque importantes, mejoras en jugosidad, blandura y sapidez. Niveles de grasa superiores al 3% influyen adversamente en el placer de su consumo, mientras que con menos del 1% de grasa en los músculos la pérdida de blandura y jugosidad de la carne puede ser apreciada por el consumidor. Cabe esperar que los niveles de grasa intramuscular inferiores al 1% se asocien con cerdos cuyos espesores de grasa dorsal en P2 sean inferiores a 8 mm. Estudios recientes han demostrado que, incluso a igualdad de cebamiento, los cerdos que crecen con rapidez alimentados mediante consumo voluntario producen carne más blanda y más jugosa que animales similares que han sido sometidos a una alimentación limitada y cuyo crecimiento ha sido más lento. En esta investigación todos los cerdos alcanzaron un cebamiento reducido aunque, naturalmente, los cerdos alimentados a voluntad suelen resultar más cebados que los sometidos a una alimentación limitada porque los primeros han podido ingerir mucho más alimento.

Los peritos en carnes, que se inclinan a favor de la grasa y la sapidez, pueden definir la calidad de forma diferente al consumidor que se muestra favorable a un menor contenido de grasa en la carne y blandura. La menor cantidad de grasa en la carne en el punto de venta puede, sin embargo, reducir el mérito en el punto de consumo porque la carne magra muestra una predisposición a ser ligeramente más dura. El tratamiento posterior al sacrificio, la preparación del alimento y las técnicas de cocinado son aspectos fundamentales para conseguir un producto satisfactorio a base de carne de cerdo.

Existe cierto interés en el empleo de determinadas razas, o de mezclas raciales particulares, como es el cruce con un macho superior de raza pura para la producción de carne porcina con una elevada calidad comestible. Por ejemplo, tanto en América como en Europa ha sido citada la raza Duroc como útil para conseguir una calidad superior en la carne de la descendencia de hembras híbridas Large White × Landrace. La raza goza de reputación por ser robusta y portadora de menos cantidad de hueso, aunque no es tan prolífica como los híbridos de raza White. La raza Duroc presenta una conformación defectuosa en los jamones y puede mostrar tendencia a ser grasa y crecer con más lentitud. Sin embargo, presenta un interesante porcentaje de grasa intramuscular (veteado) que es superior al de las razas White convencionales (2-4% en lugar del 1-2%). Se asegura que esta cantidad extra de grasa en el seno de los haces musculares (con una coloración algo más rojiza) mejora la sapidez, blandura y jugosidad de la carne fresca (aunque no así en la curada o procesada). Aproximadamente, el porcentaje de grasa de veteado en las razas White convencionales es casi igual a 0,1 × (P2), mientras que la relación equivalente para la raza Duroc utiliza un multiplicador de 0,2 × (P2). Si realmente resulta necesario, puede conseguirse una característica similar con otras razas.

Puede haber sido valorada en exceso la posible mejora de la calidad comestible en general al estimular el contenido de grasa intramuscular en cualquier tipo racial. Queda por demostrar que la carne fresca procedente de razas con niveles superiores de grasa intramuscular mejore realmente la calidad comestible. Aunque algunas investigaciones han señalado las ventajas de la grasa intramuscular al mejorar los aspectos correspondientes a jugosidad, sapidez y blandura, otros estudios recientes han sugerido que dicha grasa puede tener una influencia escasa sobre las características de sapidez y blandura en la carne fresca de cerdo.

Quizá estos resultados dispares sean consecuencia bien de diferencias entre distintas poblaciones de una raza, o de diferencias entre los grupos de expertos que valoran la carne de cerdo. Sin embargo, existe un punto de vista cada vez más extendido en favor de que el valor de la raza Duroc puede ser consecuencia más del vigor híbrido y rusticidad que aporta que de su influencia sobre las características de la calidad de la carne. Puede ser que el contenido en grasa de la carne sea manipulado mejor a través de la nutrición que mediante la genética aunque, si bien la nutrición influye fácilmente sobre el contenido total de grasa, la genética actúa principalmente sobre los puntos en que se realiza la deposición de la grasa. Además, resulta aparente la improbabilidad de que en un futuro inmediato se alcancen mejoras óptimas en la sapidez, blandura y jugosidad mediante una selección genética progresiva; más bien estas características de la carne puedan ser mejoradas a través de una elección correcta del pienso, del peso y de la edad en el momento del sacrificio, de la manipulación antes, durante y después del sacrificio y en el despiece, de la maduración y preparación de la carne antes de su consumo.

Los supermercados de las naciones industrializadas disponen actualmente de la máxima cuota de mercado para los productos cárnicos derivados del cerdo. Aplican elementos de calidad adicionales a la magrosidad, sapidez y blandura. En particular, las características expresadas en términos de cantidad y precio han sido sustituidas por aspectos determinados a través de calidad y método de producción. Los compradores de los supermercados abastecen a consumidores preocupados por el bienestar de los cerdos, métodos de explotación, condiciones de alojamiento, reproducción y alimentación de los cerdos, sanidad e higiene en general, carencia de enfermedades específicas, libertad para usar aditivos en los piensos y promotores del crecimiento, prácticas de manipulación de los animales, condiciones del transporte y alojamiento, eficacia del método de aturdimiento, manipulación de la canal y condiciones de los tratamientos y procesado de las canales. Muchos de estos aspectos de la producción de carne porcina son establecidos probablemennte por los productores que desean asegurar una calidad en sus productos que se ajusten a los requisitos de unos determinados supermercados. Mientras, al haberse alcanzado una magrosidad adecuada en muchas poblaciones de cerdos, la atención de los productores se inclina hacia la mejora del sabor y el incremento del valor nutritivo de la carne de cerdo mediante la manipulación de la dieta de sus animales. Este aspecto particular constituye una parcela en vías de desarrollo dentro de la investigación sobre la nutrición de los cerdos.

Conformación y cantidad de carne magra

Algunos tipos de cerdos son más carnosos que otros y presentan una conformación compacta característica. Estos tipos pueden ser portadores, aunque no siempre, del «gene halotano», llamado así porque los animales reaccionan frente al anestésico halotano. Cuando se produce esta asociación, la reacción puede actuar como un marcador de la conformación muscular y de la riqueza en carne magra. Los animales que reaccionan frente al halotano se descubren en niveles diferentes en las poblaciones porcinas (Tabla 2.3) y aparecen diferencias entre las estirpes de las razas. Entre las razas y cruces en que el 40-70% de los cerdos contienen dicho gene, su presencia se asocia con:

- contenido de más carne magra en la canal, sobre el 2,5%;
- rendimiento de la canal superior en el 1% aproximadamente;
- canales unos 10 mm más cortas;
- sobre el 25% de las canales son susceptibles de presentar músculos pálidos, blandos y exudativos (5% de probabilidad en cerdos normales, 25% de probabilidad en cerdos homozigóticos halotano positivos);
- se destetan uno o dos cerdos menos por camada;
- apetito reducido en el 10-20% aproximadamente;
- crecimiento lento en el 10-20% aproximadamente;
- aumento de pérdida de peso de la canal por goteo;
- mayor superficie del músculo *longissimus dorsi* (+ 5 cm^2, para alcanzar 45 cm^2 en el punto P2 al conseguir 90 kg de peso vivo);
- hasta 12 mm más de profundidad del músculo *longissimus dorsi* en el punto donde se coloca la sonda;
- jamones mayores, más redondos y más carnosos (20% de aumento en la puntuación por conformación);
- menos hueso;
- mayor mortalidad en la etapa de crecimiento/finalización (10% frente al 2% en cerdos convencionales).

Tabla 2.3 Incidencia del «gene halotano», y susceptibilidad asociada al estrés, características de carnosidad y compacidad.

«Raza»[1]	*Incidencia (%)*
Large White Duroc Hampshire	0
Landrace noruego Landrace danés Landrace británico Landrace sueco	2-25 (variable según estirpes)
Landrace holandés Large White holandés	20-50 (variable según estirpes)
Landrace alemán Landrace belga Pietrain	70-90 (variable según estirpes)

[1] La definición de raza ya no constituye una descripción adecuada del tipo porcino o de la composición genética. Algunas razas denominadas «Large White», por ejemplo, pueden presentar en la población un porcentaje de individuos halotano positivos. Además muchas «razas» porcinas proporcionadas por empresas que realizan mejora racial tienen diversidad de fuentes genéticas en su composición y no suelen admitir otra definición que la adoptada por el productor. Estas definiciones hacen referencia más a la finalidad del animal, y circunstancias en que deberá ser explotado, que a las razas o genes incluidos en el animal.

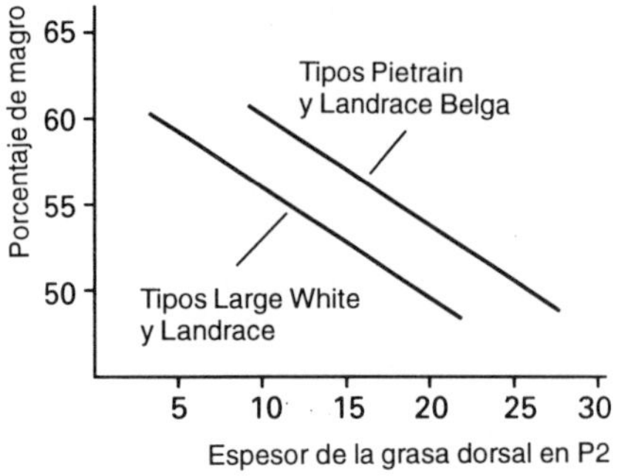

Figura 2.13 Las razas porcinas de tipo carne presentan un mayor porcentaje de carne magra con cualquier espesor de grasa. Su conformación es más compacta y musculosa e inferior el contenido de tejido óseo. Los cerdos de tipo carne que son homozigotes para el carácter compacto presentarán hasta un 4% más de tejido magro con el mismo espesor de grasa. Los heterozigotes con el 50% de este carácter tendrán el 2% más.

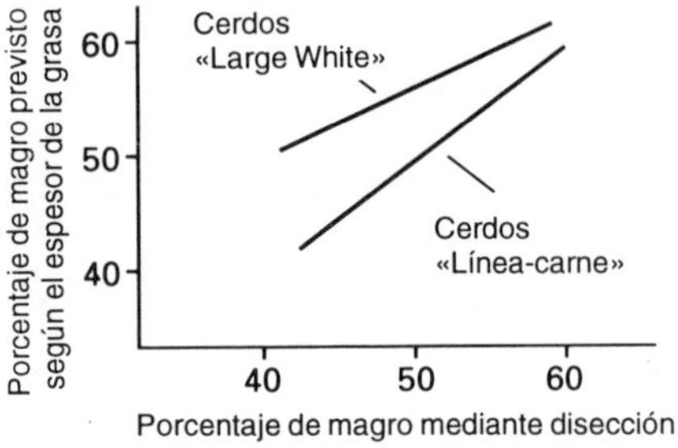

Figura 2.14 Relaciones comparativas entre porcentajes de tejido magro previstos y reales en estirpes porcinas «Large White» y «Meat-line».

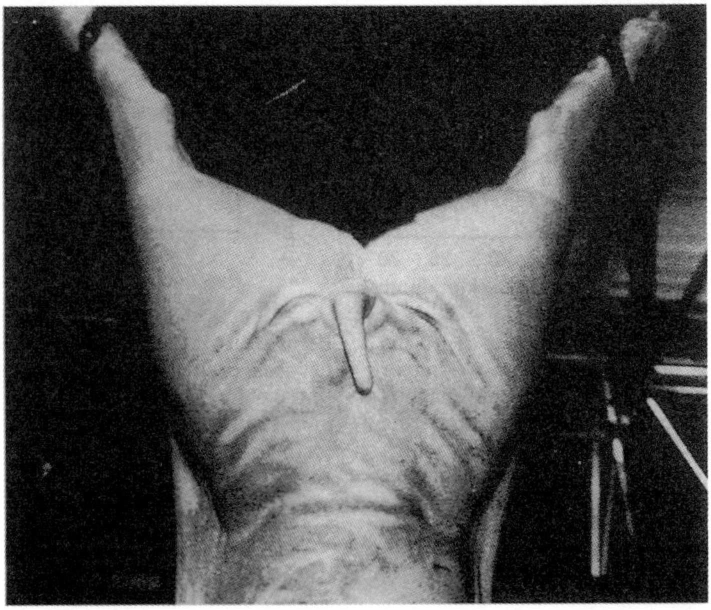

Figura 2.15 Jamones en la canal de un cerdo cruzado «meat-line» de buena calidad.

Los cerdos pura raza Landrace Belga y Pietrain, y muchas estirpes de Landrace Alemán, son superiores a los cerdos Large White al proporcionar hasta un 4% más carne magra (61% frente al 57% en las medias canales, Figura 2.13), un rendimiento de la canal hasta un 3% superior (76% frente al 73%) y menos hueso en la canal y cabezas más pequeñas (el cociente carne magra:hueso es 6:1 aproximadamente frente al 5:1). Como consecuencia de la mayor masa muscular y del menor contenido óseo de la canal, las estirpes de cerdos carnosos presentan un mayor porcentaje de carne magra en sus canales con cualquier espesor de grasa dorsal que las estirpes de cerdos blancos convencionales. En consecuencia, realizando la clasificación en base únicamente al espesor de la grasa dorsal se realizaría una discriminación errónea contra los cerdos magrosos compactos. Cuando

Figura 2.16 Lomos de cerdo. Nótese que el de la izquierda presenta menor volumen muscular que el de la derecha, que es el preferido.

se remiten poblaciones mixtas de cerdos al envasador de carne adquiere especial importancia realizar determinaciones adicionales al espesor de la grasa para realizar una valoración correcta del contenido magro de la canal. Estas determinaciones adicionales deberían ser el grosor del músculo «aguja» y una puntuación mediante valoración visual de la conformación de los jamones. En la Figura 2.14 se pone de manifiesto el riesgo que supone la predicción de los porcentajes de carne magra basándose únicamente en el espesor de la grasa.

Otras características de los cerdos halotano positivos incluyen camadas menores (descenso de un 10-20% en el número de cerdos destetados), tasa de crecimiento más lenta (10-20%) y una tendencia a morir de forma súbita al ser sometidos a estrés (síndrome del estrés porcino; PSS), hecho que sucede al ser cargados para transporte o alojarlos en las cochiqueras de los mataderos.

La conformación característica de las estirpes carnosas (Figura 2.15) es corta y compacta con jamones bien llenos y redondeados; el tercio posterior presenta más una forma de w que de n. La característica de la musculatura compacta se aprecia también claramente en el tamaño del lomo y en la superficie del músculo aguja *(longissimus dorsi)* (Figura 2.16). Con 80 kg de peso vivo, los cerdos pura raza Large White y Pietrain presentarán una superficie del músculo aguja de unos 35 cm^2 y 40 cm^2 respectivamente; con 100 kg de peso vivo las dos razas tendrán respectivamente 45 cm^2 y 55 cm^2. En comparación, algunas razas americanas pueden alcanzar solamente 40 cm^2 en el músculo aguja con 100 kg de peso vivo, que se asociaría con un contenido de carne magra en la canal de tan solo el 53%. Una estrategia de reproducción bien comprobada consiste en obtener una línea de machos heterozigotes mediante el cruzamiento de una hembra halotano negativa con un macho halotano positivo. Posteriormente este macho se emplea para fecundar hembras halotano negativas para producir generaciones destinadas al sacrificio que mostrarán en un elevado nivel los beneficios del gene, y en un bajo nivel sus desventajas. Cada vez parece más posible mantener las características de carnosidad y suprimir los efectos del estrés.

En el momento actual los productores de cerdos muestran una gran actividad y éxito en retener todos los atributos positivos del gene halotano aunque excluyendo los problemas asociados con el propio gene. La selección genética para conseguir jamones de forma redondeada, contenido muscular y amplia superficie del músculo aguja, simultaneada con una selección contra el gene halotano, en cerdos de tipo Large White, está consiguiendo resultados positivos sin la necesidad del riesgo que representa la susceptibilidad al estrés del gene halotano.

Carne de cerdos machos enteros

Los machos enteros son mucho menos grasos que los castrados. En la grasa, los machos (al ser más magros) tienen una mayor porporción de ácidos grasos poliinsaturados que constituyen una característica positiva bajo un punto de vista sanitario. Un macho entero de 90 kg de una estirpe europea mejorada tendrá un 10-12% aproximadamente de lípidos corporales, mientras que el castrado tendrá el 16-18%. Este atributo, unido a un crecimiento más rápido y más eficaz, determina que el macho entero suponga una propuesta atrayente para la producción de bacon y de carne de cerdo. Cuando el coste para la producción de 1 kg de carne magra procedente de machos enteros se considera como 100, el coste equivalente para cerdas jóvenes y machos castrados es de 108 y 116.

En muchos países del mundo no se castran los machos e invariablemente se venden para sacrificio machos enteros de todos los pesos. En otros países son castrados obligatoriamente casi todos los machos. La mayoría de los cerdos macho destinados para carne se venden actualmente enteros en el Reino Unido. Son destinados tanto para la producción de carne fresca como para bacon curado, obteniéndose lonchas cubiertas por la piel con amplios músculos aguja y escaso espesor de grasa. Se considera, con cierta base de evidencia objetiva, que los machos enteros deberán ser sacrificados generalmente con menos de 105 kg si han de ser destinados para carne. Existe una tendencia a nivel mundial hacia dejar sin castrar todos los machos para carne que son sacrificados con menos de 100 kg.

Algunas personas pueden detectar un aroma al cocinar bacon procedente de machos enteros; aunque para algunos esto puede resultar apetitoso, a otros les desagrada la primera vez que lo perciben. Esta característica no se aprecia cuando la carne llega a la mesa, que en este aspecto presenta un aroma similar al del cordero cocinado. Sin embargo, la carne del cerdo semental puede ser portadora también de olores relacionados con la presencia de androstenona y escatol. Estos olores son más probables en los animales más viejos, con más de 110 kg de peso vivo, que han crecido con lentitud. Es muy frecuente que el nivel de androstenona en la grasa de cerdo sea superior a 1,0 mg por gramo de grasa, cuando sucede así algunos consumidores pueden detectar un aroma considerado como «menos agradable» que los olores apreciados normalmente al cocinar la carne. Tanto androstenona como escatol paracen estar relacionados con los machos enteros, y ambos son origen de olores que en algunas ocasiones pueden descubrirse también en las hembras aunque en concentraciones inferiores. El escatol es formado a partir del triptófano por las bacterias del intestino, y parece ser que se incorpora a los tejidos (especialmente a la grasa) con la ayuda de androstenona. Esto explica porqué el olor a escatol es más frecuente en el macho, aunque los científicos que estudian la carne han eliminado totalmente cualquier relación esperada entre los niveles de triptófano en la dieta y el olor a escatol. Aunque los niveles de escatol son superiores en los machos que en las hembras, es raro que el nivel supere el umbral de la percepción humana para el sabor.

En incontables pruebas de consumo realizadas durante muchos años, los jurados de expertos en sabores no han encontrado defectos en el bacon y en los productos de la carne porcina procedentes de machos enteros. En particular, en canales con pesos inferiores a 75 kg puede apreciarse el mismo nivel (muy bajo) de olores intensos en la carne de machos enteros, castrados y de cerdas jóvenes. No se dispone de evidencias claras que demuestren la existencia de diferencias en la calidad comestible o en la aceptación entre los tres sexos, y con frecuencia el consumidor descubre beneficios positivos en el mayor tamaño del músculo aguja y en el reducido contenido de grasa del macho entero. Aunque parece claro que el olor puede proceder de niveles altos de androstenona y escatol, especialmente cuando aparecen juntos, la presentación poco frecuente de este hecho puede ser juzgada por muchos proyectos de investigación sobre el olor a macho semental que no han conseguido demostrar ni incluso su existencia. Actualmente parece ser que los olores inaceptables en la carne pueden asociarse tanto con determinados ingredientes de los piensos (especialmente harinas de pescado ricas en grasa y diversos subproductos de origen animal) como con el sexo. La inclusión de trigo en el pienso parece reducir el contenido de escatol en la carne, mientras que el gluten de maíz puede intensificar el color. Los principales efectos de los ingredientes de los piensos todavía parecen ser consecuencia de la incorporación directa de ácidos grasos de cadena larga de la dieta a la grasa del cerdo, llevando consigo algunos elementos de su grado de insaturación y de olor.

Los machos enteros, al ser mucho menos grasos que los castrados, pueden experimentar algunas desventajas derivadas de una delgadez extrema. Su grasa tiende a ser más húmeda, más blanda y con mayor propensión a dividirse (el macho entero presenta un 20% aproximadamente de agua en la grasa subcutánea, mientras que este contenido es del 15% en la grasa de los cerdos castrados). Estos pequeños problemas pueden evitarse limitando el contenido de grasas insaturadas de la dieta y aumentando los niveles de pienso para evitar una delgadez excesiva. Sin embargo, incluso con igual cebamiento, la grasa de los machos sementales tiende a ser un poco menos consistente que la de las cerdas jóvenes. Los carniceros se quejan de que los cerdos delgados son más difíciles de manipular y de cortar, al ser su carne más blanda; esta es principalmente una característica de la delgadez, aunque los machos enteros parecen ser más propensos que las hembras.

Los prejuicios que manifiestan frecuentemente algunos mayoristas de la carne contra los machos enteros parecen estar relacionados con problemas que aparecen en unos pocos animales que son muy delgados, o en aquellos otros pocos que han crecido lentamente. Los cerdos sementales solamente serán adquiridos por mataderos y manipuladores de carne tras realizar unos contratos muy estrictos con productores conocidos que pueden garantizar un crecimiento rápido e ininterrumpido y que ofrecen elevados niveles de pienso a sus animales en un ambiente sano de producción. Los cerdos que no cumplen con estos criterios mínimos serán retirados del mercado del bacon y de la carne fresca de cerdo y usados en alguna cadena elaboradora de productos cárnicos.

Calidad de la canal y estándares de categorización

Las canales del cerdo pueden trocearse de muchas formas diferentes, de acuerdo con una gran variedad de tajos con hueso y de productos sin hueso que se obtienen del cerdo. El despiece primario puede seguir un esquema como el que aparece en la Figura 2.17. Aunque una característica de la canal porcina consiste en que el valor de los tajos no difiere según su situación en el cuerpo tal como sucede en el vacuno y ovino, debido a su menor gradiente de blandura, aunque las partes más valiosas se encuentran en las regiones del lomo (dorso posterior) y en el jamón.

La composición química del cuerpo vacío de un cerdo macho entero para carne de 100 kg con un espesor de la grasa dorsal en P2 de 10 mm será aproximadamente del 67% de agua, 17% de proteína, 13% de lípidos y 3% de cenizas. La composición física en términos de músculo, grasa, hueso, vísceras y otros productos aparece en la Figura 2.18.

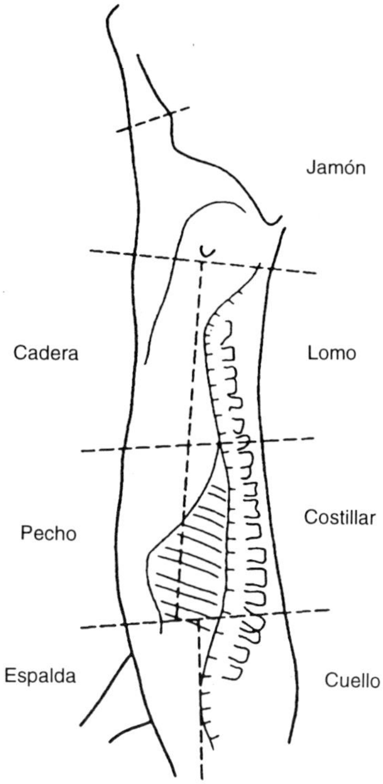

Figura 2.17 Una de las muchas formas de cortar una canal porcina.

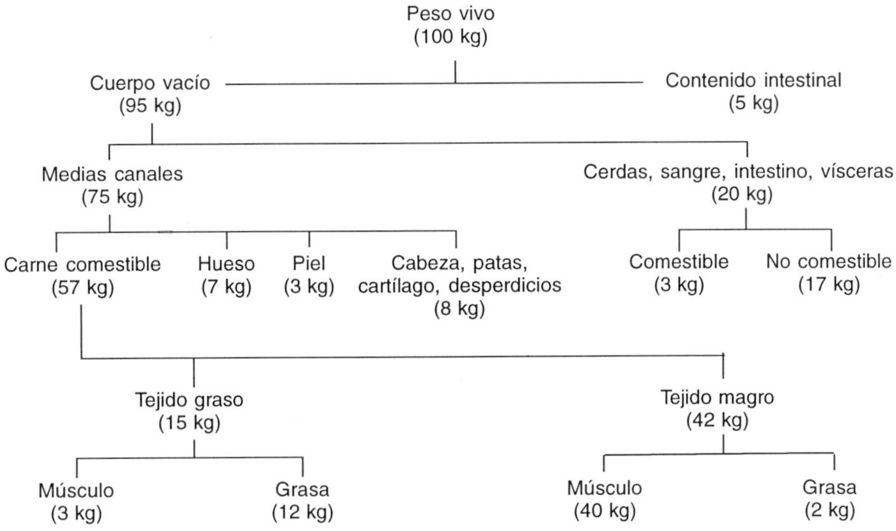

Figura 2.18 Composición física de un cerdo para carne macho entero de buena calidad con 10 mm de espesor de grasa en P2.

Generalmente el precio pagado por las canales porcinas se basa en su peso, ajustado mediante una determinación de la calidad de la canal, según se define en el plan de categorización.

Los planes individuales de categorización pueden contener muchos o pocos criterios. Cuanto mayor sea el número de criterios, mayor será la probabilidad de que una canal considerada aceptable en base a un criterio sea considerada inaceptable en base a otro. En la Tabla 2.4 se incluyen algunos ejemplos de criterios. Los estándares correspondientes al cebamiento excesivo pueden ser enfrentados con los correspondientes al cebamiento insuficiente. Unos niveles mínimos de grasa (con frecuencia sobre 8 mm en P2) son precisos para la calidad comestible de la carne magra así como para ayudar a mantener la calidad de la propia grasa. En algunos planes un factor único, tal como el nivel de cebamiento,

Tabla 2.4 Ejemplos de criterios para la categorización de las canales porcinas.

Peso de la canal (kg)	«Carne de cerdo» 60 «Bacon» 60-80 «Elaboración» > 80	
Espesor de la grasa (mm)	P2 P1 + P3 Línea media en: Grasa del jamón	 mitad del dorso lomo espalda
Espesor del músculo (mm)	Localización P2 Localización mitad del dorso Jamón	
Longitud (mm)	Canal	
Conformación (visual o puntuación objetiva)	Jamones Superficie músculo de los lomos Conformación músculo de los lomos	
Distribución de los tajos	Espaldas/jamones/lomos/vientre	
Sexo	Macho entero/hembra/castrado	
Calidad del músculo	PSE DFD Color Sabor Jugosidad Textura Blandura Olor	
Calidad de la grasa	Húmeda Consistente Color Tendencia a dividirse Sabor Olor Textura	

puede constituir el control principal para determinar el valor y el dinero abonado al productor. Con frecuencia, criterios con una importancia considerable para la calidad de la canal, tales como la calidad de la carne magra y de la grasa, pueden no ser incluidos en los estándares de categorización y en los planes de pago. En algunos lugares se establece un precio único para la canal con independencia de la calidad o categoría alcanzada, mientras que en otros lugares el pago se efectúa estrictamente por kg de carne magra producida. Para algunos tipos de producción de carne, la raza del cerdo y los métodos de cría y de alimentación son los criterios vitales de la calidad. Para otros, tales como para la producción de jamones italianos tipo Parma, la primera necesidad consiste en que el peso del jamón sea de 12 kg; de hecho, que el peso vivo del cerdo sea de 160 kg o superior.

Cuando el peso vivo es el único determinante efectivo para el precio recibido por el productor, la industria tiende hacia una baja eficacia y el producto tiende a presentar una escasa calidad, no existiendo incentivos alternativos. Algunos aspectos de la comercialización porcina en América han funcionado de esta forma hasta épocas bastante recientes. Puede afirmarse que la demanda de los ganaderos europeos para una mayor eficacia, y la demanda de los consumidores europeos de carne de cerdo para que se produzcan cerdos menos grasos, han determinado la creación de las modernas estirpes mejoradas genéticamente de cerdos híbridos europeos que actualmente se destinan para la producción de carne a nivel mundial. Dicha demanda no fue considerada en su momento por los ganaderos de América que pagaban menos por el pienso de sus cerdos, y cuyos consumidores eran principalmente comedores de carne de vacuno y, en consecuencia, no se preocupaban por los aspectos de la calidad de la carne de cerdo.

Como ha sucedido tradicionalmente con el ganado vacuno y ovino, la conformación del cerdo vivo, o de la canal del cerdo, puede ser importante como criterio de la calidad de la canal. La amplitud de la musculatura a ambos lados de la columna vertebral y la redondez del jamón son consideradas con frecuencia los indicadores del contenido de masa muscular magra. En algunas razas de cerdos, sin embargo, la redondez del jamón y la amplitud de la conformación indican simplemente cebamiento. Aunque cuando aparecen estas características en las razas y estirpes europeas de cerdos para carne, puede existir realmente una relación muy positiva entre la conformación del cerdo y su contenido en carne magra. Estas importantes diferencias en la interpretación correcta de la conformación de los diferentes genotipos solamente pueden ser independizadas mediante la medición objetiva de la masa muscular magra (así como mediante la medición del espesor de la grasa). El porcentaje de carne magra puede ser determinado razonablemente de una forma objetiva y directa a partir del espesor de la grasa y del músculo en la región media del dorso, por ejemplo en las proximidades de la posición P2 (Figura 2.8). Actualmente puede disponerse de sistemas automatizados que miden la conformación, realizando simultáneamente sondeos en muchos puntos diferentes de la región dorsal y sobre el jamón para determinar el espesor de la grasa y de la carne magra. El mismo equipo es probable que sea capaz de realizar determinaciones automáticas del color y pH del músculo. La posible existencia de olores como los provocados por el escatol requieren bien el olfato humano, tras la aplicación de un alambre caliente sobre la grasa, o de técnicas complejas de análisis químico *in situ.*

Cuando la categoría de la canal se basa únicamente en el espesor de la grasa, puede no ser recompensada adecuadamente la buena conformación de la canal.

Tabla 2.5 Predicción del contenido de carne magra en los cerdos con diferentes espesores musculares.

Peso de la canal	*Espesor de la grasa (mm P2)*	*Espesor del músculo (mm P2)*	*Porcentaje previsto del contenido de la carne magra*	
			Sólo por espesor de la grasa	*Por espesor de la grasa y del músculo*
64	13	60	55	58
66	12	64	57	59
67	12	52	57	57

Ver también MLC (1990) *Pig yearbook*, MLC., PO Box 44, MK6, 1AX, Reino Unido.

Con el mismo espesor de grasa los tipos raciales especializados para producir carne es probable que proporcionen más carne magra que los tipos raciales convencionales Large White y Landrace. En consecuencia, aunque algunos tipos de cerdos con una excelente conformación pueden contener un mayor porcentaje de carne magra en la canal, al ser estos animales más grasos en el punto P2 son susceptibles de ser incluidos en una categoría inferior. La importancia de la medición del espesor muscular, además de la determinación de la grasa para una predicción eficaz y objetiva del porcentaje de carne magra en la canal de poblaciones de cerdos mixtos, se pone de manifiesto en la Tabla 2.5. Con igual espesor de grasa en P2, los tipos porcinos halotano positivos homozigotes puede calcularse que contienen un 4% más carne magra que los tipos Large White (según se aprecia en la Figura 2.13).

La mayoría de los estándares de categorización y planes de pago se basan en el cebamiento (con frecuencia en forma de espesor de la grasa dorsal en el punto P2, Figura 2.8), dentro de una determinada banda de pesos. Un plan puede, por ejemplo, limitar el peso de la canal con la cabeza entre 60 y 75 kg y abonar un premio en el precio a los cerdos con menos de 12 mm de grasa en P2, e imponer una penalización en el precio máximo para cerdos con más de16 mm. Planes equivalentes podrían hacer referencia a las canales porcinas con pesos inferiores a 60 kg, y a canales con pesos superiores a 75 kg (Tabla 2.6). Los planes de categorización progresiva que usan el espesor de la grasa como criterio de valoración no aplican relaciones conocidas entre cebamiento y rendimiento de carne magra, y el plan de categorización de la CE ayuda a mejorar esta situación al presentar cada clase en términos de porcentaje de carne magra en la canal (Tabla 2.7). El porcentaje de carne magra puede predecirse mediante ecuaciones con distintos grados de complejidad y eficacia. Una predicción simple del porcentaje de magro en la media canal sería:

$$\text{Porcentaje de carne magra en la media canal} = 68 - 1{,}0\ \text{P2} \qquad \textit{(Ecuación 2.1)}$$

o:

$$\text{Porcentaje de carne magra en la media canal} = 65{,}5 - 1{,}15\ \text{P2} + 0{,}076\ \text{peso de la canal} \qquad \textit{(Ecuación 2.2)}$$

Tabla 2.6 Ejemplos de planes de categorización escalonada para pesos de la canal porcina de 55 y 80 kg con énfasis sobre el contenido de carne magra.

Espesor de la grasa en P2 (mm)	*Precio/kg de canal (% del precio medio)*[1]
Peso de la canal 50-60 kg	
< 8	120
8-12	110
12-16	100
> 16	80
Peso de la canal 75-85 kg	
< 10	90[2]
10-14	120
14-18	100
> 18	80

[1] El precio medio para canales porcinas de 60 kg sería probablemente un 10-20% superior que el de canales con pesos de 80 kg dependiendo de la demanda del mercado local para ambos tipos de canales.
[2] Nótese que la imposición de un mínimo así como también de un máximo para el engrasamiento puede reducir los problemas asociados con el exceso de carnosidad.

Tabla 2.7 Plan de categorización de la Comunidad Europea basado en el porcentaje de carne magra.

Porcentaje de carne magra en la canal[1]	*Categoría CE*	*Porcentaje de cerdos del Reino Unido en cada clase de la CE (1990)*
> 60	S	17
55-59	E	58
50-54	U	21
45-49	R	3
40-44	O	1
< 40	P	

[1] Los porcentajes de carne magra pueden establecerse mediante acuerdos y ecuaciones, por ejemplo:

Estimación mediante medición con sonda Intrascope del espesor de la grasa en P2:

Carne magra % = 65,5 – 1,15 P2 + 0,076 W_c
siendo W_c el peso de la canal

Estimación mediante mediciones con sonda Hennessy:

Carne magra % = 62,3 – 0,63 P2 – 0,49 Grasa de la costilla + 0,14 Espesor músculo de la costilla + 0,022W_c

Ecuaciones válidas con un margen para W_c = 30-120 kg

Las mediciones que incluyen el espesor del músculo de los lomos valoran con mayor exactitud a los cerdos que presentan una conformación superior.

La mayoría de los cerdos del Reino Unido con pesos de su canal correspondientes a 65-70 kg presentan una medición en P2 de 12 mm o menos. Sin embargo, en otras muchas partes del mundo, particularmente en aquellas donde no son explotados los híbridos europeos mejorados, todavía pueden encontrarse cerdos cuyas canales presentan un espesor de la grasa en P2 superior a 20 mm.

Los planes de categorización progresiva, tales como los descritos en las Tablas 2.6 y 2.7, no obtienen la ventaja inmediata que supone el cálculo de la cantidad absoluta de carne magra derivado del conocimiento del porcentaje estimado de magro en la media canal y del peso de la canal. Sería más lógico que los planes de pago fuesen de naturaleza continua en lugar de progresiva, y basados en la cantidad absoluta de carne magra producida. A través de la pauta del crecimiento natural del cerdo se deduce que los animales más ligeros dentro de cualquier banda de pesos presentan un menor espesor de grasa. Así, según se incrementa el valor potencial de la canal al aumentar su peso, también se incrementa la probabilidad de que descienda su categoría debido a un exceso de grasa. La consecuencia (injusta) se traduce en un descenso en el precio pagado por cada uno de los kilogramos de carne magra que proporciona, aunque la masa total de carne magra, por supuesto, sería mayor. La naturaleza progresiva del propio plan resulta aún más ilógica. Mientras que una canal de 80 kg con 10 mm en P2 puede ser de hecho valorada un 20% más que otra con 15 mm en P2 (Tabla 2.6), no resulta lógico que se mantenga la misma diferencia del 20% para 1 mm de diferencia entre 13,5 y 14,5 en P2. Estas contradicciones mejorarían mediante un plan de categorización que pagase por cada kg de carne magra producida. En un determinado tipo racial esto podría calcularse, según se ha descrito anteriormente, conociendo el peso de la canal y midiendo el espesor de la grasa dorsal en P2. Calculado el porcentaje de carne magra en la media canal, podría establecerse un plan de pago como el indicado en la Figura 2.19. La pendiente de la línea resulta crítica para el coste-beneficio de la producción de cerdos más magros, y dicha pendiente puede tener que representar un aumento del 2% en el precio pagado por kg de canal por cada incremento de una unidad en el porcentaje del contenido de carne magra.

La determinación efectiva del porcentaje de carne magra requiere, sin embargo, no sólo el conocimiento del grado de cebamiento, sino también el conocimiento de la masa de músculo magro.

Aunque las predicciones según la fórmula, «Porcentaje de carne magra = k – nP2», siendo k un valor próximo a 70 y n alrededor de la unidad, pueden ser

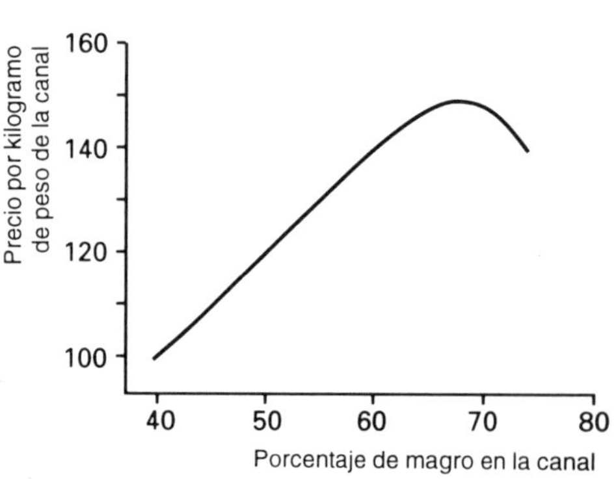

Figura 2.19 Plan de pago basado en el porcentaje de carne magra y precio abonado por kilogramo de peso de la canal. El contenido magro de la canal ha sido calculado según el espesor de la grasa o el espesor de la grasa + el músculo. El plan supone un estímulo para la magrura aunque sin sobrepasar un nivel óptimo.

adecuadas para tipos raciales Large White, o en el seno de unas determinadas poblaciones porcinas, la ecuación no resulta beneficiosa para las estirpes de cerdos con más cantidad de carne magra con cualquier determinación en P2. Si solamente se dispone de las determinaciones del espesor de grasa en P2, una ecuación más universal puede ser, «Porcentaje de carne magra = $bP2^{-k}$», siendo k 0,21 aproximadamente e indicando b el grado de conformación compacta de la estirpe del cerdo, valor que oscila entre 90 para las razas Large White y Landrace sin mejorar y 100 para los tipos raciales puros Pietrain y Landrace Belga.

Aunque la conformación puede constituir una orientación útil para mejorar las predicciones sobre el contenido de carne magra realizadas inicialmente en base al cebamiento, es susceptible de inducir a errores por su aspecto subjetivo y, por supuesto, a errores graves cuando un jamón redondeado no se asocia con masa muscular sino más bien con cantidad de grasa. La masa de carne magra solamente puede ser determinada de forma real y eficaz mediante una combinación de mediciones de los contenidos de grasa y de carne magra. Esto resulta útil si se mide también el espesor del músculo, generalmente con una sonda (ver Figura 2.8), y el empleo de ecuaciones para predicción tales como:

Porcentaje de carne magra en media canal = 59 – 0,90 espesor de grasa en P2 + 0,20 espesor del músculo aguja

(Ecuación 2.3)

Tabla 2.8 Ejemplo de un plan de categorización escalonada para cerdos de 100 kg de peso vivo, dando prioridad a la conformación de los jamones.

Espesor de la grasa dorsal en la línea media (mm)	*Puntuación para la conformación del jamón (1-3)*	*Categoría asignada a la canal (1-5)*
10-20	1	1
10-20	2	2
10-20	3	3
20-30	1	1
20-30	2	2
20-30	3	4
30-40	1	2
30-40	2	4
30-40	3	5

Puntos para la conformación del jamón:

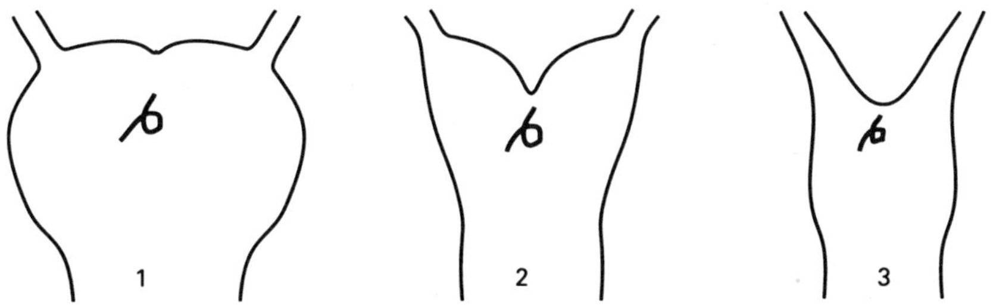

Un cerdo con 10 mm de grasa en P2 y 55 mm de espesor muscular se calcula que contiene, mediante la aplicación de esta ecuación, el 61% de carne magra. Un cerdo de peor calidad con 45 mm de espesor muscular y 20 mm de grasa en P2 se calcula que contendría el 50% de carne magra en la media canal. Las canales con más del 65% de carne magra pueden ser juzgadas como excesivamente magrosas y propensas a que disminuya la calidad del músculo.

Estas sutilezas como son la predicción exacta de la carne magra de la canal no se consideran necesarias en muchos países en los que se considera que la conformación, juzgada mediante apreciación visual, cubre todos los criterios precisos para determinar la calidad de la canal y de la carne. Así la Tabla 2.8, típica para zonas de España, pone de manifiesto la importancia de la conformación del jamón dentro de unas categorías relativamente amplias de engrasamiento.

Rendimiento de la canal: porcentaje al sacrificio (%)

El peso de la canal de un cerdo suele oscilar entre el 70 y el 80% de su peso vivo. La pérdida está constituida principalmente por sangre y órganos internos, según se indica en la Figura 2.18. El peso de la canal del cerdo incluye convencionalmente la cabeza, las patas, la cola y la piel.

En los cerdos el contenido intestinal suele ser aproximadamente el 5% de su peso vivo, siendo algo mayor con dietas ricas en fibra debido a los elevados contenidos de digesta tanto en ciego como en colon, y a la cantidad de agua adicional que atrae la presencia de fibra hacia la luz intestinal.

El rendimiento de la canal es menor en los verracos que en las hembras o en los machos castrados, debido principalmente a la eliminación de los testículos y, en el caso de machos viejos, a la necesidad de tener que eliminar una mayor cantidad de tejido cartilaginoso en la porciones delanteras.

La distancia recorrida durante el transporte y el tiempo transcurrido desde la salida de la explotación y el momento del sacrificio ejercen efectos aditivos, cada uno, sobre el rendimiento de la canal, principalmente como resultado del estrés y alteración a que se ven sometidos los animales, que provocan una pérdida progresiva de agua corporal y en consecuencia canales «más secas» en el punto de sacrificio. Rendimientos de la canal superiores al 75% son difíciles de alcanzar si los cerdos son transportados a distancias muy superiores a 100 km y el tiempo pasado entre la salida de la explotación y el aturdimiento es muy superior a 6 horas. La colocación de pulverizadores de agua y bebederos, y la recepción satisfactoria y alojamiento en buenas instalaciones en el matadero, pueden ayudar a mantener el rendimiento de la canal aunque sus efectos positivos tienden a ser limitados.

Los principales factores que influyen sobre el rendimiento de la canal son peso vivo, engrasamiento y genotipo. Con pesos vivos de 50-60 kg, el porcentaje al sacrificio puede ser con frecuencia ligeramente superior a 70, mientras que con pesos vivos de 100-120 kg pueden ser posibles valores que se aproximan al 80%. Existen dos razones para esto: (i) la canal crece relativamente más rápidamente que el intestino y este último, en consecuencia, representa una proporción progresivamente menor del animal en conjunto según amenta su tamaño; (ii) los animales más pesados tienden a necesitar más grasa, y los rendimientos de las canales de los animales más engrasados son mejores que los de los animales más magros a cualquier peso. Esto último es consecuencia de que en los cerdos las dos terceras partes de la grasa se depositan subcutáneamente y algo menos de una tercera parte se elimina posteriormente con los órganos internos.

Los rendimientos al sacrificio (Rs) pueden calcularse para cerdos de tipo Large White y Landrace, siendo iguales todos los restantes factores, mediante ecuaciones como:

$$Rs\% = 66 + 0,09\ W + 0,12\ P2$$

(Ecuación 2.4)

siendo W el peso vivo y P2 el espesor de la grasa dorsal (mm).

Las ecuaciones para calcular el porcentaje del rendimiento al sacrificio tienden a no ser universales, según puede deducirse del estudio anterior sobre los beneficios del gene halotano. Los cerdos del tipo Pietrain y Landrace Belga alcanzarán rendimientos al sacrificio un 2% superiores que los cerdos del tipo Large White y Landrace. Las causas probables de esta mejora son una menor porporción de vísceras por unidad de peso vivo y una tendencia a presentar una mayor proporción de la grasa corporal total en los depósitos subcutáneos. Los cerdos que tienen menor tamaño al ser adultos alcanzarán, con un determinado peso, un mayor grado de maduración. La proporción de intestino con respecto a la canal será menor que en los tipos que alcanzan la madurez siendo más pesados, y el rendimiento al sacrificio será superior

Elección del peso y engrasamiento de la canal

La relación positiva entre engrasamiento y peso indicaría que el peso correcto de sacrificio para sexos y estirpes con tendencia a ser más grasos correspondería al más ligero que se adaptase a las exigencias del mercado, mientras que para sexos y tipos raciales que son naturalmente más magros sería el más pesado que se adaptase al mercado. Es propio de las tácticas de producción que, a menos de estar controlado, el engrasamiento será más rápido que las ganancias de peso corporal, ya que el engrasamiento se acelera con una rapidez desproporcionada. Esto queda bien explicado mediante la predicción del contenido de grasa subcutánea (kg) (Y) a partir del peso de la canal (X) en una población de cerdos:

$$Y = 0,0002X^{2,54}$$

(Ecuación 2.5)

La masa total de proteína (Pt) se acumula con un velocidad ligeramente inferior que el peso vivo y con una rapidez claramente menor que la deposición de grasa en P2. Así, para grupos de cerdos no mejorados y bien alimentados con cereales, sacrificados en Edimburgo con pesos vivos de 20-220 kg (LW) en el inicio de la década de los setenta:

$P2 = 0{,}149\ LW^{1{,}093}$ (exponente >1; ganancias en P2 relativamente más rápidas que las correspondientes al peso vivo)

(Ecuación 2.6)

$Pt = 0{,}192\ LW^{0{,}941}$ (exponente < 1; ganancias de proteína relativamente más lentas que las de peso vivo)

(Ecuación 2.7)

$Pt = 1{,}33\ P2^{0{,}788}$ (exponente mucho <1; ganancias de Pt relativamente mucho más lentas que las de grasa en P2)

(Ecuación 2.8)

Aunque es clara la norma de que los cerdos más pesados son invariablemente más grasos que los cerdos ligeros, y que el peso de la canal aumenta según lo hace el espesor de la grasa, la relación no es tan fuerte en los genotipos modernos con menor engrasamiento y mayor tamaño al ser adultos.

1980 (sin mejorar) P2 (mm) = 0,38 peso canal con cabeza – 10

(Ecuación 2.9)

1990 (mejorados) P2 (mm) = 0,15 peso canal con cabeza + 2,0

(Ecuación 2.10)

Ésta es una consecuencia lógica del cerdo mejorado moderno que alcanza un menor grado de maduración fisiológica y una menor proporción del peso final con un determinado peso de sacrificio.

Mediante la aplicación de las técnicas de ecografía para la medición del engrasamiento de la canal en el animal vivo, los cerdos podrían ser sacrificados, si fuese preciso, con cualquier determinado espesor de la grasa en P2. Aunque el poner como objetivo para la venta un determinado margen de espesor de la grasa dorsal puede ser antagónico al objetivo de vender con un determinado margen de peso; y cuanto más estrechos sean estos márgenes más difícil será alcanzar ambos de forma simultánea.

El engrasamiento se considera como distribuido normalmente en toda la población porcina. No obstante, según disminuye el engrasamiento medio, también desciende la posibilidad de una distribución normal y aumenta la falta de simetría (Figura 2.20). Dadas las distribuciones biológicas del engrasamiento correspondiente al peso con una determinada edad, suele ser frecuente que sea mayor el beneficio para el productor que vende en fechas preseleccionadas en lugar de intentar alcanzar unos estándares arbitrarios y estrechos para peso y engrasamiento. Tales beneficios comerciales se alcanzarían de una forma particularmente fácil si fuese efectiva la integración entre los productores y las organizaciones de minoristas.

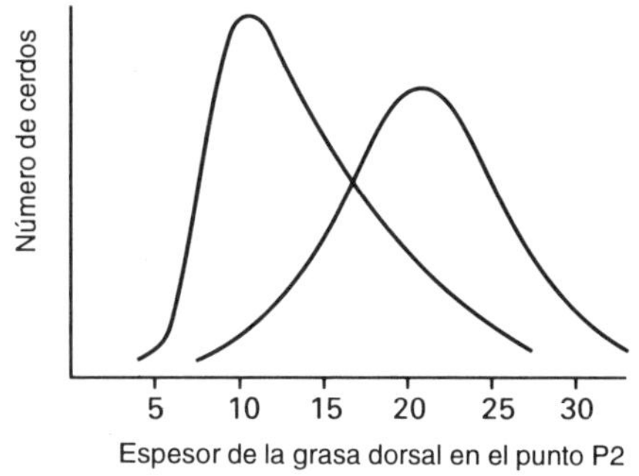

Figura 2.20 La distribución del espesor de la grasa dorsal en la población porcina ha sido progresivamente más sesgada según se ha reducido el espesor medio de la grasa.

Actualmente, la mayoría de los cerdos son sacrificados con unos márgenes de peso vivo de 90-120 kg, y el peso de la canal con cabeza es aproximadamente el 75% del peso vivo. Determinados mercados solicitan el sacrificio con pesos inferiores y superiores al margen convencional (tales como el cerdo ligero para carne fresca en un extremo, y el muy pesado para la preparación de jamones curados de forma natural y lenta en el otro extremo). Con el incremento experimentado por los modernos cerdos selectos en su tamaño cuando alcanzan la madurez, y con su mejora genética hacia un crecimiento más rápido y obtención de mayores porcentajes de carne magra en la canal, existe una tendencia natural (y necesaria) para realizar su sacrificio con pesos superiores. La norma europea actual consiste en sacrificar con un peso vivo de 110 kg aproximadamente.

La necesidad de limitar las distancias de transporte desde el punto de producción hasta el de sacrificio limitará las oportunidades en la elección de envasadores de carne, aunque localmente suele existir una variedad de planes de categorización y de precios que permitirá realizar una elección óptima. Aunque al atenerse a un determinado plan, la elección de las tácticas de producción puede resulta incluso más vital que cuando puede disponerse de varios planes de comercialización. Los cerdos pueden cebarse a voluntad hasta alcanzar los límites establecidos para el peso de la canal e, igualmente, conseguir a voluntad los límites de engrasamiento descritos (todo esto acompañado con las correspondientes penalizaciones y bonificaciones). Por ejemplo, puede resultar más rentable admitir una reducción en el precio por kilogramo con un mayor peso del cerdo en el punto de venta.

Según aumenta el peso de sacrificio disminuye el coste por unidad de producto debido a que los costes fijos (especialmente los derivados del mantenimiento de la piara de reproductores) se aplican sobre una mayor cantidad de kilos de canal vendidos. Esta tendencia se ve favorecida también por el hecho de que los intestinos experimentan un crecimiento proporcionalmente más lento que el cuerpo del cerdo en conjunto, determinando así que mejore el rendimiento de la canal al aumentar el peso de sacrificio (Figura 2.21). Sin embargo, según aumenta el peso es probable que también suceda así con el engrasamiento (Figura 2.22) y, en consecuencia, la canal descienda de categoría. La reducción del peso al expedir los animales suele ser un procedimiento eficaz para reducir la grasa y mejorar los ingresos al conseguir las canales una categoría superior.

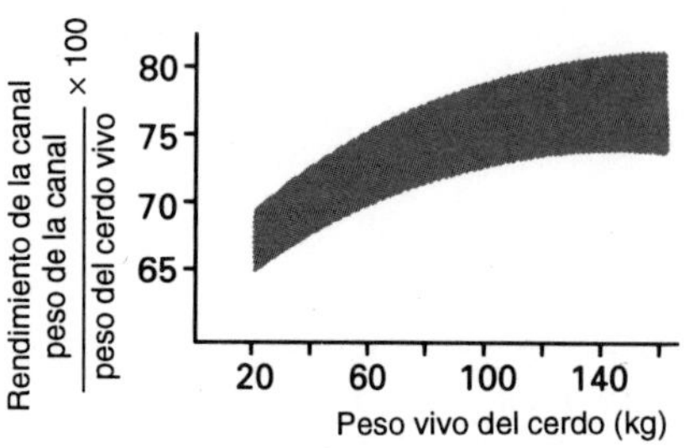

Figura 2.21 Mejora del rendimiento de la canal con el incremento del peso vivo.

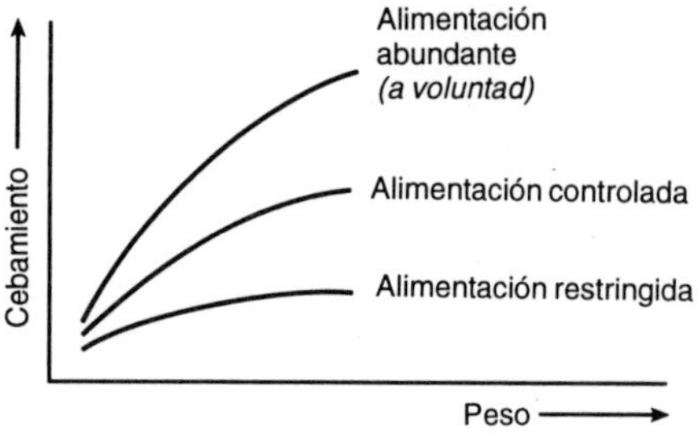

Figura 2.22 Según crece el cerdo aumenta su engrasamiento. La intensidad de esta relación depende del nivel de alimentación.

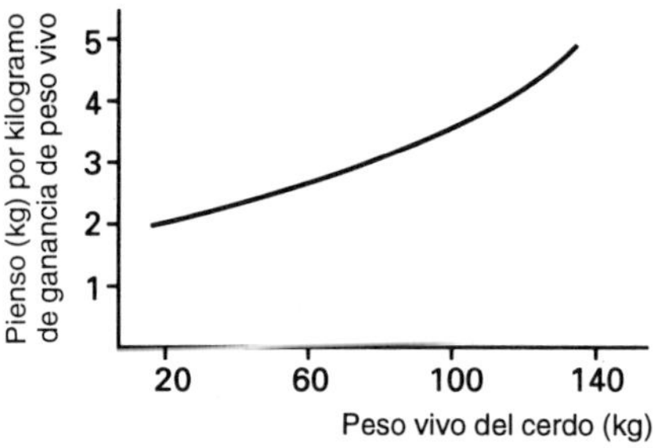

Figura 2.23 Empleo instantáneo del pienso por kilogramo de ganancia de peso vivo en cerdos sometidos a crecimiento.

Tabla 2.9 Influencia del peso al sacrificar sobre los costes de producción de 1 kg de canal porcina (todos los costes corresponden a 100 kg de peso vivo).

Peso vivo del cerdo (kg)	*Peso de la canal (kg)*	*Costes fijos por kg de la canal*	*Costes del pienso por kg de canal*	*Costes totales por kg de canal*
50	35	188	58	125
75	55	133	75	104
100	75	100	100	100
125	95	88	167	101
150	117	83	150	113

Los mayores pesos en el momento del sacrificio se asocian también con un descenso en el índice de conversión del pienso (Figura 2.23). Esto se debe parcialmente al efecto del engrasamiento, (1 kg de ganancia de grasa requiere unas tres veces más pienso que la ganancia de 1 kg de carne magra), aunque en las estirpes de cerdos magros se debe principalmente al efecto del mantenimiento, que representa una coste añadido no productivo. Un cerdo en crecimiento de 70 kg de peso vivo destina unos 0,75 kg de pienso tan sólo para mantenimiento mientras que con 120 kg de peso el pienso destinado a mantenimiento se eleva hasta 1,25 kg. El coste por kg de carne de la canal, según las condiciones establecidas en la Tabla 2.9, parece ser mínimo cuando el peso de la canal es de 70-80 kg aproximadamente. En general, la tendencia es que aumente de año en año el peso considerado como óptimo. Las reducciones en los costes variables (pienso) en relación con los costes fijos forzarán subidas en los pesos óptimos. Si deben sacrificarse cerdos de pequeño tamaño, solamente puede conseguirse una rentabilidad en su producción si los mayores costes de producción son compensados adecuadamente por unos mayores ingresos por kilogramo.

Los factores que interactúan sobre el peso óptimo de sacrificio son muy numerosos, variables y altamente dependientes de la fluctuación de las condiciones del mercado. Son aspectos particularmente importantes los costes en el momento del destete, los costes del pienso y el precio recibido por kilogramo de canal. La mejor forma de alcanzar resultados óptimos se logra mediante la ayuda de algún proceso para toma de decisiones calculado con ordenador y asociado con técnicas de modelos para la predicción de respuestas.

Aunque el engrasamiento puede originar una merma de ingresos por kilogramo producido de canal, el beneficio óptimo no siempre es sinónimo de precios bonificados y máxima magrura. Los beneficios derivados de sacrificar cerdos con mayores pesos pueden ser superiores a las consecuencias negativas del mayor cebamiento de los cerdos, que puede ser mejorado en cualquier caso mediante una alimentación controlada tal como se describe en la Tabla 2.10. La intensidad del control que debe aplicarse sobre el consumo de pienso depende mucho del plan de categorización y de la penalización impuesta al engrasamiento. En muchas circunstancias estas penalizaciones son inadecuadas para disuadir a que los productores opten por un sistema de bajos costes de producción (pienso de menor calidad), pesos elevados de sacrificio y cerdos engrasados. Los grupos mixtos constituidos por machos enteros y hembras alimentados mediante consumo *voluntario* determinarán que las hembras sean más grasas que los machos. Los niveles de grasa pueden reducirse controlando la alimentación, aunque se recortará la tasa y la eficacia del crecimiento de los machos. Una vez se asegura la obtención de un beneficio suficiente al reducir los niveles de engrasamiento en las hembras, parece estar justificado el control del consumo de pienso; en caso contrario puede estar realmente contraindicada cualquier acción encaminada a mejorar la categorización de las canales. Al igual que para seleccionar el peso de sacrificio, la complejidad que supone alcanzar un nivel óptimo de engrasamiento impone la toma de decisiones con ayuda de computadora si quiere determinarse la solución correcta. Los conjuntos de tablas estandarizadas para conseguir niveles óptimos de peso y de engrasamiento en el momento del sacrificio más bien oscurecen que aclaran las ideas.

Tabla 2.10 Niveles de alimentación precisos para prevenir un engrasamiento excesivo y la producción de canales inaceptablemente engrasadas.

	Machos enteros	*Hembras*	*Machos castrados*
Estirpes mejoradas	*A voluntad*[1]	*A voluntad*[1]	Ligera restricción
Estirpes comerciales	*A voluntad*[1]	Ligera restricción	Restricción media
Estirpes utilidad	Restricción ligera	Restricción media	Restricción ligera

[1] Muchas estirpes «mejoradas» de cerdos han sido obtenidas para producir carne magra mediante selección para apetito reducido.

Problemas de variación

En cualquier sistema de producción existe variación; cuanto peor se maneja el proceso de producción, mayor es la variación. En la Figura 2.24, tanto la explotación A como la B alcanzan los mismos espesores medios de grasa dorsal en P2, aunque la escasa variación de la explotación A determinará que sean relativamente pocos los cerdos demasiado delgados o excesivamente engrasados y, que proporcionalmente, sea mayor el número de los que se aproximan a la media. Si se abonan precios bonificados para los cerdos con espesores de grasa entre 10 y 14 mm, entonces a pesar de que en ambas explotaciones es idéntico el espesor medio de la grasa dorsal en P2, la explotación A será mucho más rentable, con menor número de canales de baja calidad que la explotación B. Las causas comunes de una mayor variabilidad son enfermedades, manejo deficiente de la alimentación y malos alojamientos.

Las dificultades adicionales son mayores cuando debe alcanzarse simultáneamente más de un estándar de calidad. Con frecuencia se aplican cuatro determinaciones para categorizar las canales:

- peso de la canal;
- engrasamiento de la canal;
- conformación de la canal;
- calidad de la carne.

La conformación y la calidad de la carne dependen principalmente del tipo de cerdo, y de los medios de que dispone el matadero para manipular a los animales y su carne; mientras que el engrasamiento y el peso de la canal pueden ser controlados a corto plazo por el productor. Dados unos márgenes de peso de la canal correspondientes, por ejemplo, a 70-80 kg, y un engrasamiento máximo de 14 mm en P2, es más probable que sean clasificadas en una categoría más baja las canales en el extremo superior de la banda de pesos que en inferior, porque al ser más pesados los cerdos también son más engrasados. Aunque los cerdos suelen ser pesados individualmente antes de salir de la explotación, en pocas ocasiones se determina el espesor de su grasa dorsal. Existe una presión creciente en con-

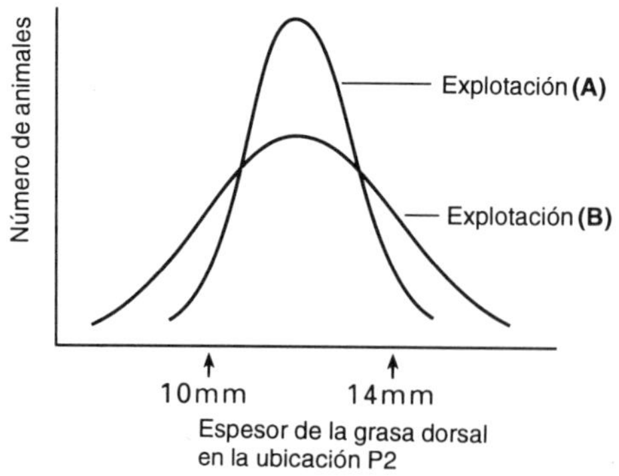

Figura 2.24 Variación natural experimentada por el cebamiento en dos explotaciones.

tra de la grasa por lo que, en consecuencia, tiene cierta lógica la medición del espesor de la grasa de los cerdos individuales antes de salir de la explotación, y enviar los cerdos más engrasados separados de los que se encuentran en el extremo inferior del margen de peso para asegurar que una elevada proporción de cerdos alcanza el objetivo correspondiente al espesor de la grasa. Debido a las fuerzas opuestas descritas anteriormente, no resulta sencillo para los productores manipular simultáneamente unos límites decrecientes con respecto al espesor de la grasa y unas limitaciones cada vez más estrechas en cuanto al peso. Resultaría muy elevado el coste de producción manipulando la dieta y el manejo de los cerdos individuales para conseguir que todos los cerdos presentasen unos niveles similares de engrasamiento y de peso. El ajuste de las características de la canal tras el sacrificio que realiza el preparador de la carne podría ser con frecuencia más barato que intentar la producción de canales que se ajusten individualmente a la necesidades de la línea de procesado de la carne (Figura 2.25). Podría alcanzarse una mayor eficacia global de la estrategia seguida en el procesado de la carne y en la producción porcina aceptando un margen de pesos de las canales y un margen en su engrasamiento. Esta estrategia incrementaría un poco el coste al final de la cadena de procesado, y sería necesario compensarlo con el procio pagado al productor. No obstante, serían múltiples los beneficios para el productor. No tendría que pesar y medir la grasa de los cerdos individuales, y podría ser desalojada una nave de cebamiento de cerdos al mismo tiempo y con una fecha predeterminada. Propuestas como estas requieren una estrecha integración entre productores y procesadores de cerdos.

La variación en el engrasamiento de los cerdos con un peso determinado ha incrementado también el problema de los cerdos muy delgados (aquellos con menos de 8 mm en P2). Estos problemas han destacado particularmente desde que los requisitos de los planes de categorización han reducido progresivamente el nivel permitido en contenido máximo de grasa (Figura 2.26). La situación se ha hecho más difícil por la complicación adicional consistente en que, según desciende el engrasamiento medio, deja de ser normal la distribución de la grasa en el seno de la población de cerdos que sufre una desviación (Figura 2.20). Esta

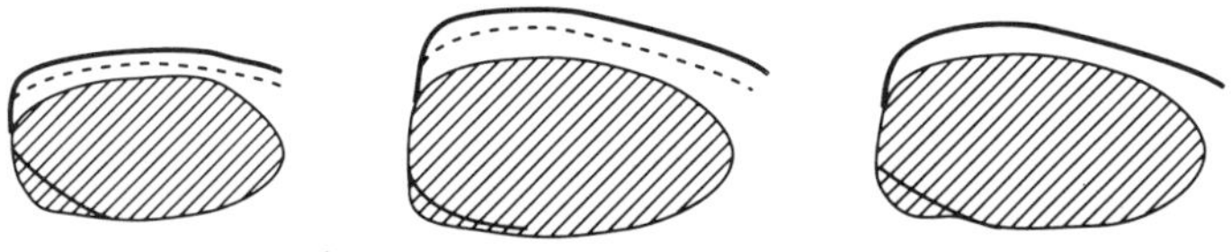

(a) **(b)** **(c)**

Figura 2.25 Actualmente pueden producirse cerdos que son muy magros. La loncha de bacon (a) tiene 3 mm de piel y 4 mm de grasa, dando un espesor en P2 de 7 mm. Una estrategia alternativa consiste en sacrificar con mayor peso (o usar un tipo compacto, o ambos hechos) que proporciona un músculo de los lomos mayor (b) aunque también con predisposición a ser más graso. La grasa no deseada puede ser recortada hasta un grosor de 10 mm mediante la eliminación de la piel y de la primera capa de grasa (c). Este último cerdo es probable que presentase en P2 una medición de grasa superior a 16 mm. Puede disponerse fácilmente tanto del producto (a) como del (c). Muchos consumidores prefieren la loncha recortada con un músculo mayor, aunque el cerdo que proporcionó la loncha (a) era con mucho el más magro.

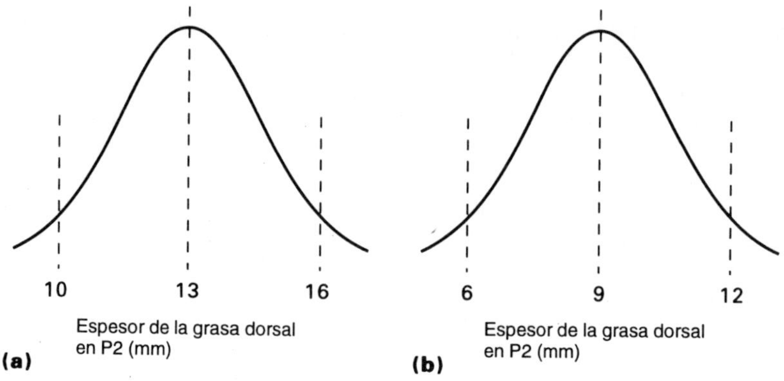

Figura 2.26 Con un espesor medio de la grasa de 13 mm (distribución (a)) pocos, o ningún cerdo tendrán problemas con la calidad de su carne. Dicha media permitiría alcanzar una proporción aceptable de cerdos con categoría óptima si la medición máxima de grasa fuese de 16 mm en P2. Con una media de 9 mm (distribución (b)) muchos cerdos tendrán problemas con la calidad de su carne si una proporción aceptable ha de conseguir la categoría óptima con una medición máxima de grasa de 12 mm.

desviación determina que el sistema sea muy sensible en las proximidades del punto de engrasamiento mínimo.

Manipulación de la calidad de la canal mediante el control de la alimentación

Aunque para muchos cerdos existen pocos o ningún estándar de categorización, y para otros los estándares incluyen determinaciones tales como la conformación, en muchos lugares la categorización de los cerdos puede considerarse que depende principalmente del espesor de la grasa dorsal. Este parámetro es más influenciado estratégicamente mediante el valor racial y genético que tácticamente a través de la nutrición. Durante los 20 últimos años de selección genética en la raza Large White, se han eliminado unos 10 mm de grasa dorsal en los cerdos para carne. El determinante principal de la categoría es, por consiguiente, la calidad del cerdo. Los cerdos genéticamente grasos tenderán siempre a ser grasos dentro de los límites factibles de variación nutritiva y ambiental.

Los análisis clásicos del crecimiento, tales como el propuesto por Hammond, presentan una serie de ondas de crecimiento que recorren el cuerpo del animal según aumenta el peso y la edad, concluyendo con el proceso de engrasamiento y deposición tisular en las regiones corporales que tardan más en alcanzar la maduración. Actualmente parece ser que el engrasamiento, en lugar de estar relacionado simplemente con la edad y el peso, es más una función del nivel de nutrientes suministrados en relación con el nivel preciso de nutrientes (mantenimiento + alcanzar el potencial máximo de crecimiento diario de tejido magro). Las estirpes modernas de cerdos para carne no deben contener más 150 gramos de lípidos por kg de peso vivo que aparece durante la extrema juventud correspondiente a las 3 semanas de edad. En consecuencia, existen pocos motivos para considerar que la edad y el peso son los principales, o únicos, contribuyentes al engrasamiento corporal en cerdos criados para carne.

Aunque la estrategia a largo plazo para reducir el engrasamiento y alcanzar los estándares de categorización debe ser genética, la táctica, para animales con una determinada estructura genética, dependerá del conocimiento de que el engrasamiento es influenciado principalmente por la calidad y la cantidad de pienso. El principal mecanismo táctico de que disponen los productores para manipular la calidad de la canal y alcanzar los objetivos de los estándares de categorización se basan en el control de la nutrición de los cerdos en crecimiento. Los animales que crecen sometidos a limitaciones nutritivas nunca pueden acumular grasa hasta que se ha logrado la maduración de la masa corporal magra. Con las razas mejoradas de crecimiento rápido con mayor tamaño corporal cuando alcanzan la maduración, puede resultar difícil alcanzar el engrasamiento clásico durante el curso de la fase de crecimiento rápido (inmaduro) a menos que se alcancen niveles muy elevados de consumo de pienso. Para estirpes porcinas más normales, para todos los machos castrados, y para la mayoría de las hembras, existe una relación simple y directa entre la cantidad de pienso ingerido (o suministrado) y el nivel de engrasamiento en el cerdo para sacrificio.

Proteína

El tejido magro contiene proteína y agua. La relación entre el suministro diario de proteína con la dieta y la formación diaria de tejido magro es de naturaleza lineal hasta el punto en el que se alcanza la tasa máxima de deposición de proteína. Al aumentar la proteína de la dieta mejora la tasa de crecimiento del tejido magro, descendiendo de forma progresiva y proporcional el engrasamiento del cerdo. Por el contrario, las dietas que no aportan de forma adecuada las cantidades absolutas necesarias de proteína no permitirán alcanzar el crecimiento máximo del tejido magro. La energía no utilizada para el trabajo que representa la síntesis de proteína será destinada al crecimiento de tejido graso. La energía obtenida a través de la desaminación de la proteína corresponde a la mitad aproximadamente de la energía digestible calculada para la proteína. El valor energético efectivo de una dieta que contiene un exceso de proteína descenderá, por consiguiente, según aumente la tasa de desaminación, con la disminución resultante de energía disponible para la deposición de grasa. En conjunto, aumentando la concentración de proteína de la dieta, y ofreciendo un mayor suministro diario de proteína, aumentará el porcentaje de tejido magro y descenderá el porcentaje de grasa en la canal; esta respuesta es, sin embargo, curvilínea en términos de su coste-beneficio con niveles elevados de aporte de proteína. El papel que desempeña la concentración de proteína sobre la calidad de la canal aparece en las Figuras 2.27 y 2.28.

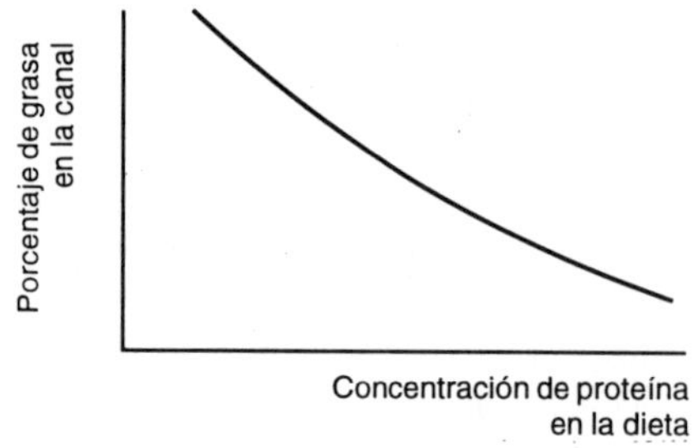

Figura 2.27 El aumento de proteína en la dieta reducirá la grasa, primero al incrementar el crecimiento del tejido magro y segundo al reducir la cantidad de energía disponible.

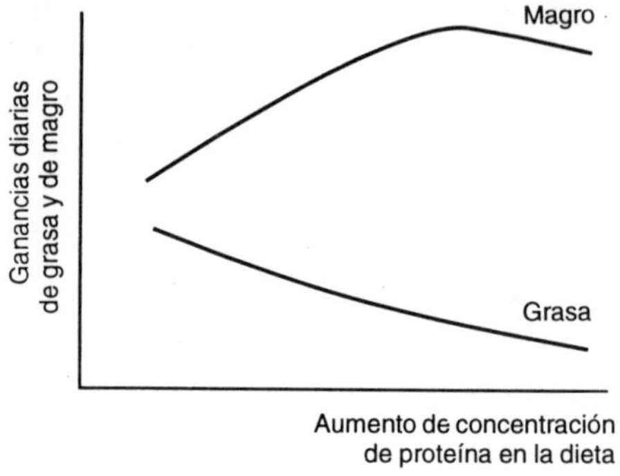

Figura 2.28 Respuestas del crecimiento de los tejidos magro y graso al aumentar la concentración de proteína en la dieta. La respuesta del tejido magro es lineal hasta alcanzar la meseta para su crecimiento potencial. La respuesta de la grasa sigue ascendiendo incluso después de ser máximo el crecimiento del tejido magro, por lo que las mejoras en el *porcentaje* del tejido magro se apreciarán incluso después de que sea máxima la respuesta de la *tasa* de crecimiento del tejido magro.

Nivel de pienso (energía)

Ante el hecho de que un cerdito de 10 kg de peso puede contener generalmente sobre el 15% de lípidos, y que las estirpes modernas mejoradas de cerdos pueden alcanzar el peso de sacrificio con el mismo 15% de lípidos corporales, puede suponerse que la relación entre tejido graso y magro se mantendrá bastante constante durante todo el periodo de crecimiento. Durante el periodo de crecimiento solamente es necesario incrementar el cociente entre la energía y la proteína de la dieta para cubrir el pequeño incremento preciso en las necesidades de mantenimiento según crece el animal. Cuando se produce una variación en la composición corporal, la cantidad de pienso consumido es el principal determinante unitario de la variación en los cerdos sometidos a crecimiento (Figura 2.29). Con un crecimiento normal, la respuesta lineal del tejido magro al aumentar el suministro de pienso va acompañada de un nivel mínimo de grasa. En la fase de aporte limitado de pienso existe una relación relativamente constante entre ganancias diarias de grasa y de tejido magro en un margen de tasas de crecimiento. El cociente mínimo grasa:magro es, así, un determinante importante de la composición corporal durante esta fase. Este cociente mínimo grasa:magro es una característica del sexo y del tipo racial. Los machos y las razas mejoradas tienen un cociente mínimo más bajo de grasa:magro. El crecimiento de tejido adiposo por encima de este mínimo solamente puede conseguirse cuando aumentan los suministros de pienso de forma que son superadas las necesidades de mantenimiento, la tasa potencial máxima de crecimiento diario de tejido magro y el nivel

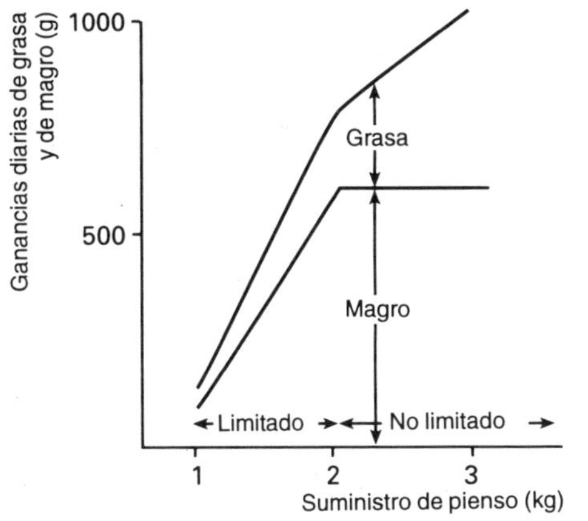

Figura 2.29 Respuestas del crecimiento de los tejidos magro y graso al aumentar el suministro de pienso. Los niveles reales de la respuesta alcanzada diferirán del ejemplo presentado aquí según sea el sexo y el genotipo del cerdo. Se supone que el pienso utilizado presenta equilibrados todos los nutrientes precisos.

mínimo de ganancias normales de grasa. Puede afirmarse que el suministro de pienso es ilimitado cuando se alcanza la meseta para la tasa de crecimiento diario de tejido magro. En este punto el exceso de energía es derivado hacia el metabolismo de los lípidos y el animal se engrasa. Así, niveles elevados de pienso inducen engrasamiento, mientras que los niveles más bajos lo evitarán. En cerdos jóvenes de 5-40 kg aproximadamente, las barreras físicas del apetito suelen restringir el aporte de pienso a los márgenes limitativos. Por encima de los 40 kg ya no sucede así, y con un suministro ilimitado de pienso, el animal acumulará grasa en proporción directa con el exceso en el aporte de pienso. Los cerdos con apetito limitado pueden no ser capaces nunca de ingerir pienso suficiente para engrasarse antes de alcanzar el peso de sacrificio, mientras que los cerdos con un escaso potencial para la formación de tejido magro, o con más apetito, es probable que sea grasa una proporción considerable de su crecimiento, y será necesario controlar cuidadosamente el consumo de pienso de estos animales para evitar su engrasamiento (ver Tabla 2.10).

Incluso cuando resulta inadecuado el suministro de pienso para que sea máximo el crecimiento del tejido magro, se produce también la deposición de un nivel mínimo de grasa durante el crecimiento normal. Si este nivel mínimo de engrasamiento durante el crecimiento normal determina que el espesor de la grasa dorsal al alcanzar el peso de sacrificio sea superior al estándar establecido para conseguir una bonificación en la categorización, entonces únicamente unas reducciones draconianas en el suministro de pienso y en la tasa de crecimiento proporcionarán una mejora importante. Igualmente, en algunos machos enteros, el cociente mínimo puede provocar que los espesores de la grasa dorsal al llegar al peso de sacrificio sean inferiores al mínimo. En este último caso solamente puede alcanzarse el engrasamiento adecuado mediante niveles elevados de consumo de pienso.

Los cerdos con elevado valor genético pueden gozar de mayores potenciales para el crecimiento de tejido magro, cocientes mínimos más bajos de grasa o ambas mejoras a la vez. Dichos animales serán más delgados con unos consumos bajos de pienso y más difíciles de engrasar cuando aumenta el nivel de pienso suministrado. El engrasamiento excesivo es un hecho posible en todos los

Tabla 2.11 Influencia sobre la calidad de la canal y rendimiento del crecimiento con dos niveles de alimentación y con cerdos de tres sexos. Según la Meat and Livestock Commission Stotfold Research Station.

	Alimentación a voluntad			*Alimentación controlada*		
	Macho	*Hembra*	*Castrado*	*Macho*	*Hembra*	*Castrado*
Consumo diario de pienso (kg)	2,1	2,1	2,3	1,7	1,7	1,7
Ganancia diaria de peso vivo (kg)	0,86	0,79	0,82	0,72	0,68	0,64
Rendimiento de la canal	75	77	76	75	76	76
Espesor de la grasa dorsal (mm P2)	11,6	12,0	14,7	10,3	10,2	12,3
Magro en la canal (%)	57	56	53	59	59	55
Crecimiento de la carne magra (g/día)	390	360	340	330	320	280

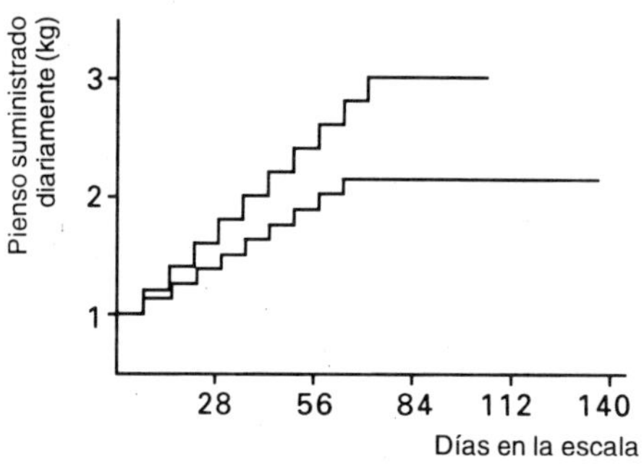

Figura 2.30 Escalas de alimentación controlada, incrementadas semanalmente hacia un determinado máximo. La escala superior es apropiada para cerdos con mayores tasas de crecimiento del tejido magro, o en circunstancias en las que no se ejerza una discriminación intensa contra la grasa.

cerdos, aunque solamente si el nivel de consumo de pienso alcanzado es suficiente para que sea máxima la tasa de crecimiento del tejido magro y puede definirse como «ilimitado» tal como sucede en el ejemplo de la Figura 2.29. Resulta evidente que, para optimizar la producción y alcanzar los objetivos en la categorización, debe ser identificado con exactitud el suministro de pienso que permitirá un crecimiento máximo del tejido magro sin generar un exceso de grasa.

En general, la alimentación *a voluntad* irá asociada con canales grasas si los cerdos tienen mucho apetito o es reducido su valor genético. La alimentación controlada llegando hasta el escalonamiento de las raciones reducirá el engrasamiento, aunque también puede reducir las ganancias diarias de peso. Teniendo presente que los potenciales de ganancia diaria de tejido magro son máximos en los machos enteros y peores en los castrados, los resultados recientes procedentes de la comisión para la carne y el ganado de abasto de la estación de investigación de Stotfold incluidos en la Tabla 2.11 explican más satisfactoriamente la relación existente entre el nivel de alimentación y el engrasamiento, y la forma en que interactúan el sexo y el nivel de pienso sobre la calidad de la canal. En la Figura 2.30 se incluyen ejemplos de escalas de alimentación para conseguir una nutrición controlada.

CAPÍTULO 3

Cambios en el crecimiento y en la composición corporal de los cerdos

Introducción

La finalidad del crecimiento es llegar a la madurez; el crecimiento es impulsado tanto por la edad como por el aporte de nutrientes. La propia madurez tiene muchas definiciones; la capacidad para reproducirse se alcanza bastante antes de conseguir el tamaño o peso final. El peso final puede ser juzgado mejor en términos de masa corporal de tejido magro que a través de la masa total debido a que los niveles de tejido adiposo posibles en el cerdo maduro son variables y sumamente dependientes de la nutrición. La masa de tejido magro prevista en el animal maduro y el tiempo preciso para conseguirla es la base del análisis del crecimiento, y resulta evidente que mediante la selección para aumentar la ganancia diaria de tejido magro se ha incrementado la masa de tejido magro en el animal maduro. El tejido magro contiene el 22% aproximadamente de proteína, y la masa de proteína de los cerdos modernos maduros seleccionados para alcanzar un crecimiento rápido del tejido magro parece estar en unos niveles de 35-55 kg. Los pesos en vivo de los cerdos maduros pueden oscilar desde 150 hasta 400 kg. Las hembras híbridas mejoradas pueden alcanzar 300-350 kg sin una cantidad indebida de grasa, mientras que las cerdas no mejoradas no deben pesar más de 250 kg, ya que con este peso son obesas.

Generalmente se considera que el crecimiento guarda relación con la ganancia de peso derivada de la multiplicación celular (como sucede en la segmentación prenatal) y del aumento de tamaño de las células (como ocurre en el crecimiento muscular postnatal). Una parte del aumento del tamaño celular puede ser además la consecuencia de una simple incorporación directa de material en las células (tal como sucede con la inclusión de lípidos en el tejido adiposo).

El desarrollo está relacionado con cambios en la conformación, forma y función del animal según avanza su crecimiento. Los cerdos compactos tipo Pietrain, Landrace Belga y Alemán se desarrollan de forma que producen unos jamones con más tejido magro y músculos del lomo mayores. Las estirpes de cerdos grasos se desarrollan de tal forma que su conformación difiere de las estirpes de cerdos magros.

El estudio de los cambios experimentados por las proporciones corporales y por la conformación corporal según avanzan los animales hacia la madurez no ha recibido tanta atención como los concernientes al crecimiento tisular global. Según va desarrollándose un cerdo no resulta muy evidente la deposición diferencial de tejidos adiposos en las distintas partes de su cuerpo. La mayoría de los cerdos depositan unas dos terceras partes de su grasa en forma de grasa subcutánea externa, y sobre una tercera parte internamente, esta última principalmente como grasa intermuscular y alrededor de riñones e intestinos. La grasa subcutánea tiende a depositarse de tal forma que, aunque las distintas partes del cuerpo presentan cantidades diferentes de grasa, estas no se desarrollan según una secuencia establecida. Un cerdo engrasado joven será portador de un balance similar de grasa en sus distintoss depósitos que un cerdo engrasado más viejo. Quizás otra razón para que el desarrollo (más que el crecimiento) haya recibido una escasa atención sea consecuencia de que los cerdos difieren del ganado vacuno y ovino al presentar menores gradientes en cuando a calidad comestible y aceptabilidad entre las diversas regiones de su organismo.

Por el contrario, la tasa absoluta de crecimiento es un determinante primordial de la eficacia de la conversión del pienso en carne debido a los ahorros en el pienso destinado a mantenimiento (Figura 3.1). Los costes de mantenimiento son diarios, consumen pienso aunque no aportan producto. Un cerdo cuyo crecimiento es lento incurrirá en los mismos costes de mantenimiento a través del

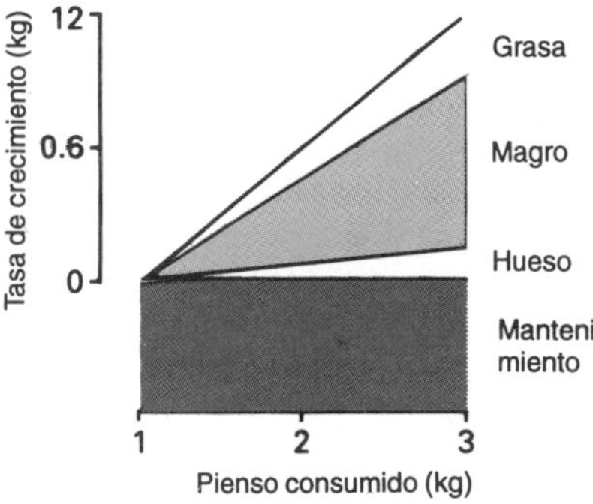

Figura 3.1 Según aumenta la tasa de crecimiento, así lo hace su eficacia porque el coste fijo del pienso destinado a mantenimiento se aplica a un mayor nivel de producto obtenido.

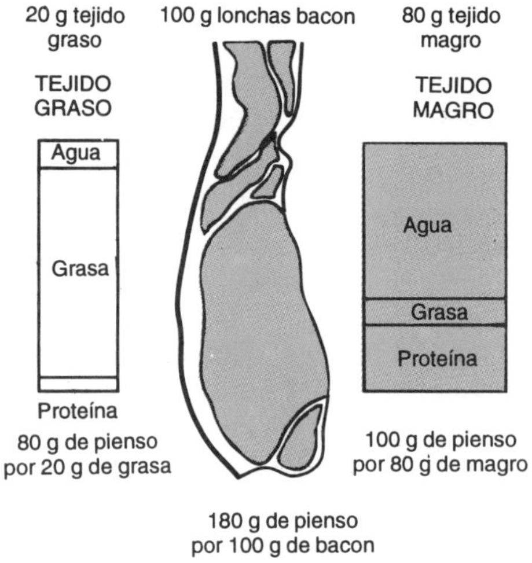

Figura 3.2 Composición de los tejidos magro y graso.

pienso que otro con un crecimiento rápido, aunque proporcionará menos producto para compensar los costes fijos de alimentación. El cociente entre carne magra y grasa durante el crecimiento ocupa un segundo lugar, tan sólo detrás de la tasa de crecimiento, como controlador de la eficacia del pienso utilizado, porque el coste de la energía aportada por el pienso para el crecimiento del tejido graso es unas cuatro veces mayor que la correspondiente al crecimiento de tejido magro teniendo en cuenta los distintos contenidos de agua de estos dos tejidos (Figura 3.2).

Las tasas relativas de crecimiento de los tejidos óseo, muscular y adiposo son aspectos importantes en la producción de carne para consumo humano. El cociente entre tejido magro y óseo influye sobre el valor de la canal mientras que la cantidad de grasa depositada sobre la carne es un indicador vital de la calidad del producto, con sus posteriores influencias sobre el procesado de la carne y prácticas de venta al detall. Las relaciones entre el crecimiento de hueso, músculo y grasa afectarán también, por supuesto, sobre el desarrollo del animal. Con cualquier peso, los animales que crecen con lentitud y alcanzan una edad mayor tenderán a que sea mayor el cociente entre hueso y grasa. La conformación corporal del animal es influenciada intensamente por la cantidad y situación de la cubierta adiposa. La conformación redondeada de un cerdito lactante es probable que sea consecuencia del elevado nivel de grasa subcutánea de cubierta. Sin embargo, no sucede así de forma invariable ya que, por ejemplo, en los cerdos de tipo Pietrain y Landrace Belga, un tercio posterior bien redondeado no indica engrasamiento sino, más bien, un elevado rendimiento de carne magra.

El crecimiento se origina mediante la deposición de tejidos óseo, adiposo y magro en el organismo. Constituye una consecuencia de la diferencia positiva entre los procesos anabólicos y catabólicos continuados asociados con el intercambio tisular. Como la mayoría de los tejidos adiposos (aunque no la grasa de color castaño) se intercambian con lentitud, existe una asociación estrecha entre la cantidad absoluta de tejido adiposo anabolizado y la cantidad absoluta depositada. Por otra parte, el tejido magro se intercambia con rapidez, de forma que el crecimiento puede representar únicamente el 5-20% de la proteína total anabolizada; cuanto menos maduro es el cerdo más elevada será esta proporción.

Composición general del cuerpo

La composición física aproximada de los cerdos para sacrificio ha sido presentada en la Figura 2.18. La canal bruta, tras eliminar vísceras, intestino y sangre, representa sobre el 75% del peso de un cerdo para carne, aunque de este porcentaje el 11% aproximadamente está constituido por cabeza, patas y piel, quedando sobre el 64% que corresponde a las medias canales. Las medias canales pueden ser diseccionadas en tejidos adiposos y magros comestibles, cuyas proporciones varían según sexo, genotipo, nutrición y peso al sacrificio del cerdo. Una media canal magra sin cabeza, piel ni patas puede estar constituida generalmente por un 10% de hueso, 23% de tejido adiposo y 66% de tejido magro (en la canal bruta, los porcentajes respectivos serían 11, 30 y 58; el conteni-

Tabla 3.1 Composición química de los cerdos (%).

			100 kg		
	Nacimiento	*28 días*	*alimento a voluntad*	*alimento muy limitado*	*150 kg*
Agua	77	66	60	68	63
Proteína	18	16	15	17	16
Lípidos	2	15	22	12	18
Cenizas	3	3	3	3	3

do magro de las canales suele expresarse en términos de porcentaje de carne magra que puede ser disecada en la canal con la finalidad de valorar su calidad).

La composición química del cuerpo completo del cerdo en crecimiento es aproximadamente del 64% de agua, 16% de proteína, 16% de lípidos y 3% de cenizas, con un vestigio de carbohidratos (en el hígado).

Con un determinado peso y sexo los niveles elevados de alimentación incrementarán el porcentaje de grasa, mientras que con un determinado peso y nivel de alimentación el macho entero es considerablemente más magro que el macho castrado, siendo la hembra un intermedio (60% de carne magra en la canal para el macho entero, y aproximadamente el 56 y 58% para los otros dos sexos). Según se indicó previamente en el Capítulo 2, el aumento de peso corporal suele asociarse con un incremento progresivo de engrasamiento a menos que se limite el consumo de pienso. La Tabla 3.1 presenta la composición química del cuerpo de los cerdos según van creciendo y pone de manifiesto el incremento de engrasamiento y el descenso del cociente agua:proteína, así como el notable efecto que puede tener el control del consumo de pienso sobre el engrasamiento. El contenido de proteína parece ser una proporción relativamente mucho más estable del organismo entero que el contenido de grasa; el primero suele variar entre unos extremos que van del 14 al 18% (en caso de duda, se supone que representa el 16%), mientras que el segundo puede variar del 5 al 40%.

La composición de los cerdos según crecen se expresa mejor en forma de una relación alométrica $Y = aX^b$, siendo Y el componente y X el peso corporal vacío. Los valores de la Tabla 3.2 indican la dirección general que experimentan los cambios de los componentes corporales durante el desarrollo a través del crecimiento. Los cerdos que reciben menos pienso y/o pertenecen a genotipos mejorados presentarán relativamente menos grasa y más tejido magro con cualquier peso corporal vacío.

Los cambios en la composición general del cuerpo según aumenta el peso vivo y transcurre el tiempo aparecen de forma gráfica en la Figura 3.3 (componentes químicos) y en la Figura 3.4 (componentes físicos).

Las relaciones entre hueso y músculo y entre cenizas y proteína son relativamente constantes (cenizas = 0,03 del peso vivo o 0,20 de proteína) debido a que el hueso actúa como estructura de soporte para el músculo. Por el contrario, el contenido magro del cuerpo varía en forma algo inversa con respecto al tejido adiposo, debido en parte al contenido variable de agua en el tejido magro. Generalmente, el tejido magro disecado (músculo) contiene 70-75% de agua, 5-15%

Tabla 3.2 Crecimiento de la canal diseccionada y de los componentes químicos de cerdos alimentados *a voluntad* (20-160 kg de peso vivo) descrito usando la relación alométrica $Y = aX^b$, siendo Y el componente y X el peso corporal vacio (kg)[1].

	b	*a*	*Valores para Y cuando X = 100*
Magro comestible diseccionado	0,97	0,41	36
Grasa comestible diseccionada	1,40	0,030	19
Hueso diseccionado	0,83	0,16	7,3
Proteína corporal total	0,96	0,19	16
Agua corporal total	0,86	0,93	49
Lípidos corporales totales	1,5	0,020	20
Cenizas corporales totales	0,92	0,049	3,4

[1] Peso vivo ≃ 1,05 peso corporal vacío aproximadamente.

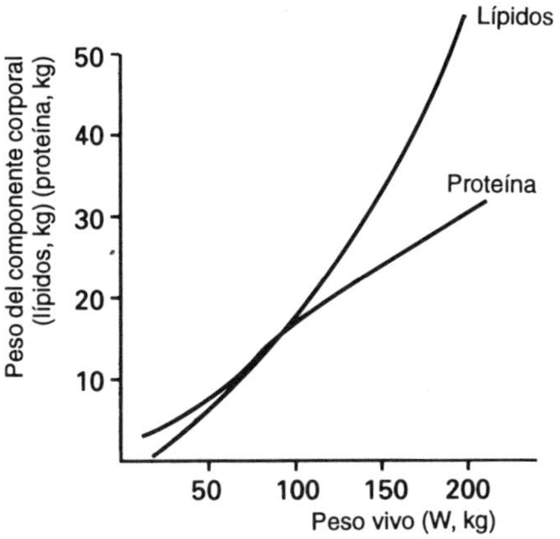

Figura 3.3 Peso de los lípidos y proteínas corporales de cerdos alimentados *a voluntad* en relación con el incremento de su peso vivo. Nótese la constancia relativa del cociente lípidos:proteína ≃ 1:1 entre 25 y 100 kg W (datos de Edimburgo).

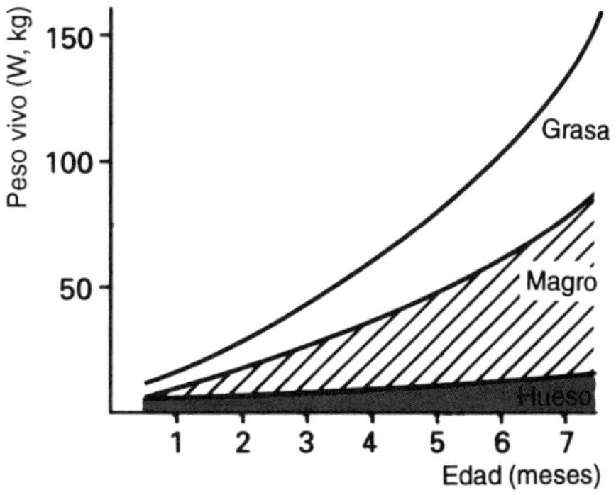

Figura 3.4 Composición de cerdos en crecimiento.

de grasa y 20-25% de proteína. En un cerdo muy joven el contenido de agua en el tejido magro puede ser hasta el 80%, mientras que en un animal maduro el contenido de agua en el tejido magro puede ser inferior al 70%. Aunque la carne magra que se disecciona de la canal puede calcularse aproximadamente como = 2,4Pt, siendo Pt la masa total de proteína corporal, que es aceptable para cerdos productores de carne, la relación entre agua corporal y proteína corporal es exponencial. El cálculo del agua corporal total a partir de una expresión como $4{,}1Pt^{0{,}89}$ tiene en cuenta la reducción en la cantidad de agua asociada con cada unidad de proteína según crece el animal.

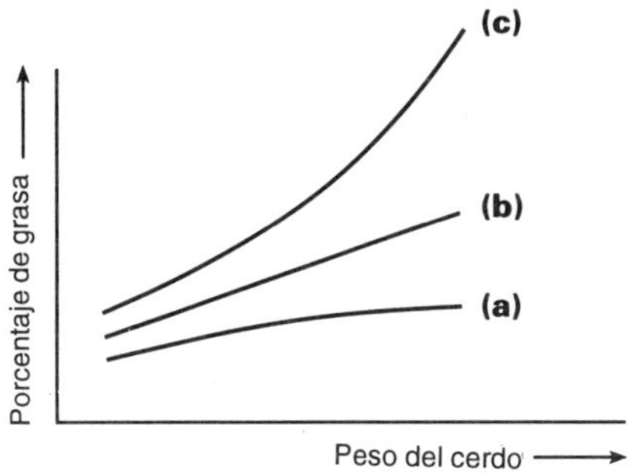

Figura 3.5 Relación entre el porcentaje de grasa en el cuerpo del cerdo y su peso vivo. La curva (a) es apropiada para cerdos machos enteros, cerdos de genotipo mejorado o cerdos cuyo consumo de pienso es limitado. La curva (c) es apropiada para cerdos machos castrados, cerdos de genotipo no mejorado o cerdos cuyo consumo de pienso no es limitado. La curva (b) es intermedia.

El tejido adiposo contiene 10-25% de agua, 2% de proteína y 70-80% de lípidos. Como el aumento de grasa es una proporción variable del crecimiento total, la grasa se predice mal a partir del conocimiento de la masa muscular o del peso vivo. La mayor parte de la variación en el incremento de grasa se debe, sin embargo, al nivel del suministro de nutrientes; cuanto más alimento, más graso resulta el cerdo. Aunque, cuando se limita el consumo de pienso, resulta más fácil la predicción del crecimiento de la grasa en relación con el tejido magro y puede representarse como una proporción constante del contenido de proteína durante buena parte del periodo de crecimiento. Aunque se considera generalmente que, en el curso del crecimiento normal, los cerdos aparecen más engrasados según crecen más, el punto en el que se inicia el engrasamiento depende mucho del sexo, genotipo y nivel de consumo de pienso. Ya no puede considerarse como axiomático que el porcentaje de grasa en el cuerpo del cerdo cambiará positivamente durante el crecimiento. Los cerdos mejorados pueden contener no más del 12% de lípidos durante toda una fase de crecimiento entre 10-110 kg (ver Figura 3.5).

En consecuencia resulta útil generalmente considerar los principios del crecimiento en términos, fundamentalmente, del crecimiento de proteína y tejido magro, y considerar que la grasa sigue a la proteína en forma de una determinada relación cuando se limita la nutrición, aunque es independiente de la proteína, y totalmente dependiente del consumo de pienso, cuando este último es elevado.

Curvas de crecimiento

Samuel Brody, en *Bioenergetics and growth*, publicado por Reinhold (Nueva York) en 1945, escribe:

> La curva de edad del crecimiento puede dividirse en dos segmentos principales, el primero de pendiente ascendente, que puede ser denominado como la fase autoacelerada de crecimiento, y el segundo de pendiente descendente, que puede ser denominado la fase de pendiente decreciente del crecimiento. Así, puede afirmar-

se que la forma general de la curva de edad viene determinada por dos fuerzas opuestas: una fuerza que acelera el crecimiento y una fuerza que retrasa el crecimiento. La primera se manifiesta en la tendencia de las unidades reproductoras para reproducirse de forma indefinida según un porcentaje constante, cuando así se permite. En ausencia de fuerzas inhibidoras, el número de nuevas individualidades producidas por unidad de tiempo es siempre proporcional al número de unidades que se reproducen. Es decir, la tasa porcentual de crecimiento tiende a mantenerse constante.

Estos comentarios tienen valor más bien en el contexto del crecimiento de problaciones y de multiplicación celular, que en el de animales individuales; aunque Brody establece también el punto en el que cree que los dos pueden acomodarse en el mismo marco conceptual (ver Figura 3.6 – *El supuesto* «sigmoidal»). Una parte vital de la interpretación de los principios de Brody estriba en los puntos particulares de la curva en que tienen lugar los diversos hechos. Si, por ejemplo, se supone erróneamente (i) que la curva inicia su aceleración al nacer (en lugar de con la concepción), (ii) que la pubertad se asocia siempre con el punto de inflexión (hecho que no es así) y (iii) que las fases de aceleración y desaceleración son imágenes de espejo la una con respecto a la otra (hecho que no es cierto), entonces pueden deducirse normas erróneas para la tasa potencial de crecimiento en los animales jóvenes, para el punto en que el crecimiento puede ser máximo, para el periodo de crecimiento en el que pueden alcanzarse ganancias óptimas de peso vivo y para el mejor momento para sacrificar los cerdos destinados a producir carne.

Para la comprensión del crecimiento resulta fundamental disociar las tres fases una de otra y considerarlas por separado: la fase inicial de crecimiento acelerado, la fase final de crecimiento desacelerado hasta alcanzar la madurez y una fase media de crecimiento lineal entre las dos anteriores. Se puede estar de acuerdo en que el crecimiento embrionario y fetal inicial debe ser autoacelerado porque debe existir alguna relación entre la masa existente y la masa que se suma (resulta ridículo suponer que un animal de 1 kg puede crecer con una velocidad de 1 kg/día), y que «el número de nuevas individualidades producidas por unidad de tiempo es proporcional al número de unidades que se reproducen», y que «la tasa de porcentaje de crecimiento tiende a mantenerse constante», afirmaciones estas que son totalmente exactas para las actividades de mul-

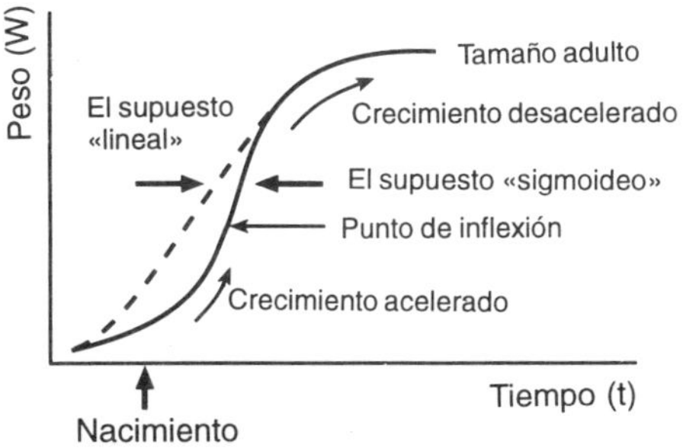

Figura 3.6 Propuestas para curva de crecimiento en la que se relaciona el peso con el tiempo.

tiplicación celular correspondientes al crecimiento de concepto inicial. Igualmente, se puede estar de acuerdo en que el crecimiento hasta la madurez debe experimentar realmente un proceso de desaceleración si tiene que alcanzarse de forma racional el tamaño del animal adulto (si el sistema no se frenara, entonces ¿cómo podría interrumpirse finalmente?). Aunque el periodo intermedio no tiene que ser necesariamente una continuación matemática de estas dos fases ni, al ser dirigidas de forma tan diferente, tienen que presentar una constitución similar las fases de aceleración y desacaleración del crecimiento. El periodo intermedio tiene una importancia primordial para la producción de alimentos para el hombre a partir del cerdo ya que representa la mayor proporción del tiempo que transcurre entre el destete y el sacrificio (el primero suele tener lugar aproximadamente a los 28 días de edad, y el segundo generalmente cuando el animal alcanza el 50% del tamaño adulto o un poco antes). En el contexto de la proposición de Brody, no puede suponerse *a priori* que se mantiene constante la tasa de porcentaje de crecimiento ni que el número de células nuevas sea proporcional a la masa de las células existentes; el crecimiento postnatal es más una función del incremento del tamaño celular y de la repleción celular que del número de células, y puede acercarse más a la verdad el suponer que la tasa de crecimiento *absoluto* se mantiene constante postnatalmente que dar por supuesta una constancia en la tasa del porcentaje de crecimiento. En resumen, el crecimiento de las poblaciones de animales, o de bacterias, no constituye una analogía apropiada para el crecimiento corporal de un cerdo individual.

Aunque las curvas de crecimiento sigmoideo pueden ser trazadas con facilidad, por ejemplo para pollos y para terneros destetados en el día de su nacimiento, no resulta evidente de forma inmediata la razón por la cual la fase autoacelerada del crecimiento postnatal inicial no sea atribuida en gran parte a un fallo en el aporte de nutrientes adecuados. En realidad, cuando no se establecen limitaciones a la nutrición ni a las condiciones ambientales, existen pruebas de que la tasa absoluta de crecimiento puede ser muy alta en el animal joven. Los cerditos que reciben leche *ad libitum* en los inicios de su vida pueden ganar en promedio más de 300 gramos diarios en los primeros días siguientes a su nacimiento y hasta 500 gramos diarios a partir del día 6. Esto no solamente demuestra que el potencial es superior a los 200-400 gramos posibles consumiendo únicamente la leche producida por la cerda, sino también que el potencial en un cerdo joven corresponde a un porcentaje notablemente alto de su peso corporal (casi el 15%). No resultan excepcionales pesos a los 21 días superiores a 7 kg *en promedio* para camadas de cerditos amamantados por cerdas productivas y bien alimentadas, y pesos de cerditos individuales de 12 kg a los 28 días de edad (en lugar de los 7-8 kg esperados normalmente) ponen nuevamente de manifiesto la diferencia que existe entre el potencial y los logros comerciales. Disponiendo de una nutrición ilimitada y de un medio ambiente excelente, puede suceder que la tasa absoluta máxima de crecimiento se alcance en los inicios de la vida y se mantenga relativamente constante durante la mayor parte del periodo de crecimiento. Esta afirmación niega la idea de que la tasa de crecimiento que puede alcanzarse está relacionada de forma constante con la masa corporal ya alcanzada –como podría suponerse mediante una interpretación rígida de las afirmaciones originales de Brody–. También rechaza la consecuencia derivada de la curva de crecimiento sigmoideo de que la ganancia diaria de peso, como función de la edad o del peso, es una respuesta cuadrática, al-

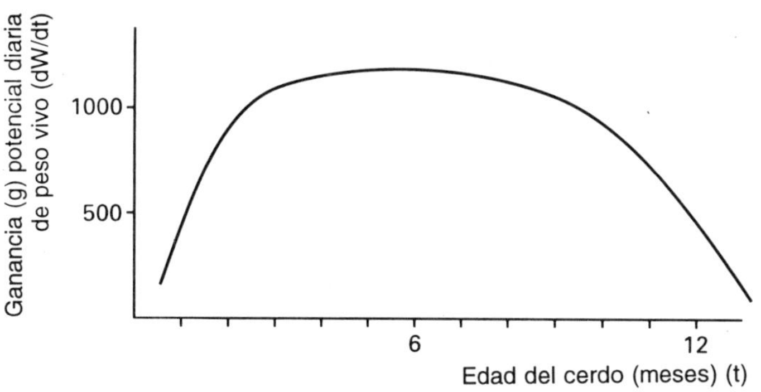

Figura 3.7 Ganancia diaria en relación con el tiempo: curva de crecimiento para cerdos de elevado mérito genético.

canzando un máximo cuando el animal tiene el 0,5 aproximadamente de su peso adulto.

Resulta realista afirmar que pueden alcanzarse ganancias máximas en los inicios de la vida y que se mantienen durante un sector considerable de la fase de crecimiento. Esto representa un supuesto ampliamente lineal para el crecimiento potencial una vez pasadas las fases pre- y postnatal inmediata y antes de que se inicie la madurez (Figura 3.6 – *el supuesto* «lineal»). Expresado en términos de la influencia del tiempo (t) sobre la ganancia diaria de peso vivo (dW/dt) puede describirse, en consecuencia, en forma de una respuesta máxima plana como en la Figura 3.7. Sin embargo, las proposiciones de Brody se mantienen firmes como descripciones del crecimiento exponencial *in utero* y de los procesos de maduración de las etapas más avanzadas de la vida (Figura 3.8).

Crecimiento del tejido magro y de la proteína

La descripción anterior de la tasa de crecimiento potencial se corresponde en cierta medida con una curva de Gompertz (Figura 3.9), cuyo punto de inflexión en el tiempo t* tiene lugar cuando se alcanza el 0,37 del tamaño adulto y se caracteriza por un periodo sustancial de crecimiento lineal efectivo, particularmente desde 0,1 del peso adulto (unos 30 kg de peso vivo para un cerdo) hasta 0,6 del peso adulto (unos 180 kg de peso vivo para un cerdo). El límite superior, o potencial máximo, para el crecimiento de la proteína es incognoscible aunque puede suponerse a través de lo conseguido con unas condiciones no limitadas tanto de nutrición como de medio ambiente. La consecución de un crecimiento máximo de proteína tiene un gran interés, tanto por su elevada conveniencia como por su eficacia. La descripción del potencial del crecimiento de la proteína en función del peso, edad o etapa de maduración del cerdo es un requisito previo para calcular las necesidades nutritivas y, en consecuencia, las mejores estrate-

Figura 3.8 Curvas de crecimiento hasta la madurez de dos razas de vacas lecheras, una alcanza la madurez con mayor tamaño que la otra (adaptado según Brody, S. (1945) *Bioenergetics and Growth*, Reinhold, Nueva York).

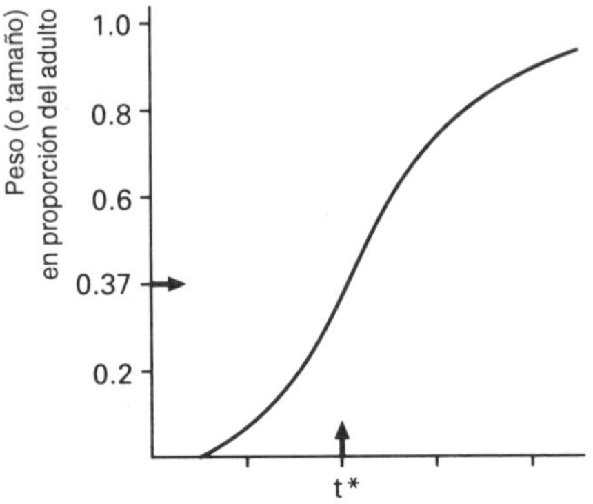

Figura 3.9 Peso (expresado en forma de proporción del peso adulto) en relación con el tiempo, expresado en forma de una función de Gompertz. El punto de inflexión se produce en el tiempo t* y a 0,368 del tamaño final (adulto).

gias de producción. El empleo de una curva de Gompertz para describir el crecimiento potencial en condiciones no limitadas ha demostrado ser útil.

La curva correspondiente a un peso dado W en un tiempo t se expresa como:

$$W = A.e^{-e^{-B(t - t^*)}}$$

(Ecuación 3.1)

siendo A el peso vivo del animal adulto (kg), B el coeficiente de crecimiento y t* el punto de inflexión (días). La tasa máxima de crecimiento se alcanza en (A.B)/e, aunque la curva es afortunadamente más bien plana en su parte superior. Para genotipos blancos mejorados los valores apropiados para A parecen oscilar entre 300 y 400 kg, mientras que los valores para B pueden ser próximos o superiores a 0,01. El valor correspondiente a t* suele ser de unos180 días de edad. Los genotipos no mejorados de distintas razas pueden presentar valores inferiores tanto para A como para B. Mediante (A.B)/e se obtienen fácilmente cálculos correspondientes a ganancias diarias de peso vivo superiores a 1 kg para genotipos mejorados. La ganancia diaria de peso vivo (dW/dt) correspondiente a cualquier valor dado para W puede calcularse según:

$$dW/dt = B.W. \log_e(A/W)$$

(Ecuación 3.2)

En la Tabla 3.3 aparecen las ganancias potenciales diarias usando distintos valores para A y B.

El componente más importante de la ganancia diaria de peso vivo es la proteína, ya que controla tanto la eficacia de la producción como la calidad del producto. La retención diaria de proteína (Pr), calculada en Edimburgo mediante el

Tabla 3.3 Tasas potenciales de ganancia diaria de peso vivo (g) calculadas usando la función de Gompertz: $dW/dt = B.W. \log_e(A/W)$.

	Ganancia diaria de peso vivo (dW/dt, g)	
Peso vivo del cerdo (W, kg)	*B = 0,009*[1] *A = 250*[1]	*B = 0,011*[2] *A = 300*[2]
25	518	683
50	724	985
75	812	1.144
100	825	1.208
150	690	1.144
200	402	892

[1] Indicativo de cerdos no mejorados.
[2] Indicativo de cerdos mejorados.

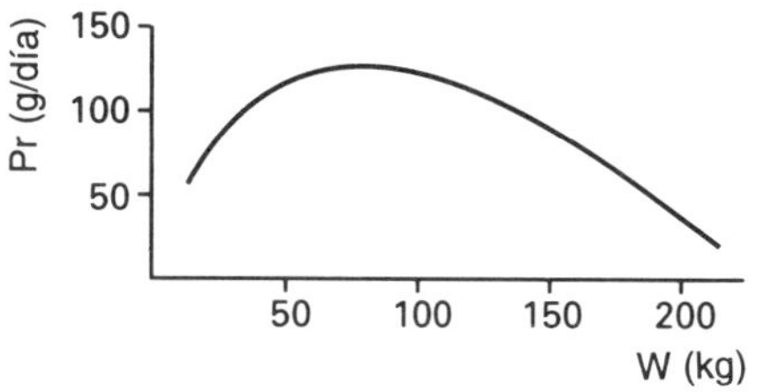

Figura 3.10 Tasa diaria de retención de proteína (Pr) en relación con el peso corporal del cerdo (W) (datos procedentes de experimentos realizados en Edimburgo).

sacrificio de cerdos macho enteros no mejorados, es de 122 gramos entre 20 y 105 kg, de 144 gramos entre 20 y 150 kg, y de 101 gramos entre 20 y 200 kg. La constancia relativa de la tasa de retención de proteína se confirmó para la mayor parte de la fase de crecimiento y en la Figura 3.10 aparece la curva de Gompertz obtenida de los datos experimentales.

Los valores para A y W expresados directamente en términos de masa de proteína (en lugar de peso vivo) permiten calcular la tasa diaria de retención de proteína con una determinada masa de proteína corporal. Pueden describirse diferentes genotipos y sexos porcinos en términos de sus valores correspondientes para A y para B. Mediante la simple determinación y presentación de dos valores numéricos puede calcularse el potencial correspondiente para la retención de proteína con cualquier peso dado. Con este conocimiento pueden establecerse las estrategias óptimas de nutrición y de manejo para cualquier tipo de cerdo. Estos dos valores correspondientes a B y A son fundamentales para la producción eficaz de carne porcina. Las Figuras 3.11 y 3.12 muestran las curvas calculadas según la ecuación $dW_p/dt = B.W_p.\log_e(A_p/W_p)$, siendo W_p la masa de proteína con una determinada edad (t), y A_p la masa de proteína correspondiente al animal adulto. Según una nomenclatura abreviada, dW_p/dt es denominado $\hat{Pt}$ (para la masa de proteína corporal total final) y Wp es denominado Pt (para la masa de proteína corporal total en un momento determinado). La Figura 3.11 describe los valores para B y A (como Pt de 0,0105 y 37,5 kg, correspondientes a cerdos macho castrados de genotipo no mejorado, mientras que la Figura 3.12

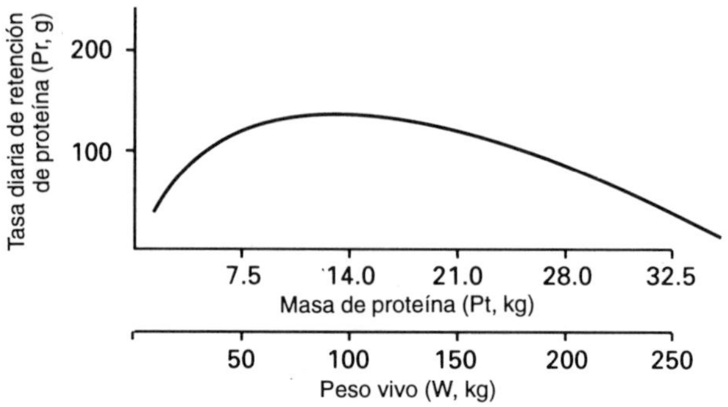

Figura 3.11 Tasa diaria de retención de proteína para cerdos en crecimiento calculada usando la ecuación $P\hat{r} = B.Pt.\ln(P\hat{t}/Pt)$, siendo B = 0,0105 y $P\hat{t}$ = 37,5 kg.

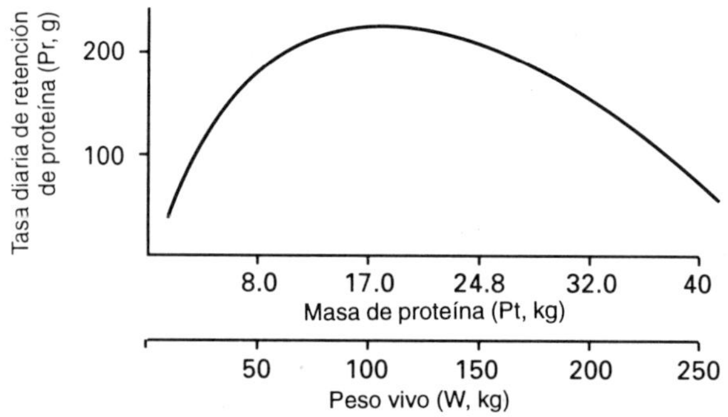

Figura 3.12 Tasa diaria de retención de proteína para cerdos en crecimiento calculada usando la ecuación $P\hat{r} = B.Pt.\ln(P\hat{t}/Pt)$, siendo B = 0,0125 y $P\hat{t}$ = 47,5 kg.

describe valores para B y A (como $P\hat{t}$) de 0,0125 y 47,5 kg, correspondientes a cerdos macho enteros de genotipo mejorado. Los valores serían intermedios para otros sexos y tipos. La forma de ambas curvas pone de manifiesto las posibilidades de un rápido crecimiento precoz, y apoya adecuadamente la tendencia hacia un valor relativamente estable para el crecimiento potencial de la proteína durante buena parte de la fase de crecimiento activo comercialmente hasta el momento del sacrificio, es decir entre 40 y 140 kg de peso vivo. La Tabla 3.4 sugiere valores para B y para $P\hat{t}$, y para las tasas máximas alcanzables en la deposición de proteína ($P\hat{r}$), que son adecuados para diferentes tipos y sexos de cerdos. Los valores indicados oscilan desde 0,0095 hasta 0,0135 para B, desde 32,5 kg hasta 52,5 kg para $P\hat{t}$, y desde 115 g hasta 260 g para $P\hat{r}$).

El crecimiento de los tres sexos de cerdos para carne, con la excepción de los machos enteros destinados a la reproducción, es interrumpido por el sacrificio, generalmente cuando alcanzan el 30-50% aproximadamente del tamaño adulto (80-140 kg). El crecimiento de la cerda reproductora es interrumpido por la

Tabla 3.4 Valores para B, $P\hat{t}$ $P\hat{r}$ (kg) sugeridos para diferentes tipos y sexos de cerdos seleccionados para carne.

		B_p	$A_p (P\hat{t})$	$(B.A)/e\ (P\hat{r})$
Utilidad:	macho entero	0,0105	37,5	0,145 (0,145)
	hembra	0,0100	35,0	0,129 (0,130)
	macho castrado	0,0095	32,5	0,114 (0,115)
Comercial:	macho entero	0,0115	42,5	0,180 (0,180)
	hembra	0,0110	40,0	0,162 (0,160)
	macho castrado	0,0105	37,5	0,145 (0,145)
Mejorado:	macho entero	0,0125	47,5	0,218 (0,220)
	hembra	0,0120	45,0	0,199 (0,200)
	macho castrado	0,0115	42,5	0,180 (0,180)
Núcleo:	macho entero	0,0135	52,5	0,261 (0,260)
	hembra	0,0130	50,0	0,239 (0,240)
	macho castrado	0,0125	47,5	0,218 (0,220)

concepción y la gestación. La gestación influye notablemente en la tasa de retención de proteína, provocando una reducción notable en la tasa de crecimiento materno. No obstante, el cálculo de las necesidades nutritivas de una cerda en crecimiento obliga a conocer la pauta de deposición de proteína corporal (y de lípidos) y la función de Gompertz (Ecuación 3.1) resulta tan adecuada para describir el crecimiento tardío como el precoz, aunque los factores usados deben tener en cuenta la aparición de los procesos de reproducción en la hembra post-puberal que interrumpe la pauta pre-puberal y prolonga el tiempo preciso para conseguir la masa adulta. Comparando animales reproductores correctamente alimentados, que realizan gestaciones y lactaciones consecutivas, con cerdos en crecimiento sacrificados de forma seriada durante el periodo de crecimiento ininterrumpido de 20-200 kg de peso vivo, se descubre que los animales reproductores presentan un crecimiento reducido (es decir, un valor reducido para B, el coeficiente de crecimiento) desde el momento de la primera concepción. En la

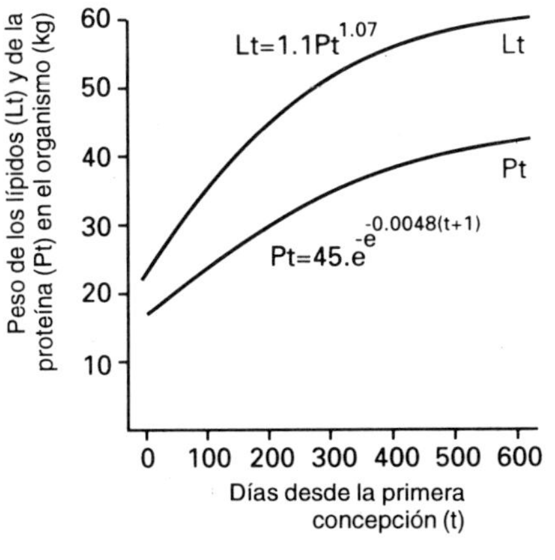

Figura 3.13 Incremento de la proteína y de los lípidos corporales maternos desde el momento de la primera concepción. El punto de inflexión (t*) coincidió con la concepción (t* = –1), indicando que la concepcióón corresponde con el momento en que disminuye la tasa diaria de crecimiento.

Figura 3.13 se presentan los valores para el contenido de proteína corporal (Pt, kg) en cerdas alimentadas adecuadamente. Con un valor inicial para Pt en la primera concepción de 16,6 kg, las ganancias correspondientes desde una concepción a otra durante los cuatro primeros partos fueron 11, 8, 5 y 2,5 kg. El valor B, en 0,0048, es en el mejor de los casos solamente la mitad del alcanzado probablemente antes de la concepción. Resulta evidente que la tasa para Pr correspondiente a estas cerdas puede ser considerado únicamente como rendimientos observados bajo la influencia del ciclo reproductor y no como una indicación de lo que puede considerarse como un objetivo de crecimiento porcino. También resulta igualmente claro que la iniciación de los procesos de reproducción es la causa de la inflexión experimentada por la curva de crecimiento, y no su consecuencia.

Con frecuencia puede ser conveniente calcular Pt en cerdas vivas a partir de los valores correspondientes a W (peso) y espesor de la grasa dorsal en P2:

$$Pt(kg) = -2{,}3 + 0{,}19\ W - 0{,}22\ P2$$

(Ecuación 3.3)

Cambio en la forma de la curva de crecimiento potencial

La forma de la curva de crecimiento real (conseguido) cambia con facilidad mediante la nutrición, medio ambiente y, como es natural, con la gestación. Para un determinado individuo, sin embargo, la forma de la curva *potencial* es, por definición, un caracter intrínseco y no modificable. Sin embargo, la selección genética puede actuar sobre una población para modificar artificialmente las características intrínsecas de dicha población porcina. Si los individuos de una población existente crecen según el caso (a) de la Figura 3.14, y posteriormente la población es sometida a selección para mejorar la tasa de crecimiento del tejido magro, entonces la pendiente de la regresión del peso (W) en relación con el tiempo (t) aumentará su inclinación siguiendo la dirección de la flecha y hacia el caso (b). Si se retrasa tan solo un poco el momento en que se alcanza la madurez (como parece ser), entonces la consecuencia innegable es un incremento de

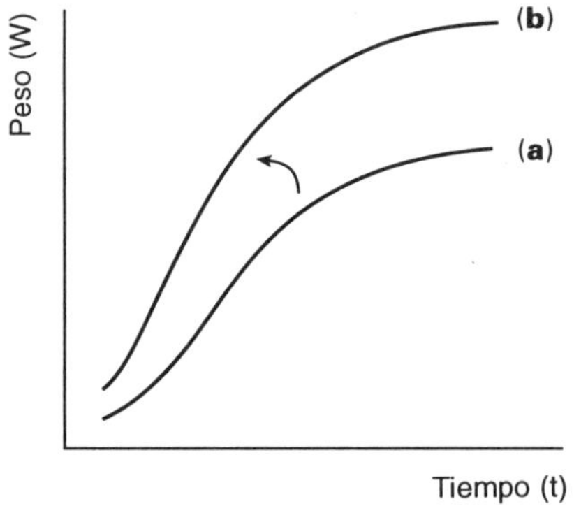

Figura 3.14 La selección genética para aumentar la ganancia de peso vivo hace más empinada la pendiente correspondiente al peso según el tiempo y aumenta también el peso corporal final del animal adulto.

A, el tamaño del animal maduro. Como la mejora de la tasa de crecimiento supone una meta básica en la producción porcina, al igual que en otros tipos de producción animal, entonces no deberá sorprender demasiado descubrir que la selección genética y la sustitución racial ha influido claramente en la creación de animales mayores, no solamente en el caso de los cerdos, sino tambien en ovino, vacuno y aves. Aunque quizás el mayor cambio en el tamaño de los animales adultos haya tenido lugar durante los últimos años en el cerdo doméstico, como consecuencia de una presión sumamente intensa de la selección para mejorar la tasa de crecimiento del tejido magro en los planes de mejora genética.

Las poblaciones de animales correspondientes al caso (b) de la Figura 3.14, además de crecer con mayor rapidez y ser más grandes al ser adultos, tienen mayores necesidades de mantenimiento en las piaras de reproductores adultos y se engrasan con menos facilidad. Según puede interpretarse a partir de la Figura, los cerdos de un determinado peso que se acomoden al caso (b) alcanzarán un menor grado de maduración que los del caso (a). Los pesos convencionales para el sacrificio de los animales del caso (a), mantenidos con animales que se adaptan al caso (b), proporcionarán una carne menos madura fisiológicamente procedente de animales que han alcanzado una menor proporción de su tamaño final potencial. Al aumentar el tamaño en el momento de alcanzar la madurez se aumenta el peso óptimo para el sacrificio.

Crecimiento de la grasa y de los lípidos

Los cerdos pequeños ganan grasa con rapidez en los inicios de su vida, con una ayuda especial de la leche materna, que contiene el 8% de grasa. La fase más rápida del crecimiento de la grasa puede haberse producido perfectamente en el cerdo antes de las 4 semanas de edad, mientras que el impulso máximo para la formación de tejido magro puede que no se alcance hasta bastante más tarde. Mientras que el contenido de grasa es inferior al 2% en un cerdito al nacer, a los 21 días de edad suele ser superior al 15%. Los cerdos modernos nunca pueden aparecer más engrasados que cuando tienen 21 ó 28 días de edad al ser destetados. Es posible que se haya alcanzado el engrasamiento máximo durante el primer mes de vida de un cerdo que haya de ser sacrificado con 4-7 meses de crecimiento. Con un peso de 100 kg en el momento del sacrificio las canales porcinas contendrán fácilmente menos del 20% de grasa. Los cerdos rivalizan actualmente con los pollos broiler en la producción de la carne más magra disponible para consumo humano. Ya no existen escusas para los cerdos excesivamente grasos, porque si bien los cerdos tienden a ser más grasos según crecen (ya que el apetito deja atrás el potencial de crecimiento del tejido magro), la demanda actual de carne magra con pesos de la canal relativamente elevados, ha impuesto la necesidad de controlar el engrasamiento. El control del engrasamiento es simple en las estirpes modernas de cerdos porque la relación entre el engrasamiento y el peso del cerdo no es fundamentalmente una función del propio peso sino una función del consumo de pienso. El control del consumo de pienso permitirá conseguir un determinado nivel de engrasamiento preciso con un determinado peso de la canal. El consumo de pienso, y no unas normas inviolables sobre edad y peso, es el eje en que se basa el cambio de composición corporal y del engrasamiento de la canal en los cerdos productores de carne.

Las siguientes condiciones favorecerán el engrasamiento:

1 cuando la dieta es desequilibrada (con cualquier peso del cerdo);
2 cuando el consumo de pienso supera las necesidades de mantenimiento y crecimiento del tejido magro (con cualquier peso);
3 cuando, por razones claramente fisiológicas, el organismo sitúa la deposición de grasa por encima de la de tejido magro en su orden de prioridad (como sucede postnatalmente entre nacimiento y destete, o durante la gestación cuando la hembra se prepara para la lactación, o cuando se esperan épocas con falta de alimentos);
4 cuando se alcanza la masa de tejido magro correspondiente al animal adulto y el pienso ingerido no tiene otra función que satisfacer el crecimiento de grasa.

En este punto resulta útil diferenciar los lípidos corporales totales (Lt) en tres componentes: grasa esencial, grasa establecida como objetivo y grasa sobrante o depósitos de grasa. Un nivel mínimo de grasa resulta esencial para la función metabólica normal; esta representa probablemente sobre un 5% de lípidos en el organismo total (Lt = 0,05W). La grasa establecida como objetivo es el nivel mínimo de engrasamiento con el que, habiendo alcanzado dicho objetivo, el animal se siente suficientemente cómodo fisiológicamente para repartir los nutrientes disponibles y realizar un esfuerzo metabólico máximo hacia la finalidad principal de conseguir su potencial para el crecimiento de tejido magro. Con niveles de engrasamiento por debajo de este objetivo, la consecución de los niveles de lípidos establecidos como objetivo impedirá que se alcancen las tasas potencia-

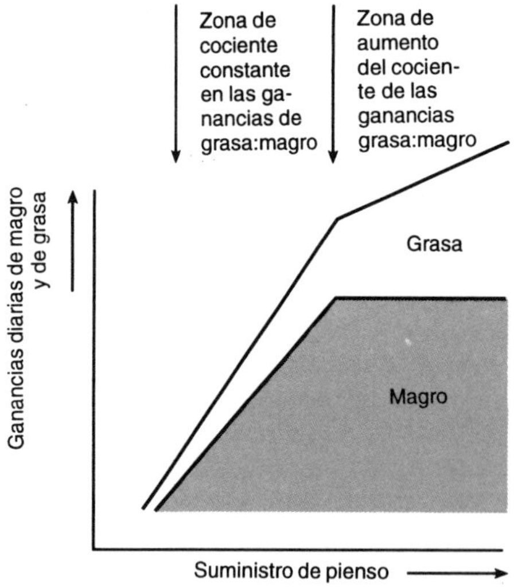

Figura 3.15 El cociente entre tejido magro y graso en la ganancia tenderá a ser constante hasta que se alcanza el potencial máximo de la tasa de crecimiento de tejido magro.

les de retención de proteína, ya que la prioridad fisiológica será la primera función y no la segunda. Las ganancias de la grasa considerada como objetivo pueden expresarse convencionalmente en forma de una determinada relación con las ganancias de tejido magro o proteína. Como las ganancias de proteína serán limitadas hasta que se hayan alcanzado los niveles objetivo de grasa, siempre antes de que la tasa de crecimiento de tejido magro alcance su potencial máximo, la proporción entre grasa y tejido magro reflejará directamente la proporción de grasa en la ganancia que es el nivel objetivo (ver Figura 3.15).

Aunque la grasa considerada como objetivo es una necesidad fisiológica para el crecimiento normal, la grasa sobrante o depositada constituye bien (a) la consecuencia de un sobrante de energía en un pienso desequilibrado, o (b) la creación de un depósito de energía en el organismo como preparación para una posible carencia de pienso. Se desconoce en gran medida la cuantía total de la grasa almacenada en el cerdo, aunque la Lámina 6.6 puede proporcionar cierta indicación. Puede creerse que existen cerdos en los que más del 50% de su peso corporal es grasa, aunque su producción resulta altamente antieconómica. En la actualidad no es frecuente encontrar cerdos en los que la grasa supone más del 30-40% de su organismo. Por definición, la grasa sobrante será eliminada probablemente evitando las cuatro condiciones que permiten el engrasamiento, y que se han señalado anteriormente, quizás con la única excepción del engrasamiento de un cerdo muy joven, que en todo caso puede justificarse por aplicar un valor más elevado para la grasa considerada como objetivo.

En comparación con las ganancias diarias de proteína (Pr), parece ser que en el cerdito lactante las ganancias de lípidos (Lr) consideradas como objetivo mínimo son idénticas o superiores:

$$(\mathrm{Lr{:}Pr})_{min} \geq 1$$

(Ecuación 3.4)

En la Tabla 3.5 se incluyen los niveles de grasa considerados como objetivo durante el crecimiento normal entre el destete y la pubertad, expresados en térmi-

Tabla 3.5 Valores para el cociente mínimo ganancia de lípidos:ganancia de proteína $(\mathrm{Lr{:}Pr})_{min}$ en cerdos seleccionados para carne.

		$(\mathrm{Lr{:}Pr})_{min}$
Utilidad:	macho entero	0,9
	hembra	1,1
	macho castrado	1,2
Comercial:	macho entero	0,7
	hembra	0,9
	macho castrado	1,0
Mejorado:	macho entero	0,5
	hembra	0,7
	macho castrado	0,8
Núcleo:	macho entero	0,4
	hembra	0,5

nos de $(Lr:Pr)_{min}$. Resultará evidente al comparar con la Tabla 3.4 que la selección ha determinado la reducción de $(Lr:Pr)_{min}$ así como un incremento de Pr. Esto, sin embargo, es consecuencia de la selección simultánea *contra* Lr así como *para* Pr. No existe una razón fisiológica particular por la que valores elevados para Pr vayan asociados invariablemente con valores bajos para Lr.

Tras alcanzar la pubertad existe una nueva dimensión, la correspondiente a la gestación. La gestación crea un efecto favorable sobre el nivel de ganancia diaria de lípidos considerados como objetivo que es probablemente superior que la equivalencia cuantitativa correspondiente a la tasa diaria de ganancias de proteína, según se demuestra en la Figura 3.13 y mediante la relación $Lt = 1{,}1Pt^{1{,}07}$.

La mayor parte de la grasa depositada durante la gestación se usa como combustible para la lactación. Las cerdas reproductoras con más del 30% de lípidos totales en su organismo ($Lt > 0{,}3W$) es probable que padezcan problemas para reproducirse debido a un engrasamiento excesivo. Las cerdas reproductoras con menos del 17% de lípidos corporales son susceptibles a perder su eficacia reproductora de una forma progresiva al aumentar el tiempo preciso para que presenten celo tras el destete, descender su tasa de ovulación, disminuir el éxito en la implantación y supervivencia de los embriones y producir cerditos con menor peso al nacer.

Aunque no suele ser considerado como un hecho notable que los genotipos no mejorados y alimentados intensamente presenten una masa de grasa corporal que es dos veces o más que la masa de proteína ($Lt > 2Pt$), se considera preferible que el contenido de lípidos en la cerda adulta actual se mantenga en 1,5 veces el contenido de proteína ($Lt - 1{,}5Pt$), o aproximadamente el 20-25% del peso corporal total en forma de lípidos ($Lt = 0{,}2W$). El contenido de lípidos no deberá ser nunca inferior al contenido corporal de proteína ($Lt_{min} = Pt$).

La pauta seguida por la ganancia de lípidos en la Figura 3.13 sugiere que un valor inicial para Lt de 22 kg en la primera concepción puede ir seguido mediante las ganancias de concepción tras concepción para los partos 1-4 de 16, 12, 7 y 4 kg. de Lt respectivamente. Las ganancias de Lt son así aproximadamente iguales a 1,5 Pt. Con cada parto, las ganancias de Lt durante la gestación fueron, por consiguiente, superiores a las pérdidas correspondientes durante la lactación.

Con frecuencia puede ser conveniente calcular Lt en cerdas vivas mediante los datos correspondientes a W y al espesor de la grasa dorsal en P2:

$$Lt\ (kg) = -20 + 0{,}21W + 1{,}5P2$$

(Ecuación 3.5)

El caso especial del crecimiento inicial

Habiendo nacido con tan sólo el 1-2% de lípidos, menos que el «mínimo fisiológico», y considerablemente menos que cualquier objetivo mínimo concebible (que sería el 7-8% de lípidos), resulta totalmente razonable que el cerdito recién nacido mantenga unas ganancias de lípidos superiores a las ganancias de proteína según su orden de prioridad para el reparto de los nutrientes. Actuando así el cerdito puede alcanzar un contenido de lípidos corporales del 15-20% a los 21-28 días de edad. Para alcanzar estos notables cambios en los lípidos corporales, resulta evidente que en los inicios de la vida Lr supera mucho a Pr. El trauma del destete, sin embargo, corrige rápidamente el contenido total de lípidos corporales para situarlo por debajo del 10% del peso corporal antes de que se reanuden tasas positivas de crecimiento más normales.

La notable capacidad del cerdo joven para crecer con rapidez en los inicios de su vida postnatal no se limita al crecimiento de los lípidos. El potencial total de crecimiento corporal resulta incluso más notable. Las impresionantes ganancias de peso vivo posibles tras el nacimiento en un cerdito joven solamente son superadas por la aparente incapacidad de los productores de cerdos de todo el mundo para explotar completamente el potencial que se les ofrece. Aunque el potencial de crecimiento de los cerdos jóvenes es notable tan solo en comparación con las expectativas ganaderas convencionales, no sucede así con el potencial de otras muchas especies animales como los pichones recién eclosionados, el conejo joven, la foca (las focas duplican su peso en los 3 primeros días de vida) y la ballena, todas las cuales crecen, en proporción con su tamaño adulto, mucho más rápidamente que el cerdo joven sometido al crecimiento más rápido posible. En su primera semana de vida el cerdito recién nacido consume cuatro veces sus necesidades de mantenimiento, la foca seis veces y el ballenato ocho veces sus necesidades de mantenimiento. Incluso la especie humana sigue esta pauta, entre la cuarta y la séptima semana de edad R.J.W. , cuando pesaba 4 kg, ganó 290 gramos semanales, una tasa de crecimiento que (si se mantuviese), le permitiría alcanzar un peso de 154 kg a los 10 años de edad.

De acuerdo con su potencial, puede demostrarse con facilidad que los cerditos sanos con 5 kg de peso vivo consiguen crecer 600 gramos diarios en condiciones de nutrición ilimitada. Entre el nacimiento y aproximadamente los 8 kg de peso vivo pueden alcanzarse incrementos diarios del 10% o superiores del peso corporal, con la Ecuación 3.2 se han medido valores B de hasta 0,02 para cerdos jóvenes en Edimburgo. La Figura 3.16 (según determinaciones) presenta únicamente unas posibilidades conservadoras para el crecimiento de los cerditos lactantes, los animales estudiados en este caso no tuvieron acceso a piensos suplementarios de ningún tipo. La pérdida de impulso de crecimiento hacia etapas posteriores del periodo de medición demuestra las consecuencias que tiene sobre el cre-

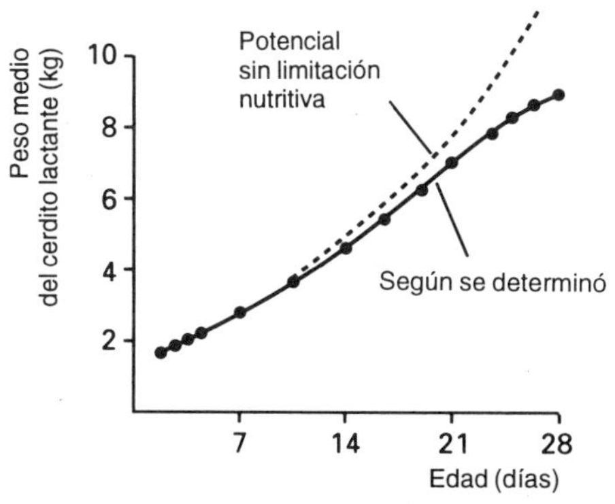

Figura 3.16 Crecimiento de cerditos de una camada sin acceso a pienso suplementario y sin síntomas de enfermedad.

cimiento potencial una alimentación (la leche de la madre) que no es capaz de mantener las necesidades del cerdo ni su potencial de crecimiento.

El tremendo impulso descubierto en el crecimiento inicial de los mamíferos es probable que se asocie con mecanismos de supervivencia, y puede constituir una excepción al supuesto de Gompertz que parece mantenerse perfectamente durante la totalidad del crecimiento hasta la madurez. Cuando se analizan las tasas de crecimiento *alcanzadas* por los cerdos jóvenes, sin embargo, las ganancias parecen acomodarse a los supuestos de Gompertz de un crecimiento más lento en los inicios de la vida con una aceleración posterior; aunque esto no supone un reflejo de alguna ley natural, probablemente pueda explicarse a través de los tres fenómenos siguientes:

1 La expresión de las curvas de crecimiento durante un amplio periodo de la totalidad de la vida no explican las pertubaciones que se producen en un pequeño sector de la misma; es decir, la curva es dominada por la mayor parte de la pauta de crecimiento y no puede expresar adecuadamente la fase excepcional del crecimiento inicial.
2 Los animales jóvenes no reciben un suministro ilimitado de pienso y, en consecuencia, el crecimiento queda limitado por debajo de su potencial como resultado de la limitación nutritiva.
3 El cerdo joven suele ser destetado en mitad del periodo de crecimiento inicial (alrededor de los 21-28 días de edad), y las consecuencias del destete suelen comprometer tanto la situación sanitaria como reducir intensamente el consumo de nutrientes. Al recuperarse del trauma que supone el destete, se produce una fase de crecimiento acelerado (Figura 3.17).

Los cerdos jóvenes crecerían con una rapidez considerablemente mayor de la que consiguen en las explotaciones porcinas comerciales si las condiciones se aproximasen más a las ideales, y las tasas de crecimiento relativamente más lentas que experimentan actualmente son una consecuencia de la imposición por parte del hombre de diversas limitaciones, más que derivadas de cualquier pauta natural de crecimiento. La Figura 3.16 puede tomarse como una indicación de las expectativas razonables y conservadoras del crecimiento previo al destete de los cerdos jóvenes, y la Tabla 3.6 muestra algunos rendimientos alcanzados regularmente tras el destete por cerdos mantenidos en Edimburgo bajo una condiciones no excepcionales.

Tabla 3.6 Crecimiento tras el destete de cerdos en la Universidad de Edimburgo.

Peso vivo al empezar (kg)	*Peso vivo al final (kg)*	*Días*	*Consumo diario de pienso (g)*	*Ganancia diaria de peso vivo (g)*
6	12	13	500	450
6	24	31	800	581
8	16	14	650	590
12	24	16	900	760

Pérdida de peso por crecimiento negativo de la grasa

Crecimiento negativo no es lo inverso de crecimiento positivo, y no se adapta a una apreciación matemática similar. La pérdida de grasa es invariablemente la consecuencia de un desequilibrio entre la demanda y el aporte de energía, la diferencia se cubre con recursos nutritivos internos. El anabolismo de los tejidos adiposos puede cesar totalmente incluso antes de que se frene el anabolismo de la proteína, mientras que la descomposición y utilización de lípidos corporales puede producirse al mismo tiempo que se acumula proteína corporal (el primer proceso aporta energía para el segundo). Por fortuna el crecimiento negativo de la grasa determina la utilización de la grasa sobrante en los depósitos corporales, ya que la finalidad de la deposición original de lípidos corporales consiste en ser una protección contra un desequilibrio intenso entre la demanda y el aporte de nutrientes que se produce con frecuencia tras el destete y durante la lactación, cuando el apetito para ingerir energía no consigue alcanzar las necesidades metabólicas. Sin embargo, el catabolismo de la grasa puede provocar un descenso más fuerte en el nivel de grasa corporal considerado como objetivo si la demanda de energía es suficientemente intensa. En estas circunstancias puede descubrirse que el contenido absoluto de lípidos en el cerdo puede ser inferior a los niveles considerados como objetivo. Aunque la reducción de grasa por utilización de los depósitos hasta niveles corporales por debajo de los considerados como objetivo puede tenerse como un aspecto normal de la función corporal del cerdo, esta reducción de la grasa corporal acarreará indudablemente consecuencias negativas y no puede esperarse con posterioridad una función corporal óptima, hasta el momento en que se hayan recuperado los niveles de lípidos considerados como objetivo.

El crecimiento negativo ejerce, por consiguiente, una contribución importante para que sean normales los procesos del crecimiento y la reproducción, aunque puede influir notablemente sobre la composición corporal, y solamente es un fenómeno normal siempre que actúe sobre los tejidos adiposos depositados. Así, según sea el nivel de consumo de pienso durante la lactación, las cerdas lactantes pueden perder lípidos, durante el periodo de lactación, en niveles incluso de hasta 20 kg. La pérdida de grasa en las cerdas lactantes está relacionada íntimamente con la pérdida de peso:

$$\text{Pérdida de grasa (kg) durante 28 días de lactación} = 7{,}7 + 0{,}3 \text{ pérdida de peso vivo (kg)}$$

(Ecuación 3.6)

indicando que incluso cuando se mantiene el peso corporal de la cerda son catabolizados unos 7,5 kg de tejido adiposo durante la lactación, o 250 g por día. Será más frecuente que las cerdas pierdan unos 10 kg de peso vivo durante la lactación, determinando unos niveles de pérdida normal de grasa de unos 10 kg en el curso de una lactación, o sobre unos 500 g diarios de grasa. La hembra gestante se anticipa a una lactación inminente y acumula grasa durante la gestación para perderla posteriormente a través de la producción de leche. La foca recién nacida ganará 1,5 kg diarios de peso –avergonzando a los animales domésticos de cualquier edad o peso– al ingerir leche que contiene el 50% de grasa producida por la foca hembra que en ese momento es probable que no consuma ningún tipo de alimento. Las pérdidas diarias de grasa por lactación en las vacas lecheras pueden ser superiores a 1 kg. En términos de peso corporal metabólico, estas cantidades son todas similares, y se calcula que en la cerda son de unos 10 gramos por kg de peso corporal metabólico. En las ovejas lactantes se producen también las mismas tasas de pérdida. Como las pérdidas de grasa pueden ser contrarrestadas por ganancias de agua, el valor energético de la pérdida de peso puede ser considerablemente superior al valor de la energía bruta de la grasa pura (40 MJ); se han descubierto valores energéticos de la pérdida de peso en animales lactantes tan elevados como 90 MJ/kg de peso vivo. Las pérdidas de grasa corporal que se producen durante la lactación deben ser repuestas durante la gestación posterior o se producirá un agotamiento progresivo del tejido adiposo según envejece la cerda reproductora.

Las pérdidas de grasa en los cerditos recién destetados dependerán de las cantidades de grasa almacenadas antes del destete y de la necesidad fisiológica de mantener grasa para hacer frente al estrés nutritivo que se produce después del destete. Los cerditos destetados pierden preferentemente grasa subcutánea más que grasa interna (el cociente de las tasas de pérdidas de grasa es aproximadamente 9:1). Inmediatamente después del destete los cerditos mostrarán generalmente un peso estable, el impulso del crecimiento se iniciará 1 semana más tarde aproximadamente (Figura 3.17). Esta detención del crecimiento tras el destete puede mantenerse desde 2 días hasta 2 semanas, dependiendo del manejo previo y posterior al destete, de las condiciones del alojamiento y de la nutrición. Resulta aparente que el destete constituye un periodo traumático para los animales jóvenes alimentados con la leche materna. Los cerditos destetados con 28 o 21 días de edad presentan una composición corporal aproximadamente de 15% de proteína y 15% de lípidos, aunque tan sólo 7 días después del destete, mientras que el contenido de proteína puede mantenerse relativamente estable en el 15% approximadamente, el contenido de lípidos puede haber descendido por debajo del 10%. Algunas veces el porcentaje de grasa corporal total del animal joven destetado puede reducirse a la mitad en una semana. La capacidad aparente de los cerditos para burlar las leyes de la proporcionalidad (pérdida de lípidos sin ganancia de proteína) se debe al incremento experimentado por el contenido de agua en el cuerpo vacío para contrarrestar las pérdidas de grasa.

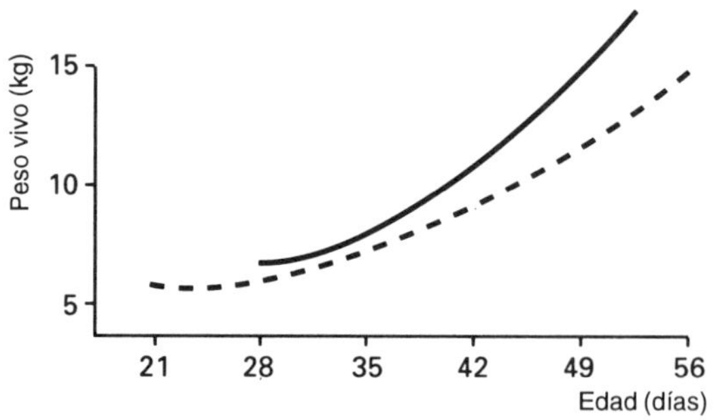

Figura 3.17 Crecimiento de cerdos comerciales destetados con 21 días (línea discontinua) o con 28 días de edad (línea continua). La fase posterior al destete con crecimiento reducido o nulo puede durar únicamente 2 días o prolongarse hasta 2 semanas.

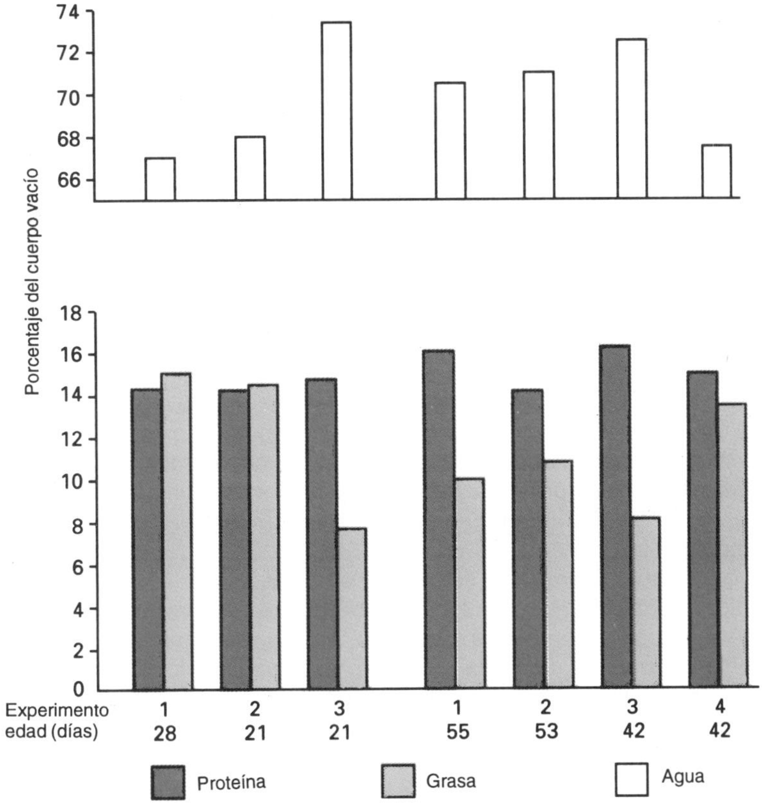

Figura 3.18 Porcentaje de la composición de los cerdos. Los cerdos de los experimentos 1 y 2 con 28 y 21 días de edad correspondían al momento del destete. Los cerdos del experimento 3 fueron destetados con 14 días de edad (según WHITTEMORE, C.T., AUMAITRE, A. y WILLIAMS, I.H. (1978) *Journal of Agricultural Science* **91**:681).

La Figura 3.18 presenta datos correspondientes a cuatro experimentos independientes. En los experimentos 1 y 2, los cerditos fueron destetados con 28 y 21 días de edad respectivamente, y sus composiciones con estas edades se corresponden con las del cerdito alimentado con la leche materna. En el experimento 3 los cerditos fueron destetados con 14 días de edad, y su composición corporal corresponde a la de 7 días tras el destete. Se aprecia que el destete no solamente determina una gran reducción en el porcentaje de grasa, sino que las pérdidas han sido compensadas por la incorporación de una cantidad proporcional de agua. A los 55, 53 y 42 días de edad, los cerditos de los experimentos 1, 2 y 3 no habían conseguido recuperar sus pérdidas de tejido adiposo tras el destete (la ganancia de lípidos fue solamente la mitad de la correspondiente a la proteína [$Lr \simeq 0{,}5$ Pr]), mientras que los cerditos del experimento 4 sí que lo consiguieron. Estos últimos cerditos habían recibido una dieta no convencional con un elevado cociente energía:proteína. Durante el periodo de los experimentos la composición del cre-

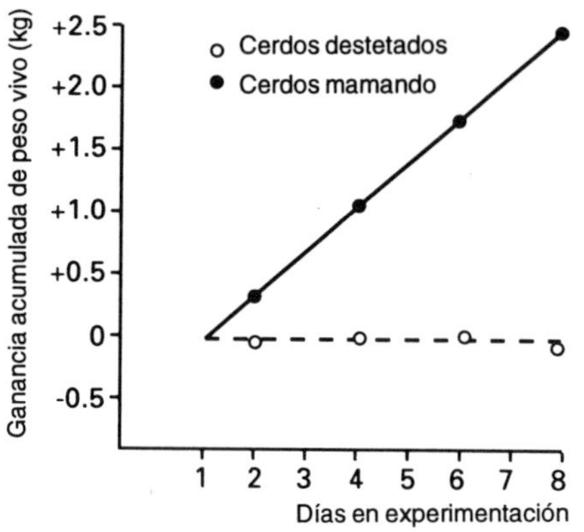

Figura 3.19 Ganancias acumuladas de peso de cerdos lactantes y destetados desde 21 hasta 28 días de edad.

cimiento de peso vivo posterior al destete en los experimentos 1, 2 y 3 fue aproximadamente del 50% de proteína y el 7% de grasa, mientras que en el experimento 4 los cerditos ganaron más grasa que proteína (sobre el 15% de proteína y el 19% de grasa).

En un experimento posterior se estudió con más detalle el crecimiento negativo de lípidos. Los lechones testigo fueron dejados con la cerda, mientras que fueron destetados los sometidos a tratamiento experimental. Los cerditos fueron pesados con intervalos de 2 días, durante este periodo los cerditos destetado solamente consiguieron mantener su peso corporal. Sin embargo, los cerditos que mamaban ganaron unos 300 gramos por día (Figura 3.19). En los cerditos destetados, las relaciones entre agua, lípidos y proteína correspondientes a las ganancias de componentes químicos y de peso corporal vacío fueron:

$$\text{Ganancia de agua (g/día)} = 0{,}65 \text{ ganancia peso corporal vacío} + 53 \qquad \textit{(Ecuación 3.7)}$$

$$\text{Ganancia de lípidos (g/día)} = 0{,}29\ \text{GPCV} - 56 \qquad \textit{(Ecuación 3.8)}$$

$$\text{Ganacia de proteína (g/día)} = 0{,}15\text{GPCV} - 4 \qquad \textit{(Ecuación 3.9)}$$

Estas relaciones aparecen ilustradas en la Figura 3.20 que presenta la proporcionalidad de la composición con respecto a la ganancia total. La pendiente de la línea correspondiente a la proteína es del 15% y pasa resolutivamente cerca de cero. Con peso corporal estable, se pierden unos 50 gramos diarios de lípidos en cerditos que solamente pesan 5 kg (es decir, 15 g/kg de peso corporal metabólico, o aproximadamente el 50% más que en la vaca lactante). El componente químico que contrarrestó esta pérdida fue, por supuesto, el agua, con unas ganancias positivas de 50 gramos con peso constante.

Con unas ganancias diarias reducidas de peso vivo –inferiores a 200 gramos– se aprecia que las pérdidas de lípidos anulan las ganancias de proteína, y existe

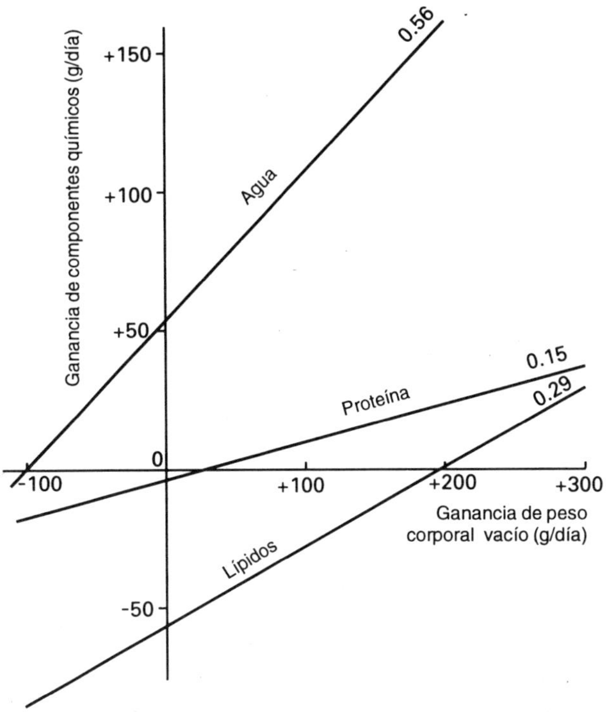

Figura 3.20 Relaciones entre ganancia total y componentes de la ganancia (calculadas según WHITTEMORE, C.T., TAYLOR, H.M., HENDERSON, R., WOOD, J.D. y BROCK, D.C. (1981) *Animal Production* **32**:203).

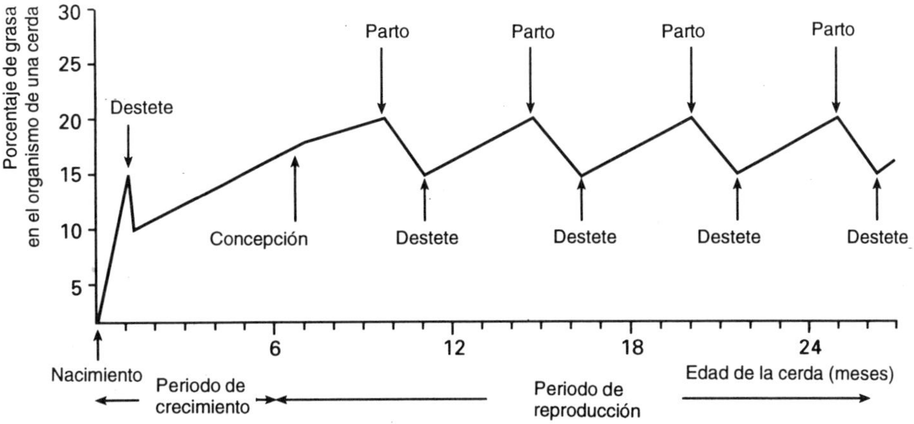

Figura 3.21 Cambios en el contenido de lípidos del cuerpo de los cerdos como consecuencia de pérdidas de tejido adiposo tras el destete y durante la lactación.

un margen de ganancias durante el que se producen simultáneamente periodos de pérdida de lípidos y retención de proteína. Las disecciones físicas realizadas sobre los tejidos demostraron que, con ganancia cero de peso vivo y pérdida rápida de tejido subcutáneo, se produjeron simultáneamente ganancias tisulares, principalmente en corazón, pulmones, hígado, intestinos y en otros órganos esenciales. En la Figura 3.21 aparecen las pautas del crecimiento negativo asociadas con la utilización (y posterior recuperación) de los depósitos de grasa, que ponen de manifiesto la existencia de pérdidas de lípidos tanto tras el destete como durante la lactación. El fallo en la recuperación de los depósitos de tejido adiposo mediante el aporte de una cantidad de energía que supere las necesidades inmediatas para el crecimiento de proteína o el anabolismo de la gestación conducirá inevitablemente a un descenso progresivo de los niveles de grasa, y finalmente a que el contenido corporal de lípidos totales sea inferior al nivel considerado como objetivo, con resultados inevitablemente desafortunados para la salud y la productividad del cerdo.

Pérdida de peso por crecimiento negativo de la proteína y crecimiento compensatorio

Las tasas de deposición de protcína inferiores a su potencial (Pr, Pr son consecuencias naturales de una limitación del crecimiento normal tal como sucede al no ser óptimo el aporte de nutrientes y al imponer unas demandas prioritarias más elevadas para el nivel de grasa considerado como objetivo; aunque un retorno a la retención máxima de proteína (Pr = Pr) y AND tasas superiores de retención de lípidos (Lr:Pr) min puede ser un hecho favorable para el cerdo en crecimiento. Mientras que una reducción conservadora en la tasa de retención de proteína por debajo del máximo es improbable que determine alguna respuesta especial distinta de los principios de crecimiento normal bosquejados anteriormente, resulta razonable esperar que si la reducción es grave el cerdo puede apreciar que aumenta la diferencia entre la masa de proteína acumulada y la masa potencial de proteína para una determinada edad, y puede intentar reducir esta diferencia realizando algún esfuerzo para compensar esta pérdida de crecimiento.

El crecimiento negativo de proteína (en lugar de crecimiento positivo reducido) es un fenómeno infrecuente y metabólicamente perjudicial que indica un intenso desequilibrio o déficit nutritivo. Parece ser que el catabolismo de la proteína muscular, con la degeneración resultante de tejidos esenciales, puede producirse durante la lactación en cerdas que padecen una privación de piensos proteicos y siguen realizando la síntesis de leche para el bienestar de la prole con prioridad a su propio bienestar. También resulta razonable suponer que el cerdo ofrecerá su proteína corporal para conservar la vida (necesidades de mantenimiento) antes que morir de inanición con una musculatura completa. Realmente esto puede ser necesario en circunstancias de una disposición de nutrientes altamente estacional que puede producirse en la vida salvaje. No obstante, bajo un punto de vista de la explotación científica del cerdo doméstico, puede asegurarse que el crecimiento negativo de proteína indica un grave defecto de manejo, con repercusiones igualmente graves para la productividad. Por consiguiente, el estudio del crecimiento compensatorio se limita a la posibilidad de unas tasas de retención de proteína reducidas (no negativas) y, así, merece la atención considerar la recuperación de la ganancia potencial perdida:

En primer lugar, puede proponerse que el cerdo no se interesa por una ganancia de grasa compensatoria superior a la recuperación del engrasamiento considerado como objetivo, para cuyo fin la retención de lípidos ejercerá un empleo de nutrientes preferencial sobre la retención de proteína hasta conseguir $(Lt{:}Pt)_{min}$.

En segundo lugar, puede proponerse que cualquier cerdo mantendrá un crecimiento máximo de proteína cuando su nutrición sea adecuada. Si la nutrición correcta va seguida por un periodo de privación nutritiva, entonces se observará que la tasa de retención de proteína aumenta en el curso normal de los hechos. Si animales testigo mantuviesen un rendimiento inferior al potencial, aunque suponiendo que alcanzaban el potencial, entonces el grupo realimentado presentaría todas las apariencias del crecimiento compensatorio; aunque de nuevo no funcionarán fuera de los principios aceptados.

En tercer lugar, puede proponerse que cualquier cerdo que realiza ganancias compensatorias verdaderas no es preciso que se le suponga una eficacia supermetabólica. Es simplemente suficiente que su consumo de pienso supere el considerado normal para cerdos de un determinado peso. Si previamente se redujo la retención de proteína por limitaciones en el consumo de pienso, al aumentar posteriormente el consumo se incrementará naturalmente la tasa de retención de proteína.

En cuarto y último lugar, de lo anterior se deduce que el crecimiento compensatorio verdadero se producirá estrictamente: (a) cuando un fallo previo en la consecución de tasas de Pr = Pr es consecuencia de un déficit nutritivo que puede ser superado mediante un aumento compensatorio del apetito superior a los niveles descubiertos anteriormente como máximos; y (b) cuando la tasa potencial previa de retención de proteína Pr es superada como una parte integral del proceso compensatorio verdadero.

No existen razones para creer que la compensación del tipo señalado anteriormente en (a) y (b) podría ser ventajosa de alguna manera para el proceso productivo. El periodo de crecimiento durante el que Pr es inferior a Pr solamente puede originar una pérdida de eficacia que, si de alguna manera fuese benefioso, provocará un aumento en el consumo de pienso para alcanzar un determinado peso final. La limitación del crecimiento durante un periodo de la vida para explotar las ganancias compensatorias en un periodo posterior solamente podría ser considerada bajo un punto de vista de la economía si el pienso resultase particularmente caro en el periodo elegido para su limitación, y particularmente barato en el elegido para el crecimiento compensatorio.

El concepto de la compensación resulta, no obstante, sumamente intrigante bajo el punto de vista del análisis del crecimiento porque si existe, entonces su existencia demuestra que el cerdo tiene una visión particularmente clara de su situación real en comparación con su situación óptima sobre la pauta de crecimiento preferido; y, además, es capaz de ajustar fácilmente la situación si difiere mucho su realidad de los objetivos previstos.

Según los datos experimentales disponibles hasta la fecha resulta evidente que los cerdos son capaces de reconocer la existencia de desviaciones en relación tanto con el peso preferido para una edad como del cociente preferido lípidos:proteína. Así, los cerdos en crecimiento creados excesivamente grasos o magros mediante desequilibrios nutritivos reajustarán, si tienen opción a ello, su composición corporal al cociente Lr:Pr preferido. Además, los cerdos sometidos previamente a una limitación nutritiva son capaces, mediante realimentación, de conseguir a corto plazo niveles de retención de proteína muy superiores a los considerados previamente como máximos posibles. Como hecho más interesante de todos, cerdos jóvenes en crecimiento que al recibir un aporte abundante de energía alcanzan niveles generosos en sus depósitos de grasa pueden conseguir, al recibir una dieta sumamente rica en proteína, las tasas más notables de ganancia diaria de peso vivo. Los cerdos experimentales del Dr. Kyriazakis de Edimburgo, preparados de esta manera, alcanzaron ganancias diarias de 0,925 kg con un peso vivo de 13 kg.

El interés de la ciencia por el crecimiento compensatorio no deberá engañar a los productores comerciales al llevarles a creer erróneamente que el cerdo, mediante mecanismos de crecimiento compensatorio, puede enmendar deficiencias en la producción o en la nutrición. Este no es el caso, y no existen pruebas científicas o experimentales que indiquen la posibilidad de alcanzar una eficacia óptima en el crecimiento Pr se aproxime en todo momento al potencial máximo (Pr).

Respuesta del crecimiento al suministro de pienso

El marco para el análisis del crecimiento requiere con frecuencia suponer que el aporte de nutrientes es adecuado, aunque con frecuencia se descubre que las circunstancias supuestamente adecuadas precisan un examen más a fondo. Constituye una verdad evidente que el crecimiento solamente puede conseguirse cuando existe un aporte suficiente de nutrientes. El consumo de pienso es, por consiguiente, un determinante fundamental de la tasa de ganancia de peso, de la composición corporal y de la calidad de la canal en los animales productores de carne (Tabla 3.7).

En los cerdos jóvenes la retención de proteína en respuesta al consumo de pienso es lineal hasta un apetito máximo (Figura 3.22); sin embargo, en animales ligeramente más viejos (Figura 3.23) la retención de proteína alcanza una meseta con niveles mayores de consumo de pienso. En estos últimos estudios (realizados en Australia) se alcanzaron consumos elevados. La ingestión de 36 MJ de energía digestible por día suele asociarse más con cerdos de 70 kg que con los que pesan 35 kg. Resulta evidente según esta investigación, y según otros estudios efectuados en otras partes, que el crecimiento de la proteína responde linealmente al consumo de pienso hasta alcanzar un punto máximo, en cuyo momento la línea forma una meseta.

Tabla 3.7 Valores energéticos de las ganancias de peso vivo de cerdos para bacon y de vacuno para carne. El contenido energético del tejido adiposo es de unos 36 MJ y el del tejido magro de unos 5 MJ por kg. En consecuencia, el contenido graso de la carne aparece bien indicado por su contenido de energía.

	Nivel de alimentación			*Sexo*		
	Alto	*Medio*	*Bajo*	*Macho*	*Hembra*	*Castrado*
Cerdos	11	9	7	8	12	16
Vacuno	22	18	12	14	20	17

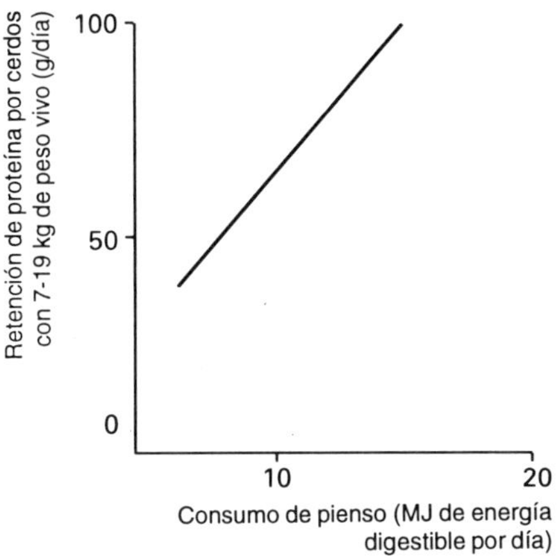

Figura 3.22 Mostrando la respuesta lineal de la retención de proteína originada por el consumo de pienso, sin curvatura, incluso en estos cerdos muy jóvenes (nótese el elevado consumo alcanzado) (calculado según CAMPBELL, R.G. y DUNKIN, A.C. (1983) *Animal Production* **36**:185).

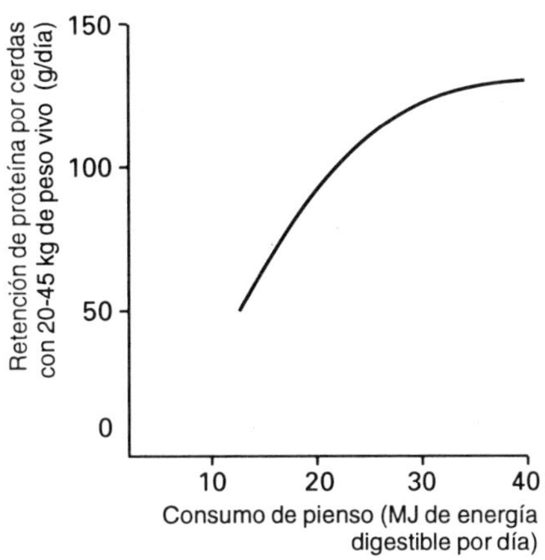

Figura 3.23 Mostrando la respuesta lineal de la retención de proteína originada por el consumo de pienso seguida por una meseta cuando el consumo de energía digestible es de unos 35 MJ y la retención diaria de proteína de 125 gramos (nótese el elevado consumo de pienso alcanzado). (Calculado según CAMPBELL, R.G., TAVERNER, M.R. y CURIC, D.M. (1983) *Animal Production* **36**:193).

Siendo elevados los consumos de pienso, la meseta puede alcanzarse en fases relativamente precoces de la vida. Los supuestos de Gompertz son confirmados mediante datos experimentales que demuestran que los límites máximos de retención diaria de proteína son bastante constantes durante un amplio margen de pesos vivos que abarca del 10 al 60% del peso adulto (o aproximadamente de 20 a 120 kg en el caso de los cerdos) (ver Figura 3.24).

Este hecho es demostrado mejor con datos referidos a pavos macho (Figura 3.25). La tasa de crecimiento se acelera rápidamente hasta desembocar en una meseta en fases tempranas de la vida, aproximadamente con 7 semanas o el 15% del peso adulto (que es de unos 20 kg). Esta tasa de crecimiento ya no aumenta, más bien se mantiene relativamente constante en unos 120 gramos diarios hasta alcanzar el 70% del peso adulto.

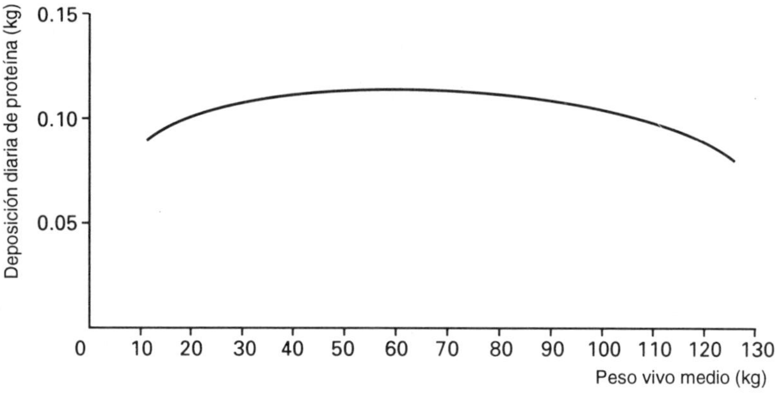

Figura 3.24 Tasa diaria de deposición de proteína en relación con el peso vivo *medio*. El experimento se inició con 20 kg y progresó realizando sacrificios seriados según aumentaba el peso vivo hasta unos 180 kg. El peso vivo medio es la media entre 20 kg y el punto final de los sacrificios seriados (según Tullis J.B. (1982) *Protein growth in pigs*. PhD Thesis, Universidad de Edimburgo).

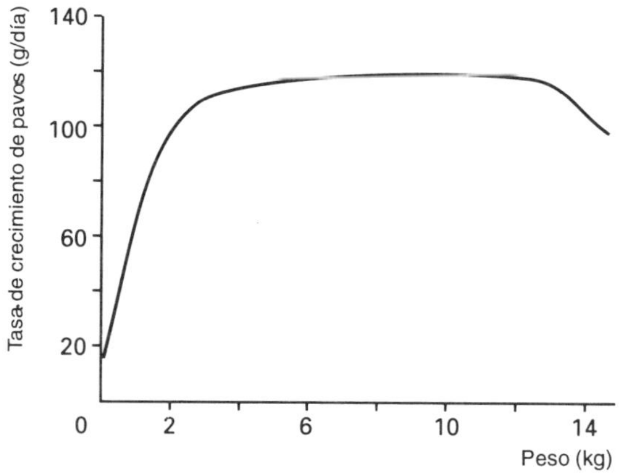

Figura 3.25 Tasa de crecimiento de pavos en función del peso vivo. El peso adulto de estos animales es de unos 20 kg (resultados sin publicar según Emmans, G.C., Escuela de Agricultura de Edimburgo).

La respuesta líneal/meseta para la retención de proteína derivada del consumo de pienso que aparece en la Figura 3.26 corresponde a cerdos con unos 50 kg de peso vivo. La meseta se presenta cuando se alcanza el potencial máximo de crecimiento para el animal, que en el caso (a) es de 500 g de crecimiento diario de tejido magro. En el caso (b) el potencial máximo es de 750 g diarios de crecimiento de tejido magro. Los casos (a) y (b) pueden corresponder a genotipos diferentes, o quizás a sexos distintos. El cerdo macho entero tiene un potencial para el crecimiento de tejido magro que es muy superior al de la hembra o, particularmente, al del animal castrado (Tabla 3.8).

Durante la fase lineal de crecimiento del tejido magro, el crecimiento del tejido adiposo quedará limitado a un nivel mínimo $(Lr{:}Pr)_{min}$ suponiendo que en condicio-

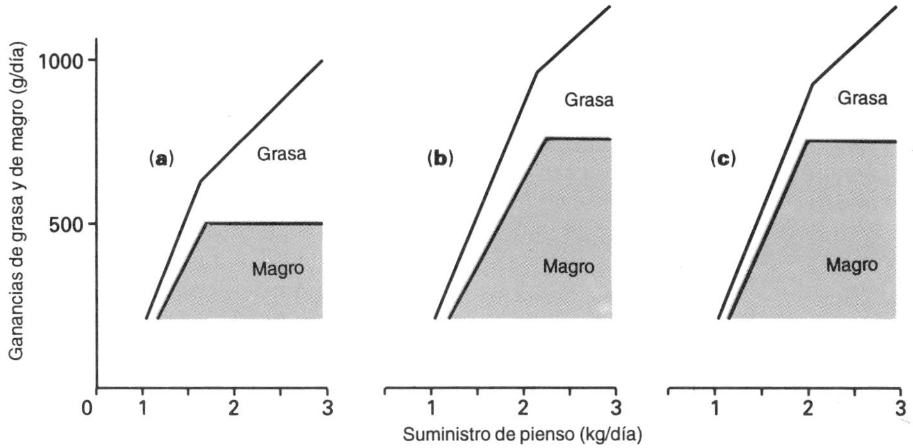

Figura 3.26 Efecto del incremento en el nivel de pienso sobre el crecimiento de tejidos magro y adiposo en el organismo total de cerdos de 50 kgW.

Tabla 3.8 Potenciales de crecimiento del tejido magro de los cerdos (g/día de magro total en organismo vivo completo).

	Tasa potencial de crecimiento del tejido magro (g/día)
Macho entero	700
Hembra	600
Macho castrado	500

nes de crecimiento normal el animal prefiere alcanzar el objetivo para el tejido magro aunque manteniendo cierto nivel mínimo de grasa en las ganancias normales de peso vivo (Figura 3.26). En estos casos ((a) y (b)) el cociente mínimo de grasa:magro es aproximadamente de uno de grasa por cuatro de magro. Hasta que el consumo de pienso es suficiente para alcanzar el crecimiento máximo de tejido magro, el animal no se engrasará mientras crece y existirá una constancia relativa en la composición durante un amplio margen de pesos corporales. Los animales que reciben dietas con una densidad baja de nutrientes puede esperarse que se mantengan en la fase de crecimiento limitada por la nutrición y su composición corporal sea constante durante buena parte de su crecimiento hasta alcanzar la madurez.

La Figura 3.26 resulta asimismo útil para clarificar la diferencia esencial entre contenido de tejido magro y tasa de crecimiento del tejido magro. Cuando es reducido el suministro de pienso, los cerdos pueden presentar tejido magro aunque con una reducida tasa de crecimiento del tejido magro; cuando el aporte de pienso es alto, los cerdos pueden ser grasos manteniendo una buena tasa de crecimiento del tejido magro.

Una de las consecuencias de la hipótesis expuesta en la Figura 3.26 consiste en que quienes se dedican a la selección de animales deben proporcionar un régimen nutritivo que aporte a los animales más pienso del necesario para conseguir un crecimiento máximo de tejido magro en los mejores candidatos, o no se podrán apreciar diferencias entre los genotipos mejorados y los no mejorados. En el caso del ejemplo correspondiente a cerdos de unos 50 kg de peso vivo, el suministro mínimo de pienso para diferenciar los genotipos es de unos 2,3 kg. En el caso (a), 2 kg diarios de pienso provocarán engrasamiento, mientras que en el caso (b) todavía no se alcanza la tasa máxima de crecimiento del tejido magro. Tan pronto como el consumo de pienso satisface totalmente el potencial máximo para el crecimiento de tejido magro, se produce un engrasamiento rápido, disminuye la tasa de crecimiento diario de peso vivo como función del consumo de pienso, y empeora el índice de conversión del pienso. En el lado izquierdo de este punto de rotura (el punto en el que la respuesta lineal se convierte en meseta) el crecimiento puede describirse como limitado por la nutrición. Por consiguiente, 2 kg de pienso suponen una nutrición ilimitada para el cerdo del caso (a) aunque es una nutrición limitada para el caso (b).

No deberá constituir una sorpresa para quienes seleccionan animales el hecho de que la selección contra la grasa determine con frecuencia una reducción del apetito; el consumo *ad libitum* es empujado hacia la izquierda en la escala de suministro de pienso de la Figura 3.26 (es decir, el suministro de pienso es reducido) y así el menor apetito de los cerdos determina que el suministro de pienso se oriente hacia la zona de una respuesta del crecimiento limitada nutritivamente (poca grasa) en lugar de ilimitada nutritivamente (mucha grasa). Los cerdos sometidos a un regimen de alimentación *ad libitum*, y seleccionados únicamente para la ganancia de peso vivo, puede esperarse que alcancen importantes mejoras positivas en el consumo diario de pienso y en la tasa de crecimiento diario de tejido magro, aunque los cerdos pueden aparecer también más cebados.

En el crecimiento limitado nutritivamente pueden revelarse también diferencias de estirpe y de sexo en el cociente grasa:magro. Este cociente puede variar en los cerdos desde menos de 0,5 de grasa por 4 de tejido magro para machos enteros de estirpes mejoradas, hasta más de 2 de grasa por 4 de tejido magro para castrados de estirpes no mejoradas. La selección contra la grasa en la carne es más probable que disminuya este cociente mínimo para la grasa –como el ejemplo en el caso (c) (Figura 3.26)– que aumente la tasa de crecimiento de tejido magro. En consecuencia, la reducción de grasa puede conseguirse bien mediante la selección de animales del tipo (c), o asegurando que se mantiene limitado el consumo de nutrientes.

Las propuestas adelantadas hasta aquí son fundamentales para las estrategias de la producción porcina. Establecen la existencia de una tasa máxima de crecimiento del tejido magro, y que la misma es bastante independiente del peso y de la edad del animal. Asumen además respuestas lineales hasta alcanzar una meseta. Regulan las circunstancias en las que los animales no pueden acumular grasa, y proporcionan normas para la alimentación hasta alcanzar una eficacia máxima en la transformación del pienso y en la tasa de crecimiento mientras se reduce al mínimo el cebamiento. Los animales con mayores potenciales para el crecimiento de tejido magro pueden consumir mayores cantidades de pienso con la consiguiente mejora de la eficacia del pienso y sin aumento del engrasamiento. Los machos enteros de genotipo mejorado no se engrasan porque su apetito es

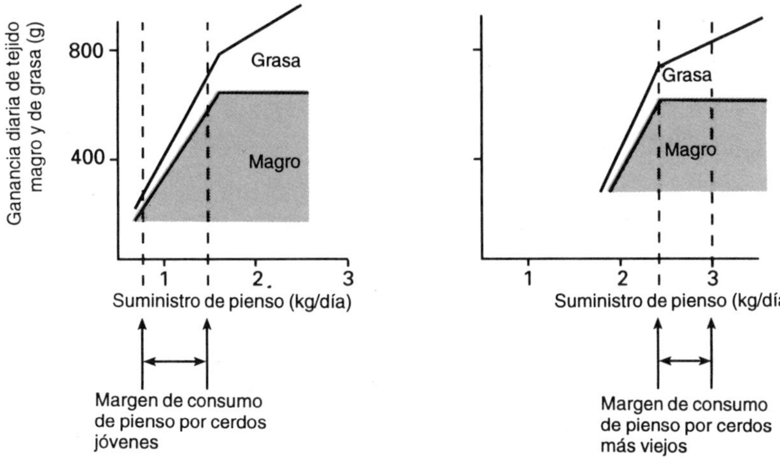

Figura 3.27 A medida que los animales son más viejos y mayores aumenta su capacidad para ingerir más pienso. Esto supone que los cerdos más viejos es más probable que se engrasen que los jóvenes. Sin embargo, si la densidad de nutrientes de la dieta disminuye también con la edad, desciende la probabilidad de cebamiento.

bajo en relación con la tasa potencial de crecimiento. La selección orientada hacia un mayor apetito estimularía inicialmente el crecimiento y no el engrasamiento, aunque según se alcanza el potencial para el crecimiento de tejido magro, al intensificar la selección para aumentar el apetito se obtendrán cerdos cebados.

En circunstancias normales los animales jóvenes, debido a su tamaño limitado, tendrán un apetito reducido y, en consecuencia, se encontrarán en condiciones de crecimiento limitado por la nutrición (Figura 3.27). Lo mismo podría aplicarse a animales más viejos con poco apetito o que reciben piensos de baja calidad, de forma que saciando su apetito alcanzan un bajo consumo de nutrientes. Los animales de más edad con buen apetito gozan de una mayor probabilidad de conseguir un crecimiento no limitado por la nutrición. Esto se aplica también a los animales que reciben dietas con mayor densidad de nutrientes. Esta es la principal razón por la que los animales se engrasan al ser más pesados.

Mientras que el potencial del crecimiento puede, en consecuencia, ser descrito satisfactoriamente en términos de constantes biológicas y de funciones matemáticas, las tasas alcanzadas y la composición de las ganancias en los cerdos son influenciadas más directamente por algo tan poco complejo como es el nivel de consumo de nutrientes en un determinado momento.

Manipulación hormonal del crecimiento

El sistema endocrino actúa como intermediario entre las instrucciones intrínsecas (genéticas) referidas a la cantidad y calidad del crecimiento que precisa un determinado individuo, y la aplicación de tales instrucciones mediante procesos bioquímicos que determinan la deposición de proteína, lípidos, cenizas y agua asociada.

En consecuencia, el crecimiento puede ser manipulado en tres niveles:

1 a través de la genética: mediante selección artificial;
2 mediante el sistema endocrino: reduciendo o aumentando las hormonas corporales;
3 a través de métodos ambientales: aumentando o reduciendo el aporte de nutrientes para el metabolismo.

El crecimiento normal es regulado a través de un complejo hormonal incluyendo, entre otras, la hormona del crecimiento (o somatotropina porcina [PST]), insulina, somatomedinas (que son factores del crecimiento similares a la insulina), hormonas tiroideas, glucocorticoides, epinefrina, andrógenos y estrógenos. La manipulación del crecimiento puede conseguirse aumentando la concentración de hormonas anabólicas en el sistema, aumentando la sensibilidad de los órganos sobre los que actúan las concentraciones existentes de hormonas o reduciendo los efectos de los sistemas de control de retroalimentación (esta última disminución puede conseguirse bien alterando el sistema de retroalimentación o desensibilizando el sistema primario a los efectos de la retroalimentación mediante inmunización).

La hormona del crecimiento, somatomedinas, insulina y hormona tiroidea se interrelacionan dentro de un complejo hormonal que es el propio sujeto de un conjunto de mecanismos de control y de retroalimentación. La hormona del crecimiento libera factores del hipotálamo que actúan sobre la pituitaria, influyendo sobre la tasa de producción. La somatostatina es liberada como una respuesta de retroalimentación ante la hormona del crecimiento y las somatomedinas; la somatostatina controla (reduce) la liberación de hormona del crecimiento, junto con un cierto grado inferior de reducción sobre sobre insulina, glucagón y hormona tiroidea (influyendo sobre la intensidad o el efecto de la somatostatina, por ejemplo mediante inmunización contra la misma, será estimulado el crecimiento al reducir los efectos inhibidores somatostáticos). Las hormonas somatomedinas aumentan por sí mismas la tasa del metabolismo energético, estimulan en cierta medida el crecimiento del tejido adiposo aunque, como hecho más importante, actúan directamente para incrementar la tasa de acumulación de proteína en los tejidos corporales. Las somatomedinas estimulan muchas de las hormonas pri-

Tabla 3.9 Efectos principales de algunas hormonas importantes asociadas con el crecimiento.

	Crecimiento de grasa	*Crecimiento de magro*
Hormona del crecimiento	−	+
Somatomedinas	+	+
Hormonas tiroideas	−	+
Insulina	+	+
Catecolaminas	−	+
Estrógenos y andrógenos	+	+
Glucagón	−	+

marias que promueven el crecimiento, y representan la principal influencia hormonal sobre las ganancias diarias de los tejidos magro y adiposo. Los animales con crecimiento más rápido presentarán niveles sanguíneos altos de insulina, hormona del crecimiento y somatomedinas.

En la Tabla 3.9 se presentan los principales efectos de las hormonas más importantes asociadas con el crecimiento. El crecimiento de la grasa suele aumentar mediante el apoyo positivo o conversión de la glucosa en ácidos grasos, aunque se limita al aumentar la oxidación de los ácidos grasos. El crecimiento de tejido magro precisa que se active el metabolismo de la glucosa para la creación de los elevados niveles de energía que precisa, junto con un alto nivel de estimulación del anabolismo de los aminoácidos y de la deposición de proteína. Las catecolaminas actúan a través de receptores beta-adrenérgicos y pueden estimular también a la insulina, hormonas del crecimiento y hormonas tiroideas.

Andrógenos y estrógenos han estado disponibles como agentes anabólicos administrados exógenamente que actúan tanto directamente sobre los tejidos magros para favorecer su crecimiento, y también indirectamente al estimular la liberación de la hormona del crecimiento, insulina y hormonas tiroideas. En otras épocas se han incorporado a los piensos andrógenos/estrógenos como agentes promotores del crecimiento.

Actualmente el interés por los estimulantes y manipuladores hormonales del crecimiento se concentra principalmente en la hormona del crecimiento manufacturada y fácil de obtener y también en los agonistas beta-adrenérgicos sumamente eficaces.

Resulta evidente que en circunstancias normales y naturales, sin ningún tipo de interferencia exógena, los animales que crecen con rapidez presentan niveles altos de hormona del crecimiento. La tecnología del DNA recombinante ha permitido la elaboración industrial de hormona del crecimiento porcino «preparada por el hombre», o somatotropina porcina recombinante (r-PST) cuya composición y efecto es *casi* indistinguible de la hormona del crecimiento porcino natural, según es segregada por la glándula pituitaria del propio cerdo. (Parece ser que la propia r-PST puede presentar un aminoácido diferente y un aminoácido más en la cadena y, por supuesto, la diferente metodología de su distribución y la incapacidad también para manipular las hormonas interrelacionadas aparece unida a la influencia de la forma de actuación). Cuando llega al complejo hormonal a través del sistema sanguíneo, r-PST determina notables incrementos en la tasa de crecimiento (+10% aproximadamente) y en el contenido de carne de la canal (sobre el 5% de magro en la media canal), y reducciones del tejido adiposo (–25% aproximadamente). También ejercerá algunos efectos negativos sobre el apetito que generalmente (y por desgracia) es reducido. Parece ser que, con niveles normales de hormona circulante, no existen consecuencias adversas graves sobre la salud del cerdo derivadas del uso de r-PST y, usando dosis fisiológicas, no cabe esperar consecuencias negativas ya que la hormona exógena es similar a la endógena en composición o acción. Sin embargo, debe aumentar la posibilidad de efectos sanitarios negativos cuando se consiguen cambios importantes en el rendimiento al incrementar las dosis. En algunas experiencias se han descubierto evidencias de alteraciones respiratorias y locomotoras. Tras el tratamiento con r-PST, puede producirse también una cierta pérdida de blandura muscular superior a cualquier consecuencia directa sobre la calidad de la carne provocada por una fuerte reducción en el contenido de grasa.

Los agonistas beta-adrenérgicos pertenecen a la familia de las catecolaminas incluyendo norepinefrina y epinefrina endógenas. Las catecolaminas (en sus formas naturales norepinefrina y epinefrina) estimulan los receptores adrenérgicos provocando consecuencias no solamente en la frecuencia cardiaca y broncodilatación sino también en la lipolisis. Han sido preparados agonistas beta-adrenérgicos que son análogos de la epinefrina tales como cimaterol, clenbuterol y ractopamina. Estas sustancias reducen la masa de grasa (–10% aproximadamente), aumentan el contenido de tejido magro (sobre +10%) y pueden mejorar también la tasa de crecimiento y el índice de transformación del pienso (aunque, por desgracia, esto último es probable que se logre a través de una reducción en el nivel de consumo de pienso).

Además de ser diferentes en su forma de acción, los agonistas beta-adrenérgicos presentan también diferencias importantes con r-PST al ser activos oralmente (mientras que PST tiene que ser aplicado por vía intravenosa). Esto facilita su administración, aunque aumenta el riesgo para el hombre.

A pesar de las notables respuestas que podrían originar las hormonas exógenas en los cerdos, queda todavía por determinar:

1 si el consumidor aceptará productos porcinos que alcanzan una calidad máxima en el sentido más amplio, cuando sepa que los cerdos han sido tratados con preparados hormonales exógenos (aunque pueda demostrarse que son inocuos);
2 si los mismos beneficios derivados de la mayor tasa de crecimiento, eficiencia y contenido de carne magra no podrían alcanzarse de una forma más económica y más simple mediante selección genética convencional orientada hacia la tasa de crecimiento del tejido magro.

Estos comentarios se hacen sabiendo que si bien en algunos países los cerdos son excesivamente grasos y que pueden ser aceptadas las canales de animales tratados con r-PST, muchos genotipos europeos alcanzan actualmente el contenido de carne magra que es compatible con los estándares mínimos de jugosidad, sabor y blandura de la carne, y que ya no existe la necesidad de reducir el contenido de grasa mediante la intervención de hormonas exógenas.

CAPÍTULO 4

Reproducción

Introducción

La actividad reproductora se inicia en serio con la pubertad en cuyo momento comienza el ciclo estral y se dispone de óvulos para su fertilización. Siguen gestación y lactación, con retorno al ciclo estral tan pronto como se interrumpe el flujo de leche. La eficacia de la piara de cerdas reproductoras depende intensamente del nivel de productividad biológica, número de cerditos producidos anualmente por cada hembra. La Figura 4.1 presenta los principales hechos en la vida reproductora de la cerda. Algunos de los mismos tienen una duración relativamente constante mientras que en otros la duración es variable (Figura 4.2). Los factores clave que intervienen en el control de la producción son, evidentemente, la edad de la primera concepción, la duración de la lactación y el intervalo entre el destete y la siguiente concepción. Con respecto a esto último adquieren im-

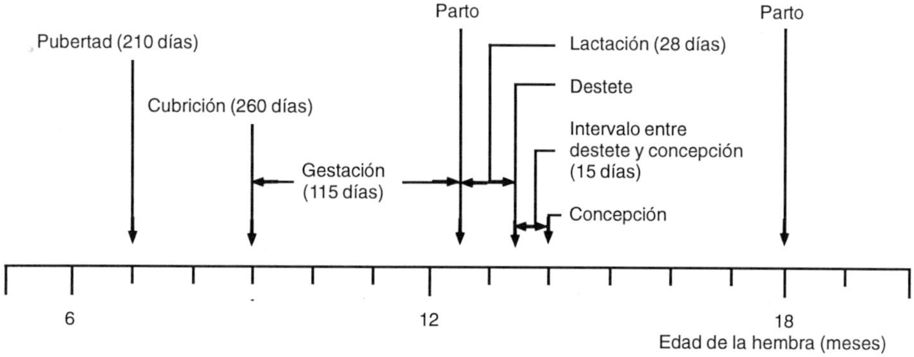

Figura 4.1 Hechos en la vida de una cerda reproductora.

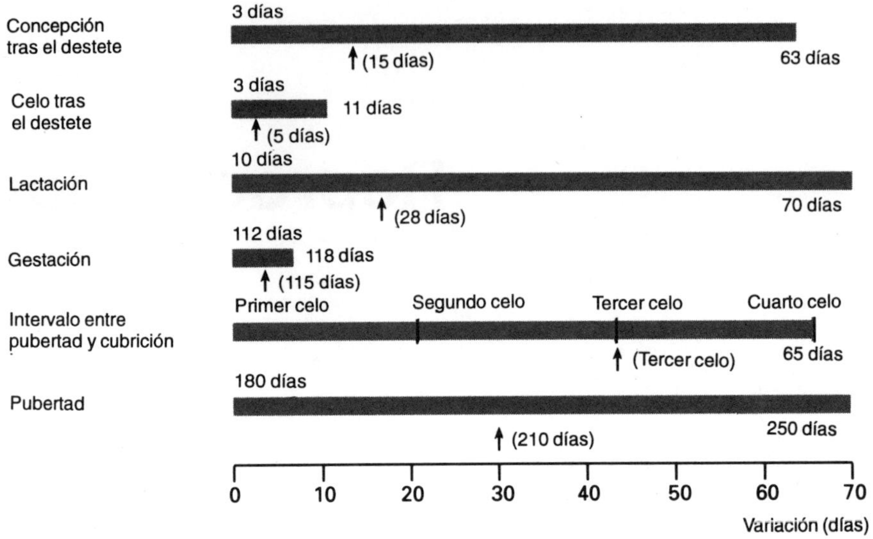

Figura 4.2 Aspectos del rendimiento de la reproducción. Oscilaciones en la escala del tiempo en la práctica – ↑ marca las posiciones medias.

portancia dos elementos del sistema: primero, el intervalo entre el destete y la aparición del celo (estro), que regula la *posibilidad* de un apareamiento fértil y, en segundo lugar, la frecuencia con que un celo culmina *realmente* en una gestación mantenida y digna de consideración.

En los mamíferos, la reproducción incluye una notable complejidad de hechos que interactúan entre sí, controlados con gran precisión por secreciones del sistema endocrino. Órganos individuales del cuerpo, tales como los ovarios, producen hormonas que actúan directamente sobre otros órganos, tal como el útero, aunque el control global emana del sistema nervioso central. La ruta más conveniente para transmitir instrucciones a los órganos corporales es el amplio sistema sanguíneo que puede transportar, hasta los tejidos que son su objetivo, las hormonas sintetizadas en diversas glándulas de todo el organismo, tales como la glándula pituitaria anterior, la glándula pituitaria posterior, las glándulas adrenales, el páncreas, los ovarios, los testículos, el útero y, además, los propios embriones o fetos. El sistema nervioso central se une con la circulación sanguínea a través de los principales puntos productores de hormonas de las glándulas pituitaria anterior y posterior, esta última se extiende desde el hipotálamo, una parte del encéfalo situada en la zona inferior del mismo. La pituitaria posterior se une con el hipotálamo mediante fibras nerviosas que se ramifican a través de ambos cuerpos y proporcionan una unión directa con el encéfalo y con el sistema nervioso central. No existen conexiones nerviosas con la pituitaria anterior, que debe comunicarse mediante hormonas transportadas por la sangre por lo que el hipotálamo puede, mediante factores liberadores o inhibidores segregados, controlar el flujo de hormonas de la reproducción procedentes de la pituitaria anterior. Sobre la totalidad del sistema existe una vigilancia constante de los niveles de hormonas circulantes en la sangre, y de la situación de los diversos órganos de la reproducción en relación con sus necesidades de desarrollo para recibir una cantidad mayor, o menor, de una determinada hormona. La vigilancia de la situación existente proporciona controles de retroalimentación positivos y negativos que pueden actuar tanto a nivel local como a nivel del sistema nervioso central. La probabilidad de la respuesta del órgano a la hormona circulante no depende, sin embargo, tan sólo del nivel circulante. En muchos casos la receptividad relativa del órgano a un determinado nivel de hormona circulante puede ser muy inconstante. Así, una hormona en particular –incluso con la misma concentración– puede tener un efecto positivo, negativo o nulo sobre la actividad de un órgano corporal; y una hormona puede influir para que un órgano sea receptivo a la acción de otra hormona.

Aunque la reproducción se encuentra sometida a un estrecho control endocrino, este control endocrino no es totalmente absoluto. El propio sistema hormonal es influenciado intensamente por factores extrínsecos tales como medio ambiente y nutrición. Incluso bajo condiciones normales de funcionamiento existe una interacción constante con el espectro completo de factores fisiológicos, genéticos, bioquímicos, de comportamiento y físicos que impregnan la vida de la cerda reproductora. El éxito de la reproducción exige no solamente que el sumamente complejo sistema endrocrino funcione en *sus* condiciones óptimas sino también que esto se combine con la creación simultánea de unas condiciones óptimas, en el sentido más amplio, tanto en el ambiente interno como en el externo.

Hormonas del ciclo estral

El encéfalo se une con la glándula pituitaria anterior mediante hormonas liberadoras (RH) y hormonas inhibidoras (IH) que controlan –a través de acciones positivas y negativas– el flujo de las principales hormonas de la reproducción hacia la corriente sanguínea y, en consecuencia, hacia sus puntos de actuación en el aparato reproductor. Las principales hormonas procedentes de la glándula pituitaria anterior son somatotropina (STH), hormona tirotrópica (TH), hormona adrenocorticotrópica (ACTH), prolactina, hormona folículo estimulante (FSH) y hormona luteinizante (LH), las dos últimas suelen ser denominadas conjuntamente como gonadotropinas. LH y FSH actúan invariablemente de forma sinérgica, y mediante un cambio en su proporción, de la una con la otra, pueden provocar respuestas diferentes en los órganos que son su objetivo. Los niveles de prolactina son controlados por la pituitaria anterior que reacciona tanto frente a la hormona liberadora como a la hormona inhibidora procedentes del hipotálamo. LH y FSH son estimuladas mediante la hormona liberadora de gonadotropina (GnRH) que envía impulsos (cada hora, más o menos) desde el hipotálamo a la pituitaria anterior. La naturaleza pulsátil de la liberación de GnRH determina que también LH aparezca en la circulación en forma de impulsos que tienen lugar cada hora aproximadamente en situación preovulatoria. La liberación de LH y FSH es controlada negativamente mediante un mecanismo de retroalimentación en el que la cantidad de GnRH liberada desde el hipotálamo depende de la vigilancia encefálica sobre los niveles circulantes de LH y FSH en la sangre; y también de la vigilancia sobre los niveles circulantes de sus hormonas secundarias, los andrógenos esteroides, progesterona y estrógeno (sobre éstos actúan más tarde), en relación con el control de las fases progresivas del proceso de la reproducción.

Al mismo tiempo, existe un efecto inhibidor de la melatonina sobre la liberación de gonadotropinas procedentes de la pituitaria anterior; la melatonina es liberada como respuesta a la horas de oscuridad y la producción de melatonina queda suprimida proporcionando diariamente 16 horas de iluminación.

Las hormonas FSH, LH y prolactina procedentes de la pituitaria –con FSH inicialmente en situación ascendente– estimulan el desarrollo y maduración de los folículos ováricos. Los folículos en vías de desarrollo producen, a su vez, estrógeno. Cuando se encuentran preparados, los óvulos son liberados desde los folículos ováricos como resultado de la estimulación provocada por niveles elevados de LH liberados a la circulación desde la pituitaria. Este aumento (mantenido) pre-ovulatorio de LH está constituido por la formación progresiva de impulsos cada vez más frecuentes. Los cuerpos lúteos, iniciados por la acción de LH, se forman en el ovario en los puntos en los que los óvulos han abandonado los folículos; y desde los cuerpos lúteos es segregada la hormona progestrona. Las hormonas primarias de la pituitaria FSH y LH (las gonadotropinas) son responsables, por consiguiente, de la liberación secundaria de las hormonas esteroides, estrógeno y posteriormente progesterona, procedentes de la gónada femenina.

Cuando la cerda no inicia una gestación su ciclo estral se repite cada 21 días aproximadamente. Durante el periodo intermedio los cuerpos lúteos activos segregan cantidades crecientes de progesterona que alcanzan un máximo en los días 12-15 aproximadamente del ciclo (Figura 4.3). Resulta útil determinar el fallo de la gestación mediante la ausencia de embriones en el útero, el mantenimiento de los cuerpos lúteos y la secreción de progesterona. Los cuerpos lúteos son atacados posteriormente por la hormona prostaglandina F2-alfa que es producida por el útero (defraudado) en el día 15 o 16 del ciclo, y que provoca luteolisis, es decir la regresión de los cuerpos lúteos y la reducción consiguiente de progesterona circulante. En este momento desaparece la represión de GnRH por la progesterona con la liberación consiguiente de LH y FSH, y puede esperarse el celo (estro) unos 4-5 días más tarde. Según disminuyen las concentraciones de progesterona, aumenta la hormona esteroide estrógeno, producida por los folículos del ovario por la estimulación de las gonadotropinas (tanto FSH como LH). La concentración máxima de estrógeno se alcanza un día antes del celo aproximadamente.

El papel de la hormona prolactina resulta algo confuso en este momento. Los niveles de prolactina son altos 4-5 días antes del celo, estimulados aparentemente por la secreción de prostaglandina F2-alfa. La prolactina puede intervenir con las prostaglandinas en la destrucción de los cuerpos lúteos (efecto luteolítico), acción totalmente inversa a su papel en el mantenimiento de los cuerpos lúteos (efecto luteotrópico) durante la gestación y la lactación. Tras descender los niveles de prolactina que actúan en la luteolisis, posteriormente –de nuevo con la intervención de la prostaglandina– aumentan durante el celo. Esta última elevación es favorecida por la presencia del verraco y el acto del apareamiento. En este caso, una asociación entre la oxitocina liberada durante la cópula por la

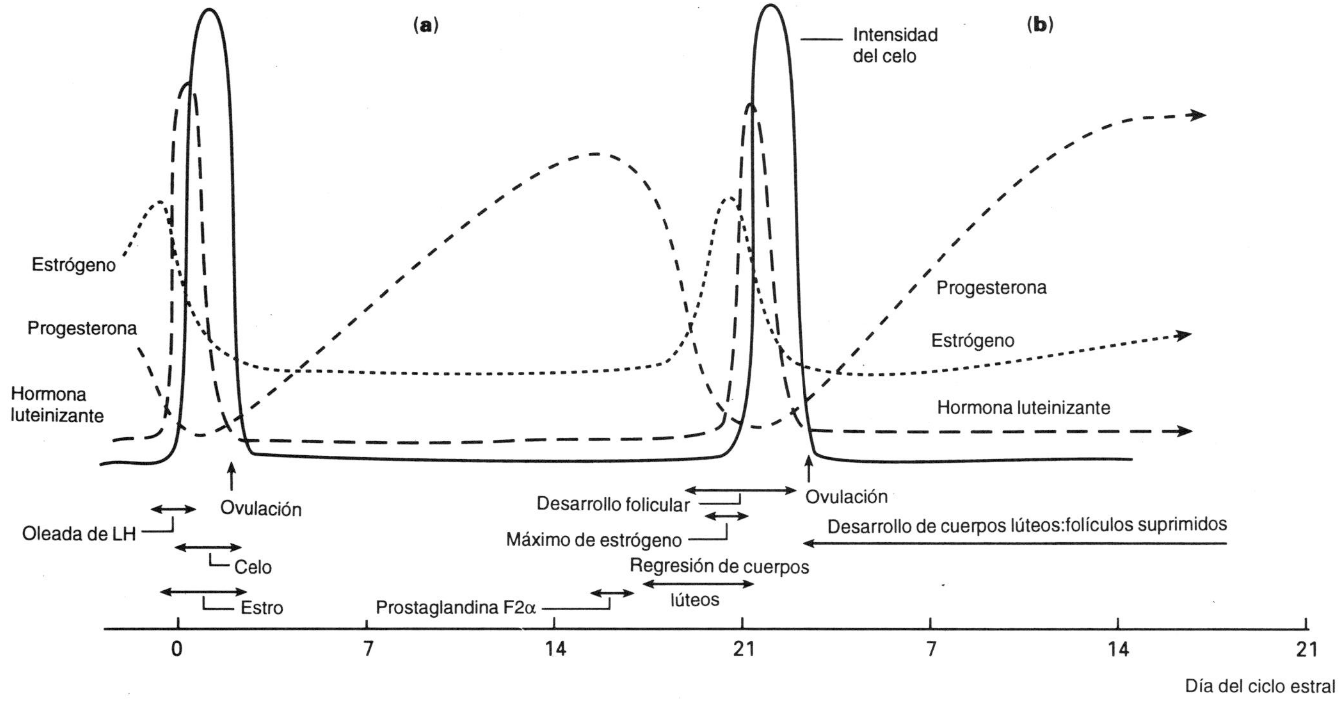

Figura 4.3 Cambios relativos en las concentraciones de hormonas en sangre durante el ciclo estral **(a)** en ausencia de gestación, **(b)** en presencia de gestación. La elevación del estrógeno mantiene cambios proporcionales con el desarrollo de los folículos ováricos de los que procede la hormona, aunque de manera similar los cambios en los niveles de progesterona son proporcionales a los cambios en el desarrollo y regresión de los cuerpos lúteos.

pituitaria posterior, y la prolactina liberada por la pituitaria anterior, presagia una relación similar a la que se produce durante la lactación.

Los síntomas reconocibles del celo son la postura y la aceptación del macho (la vulva enrojecida e inflamada se aprecia de forma particular en la hembra joven, aunque esta manifestación puede ser menos aparente o incluso no apreciarse en la cerda adulta). Como consecuencia del nivel máximo de estrógeno se produce una oleada de LH procedente de la glándula pituitaria anterior, y también un aumento coincidente, aunque menor de FSH. Sigue aumentando la concentración de LH que alcanza un máximo medio día más tarde, coincidiendo de forma bastante exacta con el inicio del celo. De hecho, parece ser que la primera acción del incremento inicial del estrógeno consiste en reducir la liberación de LH basal. En la pituitaria anterior se crea un depósito de LH. Cuando los niveles de estrógenos son mayores, el hipotálamo provoca un impulso de GnRH y una oleada pre-ovulatoria mayor de LH abandona la pituitaria y penetra en la corriente sanguínea. Esta dosis masiva de LH estimula la secreción local de prostaglandina intrafolicular que inicia la rotura de los folículos (es decir, la ovulación), y determina la liberación de los óvulos desde los folículos en el transcurso de las 3-6 horas siguientes (Figura 4.3). El estro (celo) de la cerda durará normalmente 1-3 días, con un promedio previsto de 2 días. En el primer día descenderán los niveles de LH y FSH, el descenso de LH es con mucho el mayor ya que retorna ahora a su valor base. Mientras que la concentración de LH parece tener un valor base bajo con una fuerte oleada pre-ovulatoria, el nivel de secreción de FSH se mantiene más estable durante el ciclo, con un descenso menor en este momento y una elevación menor en apoyo de LH para provocar la ovulación. El estrógeno habrá retornado a su nivel base en este momento aproximadamente y la otra hormona esteroide, la progesterona, comenzará a aumentar, siendo segregada por los cuerpos lúteos que se habrán formado en los folículos colapsados de los que fueron liberados los óvulos. Si la cerda no es fecundada, o si no aparece en el útero un número razonable de óvulos fertilizados (4-5), se detendrá el incremento de progesterona en los días 14-16, y se reiniciará el ciclo de forma que el estro (celo) se presentará cada 21 días aproximadamente. La iniciación del crecimiento folicular en el día 16, y siguientes, del ciclo estral no solamente es consecuencia de un aumento en los niveles circulantes de gonadotropinas, si no también del propio ovario que se hace más sensible a los niveles existentes de hormonas circulantes.

Unas 40 horas antes de la ovulación se descubren elevados niveles de gonadotropina en la sangre. El celo comienza poco después de que aumenten los niveles de estrógeno en sangre. Así, el periodo de celo de 48 horas (generalmente 1-3 días) comienza unas 6-8 horas después de que sean liberados de la pituitaria anterior unos niveles especialmente elevados de FSH y LH (Figura 4.3). En algunos casos (si el celo es corto) puede terminar el estro antes de que los óvulos aparezcan en el tracto genital, aunque en otros casos (si el celo es largo) puede producirse el apareamiento algún tiempo después de la ovulación. Las cerdas suelen mostrar la postura propia del celo unas 6 horas después de la iniciación del estro; unas 12 horas tras la liberación de gonadotropina. Las hormonas gonadales estrógeno y progesterona tienen, entre otras funciones, una actuación sobre el encéfalo que reacciona creando unas pautas de comportamiento sexual apropiadas para estimular y permitir el comportamiento singularmente infrecuente para la copulación. La consecución de una gestación con éxito requiere no solamente la presencia de un amplio número de óvulos fertilizables en la parte derecha del tracto, si no también la presencia simultánea allí de gametos masculinos, los espermatozoides. Esta delicada coordinación requiere unos cambios sumamente precisos en el comportamiento de la cerda, para situarse en posición de aceptar al verraco durante exactamente el momento preciso, ni demasiado pronto ni demasiado tarde.

Una vez establecida la gestación, tanto el estrógeno como FSH y LH se mantienen bastante en reposo bajo la influencia dominante de un elevado nivel de progesterona que suprime la liberación hipotalámica de GnRH y, en consecuencia, inhibe la liberación de las gonadotropinas FSH y LH desde la glándula pituitaria anterior. Investigaciones recientes han implicado también a los péptidos opioides en este esquema. Los opioides (compuestos similares a la morfina) son liberados desde el sistema nervioso central y parecen ser antagonistas de GnRH. La progesterona mantendrá la gestación hasta el parto mientras el número de fetos presentes en el útero sea considerado por la hembra como una camada mínima y viable que merezca la pena (cuatro o cinco). Uno de los primeros requisitos de la gestación es que los nuevos embriones, que flotan libres en los líquidos uterinos, sean bien nutridos por las secreciones uterinas y consigan, en el momento oportuno, quedar firmemente unidos a la pared uterina donde sus células proliferarán para formar los tejidos fetales. La actuación de la progesterona sobre la pared del útero resulta esencial para estos procesos.

El estro irá acompañado de ovulación tan sólo cuando una oleada adecuada de LH haya provocado también el colapso de los folículos. Los hechos combinados de estro y ovulación requieren los efectos conjuntos de una liberación alta y súbita de ambas gonadotropinas (FSH y LH) desde la pituitaria anterior, la primera para estimular la producción de estrógeno en los folículos y la posición propia del celo, y la segunda –cuya oleada es más intensa– para colapsar los folículos ováricos y liberar los óvulos. Ante una relación incorrecta FSH:LH, es posible que aparezca estro sin ovulación, o (quizás peor) con la liberación de tan solo un número limitado de óvulos. Este tipo de estro es más frecuente cuando se inicia el primer ciclo en la hembra joven puberal, o cuando se produce alguna supresión de la función ovárica tal como la originada por la prolactina y el estímulo de una camada mamando que pueden inducir un anestro parcial.

Los intentos para controlar el ciclo estral de forma que grupos de cerdas puedan ser fecundadas al mismo tiempo (particularmente útil para concentrar los partos o la aplicación de la inseminación artificial) han fracasado frecuentemente. Una excepción notable fue el producto metallibure que inhibe totalmente el estro y la ovulación al influir de forma diferencial sobre la secreción de las gonadotropinas pituitarias, especialmente la de FSH. Cuando se emplea en hembras cíclicas, el metallibure permite alcanzar una fertilidad normal 4-9 días después de su retirada. Sin embargo, este producto se ha demostrado que resulta nocivo tanto para los cerdos como para la especie humana, y no puede obtenerse en la mayoría de los países.

Pubertad

La pubertad se presentará normalmente con edades superiores a 190 días y pesos que excedan de los 100 kg. La iniciación de la reproducción en las cerdas, que normalmente se producirá uno o dos ciclos estrales tras el primer estro puberal, requiere una combinación de la mayoría o de algunos de los hechos siguientes: una edad apropiada, superior a 220 días; un peso adecuado, más de 120 kg; un nivel de engrasamiento algo superior al 14% del peso corporal en forma de lípidos, aunque es preferible un nivel superior al 16% en forma de lípidos; es decir, un cociente lípidos:proteína en el organismo de 1:1 o superior. Probablemente el nivel inferior de grasa es sufiente para la propia pubertad, mientras el que nivel superior resulta óptimo en relación con las posteriores cargas impuestas por la gestación y la lactación.

La pubertad puede subyacer latente en hembras que permanecen separadas de los machos, mantenidas con temperaturas elevadas, días cortos, o recluidas. La pubertad es despertada y promovida, sin embargo, por la presencia de machos (especialmente los más viejos y experimentados), al mezclar grupos de hembras competitivas, mediante el transporte, llevando las hembras a nuevos ambientes o por otros tipos de excitación general. El efecto máximo de la presencia del verraco y de otros estímulos positivos para la pubertad puede alcanzarse cuando su acción se inicia cerca o después de los 180 días de edad. La primera cubrición puede ser preferible que se realice unos 42 días después del celo puberal. El número de óvulos liberados desde el ovario y disponibles para ser fertilizados aumenta durante los primeros dos o tres ciclos estrales según madura el aparato reproductor y sus hormonas asociadas. Esto determina un incremento notable en el tamaño potencial de la camada (Figura 4.4). La tasa de concepción aumentará también desde el 80% aproximadamente en el estro puberal hasta más o menos un 95% prevista en el tercer estro. Por consiguiente, existe una buena razón para realizar el apareamiento no en el primer estro puberal sino más bien el segundo, o incluso mejor, en el tercero.

Los niveles crecientes de estrógeno procedentes de los folículos en desarrollo del ovario, estimulados por FSH y LH de la glándula pituitaria anterior, ayudan a estimular el crecimiento del aparato reproductor y finalmente originan la oleada hormonal que provoca los síntomas del primer estro puberal en forma de la posición de la hembra propia del celo. Mientras tanto, según se aproxima el primer celo púbico, son evidentes los impulsos horarios de hormona luteinizante (LH), culminando con la primera experiencia de una oleada de LH inmediatamente antes del primer estro. El suero de yegua gestante (PMS – rico en FSH), seguido

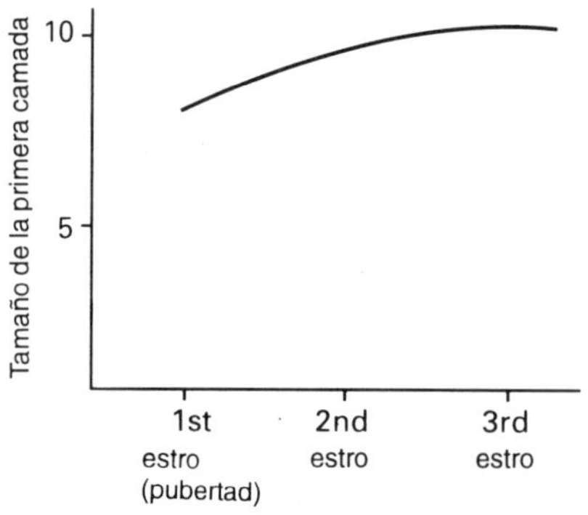

Figura 4.4 Influencia del momento del primer apareamiento tras la pubertad sobre el tamaño de la camada.

por gonadotropina coriónica humana (HCG – rica en LH), pueden estimular el estro y la ovulación, siempre que la hembra se encuentre en una situación receptiva adecuada. Las hormonas FSH y LH exógenas, en forma de gonadotropina sérica y de gonadotropina coriónica, únicamente serán usadas para desencadenar la pubertad como último recurso, es decir tras haber probado todos los restantes métodos, y tras alcanzar la cerda una edad de 265 días.

Ovulación

La ovulación tiene lugar 40 horas (¡oscilación normal, 20-60!) después del inicio del estro. Sin embargo, una vez iniciada por la oleada de LH, la propia ovulación es un proceso relativamente compacto. El límite superior del tamaño de la camada viene establecido por el número total de óvulos viables liberados desde los folículos del ovario y dirigidos hacia los oviductos para su fertilización.

En cerdas cíclicas y no gestantes, cada ovario producirá unos 6-14 óvulos en cada ovulación. La tasa de ovulación mejora en la hembra reproductora con la edad hasta alcanzar un máximo en el quinto parto (Figura 4.5); mientras que las cerdas primerizas suelen producir hasta 14 o 15 óvulos, posteriormente las cerdas producirán generalmente 20-25. El número de folículos que se desarrollan en cada ciclo y, por consiguiente, el número de óvulos liberados se encuentra bajo el control de FSH y LH, por lo que no debe sorprender que la administración de hormonas exógenas en forma de suero de yegua gestante (PMS) que es rico en FSH y de gonadotropina coriónica humana (HCG) que es rica en LH, incrementen la tasa de ovulación. Sin embargo, con las cerdas reproductoras no existe un problema importante referido a su tasa de ovulación, sino más bien un problema de pérdida de embriones posterior a la fertilización. El aumento de la tasa de ovulación desde unos 20 hasta 25 óvulos aproximadamente es algo irrelevante ya que el tamaño de la camada es ajustado de alguna forma a unos 12-14 embriones en el curso normal de los hechos.

La tasa de ovulación depende mucho de la raza y puede ser mejorada mediante selección genética. Las cerdas híbridas y cruzadas tienden asimismo a presentar mayores tasas de ovulación que las de raza pura.

La desnutrición puede ejercer un cierto efecto negativo sobre la tasa de ovulación, aunque resulta difícil descubrir efectos positivos opuestos consecuencia de una nutrición especialmente buena. En la cerda joven, la ovulación efectiva depende de un nivel adecuado de engrasamiento corporal, y de un sistema fisiológico armonizado no sometido a estrés al no ser satisfechas las demandas para que prosiga el crecimiento de los tejidos corporales. Los niveles reducidos de alimentación disminuirán el nivel de lípidos corporales y negarán unas condiciones óptimas para el crecimiento muscular. Al aumentar los niveles de alimentación en dichas cerdas jóvenes mejorará la situación y ayudará a mejorar lo que de otra forma hubiese sido una tasa de ovulación reducida. No obstante, será preferible no llegar a esta situación ya que la estrategia nutritiva adecuada consiste en mantener un crecimiento y engrasamiento adecuados durante todo el periodo hasta alcanzar la pubertad y seguir con esta estrategia entre los celos posteriores a la pubertad que conducen al primer apareamiento.

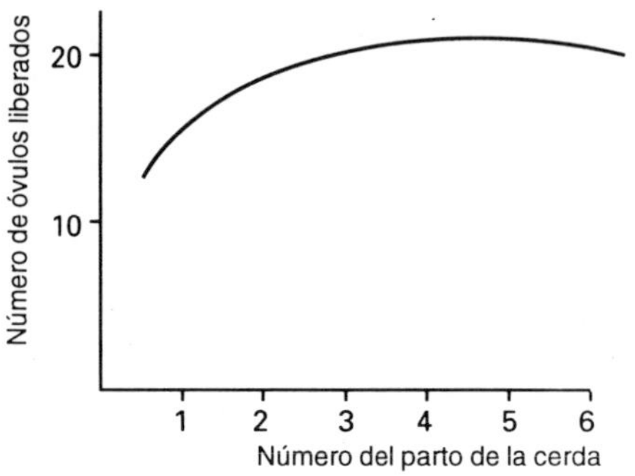

Figura 4.5 Las tasas de ovulación son superiores en las cerdas multíparas que en las primíparas jóvenes, y aumentan hasta el parto 4º ó 5º. También aumentará el número de cerditos nacidos vivos desde unos 9,5 en el parto 1 hasta 11,0 en el parto 3 y 12 en el parto 5, aunque posteriormente descenderá a 11,0 en el parto 7 y 10,0 en el parto 9 debido al mayor número de pérdidas fetales y de cerditos nacidos muertos, hecho que sucede en las cerdas viejas.

Existe un efecto favorable (flushing) sobre la tasa de ovulación cuando las cerdas jóvenes previamente desnutridas son alimentadas generosamente durante un corto periodo de tiempo antes de su apareamiento. Este fenómeno únicamente es probable, sin embargo, cuando el nivel previo de alimentación se ha mantenido por debajo del estándar normal y se espera un descenso en la tasa de ovulación. Por consiguiente, en cerdas bien manejadas no se obtienen efectos nutritivos importantes a largo ni a corto plazo sobre la tasa de ovulación, las respuestas solamente aparecen en animales que han sido alimentados incorrectamente con anterioridad. La necesidad de aumentar el número de óvulos liberados por la cerda es sumamente cuestionable en el curso normal de hechos debido al exceso ya demostrado. Sin embargo, la cerda joven no produce un número excesivo de óvulos (ver Figura 4.5) y resulta claramente importante la atención prestada a la nutrición antes del primer celo y entre los celos siguientes si se desea que sea máximo el número de óvulos liberados.

Tras el destete, la ovulación se producirá normalmente en el transcurso de 7 días. Dada la existencia de estro, tan sólo en casos excepcionales de enfermedad, fallo nutritivo, contaminación del pienso con micotoxinas o un contenido inadecuado o excesivo de lípidos corporales se producirá un recorte en la tasa de ovulación capaz de influir adversamente sobre el tamaño de la camada. Entre el destete y la cubrición, las cerdas reproductoras multíparas serán alimentadas probablemente con generosidad para contrarrestar las pérdidas que origina la lactación. En las cerdas reproductoras el tamaño de la camada suele ser más corrientemente una función de la pérdida de embriones que del número de óvulos liberados, mientras que la baja productividad por cerda y año suele deberse más frecuentemente a la falta de celo tras el destete. En ausencia de una enfermedad del aparato reproductor, se considera infrecuente el retorno del celo tras la cubrición debido a la liberación de un número insuficiente de óvulos para mantener un prooceso reproductor.

Fertilización

La presentación del macho a una hembra en celo conducirá a la copulación. La copulación es sumamente probable que determine la fertilización siempre que se produzca antes, aunque no demasiado antes, del momento de la ovulación. Al poder conseguirse esto con facilidad mediante el simple hecho de cubrir a la hembra con intervalos de 12 horas durante el periodo de celo, será la proporción de óvulos fertilizados el hecho más crítico para la fecundidad porcina. El número máximo de óvulos viables fertilizados solamente se alcanzará si el macho eyacula un gran número de espermatozoides en óptimas condiciones y la cerda produce óvulos asímismo en óptimas condiciones.

La hembra mostrará el celo al aceptar al verraco, y asímismo ante la presión que realiza el cuidador sobre su dorso. También pueden apreciarse síntomas visibles de tumefacción y enrojecimiento de la vulva aunque esto suele ser variable tanto en su intensidad como en su incidencia. Buscará al verraco y el cortejo suele incluir un intercambio preliminar de caricias cara a cara. Las hembras pueden ser probadas para descubrir el celo, y estimuladas a mostrar un celo intenso, al ver, oír y oler al verraco, y mediante el contacto físico con el mismo. Para conseguir esto, las cerdas jóvenes y las hembras reproductoras multíparas se mantendrán próximas a los machos cuando se aproxime su celo, bien alojando juntos ambos sexos o manteniéndolos separados únicamente por barras que dejan espacios abiertos.

El momento particular de la cópula supone un complejo de interacciones de comportamiento y hormonales. La hormona oxitocina es liberada desde la glándula pituitaria posterior en forma de una oleada intensa, o de una serie de oleadas bastante próximas unas a otras a petición del sistema nervioso central. La oxitocina provoca la contracción de la musculatura lisa y esto se producirá en menos de un minuto tras su liberación a la corriente sanguínea. La vida media de la oxitocina es corta y sus efectos pueden perderse en el transcurso de un minuto, o de unos pocos minutos. Como la pituitaria posterior se encuentra unida directamente al hipotálamo del encéfalo, no es precisa una hormona liberadora. Más bien se produce un reflejo neuro-endocrino directo por el que el propio encéfalo desencadena la liberación. El órgano objetivo de la oxitocina es el útero en el que provoca movimientos contráctiles que ayudan a empujar el semen desde el cuerpo del útero, en el que fue eyaculado, hacia la parte superior del tracto femenino de forma que los espermatozoides se encuentren con los óvulos que descienden por el oviducto en ese momento. La liberación de oxitocina en el macho puede tener un efecto accesorio al actuar sobre su eyaculación. Los efectos de la oxitocina son antagonizados por la adrenalina que es liberada en mo-

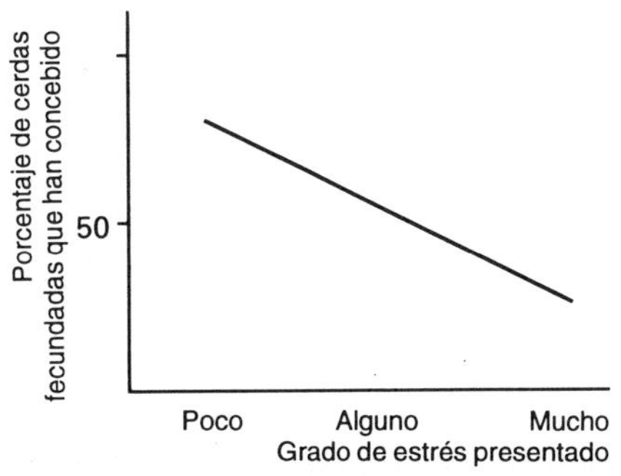

Figura 4.6 Influencia atribuida a la adrenalina sobre la actividad de la oxitocina según se aprecia en la relación entre el estrés durante la cubrición y la tasa de concepción. Aunque puede observarse dicha respuesta, su causa no es clara y su efecto variable. La alteración física y la interrupción de la cubrición parece reducir el rendimiento reproductor de las cerdas.

mentos de estrés (Figura 4.6). (En este momento puede indicarse que la oxitocina intervendrá en la contracción de los músculos uterinos como parte esencial para la expulsión de los fetos durante el parto, y de nuevo más tarde provocará la contracción de los músculos de los alvéolos mamarios en el curso de la ejección de la leche).

Los verracos alcanzan la pubertad con unos pesos vivos superiores a los 100 kg y con más de 200 días de edad. La fertilidad es baja al principio, aumentando hasta niveles de trabajo a los 15 meses aproximadamente (450 días). La espermatogénesis puberal, e igualmente toda la formación posterior de esperma durante la vida reproductora del macho, es iniciada y mantenida por FSH, LH y prolactina. LH estimula la producción de esteroide testicular (andrógeno), que por sí mismo es necesario como parte del complejo hormonal que mantiene la espermatogénesis. La producción de esperma es un proceso continuo y el esperma puede ser almacenado antes de la eyaculación durante semanas. El proceso de la espermatogénesis y de la maduración completa de los espermatozoides viables puede prolongarse durante días o semanas, dependiendo mucho de la frecuencia de la copulación. Aunque el eyaculado es producido en un momento durante el tiempo, los espermatozoides que contiene son producidos continuamente, por lo que el semen contendrá espermatozoides viejos que han perdido su virilidad, y también espermatozoides inmaduros, así como otros totalmente activos. Algunos espermatozoides mostrarán defectos y deformaciones de diversa naturaleza. Normalmente, sobre el 75% de los espermatazoides observados en el microoscopio son móviles, y el 85% aproximadamente son normales morfológicamente.

En el cerdo la fracción rica en espermatozoides se une durante el acto del apareamiento con cantidades copiosas de fluidos seminales (es decir, accesorios). La unión de los espermatozoides con los fluidos seminales crea el eyaculado. El verraco produce entre 100 y 500 ml de semen por eyaculado con una concentración total de unos $0,3 \times 10^9$ espermatozoides por mililitro o una cantidad total de espermatozoides de unos $30\text{-}150 \times 10^9$. Este nivel de producción puede alcanzarse tres o cuatro veces por semana. En cada ocasión el verraco copulará durante 5-15 minutos, con un flujo de oleadas de esperma durante la total duración de la cópula, que no deberá ser molestada. La longitud física combinada del macho y de la hembra (uno detrás del otro), la necesidad del cortejo y el tiempo que dura la propia copulación, presuponen que la zona de apareamiento debe disponer de abundante espacio. Si un verraco realiza la monta tres veces por semana y las cerdas deben ser cubiertas dos o más veces en cada estro, el número de verracos precisos será aproximadamente igual al número medio de cerdas que entran en celo en una semana. En una piara de 100 cerdas, que paren 2-3 veces por año, cada semana iniciarán el celo, en promedio cinco cerdas. Será mantenido un exceso de verracos para los destetes no concentrados en el tiempo y verracos jóvenes que todavía no son utilizados.

El paso de tan sólo 2×10^9 espermatozoides a través de la cérvix y al interior del útero suele ser suficiente para asegurar una fertilización adecuada. Se produce, en consecuencia, un alto grado de capacidad de destrucción en la liberación de $>30 \times 10^9$ espermatozoides, si bien muchos de los mismos, aunque atraviesan la cérvix, no llegan a la parte superior del útero.

Tras la liberación de los espermatozoides en la hembra, los mismos se mueven a través del útero y hacia la parte superior de los oviductos. Bajo la influencia de estrógenos seminales y de prostaglandinas uterinas, así como también a través de la oxitocina, el útero se contrae para favorecer el movimiento de los espermatozides hacia la parte superior del tracto genital. Mediante la actividad de la propia prostaglandina + oxitocina, el acto del apareamiento puede estimular la ovulación (si no ha tenido lugar ya); las prostaglandinas foliculares son activadas mediante acción enzimática y provocan la rotura de los folículos. Los espermatozoides realizan una maduración final en la hembra (capacitación) en el plazo de unas 4 horas, y precisan también tiempo (unas 2 horas) y esfuerzo para atravesar el útero hasta los oviductos de forma que se encuentren con los óvulos. Estos procesos combinados parece ser que se completan en 8 horas. Posteriormente los espermatozoides envejecerán. La viabilidad se perderá en relación con el envejecimiento que han experimentado antes de efectuarse el encuentro con los óvulos. En conjunto, puede considerarse que la masa de espermatozoides tiene una vida funcional de unas 36 horas, con una pérdida importante de potencia unas 20 horas después de ser depositados en el tracto femenino. Existe, en consecuencia, un plazo óptimo de máxima viabilidad para los espermatozoides, entre maduración y envejecimiento, de unas 12 horas, y esto se producirá unas 8 horas después del apareamiento. Aunque solamente el núcleo de un espermatozoide penetra en cada uno de los10-25 óvulos fertilizables, que pueden ser fertilizados, es conveniente que lleguen al tracto femenino volúmenes de semen procedentes de más de un apareamiento durante el periodo de celo receptivo.

También los óvulos tienen que madurar en el tracto femenino tras su expulsión de los folículos. La liberación de unos 15-25 óvulos procedentes de los dos ovarios se realiza durante un periodo de unas 4 horas. Tras su liberación el proceso de maduración se alcanza en otras dos horas aproximadamente. Los óvulos mantienen posteriormente una viabilidad óptima durante las 8 horas siguientes. Más tarde envejecen, hecho que se produce con bastante rapidez, y la pérdida de viabilidad resulta aparente unas 12 horas después de la ovulación. Los óvulos liberados más tarde son viables, aunque el ambiente endocrino y uterino es más propicio para los óvulos liberados antes, y así los óvulos que son expulsados más tarde pueden encontrarse desfasados con respecto a sus sistemas de apoyo. Esta amenaza podría afectar al 30% de los óvulos liberados. Puede esperarse que la fertilidad descienda rápidamente como consecuencia del envejecimiento de los óvulos en las 10 horas siguientes a la ovulación, y que los espermatozoides envejezcan transcurridas 18 horas del apareamiento. El momento óptimo para el apareamiento se sitúa hacia la mitad del periodo de celo (cuya duración, por supuesto, es desconocida), y unas 6-12 horas después de la ovulación. En la Figura 4.7 se presenta la sincronización necesaria de los hechos. Según dicha Figura resulta aparente que los apareamientos realizados 30 horas antes de la iniciación del estro puede ser que normalmente no consigan una tasa óptima de fertilidad o de concepción, y el tamaño de la camada no será el máximo posible. Sin embargo, como la duración del estro es sumamente variable, y es la ovulación y no el comienzo del estro lo que representa el objetivo para determinar el mejor momento de la cubrición (6-12 horas antes de la ovulación), el único protocolo práctico para conseguir una sincronización efectiva entre la ovulación y el apareamiento para conseguir camadas con un número máximo de lechones con-

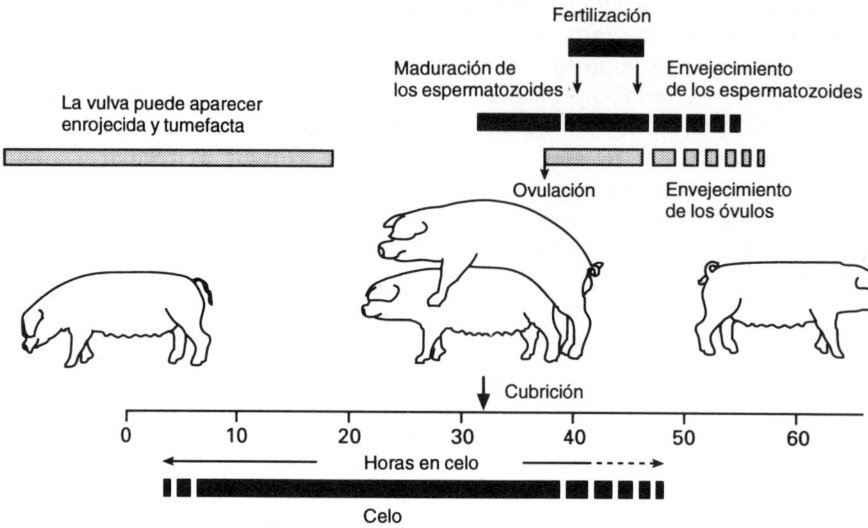

Figura 4.7 Sincronización del celo, cubrición y ovulación para conseguir una fertilidad óptima.

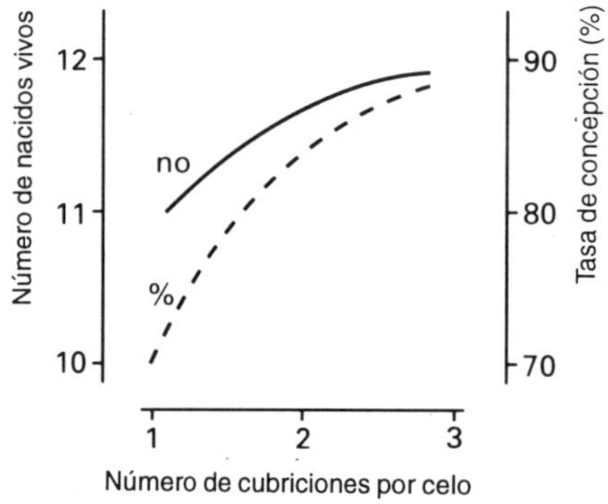

Figura 4.8 Existen mejoras importantes en la tasa de concepción y en el tamaño de la camada cuando las cerdas son cubiertas dos veces en lugar de solamente una vez. Con tres cubriciones pueden conseguirse algunas mejoras adicionales de tipo marginal. Al aumentar el número de cubriciones mejoran las probabilidades de conseguir el momento óptimo para la cubrición cuando el mismo resulta difícil de conocer o de predecir. Existe también algún beneficio (menor) al aumentar el volumen de esperma en el tracto genital.

siste en efectuar la cubrición a intervalos regulares de 12 horas (por la mañana temprano o avanzada la tarde), durante cada uno de los días que dura el celo receptivo en la cerda. Esto asegurará que al menos una o más de las cubriciones se realice en el momento óptimo. Esto puede determinar que las cerdas sean cubiertas de una a cuatro veces, aunque el promedio será superior a dos veces. Los beneficios de la cubrición múltiple sobre la única, en relación tanto con la tasa de concepciones como con el número de cerditos nacidos, aparece en la Figura 4.8 realizada mediante información de campo.

La Figura 4.9 muestra una representación generalizada del tracto reproductor de la cerda.

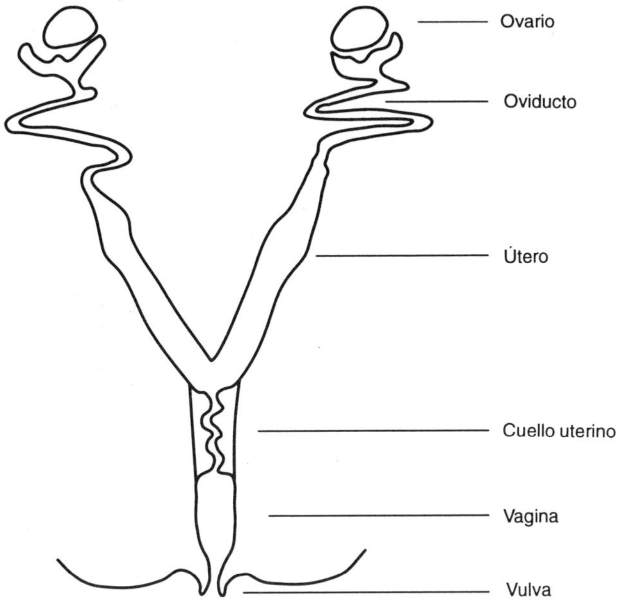

Figura 4.9 Conducto reproductor y gónadas de la cerda.

Inseminación artificial

Como el verraco puede eyacular >50 $\times$ 10^9 espermatozoides de una vez, aunque tan sólo es necesario que atraviesen la cérvix 2 $\times$ 10^9 espermatozides para conseguir una fertilización eficaz, entonces un eyaculado puede servir para fecundar a 25 o más hembras mediante la práctica de la inseminación artificial. En un verraco activo, 500 ml aproximadamente de eyaculado contendrán unos 100 ml de semen rico en espermatozoides conteniendo hasta 0,5 $\times$ 10^9 espermatozoides por mililitro. Algo más del 70% de los mismos serán móviles y algo menos del 15% presentarán defectos físicos.

La inseminación artificial (IA) es utilizada principalmente en los programas de mejora genética, así como también a nivel comercial para ampliar la capacidad básica del verraco y alcanzar niveles máximos en la utilización de un semental solicitado. En este último caso, el 25% de los apareamientos aproximadamete pueden ser realizados mediante IA. El empleo de la IA a nivel mundial es sumamente variable, según puede verse en la Tabla 4.1. Como norma general, la IA determina tasas de concepción sobre el 10% peores que el apareamiento natural y determina asimismo que el tamaño de la camada sea un 10% aproximadamente más bajo, aunque realizada correctamente por personal entrenado y experimentado puede ser tan efectiva como el servicio natural tanto en lo referente a tasa de concepción como al tamaño de la camada. Los climas más cálidos son quizá los menos apropiados para las operaciones de IA ya que la temperatura ambiental elevada (superior a 25°C) reduce tanto la producción de esperma como la motilidad de los espermatozoides; los verracos mostrarán asimismo un menor

Tabla 4.1 Extensión del uso de la inseminación artificial.

	Porcentaje total de hembras reproductoras fecundadas mediante IA
Países Bajos	60
Alemania	30
Dinamarca	25
China	25
Reino Unido	12
EE.UU.	7
Canadá	2

deseo de realizar la monta, presentando una libido reducida. El estrés térmico puede reducir la tasa de gestación en un 20%. El estrés térmico reduce también la supervivencia de los embriones en un 20% aproximadamente, posiblemente debido a la producción de un mayor número de espermatozoides defectuosos y por incompetencia genética de los óvulos fertilizados resultantes, y por ser menor el flujo de sangre hacia el aparato reproductor, y mayor hacia la piel. Los efectos del estrés térmico en el macho pueden tardar en presentarse 2-6 semanas y mantenerse durante 6 semanas una vez pasado el estrés, debido a que la espermatogénesis se realiza durante 4 semanas y el transporte desde los testículos y la eyaculación final tarda en producirse unas 2 semanas.

Los verracos pueden ser entrenados en unos 14 días a montar a una «cerda artificial» adecuada para la recogida de semen. Las recogidas se realizan de forma óptima cada 3-4 días aproximadamente, ya que así se consiguen las mejores concentraciones de espermatozoides. El semen se recoge en un recipiente adecuado (mantenido a la temperatura corporal aproximadamente) usando la mano recubierta por un guante como sustitutivo de la cérvix. La fracción preliminar del eyaculado es pobre en espermatozoides y puede ser descartada. La fracción rica en espermatozoides, tras ser recolectada, se filtra para eliminar los fluidos accesorios y el semen rico en espermatozoides se mantiene a 30°C. Puede esperarse conseguir un volumen de 100 ml por eyaculado. Tras realizar un examen microscópico para determinar la densidad del esperma, la motilidad y morfología de los espermatozoides, el semen puede ser diluido con nutrientes (para mantener la actividad del esperma durante un periodo razonable de tiempo), con tampones (para mantener el medio bioquímico adecuado para la viabilidad de los espermatozoides), refrigerando el medio (para proteger el esperma del shock provocado por el calor) e incorporando antibióticos (para la prevención de enfermedades). El diluyente no solamente amplía las posibilidades de cada eyaculado, sino que es también una parte esencial para asegurar que se mantiene adecuadamente la actividad de los espermatozoides de forma que pueda conseguirse una fertilización efectiva con una dosis mínima de esperma. Igualmente, no debe suponerse que una densidad o volumen excesivos del esperma mejorarán la fertilización mediante inseminación artificial; para que los nutrientes y los tampones alcancen toda su eficacia, la concentración del esperma debe aproximarse a la óptima. Cada eyaculado puede permitir la preparación de unas 25 dosis individuales de 50 ml, tras ser mezclado con diluyentes, conteniendo unos 2×10^9 espermatozoides por dosis. El semen diluido puede mantener su capacidad fertilizadora durante 3-5 días a temperatura ambiente (20°C). Este plazo es considerablemente mayor que en el semen sin diluir que, en ausencia de nutrientes y tampones (aunque con antibióticos), se mantendrá activo tan solo durante 1-2 días.

Para conseguir resultados óptimos se administrarán dos dosis de semen con un intervalo de 16 horas. Para que la eficacia sea máxima, resulta esencial que el catéter usado para la inseminación artificial penetre con exactitud a través de la cérvix de la cerda, y que la dosis de 50 ml fluya lentamente a través de la cérvix y directamente al interior del útero con un mínimo de reflujo y de pérdida de semen.

Uno de los mayores problemas a que debe enfrentarse la IA es el reconocimiento del mejor momento para realizar la inseminación, ya que las cerdas muestran duraciones variables del estro, así como también son variables el enrojecimiento de la vulva y la reacción frente a la presión realizada por el hombre sobre su dorso. El mejor momento para realizar la IA es el mismo que para la cubrición natural (ver Figura 4.7). Irónicamente, la ayuda más útil para el éxito de la IA y para cronometrar correctamente el momento de la inseminación es el empleo de un verraco recela.

El semen del verraco puede ser sometido a congelación profunda, aunque el método es más laborioso que en el caso del semen de vacuno, y los resultados muchos menos eficaces. Son notables las diferencias de un verraco a otro en cuanto al éxito de la congelación de su semen. La congelación del semen del verraco solamente tiene interés para el almacenamiento prolongado de genes, de forma que se conserve una diversidad genética para futuros programas de reproducción.

Gestación

La mayoría de los óvulos liberados (Figura 4.10) serán fertilizados (es decir, 22 de 23), aunque serán identificadas imperfecciones en un 10% de los embriones iniciales, apreciándose que no son idóneos por lo que serán eliminados con rapidez. Los niveles crecientes de progesterona dilatan los oviductos, y tras 2 días de permanencia en los oviductos los embriones se mueven hacia el interior del útero donde –de nuevo bajo la influencia de la progesterona– va mejorando el ambiente para los mismos. La división celular mantiene un crecimiento logarítmico del embrión y en 8 días el blastocisto comienza a alargarse intensamente. Estos embriones alargados son empujados alrededor de ambos cuernos uterinos mediante contracciones de la pared uterina. Algunos embriones pueden emigrar también de un cuerno uterino al otro. El objetivo de este ejercicio es conseguir un espaciamiento uniforme en todo el tracto reproductor de la hembra. Como resultado de esto, sin embargo, se pierde otro 10% de los embriones (Figura 4.10) de forma que tan sólo el 75% de los óvulos fertilizados son implantados realmente (es decir, 17 de 22). La unión de los embriones a la pared uterina comienza en el día 13 y es completa 10 días más tarde. Los embriones son claramente competentes en el día 12 para que sea registrada su presencia e

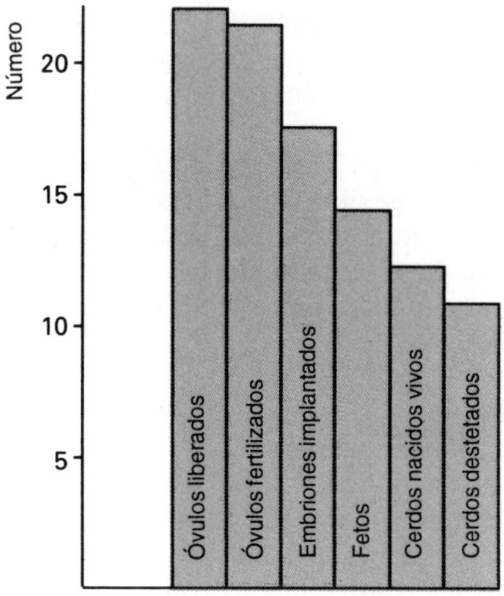

Figura 4.10 Pérdidas de cerditos potenciales en el curso de la gestación. Tan sólo la mitad de los óvulos liberados completan la gestación en forma de cerditos nacidos vivos. Del total de pérdidas, el 10% son resultado de fallos en la fertilización, el 45% de fallos en la implantación, el 30% no llegan a término y el 15% nacen muertos; además entre nacimiento y destete muere el 10%.

impedir que el útero envíe hacia la corriente sanguínea la hormona luteolítica prostaglandina, que provocaría la regresión de los cuerpos lúteos y eliminaría el apoyo a la gestación.

La fijación a la pared uterina es facilitada, de hecho, por secreciones de estrógeno procedentes del propio embrión, que en este momento comienza a controlar su propio ambiente endocrino. El embrión libera estrógeno desde el día 12 aproximadamente y así evita la luteolisis, que se produciría normalmente en el día 15 ó 16. Parece ser que los estrógenos del embrión determinan que las secreciones de prostaglandina abandonen el sistema vascular (a través del que llegarían a los ovarios) y las redirigen hacia los tejidos uterinos donde sus consecuencias son positivas. La producción embrionaria de estrógeno es fundamental para el reconocimiento materno de la gestación, y estas mismas secreciones son las que estimulan factores del crecimiento similares a la insulina con el objetivo particular de mantener el crecimiento del útero durante el inicio de la gestación.

Es sabido que la progesterona, procedente de los cuerpos lúteos, es la principal hormona para el mantenimiento de la gestación. La prolactina desempeña también un papel importante en el cuidado de los cuerpos lúteos, y ayudando a mantener los niveles circulantes de progesterona, especialmente al final de la gestación cuando pueden comenzar a descender los niveles de progesterona. Los opiodes procedentes del sistema nervioso central intervienen en el funcionamiento de la glándula pituitaria anterior, y actúan negativamente sobre la liberación intermitente de GnRH (suprimiendo así los niveles máximos de las gonadotropinas FSH y LH), así como ejerciendo cierta actividad reguladora sobre la secreción de prolactina.

Éste es un momento decisivo para el embrión y cualquier alteración, adicional a la ya existente en su medio interno, aumentará la probabilidad de pérdida de embriones como resultado de fallo en la implantación. Por consiguiente, en este momento resulta fundamental el confort en el cuerpo materno, tanto psicológico como físico, nutritivo y ambiental.

Para el cerdo, la gestación no es un hecho de todo o nada. Existen en este punto grados de gestación. Si en algún momento la masa de embriones, o más tarde de fetos, resulta demasiado pequeña para proporcionar una camada viable, entonces la intensidad de la señal será inadecuada para evitar la secreción de prostaglandina uterina hacia la corriente sanguínea, un ataque luteolítico sobre los cuerpos lúteos que conlleva la terminación de la gestación. Una masa adecuada de embriones en el día 14, y posteriormente, evitará la luteolisis mediante la secreción activa de hormona luteotrópica procedente de los propios embriones, que mantendrá de forma positiva los cuerpos lúteos y estimulará la producción de progesterona para el mantenimiento de la gestación. Esta actividad local precisa también la cooperación activa de un equilibrio adecuado de prolactina, FSH y LH procedentes de la pituitaria anterior para reforzar los cuerpos lúteos. Este equilibrio parece consistir en una «presencia discreta» de las gonadotropinas, ya que la progesterona debe suprimir FSH y LH de forma considerable si ha de mantenerse totalmente en suspenso el ciclo estral. La estimulación luteotrópica *procedente del centro* puede perderse si el sistema es alterado, o si lo requiere el sistema nervioso central. En esta situación se interrumpirá la gestación con independencia de que sea adecuada la carga de embriones o de fetos en el útero, o su producción luteotrópica.

La naturaleza vital de la progesterona como apoyo para la gestación, y el grave problema que supone la pérdida de embriones en los inicios de la gestación en las cerdas, ha llevado a considerar el posible incremento del tamaño de la camada si mejorasen los niveles de hormonas circulantes en los inicios de la gestación, o al menos se evitase cualquier disminución de progesterona. Ha sido señalada la posibilidad de que niveles altos de consumo de pienso en las 3 primeras semanas de gestación podrían reducir la eficacia de la progesterona circulante; primero al estimular un nivel más alto de lípidos corporales (que absorben progesterona) y en segundo lugar aumentando el flujo de sangre hacia el hígado y, en consecuencia, acelerando la eliminación de progestrona. Estas afirmaciones prestan credibilidad a la idea de limitar el consumo de pienso en la cerda durante las primeras etapas de su gestación. Aunque resulta ciertamente probable que las cerdas demasiado engrasadas son menos fértiles y producen camadas más reducidas, no ha sido demostrada de forma satisfactoria la idea de que la reducción en el consumo de pienso durante el inicio de la gestación evitará la pérdida de embriones. Parece ser más razonable que aquellas cerdas cuyo contenido de lípidos corporales es reducido al finalizar la lactación sean probablemente menos alteradas por unos niveles adecuados de pienso que limitando los mismos. Aunque parece claro que los consumos excesivos de energía superiores a 40 MJ de ED (3 kg de dieta a base cereales) son probablemente perjudiciales durante las primeras etapas de la gestación, una alimentación normal se relacionará adecuadamente con el estado de carnes de la cerda que, probablemente, resulta más importante como apoyo para la progesterona que factores tales como flujo de sangre y tasas de eliminación metabólica.

Una vez implantado, el desarrollo del embrión para dar origen a un feto puede todavía sufrir pérdidas y ni el feto llega con seguridad a término, ni incluso es seguro el nacimiento de un cerdito sano, ya que con frecuencia un cerdito aparentemente en buen estado puede nacer muerto.

De los 17 embriones que puede suponerse se han implantado, tres se perderán en poco tiempo quedando 14 fetos (Figura 4.10). La mayor parte de los mismos (13 ó 14) es probable que sobrevivan hasta llegar a término; excepto cuando la cerda padece una desnutrición catastrófica o intervienen enfermedades o sustancias tóxicas, todas las cuales reducirán el número de cerditos nacidos, con fetos muertos, parcialmente descompuestos o reabsorbidos al nacer; o incluso pueden porovocar aborto y la pérdida total de la gestación. Las pérdidas crónicas de, quizás, cuatro cerditos entre la implantación embrionaria inicial y el nacimiento puede ser consecuencia del fallo de una determinada zona del útero a la que estaban unidos los embriones o más tarde, posiblemente, como resultado del apiñamiento de embriones. Resulta razonable suponer que cuando no se ha realizado de forma adecuada el espaciamiento como resultado de las migraciones en los fluidos uterinos al comienzo de la gestación, podrían implantarse los embrioness apiñados. El más débil de los hermanos experimentaría una desventaja progresiva. Sin embargo, el apiñamiento en los cuernos uterinos se considera que influye más sobre el peso al nacer que en el tamaño de la camada; al menos en camadas de unos 14 cerditos. La influencia negativa del tamaño de la camada sobre el peso individual al nacer no debe sorprender en vista de los recursos limitados del útero en relación tanto con el espacio como con los nutrientes, según se indica en la Figura 4.11.

La diferencia extrema entre óvulos fertilizados y cerditos nacidos vivos es ciertamente un problema importante que todavía no ha sido tratado de forma satisfactoria ni por los científicos ni por los productores de cerdos. En la Tabla 4.2 se demuestra que la concentración de esfuerzos para mejorar el número de cerditos nacidos es más importante que aspectos más populares como la mortalidad antes del destete o la duración de la lactación.

El tiempo pasado en el útero es aproximadamente la mitad de la vida total de un cerdo destinado a producir carne. Durante este periodo de tiempo la mayor

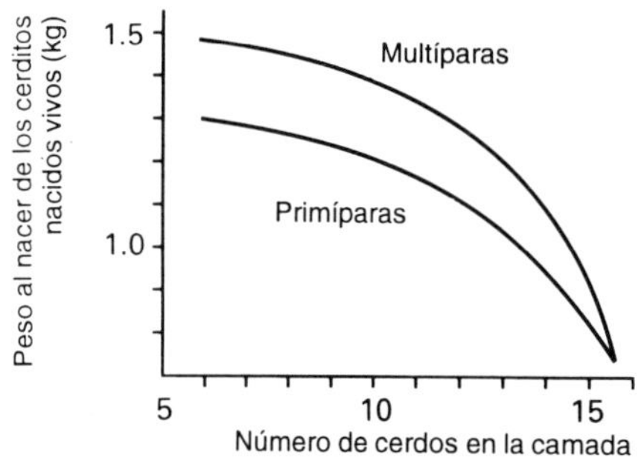

Figura 4.11 El peso al nacer de los cerditos es mayor en el caso de las multíparas que en el de las primíparas. Según aumenta el tamaño de la camada disminuye el peso medio al nacer.

Tabla 4.2 Factores que influyen sobre el número de cerdos destetados por cerda reproductora y año.

Factor	*Acción*	*Resultado*
Mortalidad antes del destete	Reduce a la mitad (de 15 a 7%)	+ 2,25
Duración lactación	Acorta en 10 días (de 30 a 20)	+ 1
Número de nacidos	Aumenta en un cuarto (de 10 a 12,5)	+ 6

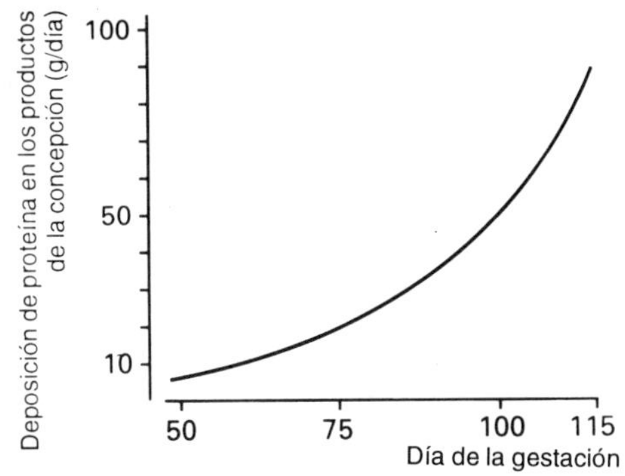

Figura 4.12 Al progresar la gestación hacia su conclusión, el crecimiento de los fetos y de otros productos de la concepción es exponencial.

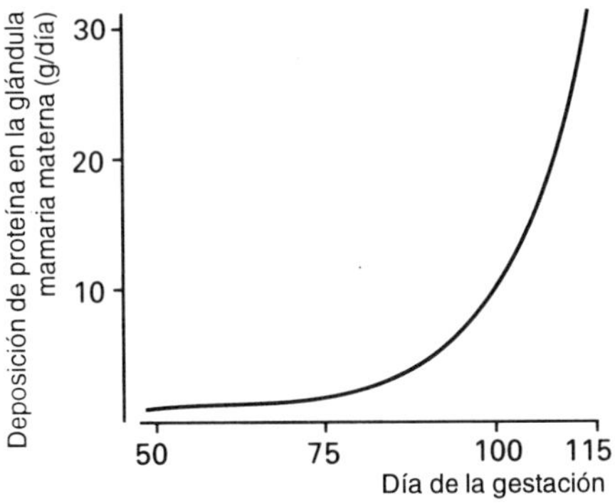

Figura 4.13 El crecimiento del tejido mamario materno es exponencial según progresa la gestación hacia su conclusión.

parte del crecimiento fetal tiene lugar en los 30 últimos días de gestación (Figura 4.12). Mientras tanto, la propia hembra se prepara para la lactación mediante el crecimiento del tejido mamario (Figura 4.13). A través de mediciones del espesor de la grasa dorsal materna resulta aparente que las cerdas sometidas a un nivel constante de alimentación durante el curso de la gestación parecen aumentar sus demandas nutritivas avanzada la misma; y puede observarse el catabolismo de lípidos corporales maternos tras el día 90 de gestación. El cálculo de las necesidades nutritivas (Capítulo 11) confirma las importantes diferencias que para el experto en nutrición existen entre el inicio y la finalización de la gestación. Un nivel creciente de alimentación puede ser útil en las últimas etapas de la gestación para evitar pérdidas de los depósitos corporales maternos y estimular también el crecimiento de los fetos en este momento y conseguir su peso máximo al nacer. Por desgracia esta propuesta podría ser interpretada como un medio de reducir la asignación necesaria de pienso mediada la gestación, que sería una actuación incorrecta. Además, resulta escasa la relación entre la cantidad de pienso suministrado a la cerda gestante y el peso final de los cerditos recién nacidos, y tampoco debe suponerse que sea beneficioso que fetos ya grandes llegan a ser mayores. Tan sólo cuando se identifique de forma específica un problema de peso reducido al nacer será necesario aumentar el consumo de pienso en las etapas avanzadas de gestación para resolverlo. Se acepta de forma convencional que los cerditos que nacen con pesos inferiores a 1,1 kg tendrán menor viabilidad y sus tasas de crecimiento postnatal serán más reducidas, mientras que aquellos que pesan menos de 0,9 kg tendrán una escasa probabilidad en su vida postnatal. Siendo W_b el peso al nacer, el porcentaje previsto de supervivencia de un cerdito *individual* puede ser aproximadamente:

$$\text{Porcentaje de supervivencia} \simeq 75W_b^{0,8}$$

(Ecuación 4.1)

La relación entre tasa de crecimiento desde el nacimiento hasta 90 kg y el peso original al nacer puede aproximarse, de forma similar, a:

$$\text{Tasa de crecimiento (g, nacimiento hasta 90 kg)} \simeq 550W_b^{0,3}$$

(Ecuación 4.2)

La estrategia nutricional apropiada consiste en suministrar el pienso adecuado para el crecimiento materno y el almacenamiento corporal de lípidos durante el curso completo de la gestación así como también para el crecimiento de los productos fetales de la concepción y de las glándulas mamarias. Como en todos los casos, es tan importante evitar los excesos nutritivos como una nutrición insuficiente.

Parto

Transcurridos 115 días de gestación (más o menos uno o, en ocasiones, dos días), se inicia el parto. Generalmente se acepta que la gestación termina por expreso deseo de la carga fetal, que proporciona la señal de su iniciación. Sigue siendo un misterio la forma en que se alcanza el coeficiente sumamente bajo de variación en la duración media de la gestación. Resulta aparente, sin embargo, que dado el crecimiento exponencial que se produce al final de la gestación (Figura 4.12), el ambiente irá siendo rápidamente menos aceptable tras el día 110 de gestación y el mensaje de la preparación para iniciar el parto es probable que sea aceptado con prontitud por el sistema materno que en este momento se encuentra distendido hasta su límite. Parece ser que el hipotálamo fetal responde al estrés produciendo hormona adrenocorticotropa (ACTH). En respuesta a la ACTH se produce un flujo de corticosteroides fetales. Éstos estimulan la secreción uterina de prostaglandina luteolítica, y desciende la respuesta de secreción de progesterona desde los cuerpos lúteos (Figura 4.14). La prostaglandina es fundamental para la precipitación efectiva del parto, y el antagonismo prostaglandina/progesterona mantiene una relación logarítmica de forma que los niveles de progesterona descienden bruscamente cuando se aproxima la finalización de la gestación, y los corticosteroides maternos captan la llamada desde la carga fetal hasta alcanzar un máximo intenso en el momento del parto.

Mientras tanto los niveles de estrógeno procedentes de la placenta han ido aumentando según una tasa más conservadora y desde un punto inicial algo anterior, alcanzando un máximo antes del parto y descendiendo rápidamente hasta niveles basales, junto con la progestrona y los corticosteroides, poco después. El papel de los estrógenos consiste principalmente en preparar el útero para la actividad contráctil (intensa) y posiblemente también en facilitar la preparación del nido y otras respuestas maternas para conseguir en el espacio de un solo día el intenso cambio que supone en la hembra el paso de ser meramente gestante a ser intensamente maternal.

Como preparación para el parto, la hormona relaxina permite la expansión de los ligamentos pélvicos, la dilatación de la cérvix, y con la ayuda crucial y central

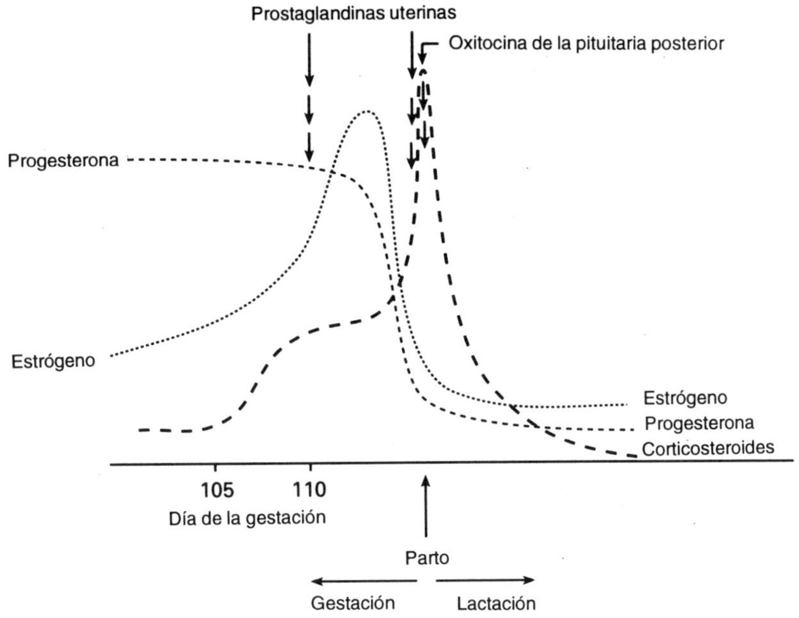

Figura 4.14 Presenta diversas actividades hormonales relacionadas con el parto.

de la hormona oxitocina procedente de la glándula pituitaria anterior, que actúa sobre la contracción muscular, y junto con una liberación posterior de prostaglandinas uterinas, las paredes uterinas sensibilizadas (por el estrógeno) y los músculos abdominales se contraen para expulsar la carga fetal. Mientras se realizan en el cuerpo materno todas estas intensas actividades, la propia madre ha preparado un nido. Aunque puede levantarse durante el curso del parto permanecerá normalmente tumbada con los músculos abdominales y uterinos contraídos. Puede parecer que algunas cerdas caen en un estado de reposo consciente que favorece la pasividad y evita el estrés o el pánico. La creación de esta situación de pasividad es una consecuencia probable de una acción combinada hormonal y del sistema nervioso central, interviniendo posiblemente una actividad similar a la del opiato.

El parto puede producirse en 1-5 horas para expulsar 9-14 cerditos recién nacidos; el tiempo entre dos nacimientos individuales puede variar desde unos pocos hasta 60 minutos. La prolongación del parto puede ser consecuencia de infección que determina MMA: metritis en el útero, y mastitis y agalactia en las glándulas mamarias. La administración de oxitocina en este momento puede ser una ayuda para acortar un parto extenuante, y los antibióticos pueden ayudar a reducir el riesgo de infección postparto. Los cerditos no aparecen con una postura determinada, ni generalmente se producen problemas mecánicos. Aproximadamente el 10% de los fetos que llegan a término nacerán muertos, aunque su nacimiento se producirá sin dificultad. Los propios cerditos recién nacidos se liberarán ellos mismos de la placenta rompiendo el cordón y en unos minutos caminarán hasta la glándula mamaria en busca del calostro. Con la simple excepción de ser aplastados por la madre, el fallo en el aporte de calostro y su posterior muerte como consecuencia de microorganismos patógenos en los inicios de la vida es la principal causa de mortalidad postnatal en los cerditos.

Supuesta la certeza de que se ha alcanzado el día 112 en una gestación, la inyección de prostaglandina, o de un producto análogo, provocará el parto casi exactamente 24 horas más tarde. La predicción de la fecha del parto de esta manera puede simplificar el manejo de las cochiqueras destinadas para partos y asegurar los nacimientos en el plazo de un día. Aunque durante algún tiempo se han podido conseguir estos preparados con facilidad, su aplicación no ha sido universal y sigue siendo muy controvertido el beneficio que representa su coste. La razón de esto estriba en que la relación entre la supervisión en el momento del parto y una elevada supervivencia postnatal de cerditos no aparece siempre clara en muchas explotaciones. En algunas explotaciones se consigue una reducida mortalidad entre los cerditos manteniendo una política de falta de atención durante el parto. La administración de hormona exógena antes del día 112 provocará, por supuesto, un acortamiento indebido de la gestación y el nacimiento prematuro, con la probabilidad consiguiente de pérdida de viabilidad en los neonatos.

Lactación

Estructura mamaria

La estructura de la glándula mamaria aparece en la Figura 4.15 (estructura general) y en la Figura 4.16 (estructura alveolar).

El impulso experimentado por el crecimiento mamario postpuberal se inicia a partir de 12 ó 14 (en ocasiones más) mamas semidesarrolladas. La glándula mamaria en esta etapa tiene un pezón con un anillo (la areola del pezón) de tejido sensible al tacto. Cada pezón dispone de dos canales de salida sobre una superficie plana inmediatamente por debajo de la punta del pezón. La estructura interna de la glándula virgen dispone de un sistema completo, aunque poco desarrollado, de aporte sanguíneo y nervioso; no obstante aparecen claramente la cisterna de la glándula, los senos, los conductos grandes, los conductos menores y finalmente los conductos finos. Sin embargo, la mayor parte de la mama está constituida por tejido adiposo junto con tejido conjuntivo de células corporales indiferenciadas y algo de colágeno estructural. Las células indiferenciadas están destinadas a transformarse en células activas para la secreción de leche con sus tejidos de apoyo cuando, en el momento oportuno, se produce la gestación.

La leche tiene como finalidad la alimentación del cerdito recién nacido; resulta sorprendente, en consecuencia, que sea la gestación la responsable de la iniciación de proceso de elaboración de la leche. Con el inicio de la gestación, los elementos internos de la glándula mamaria inician una actividad frenética. Durante la gestación se produce el desarrollo máximo, proporcionando una es-

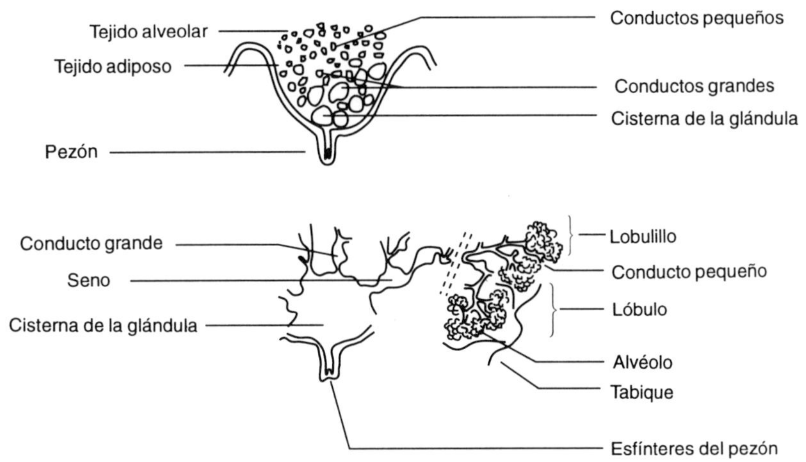

Figura 4.15 Estructura interna de las mamas (representación en forma de diagrama, los alvéolos no se han dibujado a escala).

Figura 4.16 Estructura del alvéolo mostrando **(a)** suministro de sangre a través de vasos capilares, **(b)** células mioepiteliales y **(c)** epitelio de células secretoras en la luz sobre una membrana basal.

tructura final completa a término. En el primer mes, bajo la influencia de las hormonas de la gestación (particularmente progesterona y prolactina), los conductos siguen proliferando para constituir la masa de tejido indeferenciado. Mediada la gestación, esta masa comienza a experimentar una diferenciación al formar lóbulos (racimos) de tejido alveolar constituido por células secretoras de leche dispuestas alrededor del interior de esferas microscópicas (alvéolos). En el mes último de la gestación, los lóbulos de tejido alveolar aparecen claramente definidos, y los alvéolos completan su formación y se llenan con una secreción con aspecto de jarabe. La glándula resulta menos maleable, la grasa es reemplazada por más conductos y tejido secretor, aumenta la masa así como el volumen, la piel se distiende, y existen sensaciones de presión, suavidad y calor. Durante el último tercio de la gestación se habrá producido la mayor parte del desarrollo de la capa activa (epitelio) de células elaboradoras de leche que recubren la superficie interna de los alvéolos recién formados. Durante la semana final se acelera la actividad secretora mediante un rápido incremento en el número de células y en su tasa de síntesis. Cuando faltan 3 días para el parto, las mamas se llenan de leche, y tan sólo la presión hacia el interior (al no ser extraída la leche) es lo que impide que las células secretoras sigan formando leche. Como resultado del desarrollo tan rápido del tejido mamario activo en estas últimas etapas de crecimiento, la mayor parte del tejido secretor total presente al inicio de la lactación se forma durante un periodo relativamente pequeño de la fase de desarrollo total (Tabla 4.3).

La extracción de la leche del interior de la glándula señala la iniciación de la lactación. El crecimiento mamario prosigue durante los comienzos de la lactación y se produce un incremento importante de tejido secretor. Durante el periodo postnatal inmediato, prosigue el desarrollo tisular en proporción con el estímulo positivo recibido por la frecuencia y la totalidad del vaciado de la glándula.

Al igual que todas las células corporales activas, las células secretoras tienen una vida corta y su recambio se produce con rapidez. Durante el inicio de la lactación, el número de células nuevas formadas supera mucho a la tasa de pérdida, y existe una ganancia neta. Una vez alcanzada la producción máxima de leche, el equilibrio entre ganancia y pérdida se inclina a favor de una reducción gradual en el número total de células. Esto tiene lugar en la cerda desde la tercera a la cuarta semana del parto, y a partir de este momento la lactación aparece rígidamente programada en descenso hasta el final de la lactación natural de 10-12 semanas, en cuyo momento las células secretoras activas de los

Tabla 4.3 Número posible de células en la glándula mamaria, expresado como porcentaje del número máximo de células presentes cuando es máximo el rendimiento.

	Porcentaje del número de células cuando es máximo el rendimiento
Nacimiento	<1
Pubertad (200 días)	5
Cubrición (240 días)	10
Mitad de gestación (10 meses)	20
Gestación a término (12 meses)	60
Máximo de lactación (13 meses)	100

alvéolos experimentan una regresión y degeneran. Al desaparecer el estímulo de la succión, en cualquier momento de la lactación, se producirá una acumulación rápida de productos lácteos segregados en los alvéolos, una intensa presión hacia el interior, y la finalización de la síntesis de leche por las células, que es seguida rápidamente por la degeneración de la capa secretora activa del epitelio alveolar. Se mantiene intacto el resto de la estructura alveolar y de conducción. Tras el descanso de una nueva gestación, el organismo materno vuelve a despertar ante la inevitable aproximación del parto siguiente, y unas 2-3 semanas antes del parto se forma una nueva capa de células epiteliales secretoras en la trama alveolar. Esto supone el inicio de la siguiente fase de crecimiento acelerado para la glándula que se prepara para la lactación siguiente.

Las 12-14 glándulas mamarias de la cerda constituyen la ubre, cuyos tejidos pueden contener de nuevo su propio peso de leche. Los límites de la tasa de producción de leche son una función combinada de la masa del tejido que realiza la síntesis activa de leche, la frecuencia y la total retirada de la leche y la capacidad de las cisternas, senos, conductos y espacios alveolares internos (cavidades) para almacenar la leche una vez segregada. Los productos segregados por las células epiteliales llenan primero la luz del alvéolo y posteriormente, por la fuerza de la gravedad y la síntesis continuada, la leche recién formada desciende hacia el sistema de conductos. Inmediatamente antes de que los cerditos comiencen a mamar, sobre el 10-15% de la leche total se almacena en las cisternas de la glándula, senos y conductos grandes mientras que el 85% restante permanece en los conductos pequeños y en la luz de los alvéolos (Figura 4.15).

El sistema nervioso no interviene directamente en la secreción ni en la extracción de la leche, aunque resulta esencial para el proceso de succión por parte de los cerditos que requiere la participación activa, consciente y deseosa del sistema nervioso central de la hembra lactante. Las propias mamas disponen de nervios que van *hacia* el sistema nervioso central *desde* las terminaciones nerviosas en el tejido glandular y en la piel y alrededor de la base del pezón. Estas terminaciones son particularmente sensibles al tacto, tensión y presión, y conducen sensaciones al sistema nervioso central tanto de que las mamas deben ser vaciadas, como de que los cerditos que han de extraer la leche se encuentran junto a la ubre.

Un atributo destacado de las glándulas mamarias, y una característica importante para comprender el fenómeno de la succión de la leche, es el hecho de que los alvéolos que contienen la leche recién segregada, y los pequeños conductos que transfieren la leche hacia la cisterna de la glándula, no mantienen por sí mismos contacto activo con el sistema nervioso. La actividad de estos elementos de las mamas es controlada por hormonas que son transportadas por la sangre. El mecanismo para la liberación de hormonas es disparado por el sistema nervioso a nivel tanto del encéfalo como de los nervios existentes en la superficie cutánea de las mamas y en la región del pezón. A nivel microscópico se aprecia que las células alveolares poseen células mioepiteliales en toda su longitud (Figura 4.16). Estas células mioepiteliales, al igual que las células musculares, gozan de la propiedad de contracción. Sin embargo, las células mioepiteliales son especiales ya que su contracción es iniciada no por un nervio, como en el músculo, sino mediante una acción hormonal.

Síntesis y producción de leche

La biosíntesis de calostro rico en anticuerpos (Tabla 4.4) se pone en marcha en el último cuarto de la gestación y aumenta exponencialmente con el desarrollo del tejido mamario (Figura 4.13). El desarrollo de la glándula mamaria estará bajo el control de la somatotropina (STH), aunque también es probable que un aumento del estrógeno hacia el final de la gestación indique a la glándula mamaria que el parto es inminente y la probable presencia de cerditos jóvenes cuya supervivencia dependerá de los nutrientes aportados en forma de leche. Los cerditos recién nacidos dispondrán de forma inmediata y fácil de calostro. En realidad, la leche puede ser extraída manualmente de los pezones 24 horas antes de que se produzca el parto. La presión en la glándula mamaria es positiva, y la leche inicial fluye fácilmente desde las mamas. La oxitocina circulante en este momento, como parte de los hechos del parto, actúa también sobre la glándula mamaria favoreciendo el movimiento de la leche hacia el exterior. Durante las primeras horas de la lactación se retiran productos lácteos formados realmente antes del parto. El propio parto desencadena la necesidad de una lactación completa que supone la producción de unos 250-500 gramos de leche cada hora y un rendimiento total de unos 6-12 kg (o más) diariamente.

El proceso de realimentación mediante cambios hormonales durante el parto (Figura 4.14) determina la secreción del complejo hormonal lactogénico que consiste en prolactina, STH, TH, ACTH, insulina, estrógeno y progesterona. Todas estas hormonas son importantes para mantener la lactación en las cerdas aunque STH no estimula la producción de leche tan intensamente como en el caso de las vacas lecheras. La secreción de prolactina desde la pituitaria anterior es inhibida normalmente por la presencia de una hormona inhibidora segregada por el hipotálamo. La síntesis o secreción de la hormona inhibidora es para iniciar y mantener la lactación. La prolactina aparece primero con niveles altos 1-3 días antes del parto, aumentando intensamente junto con la prostaglandina, e influyendo sobre el propio parto. La prolactina presente en el momento del nacimiento puede considerarse también como el iniciador de la lactación en ese momento. Las demandas metabólicas para la producción de leche son inmensas, como se verá en el Capítulo 11, por lo que las hormonas que intervienen en la biosíntesis de los componentes de la leche (ACTH, STH, TH, insulina, corticosteroides y otras) son fundamentales para una producción adecuada de leche.

La prolactina mantiene a los ovarios relativamente inactivos durante la lactación, cuidando los cuerpos lúteos, suprimiendo el crecimiento de los folículos

Tabla 4.4 Composición de la leche de cerda (g/kg).

	Calostro	*Leche normal*
Agua	700	800
Grasa	70	90
Lactosa	25	50
Proteína	200	55
Cenizas	5	5

ováricos e inhibiendo la secreción de estrógeno, asumiendo estos papeles que realiza la progesterona durante la gestación. Aunque los niveles de gonadotropina en la glándula pituitaria anterior pueden ser bastante altos durante la lactación, su liberación resulta escasa o nula, y existe una supresión total y efectiva de ambas FSH e, igualmente importante, de LH. La oxitocina es liberada aproximadamente cada hora en respuesta a la acción de mamar de los cerditos, y es probable que la oxitocina circulante tenga una papel adicional de retroalimentación al estimular la prolactina y suprimir las gonadotropinas. Los niveles de prolactina son particularmente elevados durante los inicios de la lactación, aunque descienden gradualmente en el transcurso de la misma, especialmente una vez transcurridas 6 semanas. La lactación se interrumpirá al no disponer del apoyo de la prolactina en algún momento posterior a las 8 semanas tras el parto. El destete súbito en un momento determinado provocará un descenso brusco y masivo de prolactina. Se asegura que prolactina y oxitocina son las principales hormonas lactogénicas en la cerda, con TH, adrenocorticoides (que inhiben también a GnRH) y STH proporcionando un apoyo. La prolactina aumenta rápidamente al mamar los cerditos, y se mantiene alta durante unos 40 minutos tras la acción de mamar antes de que sus niveles desciendan durante los 20 minutos siguientes antes de volver a ser estimulada su liberación. Los cerditos maman aproximadamente cada hora durante las 4 primeras semanas de lactación, posteriormente disminuye la frecuencia con que maman según los cerditos van siendo progresivamente menos dependientes de la leche como su principal fuente de nutrientes.

El estímulo provocado por la acción de mamar mantiene el anestro de la lactación y la inactividad de los ovarios mediante la oxitocina y la prolactina que inhibe la liberación de GnRH y, en consecuencia, se impiden las secreciones de FSH y LH. FSH es suprimida en este momento también por la inhibina. Durante la lactación, el estímulo positivo sobre el sistema nervioso central proporcionado por la acción de mamar estimula asimismo la liberación de opiodes desde el SNC, que son positivos para la prolactina aunque negativos para GnRH y, en consecuencia, negativos para FSH y LH. Los días 1-14 tras el parto son precisos para la involución uterina efectiva y la reparación y restauración de la membrana. Posteriormente, sin embargo, pueden desarrollarse los folículos dependiendo de la intensidad de la lactación. La administración de GnRH, o de las gonadotropinas LH y FSH puede originar la aparición de estro durante la lactación, aunque resulta evidente que la eficacia de dicho tratamiento está relacionada directa e intensamente con el número de días que han transcurrido desde el parto.

Durante la lactación se producirán incrementos reducidos, graduales y crónicos en los niveles de FSH y LH. Con el destete, sin embargo, mediante impulsos hipotalámicos de GnRH, se produce un flujo pulsátil de LH y una elevación rápida de los niveles basales de FSH y LH. Las gonadotropinas de la pituitaria estimulan el crecimiento folicular, inician la ovulación y la aparición del estro a través de la serie de hechos descritos anteriormente (Figura 4.3) unos 5 días después del destete.

El nivel de producción de leche es, en parte, una función de la capacidad de la hembra para la lactación (su tamaño corporal, sus reservas corporales y su nutrición) y, en parte, una función del estímulo provocado por los cerditos al mamar (tamaño de la camada, peso y vigor de los cerditos). La lactación alcanza un máximo unas 3 semanas después del parto (Figura 4.17). El rendimiento de la

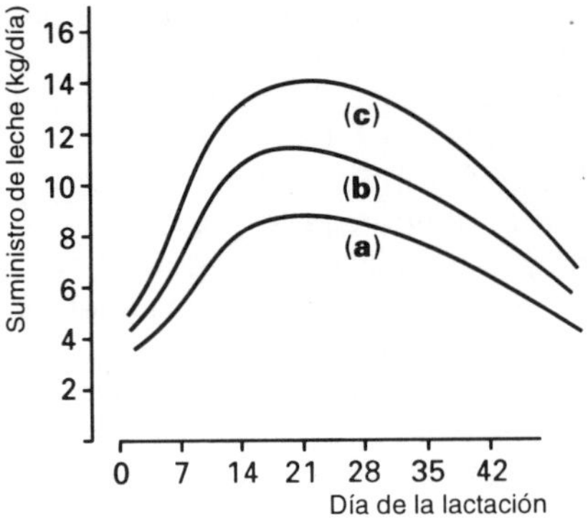

Figura 4.17 Producción de leche de **(a)** cerdas no mejoradas, **(b)** híbridas modernas con camadas pequeñas, **(c)** híbridas modernas con camadas mayores.

Tabla 4.5 Rendimiento lechero en relación con el número de cerditos que maman.

Número de cerditos que maman por la cerda	*Producción de leche (kg/día)*	*Consumo de leche (kg/cerdito/día)*
6	8,5	1,4
8	10,4	1,3
10	12,0	1,2
12	13,2	1,1

Tabla 4.6 Aumento previsto del rendimiento lechero según el número del parto.

Número de la lactación	*Rendimiento diario medio de leche (kg)*
1	8
2	10
4	11
6	12
8	10

producción de leche varía enormemente entre las hembras individuales y se discute mucho sobre el verdadero nivel de producción lechera posible en las cerdas híbridas modernas. Sin embargo, un simple cálculo usando los índices previstos de transformación de la leche en el cerdito lactante revela un rendimiento total durante una lactación de 28 días que no suele ser inferior a 320 kg, o en promedio 11,5 kg diarios. En la Tabla 4.5 se presenta la influencia del tamaño de la camada sobre la producción de leche por parte de la cerda y el consumo de leche por cerdito. La producción de leche aumenta también de acuerdo con el número del parto según puede verse en la Tabla 4.6, aunque también lo hace con el tamaño de la camada, por lo que la leche producida por cerdito no tiende a aumentar con el número del parto. El consumo de productos sólidos con la leche por los cerditos sigue naturalmente la curva de la lactación, y alcanzará un máximo a las 3 semanas de edad con un consumo diario de unos 0,32 kg de sólidos por cerdito y día. Los cerditos individuales con un peso al nacer de 1,3 kg y un contenido de grasa del 2% aproximadamente alcanzarán, transcurridas 3 semanas, un peso corporal de 6 kg o más con el 15% de lípidos aproximadamente.

La lactación cesa finalmente en circunstancias naturales unas 10 semanas tras el parto como resultado de la pérdida progresiva del deseo materno de que mamen los cerditos y de una reducción en los cerditos de la necesidad de mamar, ya que en este momento pueden ser totalmente independientes nutritivamente de su madre. No obstante, la economía óptima en la producción se consigue realizando el destete mucho antes de este momento: raras veces a los 14 días del parto, con frecuencia a los 21 días tras el parto, de forma óptima a los 28 días despues del parto, con frecuencia 35 días tras el parto y en muchos países incluso con el tiempo tradicional de 6-8 semanas. La principal consecuencia del destete impuesto es que, en comparación con el destete natural, resulta precoz y brusco. Así, el instinto de mamar se pierde instantáneamente en un momento en que resulta elevada la síntesis potencial de leche. La pérdida del estímulo provocado por los cerditos al mamar y la ausencia de oxitocina ejerce una retroalimentación negativa sobre la prolactina, mientras que el hecho de no ser extraída la leche del interior de la glándula determina que los componentes lácteos biosintetizados sean reabsorbidos hacia la corriente sanguínea. Este flujo inverso aporta también retroalimentación negativa sobre las hormonas que mantienen el metabolismo de la lactación. La lactación se pierde de forma irreversible en 2 días y los niveles circulantes de las hormonas que la mantienen descienden a un nivel base. Puede parecer que dos días es un plazo corto para que se interrumpa el flujo de leche y para que la cerda registre la necesidad de volver a las actividades del ciclo estral, aunque incluso en el plazo del primer medio día tras el destete la cerda apreciará la ausencia de una docena de lactantes. No es preciso retirar el pienso ni el agua a las cerdas destetadas para favorecer la interrupción de la producción de leche y volver al ciclo estral. La pérdida del estímulo de los cerditos al mamar y la cantidad de leche segregada que se acumula en las glándulas mamarias es suficiente para enviar todas las señales necesarias a los sistemas hormonal y nervioso. Ni la glándula mamaria experimentará ningún tipo de daño como resultado del destete, ni la retirada del pienso o del agua es probable que origine otra cosa que no sea aumentar el estrés (en lugar de disminuirlo).

La cerda se considera en fase de anestro durante la lactación; es decir, la lactación suprime totalmente el ciclo estral. No obstante, esto solamente es verdadero de forma parcial. En primer lugar, algunas cerdas pueden mostrar estro pasajero en los inicios de la lactación, originado probablemente por niveles residuales de estrógeno circulante; aunque no se produce ovulación. A partir de las 3 semanas siguientes al parto existe una posibilidad real de que se produzcan estímulos positivos suficientes para estimular tanto el estro como la ovulación mientras la cerda mantiene la lactación. Tales estímulos reducirán el nivel del estímulo provocado por los cerditos al mamar, reducirán la producción diaria de leche, y originarán un alto nivel de actividad física por parte de la cerda al agrupar las cerdas competitivas y por la presencia de un verraco. Existe un interés creciente en retrasar el destete debido a los beneficios que reciben los cerditos jóvenes cuando permanecen con su madre. Aunque para que sea económico el retraso del destete, debe conseguirse una gestación 40 días después del parto. Esto puede ser real con algunos sistemas de producción. No obstante, en la mayoría de las circunstancias el estro que acompaña a la lactación tiene un interés acedémico tan sólo, y es la presencia efectiva del anestro propio de la lactación lo que impone la necesidad de destetar a los cerditos antes para que pueda retornar el ciclo estral y que la cerda inicie una nueva gestación.

El destete antes de los 21 días siguientes al parto puede reducir la tasa de ovulación, y aumentar la pérdida de embriones debido a que el útero todavía no ha alcanzado una recuperación suficiente para iniciar una nueva gestación tras las modificaciones impuestas por la anterior. La involución uterina completa es favorecida considerablemente por el estímulo que se produce al mamar los cerditos y el útero de una cerda que amamanta a sus lechones volverá a la normalidad con mayor rapidez que el de una cerda destetada muy pronto tras el parto. También puede aparecer una proporción elevada de cerdas destetadas precozmente que no inician un celo en los 5 días siguientes a su destete, y puede existir una proporción de cerdas que volverán a presentar celo, siendo cubiertas aunque no conciben. Reuniendo todos estos fallos se apreciará que este tipo de destete aumenta el intervalo (improductivo) entre dos concepciones.

En el caso del destete después de transcurridos 21 días del parto, la cerda recuperará rápidamente un ciclo estral efectivo con la rápida iniciación del desarrollo folicular bajo la acción de FSH, y con la posterior oleada de LH que provoca estro y ovulación en la cerda.

Aunque la cerda no presenta anestro estacional, y puede considerarse como una reproductora regular durante todo el año, pueden existir efectos estacionales que influyen sobre la facilidad con que las cerdas destetadas vuelven a iniciar una gestación. Parece ser que puede aumentar el número de días transcurridos entre el destete y la aparición del estro si la temperatura es alta, si la temperatura es baja, si la atmósfera es demasiado húmeda o si disminuye la duración del día.

Alimentación natural de los cerditos y expulsión de la leche

El reflejo neuroendocrino para la expulsión de la leche es un sistema fisiológico a corto plazo muy refinado y sumamente importante para la cerda. La capacidad de almacenamiento de las cisternas mamarias es reducida (sobre el 10-15% del volumen total de leche presente en la glándula) y entre dos tomas la mayor parte de la leche permanece en los alvéolos y en los conductos pequeños. Aunque la leche puede ser extraída de forma pasiva desde la cisterna mediante la acción de mamar de los cerditos, la masa de leche no puede ser succionada desde la glándula mamaria y debe ser expulsada activamente mediante decisiones positivas por parte de la hembra. Los cerditos comenzarán a mamar y se dispondrán a lo largo de la ubre, cada uno en el pezón de una glándula mamaria. Cuando se encuentran todos presentes y la hembra satisfecha, el estímulo provocado por los cerditos sobre las mamas informa al encéfalo a través del sistema nervioso de que resulta apropiada la liberación de leche. La unión directa entre el hipotálamo y la pituitaria posterior sirve para la liberación casi instantánea de

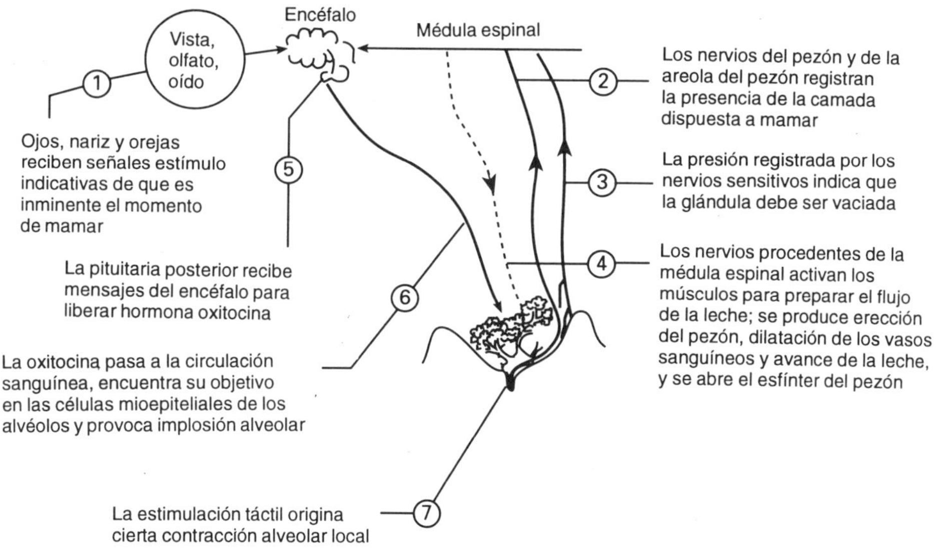

Figura 4.18 Elementos que intervienen en el reflejo de la expulsión de la leche.

una «oleada» importante de oxitocina hacia la sangre. En 20 segundos la oxitocina llega al tejido que es su objetivo constituido por las células mioepiteliales que rodean a los alvéolos (Figura 4.16). La oxitocina determina la contracción de los alvéolos y la leche es expulsada de los mismos. La leche fluye inmediatamente desde la glándula hacia las gargantas impacientes de los cerditos lactantes, el paso se completa en 15-25 segundos. La vida media de la oxitocina es corta y en menos de 1 minuto es metabolizada rápidamente por las células mioepiteliales. El reflejo de la expulsión de la leche aparece dibujado en la Figura 4.18.

Los mamíferos jóvenes son amamantados con intervalos relativamente constantes durante el día, el tiempo transcurrido entre dos tomas depende de la especie y de la edad del animal lactante. Los cerditos maman aproximadamente cada hora durante las 4 primeras semanas de lactación, aunque a partir de este momento lo hacen progresivamente con menor frecuencia. Durante el intervalo entre dos tomas, la leche es segregada desde el epitelio hacia la luz de los alvéolos, y también fluye hacia los conductos, senos y cisterna. Según se acumula la leche aumenta la presión en las glándulas mamarias. El nivel de presión, y en consecuencia la frecuencia con que deberá ser extraída la leche, dependerá del grado de llenado de las cisternas. La cisterna de la glándula es proporcionalmente mucho menor en la cerda que en la vaca, y es importante que los cerditos mamen mucho más frecuentemente que los terneros.

Durante las tomas normales en la cerda, la oxitocina suele ser liberada en forma de una dosis única, aunque no es imposible una dosis doble. La liberación de oxitocina en forma de goteo parece producirse en el periodo inmediatamente posterior al parto, cuando los recién nacidos no son suficientemente robustos para mamar a intervalos regulares sino que precisan disponer de leche de forma continuada desde las mamas.

Según se normalizan las sesiones, cabe suponer que la hembra lactante obtiene una estimulación positiva y aceptable de la experiencia. La naturaleza positiva de la experiencia puede asociarse tanto con el inverso de las sensaciones desagradables relacionadas con el aumento de presión y dureza en la glándula según se llena de leche como también con las sensaciones agradables de los diversos efectos hormonales.

Iniciación

Los nervios van desde las terminaciones situadas alrededor de los pezones (que son sensibles al tacto), en la superficie de la glándula (apreciando sensaciones de tensión, temperatura y presión) y en el tejido glandular (registrando la presión intramamaria). Los impulsos procedentes de estas terminaciones nerviosas se reúnen en la médula espinal desde donde las respuestas reflejas pueden, en 5 segundos, causar la erección del pezón y contraer los conductos y las paredes de la cisterna (ver también Figura 4.18). De esta manera, la acción de los músculos lisos mueve la leche desde los conductos hasta los senos, controla el flujo de leche hacia el interior de la cisterna y, al mismo tiempo, prepara el flujo libre de leche desde los alvéolos cuando se contrae el mioepitelio. Otros impulsos llegan desde el tejido de las mamas, a lo largo de las fibras nerviosas, hasta el hipotálamo en el encéfalo, donde se registra la necesidad de la expulsión de leche. Esto determina unas respuestas de comportamiento que permiten mamar a los cerditos. Posteriormente, la información pasa desde el hipotálamo a la pituitaria posterior originando la liberación de oxitocina (Figura 4.18).

Los nervios procedentes de oídos, hocico y ojos pueden aportar información al encéfalo sobre la presencia inminente de lo que el animal ha aprendido que son los medios de lograr la expulsión de la leche. Mediante tales estímulos condicionados, el sistema nervioso une las mamas con el encéfalo mediante un circuito corto; sin embargo, es idéntica la liberación de oxitocina. Los nervios aportan también información que actúa para dificultar la liberación de oxitocina. Por ejemplo, puede retenerse la liberación de leche por dolor en las mamas, o por la presencia de factores perjudiciales para la expulsión de la leche, tales como ruidos o predadores a los que no está acostumbrada la cerda. Aunque, como hecho más importante de todos, la liberación de leche se anula en la cerda por las peleas y compresiones de cerditos que compiten por un pezón. Tan solo únicamente cuando todos los cerditos se han acomodado simultáneamente y se encuentran felices, cada uno con un pezón en su boca, y cuando han cesado las peleas, se producirá la bajada de la leche. La llegada al encéfalo de información negativa originará impulsos nerviosos que van desde el encéfalo a los músculos lisos de las mamas, provocando contracción de los vasos sanguíneos, cierre de los conductos pequeños y contraccción de las salidas de la leche. Una reducción en el tamaño de los vasos sanguíneos impide que la oxitocina liberada a la sangre llegue al mioepitelio en cantidades eficaces, mientras que el cierre de los conductos pequeños y de las salidas de la leche determina que la leche quede retenida en las glándulas. La secreción de hormona adrenalina causará también la contracción de los vasos sanguíneos. Los efectos más importantes tienen lugar a nivel del propio encéfalo que, cuando las condiciones son inadecuadas, simplemente impide la liberación de oxitocina desde la pituitaria posterior y así finaliza cualquier probable expulsión de leche.

Extracción pasiva de leche

Esta fase de la acción natural de mamar es llamada así porque no requiere la participación *activa* de la madre. Los cerditos se aproximan a la hembra y comienzan a realizar una masaje sobre las mamas. Tanto la presencia de los cerditos como la presión sobre la glándula son necesarias de forma simultánea para desencadenar respuestas de comportamiento que conducen a la succión de la leche. La reunión madre-cerditos puede iniciarse por cualquiera de las partes, dependiendo de las urgencias relativas por la incomodidad de la glándula (madre) o por hambre (cerditos). La cerda va siendo progresivamente menos tolerante a las atenciones de su descendencia según envejece. Cuando los cerditos comienzan a mamar, se relaja el esfínter en la punta del pezón y la leche puede gotear. Aunque el pezón es mantenido en la boca de los cerditos lactantes mediante presión negativa por succión, esto es realizado principalmente para mantener la posición del pezón en la boca y no para extraer leche. La lengua suele plegarse parcialmente alrededor del pezón y se extiende desde la base del pezón, recubriendo incluso parte de la propia mama. La lengua realiza un movimiento ondulante y acariciante para provocar que la leche descienda desde la base (superior) del pezón hacia el esfínter en la punta (inferior). En el caso del lechón, y también en el bebé humano, como la cisterna de la glándula es pequeña (conteniendo tan sólo sobre el 10% de la leche total), durante esta fase obtiene poca leche. La acción continuada de golpear y succionar por parte del cerdito puede estimular también contracciones mecánicas de unos pocos alvéolos y conductos pequeños. Mientras se realiza esta retirada pasiva de la leche de la cisterna, se producen impulsos nerviosos desde el pezón en respuesta a la estimulación de la acción de mamar, junto con impulsos procedentes de oídos, hocico y ojos de la cerda. Estos impulsos llegan al hipotálamo que pasa la información a la pituitaria posterior, y se libera oxitocina en la corriente sanguínea.

Expulsión de la leche

El reflejo de la expulsión de la leche tiene lugar 20-40 segundos tras la liberación inicial de oxitocina, y los efectos de la oxitocina duran solamente 15-30 segundos. Al contraerse las células mioepiteliales, los alvéolos se colapsan y la leche es forzada hacia los conductos pequeños. Los conductos se estrechan y se ensanchan y la leche fluye hacia los senos y la cisterna de la glándula. Tan sólo la leche presente en los alvéolos y en los conductos es expulsada mediante la acción de la oxitocina sobre el mioepitelio; no se produce contraccción de los conductos grandes ni de la cisterna. En la cerda y en la mujer, la pequeña capacidad de la cisterna elimina la necesidad de disponer de un esfínter robusto; la mayor parte de la leche presente en la glándula se mantiene en los alvéolos y en los conductos, y solamente es probable que abandone la glándula tras el colapso de los alvéolos cuando los cerditos se encuentran presentes en los pezones. Durante la expulsión, la leche fluye libremente hacia la zona de menor presión en la boca del cerdito. La función de la boca durante esta fase no consiste en succionar la leche desde la glándula sino más bien en facilitar el flujo activo de leche desde la glándula que se produce por la presión creada por la leche forzada hacia la cisterna desde los alvéolos contraídos. Tras la expulsión, los alvéolos se dilatan de nuevo para adquirir su forma inicial y se interrumpe el flujo de la leche. Si no se extrae toda la leche de la glándula, se produce un flujo inverso desde los senos hacia los conductos, y desde los conductos hacia el interior de los alvéolos. El flujo de leche solamente puede reiniciarse por otra liberación de oxitocina.

La naturaleza general de la acción oxitócica sobre todas las mamas de forma simultánea tiene sus implicaciones para las hembras que alimentan a varios descendientes, ya que deben encontrarse todos en la ubre al mismo tiempo. Con los cerdos, la primera fase de la acción de mamar puede ser un hecho prolongado siendo improbable que la madre permita la salida de la leche de la ubre antes de que se encuentre acomodada toda la camada, cada cerdito con su propio pezón, listos para recibir su alimento. La capacidad de las hembras de los mamíferos para liberar oxitocina desde la pituitaria posterior es sumamente limitada, quizás por encontrarse agotado el mecanismo que desencadena la liberación, o por estar agotados los depósitos de esta hormona. En cualquier caso, cada sesión de amamantamiento va seguida de un periodo refractario, durante el cual no se produce expulsión de leche por acción de la oxitocina. Si la leche no es retirada durante el periodo en que la oxitocina se mantiene activa, ya no podrá disponerse de la misma hasta que el sistema se haya recargado y preparado.

En el caso de la cerda, la expulsión de leche resulta vital para su retirada eficaz ya que tan sólo el 10-20% de la leche total se mantiene en las cisternas de la glándula. Esta característica puede actuar contra el empleo de hembras con pequeña capacidad para almacenar leche como animales productores comerciales de leche, particularmente si además no cooperan libremente en la liberación de leche para fines distintos de la alimentación de su propia descendencia.

Finalización

Al terminar la retirada de la leche, los alvéolos se relajan (se expanden) y los esfínteres se cierrran. Los lechones intentarán extraer las últimas gotas de leche de la glándula reanudando el masaje, golpeando con el hocido la ubre y succionando vigorosamente para intentar recibir la leche que haya podido quedar en zonas inaccesibles y en los senos más remotos del tejido mamario. Entre el 5 y el 20% de la leche total sintetizada permanecerá de forma inevitable en la glándula, así la retirada de la leche nunca será totalmente efectiva. Esta leche residual no constituye una pérdida de producción, ya que se une a la nueva leche sintetizada para la toma siguiente. No obstante, el vaciado incompleto de la glándula que deja en la misma una cantidad de leche residual superior al mínimo, tiene repercusiones graves si esta leche crea una presión, antes de la toma siguiente, que será suficiente para reducir la tasa de síntesis. Este último hecho es sumamente improbable si el periodo refractario para la expulsión de la leche impide que se realice la toma siguiente. Las circunstancias naturales permiten cubrir la demanda nutritiva por consentimiento mutuo de la madre y de su descendencia, con lo que pueden evitarse los problemas derivados del vaciado incompleto de la glándula durante la sesión anterior.

Duración de la lactación

El destete natural se realiza en un periodo de 3-4 semanas, iniciándose alrededor de la octava semana. El paso desde la dominancia del complejo lactogénico a la dominancia de las gonadotropinas y de las hormonas del ciclo estral es con probabilidad bastante gradual, aunque una vez se inicia el crecimiento folicular se producirá una aceleración hacia el estro. En los sistemas prácticos de producción raras veces, o nunca, se produce el destete natural porque cualquier duración de la lactación que se imponga a la cerda será ciertamente inferior a las 12 semanas que tan poco económico resulta.

La elección de la duración de la lactación se supedita a los intereses tanto de los cerditos destetados como de su madre, y es un resultante de la simple fisiología del anestro en la cerda. Hasta que la cerda no es destetada, no puede volver a presentar celo e iniciar una nueva gestación. Así, puede establecerse el cálculo siguiente: si la gestación es de 115 días, si una cerda presenta celo y concibe 5 días después del destete y la duración de la lactación es de 56 días, entonces con

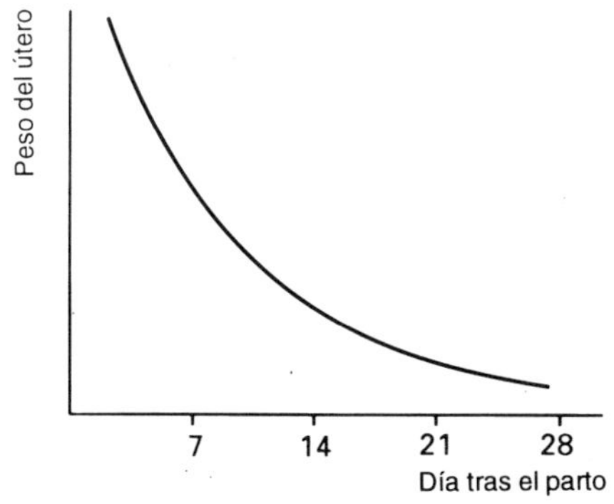

Figura 4.19 Avance de la involución uterina tras el parto de la cerda.

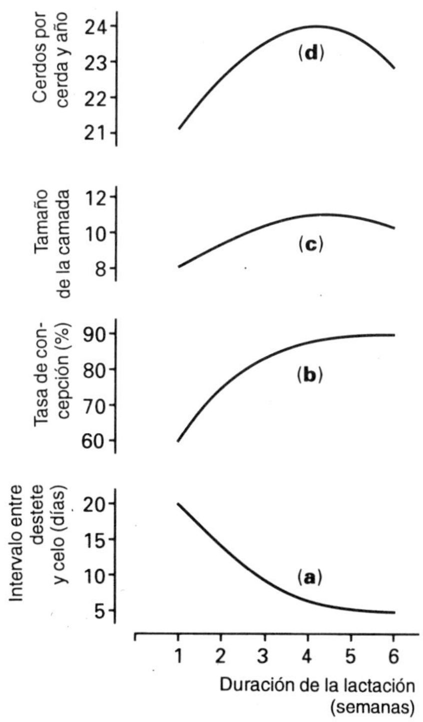

Figura 4.20 Efecto de la duración de la lactación (edad al destete) sobre **(a)** intervalo entre destete y celo, **(b)** tasa de concepción, **(c)** tamaño de la camada, y **(d)** cerdos criados por hembra y año.

10 cerditos destetados por camada, la cerda producirá 21 cerditos por año. Aunque manteniéndose idénticas todas las restantes circunstancias, una duración de la lactación de 21 días le permitirá producir 27 cerditos por año.

Sin embargo, todas las restantes circunstancias no se mantienen invariables. Cuando la lactación dura menos de 21 días, el útero de la cerda no ha completado su involución (Figura 4.19) y el complejo hormonal lactogénico es tan intenso en este momento que el destete de la camada impone un trauma del que la hembra tarda en recuperarse en términos de volver a presentar estro como si la camada hubiese seguido mamando. De 21 días en adelante, sin embargo, las oportunidades del destete parecen ser realistas.

La Figura 4.20 muestra la influencia de la duración de la lactación sobre diversos aspectos del rendimiento de la reproducción. Primero (a) el estro no retorna tras el destete tan rápidamente cuando se desteta con 2 ó 3 semanas como cuando la camada es destetada con 4 semanas o posteriormente. Esto se debe probablemente a un efecto combinado de la situación del útero y, lo que es más importante, de la intensidad del complejo lactogénico porque el rendimiento lechero y el estímulo de la acción de mamar alcanzan máximos 3 semanas después del parto. Segundo (b) la tasa de concepción es baja si la cerda es destetada antes de 3 semanas. Algunas cerdas que presentan estro no conciben, y vuelven a mostrar estro 21 días más tarde ampliando así el intervalo entre el destete y la concepción. Tercero (c) parece ser que cuando se reduce la duración de la lactación pueden ser fertilizados menos óvulos y es menor el número de embriones que sobreviven hasta llegar a término. Estos fallos son graves cuando el periodo de lactación es inferior a 18 días aunque, según sugiere la Figura 4.20, la intensidad de la pérdida de producción no es tan grande cuando se mantiene la lactación entre 21 y 28 días. El número final de cerditos producidos por cerda y año (d) no cambia mucho entre las lactaciones de 21 y de 32 días.

La decisión sobre el momento del destete no se basará únicamente en los intereses de la cerda, sino también en los de su camada. El aparato digestivo del recién nacido, y sus sistemas enzimáticos auxiliares, se encuentran adaptados para recibir leche como única fuente de nutrientes. Normalmente, los cerditos iniciarán el consumo de alimentos sólidos desde los 10 días de edad a nivel de investigación y con fines nutritivos reales, aunque modestos, desde los 15 ó 21 días aproximadamente. La pauta de consumo que realiza una camada no se determinará, sin embargo, por el pienso ingerido por algunos cerditos individuales de la camada; algunos comerán alimento sólido suficiente, a los14 días de edad, para alcanzar un crecimiento diario de 200 gramos, mientras que otros no comerán nada en absoluto. La capacidad del aparato digestivo y las posibilidades del sistema enzimático para digerir fuentes no lácteas de carbohidratos y proteínas parecen ser críticas, en términos de desarrollo, en las proximidades de las 3 semanas tras el parto (Figura 4.21).

El sistema inmune del cerdito es sumamente dependiente de la leche de la madre; hasta las 3-4 semanas de edad los cerditos no disponen de inmunidad activa ni desarrollan capacidad para enfrentarse a las invasiones de microorganismos patógenos. Existe cierta justificación para fundamentar la preparación para el destete más en el peso del cerdito que en su edad. Han sido propuestos pesos superiores a 6,5 kg. Es posible que una camada sea destetada de forma secuencial –los cerdos mayores con unos 21-24 días y los menores con 26-30 días– aproximadamente en cuyo momento habrán alcanzado el peso esta-

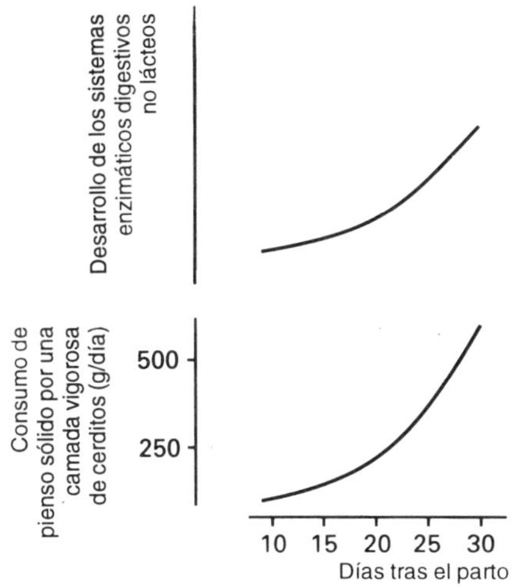

Figura 4.21 Desarrollo del sistema enzimático digestivo que no actúa sobre la leche y consumo de pienso sólido por camadas de cerditos lactantes. Cerditos individuales pueden consumir perfectamente tanto el doble como la mitad del consumo medio de la camada.

blecido como objetivo. Durante la última parte de este periodo la cerda destina a una mayor proporción de su producción a los cerditos más pequeños y más débiles, y así experimenta un descenso más gradual del estímulo provocado al mamar. Estas prácticas de manejo aparentemente más aceptables no suelen adoptarse, sin embargo, debido a sus inconvenientes y a la necesidad de dividir las camadas al destete y colocarlas en cochiqueras independientes.

Así, el desarrollo alcanzado 21 días después del parto proporcionará al cerdito una capacidad para sobrevivir con alimentos sólidos y medrar independiente de su madre. El destete a los 21 días acelerará este desarrollo, aunque también lo someterá a prueba en este momento en que los cerditos son más frágiles. Algunas veces no sobreviven a esta prueba y los cerditos destetados inician una fase de inapetencia, su crecimiento es lento o negativo y son susceptibles a las enfermedades, especialmente a las que afectan a los aparatos digestivo y respiratorio. La capacidad del cerdito para superar el trauma que supone el destete mejora al ser destetado con más edad y de la misma forma se comporta el rendimiento de los cerditos tras el destete. Suele demostrarse que los cerditos destetados con 28 días alcanzarán el peso de sacrificio con menos días en total que los destetados

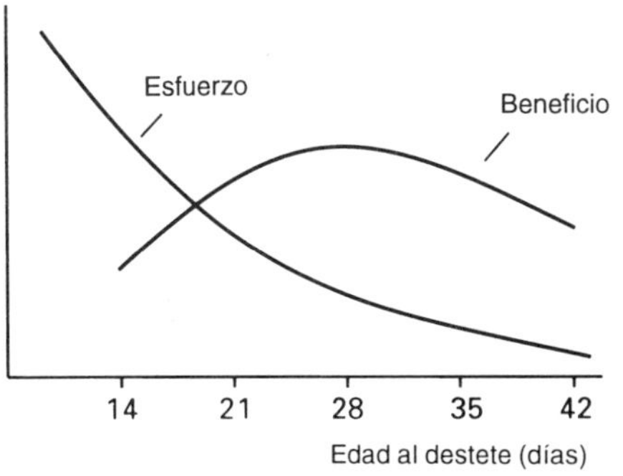

Figura 4.22 Según aumenta la edad al destete disminuye el cuidado que deben recibir los cerditos tras el mismo. La rentabilidad media de la piara de reproductoras parece ser máxima cuando se practica el destete unos 28 días después del parto.

con 21 días de edad, apreciándose ya una ventaja de unos 5 kg, en promedio, a las 12 semanas.

Debido a la incompetencia relativa de los cerditos recién destetados, el grado de los cuidados que precisan y el coste de los piensos y del equipo mantienen una relación directa con la precocidad del destete. En términos de la biología de la cerda, el destete entre 21 y 28 días parece ser óptimo. En términos de la biología del cerdito, el momento óptimo se sitúa entre 28 y 42 días. En conjunto, es difícil justificar duraciones de la lactación inferiores a 24 días o superiores a 35 días (Figura 4.22).

Intervalo entre destete y parto

Si la duración de la lactación es de 28 días o superior, la mayor parte (90% o más) de las cerdas reproductoras mostrarán estro en los 7 días siguientes al destete. Existirá una distribución normal hacia los 5 días, con unas pocas cerdas que presentan estro a los 3 días y otras pocas a los 7 días tras el destete. Las cerdas restantes, no estériles, mostrarán celo en algún momento durante los 20 días siguientes aproximadamente. Por consiguiente, el intervalo entre destete y estro será en promedio de unos 6 días ([0,9 × 5] + [0,1 × 15]). La práctica moderna de producción pocas veces alcanza este ideal, resulta más frecuente que los intervalos entre destete y estro sean de unos 8 días. Entre otras causas, esto es consecuencia de que algunas cerdas son destetadas en mal estado de carnes con lo que se prolonga el intervalo entre destete y estro, debido a la presencia de enfermedades o, algunas veces, a un fallo en la detección del estro con lo que no se actúa hasta el ciclo siguiente.

Cuando las cerdas presentan estro se producirán fallos en la concepción. Éstos serán consecuencia de defectos previsibles tales como frecuencia inadecuada en los apareamientos, iniciación de una gestación con un número insuficiente de óvulos fertilizados para mantenerla, mal estado de carnes de la cerda, enfermedad, infertilidad en el macho; todas estos hechos deben ser aceptados como parte normal de cualquier proceso de producción biológica. No obstante, las tasas de concepción suelen ser altas, y quizás el 85% de las cerdas cubiertas concebirá y el 15% restante concebirá en el celo siguiente o en el posterior (aproximadamente el 12 y el 3% respectivamente). Sobre esta base, el intervalo de 8 días entre destete y estro deberá ampliarse hasta 12 días de intervalo entre destete y concepción ([0,85 × 8] + [0,12 × 29] + [0,03 × 50]).

Antes de que la gestación llegue a término se producirán fallos en la misma, de nuevo como parte del curso normal de los hechos biológicos esperados. Incluso en las explotaciones mejor manejadas algunas cerdas se incluirán entre las gestantes, cuando en realidad no lo son. Dichas cerdas pueden alcanzar la fecha prevista para el parto antes de que sea diagnostica la falta de gestación. Los retornos del celo en casos de cerdas no gestantes de larga duración pueden sumar generalmente otros 5 días en promedio a lo que puede denominarse actualmente como «días vacíos» totales. El diagnóstico de gestación mediante técnicas sencillas de ecografía puede confirmar la presencia o ausencia de gestación a los 20-40 días tras la cubrición (dependiendo de la complejidad de la máquina y de la

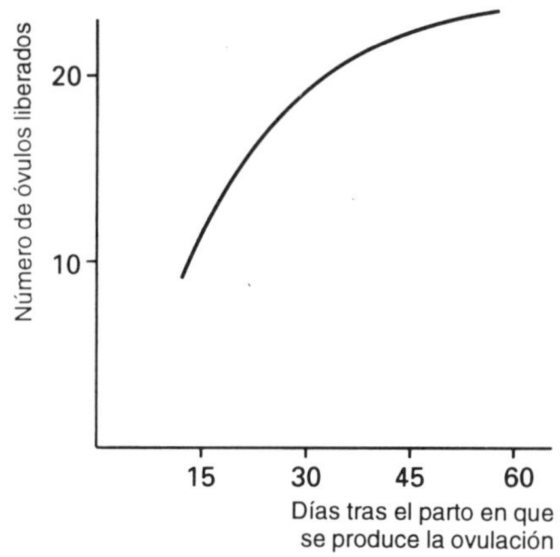

Figura 4.23 Según aumenta el intervalo entre el parto y la rotura de los folículos, así sucede también con el número de óvulos liberados.

preparación del operador). En muchas explotaciones se mantiene una política de eliminaciones en base de que las cerdas cuya gestación no ha sido confirmada a los 50 días tras el destete deben abandonar la piara. Así serán eliminadas las cerdas destetadas afectadas de anestro (estériles), aunque también se incluirán los fallos de concepción en el celo posterior al destete, siempre que hayan concebido 21 días más tarde. En otras explotaciones se concede a las cerdas dos oportunidades de concebir tras el celo posterior al destete antes de eliminarlas. Tiene interés el hecho de que las hembras que no conciben en el primer celo posterior al destete y presentan un segundo celo unos 21 días más tarde, proporcionarán unos 0,5 cerditos más por camada al mejorar su tasa de ovulación (Figura 4.23). Esto no es suficiente para compensar la pérdida de las 3 semanas que tarda en aparecer el celo siguiente, aunque indica los posibles efectos beneficiosos de proporcionar a algunas cerdas, especialmente a las que muestran un mal estado de carnes tras una lactación agotadora, un cierto descanso entre los ciclos de reproducción.

El número de días durante los que permanecen vacías las cerdas reproductoras tiene una importancia vital para la economía de la explotación. Cabe esperar que el número de días vacíos sea en promedio de unos 17 en cada uno de los ciclos estrales en las explotaciones convencionales. Si es superado este número puede sospecharse que existe un claro problema en la reproducción, o un problema de manejo. Con 17 días durante los que las cerdas permanecen vacías en cada ciclo reproductor, junto con 115 días de gestación (un intervalo de 132 días entre destete y parto), y 28 días de lactación, el ciclo reproductor se completa en 160 días. Así pueden conseguirse 2,3 camadas por cerda y año.

Algunas cerdas que no presentan estro tras el destete, y también cerdas que manifiestan anestro o subestro de forma crónica, pueden responder positivamente al tratamiento con gonadotropinas séricas y coriónicas exógenas (FSH y LH).

Cada año es reemplazado sobre el 40% de las cerdas reproductoras. Sin embargo la infertilidad y la falta de reproducción no son la principal causa de eliminación entre las cerdas mantenidas en explotaciones modernas e intensivas y en las que se controlan las enfermedades y es buena la nutrición; la razón principal la constituyen los problemas locomotores relacionados con articulaciones, extremidades y dedos.

Resumen sobre productividad

En la mayoría de las explotaciones se obtienen entre 18 y 26 cerditos anuales por cada hembra reproductora. Como la hembra ingiere pienso, ocupa un espacio y mano de obra con independencia de su productividad, casi cuesta tanto producir 18 cerditos como 26. En la Figura 2.24 se presentan algunos factores importantes que influyen sobre la productividad de las cerdas de vientre.

La mortalidad entre los cerditos recién nacidos o poco después de nacer supone una pérdida importante. Las muertes al nacer afectan al 2-20% de los cerditos nacidos, con otro 2-20% de bajas tras el propio nacimiento aunque durante la primera semana de vida. Se aprecia claramente que pueden conseguirse beneficios importantes manteniendo los índices de mortalidad en su extremo más bajo.

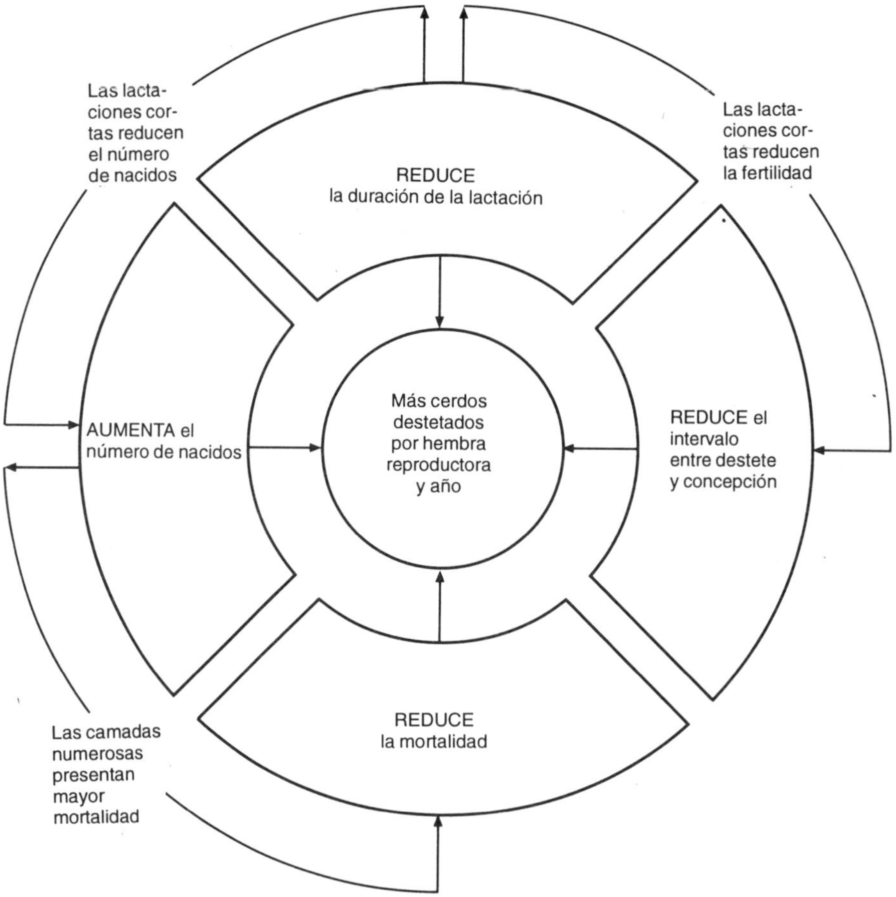

Figura 4.24 Incremento de la productividad en la piara de reproductoras.

Existen tres actuaciones para reducir la predilección de los cerditos pequeños por el suicidio: primero, proporcionar un ambiente cálido, aceptable e higiénico para reducir el número de microorganismos patógenos; a continuación, cuidado y nutrición adecuados de la madre para estimular que sea elevado el peso al nacer de los cerditos individuales; y por último, al nacer un número elevado de cerditos se asegura que, a pesar de las pérdidas inevitables, seguirán con vida suficientes cerditos.

El nacimiento de un número amplio de cerditos vivos en cada camada resulta crucial, aunque no es fácil de conseguir. Parece ser que la alimentación durante la gestación influye menos sobre el número de animales nacidos que sobre su peso. Existen diferencias raciales y entre las estirpes en cuanto a la prolificidad, aunque aparecen diferencias importantes entre las explotaciones. Según se indica en la Figura 4.10 es la atención a los detalles de un manejo correcto durante todo el ciclo reproductor lo que asegura unas pérdidas mínimas en las distintas etapas. Sin embargo, una tasa de ovulación adecuada es un requisito previo.

Reducir la duración de la lactación es un procedimiento simple para aumentar la frecuencia de las camadas si las lactaciones se prolongan durante más de 6 semanas; aunque no así cuando las lactaciones son más cortas. Los cerditos más jóvenes tienen menos posibilidades de superar los avatares de la vida separados de sus madres. Cuanto peores sean las condiciones de la explotación, menos apreciarán los cerditos el destete precoz. Según disminuye la duración de la lactación, así deben mejorar las condiciones de alojamiento, cuidado y nutrición de los cerditos. Cuando el destete se realiza con menos de 3 semanas de edad, la situación resulta tan extrema que se precisa una nueva tecnología en alojamiento, cuidado, salud y dieta de los animales. Los rendimientos alcanzados en las explotaciones europeas sugieren que el mayor número de cerditos producidos anualmente coincide con el destete realizado en algún momento entre 24 y 35 días de edad. Esta duración de la lactación requiere así mismo la menor cantidad total de pienso por cerdo criado hasta el momento de su sacrificio.

La mejor oportunidad para mejorar la productividad suele ser la reducción del intervalo entre destete y concepción. Incluso realizando el destete con 6 semanas, y con camadas de tan sólo nueve cerditos, es posible producir 20 cerdos por hembra reproductora si la misma inicia la gestación, como debería ser, 5 días después del destete. Los problemas de infertilidad pueden derivar de la hembra, del macho y del manejo. Puede ser que cada uno de estos problemas deba ser abordado prestando una atención considerable a los detalles.

Los tres aspectos más manejables de la productividad en las explotaciones de cerdas reproductoras son el tamaño de la camada, el intervalo entre destete y concepción, y la mortalidad. La solución de los problemas en estas áreas descansa en el individuo a cuyo cuidado se encomienda el manejo de las reproductoras. Y aunque la información tecnológica resulta esencial para conseguir un buen manejo, no lo determina necesariamente.

CAPÍTULO 5

Aspectos sobre el comportamiento y bienestar del cerdo

Introducción

En aquellas partes del mundo donde el bienestar humano puede medirse en términos de la cantidad de alimentos que recibe la población, el bienestar de los animales suele ocupar un lugar bastante bajo en la lista de prioridades de las actividades agropecuarias. En primer lugar, y principal, es necesario mejorar la cantidad de productos animales para la población humana y, a continuación, reducir el precio de estos productos animales de forma que cada vez se consuma más carne ya que, en caso contrario, se usaría una dieta vegetariana de forma involuntaria.

Sin embargo, en países donde el bienestar de la sociedad humana tiende a ser examinado según unos términos más sofisticados que la provisión básica de una dieta adecuada (las necesidades nutricionales ya han sido alcanzadas o rebasadas), la sociedad tenderá a situar el bienestar de los animales productores de carne en un lugar elevado en la lista de prioridades agropecuarias. El bienestar de los humanos puede ser, quizás, el aspectos más apropiado para considerar el de sus animales.

La ciencia del comportamiento animal requiere, en primer lugar, una descripción exacta de lo que se entiende por comportamiento, en segundo lugar, conocer la forma de controlar el comportamiento y, en tercer lugar, una valoración cuantitativa de la forma en que puede ser acomodado el comportamiento. Estos tres elementos impactan sobre un buen manejo y una producción óptima, así como sobre el bienestar de los animales.

El bienestar animal intenta tratar tanto sobre la *realidad* de la sanidad animal como sobre el *concepto* de bienestar animal. En general, el término «bienestar» abarca dos elementos: el punto de vista humano de la situación del animal y el punto de vista del animal sobre su propia situación. El primer aspecto incide sobre la competencia de la sociología humana, el segundo en la disciplina de diversas ciencias animales, siendo quizás la más importante la correspondiente al estudio del comportamiento animal. Los animales pueden ser maltratados de forma consciente o accidental y no resulta difícil identificar aquellos abusos que son contrarios tanto a una ética aceptable (y con frecuencia a las leyes nacionales) como a la eficacia de la producción. Aunque bienestar supone ausencia de privación; y aquí existen grados de carencia y niveles de privación, particularmente en cuanto se refiere a libertad para expresar las necesidades de comportamiento.

La ciencia moderna del comportamiento de los animales domésticos, buena parte de la misma se la debemos al Profesor David Wood-Gush, no solamente establece una buena base para valorar el bienestar, sino que establece también una buena base para un buen manejo y cuidado, y un procedimiento importante para mejorar tanto el nivel como la eficacia de la producción porcina.

Alimentación a voluntad

Uno de los derechos básicos de un animal consiste en disponer de una cantidad adecuada de alimento con un contenido correcto de nutrientes. Suele darse por supuesto que un cerdo será alimentado con una dieta mixta y equilibrada en su contenido de nutrientes mediante el control de los ingredientes que contiene, y que las decisiones consideradas apropiadas sobre mezclas de alimentos y contenidos de nutrientes es preferible que sean realizadas por expertos en nutrición, fabricantes de piensos compuestos y directivos de explotaciones. Sin embargo, ésta es una idea bastante reciente y puede no ser la mejor en cuanto se refiere a los intereses de los animales. Los cerdos han debido equilibrar sus propias dietas bastante satisfactoriamente durante miles de años de evolución seleccionando en su ambiente aquellos alimentos que mejor se adaptaban y más necesitaban. No existen razones para suponer que el cerdo moderno no ha retenido la capacidad de sus antepasados para seleccionar una dieta satisfactoria a partir de diversos ingredientes.

Para satisfacer sus necesidades nutritivas mediante alimentación a voluntad, el cerdo debe conocer de forma general los preceptos siguientes:

1 El cerdo debe disponer de algún mecanismo para identificar –en términos cuantitativos– sus necesidades para mantenimiento, crecimiento de tejidos magro y adiposo, lactación y para los equilibrios relativos entre estas necesidades. El cerdo debe tener algún procedimiento para reconocer que las distintas necesidades solamente pueden ser satisfechas por nutrientes diferentes; energía para mantenimiento, proteína para crecimiento de tejido magro, calcio y fósforo para el tejido óseo, minerales vestigiales y vitaminas para los procesos metabólicos y así sucesivamente. Estos diferentes nutrientes deben poder ser distinguidos de forma diferencial en los alimentos que se ofrecen.

2 La elección debe realizarse dentro de los límites del apetito y de la capacidad del cerdo para excretar los nutrientes no deseados y que son ingeridos de forma inevitable.

3 La elección no deberá quedar limitada por el suministro de un margen estrecho de ingredientes ni obscurecida por confusión de las necesidades.

Los problemas en la elección se presentarán cuando un nutriente deseado aparece solamente en un ingrediente del pienso que ya contiene un exceso de un nutriente no deseado, o en un ingrediente que no es sabroso. Los cerdos discriminarán con una precisión considerable aquellos alimentos cuyo consumo encuentran desagradable. También evitarán las toxinas de hongos, algunas toxinas vegetales (tales como las presentes en semillas de plantas crucíferas y leguminosas), y partículas extrañas sólidas que no son alimentos, tales como piedras, vidrio y metal. Pueden mostrar aversión contra sabores específicos, tales como el amargo o desagrado que puede estar asociado con vegetales que contienen factores tóxicos o antinutritivos.

4 El cerdo dispondrá de oportunidad para aprender; para experimentar las consecuencias metabólicas de diferentes elecciones en la ingestión, para recordar los alimentos que se asociaban con las diversas consecuencias posibles o desagradables y para reconocer el alimento o el componente del alimento (o nutriente) en términos de sus consecuencias metabólicas.

A pesar de la evidencia prehistórica de lo contrario, suele tomarse con escepticismo la idea de que los cerdos podrían seleccionar y equilibrar su propia dieta; no solamente porque (a) se supuso, en contrario a la demanda del mercado de carne de cerdo magra, que la idea del cerdo sobre la perfección corporal era la obesidad, y (b) han sido negativos muchos experimentos para comprobar la posibilidad de una alimentación efectiva con elección voluntaria. El primer supuesto ya no puede considerarse universal con las recientes mejoras del genotipo. El segundo puede haber sido consecuencia de que el diseño de las experiencias se orientó hacia el precepto (1) anterior, aunque sin adecuarlo a los preceptos (2), (3) y (4). En realidad, aunque los preceptos (2) y (3) puedan haber sido omitidos sin desearlo por un mal diseño del experimento, el precepto (4) –la oportunidad de aprender– fue enmascarado deliberadamente en algunos experimentos mediante procedimientos tales como la alteración frecuente en la cochiquera de los distintos tipos de dietas.

La alimentación mediante libre elección orientada hacia la posibilidad de un equilibrio efectivo de la energía y de la proteína tiene un gran interés no solamente porque éste es el aspecto económico más importante del suministro de nutrientes, sino también porque la discriminación en este aspecto particular de la formulación de la dieta puede suponerse que tiene un interés especial para el cerdo. El éxito en la elección voluntaria por parte de los cerdos de un equilibrio óptimo de energía y de proteína tendría los beneficios siguientes:

1 Permitir la variación individual en las necesidades de nutrientes. De esta manera se satisfacen con exactitud las necesidades de todos los cerdos, y se evitan los aspectos antieconómicos derivados de alimentar con exceso a algunos miembros de la población, defectuosamente a otros y de forma óptima tan sólo a unos pocos. Ésta es la consecuencia inevitable de preparar una dieta única para las necesidades medias de una población variable de cerdos. Este beneficio prevalece tanto en relación con el uso de una dieta por un grupo de cerdos en un determinado momento, como en relación al cambio en la especificación de la dieta que se produce en cada cerdo individual durante el tiempo según va creciendo. Los cerdos con edad o peso similares no solamente difieren en sus tasas de crecimiento de pro-

teína y de lípidos, sino que según crece el cerdo cambia la proporción entre las necesidades de proteína y de energía en la dieta. Esto se debe a que las necesidades de energía van siendo cada vez más importantes en comparación con las de proteína ya que los costes de mantenimiento y del crecimiento de lípidos son progresivamente mayores con respecto a la deposición de proteína.

2 El equilibrio óptimo de la dieta entre energía y proteína es determinado por el juicio sobre nutrición del cerdo en lugar de por el juicio de la persona que formula la dieta. Si el cerdo es capaz de seguir los cuatro principios señalados anteriormente (conocimiento intrínseco de sus necesidades nutritivas y reconocimiento de los nutrientes en los alimentos, apetito adecuado, ausencia de factores de confusión y oportunidad de aprender), entonces puede ser que el cerdo se encuentre más capacitado para determinar su óptimo individual que el hombre.

3 Consecución de la tasa máxima de crecimiento no recortada por la limitación de nutrientes impuesta por un aporte inadecuado o desequilibrado de nutrientes.

Tambien existe la posibilidad de *desventajas:*

1 El cerdo no puede ser forzado a ingerir aquello que no desea comer debido a factores relacionados con la falta de sapidez o desequilibrio (impuesto por el hombre). Con frecuencia el dirigente de la producción puede desear que sea diferente la tasa de crecimiento de los cerdos, o que con un cociente distinto lípidos:proteína podría considerarse óptimo el crecimiento de los cerdos. Además, puede ser necesario que los cerdos consuman ingredientes cuya sapidez es inferior a la óptima. Estos hechos solamente pueden conseguirse si el cerdo recibe una dieta compuesta simple sin poder seleccionar los ingredientes.

2 Es probable que sea necesario un periodo de aprendizaje o de entrenamiento y esto requiere tiempo y esfuerzo en el manejo.

3 El cerdo deberá disponer al menos de dos fuentes de alimentos para que pueda elegir. Esto duplica las necesidades del equipo de comederos.

A pesar de todo, los experimentos realizados en Edimburgo durante muchos años han demostrado que *si* los cerdos reciben al mismo tiempo un alimento rico en proteína y otro pobre en proteína y pueden elegir libremente entre ellos, y *si* todos los ingredientes de los alimentos son similarmente aceptables para el cerdo, y *si* los cerdos disponen de un corto periodo de tiempo para acostumbrarse a ambos alimentos mediante su provisión alternativa, *entonces*:

- el cerdo tiene «juicio sobre nutrición» y puede reconocer las concentraciones relativas de proteína de los alimentos;
- el cerdo puede equilibrar su dieta con respecto a proteína y energía;
- puede alcanzar de forma constante una tasa óptima de crecimiento.

La Tabla 5.1 muestra las respuestas de cerdos jóvenes que reciben dietas simples con distinto contenido de proteína desde los 12 hasta los 30 kg de peso vivo. Puede verse que aumenta la ganancia diaria de peso vivo con el contenido de proteína bruta hasta un máximo de 217 gramos de PB/kg de dieta, aunque con 265 gramos de PB/kg de dieta disminuye la tasa de crecimiento, demostrando (i) la respuesta clásica al contenido de la dieta en proteína y (ii) el contenido óptimo de proteína bruta en la dieta. En la segunda parte del experimento, cerdos de pesos similares pudieron elegir entre pares de estas dietas, y los resultados aparecen en la Tabla 5.2. Los cerdos que pudieron elegir entre dos dietas con distinto contenido de proteína bruta parecieron ser capaces de diferenciarlas y seleccionar una cantidad suficiente de cada una para crear una dieta equilibrada; que en este caso parece situarse entre 202 y 208 gramos de PB/kg. Resulta notable la precisión con que fue elegida de forma independiente esta dieta final a pesar de la amplia diferencia entre la pareja de piensos. Los cerdos a los que se ofrecieron las parejas de dietas con las dos menores y las dos mayores concentraciones de proteína bruta no pudieron, por supuesto, conseguir el equilibrio preferido, no era factible la solución óptima. La Tabla 5.2 demuestra también que la elección voluntaria realizada por los cerdos fue realmente óptima, alcanzando tasas de ganancia diaria bastante superiores a las logradas con la mejor dieta única en la primera parte del experimento. Este experimento demostró asimismo que los cerdos seleccionan para reducir el nivel de proteína de la dieta que eligen según van creciendo. Esto resulta consecuente con los cambios esperados en el equilibrio de la demanda de nutrientes. El contenido en proteína bruta de la dieta final seleccionada voluntariamente al disponer de parejas de piensos con unos contenidos en proteína bruta suficientemente distintos descendió suavemente desde 230 gramos de PB/kg al comienzo, hasta 210 mediado el experimento, y 190 gramos de PB al final del mismo. El Dr. Kyriazakis y su grupo en Edimburgo han demostrado de nuevo este último fenómeno con cerdos más viejos a los que se ofreció para

Tabla 5.1 Influencia del contenido de la dieta en proteína bruta sobre la ganancia diaria de peso vivo de cerdos que reciben una dieta única (según Kyriazakis y col. (1990) *Animal Production* **51**:189).

	Contenido en proteína bruta de la dieta (g/kg)			
	125	171	217	265
Tasa de crecimiento (g/día)	492	627	743	693

Tabla 5.2 Ganancia diaria de peso vivo de cerdos que reciben a elección dos dietas con diferente contenido de proteína bruta (según Kyriazakis y col. (1990) *Animal Production* **51**:189)

Contenido en proteína bruta de las dos dietas (g/kg)	*Contenido en proteína bruta de la dieta final elegida (g/kg)*	*Ganancia de peso vivo (g, 15-30 kg)*
125 y 171	160	682
125 y 217	208	752
125 y 265	204	768
171 y 217	202	769
171 y 265	205	763
217 y 265	218	764

consumo a voluntad una pareja de piensos con 1.119 y 222 gramos de PB/kg mientras crecían desde 45 hasta 105 kg de peso vivo. Se alcanzaron ganancias superiores a 1 kg diario, la dieta seleccionada a voluntad comenzó con 195 gramos de PB/kg y posteriormente disminuyó suavemente según pasaba el tiempo a 170 gramos de PB/kg cuando los cerdos pesaban 60 kg y a 155 gramos de PB/kg hacia el final del experimento.

Comportamiento asociado con la reproducción

Apareamiento

El éxito del apareamiento requiere que la hembra mantenga la posición típica del celo y que sea receptiva a las atenciones del macho. En esta condición la hembra aceptará voluntariamente unos hechos que de otra manera provocarían una respuesta agresiva o de aversión.

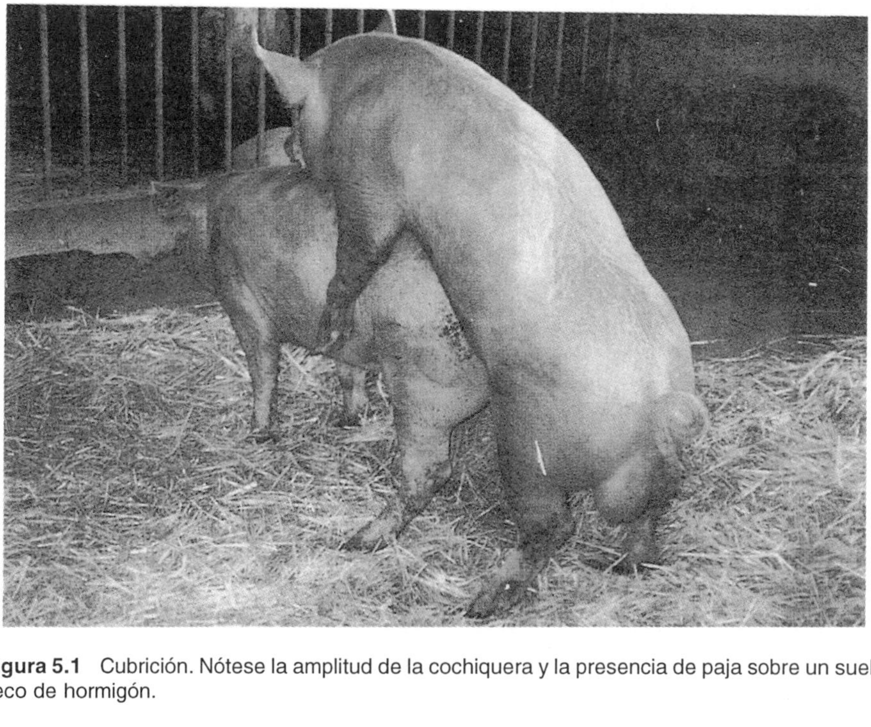

Figura 5.1 Cubrición. Nótese la amplitud de la cochiquera y la presencia de paja sobre un suelo seco de hormigón.

Generalmente, la hembra que inicia el celo buscará (por el olfato, oído y vista) y se acercará al macho para mantener contacto cabeza con cabeza. La vocalización, los movimientos masticatorios y la emisión de espuma por la boca resultarán evidentes en ambas partes, aunque de forma especial en el macho. La hembra puede empujar al macho. En respuesta, el macho puede golpear y empujar vigorosamente a la hembra e investigar los genitales con su hocico, mientras que la hembra se mantiene relativamente inmóvil. Una vez completados estos aspectos del cortejo (que, si la cerda se encuentra en celo intenso, pueden durar 1-5 minutos), el verraco montará a la cerda (Figura 5.1).

Es probable que sea necesario más de un intento, con frecuencia acompañado de salida (infructuosa) del pene y empuje pélvico. La penetración se consigue cuando se alcanza la posición correcta. La copulación se realiza en forma de ondas de empuje seguidas por periodos de quietud relativa. La introducción del semen suele ir acompañada con movimientos de empuje especialmente intensos. La acción más intensa se asocia con la inserción final del glande espiral en los pliegues de la cérvix y con la eyaculación. Esta parte de la cubrición puede durar entre 2 y 10 minutos, y su duración es sumamente variable. La hembra puede moverse algo alrededor durante la monta. En circunstancias naturales, el verraco puede realizar la cubrición tres o cuatro veces al día durante el periodo en el que la cerda mantiene la posición de celo, cada cubrición va seguida de un periodo refractario.

Para alcanzar tasas óptimas de concepción y de fertilidad se precisa lo siguiente:

1 El cortejo es una parte necesaria de la fertilización.
2 Las hembras que inician el estro deberán ver, oler y oir al macho, y poder moverse libremente para establecer contacto físico hocico con hocico (normalmente a través de los espacios entre las barras de una cochiquera), ver Figura 5.2(a) y (b).
3 Los locales destinados a la cubrición dispondrán de espacio suficiente para permitir (i) empujar ligeramente e investigar, (ii) la posibilidad de que la hembra escape de las atenciones del verraco si su celo no es completo, (iii) monta y cubrición efectivas. Estas tres actividades precisan una superficie mínima de 10 m^2, y preferiblemente más (Figura 5.1).
4 El suelo del local destinado al apareamiento estará limpio y seco para proporcionar una buena sujeción y también puede ser útil la colocación de cama (Figura 5.1).
5 La posición típica del celo se identifica mejor mediante la presencia de un verraco.
6 Se prestará atención a que se realice la introducción correcta.
7 La cubrición no será acelerada ni interrumpida en ningún momento.
8 Al desmontar tras un coito con éxito, el verraco será separado suavemente de la cerda antes de que ésta sea llevada a su alojamiento independiente.
9 Disponiendo de espacio suficiente, no hay razón para que un verraco no se mueva libremente con un grupo de cerdas, siempre que no sea usado en exceso. La evidencia de que una hembra ha sido cubierta resulta aparente mediante abrasiones rojizas y magulladuras tras las espaldas de la hembra resultantes de la actividad de las extremidades anteriores del verraco.

Figura 5.2 **(a)** Cochiqueras con cerdas destetadas en espera de que presenten celo y sean cubiertas. Nótese que las cochiqueras para cerdas alternan con otras para verracos, y solamente aparecen separadas por barras. **(b)** Un verraco investiga desde su cochiquera la posibilidad de que una cerda jóven alojada en la cochiquera adjunta muestre celo y se encuentre preparada para ser cubierta.

Parto

La elección del lugar del parto no necesita ser inmediata. Las cerdas asilvestradas (animales domésticos que viven como salvajes) lo prepararán frecuentemente en los márgenes de un bosque, construyendo un nido con ramas, retoños, brotes recientes y cortezas de árboles aunque recubiertos con hierbas y juncos que transportan en grandes bocados y con gran entusiasmo durante el periodo previo al parto. El nido constará de una pared de material construida removiendo el terreno con el hocico y es probable que sea asimétrico. Los cerdos, por supuesto, construyen nidos para descansar en su vida normal con idénticos medios. Disponiendo de una zona de matorrales, junto con algún tipo de protección, las cerdas limpiarán el suelo de materia vegetal que pueda ser comida, masticada y eliminada, o incorporada al nido (o refugio) tras cierto grado de masticación o de manipulación con la boca. Las cerdas agrupadas en corrales abiertos con el suelo cubierto de paja formarán nidos y yacerán juntas formando subgrupos. La construcción del nido puede tardar cierto tiempo, transportando la paja que posteriormente es manipulada y masticada. La ubicación del nido, una vez elegida, puede durar bastante tiempo. La necesidad de yacer en común se extiende desde los cerditos muy jóvenes, inmediatamente después de nacer, a todas las clases de cerdos según crecen, e incluye cerdas y verracos adultos. Tan sólo cuando es inmediato el parto buscará la cerda aislarse de los restantes miembros del grupo.

La hembra próxima a parir inicia la construcción del nido unas 24 horas antes del parto, hecho que se asocia con una intensa actividad de mandíbulas y hocico. Se mueve con frecuencia de una sitio a otro, normalmente con la finalidad especí-

Figura 5.3 Una jaula para parto que mantiene recluida a la cerda antes y durante el parto, y en toda la lactación.

fica de buscar y transportar materiales para construir el nido. Antes del parto se ha observado que cerdas asilvestradas recorren 100 y 200 metros en hora y media aproximadamente, yendo adelante y atrás con materiales para el nido. Parte de esta actividad frenética puede proseguir durante el parto, generalmente dentro de los confines de la superficie del nido. Los sistemas modernos de explotación pueden impedir la actividad de la construcción del nido al mantener confinada a la cerda que va a parir en una jaula para partos (Figura 5.3). Sin embargo, esto evita también que la cerda gire y se mueva durante el parto, hecho que puede provocar el aplastamiento de los recién nacidos bajo sus pezuñas. La disposición transversal del nido no parece influir adversamente en el proceso del propio parto. Puede lograrse una cierta mejora en la posición transversa del nido colocando paja junto a la cabeza de la cerda confinada, hecho que al menos le permite manipular con la boca material para la construcción del nido, y realizar movimientos con las extremidades anteriores para dirigir este material hacia su parte posterior. Se discute sobre la conveniencia de permitir a las cerdas ir y venir libremente, y girar, en el lugar del parto. Aunque algunos autores presentan pruebas experimentales en condiciones controladas con escasa mortalidad de cerditos «manteniendo los partos en corrales», otros señalan una mortalidad del 20% o superior asociada con diseños de alojamientos abiertos, y la progresiva reducción de la mortalidad perinatal al aislar con barras las cochiqueras para partos, y con la posterior introducción de la jaula para partos; los beneficiarios de la jaula para partos no son las cerdas que paren sino los cerditos recién nacidos.

Durante el parto la cerda mostrará periodos de pasividad cuando aprecia que sus posibilidades de actividad son aparentemente escasas. Esta situación semicomatosa se intercala con periodos de actividad, cuando la cerda se muestra inquieta y puede levantarse e intentar girar. No presta atención a la parte de la camada que haya podido nacer, ni ayuda en su limpieza y secado. Cuando se tumba la cerda, lo hace generalmente sobre un costado, mostrando la ubre para el acceso frecuente de los cerditos recién nacidos que mamarán para obtener los beneficios del calostro tan pronto como les sea posible después de nacer. Mientras tanto, las contracciones musculares abdominales y uterinas expulsan fetos, con ligero traumatismo, generalmente un feto por cada contracción muscular intensa, algunas veces con movimientos vigorosos de la cola, y durante un perido de 2-3 horas, con un tiempo variable entre cada dos nacimientos (generalmente sobre unos 15-20 minutos). Durante el parto expulsan algo de material de la placenta, aunque la mayor parte se elimina al final o cerca del final del parto. El cordón umbilical puede romperse al nacer o por la lucha de los cerditos para desplazarse hacia las extremidades posteriores de la cerda y alcanzar las glándulas mamarias. Los cerditos se levantan, y se mueven activamente, sin ayuda, en el minuto siguiente a su nacimiento.

En el curso natural del parto la cerda intentará ingerir la placenta y los cerditos nacidos muertos. Es raro el canibalismo de cerditos nacidos vivos.

El comportamiento de la búsqueda de los pezones es facilitado poco por la madre. Los movimientos de las extremidades anteriores y posteriores, que han sido interpretados como medio para guiar a los cerditos en su búsqueda de las mamas, suelen ser contraproducentes y provocan más alteración que ayuda.

Durante las pocas primeras horas posteriores al parto, los cerditos disponen continuamente de leche en la ubre, y en este momento comienza a establecerse una distribución de los pezones. Durante las 5-10 horas siguientes al parto, los cerditos maman aproximadamente cada media hora, y transcurrido su primer día de vida lo hacen cada hora. La frecuencia horaria se mantiene hasta los 35 días aproximadamente, progresivamente maman con menor frecuencia.

Crianza y lactación

Resulta célebre el establecimiento de la distribución de los pezones entre los cerditos. Consiste en que cada cerdito muestra su preferencia por un determinado pezón, y por el deseo de los cerditos en pelear por la posesión de su pezón, con muchos chillidos y mordiscos. Si cada vez que mama una camada de 10-12 cerditos se repitiese la pelea por la mama que debe de ocupar cada cerdito, el proceso resultaría claramente ineficaz. La distribución de los pezones representa, por consiguiente, el medio por el que los miembros de la camada llegan a un acuerdo general durante los 2 primeros días de vida aproximadamente sobre el pezón que corresponderá a cada uno. La distribución de los pezones suele quedar establecida a los 3 días del parto. Suelen producirse disputas por los pezones situados en la mitad de la mama, donde es más fácil que se produzcan errores de reparto. También se produce confusión cuando la cerda se tumba sobre el costado distinto al que yace normalmente, ya que los cerditos han de adaptarse a un cambio en su posición vertical para mantener su pezón preferido. Se cree que las mamas anteriores son las más apreciadas, y que son ganadas por los cerditos mayores, aunque las pruebas en favor de esta creencia son débiles. Los cerditos que son adoptados por cerdas que han parido 1-2 días antes tendrán pocos problemas para descubrir/ganar un lugar en la ubre, aunque posteriormente se presentarán problemas ya que aquellas mamas que no han sido succionadas con regularidad comenzarán a secarse, y el intruso ocasionará una alteración grave en el orden establecido.

La acción de mamar puede ser iniciada por la cerda, o más frecuentemente por los cerditos. Con anterioridad, es probable que una o ambas partes descansen o duerman. Transcurrido un lapso de tiempo de 1 hora aproximadamente desde la toma anterior, la cerda puede ser despertada de su sueño por uno o dos miembros de la camada que se han despertado antes. Si la cerda desea que mamen, girará sobre su costado y expondrá ambas filas de pezones. Para la alimentación eficaz y equitativa de la camada completa, se precisa una coordinación entre el comportamiento de la cerda y de los cerditos para asegurar la presencia de todos sus miembros, bien situados y preparados para recibir antes de

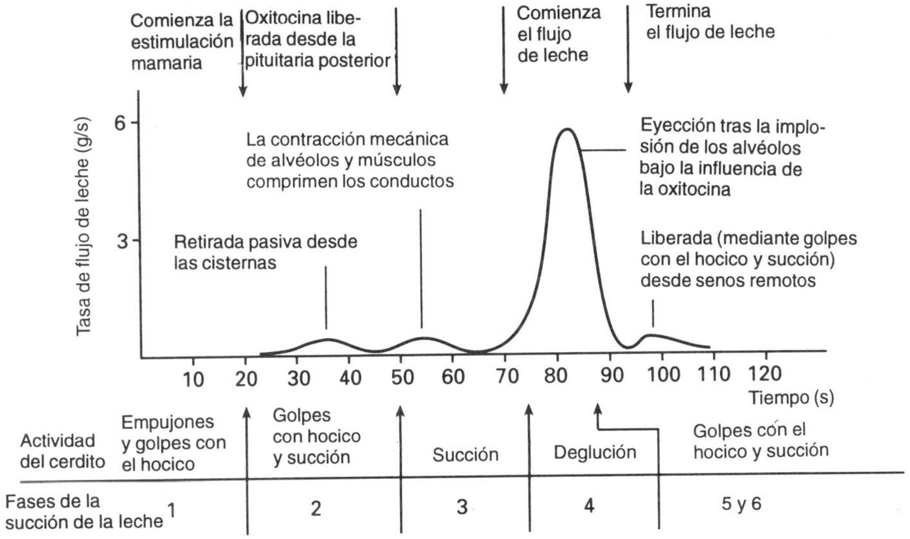

Figura 5.4 Pauta seguida por el flujo de leche desde las mamas de una cerda. Producción total aproximada de 600 kg.

que la cerda permita el flujo de leche desde sus glándulas mamarias hacia los lechones. La Figura 5.4 muestra la pauta del flujo de la leche desde las mamas de una cerda. En la fase 1 de la lactación los cerditos se abren paso empujando para situarse sobre la mama con el fin de identificar y retener su propio pezón preferido. Esta fase puede durar 20-60 segundos, o más si se producen peleas. La fase 2 se caracteriza por el olfateo y los golpes sobre las mamas con vigorosos movimientos de la cabeza hacia arriba y abajo, y dura unos 30-40 segundos. La fase 2 no comenzará hasta que se hayan resuelto las disputas entre los cerditos en la ubre, y hayan finalizado todas las peleas y chillidos. Esta fase estimula la liberación de oxitocina, y los cerditos pueden obtener un poco de leche mediante su retirada pasiva desde la cisterna. Posteriormente puede observarse que los cerditos permanecen tranquilos unos 20 segundos durante la fase 3, succionando sobre el pezón con lentos movimientos de la boca, efectuando cada segundo un «tirón» amplio del pezón. El flujo de la leche (fase 4) dura unos 10-20 segundos, y puede reconocerse por los rápidos movimientos de la boca de los cerditos (unos tres por segundo) de menor amplitud mientras estiran sus cuellos, aplastan las orejas e ingieren 40-80 ml de leche. Posteriormente, puede apreciarse un corto periodo de amamantado tranquilo, como en la fase 3, aunque interrumpido con frecuencia por una succión ruidosa y «chasquidos» con los labios (fase 5). En la fase final (fase 6) vuelven a golpear vigorosamente las mamas. Esta fase suele terminar al girar la cerda sobre su costado y esconder sus pezones. Las seis fases de la lactación aparecen en la Figura 5.5 (i)-(vi).

Durante este periodo la propia cerda ha estado gruñendo con una vocalización rítmica característica al emitir aproximadamente un gruñido por segundo. Al comenzar la fase 3 de la lactación, la frecuencia de los gruñidos aumenta intensa-

Figura 5.5 Las seis fases de la acción de mamar; **(i)** empujando para situarse.

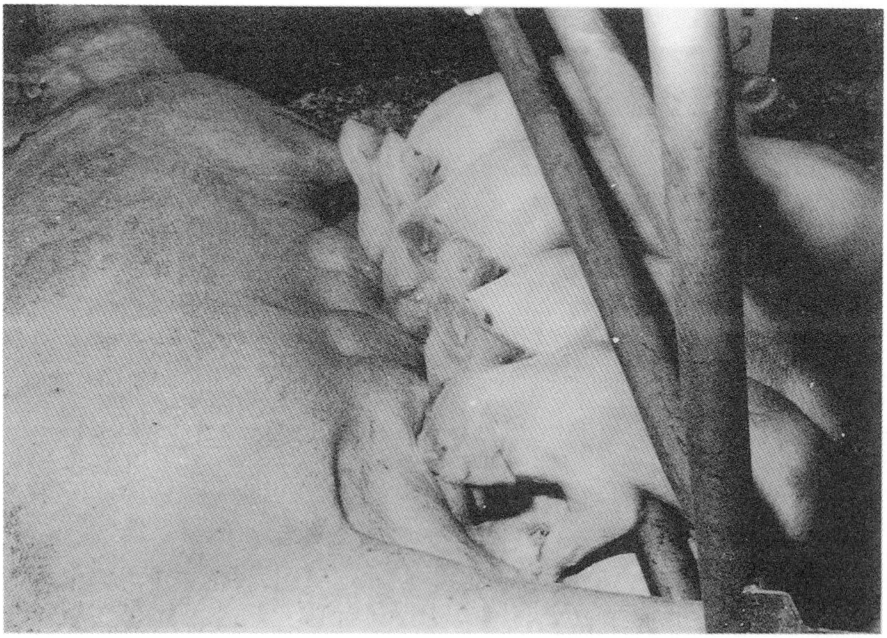

Figura 5.5 (ii) Masaje de las mamas.

Figura 5.5 (iii) Mamando tranquilamente.

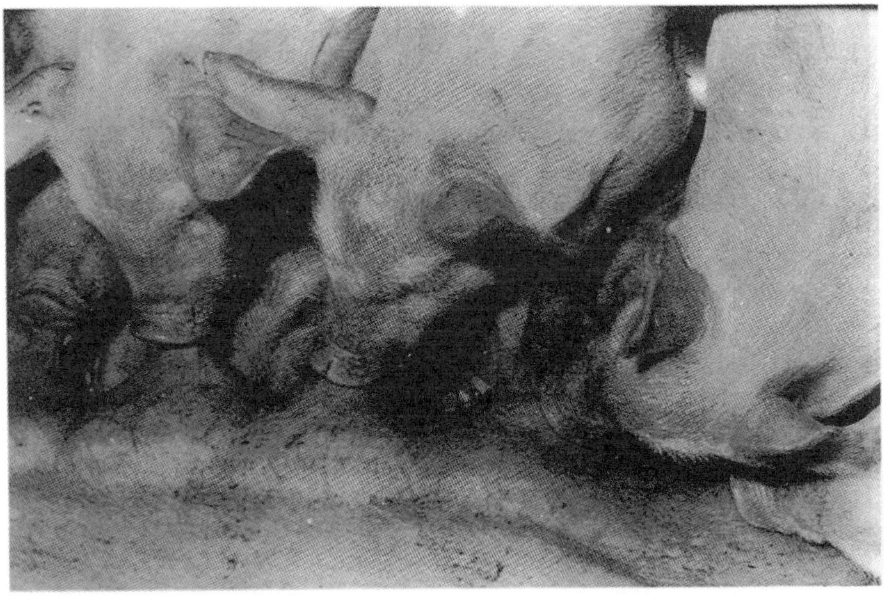

Figura 5.5 (iv) Flujo de la leche.

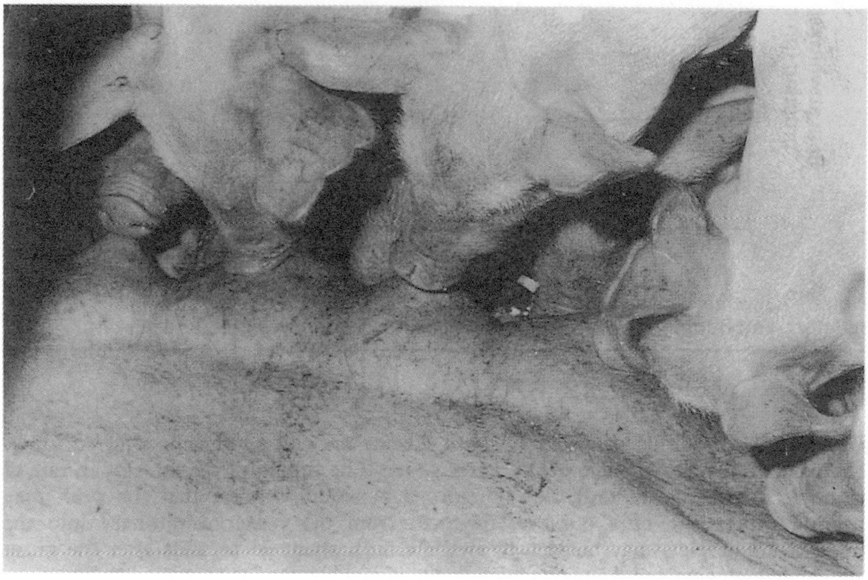

Figura 5.5 (v) Mamando tranquilamente.

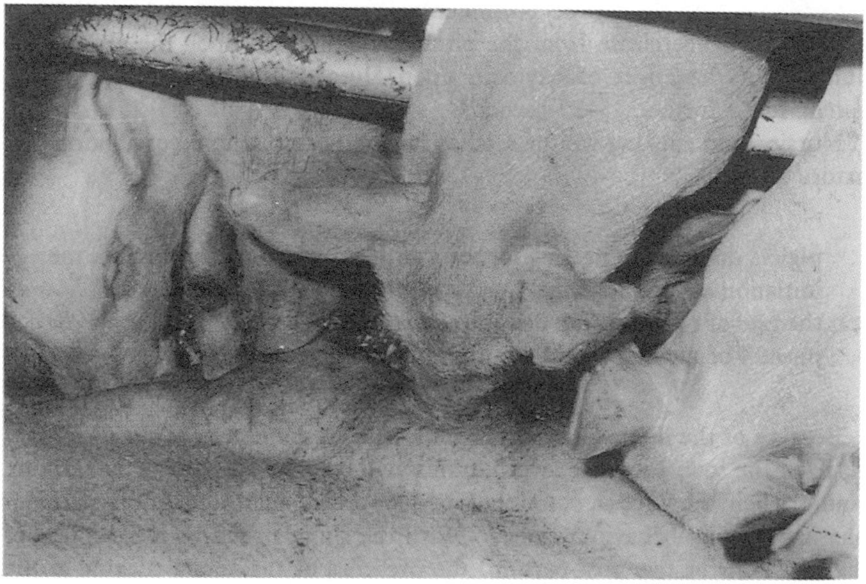

Figura 5.5 (vi) Masaje final.

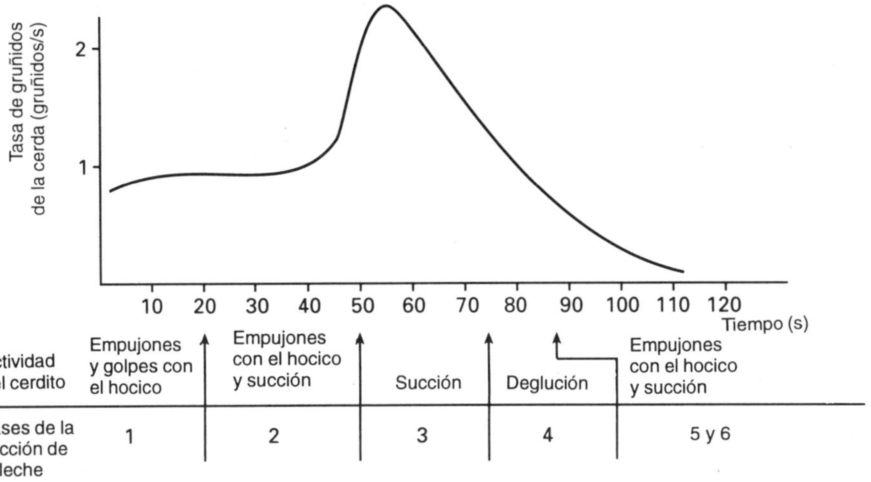

Figura 5.6 Gruñido rítmico de las cerdas durante el curso de un turno de amamantado. La línea continua muestra un solo máximo en la tasa de gruñido. La sincronización del aumento del gruñido y el flujo de leche (Figura 5.4) sugiere que el máximo del gruñido puede indicar la liberación de una oleada de oxitocina desde la pituitaria posterior hacia la corriente sanguínea. Puede apreciarse que los cerditos ingieren leche unos 25 segundos después de que se inicia el incremento en la tasa de gruñido.

mente pasando a unos dos gruñidos por segundo, y posteriormente mantiene un gruñido por segundo durante la fase 4; y finalmente la cerda dejará de gruñir en algún momento durante la fase 5 (Figura 5.6). Algunas veces pueden oirse dos máximos en la frecuencia de los gruñidos, el segundo se produce aproximadamente en el inicio de la fase 4. Se ha observado que no en todas las sesiones de amamantado que ofrece la cerda se producirá necesariamente la liberación de leche. Estas lactaciones infructuosas se caracterizan por la ausencia de la fase 4, y porque la cerda no aumenta de forma apreciable la frecuencia de sus gruñidos. Por el momento y las características de la pauta de vocalización de la cerda, parece ser que el incremento en la frecuencia de los gruñidos constituye un indicador externo fácil de apreciar de la liberación de oxitocina desde la pituitaria posterior. Puede suponerse que desde que la pituitaria libera oxitocina hasta que ésta actúa sobre la glándula transcurre un periodo de tiempo de unos 20 segundos. El efecto de la oxitocina sobre la contracción alveolar parece ser claro durante 15-20 segundos.

La lactación se interrumpirá o será anormal si:

1 los cerditos no dejan de empujarse por los pezones en un plazo razonable de tiempo desde la iniciación del proceso de amamantado;
2 no aumenta la frecuencia de los gruñidos de la cerda;
3 no resulta evidente la fase 4 de la lactación (movimiento rápido de la boca).

Debido a la cantidad limitada de leche que se almacena en la cisterna de la glándula mamaria de la cerda, al mamar los lechones solamente recibirán niveles apropiados de leche cuando se encuentren situados correctamente en los pezones, aumente la frecuencia de los gruñidos y se manifieste el comportamiento de ingestión de leche propio de la fase 4. Con la singular y breve excepción de la primera hora o dos primeras horas tras el parto, la presencia de los lechones en las mamas no constituye una indicación positiva segura de que reciban alimento.

Comportamiento competitivo y agresivo

Los cerdos viven normalmente en grupos familiares. La competencia entre ellos se limita en la mayoría de los casos a disputas entre hermanos durante las primeras semanas de vida, y agresiones a componentes de otras familias cuando se produce un encuentro, especialmente si además existe competencia por pienso o espacio. También existe el comportamiento fiero y agresivo entre machos competitivos. En general, sin embargo, el grupo familiar no supone una amenaza, sino más bien un ambiente local y cálido para que los cerdos viven en el mismo. Esto es consecuencia del establecimiento de un orden social jerárquico (dominancia) entre los hermanos, entre cerdos menos emparentados, entre hembras reproductoras y también entre machos. Este orden jerárquico puede necesitar ser reafirmado, o realmente modificado, mediante actos ocasionales de agresión, aunque en el curso normal de los hechos las amenazas vocales y posturales, con alguna actuación física ocasional, suelen ser suficientes para mantener una estructura social ordenada entre los cerdos que viven en grupos. Una vez establecido el orden de dominancia, y mientras los grupos no sean desestabilizados por la incorporación de cerdos extraños de forma que deba establecerse un orden nuevo, la gran mayoría de los actos de agresión entre los cerdos tienen lugar en el momento de la distribución del pienso, o en otros momentos cuando se produce una competencia real por un recurso escaso, tal como paja recién colocada.

Esta situación relativamente armoniosa no se mantiene en muchas explotaciones de cerdos domésticos. En los sistemas modernos de producción porcina las agresiones son consecuencia de:

- Carencia de espacio suficiente para responder con sumisión a una amenaza, y para evitar cualquier acción y movimiento hacia adelante. Una situación que de otra manera hubiese sido zanjada impone la necesidad de defenderse y pelear.
- La competencia por el pienso que origina una situación de reforma constante del orden jerárquico como resultado del hambre y de la falta de deseo de los animales situados en el escalón inferior de acomodarse con facilidad a su posición más baja cuando al actuar así no consiguen comer.
- Alteración frecuente de las jerarquías sociales ocasionada por la mezcla de cerdos de distintos grupos sociales. Esto sucede en el destete, con frecuencia de nuevo en una o dos ocasiones durante el crecimiento, o al enviarlos para el sacrificio y en las cochiqueras del matadero. Las cerdas adultas mantenidas en grupos son mezcladas en estructuras sociales alteradas al menos una vez en cada parto mientras esperan ser fecundadas o permanecen gestantes.

Las amenazas suelen consistir en vocalizaciones, o movimientos de la cabeza, y pueden ir seguidas de empujones en la cabeza o espalda, aunque las posiciones corporales inferiores o la simple presencia física de un cerdo dominante puede provocar la necesaria reacción de evitación por parte de los cerdos sumisos de rango inferior. La mayoría de las peleas entre los cerdos se producen con la boca abierta y los dientes desnudos. Los movimientos de empuje hacia arriba y los mordiscos provocan contusiones, erosiones y heridas alargadas, principalmente en flancos, espaldas y cara. Un cerdo puede cargar contra otro, generalmente hacia la cabeza (si la cabeza la tiene delante) o el flanco y el vientre. Los hematomas y golpes con el hocico son frecuentes, especialmente en la parte inferior del vientre y entre las extremidades posteriores.

Las consecuencias de las peleas entre los cerdos son graves. Las heridas en la cara de los cerditos lactantes como resultado de peleas en la ubre pueden facilitar la penetración de bacterias y el desarrollo de dermatitis exudativa. Las agresiones entre cerdos recién destetados que se mezclan en grupos familiares rotos pueden reducir el crecimiento de todos los cerdos de una cochiquera durante un periodo de hasta 2 semanas mientras se establece el nuevo orden social. Si cerdos con igual fortaleza y dominancia se encuentran de forma repetida, los animales pueden lesionarse gravemente. Los cerdos desplazados hacia escalones sociales inferiores por peleas pueden, posteriormente, tener una alimentación peor, al impedirles tener acceso total a los comederos y dejan de medrar. Estos cerdos no solamente son ineficaces en su crecimiento, sino que además constituyen un objetivo débil para los microorganismos patógenos y, en consecuencia, son una amenaza para la totalidad del grupo.

Como muchas agresiones se inician por una competitividad para comer, y sus consecuencias suelen ser más graves cuando se presentan en términos de descenso en el consumo de pienso, resulta esencial que todos los cerdos dispongan de espacio suficiente en los comederos de forma que puedan comer con la frecuencia que deseen mediante sistemas de tolvas para consumo *a voluntad*. Si se distribuye harina, la longitud del comedero debe ser suficiente para que todos los cerdos coman al mismo tiempo y evitar interacciones agresivas mientras lo hacen. Esto supone asignar un espacio de comedero por cerdo que sea superior a la anchura entre sus espaldas. El doble de la anchura entre las espaldas constituye una asignación óptima de espacio de comedero por cerdo si se distribuye pienso a un grupo competitivo de cerdos que han de comer en el mismo comedero y para que los cerdos situados en la escala social más baja reciban la totalidad de su parte proporcional de pienso. Las separaciones también suponen una ayuda considerable, incluso tan solo entre las cabezas de los cerdos.

Las cerdas adultas pueden pelear vigorosamente cuando se introducen en grupos sociales nuevos como puede suceder con frecuencia tras el destete al agrupar las cerdas. Como estas peleas suelen producirse en la proximidad del momento del estro, y durante las 3 primeras semanas de la gestación siguiente, las pérdidas de embriones pueden ocasionar una reducción en el tamaño de la camada. Con frecuencia se formarán grupos de cerdas con un animal dominante que come con gula y puede aparecer grande y engrasado. También es probable la existencia de uno o dos animales sumisos que evitan activamente las situaciones de peleas durante las comidas y, además de padecer heridas y erosiones, pueden aparecer sumamente delgados. Este comportamiento inaceptable en cerdas alojadas en grupos puede mejorarse mediante la alimentación individual. La distribución de pienso granulado entre la cama, o sobre el suelo en montones, separados por cierta distancia, resulta útil para que todas las cerdas tengan igualdad de acceso al pienso, y suele procederse así en patios grandes con paja o en explotaciones porcinas al aire libre. En cochiqueras menores, sin embargo, resulta necesario alimentar a cada miembro del grupo de forma individual. Esto se realiza mejor con una jaula individual en la que puede encerrarse a cada cerdo y protegerlo de los restantes mientras se distribuye el pienso (Figura 5.7). Existen también sistemas electrónicos para la distribución del pienso (Figura 5.8) en los que la estación de alimentación es accesible de forma continua para los cerdos que son portadores de tarjetas de identificación electrónica. Un compartimento es apropiado para 15-20 cerdas, aunque suele ser usado para el doble de este número. La alimentación de las cerdas *a voluntad* durante la gestación es infrecuente, ya que es probable que el consumo supere considerablemente tanto las necesidades como una asignación considerada como económica. En cualquier caso, no debe presuponerse que la existencia de una tolva de pienso para consumo *a voluntad* asegurará el libre acceso de todos los cerdos de un grupo. Los animales dominantes pueden custodiar perfectamente la tolva de pienso e impedir el acceso a los cerdos situados en la escala social inferior. Esto puede suceder así mismo con las estaciones de distribución electrónica de pienso.

Las mordeduras en cola y orejas entre cerdos en crecimiento no serán consideradas propiamente como comportamiento agresivo o competitivo; este fenómeno es anormal, y constituye una aberración del comportamiento. Un cerdo puede morder la cola o la oreja de otro, que primero aparecerá contusionada y posteriormente sangrará. El cerdo afectado se mostrará con frecuencia pasivo ante estas acciones. La hemorragia puede atraer posteriormente más ataques durante las siguientes horas o días. En este momento se habrán perdido cantidades importantes de tejido y la hemorragia será copiosa. El cerdo mordido perderá carnes con rapidez y aparecerá molesto. Puede producirse un brote más generalizado. Para controlar este problema resulta necesaria la observación frecuente de los cerdos en crecimiento. El cerdo atacado y el cerdo atacante serán retirados de la cochiquera al apreciarse el primer síntoma de alteración, y se alojarán aislados en compartimentos individuales. Actualmente puede decirse con seguridad que, aunque algunas estirpes de cerdos podrían ser más propensas que otras a morder colas y orejas, la causa de este problema es ambiental y de manejo. Los factores predisponentes son:

- asignación incorrecta de espacio;
- control inadecuado de la temperatura;
- deficiencias en el movimiento del aire;
- dieta con un contenido inadecuado de nutrientes;
- distribuir cantidades incorrectas de pienso;
- piensos poco sabrosos;
- falta de espacio en los comederos y difícil acceso al pienso;
- suministro inadecuado de agua.

El Dr. Peter English de la Universidad de Aberdeen señala la existencia de una interacción entre la importancia del rango social en situaciones de agresión o de competitividad y los estándares generales de manejo en la unidad de producción. Así, los cerdos situados en un rango social bajo, que se someten a sus compañeros de cochiquera que son agresivos en situaciones de competencia,

Figura 5.7 Medios para la alimentación individual de cerdas alojadas por grupos.

Figura 5.8 Estación de alimentación electrónica continuada para cerdas agrupadas en corrales con paja.

sufrirán mucho en circunstancias en las que, por ejemplo, existe un espacio vital limitado o es limitado el espacio en los comederos. Este concepto resulta un componente vital para un buen manejo y un bienestar adecuado.

Locomoción, ingestión y eliminación

Las ideas de que los cerdos (i) pasan la mayor parte del tiempo durmiendo, (ii) comen con avidez y (iii) tienen hábitos sucios son errores que (al menos en parte) proceden de los sistemas modernos de explotación.

En el ambiente seminatural del Parque Porcino de Edimburgo, los cerdos domésticos se mantuvieron en grupos formados por unos seis animales adultos, junto con su joven descendencia, en superficies de 1,2 ha. Recibieron el nivel adecuado de alimento para un ambiente protegido y, en consecuencia, es probable que haya resultado algo inadecuado para aportar todas las necesidades dietéticas en el ambiente seminatural. Durante el día, los cerdos pasaron la mitad de su tiempo pastando y removiendo el suelo con el hocico, y una tercera parte del mismo caminando, y generalmente manipulando, trabajando e interactuando físicamente con su medio (Tabla 5.3); solamente permanecieron tumbados el 6% del tiempo. Los machos dedicaron el 4% de su tiempo en comportamiento agonista; los adultos jóvenes dedicaron algo más (6%), y las cerdas mucho menos (1%).

En el sistema de cochiqueras familiares de producción porcina de Edimburgo, cuatro cerdas y sus camadas tuvieron acceso a zonas de defecación, superficies para remover con el hocico (turba), áreas de actividad (paja) y zonas para formar nidos (paja). Los cerdos en crecimiento –que fueron alojados junto con los adultos– fueron alimentados *a voluntad,* mientras que las cerdas se alimentaron de forma individual para asegurar que cada una disponía de la totalidad del pienso que se le asignaba. El espacio total disponible para unos cuatro o cinco adultos y 40 cerdos jóvenes (hasta finalizar su cebo) era abundante, 110 m^2. Aunque podían recorrer una superficie mayor, los cerdos pasaron más de 75% de su tiempo en la zona del nido, apareciendo en la zona de actividad durante tan sólo el 10% de su tiempo; del tiempo restante pasaron más en la zona de alimentación que en la destinada a remover el suelo con el hocico. Los cerdos dedicaron más del 50%

Tabla 5.3 Actividades diarias comparativas de cerdos en sistemas de producción extensivos, semiintensivos e intensivos (porcentaje del total de horas de luz/día).

	Parque porcino	*Cochiquera familiar*	*Cerda con collar/ compartimentos*
Comiendo y hozando	50	15	2
Moviéndose e interactuando físicamente con el ambiente	30	25	–
Tumbados	6	60	76
En pie	–	–	22

del día a dormir, otro 25% en actividades generales, el 5% en comer y el 10% de su tiempo en remover el suelo con el hocico (principalmente en la zona del nido). La Tabla 5.3 muestra claramente la intensa reducción en actividades de forrajeo (del 50 al 15%) y el notable incremento del tiempo destinado a permanecer tumbados (del 6 al 60%) en comparación con el Parque Porcino de Edimburgo.

En cochiqueras o amarradas, las cerdas gestantes pasarán en pie de una quinta a una cuarta parte aproximadamente de las horas con luz solar y unas tres cuartas partes tumbadas. A comer solamente dedicarán 10-15 minutos al día (ver Tabla 5.3). Parte del tiempo en que permanecen en pie lo dedicarán a actividades repetitivas como morder una barra o masticar una cadena. Parece existir una relación inversa en las cerdas entre la incidencia de dichas actividades repetitivas y tiempo dedicado a permanecer tumbadas. No resulta soprendente que permanezcan en pie antes, durante y después de comer y de beber, y mientras se dirigen hacia otras actividades (cubrición y relaciones con el hombre).

Locomoción

Según se ha indicado, los cerdos asilvestrados dedican una cantidad importante de tiempo a realizar actividades y moverse en una zona amplia (más de las tres cuartas partes de las horas de luz solar), (Tabla 5.3). Buena parte de este movimiento se asocia con el forrajeo. Los cerdos exploran también territorios nuevos con rapidez en zonas extensas. Vagabundean, caminan decididamente, trotan distancias importantes (centenares de metros) y corretean (decenas de metros). El movimiento muy rápido puede ir acompañado de gruñidos agudos y excitados y por gritos. A los cerditos jóvenes parece agradarles de forma especial el movimiento rápido, y saltarán con agilidad cuando se asustan. El comportamiento de persecución es una parte importante del juego y la agresión. Los cerdos sanos juegan con mayor frecuencia y vigor que los enfermos. Esta descripción general no se corresponde con la pauta seguida en los sistemas de producción intensiva donde existe poca necesidad de actividad locomotora; en realidad, poca oportunidad. Al impedir de forma indebida el movimiento pueden agravarse los problemas locomotores en las articulaciones y esto puede predisponer a la fustración. Sin embargo, cuando gozan de libertad para moverse libremente, aunque no existe necesidad para hacerlo, los cerdos pueden permanecer inactivos de forma voluntaria una buena proporción del día. Esto fue observado claramente en el sistema de producción porcina de Edimburgo en cochiqueras familiares (Tabla 5.3) donde, a pesar de disponer de grandes oportunidades para la actividad y el ejercicio, los cerdos permanecían tumbados el 60% aproximadamente de su tiempo. Los cerdos jóvenes bien alimentados cuando no comen o eliminan suelen dormir. La cerda lactante que puede disponer con facilidad de pienso en abundancia yacerá tranquilamente en el nido con sus cerditos. Resulta evidente que las cerdas mantenidas amarradas, en compartimentos o jaulas se ven privadas de realizar una actividad locomotora distinta de moverse desde y hacia la posición de tumbada, y de dar uno o dos pasos hacia adelante y hacia atrás. Dichas cerdas pasan la mayor parte del tiempo tumbadas, incluso en la cochiquera familiar. Sin embargo, la evidencia de que resulta necesario hacer algo distinto que dormir se obtiene por la cantidad de tiempo que permanecen en pie las cerdas amarradas o mantenidas en compartimentos (Tabla 5.3).

En los sistemas de producción intensiva, el traslado entre los edificios y el embarque puede suponer un motivo de estrés para los animales. El movimiento de los cerdos es preferible realizarlo a través de un pasillo estrecho con laterales sólidos y abierto en su parte superior (Figura 5.9). Se reducirán al mínimo los contrastes entre luz intensa y oscuridad. Los cerdos aceptan con facilidad caminar por una pendiente, aunque con una inclinación no superior a 15°.

Figura 5.9 Cerdos conducidos tranquilamente a través de un corredor con laterales sólidos.

Ingestión

Los cerdos asilvestrados dedicarán más del 50% del día a forrajear; esto tienden a realizarlo en grupos. El forrajeo supone hozar e ingerir gramíneas pratenses, árboles y arbustos pequeños y buscar otro tipo de alimentos como son semillas vegetales, frutas, bayas y hojas y brotes de árboles mayores. Ingieren corrientemente insectos y animales pequeños, como escarabajos, gusanos y larvas; los cerdos pueden matar también crías de animales mayores que no son suficientemente veloces para evitar su captura. Los cerdos comerán las canales de animales que han muerto, o que han sido matados por otros predadores. El cerdo es omnívoro y oportunista en sus hábitos alimenticios. Al disponer de una variedad tan amplia de oportunidades para alimentarse, no debe sorprender que resulte igualmente eficaz su intestino delgado como el grueso. El aparato digestivo «monogástrico» actúa en estómago e intestino delgado, que se encuentran bien preparados para digerir lípidos, azúcares, almidones y proteínas. La elevada eficacia del ciego y del intestino grueso actúa con la ayuda de una importante población bacteriana, que digiere nutrientes de los tejidos vegetales que no son polisacáridos del tipo almidón. Tampoco debe sorprender que el cerdo sea capaz de discriminar los distintos valores nutritivos de una amplia variedad de alimentos que le permite seleccionar su alimentación y equilibrar de forma automática su dieta. El cerdo encuentra satisfacción en la búsqueda de alimentos y se encuentra bien equipado para realizar esta función al tener bien desarrollados los sentidos del gusto y del olfato y disponer de un hocico sensible. El hocico del cerdo le permite hozar y remover cantidades importantes de material inerte en la búsqueda de alimentos. Muchos de los alimentos encontrados en la naturaleza requieren una manipulación y masticación importantes antes de ser deglutidos.

En consecuencia, el cerdo dispone de considerables medios tanto para alimentarse con forraje durante largos periodos de tiempo (y grandes distancias) como para manipular totalmente lo que encuentra entre sus mandíbulas. Esta situación natural puede contrastar con los sistemas modernos de producción en los que reciben las necesidades nutritivas de todo el día en un comedero y pueden ingerirlas en unos 20 minutos. Al encontrarse los alimentos ya troceados, es mínima la necesidad de su masticación. La competencia en el comedero establece una relación positiva entre la rapidez de consumo y el éxito individual en términos de crecimiento. También destaca el hecho de que cuantos menos cerdos se reúnan para comer, más rápidamente lo harán (parecerán ser más glotones). También difieren ampliamente los procesos digestivos entre los alimentos que pueden ser ingeridos en situaciones de vida salvaje (que son ricos en polisacáridos estructurales no del tipo almidón) y las mezclas a base de almidón/aceite/proteína densas en nutrientes que constituyen la mayor parte de una dieta compuesta en una explotación intensiva. Estas últimas dietas son digeridas en su mayor parte en el estómago e intestino delgado y rellenan un volumen mucho menor de intestino. Con frecuencia los piensos concentrados pueden no satisfacer el hambre aunque aportan todas las necesidades de nutrientes. El hambre provocará que los animales muestren una glotonería aparente cuando se aproxima la siguiente distribución de pienso. Resulta evidente que los extraordinarios medios para seleccionar alimentos entre posibles alternativas, para forrajear, y manipular con las mandíbulas alimentos y productos que no lo son, quedan totalmente sin satisfacer en los sistemas modernos de producción. No obstante, la necesidad de efectuar actividades relacionadas con la ingestión de alimentos parece estar influenciada por circunstancias ambientales individuales, y no debe suponerse que el tiempo destinado en condiciones de vida salvaje a la búsqueda de alimentos es necesariamente una imposición del comportamiento en circunstancias en las que se dispone con facilidad de abundante pienso. Cuando disponen de paja abundante para manipularla y de una zona para hozar, los cerdos solamente destinarán el 15% de su tiempo en actividades relacionadas con hozar y buscar alimentos. No obstante, esto supone mucho más que el 2% del tiempo destinado a comer por las cerdas mantenidas en compartimentos y amarradas, y los cerdos en ambientes que disponen de cama y de zonas para hozar destinarán una cuarta parte de su tiempo a moverse e interactuar físicamente con el ambiente, que en buena parte consistirá en actividades con el hocico y las mandíbulas.

Eliminación

Los cerdos resultan exigentes en sus pautas de eliminación. La defecación suelen realizarla en zonas seleccionadas de forma especial en la cochiquera, con frecuencia en rincones o a lo largo de paredes o de otras barreras. Las zonas para defecación en el Parque Porcino fueron elegidas y usadas con cuidado, siendo escasa o nula la eliminación de heces al azar en la zona. Solamente cuando se impide o confunde este comportamiento (limpio), los cerdos ensuciarán las zonas destinadas a tumbarse y defecarán sin tener en cuenta el lugar donde lo hacen. Con temperaturas elevadas los cerdos ensucian deliberadamente, tanto estabulados como al aire libre, cuando los cerdos desean revolcarse en heces y orina o (preferentemente) en lodo. Este comportamiento resulta totalmente lógico ya que el cerdo tiene una capacidad muy limitada para sudar y una predisposición al estrés térmico y al golpe de sol.

La elección de la zona destinada para tumbarse y para emitir heces y orina puede diferir entre el diseñador del alojamiento para los cerdos y los ocupantes. Esta diferencia de opinión provocará que los cerdos ensucien la cochiquera. Con densidades más bajas de animales, las «zonas para tumbarse» pueden ser usadas para eliminación. En el sistema de cochiqueras familiares las zonas de turba para hozar y las superficies con paja para cama se usaron frecuentemente para defecar y orinar, a pesar de disponer de zonas diseñadas específicamente para la eliminación. Esto puede ser consecuencia de que los cerdos no reconocieron la zona de defecación diseñada para ellos, o porque descubrieron que resultaban innecesarias las zonas para hozar y realizar actividades y, en consecuencia, las usaron para la eliminación. La frecuente incapacidad para ponerse totalmente de acuerdo los cerdos y el diseñador de las cochiqueras sobre la zona «correcta» para la defecación, mientras sigue siendo necesario evitar la acumulación de excrementos en las cochiqueras, ha determinado que sean diseñadas las cochiqueras con suelos de listones en su totalidad. Las heces caerán a través de los listones hacia la cámara de excrementos situada bajo la cochiquera en la que se ha producido la defecación. Por desgracia, aunque resuelve un problema, la cochiquera con suelo totalmente de listones constituye un ambiente no idóneo ya que no permite el empleo de materiales para cama. Resulta dudoso que dichas cochiqueras sean satisfactorias para el adecuado bienestar del cerdo.

Lesiones y mutilaciones

Las lesiones corporales pueden ser consecuencia de las peleas entre los cerdos en cualquier etapa de su vida. Las lesiones pueden ser particularmente graves en cerdos destetados y agrupados recientemente, y cuando se reagrupan cerdos en crecimiento y cerdas adultas; todo esto es consecuencia de la necesidad de volver a establecer un orden de dominancia y de la falta de sumisión de uno o dos agresores que se han juntado. De forma ocasional, la introducción de un solo animal en un grupo estable provocará un ataque múltiple con grave perjuicio para el animal intruso. Los dientes de los cerdos pueden provocar cortes y tajos, aunque los movimientos de la cabeza empujando y hozando originarán magulladuras intensas, lesiones en extremidades y alteraciones internas.

A continuación de las abrasiones por peleas, la lesión más común entre los cerdos en crecimiento es resultado de mordeduras en cola y orejas.

La tercera mutilación más frecuente la constituyen las lesiones en extremidades, que las padecen especialmente los cerdos en crecimiento alojados sobre suelos de listones en cochiqueras sin cama. En este caso, aunque la pérdida de piel y la lesión física en extremidades y articulaciones puede causar problemas locomotores, quizá tenga mayor importancia la elevada frecuencia de articulaciones inflamadas, la presencia de protuberancias y bultos alrededor de las extremidades y especialmente tumefacciones en rodillas y corvejones. El mismo tipo de suelos puede predisponer también a lesiones en la suela de la pezuña como consecuencia de abrasiones, infecciones entre los dedos, rotura y lesión de pezuñas, y un crecimiento desigual o aberrante de la pezuña. Cuando se produce una rotura de la piel, o lesión en una extrremidad, existe la probabilidad añadida de que penetren agentes infecciosos que provocarán una mayor inflamación local y, ocasionalmente, toxicidad sistémica y enfermedad. Las infecciones secundarias pueden penetrar a través de cualquier extremidad lesionada y causar una septicemia general.

También se descubren con frecuencia lesiones articulares en las extremidades y otros problemas locomotores en las cerdas como resultado de peleas cuando se mantienen alojadas en corrales con paja. No obstante, las lesiones más frecuentes en huesos, articulaciones, músculos y tendones aparecen en cerdas gestantes y lactantes estabuladas en compartimentos o amarradas al tener dificultades para tumbarse y levantarse y poder resbalar en superficies deslizantes. Las cerdas mantenidas en compartimentos o amarradas son así mismo propensas a padecer tumefacciones, abrasiones y otras lesiones en pezuñas, corvejones, rodillas y también en espaldas y muslos provocadas por los suelos de cemento y los listones. Además estas superficies suelen encontrarse sucias y constituyen una fuente de infecciones secundarias.

Las cerdas atadas pueden lesionarse con el ronzal, especialmente con los de tipo collar, aunque también con los que se colocan en forma de cincha. Los ronzales constituidos por barras metálicas y por cadenas, incluso cuando se protegen con una cubierta de plástico, pueden provocar roces, inflamación y cortes hasta la zona muscular, provocando una herida profunda. Solamente pueden reducirse las consecuencias de estas lesiones mediante una modificación importante de los sistemas de producción, y observando y vigilando de forma constante a los cerditos jóvenes y a las cerdas.

El hombre puede provocar al menos cuatro tipos de mutilaciones en el curso normal de las prácticas de manejo. Éstas son:

1 Los dientes afilados de los cerditos lactantes son cortados generalmente 1-2 días después del nacimiento al mismo tiempo que se les administra hierro. Los dientes de los cerditos son cortados para evitar (a) que se lesionen unos a otros al pelear por su posición en la ubre, (b) lesiones en los pezones de la cerda y (c) reducción del rendimiento lechero de la cerda. Se discute sobre la necesidad de esta práctica, y en muchos casos no se produce ni (a) ni (b) si los dientes de los cerditos se dejan sin cortar. No obstante, las consecuencias de cualquiera de estos hechos cuando los cerditos son mayores, y provocada la lesión resulta mucho más difícil el corte de los dientes, han determinado que la mayoría de los productores opte por el corte rutinario de los dientes. Las tijeras usadas estarán bien afiladas y los dientes serán cortados, no aplastados, a nivel de las encías.

2 En aquellas explotaciones donde la mordedura de la cola supone un problema, puede extirparse la cola, de nuevo dentro de los 2 días siguientes al nacimiento. Quizás el procedimiento más satisfactorio sea el empleo de una hoja muy caliente, como la usada para cortar las crestas de los pollos. La cola puede ser extirpada en su totalidad, puede cortarse media o tan solo la última cuarta parte desde la punta. La extirpación de la mayor parte de la cola se realiza en el supuesto de que, si no existe cola, no puede producirse el comportamiento aberrante de la mordedura de la cola. El corte de una porción pequeña determina que la punta de la cola sea más sensible; así los cerdos mordidos tienden a retirarse rápidamente antes de que se produzca la lesión. La solución apropiada a la mordedura de la cola es, por supuesto, la desaparición de su causa original –no la extirpación de la cola del cerdo– bien completa o en parte. Sin embargo, cuando la mordedura de la cola es un hecho real en una explotación, es preferible cortar todas las colas por interés a corto plazo de los animales, no esperar a que se produzcan traumatismos cuando se conoce que esto es probable que suceda.

3 Hacer muescas en las orejas. La identificación de los cerdos forma parte de unas buenas prácticas de manejo. Los marbetes de identificación de plástico numerados y coloreados pueden insertarse en la oreja practicando un orificio con un instrumento romo en una parte de la oreja donde exista cartílago mientras que los vasos sanguíneos son escasos o nulos. Si son cortados los vasos sanguíneos de la oreja sangrarán copiosamente, hecho que debe evitarse. Estos marbetes en la oreja suponen un método apropiado de identificación, aunque algunos se perderán. Muchos sistemas tradicionales para la identificación de los cerdos se basan en realizar muescas en la periferia de la oreja y esto puede practicarse al mismo tiempo que se administra hierro, se cortan los dientes y se extirpa la cola. Pueden realizarse hasta cuatro muescas en cada oreja, siguiendo sistemas de numeración o de codificación según sea la semana de nacimiento, origen y destino final de la camada, o cualquier otro. El sistema resulta inocuo a menos que la oreja experimente una mutilación posterior al llamar la atención de otros cerdos, o quedar enganchada y desgarrarse. En general cuanto más amplio sea el sistema de numeración más mutilada quedará la oreja, y más llamará la atención. La oreja puede servir también para realizar tatuajes permanentes; éstos suelen consistir en cuatro o cinco letras y/o números y

se realiza con una perforadora constituida por múltiples agujas recubiertas con pasta negra. La zona lesionada es amplía en una oreja pequeña, aunque la incomodidad parece durar poco, y la mutilación no resulta evidente. Los tatuajes en la cara interna de la oreja no pueden, por supuesto, ser leídos a distancia de la misma forma que un marbete grande de plástico o las muescas practicadas en la oreja.

4 Castración. La extirpación de los testículos del macho sirve para varios fines:

(i) se evita que los machos inferiores, y que no sirven para ser los padres de la generación siguiente, realicen fecundaciones y obtengan descendencia;
(ii) cerdos que serían magros así serán más grasos;
(iii) el tejido muscular de los animales castrados no se impregnará con olores, como puede suceder en verracos enteros al ser adultos.

Estos beneficios evidentes, entre otros, han creado en algunos países la necesidad de castrar a los machos si son destinados para la producción de carne.

La castración es preferible realizarla antes de los 21 días de edad, y preferentemente antes de los 10 días de edad. La castración se realiza usando un cuchillo cortante con el que se practican dos incisiones en el escroto a través de las que pueden ser extraídos los testículos y rotos o cortados los cordones. La zona se limpiará con un antiséptico antes y después de la intervención. Los cerditos gritarán fuertemente al ser castrados, aunque esto es probable que sea consecuencia de mantenerlos sujetos boca abajo mientras se realiza la operación. Existe malestar claro tras la intervención como resultado de la rotura del cordón que une los testículos al cuerpo, del traumatismo general en las regiones escrotal e inguinal y, por supuesto, de las incisiones. El riesgo de infecciones posteriores solamente será ligero.

Aunque constituía una práctica universal hace tan sólo unos pocos años, actualmente en muchos sistemas de producción no se realiza esta mutilación. Existen procedimientos alternativos para impedir una fecundación no deseada (por ejemplo, alojamientos independientes). La mayor rapidez en el crecimiento, así como la producción de carne más magra y con mayor eficacia del macho entero sobre el castrado son los grandes beneficios para la economía del sistema de producción, y como el macho entero es sacrificado a una edad temprana (inferior a 160 días) la probabilidad de olores es reducida. Además, actualmente pueden incorporarse pruebas para valorar los olores en la carne realizadas para controlar la calidad en el matadero de forma que las canales «deficientes» sean identificadas y retiradas de su destino para carne.

Respuesta del comportamiento frente al estrés

Las principales causas de estrés son enfermedades, lesiones y agresiones. Estas pueden ser evitadas mediante un programa sanitario eficaz, alojamiento apropiado, buen manejo y evitando colocar los cerdos en situaciones en las que se verán sometidos a interacciones agresivas que originan la privación de alimento, agua y zonas donde yacer.

El estrés puede ser también un resultado de otros problemas ambientales específicos, por ejemplo el traslado de los cerdos de un lugar a otro, al ser aguijoneados, durante el transporte, en condiciones de calor (o frío), en las cochiqueras de los mataderos y en el lugar de su sacrificio. Dicho estrés puede manifestarse en forma de síndrome del estrés porcino (PSS), y músculos pálidos, blandos y exudativos (PSE). La susceptibilidad parece depender de la genética, ya que algunas estirpes son más propensas que otras. Parte de este efecto es consecuencia de la presencia del gene halotano, ya que los cerdos que son halotano-positivos (n) son susceptibles al estrés y la presentación de este carácter varía entre

Figura 5.10 Cerdas gestantes recluidas en compartimentos.

las estirpes. En las explotaciones cabe esperar que entre el destete y el sacrificio final muera de forma súbita sobre el 1% de los cerdos por un hecho relacionado con el estrés. Cuando las muertes por esta circunstancia superan el 2% deberá realizarse una investigación para descubrir la causa.

En términos de comportamiento y bienestar, el estrés suele percibirse como la consecuencia de la limitación que se produce en las explotaciones intensivas. Se observan limitaciones particulares (i) con cerdas gestantes mantenidas sujetas con ronzales o alojadas en compartimentos, sin poder girar y con un movimiento limitado (inferior a 1 m) hacia adelante y hacia atrás (Figura 5.10), (ii) con cerdas lactantes sujetas de forma similar en jaulas para partos y (iii) con densidades de población comunes entre cerdos en crecimiento (Figura 5.11) ya que pueden alo-

Figura 5.11 Cerdos destetados con elevada densidad de animales y formando un grupo numeroso.

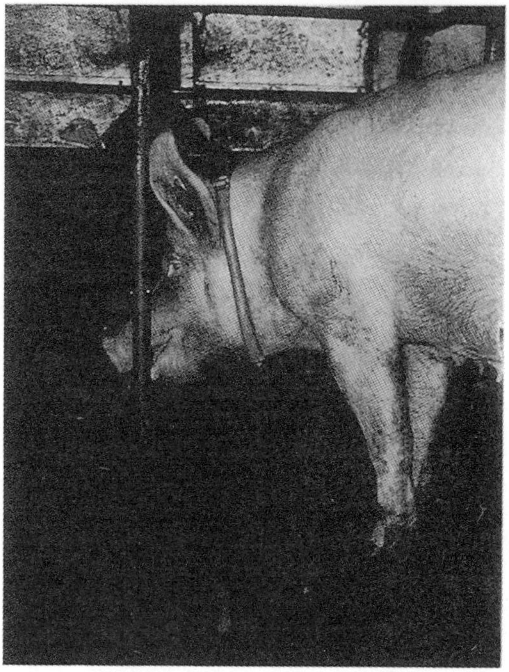

Figura 5.12 Cerda sujeta con collar mordiendo una barra.

jarse muchos cerdos en un grupo (más de 10) y con un espacio limitado por cerdo (menos de 1 m^2 por cerdo de 100 kg). Las manifestaciones externas de estos factores de estrés pueden apreciarse en forma de comportamientos estereotipados, placidez y apatía extremas y comportamientos aberrantes tales como morder las colas. Todos los tipos de estrés, enfermedad y lesión suponen una incapacidad para hacer frente al medio ambiente, a otros cerdos o a la fustración de comportamientos deseados. El estrés determinará una depresión del sistema inmune y una mayor probabillidad de enfermedad. Se verán reducidos el apetito y el crecimiento, y descenderá la eficacia de la reproducción. Sin embargo, la intensidad necesaria del estrés para provocar una reducción del rendimiento determinada y cuantificada es un hecho complejo, y todavía no aclarado en su totalidad.

El comportamiento estereotipado (repetitivo) puede adoptar típicamente la forma de uno u otro, o de una combinación, de hechos tales como chupar la lengua de forma repetida, morder barras (Figura 5.12), chupar barras, morder cadenas, movimientos de la cabeza y consumo excesivo de agua. Algunas veces se ha indicado que la presencia de comportamiento estereotipado indica que el cerdo se está enfrentando al estrés, aunque actualmente se acepta de forma más general como una manifestación de la interrupción de los mecanismos normales para el control del comportamiento, y suele aceptarse como indicación de un bajo nivel de bienestar.

Investigaciones recientes del DR. MIKE APPLEBY, del DR. ALASTAIR LAWRENCE y sus colaboradores en Edimburgo han puesto en duda el supuesto de que el comportamiento estereotipado sea una respuesta debida únicamente, o incluso principalmente, a limitaciones. Es cierto que se descubre con mayor frecuencia en cerdas

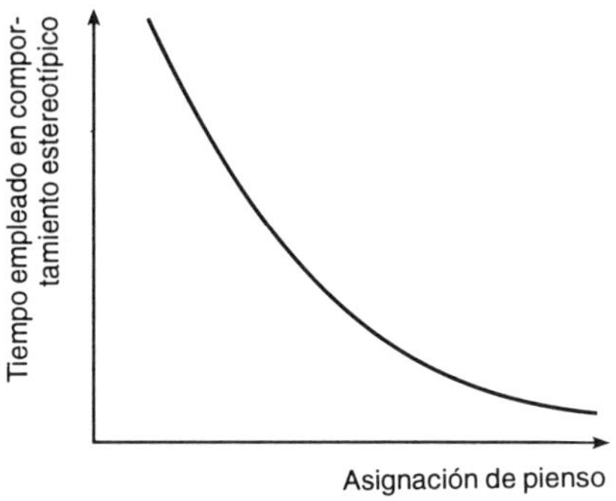

Figura 5.13 Relación entre la incidencia del comportamiento estereotípico y la cantidad de pienso que reciben hembras gestantes sujetas con collar.

gestantes alojadas en compartimentos/con ronzales en explotaciones intensivas; aunque existe una intensa relación entre nivel de pienso y comportamiento estereotipado (Figura 5.13), y este puede descubrirse tanto en cerdas alojadas sueltas como amarradas. Con un nivel alto de alimentación, se ha descubierto que desaparece virtualmente de las cerdas alojadas amarradas o sueltas el comportamiento consistente en morder cadenas, disponiendo los cerdos de cadenas para morderlas. En ambos sistemas las cerdas alimentadas generosamente pasan el 80% de su tiempo descansando. Sin embargo, con un nivel nutritivo bajo queda reducido al 70% de las horas diurnas en las cerdas sujetas con ronzales y tan sólo al 40% en las cerdas alojadas sueltas. Se descubrió que la incidencia de la masticación estereotipada de cadenas ocupaba el 10-20% de las horas con luz solar en cerdas alojadas tanto amarradas con ronzales como sueltas. Parece desprenderse de lo indicado que la fustración resultante de comportamientos estereotipados es consecuencia de un deseo de forraje, y del empleo de la capacidad manipuladora de hocico y mandíbulas. Además, puede presentarse un problema manifiesto de hambre que puede describirse no en términos de carencia de nutrientes sino en que es inadecuada la cantidad de piensos voluminosos.

Por consiguiente es necesario proceder con cuidado al interpretar las causas del comportamiento estereotipado. Se presenta el caso extremo de que el aumento de los niveles de libertad puede ser causa de estrés, particularmente cuando cerdas adultas se agrupan y tienen que competir por el pienso y sufrir agresiones al establecer y mantener la jerarquía de dominancia. Cerdas individuales alojadas en grupos pueden sufrir un estrés intenso, que puede mejorar al separarlas del grupo y alojarlas y alimentarlas individualmente (hecho que supone un mayor grado de sujeción).

Los sistemas de explotación y reproducción porcina al aire libre se considera que reducen los factores de estrés asociados con un confinamiento extremo, aunque estos mismos sistemas aportan por sí mismos factores diferentes de estrés asociados con la vida en grupo: consumos variables de pienso; humedad, frío y calor; malas condiciones del terreno; una mayor posibilidad de alojamiento impropio. Existen razones para considerar aceptable el punto de vista según el cual la falta de idoneidad de los sistemas al aire libre y de alojamiento en libertad estimuló primero la introducción del comedero individual para cerdas, a continuación la jaula para partos en estabulación, posteriormente el compartimento para una cerda y, finalmente, los diversos intentos realizados para proporcionar alojamiento con un medio ambiente totalmente controlado.

Actualmente existe un notable interés por las posibilidades de sistemas de producción que incrementen el potencial de movimiento y de espacio aunque evitando algunos de los nuevos factores de estrés que pueden asociarse con los mismos. Generalmente dichos sistemas necesitarán incluir:

- elementos para evitar lesiones y enfermedades;
- provisión abundante de pienso y agua;
- grupos de pequeño tamaño;
- suelo sólido al menos en una parte de la cochiquera;
- empleo de cama (paja, por ejemplo);
- provisión de material para manipulación oral;
- baja densidad de población;
- abundante espacio de comedero para cerdos en crecimiento;
- alimentación individual de cerdas reproductoras;
- estabilidad de los grupos de animales para mantener de forma constante a los individuos que forman el grupo;
- mantener a los cerdos en crecimiento en grupos familiares (camada) hasta el momento del sacrificio.

Bienestar

El bienestar es preferible considerarlo desde dos perspectivas. La primera es la percepción humana del bienestar del cerdo; la segunda es la percepción del propio cerdo. La primera es probable que sea variable, oscilando según cambian los preceptos de la sociedad. Su interpretación será de naturaleza geográfica, dependiendo de las costumbres y culturas locales. Se verá motivada a través de un deseo político y puede ser reforzada por la legislación. La segunda perspectiva puede coincidir en algunos o en muchos aspectos con la primera, aunque tiene una base diferente. La percepción del cerdo tenderá a relacionarse con su situación de sanidad y bienestar, carencia de lesiones, adecuación en el suministro de pienso y de agua, ausencia de actos inaceptables de agresión, carencia de estrés y posibilidad de manifestar los comportamientos necesarios para crear una vida agradable dentro del contexto ambiental en que se encuentra el propio cerdo. Estos elementos han sido tratados en la secciones anteriores de este capítulo.

Algunos ambientes son irremediablemente desagradables y los comportamientos que se manifiestan en los mismos muestran, por consiguiente, una tendencia a ser aberrantes. El destete precoz, antes de los 21 días de edad, no puede ser asumido fácilmente por los cerditos por la naturaleza anormal y traumática de esta situación, y por el grado de privación que determina. Las consecuencias negativas constituyen legión en términos de ineficacia de la producción, aunque debe incluirse también depresión del comportamiento, peleas aberrantes, empujar con el hocico en el vientre de otros cerditos y luchas. De nuevo, es cierto que las necesidades de comportamiento de una cerda amarrada son diferentes de las que pueden caminar libremente por el campo, y en el primer caso no se manifiestan muchos comportamientos asociados con la vida en libertad. Aunque si la cerda que se mantiene amarrada es alimentada de forma incorrecta, o se mantiene sobre un suelo de mala calidad, y además frío, entonces no existen manifestaciones del comportamiento que le puedan ser agradables. No es lógico decir que dicha cerda, que se ha mostrado negativamente apática hacia sus cerditos, carece de necesidades de comportamiento porque no las ha manifestado.

Quizá sea importante que la investigación científica reuna las percepciones humanas y porcinas sobre el bienestar y asegure que la legislación o las orientaciones hacia la primera permiten realmente mejorar la segunda. Sería poco afortunado suponer que se produce una reducción del bienestar cuando (i) se presenta una situación que es inaceptable para el hombre aunque no necesariamente también para el cerdo, o (ii) que no aparece en un ambiente el comportamiento observado en otro, siendo considerado por el hombre como «mejor» este último ambiente. Así, en determinadas condiciones de limitación de la libertad puede mejorar el bienestar de los cerdos con respecto a ciertas condiciones de la vida en libertad; por ejemplo, cuando en la primera situación los animales pueden disponer del pienso necesario mientras que en libertad sólo manifiestan competencia y agresiones. En condiciones de vida salvaje y al aire libre, los cerdos destinan mucho tiempo a actividades relacionadas con la acción de hozar aunque este no es el caso cuando existe un suministro adecuado de pienso y de paja en un ambiente más protegido. Esto se apreció cuando los cerdos mantenidos en el sistema de cochiqueras familiares de producción porcina de Edimburgo, con abundante espacio y medios para el bienestar del cerdo, los animales dejaron de usar la zona destinada a hozar en turba y tierra y la destinaron como lugar para defecar y orinar.

En cuanto el comportamiento refleja la idea humana de un cuidado óptimo de los animales, resulta imposible establecer generalizaciones sobre las circunstancias que deberán prevalecer en las explotaciones porcinas. La orientación legislativa puede establecerse en términos de:

1 Códigos de conducta describiendo los sistemas de alojamiento, control ambiental, manejo, control sanitario y de enfermedades.
2 Aprobación de ciertos componentes del equipo, construcción de edificios y cochiqueras.
3 Licencias sobre terrenos para explotar cerdos y sobre personas para cuidarlos.

Todo esto impondría una acción inspectora (que puede imponerse o no por ley) mientras que el último apartado implica también educación y demostrar que se alcanza un determinado nivel de conocimientos y de competencia. El establecimiento de licencias puede sobrepasar la necesidad de disponer de códigos de bienestar y de la aprobación del equipo si se considera que el grado de cumplimiento de las necesidades para el bienestar de los animales puede ser juzgado mejor por un inspector preparado. La capacidad del productor de cerdos para mantener un elevado nivel de bienestar en una explotación porcina depende probablemente más de sus propios conocimientos, habilidad y grado de cuidado que de la interpretación estricta de códigos, o del empleo (o no empleo) de determinados sistemas o componentes aprobados del equipo. Existe la dimensión añadida de que el deseo de legislar contra determinados equipos y sistemas de producción pueda superar las posibilidades de información que requiriría la promulgación de la ley. Ante el deseo de impedir el uso de un componente del equipo, pueden establecerse alternativas (con frecuencia relativamente sin comprobar) que influirían sobre el bienestar de los cerdos.

Del máximo interés para el bienestar de los cerdos es la calidad de su cuidador; conocimientos, capacidad y deseos de la persona encargada de los animales para cubrir totalmente sus necesidades. Bajo el punto de vista del cerdo, la calidad de la persona que lo atiende es prioritaria sobre la calidad de los sistemas de producción, alojamiento y equipo.

Algunas autoridades desearían basar sus requisitos para el bienestar adecuado hasta el extremo de que el cerdo pueda manifestar derechos básicos:

- provisión de agua, de cantidades adecuadas de pienso y que sea correcto el contenido en nutrientes del pienso;
- ausencia de enfermedades y de lesiones;
- ambiente confortable;
- carencia de agresión y de temor:
- expresar comportamientos normales y satisfacer las necesidades para un comportamiento normal.

Dicha lista es laudable, y aparentemente indiscutible, aunque su traducción en leyes u orientaciones para la producción práctica de cerdos tropieza con dificultades. ¿Suministro de nutrientes para qué finalidad? ¿Qué sucede si un cerdo desea estar excesivamente engrasado? ¿Cómo se consigue la ausencia de enfermedades? La propia salud impone un grado de sujeción a microorganismos que provocan enfermedad y, en consecuencia, contiene la posibilidad de enfermar. Algunas veces una libertad niega otra: la libertad para expresar el comportamiento normal tendente a la creación de un orden de dominancia requiere un grado de agresión y de temor. La definición de una necesidad de comportamiento depende mucho de las circunstancias; un comportamiento normal en una explotación extensiva puede no ser preciso en un ambiente protegido.

En muchos países pueden existir tres niveles de actividad formal referentes al bienestar: primero, leyes para la persecución de personas que maltratan o abusan cruelmente de los animales; segundo, leyes para la prohibición de ciertos sistemas de producción que se consideran inadecuados porque provocan un malestar excesivo en términos tanto de las percepciones humanas como animales (tales como, quizás, los compartimentos y los ronzales para cerdas gestantes, y el destete muy precoz de los cerditos con menos de 3 semanas de edad); tercero, normas o códigos que no son en sí mismos leyes aunque su inobservancia puede servir como prueba en apoyo de sentencias referidas a las dos primeras actividades. Una cuarta posibilidad, todavía no se ha solicitado el establecimiento de licencias para los locales y cuidadores de explotaciones porcinas. En el Reino Unido existen Códigos de Recomendaciones para el Bienestar de los Animales Domésticos: Cerdos (1988), que fueron publicados por el Ministerio de Agricultura, Pesca y Alimentación, y que incluyen lo siguiente en su prefacio:

> *Los requisitos básicos para el bienestar de los animales domésticos incluyen un sistema de producción apropiado para la salud y,*

en cuanto sea posible, para las necesidades de comportamiento de los animales y un alto estándar de práctica ganadera.

La práctica ganadera es un factor clave porque, con independencia de lo aceptable que pueda ser un sistema en principio, sin unos ganaderos competentes y diligentes, no puede conseguirse de forma adecuada el bienestar de los animales. Las recomendaciones que siguen pretenden ayudar a los ganaderos, particularmente a los jóvenes o inexpertos, para alcanzar los estándares requeridos. Nunca se insistirá demasiado en la parte que tiene la preparación en el desarrollo de los conocimientos del ganadero sobre los requisitos del bienestar. Los consejos detallados sobre la aplicación del Código en circunstancias individuales pueden conseguirse con facilidad a través de los servicios oficiales de asesoría y en publicaciones sobre asesoramiento de las que se incluye una selección al final del Código.

Casi todos los sistemas de explotación ganadera imponen limitaciones sobre los animales y algunas de las mismas pueden provocar un grado inaceptable de falta de comodidad o malestar al impedir que los animales alcancen totalmente sus necesidades básicas. Los medios para cubrir estas necesidades, y otras que deben ser consideradas, incluyen:

- *comodidad y abrigo;*
- *fácil acceso al agua y una dieta para mantener a los animales sanos y vigorosos;*
- *libertad de movimiento;*
- *la compañía de otros animales, particularmente de la misma especie;*
- *oportunidad de ejercitar las pautas más normales de comportamiento;*
- *disponer de luz durante las horas de luz solar, y medios de iluminación para que los animales puedan ser inspeccionados en cualquier momento;*
- *suelos que no dañen a los animales, ni les provoquen tensión indebida;*
- *prevención, o diagnóstico y tratamiento rápidos, de vicios, lesiones, infestaciones parasitarias y enfermedades;*
- *evitar mutilaciones inecesarias; y dispositivos de emergencia contra brotes de incendio, rotura de servicios mecánicos esenciales y corte de suministros.*

Los actuales sistemas de producción porcina no cubren por igual las necesidades fisiológicas y de comportamiento de los animales. Sin embargo, en el marco de las pautas estatutarias según las que se ha preparado el Código, se ha intentado, en base a los últimos conocimientos científicos y las mejores prácticas, tratar de identificar aquellas características que pondrían en riesgo el bienestar de los cerdos a menos que se tomen precauciones. El Código establece las precauciones que deberán tomarse, teniendo en cuanta la importancia que tiene para los cerdos la totalidad de su ambiente y el hecho de que suele existir más de un procedimiento por el que puede salvaguardarse su bienestar.

Los propios Códigos de Recomendaciones explican, en 56 párrafos, aspectos particulares sobre alojamiento, equipo, alimentación y manejo, incluyendo diferentes aspectos para cerdos explotados extensiva e intensivamente. Las Recomendaciones prententen mejorar el bienestar orientando hacia, entre otras cosas: (i) provisión de alojamiento apropiado y equipo eficaz; (ii) evitar estructuras y superficies que provoquen lesiones; (iii) provisión de cama seca y limpia, de materiales para cama y un suelo apropiado; (iv) protección contra incendios y fallos de energía; (v) temperatura ambiental, humedad, movimiento del aire e iluminación apropiadas para animales de todas las clases; (vi) provisión adecuada de agua y pienso según niveles y composición nutritiva apropiados y unos dispositivos para la distribución del pienso idóneos para evitar la competencia entre los cerdos por el alimento y las agresiones mientras comen; (vii) un elevado nivel de cuidado y atención individual hacia los animales, especialmente en momentos críticos, incluyendo la inspección frecuente de los animales; (viii) evitar la creación de grupos porcinos inestables; (ix) conducta adecuada al realizar mutilaciones, tales como marcado de orejas (cuando sea necesario), castración (debe evitarse en lo posible), corte de colas (evitarlo cuando sea posible), corte de dientes (evitarlo cuando sea posible); (x) protección de los cerditos recién nacidos para evitar que sean aplastados por la cerda y medidas especiales para la comodidad y limpieza de las cerdas reproductoras; (xi) la edad del destete (no inferior a 3 semanas en circunstancias normales); (xii) provisión de espacio suficiente y de zonas para comer, dormir, realizar ejercicio y defecar; (xiii) prevenir las agresiones entre los cerdos, especialmenmte al agrupar las cerdas, y disponer de comederos individuales para las cerdas; (xiv) evitar los compartimentos y los ronzales para las cerdas gestantes, más bien disponer de sistemas de patios abiertos con paja que permiten un mayor grado de ejercicio y expresar las necesidades de comportamiento; (xv) buen acomodo para los verracos y zonas para cubriciones, disponiendo de cama y suelos secos y adecuados.

Estos Códigos son útiles porque las personas responsables de atender a los cerdos no podrán descubrir en los mismos ningún aspecto negativo para el bienestar de los animales, aunque la adhesión estricta a los Códigos no asegura el bienestar por sí misma. Persisten cuestiones molestas: por ejemplo, la relativa al bienestar de las cerdas en o fuera de los compartimentos, que depende mucho de las circunstancias. No obstante, pocos afirmarían que los actuales sistemas para la explotación de cerdos, intensiva, semi-intensiva o extensivamente, son los ideales. Serán bienvenidas las ideas para mejorar el bienestar de los cerdos, no solo por parte del cerdo sino también por la del ganadero, que sabe que un sistema que permite un elevado binestar no solamente es probable que sea eficaz y productivo sino que además crea un ambiente más agradable en el que las personas pueden trabajar satisfactoriamente con los cerdos.

CAPÍTULO 6

Desarrollo y mejora de los cerdos mediante selección genética

Los años iniciales

Cuando el inglés ROBERT BAKEWELL de Dishley Grange tuvo éxito en la creación de la oveja Leicester mejorada, fracasó con los cerdos. Aunque los principios aplicados por BAKEWELL son de aplicación para todos los animales domésticos, incluyendo los cerdos, y sabía que había tenido éxito comercial en la reproducción de los animales domésticos porque vendió el ganado que mejoró.

BAKEWELL fue granjero durante la última mitad del siglo XVIII, en cuyo momento se duplicó el número de personas en las Islas Británicas hasta alcanzar unos 10 millones hacia 1800. La Revolución Industrial creó una población que moraba en las ciudades y de trabajadores en la industria separados de sus orígenes agrícolas y que tenían que ser aprovisionados por unas explotaciones agrarias que habían experimentado su propia revolución para acomodarse al nuevo ambiente social. Los cerdos sacrificados proporcionaban manteca, carne, cuero y cerdas. Unos 200 años más tarde, parece ser que tanto las Revoluciones Industrial como Agrícola han seguido su curso. Habiendo creado para las naciones industrializadas una socidad en la que una buena parte del trabajo físico ha sido sustituido por trabajo en las factorías, la abundancia de alimentos ha determinado un desconcierto y no una comodidad y, en lugar de simplemente mitigar el hambre de la población, la agricultura del norte de Europa y de EE.UU. debe satisfacer actualmente una fuerte demanda de *calidad* en los alimentos, y además acomodarse a diversas aspiraciones sociológicas adicionales tales como derechos de los animales y cuidado del medio ambiente.

En los inicios del siglo XVIII, el desarrollo alcanzado por TOWNSEND y TULL para la conservación invernal de las cosechas de nabos y patatas, junto con la mayor abundancia de subproductos lácteos, residuos de molinería y de la fabricación de manteca, queso, pan y cerveza permitió que una mayor proporción del ganado pudiese ser alimentado durante el invierno en lugar de sacrificarlo avanzado el otoño. Con anterioridad a 1700 la mayor parte de la carne procedía de machos castrados sobrantes de las necesidades del rebaño para la reproducción, de cerdos sacrificados y salados a finales del año por carecer de alimentos para el invierno y de cerdas que habían terminado su tiempo como reproductoras. Año tras año siguió aumentando mucho el tamaño potencial de los rebaños de reproductores y se estimuló el desarrollo de razas cuya única finalidad era la de proporcionar carne. Tras sucesivos años de vida como reproductores pudieron mantenerse machos y hembras individuales el tiempo suficiente para poder valorar su descendencia y cuantificar el valor como reproductores de los padres. La selección de reproductores que habían producido descendencia con características (o caracteres) beneficiosos permitió aplicar una selección positiva y direccional, mediante el empleo durante años sucesivos de reproductores probados. El siglo XIX vio el nacimiento de Sociedades Agrarias (The Highland en 1822 y la Royal Agricultural Society de Inglaterra en 1838) y la apertura de los libros genealógicos. Tales actividades facilitaron la promulgación planificada de sementales probados. También por esta época aproximadamente se puso énfasis en la investigación y en el estudio académico de la agricultura, siendo Edimburgo la primera Universidad que nombró un Profesor de Agricultura (ANDREW COVENTRY) en 1790.

DAVID LOW, ESQ., FRSE, segundo Profesor de Agricultura en la Universidad de Edimburgo, contribuyó sustancialmente a la ciencia de la reproducción porcina al preparar para su publicación (por Longman) en 1842 *The breeds of the domestic animals of the British Islands.* LOW señala los muchos y variados géneros *(sic)* de cerdos, todos alimentados «con vegetales, aunque especialmente con raíces, cuyo tronco robusto y flexible les permite hozar en la tierra. Devoran sustancias animales, aunque no buscan capturar otros animales mediante su persecución; les agradan los lugares húmedos y sombríos». LOW describe tres géneros de la familia Suidae: Cerdo, Jabalí verrugoso y Pécari. Los cerdos incluyen (a) el jabalí de Europa, considerado el progenitor del cerdo doméstico (Lámina 6.1), (b) el cerdo Babirusa de las Indias Orientales (Lámina 6.2) y (c) el pequeño cerdo asiático o siamés (Lámina 6.3). La mezcla del cerdo chino, que se supone derivado de raíces asiáticas y siamesas, con las razas domésticas europeas durante el siglo XIX, ha sido considerada como la causa primaria por la que las razas indígenas europeas recibieron los beneficios percibidos de alcanzar la madurez con menor edad y tamaño y aumentar el engrasamiento. Las razas indígenas (tales como la Old English; Lámina 6.4) distribuidas por buena parte del norte de Europa se consideraba que resultaban demasiado grandes y magras. Solamente unas pocas de las razas domésticas europeas presentes en aquella época dejaron de recibir genes de origen chino. Cuando DAVID LOW publicó sus escritos, era claro que en Europa existían muchísimas razas demesticadas de diversos tamaños, colores, conformaciones, posición de las orejas y grados de prolificidad y de engrasamiento. El ilustrador de LOW dibujó dos, la Napolitana (Lámina 6.5) y la Berkshire (Lámina 6.6). Aunque ambas eran de color resulta evidente que también eran comunes las razas con el dorso coloreado y totalmente blancas, especialmente la Yorkshire (llamada posteriormente Large White), la Lincolnshire, la Norfolk y la Suffolk. Estos mismos condados siguen produciendo la mayor parte de los cerdos británicos. Los cerdos blancos con orejas caídas (Landraces) existían también en aquella época en Francia, Holanda, Bélgica y Alemania. Se afirma que en Rusia los cerdos eran más salvajes y más parecidos al tipo jabalí que los tipos domésticos europeos. La razas americanas se supone que procedían de mezclas de todos los tipos, ya que a este continente llegaron inmigrantes (y sus animales domésticos) procedentes de la mayoría de los restantes continentes del mundo, incluyendo África, Asia y Europa.

A pesar del contenido adiposo del jabalí y de su influencia en aquella época sobre algunas razas europeas –especialmente las del este– las razas indígenas europeas tienden a ser en conjunto grandes, de maduración tardía y ágiles. Cuando estas razas recibieron cantidades importantes de genes procedentes de los cerdos de origen asiático pasaron a ser, en contraste, pequeñas, engrasadas y de maduración precoz. Resultaba evidente la existencia de tipos intermedios, dependiendo de la intensidad de la influencia de los cerdos chinos. Sin embargo, aparentemente únicos entre los cerdos domésticos del siglo XIX aparecen los de Duchy de Parma en Italia, que combinaban caracteres considerados hasta entonces como incompatibles –tamaño grande junto con aptitud para el engrasamiento–. Estas características siguen siendo los primeros requisitos esenciales para la elaboración de jamón de Parma de calidad superior.

La idea de ROBERT BAKEWELL al indicar que los animales podrían ser criados especialmente para la producción mejorada de carne seguida por la aceptación de que no lo era un determinado genotipo animal, que anteriormente había sido preparado y fijado, aunque podría ser cambiado mediante la implantación de programas de selección a través de los ganaderos. Características tales como tamaño, engrasamiento, velocidad de crecimiento, prolificidad y eficacia podrían ser valoradas y mejoradas progresivamente de generación en generación, para crear un nuevo tipo de animal doméstico, uno cuya finalidad específica y principal fuese la producción de carne. La noción de selección artificial en los animales domésticos precede a la de selección natural promovida por DARWIN (*El origen de las especies* fue publicado en 1858), quien aprendió mucho de las prácticas agrícolas de la epoca. El supuesto «erróneo» de un tipo animal estático se traduce en que el tamaño, engrasamiento y tasa de crecimiento de un animal individual solamente pueden ser influenciados mediante sanidad, nutrición y medio ambiente, y que la elección de los reproductores macho y hembra no implica la posibilidad de cambios progresivos en las características de la generación siguiente. Los principios básicos «correctos» de selección para la mejora del tipo, según fueron percibidos y practicados por BAKEWELL, fueron, por el contrario:

- El tipo racial puede ser mejorado mediante la selección progresiva y la fijación de las características.
- Las poblaciones animales muestran variación en sus características, y esta variación fenotípica puede ser observada y cuantificada. Aunque buena parte de la variación será el resultado de la sanidad y de la nutrición (ambiental), parte pasará a (será heredada por) la generación siguiente (genotipo). Así, puede juzgarse la calidad genética de los padres mediante la valoración de sus hijos, y los sementales potenciales pueden ser clasificados según el rendimiento de su descendencia.
- Si la selección para los caracteres mejorados se realiza en un solo lugar y bajo un conjunto único de condiciones, entonces es mayor la probabilidad de mejoras en la descendencia. Esto se debe a que aquéllo que puede ser visto y medido (el fenotipo) es la suma del genotipo y de las variaciones ambientales y, cuando puede reducirse la variación ambiental, entonces aumenta la relación entre el fenotipo y el genotipo.

- Los caracteres beneficiosos pueden ser fijados en una línea de animales si determinados individuos (o familias de individuos) se usan frecuentemente en el desarrollo de dicha línea (reproducción lineal). De forma especial, en el siglo XIX se utilizó con frecuencia un determinado reproductor de gran calidad tanto en el lado paterno como materno de la familia para fijar alguna calidad especial en las generaciones posteriores. En el caso clásico del famoso toro Shorthorn, Comet, su padre, Favourite, fue apareado con su propia madre (de Favourite), para engendrar a la madre de Comet. Estos principios de la consanguinidad habían sido aprendidos de los caballos de carrera pura sangre tras la introducción de sangre árabe a partir principalmente de tan solo tres sementales. También se indicó, sin embargo, que la consanguinidad podría reducir la capacidad reproductora.
- La elección entre la población de muy pocos machos con un tipo sumamente beneficioso, es decir aplicando una alta intensidad de selección, seguida por su utilización concentrada como sementales en un núcleo del rebaño reproductor, determinará la máxima rapidez de cambio. Con las hembras no es posible esta alta intensidad de selección debido tanto al cociente entre los sexos preciso en una población de reproductores (muchas más hembras que machos) como por el mayor porcentaje de hembras que debe retenerse en el rebaño para reposiciones. Debido a la selección impuesta de tipos menos deseables en el lado femenino, el progreso es inevitablemente más lento que en los machos, en los que únicamente pueden seleccionarse los tipos mejores. No obstante, se alcanza algún beneficio de la selección, al menos mínima, que se realiza entre las hembras ya que pueden eliminarse todos los animales que presentan características adversas contrarias a la dirección de la seleccción: en efecto, la eliminación de hembras que no presentan el tipo verdadero.
- Habiendo creado un tipo animal mejorado en el rebaño de reproductores, y habiendo fijado dicho tipo de forma que se mantenga generación tras generación, la descendencia masculina del rebaño puede considerarse apropiada para su venta como sementales que serán cruzados con las hembras de productores comerciales de carne. De esta forma el carácter mejorado (o los caracteres) asegurado(s) en el núcleo puede(n) difundirse al resto de la población mediante la venta de machos. BAKEWELL demostró una particular habilidad empresarial en este aspecto.

Para facilitar la comercialización de los nuevos tipos mejorados es preciso darles una denominación, y que sean identificados fácilmente tanto de forma ocular como por su rendimiento posterior. El comprador potencial debe ser capaz de ver que está comprando el nuevo producto mejorado; y tras adquirirlo, debe ser demostrable la mejora en términos de valor añadido que, en la época de BAKEWELL, se apreciaban al poder vender los animales con una edad más temprana y con un mayor grado de grasa de cubierta.

Desde 1750 hasta 1900 el término «mejorado» se asociaba con la creación de razas especiales de cerdos con mayor tendencia al engrasamiento. La grasa era considerada como un carácter beneficioso en los cerdos. La grasa representaba un aporte sano de energía para una población de trabajadores manuales, y constituía además un medio para cocinar tanto la propia carne como también otros alimentos al no poder disponer con facilidad de aceites vegetales. Si el incremento del engrasamiento supuso una tradición para los ganaderos británicos, fue menor su importancia en las razas continentales ya que la carne magra siguió constituyendo un aspecto primordial para el consumidor, que además podía disponer con mayor facilidad de aceites vegetales para cocinar. En general, mientras que las razas continentales de animales productores de carne siguieron siendo relativamente magras y de gran tamaño, muchas razas británicas pasaron a ser menores y más engrasadas.

Antes de la creación de las nuevas razas «mejoradas», la incorporación de grasa a la carne se había logrado mediante el cebamiento de animales que habían alcanzado su tamaño adulto, y en su reparto de nutrientes se hallaban preparados para dirigirlos hacia el almacenamiento de grasa en detrimento del aumento de carne magra. Resulta evidente según los datos correspondientes a razas no mejoradas que el tamaño adulto era considerablemente mayor que el de los posteriores tipos «mejorados» que las suplantaron. El cerdo de la raza Yorkshire original era tan grande que podía alcanzar la altura de un ponie y pesar media tonelada (al menos el doble del tamaño y del peso de la raza Large White mejorada). El carácter más notable y común a todos los animales «mejorados» productores de carne era su madurez más precoz, que se definía como el engrasamiento y acabado apropiados con una edad más joven y con un peso más ligero. Esto se logró mediante la selección de tipos que incorporaban elevados niveles de grasa en los tejidos corporales *durante el crecimiento* y alcanzaban la masa de carne de la madurez con un tamaño menor –ambas características con una heredabilidad relativamente alta–. La selección en la población porcina para madurez y cebamiento precoces se asociaba íntimamente con certeza con un tamaño final reducido. Parece ser que estas «mejoras» se correlacionaban también negativamente con las características reproductoras. Los problemas en la reproducción fueron causados probablemente por la incorporación de nuevos genes procedentes de los cerdos asiáticos. Estos cerdos (incluyendo algunos tipos chinos) eran pequeños, gruesos y con frecuencia coloreados. Fueron elegidos para cruzarlos con las razas europeas indígenas por su propensión a alcanzar la madurez tanto sexual como de tamaño siendo más jóvenes y engrasados. (Conviene recordar que en el siglo XIX, como actualmente, existian muchas razas y tipos de cerdos chinos y puede ser que fuesen los mismos «cerdos chinos» por los que se muestra actualmente interés al suponer que disponen de genes para alcanzar una prolificidad especialmente elevada). El problema de la obtención de un semental con unas características excelentes para la producción de carne, aunque con unas características menos excelentes para la reproducción, se resuelve con facilidad mediante un programa de cruzamiento tras la diferenciación de las líneas paternas y maternas. Este procedimiento simple parece haber sido rechazado durante el siglo XIX y comienzos del XX para las razas porcinas. Durante esta época se ejerció una presión intensa para crear razas con pedigree que fuesen completas en sí mismas, de forma que las líneas masculina y femenina fuesen del mismo tipo y de su raza verdadera.

La creación de razas particulares con pedigree, y la esperanza de que fuesen excelentes sus características tanto para la producción de carne como para la reproducción, constituyó un atributo común (fallado) en la práctica de la explotación porcina durante los siglos XIX y XX, aunque no formó parte de los planes de reproducción de ROBERT BAKEWELL. BAKEWELL decidió con rapidez desarrollar por separado líneas paternas con unas características excelentes de la canal y del crecimiento, y líneas maternas con unas características especialmente excelentes para la reproducción. El avance genético más rápido se alcanzó de forma global cuando estos conjuntos diferentes de calidades se introdujeron en poblaciones bastante separadas que solamente se reunían para obtener la generación destinada al sacrificio.

Robert Bakewell contrarrestó los descensos en la capacidad reproductora de su línea para la producción de carne de ovejas Leicester mediante el empleo de los mejores sementales de la raza mejorada únicamente para cruzarlos con hembras sumamente prolíficas de una raza diferente (o cruzamiento interracial) para obtener la generación destinada al sacrificio. La industria ovina de Inglaterra utilizó, hace dos siglos, rebaños comerciales obtenidos mediante el cruzamiento de razas que presentaban los beneficios añadidos del vigor híbrido en los caracteres de la reproducción. Así, mientras la línea paterna se formaba mediante técnicas de consanguinidad y de fijación del tipo, la línea femenina se obtenía mediante un programa en dos etapas: selección según pedigree en el núcleo del rebaño, seguido de un programa de estratificación que suponía el cruzamiento entre distintas razas prolíficas. Esta lección fue aprendida perfectamente –o más bien reaprendida– tan sólo recientemente por las modernas explotaciones dedicadas a la reproducción porcina. En los últimos años, los expertos en reproducción porcina no han considerado necesarios los planes de reproducción encaminados a obtener tales líneas masculina o femenina cruzada, habiendo desarrollado las razas a partir de la misma raíz tanto para la eficacia en la producción de carne como en la reproducción. Así, se supuso que una raza con el mismo pedigree era adecuada para proporcionar el semental, la hembra y la generación destinada al sacrificio. Por supuesto, esta suposición resultó falsa.

El deseo de obtener cerdos indígenas «bastos» más obesos parece haberse impuesto a finales del siglo XIX con exhibiciones en las que se premiaban los tipos raciales más intensamente engrasados. Estos, según parece, fueron rechazados de forma simultánea por la población compradora que buscaba su carne de cerdo y bacon producidos por tipos raciales *no* mejorados tales como el Yorkshire (Large White) y Tamworth, estos últimos habían escapado aparentemente de la actividad sumamente grave de los «mejoradores». ¡La raza Tamworth había sido expresamente criticada con anterioridad por su excesiva magrura! (Una lección clara de la importancia que tiene la conservación de genes que, aunque parezcan inútiles para los criadores contemporáneos, resultan fundamentales para los futuros programas de mejora). En aquellos momentos, la demanda del mercado para productos de carne de cerdo y bacon superaba las posibilidades de los tipos porcinos razonablemente magros para cubrirla. Los criadores caprichosos no habían escuchado los mensajes del mercado. Así apareció, como consecuencia, un mercado para el jamón y el bacon más magro importados por Gran Bretaña desde el Continente. Las importaciones de carne de cerdo hacia Gran Bretaña aumentaron desde 300 hasta 300.000 toneladas en la última parte del siglo XIX. Los cerdos continentales no solamente disponían de un genotipo para producir carne más magra, sino que es probable que también fuesen producidos con técnicas superiores.

Las razas principales en los inicios del siglo XX en Gran Bretaña fueron la Large White, la Tamworth y la Saddleback. La industria porcina danesa desarrolló al mismo tiempo una población básica a partir de los cerdos Large White Europeos y Landrace Danés locales. Los daneses crearon una raza blanca, con orejas colgantes (en oposición a las orejas erguidas del cerdo Large White) cuyo éxito fue resultado no de su propia base genética sino de la mejora lógica de la población básica en la dirección de los deseos del consumidor de bacon magro. El programa de mejora del cerdo danés se realizó mediante la comprobación de la descendencia. ¡La teoría clásica de ROBERT BAKEWELL sobre la reproducción y la actividad empresarial! En la década de 1920-30 la mitad de la carne de cerdo consumida en Gran Bretaña (la presunta cuna de la ciencia de la mejora ganadera) era importada, principalmente de Dinamarca.

Así la gran oportunidad de que dispusieron los británicos para aplicar las enseñanzas de BAKEWELL, al cerdo, se perdió en gran parte en dicho país. Sin embargo, fueron intensamente aplicadas en el Continente con resultados beneficiosos especialmente para las industrias porcinas danesa, alemana y holandesa.

Creación y mejora de tipos raciales en el siglo XX

Hacia 1950 se consolidaron los tipos raciales que habían tenido su origen en el siglo XIX. La industria ganadera productora de carne de vacuno y ovino desarrolló planes de estratificación, con el empleo de líneas masculinas especializadas en la producción de carne que fueron cruzadas con líneas femeninas con buenas características para la reproducción. Mientras tanto, en total contraste, la producción de leche a partir de vacas lecheras y de carne porcina a partir de los cerdos, seguía usando las mismas razas como padres del rebaño comercial. Durante la última parte de este periodo el tipo porcino Middle White, que producía una pequeña canal grasa considerada como ideal para el mercado de la carne de cerdo del siglo XIX, fue suplantada por los tipos Large White y Landrace escandinavo, más adecuados para la producción de bacon curado. Mediado el siglo XX la eficacia en la producción demandaba tasas de crecimiento más rápidas, mientras que las preferencias del consumidor requerían no menos grasa, sino casi su ausencia total.

Quizás porque había evidentemente tanto que hacer en el caso del cerdo graso, haya sido la industria porcina la campeona en la obtención de estirpes contemporáneas de animales domésticos productores de carne magra. Durante doscientos años la industria porcina fue la primera en aplicar los conocimientos genéticos para producir los artículos demandados por el mercado, y es la industria ovina (la pionera de hace dos siglos) la que durante este tiempo ha tardado en comprender los elementos para la aplicación de la genética, es decir las normas básicas de la demanda del mercado y la satisfacción del consumidor.

En la creación de animales con más cantidad de carne magra evitando la grasa, la propensión hacia la obtención de animales cebados con un peso menor y más jóvenes se ha convertido en un hecho negativo y eliminado. La selección orientada hacia la producción de carne magra determina el desarrollo de carne magra junto con un incremento en la masa muscular final del animal adulto y en las dimensiones finales del tamaño corporal, tales como las que solían observarse en algunos tipos porcinos no mejorados y que fueron realmente conservadas en algunas razas continentales de ganado vacuno.

Aunque la selección orientada hacia las características del crecimiento, producción de carne y reproducción crearon también tipos raciales mejorados en Rusia y en Asia, actualmente persisten pocos o ninguno de los avances alcanzados en los inicios del siglo XX; quizás con la excepción singular del tipos Meishan chino. Se trata de un cerdo pequeño,con un crecimiento lento y sumamente graso, al igual que otros tipos asiáticos, aunque alcanza precozmente la madurez sexual y el tamaño de su camada es hasta un 30% superior que el de las razas blancas europeas.

Actualmente, la población porcina mundial es de dos tipos diferentes. Primero, persisten tipos asiáticos indígenas en comunidades campestres y en explotaciones tradicionales de China, Sureste de Asia y en zonas de África. Aunque predominan los cerdos de Europa y de América del Norte para la producción comercial de carne de cerdo como negocio empresarial. Las empresas dedicadas a la reproducción porcina, de la Comunidad Europea y de EE.UU., exportan actualmente genes a todas las partes del mundo donde se consume carne de cerdo –para la exclusión de los tipos indígenas–.

La base genética para el negocio contemporáneo de la reproducción porcina de todo el mundo procede de un número relativamente escaso de razas. La mayor parte de las mismas son originarias de Europa y de América del Norte como poblaciones reproductoras que se adaptan razonablemente al tipo porcino de los inicios del siglo XX. Durante las dos últimas décadas las poblaciones porcinas de Australia, Nueva Zelanda, América del Sur, Sureste de Asia y Japón han evolucionado de forma importante hacia los patrones de Europa y de América del Norte. Estos países han aceptado las ventajas de la base europea blanca desarrollada de los años sesenta y setenta, y con la misma han logrado recientemente unas tasas notables de mejora genética.

La raza **Large White** o **Yorkshire** (Lámina 6.7) es, a nivel mundial, la más difundida de cerdos modernos. Fácilmente reconocible por ser los cerdos totalmente blancos y con las orejas erguidas, la raza es considerada superior a todos los restantes tipos por la rapidez de su crecimiento y superada únicamente por la Meishan en cuanto al tamaño de la camada. Las estirpes modernas son de tamaño grande, las hembras alcanzan la madurez con unos 300 kg de peso vivo. La tasa de crecimiento puede superar fácilmente los 750 gramos diarios desde el nacimiento hasta alcanzar 100 kg produciendo una canal con el 55-60% de carne magra. La pubertad tiene lugar hacia los 180 días, siendo las camadas de unos 11-13 cerditos con un peso medio al nacer de 1,25 kg aproximadamente. Actualmente se acepta como un cerdo magro y carnoso, aunque en épocas pasadas resultaba algo engrasado. Sin embargo, la raza Large White ha estado sometida a selección intensiva contra la grasa durante los 30 últimos años, y actualmente es uno de los tipos porcinos más magros. Los sementales de esta raza han supuesto el fundamento de la mayoría de los conjuntos de cerdos blancos y como raza pura es fundamental para la mayoría de los programas de cruzamiento orientados hacia la producción de las actuales hembras híbridas. En muchos países del mundo, incluido el norte de Europa, se usa también ampliamente el macho para cruzamiento heterosanguíneo.

La denominación **Landrace** constituye una descripción general de un tipo de cerdos blancos con orejas caídas, en efecto es «la raza con mayor número de nacionalidades». Este grupo variable de cerdos grandes conviene encuadrarlo de manera general en dos variedades bastante diferentes. Los tipos originales

Landrace Escandinavo (Lámina 6.8) son largos, bastante magros, y con una prolificidad aceptable, aunque no especialmente musculosos. Seleccionada para la producción de bacon y explotada como raza pura única durante muchos años en Dinamarca, la raza Landrace Danesa es quizás la más famosa de todas las razas al constituir un ejemplo del éxito de la comprobación de la descendencia y de la reproducción selectiva. Actualmente, sin embargo, su principal uso a nivel mundial es para el cruzamiento con la raza Large White. No obstante, dada su dominancia en el mercado de la carne porcina de calidad durante más de la mitad del siglo XX, no resulta sorprendente que los productores daneses muestren cierto rechazo en aceptar que la raza pura podría realmente ser mejorada. Dicha aceptación ha determinado actualmente, sin embargo, la obtención de los cerdos daneses de los años 90 mediante los programas de cruzamiento industrial y heterosanguíneo con su vigor característico. Además de en Dinamarca, este tipo de cerdo Landrace se encuentra, y conserva su nombre, en Noruega, Suecia, Francia y en otras muchas naciones. El tamaño y el rendimiento del Landrace escandinavo se aproxima al de la raza Large White, y algunas estirpes la superan.

La otra variedad de Landrace es tipificada por las razas Landrace Belga (Lámina 6.9), Holandesa y Alemana. Estos cerdos son también blancos y de orejas caídas, si bien son ligeramente menos prolíficos, aunque destacan de forma especial por su musculación. El espesor de los músculos del jamón y de los lomos, la ligereza de sus huesos, el elevado porcentaje de carne magra en la canal y la conformación redondeada y amplia de los jamones y de los músculos del lomo, son características de estas razas que han popularizado el empleo de los machos para el cruzamiento heterosanguíneo; realmente se usan ampliamente como tales en toda Europa. Algunas veces se usan también como hembras comerciales en sus países nativos, produciendo una descendencia con canales sumamente musculosas, aunque la generación destinada al sacrificio tiende a ser susceptible al estrés, crece con cierta lentitud y el tamaño de las camadas resulta modesto. En algunos sistemas europeos de producción porcina el tipo Landrace escandinavo se usa en la línea femenina, mientras que de los tipos Landrace belga, holandés o alemán más compactos se usan los machos para el cruzamiento heterosanguíneo.

El cerdo **Duroc** (Lámina 6.10) es coloreado, oscilando desde el color oro al castaño oscuro pasando por el rojo, y probablemente deriva del Berkshire. Esta raza robusta y de huesos pesados es tan numerosa en EE.UU. como la Large White o Yorkshire. Aunque no resulta especialmente prolífica ni magra, es de músculos más profundos (aunque más grasos) y su crecimiento es más rápido que en la raza Landrace escandinava. Se afirma que su popularidad en EE.UU. es consecuencia de su capacidad para medrar en sistemas de producción simples. Las hembras híbridas blancas europeas encontraron dificultades al principio para introducirse en los sistemas ganaderos convencionales de América del Norte hasta que fueron cruzadas con un macho Duroc. En los últimos años ha aumentado el uso de la raza Duroc en Europa. Los machos han sido favorecidos para el cruzamiento heterosanguíneo en Dinamarca (entre otros países), asegurándose que mejora la calidad de la carne del Landrace danés (al disponer del 4% en lugar del 2% de grasa *intra*muscular en el músculo del lomo, y al aportar un color rojo más intenso a la carne). El empleo de la línea femenina de la raza Duroc pretende ofrecer robusted a la madre híbrida y resistencia a las enfermedades, particularmente en el contexto de los sistemas de explotación extensiva y al aire libre. Estas últimas cualidades de robusted y de resistencia a las enfermedades pueden ser especialmente importantes para los requisitos actuales de bienestar en los sistemas de producción, aunque según pruebas recientes la mayor proporción de genes Duroc en el tipo porcino Large White/Landrace es probable que reduzca la tasa de crecimiento, aumente con contenido de grasa y reduzca el tamaño de las camadas.

Los cerdos **Hampshire** son negros con un cinturón blanco. Frecuentes en EE.UU., los cerdos Hampshire derivaron originalmente de los tipos Saddleback Esssex y Wessex de Inglaterra (Lámina 6.4). Actualmente con una reputación de carnosos más que por su rendimiento reproductor, la raza Hampshire ha sido usada para la obtención de algunas líneas masculinas híbridas. Aunque resulta difícil encontrar alguna característica particular no descubierta en los otros tipos mencionados anteriormente, el cerdo Hampshire actual tiene la ventaja de no ser susceptible al estrés. La **Saddleback Británica,** de la misma raíz que la Hampshire, goza de cualidades bastante diferentes, capacidad maternal y adaptación a los sistemas de explotación extensiva y al aire libre. La descendencia tiende, sin embargo, a ser algo más engrasada y crecer con mayor lentitud que los cerdos blancos. Queda por ver si el cruce con la raza Duroc desplazará en último término el cruce con Saddleback como fuente principal de hembras para sistemas de explotación al aire libre.

Los cerdos **Pietrain** procedentes de Bélgica son moteados (manchas blancas y negras), bastante pequeños y rechonchos, y con una conformación sumamente compacta con jamones amplios, músculos de los lomos grandes, un elevado porcentaje de carne magra en la canal, huesos ligeros y alto rendimiento de las canales. Su carácter es nervioso, padecen estrés con facilidad y son propensos a la muerte súbita. Su eficacia reproductora es baja. En comparación con la hembra Large White, la Pietrain produce dos cerditos menos por camada, aunque la superficie de su músculo de los lomos puede superar en 10 cm^2 (54 frente a 44) con 100 kg de peso vivo. Aunque son relativamente poco numerosas las piaras de raza pura, estos cerdos han influido intensamente sobre la calidad muscular de muchos cerdos europeos, y sus genes han sido usados para mejorar la conformación de muchos tipos blancos más estilizados, especialmente Landraces. La sangre Pietrain es considerada por muchos como altamente beneficiosa en los machos destinados al cruzamiento heterosanguíneo, aunque resulta contraproducente en la línea femenina.

El eje constituido por Europa y América del Norte correspondiente a las iniciativas para la produccion moderna de cerdos ha creado una estrecha base de reproducción que pone su énfasis en la tasa de crecimiento, eficacia y magrosidad, aunque manteniendo la prolificidad frecuentemente a través del vigor híbrido más que mediante una selección positiva. Algunos tipos chinos, por ejemplo el **Meishan** (Lámina 6.11) pueden ofrecer un mayor tamaño de la camada, aunque imponen cortapisas muy graves como engrasamiento extremo y lentitud en el crecimiento. Un cerdo Meishan alcanza un peso adulto no superior a 150 kg, y crece con una velocidad de 400 gramos diarios para producir una canal con tan solo el 45% de carne magra, aunque alcanza la pubertad con menos de 100 días de edad, la hembra tiene 16 pezones y el tamaño medio de la camada es de unos 14 cerditos con un peso al nacer de 800 gramos aproximadamente. Los tres o cuatro cerditos nacidos «extra» son el resultado tanto de una mayor tasa de ovulación (20 frente a 17 en la raza Large White), como de una mejor supervivencia de los embriones (70% frente a 65% en la raza Large White). Así mismo resulta importante la diversidad genética descubierta en muchas variedades de cerdos chinos y asiáticos que constituyen las poblaciones indígenas de muchos países y que siguen aportando una parte importante de la carne porcina del mundo. Estos genes podrían no ser útiles actualmente, aunque pueden tener cualidades imprevisibles que podrían ser necesarias en el futuro, particularmente si los avances en ingeniería genética permitiesen la extracción de los genes beneficiosos aunque evitando la transferencia de características negativas.

Muchos tipos raciales antiguos de Europa y de América del Norte no han intervenido en la creación del cerdo moderno. Estos pueden ser, con cuidado, conservados como razas raras. Auque muchas de las razas británicas –demasiadas para catalogarlas– se encuentran ya extinguidas, otras sobreviven en grupos raciales sumamente reducidos, incluyendo la **Berkshire, Lop, Gloucester Old Spot, Large Black, Middle White** y **Tamworth**. Entre las razas americanas no incluidas en los principales programas actuales de reproducción se incluyen la **Poland China** y **Spotted**, la **Lacombe** y la **Chester White**, aunque todavía pueden encontrarse números importantes de cerdos de cada una de las mismas. Los tipos raciales clásicos del siglo XIX en Francia, Italia y Península Ibérica se han perdido actualmente, por desgracia.

Estrategias para la mejora porcina

Uno de los libros más notables sobre Ciencia Animal de este siglo ha sido la *Introduction to quantitative genetics* de Douglas Falconer, aparecido por vez primera en 1960, y cuya tercera edición ha sido publicada por Longman en 1989. Este es el texto clásico para todos los criadores de animales y ha ejercido una influencia considerable sobre las estrategias de mejora porcina. Los tres procedimientos para alterar el caudal genético de los cerdos y, en consecuencia, influir sobre su mejora en una determinada dirección, son bien conocidos y simples. Son:

1. el empleo del vigor híbrido;
2. la incorporación de genes nuevos procedentes de cerdos de razas diferentes;
3. la selección positiva hacia un determinado carácter (o caracteres) en el seno de una población de reproductores.

Aunque las propias estrategias pueden ser perfectamente aceptadas, las metodologías usadas para aplicarlas son muchas y variadas, y motivo de diferencias de opinión tanto entre los científicos como entre los prácticos.

Primeros principios y dogmas básicos

Los animales de una determinada población presentan grados variables en la expresión de un carácter particular. Generalmente la variación se distribuye nor-

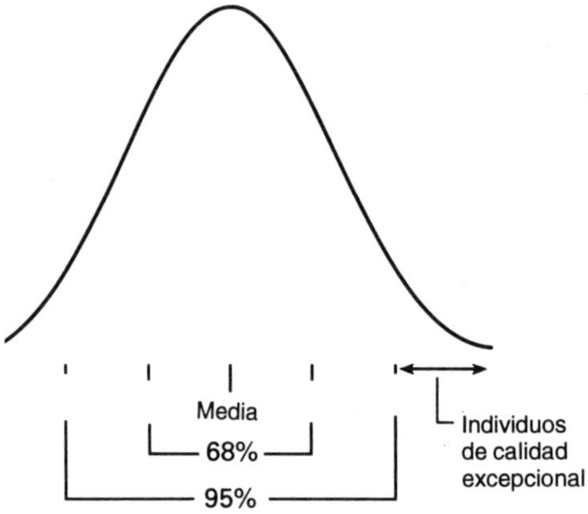

Figura 6.1 Distribución normal de un carácter en una población. Casi el 70% de la población no es ni mejor ni peor que la media. Los animales excepcionales representan el 2,5%.

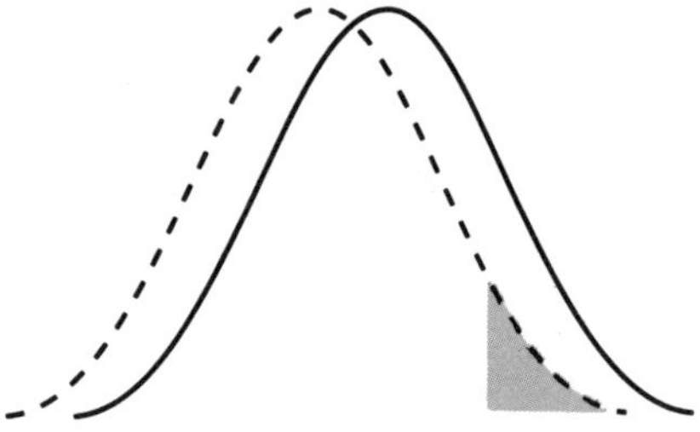

Figura 6.2 La selección en la población paterna (línea punteada) de individuos superiores (área sombreada) determinará que la media de la población de los descendientes se sitúe a la derecha de la correspondiente a la población paterna: es decir, resulta mejorada.

malmente de forma que la mayoría de los animales coinciden aproximadamente con la media, mientras que unos pocos son realmente excepcionales (Figura 6.1). La mejora de una raza convencional depende de la forma en que son utilizados los individuos excepcionales como padres de la generación siguiente, hecho que provocará un cambio positivo en la media de la población (Figura 6.2).

La varianza descubierta entre los individuos de una población (σ^2P) es originada por la varianza en el caudal genético (σ^2G), por la varianza en el medio ambiente (σ^2E) y por σ^2GE, la interacción entre genotipo y medio ambiente.

El grado en que σ^2P (que puede observarse y medirse) es influenciada por σ^2G (la parte de σ^2P que es de origen genético) aumentará si se reduce al mínimo σ^2E (la influencia del medio ambiente.

$$\sigma^2P = \sigma^2G + \sigma^2E + \sigma^2E$$

(Ecuación 6.1)

La varianza genética es en sí misma la suma de la acción génica aditiva (σ^2A) y no aditiva (dominancia y epistasia, σ^2D, σ^2I).

$$\sigma^2G = \sigma^2 A + \sigma^2D + \sigma^2I$$

(Ecuación 6.2)

Varianza genética aditiva (σ^2A)

La proporción de σ^2P representada por σ^2A (la parte de la varianza total que es debida a la varianza genética aditiva) es la heredabilidad (h^2). Los valores de la

Lámina 1.1 Parte de una explotación porcina intensiva (600 cerdas) en construcción en Japón.

Lámina 6.1 Jabalí europeo. Según Low D., 1842, *The breeds of the domestic animals of the British Islands*. Longman.

Lámina 6.2 Cerdo babirusa (Indias Orientales). *Cortesía*: Dr. A. A. MACDONALD.

Lámina 6.3 Cerdo siamés.

Lámina 6.4 Raza inglesa antigua. Según Low D., 1842, *The breeds of the domestic animals of the British Islands.* Longman. (Nótese el aspecto claro de antepasado de las razas Saddleback y Hampshire).

Lámina 6.5 La raza napolitana. Según Low D.,1I842, *The breeds of the domestic animals of the British Islands.* Longman.

Lámina 6.6 La raza Berkshire. Según Low D., 1842, *The breeds of the domestic animals of the Bristish Islands*. Longman.

Lámina 6.7 Cerdo mejorado del tipo racial Large White o Yorkshire. Contemporáneo. *Cortesía:* Cotswold Pig Development Company.

Lámina 6.8 Cerdo mejorado de tipo Landrace Escandinavo cruzado. Contemporáneo. *Cortesía:* Cotswold Pig Development Company.

Lámina 6.9 Cerdo mejorado de tipo racial Landrace Belga. Contemporáneo. *Cortesía:* Pig Improvement Company.

Lámina 6.10 Cerdo mejorado de tipo racial Duroc. Contemporáneo. *Cortesía:* Cotswold Pig Development Company.

Lámina 6.11 Tipo racial Chino Meishan. Contemporáneo. *Cortesía:* Pig Improvement Company.

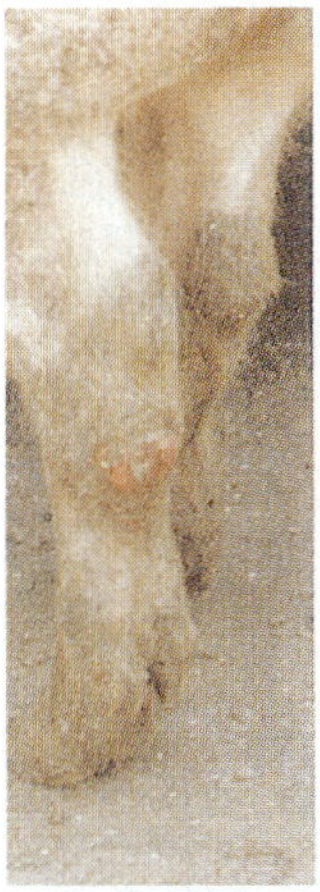

(a)

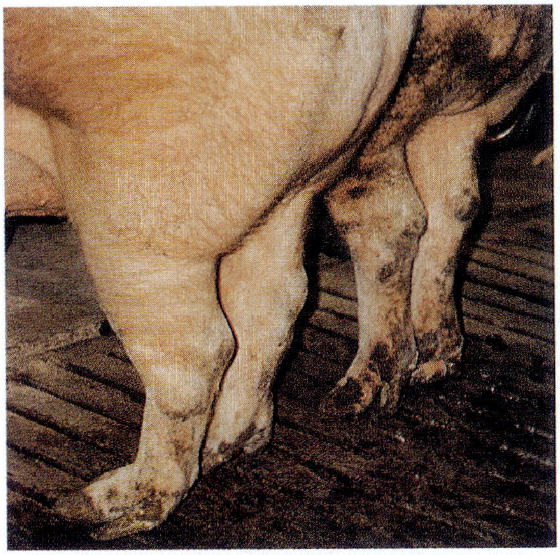

(b)

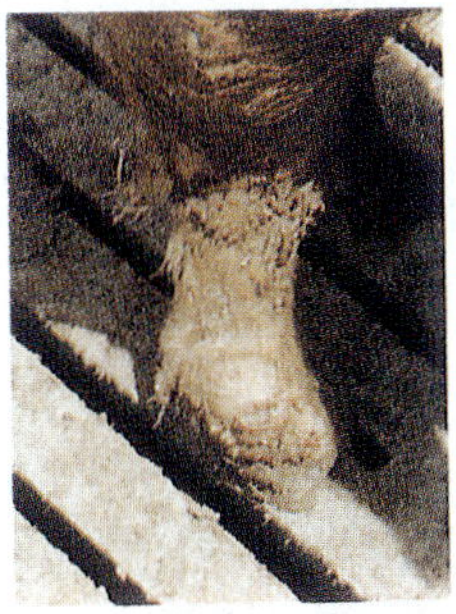

(a)

(c)

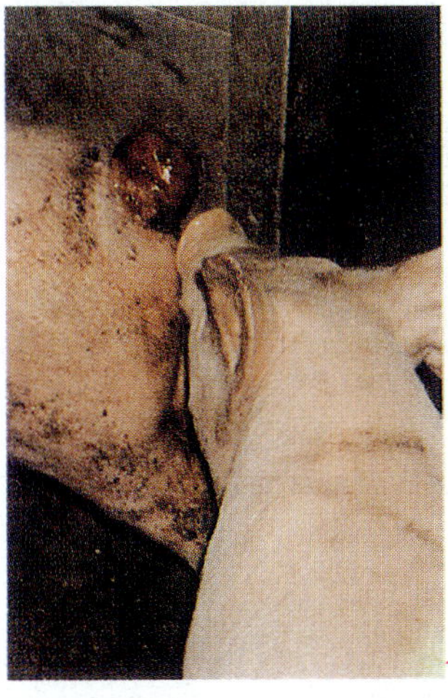

(d)

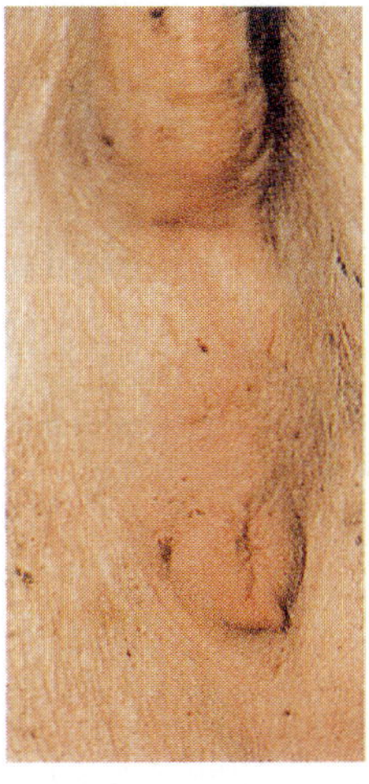

(e)

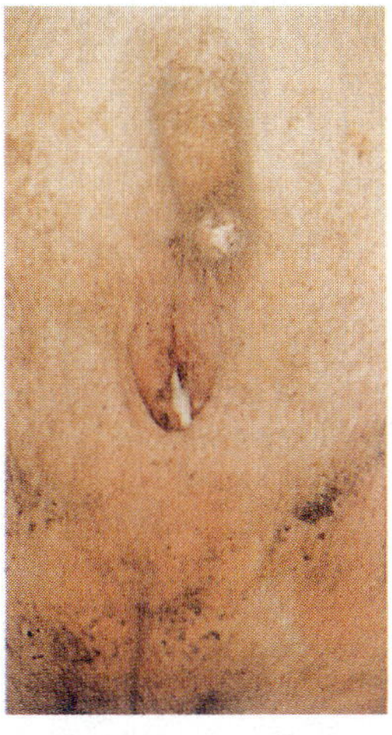

Lámina 7.1 (a) Cojera e infecciones en extremidades, (b) cuartillas descendidas, (c) prolapso rectal propenso a provocar canibalismo, (d) atresia anal, (e) flujo vaginal.

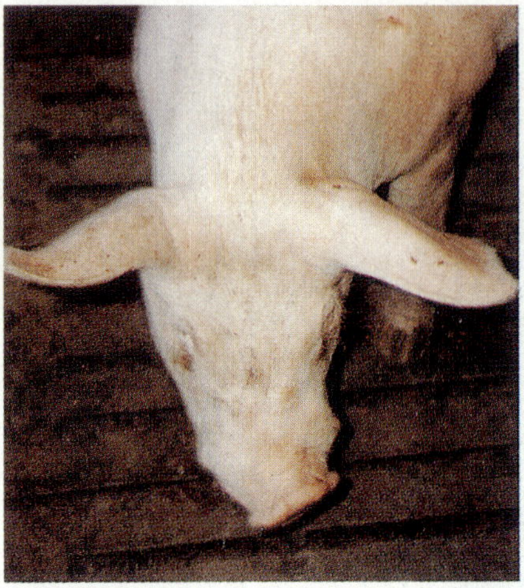

(a)

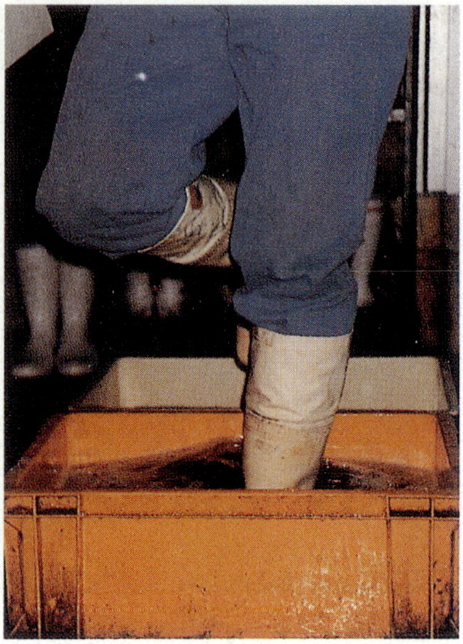

(b)

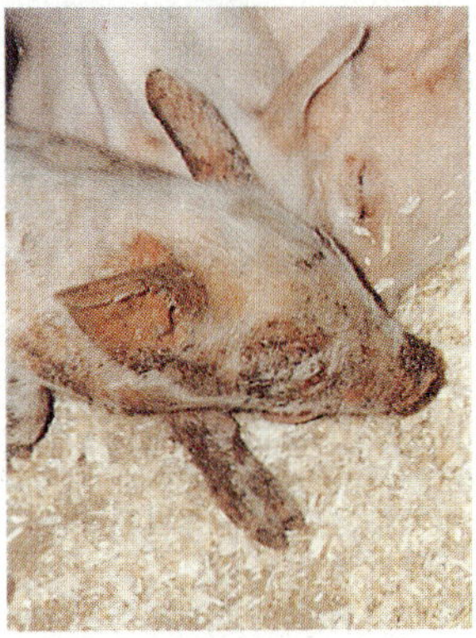

(c)

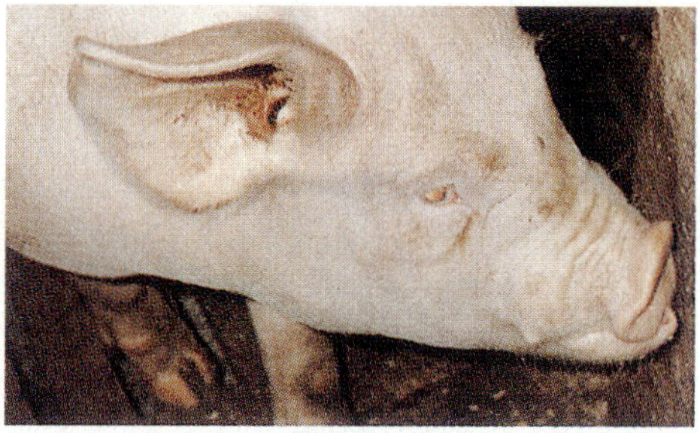

(a)

Lámina 7.2 (a) Rinitis atrófica, (b) baño para desinfección de los pies situado en la puerta de una cochiquera de partos, (c) dermatitis exudativa.

heredabilidad (σ^2A/σ^2P) oscilan entre 0 y 1. El caudal genético aditivo expresa el valor como reproductor de un padre o madre, y pasa a la descendencia de una forma simple y aditiva.

La heredabilidad (h^2) se calcula mediante la cuantificación de un carácter en los padres y en su descendencia, y calculando la relación que existe entre los dos en la expresión de tal carácter: es decir, la regresión de la descendencia con los padres. Por definición, las determinaciones de un carácter solamente pueden realizarse observando el fenotipo que –dependiendo de h^2– puede guardar o no una relación estrecha con la constitución genética o genotipo.

La selección de caracteres hereditarios en el seno de una población única de animales permite alcanzar mejoras generación tras generación. La amplitud del cambio en la población (la respuesta, R) depende de la heredabilidad y de la amplitud de la superioridad de los padres seleccionados sobre la media de la población (S). La heredabilidad correspondiente al espesor de la grasa en los cerdos es de 0,5 aproximadamente. Si el espesor de la grasa en la media de la población es de 20 mm, y el valor como reproductores de ambos padres es de 16 mm y 18 mm, entonces la superiodad paterna es de 3 mm y el espesor previsto genéticamente de la grasa en la descendencia sería de 20 – (3 × 0,5) = 18,5 mm:

$$R = h^2S$$

(Ecuación 6.3)

Las posibilidades de superioridad de los padres dependen de la amplitud de la variación que existe entre la población. Un carácter sin mucha variación en la población será difícil de mejorar por la similitud entre la media de la población y el valor presentado por unos pocos que son superiores. Por otra parte, al seleccionar unos pocos que son los mejores de una población que presenta una gran variación se alcanzará un cambio rápido y positivo en la población. Este punto es considerado en la Figura 6.3. En la población (a), los pocos cerdos mejores difieren bastante de la media en términos de su magrosidad, mientras que en la población (c), los pocos cerdos mejores tan sólo son ligeramente superiores a la media de la población.

En cualquier programa de reproducción animal es fundamental seleccionar únicamente el menor número posible de los individuos más excelentes, y difundir sus genes a un número máximo de animales menos excelentes. Cuanto menor sea el número de animales seleccionados, mayor será la intensidad de la selección (i), mayor la amplitud de la superioridad de los padres y mayor será la respuesta:

$$S = i\sigma P$$

(Ecuación 6.4)

La cuantía de mejora genética por generación (R) puede expresarse ahora como el producto de la varianza del carácter en la población, su heredabilidad y la intensidad de la selección aplicada:

$$R = ih^2\sigma P$$

(Ecuación 6.5)

La *tasa* de mejora genética *por año* (ΔG) depende del intervalo entre dos generaciones (ΓI); cuanto más rápido sea el recambio generacional, y más corto el intervalo, más rápida será la tasa anual de cambio genético:

$$\Delta G = ih^2\sigma P/GI$$

(Ecuación 6.6)

La tasa máxima de mejora genética siempre será más rápida en las poblaciones numerosas que en la reducidas debido a la influencia de i. Al aumentar el tamaño de la población (a) se incrementará la variación existente para seleccionar, (b) permitirá una mayor intensidad de la selección sin aumentar el grado de consanguinidad y (c) permitirá difundir los genes mejorados mediante un mayor número de posibles reproductores. Las poblaciones numerosas están constituidas evidentemente por piaras de reproductores con muchas hembras, aunque la

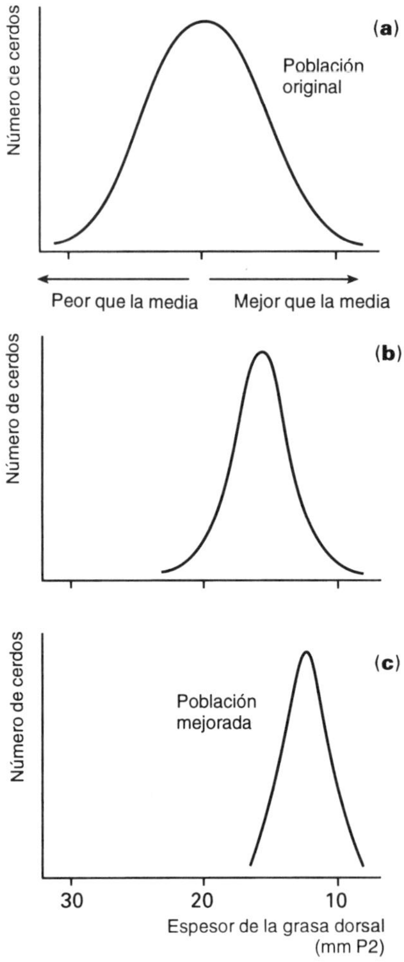

Figura 6.3 Distribución del espesor de la grasa dorsal en una población seleccionada para reducir la grasa.

biotecnología moderna puede ampliar la influencia de una sola hembra de gran calidad mediante la ovulación múltiple y la transferencia de embriones. La distribución de genes procedentes de machos excelentes puede ampliarse también mediante la aplicación de la inseminación artificial.

La identificación correcta de los «mejores» reproductores para constituir el fundamento de la generación siguiente a partir de un número de candidatos resulta un hecho claramente crucial para conseguir un valor elevado correspondiente a la intensidad de la selección (i). Esto no resulta tan sencillo como puede parecer. Algunos caracteres no pueden ser determinados de forma directa, tales como el tamaño de la camada o el rendimiento lechero en un macho, o el peso de la masa de tejido magro en un cerdo que debe conservarse vivo si debe actuar como reproductor con posterioridad. En estos casos las determinaciones pueden efectuarse en parientes, o predecirse a partir de un carácter correlacionado que puede medirse en el animal vivo. Incluso las determinaciones realizadas sobre el propio candidato pueden no ser todas las que parecen. Un cerdo graso con buen apetito no es el mismo tipo de cerdo graso que otro con poco apetito. El carácter determinado y el medio ambiente en que se expresa el carácter guardan una relación importante, de forma que el método de comprobación elegido y el carácter a seleccionar son interdependientes.

La **prueba de la descendencia** es una determinación del valor de un individuo o de su valor como reproductor mediante la determinación del rendimiento de la descendencia. Constituye un requisito imprescindible para determinar el valor y el valor como reproductor correspondiente al rendimiento lechero o la prolificidad de un macho. Sirvió con gran éxito en los años iniciales de la mejora del cerdo danés para seleccionar contra la grasa. Aunque seguro, resulta caro. Para caracteres de baja heredabilidad, tal como el rendimiento como reproductor, se acepta actualmente que la información para un individuo debe proceder de tantos parientes próximos como sea posible, especialmente descendientes directos.

La **prueba del rendimiento** determina el valor mediante mediciones del rendimiento en los propios individuos y su eficacia es máxima con caracteres que presentan una elevada heredabilidad tales como la tasa de crecimiento y la calidad de la canal. En este último caso puede predecirse a partir de mediciones correlacionadas tales como el espesor de la grasa en el candidato y de mediciones directas hechas en hermanos que son sacrificados con este propósito.

La prueba del rendimiento y la prueba de la descendencia no son, por supuesto, excluyentes una con respecto a la otra. ¡La prueba del rendimiento de un candidato es la prueba de la descendencia de sus padres! El valor como reproductor de un individuo puede predecirse mejor, en consecuencia, mediante el rendimiento de sus hermanos, mediante la información conseguida a través de la prueba de la descendencia y por los datos procedentes de antepasados y del mayor número posible de parientes. Toda esta información se va acumulando de forma natural, de generación en generación, según avanza un programa de mejora. Si se resumen todos estos datos, y se practican los ajustes adecuados para diferencias de tiempo y lugar, entonces es posible mejorar la seguridad de la predicción. Esto resulta especialmente útil para caracteres de baja heredabilidad, tales como rendimiento lechero o tamaño de la camada cuando la selección se realiza en líneas femeninas. Resulta esencial disponer de computadoras potentes para acumular la inmensa masa de datos cuantitativos que pueden resultar útiles para la selección de un solo candidato. Esta técnica es actualmente una práctica aceptada en grandes empresas dedicadas a la reproducción animal y es conocida como Best Linear Unbiased Prediction, o BLUP (mejor predicción lineal imparcial).

Siempre sucede que la selección debe basarse en más de un carácter. Cada carácter adicional frena la tasa de progreso en algún otro, aunque mantiene una población global de calidad. Así, la selección puede ser precisa para la tasa de crecimiento y la calidad de la canal, o para la eficacia en la conversión del pienso *y* el tamaño de la camada. Para seleccionar de forma simultánea más de una característica, es preciso un **índice**. El índice incluirá, y también «ponderará», los diversos elementos según su importancia relativa. El índice puede acomodarse cuando la correlación negativa no es fuerte, aunque pueden presentarse problemas si los dos caracteres deseados mantienen una elevada correlación negativa, de forma que el cambio positivo en uno provoca un profundo cambio negativo en el otro. En este caso la solución suele consistir en elegir líneas independientes para la selección de cada carácter.

Varianza genética no aditiva

La varianza genética no aditiva (σ^2D y σ^2I) representa las contribuciones de los padres que no se añaden conjuntamente de forma simple. Las características que presentan varianza genética no aditiva no pueden ser sometidas a una selección progresiva en el seno de una población de reproductores. Sin embargo, dicha variación es responsable de la heterosis, y es sumamente valiosa en los planes de reproducción. La heterosis se manifiesta generalmente de forma más intensa cuando se cruzan dos poblaciones de reproductores de raza pura. Las causas de la varianza genética no aditiva se achacan generalmente a la dominancia (σ^2D) y a la epistasia (σ^2I). La dominancia hace referencia a interacciones en un determinado locus (A sobre a), mientras que la epistasia hace referencia a interacciones entre varios loci (A o un alelo con B o b, o con C o c, etc.). La dominancia se produce cuando el complemento génico de un padre suprime al del otro, como sucedería cuando un cerdo halotano-positivo homozigote se aparease con una cerda halotano-negativo homozigote y la descendencia heterozigote resultante es halotano negativa. Si no existiese dominancia y la variación genética fuese aditiva, cabría esperar que el heterozigote mostrase un valor intermedio en la respuesta halotano. Sin embargo, no es este el caso (Tabla 6.1). Este ejemplo particular demuestra también que con frecuencia la dominancia no es completa, y el heterozigote puede seguir mostrando una ligera tendencia hacia características tales como PSE asociadas con el gene halotano. La heterosis resultante de los efectos de la dominancia puede apreciarse mejor cuando se cruzan individuos, homozigotes para caracteres diferentes, unos positivos y otros negativos, y se obtiene una descendencia heterozigote que muestra todas las características positivas. Cuando las características A y B muestran ambas dominancia, el homozigote AAbb (que aparece excelente para A, aunque con escasa calidad en b), cruzado con el homozigote aaBB (excelente para B, aunque con escasa calidad en a), proporcionará una descendencia AaBb, que al ser dominantes A y B, mostrará una calidad excelente tanto para A como para B.

La epistasia (σ^2I) se produce cuando los genes de dos padres se complementan unos con otros para constituir un todo que es superior a la suma de sus partes. Este sería el caso cuando A, B, C, etc., fuesen elementos que contribuyesen a un

Tabla 6.1 Incidencia de músculos pálidos, blandos y exudativos (PSE) en dos poblaciones de cerdos y en el cruce resultante. El gene halotano negativo es dominante sobre el gene halotano positivo.

	Incidencia de PSE en cerdos estresados antes del sacrificio
Homozigote halotano negativo (NN)	5
Homozigote halotano positivo (nn)	60
Descendencia heterozigotica (Nn)	10

carácter productivo complejo, y gozasen de la oportunidad de interactuar positivamente *el uno con el otro.* Dicha situación podría presentarse fácilmente en el caso del tamaño de la camada cuando la tasa de ovulación, la tasa de fertilización y la supervivencia embrionaria contribuyen de forma conjunta al número de cerditos nacidos. Típicamente, la acción de genes no aditivos de esta naturaleza determina que el rendimiento del heterozigote sea superior a cualquiera de sus padres homozigotes.

Aplicación del vigor híbrido

El cambio genético no aditivo, demostrado como efectos heteróticos, y originado por la dominancia y la epistasia, es por naturaleza de una vez para siempre. Las mejoras progresivas no son posibles, y el fenómeno debe reproducirse en cada generación cuando se cruzan dos estirpes determinadas de cerdos. No se produce en todos los cruces, ni en todos los caracteres. Las consecuencias de un determinado plan de cruzamiento para conseguir un efecto heterótico en un determinado carácter no pueden predecirse antes de realizarlo. Sin embargo, cuando se descubre la heterosis reaparecerá para un determinado carácter cada vez que se crucen esas dos estirpes determinadas de cerdos. En los cerdos se observan los fenómenos heteróticos principalmente en los caracteres de la reproducción, cuya heredabillidad es baja y son difíciles de mejorar mediante selección convencional basada en la variación genética aditiva en el seno de una población de reproductores. La relación inversa entre los efectos heteróticos y la amplitud de la varianza genética aditiva se deduce en parte de la Ecuación 6.2, la variación genética (σ^2G) es la suma de la varianza genética aditiva (σ^2A), y de los efectos heteróticos (σ^2D) y epistáticos (s^2I).

La Tabla 6.2 considera el caso de tres razas y de dos cruces entre las mismas. Para la tasa de crecimiento, puede verse que los cruces funcionan exactamente con valores promedios entre los padres. Por ejemplo, (650 + 750)/2 = 700. En este caso son nulas las expectativas de heterosis. Aunque en el tamaño de la camada existe heterosis. El valor medio de los padres en el Caso 4 (Large White x Landrace B) sería de diez cerditos nacidos, aunque se observan niveles de rendimiento de 10,75. Puede cuestionarse el beneficio de dicho cruce cuando el rendimiento de la raza Large White (Caso 3) ya es superior con respecto tanto a la tasa de crecimiento como al tamaño de la camada. Sin embargo, un tercer carácter tal como el porcentaje de carne magra o la puntuación para la conformación

Tabla 6.2 Rendimiento de dos razas puras y de dos cruces mostrando la presencia y ausencia de heterosis (vigor híbrido) en los cruzamientos: (a) descendencia superior a la media de los padres, (b) descendencia superior incluso al mejor de los padres.

	Tasa de crecimiento (g/día)	*Tamaño de la camada (número nacidos)*	*Tamaño del jamón (puntos 1-5)*
Caso 1: Raza pura (Landrace tipo A)	650	10	3
Caso 2: Raza pura (Landrace tipo B)	700	9	4
Caso 3: Raza pura (Large White)	750	11	3,5
Caso 4: Cruzamiento (Large White × Landrace B)	725	10,75[(a)]	3,75
Caso 5: Cruzamiento (Large White × Landrace A)	700	12[(b)]	3,25

Aunque este ejemplo no muestra heterosis con respecto a los valores medios de los padres correspondientes a la tasa de crecimiento, no siempre sucede así. Con frecuencia se descubre cierta heterosis (tipo (a)) con respecto a la tasa de crecimiento en los cruces entre Pietrain y Large White, y entre Duroc y Large White.

del jamón puede ser superior para el Landrace B, y el valor medio de los padres para esta calidad, junto con el valor medio de los padres para la tasa de crecimiento y el valor superior al medio de los padres para el tamaño de la camada puede ser conveniente en la generación obtenida del cruce racial. El caso 5 (Large White x Landrace A) demuestra la respuesta óptima del vigor híbrido, proporcionando una camada de 12, un cerdito más que el mejor de los padres (el Large White). El Caso 5 consigue ciertamente el máximo tamaño de la camada, aunque no así la tasa de crecimiento ni la conformación del jamón, que deberán mejorarse siguiendo una estrategia diferente.

La heterosis verdadera fue demostrada, por supuesto, de forma precoz por los criadores de maíz, cruzando dos líneas consanguíneas, homozigotas, de bajo rendimiento. El heterozigote F1 resultante alcanzaba una producción de maíz superior a cualquiera de las dos líneas originales incluso antes de iniciar el regimen de consanguinidad. Para conseguir el vigor híbrido en las poblaciones porcinas se pensó, al principio, que también podría ser necesaria la depresión del rendimiento creada por la consanguinidad. Sin embargo, no sucede así, y no existe este requisito previo. No obstante, para que se manifieste el vigor híbrido es necesario que las dos líneas usadas de reproductores sean bastante diferentes la una de la otra.

La heterosis en los caracteres de la reproducción fue observada y explotada por L.M. Winters de Minnesota, y posteriormente por Smith y King en los inicios de la década 1960-70 cuando trabajaban en la Animal Breeding Research Organization de Edimburgo. Las razas Large White y Landrace Escandinava siguen siendo las dos razas usadas con mayor frecuencia en los planes de cru-

Tabla 6.3 Efecto del cruzamiento sobre el rendimiento de la reproducción.

	Porcentaje de mejora sobre la raza pura en los cerdos destetados/hembra/año
Primer cruce	5-10
Cruce retrógrado o cruce con tercera raza	10-15

zamiento interracial para mejorar los caracteres de la reproducción en los cerdos. La heterosis resulta igualmente evidente, sin embargo, en los cruces entre las razas Duroc y Landrace y Large White. Se ha demostrado satisfactoriamente la existencia de heterosis en dos niveles. Primero, la camada del cruce de hembra de raza pura tiene mayor tamaño y vigor, destetándose mayor número de cerditos y con mayor peso al destete; la descendencia cruzada puede mostrar una variación de al menos el 5% en el tamaño de la camada y del 10% en el peso de la camada al destete. Segundo, el empleo de las hembras híbridas F1 de primera generación como madres de la siguiente generación aumenta más el rendimiento (5%, al menos) debido al mayor vigor reproductor de la hembra (Tabla 6.3). Las camadas procedentes de madres F1 puede confiarse que presenten 1,0-1,5 más cerditos destetados como resultado del mayor número de nacidos y de la posterior viabilidad de los cerditos. Al mejorar la producción de leche y el vigor de los cerditos también resulta probable que aumente hasta en 1 kg el peso de los cerditos individuales destetados con 28 días.

Debe insistirse, no obstante, que estas ganancias no son progresivas. Han mantenido este mismo nivel durante 30 años y solamente se consiguen al obtener la generación F1 mediante el cruce de líneas raciales puras. Las líneas raciales puras deben mantenerse con independencia de las poblaciones de raza pura con la finalidad específica de obtener generación tras generación de nuevos descendientes F1 heterozigotes. Mientras tanto también puede realizarse la selección progresiva en las población de raza pura según se pone de manifiesto en la Tabla 6.4.

Una de las características de la generación F1, además de la heterosis en los caracteres de la reproducción, es la uniformidad del heterozigote, que aparece

Figura 6.4 Mostrando un ejemplo de mejora lograda en una población de reproductores de raza pura mediante selección, junto con la heterosis alcanzada en la descendencia cruzada.

	Tamaño de la camada (número de nacidos)
Línea A raza pura	8,5
Línea B raza pura	9,5
Cruce (A × B)	10,0
Tras n generaciones de selección incluyendo tamaño de la camada	
Línea A raza pura	8,75
Línea B raza pura	9,75
Cruzamiento (A × B)	10,25

particularmente normalizado en aspecto físico y rendimiento. Esto supone una importante ventaja comercial en sí mismo. No obstante, si heterozigotes F1 *procedentes de las mismas fuentes* son cruzados para crear una generación F2 se produce una disociación de los genes que se habían complementado previamente unos con otros de una forma tan beneficiosa. El resultado del cruzamiento de heterozigotes puede ser desafortunado en dos aspectos. Primero, disminuye el vigor híbrido y segundo, la descendencia puede ser más variable. La variabilidad puede descubrirse en la conformación, funcionamiento y en algunos aspectos del rendimiento.

Pueden derivarse, en consecuencia, algunos efectos desventajosos de la elección bien:

1 Al emplear el padre y la madre de la misma F1 para la generación destinada al sacrificio; o
2 Usar la generación F2 destinada al sacrificio para reposición de hembras reproductoras.

Es importante que el macho usado para fecundar una hembra F1 sea bien de raza pura (una de las líneas puras que sirvieron para obtener la F1 resulta satisfactoria), o una macho procedente de cruce interracial de origen diferente que incluya al menos el 50% de genes nuevos. Resulta igualmente vital que los productores rechacen la tentación de reponer hembras con animales procedentes de sus cochiqueras de cebo con destino al sacrificio, más bien la piara de hembras reproductoras debe reponerse en cada generación a partir del cruzamiento de líneas «pura raza».

El vigor híbrido en los caracteres de la reproducción se pone también de manifiesto en el lado masculino. En este aspecto el fenómeno se evidencia en la resistencia, madurez sexual precoz, longevidad, aumento de la libido y mejor concentración y motilidad de los espermatozoides. En consecuencia, puede resultar más sencillo el empleo de verracos cruzados, que cubren a las hembras con mayor facilidad, mejoran las tasas de concepción y producen camadas más numerosas como consecuencia de las mejores características del semen y de la libido. El empleo de verracos híbridos ha permitido conseguir entre 0,25 y 0,75 más cerditos por camada. Los productores valoran de forma particular el incremento de la libido en comparación con los tipos «pura raza».

La planificación de los regímenes de reproducción para utilizar el vigor híbrido en la línea femenina tiende a adoptar una u otra de las formas que aparecen en la Tabla 6.5. La Opción 1 es un cruce típico de dos direcciones que puede realizarse con cualquier línea como macho o hembra (es decir, una variante del esquema sería L en lugar de LW o al contrario). Algunas veces la misma raza puede ser usada en la línea masculina y femenina, aunque se elige una estirpe diferente para estos fines distintos. La Opción 2 es una cruce de tres direcciones donde P es siempre el macho procedente del cruzamiento heterosanguíneo, aunque pueden intercambiarse LW y L. La Opción 3 utiliza una línea masculina sometida a cruce heterosanguíneo de fuentes distintas a la hembra para así conseguir el máximo vigor híbrido tanto en el macho como en la hembra, así como en la descendencia. La Opción 4 es una variante de la Opción 1, ya que las hembras de la generación destinada al sacrificio se destinan a reposiciones en la piara de reproductores. Este esquema es llamado cruzamiento alternativo con dos razas y

Tabla 6.5 Planes de cruzamiento estimulando el vigor híbrido en la línea materna.

1.
LW♂ × L♀ (o el recíproco)
↓
LW♂ × (LW × L)♀ (hembra híbrida F1)
↓
generación para sacrificio

2.
LW♂ × L♀ (o el recíproco)
↓
P♂ × (LW × L)♀
↓
generación para sacrificio

3.
D♂ × LW♀ LW♂ × L♀
↓ ↓
(D × LW)♂ × (LW × L)♀
↓
generación para sacrificio

4.
L♂ × (LW × (LW × L))♀
↓
LW♂ × (L × (LW × (LW × L)))♀
↓
L♂ × (LW × (L × (LW × (LW × L))))♀
↓
etc.

se conserva cierta heterosis mediante el empleo alternativo de las dos razas para el padre de la generación siguiente. Este plan no consigue que sea máxima la heterosis y requiere que tanto los caracteres correspondientes a crecimiento y reproducción sean manejados usando un índice y aplicando la selección simultáneamente en ambas poblaciones. Una vez fue popular, aunque actualmente se encuentra muy desacreditado. En la tercera opción, la raza «D» puede ser idónea para obtener sementales cruzados, ya que puede reproducirse con la «LW». No obstante, también son factibles como otras posibilidades los cruces entre Large White o Landrace, y la raza Duroc, Hampshire, Pietrain y Landraces de los tipos Belga y Alemán.

La incorporación de genes nuevos mediante importación

La importación de genes para incluir unos caracteres requeridos de forma específica en una población satisfactoria en otros aspectos ocupa un segundo lugar con respecto a la reposición de toda la población como la forma más simple de mejora genética.

Cuando la fuente alternativa de genes es superior de forma global a la población existente, entonces aparece indicada la reposición de toda la población indicada en segundo lugar. Esto podría realizarse de una sola vez, o mediante «cruzamiento de absorción». En la producción porcina suele usarse la opción en una sola etapa para la reposición racial, el lugar del proceso más tedioso del cruzamiento de absorción. Puede suceder que una explotación precise ser poblada *de novo* o que se aprovecha la oportunidad de despoblar una explotación ya existente, que se desinfecta, se somete a descanso y se vuelve a poblar con el tipo de cerdo destinado a la reposición, de mejor calidad y con una situación sanitaria superior.

Ejemplos de terapias de reposición instantánea serían la sustitución de piaras locales de cerdos indígenas por hembras híbridas blancas modernas, una decisión de cambio de reproductores o una política de cambio hacia sementales para realizar el cruzamiento heterosanguíneo.

El cruzamiento de absorción es un proceso tedioso por el que se efectúa la reposición de una raza utilizando la población básica que es fecundada por verracos de la raza nueva durante cinco generaciones, hasta que la población base tiene el 97% de los genes de la raza paterna y, en consecuencia, puede considerarse que se ha producido el cambio de raza. La conveniencia del cruzamiento de absorción quedaría limitada a casos en que es restringida la disponibilidad de la nueva raza a unos pocos individuos aunque resulta preciso crear una piara núcleo nueva. Una posibilidad típica sería el empleo de semen de una raza musculosa para crear, a partir de ganado indígena, una población de línea masculina particularmente carnosa.

Con frecuencia, la fuente alternativa de genes *no* es mejor glabalmente que la población existente, aunque es portadora de uno o dos caracteres valiosos. En consecuencia, no se pretende la reposión total de la raza. La incorporación de los genes importados es precisa para aumentar más que para reemplazar la población existente y disponer de una raza mejorada. La inyección de genes se consigue mediante uno o más cruces iniciales seguidos de una selección posterior para retener los genes buscados, aunque eliminando los que no se desean. Así ha sido empleada la raza Meishan para importar genes asociados con la prolificidad que se incorporan a tipos magros y de crecimiento rápido como Large White y Landrace. El primer cruce determina heterosis sobre la prolificidad media de los padres en +3 cerditos aproximadamente por camada, aunque con la penalización consiguiente de adiposidad y crecimiento lento. Mediante cruzamiento retrógrado posterior con la raza blanca, y una selección adecuada, puede mantenerse la prolificidad en el genoma aunque eliminando el crecimiento lento y la adiposidad. La consecución de +1 cerdito por camada sin pérdida de tasa de crecimiento ni de magrura se consideraría como un programa de reproducción altamente beneficioso. En este aspecto, el programa de cruzamiento con cerdos Meishan ha resultado algo desalentador.

La Landrace Belga es una raza carnosa, aunque también halotano positiva con una eficacia reproductora reducida, susceptible al estrés y la carne de su canal es posible que pierda calidad como consecuencia de PSE. Por esta razón, generalmente tan sólo se usa el macho para cruzamiento heterosanguíneo, el gene halotano-negativo normal (N) es dominante y el heterozigote (N) es resistente al estrés cuando es obtenido de una madre (N) normal. Constituye un principio importante en el uso del tipo heterozigote (N) que aunque el tipo normal (N) es dominante frente a la predisposición al estrés (y mortalidad) y reducción de la calidad de la carne, problemas que no se presentan en el heterozigote N, la herencia del porcentaje de carne magra es aditiva, el heterozigote N muestra valores intermedios entre sus dos progenitores (sobre + 2,5% de carne magra). Aunque la canal sería incluso más valiosa si la madre fuese también portadora del

Tabla 6.6 La supresión del gene halotano (nn) mediante efectos de dominancia, y su posterior reaparición tras el uso del heterozigote tanto en las líneas masculinas como en las femeninas.

NN × nn →	Nn:	Intermedio para carnosidad, heterozigote resistente al estrés
Nn x Nn →	NN:	Homozigote, carnosidad reducida, libre de estrés
	Nn:	Heterozigote
	Nn:	Heterozigote
	nn:	Homozigote, carnoso, susceptible al estrés

gene para la magrosidad aunque evitando todos los problemas del gene halotano asociado; el resultado es una raza nueva de Large White magrosa creada mediante la importación de genes para el contenido de carne magra, aunque excluyendo los genes que favorecen el estrés. La disociación entre una musculatura compacta y susceptibilidad al estrés es posible actualmente aunque resulta una tarea ardua, y en poco tiempo se podrá disponer de tipos porcinos magrosos que son halotano negativos para su empleo en la línea masculina. Sin embargo, si se utiliza *un heterozigote* tanto en la línea masculina como en la femenina, reaparece la alteración PSE en una proporción (n) de la descendencia (Tabla 6.6). Constituye una meta importante para los ganaderos conseguir la separación de las características de la carne de las del estrés en razas tales como Landrace Belga y Pietrain. Aunque pueden conseguirse igualmente las cualidades de la carne mediante selección en el seno de una población de cerdos halotano negativos (N).

Si el ganadero percibe que una mezcla de los genes de ambas razas, o con frecuencia de tres o cuatro razas, puede ser beneficiosa, entonces puede dar origen a una raza totalmente nueva. Primero se cruzan las poblaciones originales obteniendo una población heterozigota mixta que posteriormente se reproduce entre sí. La siguiente generación presenta los genes de todas las razas iniciales y una mayor variación genética que la existente, para realizar la selección, en cualquiera de las poblaciones iniciales. Ahora puede explotarse la mezcla de genes mediante la selección de los animales que muestran las características deseadas y rechazando los que no las presentan. Los apareamientos entre los animales seleccionados permitirán concentrar los genes deseados hasta que la población constituya una raza pura. Con estos planes suele ser difícil que prosiga la variabilidad en la descendencia durante muchas generaciones tras realizar la mezcla original. No obstante, esta técnica permitió conseguir las razas Minesota y Lacombe. Más importante aún, la importación de genes y la mezcla de razas ha creado la mayoría de los núcleos de hembras de raza pura y las poblaciones de la línea masculina de muchas de las organizaciones actuales dedicadas a la reproducción porcina, que son razas nuevas o mejoradas creadas mediante importación de genes seguida de selección. Las líneas masculinas especializadas se obtienen invariablemente de mezclas de algunas, o de todas, de las razas siguientes: Hampshire, Pietrain, Landrace Belga, Duroc y Large White. El éxito del método depende de la calidad de las poblaciones iniciales utilizadas y de la efectividad del posterior programa de reproducción.

Aunque la construcción de una población de cerdos reproductores *puros* perfectos mostrando todos los caracteres beneficiosos a niveles de excelencia parece un objetivo laudable y bueno, no constituye de forma alguna el camino más eficaz para combinar los caracteres de tipos diferentes. Los programas de cruzamiento racial pueden justificarse sin necesidad de invocar los beneficios del vigor híbrido. La obtención de valores intermedios entre los progenitores puede ser ya una buena recompensa. Los genes de las razas Duroc y Large White se combinan bien mediante el simple cruce de ambas razas (D × LW). Se ha descubierto que dicho cruce resulta favorable tanto en la línea masculina cuando se aprecian los valores medios entre los progenitores para las características de la calidad de la carne, como en la línea femenina cuando los valores superiores a la media de los progenitores para prolificidad y rusticidad es útil en programas de producción porcina con inversiones bajas. Los animales cruzados *no* se aparean entre sí al pretender la obtención de una raza nueva. En su lugar se mantienen núcleos de población Duroc y Large Whire de raza pura para obtener de nuevo el producto cruzado en cada generación.

Los ganaderos que practican la mejora de razas modernas acuden con frecuencia a la importación de genes para introducir características nuevas y disponer de un mayor grado de variación para realizar la selección. Las tres técnicas, mejora racial, creación de una raza nueva y producción continuada de animales cruzados, son herramientas comunes para las empresas nacionales e internacionales que practican la reproducción porcina. La adición de genes y la aplicación de la heterosis son aspectos complementarios; las líneas que han sido sometidas a la importación de genes pueden ser usadas en los programas de producción de híbridos, tanto las líneas masculinas como las femeninas.

El tercer aspecto, e igualmente complementario, de la mejora racial es la obtención de cambios positivos mediante la selección genética en el seno de poblaciones de raza pura. El mantenimiento de la efectividad de los programas de producción de híbridos y de importación de genes depende de la mejora progresiva en las poblaciones originales mediante selección. Resulta claro que no puede mantenerse ningún programa de reproducción aplicando únicamente técnicas de cruzamiento y de importación de genes.

La mezcla racial ha sido usada algunas veces, con frecuencia de forma poco afortunada, en sustitución de un programa de mejora progresiva. Esta práctica dudosa impone el mantenimiento de cuatro o cinco pequeñas piaras, una de cada raza, en cuyo seno no se practica ningún tipo de selección, ya que su único propósito consiste en mantener varios tipos raciales diferentes. Por ejemplo, una raza prolífica, una raza coloreada, una raza de crecimiento rápido, una raza magra, una raza carnosa y así sucesivamente. De esta manera se satisfacen las necesidades del mercado mezclando y adaptando las razas. Esta estrategia promete mucho aunque aporta poco porque no se realiza mejora genética en las razas que constituyen la base.

Selección positiva en el seno de una población racial

La mejora mediante selección en el seno de una población depende de la existencia de varianza genética aditiva (σ^2A) y del desplazamiento de la media de la población en la dirección favorable mediante el empleo de sementales, y en menor medida de hembras, que sean excelentes. La prueba de la superioridad de un candidato depende de su medición; aunque solamente puede medirse el fenotipo. La variación fenotípica correspondiente a un carácter es la suma de los efectos genéticos aditivos y de la variación ambiental, supuesto que sean escasas las influencias de la dominancia y de la epistasia (heterosis; σ^2D y σ^2I). Siendo $\sigma^2G = \sigma^2A + \sigma^2D + \sigma^2I$:

$$\sigma^2P = \sigma^2G + \sigma^2E$$

(comparar también con *Ecuación 6.1*)

Tal como se insistirá, según la Ecuación 6.5, la respuesta a la selección (R) depende de la heredabilidad (h^2), de la intensidad de la seleccción (i) y de la amplitud de la variación existente en el seno de la población determinada mediante la desviación típica (σ). Mientras que el tamaño de la población influye sobre i, un intervalo reducido entre dos generaciones determina que sea máxima la tasa de respuesta (ver Ecuación 6.6).

Heredabilidad (h^2)

La heredabilidad hace referencia a la parte de σ^2P que es explicable por σ^2G,

$$h^2 = \sigma^2 A/\sigma^2P$$

(Ecuación 6.7)

y se pone de manifiesto mediante la influencia de los progenitores sobre la composición genética de la descendencia. La heredabilidad (h^2) puede determinarse en forma de la regresión del rendimiento de la descendencia con relación al rendimiento de los progenitores (media de los mismos), aunque también puede establecerse conociendo las semejanzas entre otros parientes –especialmente medio hermanos–. La Figura 6.4 muestra el cálculo de h^2 correspondiente a la tasa de crecimiento de una población de cerdos. Cada punto corresponde al valor del rendimiento medio de una pareja de progenitores frente al rendimiento de su des-

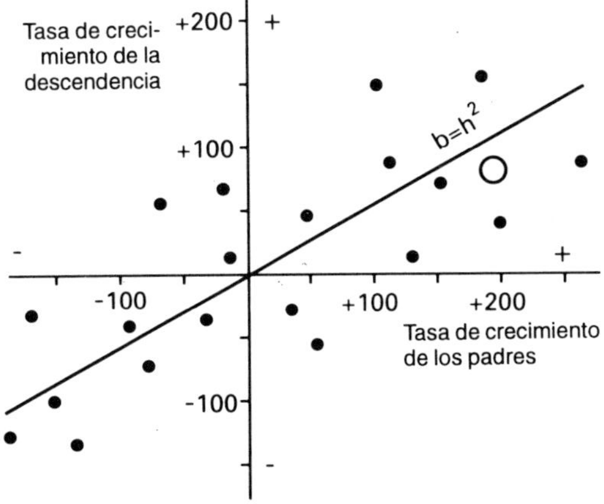

Figura 6.4 Empleo de la regresión de la descendencia sobre los padres para calcular la heredabilidad.

Tabla 6.7 Cálculos de la heredabilidad en los cerdos.

Caracteres de la reproducción (heredabilidad baja)	
Tasa de ovulación	0,10-0,25
Supervivencia de embriones	0,10-0,25
Número de nacidos	0,10-0,20
Supervencia de cerdos jóvenes	0,05-0,10
Facilidad para siguiente fecundación	0,05-0,10
Rendimiento lechero	0,15-0,25
Calidad de la leche	0,30-0,50
Longevidad	0,10-0,20
Crecimiento y calidad de la canal (heredabilidad moderada)	
Ganancia diaria de peso vivo	0,30-0,60
Tasa de crecimiento de tejido magro	0,40-0,60
Apetito	0,30-0,60
Espesor de la grasa dorsal	0,40-0,70
Longitud de la canal	0,40-0,60
Superficie del músculo de los lomos	0,40-0,60
Conformación del jamón	0,40-0,60
Calidad de la carne	0,30-0,50
Sapidez	0,10-0,30

cendencia. Así, para el círculo abierto, la tasa de crecimiento del padre fue de 900 gramos diarios y la de la hembra de 700 gramos diarios. La tasa media de crecimiento de todos los progenitores fue de 600 gramos, por lo que el valor medio de los progenitores fue (900 + 700)/2 = 800 – 600 = +200 gramos. La tasa de crecimiento determinada en cuatro descendientes fue de 650, 600, 750 y 700. La tasa media de crecimiento fue (650 + 600 + 750 + 700)4 = 675 – 600 = +75 gramos. Con relación a todos los progenitores y descendientes, la regresión tiene una pendiente de 0,5.

En la Tabla 6.7 se incluyen los valores de la heredabilidad correspondientes a determinados aspectos importantes de la producción porcina.

La heredabilidad es alta para caracteres como la calidad de la canal que son poco influenciados por el medio ambiente (según va siendo menor σ^2E, así σ^2G supone una mayor proporción de σ^2P). Por el contrario, caracteres como la reproducción que son muy influenciados por los efectos ambientales son escasamente heredables. La heredabilidad (h^2) es una *estimación* y, en consecuencia, puede variar. Si σ^2E es un valor alto, los valores de h^2 para la reproducción y el crecimiento pueden ser inferiores a 0,1 y 0,3 respectivamente aunque, cuando es controlado más estrechamente el medio ambiente, pueden duplicarse fácilmente los valores de h^2 para estos caracteres. Se deduce que el control de σ^2E determinará que se sea máxima la eficacia de la identificación del genotipo verdadero y, en consecuencia, aumentará h^2. Cuanto mayor sea h^2, más rápida será la tasa de mejora genética practicada mediante la selección de los mejores progenitores.

Diferencial de selección (S)

El diferencial de selección es una función de la intensidad de la selección (i) y de la variación (σ). En consecuencia, la respuesta a la selección es el producto de la heredabilidad por el diferencial de selección, según se demuestra en las Ecuaciones 6.3, 6.4 y 6.5.

Cuanto más excepcionales sean los progenitores seleccionados, en comparación con la media de la población, más excepcional será su descendencia y más rápida será la tasa de cambio positivo en la población según van transcurriendo las generaciones sucesivas. Dada la regresión de la descencia sobre la media de los progenitores según muestra la Figura 6.5 para la tasa de crecimiento, resulta evidente que cuanto más a la derecha del eje X se encuentren los progenitores, más hacia arriba en el eje Y aparecerá la descendencia. También resulta evidente que cuanto más inclinada sea la pendiente de b, mejor será la respuesta de la descendencia y más próximo su rendimiento a los niveles de los progenitores seleccionados. Los planes de reproducción tenderán a que sea máximo el movimiento en la dirección mostrada por las flechas en la Figura 6.5.

El diferencial de selección no será grande cuando pueda seleccionarse el 40% aproximadamente de la población como reproductores de la generación siguiente. Un diferencial reducido y una elevada proporción de animales seleccionados resultarán hechos típicos en la selección de hembras reproductoras. Un diferencial de selección alto, con una selección generalmente inferior al 10%, y con frecuencia inferior al 1%, resultarán hechos típicos para la selección de los machos,

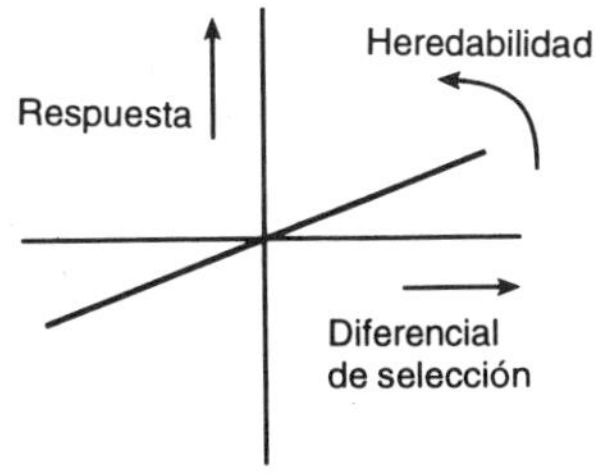

Figura 6.5 La respuesta será máxima cuando sea máximo el diferencial de selección y la heredabilidad. Cuanto mejores sean los padres, mayor será la respuesta; cuanto más elevada sea la heredabilidad mejor será la respuesta para cualquier diferencial de selección.

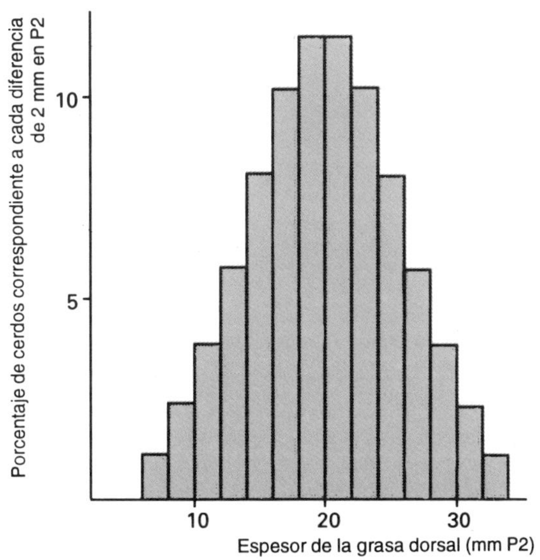

Figura 6.6 Ejemplo de la variación en las mediciones en P2 tomadas de una población de cerdos en la que se han seleccionado los machos. Si son 100 los candidatos y deben seleccionarse cinco, la máxima determinación en P2 en los cerdos seleccionados será de 11 mm aproximadamente, y la media sobre 10 mm. Si son 100 los candidatos y deben seleccionarse 25, la medición máxima en P2 en los cerdos seleccionados será de 6 mm aproximadamente, y la media de unos 14 mm.

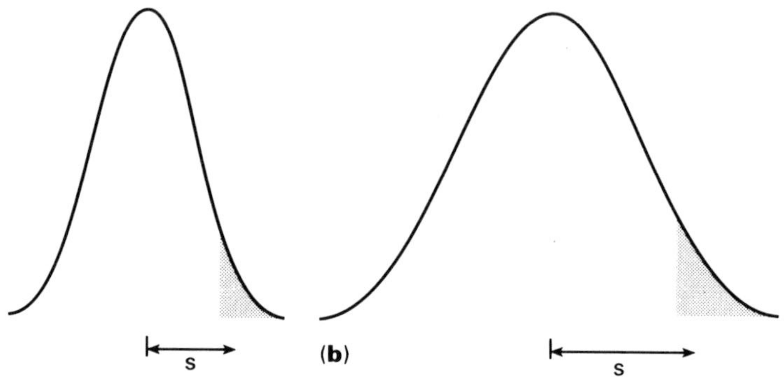

Figura 6.7 En ambas poblaciones se selecciona el 10% de los mejores individuos. En la población variable (b) el diferencial de selección S es mucho mayor que en la población menos variable (a).

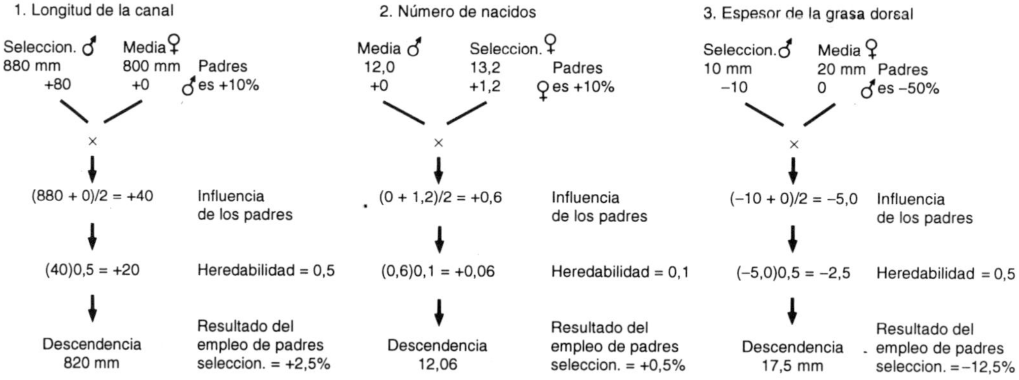

Figura 6.8 Influencia de la heredabilidad y del diferencial de selección sobre la tasa de mejora tras el uso de reproductores seleccionados. En el primer ejemplo el macho seleccionado presenta una longitud de la canal que es un 10% mejor que el promedio de la piara de reproductores. Si la heredabilidad para la longitud de la canal es 0,5, se descubrirá en la descendencia una mejora del 2,5%. Probablemente deberán transcurrir 12 meses entre el nacimiento del macho seleccionado y el nacimiento de su descendencia. En una población de cerdos menos variable podría no existir un macho con una longitud de la canal de 880 mm, y el animal más largo sería solamente un 5% superior a la media (840 mm), con lo que la descendencia solamente mejoraría el 1,25%. En el segundo ejemplo ha sido seleccionada una cerda reproductora por haber producido camadas que superaban en el 10% a la media. Con una heredabilidad de 0,1, es probable que la descendencia muestre una mejora de tan sólo el 0,5% aproximadamente. En este caso deben transcurrir 24 meses entre el nacimiento de la hembra seleccionada y el nacimiento de su descendencia. En el tercer ejemplo un macho con 10 mm en P2, usado en una población con una media de 20 mm en P2, producirá descendientes cuya medición en P2 será de unos 17,5 mm (supuesta una heredabilidad de 0,5). Un macho con una medición en P2 de 14 mm produciría, mediante el mismo cálculo que en el ejemplo 3, una descendencia con mediciones en P2 de 18,5 mm aproximadamente. La cuantía de la diferencia entre la media del reproductor seleccionado y la media de la población dependerá del número de animales que deban seleccionarse entre los candidatos. Así, por ejemplo, es mucho más probable que la media en P2 de los seleccionados sea de 10 mm si son seleccionados solamente cinco individuos entre 100 candidatos; y al contrario, es más probable que la media en P2 sea de 14 mm si son seleccionados 25 individuos entre 100 candidatos (Figura 6.6).

especialmente si se utiliza inseminación artificial para facilitar la fecundación de un número máximo de hembras por el menor número de machos realmente excepcionales. La influencia de la proporción seleccionada sobre el grado de excelencia de los reproductores seleccionados viene indicada en la Figura 6.6.

El diferencial de selección depende tanto de i como de s. La selección del 10% de los mejores animales para un carácter con escasa variación en la población proporciona un menor valor para S que la selección del 10% mejor para un carácter con una variación elevada, según se indica en la Figura 6.7, para caracteres con variación baja (a) y elevada (b). En la Figura 6.8 se aprecia la influencia de la heredabilidad y del diferencial de selección sobre la amplitud de la mejora de tres caracteres.

Con frecuencia se ha supuesto erróneamente que cuando progresa un programa de selección debe disminuir la variación disponible para seleccionar, y que la respuesta termina siendo una meseta; y realmente *es* razonable esperar cierto límite en la variación explotable para caracteres que amenazan a la salud. Para caracteres que son seleccionados hacia menos, como sucede con el espesor de la grasa dorsal, resulta inevitable que la variación sea menor según la media de la población se aproxima a 0 (Figura 6.3) aunque para caracteres seleccionados hacia más, como los caracteres de la reproducción y la tasa de crecimiento del tejido magro, no resulta evidente la existencia de un límite. El sentido común indica que el tamaño de la camada debe limitarse a la capacidad uterina en cierta medida, aunque esta previsión no se cumplirá totalmente si existe una respuesta positiva correlacionada en el tamaño de la hembra. No existen razones para suponer que sea probable alcanzar una meseta en la respuesta en un futuro previsible para caracteres asociados con el crecimiento del tejido magro y con la reproducción.

Actualmente se estudia la amplitud de la variación genética en los caracteres de la calidad de la carne; podría ser que aunque algunos aspectos de la calidad de la carne, tales como sabor y blandura, podrían ser razonablemente heredables, existiría poca variación genética aditiva (σ^2A) para realizar la selección, por el reducido valor de σ^2P.

Intervalo entre dos generaciones (GI)

Para el ganadero cuenta la tasa anual de respuesta, no simplemente la respuesta por generación:

$$\Delta G = h^2 i\sigma / GI$$

(Ecuación 6.8)

Cuanto menor sea el número de años entre dos generaciones más rápida será la tasa de respuesta. Los cerdos son sexualmente maduros entre 6 y 9 meses de edad, y la gestación dura 4 meses más. En consecuencia el intervalo entre dos generaciones de cerdos puede ser de 1 año aproximadamente. En la práctica, puede que no siempre resulte económico usar una cerda para obtener únicamente una camada; la hembra puede permanecer en la piara hasta 4 años, con lo que se alarga considerablemente el intervalo entre dos generaciones. Resulta beneficioso mantener un régimen riguroso de eliminación de cerdas de la piara nuclear

–quizás también en la piara de mutiplicación– tras un determinado número de camadas (generalmente dos). Aunque si los caracteres de la reproducción constituyen una parte del programa de selección resulta imposible predecir con exactitud el valor como reproductor en relación con los caracteres de la reproducción con tan solo unas pocas camadas. Esta es una razón por la que la información sobre los parientes resulta tan útil.

Buena parte del mismo argumento se aplica también al macho. La valoración más exacta sobre el valor como reproductor de un macho puede realizarse mediante el estudio de su descendencia, aunque se produce un retraso necesario para poner de manifiesto las cualidades de la prole. La valoración del rendimiento del propio macho puede ser menos exacta para calcular su valor como reproductor que la valoración de la descendencia, aunque reduce el intervalo generacional, puede disponerse de los datos correspondientes a la prueba del rendimiento incluso antes de alcanzar la madurez sexual. Cuando un carácter aparece ligado al sexo, como el tamaño de la camada, podría considerarse obligatoria la prueba de la descendencia para determinar el valor como reproductor de un candidato masculino; aunque la información procedente de los parientes, si su número es suficientemente grande, puede facilitar la determinación del valor como reproductor de un semental en potencia incluso antes de que alcance la madurez sexual.

Existe la tentación de mantener en el núcleo de reproductores a un macho o una hembra que sean excepcionalmente buenos. Cuando se aplicaban las técnicas de consanguinidad lineal para fijar una cualidad particularmente deseable, el empleo de un determinado individuo, o familia, durante muchas generaciones, constituía una parte esencial de la estrategia de elección de reproductores según pedigree. Los individuos de mérito notable eran buscados y mantenidos en la piara durante 4 años o incluso más y establecían el destino futuro de dicha población (y el de su propietario). No obstante, esta práctica no permite una tasa máxima de cambio genético. Los avances logrados actualmente en la tasa de crecimiento y en el contenido magro de la canal se han conseguido únicamente cuando los criadores han repuesto con rapidez sus verracos, manteniendo un intercambio rápido de su ganado reproductor, y reduciendo al mínimo el intervalo entre dos generaciones. El intervalo entre dos generaciones alcanzado actualmente en los cerdos por las empresas progresistas es de unos 400-450 días. La vida útil efectiva de una hembra de un núcleo de raza pura sometido a selección genética intensiva será normalmente de dos a cuatro camadas, y la vida efectiva de los verracos como reproductores se medirá en semanas o meses más que por años.

Tamaño de la piara (núcleo) de raza pura

Los criadores de cerdos con pedigree solían disponer de piaras de reproductores relativamente reducidas con unas 100 cerdas y cinco verracos. El tamaño efectivo de la piara ha aumentado al disponer de un centro de comprobación al que pueden enviarse candidatos procedentes de muchas piaras, por otra parte los criadores individuales desean utilizar solamente sementales comprobados cuya calidad sea sumamente excepcional. Esta fue la base de muchos planes nacionales de mejora porcina, aunque estos han fracasado en gran parte ya que las responsabilidades de la mejora racial han pasado a empresas independientes.

Existen muchas razones para la desaparición del pequeño criador de cerdos con pedigree, incluso teniendo acceso a centros de comprobación. Entre las mismas se encuentra su falta de deseo en cooperar para la creación de un núcleo operacional de gran tamaño. Aunque también alcanzó la misma importancia su temor a que el centro de comprobación pudiese ser motivo de la difusión de enfermedades. Los candidatos podían llevar al centro de comprobación microorganismos patógenos residentes en las explotaciones independientes de diversos criadores, transmitiendo estos gérmenes en el curso del programa de comprobación, y redistribuyéndolos posteriormente entre los criadores de animales con pedigree a través de los verracos candidatos que fuesen seleccionados. El gran interés mostrado por la situación sanitaria por los compradores comerciales de cerdos mejorados supuso un freno para los centros de comprobación como medio para aumentar el tamaño efectivo de la piara núcleo.

Se ha demostrado que la respuesta a la selección es influenciada positivamente por la exactitud en las determinaciones, por la intensidad de la selección (i) y por la variación disponible (σ). Todas estas circunstancias son favorecidas por las poblaciones muy numerosas. En las piaras grandes también resulta más sencillo reducir al mínimo el intervalo entre dos generaciones.

Cuando las heredabilidades son altas, puede resultar aceptable una piara núcleo de 100-150 hembras de raza pura, aunque la población masculina puede tener que estar abierta a la importación. Con heredabilidades moderadas es preciso disponer de un núcleo de 200-600 hembras reproductoras, mientras que para caracteres con heredabilidad baja son precisas piaras con más de 1.000 hembras para disponer de tasas aceptables de cambio genético. Resulta infrecuente (aunque no imposible) disponer de piaras de raza pura en una sola explotación y con este tamaño. El tamaño efectivo de la piara será generalmente de 300-600 hembras reproductoras para que sea eficaz el manejo y el registro de los animales excelentes sometidos a programas de selección genética intensiva. El núcleo podría, si fuese necesario, distribuirse en varias explotaciones independientes; en efecto, el núcleo se constituye por un grupo de piaras. Esto no supone una complicación importante si se dispone de un registro mediante computadora y pueden difundirse con relativa facilidad los genes de un verraco a las distintas piaras mediante la aplicación de inseminación artificial.

Exactitud en la determinación y eficacia en la comparación de candidatos

La selección de reproductores con un valor especial supone que los animales seleccionados disponen realmente de este valor; la determinación efectuada debe reflejar el carácter medido. Aunque la variación ambiental puede contribuir de forma importante a una mala presentación de los hechos. Son muchos los elementos que contribuyen a esto:

1 Error humano en el punto de medición.
2 Error al suministrar datos para registro y computadora.
3 Mediciones que son indirectas por necesidad, tales como las determinaciones mediante ultrasonidos del espesor de la grasa y la necesidad de pre-

decir la masa de carne magra en el animal vivo mediante los espesores de grasa y los pesos vivos.

4 Mediciones que únicamente pueden realizarse en parientes en lugar de en propio candidato, tal como el tamaño de la camada o la calidad de la carne.

Además de los errores en la medición efectiva señalados anteriormente, existen otros errores que son atribuibles directamente a la forma en que es manejada la piara núcleo. Estos son creados por el propio sistema y deben ser eliminados de forma continua. Como ejemplos tendríamos: candidatos en los que se determina la ganancia de carne magra teniendo diferente composición corporal y/o edad al iniciar una prueba de rendimiento; candidatos en los que se mide el crecimiento y su eficacia habiendo consumido cantidades diferentes de pienso durante la prueba; candidatos en los que se determina el tamaño de la camada habiendo estado sometidos a rutinas diferentes de manejo en la época de cubrición; candidatos en los que se mide la susceptibilidad a padecer PSE mediante el sacrificio de parientes en distintos mataderos y así sucesivamente.

La mejora de la exactitud de las mediciones forma parte de una reducción de la variación ambiental (σ^2E). Muchos fallos son el resultado de conveniencias en el manejo, y resulta axiomático que un programa de selección genética es *in*conveniente según las consideraciones del manejo. Los puntos de vista de los directivos y del personal que maneja una piara núcleo de reproductores tienen que ser radicalmente diferentes de los de una explotación comercial.

Interacción genotipo:medio ambiente

Los genes se manifiestan, forzosamente, en un medio ambiente. Un cerdo no puede crecer en un ambiente que carezca de alimentos. Una resistencia hereditaria a una enfermedad no puede manifestarse en ausencia de los microorganismos patógenos que la provocan (Tabla 6.8). Esto podría llevarnos a considerar que los candidatos sometidos a comprobación deben situarse en el medio ambiente al que se verán expuestos los genes de su descendencia.

Un problema derivado de este análisis estriba en que el medio ambiente de las explotaciones comerciales (el ambiente de la descendencia) es más variable e inestable que el de una piara núcleo sometida a comprobación y selección intensiva (el ambiente de los progenitores). Un ambiente variable resulta desventajoso porque son intensos los efectos ambientales (σ^2E), la heredabilidad efectiva será baja al ser σ^2A una proporción pequeña de σ^2P:

Tabla 6.8 Interacción entre competencia genética para resistencia a *E. coli* K88 y la presencia del microorganismo en el medio ambiente.

	Incidencia de diarrea (%)	
	Sin K88	*Con K88*
Camadas procedentes del semental A	15	35
Camadas procedentes del semental B	10	15

$$\sigma^2P = \sigma^2A + \sigma^2E$$

(Ecuación 6.1)

$$h^2 = \sigma^2A/\sigma^2P$$

(Ecuación 6.7)

La interacción genotipo:medio ambiente influye intensamente sobre la elección del ambiente nutricional en un programa de selección para la tasa de crecimiento de tejido magro y de adiposidad. El medio ambiente de la explotación comercial puede favorecer la alimentación limitada con una dieta de calidad nutritiva media. Aunque bajo estas condiciones puede ser que no se aprecien fácilmente las diferencias entre los individuos para la tasa de crecimiento del tejido magro. Solamente con niveles superiores de energía y de proteína resultan evidentes las diferencias en el crecimiento del tejido magro y en la adiposidad, según se demuestra en la Figura 6.9.

Puesto que resultaba evidente anteriormente que la comprobación del candidato debía realizarse en el ambiente en que posteriormente se verán expuestos y se manifestarán sus genes, en la actualidad resulta igualmente evidente que, por el contrario, la comprobación del candidato debe realizarse en el ambiente en que mejor se diferenciarán los genotipos.

Para el criador resulta prioritario que la selección de los candidatos se realice en un ambiente que reduzca la variación y aumente la probabilidad de diferenciar perfectamente los candidatos con méritos diferentes. Esto supone inevitablemente que la comprobación se efectúe en circunstancias diferentes a las de producción. Resulta necesario que no exista una fuerte interacción genotipo:medio ambiente de forma que cuando se elige un candidato como el mejor en un regimen de comprobación no pase a ser el peor en una explotación comercial (Figura 6.10).

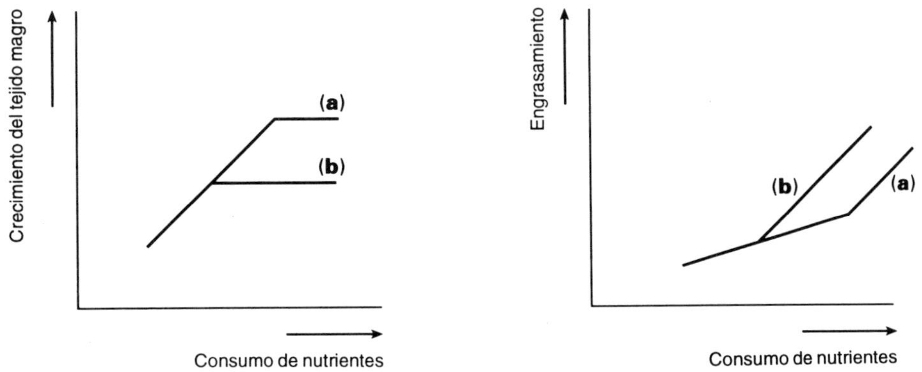

Figura 6.9 Mostrando la interacción genotipo:medio ambiente para caracteres influenciados genéticamente correspondientes a la tasa de crecimiento del tejido magro y engrasamiento corporal y la nutrición. Nótese que solamente pueden distinguirse los dos genotipos entre sí cuando son elevados los consumos de nutrientes.

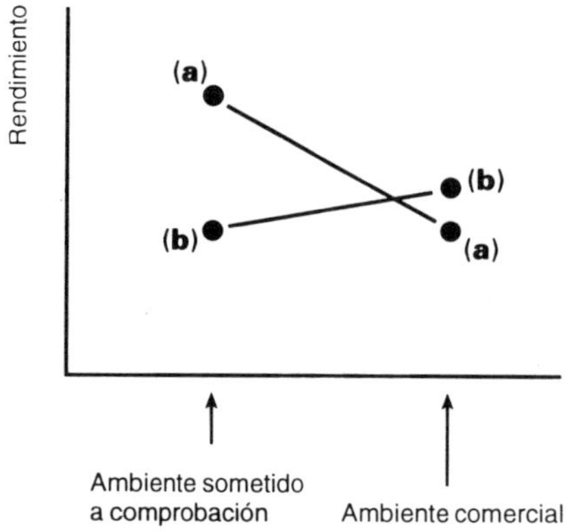

Figura 6.10 Interacción intensa genotipo: medio ambiente que convierte la prueba del rendimiento en un indicador inútil del mérito comercial.

Con suma frecuencia, la calidad del medio ambiente de la explotación comercial impide la expresión total de los caracteres seleccionados. Los productores con experiencia previa en estirpes porcinas de calidad moderada que han realizado el cruzamiento de absorción de su base genética mediante la adquisición de ganado mejorado deben mejorar también su medio ambiente (especialmente el nutricional) para que se manifieste totalmente el complemento genético mejorado.

La existencia de interacciones genotipo:medio ambiente pone en duda la conveniencia de realizar comparaciones de genotipos diferentes en un medio ambiente común. La comparación entre diversos tipos raciales y los productos de empresas dedicadas a la mejora porcina, de forma que se identifique cuál es el mejor, parece un hecho factible a primera vista. Sin embargo, si cada tipo es comprobado en un régimen diferente entonces la comparación puede confundir; mientras que si cada tipo es comparado en el mismo régimen, el identificado como «mejor» corresponderá simplemente al que mejor se adapta a dicho régimen particular. Con independencia de la inconveniencia o dificultad de la interpretación se da con frecuencia el caso de que tipos porcinos diferentes solamente pueden ser comparados correctamente cuando cada uno de los mismos se compara en el medio ambiente más apropiado para dicho tipo. La deducción es que quizás no deberían intentarse dichas comparaciones, y que la valoración de los productos comerciales se realiza probablemente mejor por el productor comercial. Los compradores de cerdos optarán por el tipo porcino que con mayor probabilidad rinda mejor en las condiciones individuales del comprador. Esto dependerá del ambiente elegido para la comprobación en la selección de los progenitores según el programa de mejora racial de la piara núcleo. Las empresas dedicadas a la mejora porcina deben esperar, en consecuencia, que sus clientes no solamente se interesen por los objetivos y las intensidades de la selección, sino también por los métodos de comprobación.

Índice de selección

Las estrategias de la selección raras veces, o nunca, imponen únicamente un objetivo para la selección. La combinación de objetivos requiere la construcción de un índice que transforma muchos valores numéricos para diversos caracteres en un valor único que permite que los candidatos sean clasificados como excelentes mediante el empleo de un solo número, o índice. La tasa de crecimiento del tejido magro, por sí sola, no resulta adecuada para asegurar una elevada calidad de la canal; como mínimo, se incluirá también el espesor de la grasa en el programa de selección. Las características de la reproducción pueden requirir la selección positiva activa así como también las características de la canal y del crecimiento.

Aunque resulta necesario perseguir más de un objetivo si tiene que mantenerse un programa realista, existen consecuencias negativas cuando los objetivos de la selección son demasiado complejos y numerosos. El progreso es sumamente rápido si solamente se persigue un objetivo. Aunque también puede alcanzarse un progreso óptimo en un proceso eficaz y económico de producción porcina cuando la presión de la selección se aplica sobre más de un carácter. Según se van incluyendo objetivos adicionales en el índice así se va reduciendo progresivamente la tasa de avance en otros. La persecución simultánea de caracteres correlacionados negativamente determinará finalmente un progreso cero si son seleccionadas demasiadas características. Solamente serán motivo de mejora mediante selección aquellas características que son cruciales para el rendimiento. Los criadores que ignoran este hecho padecen sus consecuencias. Dicho comportamiento condujo a la desaparición de la vaca lechera Ayrshire y recientemente a los bajos rendimientos de la reproducción ovina. Igualmente, la atención a este mensaje ha ayudado a las empresas dedicadas a la mejora porcina y también, por ejemplo, a la mejora del ganado vacuno lechero de América del Norte.

Cuando dos caracteres aparecen correlacionados negativamente (como es probablemente el caso de la reproducción y la calidad de la canal) puede ayudar a evitar su inclusión en un solo índice la división de la población en dos líneas, una línea femenina y una línea masculina. Posteriormente pueden cruzarse las

	Línea materna		Línea paterna
Posición inicial	10	Tamaño de la camada	10
	50	Porcentaje de magro	50
Selección durante 10 años	Índice incluyendo tamaño de la camada y porcentaje de magro		Índice incluyendo espesor de la grasa dorsal y porcentaje de magro
	12	Tamaño de la camada	10
	55	Porcentaje de magro	65
		× ↓	
		Tamaño de la camada	12
		Porcentaje de magro	60

Figura 6.11 Empleo de líneas especializadas de machos y hembras con diferentes índices ponderales para cada línea.

dos líneas para la obtención de la generación comercial Fl. En la Figura 6.11 se describen las razones que subyacen tras este esquema.

Existen algunas características umbral que puede ser preferible no incluirlas en un índice, siendo mejor simplemente la eliminación de todos los inividuos que no alcanzan el nivel mínimo requerido (el nivel de eliminación independiente). Esto se aplicaría con independencia del objetivo final del plan de mejora. La calidad de la carne puede ser considerada como una de estas características; el mayor contenido de tejido magro solamente resulta beneficioso si el músculo aparece exento de PSE. Unas buenas extremidades son un requisito previo para verracos y cerdas, con independencia del tamaño potencial de la camada. Todas las cerdas deben tener como mínimo 12 pezones, todos los verracos deben desear cubrir a las hembras. Solamente cuando han sido superados todos los niveles umbral se calculará el mérito de los candidatos sobre la base de un índice.

La confección de un índice para la selección de varias características resulta compleja.

1 Incluso cuando el programa de mejora se aplica solamente a una característica, puede mejorarse la eficacia de la selección de la misma si en el criterio de valoración se incluyen características asociadas. La determinación del porcentaje de tejido magro en un verraco vivo que es candidato mejora si se combina con la determinación mediante ecografía del espesor de la grasa dorsal, espesor muscular, forma del jamón, tasa de crecimiento e índice de transformación del pienso, así como determinando mediante disección el contenido de tejido magro en hermanos que son sacrificados.
2 Cuando es necesario mejorar varios caracteres en la población seleccionada, los mismos pueden estar correlacionados positivamente de una forma fuerte o débil. Las tasas diarias de ganancia total y de ganancia de tejido magro se relacionan de forma estrecha; aunque no sucede necesariamente así con la tasa diaria de crecimiento de tejido magro y de grasa. En condiciones de alimentación *ad libitum* la relación entre crecimiento de tejido magro y de grasa puede ser positiva, mientras que puede ser negativa cuando se restringe la alimentación. Estas relaciones positivas y negativas deben ser conocidas e incluidas estadísticamente en el índice.
3 Algunos caracteres son más importantes que otros y debe insistirse sobre los importantes de forma que la mejora sea más rápida en los mismos que en los menos importantes. El espesor de la grasa podría tener gran importancia en un país con cerdos grasos y en una población que realiza una discriminación contra la grasa. Aunque el espesor de la grasa sería menos importante en un país que ya dispone de cerdos magros, y la población humana se preocupa más por el sabor y el cocinado que por la magrura final.

Algunas veces se realizan las ponderaciones aplicando valores financieros a cada carácter. Si resulta obvio que un objetivo de la selección debe traducirse en un beneficio económico, entonces el índice constituye un medio ideal para aplicar un mayor valor ponderativo a los caracteres que aportan mayor beneficio económico. Sin embargo, incluso en el contexto de un mercado único, los beneficios económicos pueden ser transitorios y susceptibles de experimentar fluctuaciones. Si cada fluctuación es ajustada en el índice según se producen cambios de precio, existe un riesgo de que el índice asegure simplemente una tasa limitada de progreso debido a cambios constantes de dirección. Aunque si son ignoradas las fluctuaciones, la situación del mercado puede cambiar hacia una posición en la que las ponderaciones de las características en el índice ya no reflejen la realidad. Para las empresas que trabajan a nivel internacional, la situación es incluso más compleja ya que existen amplias diferencias en la ordenación económica de los diversos caracteres entre los países. La conformación del jamón, por ejemplo, resulta económicamente vital en España, mientras que es un aspecto trivial en el Reino Unido. Se deduce que las ponderaciones económicas situadas en los índices deberán ser objeto de una considerable sospecha. Quizás sea preferible para decidir las prioridades de los objetivos de la selección, situarlos según su importancia relativa, considerar las probables tasas de progreso, y posteriormente realizar las ponderaciones en el índice. Así las ponderaciones reflejarán decisiones claras de manejo y serán expresadas biológicamente, en lugar de estar abiertas al capricho de circunstancias financieras cambiantes.

La Federación Nacional de Mejora Porcina de Estados Unidos ofrece, entre otros, los ejemplos siguientes de índices simples (I).

Para cerdas:

$$I = 100 + 7(N - \overline{N}') + 0{,}4(W - \overline{W}) - 1{,}4(D - \overline{D}) - 53(B - \overline{B})$$

siendo N el número de cerditos nacidos vivos, W el peso de la camada (libras) a los 21 días de edad, D el número de días para alcanzar 230 libras de peso vivo, y B el espesor de la grasa dorsal (pulgadas). Si $\overline{N} = 10$, $\overline{W} = 130$, $\overline{D} = 160$ y $\overline{B} = 1{,}0$, y para dos candidatos N = 11 y 12, W = 150 y 140, D = 130 y 135, B = 0,7 y 0,8; entonces I = l66 y 160 respectivamente. El índice, según se utiliza, muestra por sí mismo que debe ponderarse a favor del número de cerditos nacidos y de la tasa de crecimiento materno, hecho que no es irrazonable.

Para machos:

$$I = 100 + 112(DG - \overline{DG}) - 120(B - \overline{B})$$

siendo DG la ganancia diaria (libras), y B el espesor de la grasa dorsal (pulgadas). Si $\overline{DG}$ es 1,5 y $\overline{B}$ es 0,6, y para dos candidatos DG = 1,7 y 1,6, B = 0,5 y 0,4; entonces I = 34 y 35 respectivamente. Este índice parece ponderar aproximadamente igual la ganancia y el engrasamiento.

Un índice simple usado en el Reino Unido para la selección de cerdas jóvenes procedentes de cochiqueras en las que se realiza la alimentación por grupos es:

$$I = (100 \times DLWG) - (2 \times P2) + (0{,}02 \times W)$$

siendo DLWG el peso al nacer en kilogramos, P2 el espesor de la grasa sobre el músculo de los lomos determinado en milímetros, y W es el peso en kilogramos en el momento de la determinación. Todos los animales son pesados y se determina el espesor de su grasa dorsal mediante ecografía en el punto P2 con una edad razonablemente cercana a los 150 días. Dos cerdas candidatas que alcanzasen 89 y 95 kg de peso vivo a los 150 días de edad con mediciones en P2 de 10 y 12 mm alcanzarían unas puntuaciones similares en sus índices.

El índice simple para el verraco:

$$I = (0{,}08 \times DG) + (50 - P2)$$

es ponderado más favorablemente hacia la tasa de crecimiento que el índice:

$$I = (0{,}04 \times DG) + (100 - 2P2)$$

Dos candidatos A y B, con ganancias diarias de 800 y 900 gramos, respectivamente, mediciones de grasa dorsal en P2 de 15 y 20 mm, respectivamente, se puntuarían según el primer índice en 99 y 102, y con el segundo índice en 102 y 96. Así, el candidato B es considerado como mejor (al ser su crecimiento más rápido) cuando se aplica el primer índice, mientras que el candidato A es mejor (al ser menos graso) cuando se se utiliza el segundo índice.

Estos ejemplos de índices son, por supuesto, sumamente simples, aunque son utilizados. Su principal limitación estriba en que únicamente incluyen información procedente de los candidatos. Resulta fácil comprender que cuando la información que se introduce en un índice procede de muchas fuentes diferentes, y tiene que hacerse fente a diversas ponderaciones y relaciones, entonces los índices usados por las empresas que practican la mejora racial pueden ser tan sumamente complejos que únicamente son manejables mediante técnicas basadas en la computadora.

Objetivos de la selección

Ha quedado establecido que cuantos menos sean los objetivos de la selección más rápida será la tasa de mejora en los elegidos. En consecuencia, deben establecerse prioridades al diseñar el programa de mejora.

Existen tres amplias áreas:

- Caracteres de la reproducción.
- Calidad de la carne.
- Eficacia del crecimiento.

y dos criterios amplios:

- Valor.
- Tasa potencial de progreso.

Tomados por separado, el beneficio económico adicional puede ser el mismo con aproximadamente el 20% de mejora en la ganancia diaria de *peso vivo*, el 4% de mejora en el índice de conversión del pienso, el 3% de mejora en el porcentaje de carne magra de la canal o con el 7% de mejora en el tamaño de la camada. En el caso del crecimiento, una tasa de mejora anual de unos 20 gramos diarios de ganancia de peso vivo parece ser alcanzable fácilmente por los criadores y no se aprecia disminución. La selección orientada hacia el porcentaje de carne magra de la canal parece ser acumulable hasta en el 1% anual. Se desconocen en gran medida las posibilidades de mejora de los caracteres de la reproducción. El tamaño de la camada puede ser aumentado en 0,1-0,2 cerditos anualmente con la ayuda de BLUP, aunque se ha especulado con la posibilidad de avances más rápidos.

La mejora conseguida en el porcentaje de carne magra de la canal mediante la reducción del apetito y de la tasa de crecimiento, sin cambios en el índice de transformación del pienso, resulta claramente menos beneficiosa que la mejora del porcentaje de carne magra de la canal mediante el incremento de la tasa de crecimiento del tejido magro que se asocia también positivamente con la eficacia en la transformación del pienso y con la ganancia diaria.

La Tabla 6.9 muestra las respuestas de la selección sobre cuatro caracteres, seleccionado cada uno por separado en condiciones de alimentación *a voluntad*. La Tabla muestra que la selección únicamente para la ganancia diaria proporcionará respuestas positivas en la tasa de crecimiento de tejido magro y en el apetito, aunque los cerdos serán más grasos. La selección orientada únicamente para reducir el espesor de la grasa dorsal provocará un descenso en la ganancia diaria de peso vivo y en el apetito y solamente ejercerá un ligero efecto positivo sobre la tasa de crecimiento del tejido magro. La selección para la eficacia en la conversión del pienso tan sólo determina únicamente ligeras consecuencias para cada una de las características, como consecuencia de la influencia conflictiva de ganancia, apetito y engrasamiento sobre la eficacia –aunque desciende el apetito–. La selección orientada únicamente para la tasa de crecimiento del tejido magro tiene efectos similares que la selección para tan solo la ganancia diaria de peso vivo. La selección únicamente para aumentar el apetito producirá cerdos con crecimiento rápido aunque engrasados. Ha podido apreciarse que tan solo usando un índice correctamente constituido pueden alcanzarse ganancias positivas en todas las características precisas.

Cabe destacar que la mayor parte de la mejora genética alcanzada durante los últimos años ha consistido en la reducción de la grasa, ya que constituye claramente el beneficio económico más inmediato. Los resultados han aumentado por la elevada heredabilidad de este carácter que ha permitido una tasa de cambio consistente en una reducción anual de unos 0,5 mm en P2 (o 2,5%) en el espesor de la grasa dorsal. No obstante, en la actualidad ha descendido mucho el avance potencial para una mayor reducción de la grasa dorsal en algunas poblaciones de cerdos; los niveles actuales que han descendido hasta 8-10 mm en P2 se aproximan al mínimo necesario para que sea adecuada la calidad de la carne. Las posteriores mejoras en el descenso de la grasa de la canal es probable que solamente se consigan en el futuro mediante cambios positivos en el rendimiento de la canal y cambios negativos en el contenido óseo de la canal.

Aunque el potencial para posteriores avances en la reducción de la grasa es algo limitado en muchas poblaciones porcinas del Norte de Europa, persisten grandes posibilidades de mejora para la mayoría de los restantes tipos porcinos del mundo. Todavía no existe evidencia de disminución en la tasa de cambio posible para caracteres asociados con un aumento en la ganancia de tejido magro, y como estos han sido seleccionados en dirección ascendente no existe razón para suponer la existencia de un límite inmediato, siempre que, por supuesto, no se

Tabla 6.9 Respuestas a la selección con alimentación *a voluntad*

	Caracter seleccionado					
	Sólo ganancia diaria de peso vivo	*Sólo espesor reducido de grasa dorsal*	*Sólo eficacia del pienso*	*Sólo tasa de crecimiento del tejido magro*	*Sólo aumento del apetito*	*Índice*[1]
Respuesta del carácter						
Ganancia diaria de peso vivo	+ + + +	–	+ +	+ + +	+ + +	+ + +
Tasa de crecimiento de tejido magro	+ + + +	+	+ +	+ + + +	+ + +	+ + + +
Espesor reducido de grasa dorsal	–	+ + + +	+ +	+	– –	+ +
Incremento del apetito	+ + +	– –	– –	+ +	+ + + +	+ +

[1] El índice incluye valores para ganancia de peso vivo, tasa de crecimiento de tejido magro y espesor de la grasa dorsal.

apliquen limitaciones sobre caracteres correlacionados positivamente; si se limita el apetito, se limitarán las mejoras posteriores en la tasa de crecimiento.

Para una producción óptima de carne, es probable que el índice de selección tenga en cuenta:

- ganancia diaria de peso vivo;
- espesor de la grasa;
- porcentaje de carne magra;
- tasa de crecimiento diario de tejido magro;
- superficie del músculo de los lomos;
- conformación del jamón;
- calidad del músculo;
- calidad de la grasa.

La importancia relativa de la calidad de la carne (superficíe del músculo de los lomos, conformación del jamón, calidad del músculo y calidad de la grasa) varía mucho en comparación con el crecimiento del tejido magro (ganancia diaria de peso vivo, porcentaje de magro y tasa diaria de crecimiento del tejido magro). En algunos países el primer grupo de cualidades no es premiado en el punto de sacrificio y, en consecuencia, es considerado sin importancia por el productor. En otros casos la calidad de la carne es un requisito previo en el cerdo para sacrificio hasta el punto de que estas características constituyen criterios para la eliminación independiente. Existen razones para creer que puede mejorarse mediante selección la conformación de tipos porcinos tales como Large White y Landrace Escandinavo, y algunos de estos tipos están mejorando actualmente sin haber realizado importaciones de genes. No obstante, la mayoría de las razas blancas bien conformadas han sido creadas mediante importaciones de genes procedentes de los tipos Pietrain y Landrace Belga.

La acumulación de todas estas diversas características de la producción juntas no siempre impone una reducción intensa en el progreso de alguna otra. Más bien pueden mantenerse unas y otras cuando aparecen correlacionadas positivamente, como sucede con la ganancia de peso vivo, crecimiento del tejido magro y porcentaje de magro, y tambíen como sucede con la superficie del músculo de los lomos y la conformación del jamón. La afirmación, según se ha demostrado en la Tabla 6.9, de que la selección orientada solo para el espesor de la grasa puede ir acompañada de aspectos asociados negativamente como descenso de la ganancia diaria y del apetito, sirve de apoyo al punto de vista según el cual estas características deben ser incluidas en el índice para interrumpir su orientación negativa. Algunos índices incluyen también la eficacia en la transformación del pienso, aunque esto puede suponer un factor de complicación ya que es en sí mismo un valor compuesto que puede ser influenciado por múltiples caracteres diferentes.

La calidad de la carne está recibiendo actualmente una cierta atención como objetivo de la selección. Como es norma, la primera respuesta de los criadores a la demanda de los consumidores en cuanto a la calidad de la carne ha consistido en la búsqueda de soluciones rápidas mediante la importación de genes de otras razas. Se ha considerado el empleo de la raza Duroc en la línea masculina (quizá erróneamente) como un camino para una mejora rápida de la calidad comestible de productos frescos de carne porcina producida por las razas Large White y Landrace.

Puede interesar la selección en el seno de una población orientada hacia la grasa intramuscular, y aunque existe una asociación estrecha entre grasa intramuscular (un atributo posiblemente positivo) y grasa subcutánea (un atributo claramente negativo), en algunas estirpes de la raza Duroc se aprecia que esta asociación puede estar debilitada. Muchos tipos de Duroc son portadores casi del doble de grasa intramuscular que muchas poblaciones modernas de Large White y Landrace, aunque solamente presentan sobre un 25% más de grasa subcutánea. No obstante, podría ser excesivo el coste en términos de otros objetivos de la selección a que debe renunciarse cuando se practica selección intensiva simultáneamente en favor de la grasa intramuscular y en contra de la grasa subcutánea. Con independencia del engrasamiento, es posible que en el futuro pueda tener éxito la selección para otros aspectos de la calidad de la carne, dados los mejores niveles actuales de conocimientos sobre las causas de la blandura y de la sapidez. Además, existen muchas evidencias según las cuales podría mejorarse mucho y con facilidad la blandura y el sabor prestando atención a aspectos previos al sacrificio, al sacrificio y posteriores al mismo, venta de carne al detall y métodos caseros de cocinado. Quizá tenga poco interés el obtener un genotipo superior en estos aspectos antes de que se mejoren los estándares.

La mejora genética de la calidad de la carne es probable que siga durante algún tiempo a nivel de una búsqueda de razas con atributos particulares de sabor y blandura, para su incorporación en las líneas masculinas. Aunque a largo plazo *es* posible que se disponga de un programa para la mejora de la calidad de la carne mediante selección en el seno de las poblaciones porcinas.

La mejora de los caracteres de la reproducción proporciona una recompensa importante, aunque hasta épocas recientes ha sido despreciada como objetivo de la selección por los dirigentes de los programas de mejora racial. No solamente resulta escasa su heredabilidad, sino que también se trata de una característica ligada al sexo. Como la determinación del valor para la reproducción de un verraco solamente puede realizarse a través de valoraciones en sus parientes y descendencia, son precisas muchas camadas antes de que pueda obtenerse una idea clara sobre un candidato. Estos problemas se agravan cuando es amplio el intervalo entre dos generaciones. En épocas pasadas se han excluido los programas de selección en el seno de las poblaciones a nivel de núcleo, y esta selección ha tenido una prioridad reducida al tener que incorporar el tamaño de la camada y el número de camadas por año al índice de selección. En su lugar:

1 Han sido buscados e incorporados nuevos genes procedentes de razas renombradas por su prolificidad como Large White y algunos tipos chinos.
2 La heterosis se ha utilizado en los programas de reproducción mediante el cruzamiento de razas blancas, y se han destinado los híbridos cruzados F1 para ser los padres de la generación destinada al sacrificio.
3 Han sido creadas piaras especiales de cerdas superprolíficas como resultado de la búsqueda a traves de muchos miles de animales para descubrir individuos con un rendimiento excepcional en la reproducción, tal como cuatro camadas con más de 14 cerditos nacidos. Los individos notables se reproducen mediante cruzamiento retrógrado para formar el núcleo de una línea femenina hiperprolífica que puede producir hasta 2 cerditos nacidos más por camada. Para mantener la situación sanitaria, los genes procedentes de esta línea son posteriormente incluidos en piaras núcleo con-

vencionales mediante transferencia de embriones, inseminación artificial e histerectomía. Las espectativas sobre los resultados alcanzados con esta táctica se cifran en unos 0,25-0,75 cerditos más por camada con respecto a los progenitores. Teóricamente, este procedimiento podría mantenerse indefinidamente, aunque son precisos unos 6 años de cruzamiento retrógrado y de comprobación para asegurar la hiperprolificidad en el genoma correspondiente al beneficio de un cerdito aproximadamente por camada, por lo que el procedimiento es algo más lento que la selección convencional usando técnicas modernas.

Todas estas políticas han sido, en cierta medida, útiles aunque todas tienen el fallo de que no se alcanzan progresos año por año. Para conseguir mejoras futuras en la capacidad reproductora no deberá prescindirse de la selección en el seno de la población (con la posible excepción de técnicas de ingeniería genética de las que todavía no puede disponerse).

El carácter de la reproducción más apropiado para la selección es probablemente el tamaño de la camada ya que el mismo, al menos, es relativamente fácil de medir. Los programas modernos de mejora racial pueden incorporar actualmente el tamaño de la camada, y otras características de la reproducción si son precisas, en índices usados para la selección en la línea femenina. La aceptación actual por los criadores contemporáneos de los caracteres de la reproducción en el conjunto de objetivos para la selección es consecuencia de dos avances recientes. Primero, los mejores procedimientos para el control del medio ambiente y del manejo han determinado una reducción importante en la cuantía de σ^2E y la consiguiente variación de la heredabilidad desde 0,10 hasta 0,20 aproximadamente. En segundo lugar, el uso de la computadora y de los modelos estadísticos como la Mejor Predicción Lineal Imparcial (BLUP), a través de la incorporación de información adicional procedente de muchos parientes, épocas y lugares, evita el necesario y amplio intervalo entre generaciones y las tediosas pruebas de la descendencia con respecto a la prolificidad de la hijas de un semental. Durante los próximos años es probable que se alcancen importantes mejoras en el tamaño de la camada y en otros aspectos de la fertilidad mediante la aplicación del modelo BLUP. La tecnología BLUP puede aportar una tasa de mejora de 0,2-0,3 cerditos por camada y año si el tamaño de la camada es el único objetivo de la selección en una población de 1.000 o más cerdas reproductoras. Con un modelo mixto y selección para caracteres distintos del tamaño de la camada, se han previsto tasas de mejora de 0,20 cerditos por camada y año, aunque todavía no se ha demostrado. Es posible que la selección orientada hacia la tasa de ovulación únicamente provocaría un pérdida inicial de respuesta y una meseta en la mejora del tamaño de la camada debido a las fuerzas contrapuestas resultantes de pérdidas embrionarias y capacidad uterina limitada. El tamaño de la camada es un carácter compuesto que requiere, al menos, la mejora simultánea de tres elementos independientes. La selección para el tamaño de la camada (en lugar de orientada hacia sus componentes) asegurará un avance en todas las características asociadas necesarias y no existen razones para creer que la respuesta del tamaño de la camada alcanzará una meseta en un futuro próximo. Un componente esencial para una cerda reproductora puede ser el disponer de 14, en lugar de 12, glándulas mamarias funcionales.

La prueba de la descendencia

La prueba de la descendencia tras BAKEWELL fue inventada de nuevo por los daneses en los años iniciales del siglo XX. La prueba de la descendencia centralizada, resulta exacta aunque cara ya que deben reducirse al mínimo los efectos ambientales, y es la preferida para caracteres ligados al sexo y con una heredabilidad reducida, tales como tamaño de la camada y rendimiento lechero. La prueba de la descendencia usando los medios de una estación central de comprobación para la identificación de sementales superiores con respecto al crecimiento y calidad de la canal fue usada con gran éxito en Dinamarca durante las decadas de la mitad del siglo XX y permitió la creación del tipo porcino Landrace Danés y del excelente bacon magro danés mediante la curación Wiltshire procedente del mismo. La descendencia de los machos candidatos se envió para comprobación central donde, en un medio ambiente común, se determinaron las características del crecimiento y de la canal principalmente mediante un índice de eficacia en la conversión del pienso y contenido de tejido magro. Uno de los atributos del plan fue el disponer de una población muy numerosa ya que todos los criadores contribuyeron al plan y se facilitó el empleo de los verracos probados logrados mediante este plan.

Aunque la comprobación central para reducir los efectos ambientales ha sido utilizada para el rendimiento lechero en ganado vacuno productor de leche, los enormes costes que genera han impuesto un procedimiento más realista y la valoración de la descendencia en su explotación de origen. Esto requiere:

1 un servicio eficaz de inseminación artificial;
2 el amplio empleo del semental que deba ser valorado;
3 complejas técnicas de computadora para manipular los registros;
4 técnicas BLUP de valoración animal para hacer frente a los métodos estadísticos precisos para determinar el valor de un semental como reproductor ya que deben incluirse tantos parientes como sea posible, y también tener en cuenta las diferencias entre explotaciones, generaciones, estaciones y épocas.

La carencia de estos medios en épocas pasadas determinó que no se aplicase la prueba de la descendencia para la selección de los caracteres de la reproducción en los cerdos. Actualmente, sin embargo, las combinaciones de las pruebas del rendimiento y de la descendencia vuelven a usarse en piaras núcleo de líneas femeninas con el fin de mejorar el tamaño de la camada (especialmente) y el peso de la camada a las 3 semanas o el rendimiento lechero (raras veces).

La prueba del rendimiento

La prueba del rendimiento de la era moderna tuvo origen probablemente en EE.UU. entre criadoores de cerdos Duroc. Ciertamente fueron los pioneros de América del Norte en la aplicación de la genética para la mejora porcina –HAZEL, LUSH y DICKERSON– quienes clarificaron las posibilidades de la prueba del rendimiento. Vieron la posibilidad de examinar más individuos y de reducir el intervalo entre dos generaciones. Con la prueba del rendimiento puede conseguirse un avance más rápido en el crecimiento y en las características de la canal con una heredabilidad moderada/alta que con la prueba de la descendencia. Los planes de mejora americana fueron desarrollados posteriormente por DICKERSON, por Fredeen de Canadá y por genetistas europeos, tales como CLAUSEN, JONSSON, JOHANSSON y SKJERVOLD en Escandinavia, y FALCONER, ROBERTSON, SMITH y KING en el Reino Unido, y por discípulos de estos últimos, tales como BRASCAMP, BICHARD y WEBB.

Durante las décadas 1950-60 y 1960-70 se establecieron estaciones centrales de comprobación por toda Europa y también en América del Norte según el modelo danés. El esquema danés fue controlado centralmente por los Mataderos Daneses, una organización única autocrática con una visión clara de un objetivo limitado (bacon danés para exportación) y con capacidad para organizar la distribución de los genes mejorados a través de toda la pirámide de la mejora racial que concentró los mejores genes en las piaras núcleo.

Una operación típica de comprobación de rendimiento (y de hermanos) a escala nacional supone la creación de un número de estaciones centrales de comprobación a las que se envían (generalmente) cuatro hermanos: dos machos enteros (los candidatos), un macho castrado y una hembra. Los candidatos se reúnen en el mayor número posible formando una población de cerdos contemporáneos, siendo comprobados y comparados todos bajo las mismas condiciones de lugar, tiempo, ambiente, nutrición, salud y manejo. Los cerdos llegan con unos 25 kg y la prueba se inicia con un determinado peso establecido (30 kg). Tras crecer hasta alcanzar un segundo peso establecido (100 kg) se determina en los cerdos individuales la ganancia diaria individual de peso vivo y el espesor de la grasa dorsal (y el espesor muscular) mediante ecografía, y se determina el consumo de pienso y el índice de transformación del mismo para candidatos individuales o para un grupo de hermanos. Los candidatos son valorados por sus características físicas, incluyendo tipo, extremidades, pezuñas, número de pezones, etc. Será determinado de forma similar el rendimiento del macho castrado y de la hembra, aunque posteriormente serán sacrificados para obtener datos sobre rendimiento de la canal, porcentaje de carne magra, contenido de grasa, calidad muscular, grosor del músculo de los lomos, conformación del jamón y otras características asociadas con la calidad de la canal y de la carne. El valor como reproductor se determina a partir de la puntuación del índice, que se realiza para candidato macho, a partir de toda la información disponible, y expresado en forma de desviación con respecto a la media de los animales contemporáneos sometidos a comprobación.

Los verracos con una excelencia demostrada vuelven posteriormente a sus propietarios originales y se utilizan en piaras núcleo de pura raza, o son vendidos para emplearlos en otras piaras núcleo de raza pura. Los verracos que demuestran ser buenos, aunque no excepcionales, se venden a productores comerciales para ser los padres de cerdos cruzados destinados al sacrificio. Los verracos con una calidad inferior a la media son sacrificados.

Además de la comprobación central de los machos, se determinará el rendimiento de las hembras en la unidad núcleo de su origen. Las tasas de selección no serán altas, y este elemento del esquema aportará únicamente una pequeña proporción de la ganancia genética. Tras una selección inicial en relación con la conformación, extremidades, pezuñas y pezones, las hembras serán valoradas por su peso alcanzado con una edad determinada y espesor de la grasa dorsal determinada por ecografía y ordenadas según un índice simple. Si es preciso, el índice puede incluir el tamaño de la camada de origen, y algunas determinaciones de la prolificidad general de la madre.

Dicho esquema (aunque sin características sobre la camada) ha funcionado en el Reino Unido durante la segunda mitad del presente siglo bajo la Pig Industry Development Authority y posteriormente bajo la Meat and Livestock Comission. Constituyó el instrumento para crear piaras núcleo de pura raza con un progreso rápido que posteriormente dio origen a la estructura de empresas para la mejora racial en el Reino Unido. A partir de 1980 ha sido aceptado de forma realista que el esquema se ha hundido debido a la falta de machos candidatos que acudiesen al mismo. El esquema ha sido víctima de su propio éxito. Las empresas dedicadas a la mejora racial han adoptado por sí mismas esquemas similares para aplicarlos en sus explotaciones y la prueba del rendimiento se mantiene centralizada para el avance de las empresas mediante selección genética.

La retirada de los mejoradores progresivos de las razas porcinas del esquema nacional del Reino Unido, y el establecimiento de sus propios esquemas en el contexto de empresas independientes y competitivas, se vio acelerado por cuatro hechos.

1 El régimen de comprobación se orientaba principalmente hacia la mejora de la calidad de la canal y carecía de efectos beneficiosos sobre la tasa de crecimiento diario del tejido magro. Las empresas dedicadas a mejora racial habían comenzado ya a identificar que sus reproductores se aproximaban a los niveles mínimos de espesor de grasa dorsal que podían ser aceptados dentro de las limitaciones para la calidad de la canal, y su principal interés se centraba ahora de nuevo en el porcentaje de carne magra y en la tasa de crecimiento del tejido magro, conformación, calidad de la carne y reproducción.
2 El esquema nacional se orientó naturalmente hacia las necesidades nacionales generales. Aunque las empresas dedicadas a la mejóra racial ya se habían embarcado en objetivos individuales. El mercado de la exportación, por ejemplo, exige unas determinadas cualidades no siempre reconocidas como prioridades a nivel nacional, por ejemplo la conformación del jamón y el desarrollo muscular.
3 La comprobación centralizada representó un riesgo sanitario potencial debido a la mezcla de animales en comprobación procedentes de muchas explotaciones distintas. Como la sanidad en su piara es un requisito previo para las empresas que realizan la mejora racial y que venden a otros productores cerdos vivos, la idea de introducir en las piaras núcleo sementales que habían estado expuestos a diversas enfermedades durante la comprobación supuso un anatema.
4 Quienes efectúan la mejora racial reconocieron que el regimen de comprobación aplicado no constituía el mejor procedimiento para realizar una selección eficaz de los caracteres que actualmente tienen un interés primordial. Entre la comprobación nacional y el cliente base se había presentado una interacción genotipo:medio ambiente.

Persiste un servicio residual en el Reino Unido que puede sobrevivir para cumplir un papel tanto a nivel nacional como privado. En primer lugar, los criadores aspirantes a este servicio pueden disponer de ganado comprobado hasta un nivel de eficacia que no es posible en sus propias circunstancias (todavía) limitadas. Con esto se esperaba estimular la entrada de nuevos ganaderos en la escena de las empresas dedicadas a la mejora racial, fomentar la competición y evitar el desarrollo de oligopolios. En segundo lugar, este esquema permite que los sementales candidatos permanezcan en su explotación para ser comprobados allí, mientras que se envían hermanos para comprobación central. Esto evita todos los problemas sanitarios, aunque reduce algo la calidad de la prueba de rendimiento del propio semental. Mediante el empleo de una comprobación independiente los criadores de ganado mejorado tienen la oportunidad de clasificar sus propios verracos candidatos, mediante determinaciones en parientes.

El esquema puede ser usado también para clasificar candidatos procedentes de distintas explotaciones y fuentes. Para esto debe ser clasificada la propia piara núcleo. Así, un verraco candidato es clasificado primero en relación con otros candidatos de su propia piara que posteriormente, y en segundo lugar, es clasificada mediante comparación con otras piaras. La clasificación de las piaras no se realiza fácilmente con exactitud, aunque esta será mejor cuanto mayor sea la muestra de animales enviada de cada piara a las instalaciones de comprobación central. Cada piara que interviene en el esquema debe enviar anualmente un número mínimo de hermanos del semental candidato para comprobación central.

El hecho quizás más importante consiste en que con los medios de la comprobación central se puede ofrecer a todos los criadores un servicio de valoración del coste efectivo de la canal y de la calidad de la carne. Aunque los criadores independientes pueden sentirse capaces de realizar un programa de comprobación de rendimiento con independencia del esquema nacional, muy pocos serían capaces de realizar un programa de control de calidad de la carne.

Es cierto que las técnicas ecográficas permiten determinar el espesor de la grasa y del músculo de los lomos e incluso valorar la musculación de un jamón. Con la ecografía puede realizarse una predicción excelente de la masa de tejido magro (y en consecuencia de la tasa de crecimiento del tejido magro) mediante determinaciones sobre el animal vivo; actualmente se ha reducido mucho la necesidad del sacrificio para determinar la composición corporal. No obstante, estas predicciones dependen por sí mismas de ecuaciones de regresión, y estas ecuaciones deben ser determinadas a partir de conjuntos de datos incluyendo información tanto de animales vivos como sacrificados. El servicio de análisis central de las canales no solamente resulta sumamente eficaz al proporcionar datos para preparar las relaciones de regresión, sino estas mismas relaciones:

- tipo racial específico;
- empresa específica;
- la posibilidad de cambiar con el tiempo según se logra avance genético.

Por consiguiente, una empresa dedicada a la mejora racial con miras hacia el futuro precisa mantener un flujo continuo de animales muestra para análisis completo de la canal de forma que (a) las ecuaciones de predicción que se utilizan en los índices para valorar los candidatos a sementales puedan mantenerse al día y exactas, y (b) puedan medirse y controlarse las características de la canal y de la calidad de la carne que solamente pueden ser determinadas en el animal muerto.

Si las técnicas ecográficas han permitido realizar una buena predicción de la composición corporal de los animales vivos, se encuentra menos avanzada la tecnología para determinar el rendimiento de la canal, los valores de los diversos tajos, el balance de los tajos de coste elevado, la proporción de hueso, etc. El sacrificio de animales muestra parientes de los sementales candidatos resulta también inevitable si se intenta determinar el valor como reproductor para características tales como calidad de la grasa, color muscular, blandura de los músculos, capacidad de retención de agua, niveles de grasa intramuscular y otras similares.

Los esquemas nacionales para la determinación del rendimiento en instalaciones centrales continuará teniendo un lugar en la mejora racial, especialmente donde:

1 existe una necesidad clara de cambiar la población completa de cerdos de una nación en una dirección acordada, y cuando son escasos los objetivos de la selección;
2 es necesario un esquema para estimular nuevas entradas en el negocio de la mejora racial;
3 se desea intentar la clasificación y comparación de los distintos núcleos de una empresa dedicada a la mejora racial, o distintas empresas de esta naturaleza en un determinado ambiente de mercado;
4 es necesario poner al servicio de quienes efectúan la mejora racial medios para realizar la disección de canales y determinar la calidad de la carne;
5 existe una estructura nacional que promulga los genes que son mejorados para asegurar un movimiento unidireccional que evita la introducción de genes excelentes en un ganado reproductor que no forma parte de un núcleo: en efecto, donde existe una pirámide de mejora racial determinada y controlada.

El escéptico puede llegar a la conclusión de que de estas cinco condiciones que favorecen un plan de comprobación nacional solamente la número 4 es, de hecho, una necesidad percibida!

Una estructura de mejora racial piramidal (Figura 6.12) resulta necesaria tanto para los esquemas nacionales como para los de las empresas. Esta afirmación descansa en la premisa simple de que los genes más excelentes deberán ser mantenidos en el núcleo para la mejora del mismo. Los genes mejorados son posteriormente multiplicados y descienden hasta el nivel comercial. Esto crea un cierto grado de retraso genético, ya que se precisa tiempo para que las mejoras desciendan desde el núcleo de abuelos hasta el nivel de los padres y la generación destinada al sacrificio, con frecuencia 4-5 años. Sin embargo, una vez iniciado el progreso se mantiene año tras año.

El fundamento de la filosofía de comprobación central radica en la reducción de los efectos ambientales y en la ubicación de todos los candidatos en el mismo medio ambiente de forma que tengan iguales oportunidades para expresar su mérito genético. Persisten preguntas importantes sobre las interacciones genotipo:medio ambiente e idoneidad de un regimen de comprobación para todos los tipos de candidatos. Siguen también cuestiones notables sobre los efectos de la piara originaria, y sobre si el éxito de las comparaciones aparece relacionado de forma bastante estrecha con la bondad del ambiente y del tratamiento previos a la comprobación. Sin embargo, esto puede ser contrarrestado iniciando la comprobación a edad más temprana y con menores pesos, y mediante el empleo de

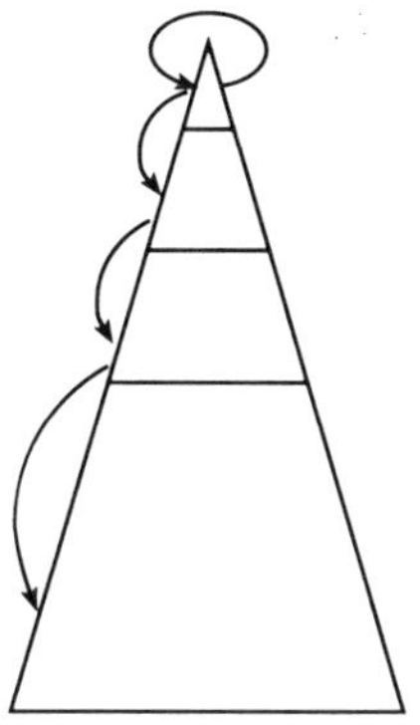

Figura 6.12 Pirámide de reproductores. La prueba del rendimiento y de la descendencia, y la seleccción de individuos con un mérito especial como padres y madres de la generación siguiente se realiza a nivel de supernúcleo y de núcleo. Las piaras mejoran rápidamente debido a la concentración de recursos de comprobación, y por la concentración de genes selectos procedentes de machos probados. La descendencia obtenida de los padres del núcleo se traslada a nivel de multiplicación. Aquí se multiplican los genes en número suficiente para permitir la venta de productores comerciales. Los cerdos situados en el pico de la pirámida gozarán generalmente del máximo nivel sanitario. El movimiento de los animales es siempre, y únicamente, hacia la parte inferior de la pirámide.

modelos de Mejor Predicción Lineal Imparcial. Resulta preocupante señalar que la correlación entre la comprobación convencional y una comprobación moderna con BLUP e inicio precoz para reducir los efectos previos a la comprobación puede ser tan baja como 0,5, en lugar de sugerir que una u otra no son especialmente eficaces.

La pérdida del papel fundamental de la comprobación en la mejora contemporánea de las razas porcinas no debe llevar a suponer que se ha diluido el esfuerzo, rigor, intensidad o exactitud de la mejora racial a nivel nacional. Más bien sucede lo contrario, aunque las actividades de la estación de comprobación son realizadas actualmente por empresas o explotaciones. La mayoría de las empresas dedicadas a la mejora racial están siguiendo, incluso con mayor rigor, los mismos protocolos de comprobación del rendimiento tan cuidadosamente preparados por los antiguos esquemas nacionales.

El régimen de comprobación

Los objetivos de la selección (expresados en forma de un índice) interactuarán con el régimen de comprobación. El ganadero que realiza mejora racial debe poner sumo cuidado en acomodar el ambiente de la selección con el objetivo. Tan sólo recientemente ha sido apreciada en su totalidad la profunda influencia que ejerçe el régimen de comprobación sobre la característica seleccionada. Se obtuvieron indicadores claros del esquema nacional original del Reino Unido cuyo índice pretendía mejorar la tasa de crecimiento, el índice de transformación del pienso y la calidad de la canal, aunque tan sólo consiguió reducir el espesor de la grasa dorsal; la tasa de crecimiento se mantuvo inalterada durante la totalidad de los tres años de aplicación del índice y no se descubrieron efectos sobre su eficacia con independencia de la reducción de la grasa dorsal.

Un índice ponderado hacia el crecimiento *permitirá* aumentar el engrasamiento si se ofrece pienso *a voluntad,* aunque *no permitirá* incrementar el engrasamiento si se ofrece un nivel limitado de pienso. En poblaciones que ya no aparecen engrasadas, es razonable practicar una selección positiva hacia el apetito que requiere determinar tanto el consumo individual de pienso como ponderar el índice hacia el crecimiento. Los índices en los que un espesor de grasa reducido y una buena conversión del pienso tienen una elevada influencia económica determinarán una reducción del apetito cuando se aplican en poblaciones de cerdos grasos. Como la selección positiva para la tasa de crecimiento del tejido magro, junto con selección positiva para el desarrollo muscular y la conformación de los jamones es, probable, que predisponga a la población a experimentar un descenso en la calidad de la carne, entonces interesa que los caracteres correspondientes a la calidad de la carne sean ponderados intensamente en un índice aplicado a poblaciones de cerdos magros que ya gozan de características excelentes en cuanto a crecimiento y desarrollo muscular.

Los regímenes de comprobación ofrecen muchas y variadas posibilidades, de las que pueden ser ejemplo, entre otras, cualquiera de las siguientes combinaciones:

Iniciación: edad; peso; peso con un determinado margen de edad.

Finalización: tiempo desde iniciación; peso; consumo de una determinada cantidad de pienso.

Consumo de pienso: limitado intensa o moderadamente; apetito; *a voluntad.*

Dieta: densidad alta; densidad baja; densidad media.

Selección hacia: magrura; tasa de crecimiento del tejido magro; conversión del pienso en tejido magro.

Selección contra: engrasamiento; pezuñas y extremidades defectuosas; baja calidad de la carne.

La iniciación lo antes posible con respecto a la comprobación del peso, dentro de un determinado margen de edad, solamente resulta beneficiosa en tanto que la mayor susceptibilidad del cerdito joven a las enfermedades y abusos del medio ambiente no influya adversamente sobre la comprobación al aumentar la variación. Suele comenzarse con pesos de 30-35 kg, aunque con medios excelentes puede ser posible actualmente comenzar con 20-25 kg. La finalización de la prueba deberá ser lo más alejada posible de la iniciación dentro de las limitaciones impuestas por costes y la necesidad de reducir al mínimo el intervalo generacional y de disponer de los animales eliminados. Cuando más dilatado sea el periodo de comprobación, más exacta puede ser la determinación de las características del crecimiento. La comprobación no proseguirá, por supuesto después de que haya descendido el impulso del crecimiento, porque se reducirá la sensibilidad de la comprobación y será menos efectiva la separación de candidatos según una clasificación (Figura 6.13).

Resulta más conveniente fijar la finalización de la comprobación en forma de un determinado número de días desde la iniciación. Esto supone una ayuda para el manejo y la planificación, y facilita el empleo de una determinada cantidad de pienso, de una ración pesada y determinada según pasa el tiempo, de forma que todos los cerdos dispongan de la misma cantidad de pienso que se incrementa semanalmente con independencia del peso del animal. La mayoría de las comprobaciones se mantienen durante 10 ó 12 semanas, alcanzando unos pesos

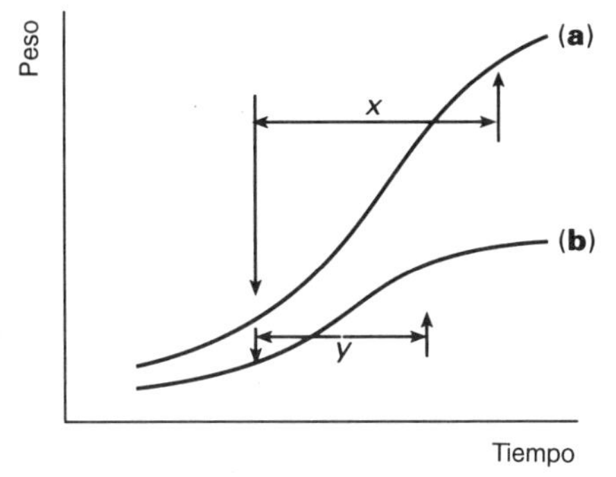

Figura 6.13 Duración de la comprobación apropiada para dos tipos de cerdos **(a)** y **(b)**, x e y indican respectivamente las duraciones apropiadas de la comprobación. Si la población (b) se comprobase durante el mismo tiempo que la **(a)** se produciría una discriminación injusta contra **(b)**; mientras que comprobando **(a)** durante el mismo tiempo que **(b)** no se alcanzarían resultados óptimos. En ambos casos el periodo de comprobación incluye una pequeña parte de la fase de aceleración del crecimiento así como la fase lineal. La figura muestra la dificultad que entrañaría preparar un único plan de comprobación idóneo para dos poblaciones diferentes de cerdos. Las comprobaciones serán diseñadas de forma que sean específicas para la población y usadas para clasificar candidatos de una sola población.

finales dentro de los límites de 90-120 kg (los mejores candidatos son los más pesados).

La finalización de la comprobación según el peso parece conveniente desde el punto de vista de la normalización de los atributos de la canal, aunque en realidad no resulta satisfactoria para interpretar los datos correspondientes a la tasa de crecimiento y consumo de pienso debido a que los distintos candidatos alcanzan el peso final en momentos diferentes y habiendo consumido cantidades distintas de pienso. Los ajustes correspondientes al espesor de la grasa dorsal para compensar el acabado de los cerdos con pesos diferentes pueden ser realizados, por fortuna, con facilidad y exactitud a través del conocimiento de la relación existente entre peso y engrasamiento en la población estudiada, y esto puede conseguirse simplemente determinando la regresión del espesor de la grasa dorsal con respecto al peso vivo. Dicho cálculo, por ejemplo, permitiría predecir un aumento en P2 de 0,15 mm por cada kg de incremento de peso vivo en los cerdos de una determinada población que finalizan la comprobación con unos 100 kg. Cabe es-

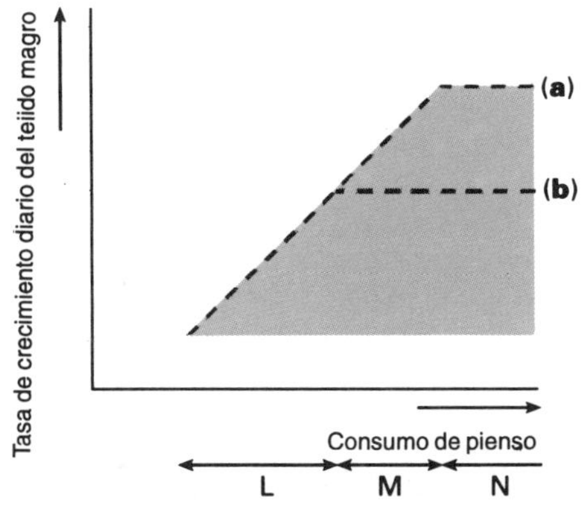

Figura 6.14 Respuesta del crecimiento diario del tejido magro de dos candidatos **(a)** y **(b)** al incrementar el consumo de pienso. El consumo de pienso en el margen identificado como L es típico del crecimiento inicial, el consumo de pienso en el margen identificado como M es típico del periodo medio del crecimiento y el consumo de pienso en el margen identificado como N es típico del periodo final del crecimiento. En el texto pueden verse las consecuencias de esta respuesta sobre la eficacia de un plana de comprobación para seleccionar genotipos superiores según el nivel de consumo de pienso.

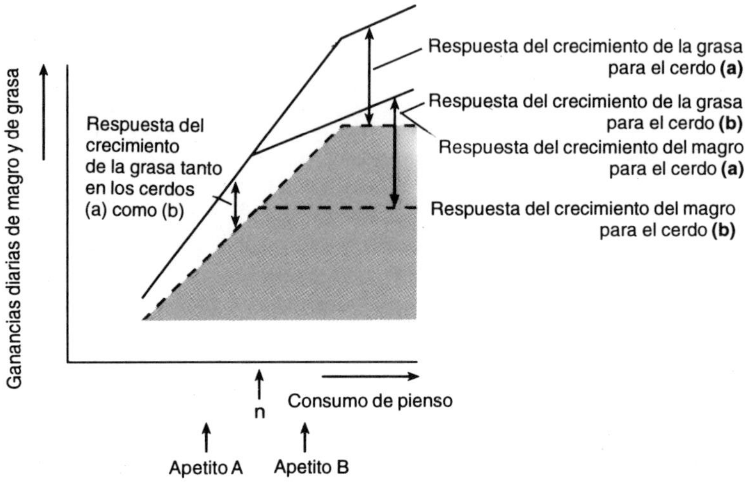

Figura 6.15 Respuestas del crecimiento del tejido magro y de la grasa de dos candidatos **(a)** y **(b)** ante un incremento en el consumo de pienso. El cociente magro:grasa es relativamente constante hasta que se alcanza la meseta correspondiente a la respuesta diaria del crecimiento del tejido magro, posteriormente el animal comienza a engrasarse. Nótese que si el cerdo **(b)** hubiese tenido el apetito A su crecimiento hubiese sido más lento que el del cerdo **(a)** con el apetito B, aunque hubiese presentado menos grasa. Un índice de selección intensamente ponderado hacia la reducción de grasa puede favorecer al cerdo **(b)** con respecto al cerdo **(a).**

perar que este coeficiente sea mayor en poblaciones de cerdos grasos y menor en poblaciones de cerdos más magros.

La cantidad de pienso consumido por los candidatos sometidos a comprobación tiene repercusiones interesantes para la interpretación de la prueba (Figura 6.14). El consumo de pienso durante el crecimiento inicial (L) es inadecuado para establecer diferencias entre los dos candidatos, (a) y (b). Durante el periodo en el que el consumo de pienso es adecuado para que sea máxima la tasa de crecimiento de tejido magro del candidato (b) (M), la prueba va estableciendo progresivamente mejores diferencias entre los dos tipos. Durante el periodo identificado como L, los cerdos con mayor apetito presentarán tasas más rápidas de crecimiento del tejido magro, así estos cerdos se verán favorecidos incluso aunque posteriormente la tasa máxima de crecimiento de tejido magro pueda no ser mayor en dichos candidatos. Si sucede así, la comprobación pierde exactitud ya que se confunden los dos caracteres comprobados (apetito inicial y tasa máxima de crecimiento de tejido magro).

La Figura 6.15 pone de manifiesto que si ambos candidatos consumen la misma cantidad de pienso, siempre que la cantidad sea superior a n, el candidato 2 depositará más grasa, y las comparaciones entre el espesor de la grasa ayudan positivamente a diferenciar los dos genotipos diferentes en relación con la tasa de crecimiento del tejido magro. No obstante, si el candidato 2 consume menos pienso que el candidato 1, no aparecerá necesariamente más engrasado. El consumo óptimo de pienso para diferenciar los dos candidatos se identifica como n en el inicio de la fase de consumo, consumiendo ambos candidatos la misma cantidad de pienso. Los cerdos con excelente apetito a los que se permite consumir más pienso durante la comprobación que los candidatos contemporáneos pueden combinar la acumulación de grasa con una tasa mejorada del crecimiento de tejido magro (Figura 6.15). Como consecuencia de este tipo de respuesta el consumo de pienso deberá ser fijado e igual para todos los candidatos, o conocido en cada individuo. Los sistemas de alimentación *a voluntad* para candidatos alojados en grupos son particularmente difíciles de interpretar.

Los regímenes de comprobación de cerdos contemporáneos pueden aplicar con frecuencia uno u otro de los siguientes sistemas de racionamiento:

1 Todos los candidatos reciben individualmente los mismos niveles de pienso, una cantidad pesada basada en el tiempo durante un plazo fijado de tiempo, por ejemplo 1,5 kg diarios durante la primera semana, incrementados semanalmente en 0,15 kg durante un periodo de 10 semanas. Si la cantidad seleccionada se adapta fácilmente al apetito de todos los cerdos, entonces estará garantizado que el consumo de pienso es idéntico en todos los cerdos, aunque algunos candidatos con unas tasas particulamente elevadas de crecimiento del tejido magro pueden no ser capaces de demostrar totalmente su verdadero mérito genético.

2 Todos los candidatos reciben individualmente niveles de pienso que permiten expresar su apetito a los cerdos con buen apetito. Estas cantidades se determinan de forma similar que en 1, aunque con mayores incrementos semanales. Los cerdos con apetitos más bajos que se niegan a consumir todo este pienso serán considerados como que lo han ingerido. Este esquema favorecerá a los cerdos con un elevado potencial para el crecimiento del tejido magro y con mucho apetito.

3 Los candidatos son alimentados individualmente según una escala basada en el peso, o en el peso metabólico tal como $0{,}12LW^{0{,}75}$. Con $0{,}10LW^{0{,}75}$ se asegurará un nivel de alimentación sumamente restringido, mientras que con $0{,}14LW^{0{,}75}$ se asegurará una escala próxima, o superior, al consumo *a voluntad*. La alimentación de un grupo de candidatos según una escala basada en el peso relacionada con el promedio del grupo sería, por supuesto, un disparate. Las escalas basadas en el peso se acomodan al crecimiento más rápido, los cerdos más pesados reciben más pienso al haber demostrado una necesidad. Esto evita el problema de la escala de pienso basada en el tiempo, según la cual los cerdos más pequeños (peores candidatos) reciben el mismo nivel de alimentación (y, en consecuencia, efectivamente más pienso) que los cerdos mayores (mejores candidatos), favoreciendo así al malo y penalizando al bueno. La evidencia no confirma, sin embargo, la realidad práctica de este efecto. La alimentación según una escala basada en el tiempo presiona al cerdo bueno para que desarrolle tejido magro con su ración limitada, mientras que el cerdo malo se ve estimulado a formar grasa –esto supone una ayuda para diferenciarlos–. Además las escalas basadas en el tiempo no precisan ser restrictivas con los cerdos mejores si han sido calculadas generosamente como en el caso 2, en el que las necesidades de los cerdos mejores con más apetito constituyen la base para decidir la cuantía del incremento semanal. Además, en la práctica, la escala basada en el peso puede no tener que mantenerse durante más de 9 semanas de comprobación, reforzando el

rendimiento de la primera semana, que con frecuencia es el resultado arbitrario de una oscilación de efectos no genéticos.
Un buen rendimiento durante la semana 1 asegura un peso ligeramente superior al final de la semana, y esto será enseguida recompensado con una asignación de pienso superior a la de los candidatos competidores. Esta mayor asignación de pienso permite alcanzar ganancias superiores. La escala de alimentación basada en el peso está abierta, por consiguiente, a una sobrevaloración de la fase inicial de la comprobación, en lugar de usar todas sus posibilidades para la diferenciación de los cerdos. Problemas adicionales de la escala basada en el peso son (i) la necesidad de pesar a todos los candidatos al menos semanalmente, (ii) la dificultad (imposibilidad) de interpretar los datos sobre consumo de pienso para realizar una diferenciación correcta del rendimiento entre los candidatos y (iii) la necesidad de calcular y asignar individualmente cantidades de pienso para cada cerdo, con el resultado de que pueden existir tantas asignaciones diarias diferentes de pienso en una comprobación realizada en la explotación como cerdos hay en la misma! El último, aunque desastroso para los regimenes de comprobación, deriva de la aplicación de la escala de alimentación según peso hasta alcanzar un peso final determinado.

4 Los candidatos son alojados en grupos y alimentados *a voluntad.* Esto refleja mejor la probable influencia ambiental sobre la producción, aunque con la desventaja de que no se conoce el consumo individual de pienso. No obstante, constituye un método fácil de manejar y, cuando la presión de la selección incide principalmente en la reducción del engrasamiento en los cerdos, puede ser eficaz, siempre que una cierta reducción del apetito sea una consecuencia aceptable. Aunque no tan sofisticado como el anterior esquema 2, esta elección de racionamiento puede ser más exacta si la estructura de manejo de la explotación no permite la alimentación individual de los candidatos.

5 Los candidatos son alojados en grupos y cada cerdo es alimentado *a voluntad* mediante un dispositivo de distribución de pienso controlado electrónicamente que identifica a cada candidato individual, permitiéndole acceso continuo para consumo voluntario de pienso. El sistema controlado mediante computadora anota el consumo diario de pienso de cada cerdo individual. Resulta evidente que este sistema dispone de todas las ventajas y ninguna de las desventajas de las alternativas descritas anteriormente y, en consecuencia, resulta muy recomendable. Aunque existen algunas condiciones:

i. el equipo será fiable;
ii. debe evitarse la posibilidad de selección adversa por comportamiento agresivo.

Este último punto pone de manifiesto que los individuos agresivos pueden impedir el acceso al comedero a los que son más tranquilos.
Esto determina que la alimentación *a voluntad* solamente sea posible para los animales más agresivos.
Aunque la agresividad puede servir para asegurar el éxito en situaciones de grupo, resulta dudoso que las explotaciones se beneficiasen creando,

mediante selección positiva, toda una población de cerdos con mayores niveles de agresividad.

En la actualidad el régimen más favorable para un índice con presión positiva sobre la mejora de la tasa de crecimiento del tejido magro parece ser bien el esquema 2 (el desarrollo del esquema 1 ayuda a mejorar el apetito), o el esquema 5, ambos actúan sobre un peso determinado al comenzar y durante un plazo determinado de 10-12 semanas.

Hasta aquí la discusión sobre el régimen de alimentación ha descansado sobre los supuestos de que los objetivos del índice para la selección consistirán en una reducción de la grasa dorsal mediante un descenso del apetito (ver Figura 6.15, B hacia A), o en un aumento de la tasa de crecimiento del tejido magro (Figura 6.14, (a) hacia (b)). Sin embargo, todavía no se ha resuelto la reducción de la grasa con niveles inferiores de alimentación. En la Figura 6.16 puede apreciarse que el cociente entre la grasa y el tejido magro ha sido representado sin cambios cuando los consumos de pienso se sitúan entre O y Q tanto para el cerdo (a) como para el (b). Si este nivel de engrasamiento resulta satisfactorio para la calidad de la carne, entonces resulta claro que no debe emprenderse ningún tipo de actuación. Aunque en algunos tipos tradicionales de cerdos (y ciertamente en la mayoría de los tipos porcinos antes de la era moderna de la selección aplicada contra la grasa) incluso la cantidad de grasa almacenada por los cerdos en circunstancias de un suministro limitado de pienso es superior a la requerida por el cliente/consumidor. La reducción de la grasa con niveles más bajos de pienso impone un cambio en el metabolismo del animal de forma que el alimento sea reorientado de la producción de grasa hacia la de tejido magro de forma que exista un incremento efectivo en la pendiente de regresión de las ganancias diarias de tejido magro sobre el consumo de pienso y un descenso efectivo en la pendiente de regresión de las ganancias diarias de grasa sobre el consumo de pienso, con la consiguiente mejora del cociente grasa:tejido magro en favor de este último. Esta descripción es típica del distinto comportamiento entre los machos castrados y enteros, y también de cerdos ordinarios y de aquellos a los ha sido administrada somatotropina porcina. Según la experiencia de épocas pasa-

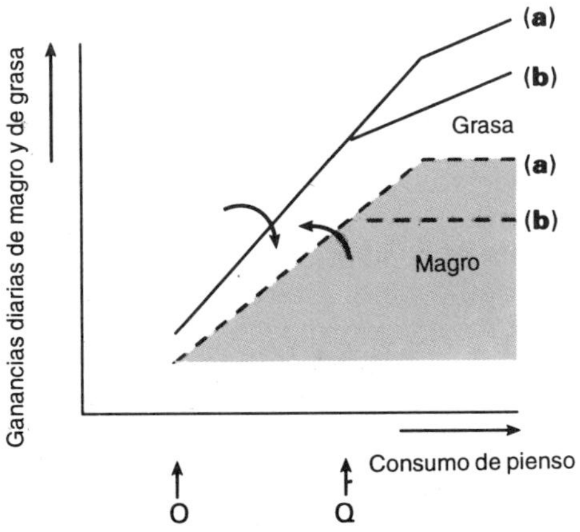

Figura 6.16 Con niveles de consumo de pienso que mantienen las tasas de crecimiento de tejido magro inferiores a su potencial (consumos de pienso menores que Q), el engrasamiento solamente puede reducirse consiguiendo un cambio en el metabolismo del animal y en el reparto del pienso favoreciendo al tejido magro sobre el graso; según muestran las flechas.

das parece ser que la selección contra la grasa con un régimen de alimentación restringida puede provocar perfectamente estos cambios en la población, y que el mismo se produjo realmente en algunos de los programas iniciales de selección con comprobación central. No obstante, ya no existirá el problema del engrasamiento cuando es limitado el consumo de pienso en la mayoría de las poblaciones porcinas mejoradas contemporáneas.

La elección de la dieta requiere un conocimiento de los efectos de la interacción genotipo:medio ambiente que se ha tratado anteriormente. Cuando resulta necesario identificar genotipos especialmente competentes para medrar con forrajes puede interesar la comprobación de una dieta de baja densidad. Aunque, en general, caracteres tales como tasa de crecimiento del tejido magro, eficacia en la transformación del pienso, engrasamiento y calidad de la carne es probable que se manifiesten mejor con dietas de calidad elevada. El empleo de la dieta media usada en las explotaciones industriales cuando estas tienden a ser conservadoras con respecto a la calidad de la dieta puede asegurar únicamente un avance genético lento y perpetuar una situación poco satisfactoria en cuanto se refiere a la explotación industrial.

Objetivos futuros para la selección en el seno de las poblaciones

Con anterioridad a 1980, los objetivos primarios de la selección en el norte de Europa se orientaron hacia la reducción de la grasa y la mejora del índice de conversión del pienso. Los regímenes de comprobación fueron elegidos para esto y, en general, tuvieron éxito. Durante la última década, el interés ha variado hacia la mejora del crecimiento del tejido magro con incrementos asociados en el apetito, y ha proseguido la mejora de la conversión del pienso (actualmente esto último es consecuencia de una reducción de las necesidades de mantenimiento debido a un crecimiento más rápido hasta alcanzar el peso de sacrificio, más que como anteriormente que era el resultado de una reducción en la tasa de la deposición de grasa). Actualmente se han producido avances en la selección de las hembras principalmente hacia la capacidad reproductora y longevidad, y en la selección de los machos para el tamaño y conformación muscular con independencia del gene halotano, y también para la calidad de la carne. Estas características ya han sido añadidas a la tasa de crecimiento del tejido magro, y actualmente constituyen aspectos importantes a considerar en el índice. No obstante, la industria todavía no ha avanzado bastante en la identificación de los regímenes de comprobación adecuados para facilitar la apreciación de diferencias máximas entre los candidatos en caracteres tales como tamaño de la camada y calidad de la carne, y en la determinación de regímenes de comprobación apropiados para descubrir los individuos superiores en estas características. La sanidad, en forma tanto de resistencia específica a las enfermedades y robusted general a los abusos medio ambientales, es probable que constituya una preocupación importante en el futuro. Si la reducción de grasa *constituyó* el objetivo inicial para la selección en el seno de las poblaciones, y si la tasa de crecimiento del tejido magro *es* el objetivo actual, es muy probable que las presiones futuras de la selección *se orienten* hacia aspectos adicionales de la calidad de la carne, tasa de reproducción y sanidad.

Planes para la mejora racial

La logística, no la ciencia, es la fuerza en que se apoya el éxito de la política de mejora racial. Sin un sistema para manejar los detalles sobre identificación, clasificación y movimiento de los animales vivos, la ciencia es de escasa utilidad.

La combinación de las tres estrategias de mejora racial, (a) importación de razas nuevas, (b) selección en el seno de poblaciones núcleo y (c) utilización del vigor híbrido, y la organización posterior de la distribución de cerdos mejorados a través del sistema descendiendo hasta el nivel de la producción de carne, constituye un ejercicio de logística de tal amplitud y complejidad que requiere una excelente planificación del manejo.

Empleo de los medios de comprobación central por quienes realizan la mejora racial (Figura 6.17)

De la población total de cerdos, una proporción muy pequeña de la misma se encuentra en manos de quienes realizan la mejora racial; aunque resulta transcendental la influencia del mejorador racial sobre la eficacia tanto del productor comercial como de la piara nacional en general. Una estructura nacional

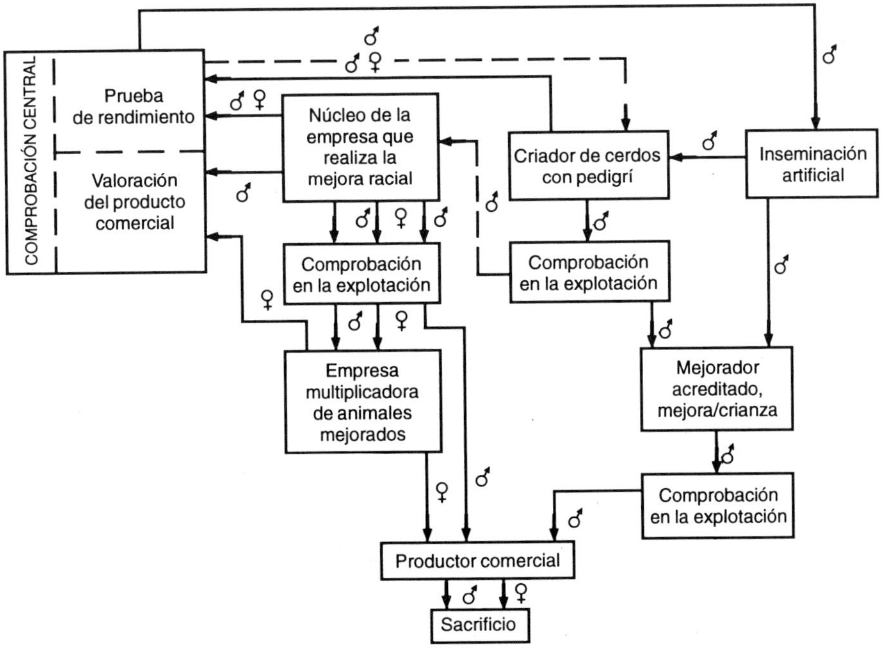

Figura 6.17 Estructura nacional para la mejora porcina progresiva mediante identificación, selección y diseminación de cerdos con mérito superior a la media. Dichas estructuras pueden tener actualmente tan sólo un interés histórico.

para la mejora porcina identifica a los individuos superiores, ayuda a concentrar los caracteres mejorados en piaras núcleo y, posteriormente, permite que los genes mejorados desciendan desde las piaras núcleo de raza pura, a través de multiplicadores y hasta los cerdos comerciales para sacrificio. Las instalaciones de comprobación central –generalmente una agencia gubernamental o *cuasi*-gubernamental– ayudan a identificar la existencia de mérito genético en piaras de raza pura y pueden compararse los resultados de los esfuerzos de quienes realizan la mejora racial. La necesidad, y la efectividad de medios de comprobación a nivel nacional depende en gran medida de la estructura de la industria porcina de cada país y del nivel posible de control central. También resulta preciso que sea una necesidad comprendida y aceptada generalmente como servicio de las empresas que realizan la mejora racial, y de quienes practican la mejora racial con núcleos menores y desean una ampliación.

El mejorador independiente de cerdos (núcleo) con pedigree con una piara de tamaño limitado (Figura 6.18)

Para conseguir avances generación tras generación en una población de cerdos (núcleo), el ganadero se centrará generalmente en razas puras y, normalmente, tan sólo en un tipo de dichas razas, destinando a los individuos mejores para ser los padres de la generación siguiente. La selección podría orientarse hacia un

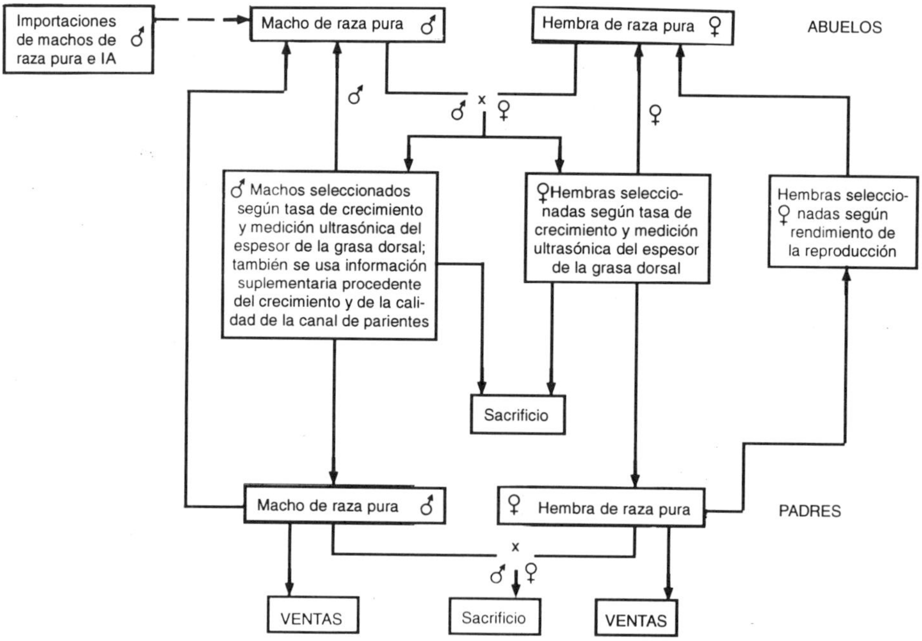

Figura 6.18 Ejemplo de plan de mejora para un pequeño criador de cerdos con pedigree (núcleo).

carácter, quizá la tasa de crecimiento del tejido magro, o hacia un conjunto de caracteres mediante el uso de un índice, junto con selección positiva para el rendimiento de la reproducción.

El mejorador de cerdos con pedigree busca siempre aquellos individuos realmente notables –machos con crecimiento muy rápido, o hembras con un prolificidad extrema– y una vez descubiertos estos individuos tenderá a mantenerlos en la piara durante el mayor tiempo posible. Si se frena la tasa de mejora, o reaparece un carácter eliminado, puede ser oportuna la importación de genes nuevos en la piara en forma de ganado procedente de otro mejorador. Esto resulta relativamente simple al disponer de semen procedente de machos con mérito notable en centros de inseminación artificial.

El mejorador con una piara reducida encuentra difícil o imposible avanzar en el rendimiento de la reproducción por razones ya señaladas. En consecuencia, muchos mejoradores aplican una política para asegurar simplemente que todos los candidados incluidos en la selección proceden de camadas razonablemente amplias, con lo que es improbable que mejore el rendimiento de la reproducción aunque puede prevenirse su descenso.

Las características del crecimiento son apreciadas más fácilmente, y pueden ser medidas directamente tanto en los machos como en las hembras. Como la proporción de las hembras candidatas a la selección es necesariamente amplia (unas 20 veces mayor que la de los machos), la comprobación exacta no es particularmente compensadora. Las candidatas a ser seleccionadas como madres mejoradoras pueden criarse formando un grupo de cerdas que se desarrollan en cochiqueras hasta alcanzar unos 80 kg de peso vivo, siendo determinada su tasa de crecimiento según su edad y el espesor de la grasa dorsal se calcula con el empleo de una sonda para ecografía. La alimentación abundante de las candidatas asegurará que en ninguna se impide la demostración de su potencial por un aporte inadecuado de pienso. Aunque, cuando la calidad de la canal es un factor importante en el valor de los animales sacrificados, debe disponerse de un mayor número de lotes en cebo con un régimen de alimentación superabundante, y esto puede resultar costoso porque las hembras no seleccionadas para reposiciones en la piara pueden ser categorizadas con una puntuación baja en el matadero por ser demasiado grasas.

La recompensa es mayor al aumentar la exactitud de las comprobaciones en los candidatos macho. Es posible conseguir un mayor diferencial entre los animales seleccionados y el promedio de la piara cuando es preciso seleccionar un número reducido, y la influencia del macho sobre la piara es más profunda y más duradera. Los machos candidatos pueden ser alojados individualmente o en grupos pequeños formados por dos o tres hermanos, de forma que pueda realizarse algún cálculo sobre el consumo y el índice de transformación del pienso. Además de la determinación de la tasa de crecimiento, índice de transformación del pienso y espesor de la grasa dorsal mediante ecografía, resulta útil disponer de información sobre la calidad de la canal obtenida al sacrificar los parientes menos afortunados en la selección.

La comprobación central puede ofrecer ayuda a los mejoradores de animales con pedigree al proporcionarles medios en los que puedan crecer y ser valorados los candidatos y/o sus parientes. Para comprobar la calidad de la canal, los parientes del candidato que son sacrificados pueden ser sometidos a disección para determinar su contenido de carne magra, grasa y hueso, y la calidad muscular. En las estaciones de comprobación central el ganado de los mejoradores raciales puede ser puntuado comparándolo con ganado contemporáneo sometido a la misma comprobación. En base a la puntuación alcanzada, el ganadero puede decidir si el animal volverá a su piara o si será vendido. Puede realizarse un acuerdo recíproco por el que la agencia de comprobación central publica las características del rendimiento de los animales sometidos a comprobación. La información beneficia a otros criadores de ganado mejorado y permite que los cerdos con mérito permanezcan en las mejores piaras. Algunos pequeños criadores de cerdos mejorados contemporáneos pueden beneficiarse de la comprobación central de los hermanos, aunque combinando en la propia explotación la comprobación de los machos candidatos.

También pueden ser recompensadas las líneas especializadas, tales como los tipos con una calidad de la carne especialmente buena, o que son excepcionales en su conformación o capacidad para enfrentarse con los sistemas de producción extensiva. Como sucede siempre con los negocios en pequeña escala, resulta esencial que consigan una calidad única para la venta si han de tener éxito para competir con las grandes empresas.

Enfoque general de la empresa que realiza mejora racial (Figura 6.19)

Estas empresas tienen la ventaja de su tamaño. Con más de 1.000 cerdas en cada núcleo, pueden explotarse los beneficios que representa la elección de unos pocos animales a partir de una población amplia y diversa, y puede existir una notable diferencia entre los mejores machos seleccionados y el promedio de la población porcina en la que van a ser utilizados. La empresa que practica la mejora racial busca un intercambio rápido de animales con un mérito notable. El avance se consigue mediante pequeños pasos frecuentes hacia adelante, y resulta crucial el tiempo para una vuelta completa en dicho esquema. Los machos no son mantenidos durante todo el tiempo posible, sino durante el plazo más corto posible, de forma que la generación siguiente aporte su pequeño esfuerzo al progreso positivo tan pronto como sea posible.

Mientras que el criador de cerdos con pedigree arriesga su reputación en la venta de un número relativamente pequeño de machos con un mérito notable, la empresa dedicada a la mejora racial tiene su negocio en el suministro de animales. Estas empresas venden tanto machos como hembras, con frecuencia en forma de lotes de cerdos. Al comprador se le ofrecen hembras que son parientes de animales reputados como reposiciones para su piara, junto con machos criados especialmente para fecundar a las hembras anteriores. Las empresas que realizan la mejora racial ofrecerán también –a precios superiores– animales a quienes desean criar sus propias reposiciones. En la Figura 6.20 aparecen los productos comerciales de las empresas típicas que realizan la mejora racial.

En consecuencia, la empresa ofrece dos servicios: (a) provisión sin problemas de machos y hembras para reposiciones, y (b) cerdos mejorados. Aunque la empresa sigue en el negocio únicamente por esto último. Resulta fundamental tener éxito comercial en un mercado abierto para que los productos ofrecidos sean competitivos de forma demostrable tanto en calidad como en precio, y un escalón más avanzado en términos de mejor tasa de crecimiento, calidad de la canal y

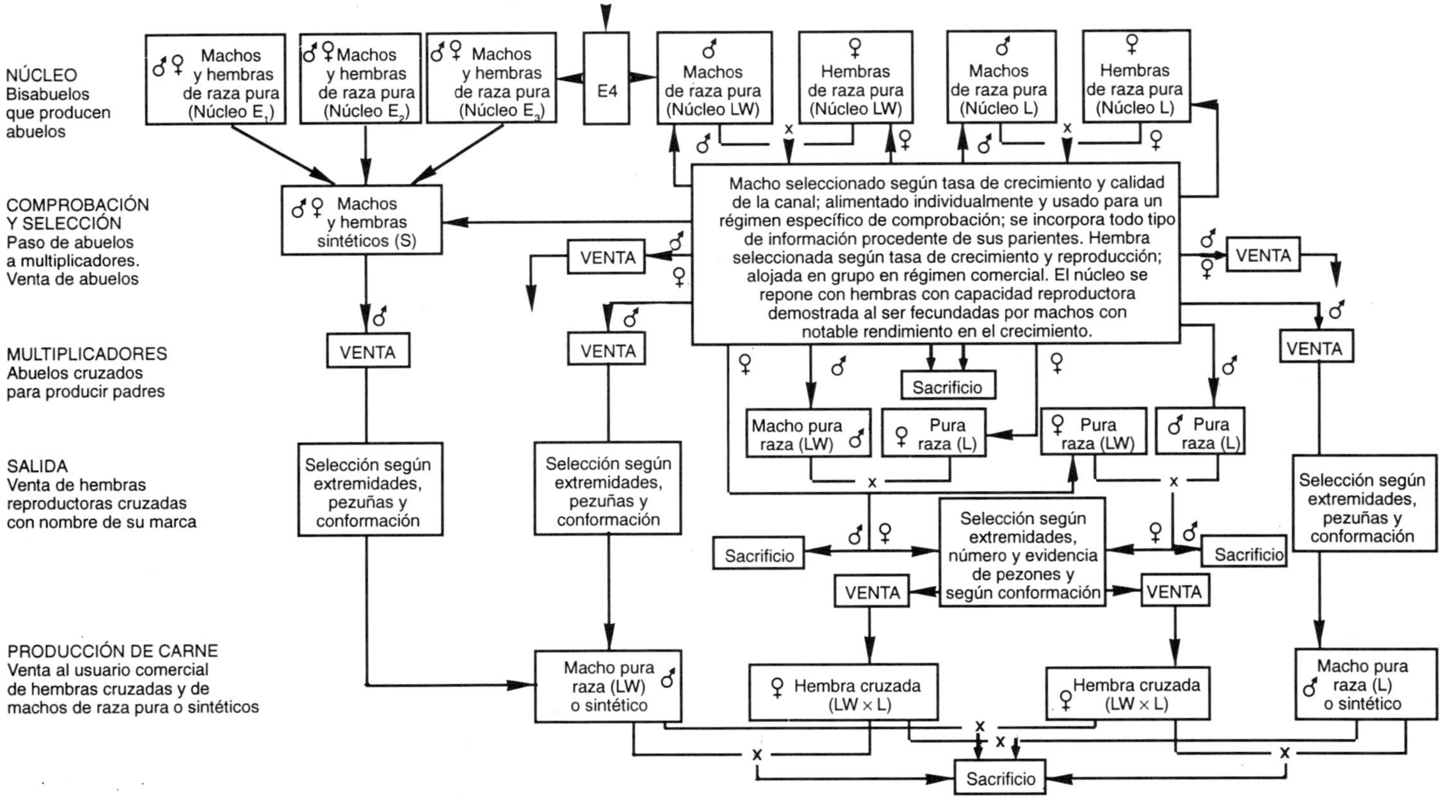

Figura 6.19 Ejemplo de un plan de reproducción para una empresa dedicada a la mejora porcina. E_1, E_2 y E_3 representan tres razas exóticas diferentes, E_4 representa la posibilidad de importaciones de genes procedentes de tipos tales como hembras superprolíficas o machos especializados. S representa una «línea masculina» sintética elaborada a partir de las tres razas exóticas y del principal tipo racial. La línea masculina alcanzaría unas características notables en su crecimiento y calidad de la canal. LW y L representan los tipos Large White y Landrace. Estas líneas femeninas mostrarían unas notables características para la reproducción (así como también para el crecimiento). Estas razas sirven únicamente como ejemplos.

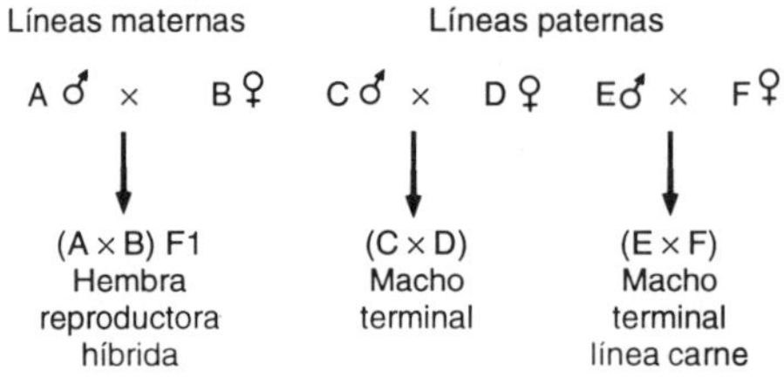

Figura 6.20 Empleo de líneas núcleo «pura raza» para crear cerdos reproductores comerciales híbridos mejorados genéticamente. (La hembra reproductora especializada [A × G] puede ser producida también para explotaciones extensivas, o los machos terminales especializados [G × X] con características particulares de su carne). (Cotswold Pig Development Company Limited).

características de la reproducción. Estas empresas, debido a su mayor tamaño y base financiera más fuerte, serán capaces de comprobar en sus piaras núcleo de raza pura con una rigurosidad muy superior que la de los pequeños criadores de cerdos con pedigree. Además podran alcanzar beneficios económicos del vigor híbrido al presentar una hembra cruzada (y con frecuencia también un macho cruzado) como un producto con marca registrada.

Además de ofertar un mérito genético mejorado, las empresas que realizan la venta y el movimiento de ganado porcino se preocupan intensamente por la salud de los animales. La prevención y el control de enfermedades supondrán una parte importante de la política de tales empresas. Estos aspectos son tratados ampliamente en el Capítulo 7.

La estructura de la empresa que practica la mejora racial refleja sus necesidades. Las piaras núcleo de pura raza (bisabuelos) son mantenidas en aislamiento total. En el seno de estas piaras se practica una comprobación intensa sobre crecimiento, calidad de la canal y de la carne y rendimiento de la reproducción tanto en las líneas masculinas como femeninas. Los animales seleccionados de estas piaras núcleo serán los abuelos. Unos pocos de los mejores de éstos se destinarán a reposiciones en el núcleo, mientras que la mayoría de los restantes se envían a las piaras multiplicadoras que generan reproductores para la venta. Debido al control sanitario, una vez embarcados los animales hacia las piaras multiplicadoras ya no pueden retornar al núcleo. Para mejorar el rendimiento de la reproducción en las piaras núcleo, hembras probadas pueden ser fecundadas mediante contrato por los mejores machos y la descendencia marcada en las orejas para su selección con retorno al núcleo en lugar de ir a la fase de multiplicación.

Los abuelos mantenidos en las piaras núcleo deben cumplir con tres requisitos. Primero, su mérito genético debe ser ya elevado aunque abierto a una posterior mejora. No deberá darse por supuesto que los abuelos del núcleo sean necesariamente de «raza pura»; pueden ser perfectamente líneas sintéticas con orígenes diversos. Sin embargo, el término «raza pura» puede ser comprendido para su destino a colonias de reproductores donde tanto machos como hembras mantienen un tipo genético similar, y son apareados para proporcionar descendencia de tipo similar a sus padres (aunque –si son seleccionados– afortunadamente también serán mejorados con respecto a dicho tipo). A continuación, los tipos elegidos para una piara núcleo deben mostrar vigor híbrido al ser cruzados. Por último, la empresa dedicada a la mejora racial puede desear mantener una piara núcleo con diversas razas de cerdos que podrían aportar, actualmente o en el futuro, características especiales al producto final.

Una empresa que realiza mejora racial podría mantener, por ejemplo, dos grandes piaras núcleo, una de tipo Large White y la otra de tipo Landrace. Las piaras núcleo de reproductores pueden disponer de 100-1.000 hembras o más. También pueden mantenerse colonias menores de cerdos reproductores, 50-500, de razas tales como Hampshire, Pietrain, Duroc, Landrace Belga, Lacombe, Saddleback, o cualquiera otra, para proporcionar machos a la línea masculina, o en espera de ser usados, en alguna fecha futura, para aportar características tales como rusticidad, conformación, masa de carne magra, etc. De forma alternativa, o además, puede desarrollarse una línea que contenga una amalgama de diversas razas que posteriormente es tratada como si fuese una raza nueva. El resultado es la creación de una línea *sintética* nueva particularmente apropiada en el aporte de machos para cruzamiento heterosanguíneo en la obtención de la generación destinada al sacrificio.

Con frecuencia suele suceder en las empresas dedicadas a la mejora racial que sus piaras núcleo de raza pura son, *de hecho,* líneas sintéticas que han estado sometidas a diversas importaciones de genes. Así, aunque el núcleo de una de estas empresas puede ser considerado como «tipo Large White», no se trata de los mismos cerdos Large White que podrían encontrarse en una piara inscrita en el libro genealógico de la raza, ni incluso igual que otro tipo Large White encontrado en otra empresa. Forma parte de la política de tales empresas que sus piaras núcleo pueda demostrarse que son diferentes de las que dispone la competencia; a pesar del hecho de que puedan ser clasificadas como «tipo Large White» o «tipo Landrace», o «tipo línea para carne». En las piaras núcleo de las empresas dedicadas a la mejora racial, es preferible considerar a cada piara núcleo como una raza nueva y única.

La Figura 6.19 constituye un ejemplo del organigrama de una empresa dedicada a la mejora racial.

Los productos vendidos por las empresas que realizan mejora racial pueden ser contrastados unos con otros en las instalaciones de comprobación central. La agencia que realiza la comprobación central compraría a los multiplicadores muestras al azar de hembras jóvenes que serían fecundadas por verracos procedentes del núcleo de la empresa. Las hembras podrían ser comprobadas para determinar su rendimiento como reproductoras y la tasa de crecimiento de su descendencia, el índice de transformación del pienso y la calidad de la canal. La ingenuidad de la valoración del producto comercial y el posible mal uso de los resultados obtenidos han sido señalados en otro apartado.

Una empresa particular de mejora racial

Las empresas que realizan mejora racial obtienen un producto que va mejorando progresivamente y que será vendido en competencia con otros. Cada una de estas empresas tiene diferentes objetivos de selección, sistemas de manejo y políticas de comercialización aunque, en último término, todas desean vender el mayor número de animales a los productores comerciales de cerdos (principalmente hembras madres F1 y verracos para cruzamiento heterosanguíneo). Para realizar esto, las empresas suelen organizarse en cuatro niveles de producción. El nivel uno consta de piaras núcleo superiores de cerdos tatarabuelos (GGGP), que son seleccionados de forma muy intensiva. A partir de estos, los cerdos de la siguiente generación descienden al nivel núcleo (nivel dos) que realiza la multiplicación de genes mejorados aunque manteniendo la población de raza pura a nivel bisabuelos (GGP). La comprobación y la selección prosigue a nivel GGP aunque es menos riguroso el régimen de comprobación y menos intensivo que en el núcleo GGGP superior. A partir del núcleo, la generación siguiente constituye el nivel tres en forma de abuelos (GP) que pasan a los multiplicadores. Las piaras multiplicadoras organizan el cruzamiento de los abuelos y obtienen los padres (nivel cuatro) disponibles para la venta. Estos padres producen la generación destinada al sacrificio.

La situación sanitaria en la cima de esta pirámide resulta crucial y todas las piaras son cerradas, cualquier entrada solamente lo será mediante histerectomía, transferencia de embriones o inseminación artificial. El paso de genes mejorados desde el núcleo superior en el que son identificados por vez primera hasta la generación de padres en la que son usados puede tardar en realizarse hasta 5 años. Este margen de tiempo para la transferencia genética puede reducirse significativamente cortando la fase de multiplicación de raza pura en el nivel GGP, y creando en su lugar un grupo mucho más numeroso de animales núcleo, aunque sobre los mismos se practica selección intensiva como si se tratase del nivel GGGP. A partir de este núcleo GGP, los cerdos mejorados pueden pasar directamente al nivel multiplicación. El mantenimiento de estas piaras núcleo numerosas y la comprobación de tantos candidatos con el máximo nivel de rigor e intensidad resulta caro, aunque mejora mucho la tasa de avance genético debido al mayor tamaño de la población, determinación más exacta, una mayor tasa de selección, y un menor intervalo entre dos generaciones. El consumidor se beneficia también del margen de tiempo para la transferencia genética que se reduce a tan sólo 2-3 años.

Las empresas que realizan mejora racial usarán seguramente al completo tres métodos para conseguir la máxima mejora del rendimiento a través de métodos genéticos:

1 Selección en el seno de las poblaciones.
2 Incorporación de genes nuevos mediante importación.
3 Creación de vigor híbrido a traves de cruzamiento racial.

Objetivos de la selección:

a Tasa de crecimiento del tejido magro.
b Economía de la producción y transformación del pienso en tejido magro.
c Tamaño de la camada.
d Cantidad, calidad y distribución del tejido magro en la canal.
e Control del gene halotano.
f Mejora de la calidad de la carne.

Líneas de reproductores (A-Z):

Cada línea de reproductores es una población de un determinado tipo porcino. Estas poblaciones se mantienen en forma de piaras núcleo de raza pura constituidas por hembras y machos reproductores. En el seno de cada línea de reproductores núcleo se practica un determinado programa de selección. El programa de selección no será el mismo para cada una de las líneas, al tener las líneas usos finales diferentes. Los machos y las hembras pasan desde el núcleo a las piaras de multiplicación donde se obtienen hembras madres cruzadas y machos finales para su venta a los consumidores (ver Figura 6.20).

(A) **Línea masculina para obtener cerdas madres cruzadas:**
Tipo Landrace: tamaño de la piara núcleo 1.000-2.500 cerdas.
Énfasis de la selección sobre crecimiento y tamaño de la camada (a, b, c).

(B) **Línea femenina para obtener cerdas madres cruzadas:**
Tipo Large White: tamaño de la piara núcleo 1.000-2.500 cerdas.
Énfasis de la selección sobre tamaño de la camada y crecimiento (c, a, b).

(C) **Línea masculina para obtener sementales finales con uso de tipo general:**
Tipo Large White: tamaño de la piara núcleo 500-1.000 cerdas.
Énfasis de la selección sobre crecimiento y calidad de la canal (a, b, d, f).

(D) **Línea femenina para obtener sementales finales con usos de tipo general:**
Tipo Large White: tamaño de la piara núcleo 500-1.000 cerdas.
Énfasis de la selección sobre crecimiento y calidad de la canal (a, b, d).

(E) **Línea masculina para obtener sementales finales cruzados de línea para carne:**
Tipo sintético procedente de una mezcla de razas altamente musculadas con un elevado porcentaje de carne magra y excelente distribución muscular: tamaño de la piara núcleo 250-750 cerdas.
Énfasis de la selección sobre crecimiento y calidad de la canal (a, b, d, e, f).

(F) **Línea femenina para obtener sementales finales cruzados de línea para carne:**
Tipo Large White: tamaño de la piara núcleo 250-750 cerdas.
Énfasis de la selección sobre crecimiento y calidad de la canal (a, b, d, f).

(G) **Línea especializada para obtener sementales y hembras cruzadas:**
Tipo Duroc: tamaño de la piara núcleo 200-600 cerdas.
Énfasis de la selección sobre crecimiento, calidad de la canal y tamaño de la camada (a, b, c, d, f), y también para cualidades especiales como rusticidad, idoneidad para sistemas con inversiones bajas, características de la calidad muscular, etc.

(Z) **ZOO:**
Pequeñas poblaciones de reproductores de diferentes tipos porcinos: tamaño de las piaras núcleo 50-250 cerdas.
Al desconocerse las necesidades de estos tipos en el futuro existe un cuidado especial para no aplicar objetivos de selección, sino para mantener la máxima variación en sus genes.

Método:

Se mantiene una situación sanitaria especialmente elevada en todas las piaras, desde el núcleo, a través de la piara multiplicadora y a nivel de cliente.

Existe una pirámide de tres pisos con piaras núcleo numerosas en la parte superior para conseguir una tasa máxima de mejora genética y reducir al mínimo el intervalo de transferencia genética de los genes mejorados que aparecen en el núcleo y pasan al cliente. La Figura 6.21 muestra la pirámide para las líneas A y B, produciendo hembras madres híbridas F1.

Las diversas piaras núcleo reciben genes mediante inseminación artificial (Figura 6.22). En el centro de inseminación artificial solamente se dispone de los mejores y escasos machos seleccionados procedentes de las poblaciones (A-G). La intensidad de la selección para los machos es del 1% aproximadamente o inferior. Son aplicados los métodos de Mejor Predicción Lineal Imparcial para comparar los candidatos procedentes de las distintas piaras núcleo de cada línea. En el centro de IA deben estar presentes siempre unos 15 machos de cada una de las líneas A-F. Los verracos son usados durante no más de 10 semanas, y solamente fecundan a 40 cerdas cada uno, para conseguir así que sea máxima la tasa de avance genético y que sea mínimo el intervalo entre dos generaciones.

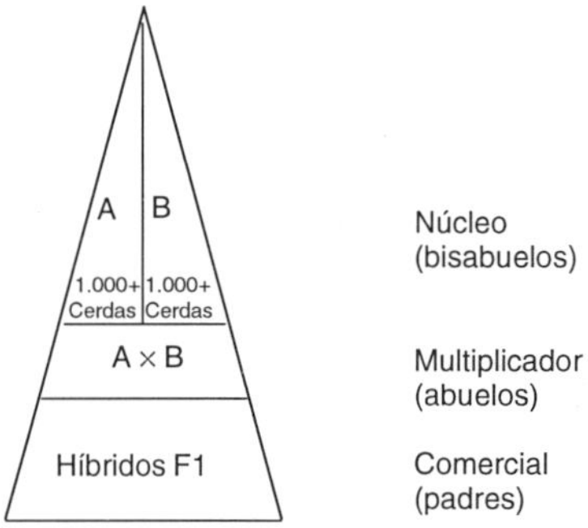

Figura 6.21 Pirámide de tres pisos de empresa para mejora racial dedicada a producir hembras reproductoras híbridas (Cotswold Pig Development Company Limited).

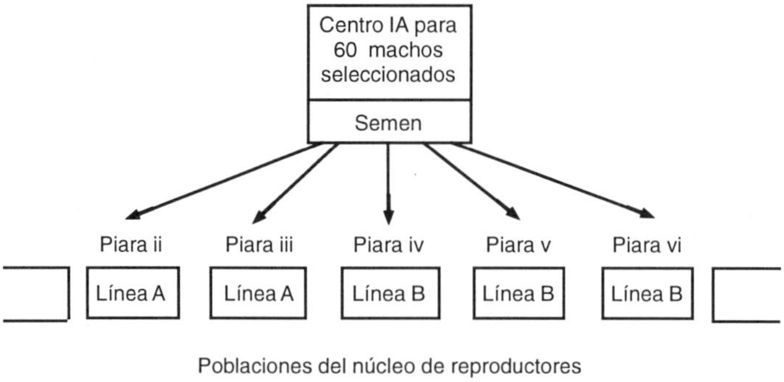

Figura 6.22 Centro de inseminación artificial que sirve a muchos núcleos independientes para maximizar la tasa de mejora genética (Cotswold Pig Development Company Limited).

Sesenta machos por año fecundarán, mediante inseminación artificial, a un núcleo de 1.000 cerdas.

La selección de las hembras se realiza en el seno de cada una de las piaras núcleo sobre la base de un índice que combina tamaño de la camada y crecimiento de tejido magro, y usando la máxima información procedente de tantos parientes como sea posible. La intensidad de la selección de las hembras es del 40% aproximadamente.

Los cerdos pasan de las unidades núcleo a las explotaciones de multiplicación en las que se mantienen partidas de abuelos procedentes del núcleo. Las tasas de reposición anual en las piaras serán aproximadamente del 100% para los machos y del 50% para las hembras. Los abuelos se cruzan para obtener hembras madres y se venden sementales para cruzamiento heterosanguíneo. Estos últimos pueden proceder también directamente del nivel núcleo. Sobre el 60% de las hembras cruzadas que nacen en el nivel multiplicación serán seleccionadas como idóneas para ser las madres de la generación destinada al sacrificio. El 40% restante serán eliminadas por calidad inadecuada de pezuñas, extremidades, conformación, número insuficiente de pezones o por otras alteraciones.

El criador/productor comercial (Figura 6.23)

Algunos criadores comerciales, aunque desean aumentar el mérito genético de sus piaras, pueden no desear la compra de reposiciones de la generación de padres cruzados listos para usar procedentes de empresas que realizan la mejora racial. Los abuelos macho mejorados pueden ser comprados a criadores con pedigree, procedentes de piaras núcleo de empresas mejoradoras o en forma de semen procedente de centros de IA.

Los machos padres de raza pura, usados por el criador para obtener cerdos destinados al sacrificio, pueden ser adquiridos también fuera de la explotación –con frecuencia se trata de parientes próximos de machos con excelencia demostrada– o pueden ser obtenidos en la explotación. En cualquier caso, para obtener cerdas madres cruzadas, el criador debe mantener algunas cerdas núcleo de raza pura de al menos una de las dos razas que son necesarias.

La comprobación puede limitarse con frecuencia a la selección de hembras para la tasa de crecimiento y mediante la determinación ecográfica del espesor de la grasa dorsal, al tiempo que son rechazados animales en base a un mal rendimiento reproductor. Las hembras que se descubran con una excelencia particular se mantendrán aisladas para contratar su fecundación y reponer el núcleo. Las acciones emprendidas en la mitad superior de la Figura 6.23 se corresponden a las de un criador de cerdos con pedigree, mientras que las acciones en la mitad inferior de la figura son las propias de un multiplicador. Algunos productores podrían optar por privarse de la alegría de mantener ejemplares de raza pura. Para ellos, las empresas que realizan la mejora racial ofrecen abuelos de dos razas para la multiplicación en la explotación. Tendría escaso interés la selección de ganado cruzado producido así y la elección de los animales se realiza únicamente en base a la adecuación de las extremidades, las pezuñas y los pezones.

El esquema de la reproducción puede simplificarse más mediante el uso de inseminación artificial, que puede evitar totalmente la necesidad de disponer de machos en el núcleo de abuelos, y en los niveles de multiplicación. También es

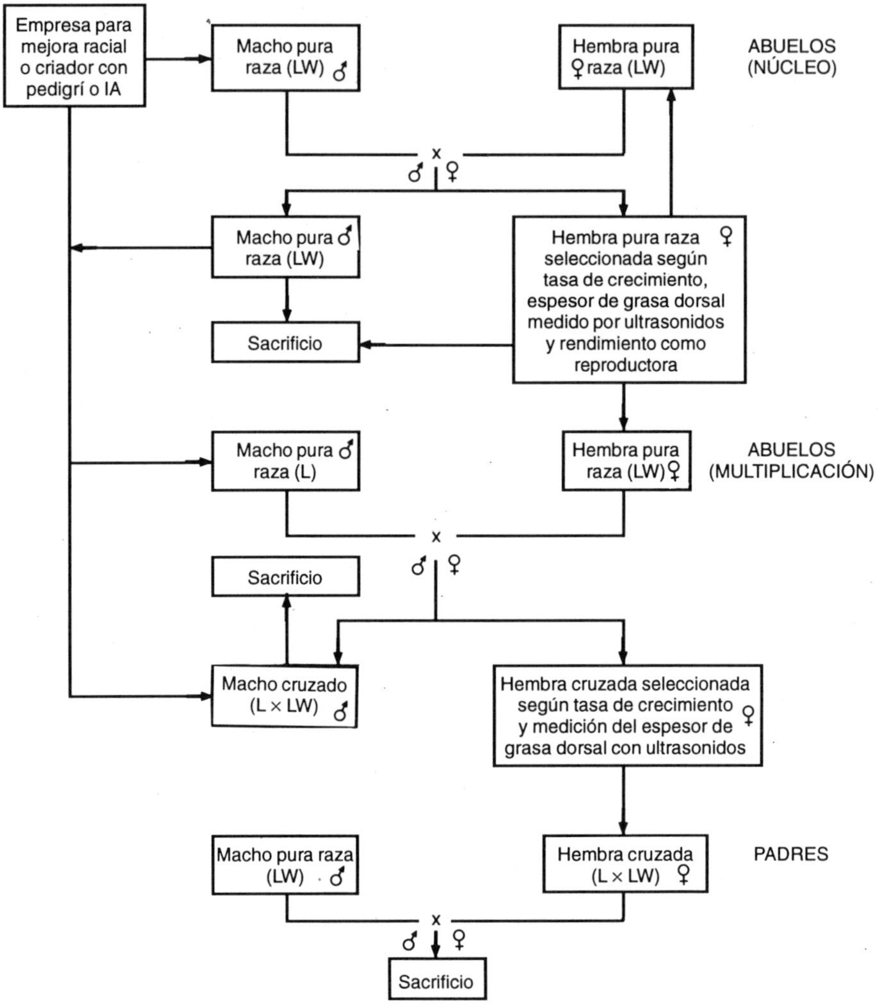

Figuura 6.23 Ejemplo de plan de mejora para mejorador/productor (LW y L representan a las razas Large White y Landrace que sirven como ejemplo). Por cada 100 hembras reproductoras cruzadas se precisan unas 30 de pura raza. De éstas, unas 10 regeneran el núcleo mientras que unas 20 son cubiertas por un macho de una raza diferente para producir las hembras cruzadas de las que anualmente son seleccionadas 50 para reposiciones para la piara principal. El tamaño de la piara pura raza que se precisa dependerá primero de la proporción de cerdos que legan procedentes de la piara y que son rechazados por extremidades, conformación o pezones con deficiencias aparentes, y segundo de la proporción de cerdos rechazados por no alcanzar el rendimiento adecuado durante el periodo de crecimiento. Si 100 hembras cruzadas producen cuatro camadas cada una en el curso de 2 años de vida como reproductoras, entonces se precisarán anualmente 50 reposiciones. Veinte hembras de raza pura producirán unos 320 cerditos por año, de los que la mitad serán hembras. Si se someten a comprobación los dos tercios a los tres cuartos de estos animales, sobre la mitad de los candidatos deberán ser seleccionados para reposiciones en la piara. Para repoblar el núcleo en 15 hembras por año,10 hembras cubiertas producirán 80 cerditos hembra, de las que 50-60 serán sometidas a comprobación y deberá seleccionarse el tercio superior de estos animales.

posible una flexibilidad entre las hembras en el núcleo de abuelos y en el grupo de multiplicación, siendo intercambiables los animales entre estos dos niveles. El núcleo de hembras está constituido esencialmente por animales de raza pura seleccionados para su fecundación mediante contrato.

El criador comercial (Figura 6.24)

El objetivo del criador comercial no consiste en dedicarse a la obtención de cerdos padres mejorados, sino más bien a conseguirlos. Las empresas que realizan la mejora racial ofrecen directamente a los criadores hembras cruzadas madres y machos padres seleccionados para trabajar con ellos (Figura 6.24), o indirectamente al proporcionar abuelos a la explotación que realiza la multiplicación (Figura 6.25). Los criadores que no desean depender de las empresas que realizan la mejora racial como fuente de hembras reproductoras pueden mantener una piara de animales cruzados mediante selección simple a través de apreciación visual, y aspirar a cierta mejora en el valor genético mediante la compra de machos en piaras con buena reputación (Figura 6.26). Para mantener los beneficios de la heterosis, la raza del macho debe alternarse con frecuencia. Aunque los verracos de raza pura constituyen la opción más probable, algunos productores pueden inclinarse por un verraco cruzado.

El plan de producción seguido más corrientemente por los criadores comerciales consiste en comprar directamente hembras madres híbridas F1 a las empresas mejoradoras de las razas, junto con la línea masculina apropiada para cruzamiento heterosanguíneo (Figura 6.24). Esta política obliga a mantener un estado

Figura 6.24 Ejemplo de plan de reproducción para un productor comercial que adquiere reproductoras de una empresa dedicada a la mejora racial.

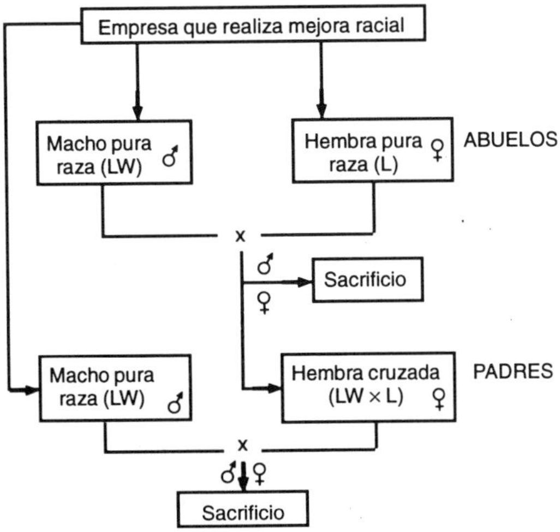

Figura 6.25 Ejemplo de plan de reproducción para un productor comercial que compra abuelos (raza pura) en una empresa dedicada a la mejora racial (LW y L representan a las razas Large White y Landrace que sirven como ejemplo).

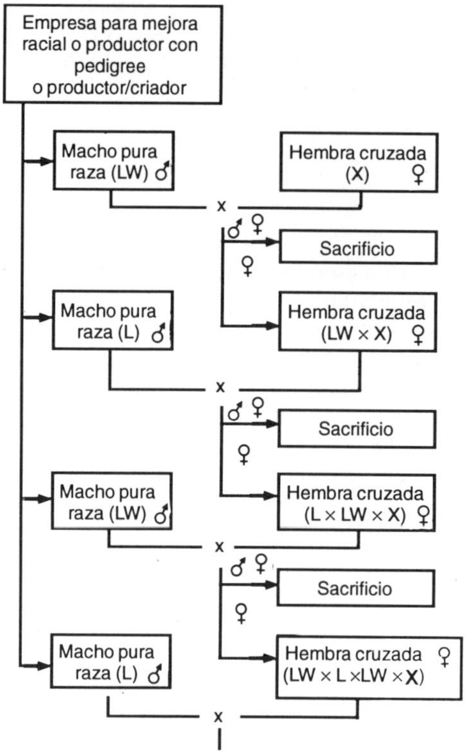

Figura 6.26 Ejemplo de plan de reproducción para un productor comercial que mantiene la piara de reproductores mediante una política de cruzamiento racial practicado en su explotación.

sanitario conjunto entre la empresa y el cliente, por lo que resulta importante que los animales procedentes de distintas empresas no se mezclen en una instalación única del cliente. La piara comercial dispondrá generalmente, por cada 100 cerdas reproductoras, de unas ocho cerdas jóvenes disponibles en todo momento. En términos de adquisiciones mensuales en la empresa dedicada a la mejora racial, el criador comercial necesitará, por cada 100 cerdas reproductoras en su piara, adquirir unas cuatro cerdas jóvenes híbridas y 0,3 sementales mensualmente.

Nuevas técnicas de biotecnología

La ingeniería genética y sus tecnologías asociadas han gozado de una reputación para la mejora racial mucho antes de disponer de pruebas con una base firme. Puede perdonarse la creencia de que los genes podrían ser traspasados actualmente de un animal a otro a voluntad, transfiriendo así determinados atributos genéticos a poblaciones que nunca antes los mostraron. Esto es así tan sólo en una forma muy limitada, y todavía no para caracteres productivos asociados con la reproducción y el crecimiento en los cerdos. Sin embargo, la tecnología del DNA recombinante ha permitido la elaboración de hormonas y de fármacos a partir de organismos simples, como r-PST testigo. Es probable que en algún momento del futuro los genes *serán* transferidos con facilidad y se alcanzará el cambio genético, aunque no deben ser infravaloradas las dificultades para transferir con éxito un solo gene a una población de reproductores comerciales.

Mientras tanto, existen otras muchas biotecnologías que ya han contribuido de forma significativa a que pueda lograrse un avance genético. Algunos han considerado que la probable mayor disponibilidad de hormonas y de fármacos, mediante la tecnología del DNA recombinante, evitaría la necesidad de la selección genética para caracteres tales como tasa de crecimiento del tejido magro y eficacia de la reproducción abiertos a la mejora mediante terapia hormonal. Sin embargo, dicha actividad tendría que enfrentarse con factores tales como:

1 Inquietud del público por la aplicación repetida (generación tras generación) de hormonas a ganado para consumo humano.
2 Coste del tratamiento individual de cada generación, comparado con el de la mejora genética mediante selección que crea un efecto duradero y (al ser inherente) no precisa de esfuerzos posteriores una vez alcanzado.
3 Todavía no se dispone de conocimientos adecuados para predecir las consecuencias de la terapia hormonal o mediante inmunización, en particular en cuanto se refiere a sus efectos secundarios. La mayoría de las respuestas de la producción son compuestas, así el animal necesita un complejo de respuestas adecuadas para realizar un cambio metabólico. Un ejemplo sería la capacidad de un individuo para hacer frente a una tasa alta de crecimiento del tejido magro impuesta por un sistema corporal desarrollado para una menor tasa de ganancia, o la capacidad de un aparato reproductor para hacer frente a una elevada tasa de ovulación.
4 Las terapias exógenas ayudan probablemente a la manifestación de un determinado carácter existente en la base genética; en consecuencia cuanto más alta sea la base creada mediante selección genética convencional positiva, mejor será el efecto global.

Transferencia de genes

La inserción de genes procedentes de otras poblaciones o especies porcinas ayudará mucho a la importación de caracteres particulares, ya que solamente será transferido el gene o el complejo génico deseado (en lugar del complemento genético completo). Así, podrían ser transferidos los genes para el tamaño muscular sin el acompañamiento de los genes para la susceptibilidad al estrés. De nuevo, los complejos génicos para aumentar la tasa de ovulación y la supervivencia de los embriones que son característicos de los cerdos Meishan, podrían ser transferidos sin ir acompañados de los complejos génicos contraproducentes para crecimiento lento y engrasamiento también presentes en dicha raza.

La transferencia de genes con capacidad para resistir una determinada enfermedad, que se heredan de forma simple, constituye un aspecto particularmente atrayente, y que actualmente recibe un atención activa, con cierto grado de éxito. Parece ser que ha sido transferido efectivamente un gene que ofrece resistencia frente a la influenza porcina. Otros candidatos lógicos son los genes que aumentan la resistencia contra enfermedades comunes de los aparatos respiratorio y gastrointestinal descritas en el Capítulo 7.

Los cerdos transgénicos se obtienen mejor mediante microinyección de DNA en el pronúcleo del óvulo donde el transgene puede sustituir o ir en tandem con el gene residente en un determinado punto cromosómico. Ya han sido obtenidos cerdos transgénicos y se ha demostrado que contienen genes de otras especies, aunque todavía han de ser superados muchos problemas antes de que sean fijados y manifiesten beneficios positivos generación tras generación. La microinyección de DNA proporciona sobre el 0,5% de descendencia transgénica, que generalmente es muy poco viable. La integración de genes en los cromosomas sigue siendo al azar, mientras que un sistema eficaz de transferencia requeriría unos objetivos exactos. La colocación de los genes en los puntos deseados supone un conocimiento detallado del mapa genético. La introducción de genes en un genoma existente supone también un problema para el gene previamente residente; la lógica sugiere la extracción previa del residente antes de insertar el nuevo gene; no obstante, los medios para la identificación y construcción de genes, y su transferencia, se muestran actualmente como posibles, aunque muy difíciles.

Los primeros candidatos más probables para la transferencia efectiva de genes son los caracteres que se heredan de forma simple, los resultantes de genes grandes con efectos únicos intensos, o los caracteres que se manifiestan mediante complejos de genes que se agrupan muy próximos. Los genes sobre los que se desea actuar deben ser conocidos e identificables. Deben estar separados de otros genes. No deben interactuar con otros genes situados en otros puntos antes de que puedan manifestarse totalmente. Esto último puede ser un inconveniente importante ya que muchos genes solamente actúan a través de efectos en cascada tras el impulso metabólico inicial. Los genes deben carecer de efectos negativos asociados tales como fallos en la reproducción o en la salud.

Los efectos negativos asociados constituyen un problema que ha frustrado hasta ahora el avance que podría haberse alcanzado. Los cerdos transgénicos que contienen genes implantados para la hormona del crecimiento tienden a padecer desgraciadas alteraciones asociadas –algunas veces terminales–. Aunque sigue siendo probable que el camino más fructífero en el emplo de la ingeniería genética para mejorar caracteres asociados con el crecimiento, la lactación y la reproducción sea mediante la manipulación transgénica de los procesos fisiológicos implantando en puntos exactos genes que intervienen en la producción de hormonas, en la sensibilización de órganos hacia la acción hormonal, o en el control (limitación) de la expresión de las hormonas, alcanzando el mismo efecto en todos los casos: niveles elevados de respuesta. En el caso de la transferencia con éxito de genes relacionados con la hormona del crecimiento, los cerdos transgénicos mostraron incrementos intensos en el crecimiento del tejido magro y en el descenso del engrasamiento, aunque también padecieron esterilidad, letargo, artritis, mala salud general y muerte precoz.

Los genes que son transferidos deben mantenerse, generación tras generación, en el genoma que los recibe, y no perderse en el proceso de la multiplicación. Intuitivamente, las metodologías actuales para insertar genes parece ser demasiado desorganizadoras físicamente para quien imagina que podría conseguirse felizmente un complemento génico estable como consecuencia de dicho disparo.

Quizás lo más importante de todo, y lo más difícil de comprobar, consiste en que el nivel de mejora alcanzado mediante la transferencia de genes debe ser superior al que podría conseguirse mediante selección convencional. Cálculos recientes señalan que para la mayoría (sino todos) los caracteres productivos esto podría ser una esperanza acariciada, y totalmente fiable.

La transferencia de genes y la creación de cerdos transgénicos es una de las más excitantes biotecnologías modernas, aunque en cuanto se refiere a los caracteres productivos todavía no se encuentra a punto su aplicación.

Manipulación con hormonas exógenas

El sistema de hormonas endógenas que controla el crecimiento y la reproducción puede ser manipulado bien mediante la administración de hormonas exógenas (como por ejemplo aplicando r-PST) o, lo que es más viable, mediante la administración de sustancias que actúan contra los bloqueadores de las hormonas endógenas y los mecanismos de retroalimentación; favoreciendo así la producción de hormonas endógenas. Dichos tratamientos pueden ser importantes para las estrategias de la mejora racial porque:

1 puede sustituir a la selección convencional en aspectos en la que esta última resulta particularmente difícil, lenta, cara o inconveniente; o
2 puede interactuar con algún aspecto de la selección convencional y permitir una manifestación más eficaz del carácter seleccionado en situaciones comerciales. Así, la selección para incrementar la tasa de ovulación puede ser ayudada en su manifestación en forma de un mayor tamaño de la camada si el sistema es apoyado mediante terapia hormonal para aumentar la supervivencia de los embriones. Otra interacción selección convencional:hormonas podría establecerse entre la tasa de crecimiento del tejido magro y la colecistonina que es una hormona gastrointestinal que actúa como un controlador de la saciedad y de la que puede disponerse en forma de un material administrable exógenamente.

Transferencia de embriones y clonación

La transferencia de embriones tiene un interés particular en ganado vacuno lechero y ovino como un medio tanto para difundir los genes mejorados como para permitir una comprobación más efectiva de la descendencia de los candidatos. El interés inicial por la transferencia de embriones en los cerdos se orientó hacia la transferencia de genes en las piaras núcleo con un elevado nivel sanitario mediante el uso de embriones fertilizados con lo que se evita la importación de enfermedades que podrían introducirse con el animal vivo completo.

Una vez extraído del tracto genital, el embrión fertilizado puede dividirse mediante manipulación biotecnológica de los núcleos, creando de esta manera clones. La idea de la clonación apoyada actualmente consiste en transferir núcleos de la célula embrionaria paterna al interior de óvulos enucleados de los que se ha extraído su propio núcleo. Posteriormente el núcleo transferido asume su cometido. El embrión paterno puede seguir produciendo núcleos para ser transferidos, y si se cumplen las esperanzas, el número de clones es infinito y depende únicamente de la existencia de células receptoras sometidas a enucleación. Una clonación con muchísimos individuos idénticos ofrece oportunidades excitantes.

1 Los genotipos superiores podrían ser identificados mejor tanto por medio de un cálculo más eficaz de σ^2E (σ^2 sería aproximadamente igual a cero), y se dispondría de un mayor número de parientes para proporcionar información sobre determinado candidato.
2 El producto final podría obtenerse en origen, sin tener que pasar por los niveles de multiplicación. Así, podrían combinarse los mejores genes disponibles procedentes de una hembra y de un macho en un embrión que posteriormente sería subdividido para obtener muchos individuos idénticos, muy superiores, que podrían pasar directamente al usuario final de la pirámide de la reproducción. En realidad, mediante esta técnica el retraso genético se convierte efectivamente en negativo; el usuario final podría disponer de un mejor producto que el promedio del núcleo de bisabuelos!
3 Las líneas masculinas que combinan características excelentes de la canal con mala capacidad reproductora resultan costosas porque las hembras son menos eficientes. Con una combinación de clonación y transferencia de embriones, las líneas masculinas pueden ser producidas por hembras con elevada capacidad uterina.
Esto determinaría un incremento en la tasa de selección en la línea, reduciría el coste y aumentaría la tasa de proliferación de la línea.

Marcadores en los inicios de la vida

La identificación del genotipo a través del fenotipo resulta tediosa y requiere tiempo según indican las descripciones de los procedimientos necesarios en secciones anteriores de este capítulo. Resulta muy atrayente la posibilidad de identificar la presencia y/o la intensidad de un carácter mediante la valoración de un marcador en los inicios de la vida. La tasa de crecimiento podría ser perfectamente valorada mediante la presencia, y la intensidad, de una hormona o enzima, o mediante algún otro elemento bioquímico, presente en el organismo del cerdito recién nacido. Mejor aún, los caracteres inherentes podrían ser comprobados observando la presencia de los genes precisos o construyendo los genes con el propio material genético. Resultarían sumamente útiles los genes marcadores, que se asocian con los genes en cuestión aunque su identificación resulta particularmente útil. Lo definitivo en eficacia serían marcadores que en los inicios de la vida pudiesen ser comprobados en una etapa embrionaria muy precoz. Podría comprobarse la excelencia genética del embrión mediante la valoración de su complemento genético (huella del DNA) y tomarse una decisión en esta etapa sobre si se realizaba o no la clonación y la multiplicación.

La base genética para el síndrome del estrés porcino (PSS) y los músculos pálidos, blandos y exudativos (PSE) ha determinado que los biólogos moleculares busquen la zona particular en el código del DNA que es responsable de estas alteraciones; aumentando así la posibilidad de separar los aspectos positivos de los cerdos destinados al sacrificio que son poseedores del gene halotano (profundidad muscular, rendimiento de la canal) de los negativos (predisposición a una muerte súbita, descenso de la calidad de la carne). La propia prueba del halotano (administración del gas halotano y observar la presentación o no del estrés consecuencia del mismo) es no solamente agotadora, sino que también es imperfecta en su rigor y, además, solamente pueden ser descubiertos los individuos homozigotes (nn), fracasando (en gran medida) en la detección del portador heterozigote (Nn) (ver Tabla 6.6). Actualmente es claro el descubrimiento de una comprobación bioquímica de la sangre para los componentes particulares del DNA responsables de PSS/PSE. Esto permitirá una comprobación más sencilla y más exacta del gene asociado con PSS/PSE, y aumentará la probabilidad de su eliminación.

Al ser posible la identificación del portador Nn así como la del homozigote nn, la prueba acelerará la eliminación completa del gene n de las líneas femeninas. No obstante, el gene puede persistir en las líneas masculinas por sus beneficios positivos; todavía no se tiene la certeza de que puedan disociarse o no los aspectos positivos y negativos del gene halotano. Junto con este avance potencial debe valorarse también el progreso sustancial logrado mediante técnicas convencionales de selección en las poblaciones porcinas para crear un tipo porcino halotano negativo (NN) que además disponga de las características positivas de un elevado rendimiento de la canal en carne magra.

Mejor predicción lineal imparcial

La selección de los cerdos mediante rendimiento individual, o con un índice incluyendo información procedente de su descendencia o de hermanos, permite la comparación entre los candidatos, y la determinación del valor como reproductores, por lo general tan sólo entre aquéllos que constituyen un grupo contemporáneo en el mismo tiempo y lugar, y criados preferentemente con anterioridad a la comprobación en circunstancias similares. La valoración del individuo aumenta en exactitud si para el juicio contribuye una variedad más amplia y universal de parientes de otras generaciones, epocas, lugares y piaras de cerdos. Esto requiere no solamente el mantenimiento de complejos registros computarizados sino también unas técnicas estadísticas adecuadas que combinan la información de tipos diferentes y corrigen los diversos factores que inducen a confusión. Los programas de mejor predicción lineal imparcial (BLUP) son complejos sistemas de cálculo basados en la computadora que utilizan distintos modelos matemáticos que permiten la valoración exacta de los efectos genéticos y mejoran mucho la exactitud de la prueba y la construcción de índices, especialmente para caracteres de baja heredabilidad tales como los asociados con la reproducción. Los procedimientos BLUP resultan especialmente útiles ya que, junto con la inseminación artificial, permiten que una amplia población que constituye un núcleo único sea distribuida entre numerosas piaras y lugares geográficos –el concepto del núcleo grupo–.

Determinación del sexo

La separación de los espermatoozoides que determinarán el nacimiento de carditos macho (Y) de los que propiciarán el nacimiento de hembras (X) sigue siendo extraordinariamente difícil. El embrión fertilizado puede ser sexado, por supuesto, ya que se encuentra en posesión de la totalidad de su complemento genético inmediatamente después de la fertilización. Las técnicas de transferencia de embriones y de clonación pueden acomodarse a la determinación del sexo. La determinación del sexo es mucho menos vital a niveles comerciales ya que en la actualidad el macho entero es un productor de carne tan aceptable como la hembra. Aunque para quienes realizan la mejora racial sería sumamente beneficioso asegurar que todos los cerditos de una camada destinada a producir sementales terminales nacen machos y que todos los cerditos de una camada destinada a producir híbridos F1 nacen hembras.

CAPÍTULO 7

Prevención de enfermedades

Introducción

En la mayoría de las explotaciones porcinas, y casi en todo momento, existen bajos niveles de microorganismos patógenos; estos no siempre constituyen problema porque la inmunidad se establece de forma natural. Los brotes de enfermedad (hecho distinto a la presencia de microorganismos patógenos), y la consiguiente pérdida de productividad, pueden ser controlados (i) manteniendo un bajo nivel de microorganismos en el medio ambiente y estimulando el desarrollo de la inmunidad natural, y (ii) reduciendo la susceptibilidad de los animales a padecer enfermedades con elevados niveles de nutrición, alojamiento y cuidados; y, en ocasiones, obteniendo animales resistentes. Con frecuencia, el brote inicial de la enfermedad es el responsable de la mayor pérdida; tras la infección primaria suele desarrollarse inmunidad natural en la población adulta y el microorganismo puede convertirse en endémico en la explotación sin resultar perjudicial. En otros casos, sin embargo, el nivel de inmunidad no resulta adecuado para prevenir que los problemas persistan o se reaviven, especialmente en animales jóvenes. Así, una piara de cerdos reproductores puede mostrar resistencia total frente a una enfermedad que constituye de forma continua una plaga en la explotación de cebamiento (por ejemplo, el micoplasma (enzoótico) de la neumonía).

Siempre existe el peligro, no obstante, de que puede no ser completo el desarrollo natural de la inmunidad en todos los animales de una piara, o que descienda la intensidad del nivel de inmunidad de forma que, cuando aparecen en el sistema los factores iniciadores, la enfermedad vuelva a presentarse. Para evitar la recidiva periódica de enfermedades, o la pérdida económica continuada, suele ser más eficaz mantener la piara libre de la enfermedad y poner los medios para evitar su entrada. La vigilancia de la ausencia de enfermedades es una práctica bien establecida en medicina preventiva. Durante 20 años ha sido posible repoblar piaras con ausencia de enfermedades tales como gastroenteritis transmisible, enfermedad de Aujeszky, disentería porcina, rinitis atrófica, neumonía enzoótica, sarna, meningitis estreptocócica, pleuroneumonía por actinobacillus (haemophilus) y epizootias importantes, tales como fiebre aftosa, peste porcina clásica y peste porcina africana.

Algunas enfermedades pueden ser erradicadas totalmente de una región mediante una política de sacrificios como ha sido el caso de la peste porcina y de la fiebre aftosa, y en algunos casos de la enfermedad de Aujeszky y de la enfermedad vesicular porcina. Igualmente, algunos organismos patógenos, tales como los que producen la disentería porcina y la sarna, pueden ser erradicados de una explotación porcina mediante procedimientos de manejo y medicación. En las explotaciones porcinas con un elevado nivel sanitario, libres de las principales enfermedades, es importante que dichas enfermedades sean excluidas de forma permanente, ya que la piara limpia carecerá de inmunidad. Si la piara se infecta las consecuencias pueden ser particularmente graves. Ejemplos de esto podrían ser los brotes de neumonía por micoplasma y actinobacillus (haemophilus), en piaras en las que previamente no existían estos microorganismos.

Cuando un microorganismo se multiplica y aparecen síntomas, si no se trata de un virus, la enfermedad debe ser primero tratada, y posteriormente aplicar técnicas de medicina preventiva y de manejo. Para aquellos microorganismos patógenos omnipresentes, el desarrollo de una inmunidad natural adquirida puede ser una estrategia efectiva a largo plazo. En las infecciones diarreicas por *Escherichia coli,* cuyas consecuencias son particularmente graves para los cerditos jóvenes, la recepción de inmunidad pasiva a través de la leche de la madre es un elemento esencial para la protección de la piara. Un buen manejo resulta esencial, a todos los niveles, para el control de las enfermedades. Por ejemplo, la neumonía por micoplasma (enzoótica) no debe representar un problema cuando los niveles de atención son altos y se mantienen niveles reducidos de otros microorganismos que con probabilidad inducen infecciones secundarias, tales como actinobacillus y pasteurella.

La mayoría de las piaras porcinas son infectadas por coronavirus respiratorio y neumonía por micoplasma, mientras que la meningitis estreptocócica, la rinitis atrófica y la sarna solamente aparecerán en niveles del 5-10% en las piaras. Existen ciertas diferencias de opinión entre los veterinarios sobre los niveles exactos de enfermedad subclínica que existen en las piaras de cerdos. Es posible que hasta el 20-30% de todas las piaras puedan presentar, por ejemplo, algún nivel de infecciones de sarna y de rinitis atrófica. Estos niveles reflejan la penetración de las distintas enfermedades, y el potencial del manejo para evitar sus manifestaciones clínicas. Es mucho más probable que las estrategias de exclusión total tengan mucho más éxito con la meningitis estreptocócica o la rinitis atrófica que con las infecciones por micoplasma, que puede ser difundido por el aire hasta distancias de 5 km.

Densidad de población

Incluso en cerdos perfectamente sanos, cuando disminuye el espacio disponible por cerdo también sucede así con la tasa de crecimiento y el índice de conversión del pienso (Figura 7.1). Además, con densidades más altas de población

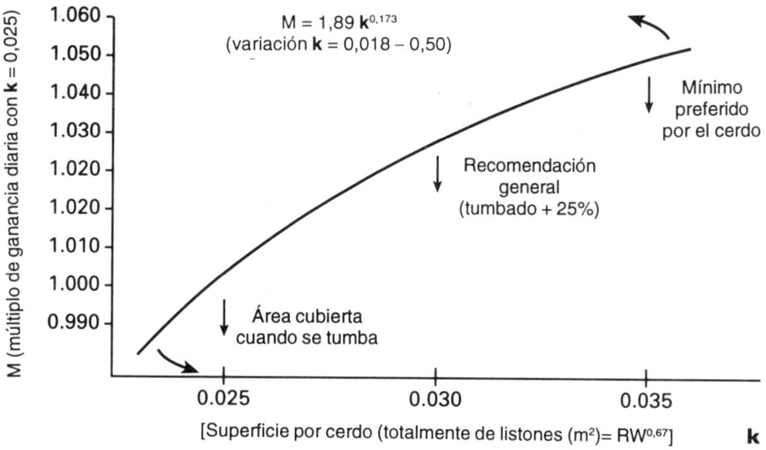

Figura 7.1 Si el valor asignado a **k** es multiplicado por el peso vivo elevado a la potencia dos tercios ($W^{0,67}$), puede calcularse la superficie asignada por cerdo (m^2) para cerdos de cualquier peso. Cuando se incrementa el valor para **k** de forma que la superficie asignada sea superior a las simples necesidades del cerdo para tumbarse, aumentará la tasa de crecimiento (dada como un múltiplo de la ganancia diaria cuando **k** = 0,025) según la ecuación M = 1,89$\mathbf{k}^{0,173}$. Según puede apreciarse, al aumentar la asignación de espacio recomendada generalmente se alcanza otro incremento del 3% en la tasa de crecimiento, mientras que un aumento posterior hasta proporcionar el mínimo preferido por el cerdo determina otro incremento del 3% en la tasa de crecimiento. La curva elaborada corresponde a situaciones carentes de enfermedades. Si aparecen enfermedades la curva se inclina intensamente, según demuestran las flechas. Esto pone de manifiesto consecuencias negativas al aumentar la densidad de ganado y consecuencias positivas al reducirla, ambas mayores en presencia de microorganismos patógenos (interpolación según EDWARDS y col. (1988) *Animal Production* **46**:453, junto con otras fuentes).

aumenta rápidamente la probabilidad de agresiones, canibalismo y brotes de enfermedades, y cuando sucede esto incluso empeora la relación negativa entre espacio y crecimiento (Figura 7.2). Cuando es probable que los cerdos sean afectados por enfermedades, resulta necesario aumentar el espacio asignado a los mismos si se desea mantener la economía del crecimiento y del empleo de los alimentos. Los beneficios logrados al aumentar la asignación de espacio, y las penalizaciones de su reducción, son mayores si se encuentran presentes determinados microorganismos patógenos (Figura 7.1). Al descender la tasa de crecimiento, la propia enfermedad determina que aumente la densidad de población, creando una espiral descendente de mayor nivel de enfermedad y menor rendimiento. Los microorganismos patógenos se concentran más en el medio ambiente, mientras que los cerdos se encuentran más próximos unos a otros y más próximos a sus excrementos, favoreciendo así la difusión de la enfermedad mediante gotitas procedentes de los pulmones o de la boca, o por partículas de origen fecal. Al aumentar la densidad de población se estimulan las enfermedades porcinas, mientras que el descenso de la densidad de población es una parte importante de la mayoría de los planes preventivos y curativos.

Al reducir la densidad de la población debe prestarse una atención especial a la temperatura ambiente. La capacidad de los cerdos para mantenerse calientes

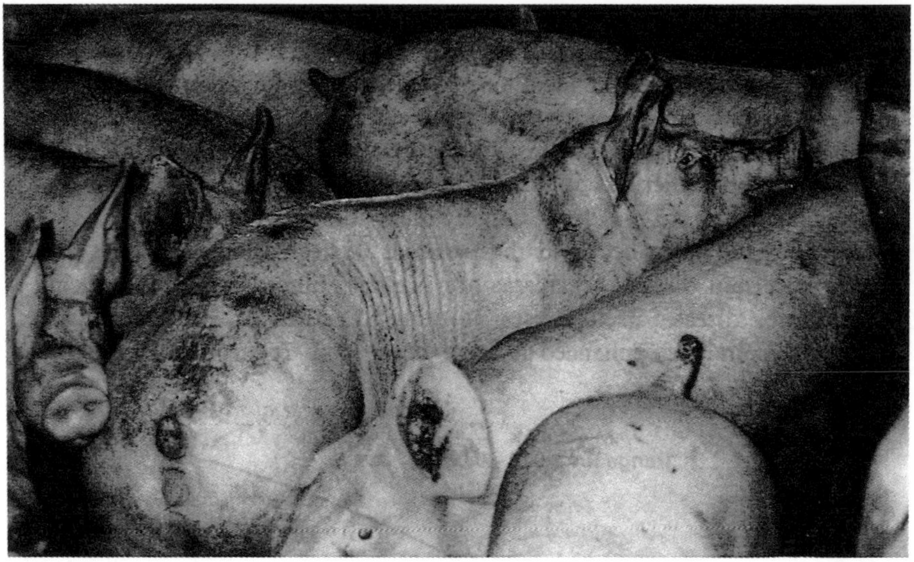

Figura 7.2 Cerdos en crecimiento/acabado que han dispuesto de un espacio insuficiente.

depende de la cantidad de pienso que ingieren. Los cerditos jóvenes recién destetados comen poco alimento y, en consecuencia, es probable que se enfríen más fácilmente. Con unos 6 kg de peso vivo un cerdito requiere una temperatura ambiente de casi 30°C. Esto deberá combinarse con una ventilación adecuada para mantener el aire fresco y limpio, aunque sin corrientes frías. Según los cerdos comen más y crecen, esta temperatura puede reducirse de forma que con 12 kg de peso suelen ser adecuados 25°C. En cerdos sanos, sometidos a crecimiento rápido, pueden ser satisfactorias temperaturas de tan sólo 22°C cuando pesan 20 kg. Según aumentan las temperaturas de las cochiqueras desde demasiado frías hacia la temperatura óptima, disminuye la incidencia de neumonías y la suciedad del suelo. Cuando la temperatura supera este óptimo, aumenta la inciden-

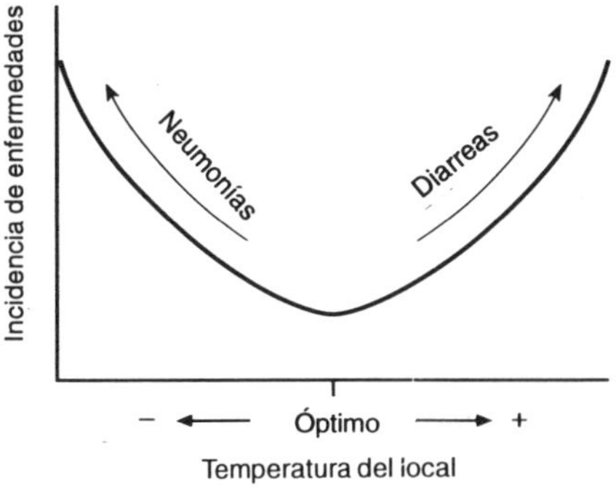

Figura 7.3 Cuando es óptima la temperatura ambiental, será mínima la incidencia de todas las enfermedades. Cuando la temperatura es inferior a la óptima, aumentará la incidencia de neumonías, así como la suciedad del suelo. Cuando la temperatura es superior a la óptima aumentará la incidencia de diarreas, meningitis y mordedura de colas.

cia de diarreas, mordedura de colas y meningitis (Figura 7.3). Resulta corriente que las fluctuaciones de la temperatura puedan influir más en desencadenar enfermedades respiratorias y entéricas que la temperatura absoluta.

Cojeras

Hasta una tercera parte de las cerdas son eliminadas del rebaño de reproductores debido a cojeras, problemas articulares, distensiones tendinosas o infecciones en pezuñas, dedos y extremidades. Algunas de estas alteraciones son consecuencia de abrasiones, golpes y esguinces en alojamientos deficientes, con suelos de listones de hormigón y manejo incorrecto durante el periodo de crecimiento (Lámina 7.1a). Las abrasiones pueden infectarse, mientras que las lesiones físicas debilitan a los animales. Los cerdos criados intensivamente con una elevada densidad de animales sobre suelos de listones pueden padecer con frecuencia algún tipo de defecto o lesión en extremidades o pezuñas. Puede verse afectado el crecimiento y la transformación del pienso y el estrés provocado puede determinar que los cerdos sean propensos a padecer otras infecciones. Las cerdas de la piara de reproductoras pueden ver limitado su movimiento cuando se mantienen sujetas con ronzales, en compartimentos o jaulas durante la mayor parte de su vida, y pueden permanecer sobre suelos mal preparados o conservados. Estas situaciones, si se producen, junto con unas condiciones antihigiénicas, son motivo para que se produzcan con faclidad lesiones internas del esqueleto y de los músculos, cojeras, esguinces, erosiones y grietas en las pezuñas (pared, palma y talón), necrosis y diversas infecciones en las extremidades. Los suelos de listones pueden ser deslizantes y suponer una causa predisponente para que las extremidades de las cerdas se desvíen hacia adelante o lateralmente, determinando que tengan dificultades para levantarse. Si la separación entre los listones es demasiado amplia, puede penetrar entre los mismos parte de una extremidad y lesionarse.

Las deficiencias de minerales y de vitaminas son con frecuencia la única causa de alteraciones en las extremidades cuando se producen deficiencias claras e intensas de los nutrientes precisos; sin embargo, es posible rebustecer el tejido de las pezuñas mediante la adición de biotina a la dieta. La nutrición excesiva o deficiente con respecto a la cantidad total de pienso (animales demasiado engrasados o demasiado delgados) puede predisponer al padecimiento de cojeras. Las cerdas engrasadas son pesadas y lentas y sus extremidades deben soportar una carga extra; las cerdas delgadas son propensas a padecer abrasiones, úlceras, abscesos e infecciones cutáneas. Los cerdos obligados a tumbarse sobre suelos fríos presentan con mayor frecuencia artritis y problemas articulares. Los suelos sucios y deslizantes en alojamientos para cerdas gestantes y lactantes determinan que las cerdas pierdan el equilibrio y caigan. Las cojeras en las extremidades posteriores, las cuartillas descendidas (Lámina 7.1b), los tendones y ligamentos debilitados y las abrasiones en las pezuñas suelen ser consecuencia de un confinamiento excesivo, de suelos deslizantes y demasiado abrasivos, determinando que las cerdas tengan dificultades para levantarse y tumbarse sin padecer lesiones.

No es clara la causa de de las extremidades abiertas en cerditos recién nacidos, siendo de origen multifactorial. Puede ser consecuencia de anomalías en el desarrollo durante la gestación que, de forma ocasional podrían asociarse con agentes infecciosos. También existe un factor hereditario más común en la raza Landrace. Las micotoxinas del pienso han sido consideradas como un factor causal. Cuando el suelo de las cochiqueras destinadas a partos es liso y húmedo, constituye probablemente el mayor factor agravante para esta alteración. (El problema de las extremidades abiertas puede ser menor si se practica un masaje vigoroso sobre los músculos de las extremidades posteriores con regularidad durante el primer día de vida).

La sinovitis por micoplasmas (artritis) es la consecuencia de la invasión de las articulaciones por *Mycoplasma hyosynoviae* que provoca rigidez en los cerdos en crecimiento. Puede ser tratada con antibióticos específicos.

Contaminantes patógenos de los piensos

De forma ocasional los piensos de los cerdos pueden ser contaminados con productos químicos industriales, residuos de pesticidas (tales como organoclorados) y similares, que pueden tener efectos tóxicos deletéreos. Algunos alimentos pueden contener cuerpos extraños, tales como plásticos en grasas para piensos, y metal y vidrio en residuos de alimentos humanos y en subproductos de alimentos. Los medicamentos pueden ser incluidos, de forma inadvertida, en una dieta para la que no estan destinados o, lo que es más probable, puede producirse la contaminación cruzada de un pienso con otro que contiene un preparado medicinal adecuado para una especie aunque no para los cerdos. Esto se produce más frecuentemente en industrias dedicadas a la preparación de compuestos para distintos fines de una forma secuencial, aunque con una capacidad limitada para independizar totalmente las partidas de pienso.

No obstante, los contaminantes más graves de los piensos son virus y bacterias patógenas que pueden estar presentes en productos animales, tales como harina de carne y hueso, harinas de sangre y grasas, preparadas con residuos de mataderos y de industrias envasadoras de carne. Estos subproductos de la preparación de carne para consumo humano son fuentes valiosas de alimentos para los animales, especialmente de proteínas y lípidos de elevada calidad; y los piensos para los animales constituyen una salida muy satisfactoria para un subproducto que en caso contrario supone un problema –y con un potencial de polución–. De la totalidad de los productos animales que llegan a mataderos e industrias procesadoras y envasadoras de carne, sobre el 60% sale como alimento adecuado para el hombre; el 40% restante va a las plantas extractoras y el 80% del material extractado se destina a pienso para los animales, tras ser reciclado de forma eficaz. La posibilidad de transferir agentes infecciosos (por ej., BSE y *Salmonellae*) a través de la cadena alimenticia por el empleo de subproductos animales preparados inadecuadamente como alimentos para los animales ha recibido recientemente mucha atención en Europa y ha determinado que se practique un control más rígido sobre los procesos de producción de harinas de carne y hueso y de extracción de grasas. Suele considerarse que las bacterias que requieren una vigilancia especial son *Escherichia coli, Salmonellae* y *Treponema hyodysenteriae,* todas las cuales pueden originar diarrea en los cerdos. Cabe señalar que en un estudio reciente para descubrir la presencia de salmonellae en alimentos para cerdos, se descubrieron más muestras positivas entre concentrados de proteína vegetal que en harinas de carne y hueso, y en ningún caso se descubrió *Salmonella enteritidis* en la harina de carne y hueso. Tan sólo en raras ocasiones se ha sospechado que los piensos contengan *Clostridium botulinum* o *Bacillus anthracis.*

Micotoxinas en los piensos

En muchas partes del mundo los piensos son contaminados por mohos y los niveles resultantes de micotoxinas en la dieta constituyen un riesgo sanitario considerable. Pueden ser infestados piensos de todos los tipos como resultado de fallos en la producción, recolección o almacenamiento de los ingredientes antes de preparar el pienso compuesto y/o por defectos de almacenamiento de la dieta mixta en la explotación. Las micotoxinas presentes en los piensos provocan reducción del apetito y del crecimiento, descenso en el índice de conversión del pienso, anestro, tasa de ovulación reducida, descenso de la fertilidad, muerte y reabsorción de embriones, muerte y momificación de los fetos, nacimiento de cerditos muertos y pesos reducidos al nacer. El conjunto de estos problemas puede ser evitado si solamente se adquieren ingredientes sanos y bien almacenados y las tolvas de almacenamiento en la explotación se mantienen en buen estado y se limpian con regularidad. Las toxinas que se presentan corrientemente son aflatoxinas y ochratoxinas, tales como las producidas por especies de *Aspergillus;* y zearalenona (F2), toxinas T2 y vomitoxinas (trichothecenes), como las procedentes de especies de *Fusarium.* En los diversos alimentos contaminados pueden aislarse fácilmente 17 especies como mínimo de hongos productores de toxinas, y se han identificado al menos 40 micotoxinas que provocan consecuencias negativas importantes sobre el rendimiento de los animales. Se siguen aislando nuevos compuesto micotóxicos en esta área del conocimiento sometida a una rápida expansión. La gravedad de los efectos crónicos de las toxinas producidas por mohos sobre la tasa de crecimiento, consumo de alimentos y fertilidad de los cerdos solamente es apreciada parcialmente hasta el momento.

Síndrome del estrés porcino (PSS)

Con frecuencia, aunque no siempre, PSS se asocia con el gene halotano y con cerdos productores de carne sometidos a crecimiento rápido. Los cerdos presentarán una elevación aguda de la temperatura, rigidez muscular, muerte súbita y un color azulado en las extremidades. Los músculos aparecerán pálidos, blancos y exudativos (PSE). Los síntomas se presentarán tras la mezcla de animales, peleas, transporte, tiempo caluroso, carencia de agua fresca, instalación en alojamientos malos, tratamiento de enfermedades o cualquier otra situción que provoque estrés agudo. Situaciones que determinan estrés menos agudo originarán cambios en los niveles de hormonas, reducción de la inmuno-respuesta, descenso de la productividad e inducción de aberraciones en el comportamiento.

Úlceras gástricas, colitis, prolapso rectal, estrechamientos, atresia del ano, hernia y constipación

Todas estas alteraciones pueden no aparecer en algunas piaras, mientras que son bastante frecuentes en otras. Las úlceras gástricas se presentan en la mayoría de las piaras y se asocian con unas condiciones de alojamiento que provocan estrés, medio ambiente malo, manejo defectuoso, hacinamiento, confinamiento excesivo y el empleo de dietas que son ricas en energía o pobres en fibra, o finamente molturadas, o granuladas, o el conjunto de todas estas circunstancias. La colitis provoca diarrea con heces oscuras y los cerdos aparecen sucios. La colitis se está convirtiendo en una alteración que se descubre frecuentemente con unas consecuencias crónicas de reducción del crecimiento y de la eficacia. Raras veces provoca síntomas agudos. Se desconoce su etiología aunque en algún momento se pensó que estaba asociada con los piensos finamente molturados o

Figura 7.4 Hernia umbilical.

granulados, especialmente con los que contienen niveles altos de proteínas vegetales que no proceden de la soja y aceites suplementarios. Es probable que también intervenga algún agente infectivo, que prolifera en un ambiente intestinal deficiente en el que se han producido alteraciones digestivas previas. El prolapso rectal (Lámina 7.1c) es más frecuente cuando los animales padecen constipación, estreñimiento, tos y hacinamiento. El estrechamiento rectal puede asociarse con los prolapsos como consecuencia de la formación de escaras tras un prolapso. Los estrechamientos pueden producirse también en cerdos jóvenes, provocándoles desmedramiento y meteorismo. La atresia del ano (Lámina 7.1d) es una anomalía congénita, generalmente fatal. Las hernias inguinales y umbilicales (Figura 7.4) tienen una etiología diversa aunque algunas veces pueden asociarse con determinados verracos. La constipación se descubre con mayor frecuencia en cerdas gestantes o que han parido recientemente, y suele asociarse con un aporte inadecuado de agua, temperaturas ambientales elevadas, fibra de la dieta no adecuada, especialmente procedente de cereales (particularmente del trigo, que parece ser la más adecuada para esta manifestación), dietas con exceso de fibra procedente de harina de gramíneas y de alfalfa, o una temperatura corporal alta.

Número reducido de espermatozoides viables

Suele asociarse con temperatura alta, malnutrición, enfermedad, uso excesivo del verraco o puede ser una característica de un determinado individuo. Los verracos que se muestran indecisos en la cubrición originan también tasas de concepción y camadas reducidas. Este hecho puede ser una característica del individuo o puede ser consecuencia de que los locales destinados a la cubrición son inadecuados, especialmente por ser deslizante la superficie de su suelo o disponer de espacio insuficiente. Los verracos no serán criados manteniéndolos aislados y comenzarán a cubrir cerdas una vez por semana cuando tienen 7-9 meses de edad. Cuando tienen unos 12 meses pueden realizar cinco copulaciones/eyaculaciones por semana (Figura 7.5). La edad media de la totalidad de los verracos de una explotación no será superior a 2 años. Los verracos adultos normales en plena actividad realizan tres o cuatro cubriciones en días sucesivos, seguidos de un descanso de 2-3 días. Por cada 100 cerdas en una piara de reproductores deberán destetarse cada semana unas cinco cerdas (disponibles en consecuencia para la cubrición). A esto se añadirán las cerdas que pueden volver a presentar celo ya que la tasa de partos por cerda cubierta no suele ser superior a 0,8. Esto significa que por cada 100 cerdas en la piara de reproductores serán cubiertas semanalmente unas seis cerdas. Si son precisos 15 apareamientos para estas seis cerdas, y los verracos activos realizan tres o cuatro cubriciones por semana, entonces son precisos cinco verracos. En algún momento es probable que en la piara se disponga de un verraco novato, con lo que se dispondrá de seis verracos por cada 100 cerdas. Con frecuencia el número de servicios no se mantendrá uniforme en seis cerdas por cada 100 semanalmente; se producirán máximos y mínimos. Los máximos pueden satisfacerse disponiendo de un verra-

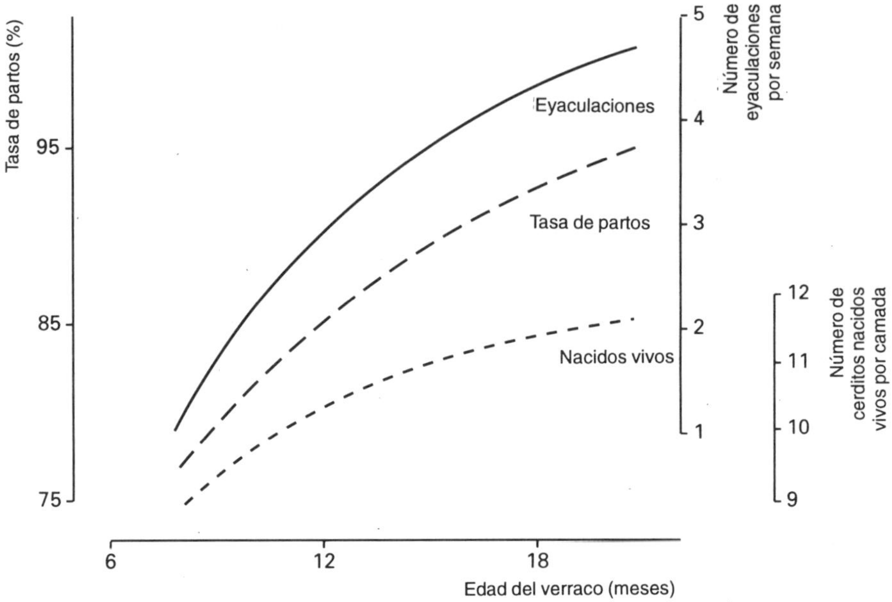

Figura 7.5 Influencia de la edad del verraco sobre los límites de la frecuencia de su empleo, tasa de partos y tamaño de las camadas.

Figura 7.6 Inseminación artificial de cerda mostrando celo.

co extra, o aplicando la inseminación artificial. No se considera desfasado un cociente global cerdas:verraco de 16,6:1

Los verracos que producen menos de 1.000 descendientes nacidos vivos por 100 cubriciones serán considerados como sospechosos. Para mitigar los efectos de un número reducido de espermatozoides y su viabilidad escasa, puede considerarse el apareamiento múltiple de cerdas individuales, o la eliminación del verraco deficiente una vez detectado. Todos los apareamientos serán supervisados cuidadosamente.

En los verracos destinados a inseminación artificial suele recogerse semen una o dos veces por semana, en cada recogida se obtienen unos 50-100 ml de la fracción del eyaculado rica en espermatozoides, conteniendo unos 50×10^9 espermatozoides con una concentración de $0{,}5\text{-}1 \times 10^9$ espermatozoides/ml, que sirve para cubrir a 20-30 hembras, dependiendo de la concentración de espermatoozoides y de su calidad y motilidad. Una dosis eficaz de esperma contiene unos $2\text{-}3 \times 10^9$ espermatozoides móviles en unos 100 ml de fluido diluyente, aplicando tres dosis por celo, con intervalos de unas 12 horas. Las rutinas de inseminación doble se espaciarán cada 24 horas. La inseminación artificial de una cerda aparece ilustrada en la Figura 7.6.

Mortalidad de cerditos lactantes

Las pérdidas normales de cerditos nacidos vivos entre el nacimiento y el destete supone un 12% (uno por camada) aunque puede oscilar del 5% al 25%. Las causas comunes de variación son la existencia o no de agalactia o *E. coli.* La agalactia *puede* ser estimulada por un elevado nivel nutritivo avanzada la gestación, aunque esto no es la causa. Cuando el cerdito no recibe calostro, con sus anticuerpos, se encuentra predispuesto a padecer infecciones precoces y morir, especialmente por diarrea. Cuando la diarrea es la causa de menos del 1% de la mortalidad de los cerditos nacidos vivos, la causa principal de muerte neonatal es probable que sea el aplastamiento por la cerda. Las camadas con peso reducido al nacer (menos de 1,25 kg en promedio por cerdito nacido vivo) presentarán niveles más elevados de mortalidad asociados con inanición y enfermedad. El peso al nacer influye sobre el vigor y la supervivencia según aproximadamente la relación:porcentaje de supervivencia del número total de cerditos nacidos = $55W_b^{1,3}$, siendo W_b el peso al nacer (kg).

Parece ser que tanto los cerditos grandes como pequeños son igualmente propensos a ser aplastados. Mientras la cerda permanece en una jaula de partos, los niveles de aplastamiento se mantienen, en general, reducidos de forma significativa. Sin embargo, existen amplias diferencias entre los diseños de las jaulas, y existen otros factores como la inquietud de la cerda que tienen una influencia considerable en el número de cerditos que mueren en el inicio de su vida. Los cerditos que no han sido inyectados o dosificados oralmente con hierro poco después de nacer padecerán anemia.

Canibalismo y agresión

Los brotes de canibalismo entre los cerdos en crecimiento pueden ser molestos y costosos. En ocasiones un animal aislado es el culpable y la solución es su aislamiento. Resulta más frecuente que los cerdos se ataquen unos a otros en colas, flancos y orejas debido a una manejo defectuoso. La gravedad del brote y el número de animales afectados en la explotación puede ser variable, y algunas veces resulta inexplicable la causa desencadenante de esta actividad aberrante. El canibalismo puede descubrirse algunas veces incluso entre cerdos con un elevado nivel de bienestar mantenidos en buenos ambientes, con la densidad correcta de animales y bien alimentados. Resulta más frecuente entre cerdos alojados sobre suelos de metal o con listones de hormigón, en ambientes estériles, apiñados, afectados por otras enfermedades, con exceso de calor o de frío, con cambios de aire demasiado frecuentes o infrecuentes (ventilación incorrecta), en atmósferas con humedad relativa demasiado alta o baja, en ambientes con una concentración excesiva de gases (amoniaco, dióxido de carbono, sulfuro de hidrógeno), con una intensidad luminosa en alojamientos sin ventanas que resulta demasiado brillante, etc. También influyen las deficiencias nutritivas en términos de composición del alimento (energía, proteína, vitaminas, minerales), y especialmente el nivel de consumo. Puede resultar útil aumentar la fibra del pienso y el espacio por cerdo en los comederos, así como el corte de colas. Cuando debe hacerse frente a un brote de esta naturaleza no suele existir otra acción satisfactoria que manipular el medio ambiente al azar para tratar de identificar los factores predisponentes.

Los cerdos pelearán para establecer la dominancia y determinar su lugar en la jerarquia social. Las peleas se producirán cuando se mezclan cerdos para formar nuevos grupos sociales tal como sucede con el destete, al trasladarlos a cochiqueras de crecimiento o acabado, o durante el transporte y estabulación. La agresión determinará pérdida de apetito, descenso del crecimiento y de la eficacia del pienso; algunas veces estas pérdidas pueden ser considerables. Si las peleas se producen en épocas próximas al sacrificio, la calidad de la carne puede reducirse intensamente.

Las peleas entre cerdas mantenidas en grupos comunales determinarán anestro, pérdidas de embriones, reducción del tamaño de la camada y bajo rendimiento lechero. Las cerdas gestantes alojadas sueltas son especialmente propensas a la agresión y a cometer actos de canibalismo tales como mordedura de la vulva. Aunque al no encontrarse en cochiqueras individuales y permanecer sin collares de sujeción pueden tener mayor libertad de movimientos, el bienestar de la cerda puede verse comprometido en muchos sistemas de alojamiento en libertad.

Infertilidad de la cerda

La infertilidad puede producirse en cada una de las fases del proceso de la reproducción: anestro, tasa de ovulación baja, concepción reducida, mala fertilidad, menor superviviencia embrionaria o fetal y distocia. La fertilidad de la cerda reproductora se ve afectada por todos los aspectos relacionados con el contenido nutritivo de la dieta, nivel de consumo de pienso, genética, alojamiento, manejo o enfermedad.

Los cerdos son normalmente anoestrales bajo un punto vista de la lactación cuando se mantienen confinados. Aunque no sucedió así en el Sistema de Producción Porcina en Cochiqueras Familiares en Edimburgo, en el que las cerdas alojadas sueltas, en contacto con un verraco, y en un contexto sociológico adecuado, concibieron dentro de los 42 días siguientes al parto aunque no se destetaron hasta 84 días aproximadamente tras el parto. Sin embargo, en los sistemas convencionales el destete es un requisito previo para la presentación del estro, aunque no lo asegura. Se considera aceptable una tasa de anoestro del 1-5% de las cerdas destetadas que no inician un estro o celo en los 14 días siguientes al destete. De las cerdas cubiertas, parirán aproximadamente el 85-90%, o si son cubiertas semanalmente 5,2 cerdas de cada 100 que constituyen la piara de reproductoras, 4,4 parirán semanalmente (la tasa de partos puede calcularse dividiendo el número de cerdas que paren en el mes por el número de cerdas apareadas durante el mismo periodo 4 meses antes). En una piara fértil sobre el 7% de las cerdas pueden repetir regularmente la cubrición 21 días después de ser apareadas (fallo de la concepción), el 3% repiten por muerte embrionaria, el 0,5% abortan, el 0,5% pedecen infecciones uterinas, el 1% no producirán cerditos y el 2% son eliminadas por lesión y muerte. Cifras superiores a las indicadas señalan la existencia de un problema de infertilidad (Tabla 7.1). Las cerdas primíparas parirán 10 cerditos nacidos vivos y las cerdas multíparas 11. Normalmente 0,5 nacerán muertos, 0,2 momificados y 9 (primíparas) o 10 (multíparas) serán destetados.

Como causas de que el tamaño de la camada sea reducido puede incluirse una tasa de ovulación inadecuada, escasa fertilización o pérdidas de embriones o fetos. La ovulación reducida puede ser consecuencia de problemas nutritivos, enfermedades, manejo incorrecto o genotipo del cerdo. Puede asociarse con un intervalo dilatado entre el destete y la presentación del estro o celo. La escasa fertilización se asocia frecuentemente con retornos *regulares* al estro, y puede ser consecuencia de la infertilidad del macho o de un manejo defectuoso en el mo-

Tabla 7.1 Niveles de tolerancia para la fertilidad de la cerda.

Celo repetido 21 días después de la cubrición (%)	8
Celo repetido con más de 21 días tras la cubrición (%)	2
Abortos (%)	1
No gestante (%)	1
Eliminada durante la gestación (%)	2
Número de nacidos vivos por camada (cerdas primíparas)	10
Número de nacidos vivos por camada (cerdas multíparas)	11
Número de nacidos muertos por camada	0,5
Número de cerditos momificados por camada	0,2
Nacidos vivos que no sobreviven hasta el destete por camada	1
Cerdas jóvenes preparadas para cubrir (por 100 reproductoras)	6
Intervalo destete a cubrición (promedio) (días)	7
Intervalo destete hasta concepción (promedio) (días)	12
Camadas por cerda y año	2,3

mento de la cubrición. La muerte de embriones y de fetos se asocia generalmente con retornos *irregulares* al estro, que se asocian generalmente con enfermedades de un tipo u otro.

La causa más frecuente de que no aparezca el estro o celo dentro de los 7 días siguientes al destete es consecuencia de un mal estado de carnes de la cerda por alimentación incorrecta y peso excesivo y pérdidas de grasa durante la lactación. Todas las cerdas lactantes serán alimentadas según sea su apetito que se ve estimulado por elevados consumos de pienso. El elevado consumo de pienso durante la lactación irá seguido del aporte frecuente de una dieta rica en energía administrada húmeda en un ambiente fresco.

Las repeticiones regulares de la cubrición, los niveles bajos de abortos, las cerdas no gestantes, las muertes fetales avanzada la gestación, el nacimiento de cerditos muertos y las camadas de tamaño reducido *no* son consecuencia generalmente de agentes infecciosos a menos de que existan pruebas de la existencia de flujo vaginal o de cerdos momificados. Las repeticiones regulares de la cubrición, las camadas reducidas y las cerdas que no inician una gestación ponen de manifiesto la necesidad de mejorar el manejo de la cubrición y de aumentar los niveles nutritivos durante la lactación e inmediatamente después del destete. El momento del apareamiento resulta crucial tanto para la concepción como para el tamaño de la camada. Tres cubriciones con intervalos de 12 horas suelen proporcionar como mínimo un cerdito más por camada que un apareamiento único. El periodo durante el que la cerda es cubierta será siempre superior a 24 horas. La inseminación tardía determina la fertilización de óvulos envejecidos que son propensos a morir como embriones. El tamaño de la camada se relaciona también con la duración de la lactación anterior; al aumentar la edad del destete de 3 a 4 semanas puede aumentar el tamaño de la camada en un cerdito o más por camada en algunas explotaciones (duración de la lactación, 18, 23, 28 días; tamaño de la camada 9, 10, 11 cerditos nacidos vivos). Tras el destete, las cerdas que han perdido peso durante la lactación no son ayudadas al reducir su aporte de pienso cuando ya se encuentran sometidas a un estrés nutritivo. Las cerdas destetadas recibirán pienso dos veces al día para saciar su apetito hasta que son cubiertas. Cuando el estado de carnes de la cerda es motivo de preocupación, puede seguir recibiendo hasta 3-3,5 kg diarios de pienso tras la cubrición. El mal estado de carnes determinará un efecto más perjudicial sobre la tasa de ovulación y la supervivencia de los embriones que niveles elevados de pienso. Las pérdidas de embriones durante la implantación pueden ser provocadas asimismo por ambientes fríos y duración del día inadecuada (menos de 16 horas) en este momento. Los retornos regulares al estro suelen indicar un fallo en la concepción; los retornos irregulares son consecuencia de pérdidas de embriones de forma que persisten menos de cuatro embriones y la gestación se finaliza por sí misma como resultado de falta de apoyo hormonal procedente de los productos de la concepción.

Los agentes infectivos pueden causar infecciones uterinas y flujo vulvar (Lámina 7.1e), y determinan pérdidas de embriones con retornos irregulares al estro (esto último con frecuencia entre 23 y 40 días), muerte fetal y reabsorción parcial mediada la gestación con el resulta de la momificación de más de un feto, reducción del tamaño de la camada, aumento del número de cerditos nacidos muertos, abortos y cerdas que aparecen vacías. Los agentes que con mayor frecuencia determinan los síntomas anteriores son micotoxinas, infecciones del tracto genital, parvovirus, enfermedad de Aujeszky (falsa rabia) o *Leptospirae.* Las infecciones uterinas y la infertilidad suelen asociarse con cistitis, esta última provoca la emisión de orina con sangre y la muerte de cerdas en algunas explotaciones afectadas. Parvovirus se encuentra difundido en todas las poblaciones porcinas del mundo. La infección puede manifestarse en algún momento determinando inmunidad permanente. Sin embargo, si la infección se presenta por vez primera en una piara durante el primer tercio de la gestación, entonces constituirá un brote de la enfermedad con el resultado de muerte fetal. El resultado final es la presencia de cerdos momificados. Las hembras de vientre en peligro serán vacunadas cuando son jóvenes.

En algunas explotaciones se crea la inmunidad natural frente a invasores oportunistas de las cerdas reproductoras mediante la exposición de las cerdas jóvenes que llegan a la explotación mientras permanecen en cuarentena. Esto puede conseguirse exponiéndolas a excrementos de cerdos destetados, o de cerdos en fase acabado al salir de la explotación. Una práctica rutinaria consiste en que las cerdas jóvenes en fase de aclimatación mantengan contacto con heces de cerditos procedentes de los locales de parto y de las cochiqueras de destetados, durante un periodo de 2 semanas. Esta práctica se finaliza 3 semanas antes de la concepción. Las heces (solamente) pueden ser ofrecidas de nuevo durante una semana en la mitad y al final de la gestación.

Los flujos vaginales provocados por diversos microorganismos infectivos ascendentes (tales como *Pasteurella* y *E. coli* y *Corynebacterium*) que penetran a través de la vagina y alteran el tracto genital provocando dolor durante la emisión de orina, cistitis, retornos regulares e irregulares al estro, reducción del tamaño de la camada, muerte fetal, aborto y, lo que resulta más confuso de todo, es que en el animal no gestante pueden interrumpir los ciclos (diagnosticado únicamente a término o mediante la prueba de la gestación). La reabsorción fetal y los fetos momificados no suelen asociarse con las infecciones ascendentes, sino más bien con parvovirus. Se consideran niveles normales de flujo vaginal cuando afectan al 1% aproximadamente de las cerdas; cuando el nivel aumenta hasta el 1,5% o más, es preciso actuar. El tratamiento requiere la limpieza del alojamiento de la cerda gestante, lavado y ducha con productos antibacterianos, inyección de antibióticos a todas las cerdas afectadas y de forma rutinaria tras el parto y el destete y dejar pasar un ciclo antes de volver a cubrirlas. El propio verraco puede ser portador del microorganismo, por lo que precisará tratamiento mediante inyección, y la aplicación sistemática de antibiótico intramamario en el prepucio. Un programa de tratamiento más positivo, aunque riguroso, consiste en la eliminación de todos los animales con flujo sin intentar una nueva cubrición, y aumentar la entrada de cerdas jóvenes en la piara para compensar.

Parásitos internos y externos

Los cerdos pueden ser infectados por diversos helmintos que invaden el estómago, el intestino grueso y delgado, los pulmones y el hígado. La consecuencia es un descenso del crecimiento y de la eficacia, diarrea y debilidad general. Algunas veces las verminosis provocarán aborto en las cerdas que, por otra parte, se encuentran en buen estado de carnes. Los principales parásitos externos son (i) piojos, cuya presencia reducirá también el crecimiento y provocará anemia así como irritación, y (ii) ácaros. Ambos pueden ser eliminados mediante la aplicación de preparados externos contra piojos y contra ácaros. Los ácaros constituyen una amenaza grave al provocar sarna sarcóptica. Los animales se rascan y se frotan formándose lesiones cutáneas oscuras. La tasa de crecimiento y la eficacia pueden ser afectadas gravemente.

Existen antihelmínticos modernos que serán activos contra todos los parásitos internos de los cerdos, con la posible excepción de los vermes pulmonares. Este último parásito, sin embargo, será infrecuente en los cerdos criados intensivamente ya que el acceso a las lombrices de tierra (un huésped intermedio) resulta esencial para completar el ciclo vital. Los preparados del grupo Ivermectin actúan sobre la totalidad de los parásitos internos y externos. Quizás el parásito interno mejor conocido sea el áscari *Ascaris suum* que infesta el intestino delgado, provocando un descenso de la ganancia de peso y menor calidad de la canal. El parásito se evidencia por lesiones blancas sobre el hígado (gotas de leche).

Resulta imposible mantener una población totalmente libre de parásitos debido a la contaminación y transmisión mecánica de huevos de vermes por aves y por otros medios. No obstante, *es* posible, mediante buenas prácticas de manejo, romper el ciclo vital con lo que son mínimas las poblaciones de parásitos y se evita la necesidad de desparasitar. Esto resulta particularmente cierto en explotaciones de cerdos estabulados donde las deyecciones son eliminadas cada 3 días o cuando las cerdas no tienen acceso a las deyecciones. En consecuencia, ya no existe razón para que los vermes internos y los piojos o ácaros externos supongan un problema en las piaras de cerdos.

Mantenimiento de barreras contra agentes infectivos

Los principales portadores de agentes infectivos en las explotaciones porcinas son los cerdos. Así, en primer lugar, la empresa dedicada a la mejora racial que suministra cerdos deberá demostrar la ausencia de enfermedades específicas (la presencia de microorganismos asociados con la enfermedad y la existencia de la propia enfermedad son, por supuesto, hechos diferentes; la última puede ser vigilada de forma más sencilla y significativa. En segundo lugar, los cerdos que llegan pueden ser inmunizados contra los agentes patógenos presentes en la explotación receptora. Esto último puede conseguirse mediante vacunación (existen vacunas contra erisipela, parvovirus, pseudorrabia, fiebre aftosa, *Actinobacillus pleuropneumoniae,* rinitis atrófica, *E. coli* y otros muchos agentes patógenos) o mediante inmunidad natural (por ejemplo *E. coli,* neumonía por micoplasma, gastroenteritis transmisible y parvovirus). La explotación receptora intentará siempre adquirir sus hembras para reposiciones en la misma explotación de la empresa. Los cerdos procedentes de distintas empresas dedicadas a la reproducción es preferible no mezclarlos en la explotación de producción. Si los cerdos deben ser adquiridos de fuentes diferentes, es importante asegurarse de que resulta compatible el estado sanitario de cada una de las mismas.

El control sanitario se consigue mejor manteniendo la explotación libre de muchos agentes infecciosos. Actualmente se intentan establecer y mantener piaras libres de meningitis estreptocócica, disentería porcina, rinitis atrófica, enfermedad de Aukeszky (pseudorrabia), gastroenteritis transmisble, piojos y sarna sarcóptica (y, por supuesto, enfermedad vesicular porcina, fiebre aftosa, peste porcina africana, peste porcina clásica, leptospirosis, brucelosis y *Salmonella choleraesuis*). Los cerdos solamente serán adquiridos de fuentes capaces de demostrar mediante una comprobación regular la ausencia requerida de enfermedades específicas. No obstante, la ubicación de la piara es importante en relación con las enfermedades transmitidas a través del aire, tales como neumonía por micoplasma, enfermedad de Aujeszky y fiebre aftosa. Naturalmente, las piaras exentas de micoplasma deben asegurar que los cerdos para reposiciones proceden solamente de explotaciones carentes de micoplasma; aunque la decisión de adquirir o no cerdos *con* neumonía por micoplasma debe tomarse en cada explotación. Puede ser preferible introducir cerdos exentos de neumonía por micoplasma en piaras en las que se encuentra presente este microorganismo, aunque sin mostrar síntomas clínicos de neumonía. Con frecuencia, en piaras en las que aparece neumonía clara con manifestaciones clínicas (como suele suceder), puede ser preferible comprar animales que han sido infectados con micoplasma y así evitar los problemas que supone la introducción de animales sin inmunidad en un ambiente infectado.

Los cerdos recién llegados recibirán un bajo nivel de exposición de los microorganismos presentes en la piara para establecer niveles de inmunidad antes de su apareamiento. Esto puede realizarse en las instalaciones para la cuarentena bien mediante un programa adecuado de vacunación realizado por un veterinario o exponiendo a los cerdos a excrementos (o a otros cerdos). La entrada de animales en la explotación debe encontarse separada de la salida, para evitar la recogida caminando de material contaminado, como puede suceder si un medio de transporte sucio que lleva cerdos al matadero contamina la rampa sobre la que pueden caminar poco después hembras para reposición recientemente llegadas. La explotación funcionará según un sistema de dirección única sin permitir ir en sentido contrario; esto puede verse en el flujo (e) hacia (f) hacia (g) hacia (h) hacia (i) en la Figura 7.7. Vallas protectoras impedirán el acceso de visitantes casuales.

Pueden tomarse precauciones adicionales que resultan provechosas. Las mismas podrían consistir en un pulverizador de desinfectante para los vehículos que llegan a la explotación, el paso del pienso embolsado y del equipo por una sala de fumigación y disponer de una cantina en la oficina (a un lado de la explotación) para que el personal permanezca en la explotación durante la totalidad del día de trabajo. El complejo de oficinas podría disponer también de dormitorio para el personal que trabaja durante la noche. Pueden colocarse baños desinfectantes para pies (Lámina 7.2b) entre cada una de las secciones principales de la explotación: partos, cubriciones, gestación, lechones (7-20 kg), crecimiento (20-60 kg) y acabado (60-110 kg). Asimismo puede ser conveniente disponer de botas exclusivas para la sala de partos, con un baño para pies en cada cochiquera (particularmente para el control de diarreas provocadas por *E. coli*).

Los microorganismos patógenos penetran con los cerdos, vehículos y calzado. La disentería porcina y la gastroenteritis transmisible son ejemplos de enfermedades que se difunden mediante contaminación fecal. Las enfermedades res-

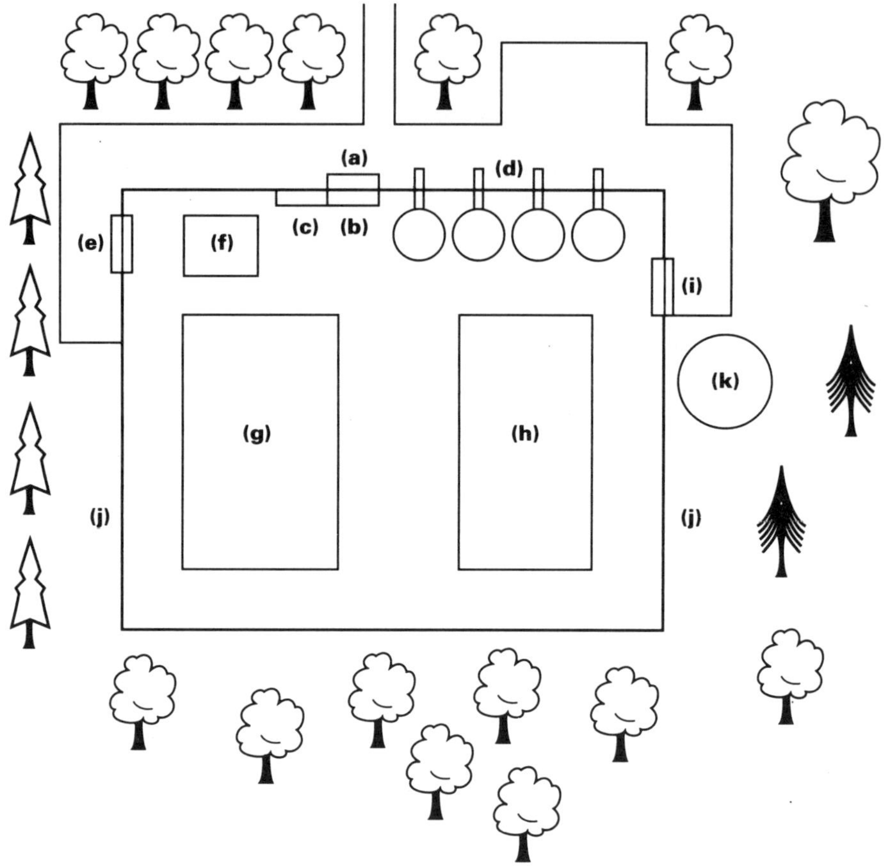

Figura 7.7 Esquema de una explotación de reproducción/cebamiento para prevención de enfermedades: los puntos **(a)** y **(b)** para entrada del personal a través de duchas; **(c)** oficinas internas; **(d)** punto de entrada de pienso a través de tornillo sin fín; **(e)** punto de entrada de hembras para reposiciones; **(f)** locales para cuarentena; **(g)** unidad de reproducción; **(h)** unidad de cebo/crecimiento; **(i)** punto de salida de cerdos cebados; **(j)** valla que rodea la explotación; **(k)** laguna de excrementos.

piratorias se transmiten por gotitas infectadas que expulsan al respirar los cerdos enfermos. Las empresas que realizan la mejora racial y mantienen un elevado nivel sanitario en sus piaras realizan el transporte con sus propios vehículos y aplican elevados niveles de higiene. Tomarán precauciones extraordinarias para evitar la contaminación procedente de explotaciones a las que transportan cerdos. Los camiones que les suministran pienso serán descargados fuera de la valla que rodea a la explotación mediante sistemas de tornillos sin fin. Los camiones que sacan cerdos acabados para carne serán cargados mediante una rampa en la valla exterior. Resulta preferible que los camiones lleguen el lunes por la mañana, después de haber sido lavados, desinfectados y mantenidos en descanso durante el fin de semana. Los camiones ya cargados parcialmente con cerdos infectados suponen un peligro grave si llegan hasta la proximidad de la explotación. Cuando se trata de una explotación integrada con su propio molino de pienso y sala de envasado de carne, puede destinarse una flota especial de vehículos para explotaciones limpias y otra que que únicamente visita explotaciones sucias.

Los cerdos que llegan a la explotación se mantendrán en cuarentena durante 40 días aproximadamente en locales especialmente dispuestos para recibir el ganado que entra, que se ubicarán lo más separados que sea posible de la explotación principal, aunque en el interior de la valla. Cuanto más fiable sea la fuente origen, será preciso un periodo de cuarentena más corto. Antes de trasladar los cerdos de las instalaciones para cuarentena a la piara principal, se contactará con la explotación de procedencia para que informe sobre la presentación de algún brote de enfermedad en la piara de procedencia durante el periodo de observación. A los visitantes imprescindibles para la explotación se les pedirá que se duchen y se coloquen vestuario de la explotación, y mantendrán el menor contacto posible con el mundo de la explotación. No existen pruebas de que el propio hombre sea transmisor de enfermedades porcinas, aunque las enfermedades pueden difundirse mediante gérmenes patógenos que han contaminado el cuerpo humano (cabeza y manos), así como el calzado y el vestuario.

Todo el personal que trabaja en la explotación debe evitar el contacto casual con otros cerdos. Tras realizar cursos de formación que imponen el contacto con otros animales es preciso un cuidado expecial antes de volver a entrar en la explotación. La explotación proporcionará la ropa de trabajo y resulta beneficioso disponer de duchas en la entrada y en la salida. Las duchas no solamente constituyen una barrera frente a enfermedades transportadas por las personas, sino que además aseguran que no se introducen visitantes casuales, y permiten asimismo que el personal que trabaja en la explotación vuelva a su casa limpio y fresco. Resulta esencial que no penetre ninguna persona que ha visitado una explotación porcina, y cuya cabeza, manos, ropa y calzado se encuentren contaminados. Incluso con estas precauciones, la mayoría de las explotaciones porcinas practican una política activa para evitar la entrada de enfermedades que impone una norma de 3 días, por la que todos los visitantes que llegan a la explotación no deben haber mantenido contacto con cerdos durante un mínimo de 3 días previos a la visita.

Muchos microorganismos pueden ser llevados por el viento y viajar con el aire. Para evitar la neumonía por micoplasma y la enfermedad de Aujeszky, la explotación se ubicará como mínimo a 5 km de la explotación de cerdos más próxima. Por esta razón las empresas que realizan mejora racial suelen situar sus piaras núcleo distantes de centros de población porcina.

Vigilancia sanitaria

La presencia de enfermedades crónicas y de brotes agudos inminentes puede detectarse mediante la vigilancia continuada del rendimiento de los cerdos, de su aspecto, niveles de tos y de diarrea, ambiente de los alojamientos, consumo de pienso, estado de carnes, etc. Las explotaciones garantizadas como exentas de ciertas enfermedades (nivel mínimo de enfermedad) están obligadas a vigilar estas condiciones, y realizar inspecciones en el matadero para descubrir enfermedades como rinitis atrófica y neumonías. Resulta necesario anotar las tasas previstas de partos, número de cerditos nacidos, número de nacidos muertos, tasa de crecimiento, flujos vaginales y cualquier otra circunstancia de esta naturaleza, realizando comparaciones semanales entre los registros. Pueden establecerse niveles apropiados de intervención para cada explotación. Si la mortalidad prevista tras el destete es del 1%, cuando se alcanza un nivel del 3% debe intervenir el veterinario y estudiar los posibles errores de manejo, para descubrir la causa y eliminarla. Los problemas para los que se establecen niveles normales y de intervención dependerán de la importancia de una determinada enfermedad para una explotación y una época en particular. Los planes de vigilancia sanitaria serán apropiados para los problemas de la explotación, los requisitos del propietario y del director y de las circunstancias prevalentes. Estos registros se mantendrán al día, por encima de todo, y serán considerados útiles por el personal que los realiza. Generalmente la ficha del registro deberá identificar la fecha y el lugar, los animales afectados, los síntomas, la causa sospechada, observaciones asociadas tales como apetito, medio ambiente, movimiento de ganado, etc., tratamiento (incluyendo el nombre del fármaco y la identificación de su origen) y cualquier actuación posterior que se considere precisa con probabilidad.

Enfermedades asociadas con infecciones del aparato digestivo y con diarrea

Colibacilosis

Escherichia coli es un germen que se encuentra en todas partes, con muchos serotipos, y que origina septicemia en cerditos recién nacidos, diarrea en cerditos lactantes, diarrea en cerditos recién destetados y edema en cerdos jóvenes en crecimiento. Existen muchas estirpes patógenas. Las estirpes septicémicas invaden tejidos susceptibles y provocan lesiones. Las estirpes entéricas atacan a las vellosidades intestinales, originando descenso de la absorción, diarrea y toxicidad. Los cerditos jóvenes lactantes afectados muestran pérdida grave de peso, septicemia aguda, diarrea y posiblemente mueren. Los anticuerpos presentes tanto en el calostro como en la leche normal proporcionan protección a los cerditos amamantados por cerdas que han adquirido inmunidad frente a estirpes específicas de *coli*. Esta protección se pierde con el destete al dejar de ingerir la leche de la cerda. Los cerditos destetados con 3 semanas de edad son, en consecuencia particularmente susceptibles; una susceptibilidad que aumenta cuando el intestino debe hacer frente simultáneamente al cambio de una dieta líquida por una sólida (especialmente si esta última contiene una elevada concentración de proteínas vegetales y de carbohidratos). El retraso del destete hasta las 4-5 semanas suele reducir la gravedad de la enfermedad. La inmunidad es adquirida fácilmente de forma natural y puede pasar de la madre a los cerditos lactantes. Existen vacunas contra diversos serotipos, aunque las cerdas reproductoras pueden ser sometidas también a la infección natural antes de ser fecundadas por primera vez. Las cerdas jóvenes pueden ser vacunadas dos veces antes de su primer parto. Esto les permitirá adquirir su propia inmunidad y pasar una protección adecuada a su camada. Cuando no se estimula la creación de inmunidad natural pueden producirse brotes permanentes de diarrea en los cerditos lactantes de cerdas primíparas llegadas a la piara de reproductoras de localidades remotas que no han tenido contacto con los mismos serotipos. En una población estable de cerdos, que adquiere inmunidad natural de forma normal, pueden seguir presentándose brotes de diarrea, especialmente en cerditos jóvenes, como consecuencia de una multiplicación rápida de *coli*. *E. coli* se multiplicará cuando existe hacinamiento, problemas ambientales o en presencia de otros microorganismos patógenos. Su control se realiza principalmente con antibacterianos, buen manejo y un elevado nivel de limpieza y desinfección en los alojamientos de las cerdas lactantes. La diarrea se descubre principalmente en cerditos jóvenes lactantes y en cerditos recién destetados. En ambos casos los animales pierden el apetito y peso y pueden morir por deshidratación.

Los animales afectados, junto con otros de la misma cochiquera, serán dosificados oral o parenteralmente con antibióticos de forma inmediata, se les ofrecerá glucosa y electrolitos con el agua de bebida y se incluirán niveles protectores de antibióticos adicionales en su pienso. El control se favorece manteniendo una temperatura y un ambiente adecuados, aplicando medidas higiénicas y reduciendo la densidad de ganado. En los cerdos que establecen contacto con gérmenes *coli*, existe una elevada relación inversa entre el porcentaje de cerdos que padecen diarrea y la temperatura de las cochiqueras para destete. En el curso de la infección, *E. coli* produce cantidades masivas de toxina cuando es rápida su multiplicación y provoca también pérdida de motilidad intestinal y destrucción de las vellosidades que recubren la pared del intestino. La diarrea puede variar desde ligera hasta extrema. Todos los animales jóvenes sometidos a estrés se verán afectados probablemente; la debilidad provocada por la enfermedad será directamente proporcional al grado de inmunidad adquirida por el animal en el momento de ser infectado y al nivel de manejo existente.

La nutrición defectuosa predispone a los cerditos lactantes y destetados al ataque por *E. coli*. Este es principalmente el caso de animales jóvenes recientemente destetados que reciben dietas conteniendo niveles elevados de almidón y de proteínas vegetales sin cocer. Los cerdos destetados con menos de 30 días de edad carecen de capacidad digestiva para enfrentarse con carbohidratos y proteínas vegetales crudos. La mucosa intestinal puede experimentar también problemas adicionales derivados de reacciones antigénicas adversas ante la presencia en el intestino de ciertas proteínas vegetales. Algunas fuentes de proteína vegetal parecen ser más activas en este aspecto que otras. Cuando los problemas son iniciados por factores dietéticos en cerdos destetados entre 20 y 35 días de edad, se produce una invasión oportunista y rápida por gérmenes *E. coli*, con diarrea grave, pérdida intensa de peso y la enfermedad puede ser mortal. Los cerdos jóvenes que han padecido diarrea provocada por *E. coli* durante los inicios de su vida nunca se repondrán totalmente de la experiencia y siempre crecerán de forma más lenta y con menor eficacia posteriormente. Las consecuencias económicas de las lesiones provocadas por este microorganismo son considerables.

Resulta beneficioso que los cerditos se hayan acostumbrado a consumir cantidades importantes de alimentos sólidos antes de ser destetados y, además, no serán privados de la leche como nutriente principal hasta que el aparato digestivo sea totalmente competente para digerir sustratos no lácteos. En el control de la diarrea posterior al destete constituye, en consecuencia, una ayuda realizar el destete con más edad y mayor peso vivo. Como la enfermedad puede asociarse algunas veces con un elevado pH gástrico, pueden ser útiles los tratamientos probióticos para mejorar la acidez gástrica.

Los cerditos jóvenes pueden padecer también diarrea inducida por coccidiosis asociada con malas condiciones higiénicas y contaminación por deyecciones del suelo de las cochiqueras.

E. coli puede descubrirse en cerdas reproductoras como un invasor oportunista del aparato reproductor, siendo precisas inyecciones de antibióticos en el momento del parto y del destete y un tratamiento adecuado del verraco. Los brotes en las cochiqueras de cerdas lactantes se reducen mediante un control ambiental efectivo, la existencia de baños para pies en la entrada de cada cochiquera, y un elevado nivel de limpieza de suelos, equipo y personal.

Campylobacter coli provoca síntomas similares a los originados por infecciones de *E. coli* y es prevalente en cerditos jóvenes. El tratamiento es asimismo similar mediante la administración de antibacterianos.

Disentería porcina

Aparece en muchas explotaciones, es causada por una espiroqueta *Treponema (hyodysenteriae)* que infecta el intestino grueso provocando diarrea, con mucosidad y sangre, de color castaño claro. La morbilidad puede llegar a ser del 100%, con una mortalidad de hasta el 8%. La enfermedad se transmite por la ingestión de heces procedentes de cerdos infectados. Los antibióticos resultan valiosos para combatir la enfermedad, con posterior medicación preventiva en el pienso. El apiñamiento y unas malas condiciones ambientales aumentan la gravedad de la disentería. Se estudia la posibilidad de obtener vacunas orales vivas. Los animales que no mueren, y no son tratados de forma efectiva, aparecen delgados y la pérdida económica es muy intensa. En explotaciones de reproducción/cebamiento, la enfermedad puede ser erradicada mediante la medicación prolongada de cerdas y verracos, realizando los partos en locales limpios, y trasladando posteriormente a los cerditos destetados (ahora limpios) a locales completamente desinfectados y descansados para crecimiento/acabado.

Gastroenteritis transmisible (TGE)

Esta enfermedad vírica contagiosa provoca diarrea verdosa con un alto nivel de mortalidad especialmente en cerditos lactantes jóvenes. Cuando la infección llega a una explotación por vez primera, mueren la mayoría de los cerditos con menos de 3 semanas de edad. La enfermedad puede convertirse en endémica con brotes permanentes de diarrea que determinan reducciones progresivas del crecimiento en cerdos sometidos a cebamiento. El microorganismo es transmitido mediante cerdos infectados, materia fecal, vehículos que han transportado cerdos infectados, calzado sucio y algunas veces por las aves. No se dispone de tratamiento efectivo ni de programa de vacunación. La prevención de la entrada de TGE es una de las razones para aplicar procedimientos detallados que impidan la entrada de cerdos, personas y vehículos de origen desconocido en la explotación. Los animales que llegan a la explotación procederán de fuentes que se sabe se encuentran exentas de TGE. La prueba para detectar la presencia de TGE suele verse comprometida por reacciones cruzadas que se producen con un coronavirus respiratorio común (que parece provocar pocos daños a los cerdos).

Diarrea epidémica

Bastante similar a TGE y, como TGE, causada por un coronavirus. Suele caracterizarse por diarrea castaño-verdosa, vómitos, deshidratación aunque con escasa mortalidad, afectando especialmente a cerditos lactantes y destetados jóvenes. Disminuye el apetito y se ve ligeramente afectado el crecimiento y la eficacia del pienso. Al igual que sucede con TGE, se desarrolla una inmunidad contra el virus en el seno de la piara aunque en piaras de cerdos en crecimiento existe la posibilidad de que aparezca un problema crónico progresivo. Puede penetrar en la piara con alimentos contaminados (tal como harina de carne y hueso), roedores o aves infectadas.

Paratifus

Los microorganismos *Salmonella choleraesui* y *S. typhimurium* originan una mortalidad elevada por septicemia y enteritis, principalmente en cerdos en fase de crecimiento, y aborto en las cerdas. Puede asociarse o no con diarrea. Existe una vacuna y *Salmonella* puede ser tratada con antibióticos. Debido al elevado nivel de mortalidad, la mejor estrategia consiste en asegurar, en primer lugar, que el germen no entra en la explotación.

Adenomatosis intestinal porcina (PIA)

PIA origina enteritis necrótica, ileítis y enteropatía hemorrágica proliferativa (síndrome hemorrágico intestinal). Son variables tanto las tasas de morbilidad como de mortalidad. Con frecuencia el intestino aparece engrosado y se aprecia hemorragia en el mismo, provocando pérdida de peso y de crecimiento. Los cerdos aparecen delgados y no medran y, con frecuencia, las heces son sueltas y oscuras. Cuando se produce la pérdida de una cantidad importante de sangre el cerdo presenta un aspecto blanquecino. No se dispone de un tratamiento totalmente eficaz aunque los animales se benefician si reciben antibacterianos con glucosa y electrolitos. Constituye una enfermedad extraña sobre la que se sabe poco Tiende a ser más grave en piaras con buen estado sanitario con animales eficaces que crecen con rapidez. Poco es lo que se puede recomendar para evitarla. Por fortuna, los brotes parecen ser relativamente infrecuentes aunque la mortalidad es alta cuando se produce hemorragia en la parte inferior del intestino. Se asocia con gérmenes *Campylobacter,* que responden a la mayoría de los antibióticos. Como medida preventiva puede medicarse el pienso.

Enfermedades específicas del aparato respiratorio

Neumonía por micoplasma (enzoótica)

Causada por un microorganismo que se encuentra en todas partes, *Mycoplasma hyopneumoniae,* que determina malestar respiratorio, con lesiones características de color verdoso-ciruela en los lóbulos anteriores de los pulmones, y una tos cortante y seca (perruna) cuando se altera el animal, y en su forma aguda respiración poco profunda (ruidosa) y jadeo. En las explotaciones intensivas son afectados la mayoría de los cerdos, aunque si el manejo es bueno los síntomas y las consecuencias son nulas o ligeras. Los brotes en piaras no afectadas con anterioridad pueden ser graves, determinando debilidad, reducción del crecimiento y mortalidad. El tratamiento con antibióticos específicos puede ser útil. La vacunación puede ser una opción. Si no existe micoplasma en la piara, resulta esencial mantener esta situación adquiriendo ganado nuevo en explotaciones con ausencia demostrada de neumonía. Debe prestarse atención al mantenimiento de barreras defensivas ante la proximidad de otros cerdos infectados (como, por ejemplo, para los camiones que llegan a la explotación), teniendo en cuenta que el microorganismo puede ser transportado por el viento hasta distancias de 5 km. El microorganismo suele pasar de la cerda a los cerditos y se muestra activo a las 8-12 semanas de edad. En piaras portadoras de niveles altos de micoplasma, las dosis de antibióticos en este momento ayudarán en el control de la enfermedad. Resulta vital que los cerdos jóvenes en crecimiento se mantengan calientes y bien alimentados, en grupos pequeños (menos de 12) y con una reducida densidad de ganado si tiene que pasarse con éxito esta delicada fase. Se ha sugerido la existencia de predisposición a la enfermedad cuando se alojan más de 200 cerdos en una nave única, cuando cada cerdo con 100 kg de peso vivo dispone de menos de 0,5 m^2 de superficie para *tumbarse,* cuando los niveles de amoniaco son superiores a 20 partes por millón, cuando los niveles de polvo son superiores a 5 mg/m^3 y cuando la tasa de movimiento de aire es $<0,2$ m^3 por hora y kg de peso vivo de cerdo.

En explotaciones con niveles crónicos de neumonía las consecuencias no suelen ser graves. En explotaciones bien manejadas con unas condiciones ambientales excelentes pueden no ser detectables en absoluto las consecuencias. Los problemas suelen surgir cuando la neumonía por micoplasma se asocia con una infección bacteriana secundaria, generalmente desencadenada por estrés en los cerdos, control ambiental inadecuado, presencia de polvo en el aire, mezcla de cerdos, hacinamiento y falta de una desinfección completa y eficaz de las cochiqueras de crecimiento entre cada dos partidas de cerdos. Algunas veces pueden desencadenarse brotes agudos en piaras sometidas a una infección crónica por la compra de cerdos infectados, y/o por la mezcla de cerdos procedentes de distintos orígenes. Cuando es probable que se presente un problema en la piara, los cerdos serán tratados con antibióticos incorporados al pienso para que el microorganismo pueda ser controlado hasta niveles subclínicos.

En piaras intensamente infectadas en las que el nivel de enfermedad parece no poder ser controlado mediante un manejo eficaz, las explotaciones pueden ser despobladas y vueltas a poblar con ganado exento de neumonía por micoplasma. En este caso, a menos que la explotación se encuentre bastante alejada de otros cerdos y de carreteras por las puedan viajar cerdos en camiones, puede esperarse generalmente la presentación de un brote en 5-10 años. Cuando la infección se presenta en una piara de cerdos, las consecuencias pueden ser graves a menos que sea controlada. En piaras con niveles crónicos de este microorganismo, los brotes graves de enfermedad con tos, pérdida de carnes, y algunas veces muertes suelen asociarse con la introducción de otros microorganismos productores de neumonía, generalmente las bacterias *Pasteurella, Bordetella* o *Actinobacillus (haemophillus) pleuropneumoniae*. Quizá la neumonía por micoplasma representa una amenaza importante a la productividad como factor que predispone a los cerdos a padecer una afeccción respiratoria secundaria.

Rinitis atrófica

Suele contraerse en los inicios de la vida durante la lactancia. Puede reducirse su incidencia si las cochiqueras para partos se mantienen especialmente limpias y exentas de amoniaco y polvo. Esta afección se agrava de forma especial en ambientes con polvo y cuando resulta excesiva la densidad de animales. Los cerdos afectados presentan flujo nasal, estornudos y dificultad respiratoria, apetito reducido, pérdida de eficacia en la transformación del pienso y tasa de crecimiento reducida. En la mayoría de los casos agudos el hocico aparece desviado (Lámina 7.2a) y se atrofian los cornetes nasales. Los brotes se asocian principalmente con alojamientos en malas condiciones y control defectuoso del medio ambiente. Suelen existir ciertas dudas sobre el microorganismo responsable, generalmente se descubre tanto *Pasteurella* como *Bordetella*. Investigaciones realizadas en el Compton Laboratory de Inglaterra señalan actualmente hacia una toxina necrosante procedente de *Pasteurella* como el agente causal. Como enfermedad bacteriana es controlada mediante el empleo de antibióticos. La vacunación de las cerdas constituye una opción. La gravedad de la rinitis atrófica suele ser proporcional al estándar de manejo y a la calidad del medio ambiente. Los cerdos solamente serán adquiridos en explotaciones exentas de rinitis atrófica.

Pleuroneumonía por actinobacillus (haemophilus)

Cuando *Actinobacillus (haemophilus) pleuropneumoniae* se introduce en una piara no infectada previamente suele identificarse en principio por una tos blanda en los cerdos en crecimiento. Algunas veces la enfermedad sigue a un brote de neumonía por micoplasma. Existen vacunas aunque el microorganismo tiene muchos serotipos por lo que algunas veces resulta ineficaz la vacuna. Los cerdos susceptibles serán medicados con antibióticos en el pienso y, si es necesario, en el agua de bebida, al llegar a una explotación de crecimiento. La enfermedad puede aparecer súbitamente y originar una elevada morbilidad y malestar agudo con tos seca. Las bajas por muerte suelen producirse en cerdos jóvenes y en crecimiento, y cuando es elevado el número de microorganismos a que se ven expuestos padecen pleuresía, temperatura elevada y muerte súbita, presentando las extremidades de color azul y lesiones pulmonares azul oscuro que se extienden por la totalidad de los lóbulos superiores de los pulmones, junto con pleuresía. Como la respiración es dolorosa, los cerdos no respiran profundamente o con fuerza, más bien se observa que la respiración procede del estómago (en lugar del pecho). En los animales infectados, o en aquellos que se consideran como probablemente infectados (como consecuencia de un brote en la explotación de crecimiento), la primera medida de control consiste en una inyección de antibiótico, seguida por la incorporación de antibióticos en el agua de bebida y, finalmente, medicación del pienso con antibióticos. Una vez que el brote inicial se ha difundido por toda la explotación, en cuyo momento puede originar un número importante de muertes y pérdidas en la tasa de crecimiento y en el rendimiento, será necesaria una medicación a largo plazo y, posteriormente, niveles de control general para «vivir con» el microorganismo y permitir que los animales adquieran una inmunidad adecuada. En este aspecto, es importante reducir la concentración de microorganismos hasta el nivel más bajo posible mediante limpieza y desinfección adecuadas de los alojamientos y aplicando un sistema de partidas completas de cerdos que entran y que salen, limpiando los alojamientos entre cada dos partidas. Se evitará que los animales se vean sometidos a condiciones de estrés y serán alimentados y cuidados de forma adecuada. Debe reducirse la densidad de animales y ejercer un alto nivel de control ambiental. Los brotes en piaras afectadas crónicamente (subagudamente) suelen asociarse con algún factor súbito de estrés, como aumento de la densidad de ganado o cambios ambientales. El microorganismo se difunde mediante contacto en forma de gotitas, así suele salir de los animales infectados. Su vida es corta fuera de un cerdo vivo.

Aquellas explotaciones que no consiguen mantener un nivel crónico de infección bajo un control adecuado pueden considerar la posibilidad de desploblar la explotación y repoblarla con ganado exento de esta enfermedad. No obstante, existe cierto peligro de que una población libre de actinobacillus sea altamente susceptible a la infección. La mejor opción consiste en exponer a los cerdos a estirpes no patógenas, con la consiguiente inmunidad posterior y ausencia de enfermedad.

Enfermedad de Glasser

El microorganismo *Haemophilus parasuis* puede producir síntomas similares a los de *Actinobacillus (haemophilus) pleuropneumoniae* aunque además infecta principalmente las articulaciones y causa meningitis. Existe en muchas piaras aunque las estirpes varían en su capacidad para producir enfermedad. La alteración puede ser tratada con antibacterianos.

Influenza porcina

Una enfermedad vírica, similar a la que padece el hombre, que afecta a todos los cerdos aunque con baja mortalidad. Existirá una pérdida considerable de productividad durante y después del ataque.

Control general de las enfermedades respiratorias

Puede hacerse mucho para aliviar los efectos de la enfermedad respiratoria endémica en cerdos en fase de crecimiento/acabado. Además de elevados niveles de manejo y de limpieza, los cerdos dispondrán de más de 3 m^3 de espacio por cerdo; una superficie total de suelo superior a 0,75 m^2 por cerdo con 100 kg de peso vivo; ausencia de corrientes de aire (velocidad máxima del aire a través de la cochiquera inferior a 0,4 m/s); buena ventilación y aire limpio; temperatura adecuada del aire (normalmente 18-22°C dependiendo del peso vivo); fluctuaciones máximas de temperatura de $\pm$ 2°C; densidad inferior a 15 cerdos por cochiquera y menos de 150 cerdos por nave.

Enfermedades asociadas con problemas de la reproducción en la piara de reproductores

Parvovirus

La inmunidad frente a este virus se consigue bien naturalmente o mediante vacunación. La infección es un hecho de una vez para siempre originando inmunidad para toda la vida. Los machos y las hembras jóvenes serán vacunados al llegar a la piara o, si no se dispone de una vacuna, las cerdas jóvenes serán expuestas a heces procedentes de cerdos destetados antes de ser cubiertas, o se alojará a los animales recién llegados a la piara en cochiqueras aisladas para cuarentena junto a las cochiqueras en que son alojadas las cerdas que se eliminan de la piara, y permitiendo un contacto limitado entre los dos grupos. Cuando el virus ataca por vez primera a cerdos no inmunizados, sus efectos son ligeros a menos que los animales vayan a iniciar pronto una gestación o su gestación sea reciente. En este caso el virus causará muerte embrionaria, muerte fetal, nacimiento de cerditos débiles y pequeños y cerditos que nacen muertos. Es el principal agente asociado con la infertilidad y con pérdidas en la reproducción de las cerdas.

La mayoría de las piaras de todo el mundo son infectadas con parvovirus. En una piara, la infección puede afectar desde una cuarta parte de los animales a la totalidad de los mismos, originando brotes periódicos de enfermedad en piaras aparentemente infectadas ya que la inmunidad natural no es adquirida necesariamente de forma universal. El virus no resulta peligroso en los animales una semana o más antes de su apareamiento, aunque si la infección afecta a cerdas gestantes origina pérdidas graves. En caso de gestación inicial pueden morir todos los fetos y se pierde la gestación, la cerda vuelve a presentar celo o permanece vacía. Avanzada la gestación los fetos se momifican, nacen muertos o atrofiados. La enfermedad es progresiva por lo que al parto pueden descubrirse fetos momificados de tamaño variable. Los síntomas de la infección por parvovirus son similares a los del síndrome «SMEDI»: nacimiento de cerditos pequeños o muertos, cerditos abortados o momificados, pérdidas de embriones, muertes al nacer e infertilidad en la cerda, que suele asociarse con enterovirus para los que el tratamiento es similar.

Aunque la parvovirosis se encuentra en todas partes y sus efectos son traumáticos, su influencia puede ser anulada fácilmente mediante la aplicación de un programa simple de vacunación. Los cerdos jóvenes (susceptibles) que llegan a una explotación infectada pueden ser protegidos también mediante la infección deliberada con heces de cerdos en cebo, o por contacto con animales que van a abandonar la explotación, siempre que esta exposición finalice tres semanas antes de la primera cubrición.

Mastitis

Causada por *E. coli, Staphylococcus* o *Streptococcus* y por otras infecciones de las mamas, provocando pérdida de leche, temperatura elevada y reducción del crecimiento de los cerditos en los inicios de su vida. Responde bien a los antibióticos y a las mejoras en la higiene de las cochiqueras de partos. La mastitis puede asociarse también con metritis (flujo vaginal) y agalactia (MMA) en la fase inicial de la lactación, determinando inanición de la camada lactante. La oxitocina puede ser una ayuda.

Enfermedad de Aujeszky (seudorrabia)

Causada por un herpes virus. Cuando aparece por vez primera en la piara provoca una elevada mortalidad y pérdida de crecimiento en cerdas reproductoras con abortos, cerditos momificados y meningitis en cerditos lactantes. La enfermedad suele convertirse en crónica provocando estornudos y tos en los animales, con descenso del apetito y complicaciones neumónicas. Si existe una incidencia relativamente baja en un país o región, puede considerarse que merece la pena una política de sacrificios. Resulta esencial, sin embargo, que los límites exteriores a la zona en que han sido sacrificados los cerdos se mantengan de forma efectiva. Los animales vacunados no padecen los síntomas de la enfermedad aunque pueden contraer una infección de campo, excretar el virus vivo y, en consecuencia, convertirse en portadores. Así, si es adoptada una política de vacunación es preferible, igual que que con la política de sacrificio, que incluya a la totalidad de los cerdos. Las empresas que realizan la reproducción y mejora porcina se mantendrán libres de esta enfermedad importante y cuando envíen animales a países en que la enfermedad es prevalente, se aconseja su vacunación. Las recomendaciones actuales para la vacunación varían entre las vacunas, los países y las opiniones de los veterinarios.

Tras la infección el virus se oculta en las células y el animal aparece bastante sano sin excretar virus. Cuando es sometido a estrés, u otra enfermedad, el animal excreta el virus aunque el mismo no presenta síntomas. La piara recientemente infectada experimenta un colapso. La enfermedad nerviosa provoca en los cerditos pérdida de apetito, epilepsia o parálisis. La tasa de mortalidad puede llegar a ser hasta del 90% en cerdos con menos de 10 días de edad, del 70% en cerdos con edad entre10 y 20 días, y del 10% en cerdos con edades entre 20 y 50 días. Una vez los cerdos tienen 60 días de edad el problema de mortalidad ya no alcanza esta gravedad. En cerdos en crecimiento aparece neumonía, pérdida de peso y una mortalidad máxima del 10%. La pérdida de productividad, sin embargo, resulta catastrófica. En la cerdas la enfermedad determina aborto, esterilidad, muerte fetal, aunque no mortalidad. Tras una epidemia la situación se resolverá por sí sola, aunque durante los 2 meses siguientes a la infección puede perderse hasta el 75% de todos los cerditos lactantes y podrán abortar el 15% de todas las cerdas gestantes.

La enfermedad de Aujeszky es transmitida principalmente por los cerdos aunque puede ser transportada por el aire hasta 2 km de distancia. La forma más corriente de infección es por reactivación del virus latente. Tras una epidemia los animales de la explotación perderán progresivamente su propia inmunidad natural. En el seno de la piara persistirán portadores de virus latente. Si estos portadores excretan el virus, enfermarán todos los animales que carecen de inmunidad. El sacrificio de los cerdos enfermos no resuelve el problema de los portadores latentes que no desaparecerán al seguir esta política.

La vacuna debe aplicarse (a) en las cerdas, para conferir protección a los cerditos mediante el calostro, y (b) también resulta necesario vacunar a los cerdos en crecimiento.

Resulta posible iniciar un plan de erradicación mediante vacunación y actualmente se aplican estos planes en Europa. En la región donde se aplica un plan de erradicación es necesario distinguir las cerdas y los animales en crecimiento vacunados, y se dispone de vacunas obtenidas mediante ingeniería genética («marcadas») que permiten diferenciar a los animales vacunados de los portadores. Posteriormente se obtienen muestras de sangre de todos los animales para identificar a los portadores latentes de la infección de campo, que serán sacrificados. Si se aplica este plan en poblaciones numerosas, se erradicará la enfermedad en el transcurso de algún tiempo. Resulta necesario combinar la política de sacrificios con la política de vacunaciones. La vacunación por sí sola es improbable que permita erradicar la enfermedad debido al problema de los portadores latentes.

La enfermedad endémica es un problema importante a pesar de la vacunación, porque el control final se realiza mediante la eliminación de los portadores latentes. Existe enfermedad de Aujeszky crónica al persistir en la piara cerdas que han conseguido inmunidad natural y que se convierten en portadores latentes. Pueden llegar a la piara cerdas nuevas carentes de protección, o incluso cerdos jóvenes producidos en la piara pueden no disponer de protección apropiada si no se ha presentado un brote durante algún tiempo. Si el portador latente excreta el virus, los animales no protegidos naturalmente padecerán la enfermedad. Si es infectada una piara comercial, y se encuentra en una zona donde la enfermedad es endémica, la despoblación solamente será considerada en circunstancias especiales, tales como la necesidad de mantener relaciones comerciales con productores ubicados en zonas donde la enfermedad no es endémica.

Síndrome porcino respiratorio y de la reproducción (PRRS)

Una nueva infección de naturaleza similar a la vírica, el síndrome porcino respiratorio y de la reproducción (enfermedad de las orejas azules) afectó a un reducido número de explotaciones porcinas europeas en 1991, que pudo haber existido previamente con la denominación de MRS (síndrome misterioso de la reproducción). Los efectos son marcados cuando la piara carece de inmunidad. Los síntomas son inapetencia, fallo de la lactación, malestar respiratorio, aborto, diarrea, crecimiento reducido y malestar general. Estos síntomas tan variados son probablemente el resultado de que la enfermedad ataca al sistema inmune del cerdo. Así, las explotaciones con niveles elevados de enfermedad subyacente serán afectados con mayor intensidad, y las enfermedades subyacentes serán las que se descubren tras la primera fase del ataque de la enfermedad. Siguiendo su curso, la enfermedad remite y los cerdos infectados adquieren inmunidad. Pueden producirse pérdidas de hasta el 50% de los cerditos durante la fase activa de la enfermedad (unas 8 semanas), que reducirán la producción anual global en el 5-10%.

Es posible que los cerdos de algunas explotaciones hayan padecido una infección ligera no reconocida, y que actualmente sean portadores de anticuerpos contra la misma. Es necesaria una vacuna.

Leptospirosis

Existen *Leptospirae* variadas, incluyendo *pomona* y *bratislava*, que pueden asociarse con alteraciones digestivas, abortos y fallos en la reproducción. Esta enfermedad puede asociarse con un escaso control de roedores y deficiencias en la higiene, y puede ser tratada con antibacterianos orales.

Meningitis estreptocócica

Se trata de una enfermedad bacteriana, que determina infecciones articulares, neumonía, disfunción encefálica, convulsiones nerviosas y muerte. Si es tratada precozmente con penicilina, se recuperarán el 80% de los cerdos afectados. Pueden descubrirse animales individuales *in extremis* mientras que otros muestran un descenso de la tasa de crecimiento. Durante el tratamiento debe reducirse intensamente la densidad de ganado y aumentar la ventilación. Es importante mantener la temperatura correcta en la cochiquera y evitar las variaciones de temperatura. Puede prevenirse la entrada de esta enfermedad angustiosa en la explotación comprando ganado procedente de una piara en la que no se haya presentado la enfermedad durante un periodo mínimo de 5 años. Una vez hace acto de presencia en una explotación, reduce notablemente la eficacia de la producción, especialmente durante los primeros 28 días siguientes al destete; durante este periodo resulta útil la medicación del pienso. Las infecciones por estreptococos pueden originar también septicemia, meningitis, infecciones articulares, artritis, tumefacciones articulares y alteraciones en las pezuñas de los cerditos jóvenes.

Epidermitis exudativa (enfermedad del cerdo sucio)

Aparece en cerdos jóvenes lactantes y recién destetados, causada por un *Staphylococcus* que infecta las abrasiones cutáneas. La piel adquiere un color castaño sucio y se forman escamas y costras exudativas (Lámina 7.2c) y el animal puede morir por toxemia y alteración hepática. Casi la mitad de los animales infectados responden al tratamiento precoz con antibióticos junto con medicación de la superficie cutánea con un agente antibacteriano. Suele descubrirse cuando los animales jóvenes presentan abrasiones en la superficie de su piel como consecuencia de peleas o porque la superficie del suelo resulta abrasiva. Tiende a afectar a cerdos individuales, y no se descubre con frecuencia. En piaras con riesgo de padecerla, serán cortados cuidadosamente los dientes de los cerditos recién nacidos a nivel de la encía, dejando una superficie lisa. La desinfección de las cochiqueras de partos será frecuente y esto se ve reforzado cuando se aplica un sistema de partos por lotes.

Erisipela

Causada por un microorganismo que se encuentra en todas partes aunque puede controlarse fácilmente mediante vacunación. Todos los animales reproductores serán vacunados dos veces. Si no es seguida esta rutina, el riesgo es elevado para los animales adultos. Los síntomas incluyen muerte súbita, generalmente (aunque no siempre) septicemia con marcas elevadas sobre la piel de color púrpura y con forma de diamante, alteraciones crónicas articulares y cardiacas, constipación y pérdida de productividad.

Peste porcina africana

Transmitida mediante piensos infectados, parásitos y portadores. El virus origina temperatura elevada, pérdida de crecimiento, aborto, y enfermedad general intensa.

Enfermedad del corazón con aspecto de mora

Muerte súbita, con evidencia de alteración cardiaca, causada por una deficiencia de vitamina E y/o de selenio, y asociada algunas veces con cereales tratados con ácidos orgánicos y/o dietas ricas en grasa.

Prácticas para prevenir y evitar enfermedades

Los síndromes más comunes relacionados con el manejo diario de explotaciones porcinas comerciales guardan relación con diarrea colibacilar, neumonías, canibalismo y, el hecho más importante de todos, infertilidad en la piara de reproductores.

Las enfermedades siguientes se descubren de forma invariable en las explotaciones porcinas y las rutinas de manejo y atención pueden ser fundamentales para controlar su difusión y gravedad:

colibacilosis; cojeras; parvovirosis; canibalismo; micotoxinas.

Las enfermedades siguientes se descubren comúnmente, aunque su incidencia puede ser controlada y reducidos al mínimo sus efectos mediante un buen manejo:

agalactia; anemia; mastitis; coccidiosis; cistitis; debilidad de las extremidades; erisipela; epidermitis exudativa; adenomatosis intestinal porcina; síndrome del estrés porcino; parásitos internos; neumonía por micoplasma; artritis por micoplasma; enfermedad de los edemas; parvovirus; rotavirus; infecciones articulares; flujos vulvares; prolapsos.

Resulta posible establecer y mantener la carencia de las siguientes enfermedades:

meningitis estreptocócica; disentería porcina; rinitis atrófica; parásitos externos; pleuroneumonía por actinobacillus; enfermedad de Aujeszky; gastroenteritis transmisible; peste porcina africana; peste porcina clásica; fiebre aftosa; neumonía por micoplasma; enfermedad vesicular porcina; leptospirosis; viruela porcina; triquinosis.

Las vacunas se han preparado rápidamente para una amplísima variedad de enfermedades. En la actualidad puede disponerse de las mismas para parvovirosis, leptospirosis, Aujeszky, erisipela, enfermedad del cerdo sucio, rinitis atrófica, diarrea por *E. coli*, gastroenteritis transmisible, pasterelosis, y pleuroneumonías. Los antibacterianos (de los que existen unos 40 para su incorporación al pienso y más de 100 productos inyectables) son eficaces contra *Streptococcus, Staphylococcus, Treponema, Leptospira, E. coli, Campylobacter, Corynebacterium, Pasteurella, Mycoplasma, Actinobacillus, Haemophilus* y *Salmonella.*

La peste porcina clásica y africana, la fiebre aftosa y la enfermedad vesicular porcina, clínicamente similar, la brucelosis y la enfermedad de Aujeszky (seudorrabia) son objeto de políticas de sacrificio en el Reino Unido.

El precio pagado por la industria porcina como consecuencia de las enfermedades es la suma de:

coste de las visitas del veterinario, medicinas, vacunas, etc. (una encuesta reciente efectuada en América del Norte calcula que el

40% de los cerdos en crecimiento y el 30% de las cerdas son vacunados con regularidad, y que el 60% aproximadamente de los cerdos en crecimiento y el 30% de las cerdas reciben tratamiento antibiótico);

el coste de las medicinas incorporadas al pienso (en Europa, más de la mitad del pienso que reciben los cerdos destetados contiene medicamentos preventivos o curativos; su coste medio representa, según cálculos conservadores, un 5% adicional del coste del pienso; la inclusión mantenida de antibióticos en el pienso hasta el momento del sacrificio equivale en coste al valor de 1-2 kg de la carne de la canal del cerdo);

pérdida de calidad del producto y de aceptación por parte del mercado (sanidad del producto cárnico) al salir de la explotación; pérdida de producto vendible por decomisos en los centros de tratamiento de la carne;

coste de la pérdida de eficacia antes de salir de la explotación por descenso de la productividad de las cerdas, menor tasa de crecimiento y descenso del índice de conversión del pienso.

Resulta difícil calcular el coste de un brote de enfermedad así como el coste-beneficio de su erradicación. En primer lugar existe variación en la gravedad de la enfermedad, posteriormente existe diferencia en el nivel de defensa de que dispone el cerdo y, por último, existen múltiples factores ambientales críticos que influyen sobre las consecuencias de la presencia de una enfermedad en la explotación, desde poco hasta muy importantes. Resulta evidente que es mejor crear un ambiente que reduzca al mínimo los efectos de los microorganismos patógenos, para evitar la aparición de enfermedades declaradas en la explotación, y permitir que los animales dispongan de defensas mediante inmunidad. Las inversiones para su consecución pueden ser elevadas, aunque merecen la pena. La repoblación de una explotación afectada por una enfermedad es una medida drástica bajo un punto de vista financiero, aunque puede reducir fácilmente el número de días para alcanzar los 100 kg de 200 a 150, reducir el índice de conversión del pienso de 3,0 a 2,7, y aumentar el número de cerdos vendidos por cerda y año de 17 a 23. El consultor internacional de sanidad porcina, MIKE MUIRHEAD, calcula que incluso brotes meramente crónicos de gastroenteritis transmisible, neumonía por micoplasma, pleuroneumonía por actinobacillus (haemophilus), rinitis atrófica y sarna pueden incrementar, cada uno individualmente, el tiempo transcurrido desde el nacimiento hasta los 90 kg en unos 5, 20, 15, 15 y 10 días. Aunque también sañala que un manejo defectuoso, por sí solo, puede aumentar este tiempo en 30 días.

CAPÍTULO 8

Valor energético de los alimentos para los cerdos

Introducción

La energía es obtenida mediante la oxidación de los carbohidratos, proteínas y lípidos de los alimentos. Los valores correspondientes a la energía bruta (EB) son 17,5 MJ de EB/kg de carbohidratos (almidón y celulosa), 39,3 MJ de EB/kg de grasa y de aceite y 23,6 MJ de EB/kg de proteína. Estos nutrientes pueden ser usados por el organismo animal de tres formas. Primero, en el contexto de sus estructuras químicas existentes: aminoácidos procedentes de los alimentos para formar aminoácidos destinados al crecimiento muscular, lípidos de los alimentos para formar los lípidos precisos para el crecimiento de la grasa del cerdo y azúcares simples de los alimentos para formar el glucógeno hepático o la lactosa de la leche. Segundo, los nutrientes pueden ser transformados a partir de una estructura presente en los alimentos en otro tipo de estructura en el cerdo; así, los productos finales de la digestión de los carbohidratos de los alimentos pueden intervenir en el anabolismo y retención de proteína o grasa en el cerdo. El tercero y principal uso de la energía aportada por los nutrientes es, sin embargo, justamente para usarla como tal; el rendimiento de energía precisa como combustible para las actividades metabólicas de la vida y actividad del cerdo, y que en último término abandonan el cuerpo en forma de calor.

El almidón constituye la fuente primaria de energía, aportando energía tras su digestión enzimática en el intestino delgado y posterior absorción en forma de azúcares simples. Los polisacáridos más complejos que no son almidón también desempeñan un cierto papel, especialmente si el alimento es rico en fibra; aunque en este caso una buena parte de la digestión es realizada por bacterias en el ciego y en el intestino grueso, y los productos finales son ácidos grasos volátiles que son usados con menor eficacia. La proteína aporta energía tras ser absorbida en forma de aminoácidos y experimentar posteriormente un proceso de gluconeogénesis (bastante ineficaz). Las grasas de la dieta pueden ser absorbidas en forma de sus componentes: glicerol y ácidos grasos libres.

La energía de los alimentos es usada por los cerdos (i) para el mantenimiento básico de los procesos corporales normales tales como movimiento muscular, digestión, respiración, circulación sanguínea, renovación de tejidos corporales gastados y reciclado de los tejidos corporales existentes, (ii) para llevar a efecto las actividades correspondientes a la síntesis de la leche, reproducción y crecimiento de proteína y lípidos, (iii) para el mantenimiento de la temperatura corporal para hacer frente a un medio ambiente frío y (iv) la energía es mantenida en los productos corporales tales como la leche segregada, la carga fetal y el crecimiento del tejido magro y adiposo. Toda la energía con la excepción de la que es retenida (iv) abandona el organismo en forma de calor. Cuanto mayor sea el calor creado en las funciones de trabajo de mantenimiento y elaboración, menos probable será que se precise energía para mantener caliente el organismo; por consiguiente, solamente es necesaria la energía para termogénesis cuando el ambiente es frío si no se dispone para este fin de calor como «subproducto» procedente de otros usos de la energía.

No toda la energía presente en un alimento puede ser metabolizada para fines de mantenimiento y de producción. Parte de los ingredientes que aportan energía no son digeridos y son eliminados con las heces, mientras que otra parte de la energía puede abandonar el organismo en forma de gases o con la orina. El potencial energético total de los alimentos puede ser determinado mediante su oxidación total o midiendo el calor generado directamente en un calorímetro (generalmente un calorímetro de bomba adiabática). Esto constituye la energía bruta (EB) del alimento. Tras restar la energía no digerida asociada con las heces (EB_f), puede determinarse la energía digestible (ED):

$$ED_i = EB_i - EB_f$$

(Ecuación 8.1)

La energía metabolizable (EM) es igual a la ED menos la energía encontrada en la orina (EB_u), y menos la energía que puede encontrarse, principalmente en forma de CH_4, como gases que abandonan el organismo, generalmente desde el intestino grueso a través del ano:

$$EM_i = ED_i - (EB_u + EB_{gas})$$

(Ecuación 8.2)

La energía metabolizable se encuentra dispuesta ahora para ser metabolizada y generalmente será usada por el animal para (i) mantenimiento, (ii) termogénesis para hacer frente al frío (si es necesaria), (iii) destinándola a la elaboración de productos y deposición en el seno de productos. Cuando el consumo de alimentos resulta particularmente bajo puede producirse un proceso inverso; los productos corporales depositados previamente –especialmente tejido adiposo aunque también proteína de los tejidos– puede ser catabolizado para proporcionar energía para el mantenimiento de los procesos vitales básicos.

La Figura 8.1 aporta una representación esquemática de la utilización de la energía en el organismo. La Tabla 8.1 muestra algunos ejemplos de valores correspondientes a cada uno de los diversos aspectos del uso de la energía.

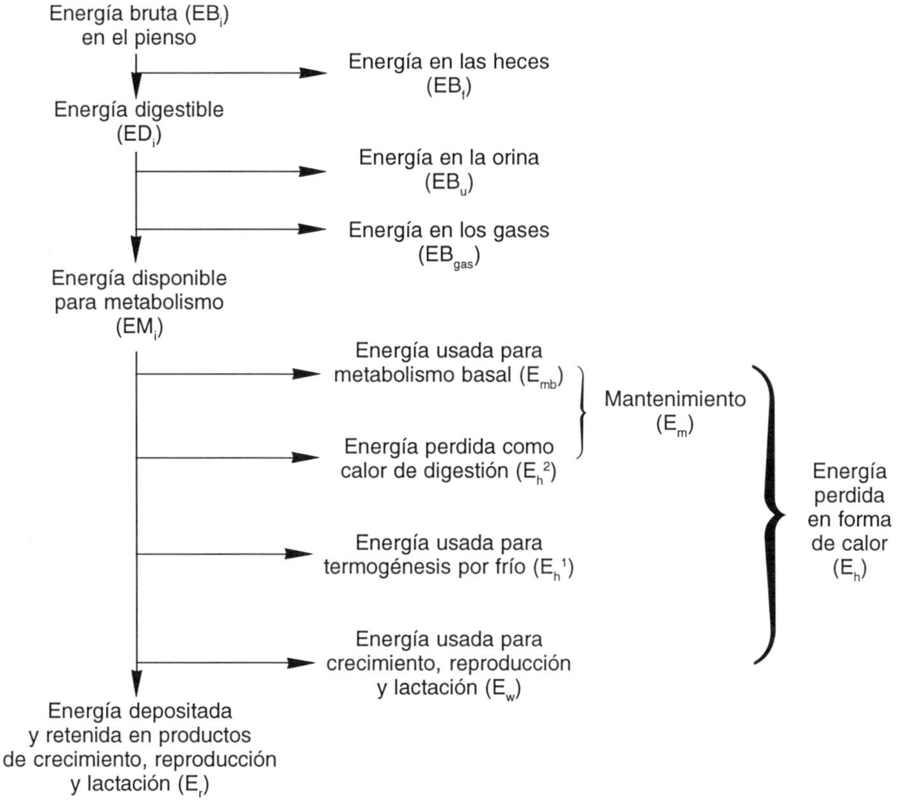

Figura 8.1 Representación esquemática del empleo de la energía en el cuerpo del cerdo.

Tabla 8.1 Ejemplo de valores para diversos aspectos de la economía energética de un cerdo en crecimiento de 60 kg ganando diariamente unos 850 g de peso vivo. Todos los valores corresponden a MJ por día[1].

EB_i	=	34
EB_f	=	8
ED	=	26
EB_u	=	0,8
EB_{gas}	=	0,2
EM	=	25
E_{bm}	=	8,5
E_h^2	=	1,5
E_m	=	10
E_h^{l}	=	0,4
E_w	=	6,7
E_r	=	7,9

[1] E_r y E_w se han calculado como retención de 160 g de proteína en 3,8 MJ y de 105 g de retención de lípidos en 4,1 MJ, con las energías de trabajo asociadas de 5 y 1,7 MJ respectivamente.

El valor energético final de un alimento dependerá tanto de los contenidos proporcionales de los distintos nutrientes que aportan energía como de los destinos del producto final. Estos últimos dependen (como puede apreciarse en la Tabla 8.1) no solamente del propio alimento sino también del balance de actividades metabólicas que realiza el cerdo en el momento de la utilización del alimento.

Aunque se afirmará que la descripción, independiente del cerdo, más útil del valor energético de un alimento viene representada por la energía digestible (ED), es conveniente en este punto considerar con mayor profundidad la forma en que un cerdo puede usar sus recursos energéticos y en qué forma pueden determinarse los mismos.

Determinación de la economía energética de los cerdos

La producción de calor (E_h) puede medirse directamente aunque es preferible determinarla indirectamente como la diferencia entre la energía metabolizable y la energía almacenada en los productos (E_r):

$$E_h = EM_i - E_r$$

(Ecuación 8.3)

La EM es determinada, a su vez, como la diferencia entre la energía ingerida y las pérdidas de energía con las heces y la orina (las pérdidas de forma de gases suelen considerarse como triviales):

$$EM_i = EB_i - (EB_f + EB_u + EB_{gas})$$

(Ecuación 8.4)

La energía retenida (E_r) puede determinarse mediante sacrificio comparativo; el contenido total del organismo de lípidos y proteína al final de un periodo durante el que se ha medido el consumo de energía metabolizable se compara con el contenido de proteína y de lípidos al inicio de dicho periodo. La diferencia entre estas dos cantidades constituye la retención de proteína y de lípidos correspondiente al periodo durante el que se ha medido el consumo de energía metabolizable. El conocimiento de que la proteína contiene 23,6 MJ por kg y que los lípidos contienen 39,3 MJ por kg permite calcular de forma simple la energía retenida. Por supuesto, debe transcurrir un periodo de tiempo relativamente largo para que sea exacta esta determinación de la diferencia, y esto supone la medición cuidadosa del consumo de EM además del trabajo no baladí de analizar los cuerpos de los cerdos al comienzo y al final de la experiencia.

Para superar las dificultades de la técnica del sacrificio comparativo, la producción de calor puede calcularse también conociendo el oxígeno consumido y la emisión de dióxido de carbono, metano y nitrógeno urinario. Por supuesto, la energía calórica se crea durante la oxidación de los nutrientes del alimento, con el correspondiente consumo de oxígeno y la eliminación de dióxido de carbono en el proceso de la respiración. La determinación de la producción de calor mediante este procedimiento indirecto impone la recogida cuantitativa de oxígeno y dióxido de carbono. La determinación exacta del intercambio gaseoso resulta suficientemente compleja en sí misma por lo que son muchos los investigadores que recomiendan el método del sacrificio comparativo. Parece razonable suponer que la energía ingerida (EB_i), que no aparece posteriormente en las heces (EB_f), debe haber abandonado el organismo en forma de calor (E_h), según confirma la Figura 8.1.

Las determinaciones de la producción de calor no distinguen, por supuesto, entre la energía que se ha utilizado para mantenimiento (E_m), para termogénesis frente al frío (E_h^1) o para trabajo (E_w). Los experimentos realizados con una temperatura termoneutra permiten suponer que la termogénesis frente al frío es igual a cero, mientras que en los animales que no forman productos puede suponerse que las pérdidas de calor miden el mantenimiento. La formación cero de producto puede considerarse que tiene lugar cuando no se ingiere alimento; en este caso la energía para mantenimiento deriva del catabolismo de los tejidos corporales (principalmente lípidos). Un interés más racional podría consistir en determinar la cantidad de energía usada para mantenimiento (E_m) cuando el organismo ni anaboliza ni cataboliza tejidos corporales; es decir, cuando la energía se encuentra en un equilibrio estable. Esto sucederá con un determinado consumo de nutrientes (desconocido en el momento de la determinación), y que puede valorarse usando niveles graduales de consumo de nutrientes en el protocolo experimental. La eficacia del empleo de la energía para mantenimiento es mayor que para crecimiento. Así, el punto de retención de energía igual a cero y de la determinación verdadera para mantenimiento coincidirán con un cambio en la pendiente para la regresión de la retención de energía sobre el consumo de energía metabolizable (Figura 8.2).

Aunque resulta creíble la noción de mantenimiento para un animal adulto y no productivo, es muy dudosa la idea de que el mantenimiento pueda ser un proceso que se ocupa de las actividades metabólicas basales con independencia de todos los restantes procesos energéticos que se producen en el interior del organismo

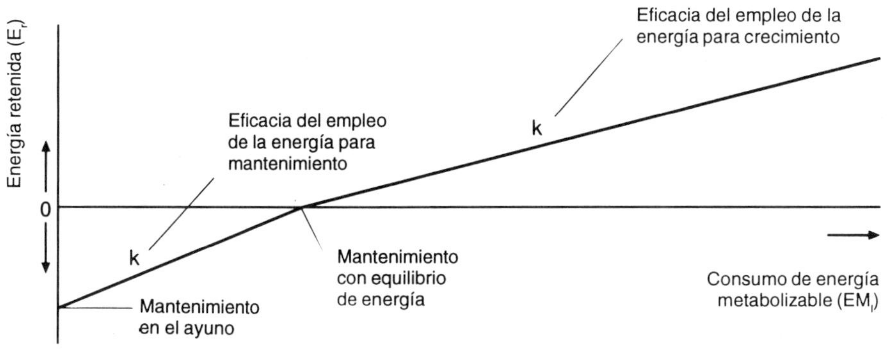

Figura 8.2 Mostrando la relación entre consumo y retención de energía, y la determinación de las necesidades de mantenimiento (E_m).

de un cerdo productivo. El concepto global de mantenimiento en el punto de equilibrio energético resulta difícil de aceptar como un procedimiento racional para calcular el gasto energético no productivo en un cerdo sometido a crecimiento rápido que recibe una alimentación abundante o en una cerda lactante. Con el fin de cuantificar la economía energética de los cerdos productivos, existe un punto de vista según el cual el mantenimiento deberá ser considerado no tanto como un indicador de un requisito metabólico básico, sino más simplemente como un coste residual correspondiente al sistema en forma de una carga fija inevitable. La técnica de sacrificio comparativo resulta particularmente idónea para determinar el mantenimiento teniendo en cuenta esta última idea. Grupos de animales reciben cada uno niveles graduales de nutrientes. Por consiguiente, algunos animales de los que participan en la experiencia se encuentran sometidos a un crecimiento lento y otros, progresivamente, van creciendo con mayor rapidez. El análisis de las canales proporcionará niveles graduales de retención de proteína (Pr) y de lípidos (Lr), a partir de los cuales puede calcularse la deposición de energía en los productos (usando los valores 23,6 y 39,3 MJ por kg que corresponden a los contenidos energéticos de la proteína y de los lípidos respectivamente). La determinación de la energía disponible en forma de energía metabolizable a partir del conocimiento de las pérdidas con heces y orina permite la construcción de una relación de regresión, cuya constante debe ser el mantenimiento. La técnica de regresión se aplica en este caso para dividir la energía metabolizable en sus componentes:

$$EM_i = E_m + k(E_r)$$

(Ecuación 8.5)

El sistema puede ser expresado de forma gráfica (Figura 8.3)

La pendiente de la línea proporciona la eficacia del empleo de la energía para la retención de proteína + lípidos; es decir, para crecimiento. El mismo conjunto de datos puede ser usado en un análisis de regresión múltiple, que permite establecer diferencias entre la eficacia con que la energía se utiliza para la deposición de proteína y para la deposición de grasa, ya que los niveles graduales de consumo de energía habrán determinado también niveles y proporciones diferentes en la retención de proteína y de lípidos:

$$EM_i = E_m + k(Pr) + k(Lr)$$

(Ecuación 8.6)

Los costes de energía para mantenimiento están relacionados de forma invariable con la masa corporal del animal vivo. Esto es lógico porque los costes de mantenimiento incluyen el trabajo realizado para el movimiento (sobre el 20%), la actividad cardiaca y pulmonar, y todos los procesos vitales de intercambio y restauración de los tejidos. No obstante, la relación es de tal naturaleza que por unidad de masa un animal más ligero tendrá unas necesidades mayores que un animal más pesado, posiblemente como consecuencia de la relación cambiante entre superficie corporal y peso corporal; así suele usarse un exponente menor que 1 (con frecuencia entre 0,6 y 0,8). Por ejemplo:

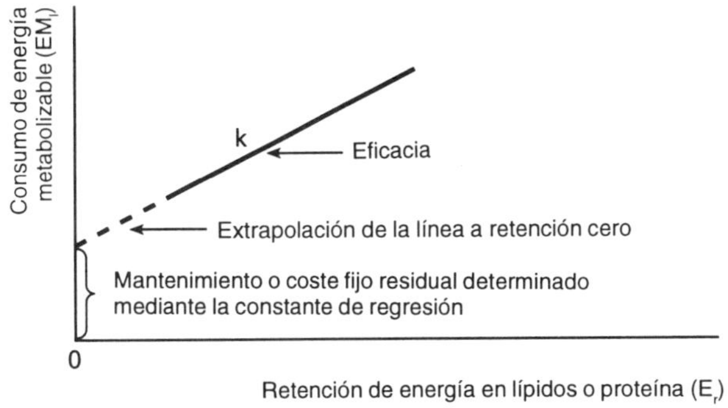

Figura 8.3 Determinación de las necesidades de «mantenimiento» mediante la regresión de EM_i sobre E_r.

$$E_m \text{ (MJ/día)} = 0{,}440 \text{ LW}^{0,75}$$

(Ecuación 8.7)

siendo LW el peso vivo.

La cantidad de calor perdida por el organismo es influenciada también por los propios procesos digestivos; es decir, el trabajo realizado para obtener la energía metabolizable a partir de la energía bruta de la dieta. El calor de digestión (E_h^2) es el resultado de los costes de energía para masticación, impulso del alimento a través del tracto digestivo, pérdidas de calor derivadas de la digestión enzimática y también de la fermentación microbiana; E_h^2 suele suponer aproximadamente el 5% de la EB total y, por supuesto, depende mucho del tipo de alimento. Cuanto más compleja y exigente resulte la digestión de un determinado nutriente, mayor será la cantidad de energía perdida para poder disponer de la misma. Por ejemplo, azúcares y lípidos simples requieren mucha menos energía para su digestión que las proteínas y los carbohidratos con estructuras complejas. Sin embargo, la influencia del tipo de alimento sobre la pérdida de calor no queda en esto. El calor del trabajo tiende a ser descrito mediante valores simples bien para la deposición de proteína o de grasa. Así, son precisos 31 MJ de trabajo por cada kg de proteína depositada (k_{Pr} = 0,44), y 14 MJ por cada kg de lípidos depositado (k_{Lr}) = 0,75). No obstante, esto no puede considerarse como real porque la eficacia de la deposición de energía en forma de grasa usando una grasa adecuada incluida en una dieta como sustrato es mucho mayor que si el sustrato para la deposición de lípidos corporales consiste en carbohidratos o proteína de la dieta (la eficacia es aproximadamente de 0,90, 0,80 y 0,70 respectivamente). El trabajo real asociado con el crecimiento de la grasa cuando se realiza mediante la incorporación directa de una grasa adecuada de la dieta es más probable que sea 5 MJ aproximadamente (no 14) por kg.

El organismo de un cerdo en crecimiento agradece recibir azúcares y lípidos simples como fuentes de energía metabolizable, y puede utilizarlos sin grandes pérdidas de energía en forma de calor, las eficacias de su empleo para fines de trabajo metabólico son aproximadamente de 0,85 para los azúcares y de 0,75 para los lípidos. Sin embargo, las proteínas y los ácidos grasos volátiles absorbidos (estos últimos procedentes de la digestión de la fibra) imponen unos costes mayores para su metabolismo (las eficacias en este caso son aproximadamente de 0,65 y 0,50). La obtención de energía mediante la desaminación de la proteína requiere un gasto considerable de energía en forma de trabajo (unos 5 MJ/kg de proteína desaminada), y se producen otras pérdidas de energía en la orina como consecuencia de la desaminación y la formación de urea (unos 7 MJ/kg de proteína desaminada). Así de los 24 MJ/kg brutos en la proteína absorbida, solamente unos12 MJ quedan realmente disponibles para usarlos como energía. Las pérdidas de calor que se producen para la obtención de una determinada cantidad de energía disponible son, en consecuencia, mucho mayores cuando se trata de un alimento cuya energía consiste principalmente en carbohidratos fibrosos y proteína, que en el caso de un alimento cuya energía se encuentra principalmente en forma de almidones, azúcares y (especialmente) lípidos simples. La fracción de carbohidratos del trigo, por ejemplo, consiste aproximadamente en el 85% de almidón y el 13% de polisacáridos que no son almidón; los valores respectivos para el salvado de trigo son 32% y 59%. La harina de altramuces tiene una cantidad despreciable de almidón, ya que más del 80% de los carbohidratos son polisacáridos distintos del almidón. Las diferencias en los valores energéticos efectivos de estos tres alimentos solamente resultarían evidentes mediante un estudio de la economía energética total de los cerdos alimentados con los mismos.

Posibilidades de generalización

Teniendo en cuanta que las pérdidas de energía con la orina en forma de compuestos nitrogenados (urea) suponen normalmente el 3% de la energía digestible, y las pérdidas en forma de gases sobre el 1%, la EM será aproximadamente 0,96 de la ED. Las elevadas tasas de intercambio tisular y los mayores consumos de proteína, que suelen ser frecuentes en la actualidad, determinarán que las pérdidas previstas con la orina sean un 4% aproximadamente (en lugar del 3%) de la ED; y superiores si la proteína no se encuentra bien equilibrada, o si es consumida en cantidades excesivas. Las dietas ricas en fibra, al ser degradadas por acción microbiana en el intestino grueso, estimularán las pérdidas gaseosas. Resulta infrecuente, no obstante, que la EM de las dietas porcinas difiera mucho del 0,95 de la ED, y como pocas veces son determinadas las pérdidas gaseosas, 0,96 es el valor estándar usado comúnmente.

La transformación de la EM en cantidades absolutas de energía neta (EN) disponible para mantenimiento y producción es más dificil de realizar que con la simple aplicación de un multiplicador acordado. La eficacia de la transformación de EM en EN depende de la actividad metabólica del animal; por ejemplo, del cociente entre mantenimiento y crecimiento, y del cociente entre la deposición de lípidos y de proteína en el crecimiento. Esta es la razón por la que con frecuencia la EN se determina como «EN para engrasamiento», y se calcula en animales adultos cuya deposición de producto es simplemente de lípidos. Las eficacias del empleo de la EM para engrasamiento son del orden de 0,75 para el almidón, 0,90 para el aceite y 0,65 para la proteína. La parte de proteína bruta de la dieta no utilizada para la deposición de tejido magro, sino más bien para la obtención de energía para trabajo, incurre en un elevado coste de trabajo para su desaminación, por lo que el rendimiento de EN es solamente sobre la mitad de la EM aparentemente disponible. Por otra parte, la transformación directa de los lípidos de la dieta en tejido puede determinar que el rendimiento de la energía neta se aproxime al 100% de la energía metabolizable. El rendimiento en energía neta de la EM de los carbohidratos es sumamente variable, la eficacia de la transformación varía de 0,5 a 0,75, dependiendo principalmente de las proporciones entre carbohidratos fibrosos y almidones. Esto es consecuencia de la enorme diferencia en la eficacia de la utilización entre ácidos grasos volátiles y glucosa para la obtención de energía para trabajo. De forma global, la EN de una dieta porcina convencional consumida por un cerdo convencional en crecimiento es aproximadamente 0,65 de la EM. Sin embargo, existe sufiente variación en el valor por la que cualquier generalización de este factor tiene un valor limitado.

Clasificación energética de los alimentos para los cerdos

La expresión del valor energético de un alimento mediante la determinación de la energía digestible (ED) constituye el procedimiento más simple ya que no tiene en cuenta la eficacia de la utilización de la energía absorbida, sino solamente la diferencia entre la EB ingerida (EB_i) y la EB excretada por el organismo con las heces (EB_f). Así, la determinación de la ED no puede proporcionar un cuadro totalmente exacto del valor energético percibido por el animal. Especialmente, la ED no tiene en cuenta las pérdidas de energía dependientes del alimento que pueden producirse con la orina y los gases. Además, la ED no registra las diferencias en los calores de digestión de los distintos alimentos. Por último, la ED no tiene presentes las importantes diferencias entre las eficacias en la utilización de azúcares, aminoácidos y ácidos grasos volátiles digeridos como generadores de energía.

La determinación de la ED proporciona, sin embargo, una visión clara del nivel de la energía aparentemente digerida de un alimento, y lo realiza con independencia de los efectos del animal. En consecuencia, resulta realista el empleo de la ED como descripción del valor energético de un alimento en un margen de circunstancias y tiempos diferentes. Por ejemplo, la ED de una dieta, en contraste con la EM, no se ve confundida por la cantidad y calidad del aporte de proteína dietética en relación con la capacidad del cerdo para depositar productos en forma de tejido magro o proteína de la leche.

También puede aceptarse con facilidad, según las secciones anteriores, que la energía neta (EN) es influenciada en gran medida por las actividades del propio animal, por lo que un valor simple de la EN no puede ser asignado de forma exacta o correcta a un alimento.

La determinación del valor energético de los alimentos mediante la medición de la ED (en lugar de la EB, EM o EN) se ha encontrado que resulta bastante útil porque se calcula con facilidad usando técnicas experimentales simples (en contraste con el empleo del calorímetro en el animal vivo), y además tiende a mantener unas relaciones bastante constantes con el rendimiento alcanzado por el animal. Este último depende en buena medida de las dietas destinadas a los cerdos que generalmente contienen un margen conservador y limitado de ingredientes, por lo que los coeficientes que relacionan la ED con la EM, y la EM con la EN son relativamente estables. Aunque estas relaciones son distintas para cerdos con distintas situaciones fisiológicas, y no diferirán con un margen más liberal de ingredientes en la dieta. La digestibilidad y el empleo de carbohidratos complejos presentan diferencias entre cerdos jóvenes y adultos, cuando el almidón es reemplazado por polisacáridos fibrosos que no son almidón, en cuyo caso los valores correspondientes a la ED son un 10% superiores para las cerdas.

La principal limitación práctica de la ED depende realmente de su incapacidad para hacer frente a las consecuencias de niveles elevados de lípidos dietéticos de gran calidad por una parte (cuyo valor es infravalorado para la deposición directa de lípidos). El efecto anterior puede limitarse en cerdos de tipo moderno que no se engrasan con rapidez durante el crecimiento, aunque puede esperarse que resulte importante en la cerda lactante cuya leche contiene un 8% de lípidos. Este último efecto más claro requiere cierta acomodación si el nivel de fibra bruta de la dieta es superior al 6%, hecho que puede suceder cuando los cerdos son alimentados con dietas basadas en subproductos o en forrajes. La digestibilidad aparente se relaciona simplemente con la desaparición, sin indicar nada sobre la naturaleza del producto final que desaparece ni sobre su utilidad. Así, serán asignados erróneamente valores similares para la ED de la energía de azúcares simples que desaparecen del ileon en forma de glucosa que para la energía derivada de carbohidratos complejos que abandonan el ciego en forma de ácidos grasos volátiles, o incluso que escapan por el ano como metano gaseoso. Al cambiar el lugar donde son digeridos los componentes de la dieta del intestino delgado al intestino grueso se reducirá la relación entre la ED de la dieta y la respuesta del animal. Investigadores del Rowett Research Institute de Escocia han propuesto el empleo de factores correctores para alimentos fibrosos, voluminosos o indigeribles. Esta corrección se basa en la proporción de la energía que desaparece del intestino grueso, en lugar de hacerlo en el intestino delgado. Así, cuando 15 MJ de sustancia seca (SS) procedentes de cebada y de gramíneas son digeridos en el intestino, el valor de la ED asignado a las gramíneas es 3 MJ menos que para la cebada con solamente 11 MJ, porque casi la mitad de la energía digerida es absorbida en el intestino grueso mientras que el valor equivalente para la cebada es inferior a una quinta parte. Se incluye una tabla con algunas correcciones sugeridas (Tabla 8.2).

Tabla 8.2 ED (MJ/kg de SS) y ED corregida para compensar la utilización reducida de la energía procedente de alimentos digeridos en intestino grueso (Rowett Research Institute).

	EB	*ED*	*Proporción de ED derivada de la digestión microbiana en intestino grueso*	*ED (corregida)*	*ED/ED_c*
Cebada	18,6	14,9	0,16	13,8	0,93
Patata cocida	17,0	15,5	0,23	14,1	0,91
Patata cruda	17,0	13,8	0,48	10,8	0,78
Forraje de remolacha	15,5	13,2	0,21	11,4	0,86
Col cruda	18,0	11,9	0,33	10,1	0,85
Hierba joven	21,2	14,8	0,40	10,9	0,74

Estos hechos no se imputarán de forma indebido, sin embargo, a la utilización de la energía digestible (ED), que sigue siendo el procedimiento más eficaz para clasificar los ingredientes individuales de los alimentos, y los piensos compuestos de forma que pueda predecirse el rendimiento de los cerdos, realizar la valoración monetaria de las dietas y de sus ingredientes, efectuar la incorporación correcta de ingredientes a las dietas mixtas en niveles correctos para obtener un pienso equilibrado y distribuir las cantidades convenientes de piensos compuestos a los cerdos en forma de asignación dietética total.

Aunque la ED es el valor elegido para la *descripción del pienso*, resulta evidente que cuando se determina la utilización final de la energía por el animal, y se predice su rendimiento, solamente la EN aporta el valor final y definitivo del balance energético. La EN depende de la naturaleza y actividades tanto del animal como de su medio ambiente, así como de las características intrínsecas del alimento para proporcionar energía. El cálculo del rendimiento de EN a partir de la ED suministrada no puede lograrse de forma satisfactoria mediante la aplicación de una serie de factores de conversión fijos o semifijos. La única via efectiva para la determinación de la EN es mediante la estimación dinámica de la utilización del nutriente a través de un modelo de simulación para predecir el flujo del nutriente y la respuesta productiva en el seno del organismo animal. Tales modelos serán estudiados con detenimiento en el Capítulo 19. Aunque el primer requisito para cualquier modelo es una descripción completa (y razonable) del contenido energético del alimento que se aplicará a diversas condiciones y distintos cerdos. Esto se consigue mediante la determinación de la ED.

Determinación de la energía digestible mediante estudios en el animal vivo

La determinación de la ED se realiza suministrando una cantidad medida del alimento sometido a estudio a un cerdo, enjaulado de forma que las heces puedan ser separadas de la orina, que serán recogidas de forma cuantitativa, y se evitarán las pérdidas de energía tras ser excretadas (Figura 8.4).

La recogida de muestras puede efectuarse con la ayuda de un marcador, la concentración del marcador permite determinar la proporción sobre el conjunto representada por la muestra. Los marcadores presentan sus propios problemas; la indigestibilidad por sí misma no asegura con exactitud la debida excreción proporcional, entre otras cosas, para establecer tasas diferenciales de flujo. En cualquier caso, el mantenimiento del animal enjaulado no constituye un problema particular, y la recogida de la totalidad de las heces durante una semana aproximadamente no supone un hecho particularmente arduo ni para el cerdo ni para el científico. Resulta esencial, por supuesto, la adaptación de forma adecuada al producto que reciben (la adaptación puede durar de 3 días a más de 3 semanas) y que la recogida sea suficientemente prolongada para evitar los problemas de los efectos finales. En Edimburgo, suele utilizarse un periodo continuado de 10 días para la recogida total de heces en medio ácido. (En el caso de investigaciones específicas sobre la digestibilidad de la fibra o de los lípidos, que

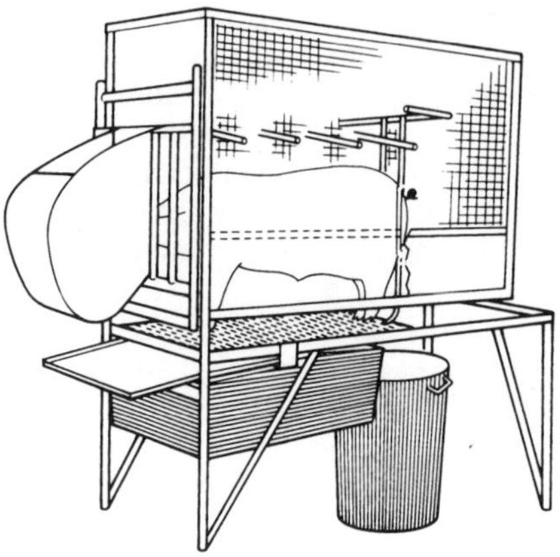

Figura 8.4 Cámara de metabolismo para estudios de balance. Las heces caen en el cubo y la orina en la caja. Cada recipiente contiene ácido diluido. El comedero reduce la pérdida de pienso aunque aparece también una bandeja debajo. El suelo de la cámara sobre el que permanece el cerdo es de tela metálica. La cámara sirve para cerdos de 20 a 100 kg y de sexo masculino (según WHITTEMORE, C.T. y ELSLEY F.W.H. (1976) *Practical pig nutrition*, Farming Press, Ipswich).

pueden descomponerse en el medio ácido, el material se recoge diariamente en fresco y se congela).

Suele seleccionarse un nivel medio de consumo. Un nivel demasiado bajo provocará una infravaloración de la digestibilidad debido a las pérdidas fecales endógenas, aunque este efecto es pequeño si el nivel de consumo corresponde o es superior al de mantenimiento. Suele elegirse un nivel que corresponde a 1,5-2,0 veces el de mantenimiento, cantidad que puede esperarse sea consumida con facilidad.

Niveles altos de consumo (al menos más de tres veces el correspondiente al mantenimiento) –una consideración importante en las pruebas de balance en rumiantes en los que la velocidad de paso de la digesta puede afectar significativamente a la digestibilidad– no parecen influir mucho sobre la digestibillidad al valorar la energía en cerdos sometidos a crecimiento. No obstante, aunque esto último puede haber sido estudiado exhaustivamente y haber sido perfectamente demostrado con cerdos jóvenes que reciben dietas concentradas, el hecho no ha sido totalmente investigado en cerdos adultos, ni en cerdos que reciben dietas ricas en forraje o en cerdos que consumen dietas con poca sustancia seca (SS) o basadas en subproductos líquidos.

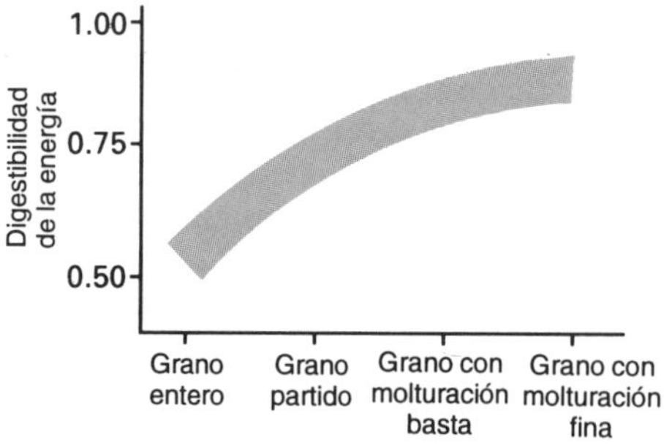

Figura 8.5 Influencia del tamaño de las partículas sobre la digestibilidad de la energía.

Tabla 8.3 Ejemplo de balance de la energía para la determinación de la energía digestible (ED).

Consumo (kg/día)	= 1,5 kg de pienso fresco con 0,870/kg de sustancia seca (SS)	= 1,305 kg de SS
Energía bruta del pienso	= 17,65 MMJ/kg de SS; EB_i	= 23,03 MJ
Heces (más conservante diluido)	= 1,179 kg de heces con 0,212 SS/kg	= 0,250 kg de SS
Energía bruta de las heces	= 15,56 MJ/kg de SS; EB_f	= 3,889 MJ
$(EB_i - EB_f)/EB_i$	= 0,831	
Valor de la ED del pienso	= 0,831 (17,65) o	= 14,67 MJ de ED por kg SS = 12,76 MJ de ED/kg de pienso fresco

Como el tamaño de las partículas ejerce un cierto efecto sobre la digestibilidad, probablemente por un mecanismo simple derivado de la superficie expuesta al ataque enzimático, resulta esencial que se alcance un nivel adecuado, aunque no excesivo, en la división del alimento (Figura 8.5).

Para un cerdo enjaulado de 40-50 kg, puede ser apropiada una cantidad diaria de 1.500 gramos de pienso en dos tomas separadas. Las determinaciones de EB se efectúan tanto sobre el material ingerido (i) como fecal (f). Cuando la EB_i son los MJ de EB ingeridos diariamente, y la EB_f es la excreción fecal diaria, entonces $(EB_i - EB_f)/EB_i$ constituye el coeficiente de digestibilidad que, cuando se utiliza con la concentración de EB del material ingerido, proporciona los MJ de ED por kg de dieta (húmeda o seca) en cuestión (ver Tabla 8.3).

La exactitud de la determinación puede aumentar repitiendo el tratamiento cuatro veces o más y/o suministrando tres niveles o más. Esto último proporcionará además una comprobación adicional frente al efecto de un nivel de consumo de pienso (Figura 8.6).

Cuando se determina la digestibilidad de la energía de un ingrediente de la dieta, aparecen complicaciones adicionales en proporción inversa al nivel previsto normalmente de inclusión del ingrediente en una dieta equilibrada. La ED de un cereal con un nivel razonable de proteína podría ser determinada mediante el

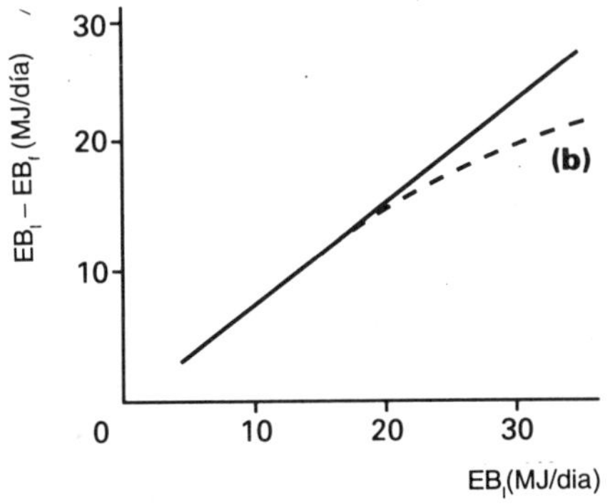

Figura 8.6 Cálculo de la digestibilidad usando tres niveles de consumo. Un efecto negativo del consumo sobre la digestibilidad se apreciaría por una línea curvada **(b).** La pendiente proporciona el coeficiente de digestibilidad (Y/X = 0,80). El término constante sería igual o próximo a cero.

consumo de este material únicamente, o con un pequeño suplemento de minerales y vitaminas. Sin embargo, resulta inconcebible que se alcance una normalidad fisiológica alimentando únicamente al cerdo con harina de pescado o con salvado de arroz –y mucho menos con aceite de soja o sebo–. Generalmente, la energía digestible de los ingredientes individuales del alimento se determina en el ambiente de una dieta que incluye otros ingredientes. El procedimiento en este caso consiste en preparar una harina equilibradora para el ingrediente sometido a comprobación. En una primera fase se determina la ED de la harina equilibradora, y en una segunda fase la ED de la harina equilibradora más el ingrediente a comprobar. La diferencia entre estas dos determinaciones aporta la contribución del ingrediente estudiado. Supongamos que la EB del ingrediente (T) a comprobar por kg de sustancia seca (SS) es de 22,0 MJ/kg de SS, y que la EB del equilibrador base (B) es de 18 MJ/kg de SS. En primer lugar se suministran 2 kg de SS de B, que aportan 36 MJ de EB por día. De éstos, se recuperan diariamente con las heces 7,2 MJ de EB. A continuación, se suministran 0,5 kg de SS de T, además de los 2 kg de B. Esto supone un consumo de 47 MJ de EB con la dieta total (36 de B + 11 de T). De éstos, se recuperan diariamente con las heces 8,3 MJ de EB. Como de B se recuperaron 7,2 MJ, entonces las energía recuperada de T son (8,3 – 7,2) = 1,1 MJ. Ahora puede llegarse a la conclusión de que, como se suministraron 11 MJ de T, la digestibilidad de T es $(EB_i - EB_f)/EB_i$; $(11 - 1,1)/11 = 0,90$. En consecuencia, la ED de T es $(0,90 \times 22,0) = 19,8$ MJ/kg de SS.

Cuando el ingrediente a comprobar se añade a la harina base, en lugar de hacerlo en la segunda fase de la prueba, entonces el cálculo debe tener en cuenta, por supuesto, las contribuciones relativas del equilibrador base y del ingrediente sometido a comprobación para la dieta final; teniendo en cuenta que lo importante no es la contribución proporcional a la sustancia seca, sino la contribución proporcional a la energía bruta:

$$x(ED_T) + y(ED_B) = ED_D$$

(Ecuación 8.8)

Supongamos que la EB del ingrediente sometido a estudio (T) se determina en 24,0 MJ/kg de SS y que la EB del equilibrador base (B) en 18,0 MJ/kg de SS, y que los dos materiales se mezclan de forma que sus contribuciones proporcionales a la SS son de 0,33 y 0,67: la EB de la dieta mezclada (D) es 7,92 + 12,06 = 19,98. De esta cantidad, 0,396 procede del ingrediente a comprobar y 0,604 del equilibrador base. En la primera fase, se suministran diariamente 36 MJ de EB de B y se recuperan con las heces 7,2 MJ de EB. $(EB_i - EB_f)/EB_f = 0,80$; el coeficiente de digestibilidad ED_B). En la segunda fase, se suministran diariamente 40 MJ de EB de la dieta mixta y se recuperan con las heces 6 MJ de EB. $(EB_i - EB_f)/EB_f = 0,85$; el coeficiente de digestibilidad (ED_D). Siendo x = 0,396 e y = 0,604; $ED_B = 0,80$ y $ED_D = 0,85$; y desconocida ED_T; entonces en la ecuación anterior encontramos la solución:

$$0,396(ED_T) = 0,85 - 0,604(0,80)$$

(Ecuación 8.9)

$$ED_T = 0,926$$

(Ecuación 8.10)

La digestibilidad del ingrediente sometido a estudio es, por consiguiente, igual a 0,93 y el valor de su ED es (0,93 × 24,0) = 22,2 MJ de ED por kg de SS.

Este método –el método de diferencia– es claramente más propenso a error dada la menor proporción de EB aportada por el ingrediente sometido a estudio. Además, un error pequeño en la determinación de la digestibilidad del equilibrador, o de la dieta mixta, puede ejercer un efecto importante sobre el resultado del ingrediente estudiado. Así, por ejemplo, si el coeficiente para la ED_D ha sido infravalorado simplemente en un 2%, entonces la ED_T sería 0,88 y el valor correspondiente a la ED del ingrediente estudiado se infravaloraría globalmente en el 5%. Por último, resulta clara la aditividad entre el equilibrador base y el ingrediente estudiado.

Resulta difícil interpretar una respuesta cuando la inclusión del ingrediente sometido a estudio se ha realizado simultáneamente con, y a expensas de, la retirada de una cantidad equivalente del equilibrador base. Así se estudian dos hechos y no tan sólo uno. Esto adquiere una importancia especial si el tipo de energía presente en el equilibrador (por ej., almidón) se sospecha que es fisiológicamente diferente del tipo de energía del ingrediente estudiado (por ej., proteína), o si se estudia un componente químico de la fracción energética, como podría ser el caso del estudio de la digestibilidad de fibra neutro-detergente (NDF).

Estos problemas pueden reducirse mucho mediante el procedimiento utilizado durante muchos años en Edimburgo. A un nivel único de dieta base se añaden niveles progresivos del ingrediente a comprobar. En una experiencia, a 1 kg del equilibrador base (B) suministrado diariamente se añadieron 0, 0,2, 0,4 y 0,6 kg del ingrediente a estudiar (T_1), y posteriormente 0, 0,2, 0,4 y 0,6 kg de un segundo ingrediente sometido a estudio (T_2). Con cada nivel se usaron tres animales. Los resultados obtenidos aparecen en la Figura 8.7. La pendiente de la línea indica el valor de la ED del ingrediente añadido sometido a estudio (T), y la constante indica el valor de la ED de la dieta base (B). Los valores similares para B en ambos procedimientos experimentales correspondientes a T_1 y T_2 ponen de manifiesto la exactitud de dicho valor con distintas combinaciones dietéticas, y la au-

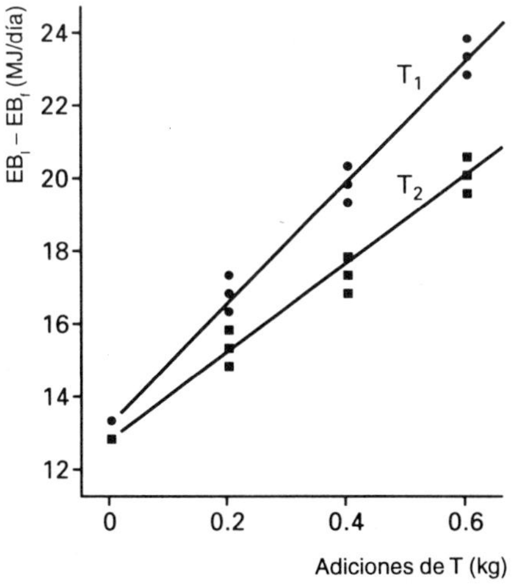

Figura 8.7 Determinación de la energía digestible (ED) correspondiente a T ingredientes sometidos a estudio mediante regresión. Para T_1: Y = 13,1 + 16,5X (●). Para T_2: Y = 12,9 + 11,8X (■). Cuando es suministrado 1 kg del equilibrador basal (B), ED_B = 13,0 MJ/kg, ED_{T1}= 16,5 MJ/kg y ED_{T2} = 11,8 MJ/kg.

sencia de una línea curva demuestra la aditividad. El uso de la pendiente de regresión en lugar de un cálculo mediante simple diferencia proporciona una mayor exactitud a la determinación del valor de la ED de T.

Determinación de la energía digestible a partir de la composición química

Las pruebas de digestibilidad realizadas con animales vivos correspondientes a la mayoría de los ingredientes comunes es posible que proporcionen valores de la ED puestos al día; y la valoración de los piensos puede usarse rutinariamente para dichos fines. No es factible, sin embargo, realizar pruebas con animales vivos con partidas individuales de alimentos importados, que pueden presentar diferencias importantes de unos a otros. Los cereales comunes y los residuos ricos en proteína procedentes de la extracción de aceite suelen presentar variaciones en sus contenidos de fibra, lípidos y proteína, con el consiguiente efecto sobre la ED.

El problema de los piensos compuestos presenta igualmente una necesidad de solución, ya que con frecuencia cambian las especificaciones de los nutrientes y las composiciones de los ingredientes, alterando así el valor final de la ED.

También sucede que la valoración de los alimentos con animales vivos se realiza únicamente en centros de investigación, departamentos de universidades y en algunas instalaciones de investigación de empresas importantes dedicadas a la fabricación de piensos compuestos. Otras muchas organizaciones sin medios para estudiar el metabolismo de los animales vivos no se interesan en la vigilancia del contenido energético de los alimentos destinados a los cerdos ni de los ingredientes que consumen estos animales. Entre los mismos se encuentran los productores de cerdos, las empresas agrícolas, las fábricas de piensos compuestos y los compradores e importadores de piensos.

Para la vigilancia permanente del contenido nutritivo de los ingredientes individuales del pienso y de los piensos compuestos destinados a los cerdos, resultaría beneficioso un esquema basado en un análisis químico simple realizado en el laboratorio. Con este fin se ha intentado durante muchos años elaborar ecuaciones para predecir la ED mediante análisis químicos.

Las determinaciones de la ED en el animal vivo, junto con el análisis de los componentes químicos, aportan múltiples análisis de regresión para relacionar la ED con la composición química. La regresión es un procedimiento particularmente efectivo para establecer un modelo matemático tan exacto como las posibles relaciones encontradas con cualquier conjunto particular de datos. Sin embargo, la regresión por sí misma no supone una predicción efectiva. Si la regresión se utiliza para la predicción futura, en lugar de para la descripción histórica, entonces la exactitud se ve muy favorecida si las variables de la ecuación son por sí mismas las fuerzas causales de la variación en el parámetro a predecir. Además, los coeficientes y las constantes deberán tener lógica e importancia biológica. Si no se consiguen estos requisitos, una ecuación de regresión tiene el peligro de proporcionar predicciones erróneas, con independencia de la exactitud numérica con

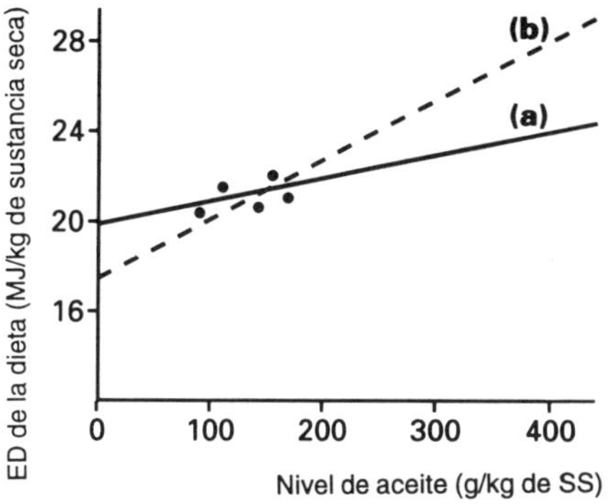

Figura 8.8 Elección de la línea de regresión para la predicción exacta de la ED de aceite tipo comestible: **(a)** pendiente = 0,0100; k = 20,0; **(b)** pendiente = 0,0215; k = 17,5.

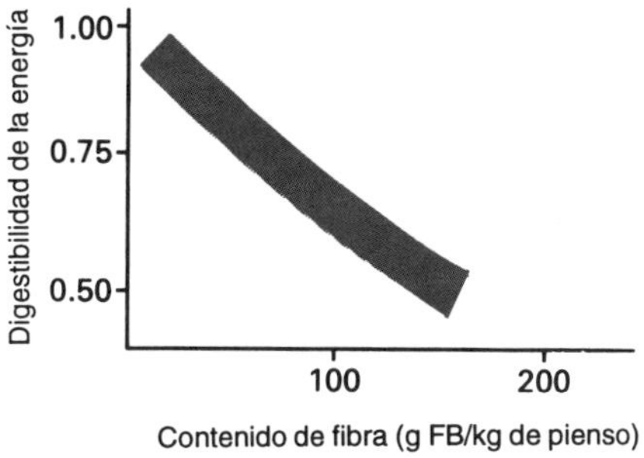

Figura 8.9 Influencia del contenido de fibra sobre la digestibilidad de la energía.

que describe el conjunto de datos a partir de los que se construye. Los errores son más probables cuando se requiere que la predicción guarde relación con conjunto superior a los datos originales, o con combinaciones diferentes de ingredientes.

La regresión del conjunto de datos de la Figura 8.8 puede proporcionar, por ejemplo, una línea de mejor adaptación (a) con un término constante de aproximadamente 20 y una pendiente de 0,010, indicando que cada gramo adicional de aceite aumenta la ED en 0,010MJ. Dicha línea establece que: (i) el valor de la ED del aceite es 30 aproximadamente y (ii) que las dietas sin aceite tendrán una ED de unos 20. Estas propuestas deben ser contrastadas con el sentido común ya que (i) la ED de una dieta sin aceite se aproximará al valor previsto de la ED de los restantes componentes (fibra, almidón y proteína), y (ii) que el aceite es sumamente digestible para el cerdo y el valor de su ED no sería muy diferente de la EB. Estas últimas ideas estarán mucho más de acuerdo con una línea (b) de pendiente igual a 0,022 y un término constante de 17,5.

Las principales fuerzas que originan variación en la concentración de ED en la SS de los alimentos pueden ser atribuidas a: una contribución negativa determinada por la presencia de fibra (Figura 8.9); a una contribución positiva por la presencia de aceite; ausencia de contribución por la presencia de carbohidratos (almidón que contribuye principalmente a un contenido medio de ED en la dieta, en lugar de originar desviaciones de la media) y a un ligero efecto positivo de la proteína. Las variables activas en ecuaciones de regresión útiles deberán mantener cierta relación con los supuestos anteriores.

Las expectativas de la forma de una ecuación eficaz pueden ser las siguientes:

1 Un término constante próximo a cero si en la ecuación se incluye la energía bruta o carbohidratos.
2 Un término constante próximo al contenido medio en ED de la dieta si en la ecuación no se incluyen carbohidratos ni energía bruta.
3 La grasa y la fibra ejercerán efectos importantes en la ecuación, con una contribución menor de la proteína (y cenizas).

4 Los coeficientes guardarán cierta relación con el conjunto lógico incluido en la Tabla 8.4.

Puede asegurarse, en consecuencia, que las ecuaciones para la predicción de la ED pueden aproximarse a los ejemplos presentados en la Tabla 8.5. El examen de las publicaciones realizadas por centros de investigación aporta diversas ecuaciones publicadas que relacionan la ED con la composición química. En la Tabla 8.6 se incluyen algunos ejemplos. La primera ecuación presenta un multiplicador negativo para la fibra bruta que resulta mayor de lo que cabría esperar. Esto sugiere que la fibra bruta no abarca a todos los componentes fibrosos indigestibles con actividad negativa en la dieta, o que la presencia de fibra bruta reduce la digestibilidad de otros componentes de la dieta. El término constante de

Tabla 8.4 Contribución prevista de los componentes químicos para la concentración de ED de la dieta.

Componente químico	*EB (MJ/kg) aproximada*	*Digestibilidad supuesta*	*Contribución de 1 g (MJ de ED por kg de SS)*
Almidón	17,5	0,8-1,0	0,016
Aceite	39,0	0,8-1,0	0,035
Proteína	24,0	0,7-0,9	0,019
Fibra	17,5	0-0,1	0,001

Tabla 8.5 Formas postuladas de ecuaciones para predecir la ED a partir de los componentes químicos.

1.	ED (MJ/kg de SS)	=	0,016 almidón (g/kg) + 0,035 aceite (g/kg) + 0,019 proteína (g/kg) + 0,001 fibra (g/kg)
2.	ED (MJ/kg de SS)	=	17,0[1] + 0,018 aceite[2] (g/kg) + 0,002 proteína (g/kg) – 0,016 fibra[3] (g/kg) – 0,001 almidón (g/kg)

[1] 70% de almidón, 20% de proteína, 5% de aceite, 5% de fibra. Este término puede expresarse también usando la EB (MJ/kg) multiplicada por el coeficiente previsto de digestibilidad global para la EB, por ejemplo, 0,84 EB.
[2] Retirada de 1 g de ED media y sustitución por 1 g de ED de aceite: – 0,017 + 0,035 = 0,018.
[3] Retirada de 1 g de ED media y sustitución por 1 g de ED de fibra: – 0,017 + 0,001 = – 0,016.

Tabla 8.6 Tres ejemplos de ecuaciones de predicción sacadas de publicaciones (todos los elementos por kg de SS).

1.	ED (MJ/kg SS)	=	16,0 – 0,045 FB(g) + 0,025 EE(g)
2.	ED (MJ/kg SS)	=	– 4,4 + 1,1 EB (MJ) – 0,024 FB(g)
3.	ED (MJ/kg SS)	=	– 21,2 + 0,048 PB(g) + 0,047 EE(g) + 0,038 ELN(g)

FB = fibra bruta; EE = extractos etéreos; PB = proteína bruta; ELN = extractos libres de nitrógeno.

está ecuación resulta también un poco bajo, indicando que una dieta sin extracto etéreo y sin fibra bruta (es decir, confeccionada con carbohidratos y proteína) tiene un valor de ED correspondiente a 16,0 MJ/kg de sustancia seca (SS). La segunda ecuación agradaría a los flogistónicos ya que parece ser que, tras la digestión, se libera más EB de la que fue ingerida. Esto es corregido posteriormente mediante un término constante negativo. La tercera ecuación proporciona, por casualidad, una descripción notablemente exacta del conjunto de datos, aunque presenta unos multiplicadores inesperadamente altos para proteína bruta, extracto etéreo y «almidón» (valorado como extracto libre de nitrógeno – ELN). La fibra se encuentra ausente en esta ecuación, aunque se incluye de forma implícita por el ELN. Estas cuestiones se resuelven en términos estadísticos mediante una constante negativa ponderada.

Funciones de la fibra y de la grasa

Durante los años ochenta se realizaron en Edimburgo una serie de investigaciones para cuantificar experimentalmente las funciones exactas de la fibra y de la grasa en cuanto se refiere a su influencia sobre la digestibilidad de los alimentos.

Actuando sobre la afirmación de que la fibra es el componente más importante que reduce la digestibilidad de la dieta, se examinó la relación entre el contenido de fibra determinado mediante análisis químico y la digestibilidad en el animal vivo usando tres tipos diferentes de fibra. Estos correspondian a los encontrados en pienso de avena, salvado de arroz y pulpa de remolacha. El pienso de avena contiene unos 250 gramos de fibra bruta por kg de sustancia seca, el salvado de arroz unos 160 gramos, y la pulpa de remolacha azucarera unos 190 gramos. El equilibrador base usado fue trigo/soja, y a 1 kg/día del mismo se añadieron niveles graduales de los materiales sometidos a comprobación. Mediante el método de regresión preparando un gráfico en el que se relaciona en consumo de ED (EB_i – EB_f) con el nivel de incorporación del material estudiado (X, kg), se obtuvieron las ecuaciones siguientes:

$$EB_i - EB_f \text{ (pienso de avena)} = 13{,}53 + 8{,}56X$$

(Ecuación 8.11)

$$EB_i - EB_f \text{ (salvado de arroz)} = 13{,}76 + 10{,}25X$$

(Ecuación 8.12)

$$EB_i - EB_f \text{ (pulpa de remolacha)} = 13{,}86 + 11{,}16X$$

(Ecuación 8.13)

Las regresiones indican que la ED del equilibrador base no es relativamente afectada por el origen de la fibra añadida aunque el valor de la ED correspondiente a los tres materiales (MJ de ED por kg, según se administraron) fue 8,56, 10,25 y 11,16 respectivamente.

La fibra bruta (FB) es un término usado para describir un procedimiento analítico y tiene poco significado en términos de elementos vegetales estructurales. Los métodos de Van Soest intentan establecer diferencias entre las diversas fracciones de la fibra en un análisis secuencial. La lignina es el material fibroso más complejo, seguida por la celulosa y la hemicelulosa. La lignina es un polímero polifenólico totalmente indigestible. Aparece asociada con los carbohidratos estructurales celulosa y hemicelulosa. La celulosa es un glucano, similar al almidón, aunque con enlaces beta, y en consecuencia digestible solamente por acción de microorganismos. La hemicelulosa, no lignificada, se supuso que era más digestible, al estar constituida por pectinas y resinas derivadas de xilanos y mananos. Tanto la celulosa como la hemicelulosa pueden experimentar diversos grados de lignificación. Existe acuerdo en que el polisacárido lignificado resulta indigestible para las enzimas digestivas del intestino delgado del cerdo, y también indigestible para todas las restantes enzimas, incluso las de origen bacteriano encontradas en intestino grueso y ciego. Puede suponerse que la celulosa es indigestible en el intestino delgado, aunque potencialmente digestible tras el íleon. Existen argumentos contrapuestos sobre el potencial y el lugar en que puede ser digerida la hemicelulosa. Aunque la opinión actual se inclina en favor de que la hemicelulosa puede ser, de hecho, bastante menos digestible que la celulosa, al ser resistente a la degradación en intestino grueso y ciego. En la serie analítica, la extracción neutro detergente separa el contenido celular representado por lípidos, azúcares, almidones y proteína, dejando la fibra neutro detergente (NDF) constituida por hemicelulosas, celulosas, ligninas y cenizas que forman la membrana celular. La extracción ácido detergente de este residuo separa la hemicelulosa de la fibra ácido detergente (ADF), constituida por celulosa, lignina y cenizas. Mediante hidrólisis ácida se consigue la separación final de la celulosa del residuo de lignina ácido detergente (ADL).

En la Tabla 8.7 aparecen los componentes fibrosos de cuatro ejemplos de alimentos ricos en fibra. La paja es rica en celulosa, el pienso de avena y el salvado de arroz presentan composiciones similares de carbohidratos estructurales, mientras que la pulpa de remolacha azucarera tiene una cantidad relativamente mayor de celulosa y relativamente menor de lignina. La digestibilidad del alimento dependerá en consecuencia de la cantidad absoluta de los componentes fibrosos totales y del equilibrio entre hemicelulosa, celulosa y lignina de la fibra. Así, el contenido relativamente mayor en fibra total de la pulpa de remolacha azucarera en comparación con el salvado de arroz parece ser más que superado, ya que la pulpa de remolacha azucarera presenta una proporción menor de lignina en la fibra. La digestibilidad del pienso de avena comparada con la del salvado de arroz refleja las mayores cantidades absolutas de carbohidratos estructurales en el pienso de avena comparadas con las del salvado de arroz.

Cuando se examinaron los diversos procedimientos para analizar los componentes fibrosos en relación con su eficacia para predecir la ED, resultó evidente tanto bajo un punto de vista lógico como estadístico que el método de la fibra neutro detergente (NDF) era mucho más eficaz que los otros, mientras que el de la fibra bruta (FB) resultaba especialmente pobre. Esto podría ser considerado como un resultado previsible, cuando la FB se determina en un análisis empírico no basado en una determinada fuente de fibra (ver Tabla 8.7), mientras que el

Tabla 8.7 Componentes fibrosos de algunos alimentos ricos en fibra (g/kg de SS)[1].

	Paja	*Pienso de avena*	*Salvado de arroz*	*Pulpa de remolacha azucarera*
Composición química				
Fibra bruta	478	252	155	192
Fibra neutro detergente	775	579	353	349
Fibra ácido detergente	544	309	188	241
Lignina	152	136	76	22
Composición en carbohidratos estructurales				
Hemicelulosa	231 (0,30)[2]	270 (0,47)	165 (0,47)	108 (0,31)
Celulosa	392 (0,51)	173 (0,30)	112 (0,32)	219 (0,63)
Lignina	152 (0,20)	136 (0,23)	76 (0,22)	22 (0,06)

[1] En comparación, los valores respectivos de FB, ELN y FAD son: para maíz 20, 80 y 22; para cebada 42, 152 y 50.
[2] Los valores entre paréntesis dan las proporciones relativas.

análisis de la NDF incluye la totalidad de las tres fracciones de fibra consideradas como más o menos indigestibles para el cerdo.

La ecuación determinada estadísticamente, en base a los datos combinados correspondientes a las tres fuentes de fibra, que mejor se acomoda a la predicción fue:

$$\text{ED (MJ/kkg de SS)} = 17{,}4 - 0{,}016\ \text{NDF}$$

(Ecuación 8.14)

que se adapta notablemente bien a las propuestas incluidas en la Tabla 8.5.

Actuando a continuación según la aseveración de que el aceite es el componente más importante para aumentar el valor de la energía digestibble de la dieta, se examinó la relación entre el contenido de aceite (EE) y la digestibilidad usando tres tipos diferentes de aceite comestible para el hombre: sebo, aceite de palma y aceite de soja, incorporados en niveles progresivamente mayores (X, kg) a un equilibrador base de1 kg de una dieta de cebada/soja:

$$EB_i - EB_f\ \text{(sebo)} = 12{,}90 + 38{,}82X$$

(Ecuación 8.15)

$$EB_i - EB_f\ \text{(aceite de palma)} = 12{,}60 + 37{,}54X$$

(Ecuación 8.16)

$$EB_i - EB_f\ \text{(aceite de soja)} = 12{,}92 + 40{,}83X$$

(Ecuación 8.17)

En el caso de los aceites añadidos, los materiales a comprobar eran puros, mientras que en los alimentos fibrosos los materiales a comprobar eran ricos en fibra, aunque no contenían únicamente fibra. Como la EB del aceite es de 39,6

MJ/kg, las regresiones indican digestibilidades altas. No se produjo la expectativa de que el sebo mucho más hidrogenado no resultase tan digestible como los aceites insaturados de soja y de palma.

La regresión mejor adaptada a todos los aceites proporcionó un coeficiente positivo de + 0,025 para los extractos etéreos (EE) (g/kg), que es superior al 0,018 propuesto en la Tabla 8.5, aunque no resulta demasiado distante del 0,023 que la lógica habría considerado para un aceite de gran calidad, que podría ser totalmente digestible.

Estos resultados porporcionaron a los investigadores de Edimburgo suficiente confianza para emprender una experiencia en gran escala que suponía el empleo de 36 dietas compuestas que abarcaban la mayoría, aunque no todos, los ingredientes que se descubren en los piensos de los cerdos (33 en total), y que presentaban una composición que oscilaba entre 23 y 123 gramos de fibra bruta por kg, 149 y 258 gramos de proteína bruta por kg, y 21 y 11 gramos de EE (aceite) por kg. Estas dietas fueron suministradas a cuatro grupos de cerdos en crecimiento alojados en jaulas para determinar el metabolismo y el conjunto total de datos se usó para análisis múltiples de regresión que proporcionaron ecuaciones para la predicción de la ED a partir del análisis químico de las dietas compuestas.

Se obtuvo un número muy elevado de ecuaciones. De las 62, tienen un interés particular las siguientes:

1. Usando fibra bruta, cenizas y aceite:

$$\text{ED (MJ/kg de SS)} = 18{,}3 - 0{,}037\text{FB} - 0{,}019\text{CENIZAS} + 0{,}011\text{ACEITE}$$

(Ecuación 8.18)

Esta ecuación no resulta particularmente exacta (desviación típica residual = 0,65), ni los coeficientes son especialmente lógicos. El elevado multiplicador para la fibra bruta (FB) puede indicar bien que las determinaciones de FB representan solamente una parte de los componentes indigestibles de la dieta o que la presencia de FB reduce la digestión de otros componentes no fibrosos de la dieta. Si se presenta cualquiera de estas posibilidades, el empleo ingenuo de un multiplicador elevado es improbable que constituya un procedimiento suficiente para asegurar la exactitud de una ecuación de predicción. En cualquier caso, resultó perfectamente claro mediante el ejercicio completo que, de todos los análisis correspondientes a la fibra, con la finalidad de predecir la ED, NDF resultó considerablemente superior a cualquier otra determinación, y que la FB resultó particularmente inferior.

2. Incluyendo la energía bruta:

$$\text{ED (MJ/kg de SS)} = 3{,}77 - 0{,}019\text{NDF} + 0{,}758\text{EB}$$

(Ecuación 8.19)

Esta ecuación es bastante exacta, con una desviación típica residual de tan sólo 0,38. El coeficiente para la EB es reflejo del propio coeficiente de digestibilidad, aunque es inferior a la digestibilidad media, debido a la presencia de un término constante positivo de 3,77MJ. El coeficiente para NDF se encuentra dentro de lo que cabe esperar. Por desgracia, muchos laboratorios analíticos no se encuentran suficientemente bien equipados para asegurar una determinación exacta de la EB.

3. Usando NDF y aceite junto con un término constante:

$$\text{ED (MJ/kg de SS)} = 17{,}0 - 0{,}018\text{NDF} + 0{,}016\text{ACEITE}$$

(Ecuación 8.20)

Esta ecuación es bastante exacta, con una desviación típica residual de 0,44, y presenta la ventaja de limitarse a las dos principales fuerzas causales de la digestibilidad: la fuerza negativa de la fibra y la fuerza positiva del aceite. Se adapta a las propuestas adelantadas en la Tabla 8.5. Además, el coeficiente para NDF está de acuerdo con las expectativas derivadas del primer experimento con fibra realizado en Edimburgo. El coeficiente para el aceite es inferior que el del primer experimento con aceite de Edimburgo, en el que se usaron tres aceites para consumo humano. El valor de 0,016 se encuentra, sin embargo, más en línea con las expectativas para aceites añadidos tipo pienso y para los aceites destinados normalmente a ser ingredientes de los piensos, siendo estos últimos los principales aceites en las dietas compuestas de tipo comercial, y fueron empleados en el experimento de la dieta 36. El coeficiente de 0,016 para el aceite indica una ED para las grasas de la dieta de unos 33 MJ/kg. Por simplicidad y lógica, esta ecuación resulta muy recomendable.

4. Usando NDF, aceite, cenizas, proteína y un término constante

$$\text{ED (MJ/kg)} = 17{,}5 - 0{,}015\text{NDF} + 0{,}016\text{ACEITE} + 0{,}008\text{PB} - 0{,}033\text{CENIZA}$$

(Ecuación 8.21)

Esta ecuación es la más exacta de todas, con una desviación típica residual de tan sólo 0,32. La inclusión de cenizas y proteína bruta (PB) ayuda a que la ecuación sea más resistente ante una amplia gama de circunstancias.

Tras una revisión de los estudios de digestibilidad llevados a cabo en Edimburgo, Nottingham, Australia, Dinamarca y en otros lugares, un reciente grupo de investigadores europeos ha propuesto una ecuación que incluye extractos libres de nitrógeno (ELN) como una determinación del almidón, evita el uso de un término constante, y utiliza la fibra bruta (FB) como la determinación de los carbohidratos estructurales en vista de la facilidad con que puede ser analizada la FB. La ecuación resultante se usa para predecir la EM (que será aproximadamente igual a 0,96 de la ED predicha):

$$\text{EM (MJ/kg de SS)} = 0{,}016\text{ELN} + 0{,}032\text{ACEITE} + 0{,}018\text{PB} - 0{,}015\text{FB}$$

(Ecuación 8.22)

Esta ecuación puede ser comparada (favorablemente) con la postulada originalmente en Edimburgo unos 10 años antes en términos teóricos (Tabla 8.5). Aunque se apreciará que mientras la ecuación de Edimburgo considera la contribución de la ED procedente de la fibra (como NDF) con un valor bajo, la ecuación europea utiliza la FB y propone una contribución negativa. En este caso resulta difícil seguir la lógica ya que es sabido que parte de la FB desaparece realmente en el intestino, y cabe destacar que esta ecuación carece de un término constante (tan sólo las ecuaciones con constantes precisan un término negativo para la fibra como también se indica en la Tabla 8.5). Quizás el signo negativo se deba a que la fibra puede reducir la digestión de la proteína. Un hecho más práctico, puede apreciarse que los multiplicadores usados se aproximan más a las expectativas de la ED que a las de la EM, y el término correspondiente a la FB es casi la magnitud correcta que determina la (necesaria) reducción del 4% sobre el valor predicho.

Valores orientativos del contenido energético de los alimentos para los cerdos

Los informes de los experimentos de digestibilidad *in vivo* y de los análisis químicos *in vitro* de los alimentos para los cerdos procedentes de muchos países han sido recopilados en forma de un conjunto de valores orientativos y de tablas de composición de alimentos que se incluyen en el Apéndice 1. Las tablas de composición de alimentos resultan valiosas para la formulación correcta de dietas y para calcular el valor monetario de los alimentos individuales. Sin embargo, no existe sustituto para la revaluación regular tanto de la composición química como de la digestibilidad *in vivo* de los alimentos convencionales. Tampoco existen alternativas a los estudios de digestibilidad en animales vivos y pruebas de rendimiento de alimentos nuevos, alimentos de una calidad dudosa o alimentos de origen moderno.

CAPÍTULO 9

Valor nutritivo de las proteínas y aminoácidos de los alimentos para los cerdos

Introducción

Además de carbono, hidrógeno y oxígeno, el principal elemento funcional en la proteína, y en los aminoácidos de cuyo enlace surge la proteína, es el nitrógeno (N).

El contenido de proteína del cerdo vivo en conjunto variará entre el 15 y el 18%, dependiendo de su cebamiento. En promedio, el 21% de la canal exenta de grasa es proteína, el contenido de proteína de la carne magra oscila entre 20 y 25%, aumentando con la edad. La leche de las cerdas contiene sobre el 6% de proteína. Como la elaboración de proteína a partir de los aminoácidos absorbidos de la dieta es un proceso que consume energía por sí mismo, sobre el 30-50% de la energía utilizada por los cerdos en crecimiento puede ser utilizada en el anabolismo del tejido magro. La importante contribución de la síntesis de proteína en la economía global de la energía del cerdo aporta una cierta medida de su importancia en la provisión adecuada de nutrientes.

La proteína de los alimentos constituye la fuente esencial de los aminoácidos. Los aminoácidos son necesarios: (i) para construir la proteína en el organismo del cerdo, principalmente en los músculos y (ii) para reemplazar las proteínas perdidas en el curso del intercambio de proteína tisular (mantenimiento) que se elimina tanto en forma de células, aminoácidos, otros compuestos nitrogenados y enzimas segregadas y no absorbidas procedentes del intestino (llamadas pérdidas fecales metabólicas o pérdidas fecales endógenas), y también en forma de urea procedente de los riñones (llamadas pérdidas urinarias). Unos nueve aminoácidos (lisina, metionina y cistina, treonina, triptófano, histidina, isoleucina, leucina, fenilalanina y tirosina, valina) no pueden ser elaborados por el propio cerdas a partir de compuestos más simples, ni realizar la interconversión a partir de otros aminoácidos (aunque la mitad aproximadamente de las necesidades de metionina y tirosina pueden ser cubiertas a partir de la cistina y fenilalanina respectivamente). Estos nueve son los aminoácidos esenciales.

Por otra parte la proteína puede ser usada para obtener energía. Como la eficacia del proceso de convertir la proteína de los alimentos en proteína del cerdo suele ser solamente del 30-60% aproximadamente, la energía obtenida de la desaminación de los aminoácidos no depositados en el organismo de los cerdos ni en la leche de las hembras puede ser bastante importante. Los aminoácidos no destinados a la elaboración de proteína porcina pueden proporcionar también, tras su desaminación, precursores útiles para otras actividades corporales, por ejemplo la formación de tejidos adiposos. No obstante, las proteínas de los alimentos son consideradas principalmente como fuente de aminoácidos para la deposición de proteína en el cerdo en crecimiento o en la leche, y para el mantenimiento de los tejidos porcinos de naturaleza proteica.

Las proteínas de los alimentos no se encuentran construidas de la misma forma que las proteínas porcinas. La reestructuración necesaria para pasar de la una a la otra supone costes. En los procesos de digestión, descomposición, absorción y construcción: (i) se utiliza energía para el trabajo bioquímico; (ii) los aminoácidos no deseados para la deposición y retención son desviados hacia otros usos; (iii) finalmente son excretados con las heces, orina, sudor o (iv) son oxidados perdiéndose en forma de calor. La ineficacia aparente es, en realidad, un procedimiento sumamente valioso y efectivo de convertir las proteínas vegetales (tales como las procedentes de cereales) que no tienen un valor elevado para el hombre, y las proteínas animales (tales como subproductos del pescado) cuyo consumo puede ser rechazado por el hombre, en carne magra de cerdo que es sumamente nutritiva y que se consume con facilidad.

Aunque la mayor parte de la proteína de la dieta de los cerdos procede de los cereales, la concentración de proteína bruta (PB) suele ser baja, aproximadamente el 8-12%. Esto supone que la dieta debe ser suplementada con semillas más ricas en proteína (tales como guisantes o habas) con un 20-30% de proteína, o con productos vegetales en los que la proteína ha sido concentrada hasta el 30-60% debido a la extracción de otros componentes tales como aceites (así sucede con las harinas de semillas extractadas de soja o de colza). Las proteínas vegetales son más difíciles de manipular por los cerdos (especialmente por los cerdos jóvenes) debido a que pueden ser más difíciles de digerir, la concentración de aminoácidos esenciales es relativamente baja, y tiene que realizarse una notable reestructuración y reorganización de los aminoácidos necesarios para elaborar proteína porcina a partir de la proteína vegetal. Por esta razón, la proteína de origen animal, tal como la derivada de la leche, harina de carne y hueso o harina de pescado, puede desempeñar un papel importante en la composición de dietas porcinas de elevada calidad. Las proteínas animales no solamente son digeridas con facilidad, sino que su equilibrio de aminoácidos resulta, evidentemente, mucho más próximo al preciso para la elaboración de proteína porcina en los tejidos musculares de carne magra.

Según se ha indicado, las ineficacias inevitables en la transformación de la proteína de la dieta en proteína porcina para crecimiento, productos de la concepción o leche de las cerdas resulta aceptable en la medida en que se obtienen productos útiles a partir de otros menos útiles. No obstante, la eficacia del sistema debe optimizarse mediante la reconciliación del coste biológico y los beneficios con el coste económico. Esto obliga a disponer de información sobre el rendimiento neto para el cerdo de los aminoácidos utilizables que pueden obtenerse de las proteínas de los alimentos. El rendimiento de los aminoácidos procedentes de un alimento es una combinación del contenido de aminoácidos, y digestibilidad y posibilidades de utilización de los mismos.

Las cantidades finales de aminoácidos depositadas y retenidas por el cerdo dependen también del equilibrio de los aminoácidos disponibles en ese momento. Esta cualidad suele ser, en consecuencia, una función no de un determinado ingrediente individual, sino de la combinación de ingredientes en la dieta como conjunto. La influencia del equilibrio del aporte de aminoácidos será descrita en el capítulo que trata sobre las necesidades nutritivas (en contraposición a la preocupación actual que se centra en la provisión de nutrientes).

Los países con una densa población de explotaciones porcinas intensivas están interesados en reducir al mínimo las cantidades de nitrógeno excretado tanto con las heces como con la orina. Las cantidades de nitrógeno eliminadas por los cerdos en forma de purines son considerables, y esto puede contribuir a la contaminación ambiental. Cuanto mayor sea la digestibilidad de la proteína de la dieta, y mejor el equilibrio de los aminoácidos, menor será el nivel de nitrógeno fecal y también será inferior el nivel de urea excretada. Esto mejora la eficacia biológica y, aunque es probable que solamente pueda conseguirse aumentando el coste de la dieta, puede aportar beneficios superiores en términos de control de la polución.

Digestibilidad de la proteína

La proteína de la carne y de los vegetales contiene sobre el 16% de nitrógeno. El contenido de proteína total, o proteína bruta, suele determinarse como N $\times$ 6,25. (Para ser exactos, los multiplicadores del N para calcular la proteína deberán ser 6,25 para los tejidos animales, 5,8 para los cereales y la harina de soja y 5,5 para proteínas de calidad inferior, las diferencias son consecuencia de la presencia relativa de nitrógeno no proteico y de ácidos nucleicos. La PB es realmente, por consiguiente, más una determinación del N que de la proteína). Los enlaces entre los aminoácidos que determinan la formación de la proteína se rompen mediante procesos de hidrólisis durante la digestión.

Tras una cierta hidrólisis en el estómago hasta péptidos, el principal ataque enzimático se realiza mediante proteasas y peptidasas que reducen las proteínas a cadenas cortas de dos o tres aminoácidos que son absorbidos como tales o experimentan una hidrólisis posterior en la pared intestinal hasta liberar aminoácidos libres. Existe una cierta utilización de los aminoácidos por la propia pared intestinal, aunque la mayoría de los aminoácidos ingresan en el organismo y son llevados por la corriente sanguínea hasta el hígado y las células corporales. En el intestino grueso se produce degradación microbiana de los residuos de la digestión y de las secreciones endógenas. Esto libera amoniaco y aminas que, aunque desaparecen del intestino y son digeridos aparentemente, carecen de valor nutritivo.

Tabla 9.1 Coeficientes de la digestibilidad de la proteína de algunos alimentos.

Alimento	*Digestibilidad fecal aparente*[1]	*Digestibilidad ileal aparente*[2]
Harina de pescado	0,90-0,95	0,80-0,90
Harinas de carne y hueso	0,50-0,70	0,40-0,70
Harina de maíz	0,80-0,85	0,70-0,80
Harina de trigo	0,80-0,85	0,70-0,80
Harina de cebada	0,75-0,80	0,70-0,80
Residuos de trigo	0,50-0,75	0,30-0,60
Harina de soja extractada	0,85-0,90	0,75-0,85
Harinas de algodón, coco y colza extractadas	0,50-0,70	0,40-0,60

[1] Estos valores son la diferencia entre las proteínas ingeridas y las excretadas con las heces (N × 6,25) dividida por la cantidad ingerida (i – f)/i. Puede suponerse que los aminoácidos artificiales son totalmente digestibles.

[2] Estos valores son la diferencia entre las proteínas ingeridas y las halladas en el íleon terminal dividida por la cantidad ingerida (N × 6,25). Los aminoácidos artificiales son totalmente digestibles.

La digestión es invariablemente incompleta, su intensidad (digestibilidad) depende de circunstancias relacionadas tanto con el animal como con el alimento, aunque principalmente con este último. La proteína que ha sido ingerida y que posteriormente no ha sido eliminada con las heces, ha desaparecido, por definición, del tracto digestivo y se supone que ha sido digerida. Así, si en las heces aparecen 20 gramos de proteína (como N × 6,25) por cada 100 gramos de proteína (N × 6,25) ingerida, entonces su digestibilidad es de 0,80. Este valor suele oscilar entre 0,75 y 0,9, con una media para los alimentos porcinos de elevada calidad de 0,8-0,85 (Tabla 9.1). La digestibilidad, cuando se determina mediante la diferencia entre ingestión y excreción fecal, es denominada digestibilidad *aparente* porque mide la parte que desaparece del intestino de la que ha sido ingerida, la restante pasa al organismo del animal, y se encuentra disponible para ser metabolizada. La digestibilidad aparente de la proteína de un alimento es inferior a la digestibilidad *verdadera*. Esto es consecuencia de que parte de la proteína del alimento que ha sido realmente digerida, retorna posteriormente al tracto intestinal en forma de jugos digestivos y de células perdidas por la mucosa de la pared intestinal según el alimento avanza a través del tracto. En un cerdo en crecimiento de 50-80 kg pueden segregarse diariamente de esta forma hacia el tracto digestivo unos 23 gramos de nitrógeno o 140 gramos de proteína endógena (metabólica) (Tabla 9.2.). El N endógeno puede representar una proporción importante de la digesta, especialmente cuando son bajos los niveles de consumo de pienso. La digestibilidad verdadera puede ser el 5-20% superior que la digestibilidad aparente, el extremo suele ser consecuencia de un elevado nivel de fibra en una dieta que es ingerida según un nivel bajo. La mayor parte, aunque no la totalidad, de la proteína endógena segregada al interior del tracto digestivo es reabsorbida, el resto se elimina con las heces en forma de proteína fecal metabólica, unida a la proteína indigestible de la dieta que aparece en los residuos fecales. En la Figura 9.1 aparecen estos hechos de forma esquemática.

La presencia del componente endógeno supone que la digestibilidad aparente depende en cierta medida del consumo por lo que las determinaciones de la digestibilidad deben hacerse con niveles reales de consumo. Si la proteína fecal

Tabla 9.2 Secreciones endógenas en el intestino de un cerdo en crecimiento que ingiere unos 2 kg de pienso y 400 g de proteína bruta con la dieta diariamente.

	Proteína[1] segregada diariamente (g)
Páncreas	20
Bilis	15
Saliva y estómago	15
Células	10
Secreciones intestinales	80
Total[2]	140

[1] El contenido en treonina y triptófano, en relación con otros aminoácidos, es superior en las secreciones digestivas que en la digesta. Como resultado, muchos de estos aminoácidos pasarán al íleon terminal y puede esperarse que sus digestibilidades ileales sean relativamente más bajas que las de otros aminoácidos.

[2] Sobre el 80% de las secreciones totales son reabsorbidas y pueden ser reutilizadas, un 20% aproximadamente salen del íleon terminal sin ser absorbidas y serán degradadas por los microbios en intestino grueso o se perderán con las heces en forma en forma de proteína fecal metabólica.

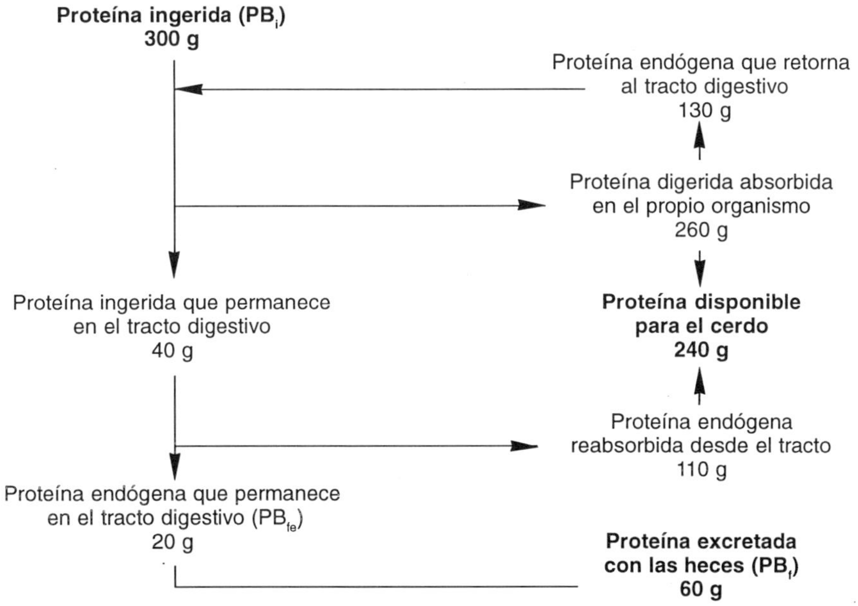

Figura 9.1 Esquema del movimiento de la proteína hacia el interior y el exterior del intestino del cerdo. La digestibilidad determinada en forma de digestibilidad aparente se calcula como $(PB_i - PB_f)/PB_i$ o (300 – 60)/300 = 0,80. La digestibilidad determinada como digestibilidad verdadera se calcula como $PB_i - (PB_f - PB_{fe})/PB_i$ o 300 – (60 – 20)/300 = 0,87.

endógena (PB_{fe}) es de 20 gramos, y son ingeridos 150 gramos de proteína con una digestibilidad verdadera de 0,87, entonces se perderán 40 gramos de proteína fecal; constituidos por 20 gramos de proteína fecal metabólica y 20 gramos de proteína indigestible de la dieta, con lo que la digestibilidad aparente es de 0,73. No obstante, si son ingeridos 300 gramos de proteína, y la proteína fecal metabólica se mantiene en 20 gramos, entonces se perderán 60 gramos de proteína fecal, constituidos por 20 gramos de proteína fecal metabólica y 40 gramos de proteína indigestible del pienso. La digestibilidad aparente para la proteína del pienso es ahora 0,80.

La determinación de la pérdida endógena es difícil de realizar y depende en tal medida del animal y de la situación dinámica del intestino, que suele ser considerada como el nivel que aparece en las heces cuando la ingestión de proteína es reducida o nula. Según el animal crece y come más, tienden a aumentar los niveles absolutos de pérdidas metabólicas, lo que determina que la digestibilidad aparente descienda ligeramente. Más importante aún, cuando aumenta la cantidad de pienso ingerido, son elevadas tanto la tasa de secreción enzimática como la pérdida de células procedentes de la mucosa intestinal. Los alimentos fibrosos y abrasivos se asocian con mayores niveles de pérdidas fecales metabólicas, y así la inclusión de pajas, cáscaras de cereales, arena o materiales similares en las dietas porcinas inducirán un descenso de la digestibilidad aparente de la proteína y del rendimiento neto de la proteína de los alimentos que recibe el cerdo. Los alimentos con niveles bajos de proteína y elevados de fibra pueden aportar, a través de su influencia sobre las pérdidas fecales metabólicas, cantidades reducidas o negativas de proteína a la economía nutritiva del animal.

Generalmente la proteína fecal metabólica está constituida por 6-12 gramos por cada kg de pienso compuesto si el mismo contiene un nivel de fibra próximo al 5%. En un cerdo que consume 150 gramos de proteína por cada kg de pienso, las pérdidas fecales metabólicas constituirán el 30% aproximadamente de la proteína fecal total.

La digestibilidad verdadera es más interesante que práctica. El animal solamente puede beneficiarse de los procesos digestivos en la medida de la proteína aparentemente digerida; tan solo la que ha desaparecido entre la ingestión y la excreción fecal queda disponible para usos productivos (Figura 9.1). A efectos prácticos, por consiguiente, el interés suele limitarse a la determinación y expresión de la digestibilidad aparente del nitrógeno, proteína y aminoácidos del alimento. Por lo tanto, el término «digestible» puede considerarse como sinónimo de «digestible aparentemente». Resulta importante, sin embargo, que cuando se dan valores sobre el contenido de proteína digestible de los alimentos –o aminoácidos digestibles– la determinación haya sido realizada con niveles razonables de consumo, y junto con harinas equilibradores con un nivel razonable de fibra.

Determinación de la digestibilidad y retención de la proteína bruta (N × 6,25)

La digestibilidad se determina mediante balance usando la misma metodología descrita en el capítulo anterior para la energía. La proteína bruta (PB) ingerida se calcula como el producto de la cantidad de pienso consumido por la concentración de N × 6,25. La digestibilidad aparente se calcula como la diferencia entre la proteína bruta ingerida (PB_i y la proteína bruta (N × 6,25) excretada con las heces (PB_f):

$$(PB_i - PB_f)/PB_i$$

(Ecuación 9.1)

Resulta importante que la excreta no pierda amoniaco entre el momento de ser eliminada y el de ser analizada; esto puede evitarse realizando la recogida bajo ácido sulfúrico diluido.

Aunque el valor de la proteína de un alimento es influenciado considerablemente por la digestibilidad de la proteína bruta, tiene también mucha importancia la porción del tracto gastrointestinal en el que las porciones de la PB_i fueron digeridas y desaparecieron. La digestión y la desaparición del intestino delgado proporcionan productos finales utilizables, mientras que la desaparición del intestino grueso y del ciego aporta productos inútiles. Resulta evidente que cuanto mayor sea la proporción del contenido proteico de un alimento que es digerida en el intestino delgado, mayor será el valor de dicho alimento. Para establecer diferencias entre la digestión en intestino delgado e intestino grueso, puede insertarse una cánula en el extremo del íleon (Figura 9.2). La retirada de digesta procedente del ileon terminal permite realizar una determinación directa del nivel de digestión que ha tenido lugar en el intestino delgado –la digestibilidad ileal–. Esto es considerado como un reflejo más verdadero del valor de la proteína que la digestibilidad fecal.

El cálculo de la retención de energía mediante diferencia –es decir, las pérdidas de calor– no carece de complicaciones, según se ha indicado. No obstante, en el caso de la PB, no se presentan estas complicaciones en la misma medida, aunque pueden producirse pérdidas gaseosa de N y también pérdidas de N con la piel y el pelo. La retención de PB (PB_r), no obstante, puede ser medida adecuadamente determinando las pérdidas de nitrógeno con la orina (PB_u):

$$PB_r = PB_i - (PB_f + PB_u)$$

(Ecuación 9.2)

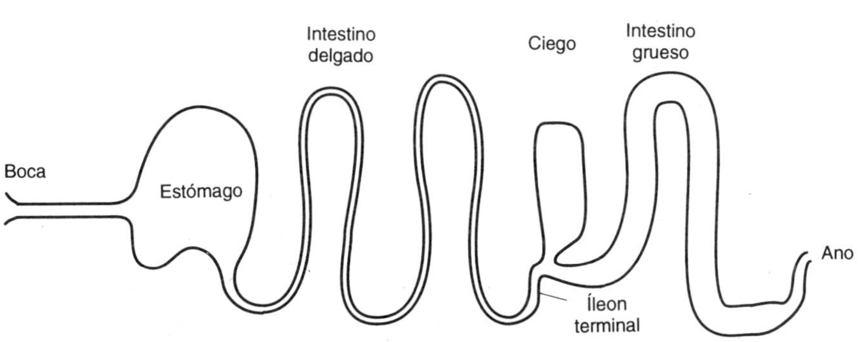

Figura 9.2 Representación en forma de diagrama del aparato digestivo del cerdo para mostrar la posición del íleon terminal.

La orina puede ser recogida fácilmente, bajo ácido, en el curso de un procedimiento estándar para determinar la digestibilidad según se describe en el capítulo anterior (Figura 8.4).

La retención de PB puede ser determinada también mediante técnicas de sacrificio comparativo, la diferencia entre la masa de PB en el cerdo al final de un periodo de comprobación y al comienzo de dicho periodo constituye, evidentemente, una determinación directa de la retención de proteína bruta (N × 6,25). La eficacia de la retención se determina conociendo el consumo de proteína bruta durante el periodo:

$$\text{Consumo diario de pienso} \times \text{número de días (día}_1 \text{ a día}_n) \times \text{concentración de la PB en el pienso} = PB_i$$

$$\text{Masa corporal total} \times \text{contenido de PB en el cuerpo en el día}_n - \text{Masa corporal total} \times \text{contenido de PB en el cuerpo en día}_1 = PB_r$$

$$PB_r/PB_i = \text{Eficacia de la retención de PB}$$

La eficacia de la retención de PB puede no ser, sin embargo, una determinación particularmente útil para comparar el valor relativo del contenido de proteína de los alimentos porque depende del cerdo tanto como del alimento. La cantidad de PB retenida en relación con la cantidad ingerida es: (i) una función de la digestibilidad y de la calidad de la proteína en términos de los aminoácidos absorbidos; (ii) una función de la cantidad suministrada en relación con la cantidad necesaria y (iii) una función de los restantes componentes de la dieta. Así, una buena proteína puede mostrar una eficacia baja de retención si la ingestión supera mucho a las necesidades, porque el exceso no deseado se elimina con la orina. Igualmente, una proteína puede presentar una eficacia baja por la carencia de un aminoácido que impide la construcción efectiva de la proteína porcina, aunque puede ser mejorada de forma simple y barata equilibrándola con otra proteína rica en el aminoácido que falta, o incluso con una fuente artificial del aminoácido.

La digestibilidad de la proteína de los alimentos en raras ocasiones se predice mediante análisis de laboratorio, efectuando su digestión con pepsina y mezclas de enzimas. Aunque estos métodos son de uso general para el nitrógeno (N), no se adaptan a la naturaleza orgánica de la propia proteína. La alteración de la proteína, que reduce la digestibilidad, puede valorarse mediante análisis de la cuantía en que el aminoácido lisina aparece fijado y se convierte en no utilizable. En general, sin embargo, los métodos de laboratorio para calcular la cantidad de aminoácidos absorbidos a través de la pared del intestino delgado son mucho menos útiles que los disponibles para la determinación equivalente de la energía digestible. No obstante, la calidad de la proteína, percibida a través del balance de aminoácidos totales, se determina fácilmente *in vitro*.

Como la calidad de la proteína depende más de su contenido en aminoácidos que de su digestibilidad, el análisis químico de los aminoácidos, especialmente de los nueve aminoácidos esenciales, permite determinar de forma efectiva el valor de la proteína de un alimento. El conocimiento del componente de aminoácidos permite calcular fácilmente el coste que supondrá el equilibrio del pienso para conseguir una mezcla de aminoácidos adecuada a las necesidades del cerdo. Por ejemplo, las proteínas de las harinas de pescado y de soja contienen más lisina que las proteínas de los cereales; así las primeras pueden complementar eficazmente a las últimas cuando se reunen en una dieta mixta.

En la actualidad la mejor determinación del valor de la proteína de un alimento parece conseguirse a través de su composición en aminoácidos y de su desaparición en las proximidades del ileon terminal.

Factores que influyen sobre la digestibilidad de la proteína

Aunque existen diferencias en la digestibilidad aparente de la proteína bruta (N × 6,25) de los ingredientes que constituyen los piensos de los cerdos, el concepto de proteína bruta digestible (PBD) no ha sido asumido fácilmente por quienes formulan los piensos. La variación de la digestibilidad ha sido considerada –erróneamente– que no era tan importante en el caso de la proteína como en el de la energía. La digestibilidad de la mayoría de las proteínas de origen animal (leche, pescado y carne) es de 0,90 aproximadamente, y sobre 0,80 la correspondiente a la mayoría de las proteínas de origen vegetal (cereales, legumbres, raíces y hojas jóvenes). Sin embargo, existen muchas excepciones notables a estas generalizaciones que adquieren una importancia considerable para el coste efectivo de las fórmulas de los piensos. A pesar del rechazo de muchos expertos en nutrición en aceptar la importancia de la PBD como descripción de un alimento, la digestibilidad de la proteína es el indicador más útil del valor de un alimento y se ve afectada profundamente tanto por factores extrínsecos como intrínsecos.

Los aminoácidos básicos que conforman la proteína son sumamente digestibles. No obstante, por el intestino delgado pasa más proteína de la ingerida. Esto es consecuencia de que el contenido intestinal es inundado con secreciones de naturaleza proteica con una elevada tasa de intercambio y de las que se pierde una cantidad en la luz intestinal. Por fortuna, la reabsorción de estas secreciones es justamente tan efectiva como la absorción primaria de los aminoácidos derivados de la degradación enzimática de las proteínas de la dieta.

Alteración por el calor

La digestibilidad desciende intensamente si la proteína ha sido alterada por el calor; dicha alteración puede producirse cuando las proteínas vegetales o animales han experimentado un calentamiento excesivo como parte del proceso de producción. Las consecuencias de esta alteración son difíciles de predecir debido a su naturaleza variable y, por consiguiente, casi resulta imposible cuantificarlas al realizar la valoración nutritiva de los alimentos. Solamente puede afirmarse que los materiales intensamente alterados –una vez identificados– deberán ser tratados cuidadosamente como fuentes de aminoácidos para los cerdos. Si son utilizados, en términos de conveniencia económica, sus efectos sobre el crecimiento y la reproducción son de difícil determinación a no ser mediante pruebas empíricas.

La alteración térmica cambia la estructura de la proteína, hecho que reduce su digestibilidad. Cuanto más intenso haya sido el calentamiento, mayor será la pérdida de digestibilidad. En cierta medida, todas las proteínas calentadas son menos digestibles que las crudas (sobre un 5% menos). En los casos de calentamiento excesivo, cuando se produce alteración real, el hecho es más grave y la digestibilidad puede reducirse al 50% o menos como sucede, por ejemplo, con las harinas de soja, pescado, carne y sangre calentadas excesivamente. El calentamiento puede fijar algunos aminoácidos específicos. El caso clásico consiste en la fijación de la lisina a los compuestos azucarados; esto reduce la digestibilidad y la posibilidad de utilizar la lisina. La «lisina disponible» tiene una importancia particular porque (a) es un indicador general de la alteración por el calor y (b) los cereales son deficientes en lisina; la lisina es el aminoácido más valioso de la mayoría de las fuentes de proteína suplementaria. Si la lisina no es utilizable, entonces no pueden ser utilizados los restantes aminoácidos de la proteína, incluso los utilizables.

Pelo, plumas y piel

La proteína puede aparecer en el pienso en una forma que resiste el ataque enzimático como sucede, por ejemplo, con las proteínas de las harinas de pieles y de plumas.

Abrasión

Determinados alimentos pueden incrementar la pérdida de células de la mucosa intestinal y/o impedir la absorción eficaz de esta proteína de origen corporal. Esto aumentará la cantidad de proteína de las heces y reducirá la digestibilidad percibida. La paja es considerada como productora de esta actividad, al igual que otros alimentos sumamente fibrosos y abrasivos. Sin embargo, este hecho no ha sido totalmente demostrado.

Velocidad de avance de la digesta

Las enzimas digestivas necesitan tiempo para actuar. En consecuencia, la digestibilidad puede verse reducida por cualquier hecho que aumente la velocidad de paso de la digesta a través del intestino. Este efecto puede ser producido por consumos elevados de dietas líquidas son poca sustancia seca (SS) basadas en subproductos o residuos líquidos.

Protección y trituración

Además, las enzimas actúan con suma eficacia si disponen de amplias superficies sobre las que ejercer su acción. La digestibilidad descenderá si la molturación de los alimentos es grosera y están constituidos por fragmentos grandes, o si la dieta contiene elevadas tasas de material capaz de rodear las moléculas de proteína e impedir la penetración de las enzimas. Las proteínas pueden fijarse a las membranas celulares y a otras fracciones de carbohidratos poco digestibles. Hasta que se produce la descomposición de estos carbohidratos resistentes, las proteínas no pueden ser liberadas y permanecerán como no digeribles. De manera similar, las proteínas que constituyen el interior de las células solamente pueden experimentar el ataque enzimático y ser absorbidas tras haber pasado cierto tiempo de forma que haya sido digerida la membrana celular, o haya sido rota mecánicamente (mediante molturación, trituración o masticación) antes de llegar al intestino delgado. En el supuesto de que una dieta no contiene inhibidores de la proteasa, no ha sido alterada por el calor y es pulverizada en una medida razonable, la digestibilidad de la proteína parece estar relacionada en cierta medida con la cantidad de carbohidratos estructurales o infrecuentes que aparecen. Tanto la alteración por el calor como los carbohidratos estructurales son fuerzas poderosas para variar el lugar en que se produce la digestión de algunas proteínas de la dieta, que pasa del intestino delgado al intestino grueso, con repercusiones negativas importantes sobre la eficacia en el empleo de los aminoácidos ingeridos que son, por supuesto, mejor digeridos en el intestino delgado.

Factores antinutricionales

La mayoría, si no la totalidad, de las proteínas vegetales aparecen asociadas con factores antinutricionales. Estos aparecen en cuantías muy diversas en las distintas especies vegetales e incluso en las diversas variedades de la misma especie. Así, los factores tóxicos son escasos en las proteínas de los cereales y muy escasos en las proteínas de los guisantes, mientras que la soja cruda es rica en inhibidores de la proteasa, y la patata cruda verde es rica en inhibidores y también en alcaloides. Las semillas de colza sembradas en invierno pueden ser bociógenas, conteniendo niveles elevados de glucosinolatos, así como también ácido erúcico almacenado; mientras que los niveles de estos venenos son mucho menores en algunas variedades sembradas en primavera. Los glucósidos cianogénicos, tales como linamarina, pueden descubrirse en harinas de mandioca mal elaboradas, y ocasionalmente en el sorgo. Los taninos suelen asociarse con el sorgo moreno, aunque también aparecen en las semillas de colza, girasol y en algunas variedades de judías; estos compuestos interrumpen la digestión, reducen la digestibilidad y son difíciles de destruir. Los alcaloides pueden aparecer en los altramuces (aunque no en los altramuces dulces), patatas y esclerotios del cornezuelo. En la mayoría de las legumbres pueden descubrirse cantidades variables de lectinas, que rompen el epitelio intestinal y alteran la absorción de nutrientes. Las judías phaseolus son especialmente ricas en lectinas, y resultan tóxicas para los cerdos cuando las consumen crudas; incluso después de tostadas siguen provocando un descenso importante del rendimiento el consumo de esta variedad de judías. Aunque los fitatos (descubiertos en las legumbres y en otras muchos vegetales) suelen asociarse con la fijación del fósforo y la quelación de calcio, magnesio, cinc y hierro (por lo que desciende la disponibilidad de estos minerales), tienen también la capacidad de reducir las eficacia de las enzimas proteasa (y amilasa).

Muchas crucíferas, no tanto como las semillas de colza, pueden ser bociógenas. Los glucosinolatos vegetales son hidrolizados por enzimas produciendo bociógenos que reducen el crecimiento.

Bociógenos, taninos, saponinas, gosipoles y alcaloides son termoestables, mientras que el calor destruye las lectinas, los inhibidores de la proteasa y otros aminoácidos venenosos. El tratamiento térmico sigue siendo el procedimiento más efectivo para contrarrestar la acción de los factores antinutritivos que son termolábiles. Este tratamiento requiere un control cuidadoso para alcanzar un calentamiento adecuado para detoxificar aunque evitando que un exceso de calor altere las proteínas; este equilibrio resulta fundamental para la producción eficaz de harina de soja tras la extracción del aceite de la soja. Los venenos termoestables solamente pueden ser extractados mediante una tecnología compleja de intercambio y/o lavado (como sucede con la harinas de semillas de colza extractadas) o, más comúnmente hasta la fecha, produciendo estirpes mejoradas de plantas que no son portadoras de estos materiales perjudiciales. El caso reciente más notable de eliminación de toxinas de los vegetales ha sido el de las colzas «canadienses» sembradas en primavera.

Los inhibidores de la proteasa, o específicamente de la tripsina o quimotripsina, actúan como factores antienzimáticos, reduciendo la digestibilidad de la proteína en el intestino. Los inhibidores de la proteasa incrementan también la secreción de enzimas pancreáticas y en consecuencia las pérdidas de proteínas endógenas. Los niveles de inhibidores de la tripsina resultan sumamente elevados en algunos alimentos, particularmente en las familias de las judías (habas, soja) y patatas (Tabla 9.3).

La digestibilidad de la proteína puede ser inferior al 30% en la soja y en la patata sin tratamiento térmico. Estos inhibidores de la proteasa no actúan de forma específica en relación con los alimentos que los contienen, sino de forma general dentro del ambiente intestinal. Así, descenderá la digestibilidad de *toda* la proteína de una dieta que contenga soja cruda. En general, ha sido establecido que los factores antinutricionales de los vegetales que influyen adversamente sobre la absorción de la proteína siguen siendo unos compuestos misteriosos y mal conocidos.

Tabla 9.3 Presencia de factores antinutricionales inhibidores de tripsina y quimotripsina en algunos alimentos.

Presente en cantidad suficiente para influir notablemente sobre el rendimiento del cerdo	*Presente en cantidad suficiente para influir de forma significativa sobre el rendimiento del cerdo*	*Presente en cantidad suficiente para influir ligeramente sobre el rendimiento del cerdo*	*No presente en cantidad suficiente para influir algo sobre el rendimiento del cerdo*
Soja cruda	Garbanzos	Centeno	Maíz
Judías adzuki	Guandúes	Triticale	Avena
Patata cruda	Chícharos	Altramuces	Trigo
	Guisantes	Cebada	
	Judías mung		
	Habas		

Como los inhibidores de la proteasa están constituidos en sí mismos por proteína, su actividad puede ser destruida mediante tratamiento térmico. El calentamiento parcial determina una destrucción parcial, y esta graduación del efecto del tratamiento determina que el control de calidad resulte tan importante para las semillas de soja (y para las patatas) destinadas a formar parte de las dietas porcinas. Un procedimiento de contrarrestar un reducido nivel de actividad inhibidora consiste en proporcionar cantidades abundantes de proteína, y durante muchos años se ha aceptado que las dietas que contienen habas deberán prepararse con un contenido más generoso de proteína. Recientemente se dispone de variedades de soja con un nivel bajo de inhibidores de la tripsina. Sin embargo, cuando se ingieren las semillas crudas, la digestibilidad de la proteína sigue experimentando un descenso importante y resulta preciso un tratamiento térmico completo.

Lugar de la digestión

Generalmente, la digestibilidad de la proteína calculada como $(PB_i - PB_f)/PB_i$ es sobre un 10% (5-20%) superior a la digestibilidad determinada en el punto de salida de la digesta del ileon terminal. Buena parte de la razón de esto es consecuencia de la desaparición de amoniaco y aminas en el intestino grueso. Así, mientras que la «digestión» puede producirse principalmente en el intestino delgado proximal al ileon terminal, la «desaparición»puede producirse en cualquier lugar del tracto digestivo incluido el intestino grueso. Los materiales nitrogenados que desaparecen del tracto digestivo representan la proteína bruta absorbida aunque no las moléculas de proteína realmente disponibles para el cerdo, ya que los productos nitrogenados procedentes de la fermentación en el intestino grueso tienden a ser excretados directamente con la orina. Aunque el valor de la PBD suele hallarse, por consiguiente, en la región de 0,85 × PB, el valor efectivo de la PBD puede ser perfectamente más próximo a 0,70 × PB. Debido a esto, el interés por la digestibilidad *ileal* de la proteína es actualmente mayor que el interés por la digestibilidad *fecal.*

La proteína de la dieta no es, por supuesto, ni mejor ni peor que sus aminoácidos componentes; el animal busca los aminoácidos que le proporciona la proteína de su pienso. En consecuencia, el contenido de proteína suele expresarse mejor a través de su composición en aminoácidos, y la utilización efectiva de la proteína se expresa en términos de sus aminoácidos digestibles. Debido al papel confuso del intestino grueso, la digestibilidad en el ileon terminal correspondiente a los aminoácidos esenciales individuales parece ser actualmente el método más útil de expresar el valor de la proteína tanto de un ingrediente como de una dieta mixta.

Aminoácidos digestibles en el íleon

La proteína ingerida es atacada en el estómago por la pepsina y el ácido clorhídrico, e hidrolizada en el intestino delgado por enzimas segregadas por el

Tabla 9.4 Balance de aminoácidos en el punto de ingestión (en relación a la lisina = 100) comparado con el balance en íleon terminal. Véase cómo ha cambiado el balance, los procesos digestivos actúan de forma desigual sobre los diversos aminoácidos. Estas diferentes tasas de absorción son importantes para la valoración correcta de un alimento y añaden peso a la necesidad de conocer la digestión en el intestino delgado.

	En el punto de ingestión	*En el íleon terminal*
Lisina	100	100
Metionina + cistina	60	50
Treonina	65	70
Triptófano	20	25
Leucina	100	130

páncreas y la pared intestinal. Los aminoácidos así obtenidos pueden ser absorbidos del intestino delgado y utilizados por el cerdo. La eficacia del intestino delgado parece ser superior para digerir unos aminoácidos que otros. Así el balance de aminoácidos, unos en relación con otros, en el alimento no se verá reflejado perfectamente en el balance de aminoácidos descubierto en el íleon terminal (ver Tabla 9.4).

La absorción diferencial de aminoácidos en el intestino delgado es variable entre los alimentos y, en consecuencia, constituye un factor importante a considerar en la valoración de los alimentos.

En el intestino delgado se produce cierta degradación bacteriana de los aminoácidos, aunque es ligera. Solamente al pasar del íleon al ciego e intestino grueso se ven sometidos los residuos proteicos a un nivel importante de ataque microbiano, mientras que ahora resulta escasa la producción enzimática de aminoácidos. La microflora del intestino grueso, constituida por 10^{10} bacterias por gramo de digesta, puede actuar perfectamente sobre un 15-20% de material proteico residual en la digesta distal al íleon terminal; aunque la desaparición de nitrógeno del intestino grueso no refleja la producción de material útil para el cerdo. El nitrógeno aparece principalmente en forma de moléculas no amino inútiles que son eliminadas directamente con la orina. Al no ser absorbidos aminoácidos útiles en el intestino grueso, la digestibilidad determinada en el íleon terminal es probable que proporcione un cálculo mejor de la capacidad de utilización que la digestibilidad determinada en la excreción fecal. La excreción fecal de aminoácidos es, de hecho, dependiente del cerdo en cierto grado, al estar constituida en parte por células y secreciones endógenas, y este elemento de la pérdida fecal total es, por consiguiente, relativamente menos afectado por los tipos de alimentos dentro de un margen convencional.

Los valores correspondientes a la digestibilidad en el íleon terminal –digestibilidades ileales– suelen ser un 8% aproximadamente menores que las digestibilidades fecales (sobre 43 alimentos, digestibilidad ileal de la proteína bruta = 0,92 de su digestibilidad fecal). Si esta relación se mantuviese constante, la precisión no sería mayor usando los valores de la digestibilidad ileal en lugar de la fecal. Aunque no es constante y varía entre los aminoácidos y entre los ingredientes de los piensos. Una razón para que exista esta variación consiste en que algunos alimentos (tales como las harinas de carne y hueso, las de despojos y algunas fuentes de proteína vegetal que son más difíciles de digerir) tienen una mayor proporción que tiende a eludir la digestión en el intestino delgado y pasa al intestino grueso, donde es más probable que la proteína sea degradada por la flora microbiana intestinal hasta nitrógeno no amino en lugar de ser absorbida en forma de aminoácidos. En el caso importante de la harina de soja, mientras que la digestibilidad ileal de los aminoácidos es normalmente sobre un 8% inferior a la digestibilidad fecal, cuando las semillas son sometidas a un calentamiento inferior o superior al preciso la diferencia aumenta hasta casi el 20%.

Aunque la diferencia entre la digestibilidad ileal y fecal de la proteína depende del alimento de una forma evidente, también sucede que esta diferencia es variable entre los aminoácidos. Así, aunque la diferencia entre la digestibilidad ileal y fecal de la proteína de los cereales es casi del 10%, la diferencia entre la digestibilidad ileal y fecal de la lisina de los cereales es del 5% aproximadamente. La treonina y el triptófano son particularmente propensos a desaparecer del intestino grueso mediante desaminación o decarboxilación, mientras que incluso puede producirse síntesis bacteriana neta de metionina. La tasa y el tipo de degradación que tiene lugar en el intestino grueso depende mucho del ambiente de la ingesta, especialmente del nivel y tipo de carbohidratos presentes y de la existencia o ausencia de toxinas.

Estas diferencias en el comportamiento de los aminoácidos en el intestino delgado y grueso se pone de manifiesto por la tendencia general de que las digestibilidades ileales de treonina y triptófano sean relativamente inferiores a la digestibilidad general de la proteína, mientras que la digestibilidad ileal de la metionina es generalmente superior.

En la Tabla 9.5 se incluye la digestibilidad ileal de la proteína y de cuatro de los aminoácidos más interesantes de algunos alimentos, mientras que la Tabla 9.6 presenta el cociente entre la digestibilidad de aminoácidos en el íleon y la digestibilidad ileal de la proteína bruta, los valores son promedios correspondientes a 43 alimentos. Aunque la digestibilidad ileal de la lisina que aparece en la

Tabla 9.5 Digestibilidad ileal de algunos aminoácidos de ciertos alimentos (los valores proceden en su mayoría de tan solo unas pocas determinaciones).

	Proteína[1]	*Lisina*	*Metionina*	*Treonina*	*Triptófano*
Cebada	0,70-0,80	0,70-0,80	0,75-0,85	0,65-0,75	0,70-0,80
Trigo	0,70-0,80	0,70-0,80	0,75-0,85	0,65-0,75	0,70-0,80
Maíz	0,70-0,80	0,70-0,80	0,75-0,85	0,65-0,75	0,70-0,80
Residuos de trigo	0,30-0,60	0,30-0,70	0,30-0,50	0,40-0,50	0,50-0,60
Pienso gluten de maíz	0,40-0,60	0,50-0,60	0,57-0,70	0,40-0,55	0,30-0,40
Harina de soja extractada	0,75-0,85	0,80-0,90	0,80-0,90	0,75-0,80	0,75-0,80
Harina de colza[2]	0,40-0,60	0,50-0,70	0,60-0,80	0,50-0,70	0,50-0,70
Harina de carne y hueso	0,40-0,70	0,50-0,70	0,60-0,80	0,50-0,65	0,40-0,60
Harina de pescado	0,80-0,90	0,85-0,95	0,85-0,95	0,75-0,85	0,70-0,75

[1] En general, la digestibilidad ileal de la proteína bruta es un 8% aproximadamente inferior que su digestibilidad fecal. Excepciones interesantes son la harina de colza (12% inferior), el pienso de gluten de maíz y la harina de gluten de maíz (16% inferior), los medianos de trigo (17% inferior) y la harina de carne y hueso (14% inferior).

[2] Con frecuencia, típico de la harina de semillas de algodón, de la harina de coco y de altramuces, de algunos otros subproductos, y de ciertos ingredientes secundarios.

Tabla 9.6 Cociente de digestibilidad ileal de aminoácidos:digestibilidad ileal de proteína bruta (promedio de 43 alimentos).

	Digestibilidad ileal de aminoácidos/ digestibilidad ileal de proteína bruta
Isoleucina	1,06
Lisina	1,02
Metionina	1,20
Treonina	0,95
Triptófano	0,95

[1] La metionina es casi dos veces tan variable para este carácter como los otros aminoácidos. En el caso del maíz, los cocientes para lisina, treonina y triptófano son 0,88, 0,94 y 0,92. En la harina de plumas el cociente para la lisina es 0,72.

Tabla 9.5 es bastante similar a la digestibilidad ileal de la proteína bruta en conjunto, esta relación depende del alimento. Así, mientras que la digestibilidad ileal de la lisina presente en la harina de pescado es algo superior a la digestibilidad ileal de la proteína bruta, la digestibilidad ileal de la lisina presente en la harina de plumas es considerablemente inferior a la digestibilidad ileal de la proteína bruta de la harina de plumas.

El empleo de la digestibilidad ileal correspondiente a los aminoácidos esenciales parece ser un procedimiento apropiado para determinar el potencial de los ingredientes de un pienso para satisfacer las especificaciones en aminoácidos de una dieta porcina. Esta suposición se fundamenta en experiencias de alimentación en las que la tasa de crecimiento mantuvo una correlación mucho más estrecha con la digestibilidad ileal que con la digestibilidad fecal.

Todavía no existe un número adecuado de determinaciones múltiples efectivas de las digestibilidades ileales aparentes de los aminoácidos esenciales presentes en los alimentos que reciben los cerdos. Esto se traduce en una carencia de determinaciones exactas y documentadas correspondientes a muchos alimentos, y la variación entre las determinaciones realizadas, sin explicación de los motivos de dicha variación, sigue siendo un aspecto preocupante en la definición de los alimentos de esta forma. Sin embargo, el concepto constituye claramente una mejora sobre la determinación simple de la proteína bruta, por lo que expertos en nutrición y fabricantes de piensos compuestos están poniendo rápidamente al día los datos correspondientes a las digestibilidades ileales de los aminoácidos esenciales. Actualmente aparecen nuevas metodologías para calcular la digestibilidad ileal de los aminoácidos para los cerdos. Con frecuencia puede obtenerse una buena aproximación de estos valores realizando las determinaciones en otras especies, tales como pollos o ratas. Resultan claramente atractivas las técnicas enzimáticas *in vitro*, junto con un conocimiento de los carbohidratos presentes en la dieta. Se han realizado experiencias, que resultan prometedoras, con técnicas modificadas basadas en el empleo de bolsas de nilón. Mientras, los estudios *in vivo* con cerdos vivos canulados en el íleon terminal seguirán sindo el fundamento para determinar la digestibilidad de los aminoácidos de los alimentos, aunque ciertamente aparecerán medios de predicción más rápidos. También es razonable suponer que la variación entre partidas de alimentos en cuanto a su contenido de aminoácidos digestibles será interpretada con mayor facilidad.

Aminoácidos disponibles

Podría suponerse que, una vez absorbidos, los aminoácidos quedan disponibles para que el cerdo los destine para fines de mantenimiento, crecimiento o lactación. El nivel de empleo final es, por supuesto, modificado por el nivel de necesidades (no se utilizan los excedentes sobre las necesidades), y por el equilibrio adecuado, unos con otros, de los aminoácidos absorbidos en relación con el equilibrio de los aminoácidos necesarios para los procesos anabólicos (los aminoácidos aportados, aunque sin mantener un equilibrio con los restantes, no son utilizados).

Sin embargo, incluso después de tener en cuenta estas pérdidas previstas de aminoácidos absorbidos, todavía los valores de la digestibilidad ileal sobrevaloran el valor nutritivo neto. La tasa de utilización de los aminoácidos digestibles ileales equilibrados, no aportados en cuantías superiores a las necesidades, no es totalmente eficaz. Este fenómeno ha sido estudiado durante largo tiempo por el DR. TED BATTERHAM en Wollongbar en Nueva Gales del Sur, Australia. La digestibilidad ileal de los aminoácidos lisina, treonina, metionina y triptófano presentes tanto en harinas de semillas de algodón como de soja pueden calcularse en 0,7-0,8. Aunque la cantidad retenida de la lisina presente en la proteína de las semillas de algodón es solamente sobre el 40% de la digerida ilealmente; mientras que es retenida el 80% aproximadamente de la lisina procedente de la proteína de la soja digerida en el íleon. Igualmente, mientras que puede ser retenida sobre el 45% de la proteína presente en la harina de semillas de algodón y digerida en el íleon, el valor equivalente para la treonina de la soja es el 65% aproximadamente de la digerida. Para la metionina, los porcentajes equivalentes de retención de los aminoácidos digeridos ilealmente son 60 y 70%. Este problema de la posibilidad de utilización de los aminoácidos digeridos parece afectar de forma particular a las proteínas de harinas que han sido procesadas, o que requieren cierto grado de tratamiento térmico.

Puede conjeturarse que ningún proceso biológico puede ser posiblemente eficaz al 100%. Podría justificarse una pérdida consecuencia de la eficiencia mecánica. Un valor apropiado para la eficacia de la transferencia de los aminoácidos absorbidos equilibrados hacia la proteína tisular (v) puede oscilar generalmente de 0,80 a 0,95 para alimentos convencionales de elevada calidad. Dicho valor parece fundamentarse en las retenciones alcanzadas de aminoácidos digeridos ilealmente procedentes de harinas de pescado y de soja. Sin embargo, según ya ha sido demostrado, la información procedente de otros alimentos como semillas de algodón y altramuces demuestra que este valor de la eficiencia mecánica es dependiente del alimento; en la práctica puede variar de 0,5 a 0,95. Todavía se desconoce la causa de este fallo en el empleo de los aminoácidos absorbidos, aunque puede asociarse con las velocidades relativas de absorción, presencia de toxinas, fijación de los aminoácidos a nivel intestinal o anterior o con cualquier otro fenómeno bioquímico no diagnosticado.

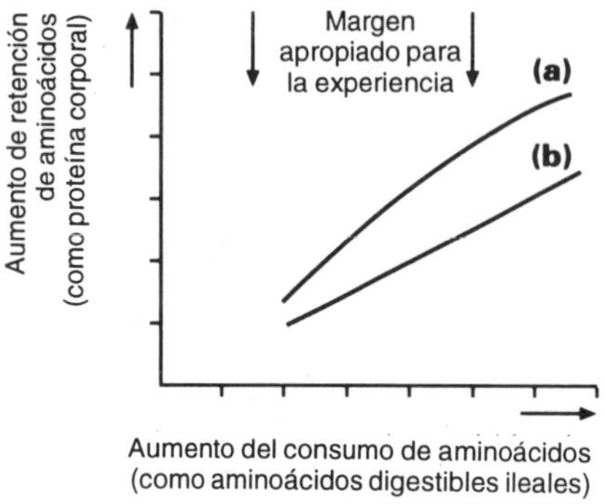

Figura 9.3 Ensayo de cociente de pendiente comparando la eficacia del empleo de aminoácidos digeridos en el ileon para el crecimiento de los cerdos: (a) según un pienso estándar y (b) según un pienso sometido a estudio. Nótese que el ensayo debe completarse sobre el margen de la respuesta lineal. La retención de aminoácidos puede medirse mediante sacrificio comparativo o predicción. La pendiente del alimento estudiado es inferior que la del testigo, indicando en este caso una interferencia relativamente mayor en la disponibilidad de aminoácidos tras su absorción.

El concepto de v, y su posible variabilidad entre los alimentos, pone de manifiesto la importancia de considerar la disponibilidad final de los aminoácidos como la determinación verdadera del valor nutritivo, la disponibilidad añade al coeficiente de digestibilidad ileal otro coeficiente para la utilización. Debido a la naturaleza misterioso de v, la disponibilidad global de los aminoácidos puede ser determinada mejor, con frecuencia, mediante pruebas biológicas tales como estudios de respuesta del crecimiento. Uno de dichos estudios es la prueba del cociente de la pendiente que hace uso de niveles graduales del ingrediente sometido a estudio en relación con niveles graduales de un pienso estándar, o aminoácido artificial (Figura 9.3). Son medidas las respuestas relativas (como retención de N, crecimiento, ganancia de la canal, eficiencia u otra cualquiera). Cuando se comparan con un aminoácido artificial, puede tomarse como unidad el coeficiente de digestibilidad ileal y el valor v del aminoácido artificial. El cociente de las pendientes de los rendimientos proporcionará un coeficiente de la utilización relativa del aminoácido del alimento estudiado.

Existe evidencia suficiente de que la descripción de un alimento requiere una cierta definición de los aminoácidos disponibles, como la aportada por el producto de la digestibilidad ileal y v. La determinación de v y/o la valoración de la disponibilidad global mediante una prueba de crecimiento requiere una atención científica continuada. Cuando se dispone con facilidad de ingredientes alimenticios convencionales (tales como productos animales de elevada calidad, cereales, y proteínas vegetales de gran calidad procedentes de los procesos de la extracción de aceite), los estudios realizados con los mismos pueden tener un interés científico más que práctico. Aunque cuando deben usarse alimentos menos convencionales, o una mayor diversidad de alimentos debido a la calidad variable del producto o a la varibilidad en su disponibilidad, o cuando tienen que valorarse alimentos nuevos, resulta fundamental determinar la eficacia de la utilización de los aminoácidos absorbidos (v). Esta última posición persiste en muchos países productores de cerdos de todo el mundo, y será considerada como la norma en lugar de la excepción.

Valores orientativos del contenido en proteína y aminoácidos de los alimentos para los cerdos

En el Apéndice 1 se encuentran valores orientativos sobre los niveles de proteína bruta, proteína digestible, aminoácidos digestibles en heces e ileon, junto con notas referentes a las probables disponibilidades finales. Estos valores pueden usarse para calcular el valor monetario de los alimentios y para formular correctamente dietas con los mismos. Los valores que aparecen en los libros sobre contenido nutritivo nunca son tan exactos como los determinados directamente con muestras de los alimentos en cuestión. Sin embargo, no suele ser necesario, debido a su coste, determinar siempre de forma directa los valores nutritivos. Dado un conjunto cuidadosamente preparado de valores orientativos, y un procedimiento para vigilar la respuesta del rendimiento, la formulación de dietas basándose en información como la incluida en el Apéndice 1 puede ser bastante adecuada para la mayoría de los propósitos. Esto se aplica especialmente al empleo de ingredientes convencionales y bien conocidos.

CAPÍTULO 10

Valor de las grasas en las dietas para los cerdos

Introducción

La energía disponible en las grasas utilizables es unas 2,25 veces la presente en los carbohidratos utilizables.

Los principales ácidos grasos que aparecen en las grasas de los alimentos son palmítico (16:0), esteárico (18:0), oleico (18:1) y linoleico (18:2); aunque también pueden descubrirse láurico (12:0), mirístico (14:0), palmitoleico (16:1), linolénico (18:3), araquidónico (20:4), eicosapentaenoico (20:5), erúcico (22:1) y docosaexaenoico (22:6). (En «18:2», etc., el número anterior a los dos puntos hace referencia al número de átomos de carbono en la cadena, y el número posterior a los dos puntos corresponde al número de dobles enlaces). Los ácidos grasos sin dobles enlaces (por ej., 18:0) son llamados saturados y sus puntos de fusión son altos. Un doble enlace (por ej., 18:1) constituye un ácido graso monoinsaturado, y cuando existen dos o más dobles enlaces (por ej., 18:2) el ácido graso es poliinsaturado (AGPI). El cociente entre ácidos grasos insaturados y saturados en un alimento tiene consecuencias importantes para el valor dietético del alimento y para el valor como alimento de la carne porcina que se obtiene.

Las principales fuentes de aceites vegetales, en orden de importancia, son las semillas de soja (17,5% de aceite) [rico en ácidos grasos 18:2], palma (50% de aceite) [rico en 16:0, 18:1 en mesocarpo; 12:0, 14:0 en la semilla], semillas de girasol (40% de aceite) [rico en 18:2], semillas de colza (35% de aceite) [rico en 22:1 (erúcico) y 18:1 (variedades cero)], cacahuete (45% de aceite) [rico en 18:2], coco (65% de aceite) [rico en 12:0], semillas de algodón (20% de aceite) [rico en 18:2, 18:1]. El ácido erúcico es tóxico, y el aceite de semillas de algodón puede contener elementos tóxicos. Las principales fuentes de grasas animales son sebo de vacuno [18:1, 16:0, 18:0], grasa de ovino [18:1, 16:0, 18:0], grasa de cerdo [18:1, 16:0, 18:2] y aceites de pescado [18:1, 16:0, 20:1, 22:1]. Los ácidos grasos con cadenas cuya longitud es superior a 18 son notables en el aceite de pescado, y un cambio en el balance de ácidos grasos saturados [18:0] hacia insaturados [18:2] resulta evidente cuando se comparan los rumiantes con los cerdos.

El aceite de soja disponible en el comercio y el aceite de soja-ácido contienen sobre el 10% de 16:0 y el 5% de 18:0 (20% saturado); 30% de 18:1 y 50% de 18:2 (80% insaturado). El aceite de palma-ácido contiene sobre el 45% de 16:0 y el 5% de 18:0 (50% saturado); 40% de 18:1 y 10% de 18:2 (50% insaturado). El sebo de vacuno contiene sobre el 25% de 16:0 y 20% de 18:0 (50% saturado); 40% de 18:1 y 5% de 18:2 (50% insaturado). Los aceites de pescado son interesantes por sus ácidos grasos 20 y 22 altamente insaturados. Esto determina que sean propensos al enranciamiento y adquisición de malos olores, aunque algunos (como C20:5) son posiblemente beneficiosos para la salud humana. Una fuente residual importante es el aceite vegetal recuperado (AVR). Éste puede contener hasta el 45% de 16:0 y tan sólo el 1% de 18:2, aunque es muy variable. El AVR es menos digestible que otras fuentes de grasa y su valor resulta dudoso en una mezcla. La Tabla 10.1 muestra la composición en ácidos grasos de algunas fuentes comunes de grasa alimenticia.

Tabla 10.1 Composición aproximada de ácidos grasos (% de los lípidos totales).

	Aceite de soja	*Aceite de colza*	*Aceite de palma*	*Aceite ácido de soja*	*Coco*[1]	*Sebo de vacuno*	*Grasa de cerdo*	*Aceite de pescado*	*Aceites ácidos blandos mezclados*
C16:0	10	5	45	10	35	25	20	20	10
C16:1	–	–	–	–	–	5	–	10	–
C18:0	5	2	5	5	15	20	15	5	5
C18:1	25	55	40	30	–	40	45	15	40
C18:2	50	25	10	50	10	5	15[2]	5	30
C18:3	5	10	–	5	–	1	–	3	5
C20:3	5	–	–	–	–	–	–	–	–
C20:4	–	–	–	–	–	–	–	3	–
C20:5	–	–	–	–	–	–	–	20	–
C22:5	–	–	–	–	–	–	–	2	–
C22:6	5	–	–	–	–	–	–	15	–
FFA[3]	1	1	80	65	–	10	–	1	65

[1] También rico en C12.

[2] Valores típicos cuando la dieta contiene 15 g de ácido linoleico/kg. Si el contenido de ácido linoleico en la dieta es >5%, puede aumentar el nivel de ácido linoleico en la grasa del cerdo hasta niveles superiores al 35%. Los tejidos adiposos porcinos se rompen y se reajustan según crece el cerdo. La retirada de niveles dietéticos elevados de ácido linoleico provocará un descenso de su contenido en la grasa del cerdo dependiente del crecimiento que ha realizado el cerdo tras reducir el ácido linoleico de la dieta. Siendo Y el ácido linoleico en el tejido graso del cerdo (%) y X la ganancia de peso vivo (kg) que se produce entre la retirada de una dieta rica en ácido linoleico y el momento en que se determina el contenido de ácido linoleico en la grasa del cerdo, entonces $Y = 34 - 0{,}3X$.

[3] Ácidos grasos libres.

Nótese que el maíz en grano posee 4-5% de aceite que contiene sobre el 50% de 18:2 + 18:3 que mejorará la digestibilidad de los ácidos grasos saturados añadidos a dietas basadas en el maíz. La mayoría de los restantes cereales contienen 2-3% de grasa con un 50% aproximadamente de 18:2. La harina de carne y hueso es pobre en ácido linoleico (tan sólo el 6% aproximadamente de la grasa).

La calidad del sebo de vacuno es sumamente variable y debe ser examinado cuidadosamente para determinar su composición en ácidos grasos, niveles de peróxido e impurezas generales. El nivel de ácidos grasos libres (AGL) se utiliza como un control de calidad, y resulta deseable menos del 15% de ácidos grasos libres. Un sebo de elevada calidad (AGL <5%, peróxido 2,5 m.eq. (kg) puede ser totalmente digerido por los cerdos adultos (ED = 39 MJ/kg); mientras que un sebo mal conservado (AGL >40%, peróxido 4,0), o un sebo inferior de tipo pienso, puede ser digestible en un 75% (ED = 30) o menos.

Los aceites ácidos, tales como soja-ácido y el aceite de palma-ácido, presentan niveles elevados de ácidos grasos libres (sobre el 80%) y proceden de los procesos de la hidrólisis industrial de las grasas. Con frecuencia una mezcla que contenga aceites ácidos de soja o palma, junto con, por ejemplo, sebo o aceite de soja, puede contener fácilmente el 40-50% de ácidos grasos libres. Los aceites ácidos constituyen actualmente una proporción importante de las grasas tipo pienso que no son sebo. Han sido escasos los problemas percibidos con niveles elevados de ácidos grasos libres en los productos de los aceites vegetales, y, una vez estabilizados, son considerados por algunos casi tan valiosos como los triglicéridos del sebo y del aceite de soja. Los productos grasos con niveles elevados de ácidos grasos libres, particularmente cuando son superiores al 30%, son, sin embargo, peor digeridos, y su digestibilidad resulta siempre más variable. El proceso de hidrólisis industrial no es idéntico del que tiene lugar en el intestino del cerdo, y se supone que esta es la razón de que descienda el valor de la ED al aumentar el contenido de AGL –descenso que resulta más acentuado en los animales jóvenes que en los adultos–. Niveles variables de ácidos grasos libres procedentes de diversas fuentes pueden influir asimismo en la sapidez de las dietas. Esta es una de las razones por las que los fabricantes de piensos compuestos no aceptan de forma voluntaria un nivel elevado de ácidos grasos libres, que solamente es aceptado en base a unos precios favorables.

Los ácidos grasos de cadena corta y mediana son más blandos aunque menos sabrosos que los ácidos grasos de cadena más larga, si bien cuando la longitud de la cadena es superior a 20 pueden ser propensos a adquirir malos olores (a pescado). En consecuencia el contenido de ácidos grasos con cadenas inferiores a 16 y superiores a 20 debe ser mínimo, inferior al 2,5%.

Alfatocoferol (vitamina E) inhibe la oxidación de los ácidos grasos insaturados, por lo que si la fuente de grasa presenta un nivel elevado de poliinsaturados, entonces debe incluirse vitamina E en la cuantía de 0,6 mg/g de ácido linoleico (18:2). Los aceites vegetales ya contienen generalmente cantidades elevadas de vitamina E. Como consecuencia de los dobles enlaces, los poliinsaturados son propensos a oxidarse con formación de peróxidos, los cuales reducen intensamente la sapidez incluso con niveles bajos. El enranciamiento oxidativo es una reacción en cadena, por lo que una vez se inicia el proceso va siendo más rápido; las grasas ricas en linoleico son particularmente susceptibles. En las dietas para los animales suplementadas con grasa suelen emplearse antioxidantes, hidroxitolueno butilado o alfatocoferol (vitamina E).

Los animales pueden anabolizar, aunque con un coste metabólico considerable, 18:0 y 16:0 a partir de carbohidratos, posteriormente (si es necesario) introducen dobles enlaces en los ácidos grasos saturados (es decir, los desaturan) en la posición 9 (para formar así oleico a partir del esteárico), aunque no en posición 12. Por consiguiente, el ácido 9,12-linoleico (18:2) resulta esencial (es decir, no puede ser elaborado en el interior del animal). El araquidónico es necesario para las prostaglandinas y se obtiene del linoleico a través del gamma-linolénico (18:3). La serie del ácido linolénico resulta esencial para el funcionamiento normal del corazón y de la circulación sanguínea, y para los sistemas endocrino e inmune. Idealmente, el ácido linoleico deberá aportar como mínimo un 4% aproximadamente de la energía total de la dieta; para el animal lactante, el 8% de la energía total de la dieta. Esto es consecuencia no solamente de su valor como precursor de componentes esenciales para el organismo, sino también porque el ácido graso poliinsaturado de la dieta es unas 20 veces más eficaz para incoporarse a la grasa del animal y de la leche que si dichos ácidos grasos han de ser elaborados por el animal a partir de otros nutrientes de la dieta.

Las grasas ricas en ácidos grasos saturados, o con cadenas de longitud media (12:0, 14:0, 16:0, 18:0), son generalmente peor absorbidos, mientras que los aceites vegetales ricos en ácidos grasos insaturados, o con cadenas más largas (18:1, 18:2, 20:1, 22:1) son absorbidos fácilmente y resultan altamente digestibles. El valor de la ED de un aceite de soja de elevada calidad es probable que se aproxime a 37 MJ/kg, mientras que en el caso de un sebo de alta calidad es probable que sea de 33 MJ/kg aproximadamente. Los aceites que han sido hidrogenados presentan una digestibilidad reducida (los aceites de pescado no hidrogenados alcanzan una digestibilidad del 90%, mientras que los aceites de pescado parcialmente hidrogenados y los aceites de pescado hidrogenados solamente tienen una digestibilidad del 60-80%). Los valores de la energía digestible correspondientes a los aceites de pescado no hidrogenados suelen oscilar entre 34 y 37 MJ de ED/kg, mientras que el cálculo para los acceites de pescado parcialmente hidrogenados es de 28-34 MJ de ED/kg.

Para ser absorbidos, los ácidos grasos procedentes de la grasa hidrolizada pueden ser fijados a una proteína que prefiere los ácidos grasos insaturados a los saturados, y los de cadena larga a los de cadena corta o mediana. Así, la digestibilidad mejora con la longitud de la cadena y con el grado de insaturación. Los ácidos grasos insaturados pueden favorecer también la solubilidad (y posibilidad de absorción) de los lípidos no polares, tales como el ácido esteárico, en la fase micelar absorbente; de esta forma la adición de linoleico puede estimular mediante sinergismo la digestibilidad y la absorción de ácidos grasos saturados que se digieren peor. El sinergismo es máximo cuando son más bajos los niveles de inclusión de grasa.

Los cerdos jóvenes, aunque utilizan la grasa dietética procedente de la leche con eficacia (lógicamente), no digieren bien las grasas de los piensos, aunque los ácidos grasos insaturados de cadena larga son digeridos más fácilmente que los ácidos grasos saturados y/o de cadena mediana. No es clara la razón por la que las grasas vegetales son peor digeridas que las grasas de la leche de las cerdas, aunque así sucede claramente en el caso de los cerdos recién destetados que no digieren los ácidos grasos de forma tan eficaz como los cerdos adultos.

Los niveles de inclusión de grasa de hasta el 10% no parecen reducir significativamente la eficacia de la digestión (o utilización) en los cerdos, aunque esta opinión es acremente contestada y algunos autores sugieren que el valor de la ED desciende cuando los niveles de inclusión de grasa en la dieta son superiores al 7%. Así, el valor efectivo de la energía digestible de las grasas puede reducirse con el nivel de inclusión, originando un cambio de segundo grado en lugar de lineal en el valor de la energía digestible de las dietas al aumentar los niveles de grasa añadida. Al establecer comparaciones con la ED de las grasas insaturadas altamente digestibles, los sebos menos digestibles (16:0, 18:0), y los ácidos grasos libres peor utilizados, es muy probable que presenten el fenómeno de que descienda el valor de su ED al aumentar el nivel de inclusión de grasa en la dieta.

Los incrementos progresivos de grasas utilizables en las dietas de los cerdos hasta niveles del 8%, y posiblemente mayores, puede suponerse que determinan incrementos *proporcionales* en la densidad energética de la dieta. El aumento de la densidad energética de las dietas de cerdos jóvenes y en crecimiento parece ir asociado con mejoras lineales correspondientes de la tasa de crecimiento de los animales con escaso crecimiento consecuencia de falta de apetito. La economía de este crecimiento depende del coste de las adiciones de grasa, aunque no solamente será más rápido el crecimiento mejorando la eficacia de las estirpes modernas de cerdos sino que al disminuir el número de días para el sacrificio aumentan las ventas, descienden los costes fijos y puede reducirse la concentración de ganado (con las consiguientes mejoras posteriores de la tasa de crecimiento). Se afirma que las especies monogástricas «comerán hasta cubrir sus necesidades de energía»; es decir, que ingerirán voluntariamente menor cantidad de una dieta rica en energía. Aunque así sucede en cierta medida, el efecto no es contrapesado, por lo que el consumo de energía aumenta con dietas ricas energía. La adición de grasas a las dietas de animales que ya reciben una asignación limitada de pienso resulta, por supuesto, ilógica (a no ser que el coste por unidad de energía disponible sea inferior para la grasa que para los carbohidratos), y mientras la energía de los carbohidratos sea más barata que la energía de la grasa por megajulio de energía neta obtenida, una mayor cantidad de un pienso menos denso constituye una mejor táctica de producción que la misma cantidad de un pienso más denso.

Las grasas pienso suelen competir con los cereales como fuentes de energía sobre la base del coste por unidad de energía utilizable. Aunque existen otras ventajas derivadas de la inclusión de grasa en la dieta.

En las especies monogástricas, las grasas de la dieta pueden frenar la velocidad de paso de la digesta y mejorar la digestibilidad de los restantes componentes del pienso –especialmente de los carbohidratos– aumentando así el valor presumible de la energía metabolizable de la fracción correspondiente a los carbohidratos de la dieta y atribuyendo a la grasa un valor energético destacado. Dado que la presencia de grasa en la dieta puede mejorar la eficacia con que es utilizada la energía metabolizable total de la dieta, resulta técnicamente posible que, en las dietas que reciben las especies monogástricas, los valores de la energía metabolizable correspondientes a las grasas sean iguales o superiores al valor de la energía bruta.

Con igual consumo de pienso, una dieta que contenga grasa añadida proporcionará más energía; esto adquiere una importancia particular cuando la capacidad física limita el apetito, como sucede en cerdos jóvenes y en hembras lactantes. Además, las grasas de la dieta pueden aumentar el apetito (consumo de pienso) en los cerdos mediante: (a) incremento de la sapidez y (b) al reducir la necesidad de disipar el calor corporal (la energía aportada en forma de grasa, comparada con la energía de los carbohidratos, origina una reducida carga de calor, al ser absorbida de forma eficaz y posteriormente convertida de componentes de la dieta en tejido adiposo). Este fenómeno tiene una especial importancia en animales cuyo apetito puede estar reducido debido a un elevado nivel de producción de calor (como sucede en las cerdas lactantes), y en los cerdos explotados en climas cálidos donde el nivel de consumo voluntario de pienso se descubre como inaceptablemente bajo consecuencia de una temperatura ambiental elevada.

Los gránulos recubiertos de grasa mejoran su calidad y disminuyen el contenido de polvo. Esto no solamente reduce las pérdidas de pienso y mejora las condiciones de la atmósfera ambiental, sino que también reducirá la incidencia de enfermedades respiratorias y mejorará la tasa de crecimiento y el índice de conversión del pienso.

Valor de las grasas en las dietas de los cerdos

El valor correspondiente a la EM de las grasas pienso de calidad aceptable con un cociente entre ácidos grasos insaturados:saturados superior a 1,5:1 será aproximadamente de 32 MJ de EM/kg. La ecuación para su predicción de la Escuela de Agricultura de Edimburgo indica 33 MJ de EM/kg. La energía metabolizada procedente de las grasas se utiliza peor que la energía obtenida de los carbohidratos para mantenimiento, aunque es mejor utilizada para crecimiento (la síntesis de grasa corporal a partir de la grasa de la dieta se realiza con una eficacia aproximada del 90%, mientras que la síntesis de grasa corporal a partir de los carbohidratos se realiza con una eficacia de tan solo el 70%). El hecho de que haya de eliminarse menor cantidad de calor no solamente mejora la eficacia, sino que además incrementa el apetito en ambientes cálidos. Sin embargo, en ambientes fríos el mismo fenómeno supone que es menor la resistencia al frío de los cerdos que reciben dietas ricas en grasa. Así, en comparación con los carbohidratos, es posible que el valor efectivo de la EM de las grasas sea igual (o superior) que el valor de la energía bruta. Debido a las consecuencias metabólicas del consumo de grasa, la energía neta efectiva en un ambiente cálido podría ser perfectamente de unos 40 MJ/kg, mientras que en un ambiente frío al no ser precisa la eliminación calor, con la consiguiente necesidad de tener que quemar nutrientes específicamente para termogénesis frente al frío, podría determinar que el valor efectivo de la energía neta de la grasa de la dieta fuese de tan sólo 25 MJ/kg.

La incorporación de grasa a las dietas de las cerdas lactantes puede incrementar la producción de leche hasta en un 25%. El uso de dietas con elevada densidad de energía para cerdas lactantes cuyo consumo total de energía es limitado por el apetito ejerce el efecto añadido de reducir la tasa de pérdidas de grasa corporal. Como el engrasamiento de las cerdas contribuye de forma importante a la eficacia de la reproducción, cuando se aprecia que las pérdidas rápidas de grasa o niveles absolutos bajos de grasa suponen un problema en las cerdas lactantes, aumentar la densidad de la grasa mediante la incorporación de grasa es probable que resulte una táctica nutritiva eficaz.

Los cerdos que nacen con pesos inferiores a 1 kg es probable que presenten una mayor tasa de mortalidad. El consumo de 200 g/día de grasa durante las 2 últimas semanas de gestación puede mejorar la supervivencia postnatal de los cerditos nacidos de cerdas delgadas.

La grasa reduce la digestibilidad de la fibra cuando son bajos los niveles de fibra. Los niveles dietéticos de calcio y de magnesio superiores al 1% pueden reducir significativamente el valor de la ED (de 35 a 30) debido a la formación de jabones. Los jabones de los ácidos grasos saturados son los menos digestibles. Los cerdos jóvenes utilizan mal el sebo y nada en absoluto los sebos totalmente hidrogenados. La digestibilidad de las grasas (tanto vegetales como animales) mejora en los cerdos con edades superiores a 10 semanas.

Una de las causas más inmediatas de que descienda el valor energético por reducción de la digestibilidad es la presencia de una grasa mezclada con materiales grasos inútiles que en los análisis aparecen como grasas aunque no son utilizables por el cerdo. Un caso típico es el de las grasas oxidadas y las grasas insaponificables que pueden representar más del 10% de los lípidos totales al analizar una muestra de mala calidad, aunque normalmente representarán menos del 3,5%. Las fuentes de grasa pueden contener también impurezas sin valor que no son grasas, tales como agua y politeno (total máximo, 1,0). En algunas mezclas de grasas pueden descubrirse niveles bajos de glicerina; aunque no es una grasa tiene, por supuesto, utilidad nutritiva.

Los ácidos grasos saturados tienen en los cerdos un potencial reducido para la formación micelar y, en consecuencia, son peor absorbidos que los ácidos grasos insaturados. Cuando el cociente de ácidos grasos insaturados:saturados aumenta hasta 2:1, la digestibilidad de la grasa de la mezcla sigue mejorando (desde el 40% aproximadamente para una grasa totalmente saturada hasta el 60% para una mezcla de 1:1 y el 80% para una mezcla 2:1).

La adición de grasas a la dieta aumentará el apetito, aunque las dietas más ricas en ácidos grasos libres, y en consecuencia más pobres en triglicéridos, son menos sabrosas para los cerdos. En los cerdos, un nivel de ácidos grasos que sea elevado (superior al 30%) puede reducir la digestibilidad al 70%.

Incorporación de las grasas de la dieta a la grasa de la canal del animal

El tejido adiposo de las especies monogástricas refleja la composición de la dieta en ácidos grasos ya que estos últimos son absorbidos principalmente sin modificar. El empleo de grasas vegetales insaturadas en las dietas porcinas determinará un aumento en los niveles de ácido linoleico en la grasa de los cerdos. Esto es consecuencia de que los ácidos grasos de cadena larga pueden incorporarse directamente, o con un cambio escaso, al tejido adiposo del animal al que aportan valores elevados de energía neta. Un suplemento rico en ácido linoleico producirá tejido adiposo rico en linoleico en cerdos y aves; este tejido puede aumentar desde un contenido normal del 10-15% de ácido linoleico hasta el 30-40% con una consecuencia grave al reblandecer la grasa de la canal. (Esto, por supuesto, no sucede en los rumiantes, porque el linoleico es hidrogenado en el rumen). El ácido linoleico resulta, por supuesto, esencial para cerdos jóvenes con pesos vivos de hasta 30 kg en una cuantía mínima del 1,5% de la dieta, y para los cerdos adultos con un mínimo de 0,75%. Niveles superiores al 1,5% pueden determinar que la grasa sea blanda, aunque no sucede así de forma invariable. La grasa blanda puede evitarse mediante la incorporación de ácidos grasos saturados (sebo) en la mezcla; aunque reducen la digestibilidad. Por fortuna, la digestibilidad del sebo es mejor en los cerdos adultos en las semanas inmediatamente previas a su sacrificio cuando es más importante que el tejido adiposo formado en ese momento no contenga un nivel demasiado elevado de ácidos grasos insaturados de cadena larga.

La grasa presente en las dietas de los cerdos aumenta la sapidez y el consumo así como la densidad de nutrientes, por lo que la adición de grasa a la dieta puede provocar que el consumo de energía sea claramente excesivo. Esto aumentará la predisposición del animal a depositar una cantidad extra de grasa en la canal. En consecuencia, resulta razonable suponer que la adición de grasa a la dieta aumentará la posibilidad de que se incremente el contenido graso del organismo y de la canal. Ciertamente, la grasa corporal formada en el caso de los cerdos reflejará la transferencia directa de los ácidos grasos de la dieta a los ácidos grasos corporales. Sin embargo, la tasa absoluta de crecimiento del tejido adiposo solamente aumenta si existe un exceso en el aporte total de energía sobre las necesidades para el aumento de proteína y el crecimiento mínimo de grasa. Así, existirá una tendencia para que las dietas con elevada densidad nutritiva, favorecida por las grasas añadidas, determinen mayores niveles de grasa en la canal únicamente si (a) la cantidad de energía en relación con la proteína de la dieta aparece desequilibrada por un exceso de energía o (b) si el consumo total de energía (equilibrada o no) resulta excesiva debido a un incremento de la ingestión de energía porque el apetito del animal ha aumentado como resultado de una confusa reducción de calor o aumento de la sapidez de la dieta (o cualquier otra causa relacionada con la incorporación de grasa a la dieta que estimule el consumo).

Composición de dietas usando grasas y aceites

- Los aceites puros pueden tener razonablemente un cierto parecido, los aceites ácidos son más variables, mientras que la calidad de los sebos es sumamente variable, desde sebos de elevada calidad, que son excelentes, hasta materiales totalmente hidrogenados de baja calidad, que pueden resultar totalmente inútiles en las dietas de los cerdos. Los aceites vegetales recuperados y otras fuentes diversas pueden tener un valor escaso. La variación en el valor nutritivo de los suplementos de grasa puede oscilar, en consecuencia, desde casi cero hasta más de 40 MJ efectivos de EM/kg, dependiendo totalmente de las fuentes elegidas y de la integridad de quien efectúa la mezcla. No resulta incorrecto sugerir que con un determinado valor supuesto de 32 MJ de EM/kg, las materias disponibles en el comercio puedan presentar valores efectivos que oscilan entre 24 para algunas mezclas comerciales y 40 para aceites puros de elevada calidad. Algunas mezclas comerciales pueden valores efectivos de ED ligeramente superiores a 25 MJ de ED/kg, particularmente si se incluyen en las dietas en niveles muy altos.

- Las materias de elevada calidad pueden aportar un beneficio considerable a la dieta superior al valor dado de la EM. Así los valores supuestos para aceites analizados químicamente, suelen ser de unos 30-35 MJ de EM o de ED/kg, aunque pueden subestimar o sobrevalorar el valor efectivo de la grasa. Los beneficios añadidos serían la mejora de la digestibilidad de otros componentes de la dieta, mejora de la calidad de los gránulos y mayor consumo de pienso. Incluso con un precio favorable para el sebo en comparación con el de los aceites vegetales, siempre resulta rentable incluir en la mezcla con el sebo al menos un 20% de aceite vegetal para alcanzar sinergismo y mejorar la digestibilidad del sebo.
- Los cerdos jóvenes digieren la grasa bastante mal, aunque pronto mejora esta circunstancia. Los monogástricos digieren siempre mejor los aceites vegetales que los sebos, con independencia de las dietas de iniciación de elevada calidad, en las que puede incluirse en la mezcla sebo de elevada calidad con niveles crecientes según la edad.
- Los cerdos pueden beneficiarse, en las debidas condiciones, de hasta el 8-10% de grasa en su dieta. Ésta puede incorporarse en la mezcladora, en el troquel, para recubrir los gránulos, añadida a través de un medio rico en grasa de soja, o mediante cualquier combinación de estos métodos.
- Los monogástricos se encuentran mejor adaptados para digerir los ácidos grasos insaturados por lo que las mezclas de grasa para los cerdos contendrán cantidades mínimas o nulas de aceites de palma, y niveles relativamente mayores de soja junto con sebo.
- Ante las mejoras actuales en el nivel general de la calidad de la grasa que llega al comercio, y la discriminación contra el empleo de materiales de baja calidad, lleva a suponer que, si el precio es competitivo con otras fuentes de energía, aumentarán las cantidades usadas en las dietas de los animales. Recientemente han sido identificados muchos beneficios para la grasa de la dieta además del valor por MJ de EM. No obstante, debe procederse con cuidado, para equilibrar la energía extra de la grasa con proteína apropiada de elevada calidad, o el desequilibrio resultante provocará el aporte de un exceso de energía y canales engrasadas.
- Las especificaciones sobre las diversas mezclas de grasa que utilizan los fabricantes de pienso se consiguen mejor de los propios fabricantes. En términos generales, el fabricante puede emplear una mezcla con fines generales para todas las especies, o seleccionar una mezcla especial para los cerdos. Tres mezclas se adaptan a las posibilidades de dos tipos de monogástricos (una más rica en sebo para los animales adultos). Algunas veces, puede usarse una mezcla con fines generales con el 75% de sebo y el 25% de aproximadamente soja con toda su grasa para cerdos para corregir la deficiencia de ácidos grasos insaturados.
- Las fuentes de grasas y aceites para los cerdos suelen ser mezclas de sebo con aceites vegetales procedentes de soja, maíz, girasol, colza y palma, junto con aceites ácidos (ácidos grasos libres) y subproductos y aceites recuperados. La mezcla de mejor calidad es probablemente la formada por aceite de soja y sebo de elevada calidad. Una especificación apropiada para cerdos

jóvenes y en crecimiento puede señalar un máximo del 30% de ácidos grasos libres, un máximo del 30% de ácidos grasos saturados, un mínimo del 20% de linoleico (18:1) y del 4% de linolénico (18:3), con un 40% aproximadamente de oleico (18:1) (la mezcla equilibrada contiene, entre otros, alrededor del 5-10% de esteárico y del 15-20% de palmítico) y un cociente «sebo-soja»de 50:50. El cociente entre ácidos grasos insaturados y saturados en el aceite de soja es sobre 7:1, mientras que este cociente en el sebo es alrededor de 1:1. El cociente entre ácidos grasos insaturados y saturados en una mezcla al 50:50 se aproximará a 2:1. Para cerdos en crecimiento de más edad, el máximo de ácidos grasos libres puede variar hasta el 40%, el máximo de ácidos grasos saturados hasta el 40% y el cociente«sebo:soja» puede ser 60:40 aproximadamente. Con frecuencia, estas normas para los cerdos se inclinarán hacia una mayor cantidad de sebo en la mezcla si se amplía la diferencia de precio entre el sebo y la soja, o se percibe el riesgo de producir canales engrasadas blandas y no será infrecuente una mezcla con fines generales para cerdos de 70:30.

CAPÍTULO 11

Necesidades de energía y de proteína para mantenimiento, crecimiento y reproducción

Introducción

Las necesidades nutritivas son aportadas por los nutrientes de los alimentos. Por consiguiente, las necesidades deben expresarse en términos totalmente compatibles, y abiertas a un encaje 1:1, con las descripciones de los alimentos.

Han sido efectuados muchos miles de experimentos para medir la respuesta de los cerdos a niveles graduales de consumo de nutrientes. La Figura 1.1 muestra los resultados de uno de dichos experimentos para identificar las necesidades de un aminoácido. La necesidad se considera como próxima al punto en que disminuye la respuesta, en la región de 5,0 gramos diarios.

Los problemas de estas determinaciones son múltiples, incluyendo:

1 Una necesidad distinta para cada criterio diferente de valoración (transformación del pienso, calidad de la canal, margen económico, etc).
2 Necesidad de un experimento multigradual complejo para cada nutriente, cada ambiente, cada época y lugar y para cada tipo de cerdo (peso, edad, genotipo), y para todas las interacciones entre nutrientes, tipos de cerdos, épocas, ambientes y lugares.
3 El factor limitativo no suele ser la determinación de la necesidad, sino una deficiencia de otro nutriente (Figura 11.2).

El procedimiento más apropiado, con posibilidades generales de aplicación, consiste en identificar las necesidades en términos de constantes y factores de eficacia para cada uno de los productos específicos precisos. Así puede calcularse el aporte necesario de nutriente para cualquier determinado nivel de producto o función. Para los propósitos actuales los mismos consisten en una combinación de retención de proteína, de lípidos, de carga fetal, lactación, termogénesis frente al frío y mantenimiento.

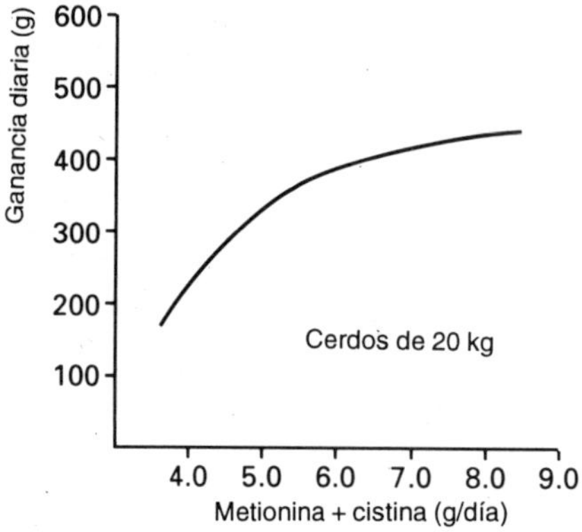

Figura 11.1 Respuesta de la tasa de crecimiento ante niveles graduales de metionina + cistina, identificando las necesidades en unos 5 g diarios de aminoácidos.

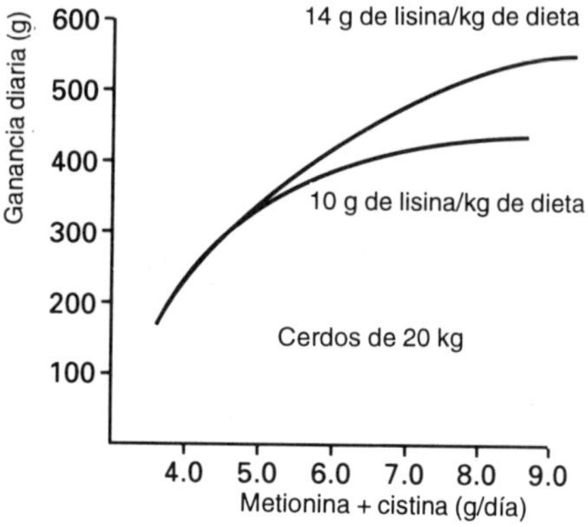

Figura 11.2 Respuesta de la tasa de crecimiento ante niveles graduales de metionina + cistina en dos dietas, una con 10 g de lisina por kg de dieta y la otra con 14 g de lisina por kg de dieta, identificando las necesidades en unos 8 g diarios de aminoácidos. Incluso con un nivel adecuado de lisina, la respuesta puede ser limitada por algunos otros nutrientes, quizás la energía.

Energía

Las necesidades de energía de los cerdos se establecen de forma más conveniente en términos de energía metabolizable (EM). La necesidad de energía se calcula posteriormente a partir de la energía neta precisa para una determinada función, y la eficacia asociada a la utilización de la EM.

No toda la energía se utiliza igualmente bien para todos los propósitos. Para obtener energía de la proteína debe ser desaminada primero, proceso que consume energía por sí mismo. Aunque la proteína contiene unos 23,6 MJ/kg, el rendimiento en EM procedente de la proteína digerida que ha sido desaminada es de unos 11,5 MJ/kg (la desaminación cuesta unos 5 MJ/kg de proteína y son eliminados 7 MJ/kg de proteína con la orina asociados con los compuestos nitrogenados). La energía de la fibra se obtiene a través de los productos finales de la digestión en forma de ácidos grasos volátiles, cuya eficacia es solamente del 50% con respecto al empleo de la energía procedente de la glucosa; la energía de los lípidos se utiliza especialmente bien si es reincorporada a la grasa corporal. La EM efectiva de la fibra digerida puede ser considerada como aproximadamente 0,5 del valor de la ED. La EM de carbohidratos y lípidos puede considerarse como 1,0 de la ED. Como los niveles de fibra son relativamente bajos en la mayoría (aunque no en todas) de las dietas convencionales de los cerdos, el principal controlador de este sistema es, de hecho, la cantidad de energía procedente de la proteína. La EM suele ser sobre 0,96 de la ED, variando en una dieta mixta de 0,94 a 0,97; el valor menor se aplica cuando existe una elevada tasa de desaminación y excreción urinaria de N debido bien a un exceso de proteína en la dieta o al aporte de dietas con desequilibrios entre los aminoácidos.

Mantenimiento

La energía para mantenimiento (E_m, MJ de EM por día) suele expresarse como una función de $W^{0,75}$ (W = peso en kg) porque los animales mayores tienen menores necesidades de mantenimiento en relación con el peso corporal:

$$E_m = 0{,}440W^{0{,}75}$$

(Ecuación 11.1)

que sigue siendo el mejor de todos los cálculos de las necesidades de energía para mantenimiento. El exponente tres cuartos (0,75) no tiene un significado biológico especial y el Agricultural and Food Research Council Working Party del Reino Unido descubrió que $0{,}72W^{0{,}63}$ aporta la línea que mejor se adapta a los cerdos en crecimiento. Existe la sospecha de que el exponente para el peso vivo es útil simplemente porque supone un ajuste para los cerdos que son portadores de más grasa según van siendo más pesados y, porque una buena parte del gasto de energía para mantenimiento esta relacionado con el intercambio de proteína en los tejidos corporales, por lo que también puede ser lógico el empleo de una función basada en la masa de proteína (Pt), tal como:

$$\text{Cerdos en crecimiento: } E_m = 1{,}75Pt^{0{,}75}$$

(Ecuación 11.2)

el exponente ahora corresponde a cerdos de mayor tamaño que intercambian su masa de proteína más lentamente que los cerdos pequeños. La ecuación 11.2 es apropiada para cerdos en crecimiento. Para cerdas reproductoras el exponente de la Ecuación 11.2 resulta también satisfactorio con valores superiores para Pt, y:

$$\text{Cerdas reproductoras: } E_m = 0{,}44W^{0{,}75} = 1{,}75\ Pt^{0{,}75}$$

(Ecuación 11.3)

Las temperaturas ambientales (T) inferiores a la temperatura crítica o de confort (Tc) inducen termogénesis por frío. El coste energético de la termogénesis por frío (E_h^1) puede estimarse en 0,018 MJ de EM por cada kg de peso corporal metabólico ($W^{0,75}$)y por cada grado (C) de frío (Tc – T) para cerdos alojados unitariamente, y de 0,012 MJ para cerdos alojados en grupos:

$$E_h^1 = 0{,}012W^{0{,}75}(Tc - T)$$

(Ecuación 11.4)

Tc es modificada por sí misma según sea el nivel de actividad metabólica del animal. Mayores consumos de pienso y tasas superiores de crecimiento o de producción de leche determinarán que la temperatura crítica efectiva sea menor y, en consecuencia, mayor la resistencia al frío al producir el organismo una cuantía elevada de calor. La temperatura crítica (ºC) puede calcularse como:

$$Tc = 27 - 0{,}6H$$

(Ecuación 11.5)

siendo H la producción total de calor corporal, que es la suma de todas las funciones de trabajo corporal para mantenimiento, crecimiento de proteína y tejidos grasos, lactación, crecimiento fetal y desaminación de la proteína.

La calidad del medio ambiente modifica la temperatura ambiental efectiva, así:

$$T = T(Ve)(VI)$$

(Ecuación 11.6)

siendo Ve un cálculo del efecto modificador de la velocidad del movimiento del aire y del aislamiento, y VI un cálculo del efecto modificador del tipo de suelo. Los valores para Ve y VI se incluyen en la Tabla 11.1

Producción

Un kilogramo de proteína retenida (Pr) contiene 23,6 MJ. En promedio, son precisos unos 31 MJ adicionales por kg de Pr para cubrir el coste del trabajo energético del intercambio de proteína tisular asociado con el anabolismo de la proteína, y el coste energético de la propia síntesis de tejido. Esto determina un coste total de energía por kg de proteína retenida (E_{Pr}) de 55 MJ:

$$E_{Pr} = 23{,}6Pr + 31Pr$$

(Ecuación 11.7)

siendo la eficacia de la retención de proteína (k_{Pr}) igual a 0,44. Esto, sin embargo, constituye una descripción inadecuada. Aunque el coste de la síntesis de

Tabla 11.1 Puntuaciones para Ve y VI usadas en el cálculo de la temperatura ambiental efectiva (T) en la ecuación T = T(Ve)(VI).

Tasa del movimiento del aire y grado de aislamiento	Ve
Aislado, sin corrientes	1,0
No aislado, sin corrientes	0,9
Aislado, corriente ligera	0,8
Aislado, con corrientes	0,7
No aislado, con corrientes	0,6
Tipo de suelo en la zona para tumbarse	VI
Cama gruesa de paja	1,4
Cama delgada de paja	1,2
Sin cama sobre suelo aislado	1,0
Suelo de listones sin corrientes	1,0
Sin cama sobre suelo sin aislar	0,9
Suelo de listones con corrientes debajo	0,8
Sin cama sobre suelo húmedo, sin aislar	0,7

tejido –la reunión de los aminoácidos para formar proteína corporal– es probablemente independiente tanto de la velocidad de la síntesis como del tamaño del cerdo y representa unos 5 MJ por kg de proteína sintetizada (los cálculos varían de 4 a 8), el coste energético del intercambio tisular mantiene probablemente una relación positiva tanto con la velocidad del intercambio como con la masa de proteína tisular (Pt). En cerdos jóvenes con unos 20 kg de peso vivo, la relación entre proteína nueva retenida e intercambio total de proteína es aproximadamente 1:5, mientras que en cerdos más viejos con 100 kg de peso vivo la relación es aproximadamente de 1:8. La mayor parte del gasto de energía para la síntesis de proteína puede ser, en consecuencia, variable en lugar de fijo, y relacionado positivamente con el tamaño del cerdo. Siendo Px la masa total de proteína intercambiada en un día (incluyendo la proteína nueva depositada):

$$E_{Pr} = 5Px + 23{,}6Pr$$

(Ecuación 11.8)

Todavía no se ha aclarado la determinación definitiva de la tasa diaria de intercambio de proteína corporal, ni los factores que influyen sobre dicha tasa. No obstante, puede suponerse que existe un valor mínimo, probablemente en la región del 5% de la masa total de proteína corporal (Pt):

$$Px_{min} = 0{,}05Pt$$

(Ecuación 11.9)

También puede suponerse que el intercambio es en cierta manera función del grado de madurez, y se ha calculado lo siguiente:

$$Px = Pr/(0{,}23[P\hat{t} - Pt]/P\hat{t})$$

(Ecuación 11.10)

siendo $P\hat{t}$ la masa total de proteína del animal adulto. Sigue siendo imposible cuantificar la posibilidad de que Px se encuentre relacionada también en cierta medida proporcional con Pr, ya que las tasas diarias superiores de retención de proteína pueden asociarse con mayores tasas de intercambio diario de proteína.

Resulta necesario asignar valores a Pt y $P\hat{t}$. Pt se acumula según crece el cerdo y, en consecuencia, es autogenerada; generalmente su valor se aproxima a 0,16W. $P\hat{t}$ es influenciada intensamente por el tipo de cerdo y puede variar entre 25 y 50 kg, aunque para los genotipos modernos suele aceptarse actualmente que es de unos 40-50 kg. Como la tasa diaria de retención de proteína aparece fuertemente relacionada con el tamaño del animal adulto, puede ser posible calcular $P\hat{t}$ conociendo la tasa máxima de deposición de proteína (Pr) asociada con un determinado sexo o genotipo (el coeficiente de crecimiento de Gompertz, B, se describe en el Capítulo 3 y en la Tabla 3.4):

$$P\hat{t} = e(P\hat{r})/B$$

(Ecuación 11.11)

Como al menos parte de lo anterior sigue siendo una conjetura, y no bien cuantificada, puede perdonarse la asignación de un valor único y fijo para k_{Pr} de 0,44. No obstante muchos expertos en nutrición cren que k_{Pr} puede alcanzar valores superiores de hasta 0,54 para los cerdos más jóvenes, y tener valores inferiores a 0,38 para cerdos con pesos de 100 kg o superiores.

En el caso de las cerdas, el cálculo de E_{Pr}, con la complicación que suponen los cálculos del intercambio, presenta la consecuencia desafortunada de que al aproximarse la madurez el coste de los pequeños incrementos restantes se aproxima al infinito –hecho que es inaceptable– y un valor fijo para k_{Pr} de, digamos, 0,44 resulta más recomendable.

Un kilogramo de lípidos retenidos (Lr) contendrá 39,3 MJ. La mayor parte de la energía consumida en el trabajo asociado con la retención de los lípidos es consecuencia de la formación y reunión de los ácidos grasos adecuados, y el intercambio de lípidos tiene un coste energético pequeño. Tan sólo unos 14 MJ por kg de Lr se consideran precisos para aportar la energía precisa para el trabajo del intercambio y síntesis de tejido graso, determinando un coste total de energía para la retención de lípidos de 53 MJ por kg:

$$E_{Lr} = 39{,}3Lr + 14Lr$$

(Ecuación 11.12)

la eficacia de la retención de lípidos (k_{Lr}) es 0,75. En contraste con la situación de la retención de proteína, esta descripción resulta totalmente adecuada porque el intercambio de tejido graso es mucho más lento y menos importante. En el caso de que una proporción importante del sustrato destinado a la síntesis de lípidos corresponda a los lípidos de la dieta, k_{Lr} puede ser superior a 0,75, al ser la eficacia de la transferencia directa de hasta 0,90.

Reproducción

La gestación impone el desarrollo progresivo de la carga fetal, de la placenta y las membranas fetales, de los líquidos fetales, del útero y del desarrollo inicial de las glándulas mamarias. El útero grávido final a término pesa unos 25 kg y contiene casi 3 kg de proteína y 85 MJ de energía. La tasa de la deposición de energía en el útero (E_u) es ligera en el inicio de la gestación aunque aumenta de forma exponencial. Investigadores franceses y del Reino Unido determinaron en Shinfield:

$$E_u(\text{MJ/día}) = 0{,}107e^{0{,}027t}$$

(Ecuación 11.13)

siendo t el día de gestación. La eficacia del empleo de la EM para la deposición de energía en el útero (k_u) es probablemente alrededor de 0,5. El coste energético de la deposición en el útero grávido parece ser, por consiguiente, para la días 20, 80 y 110 de gestación, 0,4, 1,9 y 4,2 MJ de EM respectivamente (si t = 110, entonces $E_u/0{,}5 = 4{,}2$).

La tasa de deposición de energía en el tejido mamario (E_{mamas}) ha sido determinado de forma similar a E_u por el equipo de Francia/Reino Unido:

$$E_{mamas}(MJ/día) = 0,115e^{0,016t}$$

(Ecuación 11.14)

La eficacia de esta deposición (k_{mamas}) es probablemente similar a la de k_u, 0,5. Así en los días 80 y 110 de gestación son precisos unos 0,8 y1,3 MJ de EM respectivamente.

El nivel de lactación depende mucho del tamaño de la camada (Capítulo 4). Como el coste energético de la ganancia del peso vivo del cerdito lactante es aproximadamente de 22 MJ de EM/kg y el valor energético de la leche es de 5,4 MJ de EM/kg (conteniendo 55 g de proteína, 50 g de lactosa y 80 g de grasa por kg), el rendimiento lácteo puede calcularse como:

$$\text{Ganancia diaria del cerdito} \times \text{número de cerditos} \times 4$$

(Ecuación 11.15)

Los cerditos lactantes individuales pueden ganar 200-400 gramos diarios dependiendo de su edad y tamaño.

La eficacia con que es utilizada la EM procedente de la dieta para la producción de leche (k_l) puede tomarse como 0,70. La energía necesaria para la formación de 1 kg de leche, incluida la energía retenida en la leche, es por lo tanto de 7,7 MJ de EM por kg. Durante la lactación, las cerdas perderán cantidades importantes de lípidos procedentes del cuerpo materno que se destinan a mantener la síntesis de leche –especialmente la síntesis de la grasa de la leche– con una elevada eficacia de 0,85 o más. La pérdida de 0,5 kg de tejido graso aportaría, en consecuencia, 16,7 MJ ($39,3 \times 0,5 \times 0,85$), y al ser precisos 5,4 MJ de EM por kg de leche, resultaría suficiente para cubrir las necesidades para 3,1 kg de leche (los mismos 3,1 kg de leche precisarían 23,9 MJ de fuentes dietéticas; en términos de equivalentes dietéticos, 1 kg de lípidos corporales corresponde a 48 MJ de la dieta).

En el caso de que la proteína corporal sea catabolizada para aportar sustratos para la síntesis de la lactosa o de la grasa de la leche (en lugar de para la proteína de la leche), la eficacia de la conversión será mucho menor, 0,5.

Proteína

Las proteínas de la dieta son digeridas y absorbidas como aminoácidos. Los valores de la digestibilidad ileal constituyen una orientación apropiada para calcular la tasa probable de aparición de aminoácidos en el organismo, aunque el factor de eficacia v (Capítulo 9), la proporción de aminoácidos absorbidos disponibles para el metabolismo, determina un descenso de los aminoácidos digestibles en el íleon para obtener un cálculo verdadero de los aminoácidos disponibles.

El contenido proteináceo de los alimentos consta de aminoácidos y de nitrógeno no proteico. De los 22 aminoácidos descubiertos comúnmente, nueve son esenciales para el cerdo. Estos no pueden ser elaborados en el organismo. Algunos aminoácidos no esenciales pueden ser sintetizados a partir de nitrógeno no proteico, y los aminoácidos no esenciales son interconvertibles. Las necesidades de proteína suelen expresarse, por consiguiente, en términos de (a) aporte total de proteína en forma de proteína bruta (PB) o de proteína bruta digestible (PBD) y (b) de aminoácidos que deben ser aportados al cerdo mediante la dieta.

Estas dos fracciones deben ser suministradas a los cerdos de forma adecuada para que resulte eficaz la economía de la proteína. Se da por supuesto que si el aporte de aminoácidos esenciales es el adecuado, entonces también lo será el equilibrio de los no esenciales. Esto será cierto para cerdos alimentados con alimentos convencionales, aunque puede inducir a error la posibilidad de adquirir aminoácidos puros, y la moda de presentar el contenido de proteína de la dieta en términos de un solo aminoácido, la lisina. Es posible –aunque improbable– que los aminoácidos lisina, treonina, metionina y triptófano sean suministrados por la industria procedentes de fuentes artificiales hasta alcanzar el nivel de necesidades de la dieta, aunque el cerdo padecerá una clara deficiencia de proteína bruta digestible.

El organismo necesita proteína para (i) reponer las pérdidas consecuentes del intercambio de proteína tisular que es muy activo aunque no totalmente eficaz, (ii) para la elaboración de enzimas corporales, reposición de las células del epitelio intestinal y síntesis de diversas secreciones intestinales y (iii) para la deposición y retención en el crecimiento del tejido magro, la carga fetal y la leche.

La utilización de la proteína digerida:proteína ideal

La cantidad de proteína de la dieta disponible para el metabolismo depende del nivel de aminoácidos suministrados. Con frecuencia se presta un interés especial a los aminoácidos que precisan los cerdos en niveles elevados aunque su contenido en los alimentos es comparativamente reducido: lisina, treonina, metionina y triptófano.

Como el organismo no utiliza los aminoácidos aportados en forma de entidades individuales, sino más bien para la síntesis de proteínas a partir de mezclas de aminoácidos esenciales y no esenciales, el equilibrio de los aminoácidos esenciales resulta crucial para que sea óptima la utilización de la proteína. El metabolismo de la proteína precisa un suministro de «proteína ideal»; es decir, aminoácidos esenciales correctamente equilibrados para fines diversos de mantenimiento y de producción. Los aminoácidos aportados fuera del equilibrio necesario no pueden ser utilizados para la síntesis de proteína y, en consecuencia, deben ser desaminados.

El valor de la proteína de una dieta depende de la relación del equilibrio de los aminoácidos esenciales precisos para elaborar la proteína ideal por una parte, y del equilibrio de los aminoácidos aportados por la dieta por otra parte. Esto no puede considerarse como una sugerencia en el sentido de que las dietas porcinas deban componerse para que el suministro de proteína corresponda exactamente con su forma ideal; esto no solamente sería sumamente costoso bajo un punto de vista económico sino que además desaprovecharía el potencial biológico del cerdo para transformar las proteínas de los cereales de baja calidad en proteína de carne porcina de mejor calidad. La propuesta, sin embargo, impone el conocimiento de la proporción de la proteína total de la dieta que será utilizada por el cerdo para fines productivos. Esto último resulta necesario tanto para aportar de forma efectiva las necesidades como para realizar la valoración económica correcta del papel que desempeñan los alimentos y las dietas mixtas que reciben los cerdos.

El contenido de proteína ideal de una dieta no se corresponde con la suma de las contribuciones de proteína ideal procedentes de los ingredientes. Esto es consecuencia de que los aminoácidos de los distintos alimentos pueden ser complementarios. Una mezcla sensata de alimentos, careciendo cada uno de un aminoácido diferente, puede proporcionar una dieta con una calidad muy superior a la de sus componentes individuales. En resumen, el contenido de proteína ideal en una dieta mixta no consiste en la media ponderal de los contenidos de proteína ideal de sus ingredientes.

La combinación 50/50 de un alimento en el que la proteína es solamente 0,5 ideal debido a una deficiencia de lisina, con otro que solamente es 0,4 ideal por una deficiencia de treonina, no constituye una dieta en la que proteína sea 0,45 ideal sino en una que es 0,6 ideal, porque el aminoácido esencial que es defi-

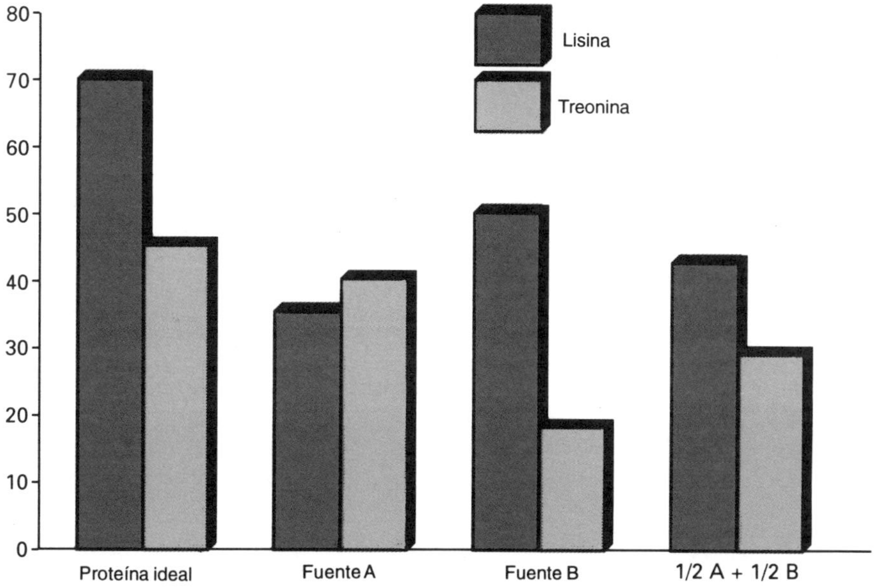

Figura 11.3 Comparada con la proteína ideal con 70 g de lisina/kg, la fuente de nutrientes A, que solamente presenta 35 g de lisina/kg, es limitada al ser inadecuado el empleo de la lisina con una eficacia de 0,5. Comparada la proteína ideal con 45 g de treonina/kg, la fuente de nutrientes B, con solamente 18 g de treonina/kg, es limitada al ser inadecuado el empleo de la treonina con una eficacia de 0,4. Según se indica, una mezcla 50/50 de A + B se emplea con una eficacia no de 0,45 (la media de las eficacias de las dos fuentes por separado) sino de 0,60.

ciente en el primer alimento es complementado por los excesos del segundo (Figura 11.3).

El cálculo del valor de la proteína requiere una definición exacta del equilibrio entre los aminoácidos esenciales en la proteína ideal para los cerdos. Se han realizado importantes investigaciones para determinar las necesidades de aminoácidos en los cerdos, especialmente en EE.UU., Polonia, Francia, Inglaterra y Escocia. El espectro de aminoácidos en la proteína ideal depende en gran medida de la producción a que se vayan a destinar los aminoácidos; es decir, proteína de carne de cerdo, leche de cerda o mantenimiento. Si existen diferencias relativamente pequeñas en la eficacia de utilización (v) de los aminoácidos individuales absorbidos, entonces la proteína ideal se aproximará mucho a la proteína de la carne del cerdo, o a la proteína de la leche de la cerda, al existir similitudes entre las dos según se indica en la Tabla 11.2. Quizás, al producirse una cierta ineficacia en la recogida de aminoácidos sulfurados durante el inter-

Tabla 11.2 Composición en aminoácidos de la proteína de la carne y de la leche porcina (g/kg).

Aminoácido	*Proteína tisular*	*Proteína de la leche*
Histidina	30	25
Isoleucina	35	40
Leucina	75	85
Lisina	70	75
Metionina + cistina	35	30
Fenilalanina + tirosina	70	80
Treonina	40	40
Triptófano	15	15
Valina	50	55
Otros no esenciales[1]	500	

[1] Alanina 70; glutamina 140; glicina 100; prolina 65; serina 40; asparagina 80.

Tabla 11.3 Proteína ideal para cerdos en crecimiento y para cerdas gestantes y lactantes. El balance preciso de aminoácidos es el balance de los aminoácidos utilizables digeridos en el íleon.

Aminoácido	*Aminoácido (g por kg de proteína ideal)*
Histidina	25
Isoleucina	40
Leucina	75
Lisina	70
Metionina + cistina	40[1]
Fenilalanina + tirosina	75[1]
Treonina	45
Triptófano	15
Valina	50
Total aminoácidos esenciales	435
Total aminoácidos no esenciales	565

[1] Al menos la mitad del primero nombrado.

cambio de proteína, los niveles de metionina + cistina de la proteína ideal podrían ser ligeramente superiores que en el tejido porcino. La Tabla 11.3 sugiere la composición en aminoácidos de la proteína ideal. El total de todos los aminoácidos esenciales en la proteína ideal parece ser justamente inferior a la mitad de la proteína total; la otra mitad representa a los aminoácidos no esenciales.

Establecido el criterio para la proteína ideal, el espectro de los aminoácidos de una dieta mixta puede ser comparado con el correspondiente a la proteína ideal y determinado el valor de la dieta (V) (Tabla 11.4). El valor efectivo de la proteína de una dieta consiste en la proporción de proteína de la dieta que se juzga utilizable en base al aminoácido más limitativo. En el caso tratado, la lisina es el más limitativo, y la eficacia máxima del empleo de la proteína de la dieta (V) para cerdos en crecimiento es 0,64 ó 64%. Podrá disponerse de 0,64 de la proteína digerida ilealmente que será posteriormente proteína disponible para ser utilizada (aunque no sea necesariamente usada toda) para mantenimiento y para la síntesis de tejidos, mientras que 0,36 será desaminada y excretada con la orina. Si existe un exceso en el aporte, la tasa de desaminación será proporcionalmente mayor. Existe posiblemente otra razón para creer que, en el caso de algunos aminoácidos, el aporte excesivo puede ejercer una influencia negativa sobre el valor de la proteína.

La adición de lisina artificial a la dieta estudiada en la Tabla 11.4 podría aumentar la concentración de lisina en la proteína hasta, por ejemplo, 55 g/kg, en cuyo caso la treonina y la metionina + cistina serían los aminoácidos limitativos y el valor de la proteína (V) sería 0,75. No obstante, puede existir cierta duda sobre la eficacia de adiciones importantes de lisina sintética para aumentar el valor de la proteína. Existe un punto de vista según el cual la eficacia de su empleo puede ser inferior a la de la lisina natural si el total de lisina artificial aporta más de 2,0 g/kg de la lisina total del pienso. Aunque según investigaciones recientes efectuadas en Irlanda parece ser que pueden añadirse de forma eficaz hasta 4 kg de lisina, 1 kg de treonina y 0,5 kg de metionina por tonelada de pienso en forma de aminoácidos artificiales a dietas en las que su contenido en estos aminoácidos de origen natural provoca una limitación. En algunas circunstancias los expertos

Tabla 11.4 Derivación del valor de la proteína (V) de una dieta mixta.

	Aminoácido utilizable y digerido en íleon (g por kg de proteína de la dieta) (A)	*Aminoácido (g por kg de proteína ideal) (B)*	*V (A/B)*
Histidina	20	25	0,80
Isoleucina	40	40	1,00
Leucina	70	75	0,93
Lisina	45	70	0,64
Metionina + cistina	30	40	0,75
Fenilalanina + tirosina	65	75	0,87
Treonina	30	45	0,67
Triptófano	10	15	0,67
Valina	40	50	0,80

El valor de la proteína (V) corresponde a la puntuación más baja en la columna A/B.

Tabla 11.5 Algunas fuentes de proteína usadas en dietas para cerdos agrupadas según su capacidad para impartir un elevado valor a la proteína de las dietas en que se incluye[1].

Clase 1 fuentes (buenas) de proteína	*Clase 2 fuentes (mediocres) de proteína*	*Clase 3 fuentes (malas) de proteína*
Harinas de pescado	Harinas de carne, y de carne y hueso	Cereales
Productos lácteos	Semillas de colza	Subproductos de cereales
Proteínas unicelulares	Cacahuetes	
Semillas de soja	Habas	

Tipo de dieta	*Valor aproximado de la proteína (V)*[2]
Sólo fuentes de clase 3	0,45-0,55
Clase 3 + clase 2	0,55-0,70
Clase 3 + clase 1 + clase 2	0,55-0,80
Clase 3 + clase 1	0,65-0,85

[1] Esta tabla se refiere a la calidad de la proteína de los alimentos. Es independiente del nivel de proteína, aunque muchos alimentos ricos en proteína se encuentran en la clase 1 y muchos alimentos pobres en proteína en las clases 2 ó 3.
[2] Cuanto más elevado sea el nivel de inclusión de cualquier fuente de proteína, mayor será su efecto sobre el valor de la proteína de la dieta. Cuando la lisina es el primer aminoácido limitante, V puede calcularse como V = [lisina en la dieta (g/kg)/PB (g/kg)]/0,07.

en nutrición pueden reforzar con 1 kg extra de lisina artificial por tonelada de pienso cuando se usan ingredientes dudosos o infrecuentes. (Puede suponerse que los aminoácidos artificiales son 100% digestibles, L-lisina HCl contiene 780 g de lisina por kg, L-treonina contiene 980 g de treonina por kg, DL-metionina contiene 980 g de metionina por kg y DL-triptófano contiene 800 g de triptófano por kg).

La proporción de proteína ideal en la proteína de los cereales suele ser 0,45 aproximadamente. En las dietas de los cerdos se añaden suplementos de proteína para aumentar el valor de las dietas basadas en cereales (ver Tabla 11.5), y estos suplementos suelen ser particularmente ricos en lisina (las proteínas de los cereales son particularmente pobres en este aminoácido). Aunque la lisina suele ser el primer aminoácido limitativo en las dietas de los cerdos y, en consecuencia, controla el valor de la proteína, no sucede así de forma invariable.

En la Figura 11.4 aparece representado el equilibrio de aminoácidos esenciales en la proteína ideal y en la proteína de los tejidos y de la leche de los cerdos, mientras que la Figura 11.5 muestra como tan sólo puede ser utilizada por el cerdo la mitad aproximadamente de la proteína de cereales no suplementada porque la proporción de proteína total de cereales que es ideal se ve limitada por la lisina.

En las dietas porcinas, los valores de la proteína dietética (V) suelen variar entre 0,65 y 0,85. Incluso cuando el cálculo del valor de la proteína de una dieta es superior a 0,85, suele ser preferible tomar el valor de 0,85 como el límite superior indicado de forma pragmática para las dietas comerciales.

La desaminación de una proporción de la proteína de la dieta que ha sido absorbida es un componente correcto de la produccción eficaz del cerdo. Los cerdos transforman proteínas vegetales de baja calidad en proteínas porcinas de

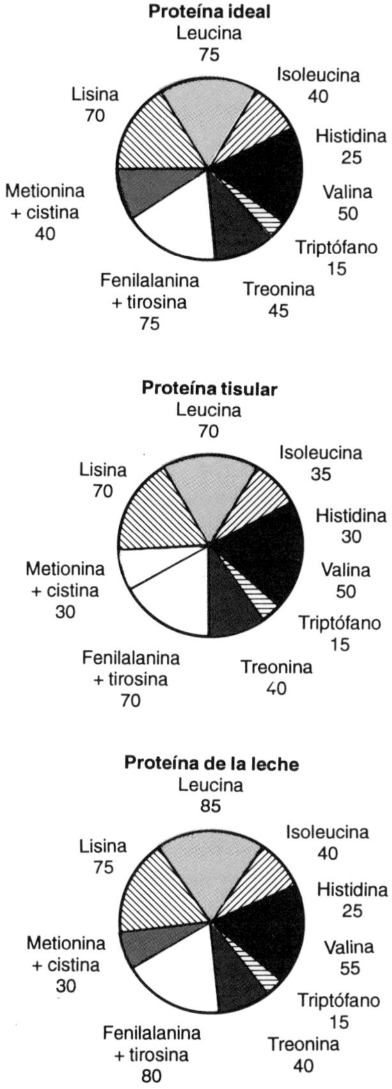

Figura 11.4 Mostrando la similitud del balance de aminoácidos esenciales en la proteína ideal, en la proteína tisular del cerdo, y en la proteína de la leche de la cerda.

superior calidad, siendo excretados los aminoácidos desequilibrados. Una dieta que contuviese solamente proteína ideal sería altamente antieconómica, y es conveniente ofrecer a los cerdos una cantidad mayor con una calidad inferior. Como el cerdo necesita su proteína en términos de masa diaria, no proporción de proteína, la proteína de una dieta con la mitad del valor biológico de otra puede cubrir

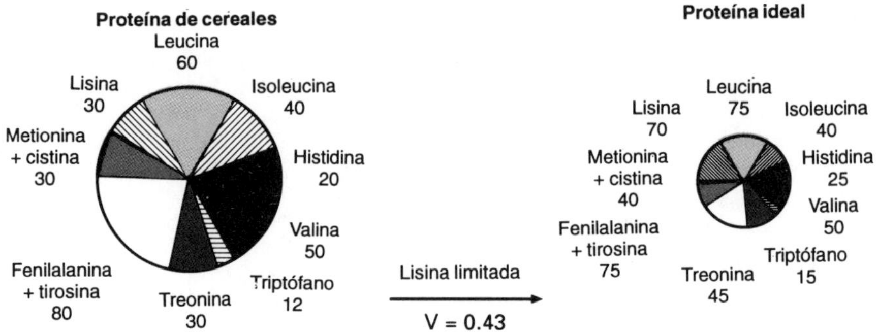

Figura 11.5 Solamente puede ser utilizado 0,43 de la proteína de cereales sin suplementar por el particular desequilibrio y la deficiencia del aminoácido lisina.

las mismas necesidades si se consume doble cantidad. Dejando a un lado las consideraciones energéticas, solamente es necesario que el precio de la segunda proteína sea inferior a la mitad del precio de la primera para que merezca la pena considerar la inclusión de la calidad inferior en la dieta.

Con la posibilidad de calcular V, la proporción de la proteína de la dieta que es ideal, el suministro de proteína puede presentarse en términos de aminoácidos esenciales digeridos ilealmente y disponibles aportados por un equilibrio ideal, es decir, por proteína ideal. El contenido de proteína bruta de las dietas porcinas suele oscilar entre 140 y 240 g de PB/kg de dieta. La digestibilidad ileal de la proteína (D_{il}) puede variar entre 0,60 y 0,90 con un promedio razonablemente previsto de 0,75 aproximadamente, dependiendo del origen y de las circunstancias. El valor de la proteína, V, de las dietas porcinas convencionales puede oscilar de 0,65 a 0,85, siendo sobre 0,75-0,85 para cerdos jóvenes, 0,70-0,80 para cerdos en crecimiento y 0,65-075 para cerdos en fase de acabado y para las cerdas. La eficacia del empleo de la proteína ideal (v) digerida ilealmente puede variar de 0,70 a 0,95.

Cuando la proteína ideal total disponible precisa diariamente para cubrir las necesidades de mantenimiento (PI_m), producción (PI_{Pr}) o reproducción ($PI_u + PI_l$), se representa como PI_t, entonces:

$$PI_t = (F)(PB)(D_{il})(V)(v)$$

(Ecuación 11.16)

siendo F el consumo de pienso, PB es la concentración de proteína bruta, D_{il} es la digestibilidad ileal de la proteína, V es el valor de la proteína en comparación con la proteína ideal en términos de equilibrio de aminoácidos y v es la eficacia del empleo de la proteína ideal absorbida.

PI_t es la fuente que aporta proteína ideal para las funciones de mantenimiento y de producción, así:

$$PI_t = PI_m + PI_{Pr} + PI_u + PI_l$$

(Ecuación 11.17)

El modelo anterior resulta eficaz para calcular el aporte de aminoácidos equilibrados (proteína ideal) para satisfacer las necesidades de mantenimiento y de producción, aunque se queda corto únicamente en el valor para D_{il} y v para representar a la totalidad de los aminoácidos, porque el algoritmo funciona en base a la proteína (PI) y no según los diversos aminoácidos componentes. Si tanto D_{il} como v presentan diferencias entre los aminoácidos, existe un procedimiento alternativo para describir el aporte de proteína en términos de cada uno de los 9 (+2) aminoácidos esenciales, $aa_{(i)}$(i = 1–9):

$$aa_{(i)} \text{ xF x } D_{il(i)} \text{ x } v_{(i)}$$

(Ecuación 11.18)

para proporcionar el aporte utilizable $aa_{(i)}(uaa)_{(i)}$ a nivel tisular. $(v)(uaa_{(i)})$ se compara posteriormente con el espectro de aminoácidos de la proteína ideal para mantenimiento (m), formación de tejidos corporales (Pr), leche (l) o concepto (u). El aminoácido aportado en menor cantidad según esta comparación proporciona el valor para V de la proteína aportada por la dieta, y los niveles de producción de Pr, l, m y u que pueden obtenerse.

Mantenimiento

La proteína es necesaria para reponer los aminoácidos perdidos con orina y heces como consecuencia de ineficacias en el intercambio de proteína, y fallo en la reabsorción desde el intestino de todas las secreciones enzimáticas y células epiteliales perdidas. Cuando se emplea la digestibilidad aparente (en lugar de la digestibilidad verdadera), como sucede en la determinación de la digestibilidad ileal de la proteína bruta, entonces las pérdidas fecales metabólicas se restan de la dieta y no deben contarse dos veces. El mantenimiento, por consiguiente, corresponderá a las pérdidas obligatorias con la orina tras la desaminación. Las necesidades de proteína ideal para mantenimiento (PI_m) pueden expresarse en base al peso corporal metabólico:

$$PI_m = 0{,}0013W^{0{,}75}$$

(Ecuación 11.19)

o, más lógicamente, como una función de la masa de proteína:

$$PI_m = 0{,}0040Pt$$

(Ecuación 11.20)

No existe razón para dudar de que este cálculo sea tan válido para las cerdas reproductoras como para los cerdos en crecimiento.

Producción

Dado que ya ha sido calculado el suministro en términos de proteína ideal absorbida y utilizable, todas las ineficacias han sido incluidas en el cálculo de PI_t, se deduce que las necesidades para producción (PI_{Pr}) equivalen exactamente a la tasa diaria de retención de proteína:

$$PI_{Pr} = Pr$$

(Ecuación 11.21)

$$Pr = PI_t + PI_m$$

(Ecuación 11.22)

Esta relación se mantendrá hasta que Pr = Pr, la tasa diaria máxima posible (ver Capítulo 3). A partir de esta situación se producirá un exceso de proteína ideal (PI_{xs}), que se añade al conjunto de proteína destinada a la desaminación (Pm).

Reproducción

La proteína depositada en el útero durante el curso de la gestación (t, días) ha sido calculada a partir de los datos de los equipos de investigadores franceses y británicos en Noblet y de sus colaboradores durante la mitad de los años ochenta:

$$Pr_u = 0{,}0036e^{0{,}026t}$$

(Ecuación 11.23)

Esta ecuación aporta un útero grávido a término con unos 3 kg de proteína depositados en el mismo, y unas tasas de deposición diaria en los días 20, 80 y 110 de gestación de 6 g, 29 g y 63 g respectivamente. Como para Pr, las necesidades de PI_{Pru} equivalen a Pr_u.

La tasa de deposición de proteína en el tejido mamario, Pr_{mamas} ha sido descrita como:

$$Pr_{mamas} = 0{,}000038e^{0{,}059t}$$

(Ecuación 11.24)

El producto Pr_u se pierde, como es lógico, con el parto. Existe también una pérdida de nitrógeno con la orina tras el parto asociada con la regresión de los tejidos uterinos maternos. En el destete existe una regresión similar de Pr_{mamas} con las consiguientes pérdidas de nitrógeno en la orina.

El contenido de proteína de la leche es de unos 55 g por kg, y la producción diaria de leche puede alcanzar fácilmente hasta 12 litros. Las necesidades para Pr_l pueden expresarse como:

$$PI_{Prl} = Pr_l$$

(Ecuación 11.25)

Cuando Pr_l supera la disponibilidad de PI_{Prl}, entonces el catabolismo de la proteína corporal materna suplementará a la proteína aportada por la dieta. Puede suponerse que la eficacia de la transferencia de proteína tisular corporal a proteína de la leche se encontrará próxima a 0,8-0,9, dado que son similares los perfiles de los aminoácidos y probablemente los valores de v para la proteína muscular y la proteína de la leche.

Ejemplo de cálculos para determinar las necesidades de energía y de proteína de cerdos en crecimiento y reproductores

Como puede deducirse de lo anterior, un cálculo sofisticado de necesidades requiere el empleo de un modelo complejo para determinar los usos de energía y proteína netas, y hacer frente a todas las diversas interacciones. Dichas técnicas son estudiadas más adelante. Por el momento, se utiliza un procedimiento más simple con factores generalizados.

Cálculo aproximado de las necesidades de energía y de proteína de un cerdo joven

Energía:

W(kg) = 10; Pt(kg) = 1,6; E_m(MJ de EM/día) = 1,75$Pt^{0,75}$ = *2,5*
Bp = 0,018; $\hat{Pt}$ = 45; Pr(kg/día) = 0,096; E_{Pr}(MJ de EM/kg) = 55; E_{Pr}(MJ de EM/día) = *5,3*
Lr(kg//día) = 0,7Pr = 0,067; E_{Lr}(MJ de EM//kg) = 53; E_{Lr}(MJ de EM/día) = *3,6*
H = E_m + 31Pr +14Lr = 2,7 + 3,0 + 0,9 = 6,6; Tc = 27 – 0,6H = 23,0°C
si
T(Ve)(VI) = 25(0,8)(1,0) = 20°C
entonces
E_h(MJ de EM/día) = 0,012$W^{0,75}$(Tc – T) = *0,2*

Necesidades totales de energía = 11,6 MJ de EM = *12,1 MJ de ED por día*

Proteína:

W(kg) = 10; Pt(kg) = 1,6; PI_m(kg/día) = 0,0040Pt = 0,0064
PI_{Pr}(kg/día) = Pr = 0,096
PI_t(kg/día) = PI_{Pr} + PI_m = 0,102
si
v = 0,90, V = 0,80(0,056 kg de lisina/kg de proteína), D_{il} = 0,80
entonces
la eficacia del empleo de la proteína = 0,58

Necesidades totales de proteína bruta = 0,102/0,58 = *0,193 kg de PB por día*

Resumen de las necesidades diarias:

Energía: 12,1 MJ de ED
Proteína: 0,193 kg de PB
Lisina: 0,056 × 0,193 = 0,0109 kg de lisina
g PB/MJ de ED: 16,0
g lisina/MJ de ED: 0,90

Cuando el cerdo ingiere 0,75 kg diarios de pienso:

Concentración de PB en la dieta = 260 g de PB/kg de dieta
Concentración de ED en la dieta = 16,1 MJ de ED/kg de dieta
Concentración de lisina en la dieta = 14,5 g de lisina/kg de dieta

Cálculo aproximado de las necesidades de energía y de proteína de un cerdo en crecimiento

Energía:

W(kg) = 60; Pt(kg) = 10,2; E_m(MJ de EM/día) = *10,0*
Bp = 0,0125; $\hat{Pt}$ = 47,5; Pr(kg/día) = 0,196; E_{Pr}(MJ de EM/día) = *10,8*
Lr(kg/día) = 0,7Pr = 0,137; E_{Lr}(MJ de EM/día) = *7,3*

Necesidades totales de energía = 28,1 MJ de EM = *29,3 MJ de ED por día*

Proteína:

PI_m(kg/día) = 0,041
PI_{Pr}(kg/día) = 0,196
PI_t(kg/día) = 0,237
si
v = 0,90, V = 0,80(0,056 kg de lisina/kg de proteína), D_{il} = 0,78
entonces
la eficacia del empleo de la proteína = 0,56

Necesidades totales de proteína bruta = 0,237/0,56 = *0,423 kg de PB por día*

Resumen de las necesidades diarias:

Energía: 29,3 MJ de ED
Proteína: 0,423 kg de PB
Lisina: 0,0237 kg de lisina
g de PB/MJ de ED: 14,4
g de lisina/MJ de ED: 0,81

Cuando el cerdo ingiere 2,2 kg diarios de pienso:

Concentración de PB en la dieta = 192 g de PB/kg de dieta
Concentración de ED en la dieta = 13,3 MJ de ED/kg de dieta
Concentración de lisina en la dieta = 11,6 g de lisina/kg de dieta

Cálculo aproximado de las necesidades de energía y de proteína de un cerdo en fase de finalización del cebo

Energía:

W(kg) = 100; Pt(kg) = 17,0; E_m(MJ de EM/día) = *14,7*
Bp = 0,011; $\hat{Pt}$ = 40; Pr(kg/día) = 0,160; E_{Pr}(MJ de EM/día) = *8,8*
Lr(kg/día) = 0,9Pr = 0,144; E_{Lr}(MJ de EM/día) = *7,6*

Necesidades totales de energía = 31,1 MJ de EM = *32,4 MJ de ED por día*

Proteína:

PI_m(kg/día) = 0,068
PI_{Pr}(kg/día) = 0,160
PI_t(kg/día) = 0,228
si
v = 0,88; V = 0,78(0,055 kg de lisina/kg de proteína), D_{il} = 0,76
entonces
la eficacia del empleo de la proteína = 0,52

Necesidades totales de proteína bruta = 0,228/0,52 = *0,437 kg de PB por día*

Resumen de las necesidades diarias:

Energía: 32,4 MJ de ED
Proteína: 0,437 kg de PB
Lisina: 0,0240 kg de lisina
g de PB/MJ de ED: 13,5
g de lisina/MJ de ED: 0,74

Cuando el cerdo ingiere 2,5 kg diarios de pienso:

Concentración de PB en la dieta = 175 g de PB/kg de dieta
Concentración de ED en la Dieta = 13,0 MJ de ED/kg de dieta
Concentración de lisina en la dieta = 9,6 g de lisina/kg de dieta

Cálculo aproximado de las necesidades de energía y de proteína de una cerda gestante

Energía:

W (kg) = 200; Pt(kg) = 31; E_m(MJ de EM/día) = 1,75 $Pt^{0,75}$ = *22,9*
Día de gestación (t) = 80; E_u(MJ de EM/día) = 0,107 $e^{0,027t}$/0,5 = *1,9*
Día de gestación (t) = 80; E_{mama}(MJ de EM/día) = 0,115 $e^{0,016t}$/0,5 = *0,8*
Parto = 3; Pr(kg/día) = 5/116 = 0,043; E_{Pr}(MJ de EM/kg) = 55; E_{Pr}(MJ de EM/día) = *2,4*
Parto = 3; Lr(kg/día) = 7/116 = 0,060; E_{Lr}(MJ de EM/kg) = 53; E_{Lr}(MJ de EM/día) = *3,2*

Reposición de 4 kg de lípidos perdidos por lactación = 4/116 = 0,034;
E_{Lr}MJ de EM/día) = *1,8*
$H = E_m + 0,5(E_u + E_{mama}) + 31Pr + 14Lr = 26,8$; $Tc = 27 - 0,6H = 11°C$
si
T(Ve)(Vl) = 15(0,8)(0,8) = 9,6°C
entonces
E_{h1}(MJ de EM/día) =$0,012W^{0,75}(Tc - T)$ = *1,0*

Necesidades totales de energía = 34 MJ de EM = *35,4 MJ de ED por día*

Proteína:

W(kg) = 200; Pt(kg) = 30; Pl_m(kg/día) =0,0040Pt = 0,120
Pl_{Pru} (kg/día) = $0,0036e^{0,026t}$ = 0,029
$Pl_{Pr_{mama}}$(kg/día) = $0,000038e^{0,059t}$ = 0,004
Pl_{Pr}(kg/día) = 0,043
Pl_t(kg/día) = 0,196
si
v = 0,87, V = 0,75(0,052 kg de lisina/kg de proteína, D_{il} = 0,75
entonces
la eficacia del empleo de la proteína = 0,489

Necesidades totales de proteína bruta = 0,196/0,49 = *0,400 kg de proteína bruta por día*

Resumen de las necesidades diarias:

Energía: 35,4 MJ de ED
Proteína: 0,400 kg de PB
Lisina: $0,052 \times 0,400 = 0,0208$ kg de lisina
g PB/MJ de ED: 11,3
g lisina/MJ de ED: 0,59

Cuando la cerda recibe 2,6 kg diarios de pienso:

Concentración de PB en la dieta = 154 g de PB/kg de dieta
Concentración de ED en la dieta = 13,6 MJ de ED/kg de dieta
Concentración de lisina en la dieta = 8,0 g de lisina/kg de dieta

Cálculo aproximado de las necesidades de energía y de proteína de una cerda lactante

Energía:

W(kg) = 240; Pt(kg) = 36; E_m(MJ de EM/día) = *25,8*
Cerditos = 10; rendimiento lechero = 12 kg
si
se pierden diariamente 0,25 kg de tejido adiposo materno
entonces

$0,25 \times 39,3 \times 0,85 = 8,4$ MJ disponibles para síntesis de leche = 8,4/5,4 = 1,55 kg de leche;
quedando
12 – 1,55 = 10,45 kg de leche procederán de los recursos de la dieta
E_1(MJ de EM/kg) = 7,7; E_1(MJ de EM/día) = $7,7 \times 10,45$ = *80,5*

Necesidades totales de energía = 106,3 MJ de EM = *110,8 MJ de ED por día*

Proteína:

PI_m(kg/día) = 0,144
Contenido de proteína de la leche = 0,055 kg de PB/kg
si
la proteína tisular del organismo materno proporciona proteína para 0,4 kg de leche
entonces
se perderán diariamente 0,022/0,85 = 0,026 kg de proteína tisular corporal
y
esto determina que 11,6 kg de leche procedan de los recursos de la dieta
PI_{Pr}(kg/día) = $0,055 \times 11,6$ = 0,638
PI_t(kg/día) = 0,782
si
v = 0,90, V = 0,77(0,054 kg de lisina/kg de proteína), D_{il} = 0,78
entonces
la eficacia del empleo de la proteína = 0,54

Necesidades totales de proteína bruta = 0,782/0,54 = *1,45 kg de PB por día*

Resumen de las necesidades diarias:

Energía: 110,8 MJ de ED
Proteína: 1,45 kg de PB
Lisina: 0,0783 kg de lisina
g PB/MJ de ED: 13,1
g lisina/MJ de ED: 0,71

Cuando la cerda recibe 8 kg diarios de pienso:

Concentración de PB en la dieta = 181 g de PB/kg de dieta
Concentración de ED en la dieta = 13,9 MJ de ED/kg de dieta
Concentración de lisina en la dieta = 9,8 g de lisina/kg de dieta

Resulta evidente que los tejidos maternos pueden aportar bastante más de lo estimado anteriormente, o que puede reducirse la producción de leche.

Concentraciones recomendadas de energía y de proteína en las dietas para distintas clases de cerdos

Los niveles recomendados de nutrientes expresados en términos de concentraciones de nutrientes presentan claras deficiencias en su aplicación generalizada (y en consecuencia es probable que sean erróneos) y dependen de la cantidad de dieta que puede consumir el cerdo. No obstante, estas orientaciones sobre las especificaciones de la dieta son usadas a nivel mundial como base para la formulación de dietas, y su derivación sigue siendo la principal preocupación para los científicos dedicados tanto a la investigación como a la nutrición a nivel industrial. Las especificaciones y recomendaciones de las concentraciones de nutrientes en la dieta representan la culminación de las ciencias correspondientes a la bioquímica del crecimiento, reproducción y nutrición, según se ha demostrado en este capítulo. Las orientaciones recomendadas sobre las especificaciones de la dieta aparecen en el Apéndice 2.

Necesidades de energía y de proteína del verraco reproductor

El factor común asociado con la experimentación para determinar las necesidades nutritivas de los verracos activos es la naturaleza equívoca de la respuesta. Los resultados suelen ser contradictorios, algunas experiencias aportan respuesta positiva al tratamiento nutricional y otras negativa, aunque generalmente no se obtiene ningún tipo de respuesta. Incluso cuando puede esperarse que se produzca una respuesta aparece tras un margen considerable de tiempo debido a que la propia espermatogénesis precisa unas 4 semanas para completarse, y el paso a través de los conductos masculinos para almacenamiento en espera de la eyaculación precisa otras 2 semanas más, determinando un margen de casi 2 meses para apreciar cualquier efecto de la nutrición sobre la formación de espermatozoides que pueda influir en la fertilidad.

En general, puede suponerse que la energía o la proteína recibidas con la nutrición influyen poco sobre la eficacia del verraco reproductor, siempre que los niveles de proteína de la dieta sean razonables así como su calidad en aminoácidos. En este último aspecto, uno de los descubrimientos más constantes ha sido que un aporte deficiente de proteína modera la producción de espermatozoides a largo plazo. Los verracos deberán recibir pienso suficiente para mantenerse en buen estado aunque evitando una delgadez excesiva, o –posiblemente más importante– un engrasamiento excesivo. La libido y la fertilidad disminuyen probablemente cuando el cerdo aparece demasiado graso o pesado.

Las necesidades de mantenimiento (E_m y PI_m) para verracos reproductores pueden considerarse como las mismas que las cerdas reproductoras. Con frecuencia puede existir una necesidad para termogénesis frente al frío (TC = 20°C, y los verracos suelen estar alojados en ambientes con corrientes de aire y con aislamiento deficiente en los suelos), y la energía necesaria para mantener una reacción efectiva frente a un ambiente frío depende claramente en buena parte de las condiciones individuales del alojamiento.

El crecimiento posterior a la pubertad puede calcularse empíricamente en unos 500 gramos diarios hasta un peso vivo de 150 kg, en 250 gramos diarios hasta un peso vivo de 250 kg, y en 100 gramos diarios posteriormente hasta alcanzar un peso adulto de unos 350 kg o superior.

Aunque pueden realizarse cálculos factoriales para el crecimiento de la proteína y de la grasa, mantenimiento y termogénesis contra el frío, así como para el trabajo de la cubrición y la producción de esperma, sería preciso un conocimiento sobre nutrición que no existe. La práctica común sugiere que las necesidades de energía de los verracos activos pueden cubrirse con 30-40MJ de ED por día. Esta energía será aportada normalmente por 2,5 a 3,25 kg de pienso, aunque es probable que sean preferibles las dietas menos densas debido a los beneficios de un mayor volumen para saciar el apetito físico. La energía de la dieta se equilibra normalmente con proteína, aminoácidos, minerales y vitaminas de forma similar a como se hace en las cerdas reproductoras (por ej., 12 gramos de PB/MJ de ED; 0,6 gramos de lisina/MJ de ED).

CAPÍTULO 12

Necesidades de agua, minerales y vitaminas

Introducción

El cuerpo del cerdo contiene en promedio 16% de proteína, 16% de lípidos, 3% de cenizas y 65% de agua.

El agua es un elemento estructural importante ya que de la misma depende la turgidez de las células. El agua actúa también como un medio de transporte, tanto en el intestino como en la sangre y tejidos del organismo. Constituye el medio, a nivel metabólico, para las reacciones bioquímicas ayudadas por enzimas. Debido a la necesidad crucial de mantener el equilibrio hídrico del organismo, el sistema se establece suponiendo que el consumo de agua será siempre superior a las necesidades.

Las cenizas corporales mantienen una relación bastante estrecha con la proteína; cenizas = 0,20Pt, hecho que no resulta sorprendente dado el papel de apoyo del esqueleto para la masa de tejido magro. De la materia mineral la mayor parte (tres cuartas partes) es calcio y fósforo en forma de hidroxiapatita ósea, y el resto está constituido principalmente por sodio, potasio y cloro en los fluidos corporales. Magnesio, hierro, cinc y cobre pueden ser determinados, mientras que solamente se descubren vestigios de los restantes minerales y de la totalidad de las vitaminas (Tablas 12.1 y 12.2).

Proporcionalmente el contenido corporal no es un indicativo de la importancia de estas sustancias. Vitalmente, las vitaminas y los minerales importantes actúan a niveles vestigiales como catalizadores en reacciones enzimáticas y son reciclados. Los bajos niveles de las necesidades diarias, la presencia de tampones internos y los mecanismos de almacenamiento en el organismo, junto con los niveles adecuados que suelen presentar naturalmente los alimentos, determinan la existencia de diversas opiniones sobre las necesidades de elementos minerales traza y de vitaminas, por lo que son diversas las ideas sobre las cantidades exactas que pueden precisar realmente los cerdos. Cabe destacar que las cantidades

Tabla 12.1 Composición mineral de los cerdos (g/kg de peso corporal).

Proteína	170
Calcio	15
Fósforo	10
Potasio	2
Sodio	1,6
Cloro	1,1
Azufre	1,5
Magnesio	0,4
Hierro	0,060
Cinc	0,030
Cobre	0,003
Molibdeno	0,003
Selenio	0,002
Manganeso	0,0003
Yodo	0,0004
Cobalto	0,00006

Tabla 12.2 Composición mineral de la leche de la cerda (g/kg de leche).

Proteína	55
Calcio	2,1
Fósforo	1,5
Potasio	0,80
Sodio	0,35
Cloro	0,20
Magnesio	0,10
Hierro	0,0018
Cobre	0,0008

establecidas para elementos vestigiales y vitaminas por el National Research Council y los organismos públicos suelen ser marcadamente inferiores a los niveles que los fabricantes de piensos incorporan de forma rutinaria a las dietas de los cerdos (Tabla 12.3).

El temor de que resulte inadecuado el aporte dietético de vitaminas y de minerales traza, unido a que su coste representa una pequeña proporción del coste total del pienso, determina que se «alabe» la inclusión en la dieta de niveles incluso superiores a las necesidades de vitaminas y minerales. Los incrementos progresivos en las asignaciones de vitaminas y de minerales traza son muy sospechosos porque en muchos casos pueden ser adecuados los niveles que existen de forma natural, y en el intestino del cerdo pueden ser biosintetizadas cantidades considerables de muchas vitaminas. Por otra parte, el descubrimiento de la naturaleza esencial de minerales y vitaminas de la dieta, y la suplementación de las dietas en consonancia con este hecho, ha sido uno de los avances más importantes de la ciencia biológica del siglo XIX, y ha determinado una mejora considerable de la productividad. Además, los expertos en nutrición han incrementado (hasta un 25%) la densidad de la energía y de la proteína de la dieta, que debe ir acompañada por incrementos equivalentes en la densidad de minerales y vitaminas. Aunque, lo más importante de todo, los expertos en nutrición han buscado durante los últimos años aumentos notables en las tasas de crecimiento y de

Tabla 12.3 Comparación de niveles suplementarios de minerales traza y vitaminas que se añaden generalmente a dietas para cerdos en crecimiento por los fabricantes de piensos del Reino Unido y las recomendaciones del UK Agricultural Research Council según las necesidades totales publicadas 4 años antes en 1981. Los niveles se expresan en mg/kg de dieta seca al aire.

	ARC	*Fabricantes de piensos*
Manganeso	4-14	40
Hierro	55	150
Cinc	45	100
Cobre	4	125 (promotor del crecimiento)
Cobalto	–	0,7
Yodo	0,14	1,2
Selenio	0,14	0,17
Vitamina A (u.i.)	2.000	12.000
Vitamina D_3 (u.i.)	120	2.000
Vitamina E	5,0	30
Vitamina K	0,3	2,0
Tiamina	1,4	1,5
Riboflavina	2,3	4,0
Piridoxina	2,3	2,3
Ácido nicotínico	13	15
Ácido pantoténico	9	10
Cianocobalamina	0,010	0,015
Biotina	–	0,030
Ácido fólico	–	0,20
Colina	800	500

reproducción. Con frecuencia estos incrementos no han ido acompañados por mejoras equivalentes del apetito. Todos estos hechos imponen aumentar la concentración de minerales y de vitaminas en la dieta. La necesidad de n mg de una vitamina por kg de tejido magro formado supondría una concentración en la dieta de 0,1n mg/kg de dieta para un cerdo que ingiere 1,5 kg y gana 0,8 kg diarios, de los que una octava parte es grasa. Como este ejemplo no es en forma alguna una exageración sobre el cambio experimentado por los cerdos en crecimiento durante la última década, los incrementos en las necesidades de vitaminas no serán considerados necesariamente rechazables. Por último, las vitaminas pueden perder actividad durante su almacenamiento, tanto antes de su inclusión en la dieta como entre la fabricación de la dieta y su consumo. La amenaza de una pérdida de actividad puede ser contrarrestada de forma real aumentando el nivel de suplementación en la dieta. Resulta claro que, cuando se usan los resultados de pruebas experimentales para establecer las cantidades de vitaminas y de minerales que deben recibir los cerdos en lugar de la experiencia práctica y de campo, resulta esencial que se correspondan adecuadamente el consumo de pienso, la actividad de las vitaminas y el rendimiento de los cerdos.

No deberá sorprender que se vea condenado al fracaso el cálculo factorial para determinar las necesidades de elementos traza y de vitaminas que se usan en cantidades mínimas, principalmente como catalizadores en el organismo. La determinación empírica, principalmente mediante (a) privación y (b) experimentos de dosis-respuesta, es el único método eficaz para establecer niveles de nacesidades. Sin embargo, para los macrominerales –calcio, fósforo, magnesio, potasio y sodio– los cálculos de las tasas de deposición neta y de pérdidas obligatorias (mantenimiento, digestibilidad y posible utilización posterior) proporcionarán factores a partir de los cuales pueden deducirse las necesidades. Muchos han sido los intentos, y los resultados siguen siendo por desgracia poco convincentes. Existen diversos problemas para realizar el cálculo factorial, incluso en el caso de macrominerales para los que pueden determinarse con facilidad las proporciones previsibles para crecimiento del esqueleto (calcio, fósforo, magnesio), para el crecimiento de tejidos blandos (potasio, sodio) y para la secreción de leche (ver Tablas 12.1, 12.2 y 12.4).

A partir de la Tabla 12.4 puede deducirse que un cerdo de 60 kg que retiene diariamente 150 gramos de proteína necesitará unos 14 gramos de calcio y 9 gramos de fósforo únicamente para fines de deposición. Con un consumo de 2 kg diarios de dieta, y suponiendo coeficientes combinados de digestibilidad y capacidad de utilización de 0,7 para el calcio y de 0,6 para el fósforo, la dieta deberá contener 10 g/kg y 8 g/kg respectivamente.

Las pérdidas obligatorias, la digestibilidad y la capacidad de utilización han resultado difíciles de predecir, debido principalmente a la existencia de mecanismos intrínsecos de control para los minerales que no existen para la energía ni para la proteína. Así la digestibilidad de los minerales, determinada según su desaparición del tracto digestivo, puede fluctuar de acuerdo con la relación entre suministro y necesidades. En el caso del calcio, el intestino constituye la principal vía de pérdida endógena y de control homeostático. Igualmente, el contenido de fósforo en orina variará ampliamente de acuerdo con el juicio del organismo; así puede ser absorbido fósforo en cantidad superior a las necesidades, únicamente para ser excretado con un coste metabólico mínimo. Sodio y potasio son digeridos con facilidad, y también se eliminan con facilidad, este sistema resulta esencial para mantener el equilibrio iónico en el organismo a corto plazo. El magnesio se absorbe mal, aunque se necesita poco, por lo que es normal que se consuma más del necesario.

Agua

Los cerdos deben disponer libremente de agua en todo momento. Por consiguiente, el cálculo de necesidades depende de la tasa prevista de consumo.

El agua puede proceder de la humedad natural de los alimentos y del metabolismo oxidativo, que aporta agua metabólica. Estas fuentes, sin embargo, tienen

Tabla 12.4 Deposición de minerales en las ganancias del cerdo.

Elemento mineral	*Mineral (g)/kg de proteína retenida*
Calcio	90
Fósforo	60
Potasio	15
Sodio	10
Magnesio	2,5

poca importancia en comparación con el agua ingerida bebiendo o añadida al pienso.

El contenido de agua en el organismo de un cerdo puede variar desde el 80% en el recién nacido hasta el 50% en un adulto engrasado. En cualquier momento, sin embargo, el contenido de agua de los tejidos corporales blandos y de la sangre es bastante estable, mientras que el consumo de agua puede fluctuar ampliamente. Los riñones eliminan agua con la orina en proporción directa con el consumo. Una característica que lleva a la confusión en el estudio de las necesidades de agua consiste en que el consumo de líquidos varía mucho entre cerdos individuales, y en épocas diferentes. Buena parte de la variación en el consumo de agua puede ajustarse a nivel de tracto digestivo, aunque el principal mecanismo de control consiste en la excreción continuada de agua hacia el interior de la vejiga de la orina para su almacenamiento temporal antes de ser eliminada del organismo.

Los cerdos necesitan agua como un medio para mantener la forma corporal rígida aunque maleable (al aportar rigidez a las células musculares de la masa magra). El agua permite mantener el equilibrio iónico, forma parte de los productos del crecimiento, de tejidos fetales y de la leche, actúa como un fluido hidráulico para transportar metabolitos, compuestos bioquímicos endógenos y productos residuales a través del organismo, forma parte del sistema termorregulador mediante su evaporación en la superficíe pulmonar, su calor específico mantiene la temperatura corporal y evita fluctuaciones, lubrica las articulaciones y es el medio esencial para que tengan lugar las reacciones bioquímicas de los procesos digestivos y metabólicos.

Las etapas iniciales del agotamiento del agua aumentarán las tasas de su retirada del intestino grueso, y serán una causa predisponente a la constipación. Disminuirán las pérdidas de fluidos corporales en forma de leche segregada y de orina, reduciendo la productividad y el crecimiento de los cerditos en el primer caso, y reduciendo en el segundo caso la capacidad del organismo para eliminar toxinas, además de impedir el equilibrio iónico y las reacciones metabólicas sensibles al agua. Las consecuencias de la diarrea se traducen en una deficiencia de agua como resultado de las pérdidas fecales incontroladas, y la deshidratación de los tejidos esenciales, con la interrupción del equilibrio iónico y el fallo en la actividad bioquímica endógena ante la ausencia de un medio fluido adecuado. Resulta evidente que las necesidades de agua dependerán del nivel del rendimiento de la lactación, de la cantidad de alimento ingerido, de la temperatura ambiental, de la necesidad de evaporar agua desde los pulmones y de la cantidad de productos tóxicos que deben ser eliminados desde el sistema con la orina. La excreción de agua aumenta en proporción con el nivel de proteína no ideal de la dieta y de proteína de la dieta que supera las necesidades debido a la necesidad de diluir los productos de la desaminación (urea) hasta un nivel de concentración apropiado para su excreción con la orina.

Existe poca lógica en el complejo cálculo de las necesidades de agua, ya que cualquier intento para controlar el suministro según unas necesidades previstas resultará contraproductivo. En general, sin embargo, los cerdos jóvenes necesitarán más agua por kilogramo de peso corporal que los animales más viejos, debido a su mayor superficie corporal y pulmonar en relación con su peso y a la tendencia de que sea más diluida la orina de los animales más jóvenes. Utilizando la leche de las cerdas como orientación, los cerditos preferirán una relación entre agua y sustancia seca de 5:1, y los cerditos recién destetados que reciben una dieta seca pueden superar fácilmente esta proporción. Se considera de forma convencional (y erróneamente) que los cerdos en crecimiento desean una proporción entre agua y pienso seco de 2:1. Datos europeos recientes indican que para los cerdos en crecimiento:

$$\text{las necesidades mínimas de agua (l)} = 0{,}03 + 3{,}6I(\text{kg}) \qquad \textit{(Ecuación 12.1)}$$

siendo I el consumo de pienso. Aunque incluso este cálculo es marginal y, permitiendo libre acceso, es común una proporción entre consumo de agua y de pienso seco de 5:1. Las cerdas gestantes que reciben agua en cualquier proporción inferior a 3:1 es probable que padezcan deficiencia incluso con temperaturas ambientales bajas. Como las cerdas gestantes reciben con frecuencia su pienso seco, y tienen limitado su acceso al agua para prevenir un despilfarro de la misma, estos animales –especialmente en climas cálidos– son propensos a padecer una deficiencia crónica de agua que puede evidenciarse frecuentemente por constipación en ambientes calurosos. Las cerdas gestantes sometidas a un consumo limitado de pienso pueden desear compensar la falta de repleción intestinal mediante un mayor consumo de agua. El interés actual en aumentar el contenido de fibra de las dietas porcinas, especialmente en las destinadas a cerdas gestantes, es probable que incremente también el cociente preciso entre agua y alimento. Las cerdas lactantes no solamente deberán reponer el agua correspondiente a unos 8-16 litros segregados de leche, sino que también deberán recibir agua suficiente para eliminar con la orina grandes cantidades de subproductos metabólicos; demás, las cerdas lactantes necesitan disponer de un ambiente líquido adecuado en el tracto intestinal para que sea eficaz la digestión de hasta 8 kg de pienso. Una relación entre agua y pienso de 5:1 es probablemente un mínimo absoluto razonable. Resulta evidente que las necesidades de agua aumentarán según se incrementen las temperaturas ambientales.

La provisión de agua para los cerdos es preferible realizarla con independencia de los aspectos del metabolismo porcino, que es realizado por el cerdo de forma más que adecuada, siempre que disponga de agua en todo momento. La disponibilidad libre de agua es un procedimiento más apropiado para el estudio sistemático que cualquier cálculo factorial de necesidades. La existencia en la cochiquera de un punto de agua, en forma de abrevadero o de bebedero automático, no puede tomarse como un procedimiento de disponibilidad libre, y resulta necesario situar cuidadosamente los puntos de agua, y mantener de forma correcta el flujo de agua. Se calcula que es necesario un punto de agua por cada ocho cerdos alojados en una cochiquera, esta proporción corresponde a todo tipo de cerdos desde jóvenes en crecimientos hasta cerdas adultas. Las cerdas lactantes deberán tener acceso individual a un flujo libre de agua de gran calidad aunque con baja presión.

El agua es el estimulante del apetito más importante. Puede observarse que los cerdos jóvenes que reciben pienso seco alternan entre la tolva del pienso y el punto de agua durante el curso de una toma, y el consumo de pienso será directamente proporcional a la disponibilidad de agua. El simple hecho de incorporar agua al pienso puede incrementar el consumo voluntario de los cerdos en un 5-10% como mínimo, y en ocasiones hasta en un 30%. Los cerdos cuya productividad se ve limitada por el apetito, tales como cerdos jóvenes, en crecimiento y cerdas lactantes, se beneficiarán al recibir el pienso humedecido en lugar de seco, y puede apreciarse que tres tomas diarias de un pienso húmedo determinan un consumo de pienso considerablemente mayor que si disponen *a voluntad* de pienso seco en una tolva. Beneficios complementarios del humedecimiento del pienso son la reducción del polvo, y también del desperdicio de pienso. Con los sistemas de alimentación en seco puede desaprovecharse con frecuencia el 5-10% del pienso suministrado, mientras que esta cifra es normalmente del 2-4% con pienso húmedo.

Los sistemas automatizados para distribuir pienso húmedo son uno de los procedimientos más eficaces tanto para que sea máximo el consumo como para controlar el aporte de nutrientes a cerdos alojados individualmente o en cochiqueras. El medio hidráulico es, por supuesto, agua que en este cometido cumple uno de sus papeles más importantes en la explotación porcina. El bombeo de mezcla húmeda puede realizarse fácilmente con el 15-18% de sustancia seca: una proporción entre agua y pienso de 5:1. Puede considerarse que esta dilución resulta excesiva para permitir un consumo máximo de pienso debido a la capacidad limitada tanto del intestino del cerdo como del comedero. El consumo óptimo de pienso y de agua es facilitado en parte por la ingestión de agua con el pienso, y en parte por beber posteriormente agua únicamente. En consecuencia, resulta preferible el bombeo de pienso con menos agua, con posibilidad de beber voluntariamente en bebederos independientes. No obstante, las posibilidades de bombeo se reducen cuando el porcentaje de sustancia seca es superior al 25% (una relación entre agua y pienso de 3:1).

Ante los efectos modificadores del consumo de pienso y de la temperatura ambiental sobre las necesidades de agua, en la Tabla 12.5 se incluyen aproximaciones generalizadas sobre las provisiones de agua. Este nivel de aporte determinará el consumo de 7.000-10.000 litros diarios de agua potable por cada 100 cerdas y su descendencia.

Minerales

Calcio y fósforo

El esqueleto contiene el 98% del calcio total del organismo y el 80% del fósforo total del organismo en una proporción algo superior a 2:1 en forma de hidroxiapatita.

Tabla 12.5 Asignaciones de agua para los cerdos[1].

Tipo de cerdo	*Consumo diario de agua (kg)*
Cerdas lactantes	25-40
Cerdas gestantes	10-20
Cerdos en crecimiento 20-160 kg	Consumo pienso seco × 5
Cerdos jóvenes	Consumo pienso seco × 6

[1] Todas las clases de cerdos dispondrán libremente de agua en todo momento, incluso cuando reciben pienso húmedo.

El hueso contiene el 45% de sustancias minerales, el 35% de proteína y el 20% de grasa, mientras que las cenizas del hueso constan del 40% de calcio, 20% de fósforo y 1% de magnesio. El hueso es un tejido dinámico y lábil, manteniendo una situación constante de acreción y destrucción equilibradas. En los tejidos blandos se descubre calcio en músculos y plasma (la sangre contiene unos 10 mg de calcio/100 ml), y el fósforo de los tejidos blandos aparece también en la masa muscular y en la sangre. Además de la formación de hueso, el calcio iónico interviene en la permeabilidad celular, contracción muscular, coagulación de la sangre, excitación de los nervios y en la activación de los sistemas enzimáticos. El fósforo tiene un papel importante en una amplia gama de procesos metabólicos, especialmente en la liberación de energía y en la formación de aminoácidos. No obstante, las necesidades derivan principalmente de la deposición en el esqueleto durante el curso del crecimiento, y de la secreción mamaria en el curso de la lactación.

La digestibilidad del calcio es influenciada por (a) el origen del elemento, (b) otros componentes de la dieta y (c) la situación fisiológica y las necesidades fisiológicas del animal, ya que tanto el calcio como el fósforo endógenos pueden ser eliminados por el intestino (especialmente el calcio, aunque también el fósforo que utiliza tanto la vía intestinal como la urinaria). La capacidad del intestino para controlar la tasa de entrada de calcio intestinal hacia el esqueleto y el plasma determina que la digestibilidad del calcio sea una función primaria de las necesidades del animal, y el coeficiente de digestibilidad descenderá tanto al aumentar el suministro como al descender su demanda. Este sistema utiliza el transporte activo y los procesos de difusión, y depende en cierta medida de una presencia abundante de vitamina D_3. La vitamina D interactúa también con la hormona paratiroidea para estimular la movilización del calcio del esqueleto y mantener la homeostasis del calcio. La presencia en el intestino de azúcares procedentes de la dieta, tales como lactosa, puede mejorar la digestibilidad del calcio, mientras que los oxalatos la reducirán. Más importante, sin embargo, es la influencia de las grasas de la dieta, que con niveles elevados pueden inhibir tanto la absorción de la grasa como del calcio mediante la formación de jabones insolubles de calcio. Otras interacciones en el tracto intestinal entre el calcio y el cinc de la dieta pueden provocar la reducción de la absorción de cualquiera de ellos si se ingieren niveles excesivos de alguno de estos elementos. Las fuentes más comunes y convencionales de calcio aportarán libremente este elemento para su absorción en el intestino; el orden de digestibilidad relativa es harina de hueso, carbonato cálcico, fosfato mono-, di- y tricálcico, la tasa potencial de digestibilidad en todos los casos es superior al 70%. Aunque es el propio nivel de calcio en la dieta, junto con la necesidad percibida de calcio, los hechos que constituyen el control primario de los flujos a través de la pared intestinal tanto para la tasa de absorción (digestibilidad), como para la eliminación (pérdidas endógenas).

La digestibilidad del fósforo desciende si la dieta contiene un exceso de calcio debido a la formación de fosfatos de calcio insolubles. La proporción de calcio:fósforo deberá mentenerse en la dieta en un nivel de 2:l o inferior; este cociente resulta más crítico cuando no son adecuados los aportes de vitamina D_3. Los compuestos orgánicos de fósforo, especialmente los fitatos, se digieren peor que los compuestos inorgánicos, hecho que resulta importante para interpretar la utilidad general del fósforo total de la dieta, buena parte del mismo (la mitad o más) aparecerá en forma orgánica con origen vegetal. Los cereales contendrán aproximadamente 3-4 g de P/kg, mientras que el contenido de fósforo en los subproductos de los cereales puede ser de hasta 5-10 g de P/kg (el contenido de calcio en los cereales, por el contrario, resulta poco importante, ya que su nivel es de 0,5 g de Ca/kg).

La digestibilidad del fósforo procedente del fosfato di- y tricálcico y de la harina de hueso es superior que la del fósforo procedente del fosfato de aluminio y hierro, de los fosfatos de roca con flúor o de los fitatos; la digestibilidad del fósforo de este último grupo de compuestos es probablemente inferior al 40%, mientras que la del primer grupo de compuestos puede ser superior al 70%. Aunque la absorción de un exceso de calcio determina su retorno a la luz intestinal para su excreción endógena, y esto reduce la digestibilidad aparente, el principal mecanismo de pérdida endógena de fósforo es la orina, por lo que los efectos del nivel de fósforo en la dieta en comparación con las necesidades corporales de fósforo se aprecian no a nivel de su digestibilidad, como sucede con el calcio, sino más bien a nivel del flujo de fósforo con la orina; el aporte de fósforo con la dieta y su pérdida con la orina se encuentran relacionados estrecha y directamente.

El aporte incorrecto de calcio y de fósforo reducirá el crecimiento y la producción láctea y provocará una mala mineralización de los huesos. La necesidad del cerdo –expresada en términos de concentración en la dieta– para disponer de huesos totalmente mineralizados y con una resistencia máxima es aproximadamente superior en 1 g por kg a los niveles normalmente recomendados, aunque existen pocas razones para desear alcanzar este objetivo. Existen pocas pruebas en apoyo de cualquier relación entre la debilidad de articulaciones, extremidades o pezuñas y el aporte dietético de calcio y fósforo siempre que se encuentre en un margen razonable. Las deficiencias graves provocan, por supuesto, osteomalacia, osteoporosis y raquitismo.

Las recomendaciones incluidas en la Tabla 12.6 suponen que la mayor parte del calcio de la dieta se encuentra en forma de harina de hueso, carbonato de calcio o fosfato dicálcico, y que sobre la mitad del fósforo de la dieta procede de harina de hueso o de fosfato dicálcico, aunque de la otra mitad unas tres cuartas partes son fitatos orgánicos.

Sodio, cloro y potasio

Sodio, cloro y potasio son controladores importantes del delicado equilibrio iónico en los tejidos corporales. Las sales de sodio y de potasio se digieren bien,

Tabla 12.6 Niveles recomendados de calcio, fósforo y sodio en dietas para los cerdos.

	Cerdos hasta 15 kg de peso vivo		*Cerdos de 15-150 kg de peso vivo*		*Cerdas reproductoras*	
	g/kg de dieta	*g/MJ de ED*	*g/kg de dieta*	*g/MJ de ED*	*g/kg de dieta*	*g/MJ de ED*
Calcio	9-15	0,80	8-10	0,65	8-12	0,80
Fósforo	7-11	0,60	6-8	0,50	6-8	0,55
Sodio[1]	1,0-2,5	0,14	1,0-2,5	0,14	1,0-2,5	0,14

[1] La sal común contiene 390 g de sodio/kg.

la absorción es normalmente superior a las necesidades, y la cantidad excretada con la orina de estos elementos se encuentra estrechamente relacionada con la tasa de ingestión con la dieta. El sodio es aportado en forma de sal, que es usada ampliamente para que la dieta sea más apetitosa y se incluyen generalmente niveles suplementarios de 1-3 g de sal/kg de dieta, mientras que los ingredientes de la dieta aportan amplias cantidades de potasio. Los niveles dietéticos de sal común superiores a 10 g/kg predispondrán a intoxicación por sal si se limita el suministro de agua. Las necesidades parecen ser aproximadamente de 1 g/kg de dieta para el sodio y casi las mismas para el cloro. Estas necesidades se verán cubiertas mediante la adición de 2,5 g de sal/kg de dieta. El contenido en sodio de los cereales es de unos 0,3 g de Na/kg, mientras que la harina de pescado contiene unos 6 g/kg o más. Las necesidades de potasio paracen ser de unos 3 g/kg de dieta. Los cereales contienen niveles naturales superiores a 4 g de K/kg, mientras que las semillas de soja contienen 20 g de K/kg. Las necesidades de sodio aparecen en la Tabla 12.6, las necesidades de cloro serán satisfechas junto con las de sodio, y el potasio será aportado normalmente en exceso por la mayoría de las dietas usuales.

Magnesio

El magnesio se asocia con calcio y fósforo en la formación del hueso, y constituye también una parte esencial de los sistemas enzimáticos del organismo animal. Las necesidades son de unos 0,4g de Mg/kg de dieta, que son fácilmente aportadas por la dieta. Los cereales contienen algo más de 1g de Mg/kg, aunque su digestibilidad es probablemente del 50% o inferior.

Elementos minerales traza

Cinc, manganeso, hierro, cobalto, yodo, selenio y cobre son todos necesarios para el metabolismo normal como una parte de reacciones bioquímicas catalizadas

Tabla 12.7 Necesidades de elementos traza para cerdos en crecimiento y reproductores (mg/kg de dieta).

Elemento mineral	*Necesidades recomendadas (mg) a añadir por kg de dieta*
Cinc	50[1]
Manganeso	20
Hierro	80[1]
Cobalto	1
Yodo	0,3[2]
Selenio	0,2
Cobre	5[3]

[1] Cinc, 150; hierro, 200; si se incluye cobre a nivel de promotor del crecimiento.
[2] Dos o incluso tres veces superior si la dieta contiene bociógenos.
[3] Niveles promotores del crecimiento, hasta 175 para jóvenes en crecimiento y hasta 100 para cerdos con más de 60 kg.

por enzimas o como una parte de sistemas hormonales. Sus necesidades se expresan mejor en términos de las cantidades que cabe esperar sean necesarias como suplemento de la dieta. El suplemento suele componerse previamente de forma que contenga un determinado equilibrio de todos los minerales traza, y posteriormente este suplemento se incorpora a la dieta según el nivel recomendado para aportar la totalidad de las necesidades estimadas de la dieta. Las recomendaciones son sumamente variadas debido, al menos en parte, a diferencias de opinión sobre el contenido natural de elementos traza en los ingredientes de la dieta que pueden contribuir a las necesidades percibidas. Los valores incluidos en la Tabla 12.7 han sido formulados según el National Research Council de Estados Unidos, el Agricultural Research Council del Reino Unido y la práctica común.

Vitaminas

Los efectos visibles de las deficiencias de vitaminas son espectaculares, aunque bastante difíciles de reproducir con dietas naturales. La vitaminas intervienen en la mayor variedad posible de funciones corporales normales, especialmente en las vías bioquímicas de los procesos metabólicos, la inmuno respuesta, son cofactores en funciones enzimáticas, activan la membrana celular, intervienen en la herencia y en la diferenciación tisular, etc. Las deficiencias en el aporte de vitaminas, que pueden producirse en raras ocasiones en el curso de la producción convencional de cerdos, determinarán por consiguiente efectos crónicos e insidiosos en la tasa de crecimiento, resistencia a las enfermedades y capacidad reproductora, todos los cuales tienden a ser de naturaleza general más que particular. Resulta esencial, en consecuencia, que los niveles dietéticos de vitaminas sean totalmente adecuados.

Resulta difícil determinar la adecuación de las vitaminas. Incluso resulta difícil determinar la adecuación del aporte de vitaminas. Puede resultar instructivo el caso de la vitamina E como ejemplo. Las necesidades de alfa tocoferol se cifran en unos 10 mg/kg para evitar la distrofia muscular, las enfermades cardiacas y hepáticas. Se ha demostrado, sin embargo que 100 mg/kg pueden estimular el sistema inmune, aunque puede ser precisa una cantidad doble de la indicada para ayudar a proteger la grasa de la carne de cerdo tras el sacrificio frente a la oxidación de los ácidos grasos y la inestabilidad. La asignación de alfa tocoferol debe acomodarse también a la pérdida de actividad, a las influencias de los ácidos grasos poliinsaturados, los efectos nocivos de la presencia de micotoxinas de la dieta y los posibles efectos antagónicos de la vitamina A.

El nivel de necesidades de vitaminas en los suplementos de la dieta se complican más al tener en cuenta las cantidades de vitaminas que pueden presentar naturalmente los alimentos. De nuevo, con la vitamina E como ejemplo, la cebada y el maíz, que han sido bien almacenados, parecen contener todos los niveles necesarios. Estos dos cereales contienen además la mitad de las necesidades de ácido pantoténico y la totalidad de las de tiamina; el problema en este caso se

Tabla 12.8 Necesidades de vitaminas para cerdos en crecimiento y reproductores. A añadir, por kg de dieta final supuesto un contenido de energía de 13 MJ de ED/kg, y suponiendo que no se produce pérdida de potencia.

	Cerdos en crecimiento	*Cerdas reproductoras*
Retinol (A)[1] (mg)	3-6[4]	3
Colecalciferol (D_3)[2] (mg)	0,025-0,05[4]	0,05
D-alfa tocoferol (E)[3] (mg)	30-60[5]	30-60[5]
Menaftona (K_3) (mg)	3	3
Tiamina (B_1) (mg)	2	2
Riboflavina (B_2) (mg)	6	6
Ácido nicotínico (mg)	20	20
Ácido pantoténico (mg)	15	15
Piridoxina (B_6) (mg)	3	3
Cianocobalamina (B_{12}) (mg)	0,02	0,02
Biotina (H) (mg)	0,20	0,30-1,00[6]
Ácido fólico (mg)	1,0	3,0
Colina (mg)	750-1.000[7]	750-1.000[7]
Ácido ascórbico (C)[8]	–	–

[1] 1 mg retinol = 3.333 u.i. de vitamina A.
[2] 1 mg colecalciferol = 40.000 u.i. de vitamina D_3.
[3] 1 mg D-alfa tocoferol = 1,7 u.i. de vitamina E; 1 mg DL-alfa tocoferol = 1,14 u.i. de vitamina E.
[4] Los valores superiores para los cerdos más jóvenes.
[5] Los niveles superiores se administran si se añade grasa a la dieta, especialmente grasas insaturadas; se han propuesto 3 mg por gramo de ácido linoleico. Las cerdas reproductoras pueden precisar niveles superiores.
[6] El nivel superior para cerdas con problemas en pezuñas.
[7] La necesidad total es de unos 1.500 mg/kg de dieta. Suele añadirse la mitad aproximadamente.
[8] Puede ser necesaria vitamina C, aunque se desconoce el nivel.

debe a la duda sobre la biodisponibilidad e idoneidad, ya que la forma en que aparecen las vitaminas naturales puede ser variable. El organismo del cerdo sintetiza también muchas vitaminas, a partir de otros nutrientes, de metabolitos, o mediante su síntesis microbiana en el intestino. La vitamina C (ácido ascórbico), por ejemplo, puede ser sintetizada por el cerdo a partir de la glucosa, mientras que tanto la biotina como la vitamina B_{12} pueden ser sintetizadas con la ayuda de la flora intestinal en la luz del intestino. En relación con la biosíntesis, la cuestión se centra siempre sobre la adecuación de la tasa de síntesis posible en el interior del organismo del cerdo en relación con el nivel de demanda de animales altamente productivos.

Las recomendaciones para las vitaminas se presentan, por consiguiente, sobre la misma base que para los elementos traza. Se propone que la totalidad de las necesidades sea suministrada en forma de un suplemento. Los valores incluidos en la Tabla 12.8 constituyen un compendio de muchas fuentes, incluyendo NRC de EE.UU., ARC del Reino Unido, y la práctica de los fabricantes de pienso. Existe cierta tentación a presentar todos los niveles recomendados y usados de inclusiones de vitaminas en las dietas procedentes de diversas publicaciones. No obstante, esta presentación supondría diferencias de hasta diez veces o más. Este amplio margen de cálculos sobre necesidades de vitaminas determina que sea más difícil establecer recomendaciones y los valores incluidos en la Tabla 12.8 solamente pueden tomarse como orientación basada en los mejores conocimientos disponibles actualmente. Según ya se ha indicado en el caso de los elementos minerales traza, en las dietas con una densidad de nutrientes particularmente alta deberán incluirse niveles de vitaminas elevados de acuerdo con esta mayor densidad. Las concentraciones dadas en términos de mg/kg de dieta en la Tabla 12.8 suponen un contenido de ED en la dieta de 13 MJ/kg.

CAPÍTULO 13

Apetito y consumo voluntario de pienso

Introducción

El apetito de los animales –el deseo de nutrientes expresado en términos de consumo de pienso– es, por definición, una función de las necesidades de nutrientes. Aunque el apetito se ve limitado, en último término, por la capacidad física del tracto gastrointestinal; es decir, por el tamaño del tracto junto con la velocidad de paso de la digesta a través del mismo. En realidad el tamaño del tracto es una variable más importante que la velocidad de paso de la digesta. Los flujos de salida del estómago y de paso al duodeno en el cerdo son de unos 10 gramos de sustancia seca por minuto, comenzando inmediatamente después de la ingestión del alimento. La velocidad de salida es lineal hasta que ha desaparecido del estómago la mitad del pienso llegado al mismo en un principio. Posteriormente, la velocidad de salida desciende exponencialmente. La tasa de salida es ligeramente inferior en los cerdos de poco peso que en los adultos, aunque es relativamente constante para buena parte de la sustancia seca total movilizada y no se ve muy afectada por la cantidad absoluta de pienso ingerido. Así, el volumen de estómago e intestino será el factor más importante para controlar los límites físicos del consumo de pienso en el cerdo, y puede suponerse con seguridad que los límites físicos del consumo de pienso estarán relacionados en cierta medida con el tamaño corporal.

La determinación cuantitativa del consumo voluntario real de pienso realizado por un determinado cerdo en un día dado resulta compleja, y ni la deducción ni el empirismo han conseguido hasta el momento un procedimiento satisfactorio para realizar una predicción exacta. Sin embargo, como el consumo de nutrientes es la fuerza motora para la tasa y eficiencia de la producción de carne y de leche, resulta esencial determinar el apetito del cerdo con la mayor precisión posible.

El apetito es moderadamente hereditario (0,2-0,4) y altamente correlacionado tanto con la tasa total de crecimiento (+) como con el porcentaje de carne magra (–) y correlacionado en cierta medida (+) con la tasa de crecimiento del tejido

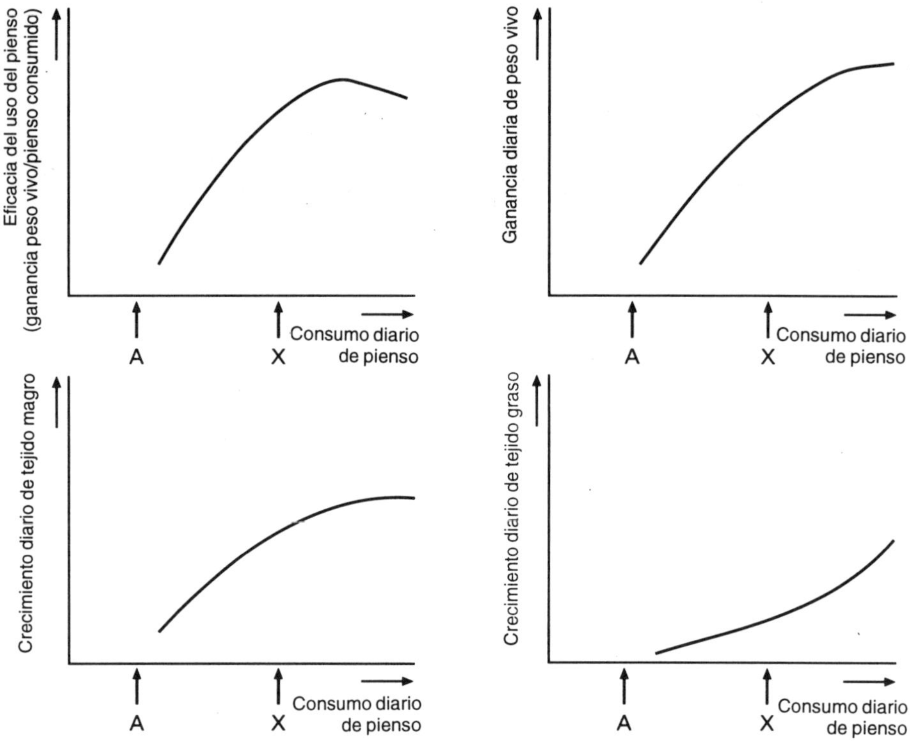

Figura 13.1 Respuestas de la tasa y eficacia del crecimiento al aumentar el consumo diario de pienso. El punto A indica las necesidades de mantenimiento. Entre A y X las respuestas tienden a ser lineales. El consumo óptimo de pienso es igual a X o superior.

magro. La relación con el índice de transformación del pienso es positiva siempre que los costes de mantenimiento sean efectivamente compensados por el incremento en la tasa de crecimiento del tejido magro, aunque esta relación tiende a ser negativa cuando predomina la deposición de tejido adiposo.

En la Figura 13.1 se presentan las respuestas del cerdo para incrementar el consumo diario de pienso. La relación positiva entre el pienso ingerido y el crecimiento diario de tejido adiposo acelera un mayor consumo de pienso, mientras que incluso la relación más positiva con el crecimiento diario de tejido magro presenta una meseta con los niveles más elevados de consumo de pienso. Como es lógico, la ganancia diaria de peso vivo es la suma de estas dos respuestas. La eficiencia del pienso aumenta al principio, y posteriormente tiende a estabilizarse o incluso desciende. El consumo óptimo de pienso es aquel que permite un crecimiento máximo de tejido magro y proporciona adicionalmente el nivel deseado de grasa; la Figura 13.1 muestra que esto sucederá en el punto X o más lejos.

El sistema nervioso central (SNC) interviene en el control del apetito mediante una serie de complejas interacciones nerviosas y endocrinas. En particular, los papeles de control de los agonistas beta-adrenérgicos, serotonina, colecistocinina, opioides y neuropéptidos han sido objeto de estudio aunque sin aclarar mucho las cosas. Desde hace muchos años se ha propuesto, a través de las teorías glucostática y lipostática, que el SNC puede establecer comunicación directa con los metabolitos de la sangre, y controlar el consumo de pienso mediante dicho mecanismo, ya que niveles elevados en sangre de dichos metabolitos ejercen un efecto de retroalimentación negativa sobre el apetito. Puede demostrarse con facilidad que la carga de glucosa o de lípidos del tracto gastrointestinal reducirá el volumen de una toma individual, aunque no ha sido identificado un mecanismo de control sistemático. Las hormonas insulina, glucagón y somatotropina intervienen claramente en la respuesta nutricional, aunque todavía sigue siendo oscura la posible existencia de una relación entre consumo de pienso y necesidades de nutrientes a través de dichos controles hormonales. La somatotropina ha sido relacionada cn frecuencia tanto con la depresión como con la estimulación del apetito; la falta de lógica de dicho descubrimiento sugiere que resulta improbable que en un futuro próximo se conozca este sistema.

El sabor y el olor son aspectos importantes del comportamiento relativo al consumo de pienso dependiente del SNC y se conoce perfectamente la predilección del cerdo por el azúcar y las trufas. Aunque un sabor puede enmascarar una reducción del apetito por falta de sapidez, o mejorar un estimulante del apetito, estos fenómenos siguen siendo misteriosos. Los cerdos preferirán consumir un pienso rico en sacarosa cuando pueden elegir, aunque con frecuencia no ingerirán una mayor cantidad de dicho pienso cuando no pueden elegir. La tecnología del sabor es una ciencia moderna y es posible que puedan descubrirse estimulantes genuinos del apetito que actúen sobre el SNC. No obstante, normalmente estos sabores permitirán simplemente mejorar un problema de reducción del apetito, en lugar de conseguir que el apetito supere las fuerzas fundamentales de control consistentes en (a) capacidad gastrointestinal, y (b) necesidades de nutrientes. Los ingredientes de elevada calidad y la ausencia de compuestos que reduzcan la sapidez siguen siendo el mejor procedimiento para que el apetito sea óptimo. La obesidad intensa (o la anorexia) es probable que sean consecuencia de una fuerte interacción entre fuerzas corporales y del SNC y es improbable que se encuentren abiertas a una manipulación simple a través del sabor.

Hasta la fecha se ha realizado cierta manipulación del apetito mediante selección genética, por lo que actualmente se dispone de genotipos para apetito elevado y reducido en las poblaciones porcinas mejoradas. Aunque el consumo de pienso puede ser relativamente fácil de medir y de manipular mediante selección genética, los genotipos con apetito elevado pueden asociarse con una tasa rápida de crecimiento del tejido magro, con una tasa rápida de crecimiento del tejido adiposo o con ambas. En épocas pasadas, la selección orientada hacia la obesidad creó genotipos cuya glotonería superó las necesidades para un crecimiento máximo del tejido magro, determinando así una ingestión excesiva de nutrientes y la creación de depósitos de grasa. La tendencia contraria al engrasamiento, y la selección de tipos porcinos magros, determinó inicialmente una disminución del apetito. Todavía persiste la idea de que la reducción del apetito es el procedimiento más efectivo para disminuir el engrasamiento y mejorar el porcentaje del contenido de carne magra. Entre 1960 y 1990, en el Reino Unido, descendió el espesor de la grasa dorsal en unos 0,5 mm anuales en P2 (desde 28 a 14 mm en P2 con 100 kg). Durante el mismo periodo de tiempo, se obtuvieron pruebas de que el consumo de pienso con 100 kg puede reducirse también intensamente, desde unos 4 kg a 2,5 kg aproximadamente. La mayor concentración de nutrientes en la dieta solamente puede explicar parte de esta disminución. Por otra parte, dada una población de genotipos adecuadamente magros, es necesario realizar una selección para aumentar el apetito porque tan solo mediante el aumento del consumo de nutrientes pueden lograrse mejoras genéticas en el potencial de crecimiento del tejido magro. La relación entre consumo de pienso y obesidad puede ser intensa, por lo que la selección para un mayor crecimiento del tejido magro debe ser simultánea con el control del cebamiento.

Existe una hormona, la colecistoquinina (CCK), producida localmente en el intestino, que es segregada en respuesta a la presencia de pienso en el intestino y mediante su acción se limita el consumo de pienso. Si puede suprimirse la influencia de la colecistoquinina mediante la creación de una respuesta inmune a la misma, entonces parece posible el incremento del consumo de pienso en el 5-10%. La inmunosupresión de CCK no se logra generalmente, y podría ser prometedor sugerir que existen otros procedimientos para mejorar el consumo de pienso que quizás deberán ser intentadas primero.

El apetito como consecuencia de la demanda de nutrientes

La demanda de energía de un cerdo puede considerarse en términos de necesidades de energía digestible para mantenimiento, deposición de proteína, deposición de lípidos, lactación, etc., según se ha descrito anteriormente. Cuando se conocen los valores para tasas óptimas de crecimiento y de lactación, entonces:

$$\text{Consumo de ED (MJ/día)} = E_H + E_U + E_R$$

(Ecuación 13.1)

siendo E_H la pérdida de energía en forma de calor para mantenimiento, trabajo físico y metabólico y termogénesis frente al frío, E_U la pérdida de energía con la orina y E_R la energía retenida para la deposición de proteína, lípidos o producción de leche.

Las fuentes de nutrientes son multidimensionales, comprendiendo como mínimo energía (en forma de almidones, grasas y azúcares), aminoácidos y diversos minerales y vitaminas. En las circunstancias de vida de los cerdos domésticos no suele existir la posibilidad de elección entre estos nutrientes, ya que reciben una dieta compuesta. Cuando la relación entre los nutrientes de la dieta coincide con la relación entre los nutrientes demandados, entonces el apetito reflejará una elección racional en cuanto a la satisfacción de la necesidades. Sin embargo, si los nutrientes de la dieta no se encuentran equilibrados en relación con la demanda, entonces es probable que el apetito resulte irracional:

1 La dieta desequilibrada puede ser rechazada en la medida en que se percibe el nivel de su inadecuación; es decir, se producirá una discriminación contra la

dieta como resultado del consumo de un nutriente en cuantía superior al nivel de necesidad.

2 La dieta desequilibrada puede ser ingerida con mayor avidez en la medida en que el cerdo percibe la limitación de un nutriente, y, al desear satisfacer la necesidad de dicho nutriente, son consumidos otros nutrientes en cuantías excesivas.

En el primer caso el cerdo puede ingerir, por ejemplo, niveles inadecuados de energía porque la dieta aporta cantidades excesivas de un mineral que el cerdo desea evitar, mientras que en el segundo caso un cerdo puede consumir niveles excesivos de energía porque la dieta proporciona una cantidad insuficiente de un aminoácido que es deseado de forma específica.

Retroalimentación negativa: pérdidas de calor

La retroalimentación negativa que limita el apetito puede ser consecuencia de la existencia de niveles elevados de glucosa y/o lípidos en sangre y de aminoácidos en plasma; todos estos compuestos pueden ser usados para vigilar la adecuación del suministro en relación con las necesidades. La Ecuación 13.1 no impone límite a la capacidad del cerdo para perder calor (E_H). Sin embargo, este no suele ser el caso y la evitación del estrés térmico limitará el consumo de energía cuando las condiciones ambientales impidan que el organismo realice las pérdidas necesarias de calor. Los nutrientes consumidos que han sido utilizados para trabajo metabólico, junto con la energía no depositada en los productos, son perdidos activamente en forma de calor. Este calor debe ser disipado para evitar el estrés y la elevación de la temperatura corporal. Cuanto más productivo sea el cerdo, mayores serán sus necesidades de nutrientes y, en consecuencia, también será mayor la necesidad de pérdida de calor y de la búsqueda de un ambiente con temperatura adecuada (reducida). El consumo de un exceso de lípidos que contengan energía, de proteínas o de carbohidratos como consecuencia de un desequilibrio de la dieta aumentará la necesidad de disipar calor.

Cuando no puede perderse calor, entonces se produce una presión inversa sobre la Ecuación 13.1 y debe descender el consumo de pienso. Puede calcularse que el consumo de pienso disminuirá en 1 g por 1 °C que la temperatura supere al nivel de confort y por cada 1 kg de peso corporal del cerdo:

$$\text{Reducción del consumo de pienso (g/día)} = W(T - Tc)$$

(Ecuación 13.2)

siendo W el peso vivo (kg), T la temperatura ambiental efectiva y Tc la temperatura asociada con el confort óptimo para el cerdo.

La influencia de la velocidad del movimiento del aire (que es importante para evitar el estrés térmico) puede acomodarse algo en el supuesto de que incremento de 10 cm/s en la velocidad del aire equivale aproximadamente a la reducción de 1 °C en la temperatura del aire.

Retroalimentación positiva: productividad relativa por encima del mantenimiento

La retroalimentación positiva (con estímulo del apetito) será consecuencia de que las demandas para mantenimiento, termogénesis contra el frío y producción superan la tasa actual de ingestión (Ecuación 13.1). Si la demanda constante más importante es para mantenimiento, entonces el consumo de energía basal, determinado según el peso vivo, deberá ser aumentado de acuerdo con la tasa de crecimiento o el nivel de lactación. Usando una dieta de 14MJ de ED/kg, el consumo para mantenimiento calculado en términos de kilogramos de pienso ingeridos diariamente será aproximadamente de $0{,}03W^{0{,}75}$. Cuando es rápido el crecimiento de tejido magro y adiposo, los consumos pueden aumentar hasta $0{,}12W^{0{,}75}$ (4 veces el nivel de mantenimiento) o más, mientras que con una producción máxima de leche pueden alcanzarse valores de $0{,}15W^{0{,}75}$ (5 veces el mantenimiento).

El apetito de los machos enteros suele ser un 10% inferior que el de los machos castrados, e intermedio con el de las hembras.

Los cerdos de genotipo mejorado, consecuencia de una selección contra el porcentaje de grasa en la canal, tienen menos apetito que los cerdos sin mejorar; aunque existe cierta dicotomía en la relación ya que mayores ganancias genéticas en la tasa de crecimiento del tejido magro dependen de que se incremente el apetito, no de que disminuya.

Influencia de la densidad de nutrientes de la dieta

Una dieta relativamente pobre en energía consumida por un cerdo con una demanda de nutrientes que es relativamente elevada en cuanto se refiere a la energía, inducirá una retroalimentación positiva y estimulará el apetito. En teoría, este hecho persistirá hasta que sea satisfecha la demanda de energía, o se produzca retroalimentación negativa debido a los efectos retrógrados de todos los restantes nutrientes que ahora serán consumidos en exceso. Los cerdos que reciben dietas con unas concentraciones crecientes de energía consumirán inicialmente más pienso y posteriormente, una vez se haya alcanzado un equilibrio entre consumo y demandas, el consumo será progresivamente menor. Este ajuste a la baja del consumo de pienso al aumentar las concentraciones de energía en la dieta, y su ajuste inverso hacia el alza al reducir la concentración de energía de la dieta, es bastante exacto y delicado, especialmente en los cerdos, de forma que se alcanza casi exactamente la equivalencia del consumo de energía digestible. En la Figura 13.2 aparecen las respuestas del consumo de pienso y energía digestible al aumentar las concentraciones de energía de la dieta.

Existe cierta evidencia, aunque débil, de que el apetito puede ser afectado también, además de la influencia de la energía, por el nivel y el equilibrio de los aminoácidos de la dieta. Las dietas con desequilibrios en el nivel de los aminoácidos pueden originar retroalimentación negativa, al ser ingeridas con menor avidez que aquellas dietas en las que el equilibrio de los aminoácidos se aproxima más al ideal, evitando así el consumo excesivo de nitrógeno no deseado. La Figura 13.3 indica que aumentará el consumo de pienso en respuesta a los incrementos de lisina hasta que se alcanza el equilibrio ideal entre los aminoácidos, aun-

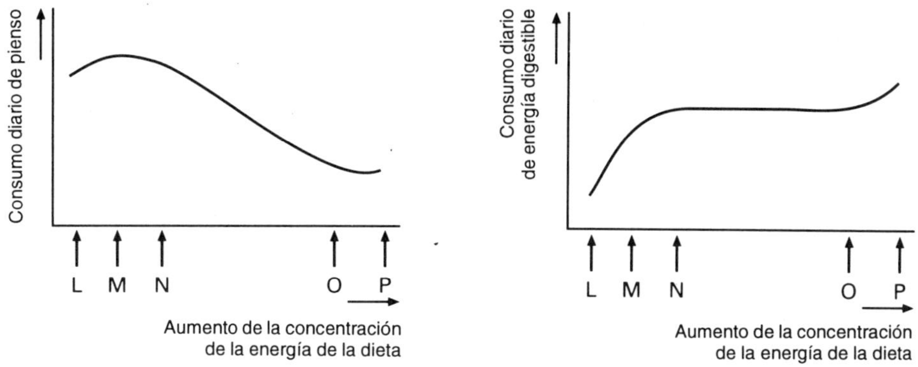

Figura 13.2 Control del consumo de pienso en cerdos. L-N, margen de control físico mediante los límites máximos de capacidad del aparato digestivo. N-O, margen de control fisiológico para establecer un equilibrio entre consumo y demanda. O-P, margen de control físico mediante límites mínimos de capacidad del aparato digestivo. L-M, el incremento en la concentración de la dieta estimula un mayor consumo, las limitaciones del volumen determinan que se utilice la máxima capacidad física del aparato digestivo, mejora el consumo de energía aunque puede suceder que no se cubran las necesidades. M-N, el consumo diario se estabiliza, las limitaciones del volumen determinan que se utilice la máxima capacidad física del intestino, mejora el consumo de energía aunque siguen sin cubrirse las necesidades. N-O, se cubren las necesidades de energía, la mayor concentración de energía de la dieta es compensada por un descenso del consumo voluntario de pienso, se equilibra el consumo de nutrientes y se cubren las necesidades de nutrientes, cambia el volumen del aparato digestivo para acomodarse a la parte inicial de esta respuesta aunque posteriormente su llenado es inadecuado. O-P, se alcanzan las necesidades mínimas para el llenado del aparato digestivo y cesa la compensación por el incremento en la concentración de energía de la dieta al reajustarse a la baja el apetito, se superan las necesidades de energía.

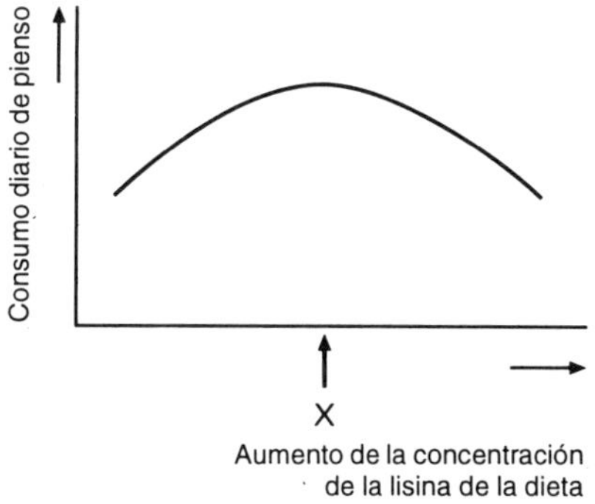

Figura 13.3 Respuesta cuadrática del consumo de pienso a la concentración de lisina en la dieta. El punto X indica que la concentración de lisina corresponde a un equilibrio ideal de los aminoácidos en la proteína.

que un aporte excesivo de lisina determinará el posterior descenso del consumo de pienso.

La retroalimentación positiva, por otra parte, puede ser consecuencia de dietas con una franca deficiencia de proteína (equilibrada) en comparación con las necesidades de proteína de forma que, al igual que en el caso de los cerdos anteriores que «comen para obtener energía», buscarán aumentar la ingestión de proteína, y en este caso «comen para obtener proteína» con la posibilidad de consumir una cantidad no deseada de energía. Esta respuesta muestra la tendencia del cerdo a satisfacer las demandas de crecimiento de tejido magro, aunque originando inevitablemente la deposición de acúmulos de tejido adiposo.

El apetito como consecuencia de la capacidad gastrointestinal

La capacidad clásica del cerdo para ajustar su apetito a descensos progresivos de la densidad de nutrientes en la dieta (especialmente de energía) tiene sus límites cuando se alcanza la capacidad final del tracto gastrointestinal (en términos de volumen y de velocidad de paso de la digesta). Esto se aprecia en los elementos del esquema representado en la Figura 13.2.

Cuando las concentraciones de la dieta son inferiores a N (Figura 13.2), la capacidad gastrointestinal limita el consumo de pienso y debe descender la tasa de ingestión de energía digestible. En términos prácticos, los cerdos llenan al máximo su tracto gastrointestinal aunque no consiguen su productividad máxima al ser inadecuado el consumo de energía, aunque es posible aumentar su rendimiento añadiendo a la dieta grasas y aceites que proporcionan un máximo de energía con un espacio mínimo de dieta. Los aminoácidos artificiales (sintéticos) determinarán un efecto similar por razones semejantes. La posición exacta de N en la Figura 13.2, el punto por debajo del cual no se ingiere la cantidad precisa de energía al ser voluminosa la dieta, depende mucho de la capacidad gastrointestinal del cerdo en relación con su tasa de productividad. En cerdos jóvenes, la productividad potencial resulta especialmente elevada mientras que la capacidad gastrointestinal resulta especialmente baja debido al escaso tamaño del animal. Los efectos del volumen de la dieta pueden empezar a ejercer una cierta limitación sobre el rendimiento, a traves de limitaciones del apetito, con valores de la ED inferiores a 20MJ/kg en cerditos lactantes (la leche de las cerdas tiene unos 30MJ de ED/kg de sustancia seca), a 14MJ/kg en cerdos en crecimiento y cerdas lactantes e inferiores a 10MJ/kg en cerdos adultos. La productividad potencial de cerdas lactantes y de cerdos jóvenes en crecimiento es superior, en relación a su capacidad gastrointestinal, que la de cerdos más viejos en crecimiento y de cerdas gestantes, por esta razón, los primeros precisan dietas con mayor densidad de nutrientes.

Aunque en sistemas de alimentación húmeda el agua puede constituir un elemento de «volumen», la voluminosidad de los alimentos se mide normalmente en términos de su contenido en fibra bruta; es decir, de su indigestibilidad. La relación entre concentración de fibra y de ED es, por supuesto, altamente negativa. La fibra no solamente ocupa mucho espacio en el tracto gastrointestinal al tratarse de un compuesto con valor energético escaso (o nulo), sino que además atrae y retiene agua (que también ocupa espacio en el tracto). En consecuencia puede ser útil medir la capacidad gastrointestinal en términos de producción diaria potencial de material alimenticio que aparece no digerido en las heces. Por ejemplo, si se supone que la sustancia seca orgánica fecal eliminada por un cerdo es aproximadamente igual a 0,013W, entonces los valores correspondientes a cerdos de 20, 100 y 200 kg serán 0,26, 1,3 y 2,6 kg. Suponiendo que los valores de la digestibilidad de la sustancia seca en cerdos de estos pesos son respectivamente 0,80, 0,70 y 0,65, estos determinan unas limitaciones físicas de consumo de 1,3, 4,3 y 7,4kg. Estos límites son similares a los que podrían calcularse mediante la expresión $0{,}14W^{0{,}75}$, una función mencionada anteriormente y que equivale a unas 4 veces las necesidades de mantenimiento. Si este argumento resulta creíble, entonces:

Límites físicos del consumo de pienso (kg/día) ≃ 0,013W/l – Coeficiente de digestibilidad

(Ecuación 13.3)

Los coeficientes para W puede suponerse que son relativamente bajos en cerdos con un genotipo seleccionado para un apetito más reducido, y relativamente mayores en cerdos especialmente propensos a consumir alimentos fibrosos.

Cálculo del consumo de pienso en cerdos jóvenes y en crecimiento

Se supone de forma convencional que hasta los 20 kg de peso vivo tanto la tasa de crecimiento como el consumo de pienso de los cerdos jóvenes es limitado por la capacidad física del conducto gastrointestinal. Según la Ecuación 13.3, los límites físicos para cerdos de 5, 10 y 15 kg de peso vivo serían 0,65, 0,65 y 0,98 kg (si se usan digestibilidades de 0,90 (leche), 0,80 y 0,80). Estos valores son realistas para el cerdo destetado, aunque para el lactante de 5 kg que consume unos 300 gramos de sustancia seca diariamente existe un límite bien por la ingestión de líquido, o por el espacio disponible para el consumo de unos 30 gramos de pienso suplementario. Resulta interesante señalar que con un peso vivo de 3 kg ls limitaciones gastrointestinales y probablemente los consumos de sustancia seca con la leche son bastante similares.

Los cerdos destetados no consumen las cantidades correspondientes a su apetito potencial hasta que alcanzan unos 20 kg de peso vivo, y algunas veces ni incluso con dicho peso. Si esto es así, será más probable que alcancen su potencial de crecimiento que puede conseguirse en condiciones óptimas (ver Capítulo 3). Anteriormente se han señalado algunas razones para que los cerdos jóvenes no ingieran pienso suficiente para satisfacer sus demandas de nutrientes. De forma específica, mala salud, estrés, temperaturas ambientales desfavorables, alimentos poco sabrosos, piensos inadecuados por sus ingredientes o por desequilibrio nutritivo, aporte inadecuado de agua, espacio insuficiente para vivir y comer y deficiencias generales de manejo que, en su totalidad, conspiran para asegurar, por ejemplo, que los 400 gramos de pienso de elevada calidad que deben ser ingeridos por un cerdo recién destetado de 6 kg para conseguir tasas de crecimiento equivalentes a las señaladas para momentos anteriores al destete no se

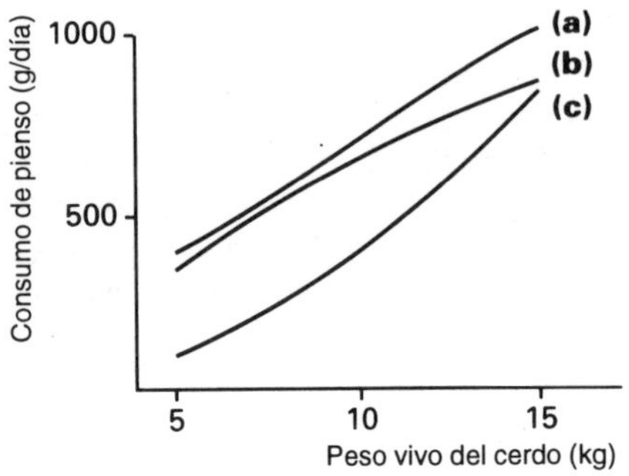

Figura 13.4 Consumos de pienso de cerdos destetados que reciben pienso sólido desde 21 a 28 días en adelante: (a) cálculo a partir de las necesidades de nutrientes suponiendo una dieta con 16 MJ de ED/kg, (b) cálculo a partir de los límites físicos de la capacidad digestiva, (c) cálculo a partir de la producción alcanzada con buena práctica comercial.

alcanzarán hasta 2 semanas más tarde. Los intentos de calcular el consumo de pienso entre el destete y los 15 kg de peso vivo han fracasado debido principalmente a su abrumadora dependencia de circunstancias individuales de manejo. La Figura 13.4 presenta cálculos de consumo diario de pienso en relación con las limitaciones físicas, las necesidades de nutrientes y la probable consecución del nivel de producción, esto último se queda más corto que lo primero.

A partir de los 15 kg de peso vivo es probable que, si son satisfactorios los restantes aspectos de la producción, pueda ser calculado mejor el apetito de los cerdos en crecimiento a partir de su demanda de nutrientes (Ecuación 13.1), con las limitaciones de la capacidad gastrointestinal (Ecuación 13.3). Muchos investigadores de diversos países han realizado valoraciones empíricas. El equipo de investigadores del ARC del Reino Unido informó en 1981:

$$\text{Consumo de energía digestible} = 4 \times \text{necesidades de mantenimiento}$$

(Ecuación 13.4)

o, cuando el mantenimiento se determina como 0,72MJ de EM por kg$W^{0,63}$:

$$\text{Consumo de ED (MJ/día)} = 4(0{,}72W^{0,63})/0{,}96 = 3{,}0W^{0,63}$$

(Ecuación 13.5)

No obstante, este cálculo resulta inadecuado con valores superiores para W y se propuso lo siguiente:

$$\text{Consumo de ED (MJ/día)} = 55(1 - e^{-0,0204W})$$

(Ecuación 13.6)

una relación apoyada por el equipo de investigadores de NAS-NRC de EE.UU. según informe de 1988.

La Tabla 13.1 presenta valores obtenidos mediante esta ecuación con un cálculo del consumo de una dieta con 14 MJ de ED/kg y la predicción a partir de la ecuación:

Tabla 13.1 Límites para el consumo de pienso calculados de distintas formas.

Peso vivo del cerdo (kg)	*Ecuación 13.6*[1] *(MJ ED/día)*	*Ecuación 13.6*[2] *(kg de dieta/día)*	*Ecuación 13.7*[3] *(kg de dieta/día)*	*Ecuación 13.3*[4] *(kg de dieta/día)*
20	18,4	1,31	1,23	1,30
40	30,6	2,19	2,07	2,08
60	38,8	2,77	2,80	3,12
80	44,2	3,16	3,48	3,47
100	47,8	3,41	4,11	4,33
120	50,2	3,59	4,71	4,46
140	51,8	3,70	5,29	5,20
160	52,9	3,78	5,85	5,94

[1] Consumo ED (MJ/día) = $55(1 - e^{-0,0204W})$.
[2] Ecuación 13.6, usando una dieta con 14 MJ de ED/kg.
[3] $0,13W^{0,75}$.
[4] 0,013W(1 – Coeficiente de digestibilidad); Coeficiente de digestibilidad = 0,8, 0,75, 0,75, 0,70, 0,70, 0,65, 0,65 y 0,65 para cada peso vivo respectivamente.

$$\text{Consumo de pienso (kg/día)} = 0,13W^{0,75}$$

(Ecuación 13.7)

que, según se indicó anteriormente, es una expresión que se aproxima bastante a unas 4 veces el mantenimiento y que, en consecuencia, se aproxima probablemente a los límites del apetito.

Los valores de la Tabla 13.1 muestran cómo el consumo máximo de pienso se determina de una forma similar mediante las Ecuaciones 13.3 y 13.7, la primera basada en la excreción fecal de material no digerible y la segunda en el peso corporal metabólico. Ambos cálculos presentan una coincidencia apreciable con la Ecuación 13.6 del equipo de investigadores de AFRC hasta los 80 kg de peso vivo, momento en que se produce una divergencia. La idea de que los límites del consumo de pienso son asintóticos, y que para los cerdos en crecimiento dicha asíntota aparece antes de los 100 kg de peso vivo, es bien aceptada y confirmada por muchos conjuntos de datos (ver, por ejemplo, la Figura 13.5). Sin embargo, los consumos conocidos de pienso realizados por cerdas lactantes con 160 kg apoyan la probabilidad de una capacidad intestinal de 6 kg, que coincide estrechamente con las Ecuaciones 13.3 y 13.7. Quizás la Ecuación 13.6 y las respuestas de la Figura 13.5 reflejen no la máxima capacidad intestinal sino más bien una menor necesidad nutritiva, y una posterior disminución de la tasa de crecimiento una vez alcanzados los 100 kg de peso vivo. Aunque debe procederse con precaución en los supuestos realizados para la asíntota del crecimiento, que se presentará con pesos vivos mucho mayores en los genotipos mejorados que en los no mejorados. Las causas de la asíntota aparente para el apetito que parece presentarse en las proximidades de los 100 kg son posiblemente, en gran parte, una función de los sistemas de producción y de manejo y deben ser investigadas con mayor profundidad.

Mientras que el apetito previsto de los cerdos en crecimiento puede describirse mediante una u otra de las alternativas de la Tabla 13.1, o mediante una descripción como la que presenta la Figura 13.5, persiste el caso de que los consu-

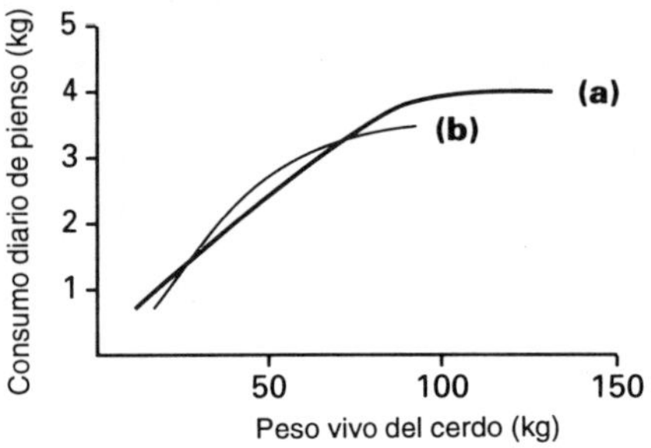

Figura 13.5 Consumo de pienso de cerdos alimentados *a voluntad* con una dieta que contiene 13,2 MJ de ED/kg. Interpolado procedente (a) TULLIS (1982), PhD Thesis, Universidad de Edimburgo, (b) KANIS (1988), PhD Thesis, Universidad de Wageningen, Países Bajos. Ambas curvas son asintóticas.

mos prácticos de pienso alcanzados con alimentación *a voluntad* en las explotaciones se aproximan más a los valores predichos mediante:

$$\text{Consumo de pienso (kg/día)} = 0{,}10W^{0{,}75}$$

(Ecuación 13.8)

o:

$$\text{Consumo de ED (MJ/día)} = 2{,}4W^{0{,}63}$$

(Ecuación 13.9)

esta última corresponde a unas 3,2 veces el mantenimiento. Estos cálculos aparecen en la Tabla 13.2.

Los consumos prácticos de pienso pueden ser inferiores al potencial porque las necesidades de nutrientes se satisfacen perfectamente dentro de los límites de la capacidad gastrointestinal. De una forma más realista, sin embargo, las condiciones del manejo limitan el consumo incluso por debajo de las necesidades óptimas de nutrientes. Como factores negativos se pueden incluir la sapidez del pienso, falta de espacio en los comederos, agresiones entre los cerdos, mala salud, desequilibrio de nutrientes, temperatura ambiental, densidad de población, etc. Se han realizado algunos intentos para cuantificar los dos últimos factores.

La temperatura (T) superior al nivel de confort (Tc) reducirá el consumo de pienso en la cuantía de 1 gramo por °C (T – Tc) por kg de peso corporal del cerdo, y Tc depende de la producción de calor por parte del animal, es decir, de la actividad metabólica del cerdo. La Figura 13.6 (referida a un cerdo de unos 80 kg de peso vivo) muestra en qué forma el consumo diario de pienso está relacionado directa y negativamente con la temperatura. Con temperaturas bajas se produce una demanda de energía para termogénesis frente al frío. Según disminuye esta demanda al elevarse la temperatura, desciente el consumo de pienso (según se indica en la Ecuación 13.1). En la temperatura de confort es probable la estabilización del consumo diario de pienso. Con temperaturas superiores a Tc se aprecia de nuevo una pendiente negativa ya que la elevación progresiva de la temperatura induce una depresión del consumo de acuerdo con la Ecuación 13.2.

La influencia de la densidad de población merece también un estudio. Según la Figura 7.1 la ganancia diaria es afectada adversamente al aumentar la densi-

Tabla 13.2 Consumos alcanzados de pienso por cerdos alimentados *a voluntad* en condiciones prácticas.

Peso vivo del cerdo (kg)	*Ecuación 13.8*[1] *(kg de dieta/día)*	*Ecuación 13.9*[2] *(kg de dieta/día)*
20	0,95	1,13
40	1,59	1,75
60	2,16	2,26
80	2,67	2,71
100	3,16	3,12
120	3,63	3,50
140	4,07	3,86
160	4,50	4,19

[1] Consumo de pienso (kg/día) = $0{,}10W^{0{,}75}$.
[2] Consumo ED (MJ/día) = $2{,}4W^{0{,}63}$, usando una dieta con 14 MJ de ED/kg.

dad de la población. La mayor parte de esta respuesta es consecuencia de una reducción en el consumo de pienso. La superficie ocupada por el cerdo (m^2) es $kW^{0{,}67}$, un cambio en el valor de k de 0,005 por debajo del óptimo puede asociarse con un cambio del 4% en el consumo de pienso (cuando k = 0,025 existe espacio suficiente justo para tumbarse, generalmente en los sistemas de explotación intensiva suele ser aceptable un valor k = 0,040 a 0,050). La relación entre el cambio de k y el consumo de pienso es probable que afecte a todos los cerdos en crecimiento. Para un cerdo de 60 kg que ingiere 2,0 kg de pienso, un cambio en el valor k de 0,005 reducirá el consumo en 80 gramos diarios, perdiéndose 0,1 kg del consumo potencial de pienso por cerdo y día por cada 0,1 m^2 de pérdida de superficie en el suelo.

Cálculo del consumo de pienso en las cerdas

Según la Ecuación 13.3 el límite físico para el consumo de pienso por una cerda que ingiere una dieta con una digestibilidad de 0,70 se aproxima probablemente a 5 kg cuando su vivo es de 120 kg, y a 11 kg cuando pesa 250 kg; esto, por supuesto, es muy superior que la asíntota identificada para cerdos en crecimiento. La demanda de nutrientes, con una dieta razonablemente equilibrada, durante la gestación y entre el destete y la concepción se encontrará dentro de este límite. En realidad, las cerdas que reciben dietas concentradas consumirán fácilmente otros 0,5 kg o más de paja diariamente, bien para llenar espacio libre en el intestino o quizás para satisfacer un deseo de forraje. El apetito en la cerda adulta no lactante es probablemente, en consecuencia, una función de las diversas demandas de mantenimiento, carga fetal, termogénesis frente al frío, crecimiento e (igualmente importante) la reposición de tejido adiposo catabolizado durante la lactación; es decir, tal como indica la Ecuación 13.1.

La cerda lactante suele ser incapaz de satisfacer su demanda de nutrientes dentro de los límites del apetito, y perderá grasa corporal para cubrir esta deficien-

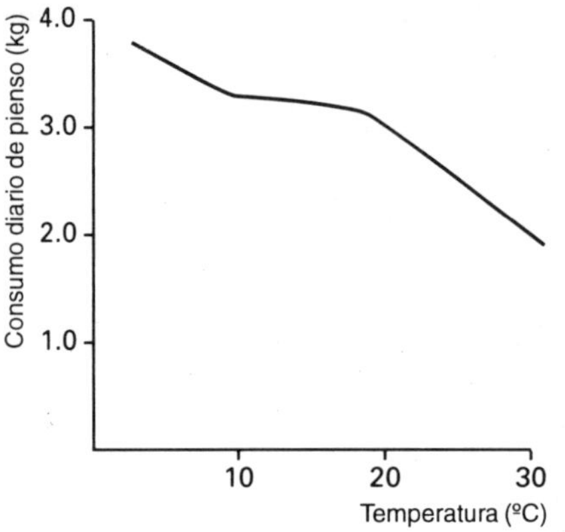

Figura 13.6 Influencia de la temperatura sobre el apetito. El aumento de la temperatura reduce primero el consumo al descender las demandas para termogénesis frente al frío; posteriormente, las temperaturas más elevadas deprimen el apetito al responder el cerdo a la necesidad de evitar el estrés térmico.

cia. Este problema resulta particularmente agudo en la primera lactación ya que el consumo voluntario de pienso en las cerdas jóvenes es invariablemente, como mínimo, 1 kg diario inferior que el de las cerdas adultas. Esto es consecuencia probablemente de una combinación de menor tamaño corporal y mayor estrés. Con frecuencia se aprecia un incremento en el apetito de la cerda en partos posteriores y al aumentar su peso corporal, y en general el apetito de la cerda coincide con la propuesta de «4 veces el mantenimiento», que también puede expresarse como $0{,}12W^{0{,}75}$. Muchos tipos de cerdas superarán bastante este consumo e ingerirán 10 kg diarios de pienso durante la lactación. Muchos tipos raciales actuales son propensos, sin embargo, a consumir una cantidad muy inferior a esta, y las espectativas convencionales de consumo de pienso durante la lactación son de 5-6 kg. Estos reducidos consumos de pienso son probablemente no tan solo el resultado de una selección contra la grasa y, en consecuencia, contra el apetito. Entre otras cosas, las cochiqueras modernas para parto y lactación provocan con frecuencia estrés térmico en la cerda. Siendo la temperatura de confort (Tc) de unos 15°C, una temperatura ambiental (T) de 25°C reducirá el apetito de una cerda lactante de 200 kg en 2 kg (Ecuación 13.2). Por consiguiente, puede calcularse que:

$$\text{Consumo de pienso (kg/día)} = [0{,}013W/(1 - \text{Coeficiente de Digestibilidad})] - [W(T - Tc)/1000]$$

(Ecuación 13.10)

que es una elaboración sobre la Ecuación13.3 y que probablemente tiene un valor general.

Los consumos reducidos de pienso durante la lactación pueden mejorarse mediante:

- distribución más frecuente de pienso (el consumo máximo en una toma es probablemente de 3-4 kg, que indica la existencia de beneficios con 3 tomas diarias);

- distribuir pienso húmedo en lugar de seco (el simple hecho de que la relación agua:pienso sea de 3:1 aumentará el consumo de pienso en un 10-15%);
- proporcionar abundante agua limpia adicional separada del pienso;
- reducir la temperatura a 10-14°C;
- usar dietas de elevada concentración (superior a 14 MJ de ED/kg – el aumento de la concentración de energía usando grasas y aceites en lugar de almidones es sumamente útil porque las grasas son utilizadas con mayor eficacia y, en consecuencia, generan menos calor en su metabolismo);
- distribuir el pienso en los momentos más frescos del día, y utilizar refrigeradores en bebederos automáticos y por goteo (hecho que puede suponer aumentar el consumo diario de pienso en 1-2 kg extra en climas cálidos);
- proporcionar una dieta equilibrada con proteína adecuada.

Existe una relación negativa bien conocida entre el nivel de consumo de pienso durante la gestación y el apetito en la lactación, aunque no resulta especialmente intensa y depende probablemente del engrasamiento corporal de la cerda en el momento del parto indicado por el espesor de la grasa dorsal en P2 (mm):

Consumo de pienso en la lactación (kg en 28 días) = 240 – 0,20(consumo de pienso en 115 días de gestación)

(Ecuación 13.11)

o:

Consumo de pienso en la lactación (kg en 28 días) = 212 – 3,6P2

(Ecuación 13.12)

Además de mantener una relación negativa con la grasa corporal, el consumo de pienso durante la lactación se encuentra relacionado positivamente con el rendimiento de la lactación; es decir, con el número de cerditos que maman. Cuando no intervienen los límites de capacidad como resultado del tamaño físico del tracto gastrointestinal, puede calcularse que cada cerdito precisará unos 1,2 kg diarios de leche fresca, y esto impondrá el consumo de 8 MJ de EM con la dieta por kg de leche producida, o unos 0,7 kg de pienso por cerdito lactante y día. Así, el consumo de pienso de las cerdas lactantes podría describirse como:

Consumo de pienso (kg/día) = A + 0,7x

(Ecuación 13.13)

siendo x el tamaño de la camada y A las necesidades de mantenimiento (es decir, en kg diarios de pienso, $0{,}033W^{0{,}75}$). Las consecuencias del empleo de estas propuestas aparecen en la Tabla 13.3. Según se ha señalado anteriormente, se ha estimado empíricamente que las cerdas lactantes de peso medio, con una camada de tamaño aceptable, y que consumen menos de 8 kg de una dieta media, es probable que pierdan grasa corporal, una propuesta de acuerdo con la Ecuación 13.13. Generalmente, la cerda nunca alcanza un incremento en el consumo de

Tabla 13.3 Influencia del tamaño de la camada sobre el consumo teórico de pienso de cerdas lactantes.

	Peso vivo de la cerda (kg)		
Tamaño de la camada	*140*	*180*	*220*
8	6,9	7,2	7,5
10	8,3	8,6	8,9
12	9,5	10,0	10,3

pienso de 0,7 kg por cada cerdito lactante extra; con mayor frecuencia, cabe esperar que la respuesta se encuadre en la región de 0,4 kg de incremento en el consumo de pienso por cada cerdito lactante extra. Como esta respuesta resulta inadecuada para mantener el equilibrio de nutrientes, existe una pérdida inevitable de tejidos grasos (y magros) maternos que son catabolizados y orientados al suministro de las necesidades nutritivas de la lactación. Las cerdas lactantes parecen conocer bien las dificultades en el aporte de nutrientes durante la lactación y, al igual que la mayoría de las hembras de otros mamíferos, encuentran satisfactoria la deposición de grasa durante la gestación; para perderla durante la lactación posterior.

El apetito como consecuencia de las características del pienso

Ingredientes específicos de la dieta

Existen abundantes pruebas de que los cerdos ingerirán mayores cantidades de alimentos dulces. El azúcar en sí misma es muy sabrosa, aunque no debe suponerse que la inclusión de azúcar superará necesariamente las características de otros ingredientes de la dieta que la hacen poco sabrosa. Los cereales cocidos y en copos, los aceites y la leche fresca y en polvo se encuentran entre los ingredientes apreciados por el cerdo, aunque se producirá una depresión del apetito al incluir en la dieta ingredientes tales como harina de carne y hueso, algunas harinas de pescado, harina de semillas de colza (tanto ricas como pobres en glucosinolato, aunque las primeras son rechazadas más intensamente que las segundas), harina de semillas de algodón y, en cierta medida, algunas harinas de semillas de legumbres. Los cerdos muestran también aversión a lectinas, micotoxinas, glucosinolatos, taninos, saponinas, sinapinas y factores de naturaleza tóxica y antinutritiva. La elección correcta de ingredientes es fundamental para que el apetito sea máximo.

Enzimas del pienso

Los carbohidratos del pienso están constituidos por azúcares (pocos), almidón y carbohidratos estructurales o polisacáridos que no son almidón. Los polisacáridos que no son almidón consisten principalmente en celulosas, beta-glucanos y pentosanas. Las proporciones relativas de estos últimos difieren entre los alimentos (el endospermo de la cebada es más rico en beta-glucanos, y el del trigo en pentosanas). Los carbohidratos son digeridos en el estómago, intestino delgado e intestino grueso.

En el cerdo, la fermentación microbiana es el único sistema disponible y apropiado para la hidrólisis de la celulosa, un polisacárido que no es almidón. La fermentación microbiana se producirá en el intestino, principalmente en intestino grueso y ciego. Las carbohidrasas bacterianas producirán la mayoría de los ácidos grasos lactato, acetato, butirato y propionato cuya utilización es la mitad de la correspondiente a la glucosa.

La incorporación de enzimas al pienso busca la descomposición de los carbohidratos y la mejora de su digestibilidad. Si esto es así, entonces, según la Ecuación 13.3, con cualquier determinado peso vivo, aumentará el consumo de pienso. También se incrementará el rendimiento de nutrientes por cada unidad de pienso ingerido. Si los enzimas atacan a los componentes fibrosos de la fracción correspondiente a los carbohidratos y reducen la carga de fibra en el intestino, entonces es posible que un tercer factor positivo influya sobre el consumo de nutrientes. En consecuencia, resulta razonable considerar la adición de preparados enzimáticos a las dietas de los cerdos jóvenes; aunque su eficacia no deberá ser considerada como automática.

El sistema enzimático del cerdo joven se orienta principalmente hacia la leche hasta que alcanza unas 4 semanas de edad en cuyo momento resulta dominante la necesidad de digerir alimentos sólidos (Figura 13.7). Las enzimas incorporadas al pienso pueden actuar beneficiosamente, por consiguiente, en las dietas para cerdos jóvenes cuyos propios sistemas enzimáticos limitados podrían ser suplementados, o cuyas secreciones de enzimas naturales podrían ser complementadas por enzimas que no aparecen normalmente en el intestino –tales como celulasas para la digestión de la fibra–.

El pH gástrico en el estómago vacío es igual a 2 aproximadamente, inferior a la tolerancia para la actividad de la mayoría de las carbohidrasas. No obstante, la zona esofágica por la que penetra el alimento se mantiene por encima de dicho

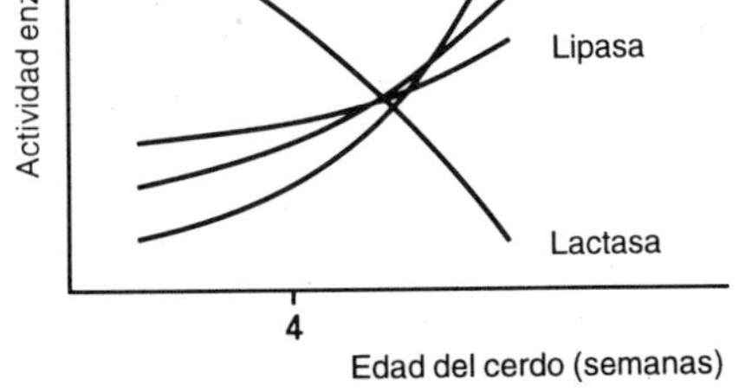

Figura 13.7 Influencia de la edad del cerdo sobre la actividad enzimática endógena.

nivel, y tras una toma de pienso el pH gástrico experimenta un ascenso significativo en cualquier caso. La posibilidad de que enzimas exógenas actúen en el estómago es apoyada por el descubrimiento de que la propia carbohidrasa de la saliva (activa con pH <4,0) actúa allí probablemente durante 2-3 horas. La fermentación bacteriana se realiza también en el estómago produciendo ácidos láctico y orgánicos; los lactobacilos son los principales responsables de la producción de ácido láctico en el cerdito lactante.

La capacidad del intestino delgado para digerir almidón aumenta en forma de respuesta directa a la presencia de almidón en el intestino. Tras unas 2 semanas de exposición a este compuesto, se dispone de abundante carbohidrasa para la hidrólisis de cualquier cantidad concebible de almidón simple; aunque para esto se presupone la ausencia de protección del carbohidrato del pienso por materiales de la membrana celular que son polisacáridos no almidón y que no son atacados por las carbohidrasas intestinales. También resulta claro que mientras la mayoría de los almidones de los cereales son relativamente simples, los presentes en alimentos vegetales que no son cereales tales como harinas de legumbres pueden ser más complejos y más difíciles de digerir. Quizás lo más importante de todo, sin embargo, haya sido la observación de que no solamente el destete se asocia con un cambio importante de nutrientes (al pasar de la leche a los cereales, y de las proteínas animales a las vegetales), sino que el trauma representado por este momento de la vida del cerdo compromete la actuación efectiva de los sistemas enzimáticos del intestino delgado y del páncreas.

Ante esto resulta razonable proponer, por consiguiente, y en especial para cerdos recién destetados y jóvenes en crecimiento:

1 La incorporacióón de enzimas al pienso que pueden favorecer la digestión del almidón convencional mediante su acción en el estómago.
2 La suplementación del sistema endógeno mediante celulasas exógenas añadidas al pienso que pueden digerir carbohidratos estructurales que no son almidón, y que pueden ser activas tanto antes de su ingestión como en el intestino, no solamente proporcionarán nutrientes útiles de sustratos no utilizables en caso contrario, sino que también liberarán almidones y proteínas protegidos previamente en los vegetales por las membranas celulares no digeribles.

En el caso de las polisacaridasas que no actúan sobre el almidón conviene recordar, sin embargo, que existen diferencias entre los ingredientes en el tipo presente de polisacáridos que no son almidón, y que las enzimas que actúan deben ser específicas.

Se sabe que la proteína vegetal se digiere mal en los cerdos jóvenes inmediatamente después del destete, y que el sistema de proteasa endógena que actúa sobre la leche precisa cierto tiempo para alcanzar los niveles adecuados para aportar los nutrientes precisos diariamente a partir de las proteínas de origen vegetal. Ante una clara ausencia de capacidad para digerir la proteína de forma adecuada, el apoyo mediante enzimas exógenas constituye un concepto válido.

Existen productos comerciales que contienen mezclas de amilasas, betaglucanasas, pentosanasas, celulasas, (lipasas) y proteasas para su incorporación en las dietas secas para los cerdos. Resulta claro que las mismas determinarán una hidrólisis activa de almidones, polisacáridos que no son almidón y proteínas, tanto en cereales como en concentrados de proteína vegetal, tras incorporar agua y calentar en el laboratorio. La adición de una mezcla variada de enzimas a dietas basadas en cereales parece aumentar marginalmente de forma invariable la digestibilidad del almidón y de polisacáridos que no son almidón en cerditos jóvenes, aunque no siempre se produce una mejora apreciable del rendimiento. Aunque no se han presentado informes sobre todos los experimentos realizados, y puede existir cierta tendencia a que sean más frecuentes los informes correspondientes a resultados positivos, a nivel comercial se considera que pueden alcanzarse mejoras en la ganancia diaria de hasta el 2-3%. Esta presunción deriva de una combinación de mejor digestibilidad y aumento del apetito. Aseveraciones similares o ligeramente mayores se hacen para la cocción, formación de copos y extrusión de cereales.

La mayor parte del fósforo mineral que se digiere con facilidad procede de fosfato dicálcico solubre presente en las dietas para cerdos, aunque los componentes vegetales de la dieta pueden contener también cantidades importantes de fósforo. En este último caso, sin embargo, su disponibilidad es reducida ya que el mineral aparece unido al ácido fítico para formar fitatos de fósforo, que solamente son 0,3 digestibles aproximadamente. El fitato interrumpe además la digestión del calcio y de algunos otros elementos minerales. El empleo de una fuente externa del enzima fitasa (no elaborada por el organismo del cerdo) para mejorar la digestibilidad del fósforo vegetal resulta muy atrayente. Tales enzimas existen, y se ha descubierto que actúan con éxito, mejorando la digestibilidad del fósforo de origen vegetal y reduciendo la necesidad de los suplementos de fosfato mineral. Por desgracia, en la actualidad resulta prohibitivo el coste de cantidades suficientes de enzima para provocar el efecto deseado.

Gases ambientales

Amoniaco y sulfuro de hidrógeno son tóxicos y niveles reducidos de unas 10 ppm o mayores de cualquiera de ellos reducirán el apetito. Los efectos aumentan con la concentración de gases. Los niveles de amoniaco pueden superar las 50 ppm en explotaciones intensivas de cerdos en crecimiento, mientras que tras la agitación de purines pueden producirse niveles de sulfuro de hidrógeno superiores a 5 ppm. La ventilación eficaz constituye el mejor procedimiento para el control de los gases ambientales, aunque pueden presentarse dificultades para la misma cuando es baja la temperatura del aire exterior. El interés comercial se ha centrado recientemente en la posibilidad de incorporar aditivos en el pienso de los cerdos que, tras pasar a los purines, parecen reducir los niveles de amoniaco. Esto puede lograrse mediante la fijación del amoniaco y el tamponamiento del sistema para evitar una elevación demasiado rápida del pH. También pueden añadirse al pienso productos microbianos y enzimáticos encapsulados, en el supuesto de que pueden actuar sobre los purines ayudando a que la digestión de los mismos se produzca sin emisión de olores. Parece ser que el empleo de este material puede mejorar el consumo de pienso y el rendimiento de los cerdos al reducir los niveles de amoniaco gaseoso cuando son superiores a 10 ppm. Aunque al igual que sucede con otros avances modernos de la biotecnología aplicada a la nutrición porcina, los intereses comerciales van algo por delante de las valoraciones y explicaciones científicas. Tampoco deberá suponerse que otros métodos para reducir el amoniaco gaseoso, que resultarán claramente beneficiosos, podrían no ser efectivos. Los sistemas de yacija gruesa (serrín de madera) para proporcionar cama a los cerdos, y con la aplicación de técnicas de elaboración de estiércol *in situ,* pueden asociarse con sustancias especiales, que añadidas a la yacija, se asegura que reducen la emisión de gases y favorecen la fermentación. En cualquier caso dichos sistemas solamente pueden tolerar densidades de población que sean un 30-50% más generosas que los sistemas convencionales; aunque incluso entonces, tiene que ser cuantificado el beneficio obtenido del aditivo.

Adición de ácidos orgánicos dietéticos

Los niveles de la acidez gastrointestinal oscilan normalmente entre pH 2 y 4 en el estómago, y aumentan hasta pH 5-6 en intestino delgado, y de nuevo hasta 7 en intestino grueso. Con niveles de pH superiores a 6, aumenta la probabilidad de que descienda la efectividad de la acción enzimática y de que aumente la proliferación de bacterias patógenas en el intestino. Por estas dos razones existe una relación estrecha entre el mantenimiento de un pH óptimo en el tracto gastrointestinal y el apetito de los cerdos. Ácidos orgánicos tales como propiónico, fórmico, cítrico, láctico y fumárico pueden incorporarse con facilidad a la dieta, y pueden ayudar a que disminuya la probabilidad de un aumento del pH en el estómago que puede producirse cuando los cerdos jóvenes padecen estrés.

También puede tener importancia que los ingredientes individuales del pienso presenten capacidades claramente diferentes para la fijación de los ácidos. La capacidad para la fijación de ácidos de la leche líquida y de los cereales es reducida, mientras que resulta elevada en el caso de la leche en polvo y de las proteínas de origen animal y vegetal (y también de la piedra caliza). En el periodo inmediatamente posterior al destete es muy probable que exista una predisposición para que aumente el pH intestinal. Existen pocas pruebas experimentales que aporten información clara sobre el mecanismo de acción o sobre la eficacia de la incorporación de ácidos orgánicos al pienso para tratar el problema de un elevado pH intestinal.

Adición de microorganismos

Se ha propuesto que diversos microorganismos ejercen una influencia beneficiosa en el ambiente gastrointestinal, para mejorar la depresión del apetito tras el destete, y posteriormente aumentarlo en cerdos jóvenes en crecimiento. El objetivo buscado con la adición de microorganismos a la dieta es la eliminación en la flora intestinal de especias anormales o insanas. Los microorganismos patógenos atacan a la mucosa gastrointestinal y producen toxinas en dicha ubicación. La acción competitiva de especies no patógenas para ocupar la citada ubicación evitará, en consecuencia, la formación de toxinas. Cultivos presumiblemente beneficiosos, y utilizados con frecuencia, son estirpes especiales de *Lactobacillus* o *Streptococcus (Enterococcus).* En el curso normal de los hechos, los lactobacilos podrían ser estimulados por la leche de la madre para fermentar la lactosa y producir ácido láctico. Aunque la población natural de lactobacilos disminuye rápidamente tras el destete. La pérdida de lactobacilos puede tener efectos negativos para la acidez intestinal y además, tras su desaparición, pueden ser reemplazados en la flora por especies patógenas. Las dos principales razones para la inclusión de microorganismos en el pienso son, en consecuencia:

1 Que se mantiene un pH intestinal óptimo.
2 Que, mediante efectos competitivos y antagónicos, se impide el crecimiento de gérmenes patógenos tales como *Escherichia coli, Salmonella,* y *Staphylococcus.*

Los cultivos de *Lactobacillus* y *Streptococcus* pueden combinarse con un cultivo apropiado de levaduras (*Saccharomyces*), que ha sido propuesto también para estimular el consumo de pienso.

Las mejoras del consumo de pienso y del rendimiento como resultado de las adiciones de microorganismos a la dieta son variables. Como requisito previo, los cultivos ingeridos deben ser primero eficaces para mantener el pH y competir con gérmenes patógenos y, en segundo lugar, deben incluirse niveles suficientemente elevados para que al multiplicarse con rapidez determinen la formación de poblaciones viables en el intestino. Las pruebas experimentales son inadecuadas hasta la fecha para demostrar con claridad que la teoría se traslada eficazmente a la práctica.

Adición de antibióticos

Los antibióticos incluidos en el pienso a «niveles de promotores del crecimiento» estimulan el apetito y el crecimiento al combatir los efectos negativos de los gérmenes patógenos del intestino (mediante la supresión de la flora microbiana patógena), y mejoran también la capacidad de absorción del intestino. Las respuestas positivas en animales sanos son más díficiles de poner de manifiesto que los claros beneficios de los antibióticos en el tratamiento de alteraciones intestinales. La adición de antibióticos a las dietas de cerditos recién destetados, de forma especial, ha sido una práctica común durante muchos años, y los beneficios en el consumo de pienso y crecimiento con claros y pueden ser superiores al 10%. Si dichas adiciones son capaces así mismo de prevenir un brote manifiesto de enfermedad, los beneficios serán, por supuesto, considerablemente mayores. Los beneficios en cerdos jóvenes en crecimiento pueden ser algo menores (alrededor del 5-10%), mientras que la respuesta parece reducirse a un poco menos del 5% de mejora cuando se incluyen antibióticos en las dietas de cerdos en fase de finalización del cebo.

Estas respuestas positivas han sido confirmadas por abundantes experimentos individuales y durante años de experiencia en la producción. Las respuestas positivas de las adiciones de antibióticos a la dieta muestran una variación relativamente ligera, particularmente cuando se comparan con la amplia variación que se descubre actualmente en la respuesta a los ácidos orgánicos, enzimas y cultivos microbianos «probióticos» añadidos a la dieta. También pueden incorporarse a la dieta algunos compuestos antibióticos/antimicrobianos derivados de microorganismos benignos no tanto con miras a la inhibición de gérmenes patógenos como a estimular directamente el consumo de pienso –especialmente en los cerdos más jóvenes–.

Condimentos, estimulantes del sabor y agentes enmascaradores

Se supone que los efectos positivos de los condimentos consisten en aumentar el consumo de pienso bien (i) elevando la apreciación del cerdo hacia un sabor aceptable en la dieta, (ii) añadiendo un sabor aceptable o (iii) enmascarando un sabor inaceptable. La prevención de la multiplicación de mohos en los alimentos mediante su recolección y almacenamiento correctos constituye un hecho básico para que se mantenga un apetito máximo. El uso de inhibidores de mohos, tales como propionatos, podría interpretarse, en relación con el apetito del cerdo, como una actividad negativa. Los cerdos son susceptibles a la oxidación y enranciamiento de la grasa de la dieta; resulta marcado el descenso del apetito por pérdida de sapidez. Los antioxidantes incluyen productos tanto sintéticos (tales como BHA y BHT) como naturales (tales como tocoferoles).

Cuando no resulta necesario enmascarar malos sabores, el concepto de un estimulante del apetito incorporado a la dieta es sumamente atractivo y ha elevado las espectativas comerciales y la especulación durante muchos años. No obstante, la idea de que un cerdo pueda ser animado a comer más antepone la pregunta de porqué dicho cerdo está comiendo menos en la actualidad, y la búsqueda de una razón sobre en qué forma un compuesto mejorador del sabor pueda ser la causa de dicha respuesta. Puede asegurarse que en la mayoría de los casos los efectos positivos de los estimulantes del sabor –cuando aparecen– suelen ser consecuencia más del enmascaramiento de una sapidez negativa que de la creación de una sapidez positiva. Quizás puedan existir excepciones que determinen una atracción específica relacionadas con claves positivas para el comportamiento del consumo de forrajes y de piensos por parte del cerdo que podrían determinar efectos evolutivos beneficiosos.

Las especias se han asociado generalmente con el enmascaramiento de malos sabores, aunque esto puede ser una generalización inapropiada. Entre otras cosas, las mezclas de especias pueden contener esencias oleosas aromáticas atrayentes que pueden ser positivas para la sapidez y además pueden estimular la producción de enzimas. Otras afirmaciones –sin fundamento– aseguran que suprimen los gérmenes patógenos del intestino y las micotoxinas presentes en los piensos.

Aunque tienen interés todas las posibilidades, la sapidez de los piensos se asegura probablemente, primero y principalmente, usando ingredientes frescos y bien almacenados de elevada calidad cuyo consumo resulta agradable para los cerdos.

Forma del pienso y método de presentación

Persiste el debate sobre si se alcanza el máximo consumo de pienso de forma más probable con gránulos, migajas o harinas. Existe una interacción considerable con el método de distribución del pienso. En general, los cereales sometidos a una molturación media son ingeridos mejor que los sometidos a una molturación grosera o fina. Las migajas o gránulos pequeños son preferidos a los gránulos grandes o a la harina fina. Las harinas finas pueden hacerse pastosas en la boca y en estómago y descender tanto la sapidez como el avance en intestino; también han sido acusadas de provocar úlceras gástricas. Las harinas provocan la formación de polvo en los edificios que aumenta la probabilidad de padecer neumonía y reduce la aceptabilidad ambiental. El transporte de las harinas resulta más caro (al ser menos densas) y es más fácil que se produzcan desperdicios en el punto de consumo (las tasas comparativas entre los desperdicios de harinas y de gránulos son aproximadamente del 6 y 2% respectivamente). Sin embargo, la producción de los gránulos es más costosa. Todas las formas de los piensos son ingeridas en mayores cantidades si se presentan húmedas en lugar de secas.

Un componente esencial para estimular el apetito es la existencia de agua fresca en la proximidad del cerdo, de espacio suficiente de comedero, y de oportunidades para comer con suficiente frecuencia. El consumo de pienso *a voluntad* en tolvas autoalimentadas raras veces, o nunca, determina un consumo máximo de pienso. Con frecuencia el flujo es indebidamente limitativo (para evitar desperdicios); además, el pienso suele presentarse seco y suele limitarse el acceso a la tolva a los cerdos situados en los escalones inferiores de la jerarquía de dominancia social.

CAPÍTULO 14

Formulación de dietas

Introducción

La compra de pienso para los cerdos representa un gasto superior al de todos los restantes costes juntos de una explotación porcina. La producción de cerdos constituye un ejercicio de intercambio de alimentos por carne de cerdo de alta calidad con el mayor cociente coste:valor que resulte beneficioso.

El productor de cerdos puede adquirir piensos compuestos, o componerlos él mismo. Cualquier programa de alimentación porcina precisará al menos cuatro aspectos de información nutricional sobre las dietas:

- La concentración de energía.
- La concentración de proteína o el cociente proteína:energía.
- La calidad de la proteína (o valor proteína).
- La adecuación de los niveles de vitaminas y minerales.

Las dietas se preparan mezclando los ingredientes para conseguir una determinada especificación nutritiva; es decir, un requisito predeterminado para la concentración en la dieta de ciertos nutrientes (por ejemplo, 14 MJ de ED/kg, 200 g de PB/kg). El cerdo ingerirá una amplia gama de alimentos y los incluidos en el Apéndice 1 son meramente representativos. No obstante, las dietas ricas en fibra pueden limitar el consumo en detrimento del rendimiento. Muchas dietas convencionales son formuladas a partir de los cereales (trigo, cebada, avena, centeno, sorgo, y especialmente maíz), suplementadas con proteína de mejor calidad (legumbres, harinas de carne, harinas de pescado, y especialmente harina de soja). Otras contribuciones de energía y proteína pueden proceder de raíces (nabos, patatas, yuca) y de subproductos (grasas y aceites, subproductos de la industria alimentaria humana, productos lácteos). Las dietas contendrán también con frecuencia, cuando sea conveniente, medicamentos y agentes promotores del crecimiento.

Concentración de energía en la dieta

La concentración de energía en las dietas para cerdos puede oscilar desde tan solo 11 MJ de ED/kg en dietas que contienen harina de gramíneas y otros forrajes, hasta más de 15 MJ de ED/kg en dietas formuladas con ingredientes ricos en energía tales como maíz, harina de soja con toda su grasa y grasas pienso añadidas. La concentración de energía en la dieta se relaciona negativamente con los niveles de fibra y positivamente con los niveles de aceite. Siendo NDF el contenido de fibra neutro detergente (g/kg de sustancia seca (SS) de la dieta) y ACEITE el contenido de aceites y grasas totales (g/kg de SS de la dieta), entonces:

$$ED(MJ/kg\ de\ SS) = 17{,}0 - 0{,}018NDF + 0{,}016ACEITE$$

(Ecuación 14.1)

La concentración de nutrientes en un determinado peso de dieta depende, por supuesto, de su contenido en agua. Las dietas suelen prepararse y ofrecerse a los cerdos secadas al aire; cuando se les añade agua se incorpora en el momento de la distribución. Sin embargo, algunos ingredientes de la dieta pueden contener humedad, tales como raíces (10-25% de SS), ensilado de pescado (15-25% de SS) y subproductos lácteos líquidos (4-13% de SS). Existen muchos residuos industriales procedentes de las industrias que preparan alimentos y bebidas para el hombre que gozan de una elevada calidad, y el contenido en sustancia seca (SS) de los mismos puede oscilar del 2 al 30%.

Las dietas para cerdos formuladas a partir de mezclas de cereales y harina de semilas de soja suelen contener 85-92% de SS, dependiendo del contenido de humedad de los cereales. Se ha convenido en suponer que las dietas de los cerdos contienen sobre el 87% de SS (13% de agua) a menos que se indique otra cifra, y las concentraciones de nutrientes en las dietas para cerdos suelen expresarse, aunque no de forma invariable, en base a producto secado al aire suponiendo un contenido del 87% de SS (NRC utiliza el 90%).

Para comparar de forma correcta dietas con distinto contenido de agua es preciso realizar una corrección para igualar el contenido de agua (Tabla 14.1). Para aportar una determinada cantidad de energía es preciso ofrecer más pienso si es baja la concentración de energía de la dieta, y menor cantidad si es elevada la concentración de energía de la dieta. Para proporcionar 30 MJ de ED, son necesarios 2,6 kg de una dieta con 11,5 MJ de ED/kg mientras que solamente son necesarios 2,2 kg de una dieta con 13,5 MJ de ED/kg. Para conseguir un crecimiento rápido o una producción elevada cuando son precisos consumos importantes de nutrientes, son necesarias dietas más concentradas si la capacidad gastrointestinal no es la adecuada para las necesidades de nutrientes –como suele suceder en el caso de cerdos jóvenes en crecimiento y de cerdas lactantes–. Los cerdos menos productivos y con buen apetito, tales como cerdos en crecimiento con más de 80 kg y cerdas gestantes, pueden recibir dietas con menor densidad de nutrientes (Tabla 14.2). Cualquier cerdo que sea alimentado perfectamente con una cantidad de pienso inferior a su apetito puede recibir una dieta con menor densidad de nutrientes; aunque esto puede ser o no ser económico.

Tabla 14.1 Comparación de dietas con diferentes contenidos de agua.

	Dieta «húmeda»	*Dieta «seca»*
Sustancia seca de la dieta (%)	32,8	87,0
Contenido de ED de la dieta (MJ ED/kg)	5,0	13,5
Contenido de PB de la dieta (g PB/kg)	75	180
Contenido de ED de la dieta corregido para 87% de sustancia seca	13,3[1]	13,5
Contenido de PB de la dieta corregido para 87% de sustancia seca	199[2]	180

[1] (5,0/0,328) × 0,87 = 13,3.
[2] (75/0,328) × 0,87 = 199.

Tabla 14.2 Límites inferiores de la densidad de energía adecuados para diversos tipos de cerdos[1].

	MJ ED/kg
Lechón (5-15 kg)	14
Crecimiento (15-30 kg)	14
Crecimiento (30-100 kg)	13
Reproductoras gestantes	11
Reproductoras lactantes	12

[1] El límite superior para la densidad de energía no depende del tipo de cerdo, sino de la conveniencia de la dieta. Así, todos los cerdos podrían recibir dietas con 14 MJ de ED/kg si ésta fuese la concentración más económica (quizá si el maíz fuese barato en comparación con la cebada). Los cerdos que reciben dietas más densas dispondrán de asignaciones menores de pienso de forma proporcional.

Cociente proteína:energía (g PB/MJ de ED)

La proteína de la dieta suele indicarse en forma de proteína bruta (PB). Su utilidad es inferior que la de la proteína bruta digestible (PBD) ya que puede existir una diferencia de 0,4-0,9 en el coeficiente de digestibilidad de las diferentes fuentes de proteína de la dieta. No obstante, parece probable que las diferencias en la digestibilidad de la proteína puedan ajustarse mejor reconociendo en la preparación de piensos compuestos la importancia del nivel de aminoácidos digeridos ilealmente, hecho que ya ha sido tratado anteriormente, aunque se insistirá sobre el mismo más adelante.

La concentración precisa de proteína en la dieta depende de las necesidades totales de aminoácidos para crecimiento de tejido magro o para producción de leche en comparación con las necesidades de energía como combustible corporal. Los animales mayores precisan mayores cantidades de energía para mantenimiento corporal y, en consecuencia, necesitan dietas con un cociente proteína:energía más estrecho. Los cerdos cuyo crecimiento consiste en poco tejido magro y abundante grasa precisan menos proteína por lo que no necesitan dietas con elevada concentración de proteína. Los cerdos más pequeños con necesidades de mantenimiento más bajas, los cerdos cuyo crecimiento es rico en tejido magro y bajo en tejido adiposo, y las cerdas lactantes precisan más proteína y, en consecuencia, dietas cuyos cocientes de proteína:energía sean más amplios (Tabla 14.3).

Las dietas porcinas pueden dividirse en tres clases amplias según sea su cociente proteína:energía. Dietas con 13 g de PB/MJ de ED o menos son apropiadas para hembras adultas gestantes y para cerdos en crecimiento con pesos vivos superiores a 80 kg. Las dietas con 13-14 g de PB/MJ de ED son idóneas para hembras lactantes y cerdos en crecimiento con pesos comprendidos entre 30 y 80 kg. Las dietas con más de 14 g de PB/MJ de ED son apropiadas para cerdos con menos de 30 kg de peso vivo, y para cerdos con pesos superiores a este último con potenciales particularmente elevados para el crecimiento diario de tejido magro.

Aunque las dietas pueden ser descritas perfectamente tan sólo mediante su concentración en proteína (g de PB/kg de dieta), este valor tiene poca utilidad a menos que se conozca también la concentración de ED (MJ/kg de dieta) –es decir, a menos que la concentración de proteína se exprese en términos del cociente proteína:energía–. La Tabla 14.3 muestra que para cubrir las necesidades de proteína del cerdo, una dieta con mayor densidad de energía puede ser que precise también una mayor densidad de proteína. El margen de las posibles densidades de energía en las dietas porcinas es amplio, siendo el límite superior de unos 17 MJ de ED/kg y dependiente de la disponibilidad de ingredientes ricos en energía. El límite inferior depende del tipo de cerdo y puede ser inferior a 11 MJ de ED/kg dependiendo principalmente del apetito del animal (Tabla 14.2). Una concentración de 165 g de PB/kg de dieta representa un nivel alto de proteína si la concentración de energía asociada es solamente de 12 MJ de ED/kg, aunque representaría un nivel bajo de proteína si aparece asociado con una concentración de energía en la dieta de15 MJ de ED/kg.

El número de dietas distintas encontrado en una sola explotación de cerdos depende mucho del número de diferentes clases de cerdos que precisan bien distinta concentración de energía en la dieta o dietas con distintos cocientes proteína:energía. Algunas veces la simplificación en el manejo compensa la eficacia de la nutrición, y en un caso extremo (absurdo) puede usarse para todos los cerdos una dieta única con unos 14 MJ de ED y con unos 13 g de PB/MJ. Esta determinación simplificaría el manejo, aunque no resulta óptima en términos de utilización eficaz del pienso e impondría costes por pérdida de producción y desperdicio de nutrientes. El otro extremo (igualmente absurdo) consiste en usar tantas dietas como clases de cerdos, y definir las clases de cerdos tan estrechamente como sea posible (en último término constituida cada una por un animal en un momento dado). Así se lograría una eficacia máxima en el empleo del pienso, aunque los programas de alimentación con un número importante de dietas diferentes solamente es probable que sean factibles en las explotaciones más grandes. Las explotaciones mayores pueden manipular un mayor número de distintas especificaciones para las dietas que las explotaciones de tamaño reducido. Un compromiso frecuente suele consistir en disponer de una dieta especial para cerditos pequeños de hasta 10 kg aproximadamente, una segunda dieta para cerdos en crecimiento de hasta unos 30 kg, una tercera dieta para cerdos en fase de finalización del cebo, una cuarta dieta para cerdas gestantes y una quinta para cerdas lactantes. Muchas explotaciones usan una sexta dieta para cerdos en cre-

Tabla 14.3 Ejemplo de concentraciones de nutrientes en dietas para diferentes clases de cerdos.

	Densidad ED (MJ/kg)	*Densidad PB (g/kg)*	*PB (g)/MJ ED*	*Lisina (g/kg)*	*Lisina (g/MJ ED)*	*Valor de la proteína (V)*
Iniciación (hasta 15 kg)	15,5	250	16	14,8	0,95	0,85
Jóvenes en crecimiento (hasta 30 kg)	15,0	225	15	12,8	0,85	0,80
Acabado (hasta 100 kg)	14,0	200	14	10,5	0,75	0,75
Acabado (hasta 160 kg)	14,0	170	12	8,4	0,60	0,70
Reproductora gestante	12,5	150	12	6,9	0,55	0,65
Reproductora lactante	13,5	165	12,5	8,1	0,60	0,70
Macho entero mejorado en crecimiento (40 kg)	15,0	225	15	12,8	0,85	0,80
Macho castrado no mejorado en crecimiento (40 kg)	13,0	160	12	7,8	0,60	0,70

cimiento, que resulta especialmente adecuada si los cerdos alcanzan su peso final con más de 100 kg.

Valor de la proteína (V)

El valor de las proteínas de los piensos para cerdos hace referencia a su composición en aminoácidos en comparación con el equilibrio de los mismos que precisa el animal. Una relación perfecta entre el equilibrio de los aminoácidos en la proteína del pienso y el equilibrio preciso de aminoácidos podría considerarse como un valor de la proteína correspondiente a la unidad (V = 1,0). Las proteínas de algunos ingredientes del pienso tales como harina de soja y harina de pescado aportan a la dieta proteínas de elevado valor, mientras que otros como la proteína de los cereales (que es deficiente en lisina) aporta a la dieta un valor bajo de la proteína. Un valor reducido de la proteína puede ser consecuencia de una deficiencia relativa en uno de los aminoácidos esenciales, aunque en las dietas para los cerdos suele descubrirse que aparecen implicados lisina, treonina, metionina o triptófano (en ese orden de importancia). Con frecuencia la lisina es el primer aminoácido limitativo que pueden añadir de forma rutinaria los fabricantes de piensos compuestos en la cuantía de 1 kg/Tm, o más, de lisina artificial si su precio es razonable, y especialmente cuando utilizan alimentos de tipo infrecuente o de dudosa calidad.

Un elevado valor de la proteína (V) , al igual que una elevada concentración de energía (ED) no es necesariamente un objetivo que deba buscarse, aunque es necesario disponer de buena información sobre el valor de la proteína (así como de la ED) de forma que puedan realizarse ajustes adecuados en los niveles de distribución de pienso y juicios correctos sobre el valor económico del pienso. Una determinada necesidad de proteína puede ser satisfecha aportando una mayor cantidad de proteína de menor valor, o una menor cantidad de proteína de mayor valor. La Tabla 14.4 proporciona alguna orientación sobre los límites inferiores que pueden esperarse para el valor de la proteína de dietas para diversas clases de cerdos. La proteína de valor elevado será usada más eficazmente por el cerdo, aunque puede suceder que no siempre sea conveniente bajo un punto de vista de coste el empleo de una menor cantidad de proteína de elevada calidad en lugar de mayor cantidad de una proteína de menor calidad, aunque más barata. El empleo de una proteína de escaso valor requiere que sea más amplio el cociente proteína:energía de la dieta, y presente así un mayor nivel de proteína bruta.

Tabla 14.4 Límites inferiores para el valor de la proteína adecuados para diversas clases de cerdos[1].

	Valor de la proteína (V)
Lechón	0,80
Crecimiento	0,70
Acabado	0,65
Reproductora gestante	0,60
Reproductora lactante	0,65

[1] El límite superior para el valor de la proteína de la dieta depende de que la dieta sea factible.

Cuando no se conoce el valor de la proteína de la dieta puede ser útil establecer el nivel dietético del aminoácido lisina, ya que con frecuencia es el primer aminoácido limitativo y el principal controlador del valor de la proteína de la dieta. Sabiendo que las necesidades del cerdo, expresadas en términos de proteína ideal, son de 0,07 gramos de lisina por 1 gramo de proteína, puede calcularse el valor de la proteína a partir del nivel de lisina en la dieta como sigue:

$$V = (\text{lisina en la dieta [g/kg]/PB en la dieta [g/kg]})/0{,}07$$

(Ecuación 14.2)

En la Tabla 14.3 aparecen ejemplos de valores de la proteína, calculados según la concentración de lisina en la proteína.

Respuesta a la concentración de ED en la dieta

Mayores concentraciones de ED en la dieta son apropiadas cuando la productividad del cerdo es inferior a su potencial y el animal ingiere ya una cantidad de pienso que es la máxima para su capacidad gastrointestinal; este suele ser el caso de cerdos jóvenes en crecimiento y de cerdas lactantes. Si los ingredientes de una dieta más concentrada resultan más caros, entonces la productividad extra en términos de crecimiento o de producción de leche debe compensar este coste extra. En el caso de cerdos cuyo apetito es superior al correspondiente a su productividad, una menor concentración de ED puede ahorrar costes, siempre que las cantidades extra necesarias de la dieta más barata no eliminen los beneficios.

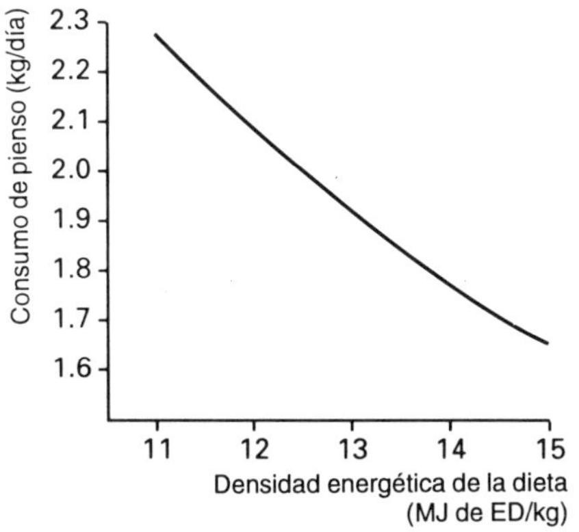

Figura 14.1 Consumos precisos de dietas con diferentes concentraciones de energía para alcanzar idéntica respuesta consistente en la ganancia de 625 g de tejido en un cerdo de 60 kg (500 g de tejido magro y 125 g de grasa).

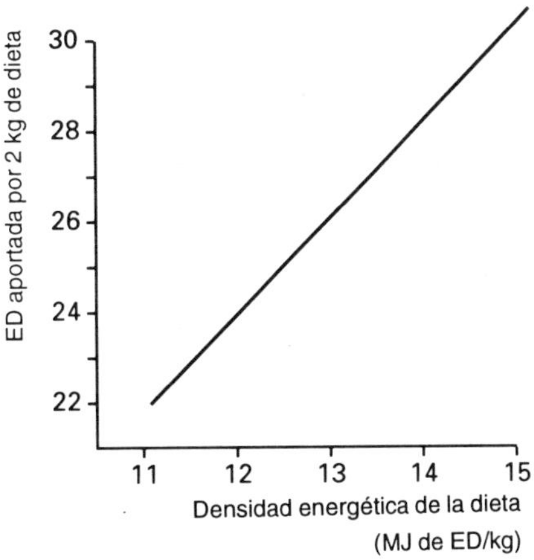

Figura 14.2 Energía suministrada por dietas con diferentes concentraciones de energía consumidas en idénticas cantidades de 2 kg por día.

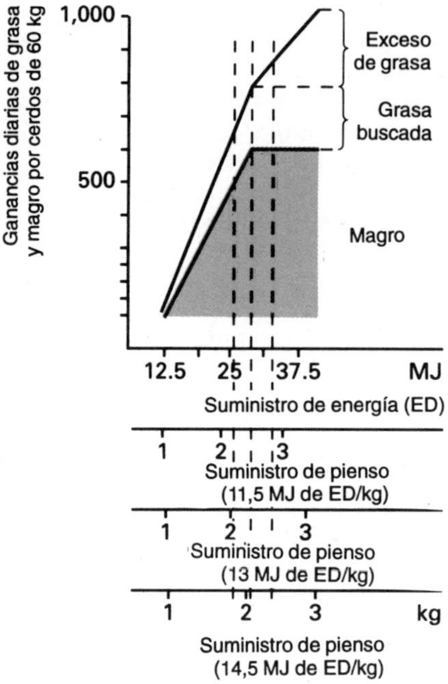

Figura 14.3 Ganancias diarias de grasa y de tejido magro en un cerdo que recibe dietas con diferente densidad de energía. Las líneas discontinuas comparan respuestas con un consumo de 2,25 kg.

Si el cociente proteína:energía se mantiene invariable entonces un incremento en la concentración de ED deberá ser compensado exactamente por un incremento equivalente en la concentración de proteína. El efecto para el cerdo será similar, en consecuencia, a haber recibido (o consumido voluntariamente) más pienso. Para mantener un rendimiento constante cuando se modifica una dieta para que su concentración de energía sea menor o mayor, la asignación de pienso debe incrementarse o reducirse de forma apropiada (Figura 14.1). Si no existe cambio en la asignación de pienso, un incremento en la concentración de energía aumentará el suministro de energía (Figura 14.2).

En la Figura 14.3 aparece la respuesta al suministro de energía de un cerdo en crecimiento de 60 kg. La tasa de crecimiento del tejido magro aumentará hasta alcanzar un crecimiento diario máximo de magro. El nivel absoluto de este máximo depende, entre otras cosas, del sexo y del genotipo. Durante esta fase de respuesta lineal del crecimiento de tejido magro ante el aumento del aporte de energía, es improbable que el cerdo se engrase. Tras alcanzar un crecimiento máximo del tejido magro, incrementos posteriores en el suministro de energía se orientarán hacia el crecimiento del tejido adiposo a partir del punto alcanzado. Los cerdos con mayores potenciales de crecimiento del tejido magro utilizarán más energía de la dieta antes de engrasarse. La Figura 14.3 muestra asimismo en qué forma la respuesta a la energía guarda relación con dietas que presentan distintas concentraciones de energía. 2,25 kg de una dieta con 11,5MMJ de ED/kg no permitirán alcanzar el crecimiento máximo de tejido magro, mientras que la misma cantidad de pienso aportado por una dieta con una concentración de 14,5MJ de ED/kg superará realmente las necesidades para alcanzar la tasa máxima de crecimiento de tejido magro, y el cerdo se engrasará.

Las respuestas de las cerdas reproductoras ante los cambios en la concentración de la energía de la dieta pueden predecirse tan fácilmente como en el caso de los cerdos en crecimiento. Si el cambio en la concentración de ED va acompañado por una alteración equivalente y contraria en la cantidad de pienso suministrado, entonces se mantiene inalterado el consumo efectivo de nutrientes y no cambiará la productividad, ¡aunque puede producirse un cambio en el comportamiento de la cerda! Si se mantiene estable el nivel de consumo (o el apetito) cuando se altera la concentración de ED de la dieta, entonces la cerda responderá ante un descenso en el aporte de energía adelgazándose o produciendo menos leche, y ante un aumento en el aporte de energía engrasándose o produciendo más leche. En el caso de cerdas reproductoras ya delgadas, los animales gestantes que reciben más energía producirán cerditos más pesados, las cerdas lactantes producirán más leche, y las cerdas destetadas mejorarán sus tasas de concepción. Las cerdas demasiado engrasadas que reciben más alimento lo desperdiciarán e incluso serán menos productivas.

Respuesta al cociente proteína:energía

Si la dieta aporta suficiente energía, un incremento en el suministro de proteína de la dieta aumentará linealmente el crecimiento de tejido magro hasta alcanzar el potencial máximo para su crecimiento. Incrementos adicionales en la proteína de la dieta no pueden aumentar el crecimiento de tejido magro por encima de ese máximo. No deberá suponerse que cerdos que no alcanzan su potencial máximo de crecimiento de tejido magro lo conseguirán si reciben más proteína. Esto supondría que el crecimiento del tejido magro se encontraba limitado por un

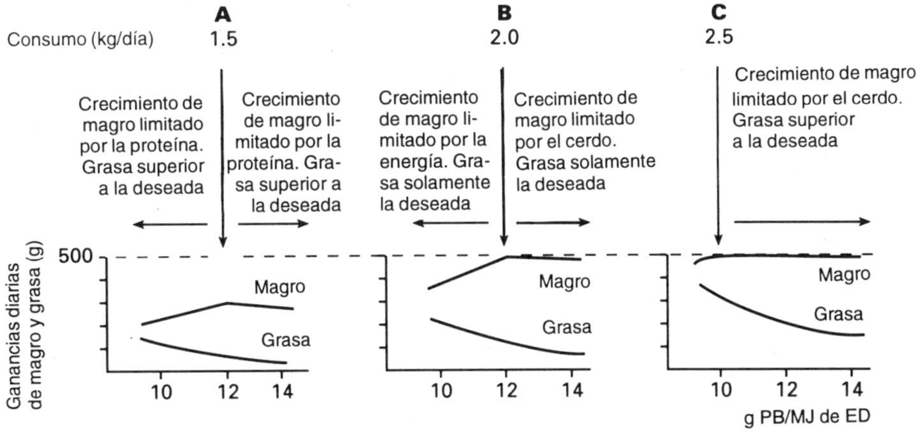

Figura 14.4 Influencia del cociente proteína:energía sobre la ganancia diaria. En los ejemplos un cerdo de 60 kg con un potencial para el crecimiento de tejido magro de 500 g diarios recibe dietas con distinta concentración de proteína con tres niveles de consumo diario: (A) 1,5 kg; (B) 2,0 kg; (C) 2,5 kg.

déficit de proteína en la dieta, y no siempre es este el caso. El crecimiento de tejido magro puede verse limitado tan fácilmente por un déficit de energía.

La Figura 14.4 ilustra el tipo de respuestas del crecimiento que podría alcanzar un cerdo de 60 kg con un mérito genético relativamente escaso y con un potencial para el crecimiento de tejido magro relativamente bajo. El ejemplo corresponde a una situación en la que el cerdo ha recibido una u otra de las tres asignaciones de una dieta con 12,5 MJ de ED/kg, aunque con cocientes de proteína:energía variables entre <10 y >14g de PB/MJ de ED. Un consumo diario de 1,5 kg (A) de una dieta con tan solo 10 g de PB/MJ de ED no aporta proteína suficiente para el crecimiento de tejido magro. Al aumentar la concentración de proteína hasta 12 g de PB/MJ de ED se corrige la situación y mejora la tasa de crecimiento de tejido magro. La energía y la proteína de la dieta se encuentran equilibradas en este punto, y un posterior incremento de la proteína hasta 14 g de PB/MJ de ED no consigue sino alterar la situación, y aunque todavía quedan unos 200 g de crecimiento potencial de tejido magro, no se produce aumento en la deposición de tejido magro porque su crecimiento se ve limitado por un déficit de energía (un nivel inadecuado de suministro de pienso). El exceso de proteína constituye ahora un problema, ya que para su eliminación se consume una energía preciosa.

Una concentración de proteína de 12 g de PB/MJ de ED determina un crecimiento máximo del tejido magro y reduce al mínimo la deposición de grasa solamente cuando se limita el consumo global de pienso, que en el caso (A) es reducido. El crecimiento de tejido magro se encuentra bastante por debajo de su potencial. Si ahora se aumenta la asignación de pienso hasta 2,0 kg (B) se produce una mejora general en el nivel de rendimiento. Aunque con menos de 12 g de PB/MJ de ED sigue disponiéndose de una cantidad insuficiente de proteína para que sea máximo el crecimiento del tejido magro, y existe un exceso de energía que provoca engrasamiento del animal. La ganancia máxima de tejido magro se consigue cuando se suministran 2 kg de dieta con 12 g de PB/MJ de ED. Esta dieta reduce también al mínimo la deposición de grasa. Con niveles de proteína superiores a 12 g de PB/MJ de ED se limita el crecimiento de tejido magro por el potencial del cerdo (500 gramos diarios). La situación en el caso (B) puede ser contrastada con el caso (A) en el que la limitación es consecuencia de una deficiencia de energía. Al aumentar la concentración de proteína sigue descendiendo la cantidad de grasa en el cerdo; así, aunque los niveles superiores a 12 g de PB/MJ de ED no determinan un posterior incremento en la tasa diaria de crecimiento del tejido magro, *existe* un aumento continuado en el *porcentaje* de carne magra de la canal.

En el caso (B) el cerdo no se engrasa porque no existe un exceso de energía. No obstante, si se aumenta la asignación de pienso hasta 2,5 kg diarios (C) entonces no solamente se alcanza un crecimiento máximo de tejido magro con el nivel más bajo de concentración de proteína (10 g de PB/MJ de ED), sino que el exceso de energía existente provoca la acumulación de un excedente de grasa en la canal con todas las concentraciones de proteína.

La Figura 14.4 ha demostrado que si el cociente proteína:energía es demasiado estrecho puede retardarse el crecimiento del tejido magro, particularmente con los niveles más bajos de consumo de pienso. La ampliación de este cociente ejerce un efecto positivo sobre la tasa de crecimiento del tejido magro, y solamente cuando se alcanza el cociente correcto puede ser máximo el crecimiento de tejido magro. El engrasamiento es inducido fácilmente bien (a) ampliando el co-

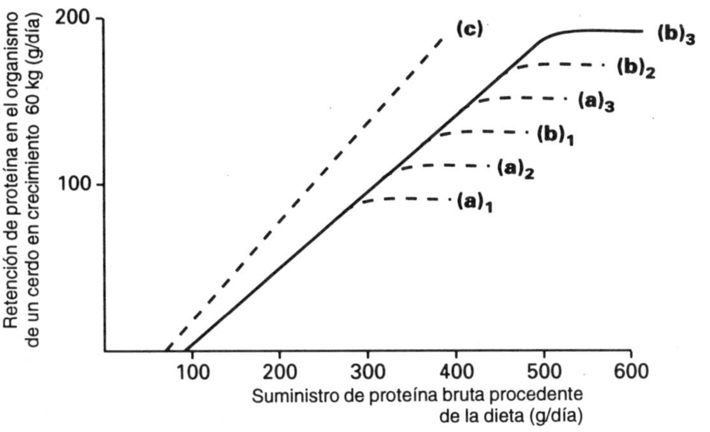

Figura 14.5 Respuesta ante el incremento en el suministro de proteína bruta de la dieta medida en términos de retención de proteína por un cerdo en crecimiento de 60 kg. La pendiente general de la línea continua corresponde a valores para la digestibilidad (D) de 0,75, para un valor de la proteína (V) de 0,70, con una eficacia en el empleo de la proteína ideal digerida (v) de 0,85, y para unas necesidades de mantenimiento de 40 g diarios de proteína ideal. Las líneas $(a)_{1\text{-}3}$ representan los límites posibles de retención de proteína que pueden producirse por deficiencias de energía (tres niveles diferentes). Las líneas $(b)_{1\text{-}3}$ representan los límites posibles de retención de proteína que pueden producirse por diferentes potenciales genéticos (tres genotipos diferentes). La línea (c) representa la consecuencia de mejoras en la digestibilidad de la proteína (D = 0,80) y en el valor de la proteína (V = 0,85).

ciente proteína:energía o (b) reduciendo el suministro de pienso. La Figura 14.4 demuestra de forma inequívoca que los cerdos pueden acumular grasa con cualquier cociente proteína:energía si el nivel de consumo de pienso es superior al que precisa el animal. El exceso de proteína no puede aumentar el crecimiento de tejido magro por encima del límite establecido por la energía disponible o por el potencial hereditario del cerdo.

La interacción clásica entre suministro de proteína, aporte de energía y potencial del cerdo puede describirse también como se hace en la Figura 14.5. Este fenómeno perfectamente demostrado pone de manifiesto en qué forma la pendiente de la respuesta a la proteína de la dieta depende de la capacidad de utilización de la proteína, mientras que la asíntota depende de diversos factores posibles.

La cerda lactante puede producir diariamente 400-700 g de proteína con su leche. La producción de leche en la cerda es un proceso corporal similar al crecimiento y requiere cantidades abundantes tanto de proteína como de energía. Una reducción en el cociente proteína:energía por debajo de 12 g de PB/MJ de ED es probable que determine una reducción del rendimiento lechero y un incremento en la tasa de pérdida de tejido magro materno (Figura 14.6). Al aumentar el cociente se corregirá cualquier deficiencia de proteína, aunque por encima de 13 g de PB/MJ de ED no es probable que se alcancen muchos efectos positivos sobre el rendimiento lechero.

El animal gestante es relativamente frugal en sus necesidades de proteína. Al aumentar la concentración de la proteína de la dieta puede incrementarse ligera-

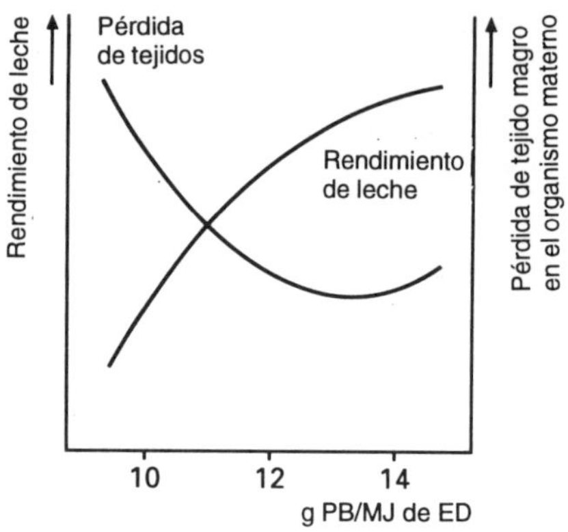

Figura 14.6 La mejora en la concentración de la proteína de la dieta aumentará el rendimiento de leche y reducirá la tasa de catabolismo de la proteína corporal en cerdas lactantes hasta unos 13 g de PB/MJ de ED.

mente la ganancia de peso vivo durante la gestación, aunque dentro de la variación normalmente factible de 10-14 g de PB/MJ de ED se influirá poco sobre el número de cerditos nacidos o sobre su peso al nacer. Las necesidades del feto son modestas hasta llegar a los 20-30 últimos días de gestación. Se ha propuesto que 12 g de PB/MJ de ED es una cantidad adecuada para la hembra gestante. Existen pruebas de que niveles bajos de proteína pueden reducir la tasa de concepción y el tamaño de la camada, particularmente si es reducido el valor de la proteína. Con esta posibilidad en mente, la dieta preparada para cerdas lactantes puede usarse para hembras destetadas hasta que se confirme la gestación.

Respuesta al valor de la proteína (V)

El valor de la proteína regula la capacidad efectiva de empleo de la proteína bruta (PB) de la dieta. Un cambio en el valor de la proteína modifica, en consecuencia, el contenido efectivo de PB de la dieta. Así, una reducción en el valor de la proteína puede ser contrarrestada por un aumento en el nivel de la proteína. La respuesta ante un cambio en el valor de la proteína es similar, por consiguiente, a un cambio en el suministro efectivo de PB. El nivel de proteína seleccionado para cualquier dieta debe depender del valor de la proteína usada en la mezcla, o se producirán errores al suponer que es adecuado el suministro de PB cuando no lo es.

Relación entre los ingredientes del pienso y las necesidades del cerdo

La formulación de una dieta satisfactoria para los cerdos requiere considerar:

1 Los niveles absolutos de nutrientes que precisa diariamente el cerdo (Necesidades).

2 El pienso ingerido diariamente por el cerdo (Consumo).
3 La concentración de los nutrientes en la dieta (Concentración).
4 Los nutrientes que contienen los alimentos; es decir, ingredientes de la dieta.
5 La idoneidad de los alimentos disponibles para dietas que han de ser consumidas por diferentes clases de cerdos.

Los tres aspectos primeros se relacionan mediante la ecuación:

$$\text{Concentración} = \text{Necesidades/Consumo} \quad \textit{(Ecuación 14.3)}$$

Las necesidades de energía, proteína, vitaminas y minerales son determinadas en forma de necesidades para mantenimiento, producción (crecimiento de tejido magro y adiposo) y reproducción (gestación y lactación), y se han descrito en capítulos anteriores. Las necesidades de energía se expresan mejor en forma de ED y las de proteína en términos de aminoácidos equilibrados o digeridos ilealmente y disponibles. La lisina, que suele ser el primer aminoácido limitativo, puede usarse como un indicador del nivel de aminoácidos equilibrados en la mezcla. Aunque al emplear una computadora para la formulación de dietas puede prepararse una mezcla con cada uno de la totalidad de aminoácidos esenciales según el nivel necesario, y como cabe esperar que existan unas necesidades mínimas de lisina, metionina, treonina, triptófano y posiblemente histidina, cada uno será considerado según importancia como probable limitador potencial en las dietas porcinas convencionales.

En la porción superior de la Tabla 14.5 se incluye un ejemplo de las necesidades de nutrientes. Anteriormente han sido descritos los procedimientos por los que puede calcularse una necesidad.

Tabla 14.5 Ejemplo de necesidades nutritivas, consumos de pienso y especificaciones resultantes de nutrientes.

	Cerdos jóvenes (10 kg)	*Cerdos en crecimiento (60 kg)*	*Cerdos en fase de acabado (100 kg)*	*Cerdas gestantes*	*Cerdas lactantes*
Ejemplo de necesidades diarias de nutrientes					
Energía digestible (MJ ED)	12,1	29,3	32,4	35,4	110,8
Proteína bruta (g PB)	193	423	437	400	1.450
Lisina (g)	10,9	23,7	24,0	20,8	78,3
g PB/MJ ED	16,0	14,4	13,5	11,3	13,1
g lisina/MJ ED	0,90	0,81	0,74	0,59	0,71
Ejemplo de consumos diarios de pienso secado al aire					
Consumo de pienso (kg)	0,75	2,2	2,5	2,6	8,0
Especificaciones de nutrientes: concentraciones por kg de dieta					
Energía digestible (MJ ED/kg de dieta)	16,1	13,3	13,0	13,6	13,9
Proteína bruta (g PB/kg de dieta)	260	192	175	154	181
Lisina (g/kg de dieta)	14,5	11,6	9,6	8,0	9,8

Para preparar una especificación de nutrientes para una dieta en términos de concentración de nutrientes para satisfacer unas determinadas necesidades, debe conocerse el consumo de pienso. Los consumos de pienso supuestos para las cinco clases de cerdos del ejemplo se incluyen en la sección intermedia de la Tabla 14.5 y las especificaciones de nutrientes resultantes aparecen en la sección inferior de la tabla.

Las especificaciones sobre el contenido de nutrientes de las dietas ejemplo de la Tabla 14.5 pueden ampliarse para incluir la totalidad de los aminoácidos, minerales y vitaminas. Cabe esperar esta ampliación cuando la formulación se realiza con una computadora. La naturaleza exacta de los valores aparece conforme con los calculados en el capítulo anterior que estudia las necesidades de nutrientes, aunque su exactitud no constituirá una base realista para la formulación práctica de dietas porque hace referencia a un determinado cerdo individual en un momento particular de tiempo. Existe variación entre los cerdos individuales en términos referidos a su rendimiento (y, en consecuencia, a sus necesidades), así como también variación entre los cerdos en términos de su consumo de pienso. Las especificaciones orientativas sobre nutrientes para uso práctico se incluyen en el Apéndice 2, que identifica también las concentraciones adecuadas para todos los aminoácidos esenciales, vitaminas y minerales.

Dada una especificación de nutrientes precisos, puede formularse una dieta mediante la combinación apropiada de alimentos (ingredientes de la dieta). Anteriormente han sido tratados los procedimientos para calcular el valor nutritivo de los alimentos y en el Apéndice 1 se incluyen valores orientativos sobre algunos ejemplos de ingredientes. En la Tabla 14.6 aparecen los mecanismos para confeccionar una dieta con unas determinadas especificaciones mediante combinaciones de ingredientes de un determinado valor. En las columnas 1, 3, 5 y 7 del Sector A de la tabla se especifican los ingredientes disponibles y su contenido de nutrientes. La especificación de nutrientes para la dieta final se encuentra en las columnas 4, 6 y 8 del Sector C en forma de 14,0 MJ/kg de dieta, 180 g de PB/kg de dieta y 9,0 g de lisina/kg de dieta. En el Sector A de la Tabla 14.6 aparece una combinación de 200 kg/Tm de trigo, 550 kg/Tm de cebada y 200 kg/Tm de harina de soja (dejando 50 kg/Tm para aglutinantes, vitaminas, minerales, etc.) de forma que la mezcla aporte en la dieta 12,8 MJ de ED/kg, 168 g de PB/kg y 8,3 g de lisina/kg. La contribución a la dieta de la ED procedente del trigo se calcula como $14{,}0 \times 0{,}2 = 2{,}8$ MJ, la procedente de la cebada se calcula como $12{,}9 \times 0{,}55 = 7{,}1$ MJ, y la derivada de la harina de soja como $14{,}5 \times 0{,}2 = 2{,}9$ MJ. Estas cantidades suman un total de 12,8 MJ de ED/kg de dieta. El mismo mecanismo se utiliza para calcular las contribuciones de estos alimentos al contenido de la dieta en proteína bruta y lisina.

Puede apreciarse en la Tabla 14.6 que los cálculos iniciales muestran que en el Sector A se obtiene una dieta mixta que no es la adecuada para satisfacer los objetivos señalados en el Sector C de la tabla, faltando 1,2 MJ/kg en cuanto se refiere a ED, 12 g/kg de PB, y 0,7g/kg de lisina. El Sector B de la Tabla 14.6 ajusta los niveles de los diversos ingredientes de la dieta mediante la incorporación de harina de pescado y grasa tipo pienso. La combinación de alimentos disponibles que se ofrece en el Sector B permite alcanzar ahora el objetivo en la especificación de nutrientes. Quizás un poco más de harina de pescado, o de trigo + soja, mejoraría más la situación, aunque resulta muy improbable una coincidencia exacta con todos los aspectos de los objetivos especificados. El grado de improbabilidad

Tabla 14.6 Preparación de dietas.

1	*2*	*3*	*4*	*5*	*6*	*7*	*8*
		ED (MJ/kg)		*PB(g/kg)*		*Lisina (g/kg)*	
Ingrediente	*Tasa de inclusión (kg/t)*	*En el ingrediente*	*En la dieta*	*En el ingrediente*	*En la dieta*	*En el ingrediente*	*En la dieta*
A							
Trigo	200	14,0	2,8	110	22,0	3,0	0,6
Cebada	550	12,9	7,1	105	57,8	3,5	1,9
Harina de pescado		15,0		650		47	
Harina de soja	200	14,5	2,9	440	88,0	29	5,8
Grasa tipo pienso		32,5					
	950		12,8		167,8		8,3
B							
Trigo	250						
Cebada	425						
Harina de pescado	25						
Harina de soja	200						
Grasa tipo pienso	50						
	950		13,9		176,4		9,2
C	950		14,0		180,0		9,0

aumenta con el número de elementos diferentes que se incluyen como objetivos en la especificación, y con las limitaciones en el margen de ingredientes disponibles.

Variedad y número de ingredientes

Cuanto mayor sea el margen de ingredientes disponibles más probable será que se alcance la especificación establecida como objetivo en el contenido de nutrientes de la dieta correspondiente a un amplio margen de necesidades de energía y de aminoácidos, tales como las presentadas de forma mínima en las especificaciones orientativas sobre nutrientes del Apéndice 2. Sin embargo, cuanto mayor sea el margen de ingredientes usados en la formulación de la dieta más compleja será la operación de su composición en el molino y en la unidad mezcladora, y resultará difícil el control de calidad y la determinación de la veracidad del contenido indicado de nutrientes y de la calidad física de cada uno de los alimentos. Así, muchas explotaciones pequeñas prepararán sus dietas a partir quizás de tan solo cinco o seis ingredientes principales (o de dos en caso de una dieta básica de maíz + soja), y un suplemento de vitaminas + minerales. Las fábricas importantes de piensos compuestos, por otra parte, pueden disponer de forma rutinaria de 20 ó 30 ingredientes, algunos de los cuales pueden ser incluidos fácilmente en las dietas en niveles bastante bajos aunque ayudan a cubrir el objetivo de la especificación y determinan que sea óptimo el coste de la dieta. La grasa, por ejemplo,es bastante difícil de almacenar y de manipular en el contexto de una operación de molturación y mezcla en la explotación aunque se emplea mucho por los fabricantes de piensos compuestos para conseguir una concentración adecuada de ED en dietas cuando resulta barato y conveniente el empleo de cereales con escasa concentración energética (tales como cebada), o subproductos.

Las instalaciones mezcladoras en pequeña escala suelen gozar de las ventajas de un buen conocimiento de unos pocos ingredientes locales que tienden a emplear en la preparación de unas fórmulas fijas ampliamente comprobadas. Sin embargo, las grandes fábricas de piensos compuestos consiguen de forma más precisa cubrir con exactitud las especificaciones de nutrientes y son capaces asímismo de preparar dietas con un precio mínimo como resultado de la oportunidad de comprar (a nivel mundial) y almacenar grandes cantidades de productos cuando es barato su precio de mercado.

Los ganaderos que cultivan también cereales pueden adquirir una mezcla concentrada en fábricas de piensos compuestos que es rica en proteína e incluye un suplemento completo de minerales y vitaminas. Este concentrado se mezcla posteriormente con lo cereales molturados.

El número de ingredientes, con su contenido de nutrientes, que aparece en el Apéndice 1 no es completo en forma alguna, aunque la mayoría de las dietas para cerdos se confeccionan a nivel mundial con un número relativamente limitado de cereales, subproductos y concentrados de proteína.

Elección de ingredientes para dietas particulares

Algunos alimentos destinados a los animales pueden no ser considerados idóneos para las dietas de los cerdos porque:

- no son sabrosos para los cerdos;
- contienen factores tóxicos para los cerdos o sustancias que, de alguna manera, les provocan enfermedad o malestar;
- no proporcionan una respuesta efectiva en relación con su precio;
- limitan el apetito por ser excesivamente voluminosos;
- originan coloraciones o malos sabores en la carne;
- reducen la calidad física de la carne (por ej., determinando que la grasa sea blanda);
- son causa probable de la aparición de problemas sanitarios en el personal que trabaja en molinos y mezcladoras;
- su manipulación es difícil para las máquinas que realizan la molturación, mezcla y granulado;
- son demasiado costosos o difíciles de transportar;
- su naturaleza es variable y requieren excesivos sistemas para el control de su calidad de forma que se identifique de forma correcta el contenido verdadero de nutrientes en las distintas partidas.

Muchos de estos criterios no son absolutos y algunos ingredientes no pueden ser rechazados totalmente, sino limitar su empleo dentro de unos determinados límites máximos. Estos límites serán, como es natural, más estrictos en el caso de dietas para cerdos jóvenes que en las destinadas a las etapas finales del cebo. En las secciones inferiores de las tablas incluidas en el Apéndice 1 pueden encontrarse sugerencias sobre la inclusión de limitaciones al uso de diversos ingredientes en dietas para iniciación, crecimiento, acabado y para cerdas reproductoras. No es posible identificar limitaciones apropiadas sobre la base de la calidad física y sanidad de los ingredientes, aun cuando esto constituya un aspecto sumamente vital en la valoración de los alimentos. En este caso la limitación apropiada depende del grado de competencia en la preparación del alimento y de la eficacia de su almacenamiento. Por ejemplo, la harina de soja y las patatas son ingredientes básicos para los cerdos, aunque ambos son sumamente tóxicos si no se someten a un tratamiento térmico adecuado; las proteínas de origen animal pueden inutilizarse por un calentamiento excesivo; los cereales pueden convertirse en tóxicos y perder sapidez como resultado de un almacenamiento incorrecto; los alimentos que contienen elevados niveles de azúcares y de lípidos pueden ser muy apropiados y sabrosos para los cerdos jóvenes si son de elevada calidad, aunque manipulados de forma defectuosa pueden convertirse en los peores ingredientes para una dieta de iniciación.

La importancia de la calidad y sanidad de los ingredientes como factores independientes, y adicionales, a su contenido nutritivo no puede ser sobrevalorada al formular una dieta apropiada para los cerdos. Algunos expertos en nutrición es probable que limiten el nivel de inclusión de diversos alimentos en las dietas destinadas a cada una de las diversas clases de cerdos, de acuerdo con sus conocimientos sobre la calidad y origen del alimento. Este conocimiento no puede ser adquirido de la misma forma que un análisis químico; de forma más frecuente estas decisiones dependen de un conocimiento local y de la experiencia individual.

Algunas veces, se limita el empleo de ingredientes dudosos en las formulaciones de dietas como resultado de experimentos de alimentación que no han demostrado efectos nocivos por debajo de un determinado nivel de inclusión, aunque se dispone de algunas pruebas en el sentido de que reducen el rendimiento por encima de dicho nivel. Es posible que en el caso de algunos alimentos exista realmente una tasa de inclusión por debajo de la cual resultan satisfactorios dichos ingredientes, aunque si se supera dicho nivel se convierten en alimentos problemáticos debido a factores tóxicos o de otra naturaleza. Aunque es más probable que los efectos nocivos del ingrediente solamente parezcan ser menores cuando desciente la tasa de inclusión porque los procedimientos experimentales no pueden determinar con exactitud estadística y progresiva los efectos menores. Esto no supone que el efecto no se presente.

Las limitaciones a la tasa de inclusión pueden compensar también la tendencia de un determinado alimento a presentar un valor nutritivo variable. Una partida deficiente de un ingrediente ejercerá un impacto relativamente mínimo sobre una dieta cuando se incluye en niveles inferiores al 5%, aunque su impacto podría ser más grave si la tasa de inclusión fuese superior al 20%. Existe un cierto grado de seguridad para un gran número de ingredientes que se incluyen en las dietas en forma de tasas reducidas.

Un nivel de inclusión demasiado alto de cereales finamente molturados puede reducir la digestibilidad y predisponer a los cerdos a padecer úlceras gástricas. Puede ser necesario tener que limitar el nivel de consumo de alimentos ricos en fibra por la posible reducción en la digestión de la proteína, por la dificultad de predecir con exactitud una respuesta y como consecuencia de la reducida densidad de los ingredientes voluminosos.

Con frecuencia existe una razón poderosa para que algunos ingredientes sean incluidos en la dieta según niveles mínimos establecidos. Así podría mantenerse la sapidez y la familiaridad de la dieta. Algunos fabricantes de piensos compuestos pueden considerar que algunos ingredientes como la harina de pescado pueden gozar de atributos que confieren a la dieta una calidad especial. Esto determina que se eleven las tasas de inclusión mínima a pesar de su precio. De manera similar, un determinado cereal puede ser incluido en todas las dietas, también aquí con independencia de su precio, en la cuantía del 25-35%, para mantener una continuidad entre las formulaciones.

Existen pruebas de que, especialmente en los cerdos más jóvenes en crecimiento y en las cerdas lactantes, cambios profundos en las formulaciones de la dieta pueden influir sobre el consumo de pienso debido a una modificación en el sabor y textura de la dieta. En consecuencia, no son aconsejables cambios importantes en la formulación que modifiquen una determinada especificación de la dieta, y los cambios en la formulación de la dieta para pasar de una especificación a otra deberán ser tan graduales como sea posible. Esto adquiere una importancia especial en cerdos jóvenes que pasan de dietas para lactantes a dietas de iniciación y de estas a dietas de crecimiento.

Aunque en el Apéndice 1 se incluyen algunas limitaciones para los ingredientes de los piensos, deben considerarse como orientaciones y no como recomendaciones. Cuando los ingredientes de la dieta son baratos, los fabricantes de piensos compuesto más valientes pueden verse recompensados. De igual manera, unos alimentos individuales pueden ser considerados especialmente buenos en algunos países, mientras que en otros el mismo alimento puede ser considerado especialmente malo. La razón por la que se impone una limitación a un ingrediente suele ser más una opinión que una razón biológica.

En el Apéndice 3 se incluyen ejemplos de los ingredientes que componen dietas para diversas clases de cerdos. Estas propuestas son compatibles con las adelantadas en los Apéndices 1 y 2. Resulta claro, sin embargo, que otras muchas composiciones de ingredientes podrían conseguir idénticas compatibilidades. Las dietas para los cerdos más jóvenes contienen más productos de elevada calidad y suele ser más limitado el número de ingredientes usados para conseguir un conocimiento máximo sobre la calidad y origen de los ingredientes. No se incluirán ingredientes «dudosos» ya que la relación coste-beneficio sería probablemente negativa. Sin embargo, los cerdos en fase de finalización del cebo pueden recibir una gama más amplia de ingredientes, y cabe esperar que se produzca cierta tendencia hacia el uso de ingredientes y subproductos más baratos.

La densidad de los nutrientes es un aspecto importante en la elección de los ingredientes. Las necesidades de los cerdos jóvenes y de las cerdas lactantes de dietas con mayor concentración de energía en base a un potencial productivo elevado en relación con la capacidad gastrointestinal, y la necesidad igualmente importante de cocientes elevados de lisina y proteína con respecto a la energía, da como resultado especificaciones de nutrientes (Apéndice 2) que solamente pueden satisfacerse mediante el uso de ciertos ingredientes como trigo, maíz, soja con toda su grasa, proteínas animales y de la leche, y aceites y grasas de tipo pienso (Apéndice 3). Sin embargo, para cerdos en fase de finalización del cebo y para cerdas gestantes estas consideraciones son menos importantes ya que su capacidad gastrointestinal puede acomodarse generalmente a nutrientes aportados –al menos en parte– por alimentos y subproductos menos densos. Siempre que se mantengan unos cocientes apropiados de unos nutrientes con otros, y que la asignación de pienso o su consumo voluntario pueda acomodarse a una menor densidad de nutrientes, puede conseguirse un beneficio global preparando dietas con menor concentración de nutrientes a partir de una gama más amplia de ingredientes.

La especificación correspondiente a la concentración de energía en la dieta suele tener suma importancia en el procedimiento de formulación, siempre que los restantes nutrientes mantengan un cociente apropiado. A partir de los valores incluidos en el Apéndice 2 se habrá podido detectar que mientras los cocientes recomendados de aminoácidos esenciales con la lisina, de la lisina con la energía y de la proteína bruta con la energía son especificados con exactitud, la propia densidad de la energía se describe en términos de un margen de ED. Para cerdos con limitaciones de apetito adquiere una importancia vital la formulación de dietas con una elevada concentración de energía (y también con una elevada concentración de otros nutrientes). Cuando no se presentan limitaciones del apetito adquiere igual importancia que la concentración de la ED de la dieta pueda variar dentro de unos límites lo más amplios que sea posible. Así será máxima la oportunidad de usar alimentos con una densidad energética particularmente alta o particularmente baja, cuando los precios de unos u otros resultan especialmente beneficiosos. Resulta necesario no solamente conocer con una precisión razonable la concentración de energía en la dieta (según se describe en la Ecuación 14.1), y permitir que el cerdo consuma una mayor cantidad de una dieta menos densa (Tabla 14.7). Las dos situaciones correspondientes a los precios que aparecen en la Tabla pueden presentarse fácilmente en un periodo de 6 meses; en el primer caso la dieta con densidad alta resulta más beneficiosa en relación con su coste, mientras que en el segundo caso la dieta menos densa es la mejor opción.

En la práctica suele aplicarse una limitación a la densidad, y el fabricante de piensos compuestos tiene que alcanzar un objetivo determinado (más que un margen amplio) para MJ de ED/kg. Esto facilita el poder recomendar de forma

Tabla 14.7 Valores relativos de tres dietas con diferentes densidades.

Dieta	*Coste (peniques /kg)*	*Asignación (kg) para aportar 28 MJ ED y 420 g PB*	*Índice de transformación del pienso (pienso:ganancia)*	*Coste (p) para aportar las necesidades de nutrientes de 1 día*
A. Densidad alta	15,0	1,8	2,4	27,0
B. Densidad media	14,5	2,0	2,7	29,0
C. Densidad baja	13,0	2,2	2,9	28,6
A. Densidad alta	16,9	1,8	2,4	29,7
B. Densidad media	14,7	2,0	2,7	29,4
C. Densidad baja	13,0	2,2	2,9	28,6

exacta la cantidad que debe ser consumida de una determinada dieta, y evita la confusión que puede inducir la necesidad de cambiar el nivel de consumo cada vez que se modifica la concentración de la dieta. Sin embargo, aunque siguen siendo válidas las razones para mantener de forma estricta una concentración estipulada de energía para una determinada dieta, un rigor inecesario puede impedir ahorros importantes en el coste de la alimentación de cerdos en crecimiento.

En algunas explotaciones de cerdos se mantiene con rigidez la norma sobre la cantidad de pienso que deben recibir los animales. Las normas de manejo se expresan en términos de asignaciones diarias para cerdos en crecimiento de un determinado peso (o ubicados en determinadas cochiqueras), y para cerdas gestantes y lactantes. Estos valores tienen escasa aplicación cuando se citan sin indicar las concentraciones de nutrientes de las dietas que se ofrecen, porque los cerdos precisan cantidades diarias de uno u otro *nutriente,* no cantidades de pienso. En consecuencia, proporciona una cierta seguridad el disponer siempre de una dieta con un nivel conocido de densidad energética. Esto reduce los problemas de manejo inherentes a la distribución del pienso. El cuidador se familiariza con unas determinadas asignaciones de pienso para ciertas clases de cerdos, que incluso pueden ser una parte integral del sistema de registro. Es motivo de confusión un cambio en la densidad de nutrientes que pueda determinar una *reducción* en la asignación diaria de pienso buscando alcanzar un *incremento* en el aporte de nutrientes.

Durante los últimos años ha tendido a aumentar la concentración de nutrientes en las dietas porcinas. Esto se ha debido a diversas buenas razones:

- ha descendido el coste unitario de la energía de los piensos con alta densidad energética tales como maíz, trigo, soja con toda su grasa y grasas tipo pienso;
- el apetito de muchos cerdos híbridos se ha reducido y ha constituido un factor limitativo para alcancar el potencial de crecimiento hasta 80 kg de peso vivo y el potencial de produccción láctea de las cerdas lactantes;
- la industria conoce mejor las posibilidades de crecimiento de los cerdos jóvenes y los beneficios que supone proporcionar a los animales jóvenes dietas con mayor densidad de nutrientes y sapidez;
- si un cerdo no alcanza todavía la tasa máxima de deposición de proteína cualquier incremento de nutrientes se destinará principalmente para crecimiento de tejido magro. En consecuencia, este beneficio puede justificar que se formule una dieta de calidad, densa en energía y en proteína, para esta clase de cerdos;
- los alimentos usados en las dietas más concentradas son de una calidad más constante, y la respuesta es más previsible. Por el contario, los alimentos con baja densidad de nutrientes tienden a ser más imprevisibles. En consecuencia, las dietas de alta densidad pueden formularse con mayor precisión;
- cuanto más concentrada sea la dieta, más probable será que se consigan ahorros en los costes de transporte y de manipulación.

Estos ahorros son consecuencia de que el mismo peso de dieta contiene más nutrientes. Los ahorros en el coste se inician en la empresa molturadora, prosiguen en el almacenamiento y transporte, y llegan al productor que tiene que distribuir menos material a los cerdos y eliminar menos purines de la cochiquera.

Existe una relación directa entre la concentración de nutrientes en la formulación de una dieta y la eficacia de la conversión del pienso en ganancia de peso vivo. Al contener el pienso más nutrientes por unidad de peso, una dieta más concentrada gozará de una mayor eficacia en la transformación del alimento. Una elevada eficacia de conversión (ganancia por unidad de pienso), o un bajo cociente de conversión del pienso (pienso por unidad de ganancia) resulta intrínsecamente atrayente, aunque puede ser que su coste no sea necesariamente el más eficaz (ver Tabla 14.7).

Valor unitario de los nutrientes de los alimentos

Resulta evidente que:

- que los ingredientes con mayores concentraciones de los nutrientes precisos son más valiosos que los ingredientes con menor concentración de nutrientes;
- algunos ingredientes pueden tener un valor muy superior al que puede desprenderse únicamente de su propio contenido de nutrientes y precio; esto es consecuencia de que pueden aportar (aunque con un precio alto) un nutriente específico que falta en un ingrediente que, por otra parte, proporciona otros nutrientes a un precio especialmente bajo, y el coste de la mezcla global es más eficaz;
- cuando no resulta desventajoso alcanzar la especificación de nutrientes de una dieta usando ingredientes de bajo precio en lugar de otros más caros, entonces se procederá así. Las condiciones para que no existan desventajas se mantendrán si (i) los alimentos son valorados correctamente según su calidad, sanidad y contenido de nutrientes y (ii) se establecen correctamente límites máximos y mínimos (limitaciones) para la inclusión de unos determinados alimentos en ciertas dietas. Las dudas sobre (i) y (ii) suelen determinar, de forma correcta, que los fabricantes de piensos compuestos no preparen siempre dietas con un coste necesariamente mínimo. Así, cada dieta nueva formulada como resultado de un cambio en el precio de los ingredientes (y, en consecuencia del valor por unidad de nutriente) será tratada por el experto en nutrición sobre la base de un juicio informado, aunque cualitativo, para determinar si dicha formulación será idónea o no para ser fabricada y alimentar a los cerdos. Esta última etapa tiene suma importancia porque los conocimientos, experiencia y precaución del experto en nutrición pueden superar a los procesos matemáticos y mecánicos de la formulación de dietas. Esto no es consecuencia de que se permita a la subjetividad y los prejuicios suplantar a la objetividad y la ciencia, sino más bien porque la ciencia no suele ser apropiada para cubrir todas las eventualidades en un nivel cuantitativo.

La Tabla 14.8 presenta tres cereales con tres precios y compara los valores unitarios de la energía y de la proteína que contienen. En este ejemplo la fuente más barata de energía es el maíz, mientras que la fuente más barata de proteína y de lisina es la cebada. El coste correspondiente a 1 MJ de ED, 1 g de PB y 1 g

Tabla 14.8 Valores unitarios de los nutrientes de tres alimentos.

	Cebada	*Trigo*	*Maíz*
Precio (peniques/kg)	11,0	12,0	12,2
ED (MJ/kg)	12,9	14,0	14,5
PB (g/kg)	105,0	110,0	90,0
Lisina (g/kg)	3,5	3,0	2,6
Coste (peniques)			
1 MJ ED	0,853	0,857	0,841
1 g PB	0,105	0,117	0,136
1 g lisina	3,14	4,00	4,69

de lisina se calcula sobre la base del conjunto del precio de alimento que se prorratea para cada nutriente. Esto sirve para fines de comparación y ayuda a identificar el ingrediente con un coste más eficaz, aunque no es un reflejo verdadero de la realidad porque para un precio único cada alimento contiene los tres nutrientes, si bien con distintos niveles de importancia. Estos tres cereales suelen considerarse generalmente como fuentes principales de energía, por lo que el coste por unidad de energía tenderá a ser sumamente importante. El maíz parece ser el más apropiado aunque resulta alto el coste por unidad de lisina. Aunque de nuevo, esta simplificación es falsa ya que en la mayoría de las dietas para los cerdos la mitad como mínimo de la proteína procede de la fracción representada por los cereales (ver Tabla 14.6) y el coste por gramo de proteína y por gramo de lisina *es* importante. No puede aclararse si el maíz o la cebada es el cereal con un coste más eficaz mientras no se comparen simultáneamente los valores unitarios de todos los nutrientes. Proporcionar 15 MJ de ED y 3 gramos de lisina únicamente con cebada costaría 12,8 peniques (siendo la energía limitativa), mientras que proporcionar las mismas cantidades con maíz únicamente costaría mucho más de 14,1 peniques (siendo la lisina limitativa). Ninguna estrategia resulta correcta; la compra de ambos cereales y su mezcla en la proporción de 0,25 unidades de cebada y 0,75 unidades de maíz proporcionaría 15 MJ de ED y 3 gramos de lisina con un precio de 12,6 peniques. Esta lógica puede ampliarse para apreciar que el valor relativo que podría asignarse a las proteínas de los distintos cereales depende no solamente de la comparación entre los dos cereales, sino más bien del coste relativo de la proteína que podría obtenerse de fuentes alternativas de proteína. El cálculo realizado al comparar cebada, trigo y maíz no aporta realismo hasta que no se incorpore un alimento como la harina de soja al conjunto de ecuaciones para la solución simultánea. Si el precio de la harina de soja es de 15,0 peniques/kg, y contiene 14,5 MJ de ED, 440 g de PB y 29 g de lisina/kg, los costes unitarios de 1 MJ de ED, 1 g de PB y 1 g de lisina procedentes de la harina de soja son respectivamente 1,03, 0,034 y 0,52 peniques. Por otra parte, el coste unitario de la energía es superior que en caso de los cereales, aunque el coste unitario de proteína y lisina es muy inferior.

El hecho de que la lisina de la cebada sea más barata que la lisina del maíz carece ahora de importancia, y una mezcla de maíz/soja se convierte en la opción preferida. Esto no quiere decir que la cebada, incluso con los precios citados en el ejemplo, no pueda competir nunca con el maíz; esto dependerá de los costes relativos de otras fuentes de energía tales como las grasas tipo pienso.

Para juzgar el valor económico relativo de los diferentes alimentos, resulta verdadero que los costes unitarios de la energía, de ingredientes incluidos principalmente por su contenido energético, tienen utilidad como medios de comparación. Igualmente útiles son los valores unitarios de la proteína y de los aminoácidos de ingredientes incluidos principalmente por su contenido en proteína. Aunque, en este momento, resultará también evidente que para formular una dieta de forma totalmente óptima es preciso realizar muchas comparaciones simultáneas y una complejidad de cálculos que solamente pueden efectuarse mediante el empleo de una computadora.

Número de dietas diferentes que son necesarias

Tanto las necesidades de nutrientes, como el equilibrio entre la proteína y la energía, y el apetito del cerdo experimentan cambios diarios. Idealmente, en consecuencia, cada día debería ofrecerse una dieta con una formulación diferente. También son diferentes las necesidades y el apetito de los cerdos individuales, que tendrían que ser satisfechos mediante dietas formuladas para cada cerdo. Con la posible excepción de los dispositivos para la alimentación mediante libre elección estos ideales son, por supuesto, imposibles de llevar a la práctica. Tenderán a ser necesarias distintas formulaciones de dietas en circunstancias en que:

- la especificación resulte tan generosa que se desperdicie en términos económicos el exceso de nutrientes aportados por encima de las necesidades;
- la especificación resulte tan pobre que se produce una pérdida económica de producción potencial;
- una determinada clase de cerdos presente unas limitaciones en cuanto a determinados ingredientes que no son comunes en la clase siguiente;
- una clase de cerdos precise una dieta con distinta concentración de nutrientes como resultado de limitaciones del apetito;
- una dieta precise ser reforzada con promotores del crecimiento o con medicamentos apropiados únicamente en un grupo o clase particular de cerdos.

La Tabla 14.9 aporta buenas razones para que se utilicen cinco dietas en un programa de alimentación de cerdos, aunque sería factible la limitación a tres si se usase una dieta única para cerdas lactantes y gestantes, y dos dietas para cerdos jóvenes, en crecimiento y finalización del cebo. Igualmente apropiado podría ser un programa más complejo –y potencialmente beneficioso en su coste, con un número incluso mayor de dietas–. Desde los 14 días de edad y hasta el destete y la consecución de unos 10 kg de peso vivo podría usarse un pienso de iniciación para lactantes de elevada sapidez y calidad preparado con ingredientes seleccionados de forma especial; seguiría una especificación inferior hasta que los cerdos tuviesen 20 kg de peso vivo. Para cerdos en crecimiento hasta alcanzar pesos superiores a 100 kg puede proporcionar un beneficio en el coste la existencia de una dieta final (quinta).

Tabla 14.9 Algunas dietas características para diferentes clases de cerdos.

	Cerdos jóvenes (hasta 15 kg de peso vivo)	*Cerdos en crecimiento (hasta 50 kg de peso vivo)*	*Cerdos en fase de acabado (hasta 100 kg de peso vivo)*	*Cerdas lactantes*	*Cerdas gestantes*
Concentración de energía (MJ ED/kg)	14-17	14-16	13-15	12-15	11-14
Cociente proteína:energía (g PB/MJ ED)	16	15	14	12,5	12
Cociente lisina:energía (g lisina/MJ ED)	1,0	0,90	0,75	0,60	0,55
Factores del apetito	+ + +	+ +		+ +	
Alimentos especiales	+ + +	+ +		+	
Aditivos especiales	+	+			

El número final de dietas seleccionadas dependerá en gran medida del tamaño de la planta en que se realiza la mezcla de las dietas, del potencial para almacenar alimentos diferentes, y de las posibilidades de la maquinaria y del manejo de la propia explotación porcina para enfrentarse con una amplia variedad de dietas diferentes. En sistemas de distribución de pienso seco, un determinado pienso puede asociarse con frecuencia con un determinado depósito para pienso voluminoso en el que se guarda el pienso mezclado antes de distribuirlo a los cerdos. Estos depósitos pueden proporcionar pienso a una nave, o a varias, aunque nunca a cochiqueras individuales de cerdos. La flexibilidad máxima para el número de dietas en este caso viene controlada, en consecuencia, por el número disponible de estos grandes depósitos. En este último caso, el empleo de dietas con aditivos, medicamentos y promotores del crecimiento que deben retirarse del pienso semanas o días antes del sacrificio origina problemas importantes durante las etapas de finalización del cebo al ser precisa una dieta adicional en la que se hayan excluido tales aditivos, y que se utiliza únicamente durante la última parte del periodo de finalización del cebo.

Los sistemas de distribución de pienso húmedo permiten usar una amplia gama de subproductos procedentes de industrias que preparan alimentos para el hombre, tales como suero, leche desnatada, raíces, residuos de destilerías, pescado licuado, almidón, etc. Aumentan las ventajas al mezclar componentes secos y húmedos de la dieta, como puede hacerse con facilidad para que sea máximo el número de opciones dietéticas diferentes. En los sistemas de distribución de pienso húmedo pueden formularse con facilidad dietas individuales para aportar con mayor exactitud las necesidades nutritivas de cerdos en zonas particulares de la explotación. Como cada dieta se mezcla unas pocas horas antes de ser distribuida, los sistemas automáticos de distribución de pienso húmedo pueden funcionar con un número importante de dietas diferentes que se ofrecen durante la fase de crecimiento.

Mejora de la precisión de la formulación

Cuanto más se consiga acercar las necesidades de nutrientes del animal a la provisión de nutrientes de la dieta, con mayor probabilidad se alcanzará un rendimiento óptimo y mayor será la eficacia de la transformación del pienso en productos porcinos.

La especificación de los nutrientes que debe contener la dieta no supone un final en sí misma; más bien se trata de un punto intermedio hacia el objetivo final representado por las necesidades del animal y la respuesta de la producción. Se da por supuesto que las necesidades definidas mantendrán una relación razonablemente estrecha con el crecimiento y la respuesta de la producción. Sin embargo, la especificación de nutrientes no constituye por sí misma la respuesta, aunque puede ser considerada como tal por algunos fabricantes de piensos compuestos para los que el satisfacer la especificación de nutrientes constituye el objetivo primario de la molturación, mezcla y composición de la dieta. Únicamente en una explotación totalmente integrada, la respuesta a la dieta se considera como el objetivo final de quien realiza la formulación de dietas. Por esta razón algunos fabricantes de piensos compuestos se preocuparon (erróneamente) más en épocas pasadas por proporcionar las necesidades recomendadas de nutrientes, expresadas en términos de concentración de la dieta, que por las necesidades de nutrientes expresadas en términos de respuesta productiva alcanzada.

Mejor definición de la energía utilizable de la dieta

La principal variación entre los alimentos en cuanto se refiere a su contenido de energía utilizable es un resultado de la variación en la digestibilidad. La definición del contenido de energía de los alimentos –y la definición complementaria de las necesidades de energía– en términos de energía digestible (ED) en lugar de energía bruta (EB) mejora claramente la exactitud en la formulación de la dieta. La siguiente etapa en la mejora de la exactitud consiste en el uso de la energía metabolizable (EM) que tiene en cuenta las pérdidas de energía con la orina asociadas con la desaminación de la proteína. Algunos procedimientos para la formulación de dietas expresan realmente las necesidades energéticas del cerdo y la especificación de nutrientes en la dieta en términos de su valor en EM en lugar del contenido de ED. Sin embargo, la mejora en la exactitud de la formulación resulta trivial. Primero, porque la mayoría de los valores correspondientes a la EM de los alimentos han sido determinados simplemente como una proporción fija (0½96, generalmente) de la ED, y no influyen por consiguiente sobre los valores de la energía relativa de los diversos ingredientes. Segundo, la variación en la relación entre ED y EM es en gran medida una función del animal y de sus circunstancias (por ejemplo, tasa potencial de deposición de proteína en relación con el suministro de proteína), así como del propio alimento. El empleo de la EM proporciona una apariencia de mayor precisión en la formulación, que en gran parte resulta falsa. Resulta indiferente que en la formulación de la dieta se utilice la ED o la EM porque al formular deben suponerse unos factores constantes tanto en el animal como en los elementos del pienso.

La necesidad final del animal consiste en energía neta (EN) y esta tendrá presentes efectivamente las diferencias en la eficacia con que se utiliza la energía de la dieta para diversas funciones productivas diferentes. Algunas de estas han sido tratadas anteriormente y tienen una importancia considerable. Así, la proteína de la dieta que es depositada en los tejidos aporta a las necesidades totales de EM el doble que la proteína que es desaminada; sin embargo, la fracción de los lípidos de la dieta se utiliza con mucha mayor eficacia para el crecimiento de los lípidos corporales que para aportar energía en forma de combustible. La EM de los alimentos se encuentra en la proteína, carbohidratos y lípidos del alimento; los carbohidratos pueden ser azúcares, o polisacáridos que no son almidón. Todas estas diversas fuentes de energía pueden ser usadas con distinta eficacia para fines diferentes. No es verdadero, en consecuencia, que toda la energía medida en forma de EM procedente de un alimento tenga el mismo valor que la de otro. Si fuese así, los alimentos podrían valorarse mejor según sus valores comparativos (coste por unidad de nutrientes utilizables) si se utilizasen los valores de la EN en lugar de los valores de la ED o de la EM. La formulación de dietas sobre la base de la EN es la norma en algunos países y requiere únicamente que el valor energético de los alimentos (Apéndice 1) y la especificación de nutrientes de la dieta

(Apéndice 2) se presenten en términos de EN. El cálculo de las necesidades de EN no constituye un problema porque la expresión correcta de las necesidades en términos de ED o EM impone primero un conocimiento del metabolismo energético corporal en términos *netos*. La valoración de una dieta en términos de su respuesta (en lugar de la forma en que cubre una determinada especificación de nutrientes) impone explícitamente una determinación de la respuesta a la energía neta. Estos problemas no crearán dificultades para la formulación de una dieta. Más bien los problemas derivados del empleo de la EN para la formulación de dietas prácticas en el sentido convencional de una mezcla para una determinada especificación nutritiva, según se ha indicado, son dobles:

1 Resulta necesario definir con claridad y exactitud la forma en que será usada la dieta que ingiere el cerdo. Esto no suele ser posible si solamente se emplea una dieta para diversos apetitos, genotipos, ambientes y pesos de los cerdos.
2 A un alimento no se le puede asignar un valor único para la EN. El valor cambiará según la forma en que el cerdo la utiliza. Esto resulta difícil de ajustar en las tablas de valor nutritivo y, por supuesto, en los procedimientos analíticos convencionales, que suelen realizarse en el laboratorio y no con animales que alcanzan un rendimiento óptimo y se comportan de forma similar a los que reciben la dieta compuesta.

En cualquier caso, no se dispone de pruebas para demostrar que se alcanza una mayor precisión en la formulación de la energía o en la posibilidad de predicción de la respuesta mediante el uso del sistema de la EN en lugar del sistema de la ED. Esto es consecuencia principalmente de la necesidad de factores fijos y de supuestos fijos que, al ser fijos, determinan que el sistema sea indiferente a las definiciones usadas.

Esto no constituye, sin embargo, un cuadro completo del hecho porque en muchos casos se usa el sistema de la EN en el contexto de un procedimiento convencional para describir la ED tanto a nivel de alimentos como de especificación de nutrientes. Se sabe, por ejemplo, que la ED de alimentos fibrosos se utiliza con menor eficacia que la procedente del almidón. Esto es consecuencia de diferencias en la dificultad relativa del metabolismo de los AGV como productos finales de la digestión de la fibra en comparación con la glucosa como producto final de la digestión del almidón (ver también Tabla 8.2). Los valores correspondientes a la ED de los alimentos fibrosos que contienen polisacáridos complejos que no son almidón (y alimentos cuyo almidón es fermentado en intestino grueso en lugar de ser digerido en intestino delgado) *pueden* ser rebajados, en consecuencia, para que se acomoden a estos fenómenos. Probablemente sea razonable suponer que la mayoría de los beneficios de utilizar un sistema de EN derivan de:

1 Incrementar determinados valores de la ED de los lípidos de la dieta.
2 Reducir determinados valores de la ED de los alimentos fibrosos.

Estos ajustes pueden realizarse, por supuesto, en el sistema de formulación de ED, evitando así las dificultades de intentar una base de energía neta verdadera para la formulación de dietas.

Ante la sencilla determinación rutinaria de la ED de los alimentos, y la posibilidad de realizar ajustes realistas para lípidos y fibras, resulta dudoso que se alcanzase una mayor precisión al formular sobre una base distinta a la ED.

Mejor definición de la proteína utilizable de la dieta

Los alimentos individuales presentan diferencias bastante amplias en la digestibilidad de su proteína (ver Tabla 9.1). Las harinas de pescado tienen un coeficiente de digestibilidad fecal aparente para la proteína de hasta 0,95; el correspondiente a la harina de soja es 0,85 aproximadamente, mientras que el de otras proteínas de origen vegetal como trigo pienso o semillas de algodón puede ser tan sólo 0,60. Cuando se asigna el mismo valor a la proteína procedente del trigo pienso que a la procedente de la soja se sobrevalora mucho la primera en comparación con la segunda. Debe señalarse que durante muchos años las dietas de los cerdos han sido preparadas tradicionalmenmte sobre la base de las necesidades de proteína bruta (PB), que la especificación de nutrientes para las dietas se ha dado en términos de PB, y que un análisis de la PB ($N \times 6{,}25$) de los alimentos se ha considerado como una descripción apropiada del contenido de proteína (por otra parte, esto constituye también un error; el multiplicador para calcular la PB a partir del N variará según sean las cantidades de nitrógeno no proteico (NNP) de los alimentos, aunque por convenio nunca se ha tenido esto en cuanta a pesar de que los multiplicadores verdaderos oscilan desde 6,25 para tejidos animales hasta entre 5,75 y 6,25 para la mayoría de los cereales y la harina de soja y hasta únicamente 5,5 para algunas fuentes de proteína de baja calidad).

Sería sumamente beneficioso expresar las necesidades de proteína en términos de proteína digestible, así como el contenido en proteína de los alimentos. Esto puede conseguirse fácilmente usando los coeficientes de digestibilidad incluidos en el Apéndice 1 y describiendo los piensos con la definición más exacta correspondiente a proteína bruta digestible (PBD) (ileal). La expresión complementaria de necesidades y especificación de nutrientes en forma de PBD en lugar de en términos de PB tampoco supone problema de concepto o de mecanismo, y existen conocimientos más que adecuados para realizar este simple proceso de mejora en la precisión de la formulación de piensos compuestos.

Sigue siendo un misterio la razón de por qué los expertos en nutrición insisten en expresar la energía con exactitud teniendo en cuenta la mínima variación de la digestibilidad entre los alimentos, mientras que ignoran la misma lógica para la proteína. Así ha sucedido, y las tablas y apéndices aparecen principalmente en términos de PB. Sin embargo, también se incluye información sobre el valor de la digestibilidad con la esperanza de que en el futuro pueda pasarse a la PBD.

Muchos autores consideran actualmente que el problema de la formulación de las necesidades de proteína ha sido superado ampliamente al pasar a formular necesidades de aminoácidos esenciales. Y esto es ciertamente así. Una dieta debe aportar las necesidades globales de proteína y proporcionar además las necesidades de aminoácidos esenciales individuales. La especificación de nutrientes correspondiente a niveles mínimos de aminoácidos esenciales en la dieta ha sido establecida en el caso actual en términos de equilibrio con el aminoácido lisina; todos los restantes amoniácidos deben incluirse en la dieta al menos según el nivel de un determinado cociente (es decir, el cociente preciso para la proteína ideal; Tabla 11.3 y Apéndice 2) para evitar una mayor reducción en el valor de la proteína (V).

Por consiguiente, resulta sencilla la formulación de dietas para aportar las necesidades de nutrientes correspondientes a los nueve aminoácidos esenciales. Suele suceder que, con ingredientes convencionales, una vez la dieta contiene la cantidad adecuada de lisina también son aportados de forma conveniente los restantes aminoácidos; esto es así porque la lisina suele ser el primer aminoácido limitativo en los alimentos destinados a los cerdos. La siguiente limitación probable está representada por la treonina, posteriormente por la metionina, y finalmente por el triptófano e histidina. La incorporación de abundante lisina artificial en la dieta determinará, por supuesto, que algún otro sea el principal aminoácido limitativo. Actualmente se dispone también de fuentes artificiales de treonina, metionina y triptófano como ingredientes de la dieta, que deberán ser valorados de la misma forma que cualquier otro ingrediente potencial de la dieta; en este caso, probablemente mediante comparación con el coste unitario de los aminoácidos presentes en la proteína de la harina de soja.

La formulación correcta de las dietas porcinas requiere, de forma necesaria, que sean cubiertas las necesidades de nutrientes correspondientes a la totalidad de los aminoácidos esenciales. Cuando no se incluyen todos los aminoácidos en la especificación de la dieta, y no se asegura que la mezcla final de ingredientes aporta la especificación mínima correspondiente a todos los aminoácidos esenciales, se incurre en un fallo grave para conseguir que sea adecuada la exactitud de la formulación. En los Apéndices 1 y 2 se proporciona información para aportar las necesidades de aminoácidos.

La formulación de dietas para una especificación de nutrientes, detallando los aminoácidos esenciales además de la proteína total, evita una posible reducción en la eficacia esperada de utilización que podría producirse como resultado de un aporte inadecuado de uno u otro aminoácido. Sin embargo, esto no informa sobre diferencias en la *digestibilidad* de los aminoácidos que resultan bastante evidentes entre los alimentos según se aprecia en la Tabla 9.5, y que se detallan en el Apéndice 1. Resulta claro que la especificación de los nutrientes de la dieta de aminoácidos esenciales digeridos ilealmente y la descripción de los ingredientes del pienso en términos de la misma digestibilidad ileal de los aminoácidos esenciales es una etapa importante para aumentar la exactitud de la formulación de la dieta y para permitir una mayor flexibilidad en la elección de los ingredientes. Tan solo cuando se realizan comparaciones sobre la base de los aminoácidos digeridos ilealmente, por ejemplo, puede valorarse correctamente la relación coste-beneficios de usar proteína de semillas de algodón, de residuos de trigo, de altramuces y de harina de soja (ver Tabla 9.5).

No existe una buena razón para que los alimentos no sean definidos en términos de PBD y de aminoácidos esenciales digeridos ilealmente, ni para que las necesidades de nutrientes, expresadas en los mismos términos, no sean acomodadas mejor mediante estos procedimientos en la formulación rutinaria de dietas. La determinación de las necesidades de nutrientes correspondientes a los aminoácidos digestibles ilealmente consiste en la simple suma de los aminoácidos depositados en crecimiento de tejido magro y de los aminoácidos usados para mantenimiento, dividida por el factor v (la posibilidad de utilización de los aminoácidos digeridos ilealmente, $(PI_m + PI_{Pr})/v$, según se ha demostrado en el

Capítulo 11. Las concentraciones necesarias en la dieta de aminoácidos digestibles pueden ser determinadas (al igual que la concentración en la dieta de energía digestible) conociendo el consumo previsto de pienso. La formulación de dietas para cerdos sobre la base de los aminoácidos digeridos ilealmente va siendo actualmente práctica común entre muchos fabricantes progresistas de piensos compuestos. Persisten dos problemas notables que dificultan este avance importante.

1 El empleo de los aminoácidos digestibles ilealmente es superior al de aminoácidos totales de la misma forma que la ED mejora a la EB; aunque igualmente, no se logra una precisión óptima hasta que se dispone de una visión sobre utilización neta. Aunque actualmente se sabe que los aminoácidos absorbidos pueden ser usados con eficacias diferentes para los procesos corporales (ver Capítulos 9 y 11), todavía no se ha logrado una cuantificación efectiva de esta característica.
2 La determinación de las digestibilidades ileales es laboriosa, y todavía existe una amplia gama de valores propuestos para alimentos individuales. Por consiguiente, resulta difícil establecer con cierto grado de exactitud cuáles puedan ser realmente las digestibilidades ileales de los aminoácidos presentes en la proteína de un determinado alimento. Esto supone que puede ser algo exagerado el aumento aparente en la precisión de la formulación al usar los valores de los aminoácidos digeridos ilealmente. Sin embargo, la investigación sobre la digestibilidad ileal ha demostrado que algunos alimentos pueden tener unos valores especialmente bajos para la digestibilidad ileal de sus aminoácidos (ver Tabla 9.5 y Apéndice 1) y esta información resulta vital para asignar a la proteína del alimento su verdadero valor, y para comparar unos alimentos con otros de forma objetiva y correcta.

Intentos recientes para conseguir más información tanto sobre la digestibilidad ileal como sobre la posterior utilización de los aminoácidos absorbidos (v) han permitido que ciertas investigaciones de alimentación puedan, al determinar la respuesta final alcanzada por el crecimiento del cerdo, intentar ordenar los valores netos de las proteínas de diversos alimentos.

En muchos casos los fabricantes de piensos compuestos tendrán en cuenta los reducidos valores de la digestibilidad ileal de los aminoácidos de algunos alimentos permitiendo su inclusión en las dietas en niveles estrictamente limitados. Esta tendencia resulta también evidente en las recomendaciones que aparecen en las secciones inferiores del Apéndice 1. Las dietas porcinas convencionales tienden a evitar alimentos dudosos, aunque al proceder así podrían perderse oportunidades para incluir ingredientes con menor valor nutritivo, aunque también con menor precio.

Conclusión sobre posibilidades para mejorar la precisión de la formulación

La situación actual de conocimientos permite formular según la PBD y la digestibilidad ileal de los aminoácidos esenciales, y al proceder así mejorará, aunque no de forma perfecta, la precisión en la formulación de dietas. Pueden determinarse los niveles de proteína y de aminoácidos digestibles ilealmente en los alimentos y dichos valores se incluyen en el Apéndice 1 y en las Tablas 9.1 y 9.5. La especificación de nutrientes de la dieta correspondiente a las necesidades de proteína bruta digestible y de aminoácidos digestibles ilealmente puede determinarse a partir de los datos incluidos en el Apéndice 2 en el supuesto de que las necesidades de proteína digestible y de lisina digestible ilealmente sean determinadas con dietas que sean aproximadamente 0,8 digestibles y las necesidades digestibles sean, en consecuencia, sobre 0,8 de las necesidades de lisina total y de proteína total. O, mejor, la necesidad de aminoácidos digestibles pueden determinarse a partir de los primeros principios (Capítulo 11) y la especificación de nutrientes ser presentada en términos de especificación de la dieta para la concentración de nueve aminoácidos digeridos ilealmente. Las proporciones relativas de los restantes aminoácidos esenciales con respecto a la lisina serán, por supuesto, las mismas que se incluyen en el Apéndice 2.

Son escasos los beneficios obtenidos al intentar definir la energía con una precisión superior a la ED.

Beneficios al mejorar la precisión de la formulación

Los objetivos del progreso:

- identificación del contenido de nutrientes en los alimentos;
- formulación de ingredientes alimenticios en forma de una dieta compuesta para satisfacer una especificación de nutrientes;
- consumo por parte del cerdo de su dieta con un nivel adecuado de ingestión para aportarle sus necesidades diarias de nutrientes;
- alcanzar la respuesta diaria prevista de producción;
- obtener una exactitud adecuada en cada punto de este programa.

son permitir flexibilidad (a) al cambiar la disponibilidad de alimentos, su precio y su contenido de nutrientes según la época y el origen y (b) al cambiar la demanda del mercado para el tipo de producto y al cambiar las posibilidades de los cerdos (mediante mejora genética) para crecer y reproducirse.

Cuando no es necesaria esta flexibilidad resulta innecesaria la totalidad del procedimiento. Cuando una determinada combinación de alimentos (consumida en una cuantía dada) determina unas respuestas previsibles de crecimiento y reproducción, y cuando los precios y las disponibilidades de alimentos no son caprichosos, y cuando la respuesta es considerada totalmente satisfactoria tanto por el productor como por el consumidor final, entonces todo lo que se necesita es una formulación fija de la dieta. Incluso el conocimiento de la concentración de nutrientes de dicha formulación supone una sofisticación no precisa. Conviene saber que cuando dos o tres alimentos de calidad repetible se mezclan en una determinada proporción, se obtiene un producto de calidad aceptable y repetible. Ésta fue la base de los regímenes de alimentación porcina durante muchos años en EE.UU. usando solamente maíz y harina de soja, y en partes del norte de Europa usando solamente cebada, trigo pienso y harina de pescado (o cebada, trigo pienso y leche desnatada). Sin embargo, las fórmulas fijas para las dietas porcinas impedían minimizar el coste porque se eliminaban fuentes más baratas de energía y de proteína (tales como el empleo de maíz y harina de soja en las dietas porcinas europeas), y no podían acomodarse a los cambios en el genotipo de los cerdos o en las preferencias del consumidor (tales como una mayor tasa de crecimiento de tejido magro, y una demanda de carne más magra). Sin embargo, las formulaciones con ingredientes fijos siguen siendo potencialmente beneficiosas cuando:

1 Se dispone de un margen limitado de ingredientes, que son de calidad conocida. Este caso se aplicaría a dietas basadas en ingredientes de producción propia en explotaciones agropecuarias mixtas e integradas con ganado y tierra cultivable.
2 Adquiere una importancia primordial la calidad del ingrediente y, en consecuencia, su origen. Esto se aplicaría al caso de dietas formuladas para cerdos lactantes y jóvenes en crecimiento.
3 No es probable que cambie la definición del valor de la respuesta de la producción, que se expresa en términos de rendimiento en lugar de coste-beneficio. Esta es invariablemente la situación en el caso de dietas post-destete cuando el requisito primario es un elevado nivel de consumo de pienso y la evitación de diarreas.

En la mayoría de las restantes circunstancias, la relación entre coste y beneficio determinará que se utilice el mayor número posible de ingredientes disponibles para la formulación del mayor margen posible de combinaciones. Si dicha flexibilidad se ha de combinar con una precisión eficaz en la predicción de la respuesta de los cerdos resulta esencial para el suministro de nutrientes que:

1 Sea conocida y cuantificada con exactitud, a nivel del animal, la relación entre el aporte de nutrientes y la respuesta del animal;
2 Exista una identificación exacta de los nutrientes contenidos en los alimentos en términos referidos a la posibble utilización final por parte del animal.

Estos aspectos de la formulación de dietas requiere una mayor atención por parte de los expertos en nutrición, y la mejora en la precisión al formular dietas será el resultado de:

- una mejor definición de la energía utilizable;
- una mejor definición de la proteína utilizable;
- una mejor definición de las vitaminas, minerales y elementos traza utilizables.

Aunque antes de considerar todo lo anterior conviene reiterar que todos los intentos de alcanzar una mayor precisión en la definición de las necesidades del animal y en el contenido de nutrientes analizables de los alimentos resultan bastante infructuosos –realmente grotescos– si:

1 El consumo de pienso que realiza el cerdo se ve comprometido o es significativamente distinto del supuesto.
2 Los contenidos supuestos de nutrientes en los alimentos son invalidados por un almacenamiento defectuoso, tratamiento térmico inadecuado, tratamiento térmico excesivo, presencia de toxinas, etc.

Constituye una verdad evidente, que suele ignorarse con frecuencia, el hecho de que resulta irrelevante intentar aumentar la exactitud del aporte de nutrientes con la dieta si se ve comprometido el consumo de pienso, e igualmente irrelevante reducir el precio de una dieta si la respuesta disminuye en un margen financiero superior.

Sucede con frecuencia, a nivel mundial, que los avances en la formulación de dietas logrados mediante una mejor especificación de los nutrientes y una mejor definición del alimento, es improbable que resulten útiles a menos, y mientras, que puedan alcanzarse unos consumos óptimos de pienso por los cerdos y que pueda certificarse que los alimentos carecen de factores negativos no identificados con facilidad mediante procedimientos analíticos químicos simples.

Formulación mediante computadora de dietas de mínimo coste

Aunque se aplican las mismas reglas que para el cálculo manual en la formulación de una dieta, la computadora no tiene límite efectivo en el número de ingredientes que pueden ser examinados para su inclusión en la dieta. Tampoco existe límite para las características nutritivas que pueden tenerse en cuenta, por lo que es posible ajustar la inclusión de ingredientes para aproximarse a las concentraciones de nutrientes especificadas para una dieta.

La programación lineal para coste mínimo requiere no solamente que se mezclen los ingredientes disponibles para proporcionar la especificación de nutrientes requerida para la dieta, sino que esto se realice con el mínimo coste. Puede alcanzarse un determinado balance de energía, proteína, aminoácidos y minerales mediante un número de diversas combinaciones de ingredientes. Aunque solamente una determinada combinación de ingredientes permitirá alcanzar la especificación de nutrientes con el menor coste posible. Esta formulación de mínimo coste cambiará con la misma frecuencia con que cambien los precios relativos de los alimentos, según se ha demostrado anteriormente.

Cuanto mayor sea la libertad de elección de que goce la computadora mayor será la probabilidad de reducir el precio de la dieta lo máximo que sea posible. La eficacia del programa mejorará si son bastante amplios los límites de los niveles de inclusión inferiores y superiores correspondientes a los distintos alimentos. Las tasas mínimas de inclusión de un determinado ingrediente pueden constituir una limitación sobre la formulación realizada por la computadora. No resulta seguro que este ingrediente se incluya con un determinado nivel mínimo establecido, aunque dicho ingrediente aporte un equilibrio particular entre energía, aminoácidos y minerales, y que este equilibrio influya sobre otros ingredientes que puedan incluirse en la mezcla. De nuevo, una reducida tasa máxima de inclusión de un alimento que suele tener un precio ventajoso puede resultar cara. Cuanto menos sean las limitaciones, con mayor eficacia funcionará el programa y más barata será la mezcla final. La mayor ventaja de la metodología de la programación lineal para la formulación de dietas con mínimo coste estriba en la posibilidad de poder comparar de forma simultánea el coste-beneficio de todos los diversos nutrientes en la totalidad de los alimentos y poder calcular manualmente, por consiguiente, de forma óptima según el método que anteriormente resultaba demasiado complejo.

El Apéndice 3 presenta ejemplos de limitaciones de inclusión mínimas y máximas, y el Apéndice 1 aporta más orientaciones.

Los objetivos en la especificación de nutrientes pueden ser también difíciles de alcanzar, según se ha visto en la Tabla 14.6, particularmente cuando pueden ser muchos. De nuevo, un objetivo con cierta amplitud resulta beneficioso para que el proceso sea óptimo. Así, objetivos correspondientes a la concentración de ED entre 13,0 y 13,3 MJ/kg y para la concentración de lisina entre 11 y 12 g/kg permitirán disponer de una dieta con menor coste que si se establecen especificaciones exactas de 13,2 y 11,5. No obstante, mientras que en este último caso se dispondrá de 0,88,g de lisina/MJ de ED, en el primer caso el cociente lisina:energía puede oscilar de 0,92 a 0,83. Resulta importante que el cociente no se desvíe de los valores realistas máximo y mínimo.

En la práctica es sumamente fácil limitar un programa de mínimo coste mediante computadora para que proporcione dietas que difieren poco de las que pueden calcularse manualmente de forma simple, y no más baratas. Es bastante posible incluir un conjunto de limitaciones, en apariencia inocentes, que sean mutuamente incompatibles y no permitan obtener una solución. De forma ocasional puede forzarse la inclusión de un ingrediente infrecuente con un precio muy elevado simplemente para ajustar un desequilibrio trivial de un aminoácido o mineral poco importante. Como norma general, en consecuencia, todas las limitaciones (tanto en la especificación de ingredientes como de nutrientes) serán las mínimas posibles y basadas en pruebas evidentes.

Descripción de los ingredientes como materias primas

Los archivos de la computadora requieren descripciones exactas de los nutrientes contenidos en los ingredientes disponibles. La computadora tomará estos nutrientes procedentes de los ingredientes para satisfacer los diversos aspectos de la especificación de nutrientes de la dieta. Debe producirse un acuerdo total entre los elementos especificados como precisos en la dieta y los elementos descritos para cada alimento en particular. La matriz de las descripciones del contenido de nutrientes en los alimentos, junto con los niveles recomendados de inclusión máximos y mínimos para las diversas dietas que deben formularse, con los precios actuales de cada alimento, constituyen los archivos de información necesarios para que la computadora formule la dieta de mínimo coste. El Apéndice 1 constituye un ejemplo de una fuente adecuada para parte de la información necesaria en un archivo que describa el pienso de forma efectiva. Pueden encontrarse archivos que son ejemplo para una determinada clase de cebada o para una harina de soja en particular en el Apéndice 4 que, en este caso, proporciona un análisis adecuado, aunque no completo. El mismo archivo de información proporciona también, por supuesto, el precio de cada ingrediente potencial de la dieta.

Descripción de la especificación de nutrientes de la dieta

En el Apéndice 2 pueden encontrarse especificaciones adecuadas de los nutrientes precisos para diversas dietas porcinas y, en este punto, se establecerán niveles máximos y mínimos para las concentraciones de los diversos nutrientes necesarios. En la parte inferior de las tablas del Apéndice 1 ya se han sugerido niveles de inclusión máximos (y mínimos) para los diversos alimentos (que naturalmente son distintos para dietas diferentes).

Formulación de la dieta computerizada de mínimo coste

El ejemplo simple descrito aquí utilizó un programa computerizado preparado por Format International (Singlemix).

La salida mostrada en la Tabla 14.10 describe en las columnas 3 y 4 la especificación de nutrientes que debe ser el objetivo que alcanzará la dieta. La especificación de la formulación no es completa para vitaminas y minerales ya que se supone que los suplementos de vitaminas y elementos traza aportarán totalmente las necesidades de la dieta (referencia al Apéndice 2). Puede apreciarse en la Tabla 14.10 que los niveles mínimo y máximo para las necesidades de ED son bastante estrechos (14,0-14,5), mientras que los correspondientes a la proteína son bastante amplios. El contenido mínimo de lisina se establece en 0,75 g de lisina por MJ de ED (11,0/14,5), y los restantes aminoácidos esenciales (son identificados otros tres) están equilibrados con la lisina según el cociente apropiado

Tabla 14.10 Especificación de nutrientes: objetivo (columnas 3 y 4) y resultados alcanzados (columna 1).

Columna	*1* *Análisis alcanzado*	*2* *Límite*	*3* *Mínimo*	*4* *Máximo*
(Volumen)	100,0	(máx.)	100,0	100,0
ED	14,0	(mín.)	14,0	14,5
PB	208,5		200,0	240,0
PBD	179,6		150,0	200,0
Lisina	11,3		11,0	13,0
Metionina + cistina	6,8		5,5	8,0
Metionina	3,2		3,0	4,0
Treonina	7,0		6,6	10,0
Triptófano	2,7		1,6	5,0
Ácido linoleico	10,6		10,0	20,0
Calcio	10,2		9,8	11,5
Fósforo	6,5	(mín.)	6,5	9,0
Sodio	1,5		1,3	3,0
Aceite	40,3		40,0	56,0
Fibra	45,0	(máx.)	25,0	45,0
Cenizas	65,4		49,0	70,0
Fibra neutro detergente	142,8		100,0	250,0
Cobre[1]	93,9		1,6	150,0
Selenio	0,3		0,1	0,5

[1] Incluido como promotor del crecimiento.

descrito anteriormente. Cabría esperar que este conjunto de especificaciones formulado sobre la base de la energía, y de la lisina, fuese modificado posiblemente por el fósforo, la fibra, el aceite e incluso por la proteína. En tal caso, según se aprecia en la columna 1, el análisis final de la dieta mixta aporta el valor mínimo para la ED y el fósforo, y el máximo para la fibra, mostrando que la energía y el fósforo eran relativamente caros (y, en consecuencia, se aporta el mínimo). La mezcla más barata de ingredientes se asoció también a un análisis con un nivel máximo de fibra. Liberando las limitaciones correspondientes al mínimo de energía y de fósforo y al máximo de fibra se obtendría una dieta más barata, aunque al ser menor la concentración de energía y de minerales, tendría que ingerirse una mayor cantidad cada día.

Con frecuencia la lisina es el nutriente más caro en los alimentos convencionales y los programas de dietas de mínimo coste suelen formular para el límite mínimo de lisina. No sucede así en este caso debido a la presencia en la dieta de una cantidad importante de harina de pescado que probablemente aporta una cantidad generosa tanto de fósforo como de lisina. Este programa particular no ha sido preparado para ofrecer aminoácidos artificiales como posibles ingredientes del pienso. Si se dispone de aminoácidos artificiales suele ser beneficioso ofrecerlos, al menos, como productos disponibles. Su inclusión dependerá, por supuesto, de los precios relativos de los aminoácidos presentes en los alimentos convencionales tales como harina de soja y harina de pescado.

La Tabla 14.11 presenta la mezcla de ingredientes de mínimo coste que proporcionará una especificación de nutrientes dentro de los límites detallados en las columnas 3 y 4 de la Tabla 14.10. Cuando se formula, la combinación de alimentos en las columnas 1 y 2 de la Tabla 14.11 proporciona una dieta compuesta correspondiente al análisis de nutrientes que aparece en la columna 1 de la Tabla 14.10. Según la Tabla 14.11 se aprecia que el coste económico óptimo es de 136,17, que se alcanza solamente al incluir los ingredientes que aparecen en las columnas 1 y 2 de la Tabla. El principal cereal usado es el trigo, aunque se incluye también algo de cebada y de trigo pienso. La columna 2 proporciona el porcentaje exacto de cada ingrediente y la columna 3 las cantidades para preparar 2.500 kg de mezcla. La columna 5 presenta los límites operacionales de esta formulación particular, mientras que las columnas 6 y 7 muestran respectivamente los niveles mínimo y máximo de inclusión que deben alcanzarse. El trigo aparece limitado a un máximo del 40% que con un coste de 120 por Tm tiene un precio claramente favorable por lo que se incluye el límite máximo permitido. Comentarios similares son apropiados para el suplemento de grasa. Los aditivos, vitaminas y minerales se incluyen forzosamente en las cantidades exactas con independencia del precio. La harina de pescado resulta cara, aunque se fuerza la inclusión de un 4% en base del juicio de quien prepara la composición del pienso. La dieta resultaría más barata si se incluyese más trigo y más grasa, y se insistiese con menor intensidad en la entrada de la harina de pescado. Puede existir, sin embargo, el temor (comprensible) de que se produciría un fallo antieconómico en el rendimiento.

Han sido rechazados muchos ingredientes disponibles para ser incluidos en razón del coste por unidad de sus ingredientes. Los mismos se incluyen en la sección inferior de la columna 1 de la Tabla 14.11. Las reducciones en los costes de estos últimos alimentos, o aumentos en los costes de los ingredientes incluidos (columna 4) cambiarían, por supuesto, la mezcla óptima de alimentos en la

Tabla 14.11 Salida mediante programación lineal para una formulación de mínimo coste (Format International – Singlemix).

Denominación : Dieta Porcina
Coste monetario: 136,17 libras esterlinas.

Columna 1	*2* %	*3* *kg*	*4* *Coste monetario*	*5* *Límite*	*6* *Mínimo* %	*7* *Máximo* %
Incluidos						
1 Cebada	12,7	316	110,0		0	100,0
2 Trigo	40,0	1.000	120,0	(máx.)	10,0	40,0
3 Pienso de trigo	5,5	137	96,5		5,0	10,0
6 Soja 44	25,2	631	148,0		10,0	40,0
12 Fosfato dicálcico	0,6	16	215,0		0	5,0
19 Suplemento de grasa	5,0	125	182,0	(máx.)	0	5,0
27 Aditivos	5,0	125	76,0	(mín.)	5,0	5,0
37 Harina de pescado 66	4,0	100	286,0	(mín.)	4,0	7,5
59 Mezcla vitaminas/minerales	2,0	50	295,5	(mín.)	2,0	2,0
	100,0	2.500				
Rechazados						
4 Maíz			194,0		0	30,0
5 Copos de maíz			217,0		0	30,0
7 Soja con toda su grasa			246,0		0	10,0
8 Harina de carne y hueso			165,0		0	2,5
10 Harina de gramíneas			125,0		0	2,5
11 Piedra caliza			35,5		0	5,0
13 Sal			91,0		0	1,0

formulación de la dieta de mínimo coste. La mayoría de los sistemas de programación lineal (incluyendo el Singlemix) proporcionarán estimaciones sobre los precios que deben existir antes de que sea probable la inclusión de un ingrediente rechazado.

Cambios de ingredientes

La formulación de la dieta de mínimo coste presupone que los cerdos responderán a los nutrientes analizados tal como aparecen en la columna 1 de la Tabla 14.10. Esto lleva a suponer que los cerdos no aprecian, ni reaccionan, a los sabores y texturas de ingredientes diferentes, tales como los incluidos en la columna 1 de la Tabla 14.11. También se supone que los cerdos no encuentran diferencias entre dietas preparadas con pocos o con muchos ingredientes. Aunque, de forma general, el deseo de los cerdos por ingerir nutrientes parece superar aspectos relacionados con el sabor de los ingredientes, no es probable que suceda así de una forma tan intensa en cerdos más jóvenes y en cerdas lactantes. Estas clases de cerdos pueden experimentar una reducción apreciable de su apetito al incluir en sus dietas ingredientes nuevos, o ingredientes que se incluyen en niveles elevados a los que no están acostumbrados. Cuando se presenta este caso no es deseable permitir fluctuaciones intensas en los niveles de los ingredientes que pueden ser consecuencia de cambios en los precios comparativos de los ingredientes principales. Por consiguiente, deberá imponerse una limitación sobre la formulación para asegurar que no se producen cambios intensos y bruscos en los ingredientes de la dieta. Tiene que aceptarse que tales limitaciones determinarán que la formulación no se ajuste totalmente al precio óptimo alcanzado únicamente sobre la base de considerar el precio por unidad de nutriente.

La formulación de la dieta de mínimo coste obtenida de la computadora se utiliza preferentemente como orientación para que los expertos en nutrición elaboren la dieta apropiada. Aunque pueden aplicarse realmente las sugerencias exactas de un programa lineal, no es conveniente dejar que la computadora se imponga sobre todos los juicios humanos. La formulación de la dieta de mínimo coste resulta particularmente útil para mostrar los costes reales de las decisiones que pueden tomarse sobre la nutrición tanto por lo que se refiere al grado de conveniencia de los distintos alimentos, como a los supuestos que se hacen sobre las necesidades de nutrientes y las concentraciones de nutrientes que se ponen como objetivo en la dieta.

CAPÍTULO 15

Suministro óptimo de pienso para cerdos en crecimiento y cerdas reproductoras

Introducción

El control de la asignación de pienso sigue siendo el procedimiento más eficaz tanto bajo el punto de vista biológico, como financiero y de manejo para que sea óptimo el rendimiento del cerdo. El control de la distribución de pienso es simple en su aspecto mecánico a través de los sistemas de ingeniería para la distribución de pienso. Estos pueden variar desde la distribución a través de tubería controlada mediante computadora, con dispositivos de medición que regulan el volumen de pienso suministrado por un tornillo sinfín a cochiqueras (o cerdos) individuales, hasta el acceso permanente a tolvas para alimentación *a voluntad.* La influencia del suministro de pienso sobre la tasa y la composición del crecimiento, y sobre la reproducción, es importante y directa (ver Figura 15.1). Existe una relación estrecha entre el manejo de la distribución de pienso y el manejo financiero que procede: (a) de la influencia del suministro de pienso sobre el nivel y la calidad de la producción porcina y (b) del coste del pienso que supone con mucho la principal partida unitaria de los costes totales de producción (generalmente sobre el 75% de todos los costes, incluyendo los costes fijos).

Cerdos en crecimiento

El manejo de la producción porcina tiene muchos puntos en los que puede ser controlado su funcionamiento, aunque seis tienen una importancia especial: control sanitario, control del medio ambiente, control sobre la formulación de la dieta, control del consumo de pienso, control genético y control de la calidad del produc-

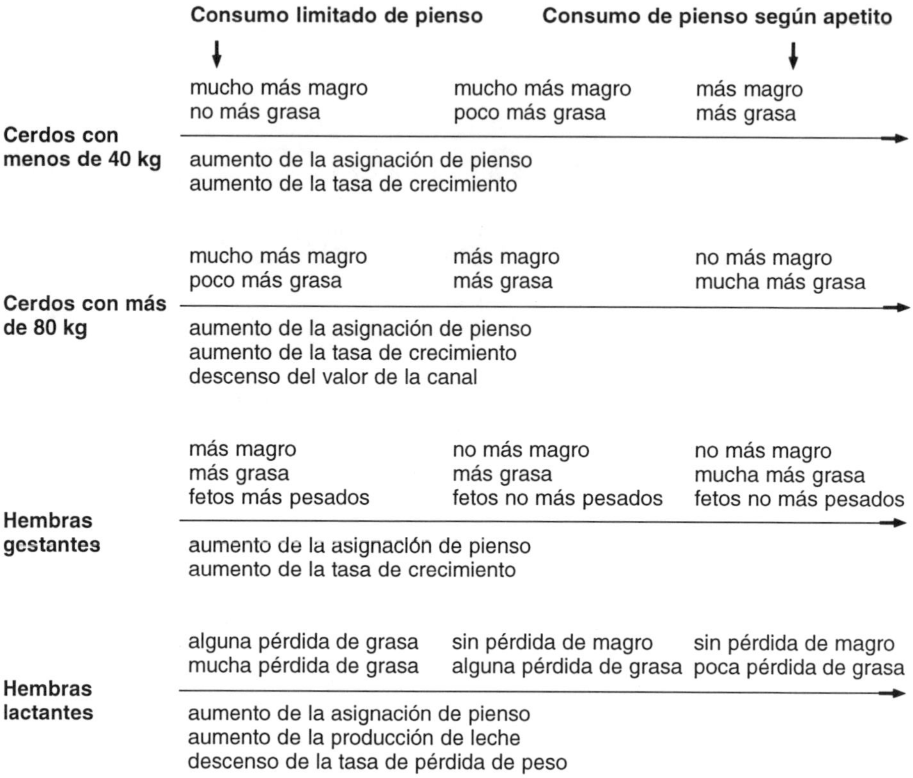

Figura 15.1 Influencia del incremento en la asignación de pienso sobre la productividad de los cerdos.

to (Figura 15.2). Según indica la figura, el control del consumo de pienso resulta esencial para la eficacia tanto de los alimentos como de la producción porcina. A través de la interacción con el genotipo y con la especificación de los nutrientes de la dieta, el control del consumo de pienso determina la cantidad y la calidad de los productos finales. Esto queda bien explicado en el caso que presenta la Figura 15.3. La unidad de crecimiento a que hace referencia mostraba una pérdida. Tras una investigación se apreciaron, entre otros, los siguientes aspectos del manejo:

- Los cerdos recibían pienso dos veces al día hasta saciar su apetito con un sistema de distribución de pienso húmedo a través de tubería controlado por una computadora.
- Las canales eran inaceptablemente grasas.
- La tasa de crecimiento era adecuada, aunque no especialmente buena.
- La sanidad y el medio ambiente eran satisfactorios.
- La dieta usada presentaba una concentración de nutrientes relativamente baja.

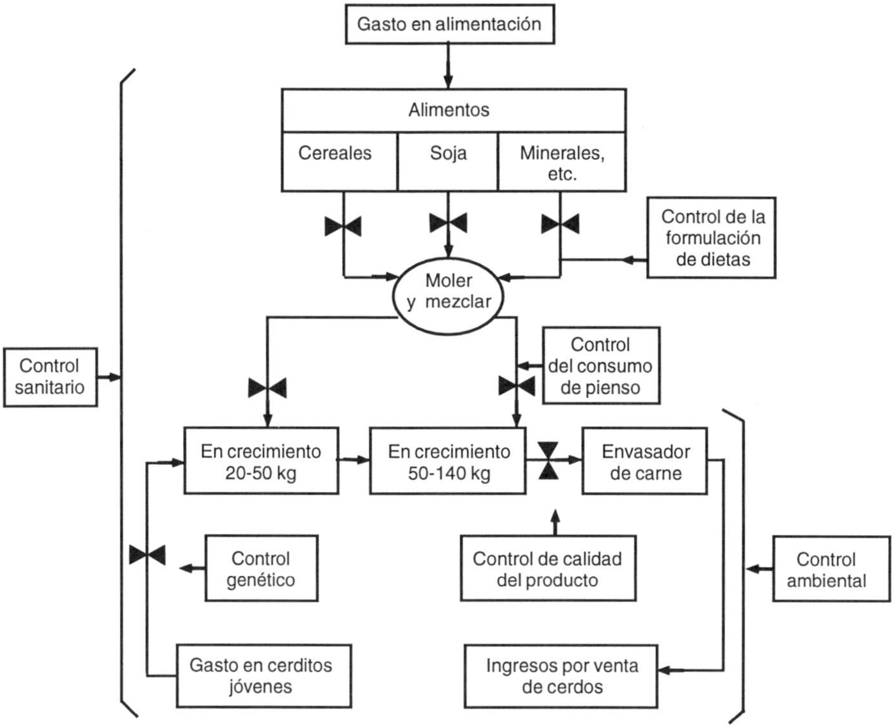

Figura 15.2 Diagrama de flujo de una explotación dedicada al crecimiento de cerdos, mostrando los factores de producción, las producciones y los puntos en que se toman decisiones y se controla la operación.

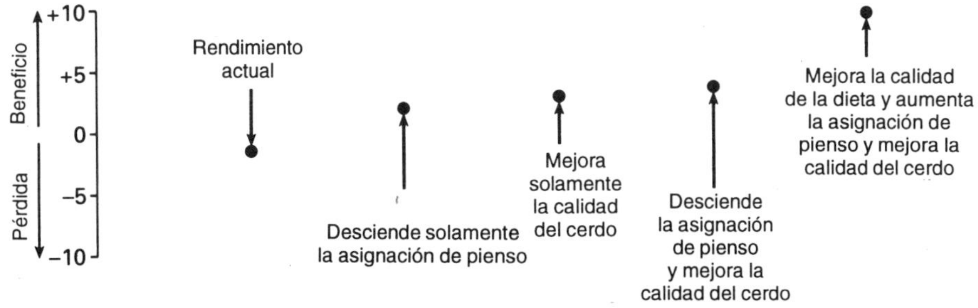

Figura 15.3 Decisiones en la estrategia de la producción para alcanzar beneficios óptimos.

El remedio lógico podría haber sido sugerir el empleo de una dieta con mayor concentración de nutrientes, aunque esto hubiese aumentado los costes de producción en un momento en el que tal medida hubiese sido difícil de mantener financieramente, y cuando otras circunstancias –tales como el nivel de distribución de pienso– hubiesen determinado que fuesen mínimos los efectos positivos de la mejora de la dieta. Más bien, la recomendación consistió en reducir la asignación de pienso. Esto tenía un efecto aparentemente negativo al reducir la tasa de crecimiento aunque descendieron los costes de producción, y mejoró la calidad de las canales; aumentando así el valor del producto y el margen de beneficios. Esta respuesta positiva indicaba que (a) los animales disponían de un genotipo relativamente pobre en términos de tasa potencial de crecimiento diario de tejido magro y que (b) el mercado particular al que se destinaban tales cerdos ejercía una intensa discriminación contra la grasa y apoyaba cualquier genotipo mejorado. La respuesta no hubiese sido máxima en un cerdo de mejor calidad *únicamente.* Son precisas acciones posteriores tanto sobre la calidad de la dieta (concentración de nutrientes) como sobre el nivel de distribución de pienso. Disponiendo de un genotipo mejorado con un elevado potencial para la tasa de crecimiento de tejido magro, la estrategia recomendada a largo plazo consistiría no solamente en usar una dieta de mejor calidad sino también volver a introducir el sistema original de distribución de un nivel elevado de pienso (según apetito) (Figura 15.3).

Interacciones con el nivel de suministro de pienso

Peso en el momento del sacrificio

El control de la calidad del producto (Figura 15.2) tiene muchos elementos aunque un aspecto importante es la interacción entre el suministro de pienso y el peso en el momento del sacrificio. Los cerdos pueden abandonar la unidad de producción con un peso que se adapte a las exigencias de un determinado mercado; por ejemplo, 120-160 kg de peso vivo para cerdos pesados, 85-120 kg para procesado y elaboración convencional o 60-80 kg para producción de carne fresca y ligera. Incluso dentro de estos márgenes, podrían establecerse límites más rigurosos para el peso de la canal (por ej., canales de 65-72 kg que supondría el envío con un peso vivo dentro de un margen de tan sólo 85-95 kg). El dirigente de la explotación debe decidir, por consiguiente, qué cerdos serán enviados al matadero con dicho peso, y a qué mercado, para que sea máxima la rentabilidad. Aunque la calidad de la canal y el peso de la canal pueden ser fuerzas contrapuestas. Cuanto mayor sea el peso del cerdo individual al venderlo, mayor será su valor individual y serán menores los costes fijos en proporción de los costes totales; aunque el cerdo más pesado al venderlo es probable que sea más graso, y esto puede reducir el valor por kg de cerdo vendido. Esto supone que cuando exista el riesgo probable de que las canales sean juzgadas como inaceptablemente grasas, existe el impulso no solamente de reducir el consumo diario de pienso mediante un racionamiento sino también de reducir el peso en el momento del sacrificio. Si el peso de la canal oscila entre 62 y 75 kg, es probable, siendo iguales en otros aspectos, que los cerdos con canales de 73-75 kg alcancen un menor valor por kg cuando se premia en el precio a los cerdos más magros. Esto puede contrarrestarse proporcionando un nivel inferior de pienso a los cerdos con mayor probabilidad de engrasamiento, o mediante su selección para enviarlos al matadero más tarde. La Figura 15.4(a) muestra la relación entre el peso en el momento del sacrificio y el espesor de la grasa dorsal subcutánea en P2, y la interacción con el genotipo del cerdo, mientras que la Figura 15.4(b) muestra la relación equivalente entre la asignación de pienso y el espesor de la grasa dorsal.

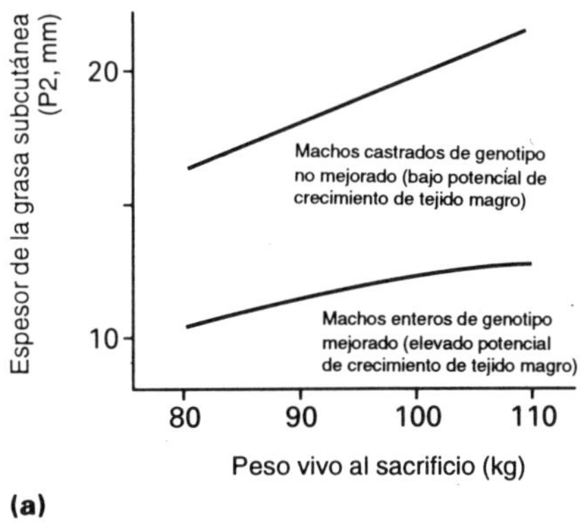

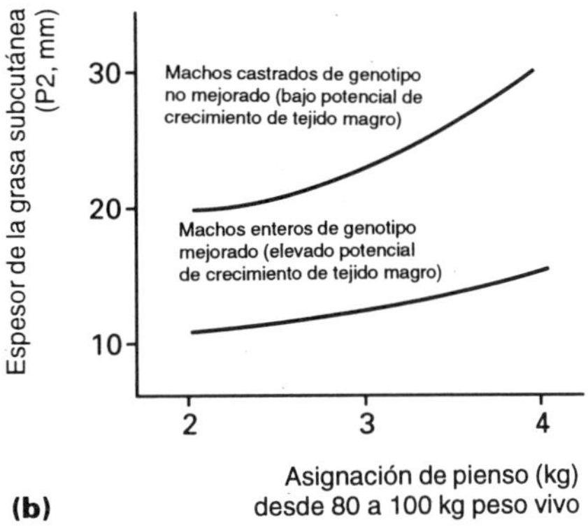

Figura 15.4 Influencia sobre el engrasamiento de la canal de: (a) peso vivo al sacrificar, y (b) asignación de pienso desde 80 a 100 kg de peso vivo (la dieta contenía 14 MJ de ED/kg).

Puede deducirse que los consumos de pienso más bajos –al favorecer un menor espesor de la grasa dorsal en P2– pueden permitir que se alcance un mayor peso vivo en el momento del sacrificio. Las desventajas en términos del valor de la canal de los cerdos cuyas canales resultan inaceptablemente grasas son más evidentes cuando cerdos con genotipos menos mejorados ingieren cantidades elevadas de pienso (Figura 15.4(b)). Cuando no existe penalización en el precio para los cerdos grasos (todos los cerdos son igualmente aceptables con independencia de su grado de cebamiento), los niveles más elevados de consumo de pienso y los mayores pesos en el momento del sacrificio tenderán a ser más económicos.

Eficacia de la transformación del pienso

La presión contrapuesta a la conclusión de que los cerdos más pesados (y más grasos) son preferibles cuando no existe discriminación de calidad contra la grasa, consiste principalmente en la eficacia con que es usado el componente más caro (pienso) de la producción. La eficacia de la transformación del pienso descenderá inevitablemente con mayores pesos en el momento del sacrificio como consecuencia de que los costes de mantenimiento van siendo mayores progresivamente. Los costes de mantenimiento no se traducen en rendimiento de producto, y están relacionados con la masa corporal del cerdo. Así, un peso vivo de 60 kg tiene un coste fijo de mantenimiento de unos 0,7 kg de pienso, con 90 kg de 1,1 kg de pienso aproximadamente, con 120 kg de 1,3 kg de pienso. La eficacia de la transformación del pienso descenderá también de forma inevitable con niveles máximos de consumo cuando esto determina una deposición excesiva de grasa. Conviene señalar que al reducir el aporte de pienso no siempre mejora la eficacia de su transformación; esto sucederá generalmente tan sólo cuando se limitan los extremos en el engrasamiento. De forma más general, la reducción del consumo de pienso empeorará –al reducir la tasa de crecimiento– la eficacia con que se utiliza el pienso para crecimiento. Cuando aumenta la cantidad consumida de

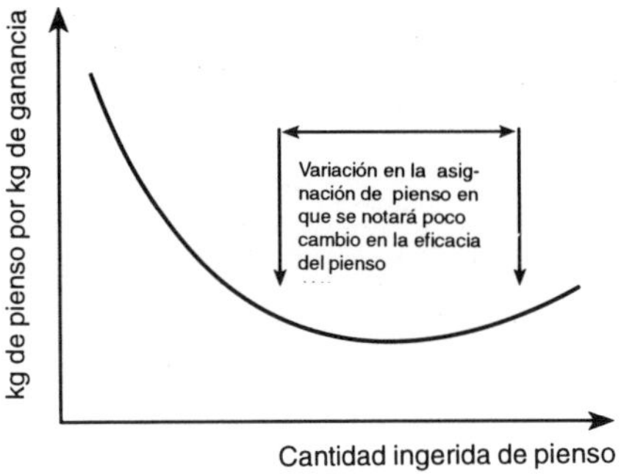

Figura 15.5 Relación entre el índice de transformación del pienso (kg de pienso/kg de ganancia) y el consumo de pienso.

pienso, existe una reducción beneficiosa debida a ahorros progresivos en los costes de mantenimiento (Figura 15.5). En último término, sin embargo, la eficacia desciende como resultado de la deposición de un exceso de grasa con niveles superiores de consumo, y porque una unidad de crecimiento de tejido graso precisa una cantidad de pienso más de tres veces superior a la necesaria para una unidad de crecimiento de tejido magro. Es importante asimismo, el hecho de que las cifras indiquen que existe un cambio relativamente pequeño en la cantidad precisa de pienso por cada kilogramo de ganancia de peso vivo dentro de unos márgenes bastante amplios de consumo de pienso; los cambios en el índice de transformación del pienso tienden a ser más evidentes en los extremos que en los valores centrales del margen.

Respuesta a un incremento en el consumo de pienso

La obtención de un resultado óptimo impone la cuantificación de la respuesta. Las determinaciones empíricas sugieren que un incremento de 100 gramos en el consumo diario de pienso (aproximadamente 1,5 MJ de ED diarios) desde los 20 a los 100 kg de peso vivo se traducirá en un aumento de 30-40 gramos diarios en la ganancia de peso vivo, un incremento de 1 mm aproximadamente en el espesor de la grasa dorsal en P2, un aumento de 10-15 gramos en la tasa de crecimiento diario de tejido magro, un aumento de 20-25 gramos en la tasa de crecimiento diario de tejido adiposo y un deterioro marginal en el índice de transformación del pienso (Figura 15.6). Estas afirmaciones de respuesta empírica, aunque suelen ser muy apreciadas, resultan peligrosas. La naturaleza de la respuesta a un incremento adicional en la asignación de pienso depende *–entre otras cosas–* del nivel absoluto de consumo de pienso, del potencial del cerdo para el crecimiento de tejido magro, del margen de pesos en que se determina la respuesta y de las condiciones ambientales. En un caso extremo, es posible que un incremento de 100 gramos de pienso sea usado con total ineficacia sin determinar crecimiento, o se destine con el único fin de permitir el crecimiento de 100 gramos de tejido totalmente magro (1 kg de tejido magro precisa 15 MJ de ED equilibrada), o se destina con la única finalidad de alcanzar el crecimiento de 30 gramos de tejido totalmente graso (1 kg de tejido graso precisa 50 MJ de ED) y, por supuesto, es totalmente factible cualquier combinación entre estos tres casos extremos.

Interacción con el genotipo y el sexo (tasa potencial de crecimiento de tejido magro y predisposición al engrasamiento)

Al aumentar la asignación de pienso se incrementará, en general, la tasa de crecimiento y el engrasamiento (Figuras 15.4 y 15.6). La cuantía de estos incrementos depende mucho del genotipo y del sexo. Así, el mismo nivel de consumo de pienso que inducirá un cebamiento poco eficiente en un cerdo castrado puede determinar un crecimiento beneficioso de tejido magro en una hembra. Los cerdos castrados y los genotipos no mejorados con menor potencial para el crecimiento de tejido magro justicarán en mayor medida una restricción en la asigna-

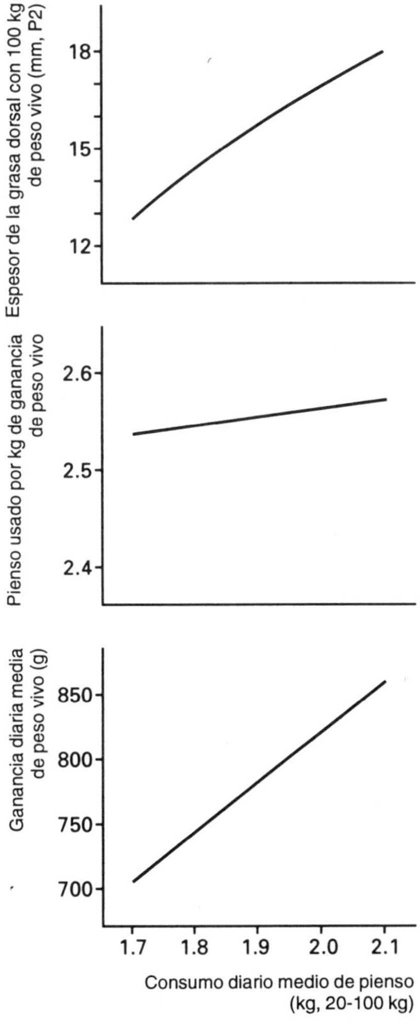

Figura 15.6 Respuestas ante el incremento del consumo diario medio de pienso. La dieta contenía 14 MJ de ED, 200 g de PB y 11 g de lisina/kg. Los cerdos fueron alimentados desde 20 hasta 100 kg.

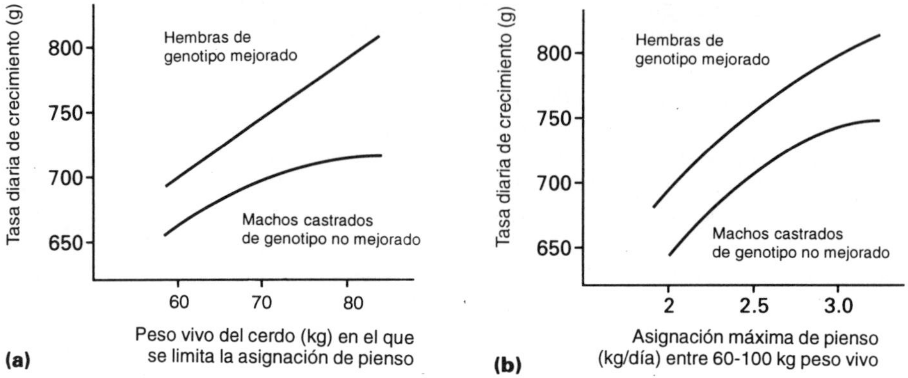

Figura 15.7 Influencia sobre la tasa media de crecimiento (g/día) de: peso vivo del cerdo en el que la asignación diaria de pienso se limita a 0,10LW^{0,75}/día (dieta con 14 MJ de ED/kg), y (b) el nivel de asignación máxima diaria de pienso impuesta desde 60 a 100 kg.

ción de pienso, e impondrán pesos más ligeros, que en el caso de hembras (o machos enteros) y genotipos mejorados. Cuanto más tarde se imponga la restricción de pienso durante el periodo de crecimiento, más rápida será la tasa media de crecimiento, y los animales con un mayor potencial para el crecimiento de tejido magro se beneficiarán más al ser mayor su peso cuando se impone la limitación en el consumo de pienso (Figura 15.7(a)). Puede esperarse una respuesta similar del crecimiento como resultado de la intensidad de la restricción impuesta (Figura 15.7(b)).

La Figura 15.8 sigue siendo el ejemplo más útil para considerar el nivel de pienso que debe suministrarse a cualquier cerdo en un día determinado. El primer principio consiste en que la respuesta global de crecimiento de grasa más tejido magro es siempre positiva ante incrementos crecientes de pienso. Cuanto más pienso reciban los animales, más rápido será su crecimiento. En segundo lugar, con niveles inferiores de pienso esta respuesta es particularmente inclinada y

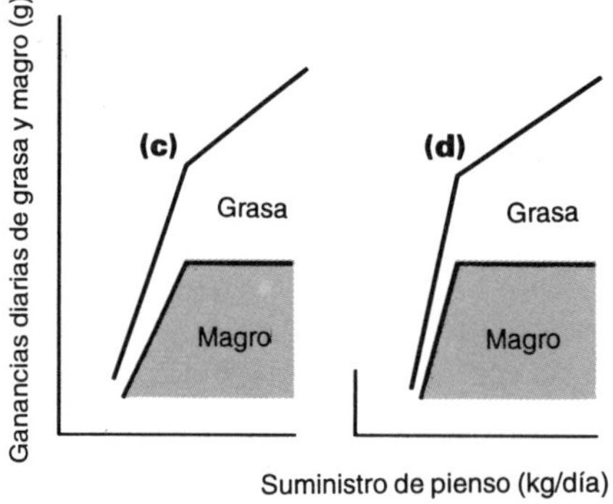

Figura 15.8 Ganancias diarias de grasa y de tejido magro como respuesta al incremento del consumo de pienso; (a) para cerdos de tipo no mejorado; (b) para cerdos de tipo mejorado.

eficaz porque el incremento siguiente de pienso se orienta hacia un crecimiento con igual composición (es decir, igual cociente grasa:magro) que el incremento anterior; esta composición es principalmente de tejido magro. En tercer lugar, la respuesta se rompe y la pendiente pierde inclinación con niveles superiores de pienso cuando inducen engrasamiento. El cuarto principio, y el más importante, consiste en que el punto en el que disminuye la eficacia, y en el que se inicia el cebamiento, depende del potencial de la tasa de crecimiento del tejido magro del cerdo (según puede apreciarse mediante la comparación de los tipos porcinos (a) y (b)). El pienso suministrado hasta alcanzar la cantidad X (Figura 15.8) determinará que sea máxima la tasa de crecimiento de tejido magro. Por encima de X seguirá aumentando la tasa de crecimiento aunque el cerdo se engrasará. Por debajo de X no se alcanza la tasa máxima de crecimiento de tejido magro. La cantidad absoluta de pienso representada por X depende mucho del tipo del cerdo (sexo, genotipo y potencial para crecimiento de tejido magro). La cantidad absoluta de pienso representada por X aumentará también según crece el cerdo. Para un cerdo con un peso vivo de 40 kg, X puede ser un nivel de suministro de pienso de 1,75 kg, para un cerdo con un peso vivo de 60 kg de 2,25 kg y para un cerdo de 80 kg de 2,75 kg. Para cerdos que no precisan engrasamiento, el nivel ideal de la ración será aquel que permita que cada cerdo, en cada día, reciba exactamente la cantidad de pienso representada por X. Esto no impone que nunca sean seleccionados niveles de pienso superiores a X. Los niveles de pienso superiores al punto de rotura pueden ser fácilmente justificables cuando se desea incrementar el nivel de grasa de la canal, o cuando la relación entre el precio del pienso y el precio de la canal permite que incluso las eficacias menores determinadas por niveles superiores en el suministro de pienso resulten económicas y se perciba que los beneficios determinados por una tasa de crecimiento más rápida son superiores a los beneficios alcanzados al producir cerdos más magros.

También existen diferencias importantes y sustanciales en la predisposición inherente de los cerdos para depositar tejido graso *incluso* cuando el crecimiento es limitado por el aporte de nutrientes (con niveles de suministro de pienso inferiores a X). Aunque normalmente cabe esperar una proporción aproximada de uno de tejido graso por cuatro de tejido magro, esta relación puede ser incluso mejor (uno de grasa por cinco de magro) o considerablemente peor (uno de grasa por dos de magro); y esta característica puede ser influenciada tanto por el sexo como

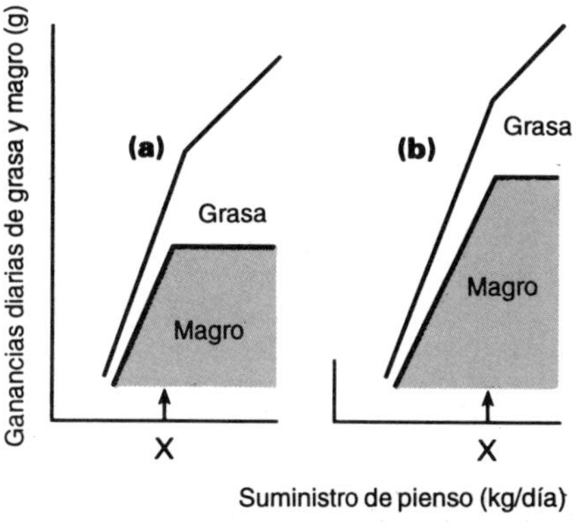

Figura 15.9 Ganancias diarias de grasa y de tejido magro en respuesta al incremento en el suministro de pienso: (c) para cerdos con una predisposición al engrasamiento; (d) para cerdos que reciben discriminación contra la grasa, incluso cuando se limita su consumo de pienso.

por el genotipo. Así, los machos castrados serán inherentemente más grasos que los enteros *con cualquier nivel de alimentación.* Los cerdos seleccionados por su capacidad para formar tejido magro serán menos grasos que los cerdos no seleccionados *con cualquier nivel de alimentación.* Este fenómeno aparece representado en la Figura 15.9. Según se ilustra, el tipo porcino que de forma inherente ejerce una discriminación frente a la deposición de grasa (d) será más eficiente y precisará un menor nivel de pienso para una determinada respuesta de la tasa de crecimiento que el tipo porcino con predisposición a depositar grasa (c). También alcanzará la tasa máxima de crecimiento de tejido magro con un nivel inferior de consumo de pienso.

Escalas de racionamiento para cerdos en crecimiento

Los cerdos en crecimiento pueden recibir el pienso según una cantidad racionada que se distribuye en una, dos o más veces al día; o en forma de una cantidad no racionada que el cerdo puede ingerir hasta saciar su apetito según la cantidad que desee aunque sin tener acceso al pienso durante las 24 horas del día; o en forma de una cantidad no racionada disponiendo de pienso de forma continuada. No deberá darse por supuesto que estos sistemas son mencionados en orden creciente del consumo alcanzado de pienso. Probablemente, el máximo consumo de pienso se alcanzará cuando los cerdos reciben cantidades elevadas de pienso distribuidas en tres o cuatro tomas diarias.

La mayoría de las escalas de alimentación que racionan la asignación de pienso lo hacen así sabiendo que:

- los cerdos jóvenes, al transformar el pienso de forma eficiente y formar principalmente tejido magro, es improbable que se engrasen con exceso;
- según los cerdos son mayores pueden utilizar (y necesitar) más pienso;
- según los cerdos van ganando peso, su apetito llega a ser superior a su potencial para el crecimiento de tejido magro y tienden a engrasarse.

El peso vivo del cerdo en el que se impone una restricción del pienso, y la cuantía de la misma, dependerán del interés por conseguir una canal magra. Puede suponerse que existen pocas circunstancias, si es que existe alguna, con la excepción del control de enfermedades intestinales, de las que se derive alguna ventaja al limitar el consumo de pienso en cerdos con un peso vivo inferior a 40 kg. En la Figura 15.10(a) y (b) se incluyen ejemplos de algunas escalas de alimentación basadas en el peso vivo del cerdo. Las correspondientes a la sección (a) son ligeramente curvadas, mientras que en la sección (b) se produce una restricción brusca. En la práctica, los cerdos raras veces veces son pesados durante su crecimiento; aunque al existir una relación estrecha y directa entre consumo de pienso y tasa de crecimiento, el peso puede calcularse fácilmente conociendo el consumo de pienso y la edad del animal. Este procedimiento tiene un cierto riesgo si se supone que los cerdos tienen un peso inferior al real ya que recibirán menos pienso y se frenará el crecimiento por debajo de su potencial. Constituye siempre una buena política realizar una comprobación en la unidad de crecimiento cada 6 meses aproximadamente incrementado la escala de alimentación para determinar la respuesta de los cerdos. Por otra parte, al suponer que los cerdos tienen un

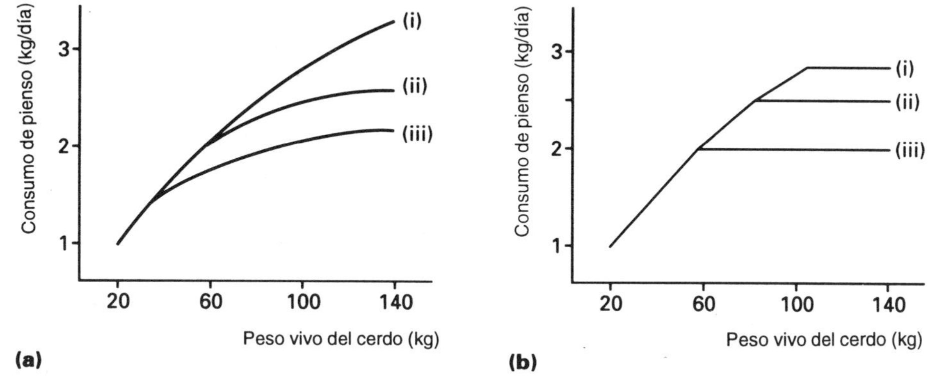

Figura 15.10 Escalas de racionamiento para cerdos basadas en su peso vivo: (a) transiciones suaves desde consumo según apetito hacia un consumo limitado, (b) transiciones bruscas. Las escalas (i), (ii) y (iii) representan grados progresivos en la restricción del pienso.

peso superior al que realmente alcanzan recibirán más pienso del que precisan. Este proceder puede no ser mala cosa si la razón de la falta de peso ha sido un cierto grado de enfermedad, porque puede conseguirse un incremento de peso; aunque si ha sido sobrevalorado el potencial del cerdo recibirá un exceso de pienso y la canal será será más grasa de lo deseado.

En realidad, las escalas basadas en el peso de la Figura 15.10 (a) y (b) funcionarán sobre la base de alimentar a los animales bien *a voluntad* (sistemas de autoalimentación) o bien según su apetito (sistemas de alimentación controlada) hasta el punto en que se imponga la restricción, que se producirá como consecuencia de una decisión dependiente del *tiempo* transcurrido desde que los cerdos llegaron a la cochiquera con un peso inicial conocido. Las restricciones pueden imponerse bien gradualmente (a) o abruptamente (b). La figura presenta tres niveles de restricción (i), (ii) y (iii) indicativos de intensidad creciente relacionada con la calidad relativa del genotipo (propensión a engrasarse), y la necesidad de conseguir animales magros (intensidad de penalización en el precio por canales inaceptablemente grasas).

La Figura 15.11 presenta escalas basadas en el tiempo para el racionamiento de los cerdos. La sección (a) presenta etapas semanales de diferentes tamaños a partir de 20 kg de peso vivo mientras que la sección (b) presenta un sistema de alimentación según apetito hasta pasado un determinado tiempo desde la llegada a la cochiquera de crecimiento, posteriormente se impone la restricción basada en el tiempo. Las escalas (i) y (ii) de la Figura 15.11 representan grados progresivos de restricción de pienso.

Las escalas de racionamiento pueden ser útiles en sistemas automáticos de alimentación, aunque no necesariamente con el objetivo de restringir el suministro de pienso, reducir el crecimiento y limitar el engrasamiento. Más bien puede aumentarse el consumo de pienso por encima de los niveles correspondientes a los de *consumo voluntario* si se distribuye pienso nuevo en tomas independientes y limitadas dos o tres veces al día, y se ofrece en cantidades que superan el apetito natural del cerdo. En consecuencia, no debe suponerse que los cerdos

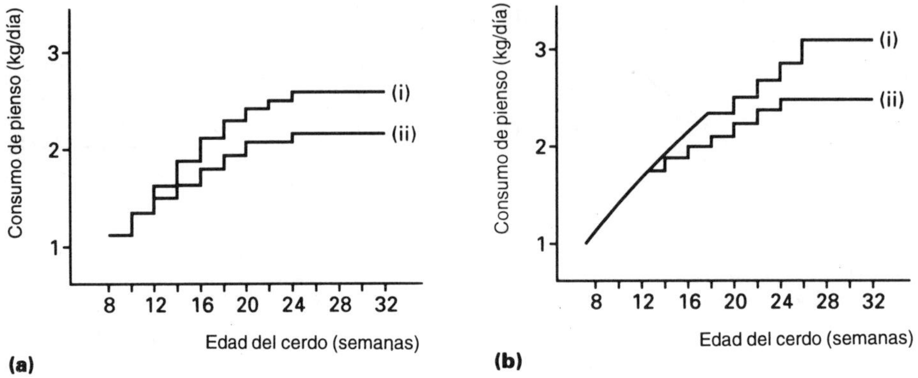

Figura 15.11 Escalas de raciones para cerdos basadas en su edad, o en los días transcurridos desde su entrada en la unidad de crecimiento (se supone que los cerdos entran con 8 semanas de edad y 20 kg de peso vivo, o con 10 semanas de edad y 30 kg de peso vivo): (a) incrementos semanales desde el momento de la entrada, (b) incrementos semanales tras un periodo de alimentación *a voluntad.*

con apetito limitado, o que producen canales magras, son alimentados siempre mejor mediante consumo *a voluntad* en un sistema de tolvas para autoalimentación.

La elección de la escala, bien con la finalidad de limitar o de aportar una cantidad abundante de pienso, depende mucho de:

1 La naturaleza del producto requerido (engrasamiento de la canal).
2 La importancia (en términos financieros) de la tasa de crecimiento.
3 La concentración de nutrientes en el pienso usado (una determinada respuesta tras recibir una menor cantidad de un pienso más concentrado).
4 El potencial inherente del cerdo para el crecimiento de tejido magro (sexo y genotipo del cerdo).

Según se ha indicado anteriormente, puede suponerse que:

1 Los cerdos jóvenes serán estimulados para que consuman pienso hasta el máximo de su apetito.
2 El apetito puede ser menor en cerdos con genotipo mejorado.
3 Los genotipos mejorados pueden consumir más pienso sin la probabilidad de que se engrasen.
4 Con una determinada asignación de pienso, los machos castrados se engrasarán más fácilmente que las hembras, y las hembras más fácilmente que los machos enteros.

De una forma simplista, el punto en el que es máxima la tasa de crecimiento de tejido magro, aunque evitando la deposición de grasa (X, Figura 15.8), puede ser determinado empíricamente mediante tanteos. Si la escala de asignación de pienso supera a X, los cerdos se engrasarán y esto será evidente al ser más grasas las canales en el punto de sacrificio. Por otra parte, si la escala de la ración proporciona un nivel de pienso inferior a X, entonces el cerdo no alcanzará su crecimiento máximo. Este último hecho puede ponerse de manifiesto aumentando el nivel de consumo de pienso hasta mejorar la tasa diaria de crecimiento sin aumentar el engrasamiento de la canal. El método apropiado para seleccionar una escala correcta de ración consiste, por consiguiente, en aumentar la asignación de pienso hasta que una proporción inaceptable de los cerdos presenta canales que son demasiado grasas, y posteriormente reducir la escala de la ración hasta el punto en que resulta aceptable el contenido graso de la canal.

Muchos cerdos en crecimiento son alimentados *a voluntad* en todo el mundo hasta alcanzar el peso de sacrificio y no se impone escala de la ración. Esto es consecuencia de que se emplean genotipos de elevada calidad que no requieren limitar su consumo de pienso para conseguir canales aceptablemente magras, o porque no se consideran inaceptables niveles elevados de grasa en la canal. La implantación de escalas de racionamiento adquiere especial importancia para cerdos que son sacrificados con pesos altos y/o cuando se desea producir canales magras.

Cerdas reproductoras

El nivel apropiado de pienso que debe suministarse a las cerdas reproductoras para alcanzar un rendimiento óptimo será tal que:

- sea máximo el número de cerditos por camada;
- se consiga un peso óptimo de los cerditos individuales al nacer;
- sea máximo el número de camadas por año (será mínimo el intervalo entre el destete y una nueva concepción);
- permita una producción máxima de leche (será máximo el crecimiento de los cerditos desde el nacimiento hasta los 28 días de edad);
- sea óptima la longevidad y la productividad durante el transcurso de la vida de la cerda.

Pautas generales de los cambios de peso vivo y de engrasamiento

Las cerdas ganan peso corporal durante la gestación y lo pierden durante la lactación. Además, en el momento del parto, expulsan (y pierden) el peso combinado de la carga fetal más un 50% adicional que pesan la placenta y los fluidos (Figura 15.12). Como parte del aumento global de peso corporal, las cerdas acumulan tejido graso durante la gestación y lo pierden en la lactación, aunque la grasa no experimenta la misma ganancia positiva global cuando la cerda aumenta en edad y en tamaño corporal. Más bien, con programas de alimentación de cerdas bien manejados, el contenido graso medio corporal de la cerda se mantendrá entre el 15 y el 20% aproximadamente (siendo mínimo al destete y máximo en el momento del parto) durante su vida como reproductora (Figura 15.13). En consecuencia, las cerdas que son alimentadas correctamente serán más pesadas según aumentan en edad, aunque no necesariamente más engrasadas.

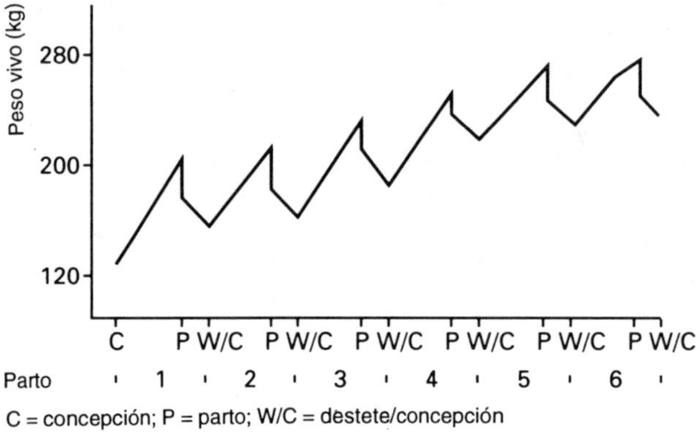

Figura 15.12 Pauta prevista de cambio de peso en las cerdas.

Cuanto mayor sea la asignación de pienso durante la gestación, mayores serán las ganancias de peso durante la misma. Cuanto menos pienso sea consumido en la lactación, mayores serán las pérdidas de peso durante la misma. La Figura 15.12 muestra 25 kg de ganancia, parto tras parto, hasta la cuarta gestación. Durante los primeros partos la cerda realiza ganancias maternales para alcanzar la masa de tejido magro que constituye el objetivo del animal adulto. Durante este periodo de su vida como reproductora, puede suponerse que las ganancias durante la gestación consisten en tejido magro y adiposo. Posteriormente, sin embargo, las ganancias durante la gestación es probable que se encuentren constituidas casi totalmente por tejido graso. En todos los partos (con independencia de la edad de la cerda) las pérdidas durante la lactación están constituidas, con suma probabilidad, por tejido graso únicamente, ya que este es el principal sustrato para el que es probable que exista una deficiencia en relación con las necesidades para la síntesis de leche. También pueden producirse algunas pérdidas de proteína durante la lactación, aunque esto solamente sucederá cuando la dieta sea deficiente en proteína, o para proporcionar energía si la cerda ha consumido la mayoría o la totalidad de sus reservas de energía. La Tabla 15.1 muestra ganancias corporales *maternas* alcanzadas por cerdas correctamente alimentadas que son cubiertas por vez primera con 125 kg de peso vivo, y manteniendo un patrón de cambio de la grasa corporal del tipo indicado en la Figura 15.13. La composición química de las ganancias durante la gestación en términos de proteína y de lípidos aparecen en la Tabla 15.2. La Figura15.14 muestra cómo pueden producirse ganancias de peso (en este caso durante los dos primeros partos) al mismo tiempo que tienen lugar pérdidas importantes de grasa. En este caso el plan de alimentación utilizado resultó inadecuado tanto para la nutrición durante la lactación (se suministraron solamente 4,8 kg diarios de pienso) como para la necesaria recuperación de grasa durante la gestación (las cerdas recibieron solamente 1,8 kg diarios de pienso durante la primera gestación y 2,3 kg diarios en la segunda). Esta figura muestra cómo puede ganarse tanto peso como grasa durante la gestación, aunque más peso que grasa; por otra parte, durante la

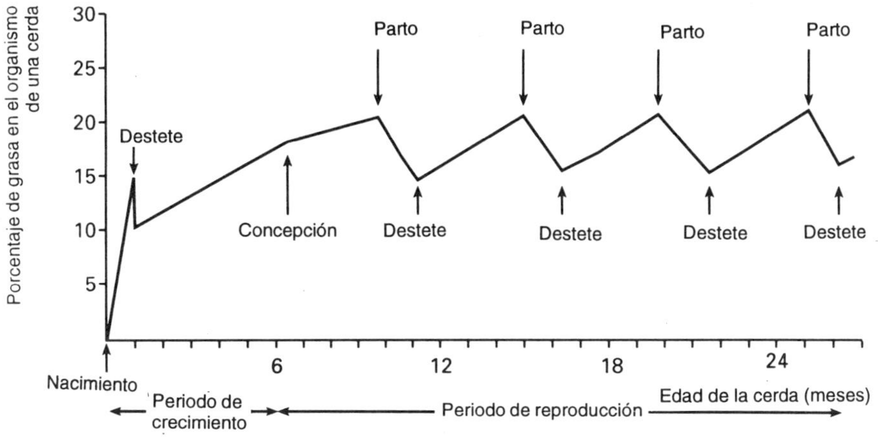

Figura 15.13 Cambios en el contenido de lípidos del cuerpo de los cerdos como consecuencia de pérdidas de tejido graso tras el destete y durante la lactación.

Tabla 15.1 Ganancias de peso corporal de cerdas reproductoras fecundadas con 125 kg de peso vivo y creciendo hasta alcanzar la madurez en condiciones nutritivas adecuadas.

Parto	*Ganancia de peso vivo de concepción a concepción (kg)*	*Peso vivo en la siguiente concepción (kg)*
1	35	160
2	28	188
3	23	211
4	18	229
5	14	243

Tabla 15.2 Composición química de las ganancias corporales maternas de proteína y de lípidos durante la gestación en cerdas alimentadas de forma adecuada.

Parto	*Ganancias de proteína durante la gestación (kg)*	*Ganancias de lípidos[1] durante la gestación (kg)*
1	11	15
2	8	11
3	6	9
4	4	7
5	3	5

[1] Estas ganancias no permiten reponer el tejido graso perdido en el curso de la lactación.

lactación se pierde tanto peso como grasa, aunque más grasa que peso. En este caso aparecen ganancias de 11 kg de peso vivo en el curso de un solo parto a pesar de unas pérdidas absolutas superiores a 3,5 mm de espesor de grasa dorsal en P2, que equivalen a unas pérdidas de 4 kg de grasa.

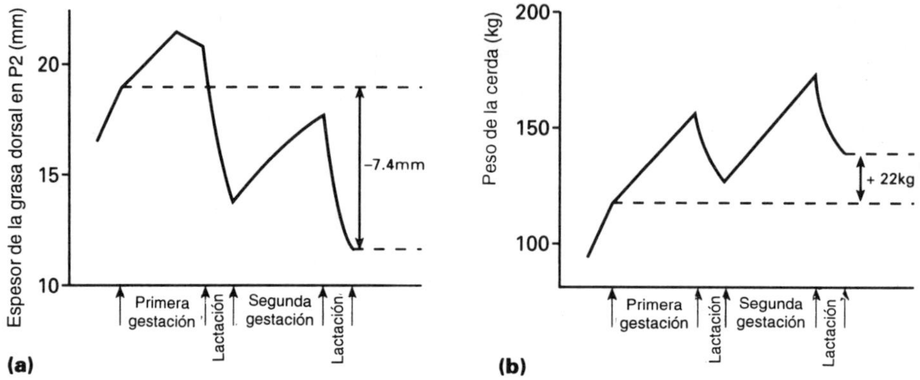

Figura 15.14 Cambios en los espesores de la grasa y en los pesos vivos de cerdas en el transcurso de dos partos (según WHITTEMORE, C.T., FRANKLIN, M.F. y PEARCE, B.S. (1980) *Animal Production* 31:183).

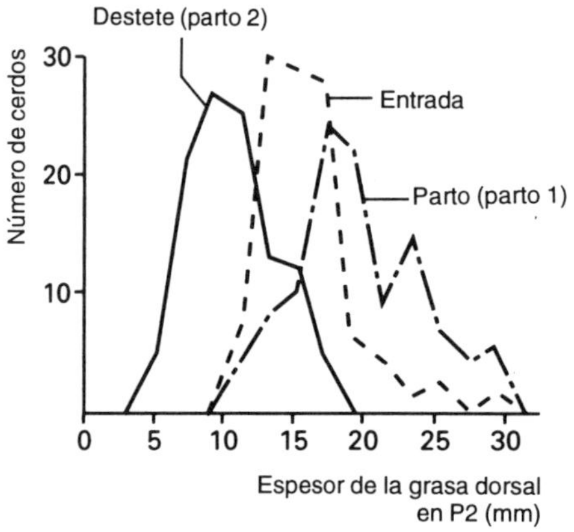

Figura 15.15 Distribución del engrasamiento entre cerdas reproductoras.

Las respuestas que aparecen en la Figura 15.14 no deberán interpretarse como qué ganancias de peso y pérdidas de grasa de esta naturaleza son expectativas naturales en la cerda. En realidad, se ha demostrado claramente que espesores de la grasa dorsal en P2 inferiores a 12 mm es probable que se asocien con deficiencias en la reproducción.

La Figura 15.15 muestra la distribución de los espesores de la grasa dorsal en P2 en una población de cerdas sometidas a la misma comprobación que la señalada anteriormente. Aparecen dibujadas tres curvas de distribución. La distribución media es la que prevaleció tras la entrada de las cerdas en la unidad de reproducción cuando su peso vivo era de unos 90 kg. El espesor medio de la grasa doral en P2 de las cerdas era de15 mm, que se distribuía principalmente entre 12 y 18 mm. En el parto (curva de distribución a la derecha de la figura) el engrasamiento medio había aumentado hasta unos 20 mm en P2. En el momento del destete al final del segundo parto (según muestra la curva de distribución a la izquierda) los espesores de la grasa dorsal no solamente habían descendido hasta un promedio peligroso, inferior a 10 mm en P2, sino que la variación en el espesor de la grasa dorsal en P2 se había ampliado hasta un margen entre 6 y 18 mm. Como es probable que las cerdas presenten dificultades para ser fecundadas de nuevo con espesores de la grasa dorsal en P2 inferiores a 12 mm, este riesgo era claro para una elevada proporción de tales cerdas. El grado de variación que se ha creado en la piara es otra causa adicional e independiente de intensa preocupación. El plan normalizado de alimentación (4,8 kg diarios en la lactación y 1,8 kg [parto 1] o 2,3 kg [parto 2] por día en la gestación) aplicado a todas las cerdas ha creado *no* una población normalizada de cerdas sino una población sumamente variable y diversa. Resulta evidente que para conseguir un nivel normalizado de engrasamiento en las cerdas en un determinado momento del ciclo reproductor las cerdas deben ser alimentadas individualmente con una cantidad de ración no estandarizada y calculada según sus necesidades. El suministro óptimo de pienso será, por consiguiente, específico para cada cerda individual y variable en el seno de la piara de reproductoras.

Si las hembras reproductoras jóvenes comienzan con un 20% aproximadamente de grasa al ser apareadas, y este engrasamiento aumenta posteriormente hasta el 25% de grasa en el momento del parto 1, entonces pueden ser tolerables las pérdidas previstas de grasa en el plan de nutrición. Sin embargo, las estirpes híbridas modernas –más magras– pueden presentar niveles de grasa más próximos al 15% al practicar la cubrición para el parto 1 y del 18% en el momento del parto, por lo que sería intolerable la aplicación de un plan de alimentación que provocase el agotamiento de la grasa. Con las cerdas reproductoras jóvenes que son apareadas por vez primera apareciendo esencialmente magras, las estrategias para su alimentación deben buscar mantener el engrasamiento durante toda su vida como reproductoras. Esto supone que deben reducirse al mínimo las pérdidas de grasa durante la lactación y estimularse la recuperación de grasa durante la gestación.

Suministro de pienso para la primera cubrición

El peso y la edad convenientes al realizar la primera cubrición dependen mucho del genotipo de la cerda. Las cerdas de razas asiáticas y de tipos europeos no mejorados se encuentran probablemente en condiciones de ser fecundadas con menor edad y con pesos más ligeros que las de genotipos híbridos modernos y mejorados con una mayor tasa de crecimiento del tejido magro y con un mayor potencial de productividad. En los tipos mejorados, la cubrición con unos 125 kg de peso vivo, y una edad de 210 días, parecen ser las condiciones más apropiadas para que posteriormente sean óptimas la fertilidad y la longevidad. También resulta importante que el iniciar la vida como reproductoras tengan depósitos apropiados de grasa disponibles para facilitar una buena lactación y un intervalo corto entre destete y nueva concepción. Parece adecuado que en la composición corporal aparezca más grasa que proteína (es decir, más del 17% de lípidos) y que las mediciones del espesor de la grasa dorsal en P2 sean probablemente superiores a 18 mm. La Figura 15.16 muestra que las cerdas híbridas modernas tienden a ser mucho menos grasas que sus predecesoras, y que la combinación requeri-

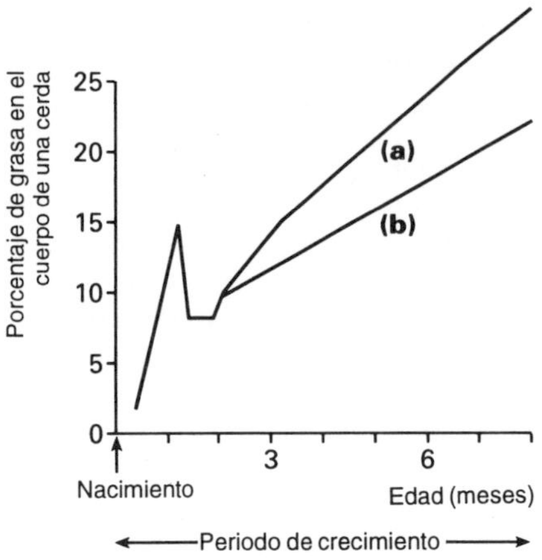

Figura 15.16 Las estirpes híbridas modernas de cerdos (b) son mucho menos grasas que su antepasados (a).

da de engrasamiento y edad en la madurez sexual es improbable que se alcance fácilmente con las mismas técnicas de alimentación que determinarían una tasa óptima de crecimiento y de la calidad de la canal en cerdos destinados a producir carne. La generación de cerdos híbridos destinada al sacrificio, si es alimentada para un crecimiento máximo del tejido magro, alcanzará los 125 kg de peso vivo en menos de 180 días, y el espesor de la grasa dorsal en P2 en dicho momento puede ser inferior a 16 m. Consumos elevados de una dieta rica en proteína no son los más idóneos para criar ganado reproductor ya que será más correcto proporcionarle una dieta más conservadora con una cantidad adecuada de proteína y relativamente pobre en energía. La fórmula usada para cerdas lactantes podría ser ideal. El nivel de consumo será normalmente algo inferior al aconsejado para los cerdos destinados al sacrificio en las fases finales del cebo. Probablemente será necesario un cierto racionamiento si debe limitarse la tasa de crecimiento al promedio preciso de unos 700 gramos diarios entre los 30 kg y el momento de la cubrición. Resulta difícil establecer generalizaciones sobre el nivel de consumo que permitirá un crecimiento óptimo hasta el momento en que sean cubiertas por vez primera las cerdas reproductoras (ni generalizar sobre la edad y el peso óptimos en dicho momento), ya que interactúan otros muchos factores.

El objetivo último, sin embargo, consiste en fecundar a las cerdas jóvenes en su tercer celo, en cuyo momento dispondrán de una cubierta adiposa adecuada aunque no excesiva. La edad y el peso vivo no son en sí mismos objetivos con respecto al momento correcto para la primera cubrición. Estos objetivos son una consecuencia del patrón correspondiente a la edad, del patrón de peso correspondiente al crecimiento del tejido adiposo, y de la relación entre el tamaño adulto final y de la proporción adecuada del tamaño adulto que es preciso haber alcanzado antes de que se inicie la fase de la reproducción.

No existen pruebas en apoyo de la idea de realizar «flushing» a corto plazo antes del primer apareamiento, aunque resulta esencial un nivel adecuado de alimentación que apoye unas ganancias positivas de tejido graso (así como también ganancias positivas de tejido magro) durante todo el periodo previo a la cubrición. Resulta particularmente importante el estado de los tejidos grasos corporales entre el primer celo puberal y la primera concepción. Esto es interpretado por algunos en el sentido de que un elevado nivel de nutrición en este momento no supone una mala cosa por sí mismo.

Suministro de pienso durante la gestación

La influencia de la asignación de pienso durante la gestación fue el motivo de una serie de experimentos clásicos realizados por el Profesor F.W.H. Elsley. Con niveles de nutrición inferiores a 2 kg descubrió que resultaba necesario catabolizar tejidos maternos para mantener las ganancias fetales; el tamaño de la camada era reducido y los cerditos individuales nacían con pesos inferiores a los procedentes de cerdas que habían recibido niveles más adecuados de pienso durante la gestación (Figura 15.17). La figura demuestra que el efecto de la asignación de pienso (ración) sobre el peso vivo de los cerditos al nacer es significativo aunque pequeño. El peso al nacer del cerdito individual aumentará en unos 0,2 kg como

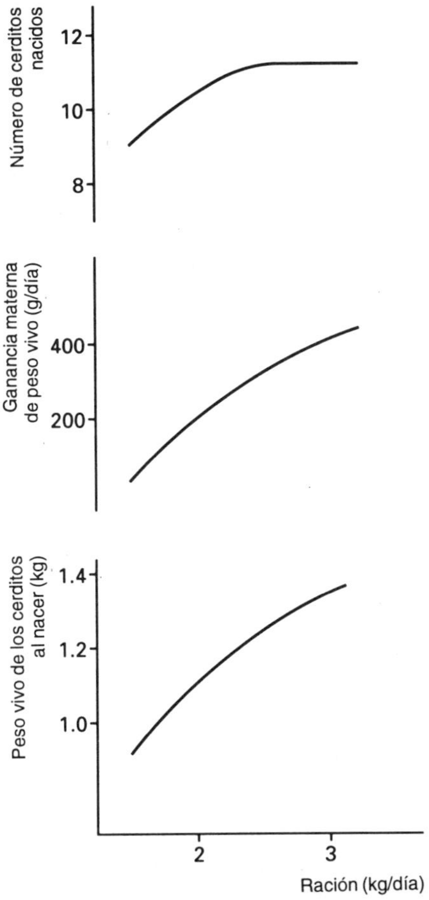

Figura 15.17 Respuestas de las hembras gestantes ante un cambio en la asignación de pienso.

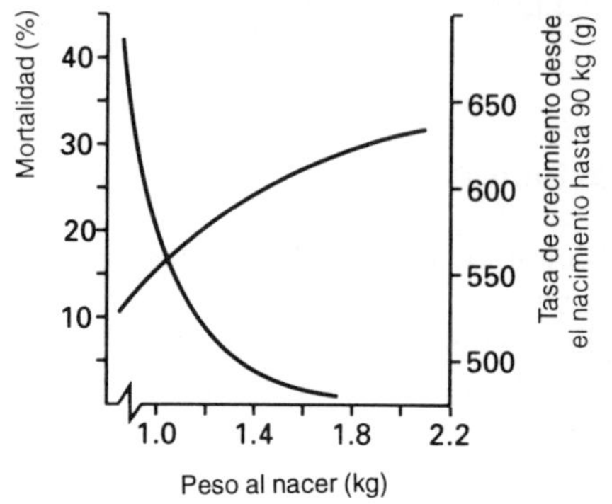

Figura 15.18 Relaciones descubiertas entre mortalidad, tasa de crecimiento y peso al nacer.

respuesta a 1 kg extra de pienso diario suministrado duurante los 115 días de gestación, que supone un cociente pienso:ganancia de 50:1 aproximadamente. El reducido peso de los cerditos al nacer tiene importancia cuando los cerditos que nacen con poco peso mueren simplemente porque son pequeños; esto suele suceder con cerditos que nacen con menos de 1 kg de peso vivo. El porcentaje de supervivencia puede ser aproximadamente de $55W_b^{1,3}$ siendo W_b el peso al nacer.

Se ha sugerido que el peso al nacer puede influir sobre el rendimiento posterior del crecimiento (Figura 15.18). Esto, por supuesto, no será un efecto directo sino provocado indirectamente por factores tales como salud post-natal y posición en la jerarquía de dominancia.

Como el crecimiento de los cerditos *in utero* resulta exponencial, pueden producirse aumentos importantes de peso en las 3 últimas semanas de gestación. El aumento de la asignación de pienso durante este periodo es probable que sea más eficaz en términos de empleo del pienso para el crecimiento de los fetos que el aumento de la asignación durante toda la gestación. Mientras que el aumento del nivel de pienso durante toda la gestación tenderá a determinar principalmente ganancias maternas, el aumento en la asignación de pienso con posterioridad al día 90 de gestación es más probable que se traduzca principalmente en ganancias fetales. Así sucede especialmente en cerdas con unas reservas inadecuadas

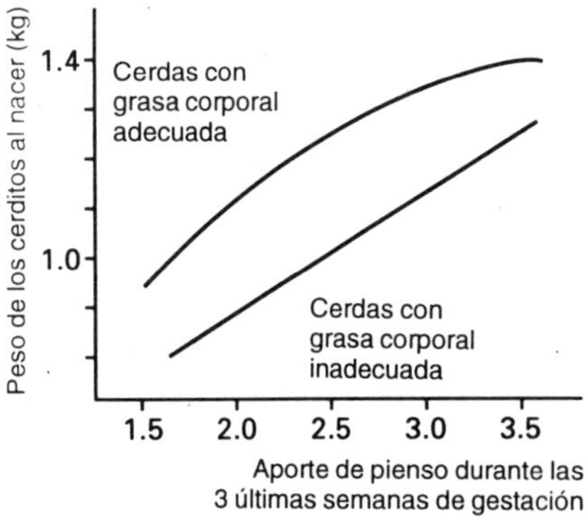

Figura 15.19 Influencia de la alimentación al final de la gestación sobre el peso al nacer de los cerditos individuales.

de grasa corporal en este momento (según indican las propuestas de la Figura 15.19).

La Figura 15.17 pone de manifiesto que la relación entre la asignación de pienso y la ganancia materna de peso vivo es casi lineal, y puede ser representada en términos generales mediante una eficacia entre 0,2 y 0,25. Las respuestas positivas al consumo de pienso durante la gestación en términos de peso vivo materno y de los cerditos no siguen siendo, por supuesto, lineales en niveles extremos; las hembras excesivamente engrasadas desperdician pienso y también es probable que produzcan menos cerditos y que tengan problemas durante el parto.

Los experimentos de ELSLEY confirmaron que la alimentación durante la gestación interviene en:

- establecer el número de fetos (tamaño final de la camada);
- crecimiento de la carga fetal (peso último al nacer del cerdito);
- crecimiento de la masa materna de tejido magro (tamaño adulto final).

Además, el pienso durante la gestación es necesario para:

- crecimiento del tejido mamario (en último término un factor relativamente menor en el rendimiento lechero);
- reposición de la masa materna de tejido graso (en último término un factor importante en el rendimiento lechero y en el intervalo entre destete y concepción).

La deposición de tejido graso parece sumamente activa durante las tres cuartas partes primeras de la gestación, mientras que en la última cuarta parte puede ser catabolizada algo de grasa si la cerda mantiene un balance energético negativo ante el rápido desarrollo de la carga fetal. No resulta claro si esta pérdida de grasa, incluso durante la gestación, es un fenómeno biológico inevitable o el resultado de la desnutrición durante el final de la gestación. Según puede apreciarse en la Figura 15.14 la pérdida de grasa desde el día 85° de gestación resulta particularmente evidente en cerdas primerizas.

Las ganancias de peso en la gestación se encuentran estrechamente relacionadas con el consumo de pienso durante la misma (Figura 15.20). Como resultado de la variabilidad que existe entre las cerdas individuales aparece una amplia banda en la respuesta. Ganancias corporales *maternas* de unos 40 kg pueden asociarse con un consumo de 3 kg diarios de pienso, mientras que con 1,5 kg se mantendrá aproximadamente constante el peso *materno.* La ganancia *total* de peso (ganancia de peso corporal materno más la carga fetal y otros productos de la concepción) será unos 20 kg superior a las ganancias maternas únicamente. Unas ganancias maternas de 25 kg corresponderán, por consiguiente, a unas ganancias totales de peso corporal de 45 kg. Una regresión orientativa que relaciona las ganancias maternas de peso vivo durante la gestación (dW) con el consumo diario de pienso (F) podría ser:

$$\delta W(kg) \simeq 25F(kg) - 27$$

(Ecuación 15.1)

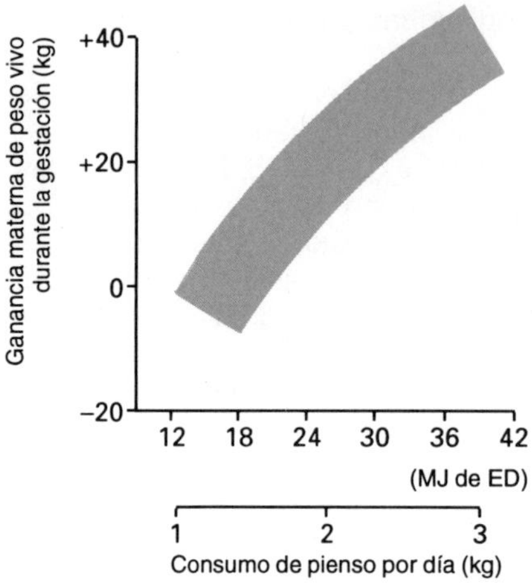

Figura 15.20 Respuesta de la ganancia materna de peso vivo como consecuencia del consumo de pienso durante la gestación. Se supone que la dieta contiene unos 13 MJ de energía digestible (ED) por kilogramo.

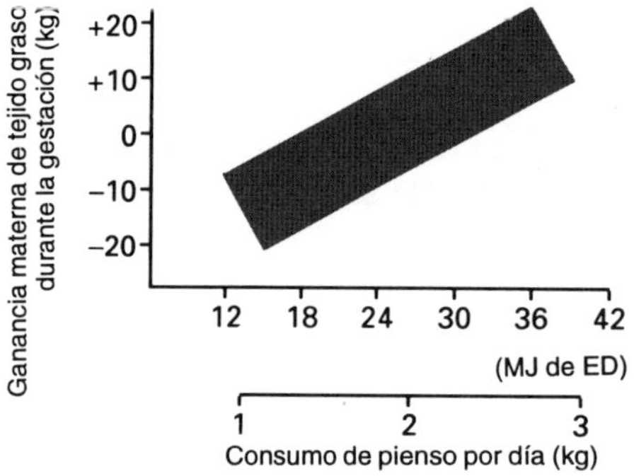

Figura 15.21 Respuestas de la ganancia materna de tejido graso como consecuencia del consumo de pienso durante la gestación.

Esta ecuación indica que con una asignación diaria de pienso de 2,2 kg durante la gestación se alcanzan unas ganancias maternas de peso en la gestación de 28 kg, y confirma que la tasa de ganancia de peso vivo en las cerdas puede aumentar con una eficacia en el empleo del pienso de 0,22 o con una tasa del uso del pienso de 4,6 kg de pienso por cada kg de ganancia de peso vivo.

La relación entre la ganancia materna de tejido graso (δT) en la gestación y el consumo diario de pienso (F) durante la misma se muestra en la Figura 15.21. La regresión orientativa correspondiente a este caso es:

$$\delta T(\text{kg}) \simeq 15F(\text{kg}) - 30$$

(Ecuación 15.2)

La relación entre ganancia de grasa y consumo de pienso puede expresarse también en términos de cambio en el espesor de la grasa dorsal (P2) durante la gestación:

$$\delta P2(mm) \simeq 4{,}60F(kg) - 6{,}90$$

(Ecuación 15.3)

mediante esta ecuación con una asignación diaria de pienso de 2,2 kg durante la gestación se obtendrá una ganancia materna de 3,2 mm de grasa dorsal en P2.

Las aproximaciones incluidas en los coeficientes de regresión de las ecuaciones 15.1,15.2 y 15.3 implican que (a) el espesor del tejido graso es un componente importante de la ganancia de peso en las cerdas gestantes y (b) que pueden conseguirse ganancias de peso con unos consumos de pienso inferiores a los que permitirán ganancias de tejido graso. Un consumo diario de 2 kg de una dieta media (cantidad que suele citarse como nivel nutritivo apropiado para cerdas gestantes) puede asociarse con ganancias maternas de unos 23 kg, ganancias totales de peso corporal de unos 43 kg y ligera ganancia o reposición de tejido graso. Esta respuesta podría considerarse apropiada para cerdas adecuadamente grasas que no precisan crecimiento o reposición materna de lípidos catabolizados durante la lactación, aunque podría resultar inadecuada para cerdas en sus tres primeros partos (y que todavía se encuentran creciendo) y para cerdas con niveles de tejido graso que son suficientemente escasos, a menos que se repongan, para suponer un riesgo para el éxito de una posterior reproducción. Cuando una alimentación inadecuada durante la gestación determina que las cerdas lleguen al parto con una cantidad insuficiente de tejido adiposo, es probable que el rendimiento lechero posterior sea ajustado hacia un descenso por la madre y que se vea perjudicado el crecimiento de los cerditos lactantes. Un experimento reciente demostró la necesidad de que la cerda se encuentre preparada para perder tejido graso y peso corporal durante la lactación posterior:

Peso de la camada (kg) con 28 días de edad = 57 + 1,5 grasa perdida por la cerda (mm P2) + 0,46 peso perdido por la cerda (kg)

(Ecuación 15.4)

Las cerdas delgadas reaccionarán a su situación inaceptable retrasando una nueva fecundación. Esto aparecerá en forma de un incremento en el número de días que transcurren entre el destete y una nueva concepción. Se ha descubierto que los días pasados entre destete y concepción se encuentran relacionados de forma constante y negativa tanto con el engrasamiento de la cerda como con el peso vivo de la cerda en el momento del destete; es decir, las cerdas demasiado magras y demasiado ligeras conciben más tarde tras el destete.

Aunque el contenido graso de la cerda en el momento del destete depende más del nivel de alimentación durante la lactación que de la alimentación durante la gestación, resulta indudablemente cierto que la probabilidad de recuperar los depósitos grasos perdidos solamente se produce durante la gestación. En consecuencia, resulta importante la alimentación durante la gestación, así como también durante la lactación, dada la influencia crucial que ejerce el estado de carnes de la cerda sobre la facilidad para una nueva concepción. La Figura 15.22 muestra la relación existente entre el intervalo desde el destete y la presentación del celo y el espesor de la grasa dorsal en P2 al destetar la cerda. Generalmente existen 3-5 días improductivos entre destete y celo. Sin embargo, este intervalo aumenta intensamente cuando las cerdas aparecen más delgadas y presentan

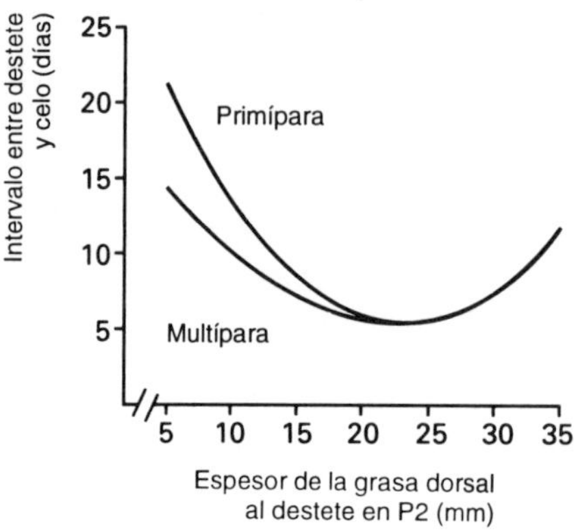

Figura 15.22 Relación entre el intervalo destete-celo y el espesor de la grasa dorsal en cerdas reproductoras.

espesores de la grasa dorsal inferiores a unos 12 mm en P2. El efecto parece ser más grave en las cerdas jóvenes primíparas al final de su primera lactación que en cerdas multíparas más experimentadas. Las cerdas demasiado engrasadas pueden presentar problemas similares. Aunque puede estar justificado que se preste más atención al problema de las cerdas demasiado delgadas, en ocasiones el problema puede ser igualmente importante en cerdas demasiado engrasadas. No resulta beneficioso que las cerdas reproductoras alcancen espesores de la grasa dorsal superiores a 25-30 mm en P2.

La relación entre engrasamiento y reproducción mostrada en la Figura 15.22 resulta fundamental para el éxito de la piara de cerdas reproductoras:

- la alimentación durante la gestación debe permitir una acumulación mínima de grasa suficiente para (a) facilitar las pérdidas previstas de grasa que se producirán en la lactación *y* (b) mantener un espesor adecuado de grasa en el momento del posterior destete (al menos 12 mm en P2);
- las cerdas destetadas en mal estado de carnes y con niveles bajos de grasa mostrarán resistencia a una nueva concepción, y también es probable que la camada siguiente sea reducida tanto en número como en peso al nacer.

Suministro de pienso entre destete y concepción

En una época o en otra, han existido razones para suponer que, tras el destete, tanto una ración abundante como una ración limitada podría aumentar el número de óvulos liberados y el número de embriones implantados con seguridad en la pared uterina. En el momento actual se considera que una alimentación intensiva antes de la concepción y durante las 3 primeras semanas de la gestación es contraproductiva aunque niveles muy altos de nutrición tras el destete son, en cualquier caso, difíciles de conseguir. También parece ser que los problemas en la implantación de los embriones solamente se presentarán con asignaciones en el inicio de la gestación de al menos 3 kg diarios de pienso, y probablemente superiores a esta cuantía. Una cerda ya delgada en el momento del destete es improbable que se beneficie de una posterior limitación en su regimen nutritivo.

Puede llegarse a la conclusión, por consiguiente, de que entre el destete y la concepción las cerdas pueden ser alimentadas de acuerdo con su apetito durante este periodo de 3-5 días; y comerán 3-4 kg diarios de pienso. Si se retrasa la concepción será necesaria alguna limitación y el nivel de suministro de pienso estará relacionado con el estado de carnes de la cerda aunque normalmente oscilará entre 2 y 3 kg diarios. Las 3 primeras semanas de la gestación son muy sensibles porque en este periodo se produce la implantación de los embriones que ejerce una influencia importante sobre el tamaño final de la camada. Parece ser que, en este momento, tanto los niveles de alimentación muy elevados como muy bajos pueden comprometer el número de embriones que se establecerán en la pared uterina. Los niveles de alimentación en los inicios de la gestación suelen oscilar entre 2 y 3 kg diarios –los niveles más altos para cerdas en peor estado de carnes–.

Alimentación en la lactación

El nivel de asignación de pienso durante la lactación debe ser adecuado para:

- que sea máximo el rendimiento de leche (en último término para que sea máximo el peso de los cerditos al destete);
- que sean mínimas las pérdidas maternas de grasa y de proteína (en último término para que sea mínimo el tiempo entre destete y concepción, y máximo el tamaño de la camada posterior).

Es sabido que la cerda reproductora ganará tanto tejido graso como tejido magro durante la gestación y los perderá (aunque principalmente el tejido graso) en la lactación. Existirá cierta relación entre estas dos fases del ciclo reproductor. Las cerdas más pesadas y engrasadas en el momento del parto dispondrán de más tejidos para consumirlos durante la lactación y la cría de los cerditos. El apetito tras el parto se encuentra relacionado negativamente con el consumo de pienso durante la gestación. Un incremento de 0,5 kg en la asignación diaria de pienso durante la gestación puede provocar un descenso de hasta 0,5 kg en el apetito diario durante la lactación, aunque generalmente la relación es mucho más débil. El consumo de pienso en la lactación depende de los depósitos grasos de la cerda. Cuanto más engrasada se encuentre la cerda en el momento del parto, mayor será la depresión de su apetito.

En condiciones de alimentación *a voluntad,* los consumos diarios de pienso de las cerdas lactantes pueden variar entre 3 y 9 kg por día. Suele indicarse que las cerdas serán alimentadas de acuerdo con el tamaño de la camada; por ejemplo, 4 kg para la cerda más 0,4 kg por cada cerdito a partir de seis, o quizás 2 kg para la cerda más 0,4 kg por cada uno de los cerditos de la camada. Aunque de forma más general las cerdas lactantes son alimentadas con un cantidad fijada de pienso, con independencia del tamaño de la camada.

En climas cálidos, y en cochiqueras para partos con temperaturas ambientales elevadas, el consumo adecuado de pienso durante la lactación supone un problema grave. Puede calcularse que el apetito de las cerdas lactantes descenderá en unos 0,2 kg/día por cada 1°C por encima de la temperatura de confort (normalmente unos 15°C para una cerda lactante). En estas circunstancias resulta bastante común un consumo máximo de pienso de 4 kg diarios o menos. La reducción de la producción corporal de calor aportando energía en forma de grasa en lugar de carbohidratos puede ser beneficiosa para mantener el apetito cuando son altas las temperaturas ambientales. Otras posibilidades para reducir la probable pérdida de apetito por estrés térmico son el aumento de la tasa de ventilación, colocar pulverizadores y revolcaderos, y aumentar la pérdida de calor mediante conducción a través del suelo usando suelos sólidos en lugar de perforados. Todos estos medios incrementarán la temperatura efectiva de confort al facilitar una eliminación más rápida de calor desde la superficie corporal. La eliminación más rápida del calor corporal tiene el mismo efecto que el descenso del nivel de producción de calor en primer lugar y, posteriormente, reduce la depresión del consumo de pienso. El efecto total de todos factores combinados puede reducir la depresión del apetito hasta en 1,5 kg por día con una temperatura ambiental de 25°C y supone, en consecuencia, un hecho de suma importancia para quien dirige una piara de cerdas reproductoras.

Algunas cerdas grandes mantenidas en ambientes frescos pueden comer 7-8 kg de pienso, aunque el apetito de la mayoría de las cerdas raras veces supera los 6,5 kg diarios durante la lactación. En el primer día siguiente al parto pueden ingerir una cantidad relativamente escasa de pienso (1-2 kg) aunque esta cantidad aumentará en 1 kg diario aproximadamente hasta alcanzar un máximo de 6-7 kg, más o menos, al final de la primera semana de lactación. Tras 21 días de lactación puede producirse alguna reducción al descender el rendimiento lechero. Las cerdas primíparas suelen ingerir solamente 4 kg o menos en su primera lactación, algunas cerdas multíparas de mayor tamaño y mucho más productivas pueden consumir 9 kg o más por día. Las cerdas que reciben dietas húmedas consumirán un 10-20% más pienso que si reciben una dieta seca.

El peso al final de la lactación y las pérdidas de grasa se encuentran directamente relacionadas con la asignación de pienso (Figura 15.23). Con los consumos más elevados de pienso pueden alcanzarse ganancias de peso corporal

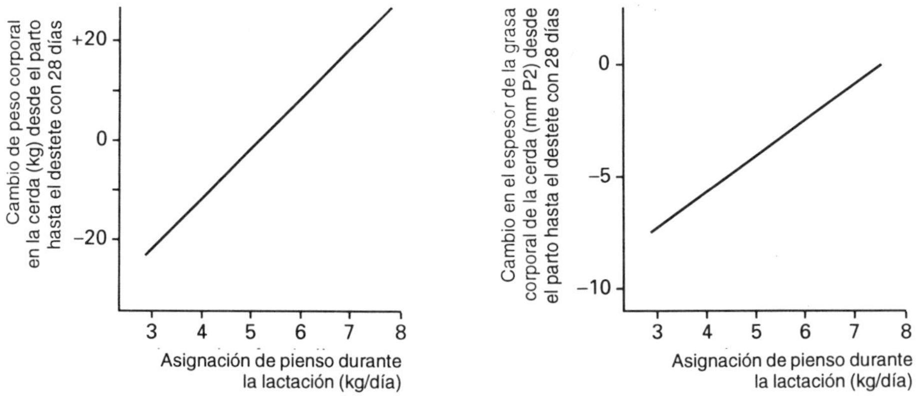

Figura 15.23 Influencia del consumo de pienso en la lactación sobre el cambio de peso y de grasa en el organismo de la cerda.

materno superiores a 10 kg en el curso de una lactación de 28 días, aunque pueden perderse 20 kg de peso corporal materno con los consumos más bajos de pienso. Las pérdidas de grasa medidas ultrasónicamente en P2 muestran tendencias similares. Cuanto menor sea el pienso consumido mayor será la tasa de pérdida de grasa, con menores asignaciones de pienso se alcanzan pérdidas en P2 superiores a 5 mm durante una lactación de 28 días, mientras que con asignaciones superiores de pienso puede alcanzarse casi un equilibrio en los tejidos grasos. Las regresiones lineales para la Figura 15.23 son:

Pérdida de peso durante una lactación de 28 días (kg) = 48,8 – 9,60 pienso consumido en la lactación (kg/día)

(Ecuación 15.5)

Pérdida de grasa durante una lactación de 28 días (mm P2) = 11,1 – 1,37 pienso consumido en la lactación (kg/día)

(Ecuación 15.6)

Un consumo medio de pienso durante la lactación de 6 kg diarios determinará, en el curso de una lactación de 28 días, una pérdida de peso de 9 kg y una reducción de 3 mm en el espesor de la grasa dorsal en P2.

Estas ecuaciones sugieren que:

- la pérdida de peso durante la lactación puede prevenirse en gran parte con unos consumos de pienso superiores a 5 kg por día, que pueden alcanzarse con bastante facilidad;
- la pérdida de grasa durante la lactación puede prevenirse en gran parte con consumos de pienso superiores a 8 kg por día, que no se consiguen con facilidad;
- manteniendo constante el peso se pierden cantidades importantes de lípidos corporales;
- 1 kg extra de pienso por día durante un periodo de lactación de 28 días evitará una pérdida de peso corporal materno de unos 10 kg y una pérdida de 1,4 mm aproximadamente de tejido graso subcutáneo materno en P2.

El consumo de pienso durante la lactación ejerce un efecto positivo sobre la producción de leche y sobre el peso de los cerditos al destete. Las respuestas conseguidas aparecen en la Figura 15.24. La curva sigmoidea sugerida es una consecuencia de que los incrementos iniciales del suministro de pienso se destinan principalmente a satisfacer la deficiencia prioritaria en las necesidades maternas. La producción láctea de la cerda depende también mucho, por supuesto, del tamaño de la camada. Además, las cerdas de gran tamaño dispondrán de una menor cantidad de pienso para la lactación que las cerdas más pequeñas que ingieren la misma cantidad de pienso, como resultado de diferencias en las necesidades de mantenimiento. Por último, al igual que sucede con todas las respuestas expresadas en términos de peso de pienso (en lugar de consumo de energía o de aminoácidos), las respuestas de la lactación dependen mucho de la concentración de nutrientes en la ración consumida.

Las cerdas que son inaceptablemente delgadas o engrasadas alcanzan un menor rendimiento en la reproducción. Según se ha indicado en la Figura 15.22,

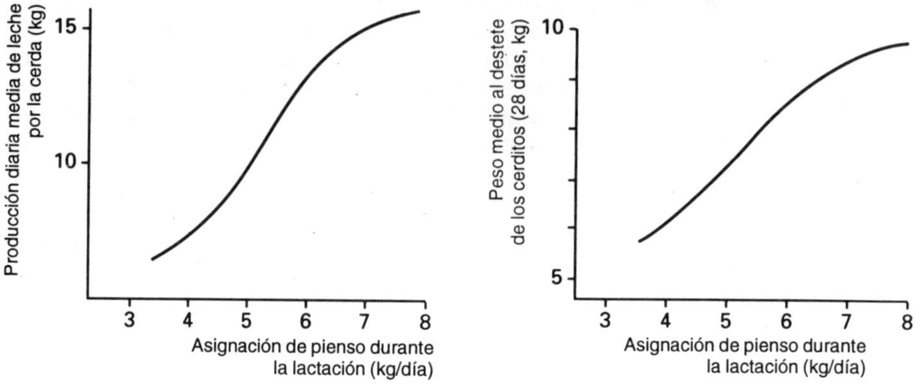

Figura 15.24 Influencia del consumo de pienso en la lactación sobre los pesos de cerditos destetados con 28 días y posible rendimiento lechero de la cerda.

se dispone en la actualidad de pruebas claras en apoyo de la existencia de relaciones negativas entre el estado de carnes de la cerda al final de la lactación y la facilidad para volver a concebir (días entre destete y celo). También existen relaciones negativas con la tasa de concepción (porcentaje de hembras apareadas en celo que conciben), y con la tasa de ovulación (tamaño potencial de la camada) (Figura 15.25). Se ha indicado que por cada 1% de grasa corporal perdida por la cerda en el curso de la lactación nacerán 0,1 cerditos menos en la camada siguiente. Este hecho se ve confirmado porque, en cerdas delgadas, retrasando la concepción en 21 días puede conseguirse un cerdito extra por camada. Investigadores australianos apoyan sin reservas que cuanto mayores sean las pérdidas de tejidos graso y magro durante la lactación, más prolongado será el intervalo entre destete y concepción. La Figura 15.22 presenta estas propuestas.

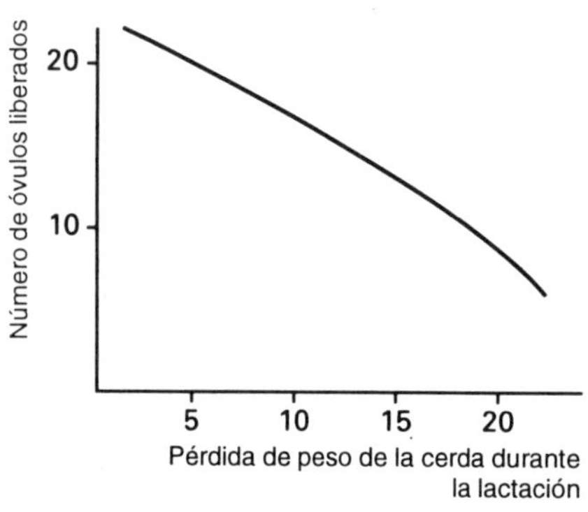

Figura 15.25 Influencia de la pérdida de peso experimentada por la cerda en la lactación anterior sobre el número de óvulos liberados.

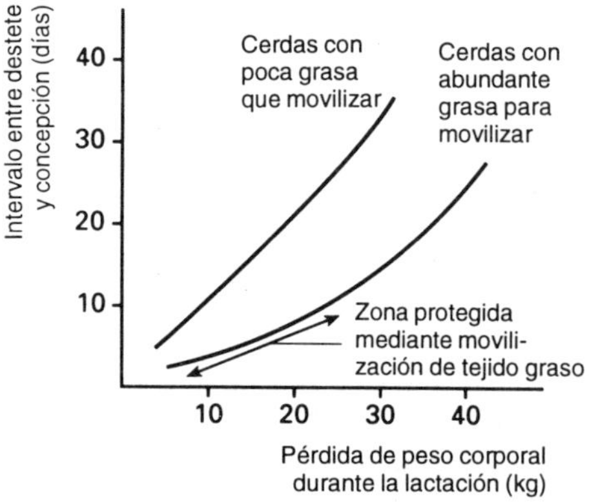

Figura 15.26 Influencia de la pérdida de peso corporal durante la lactación sobre la eficacia de la siguiente fecundación en las cerdas.

La Figura 15.26 puede servir para establecer la relación entre las pérdidas de peso corporal durante la lactación e intervalo entre destete y concepción. Los intervalos medios son generalmente de unos 10-12 días porque, aunque cabe esperar que las cerdas aparezcan en celo 3-5 días después del destete, algunas volverán a presentarlo en el curso normal de los hechos. En la figura se aprecia que los problemas para una nueva concepción son probables cuando las pérdidas de peso corporal materno durante la lactación son superiores a 10 kg por cerda en el caso de cerdas con poca grasa, o de 20 kg en cerdas con grasa abundante. Aquí se aprecia que el efecto adverso de la pérdida de peso sobre la iniciación de una nueva gestación podría mitigarse por la existencia de unos depósitos adecuados de tejido graso. La Figura 15.22, citada anteriormente, es fundamental para comprender la importancia de las pérdidas de tejido graso durante la lactación sobre la eficacia de la reproducción posterior. Cuando no se consiguen como mínimo 12 mm de espesor de grasa dorsal en P2 en el momento del destete aumentará significativamente el intervalo entre destete y celo. De manera similar, si no desciende el espesor de la grasa dorsal en P2 por debajo de 25 mm es probable un efecto negativo.

Puntuación para el estado de carnes

La medición del espesor de la grasa dorsal en P2 en cerdas gestantes es totalmente factible y relativamente simple, aunque puede ser que no siempre sea conveniente. En este caso puede usarse el estado de carnes como un buen indicador del engrasamiento corporal de la cerda. Ha sido establecido perfectamente que existe un engrasamiento para que sea óptima la reproducción que es el componente más vital del regimen de alimentación. Esto es más importante que el peso vivo o la adhesión incondicional a un plan generalizado de racionamiento que impone unos determinados niveles de pienso distribuido en unos momentos dados con independencia de las necesidades de la cerda individual. La alimentación para que la cerda mantenga un estado de carnes conveniente constituye una idea totalmente razonable. La alimentación para mantener un estado de carnes requiere que cuando se aprecia que una cerda se encuentra en mal estado de carnes, debe aumentarse su asignación de pienso; aunque si el estado de carnes de la cerda es superior al que debería tener, se reducirá su asignación de pienso. Por consiguiente, solamente queda por definir cuál podría ser el estado óptimo de carnes en las distintas etapas del ciclo reproductor; especialmente al inicio y al final de la gestación porque los ajustes del nivel de pienso durante la gestación pueden determinar, con suma facilidad, cambios en el estado de carnes. Resulta igualmente importante que las cerdas no se engrasen demasiado como que no adelgacen en exceso.

Como el 70% de la grasa corporal de los cerdos se encuentra en los depósitos de los tejidos adiposos subcutáneos, es relativamente sencillo juzgar el engrasamiento de la cerda –su estado de carnes– mediante apreciación externa. La apreciación visual puede compararse con un estándar fotográfico o en forma de diagrama (Figura 15.27). La valoración física puede realizarse también mediante palpación manual de aquellas regiones del cuerpo de la cerda que indican de forma particular los cambios en el contenido de grasa, tales como la zonas sobre las apófisis espinosas y las caderas.

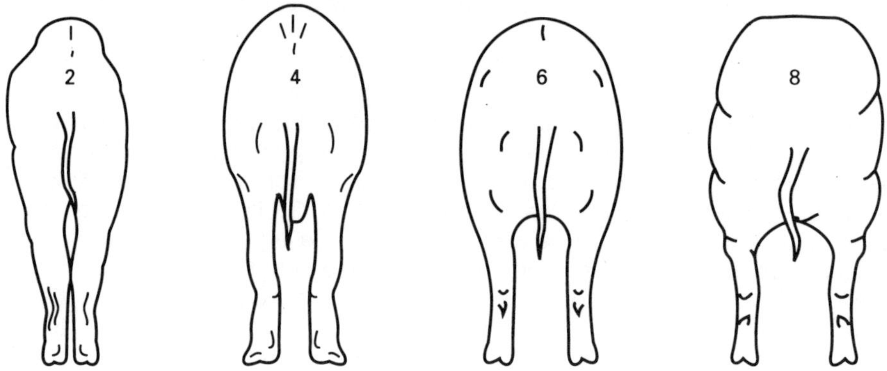

Figura 15.27 Plan para la puntuación visual del estado de carnes usando un diagrama estándar. El aspecto de la cerda se compara con el dibujo y el animal recibe la puntuación adecuada.

La puntuación visual para el estado de carnes (usando una escala de 10 puntos) mantiene una buena relación con el espesor de la grasa dorsal en P2 medido con una sonda ultrasónica. De forma general, el espesor de la grasa dorsal en P2 (mm) es unas tres veces el valor numérico correspondiente a la puntuación para el estado de carnes. El empleo del engrasamiento de la cerda, determinado mediante una puntuación para el estado de carnes, para vigilar la conveniencia de la nutrición para la eficacia de la reproducción, tiene la gran ventaja de ser independiente del nivel de pienso consumido, del estado sanitario, del medio ambiente y del manejo. Las estrategias de alimentación encaminadas a conseguir unas determinadas puntuaciones para el estado de carnes superan los problemas derivados de las reacciones variables que presentan las cerdas mantenidas en ambientes diferentes y sometidas al mismo nivel de alimentación estándar. El objetivo consistente en alcanzar una determinada puntuación impone que el animal reciba el pienso que necesita, no una cantidad previamente estipulada. En consecuencia, una cerda juzgada como demasiado delgada a pesar de que ya recibe un nivel elevado de pienso será identificada como que necesita más pienso mientras que una cerda juzgada como demasiado engrasada, a pesar de que ya recibe un nivel bajo de pienso, será identificada como que debe recibir aún menos pienso.

Generalmente, una puntuación superior a la media (6) para el estado de carnes constituye un objetivo apropiado para el final de la gestación, y una puntuación inferior a la media (4) resulta aceptable al final de la lactación. En circunstancias normales estos objetivos pueden alcanzarse mediante ajustes relativamente pequeños en los niveles de pienso. Debe prestarse una atención especial a las cerdas que por su delgadez alcanzan una puntuación inferior a 4, o con una puntuación superior a 6 por ser más engrasadas. Resulta evidente que muchas cerdas híbridas modernas son destetadas con puntuaciones para el estado <4 debido a un nivel inadecuado en el suministro de pienso durante la lactación, con resultados negativos inevitables. La puntuación para el estado de carnes en el destete es, por supuesto, sumamente dependiente tanto de la puntuación al parir (influenciada por la tasa de alimentación durante la gestación) como de la pérdida

Tabla 15.3 Alimentación de cerdas gestantes según sea su estado de carnes.

1. Usando todas las cerdas de la piara de reproductoras que se encuentran gestantes o vacías (es decir, todas las cerdas no lactantes), determinar la asignación diaria media de pienso por cerda. Anotar esta cifra.
2. Determinar la puntuación para el estado de carnes de todas las cerdas de la piara gestantes o vacías. Usar números enteros sobre una escala de 10 puntos, con 1 para cerdas muy delgadas y 10 para las intensamente obesas. La puntuación media para estado de carnes considerada como objetivo para toda la piara será 5 aproximadamente. Generalmente las cerdas jóvenes presentarán una puntuación para estado de carnes algo superior a 5, mientras que las cerdas viejas tendrán por lo general una puntuación inferior a 5. La puntuación de las cerdas recién destetadas será 4 aproximadamente, mientras que la puntuación de las cerdas próximas a parir será alrededor de 6.
3. Si la puntuación media para estado de carnes de todas las cerdas gestantes y vacías de la piara es superior a 5, entonces se reducirá la asignación diaria media de pienso (como para la del párrafo 1). Si la puntuación media para estado de carnes es inferior a 5, entonces se incrementará la asignación diaria de pienso de las cerdas. En cualquier caso, los incrementos y las reducciones en la asignación diaria media de pienso no será superior a ± 0,2 kg por cerda y día.
4. Aunque pueda ser satisfactoria la puntuación media para el estado de carnes, este promedio puede proceder de cerdas delgadas y de cerdas engrasadas. Para superar este hecho, los animales individuales deben ser alimentados según sea su puntuación individual para el estado de carnes.
5. En cada cerda individual se determinará la puntuación para estado de carnes inmediatamente después de destetar los cerditos. Alimentar según la Tabla que se incluye debajo hasta alcanzar la puntuación 6 para estado de carnes en cada cerda individual. Una vez alcanzada la puntuación 6, la cerda retornará al nivel de consumo diario medio de pienso (según los párrafos 1 y 3).
6. Al destetar la cerda se procederá inmediatamente a cambiar su asignación de pienso para lactación por un régimen adecuado para prepararla para la fecundación. Las asignaciones de pienso entre destete y concepción es probable que consistan en, al menos, 3,0 kg de dieta para cerda lactante, aunque generalmente es preferible alimentar hasta saciar el apetito. No es necesario proporcionar más de 3,5 kg de pienso por día. Las cerdas que no son fecundadas en los 10 días siguientes al destete serán alimentadas hasta que inicien una gestación de acuerdo con la tabla situada debajo.

Incrementos o reducciones de la asignación diaria media de pienso para cerdas gestantes según sea su puntuación individual para el estado de carnes

Puntuación para el estado de carnes de la cerda	*Cantidad probable de pienso que debe añadirse a la asignación diaria media de pienso para cerdas gestantes (kg/día)*
2	+ 0,6
3	+ 0,4
4	+ 0,3
5	+ 0,2
6	Asignación diaria media de pienso[1]
7	– 0,2
8	– 0,3

[1] En explotaciones excepcionales, o cuando se usa una dieta sumamente concentrada, la asignación media puede ser de unos 2 kg por cerda y día. No obstante, resulta más frecuente que la asignación media de pienso se aproxime o supere los 2,2 kg por cerda y día.

de carnes durante la lactación como resultado del consumo de pienso en la misma. Los problemas relacionados con la fertilidad de las cerdas no serán considerados invariablemente como que tienen una solución a través de la nutrición. Otros factores vitales son la sanidad, el estado hormonal de la cerda, las condiciones ambientales y, por supuesto, la fertilidad de los verracos.

En la Tabla 15.3 se incluye un ejemplo de un procedimiento de alimentación aplicable en explotaciones de cerdas reproductoras usando las técnicas de puntuación para el estado de carnes. Este procedimiento es aplicado actualmente con entusiasmo por productores prácticos de cerdos.

Los problemas relacionados con los sistemas de puntuación para el estado de carnes son:

1 La puntuación para el estado de carnes mide el engrasamiento tan sólo de forma indirecta, y pueden cometerse errores al variar el tamaño y la conformación de la cerda.
2 Esta puntuación depende de la opinión subjetiva de la persona que la realiza y los estandáres pueden arrastrar errores. Las personas individuales suelen tener puntos de vista diferentes sobre el estado de carnes adecuado durante el ciclo reproductor.
3 Las respuesta de la puntuación para el estado de carnes a los cambios en el consumo de pienso no se encuentra bien documentada y es variable. Los valores incluidos en la Tabla 15.3, por ejemplo, serán considerados como orientaciones y no como normas.

Escalas de racionamiento para cerdas reproductoras

La alimentación de la cerda es principalmente una estrategia a largo plazo así como también son a largo plazo las tendencias de peso corporal, engrasamiento y estado de carnes. La situación general de la cerda es la que debe mantenerse en un nivel satisfactorio, y los cambios en el nivel de contenido graso de la cerda son probablemente más importantes que el peso de la cerda. Ha sido establecido que las cerdas híbridas primerizas modernas y jóvenes serán fecundadas con pesos vivos superiores a 125 kg y con edades superiores a 210 días. Deben recibir pienso suficiente para alcanzar ganancias diarias de peso de unos 700 gramos a partir de los 30 kg de peso vivo, e incrementar gradualmente sus niveles de grasa corporal durante este periodo de tiempo. La alimentación durante las 3 semanas previas al apareamiento puede acomodarse a un régimen generoso de consumo *voluntario.*

También se ha establecido que niveles de pienso excesivamente elevados durante la gestación pueden reducir la supervivencia de los embriones, y que la alimentación durante la gestación será adecuada para conseguir ganancias de peso corporal materno y de engrasamiento de forma que la puntuación para el estado de carnes sea aproximadamente igual a 6 en el momento del parto. Esto equivaldrá aproximadamente a un espesor de la grasa dorsal en P2 de 16-20 mm y a una ganancia total de peso corporal desde la concepción al parto de unos 50 kg. En circunstancias normales, los niveles de pienso durante la gestación variarán, según el estado de carnes de la cerda, alrededor de un promedio de 2,3 kg diarios.

En la lactación, las cerdas perderán invariablemente tejido graso y también pueden perder algo de tejido magro. Si las pérdidas son intensas no solamente se verá comprometida la lactación sino también el éxito de la próxima gestación. Los consumos de pienso en la lactación suelen alcanzar un promedio de 6 kg diarios, con lo que será precisa una cierta recuperación de tejido graso durante la gestación posterior. El régimen de alimentación durante la lactación deberá estimular el consumo de pienso y no su limitación.

El engrasamiento excesivo provocará también pérdidas económicas e ineficacia en la reproducción. Deberá limitarse el consumo de pienso en cerdas con una puntuación superior a 6 para el estado de carnes. Serán evitados los niveles generosos de alimentación durante la gestación para asegurar una correcta estrategia general, que evitará la aplicación de tácticas intensivas a corto plazo en cerdas demasiado engrasadas o delgadas. Como las cerdas perderán inevitablemente grasa durante la lactación, estas pérdidas deben ser compensadas con ganancias de grasa en la gestación. Los niveles mínimos de grasa se encuentran probablemente en la región de 16 mm en P2 al final de la gestación y de unos 12 mm en P2 al final de la lactación. Las cerdas con más de 25 mm serán consideradas demasiado engrasadas.

Por último, se ha establecido que son desaconsejables los intentos de definir necesidades nutritivas generales y prescribir proyectos generales de alimentación para todas las cerdas reproductoras de una piara. La variabilidad en la respuesta de la cerda a los nutrientes significa que cada cerda debe ser racionada según su propia situación individual. En la Figura 15.28 se encuentran orientaciones apropiadas para escalas de racionamiento de las cerdas. Según la figura, la pauta de alimentación es inferior a la media durante las 3 primeras semanas de gestación, y superior a la media en las 3 últimas semanas. A menos que existan razones para creer que existe un problema de mortalidad embrionaria, o de esca-

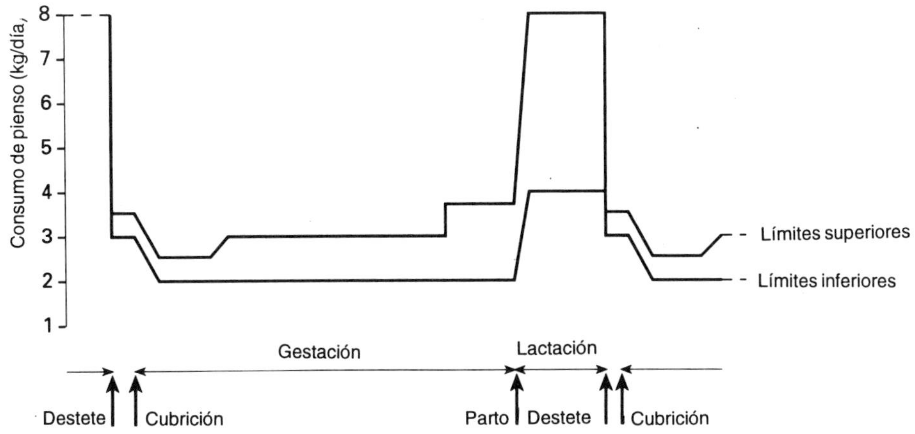

Figura 15.28 Guía para escalas de racionamiento de cerdas reproductoras. Los límites superior e inferior de las asignaciones son los esperados comúnmente; incluso los niveles superior e inferior pueden presentarse ocasionalmente en la práctica.

sa viabilidad de los cerditos como consecuencia de un peso inadecuado al nacer, debe mantenerse durante toda la gestación un nivel único de pienso basado en la puntuación para el estado de carnes y en las necesidades percibidas para la reposición de tejido graso.

En la práctica:

- Durante la gestación se realizará con frecuencia la puntuación para el estado de carnes en las cerdas y se ajustará su ración de forma adecuada.
- La asignación de pienso en la gestación oscilará normalmente entre 2 y 2,8 kg diarios.
- La alimentación en el inicio de la gestación suele establecerse en forma de una cantidad estándar con independencia del estado de carnes de la cerda, en 2,5 kg diarios.
- La asignación adecuada de pienso durante la lactación es de consumo *a voluntad.* Si el tamaño de la camada es particularmente reducido (menos de ocho cerditos), puede limitarse la asignación de pienso a 6 kg diarios. Sin embargo, la casi imposibilidad de alimentar con exceso a las cerdas durante la lactación significa que el control de la asignación de pienso debe centrarse no en la limitación del pienso sino en estimular el apetito, y conseguir el máximo consumo de pienso por todos los medios posibles.
- Al destete, el suministro de pienso puede ajustarse de forma que sea inferior al apetito, es decir 3,5 kg diarios.
- Como norma general, una buena cerda que produce 2,3 camadas por año consumirá anualmente al menos 1,2 Tm de pienso con una concentración convencional de nutrientes [$(115 \times 2{,}5 \times 2{,}3) + (13 \times 3{,}5 \times 2{,}3) + (28 \times 6{,}5 \times 2{,}3)$].
- Resulta sencillo apreciar que las cerdas reproductoras, al igual que los cerdos en crecimiento, responden a la cantidad de nutrientes, no al peso de pienso; potencialmente puede variar mucho la concentración de nutrientes del pienso. Los cálculos anteriores para niveles óptimos de asignación de pienso hacen referencia, en general, a dietas que contienen, o superan, 13 MJ de ED y 150 g de PB (cerdas gestantes) o 13,5 MJ de ED y 165 g de PB (cerdas lactantes) por kg de peso fresco.
- Mediante el empleo de las ecuaciones 15.3 y 15.6, puede calcularse que una cerda que llega al parto con una puntuación para el estado de carnes de 4, y con un espesor de la grasa dorsal en P2 de 14 mm, y se prevee que consumirá 5 kg diarios de pienso durante un periodo de lactación de 28 días, llegará al destete con una medición inadecuada en P2 correspondiente a 9,75 mm y una puntuación para estado de carnes inferior a 3. El consumo de 2,8 kg diarios durante la gestación elevará los niveles de grasa en P2 hasta 16 mm y la puntuación para el estado de carnes hasta 5 aproximadamente en el momento del parto siguiente.

El parto con una puntuación para estado de carnes de 6, con 17 mm de grasa dorsal en P2 y consumiendo 6 kg diarios, determinará una pérdida de 3 mm en P2 y 9 kg de peso vivo, y una puntuación para el estado de carnes de 4 en el momento del destete. El consumo de 2,2 kg de pienso durante la gestación repondrá los 3 mm perdidos de grasa y permitirá una ganancia de peso corporal materno de 28 kg; o una ganancia neta (concepción a concepción) de 19 kg. El último régimen parece ser apropiado avanzada la vida reproductora de la cerda, aunque es claramente marginal durante las tres primeras gestaciones en las que resultará benefioso un nivel superior de alimentación.

Alimentación del cerdito lactante

El alimento sólido suele ofrecerse a los cerditos a partir de los 14 días de edad como suplemento de la leche de la madre. Pocas veces ingieren cantidades importantes antes de los 25 días de edad. Si el destete se realiza con 28 días de edad, resulta beneficioso para el crecimiento del cerdito usar la misma dieta tras el destete, y mantenerla hasta que el cerdito destetado alcanza 10 kg de peso vivo.

Además de depender de la capacidad de la cerda para producir leche, la leche ingerida realmente por un cerdito individual es función del número de cerditos que maman, del tamaño y del vigor del cerdito y de la etapa de la lactación. Los cerditos lactantes vigorosos pertenecientes a camadas poco numerosas pueden alcanzar fácilmente pesos vivos superiores a 10 kg a los 28 días de edad, mostrando su potencial para el crecimiento cuando es abundante el suministro de leche. Sin embargo, es normal que la mayoría de los cerditos lactantes que pertenecen a camadas con 10 o más animales pesen solamente 7-8 kg a las 4 semanas de edad, indicando que existe una deficiencia en el aporte de leche por parte de la ubre. El potencial para crecer y la producción de leche de la cerda comienzan a diverger a los 20 días de edad, y puede suponerse que a partir de este momento resulta beneficiosa la alimentación suplementaria. Si el tamaño de la camada es superior a ocho cerditos, o el rendimiento lechero de la cerda es inferior al esperado, entonces debe proporcionarse pienso sólido a los cerditos antes, generalmente a partir de los 14 días de edad (antes, por supuesto, en casos de falta de leche).

En muchos estudios, los cerditos alimentados por cerdas que son buenas productoras de leche ingieren cantidades reducidas o nulas de pienso suplementario antes de los 18-21 días de edad. Generalmente, los cerditos lactantes pueden iniciar la ingestión de cantidades despreciables de pienso suplementario con unos 10 días de edad, y consumirán 10-30 gramos diarios entre los 14 y los 21 días de edad. En la cuarta semana de vida el consumo puede elevarse hasta unos 60 gramos diarios. La relación creciente entre el consumo de pienso suplementario y la edad del cerdito lactante podría expresarse como:

$$Y = 0{,}0044X^{2{,}80}$$

(Ecuación 15.7)

siendo Y el pienso por día y cerdito (g) y X la edad del cerdito (días).

El aparato digestivo del cerdito lactante es diferente del que disponen los cerdos que ingieren pienso sólido, y el cambio en el momento del destete supone un trauma digestivo importante. Este periodo es improductivo, y resulta beneficioso que los cerditos jóvenes sean persuadidos para ingerir alimentos sólidos antes de que realmente los necesiten de forma que se encuentren adaptados a la dieta posterior al destete. Esto requiere el aporte frecuente de una dieta sumamente sabrosa que se ofrece a los cerditos lactantes de una forma atrayente. A menos que se aplique una notable habilidad en el manejo, las consecuencias pueden ser pérdida de crecimiento, mala transformación del alimento y descenso del rendimiento en la fase posterior al destete.

Por consiguiente, existen dos buenas razones para ofrecer alimentos sólidos a los cerditos lactantes. En primer lugar, cuando las camadas son razonablemente numerosas, el pienso suplementario ayudará a conseguir la mayor tasa posible de crecimiento durante la fase de lactancia. En segundo lugar, todos los cerditos (con independencia del tamaño de la camada) son ayudados si se acostumbran a la naturaleza del alimento sólido antes de ser destetados con 3, 4 o incluso 5 semanas de edad.

El requisito primordial de un alimento sólido suplementario para cerditos lactantes consiste en que sea consumido con facilidad. La dieta debe interesar al cerdito lactante en términos no nutritivos (sabor, textura y olor) así como también nutritivos. Para evitar que los cerditos experimenten un retraso en el crecimiento tras el destete, deberán ingerir unos 300 gramos de pienso sólido el día siguiente a su retirada de la cerda. Estos consumos raras veces, o nunca, son alcanzados por los cerditos lactantes con menos de 30 días de edad, incluso en las mejores condiciones. El consumo *a voluntad,* estimulando el apetito para que sea máxima la ingestión voluntaria de pienso, se mantendrá desde el destete hasta que sea necesario limitar y racionar el consumo de pienso, hecho que es improbable que se produzca antes de alcanzar unos 40 kg de peso vivo en el caso más precoz.

Control de la ración mediante dilución de la dieta

La ingestión de nutrientes depende de su concentración en el pienso y del nivel de suministro del mismo. Cuando el apetito es el factor que limita la ingestión de nutrientes es posible mejorar esta ingestión aumentando la concentración de nutrientes. De igual manera, un descenso en la concentración de nutrientes de la dieta puede contrarrestarse aumentando el nivel de suministro de pienso. Sin embargo, cuando el pienso asignado bordea los límites del apetito, un posterior descenso de la concentración de nutrientes determinará una reducción en el aporte de nutrientes; *de hecho* se impone una limitación efectiva en la escala de la ración. La posibilidad de permitir que los cerdos ingieran pienso hasta saciar su apetito, aunque controlando el aporte de nutrientes mediante una dilución de la dieta, tiene cierto atractivo –especialmente con respecto a la simplicidad de manejo–. Todos los cerdos deberían ser alimentados *a voluntad.* Cuando es necesario controlar la ingestión de nutrientes se diluye la dieta de forma proporcional. Este esquema aparentemente envidiable ha sido probado muchas veces aunque siempre ha fracasado porque:

- el propio diluyente no se encuentra exento de carga, aunque sea inerte bajo un punto de vista nutritivo;
- una dieta diluida resulta más cara de mezclar, transportar, almacenar y distribuir;

Tabla 15.4 Posibilidades de imponer un racionamiento efectivo mediante diluciones de la dieta con un relleno inerte (o con escasa capacidad nutritiva).

Cerdos adecuados para ser alimentados según su apetito (contraindicada la dilución de la dieta)	Cerdos apropiados para limitar el consumo de pienso aunque el nivel de diluyente preciso es probable que sea demasiado elevado para ser económico (contraindicada la dilución de la dieta)	Cerdos adecuados para limitar el consumo de pienso y en los que puede ser económico el nivel de diluyente preciso (factible la dilución de la dieta)
Cerdas lactantes Cerdas destetadas Lechones Cerditos destetados Cerdos en crecimiento Cerdos en fase de acabado con elevado mérito genético	Cerdas gestantes Cerdos en fase de acabado con mucho apetito y escaso mérito genético	Cerdos en fase de acabado y cerdos machos castrados con apetito convencional aunque mostrando predisposición a ser excesivamente engrasados

- la cantidad precisa de diluyente puede ser extraordinariamente amplia antes de conseguir limitar el apetito según sucede, por ejemplo, en una cerda gestante cuyas necesidades pueden cubrirse con 2 kg de una dieta concentrada, aunque el límite de su apetito es probablemente tres veces mayor.

Son relativamente pocas las clases de cerdos en las que sea conveniente limitar el consumo de nutrientes mediante la dilución de su dieta (Tabla 15.4).

Conclusiones

El aporte de una cantidad óptima de pienso para cerdos en crecimiento y cerdas reproductoras es una actividad permanente que requiere una evaluación y ajuste constantes, destreza en el manejo, y una clara visión de los beneficios relativos. Las escalas de racionamiento y las asignaciones recomendadas de pienso no deben constituir normas o proyectos generalizados, sino ser sumamente específicas para circunstancias individuales de producción.

Aunque las normas generales en forma de regímenes previstos de alimentación pueden ser útiles, el mejor procedimiento para asignar un nivel óptimo de pienso se logra conociendo las respuestas probables ante cambios en el suministro de nutrientes.

Suele buscarse el apetito máximo en cerditos jóvenes, cerdos jóvenes en crecimiento y cerdas lactantes.

El control efectivo del proceso productivo racionando el suministro de pienso se alcanza principalmente tan solo en dos clases de cerdos: (i) cerdas gestantes y (ii) cerdos para carne durante el periodo de finalización. Aunque el control efectivo del aporte de pienso en estos aspectos del proceso de producción resulta crucial para alcanzar una productividad eficaz tanto en piaras de crecimiento como de reproductoras.

CAPÍTULO 16

Comercialización del producto

Introducción

La primera fase de la comercialización comienza con la creación del producto, sigue con su descripción efectiva a un posible consumidor básico y concluye con la venta del producto. La segunda fase de la comercialización comienza con el envio del producto, sigue con su utilización efectiva y concluye con un nuevo pedido. Existen algunos requisitos auxiliares, no siendo el menor que el producto sea demandado por un número suficiente de consumidores para justificar su creación, y que el precio del producto sea aceptable para el consumidor.

La producción porcina implica tres actividades importantes de comercialización: (a) el movimiento en la explotación de pienso procedente de fabricantes y empresas suministradoras; (b) el movimiento similar en la explotación de ganado reproductor procedente de empresas que realizan la mejora de las razas de cerdos y (c) el movimiento de la carne porcina producida desde la explotación hasta las industrias que preparan alimentos para el hombre.

Existen otras actividades de comercialización, tales como la obtención de edificios y de equipo, aunque estas son menos frecuentes en su incidencia y ejercen menor influencia sobre los procesos de decisión de cada día que la compra de pienso y de ganado reproductor y la venta de cerdos preparados para proporcionar carne.

Comercialización de piensos para cerdos

La proporción del total de pienso para cerdos que se vende completamente compuesto a los productores de cerdos difiere ampliamente entre las naciones y depende, *entre otras cosas,* de la cuantía de ingrediente que precisa importar un país. Cuando se importa un elevado número de ingredientes, los piensos destinados a los cerdos tenderán a ser totalmente compuestos –generalmente en el puerto de entrada– por fábricas con elevadas producciones y alta tecnología. La dieta final mezlada es transportada desde la fabrica a la localidad (rural) del criador de cerdos. Buenos ejemplos particulares de este comportamiento se encuentran en los Países Bajos y en Japón.

Como los principales costes productivos (piensos) llegan a la explotación porcina en su forma final como dietas equilibradas adecuadas para cada clase de cerdos, la explotación puede funcionar como una empresa independiente de las restantes operaciones agropecuarias. La explotación porcina tenderá a desarrollarse en forma de unidades amplias e independientes que, aunque integradas con la industria que suministra piensos para los cerdos por una parte y con la industria que prepara alimentos para el hombre por otra parte, puede no aparecer integrada en el conjunto de la comunidad agropecuaria.

Si la tradición de la producción porcina se ha desarrollado a partir de la base de operaciones agropecuarias más amplias, tales como la producción de cereales, es más probable que los piensos compuestos sean elaborados en la propia explotación en lugar de en una fábrica especializada en piensos compuestos. Las explotaciones porcinas que componen sus propias dietas *in situ* deberán disponer de los ingredientes nutritivos necesarios y mezclarlos en proporciones correctas. Esto puede acarrear problemas cuando es amplio el número de ingredientes, son reducidas las cantidades necesarias, y cuando es importante que sea pesado un ingrediente con exactitud. Muchas de las operaciones de la preparación de piensos para cerdos en la propia explotación dependen de maquinaria usada para pesar que dispone de una exactitud limitada, y de una escasa capacidad para recibir y manipular ingredientes nutritivos diferentes. Las unidades para molturar y mezclar piensos en la propia explotación porcina se basarán en el empleo de cereales ricos en energía y de producción propia (maíz, trigo, cebada, avena, centeno, triticale), y también puede usar probablemente suplementos de proteína de producción propia (habas, guisantes, girasol, colza, soja); aunque muchos ingredientes ricos en proteína para piensos porcinos requieren un procesado previo a su empleo –bien para extraer aceites valiosos para la alimentación humana o para eliminar factores antinutritivos, o para ambas cosas–. Por este hecho, la preparación de piensos compuestos para cerdos en la propia explotación suele limitarse a la molturación de cereales de producción propia, a los que puede añadirse ingredientes comprados como harina de semillas extractadas de soja, harinas de pescado, harinas de carne y hueso, harinas procesadas de guisantes, habas, colza y altramuces. Los suplementos de proteína pueden adquirirse a un fabricante de piensos compuestos en forma de concentrados de proteína mezclados y equilibrados para cada una de las clases de cerdos presentes en la explotación. Esto reducirá drásticamente el número de ingredientes precisos para elaborar piensos en la propia explotación y facilitará su elaboración al quedar reducida únicamente a la mezcla de los cereales molturados de producción propia y los concentrados de proteína comprados.

Las operaciones de molturación y mezcla en la explotación porcina intentan generalmente *evitar* dietas que:

- puedan ser demasiado complejas al ser necesario incluir muchos ingredientes;

- deban incluirse ingredientes en cantidades reducidas;
- precisen fármacos y aditivos especiales;
- incluyan ingredientes que impongan unas instalaciones especiales de almacenamiento, o que sea reducida su vida útil;
- precisen ingredientes especiales que son difíciles de manipular o de incorporar a las dietas usando máquinas poco complejas.

Las explotaciones porcinas que mezclan sus propias dietas tenderán generalmente a comprar totalmente preparadas:

- dietas de preiniciación (piensos a los que sólo tienen acceso los lechones);
- dietas de iniciación;
- suplementos de vitaminas;
- suplementos de elementos traza.

Las explotaciones porcinas pueden comprar, en consecuencia, los piensos para sus cerdos según una de tres formas distintas:

1 Dietas diversas totalmente compuestas y equilibradas nutritivamente para cada clase particular de cerdos producidos en la explotación.
2 Distintos concentrados equilibrados de proteína junto con suplementos de vitaminas y minerales incluidos en niveles apropiados.
3 Suplementos y premezclas de vitaminas y elementos traza.

Adquisición de dietas totalmente compuestas

Puede ser erróneo el supuesto de que siempre resulta la opción más cara la compra de dietas totalmente compuestas en una empresa nacional o multinacional dedicada a la fabricación de piensos compuestos. Las fábricas especializadas en preparar piensos compuestos con una dimensión importante son capaces de:

1 Componer dietas más complejas usando una gama más amplia de ingredientes.
2 Usar maquinaria de alta tecnología que les permite el tratamiento de las materias primas y una mejor presentación del producto final.
3 Emplear científicos con unos conocimientos especiales sobre las necesidades nutritivas de los cerdos, especificaciones sobre las dietas apropiadas, consumos probables de pienso y que disponen de soluciones para determinados problemas nutritivos.
4 Comprar una amplia variedad de ingredientes y, en consecuencia, facilitar la formulación de dietas óptimas de mínimo coste.
5 Adquirir ingredientes nutritivos a granel y poder negociar los precios más bajos posibles para las materias primas.
6 Disponer de comunicaciones a nivel mundial para alcanzar una comercialización óptima de sus productos.

Los fabricantes nacionales de piensos mantendrán una competencia unos con otros y esto, en sí mismo, ayudará a mantener un precio bajo para los piensos compuestos y facilitará la negociación del precio final del producto, especialmente si el comprador es un consumidor único que adquiere cantidades importantes.

Los productores de cerdos que compran dietas totalmente compuestas para todas las clases de cerdos de su explotación mostrarán actitudes muy variadas con respecto al precio del pienso. Algunos creerán que cualquier pienso etiquetado para una determinada clase de cerdos («pienso para crecimiento», «pienso para cerdas lactantes») tendrá igual mérito que cualquier otro pienso etiquetado para la misma clase de cerdos. En este caso el comportamiento del comprador dependerá principalmente del precio. Otros productores de cerdos creerán que la especificación sobre nutrientes y sobre los ingredientes que componen el pienso supondrá la mejor indicación sobre el valor de una dieta compuesta. Estos consumidores se preocuparán por los niveles de ED, lisina, aminoácidos disponibles, vitaminas, etc., y compararán probablemente los valores unitarios de los nutrientes que contienen los distintos piensos de cada fabricante y, asimismo, entre los distintos fabricantes de piensos. También se preocuparán probablemente por los niveles relativos de inclusión de ingredientes considerados como de valor positivo (cereales cocidos, aceite, lisina) o negativo (mandioca, harina de semillas de algodón, harina de sangre). Esta preocupación por los ingredientes que se incluyen en el pienso puede determinar que, si es adecuado el potencial de compra, el cliente pueda desear especificar al fabricante tanto las concentraciones de nutrientes de la dieta como sus limitaciones en los ingredientes. Este cliente impondrá sus conocimientos sobre nutrición.

El valor de una dieta compuesta no se determina mejor finalmente en términos de su composición química –o incluso de sus ingredientes– sino más bien a través de la respuesta que proporciona su empleo. Tales respuestas pueden apreciarse en forma de parámetros como tasa de crecimiento, calidad de la canal y cerditos producidos por cerda y año. El negocio totalmente integrado se mostrará sensible ante estos hechos e indiferente con la concentración de nutrientes o con el precio de la dieta, estos hechos son meros intermediarios en la obtención del beneficio financiero global. La rentabilidad de una operación integrada de fabricación de piensos compuestos y alimentación de cerdos depende de la diferencia global entre costes de producción, en términos de compras de ingredientes nutritivos, y valor de la producción, en términos de número y valor de los cerdos vendidos. Esta filosofía (realista) puede determinar que el comprador de una dieta compuesta considere los beneficios de realizar la mezcla en su propia explotación. No existe razón, sin embargo, para que el fabricante nacional astuto no pueda llegar a un acuerdo conveniente con el productor de cerdos para superar este hecho. Los acuerdos de una operación integrada son beneficiosos si: (a) el fabricante de piensos compuestos conoce el rendimiento físico de la unidad de producción y (b) el fabricante de piensos compuestos ejerce cierto control sobre otras variables de los costes de producción que interactúan sobre la respuesta del cerdo ante el consumo de pienso (tales como control sanitario, genotipo y medio ambiente). Por ejemplo, si se determina que, dado el valor de las canales porcinas, puede asegurarse un beneficio cuando los costes del pienso no son superiores a 30 peniques por kg de ganancia de peso vivo, entonces el beneficio se obtendrá bien comprando un pienso que cuesta (puesto en la explotación) 14 peniques por kg, con un índice de transformación de 2 kg de pienso por kg de ganancia de peso vivo o comprando un pienso que cuesta 13 peniques por kg, con un índice de transformación de 2,2 kg de pienso por kg de ganancia de peso vivo, aunque no adquiriendo un pienso que cuesta 14 peniques por kg con un índice de transformación de 2,2 kg de pienso por kg de ganancia de peso vivo. Supuesto que no se ven comprometidos los aspectos correspondientes al acabado o calidad del producto, el ganadero se mostrará indiferente sobre cuál de las dos primeras dietas recibe, habiendo determinado ya que puede conseguir un margen satisfactorio de la producción al conseguir 30 peniques por kg de ganancia de peso vivo. Sin embargo, el fabricante de piensos compuestos obtendrá beneficios con la primera dieta mencionada, aunque aumentando el precio a 14,3 peniques por kg, con lo que se alcanza una paridad de precio con la segunda dieta.

La necesidad de aceptar una relación comercial cada vez más realista –aunque también compleja– entre el fabricante de piensos compuestos y el productor de cerdos se pone de manifiesto a través del caso siguiente. Podían adquirirse tres dietas, A, B, y C, para alimentar cerdos de 20 a 90 kg de peso vivo. La concentración de nutrientes y el precio de la dieta A eran bajos, mientras que eran elevados la concentración de nutrientes y el precio de la dieta C, y alcanzaban un nivel intermedio en la dieta B. El productor de los cerdos también disponía de la oportunidad de comercializar sus animales a través de dos vías diferentes, una de las cuales (Esquema 1) imponía que los cerdos fuesen más magros que la otra (Esquema 2). En este caso el interés primario del comprador de pienso se orientaba, de forma bastante correcta, hacia su margen financiero final más que hacia el rendimiento físico intermedio. La Tabla 16.1 presenta los resultados al alimentar los cerdos con las tres dietas alternativas con tres niveles diferentes de nutrición según se siguiese una u otra de las alternativas de venta. Con los cerdos producidos para alcanzar la categorización del Esquema 1, una alimentación con niveles bajos de cualquiera de las tres dietas determinaría márgenes similares. En el caso de los cerdos destinados para la categorización del Esquema 2, la dieta A, aunque es la más barata, resulta la más costosa, mientras que con un nivel bajo de distribución de la dieta C e intermedio de la dieta B se alcanzan márgenes mejores. Los compradores de la dieta A deberían alimentar a sus animales con asignaciones de pienso medias o altas para utilizarla de forma óptima. La Tabla 16.1 proporciona también un ejemplo de la dificultad que supone predecir los rendimientos de una serie de circunstancias a partir del conocimiento de los resultados de otra. Un juicio sobre la dieta que resultaría óptima en condiciones de consumo elevado para alcanzar la categorización del Esquema 1 resultaría inútil para una situación productiva con niveles bajos de alimentación y la categorización del Esquema 2.

Tabla 16.1 Margen de beneficios sobre el coste del pienso y del cerdo destetado (Libras esterlinas por plaza para cerdo y año) y precio ofertado con tres niveles de alimentación para cerdos destinados para uno de dos planes de categorización para bacon.

Asignación de pienso	*Plan categoría 1*			*Plan categoría 2*		
	Dieta A	*Dieta B*	*Dieta C*	*Dieta A*	*Dieta B*	*Dieta C*
Baja	40	41	40	41	45	48
Media	37	36	34	46	48	47
Alta	33	31	31	46	45	45

Tabla 16.2 Perfil del cliente: cliente futuro para posibles ventas.

1. Descripción del cliente y de su explotación.
2. Finalidad primaria de la explotación en términos de su producto.
3. Descripción de la explotación.
4. Características de la explotación del cliente y de sus objetivos personales.
5. Descripción de:
   (a) ganado
   (b) régimen de alimentación
   (c) tipo de dieta
   (d) estado sanitario
   (e) manejo
   (f) destino final del ganado vendido en la explotación.
6. Descripción del rendimiento del ganado de la explotación mediante la presentación de puntos clave del rendimiento para:
   (a) unidad de reproducción
   (b) unidad de crecimiento
   (c) calidad del producto final.
7. Elementos importantes del sistema de producción que cambiarían este nivel de rendimiento:
   (a) reproducción
   (b) alimentación
   (c) manejo
8. En qué forma la introducción del producto nuevo ayudaría al cliente específicamente a cambiar los niveles de rendimiento.
9. Valoración del beneficio financiero para el cliente como resultado de su compra del producto.
10. Descripción de por qué el cliente se encuentra interesado en comprar.
11. Comentario/cuota del cliente.
12. Peticiones futuras y plan de entregas en el futuro.

Resulta esencial, por consiguiente, que el personal que realiza la venta de pienso proceda cuidadosamente para que una dieta (o conjunto de dietas) se acomode(n) a un cliente en particular. Los clientes con distintos sistemas de aporte de pienso, de objetivos de la producción y de genotipos porcinos precisarán ciertamente distintas especificaciones de dietas para alimentar a sus distintas clases de cerdos. Un productor que alimenta cerdos machos enteros mejorados alcanzará resultados óptimos con unas especificaciones de las dietas muy diferentes para piensos de crecimiento y terminación de las que proporcionarían resultados óptimos a un productor que alimenta cerdos cerdos castrados sin mejorar. Dada la importancia de «acomodar al cliente» cualquier tipo recomendado de pienso para un determinado productor, la sección de ventas deberá mantener un dosier con información sobre clientes potenciales y actuales (Tabla 16.2).

El precio correcto para cualquier producto es (naturalmente) aquel que admita el mercado. Muchos compradores de piensos compuestos dispondrán probablemente de buenos conocimientos sobre los costes de compra de ingredientes a granel, los costes de los procesos de molturación y mezcla y del transporte. El comprador se encuentra, por consiguiente, en situación de apreciar los precios que resultan excesivos. Un aspecto desafortunado del comercio mundial consiste en que las fluctuaciones en los precios de los ingredientes precisos para fabricar los piensos pueden no guardar ninguna relación con el valor de las canales porcinas en un determinado momento. Puede producirse un desastre financiero cuando son elevados los costes de los ingredientes y descienden los precios de las canales porcinas. Sin embargo, cuando la carne de cerdo alcanza un valor elevado, el mercado soportará un mayor precio de los piensos. Como norma general, los fabricantes de piensos deberán conocer con exactitud los costes añadidos de producción sobre los costes básicos de las materias primas. A esto debe añadirse un elemento correspondiente a los costes fijos y un margen. Los precios pueden ser superiores o inferiores a dicho total, aunque si son persistentemente inferiores, entonces deben recortarse los costes fijos y disminuir los beneficios. La mayoría de los productores de cerdos no tendrán generalmente una idea exacta del coste del pienso que pueden precisar por kg de ganancia de peso vivo. De forma retrospectiva conocerán sus niveles de beneficios, y en un determinado momento en el tiempo conocerán no tanto si el coste de un pienso resulta excesivo sino que es superior al de un proveedor alternativo. La competencia entre los fabricantes de piensos, y la carencia de una lealtad fuerte entre los consumidores, permiten mantener bajos los precios más que cualquiera otra circunstancia.

Apoyo técnico

El tipo y cuantía de apoyo técnico que proporcionan los fabricantes nacionales de piensos compuestos a los productores de cerdos que les compran una serie de dietas totalmente compuestas supone una fuente de contención y tiene una historia comprobada. El apoyo técnico supone costes en términos de mano de obra (consultores técnicos especializados) y servicios (vehículos, viajes, computadoras) que se incorporan al precio del pienso. Algunos clientes pueden resentirse al tener que pagar un servicio que no necesitan. De forma alternativa, un fabricante de piensos compuestos puede perder un cliente debido al mal uso que realiza dicho cliente de un producto al fracasar en la apreciación de la forma en que puede conseguir unos beneficios óptimos a través del mismo. Una dieta cara con una concentración elevada de nutrientes, por ejemplo, puede seguir siendo administrada según el mismo nivel alto que una dieta usada previamente con una menor concentración de nutrientes, determinando no solamente que los costes sean más elevados sino también que se alcance un bajo rendimiento en términos de pérdida de calidad de las canales.

El principal elemento de apoyo necesario es una clara orientación para el usuario con respecto a:

(a) clases y tipos particulares de cerdos para los que se usará una determinada dieta compuesta y, en consecuencia, el número de dietas que resulta apropiado para un determinado cliente;
(b) niveles de distribución correspondientes a un pienso para cerdos en particular;
(c) medios para reducir el desperdicio de pienso;
(d) comercialización óptima de los cerdos y obtención de unos máximos márgenes financieros para el cliente;
(e) almacenamiento correcto y frecuencia en el envío de producto.

Al realizar simples pruebas comparativas en las explotaciones, los servicios de apoyo técnico pueden animar también a que nuevos clientes prueben una determinada marca comercial de piensos. Estas pruebas en las explotaciones suelen efectuarse comparando honradamente el producto nuevo con el usado normalmente. Estas pruebas se realizan con particular facilidad en cochiqueras con cerdos destetados y en crecimiento en las que puede determinarse con facilidad la cantidad de pienso consumida y el crecimiento alcanzado. Los beneficios de las pruebas comparativas incluyen la apreciación por parte del productor de que podría ser mejor un pienso alternativo y aportan además interés y estímulo a quienes relizan la comprobación. Un cínico podría señalar además que, para la empresa que oferta el producto nuevo, la prueba constituye una situación «sin pérdidas» si se realiza con un cliente nuevo. Si el producto es mejor que el usado, se gana un contrato; si el producto es peor, no se pierde el negocio; si el producto es igual, sigue existiendo alguna probabilidad de que demuestra ser mejor de forma casual.

La «explotación ejemplo» o el «cliente ejemplo» pueden ser un medio importante para realizar la propaganda de los piensos compuestos (Tabla 16.3). El rendimiento alcanzado por un usuario que tiene éxito, especialmente uno que es apreciado como un igual que el posible cliente, suele resultar más creíble como medida del valor del producto que el rendimiento alcanzado en estaciones de investigación o en explotaciones de la empresa que fabrica el pienso compuesto. Resulta esencial, por supuesto, que el producto demuestre proporcionar las tasas de rendimiento que promete, y que represente un valor económico que mejorará los beneficios del cliente. En las etapas iniciales de la comercialización de un producto nuevo, la confianza debe depositarse de forma necesaria en la empresa

Tabla 16.3 Perfil del cliente: cliente con éxito como ejemplo para ventas.

1. Descripción del cliente y de su explotación.
2. Finalidad primaria de la explotación en términos de su producto.
3. Descripción de la explotación.
4. Características de la explotación del cliente y de sus objetivos personales.
5. Descripción de:
    (a) ganado
    (b) régimen de alimentación
    (c) tipo de dieta
    (d) estado sanitario
    (e) manejo
    (f) destino final del ganado vendido en la explotación.
6. Descripción del rendimiento del ganado de la explotación mediante la presentación de puntos clave del rendimiento para:
    (a) unidad de reproducción
    (b) unidad de crecimiento
    (c) calidad del producto final.
7. Elementos importantes del sistema de producción que han permitido alcanzar este nivel de rendimiento:
    (a) reproducción
    (b) alimentación
    (c) manejo.
8. En qué forma la introducción del nuevo producto ha ayudado específicamente al cliente para cambiar los niveles de rendimiento.
9. Valoración del beneficio financiero para el cliente como resultado de su compra del producto.
10. Comentario/cuota del cliente.

(el valor de productos anteriores elaborados por el mismo fabricante) y en las cifras de rendimiento alcanzadas en las explotaciones del fabricante. Tan solo después de que el producto haya sido utilizado durante algún tiempo por el mercado potencial pueden servir los propios clientes para demostrar el valor del producto.

Comercialización de concentrados de proteína

El productor de cerdos que formula mediante la combinación de cereales de producción propia (o comprados) y un concentrado adecuado de proteína tiene en sus propias manos la respuesta de los cerdos al aporte de nutrientes y las consecuencias financieras de dicha respuesta. Debe suponerse que, estando preparado para mezclar sus propias dietas, el productor dispondrá de conocimientos sobre nutrición y estará interesado en el coste por unidad del suplemento de concentrado de proteína, y en la naturaleza de los ingredientes usados en el mismo. No obstante, puede ser que no siempre suceda así, y el suplemento de proteína puede ser usado sin una encuesta técnica detallada, e incluso de forma errónea.

Generalmente la adquisición de un concentrado de proteína por un cliente se realizará en base tanto a su composición como a su precio. La competencia procederá de tres fuentes:

1 Otros concentrados de proteína con un posible valor superior.
2 Piensos totalmente compuestos con un posible precio inferior (valor de los cereales de producción propia que se venden en lugar de destinarlos a los cerdos; beneficios de los ingredientes comprados a granel; mejora del crecimiento o de la respuesta de la reproducción)
3 Ingredientes individuales «auténticos» tales como harina de soja, junto con suplementos de minerales y vitaminas (ya disponibles para ser adquiridos a un precio más barato; mejor conocimiento de la calidad del ingrediente).

Puede parecer que la lealtad del consumidor (crecimiento mantenido de los cerdos, respuesta de la reproducción y de la calidad del producto) es un elemento esencial de este comercio, junto con la ventaja de que el concentrado de proteína «todo incluido» pueda llegar a la unidad de molturación y mezcla de la explotación.

Apoyo técnico

Los servicios técnicos son importantes para este sector. Deben proporcionar en primer lugar los mismos elementos de apoyo ya mencionados para las dietas totalmente compuestas (a)–(e). Aunque es necesario un apoyo adicional para la propia operación de la preparación del pienso compuesto en la explotación:

(f) elección del molino, mezcladora y otro equipo auxiliar;
(g) ayuda para asegurar que se dispone de medios para pesar con exactitud los distintos componentes del pienso de forma que sean mezclados en la proporción precisa;

(h) consejo sobre la adquisición de cereales si resulta escasa la producción propia;
(j) conocimientos sobre nutrición que permitan (i) el empleo correcto de cereales de distinto tipo, (ii) la elección correcta del suplemento adecuado de proteína dentro del conjunto de los disponibles, (iii) aporte adecuado de macro y micro minerales, vitaminas, medicamentos y aditivos.

La cuantía del coste del apoyo a este mercado, la amplia variedad de tipos de clientes cada uno con necesidades diferentes y la intensa competencia de los piensos totalmente compuestos por una parte y de los ingredientes por otra, tienden a determinar que sea un mercado difícil este sector de la alimentación porcina.

Comercialización de suplementos y premezclas

Quienes preparan piensos compuestos en la propia explotación o en una cuantía reducida descubrirán generalmente la conveniencia de adquirir vitaminas y microminerales en forma de premezcla. Algunas veces también pueden incluirse los macrominerales, calcio y fósforo; aunque al ser mucho más voluminosos, carbonato de calcio y/fosfato dicálcico suelen incluirse en la dieta en forma de ingredientes independientes.

El suplemento de minerales y vitaminas supone un componente relativamente pequeño del coste de la dieta total, aunque es sumamente complejo en su composición. La credibilidad comercial del suplemento radica, por consiguiente, no principalmente en su precio por unidad, ni en la especificación de sus componentes (que suele ser considerada por el comprador como demasiada compleja para comprobarla y, en consecuencia, se considera correcta), sino más bien en los atributos asociados con la producción. Estos incluirán:

- seguridad en el conocimiento de que son incluidos en la dieta del cerdo todos los minerales y vitaminas precisos en las proporciones y niveles correctos;
- disponer permanentemente de un servicio de apoyo técnico total que se recibe con la premezcla;

disponibilidad de aditivos especiales cuya obtención podría no ser fácil de otra manera: por ejemplo, aminoácidos artificiales, medicamentos, mezclas de enzimas, aditivos para promover el crecimiento, antimicrobianos, cultivos de microorganismos, saborizantes, aromatizantes, estimuladores de la digestión, colorantes, etc.

Apoyo técnico

Los servicios de apoyo técnico son, en consecuencia, el componente vital de este sector de la industria. Aportarán, en primer lugar, todos los elementos de apoyo mencionados para la venta de dietas totalmente compuestas (a)–(e) y de concentrados idóneos de proteína (f)–(j). Además el servicio es probable que proporcione:

(k) consejo sobre la forma más beneficiosa de adquirir todos los ingredientes del pienso;
(l) conocimientos sobre nutrición que abarcan los aspectos de:
   (i) especificación sobre los nutrientes de la dieta;
   (ii) composición de los ingredientes incluidos en las dietas;
   (iii) limitaciones nutricionales;
   (iv) limitaciones impuestas a los ingredientes apropiados;
   (v) posibilidad de emplear ingredientes nuevos o no usuales;
   (vi) formulación de la dieta de mínimo coste;
   (vii) empleo óptimo del pienso disponible para diversas clases de cerdos.

En resumen, el servicio técnico proporcionado por los fabricantes de suplementos y de premezclas debe ser totalmente completo y proporcionar el máximo apoyo en el mayor número posible de aspectos relacionados con la nutrición del cerdo tanto práctica como, realmente, científica.

Productos nuevos

Los productos nuevos son precisos para explotar nuevas ideas que incrementarán los márgenes de beneficios, para ir acorde con el conocimiento científico y el avance técnico, para atraer la atención de clientes potenciales y mantener la atención de los clientes ya existentes. Los productos nuevos pueden ser requeridos por los fabricantes o por los clientes (en este último caso al pedir la incorporación de ideas y conocimientos científicos nuevos).

Un pienso puede considerarse nuevo con respecto a:

- un nombre e imagen nuevos;
- una nueva especificación de nutrientes (mayor concentración de nutrientes, mayor contenido de aminoácidos, nivel superior de vitaminas);
- inclusión de ingredientes nuevos, otra combinación de ingredientes, exclusión de ingredientes;
- mejora del rendimiento;
- una nueva forma física (harina rica en grasa, migas, gránulos, en forma de nueces o de avellanas);
- inclusión innovadora de aditivos especiales para mejorar la sanidad, el crecimiento, la digestión, el apetito, etc;
- sistemas más conveniente de envasado y envío;
- mayor valor en términos de producción porcina por coste unitario del pienso.

El último de estos hechos es tanto el más importante como el más difícil de alcanzar. El comprador es probable que se resista ante un incremento en el coste del pienso, incluso cuando se le prometen beneficios a largo plazo. El comprador puede reaccionar igualmente de forma negativa frente a un descenso en el precio del pienso, al resultarle difícil aceptar que el rendimiento *no* descenderá de una forma superior a la reducción del precio. Componentes vitales en el lanzamiento de un producto nuevo son: que el elemento nuevo resulte atractivo para el probable comprador y sea oportuno; que el producto nuevo tenga un objetivo específico (cerditos destetados, cerdas lactantes) y resuelva un problema específico (bajo consumo de pienso, mala calidad de las canales); que se mantenga un seguimiento adecuado para asegurar que es usado de forma correcta y eficaz de manera que los beneficios extra sean percibidos por el cliente.

Algunas veces un producto nuevo valioso puede imponer mejoras en el manejo. Esto puede determinar que, en principio, las ventas se limiten a clientes especialmente competentes para evitar un mal uso y el descrédito del producto. La introducción de una dieta rica en proteína en un mercado que utiliza normalmente dietas con un contenido reducido de proteína impondrá que se asegura un control adecuado en el consumo del pienso, mejoras en el manejo de distribución y un mejor conocimiento sobre la comercialización de los productos porcinos para que el cliente descubra un beneficio máximo.

Quejas del cliente

Las quejas sobre piensos compuestos son raras en el momento de su entrega; la pérdida de calidad visual y olfativa puede apreciarse tras la fabricación y antes del envío, por lo que resulta sencillo el ejercicio del control de calidad. Aunque de forma ocasional, si se envía un producto que se ha mantenido almacenado, puede producirse una pérdida de calidad hasta el extremo de resultar visible una contaminación por hongos, alteraciones por humedad o por infestaciones provocadas por ácaros.

Las quejas más frecuentes sobre los piensos derivan de la posterior respuesta inesperada por parte de los cerdos:

1 Variabilidad en la respuesta (interrupción del crecimiento, interrupción de la reproducción).
2 Ausencia de respuesta (crecimiento inferior al esperado, calidad de la canal con un nivel más bajo que el previsto, fallo en el crecimiento, fallo en el consumo).
3 Respuesta negativa (enfermedad, falta de crecimiento, fallo en la reproducción, abortos, camadas desmedradas).

Las comprobaciones de la calidad del propio pienso tras presentarse un problema pueden ser ilustrativas: una mezcla que ha sido etiquetada incorrectamente; una dieta con una especificación incorrecta de sus nutrientes; una especificación que no cubre el contenido de nutrientes indicado en el punto de venta; la falta de inclusión de un determinado ingrediente; la falta de inclusión de un ingrediente esencial. Con respecto a los ingredientes que se incluyen en mayor porporción, el examen microscópico de la dieta puede ayudar a identificar la presencia y los niveles aproximados de ingredientes individuales, cada uno de los cuales tiene sus propias características particulares.

Aunque las comprobaciones de calidad practicadas sobre el pienso pueden constituir una justificación (o lo contrario) con respecto a una queja, suele suceder que de una determinada partida de pienso ya no quedan cantidades disponibles para realizar determinaciones de su calidad. Por consiguiente, la implicación del pienso como causa de un problema debe lograrse con frecuencia a través de pruebas circunstanciales que permitan atribuir a un determinado pienso la máxima probabilidad de provocar un problema particular. Esto puede ser sumamente discutible, ya que la mayoría de las respuestas de los cerdos son extremadamente sensibles a problemas sanitarios, ambientales y de manejo, así como a la naturaleza del pienso suministrado. Además, sucede con frecuencia que problemas que no pueden resolverse en la explotación son achacados a un defecto del pienso, al no descubrir otras causas posibles del mismo. No resulta aceptable encontrar la causa de un problema porque no se descubren otras causas; si el pienso es realmente la causa de la queja, debe aparecer implicado de forma directa. Incluso cuando se ha descubierto –de una forma bastante adecuada– que el pienso es la causa del problema, suele ser difícil determinar en qué aspecto resulta defectuoso el propio pienso. La falta de inclusión de un ingrediente esencial, o la inclusión de un ingrediente erróneo, supone claramente un fallo del fabricante. Aunque pueden producirse contaminaciones (que pueden ser múltiples y variadas) tras la entrega del pienso en el punto de empleo. Aparece otra dificultad cuando un defecto del pienso es considerado (justamente) como la causa de un problema, aunque solamente en un cierto grado limitado, muchos problemas que aparecen en las explotaciones porcinas son el resultado de interacciones entre diversas fuerzas causales, pudiendo haber sido el pienso tan solo una de las mismas.

Los fabricantes de piensos son estimulados por sus clientes para mantenerse en la vanguardia de la ciencia de la nutrición, y para mantener el precio del pienso tan bajo como sea posible. Esto puede conducir a que las dietas sean compuestas con el mejor deseo posible aunque pueden originar una respuesta no deseada en la unidad de producción. La dificultad puede incrementarse más cuando estas respuestas no deseadas pueden ser específicas de la explotación. Interacciones entre elementos del pienso y elementos del genotipo, medio ambiente y sanitarios determinarán que algunas dietas proporcionen rendimientos excelentes en la mayoría de las explotaciones, aunque no tendrán éxito en un reducido número de unidades particulares cuyas circunstancias interactúan negativamente con algún componente de la dieta. Con frecuencia ambos elementos de esta interacción pueden mantenerse en el misterio. Puede considerarse que es responsabilidad del fabricante la solución de dichos problemas, aunque resultará difícil poder inculparle de los mismos.

Suministro de reproductores

El valor de los reproductores comprados radica en su potencial genético: la cuantía en que su empleo mejorará el rendimiento y la calidad del producto final. El artículo sometido a transacción es una combinación de genes, y el valor de dichos genes depende de aspectos científicos del programa de mejora genética que ha determinado su obtención. Para conseguir un beneficio verdadero en la producción es necesario que se haya producido un cambio genético real hacia un determinado objetivo y que este cambio se refleje en el rendimiento final de los animales vendidos.

Importancia del cliente en el diseño del producto

El cliente que adquiere ganado reproductor es el final de una larga cadena de actividades científicas y comerciales. La obtención de ganado reproductor mejorado tiene lugar a nivel del núcleo. Su número aumenta hasta cantidades comerciales a nivel de explotación de multiplcación en la que también son rechazados los tipos inferiores, tanto en las líneas masculinas como femeninas, antes de que el producto sea ofrecido al cliente.

La transferencia de información tanto ascendente como descendente en la pirámide constituida entre la cima formada por el núcleo y la base representada por el cliente es un aspecto esencial en la comercialización de ganado reproductor. Como el genotipo es «montado» a nivel de núcleo, y como este hecho constituye un proceso continuado, los expertos en genética de la empresa que realiza la mejora de reproductores deben disponer de una información completa sobre las necesidades reales de los clientes. De igual manera el cliente debe saber, en términos reales, qué pueden y qué no pueden conseguir los cerdos que adquiere.

El cambio del genotipo de los cerdos se logra fácilmente en muchos (la mayoría) de los caracteres importantes, aunque se precisa tiempo para conseguir dichos cambios, y una vez conseguidos se necesita más tiempo para invertirlos. Los objetivos que deben alcanzar los expertos en genética en cuanto al ganado reproductor se refiere aparecen sumamente influenciados por las necesidades de los clientes. Resulta esencial, en consecuencia, que las necesidades del cliente sean expresadas con claridad, sean creíbles, basadas en hechos importantes y de naturaleza prolongada y no en prejuicios, caprichos, modas o fantasías.

La comercialización del ganado reproductor pretende:

- identificar las necesidades relativas a características particulares que deben ser mejoradas de una forma determinada;
- crear un producto nuevo mediante la aplicación científica de los conocimientos de la genética;
- demostrar mejoras en el rendimiento a través de los resultados alcanzados por el comprador.

Los genotipos mejorados son poblaciones naturales de individuos variables. Esta variación puede ser una fuente de frustración tanto para el vendedor como para el comprador porque el rendimiento alcanzado mostrará una distribución. Aunque los niveles de rendimiento medio pueden mostrar mejoras capaces de justificar la adquisición de ganado reproductor mejorado, las diferencias entre los mejores y peores rendimientos pueden ser elevadas. Algunos rendimientos de animales claramente mejorados no serán realmente mejores (y algunas veces serán peores) que los del ganado al que han reemplazado. Además, hasta que se consiga que el material genético sea transferido totalmente mediante IA y transferencia de embriones (hechos que no son inminentes), el artículo se entrega en forma de cerdos vivos. Estos cerdos son propensos en sí mismos a variaciones biológicas e imperfecciones, en su estado sanitario, capacidad locomotora y conformación. Estas variaciones e imperfecciones pueden estar o no estar relacionadas con su posterior capacidad para alcanzar unos buenos rendimientos.

Tipos de ganado reproductor

Las ventas tradicionales de cerdos reproductores consistían en machos de raza pura, las hembras reproductoras procedían de las obtenidas en la propia explotación. La capacidad de las empresas que practican la mejora racial para aplicar los conocimientos genéticos para conseguir avances en el rendimiento que son mucho más rápidos que los logrados por el productor individual ha creado un mercado importante para la venta de hembras jóvenes para reposiciones. Estas son invariablemente híbridas y son portadoras de genes con un elevado nivel para la reproducción, crecimiento y rendimiento de las canales. Esto determina que dichas empresas estimulen la producción, comercialización y movimiento de grandes masas de animales. Actualmente las empresas que practican la mejora racial es probable que ofrezcan:

- machos de «raza pura»;
- machos cruzados (híbridos);
- hembras cruzadas (híbridas).

Las hembras serán valoradas inevitablemente por cualidades dependientes del potencial reproductor tales como tamaño de la camada, producción de leche y facilidad para iniciar una nueva gestación. Los machos serán juzgados inevitablemente a primera vista por su entusiasmo para realizar la cubrición de las cerdas y por su fertilidad. Tanto las líneas masculinas como femeninas deberán demostrar cualidades superiores para la tasa de crecimiento, eficiencia del crecimiento, calidad de la canal y rendimiento de la canal.

Los programas de mejora racial tendrán como objetivo demandas particulares del mercado. Los requirimientos de los envasadores de carne para que sean elevados los rendimientos de carne magra y amplias las superficies musculares estimularán el empleo de machos especializados en la producción de jamones y lomos grandes y, especialmente, con buena conformación. Un movimiento de dentro hacia fuera en los productores de cerditos destetados estimulará el empleo de cerdas híbridas especializadas en determinados atributos de rusticidad.

Los distintos reproductores híbridos ofertados procederán de líneas diferentes de abuelos, según sean los requisitos del mercado. Si se percibe que una determinada línea de una raza en particular ofrece unas características en la calidad de la carne puede incluirse en el macho reproductor; mientras que si se percibe que otra línea ofrece rusticidad, podría incluirse en la hembra. No es suficiente que el ganado reproductor sea «mejorado». Los clientes exigen *tipos* particulares de mejora, y resulta más importante la mejora de algunos caracteres que la de otros. Los cerdos magros pueden ser considerados como «mejorados» en algunos mercados mientras que son «no mejorados» en otros. Resulta necesario que el tipo de cerdo reproductor sea identificado como mejorado en un aspecto específico que resulte atrayente para el cliente al que va destinado. La mejora debe ser fácilmente apreciada por el cliente y, preferentemente, será conseguida por el cliente por procedimientos que no sean otros que la compra en la empresa que realiza la mejora racial. Estos principios son básicos para una comercialización eficaz:

- El híbrido será el resultado del cruzamiento de líneas que han sido seleccionadas con éxito para mejoras de la calidad por las que se identifican estos animales.
- El beneficio máximo solamente puede alcanzarse si las reposiciones son adquiridas siempre en origen y no evitando una compra posterior (tal como la

retención de animales destinados al sacrificio procedentes de la unidad de crecimiento para usarlos en la reposición de reproductores).

La falta de adhesión a estos criterios determinará en el primer caso la venta de un producto que no es sino la combinación de razas no mejoradas (y que, por consiguiente, no mostrará mejoras en el rendimiento con respecto a ganado competitivo) y, en el segundo caso, crearán una grave dificultad para conseguir que se repitan las ventas.

La venta de reproductores de los que se espera un mejor rendimiento presenta problemas especiales cuando la consecución de un rendimiento mejorado depende de interacciones del genotipo con elementos derivados de la alimentación, del manejo y del medio ambiente del proceso productivo. Un genotipo mejorado no solamente dejará sin resolver problemas no genéticos derivados de deficiencias de alimentación, alojamiento, sanidad y manejo, sino que algunos genotipos mejorados pueden imponer realmente mejoras en estos aspectos de la producción antes de que pueda demostrarse totalmente su potencial genético.

Resulta esencial que tanto el vendedor como el comprador aclaren totalmente en qué forma han sido mejorados los reproductores, y los aspectos particulares de mejoras en el rendimiento que se alcanzarán con su empleo. También resulta esencial que el vendedor y el comprador tengan confianza completa en los animales y en su capacidad para alcanzar el nivel establecido de rendimiento. Cuando esto no sucede, ambas partes desearán referirse a otros aspectos de la producción que pueden dificultar el logro del potencial genético. Para alcanzar esta confianza, el vendedor debe conocer el ganado que ofrece, sus diversas características y los métodos científicos aplicados para alcanzar las mejoras genéticas. Resulta preferible que los encargados de ventas se encuentren bien informados sobre el proceso de producción y sobre las causas probables de limitaciones del rendimiento en las explotaciones. El conocimiento técnico especializado constituye, en consecuencia, un componente esencial en el éxito de la venta de ganado reproductor.

Selección de reproductores para venta

Algunas de las cualidades de los reproductores mejorados pueden ser evidentes de forma inmediata, mientras que otras aparecen trancurrido un plazo más largo de tiempo. Son relativamente pocas las cualidades genéticas que son visibles en el punto de venta, las mismas se descubren posteriormente (Tabla 16.4).

La transacción que se produce en el punto de venta de ganado reproductor tiene que ver más con espectativas futuras que con percepciones inmediatas. Puede que no siempre sea estrecha la relación entre el aspecto físico de los cerdos en el punto de venta y su rendimiento posterior (para el que fueron comprados). Aunque en el punto de venta deben señalarse las mejoras del rendimiento, la realización inmediata de una transacción requiere el asentimiento del comprador (y esto dependerá de la percepción inmediata de las cualidades de los animales). La selección de ganado reproductor para su venta a clientes (que suele realizarse con pesos vivos de 80-110 kg) está relacionada principalmente, en consecuencia, con las cualidades visibles que aparecen en la columna de la izquierda de la Tabla 16.4. Cabe esperar que sobre el 40% de las hembras

Tabla 16.4 Cualidades del ganado reproductor.

Visibles cuando se compra	*Percibidas a través del rendimiento a corto plazo*	*Percibidas a través del rendimiento a largo plazo*
Aspecto general	Facilidad para mostrar celo	Calidad de la carne
Rectitud de dorso y extremidades	Facilidad para concebir	Rendimiento de la canal
Conformación corporal	Deseo de cubrición	Resistencia a las enfermedades
Forma del jamón	Tasa de crecimiento	Eficacia en el uso del pienso
Forma del lomo	Engrasamiento	Tasa de crecimiento del tejido magro
Color	Tamaño de la camada	Peso al destete
Posición de las orejas	Capacidad locomotora	Camadas por cerda y año
Estado de carnes	Enfermedad crónica	Longevidad de la cerda
Forma y posición de las extremidades	Facilidad de manejo	Agresividad
Forma y ángulo de la pezuña		Fertilidad
Pendiente de la cuartilla		
Forma y posición de los dedos		
Testículos		
Pezones		
Órganos externos de la reproducción		
Heridas cutáneas		
Inflamaciones en extremidades		
Abrasiones en extremidades y dedos		
Enfermedad aguda		
Cojeras y rigidez de articulaciones		
Longitud del hocico y de la cola		

reproductoras potenciales, y el 65% de los machos reproductores potenciales, serán rechazados antes de su venta como consecuencia de estos criterios visibles mientras que, tras la venta, cabe esperar reclamaciones sobre otro 5%, al que pueden añadirse las hembras que no llegan a presentar celo o que no conciben, y los machos que no logran realizar cubriciones.

Descripción del ganado reproductor

Como consecuencia de la relación tan débil que existe entre muchos aspectos del rendimiento y la apariencia de un cerdo, solamente algunas cualidades pueden apreciarse en el punto de venta. La conformación del jamón, por ejemplo, se aprecia con facilidad, mientras que no es visible el rendimiento como reproductor. La disponibilidad de explotaciones para demostración y de cifras de rendimiento de otros clientes son hechos valiosos para las ventas (ver Tabla 16.3). De manera similar, los resultados obtenidos por los envasadores de carne confirmarán las reclamaciones sobre el rendimiento y la calidad de la carne magra.

Estado sanitario

Como el comercio del ganado reproductor –especialmente el de hembras jóvenes para reposición– alcanza un gran volumen, el estado sanitario del ganado es un elemento importante de la estrategia comercial. Los clientes deben estar seguros de que el ganado que adquieren carece de enfermedades. Resulta conveniente que el cliente individual adquiera siempre sus reposiciones en la misma empresa para asegurar la continuidad de la inmunidad. Igualmente, pueden presentarse enfermedades cuando se mezclan animales de distintas procedencias en la explotación de un solo cliente. Las explotaciones exentas de enfermedades tales como neumonía enzoótica (micoplasma) puede esperarse que se mantengan libres de esta enfermedad (en cuanto es posible) adquiriendo cerdos que han tenido un contacto mínimo con la enfermedad. Por otra parte, no es conveniente la adquisición de este tipo de cerdos para explotaciones con problemas respiratorios crónicos ya que así solamente se asegurará la infección de los cerdos carentes de inmunidad. Resulta útil comparar la situación sanitaria de la explotación que suministra ganado reproductor con la situación sanitaria de la explotación que lo recibe. En este aspecto, la sanidad será considerada en términos comparativos y no en términos absolutos.

Recepción de ganado reproductor en la explotación

Aunque se haya realizado una comparación máxima entre el estado sanitario de la explotación de la que proceden los animales con el de la que los recibe, el periodo posterior a su entrega suele ser difícil. No puede evitarse la existencia de diferencias en las condiciones sanitarias, ambientales, nutritivas y de manejo entre una explotación y otra y, tras el trauma del transporte, las hembras y los verracos jóvenes recién entregados en la explotación del comprador se hallarán en una situación relativamente inadecuada para superar las dificultades del cambio. Resulta desafortunado el caso de que reproductores excelentes puedan verse gravemente comprometidos como consecuencia de un manejo descuidado tras su entrega. En el Capítulo 7 han sido tratados muchos aspectos de la aclimatación y del cuidado tras la entrega, aunque puede insistirse aquí sobre:

- Las cerdas y los verracos jóvenes recibirán abundantes cantidades de pienso de elevada calidad tras su recepción en su destino. Se dispondrá también de una dieta idónea para cerdas lactantes con destino a estos animales. Se mantendrá una ganancia diaria de peso vivo de unos 750 gramos y será positiva la acumulación de tejido adiposo. El pienso será suministrado *a voluntad* en las 3 semanas previas al primer apareamiento, con la única excepción de las cerdas jóvenes más cebadas.
- El periodo de unos 40 días que transcurre entre la consecución de 100 kg de peso vivo y la cubrición, con pesos superiores a 130 kg y edades que sobrepasan los 225 días, será destinado para mantener una cuarentena en semiaislamiento y para adaptarse a la situación patológica que prevalece en la explotación donde son recibidos los animales.
- Los cerdos recién llegados a un destino no serán expuestos a nuevas infecciones en el mismo. Esto supone que:

    i. habrán estado expuestos a infecciones importantes en su unidad de origen durante algún tiempo (preferentemente prolongado) antes de su envío; o

ii. habrán sido expuestos de forma lenta y en grados reducidos a las nuevas infecciones; o
iii. habrán recibido vacunaciones adecuadas y se habrán sometido a una medicación preventiva de rutina; o
iv. no serán expuestos a ningún tipo de infecciones que de forma preferente se encontrarán erradicadas en la piara que recibe los cerdos.

- Los traumatismos se reducirán al mínimo proporcionando a las cerdas y verracos jóvenes recién llegados un manejo de máxima calidad, incluyendo baja densidad de ganado, máxima comodidad y un medio ambiente especialmente bueno.

Productos nuevos

Los productos desarrollados desde la década 1950-60 han tenido su origen tanto en la demanda de los compradores como en la actuación de mejoradores raciales innovadores. Han ido apareciendo una serie de productos que reunen el éxito inicial de los criadores de cerdos con pedigree y posteriormente de las empresas productoras de híbridos.

1. El interés inicial se orientó hacia el perfeccionamiento del tipo racial de las razas porcinas nacionales. Esto fue practicado principalmente por criadores privados con piaras reducidas que prestaron una atención especial a la conformación corporal.
2. Las posibilidades de reducir el espesor de la grasa dorsal demostrado por la mejora del tipo Landrace Escandinavo generó interés por las importaciones y por las posibilidades de introducir razas nuevas con atributos especiales como prolificidad y magrura.
   La selección genética orientada hacia un mejor índice de conversión del pienso y contra el cebamiento creó productos porcinos nuevos y fueron vendidas muchas partidas de reproductores europeos sobre la base de su capacidad para mejorar la calidad de la canal. La selección genética requiere la aplicación de los conocimientos genéticos y se ve apoyada principalmente por explotaciones en gran escala; en este momento la iniciativa para transferir ganado reproductor pasó de una multitud de pequeños criadores privados a un menor número de empresas que realizaban la mejora racial.
3. El cruzamiento racial para mejorar la prolificidad condujo a la obtención de la cerda reproductora híbrida como un producto que combinaba una mejora en la producción de cerditos con una mayor calidad de la canal en la generación destinada al sacrificio.
4. Al llegar a este punto en el desarrollo del producto, se identificó el buen estado sanitario como un elemento esencial en la política de comercialización.
5. Aumentó la presión ejercida por los envasadores de carne para concentrar el interés de los ganaderos hacia una mayor reducción del espesor de la grasa subcutánea, y la venta de ganado con una especial capacidad para mejorar la categorización constituyó una fórmula de victoria entre las empresas dedicadas a la mejora racial que competían en este mercado. Deberá señalarse, sin embargo, que no todas las naciones productoras de cerdos mantuvieron

esta tendencia hacia extremos en la magrura de las canales. En algunos casos, el ganado reproductor seguía siendo vendido en base de la perfección del tipo racial (demostrada por el aspecto y la conformación), y los atributos especiales consistían en características tales como rusticidad y no en aspectos dependientes de la calidad de la canal.

6. Alcanzada la mejora de la calidad de la canal, los nuevos productos posteriores anunciaban mejoras en las tasas de crecimiento, especialmente una rápida deposición diaria de carne magra. Junto con una mayor tasa del crecimiento diario del tejido magro se amplió la posibilidad de conseguir cerdos reproductores con atributos especiales tales como mayor superficie del músculo de los lomos, jamones de mayor tamaño y mejor rendimiento de la canal.
7. Persistió la presión mantenida para aumentar el tamaño de la camada y, sigue constituyendo, un aspecto importante en la descripción de las líneas femeninas híbridas, junto con una tasa de crecimiento rápido y un elevado porcentaje de carne magra en la generación destinada al sacrificio.
8. En este punto el desarrollo de otros productos se ha basado en la identificación por separado de las líneas masculina y femenina. La línea masculina (con cualidades especiales de la carne, crecimiento y canal e incluyendo otros aspectos de la calidad muscular) ha proporcionado oportunidades especiales de comercialización mediante el desarrollo de líneas masculinas que aportaban los requisitos de clientes específicos. La proliferación de líneas masculinas terminales permite que los clientes seleccionen aquellas que son especialmente magras, las que presentan una conformación especialmente compacta, las que tienen un crecimiento especialmente rápido, o aquellas con una libido y fertilidad particularmente elevadas, etc.
9. Las líneas de los abuelos han sido consideradas frecuentemente en el pasado como «razas puras», siendo el resultado de una selección progresiva de un determinado conjunto de caracteres en el seno de una población única. Más recientemente, sin embargo, puede descubrirse que las líneas de los abuelos proceden de mezclas de otras líneas, permitiendo la combinación de caracteres deseables y la inserción rápida en los abuelos de caracteres que únicamente se descubren en otras poblaciones (remotas). Muchas líneas de abuelos son actualmente amalgamas sintéticas, y esto ofrece una respuesta más rápida a las demandas del cliente en el contexto de mercados que cambian con relativa rapidez.
10. Dentro de la amplia variedad de líneas masculinas y femeninas disponibles, pueden desarrollarse animales especialmente adecuados para unos sistemas particulares, tales como explotaciones de cerdos al aire libre o de baja intensidad, o para salidas comerciales especiales, tales como cadenas de supermercados de gran calidad que solicitan un producto particularmente tierno y sabroso.
11. Además de seguir mejorando la fertilidad femenina, el desarrollo de productos futuros continuará proporcionado nuevas razas y líneas sintéticas con atributos de interés especial capaces de estimular los aspectos de la calidad en el producto final. La industria que proporciona ganado reproductor, al igual que la industria productora de piensos, es sometida a una presión continuada para desarrollar productos nuevos. Esto no solamente para mantenerse en la vanguardia de las tecnologías nuevas (quizás la separación de los as-

pectos negativos PSS y PSE del gene halotano de los atributos positivos del porcentaje de carne magra, aunque también para mantener el interés y la confianza de los clientes y responder a sus demandas (quizá aumentar la libido de los verracos). La obtención regular de productos nuevos seguirá siendo crucial para la política comercial del ganado reproductor. Tendría malas consecuencias que el desarrollo de productos nuevos no consistiese mas que en volver a mezclar diferentes tipos raciales, y la creación de nuevas marcas e imágenes para productos antiguos.

Precios

Los productores de cerdos, acostumbrados a criar sus propias cerdas reproductoras para reposiciones junto con los cerdos destinados al sacrificio, esperarán que el precio del ganado reproductor sea ligeramente superior que el previsto para cerdos productores de carne del mismo peso. Quienes realizan la mejora porcina identificarán, sin embargo, muchos costes extra en los que han incurrido como consecuencia de sus actuaciones; no siendo el menor los ingentes costes fijos del propio programa de mejora genética, del personal técnico, del personal de ventas, de los estrictos requisitos sanitarios y de la pérdida de animales rechazados en la selección previa a la venta. El cliente, por otra parte, aceptará que las cerdas jóvenes son portadoras de posibles beneficios derivados de una mayor producción de cerditos, mejor eficacia del crecimiento y mejora de la calidad de la canal. Puede intentarse valorar estas mejoras y su valor representará el límite superior que puede pagarse.

La diferencia entre el precio de sacrificio y el valor comercial es muy superior al comprar machos que al adquirir hembras para reposiciones. Un verraco terminal habrá proporcionado unos 500 cerdos para carne (u 8.000 mediante IA) en un año, y puede esperarse que cada uno de estos cerdos incremente los beneficios como consecuencia de las cualidades de su padre. Estos beneficios pueden medirse en términos de tasa del crecimiento, eficacia del pienso y calidad de la canal.

Un semental abuelo debe valorarse según unos contextos más amplios de (a) la descendencia del verraco abuelo se vende para destinarla a la reproducción y (b) el coste muy alto que representa el mantenimiento de piaras núcleo de reproductores, de las pruebas de rendimiento y de la selección de los verracos abuelos, y la tasa sumamente elevada de rechazos entre los candidatos sometidos a comprobación al ser identificados con una superioridad marcadamente inadecuada. Como los verracos abuelos han sido sometidos a comprobación individual, se dispone de información sobre su rendimiento, generalmente en forma de un índice que incluye tasa de crecimiento y engrasamiento. El precio de los individuos puede establecerse según su valor determinado por la comprobación, los verracos con índices superiores alcazarán un precio más elevado.

La obtención de ganado mejorado mediante selección genética impone una inversión elevada que solamente puede proceder de la reinversión de beneficios pasados o de préstamos basados en la esperanza de beneficios futuros. Si se consigue mejora genética generación tras generación, es necesario que los beneficios de las ventas actuales sean adecuados para ser la base de un programa de selección aceptablemente ambicioso y continuado. Por esto no resulta adecuada una política de precios basada en «costes más un beneficio aceptable» sino más bien de «costes más reinversión en productos nuevos más un beneficio aceptable». Si no se logra esto, se perderá competitividad y descenderán las ventas.

Apoyo técnico

Aunque es cierto afirmar que el ganado mejorado rendirá generalmente más que el no mejorado con independencia de las circunstancias de manejo, alojamiento y alimentación, también resulta verdadero que la totalidad de los beneficios procedentes de la mejora no serán evidentes a no ser que se eleven los niveles de manejo, control ambiental y nutrición para acomodarlos a los que precisan estos animales. La explotación del producto por parte del cliente, y los beneficios adecuados a la inversión realizada dependen, por consiguiente, en gran medida, de la capacidad del cliente y de sus conocimientos técnicos. Corresponde al vendedor asegurar que el comprador está satisfecho con su adquisición, y el apoyo técnico representa, por lo tanto, un componente especialmente importante del ejercicio comercial referido al ganado reproductor. Los principios generales del apoyo técnico aportado tras la venta de ganado reproductor no son materialmente diferentes, sin embargo, de los correspondientes a la comercialización de piensos para cerdos. En particular, el cliente precisará ayuda para la elección correcta de la hembra y del semental adecuados. Se precisa un conocimiento íntimo de los rendimientos potenciales que pueden esperarse de las diversas líneas genéticas, y confianza en que pueden alcanzarse los niveles previstos de rendimiento. El potencial genético no puede manifestarse totalmente cuando sufre limitaciones derivadas de deficiencias en aspectos de sanidad, medio ambiente, manejo y nutrición. La manifestación efectiva de una mejora del rendimiento tiene como requisito previo que sean identificadas las barreras no genéticas y, en cuanto sea posible, que sean eliminadas. No es infrecuente, en consecuencia, que las empresas que realizan la mejora racial dispongan de equipos de apoyo técnico que ofrecen asesoría especializada en problemas relacionados con las enfermedades, nutrición, alimentación, manejo y construcción de edificios para los cerdos, así como para el control ambiental.

Las empresas más innovadoras pueden preparar proyectos y manuales de instrucciones que faciliten a los clientes la obtención de beneficios máximos del producto que acaban de adquirir. Resulta necesario no solamente que el producto sea descrito totalmente en términos de los rendimientos que pueden alcanzarse con él mismo, sino también que sean establecidos claramente los medios para alcanzar dichos rendimientos. Entre estos medios se encontrará el control de la nutrición, de la alimentación, del medio ambiente y de la sanidad, así como el manejo de la producción (y de la reproducción). Los clientes nuevos pueden precisar una asistencia especial para aclimatar los cerdos nuevos a las condiciones de su explotación y para acomodarse ellos mismos a las exigencias de los cerdos nuevos. Pocos atributos de los cerdos mejorados (con la posible excepción de una mejora racial para que adquieran resistencia a las enfermedades) suprimirán probablemente los problemas no genéticos asociados con la producción.

Planes de suministro de ganado destinado a reposiciones

Los planes rutinarios de suministro suelen verse comprometidos por los costes del transporte, las restricciones de la cuarentena y las limitaciones del peso. En general, es probable que los clientes soliciten un presupuesto para la reposición anual del 40% de las hembras y del 50% de los machos (o del 100%, si aplican la IA).

El plan ideal de reposición en una piara comercial de 500 cerdas que produce cerdos para sacrificio podría ser:

- 200 hembras reproductoras por año, recibiendo 16-17 cada mes y con un peso de 90-110 kg.
- 12 machos terminales por año para cubrición natural (8-9 machos terminales por año si se utiliza la IA).

Para una explotación de multiplicación que suministra ganado reproductor, la tasa de reposición de hembras sería la misma que para la explotación comercial, aunque precisaría duplicar el intercambio anual de machos, es decir, para una piara con 500 cerdas, 25 machos anuales (2 por mes).

Para repoblar una explotación nueva, o una que se ha vaciado de animales y recibe ganado totalmente nuevo, las entregas pueden escalonarse (para una explotación con 500 cerdas) como sigue:

- Semana 1 — 140 cerdas jóvenes y 12 verracos
- Semana 5 — 120 cerdas jóvenes y 4 verracos
- Semana 10 — 120 cerdas jóvenes y 5 verracos
- Semana 15 — 120 cerdas jóvenes y 4 verracos.

Todas las cerdas jóvenes pueden servirse con 70-110 kg, y todos los verracos tandrán más de 110 kg de peso vivo. Un suministro planificado que supere en el 5-10% las necesidades de reproductores puede constituir una buena seguridad.

Comercialización de cerdos para sacrificio

En muchos aspectos, los beneficios pueden ser óptimos en la industria porcina global cuando se integran los sectores correspondientes a la producción y envasado de carne. Esto permite eliminar la relación comercial competitiva (y de explotación) entre el productor de cerdos y la planta envasadora de carne. Sin embargo, la mayoría de los productores hacen frente a difíciles decisiones comerciales en el punto de venta de sus productos, y el resultado de estas decisiones ejerce un efecto dramático sobre la viabilidad financiera de la operación.

La producción de cerdos es una actividad interempresarial que depende no solamente de un buen manejo y de una elevada producción. La producción y la comercialización se realizan en un ambiente financiero; los dirigentes de las explotaciones deben conocer las consecuencias de una gama infinita de posibles acciones e interacciones sobre la efectividad financiera del negocio. La elección de la estrategia para la producción de carne porcina depende íntimamente de las circunstancias prevalentes que son variables entre las explotaciones, las zonas geográficas y los años.

Los productores de cerdos pueden ajustar sus estrategias comerciales para el sacrificio de sus animales mediante:

- peso al vender (influenciado por objetivos de renovación, calidad de los cerdos, requisitos de los mercados locales);
- engrasamiento al vender (controlado mediante el nivel de alimentación, especificación de los nutrientes del pienso, genética);
- elección del envasador de carne (influenciado por la localización geográfica, precio ofrecido, método de pago, diferenciación según calidad);
- calidad de la carne al vender (controlada mediante la genética, la especificación de los nutrientes del pienso, manejo, manipulación).

El criterio para juzgar la rentabilidad de las distintas decisiones tomadas para la comercialización de los cerdos es siempre un hecho discutible. La rentabilidad absoluta depende del conocimiento de los costes fijos y variables, mientras que el margen bruto depende únicamente del conocimiento de los costes variables. Estas dos características son muy individuales para una determinada explotación. Los elementos mayores del coste variable corresponden, sin embargo, al pienso y a los cerditos destetados. Quizás la determinación más útil del beneficio sea el margen entre el precio recibido por el cerdo sacrificado y los costes que supone la producción (o compra) del cerdito destetado, y el alimento que consume hasta el momento de su sacrificio. El margen financiero sobre los costes del pienso y del cerdito destetado pueden expresarse sobre la base de un cerdo individual (por cerdo) o sobre la base del espacio ocupado en la cochiquera por año (por espacio por cerdo y año). Este último valor tiene la ventaja de conocer los beneficios reales al aumentar la reposición de animales como resultado de una mayor tasa de crecimiento o la venta de cerdos con pesos más ligeros. El ejemplo de la Figura 16.1 demuestra, para este caso particular, que aunque se logra un margen óptimo por cerdo cuando se sacrifica con el peso máximo, el margen es mejor por espacio para un cerdo y año al sacrificar con menos peso. Aunque un productor puede

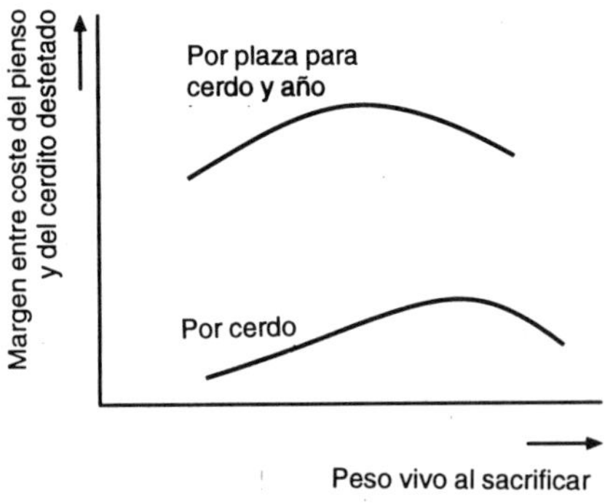

Figura 16.1 Comparación de los márgenes de beneficios expresados por cerdo, o por plaza para un cerdo y año.

sentirse orgulloso por el excelente margen calculado sobre la base de un cerdo individual, sus beneficios efectivos es preferible calcularlos sobre la base del rendimiento de la totalidad de la explotación. El análisis de las estrategias de comercialización de cerdos para sacrificio se realiza, probablemente, mejor mediante el examen del margen sobre los costes del pienso y del cerditos destetados por espacio por cerdo y año.

Peso al vender para la carne de la canal

El peso óptimo al vender interactúa de forma particular con la intensidad de la penalización que pueda existir contra la grasa. Cuanto menos intensa sea la penalización, y menos probable que los cerdos se engrasen, mayor será el peso óptimo para sacrificio (Figura 16.2). En cualquier esquema para el pago según calidad existe otra interacción con el nivel de alimentación. La Figura 16.3 pone de manifiesto la situación de cerdos recibidos por un envasador de carne que discrimina contra las canales grasas. La figura supone un apoyo para los beneficios de la alimentación controlada en relación con la realizada según el apetito del animal, particularmente en los cerdos sacrificados con los mayores pesos. Sin embargo, la alimentación controlada puede no ser siempppre la adecuada cuando es intenso el plan de categorización. La implantación de una ración demasiado estricta impide la obtención de un margen óptimo al reducir en exceso la tasa de crecimiento y el intercambio de animales. Este efecto negativo del control de la

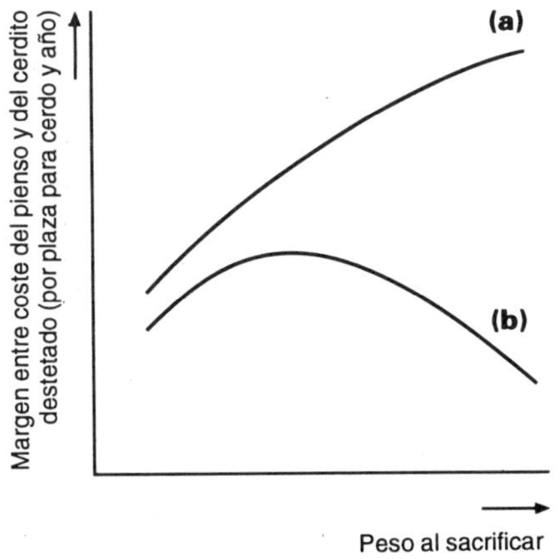

Figura 16.2 Influencia del peso en el momento del sacrificio sobre el margen financiero, según es afectado por el engrasamiento de los cerdos: (a) los cerdos con baja predisposición a engrasarse son escasamente discriminados en el mercado; (b) los cerdos con elevada predisposición a engrasarse experimentan una intensa discriminación en el mercado.

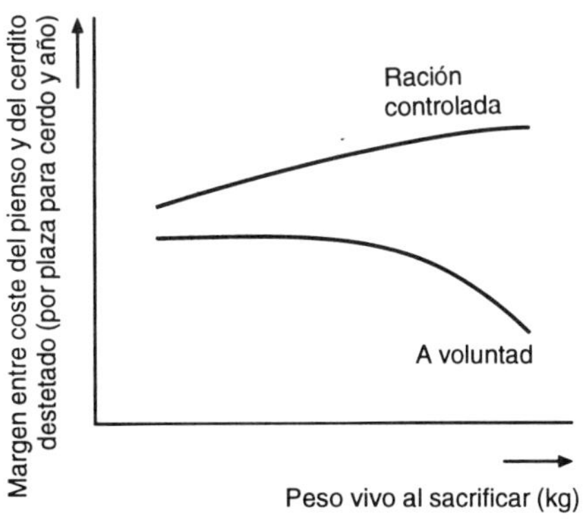

Figura 16.3 Beneficio proporcionado por cerdos sacrificados con distintos pesos que han recibido asignaciones diferentes de pienso.

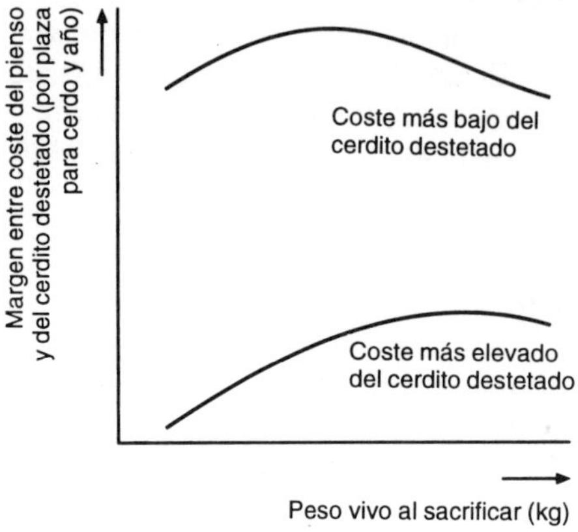

Figura 16.4 Influencia del coste de un cerdito destetado con 20 kg sobre el peso óptimo para su sacrificio.

ración se acentúa particularmente con los pesos vivos más altos. La pauta de las respuestas que aparecen en las figuras sería también diferente al aumentar el precio de los ingredientes del pienso de los animales –en particular de los cereales– que tendería a favorecer el sacrifico con menor peso y una reducción en la asignación de pienso. De forma alternativa, en algunos países es práctica común pagar de forma idéntica todos los cerdos con independencia de su nivel de engrasamiento. Esto estimulará la administración de mayores tasas de pienso, así como la venta de cerdos más pesados y más engrasados.

El coste de la producción o de la compra de cerditos destetados tiene el mismo efecto previsible que cualquier coste inevitable sobre un sistema de producción; cuando aumenta el coste de los cerditos destetados, resulta progresivamente más beneficioso aumentar el peso de sacrificio de los cerdos individuales, diseminando así el coste fijo del cerdito destetado sobre una mayor cantidad de producto vendido (Figura 16.4).

Engrasamiento al sacrificar

Resulta evidente que con unos costes de producción iguales o menores, un cerdo más magro resultará más rentable que otro engrasado si el comprador premia la magrura. También resulta evidente que si el comprador se muestra indiferente por el engrasamiento, los beneficios relativos de un cerdo graso o magro de un determinado peso dependerán del coste del pienso preciso por kg de ganancia de peso vivo –con independencia de la composición de la ganancia–. Un pienso barato y un cerdo engrasado pueden producir un peor índice de conversión del pienso aunque no un peor índice de conversión monetaria; en consecuencia, esta última ópción puede ser rentable. El cebamiento raras veces actúa como una variable única en una decisión de comercialización. Las canales más engrasadas pueden ser consecuencia de un aumento del peso de la canal, y crear así un conflicto de táctica. El engrasamiento puede ser también consecuencia de un crecimiento más rápido, con mayor intercambio de animales y venta de un mayor

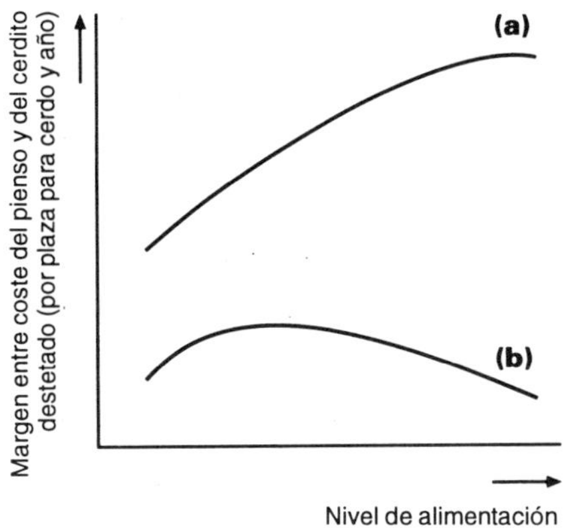

Figura 16.5 Influencia del tipo del cerdo y del nivel de alimentación elegido sobre los beneficios cuando existe una penalización contra el engrasamiento de la canal: (a) cerdos no predispuestos a engrasarse, (b) cerdos predispuestos a engrasarse.

volumen de cerdos. Estos dos últimos elementos del rendimiento global determinan beneficios financieros que pueden anular la penalización que puede originar una reducción en la calidad de la canal.

Ante la existencia de antecedentes sobre una respuesta intensa y prácticamente lineal del engrasamiento provocado por el propio consumo de pienso, en la Figura 16.5 pueden apreciarse las interrelaciones entre el tipo de cerdo (tasa de crecimiento, calidad de la canal) y el consumo de pienso. Aunque los cerdos no predispuestos a la acumulación de grasa serán siempre más rentables que los predispuestos, existe una interacción sobre la cuantía en que un incremento en el nivel de alimentación y el engrasamiento mejora la posición de los cerdos del primer caso (no propensos al engrasamiento) y la empeora en el segundo (cerdos propensos al engrasamiento).

Tanto el espesor de la grasa dorsal como el porcentaje de carne magra en la canal presentarán una distribución (sesgada en el primer aspecto, y normal en el segundo) sobre el valor medio. El incremento de la proporción de animales incluida en la categoría de máxima calidad impondrá con frecuencia sacrificios en términos de un menor peso al realizar la venta y/o tasas de crecimiento más reducidas y/o dietas con una especificación superior (con mayor coste). Para que los cerdos incluidos en el extremo peor de la curva de distribución adquieran una calidad máxima según el contenido de carne magra de su canal, será preciso renunciar a los beneficios de mayores tasas de crecimiento, pesos en el momento de su venta, etc., en todos los cerdos ya situados en el extremo mejor de la curva de distribución y que no precisan tratamientos extremos para tener éxito. En consecuencia, por el beneficio de unos pocos es improbable que la mayoría alcance un rendimiento óptimo. Puede suponer una desventaja financiera la estrategia de producción que sitúa una proporción muy elevada de la totalidad de los cerdos en una categoria óptima –incluso cuando la recompensa es elevada– (Figura 16.6). La consecución de que el 95% de los cerdos alcance la categorización máxima puede suponer una satisfacción máxima para el productor aunque no alcanzará un beneficio máximo.

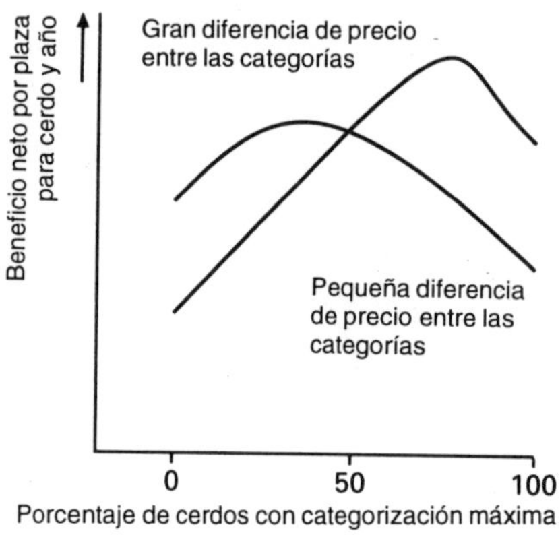

Figura 16.6 Cuando el porcentaje de cerdos que alcanza la categorización máxima depende del engrasamiento, y cuando el engrasamiento es controlado reduciendo el consumo de pienso y la tasa de crecimiento, el margen neto por plaza para un cerdo y año es sensible a la cuantía de las diferencias de precio entre las categorías.

Elección del mercado

Los productores de cerdos para sacrificio y los dedicados a procesar su carne difieren sobre sus preferencias en cuanto al peso y nivel de engrasamiento de los cerdos. Existirán diferencias en los precios medios ofrecidos y en la cuantía del beneficio financiero que podría obtenerse al adaptarse a los criterios de calidad. La Figura 16.7 pone de manifiesto la importancia que tiene la elección del procesador apropiado de la carne porcina producida por cerdos con distintos niveles de engrasamiento. La figura corresponde a un incremento en el nivel de engrasamiento al vender logrado mediante un aumento en el nivel de consumo de una dieta equilibrada. Demuestra la influencia del engrasamiento del cerdo sobre el margen financiero con tres planes diferentes de pago: (a) con una penalización reducida para la canal engrasada, (b) con una penalización media y (c) con una penalización elevada para la canal engrasada. En el caso de los cerdos destinados al envasador (a), los beneficios de una tasa más rápida de crecimiento com-

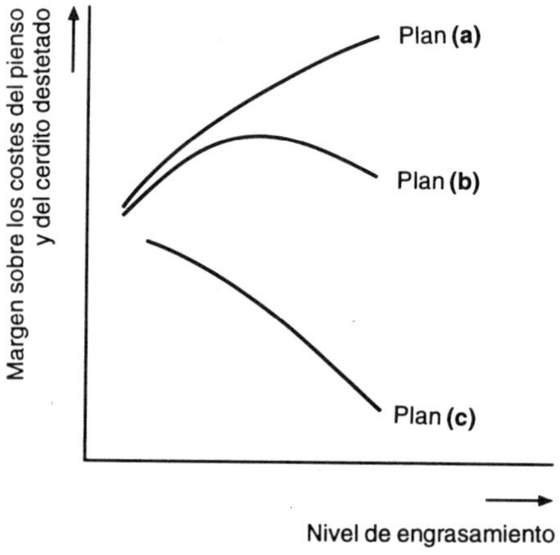

Figura 16.7 Influencia del nivel de engrasamiento provocado por el nivel de alimentación sobre el margen financiero cuando los cerdos son vendidos a tres procesadores diferentes que discriminan contra la grasa según un grado variable: (a) nivel bajo de discriminación, (b) intermedio, (c) nivel elevado de discriminación.

pensan claramente los problemas derivados de un mayor nivel de engrasamiento; mientras que sucede exactamente lo contrario en el caso de los cerdos destinados al envasador (c). No deberá darse por supuesto, sin embargo, que los hechos señalados en la Figura 16.7 son estáticos; más bien por el contrario, son altamente dinámicos y dependientes, entre otras cosas, del precio de los piensos en relación con el de la carne porcina. Si los precios de la carne de cerdo se mantienen altos, los diferenciales de calidad siguen siendo los mismos, y descienden los precios del pienso, entonces la respuesta correspondiente al plan (b) adoptará la misma forma que ahora presenta la correspondiente al plan (a); será más rentable producir cerdos más engrasados. Por consiguiente, el sistema es muy sensible a los cambios en los precios de los cerdos y de los piensos.

Oportunidades de la comercialización: cálculo de algunos casos

Caso 1: un contrato alternativo

Se ofrece un contrato atractivo sin penalización por engrasamiento para cerdos de 70 kg a un productor que ya obtiene buenos resultados económicos con un plan de premio a la calidad para cerdos de 90 kg. El margen de beneficios de la explotación por año era de 7.000 libras esterlinas con un consumo limitado de una dieta con el 17,5% de proteína bruta. El contrato sin penalización para pesos más ligeros puede no ser atractivo (Tabla 16.5) a menos y hasta que los cerdos sean alimentados de forma generosa, aunque la mejor solución para sacrificar con cualquiera de los dos pesos incluye el empleo de dos dietas (en lugar de tan solo una). La mejor solución parece consistir en que todos los cerdos sean alimentados generosamente, aunque aquellos con predisposición a engrasarse (machos castrados) serán sacrificados con 70 kg mientras que los restantes seguirán creciendo hasta los 90 kg.

Caso 2: cerdos que son demasiado grasos

Un productor es alertado por el procesador de carne de que sus cerdos ya no resultan aceptables a menos que haga algo para que sean menos grasos. Al investigar la situación, se aprecia además que la explotación funciona con pérdidas. Una mezcla de hembras y de cerdos castrados de tipo comercial reciben una

Tabla 16.5 Cálculo de los beneficios de la explotación (Libras esterlinas por año) cuando son sacrificados los cerdos con 70 y 90 kg de peso vivo bajo diferentes circunstancias de producción.

	Sacrificio con 70 kg	*Sacrificio con 90 kg*
Alimentación restringida con un solo pienso de calidad media	5.500	7.000
Alimentación abundante con una sola dieta de calidad media	9.000	4.000
Alimentación abundante con 2 dietas (crecimiento + acabado)	12.000	9.000

Tabla 16.6 Cálculos para examinar las ventajas comparativas de diversas tácticas y estrategias en una explotación de cebo con 600 plazas para resolver un problema de mala calidad de la canal: (o) presenta el rendimiento actual; (a) se reduce el peso al sacrificar; (b) se aumenta la calidad de la dieta; (c) se reduce la asignación de pienso; (d) se interrumpe la castración; (e) se mejora la calidad de los cerdos.

	(o)	*(a)*	*(b)*	*(c)*	*(d)*	*(e)*	*(cde)*	*(bde)*
Ganancia diaria de peso vivo (kg)	0,69	0,68	0,68	0,59	0,71	0,70	0,60	0,73
Índice de conversión del pienso	2,79	2,75	2,82	2,84	2,69	2,74	2,78	2,57
Cerdos con P2 < 14 mm (categoría superior) (%)	26	34	33	59	62	43	86	91
Producción anual de cerdos en la explotación ('000)	2,11	2,23	2,09	1,81	2,15	2,13	1,84	2,23
Beneficios sobre costes de pienso y destetados (Libras/cerdo)	7,50	7,00	6,10	10,32	12,03	9,84	12,75	13,24
Beneficio anual de la explotación (Libras '000)	–3,43	–3,83	–6,44	0,05	6,54	1,66	4,78	10,12

asignación limitada de pienso utilizando dos dietas: una de mayor calidad desde los 20 a los 50 kg, y otra de calidad inferior desde los 50 a los 90 kg de peso vivo. La Tabla 16.6 presenta en (o) el rendimiento actual. La categorización podría mejorar de cinco formas: (a) reduciendo el peso de sacrificio, (b) aumentando el contenido de proteína de las dietas e incurriendo en costes extra, (c) reduciendo la asignación diaria de pienso, (d) buscando un mercado para machos enteros y dejando de castrar o (e) usando una estirpe mejorada de cerdos.

La reducción del peso al sacrificar (a) no representa una ayuda al no ser suficiente para reducir los espesores de la grasa dorsal en una cuantía apropiada; al aumentar el número de cerdos producidos, sin embargo, determina que aumente el número de cerdos vendidos (¡y las pérdidas!). Tampoco supone un beneficio aumentar el coste y la calidad de las dietas (b). La reducción de la asignación de pienso (c) parece ser una táctica apropiada a corto plazo ya que puede aplicarse de forma inmediata y evitará la actual pérdida financiera, al mismo tiempo que se mejora sustancialmente la categorización de los cerdos. Las estrategias a largo plazo incluirán la búsqueda de un mercado para machos enteros (d) y la adquisición de reproductores híbridos mejorados (e). La combinación de las actuaciones (c), (d) y (e) parece atrayente aunque si es implantada dicha estrategia no resultaría mucho más atractiva que la combinación de las acciones (b), (d) y (e). De todas las posibilidades que se presentan, la mejora de la calidad de la dieta, la interrupción de la castración y la mejora de la calidad de los cerdos (b, d, e), aunque manteniendo el peso de sacrificio y el nivel de consumo de pienso, proporciona los máximos beneficios anules para la explotación.

Caso 3: mejora hasta alcanzar la categoría de excelencia

Una explotación que realiza la multiplicación de cerdos mejorados suministra reproductores a una segunda explotación comercial también de su propiedad. El procesador de carne premia de forma constante la elevada calidad de los cerdos recibidos. Machos enteros y hembras mezclados son alimentados con dietas de buena calidad en cuantías limitadas. La unidad comercial consigue beneficios (Tabla 16.7, (o)), aunque solamente son ajustados. El simple hecho de aumentar el nivel de consumo y sacrificar los cerdos con unos 3 kg más de peso (a) permite duplicar los beneficios sin reducir la categoría de la canales, esto último resulta

Tabla 16.7 Cálculos para examinar la posibilidad de mejorar el beneficio de una piara de elevada calidad que precisa mantener una excelente calidad de las canales: (o) posición actual; (a) se aumenta la asignación de pienso y se sacrifica con un peso ligeramente superior. La unidad de cálculo es una explotación de cebo con 600 plazas.

	(o)	*(a)*
Ganancia diaria de peso vivo (kg)	0,65	0,72
Índice de transformación del pienso	2,52	2,49
Cerdos con P2 < 14 mm (%)	98	91
Producción anual de cerdos en la explotación ('000)	1,99	2,11
Beneficios sobre costes de pienso y destetados (Libras ester./cerdo)	14,03	15,58
Beneficio anual de la explotación (Libras '000)	3,95	8,60

importante para la venta de hembras reproductoras híbridas que realiza la piara de multiplicación.

Caso 4: diferencias entre las dietas

Un productor que alimenta cerdos mediante *consumo a voluntad* en tolvas para autoconsumo proporciona cuatro dietas alternativas desde 20 a 90 kg de peso vivo (Tabla 16.8). Los piensos son de distinta calidad y de precios diferentes. Se calcula que el pienso 3 es la mejor opción aunque la calidad de la canal y el perfil de la categorización no son realmente suficientemente buenos. En la explotación se sabe que puede limitarse el consumo de pienso si se cierran las correderas deslizantes de las tolvas en las cochiqueras de acabado para reducir el flujo de pienso. Cuando se limita el suministro de pienso, se calcula que los rendimientos son igualmente buenos con las dietas 3 y 4. Las tasas de crecimiento descienden en unos 0,75 kg por día aunque hasta el 80% de los cerdos puede alcanzar de esta manera la categoría óptima, y el margen de beneficios aumenta hasta unas 10.000 libras esterlinas por año. La elección entre las dietas 3 y 4 tiene una importancia relativamente escasa.

Sensibilidades

Las sensibilidades comparativas suponen un componente vital para valorar las oportunidades de comercialización, y cambiarán con las fluctuaciones en el precio de los cerdos, en el precio de los piensos y con los premios abonados por calidad en relación con el coste de las dietas y los ingresos por la venta de canales. Los casos anteriores hacen referencia a premios por categoría de la canal que suponen el 10% o más del precio medio por kg de peso de canal. Los diferenciales mayores o menores entre las categorías determinarán que sean bastante diferentes las conclusiones correspondientes a los distintos cálculos.

Tabla 16.8 Cálculos para examinar las ventajas comparativas de cuatro dietas con diferente calidad y precio.

Dietas	*1*	*2*	*3*	*4*
Proteína bruta (g/kg)	150	175	200	235
Fibra bruta (g/kg)	60	50	40	30
Aceite (g/kg)	30	45	55	60
Precio (Libras/t)	140	155	165	175
Respuestas				
Ganancia diaria de peso vivo (kg)	0,68	0,78	0,84	0,86
Índice de transformación del pienso	2,97	2,62	2,49	2,42
Cerdos en categoría superior (%)	26	50	55	57
Producción anual ('000)	2,11	2,38	2,52	2,61
Beneficios sobre costes de pienso y destetados (Libras/cerdo)	6,21	9,39	10,14	9,00
Beneficio anual de la explotación (Libras '000)	–6,13	2,60	5,49	3,24

Los hechos esenciales para calcular las oportunidades de comercialización son su dinamismo y sensibilidad ante las circunstancias prevalentes. Estos cálculos son complejos aunque es necesario repetirlos con frecuencia para que resulten útiles. Al igual que con todas las previsiones de negocios futuros de esta naturaleza, la toma de decisiones de manejo se simplifica considerablemente si los cálculos se realizan mediante modelos de simulación con la computadora, como ha sido el caso aquí.

Conclusión

La posición de los productores de cerdos que comercializan su producto hacia los procesadores de carne es diferente de la posición del fabricante de piensos o del que vende cerdos reproductores a los productores. Aunque en cada caso es el productor quien debe tener un papel activo –y no pasivo– en la comercialización para que sea óptimo el valor de las compras y de las ventas. Aunque con escasa influencia directa sobre las empresas que sacrifican los cerdos y procesan su carne (a menos que se encuentren integrados estos sectores), el productor tiene muchas opciones para conseguir que sea óptima la producción y la comercialización, incluyendo la calidad genética y el coste de los cerdos, la calidad nutritiva y el precio de los piensos, la forma en que crecen los cerdos, la elección del peso para el sacrificio y la elección del engrasamiento en el momento de la venta. Quizá resulte sorprendente que, en el seno de la industria porcina, exista una variación amplia entre los productores con respecto a sus posibilidades para explotar la flexibilidad de la comercialización que se les presenta.

CAPÍTULO 17

Necesidades medioambientales de los cerdos

Introducción

Los cerdos salvajes no frecuentan ni los bosques espesos ni los espacios abiertos sino más bien lugares intermedios de bosque abierto, matorrales y los márgenes de los bosques. Construyen nidos con palos, hierbas y maleza que utilizan como abrigo. Puede suponerse que los cerdos se verán beneficiados al estar protegidos de los elementos como son el viento, el sol y la lluvia y al disponer de una cama caliente y seca. Para aportar estos requisitos, y proporcionar también un suministro individual de pienso se dispone de múltiples y variados sistemas de alojamiento. El alojamiento de los cerdos cumple también otras funciones distintas de la provisión de abrigo y alimentos. Entre las mismas se incluye el evitar las peleas, la protección de los cerditos lactantes, el facilitar el apareamiento, la prevención de traumatismos físicos durante la gestación, la manipulación y eliminación de excrementos, y la asignación de locales en los que los cerdos puedan descansar y crecer, sin depredadores, parásitos ni enfermedades. Estos medios, al ser costosos, tienden a estimular los sistemas de producción intensiva en los que los cerdos deben permanecer, en mayor o menor medida, con poblaciones densas en espacios relativamente pequeños y recluidos en lugares o edificios cerrados. Estos hechos provocan algunas desventajas en términos de bienestar, densidad de población, enfermedades y costes de capital.

Los edificios destinados a los cerdos pueden acumular calor mediante radiación a través del tejado, por entrada de aire externo caliente, por la calefacción interna suplementaria y procedente de los propios cerdos que ocupan los edificios. Los cerdos pierden calor hacia el medio ambiente mediante radiación, conducción (principalmente a través del contacto con el suelo), convección (procedente de la superficie corporal) y calor latente (mediante la pérdida de agua por evaporación procedente de los pulmones). La eliminación de calor –y de vapor de agua– del ambiente interno de un edificio se favorece mediante la ventilación (convección) aunque también puede ejercerse cierto control sobre las pérdidas de calor por conducción y radiación mediante el aislamiento.

Temperatura

Las temperaturas ambientales que resultan confortables para los cerdos dependen mucho de su peso corporal (Tabla 17.1). Estos valores son muy afectados por el calor que ha sido generado en el curso del metabolismo de la energía, y que debe ser disipado del cuerpo del animal. Este calor ayuda a combatir las condiciones de un ambiente frío. Realmente, existe la necesidad de que el calor salga del organismo para evitar un estrés térmico. La dependencia de la temperatura de confort (Tc) con respecto a la producción de calor (H) puede expresarse de forma aproximada para cerdos de 10 kg o más como:

$$Tc = 27 - 0{,}6H$$

(Ecuación 17.1)

manteniendo H una relación positiva con el peso corporal, el consumo de alimentos y la tasa de crecimiento de los cerdos. El valor de H es generado desde el interior del cerdo en forma de la suma de la energía de trabajo usada para mantenimiento, crecimiento de la proteína y de los tejidos grasos y producción de leche. Por consiguiente, H alcanzará valores mínimos en los cerdos más pequeños sometidos a un crecimiento lento, serán intermedios en cerdos pequeños con un crecimiento más rápido y en cerdos mayores y serán máximos en cerdos pesados

Tabla 17.1 Temperaturas de confort (Tc) para cerdos con distintos pesos corporales. La zona de confort oscilará por lo general sobre 1°C por encima o por debajo de los valores dados. Se supone que los cerdos son alimentados según su apetito y pueden tumbarse sobre un suelo cuya resistencia térmica no es diferente a la del aire.

Peso vivo del cerdo		*Temperatura de confort (Tc) (°C)*
Lechones		
< 1 kg		32
< 5 kg		28
Cerdos destetados		
< 8 kg		28
< 10 kg		26
10-15 kg		22
En crecimiento		
15-30 kg		20
En fase de acabado		
30-60 kg		18
60-120 kg		16
Cerdas gestantes	alimentación limitada	18
	en grupos sobre paja	15
Cerdas lactantes		16
Verracos		18

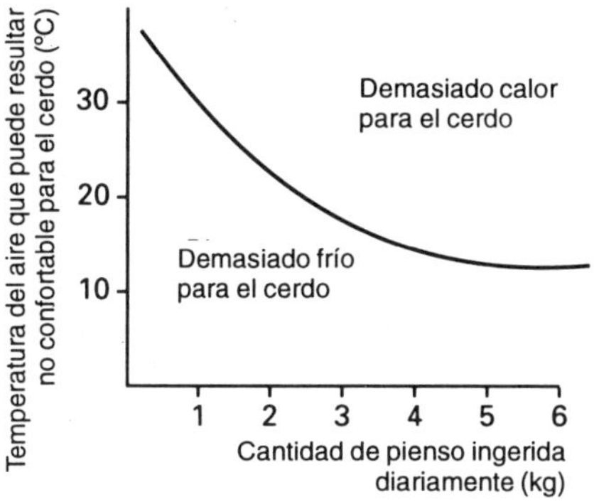

Figura 17.1 La temperatura ambiente en la que el cerdo se encuentra cómodo depende de la cantidad de pienso que ingiere (la ilustración supone una dieta con unos 13 MJ de ED/kg).

con un crecimiento rápido y en las cerdas lactantes. La relación entre el consumo de pienso y la temperatura de confort aparece en la Figura 17.1.

Una vez calculada, la Tc debe ser modificada por aquellos factores que pueden influir materialmente sobre la tasa de pérdida de calor procedente del organismo del cerdo, especialmente conducción y convección, y comportamiento del cerdo.

Superficie del suelo

Una influencia importante sobre la temperatura efectiva de confort está constituida por la naturaleza de la superficie del suelo sobre la que yace el cerdo y a través de la cual pierde calor mediante conducción. Todos los materiales tienen un cierto grado de resistencia a la transferencia de calor (incluyendo el aire). Según demuestra la Tabla 17.2 las pérdidas de calor a través de una cama gruesa serán mucho más lentas que a través de un suelo de hormigón. La temperatura ambiente de confort sobre cama es, por consiguiente, mucho menor que sobre suelo de hormigón.

Comportamiento

El comportamiento constituye otra influencia moderadora sobre Tc. Los cerdos pueden tumbarse lateralmente, y al ser máxima la superficie corporal en contacto

Tabla 17.2 Resistencia térmica de materiales del suelo en comparación con la del aire = 100.

Aire	100
Suelo de tela metálica	100
Cama gruesa de paja	500
Listones de madera	200
Listones de hormigón	50
Suelo sólido y húmedo de hormigón	25

con el suelo será máxima la tasa de pérdida de calor a través del mismo. De igual manera, las pérdidas puede reducirse al mínimo si los cerdos yacen sobre su esternón. Los cerdos agrupados tienen temperaturas de confort inferiores a las de animales individuales; esto se debe a que pueden yacer reunidos para conservar el calor. La posición en que se tumban los cerdos en las cochiqueras puede proporcionar una buena indicación de la aceptabilidad de la temperatura ambiental. Los cerdos no se amontonarán normalmente (como sucede cuando hace demasiado frío), ni se tumbarán todos separados (con cuando resulta excesivo el calor).

Convección

La velocidad del movimiento del aire a lo largo del cuerpo controla el paso del calor desde la superficie corporal hacia el aire. Este efecto no es grande cuando la velocidad del aire es reducida, aunque con velocidades del aire (corrientes) superiores a 0,5 metros por segundo pueden ser importantes las consecuencias para la temperatura de confort, y en este aspecto por cada 0,2 metros/segundo que aumente la velocidad del aire se añaden unos 2°C a la Tc. No debe sorprender que, cuando no existe estrés térmico, los cerdos se tumben voluntariamente separados de las corrientes.

Resulta difícil determinar de forma total y cuantitativa la influencia del medio ambiente sobre las temperaturas de confort, y la solución no parece consistir (en cualquier caso) en soluciones matemáticas complejas ni en la aplicación detallada de las leyes de la física. Mientras tanto puede ofrecerse una solución pragmática de la influencia del medio ambiente en la Tabla 17.3. Los factores Ve y Vl pueden usarse para modificar la temperatura ambiental (T) y permiten calcular la temperatura efectiva (Te) como:

$$Te = T(Ve)(Vl)$$

(Ecuación 17.2)

Tabla 17.3 Puntuaciones para Ve y Vl usadas en el cálculo de la temperatura ambiental efectiva (Te) en la ecuación Te = T(Ve)(Vl), siendo T la temperatura ambiental medida.

Tasa de movimiento del aire y grado de aislamiento	*Ve*
Aislado, sin corrientes	1,0
No aislado, sin corrientes	0,9
Aislado, corriente ligera	0,8
Aislado, con corrientes	0,7
No aislado, con corrientes	0,6
Tipo de suelo en la zona para tumbarse	*Vl*
Cama gruesa de paja	1,4
Sin cama sobre suelo sólido aislado	1,0
Suelo de listones sin corrientes	1,0
Sin cama sobre suelo sólido sin aislar	0,9
Suelo de listones con corrientes debajo	0,8
Sin cama sobre suelo húmedo, sólido, sin aislar	0,7

La temperatura efectiva Te puede compararse ahora con Tc para calcular cualquier disparidad que pueda existir entre lo que el cerdo necesita y lo que le proporciona el alojamiento.

Refrigeración y calentamiento (Tabla 17.4)

Puede suponerse que los cerdos pueden ser refrigerados al:

- reducir el número de cerdos por cochiquera (no solamente porque pueden tumbarse lateralmente sino también porque al reducir el número total de cerdos en el volumen total de aire del alojamiento disminuye la producción total de calor (H); se calcula de forma aproximada que media docena de cerdos en crecimiento de tamaño mediano producirán energía en la cuantía aproximada de 1kWh);
- proporcionar suelos con baja resistencia térmica (gran capacidad para difundir el calor);
- aumentar la velocidad del movimiento del aire.

También ayudará la protección frente al calor radiante (mediante el aislamiento de los tejados), la humidificación del aire, la distribución del pienso humedecido, la colocación de pulverizadores de agua, los suelos húmedos y la existencia de revolcadores. Los cerdos son relativamente indiferentes a los cambios de la humedad relativa entre el 60% y el 90%, aunque la estructura del edificio no será indiferente a la condensación que puede producirse con humedades relativas más elevadas y temperaturas más frías. Los cerdos no sudan, aunque son posibles las pérdidas de calor por evaporación en la superficie pulmonar y los cerdos sometidos a estrés térmico pueden jadear; en este caso pueden haber fallado ciertamente las estrategias de refrigeración.

El calentamiento de los cerdos puede conseguirse mediante tácticas contrarias a las anteriores, más la incorporación real de energía en el alojamiento por medio de calefacción suplementaria. Los cerdos son por sí mismos una fuente clara de calor según se desprende de la ecuación:

Tabla 17.4 Enfriamiento y calentamiento.

Demasiado calor	*Demasiado frío*
Los cerdos se tumban separados y mantienen un contacto máximo con el suelo	Los cerdos se tumban juntos y reducen al mínimo su contacto con el suelo
Aumentar la tasa de ventilación (volumen y velocidad)	Reducir la tasa de ventilación
Reducir la densidad de alojamiento	Aumentar la densidad de ganado
Aumentar el volumen de aire	Reducir el volumen de aire
Proporcionar suelos sólidos	Proporcionar suelos suspendidos
Proporcionar sombra	Mantener los suelos secos y con cama
Colocar pulverizadores de agua	Proporcionar calor suplementario
Aislar tejado y paredes	Aislar tejado y paredes
Proporcionar dietas densas ricas en nutrientes	Proporcionar más pienso
	Dietas densas pobres en nutrientes

$$H = EM - (24Pr + 39Lr)$$

(Ecuación 17.3)

que no es sino decir que la energía metabolizable (EM) del pienso terminará siendo calor (H) que es perdido por el organismo animal, con la excepción del que se retiene como depósitos de proteína y de lípidos (Pr y Lr). La cantidad de calor generada por el metabolismo corporal (es decir, la EM efectiva aportada por la energía digerida) depende en escasa medida de la forma en que es aportada la energía de la dieta. La fibra de la dieta dispone de un calor de fermentación especialmente elevado, mientras que la grasa de la dieta puede ser usada con una eficacia especial. En consecuencia, las dietas ricas en fibra crearán calor, mientras que las dietas ricas en grasa favorecerán la refrigeración.

En cualquier caso, la temperatura ambiental de un alojamiento para cerdos puede ser aumentada de forma más efectiva incrementando el número de cerdos en su interior (aumentando la densidad de alojamiento) y/o aumentando la cantidad de pienso que se proporciona a los cerdos (elevando la asignación; estimulando el apetito).

La calefacción suplementaria aportada por gasóleo, electricidad o gas puede ser suministrada mediante procedimientos convencionales, incluyendo convectores, sistemas para calentamiento del suelo, calefactores radiantes elevados, etc. Los radiadores de agua caliente pueden encontrarse en edificaciones sofisticadas para cerdos en climas fríos, mientras que los calefactores por gas o electricidad elevados son de empleo normal para cerditos lactantes, destetados o para algunos cerdos jóvenes en crecimiento. La gran diferencia entre la temperatura de confort de un cerdito lactante recién nacido (unos 28°C) y la de su madre (unos 15°C) pone de manifiesto la imposibilidad de proporcionar una temperatura ambiental ideal para cerdos de clases muy diferentes. En el caso de la cerda y su camada, es un requisito previo la instalación de una fuente local de calor que proporcione un microclima caliente para los cerditos lactantes. En el caso de cerdos en crecimiento son precisos diferentes tipos de alojamiento mantenidos con distintas temperaturas ambientales, y precisando diferentes grados de complejidad en sus sistemas de control, para cerdos destetados, en crecimiento jóvenes y en fase de acabado.

Una solución intermedia para aumentar el calor en un edificio, entre el empleo del calor disipado por los animales y la introducción de energía suplementaria, consiste en hacer todo lo posible para conservar el calor ya existente. El aislamiento, la recirculación y la tecnología del intercambio de calor pueden adaptarse fácilmente en las edificaciones para cerdos y pueden ejercer una contribución importante para el ahorro de energía en ambientes fríos.

Respuesta metabólica al frío y al calor

Los cerdos experimentan una refrigeración cuando la temperatura ambiente efectiva (Te) es inferior a la temperatura de confort (Tc). La respuesta de los cerdos al frío consiste en desviar la energía ingerida de las funciones productivas hacia la creación de calor (es decir, termogénesis frente al frío). El coste energético de la termogénesis frente al frío (E_hi) por cada grado de enfriamiento puede estimarse como:

$$E_hi(MJ) = 0{,}012W^{0{,}75}(Tc - Te)$$

(Ecuación 17.4)

siendo W el peso vivo (kg), Tc la temperatura de confort y Te la temperatura ambiental efectiva (°C).

Así, aunque se mantiene la temperatura corporal, el cerdo crecerá más lentamente y descenderá el índice de conversión del pienso. De forma aproximada, pueden usarse 50 gramos de pienso de esta manera por un cerdo de100 kg de peso vivo (W) por cada 1°C de frío (Tc – Te). No obstante, pueden existir procedimientos con un coste más eficaz para introducir energía en el medio ambiente que la conversión del pienso en calor por parte del cerdo: ciertamente la conservación del calor, aunque también en muchas circunstancias la producción de calor a partir de combustibles fósiles (no renovables). El equilibrio del beneficio depende de los costes comparativos entre la energía del pienso de los cerdos (carbohidratos vegetales) y la energía de los combustibles fósiles. Se insistirá en que al aumentar el consumo de pienso desciende Tc (Figura 17.1) y, por desgracia, existe también una respuesta del apetito cuando la temperatura ambiental es inferior a la de confort. Esta última respuesta puede anular en cierta medida la cuantía de las reducciones en la productividad originada al desviar la energía de la deposición de proteína y lípidos hacia la generación de calor.

Los cerdos experimentan calor cuando la temperatura ambiente efectiva (Te) es superior a la temperatura de confort (Tc). El cerdo se ve incapacitado para disipar calor hacia el medio ambiente y, en consecuencia, disminuye el apetito en 1 gramo por kg de W y 1°C de calor por encima de la temperatura de confort (Tc - Te). Desciende la tasa de crecimiento y el índice de conversión del pienso.

En la Figura 17.2 se aprecia la influencia de la temperatura ambiental sobre la tasa de crecimiento como resultado de las respuestas metabólicas de la termogénesis frente al frío y de la reducción del apetito.

Influencia del aislamiento

El grado de aislamiento influye tanto sobre la rapidez con que un edificio pierde calor como sobre la rapidez con que lo gana. Dadas unas densidades conven-

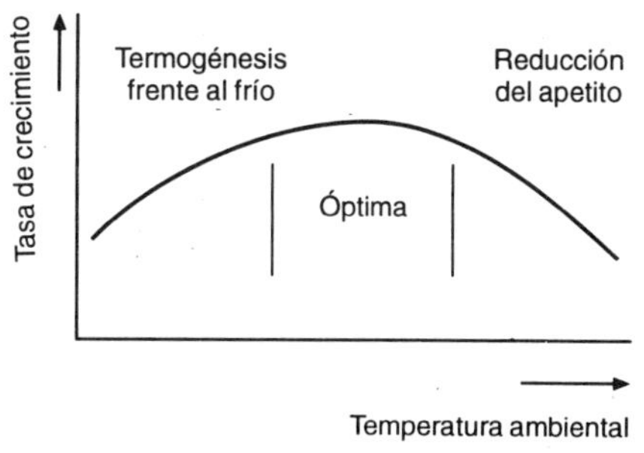

Figura 17.2 Influencia sobre la tasa de crecimiento de la respuesta metabólica al aumentar la temperatura ambiental.

cionales de población porcina y una temperatura exterior de 0°C, un edificio sin aislamiento es improbable que mantenga una temperatura interna del aire muy superior a 12°C, y, además, se producirá condensación. Sin embargo, un aislamiento eficaz (especialmente del tejado) permitirá mantener una temperatura interna del aire satisfactoria de 20°C y evitará la condensación. De igual forma una temperatura del aire exterior de 20°C se asociaría, en un edificio sin aislamiento, con una temperatura interna en las cochiqueras de los cerdos superior a 25°C. Aunque cuando el edificio se encuentra aislado y provisto de una excelente ventilación podría mantenerse una temperatura interna que no superaría a la externa en más de 2°C.

Ventilación

Los cerdos necesitan un volumen mínimo de aire de unos 0,1 m^3 por kilogramo de peso metabólico ($W^{0,75}$). Este aire debe moverse si:

1 Las pérdidas de humedad por evaporación desde los pulmones no han de causar una acumulación de humedad relativa y condensación.
2 Ños cerdos tienen que perder calor de sus organismos si es preciso.
3 El aire tiene que mantenerse fresco y carente de gases nocivos. Los niveles aceptables de gases son 5 partes por millón (ppm) de monóxido de carbono, 2.000 ppm de dióxido de carbono, 0,1 ppm de sulfuro de hidrógeno y 10 ppm de amoniaco. Niveles superiores son indicativos de ventilación inadecuada, aunque los niveles pueden alcanzar 3.000 ppm de CO_2, 5 ppm de H_2S y 20 ppm de NH_3 sin alarma indebida; aunque pueden aparecer problemas con niveles superiores a estos.

Un excesivo movimiento del aire por ventilación determinará el riesgo de reducir la temperatura efectiva (Te) por debajo de la zona de confort (Tc) en climas donde puede ser baja la temperatura exterior. En climas templados suele producirse un equilibrio entre la frescura del aire y su temperatura (Figura 17.3).

La ventilación natural (Figura 17.4(a)) depende de la brisa existente, las entradas de aire pueden ser controladas manual o automáticamente. El tamaño de las entradas depende de la temperatura exterior, debiendo ser en climas cálidos hasta el 20% de la superficie del suelo, con un respiradero en la cumbre del tejado cuya superficie equivale a la del 10% de la correspondiente al suelo. Esto se logra normalmente con una abertura amplia en la parte superior del tejado, y ventanas laterales que pueden levantarse con facilidad. El respiradero de la cumbre puede no ser preciso cuando es abundante la ventilación lateral. En cualquier caso, el tejado debe estar bien aislado.

En alojamientos con «ventilación controlada», el movimiento del aire suele conseguirse con ventiladores eléctricos, que entran en funcionamiento de acuerdo con la temperatura del local. Los ventiladores funcionan cuando se alcanza el límite superior de la zona de temperatura de confort y dejan de funcionar cuando la temperatura ambiente alcanza el extremo inferior de la zona de confort. Por

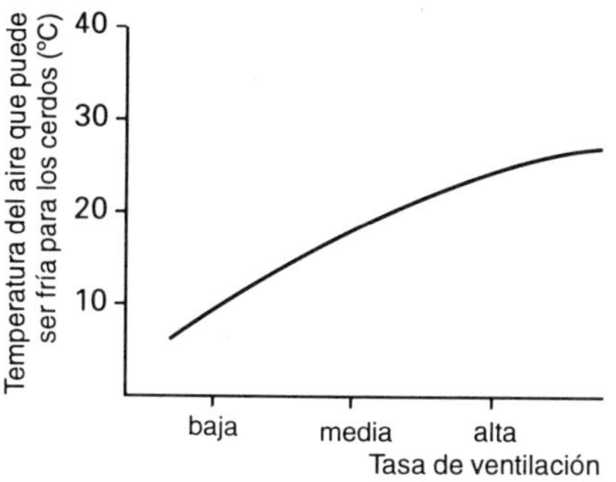

Figura 17.3 Influencia de la tasa de ventilación sobre la probabilidad de que un cerdo experimente frío.

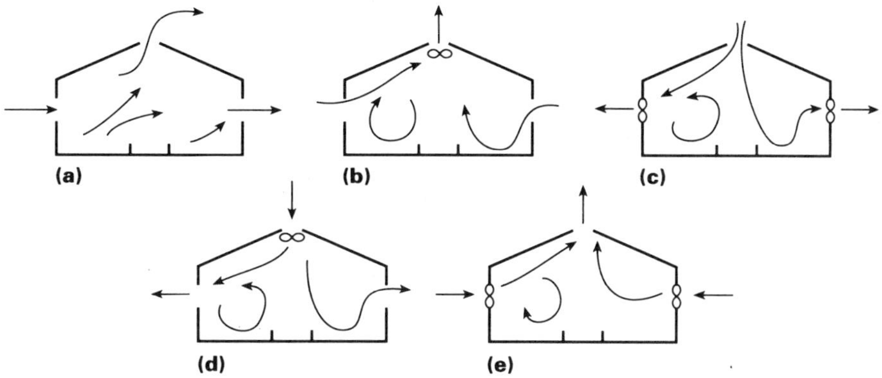

Figura 17.4 Pautas de ventilación: (a) ventilación natural, (b)-(e) diferentes configuraciones para sistemas de ventilación con ventiladores (los sistemas preferidos de circulación del aire aparecen dibujados a la izquierda de los edificios).

consiguiente, la sensibilidad de los termostatos debe ser de más o menos 1°C aproximadamente. Las fluctuaciones de temperatura pueden ser tan contraproducentes para la salud y el bienestar de los cerdos como pueden serlo las temperaturas altas o bajas –especialmente en el caso de cerdos destetados–. Los ventiladores de velocidad variable, o una mezcla de ventiladores grandes y pequeños, pueden ayudar a que sean suaves las transiciones de temperatura.

En la Figura 17.4(b)-(e) aparecen ejemplos generales de sistemas de ventilación mediante ventiladores. Las pautas de flujo de aire que aparecen a la izquierda de los dibujos son preferibles a las conseguidas a la derecha. Estas últimas permiten que el aire frío caiga directamente sobre los cerdos, mientras que las primeras favorecen movimientos más rápidos del aire a lo largo de la cima del tejado y se produce una mezcla más lenta y más general del aire en el seno del edificio y alrededor de los cerdos.

Generalmente, en los alojamientos para cerdos se precisa una tasa mínima de ventilación (movimiento del aire) de 0,2 m^3 por hora y kilogramo de peso vivo, aunque sea baja la temperatura exterior; aunque en climas fríos puede reducirse

Tabla 17.5 Capacidad de los ventiladores para proporcionar aire.

Diámetro del ventilador	*Revoluciones por minuto*	*Aire proporcionado (m^3/hora)*
500 mm	1.4000	8.500
	1.000	6.000
	700	5.400
1.000 mm	800	35.000
	400	20.000

más este mínimo en interés del calor que precisan los cerdos. Las tasas máximas de ventilación durante las épocas cálidas en climas templados deben ser de unos 2,0 m^3 por hora y kilogramo de peso vivo de los cerdos. En los climas más cálidos puede ser preciso un movimiento del aire superior al indicado en momentos punta.

La Tabla 17.5 presenta ejemplos de la capacidad de los ventiladores para mover el aire. Conociendo las necesidades máximas y mínimas de los movimientos del aire, y las densidades máximas y mínimas de animales en el local que debe ser ventilado, puede establecerse un perfil de las necesidades de ventiladores para instalaciones individuales de cerdos.

La velocidad del aire a lo largo del cuerpo de los cerdos se mantiene normalmente entre 0,1 y 0,5 m/s. Una velocidad del aire de 0,15 m/s se considera adecuada para los cerdos más pequeños mantenidos con temperaturas ambientales altas o para cerdos mayores mantenidos con temperaturas bajas; 0,3 m/s es una velocidad apropiada para los cerdos mayores si la temperatura supera los niveles de confort mientras que 0,5 m/s puede ser adecuada para climas cálidos. Con velocidades superiores a 0,5 m/s se aprecia bastante el movimiento del aire. Los edificios mantenidos con una temperatura adecuada precisarán normalmente una velocidad del aire de 0,2 m/s. Cuando la temperatura es inferior a la correspondiente a la zona de confort, entonces la velocidad del aire será inferior a 0,2 m/s, mientras que para una refrigeración activa (cuando Te es superior a Tc) se precisa un movimiento del aire superior a 0,2 m/s. Las velocidades del aire a lo largo de la cumbre del tejado y cerca de las entradas pueden alcanzar, por supuesto, niveles de 0,5 m/s o superiores. Los ventiladores envían aire con velocidades de hasta 10 m/s. Con densidades altas de animales pueden evitarse las corrientes de aire cuando es precisa una ventilación positiva mediante la difusión del aire antes de penetrar en el espacio donde viven los cerdos. Esto puede conseguirse colocando un falso techo o un sistema de conducción, ambos procedimientos proporcionan espacios por los que circula el aire fresco y de los que sale a través de múltiples orificios pequeños.

La ventilación de los edificios sigue siendo una ciencia imperfecta, y alcanza gran valor la experiencia práctica de los sistemas efectivos. Resulta difícil mantener la temperatura y conseguir un movimiento adecuado del aire en los climas más fríos e igualmente es difícil lograr una refrigeración adecuada en los climas más cálidos (aunque se instalen sistemas pulverizadores de agua). La ventilación forzada (ventiladores) resulta cara tanto por la compra del equipo como por los costes de la energía precisa. Todavía resulta más cara la incorporación de energía térmica en los alojamientos porcinos para mantenerlos calientes, mientras que al mismo tiempo se mueve el aire hacia el exterior para conseguir una ventilación adecuada. Las tasas mínimas de ventilación precisan casi invariablemente el funcionamiento de calefacción adicional en todos los alojamientos destinados a cerdos jóvenes.

Espacio

Las dimensiones lineales de los cerdos mantienen las relaciones siguientes con su peso (W, kg):

- Longitud del cerdo (m) aproximadamente igual a $0{,}30W^{0{,}33}$
- Altura del cerdo (m) aproximadamente igual a $0{,}15W^{0{,}33}$
- Anchura del cerdo (m) aproximadamente igual a $0{,}06W^{0{,}33}$

Así, el volumen de un cerdo puede ser expresado con una exactitud razonable en función de su peso. Un cerdo que yace tumbado lateralmente con sus extremidades extendidas (Figura 17.5(a)) ocupa un espacio de $0{,}045W^{0{,}66}\,m^2$. Si se encuentra tumbado sobre su esternón (o en pie) (Figura 17.5(b)) el espacio ocupado es de $0{,}018W^{0{,}66}\,m^2$. La ocupación real del $0{,}045W^{0{,}66}$ de espacio global según sea la conformación física del cerdo es entre 0,025 y $0{,}030W^{0{,}66}$ (ver Figura 17.5(a), el espacio global no es ocupado totalmente por el cerdo; queda espacio libre bajo la quijada y entre las extremidades).

A partir de estos simples elementos puede deducirse que si a cada uno de los cerdos se le asigna en la cochiquera un espacio de $0{,}05W^{0{,}66}$, entonces pueden tumbarse lateralmente todos los cerdos de forma simultánea y se mantendrá sin ocupar una tercera parte aproximadamente de la superficie del suelo (vacante). Esto supone una asignación de 1 m^2 aproximadamente por 100 kg de peso vivo. Si el suelo de la cochiquera es totalmente de listones o de tela metálica suspendida, y el ambiente del alojamiento totalmente controlado, esto puede considerarse adecuado. El estándar industrial para alojamiento intensivo de cerdos puede ser únicamente de $0{,}025W^{0{,}66}$ + 25%, que es $0{,}032W^{0{,}66}$. En otras circunstancias, para

(a)

(b)

Figura 17.5 Espacio físico ocupado por los cerdos (a) tumbado sobre un costado, (b) en pie o tumbado sobre el esternón.

Tabla 17.6 Necesidades de espacio en las zonas para tumbarse.

	Zona para tumbarse (m^2) por cerdo
Cerdas	1,5-3,0
Cerditos 5-20 kg	0,10-0,20
Cerdos en crecimiento 20-60 kg	0,20-0,40
Cerdos en fase de acabado 60-120 kg	0,40-0,80

suelos sólidos y cochiqueras con camas de paja, puede añadirse una asignación extra del 25% para proporcionar un estándar más generoso de $0{,}05W^{0{,}66}$ para facilitar más los movimientos y proporcionar zonas especialmente diseñadas para excreción únicamente.

El empleo de las dimensiones del cerdo realizado anteriormente para determinar las asignaciones de espacio por cerdo debe ser modificado según el número de cerdos que se alojan en la cochiquera. Cuanto menor sea el número de cerdos, mayor será el espacio preciso por cerdo –y al contrario–. La Tabla 17.6 aporta orientaciones sobre las necesidades de espacio para tumbarse suponiendo que se alojan 8-15 cerdos por cochiquera. A esta superficie para tumbarse debe añadirse otro 20-60% de espacio para movimiento y excreción dependiendo del tipo de alojamiento; la adición menor para cochiqueras con suelo totalmente de listones y la mayor para alojamientos con zonas de cama para defecar. En climas más cálidos, o para cerdos con niveles especialmente elevados de producción de calor, tales como cerdos sometidos a crecimiento rápido con mucho apetito, resultan beneficiosas las asignaciones mayores de espacio. Cerdas adultas mantenidas en grupos en locales con paja pueden precisar 2-4 m² de espacio total por cerda.

El espacio asignado ejerce una influencia importante sobre el consumo de pienso y la tasa de crecimiento –así como una interacción con el nivel de enfermedad–. En general, al aumentar la asignación total de espacio en una cochiquera de suelo totalmente de listones de 0,5 a 1,0 m²/100 kg de peso vivo de cerdo aumentará la tasa de crecimiento en un 10% aproximadamente en una forma bastante lineal (Figura 17.6). En una experiencia reciente con cerdos comerciales de 10 kg, un incremento en la asignación de espacio desde 0,14 hasta 0,22 m² por

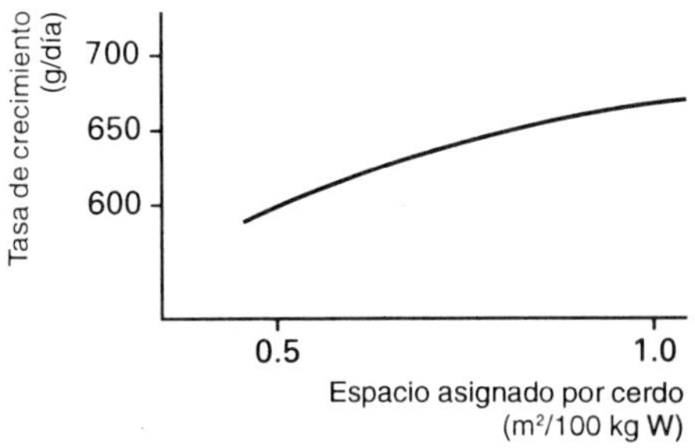

Figura 17.6 Influencia de la asignación de espacio sobre la tasa de crecimiento de cerdos jóvenes.

cerdo ($0{,}031W^{0{,}66}m^2$ hasta $0{,}048W^{0{,}66}m^2$) se asoció con un incremento del 10% en el consumo de pienso (desde 440 hasta 481 gramos por cerdo y día).

La influencia del tamaño del grupo sobre el rendimiento de los cerdos es difícil de cuantificar con independencia de la densidad de ganado, medio ambiente, comportamiento y estado sanitario de los cerdos. No obstante, parece ser que el rendimiento comenzará a disminuir, ligeramente al principio aunque más rápidamente con posterioridad, cuando el número de cerdos de un grupo es superior a 12 en el caso de destetados, 15 para cerdos en crecimiento, y 20 en el caso de cerdos en vías de acabado. Las cerdas gestantes es preferible mantenerlas en grupos inferiores a 10, aunque algunos sistemas de alimentación electrónica con cama de paja pueden permitir grupos de 20-40 animales.

El espacio preciso para alimentación difiere según sean los sistemas de distribución del pienso. Los suelos sólidos permiten que el pienso caiga desde la parte superior con lo que no es preciso asignar un espacio especial para alimentación. No obstante, la distribución del pienso sobre el suelo tiene el problema del polvo que origina y el desperdicio de pienso, ni facilita que se manifieste el apetito máximo, ni reduce la variabilidad de los cerdos. Los sistemas de tolvas para autoconsumo de harina seca o de gránulos tendrán normalmente 300-400 mm de anchura y el espacio lineal en el suelo proporcionará unos 75 mm de longitud de tolva por cerdito destetado, 60 mm para cada cerdo en crecimiento y 70 mm para cada cerdo en fase de acabado. Las cochiqueras en que son alojados 10-20 cerdos en crecimiento dispondrán de 4-6 espacios para comer en la tolva. Los comederos con espacio único (generalmente uno para ocho cerdos) precisarán naturalmente una menor superficie de suelo. Cuando todos los cerdos son alimentados en un comedero largo, y deben comer simultáneamente todos los cerdos de la cochiquera, resulta evidente que la asignación mínima absoluta será superior a la anchura entre las espaldas ($0{,}06W^{0{,}33}$), mientras que la óptima será probablemente una cuantía doble que esta. Las recomendaciones normales se encuentran entre estos límites con 150 mm por cerdo para animales jóvenes en crecimiento, 250 mm para cerdos en crecimiento entre 25 y 75 kg de peso vivo y 300 mm para cerdos en fase de acabado. Cada cerda precisa una longitud de comedero de unos 500 mm.

Resumen de las necesidades de alojamiento

En la Tabla 17.7 se encuentra un resumen sobre necesidades de temperatura, ventilación y espacio.

Excrementos

La excreta en forma mixta de heces y orina contiene el 10% aproximadamente de sustancia seca (SS) y la producción media por cerdo en una explotación en la

Tabla 17.7 Resumen de las necesidades de los alojamientos.

Cuantitativas	
Espacio	Sobre 0,8-1,6 m^2/100 kg de cerdo; superficie total para cerdos en grupos. Suelos totalmente de listones o de tela metálica; 0,5-1,0 m^2/100 kg de cerdo. Cerdos adultos alojados sueltos, 1,0-3,0 m^2/100 kg de cerdo. Cerdos jóvenes destetados alojados sueltos, 1,0-2,0 m^2/100 kg de cerdo. Cerda adulta lactante con cerditos, 4-7 m^2. Machos reproductores, 9-12 m^2. Jaulas para hembras adultas, 2.200 × 600 mm (aprox.).
Velocidad del aire	Sobre 1 m/s a la altura del cerdo. 0,3-0,5 m/s constituye una corriente.
Ventilación	Un mínimo de unos 0,2 m^3/h por kg de peso de cerdo. Máximo sobre 2,0 m^3/h por kg de cerdo.
Humedad	60-80% de humedad relativa
Temperatura	En la zona de: 26-30°C para cerdos con < 10 kg 22-26°C para cerdos con 10-15 kg 18-22°C para cerdos con 15-30 kg 16-20°C para cerdos con 30-60 kg 14-20°C para cerdos en fase de acabado y hembras adultas.
Espacio en el comedero	0,15 m/cerdo con <25 kg. 0,25 m/cerdo con 25-75 kg. 0,30 m/cerdo con > 75 kg.
Excrementos	Un promedio de unos 5 litros/cerdo/día en una explotación mixta de reproducción/crecimiento.
Aislamiento del alojamiento	Evitar que pase más de 1 watt a través de paredes, tejado o suelo por m^2 y por °C de diferencia de temperatura entre uno y otro lado.
Cuantitativas	
Espacio	Espacio suficiente para que se tumben todos los cerdos uno al lado de otro, más 20-60% para actividades de excreción y movimiento. Si es probable que peleen los cerdos, espacio suficiente para que puedan escapar. Cuando los cerdos estan en pie, será visible la mitad de la superficie del suelo. Cuando los cerdos se tumban será visible una tercera parte de la superficie del suelo. Los animales sujetos con collares o en jaulas dispondrán del mayor espacio posible que sea compatible con la prevención de que escapen o de ataques de los vecinos. Será evitada la excreción en la zona de alimentación. Los animales no presentarán heridas corporales y se encontrarán limpios y secos (con posibilidad de descansar con el cuerpo separado de heces y orina).
Ventilación	No se detectará con facilidad el movimiento del aire sobre la superficie del cuerpo. Aire no nuevo, aunque no polucionado ni excesivamente oloroso.

Tabla 17.7 Resumen

Humedad	No tan seco ni con polvo como para provocar malestar respiratorio, ni tan húmedo como para producir condensación.
Temperatura	Cerdos <10 kg: el hombre está cómodo sin ropa. 10-20 kg: el hombre está cómodo con camiseta y calzoncillos. 20-50 kg: el hombre está cómodo con camisa y pantalones. 50-100 kg: el hombre está cómodo con bata aunque sin abrigo. Los cerdos que se tumban apiñados tienen frío. Los cerdos que se tumban separados tienen demasiado calor. Cuando los cerdos padecen frío, la zona para tumbarse aparece más sucia. Cuando aumenta la temperatura, es mayor la probabilidad de que se produzca mordedura de colas.
Espacio de comedero	Para permitir que todos los cerdos de la cochiquera coman simultáneamente e ingieran su ración correspondiente.
Excrementos	25% del pienso consumido y toda el agua bebida.
Aislamiento del suelo	Suelos de listones o de tela metálica sin corrientes. Los suelos sólidos estarán secos, aislados o provistos de cama; virutas de madera en cantidad suficiente para formar una almohada de 10-22 mm entre el cerdo y el suelo; la paja permite que los cerdos se tumben tanto sobre ella como en su interior.
Requisitos generales	Cerdos secos y limpios, bajo nivel de enfermedad, ausentes los problemas de comportamiento (canibalismo, etc.). El personal dirigente y los trabajadores entrarán y trabajarán con facilidad en los alojamientos de los cerdos.

que existen reproductores y se crían cerdos hasta alcanzar el peso de sacrificio es de unos 5 kg por cerdo y día (1,8 Tm por año). La tasa de excreción es menor en los cerditos jóvenes y mucho mayor en las cerdas lactantes; 2 kg, 6 kg y hasta 25 kg para cerdos de 30 kg, 100 kg y cerdas lactantes respectivamente. Cuando la excreta contiene el 4-8% de sustancia seca puede ser bombeada con facilidad (una explotación con 250 cerdas reproductoras en la que se realiza el crecimiento de la descendencia usará 20.000 litros diarios de agua). Cuando el contenido de sustancia seca es del 20% o superior los excrementos pueden manipularse como producto sólido. Las deyecciones semilíquidas pueden almacenarse bajo el suelo de listones, o ser extraídas para su almacenamiento en tanques o lagunas. Antes de ser distribuidas sobre los campos pueden ser digeridas de forma aerobia o anaerobia. La digestión anaerobia producirá metano que es una fuente útil de energía. En una laguna los sólidos se separan naturalmente de los líquidos. Estos últimos pueden ser bombeados directamente hacia los campos, mientras que los sólidos pueden ser recogidos para ser esparcidos mecánicamente. Los sólidos también pueden ser separados de los líquidos de forma mecánica mediante centrifugación o tamizado, en cuyo caso los sólidos pueden ser desecados posteriormente hasta que constituyen un material desmenuzable. Los excrementos de los cerdos contienen niveles elevados de nitrógeno (N), fósforo (P) y potasio (K) que pueden representar tanto un fertilizante útil (cuando se emplean de forma juiciosa) como una causa de polución grave (cuando se usan en cuantías excesivas). Normalmente se pierde hacia la atmósfera el 30% del nitrógeno aunque solamente el 10% del P y del K.

Las heces semilíquidas de cerdo con el 10% de sustancia seca contienen unos 4,2 g de N/kg, 1,7 g de P/kg y 2,5 g de K/kg. Una explotación con cien cerdos en crecimiento (la descendencia de diez cerdas) producirá en un año unos 180.000 kg de heces semilíquidas: 750 kg de N, 300 kg de P, y 450 kg de K. Sobre la base de las tasas medias aceptables de aplicación sobre una mezcla de tierra arable y de pastizales, sin provocar escapes de líquidos ni pérdidas excesivas a través del suelo, 1 ha de tierra puede recibir los excrementos de 50 cerdos en crecimiento por año; o de dos cerdas y su descendencia hasta peso de sacrificio. La cantidad de tierra que puede ser fertilizada por cerdo depende mucho de lo que se considere como una tasa aceptable de aplicación. Si solamente se considera aceptable 150 kg de N/ha, entonces una ha puede recibir anualmente los excrementos de dos cerdas y de su descendencia mantenida hasta peso de sacrificio. También resulta evidente que los cálculos dependen de la cantidad de N y de P excretado por los cerdos que es consecuencia en gran medida de que sea correcto el equilibrio entre los aminoácidos, así como el suministro de aminoácidos (N) y la disponibilidad de los minerales (P) suministrados.

En términos de volúmenes a esparcir sobre los campos, la producción de heces semilíquidas se calcula en 1,8 Tm (1,8 m^3) por año y plaza para un cerdo y se estima que la tierra arable puede aceptar un volumen de heces semilíquidas de unos 25 m^3 por ha en forma de dosis única, mientras que los pastizales pueden aceptar dosis repetidas hasta un máximo de 100 m^3 por Ha. Por consiguiente, los límites para esparcir anualmente heces semilíquidas varía entre la producción de 15 plazas para cerdos por hectárea (arable) hasta la de 60 plazas para cerdos por hectárea (pastizales).

La posible legislación de algunos países sobre las aplicaciones máximas de nitratos y fosfatos a la tierra podrían poner en dificultades a grandes explotaciones intensivas de cerdos con pequeñas superficies de tierra; sus residuos precisarían un tratamiento costoso y/o su transporte. Cuando se presenta este caso podría imponerse la explotación de unidades más pequeñas, y situarlas en zonas con tierra arable y pastizales constituyendo una explotación agropecuaria mixta.

Cálculo de las necesidades de alojamiento

Las necesidades de cochiqueras dependen del tipo de alojamiento seleccionado, del peso con que los cerdos pasan de una clase a la siguiente y del rendimiento de los cerdos. Sin embargo, las diversas necesidades de alojamiento se calculan con facilidad para cada conjunto individual de circunstancias. En la Tabla 17.8 se incluyen ejemplos de cálculos correspondientes a una unidad con 100 cerdas. Suponiendo 115 días para gestación, 12 días desde el destete hasta la concepción, 28 días para lactación, 10 cerditos de 8 kg destetados por camada y una supervivencia de 9,6 cerdos por camada hasta alcanzar el peso de sacrificio, serían vendidos anualmente unos 2.200 cerdos, o algo más de 40 por semana. Las cerdas producirían 2,3 camadas por año (365/115 +12 + 28 = 2,3) obteniendo

Tabla 17.8 Ejemplo de cálculos para necesidades de alojamiento (por 100 hembras reproductoras), destinando 115 días para gestación,12 días desde destete hasta concepción (5-20 días, según sean las circunstancias), 28 días para lactación (21-56 días según circunstancias), y 10 cerdos de 8 kg destetados por camada con una pérdida posterior de 0,4 cerdos/camada durante el crecimiento. Al año serán vendidos unos 2.200 cerdos, o unos 40 por semana.

Número de camadas/año/cerda	365/(115 + 12 + 28) = 2,3
Número de cerdos/año/100 cerdas	2,3 × 9,6 = 22 = 2.200
Cochiqueras para cerdas gestantes/100 cerdas	(115 × 2,3)/365 = 0,72 = 72 (ampliar hasta 75)
Cochiqueras de parto (4,5 partos/semana)/100 cerdas	28 + 10 (margen de seguridad) = (38 × 2,3)/365 = 0,24 = 24 (ampliar hasta 25)
Cochiqueras apareamiento/100 cerdas	12 + 10 (margen de seguridad) = (22 × 2,3)/365 = 0,14 = 14 (ampliar hasta 15)
Cochiqueras para verracos y para hospital/100 cerdas	6 cochiqueras para verracos y 4 hospital = 10
Hembras para reposiciones/100	10 plazas o 3 cochiqueras para cerdas grupo y compartimentos para 4 cerdas
Locales cuarentena/100 cerdas	3 cochiqueras para grupo
Destete a 20 kg; 0,4 kg ganancia/día	20 – 8 = 12/0,4 = 30 días 30 días para 2.200 cerdos = 66.000/365 = 180 plazas con 10 cerdos/cochiquera = 18 cochiqueras (ampliar hasta 20) o, 30 días = 365/30 = 12,1 lotes por año con 10 cerdos/lote, 2.200/(12,1 × 10) = 18 cochiqueras
20-40 kg; 0,6 kg ganancia/día	40 – 20 = 20/0,6 = 33 días 33 días para 2.200 cerdos = 72.600/365 = 200 plazas con 16 cerdos/cochiquera = 13 cochiqueras (ampliar hasta 15) o, 33 días = 365/33 = 11 lotes por año con 16 cerdos/lotes, 2.200/(11 × 16) = 13 cochiqueras
40-100 kg; 0,8 kg ganancia/día	100 – 40 = 60/0,8 = 75 días 75 días para 2.200 cerdos = 165.000/365 = 452 plazas con 16 cerdos/cochiquera = 28 cochiqueras (ampliar hasta 30)

2.200 cerdos para venta (2,3 × 9,6 × 100). Cuando las cerdas son alojadas en compartimentos serán precisos 75 ([115 × 2,3]/365 = 0,72), junto con otros cuatro para cerdas jóvenes destinadas a reposiciones. Las cochiqueras para cubriciones pueden ser alojamientos sin divisiones o compartimentos. Será necesario acomodar unas 15 cerdas en las cochiqueras de apareamiento durante unos 22 días (12 + 10).

Si la tasa de reposición en la piara es del 40%, entonces llegarán anualmente unas 40 cerdas jóvenes. Serán recibidas probablemente en lotes de ocho cada 2 meses (para proporcionar un margen de seguridad). Precisarán alojamientos para cuarentena y cochiqueras adicionales o compartimentos mientras esperan ser fecundadas. Los verracos es preferible que practiquen la monta tres veces por semana. Sobre la base de que son destetadas cinco cerdas por semana, y que tal vez cada cerda tiene que ser cubierta tres veces, pueden establecerse unas necesidades mínimas de cinco verracos para 100 cerdas. Sin embargo, la tasa de partos no será del 100% (más probablemente del 80%), con lo que el 20% de las cerdas volverán a mostrar celo y precisarán ser cubiertas de nuevo. La necesidades mínimas serán, en consecuencia, de seis verracos por cada 100 cerdas.

Existen abundantes sistemas para mantener cerdos en crecimiento desde el destete hasta el sacrificio. En el ejemplo de la Tabla 17.8, los compartimentos para destetados de suelo plano van seguidos de una corta estancia en cochiqueras para crecimiento (20-40 kg). Esto suele omitirse con frecuencia. Los cerdos permanecen desde el destete hasta alcanzar 30 kg en cochiqueras para destetados, y después pasan directamente a los alojamientos de acabado. En cualquier caso, el método de cálculo es el mismo, y el número de cochiqueras necesarias depende de la ganancia diaria de peso que se presupone y del número de cerdos alojados en cada cochiquera.

Los principales factores de confusión para calcular las necesidades de alojamiento son:

- formación de los grupos;
- variación en las tasas de crecimiento y rendimiento reproductor entre los lotes;
- variación en las tasas de crecimiento y rendimiento reproductor en el seno de cada lote.

Los lotes de hembras reproductoras que llegan de forma simultánea al final de su gestación originan falta de acomodo en la zona de maternidad. Evitar máximos y mínimos en la utilización de las cochiqueras es un componente esencial en la utilización eficaz de edificios con un elevado coste. Pueden presentarse problemas graves cuando, por una razón u otra –generalmente enfermedad– los cerdos jóvenes en crecimiento que han sido destinados para una estancia de 30 días en un alojamiento tardan 50 días en estar preparados para su traslado. Esto supondrá que cerditos listos para ser destetados no tendrán alojamiento, mientras que pueden permanecer sin llenar plazas en el alojamiento para acabado. La planificación de las cochiqueras debe permitir algunos máximos y mínimos en la producción.

Debido a diferencias individuales en el rendimiento, los cerdos de un lote alcanzarán el peso de sacrificio en diferentes momentos. El dirigente de la explotación debe elegir entre vaciar toda la cochiquera de una vez (aceptando que el cerdo mayor puede ser mucho más pesado que el menor) o esperar hasta que cada cerdo alcance el peso correcto (que podría tardar cierto tiempo en producirse). Los contratos de venta que permiten vaciar la cochiquera de una vez, y que aceptan variaciones en el peso de los cerdos, son muy recomendables.

Resulta evidente que los cerdos crecen mientras que no sucede así con sus cochiqueras. Este hecho supone que las cochiqueras normalmente aparecen demasiado vacías o demasiado llenas. Para que este problema sea mínimo bien se trasladan los cerdos de una cochiquera de un tamaño a otra o se ajusta el número de cerdos por cochiquera. En la mayoría de los sistemas se producen estos tres hechos (las cochiqueras no se llenan de forma óptima, los cerdos son trasladados, y se ajusta el número de cerdos por cochiquera). Las cochiqueras con una densidad de población insuficiente predisponen a que los cerdos padezcan frío, mientras que si la densidad de población resulta excesiva puede descender la eficacia y la tasa de crecimiento. Cada vez que es trasladado un cerdo, sin embargo, se influye sobre su crecimiento. Cuanto mayor sea el número de traslados mayor será esta influencia. Así, la solución de un problema puede conducir a la creación de otro. Los efectos sobre el crecimiento que supone el traslado y nueva mezcla de cerdos equivaldrán normalmente a la pérdida de 1-5 días para alcanzar el peso de sacrificio; aunque algunas veces las pérdidas pueden suponer semanas. La mezcla de cerdos se ve favorecida por la necesidad de igualar los lotes de cerdos en crecimiento y por los esfuerzos para intentar reducir el vaciado de cochiqueras. En muchos sistemas tiende a mezclarse los cerdos con otros extraños durante el inicio del crecimiento. Esto provoca un nivel especialmente elevado de tensión, confusión y peleas, con la consiguiente reducción del rendimiento.

La mezcla y el traslado de los cerdos es una conveniencia del manejo, aunque reduce la productividad y es preferible que sea mínima.

Producción de cerdos al aire libre

Los cerdos mantenidos en explotaciones al aire libre no se mueven libremente. Son repartidos en grupos, disponen de abrigos para una protección mínima frente a los elementos y se confinan en prados vallados. El sistema depende de:

- costes reducidos de capital (aproximadamente el 0,3 del equivalente a una explotación intensiva);
- las necesidades relativamente bajas de temperatura ambiental de la cerda lactante;
- la capacidad de los cerditos pequeños (y de las cerdas gestantes) para mantenerse calientes al agruparse en camas gruesas de paja.

Puede suponerse que los prados no aportan un suministro importante de nutrientes. Más bien al contrario, el pienso consumido por las cerdas será significativamente mayor (generalmente 1,4-1,5 Tm/cerda/año, frente a 1,2-1,3 Tm/cerda/año en ambiente convencional protegido), y esto es consecuencia de:

- desperdicio de pienso;
- uso del pienso para termogénesis frente al frío.

Los cerdos hozarán y pisarán el terreno, destruyendo toda la vegetación en un plazo de tiempo relativamente corto. Los prados tenderán a convertirse bien en tierra seca (en épocas de calor y sequía), o en lodazales (en épocas húmedas).

El sistema no suele considerarse adecuado para cerditos destetados que se mantienen en alojamientos relativamente convencionales para su crianza desde los 8 kg en el momento del destete hasta que son vendidos con 30 kg. Ocasionalmente los cerdos pueden ser cebados «al aire libre» proporcionándoles una superficie generosa de prado (5 m^2 por cerdo) fuera de la construcción destinada para crecimiento. Incluso con una buena especificación para esta construcción (necesariamente portátil), y con paja abundante, el índice de conversión del pienso puede ser malo para el crecimiento de cerdos hasta alcanzar el peso de sacrificio en sistemas al aire libre.

Aunque resulta indudable que las cerdas mantenidas al aire libre gozan de mayor libertad de movimiento que las estabuladas en jaulas para partos y en compartimentos para cerdas gestantes, sería erróneo suponer que aumenta siempre el bienestar de las cerdas. Los cerdos mantenidos al aire libre precisan mayores niveles de manejo y evitar:

- frío y humedad;
- estrés por calor y quemaduras solares;
- peleas;
- aporte desigual de pienso;
- variabilidad en el estado de carnes de las cerdas;
- lesiones físicas;
- mortalidad de los cerditos;
- pérdida de fertilidad;
- consumo excesivo de pienso;
- suministro inadecuado de nutrientes;
- aporte inadecuado de agua.

Los sistemas de explotación al aire libre o extensivos, además de aumentar el consumo de pienso en un 16% aproximadamente (una cantidad extra de 0,5 kg por día), tienden asímismo a precisar piensos compuestos más caros en forma de gránulos o cilindros grandes (16-24 mm) para reducir pérdidas de pienso cuando se esparce sobre el suelo o en montones. La productividad de las cerdas será aproximadamente 1,5-2 cerditos destetados menos por cerda y año, y las reposiciones de cerdas serán sobre un 10% superiores que en sistemas convencionales. Las cerdas seleccionadas para criar al aire libre deben disponer de unas características especiales como ser fecundadas de nuevo con facilidad, y soportar los rigores de la vida al aire libre. Los cerdos de estirpes robustas tienden a crecer algo más lentamente y se encuentran más predispuestos a engrasarse que los de otras estirpes adecuadas para ambientes mucho más protegidos. Esto puede provocar una pérdida de rendimiento en este tipo de explotaciones extensivas y la producción de canales con una calidad más reducida.

Quince a 20 cerdas que crían sus cerditos jóvenes hasta 30 kg en un sistema extensivo precisarán 1 ha de terreno seco y con buen drenaje (por ej., arena y grava o cretáceo), con un clima templado no propenso a intensas lluvias, nevadas, heladas fuertes, humedad elevada, temperaturas altas, niveles elevados de radiación o vientos fuertes. Resulta ventajosa la existencia en la proximidad de árboles que actúan como barreras.

La totalidad de los cerdos deberán ser trasladados anualmente a un terreno nuevo que no se utiliza más de una vez cada 4 años. El sistema resulta ideal, por consiguiente, como parte de una tierra sometida a rotación cada 5 años, trasladando los animales a un prado de gramíneas establecido el año anterior y seguido por un cultivo de cereales. La existencia de terrenos arables permitirá también poder disponer de cantidades abundantes de paja (unas 60 Tm para 100 cerdas).

Por cada 100 cerdas explotadas al aire libre se precisará:

- Una hectárea para cubriciones con seis verracos que actúan en cuatro prados. Cada cobertizo (6-6,5 m^2) albergará a cinco cerdas (semanalmente se destetarán cuatro o cinco cerdas), debiendo mantener 20 cerdas en la zona de cubriciones. Puede existir además un quinto prado (y cobertizos) para recibir (y fecundar) cerdas jóvenes para reposiciones.
- Las cerdas gestantes ocuparán una superficie de 4 ha con 15 distribuidos en 3-5 prados, albergando 75 cerdas.
- Las cerdas en parto y lactantes se acomodarán en 24 cobertizos para partos (una cerda por cobertizo de 3-4 m^2) distribuidos en 4-6 prados en una superficie total de 1 ha.
- De las 6 ha en total será preciso espacio para equipo, servicios, tolvas para pienso, senderos, etc.; todas estas necesidades pueden precisar 1 ha, ocupando los cerdos 5 ha.

Los cerditos son destetados con 21-28 días, pasando generalmente del sistema extensivo a cobertizos para destetados. Estos se mantendrán bien protegidos y densamente poblados asignando 0,2 m^2 de espacio cubierto o menos por cerdito. Puede existir un patio exterior que proporcione 0,4 ^{2} por cerdo, con o sin paja. Con una permanencia de 8 semanas hasta alcanzar 30 kg de peso vivo a las12 semanas de edad y destetando 50 cerditos (cinco camadas por semana) serán precisos ocho cobertizos para 50 cerditos o, de forma más real, veinte cobertizos para 20 cerditos cada uno.

Las principales características en favor de los sistemas de explotación de cerdos al aire libre son sus bajos costes de capital invertido y una percepción pública de mayor libertad de las cerdas. Este último hecho se verá probablemente contrarrestado por los mejores edificios disponibles actualmente para cerdas gestantes en sustitución de compartimentos y collares. Aunque, por definición, los costes de los edificios de explotaciones intensivas con ambientes intensamente controlados serán siempre muy superiores a los de simples cobertizos de chapas de metal y madera ubicados sobre el suelo. Los sistemas extensivos gozan también de la ventaja de encontrarse libres de todos los costes de manejo de excrementos y de los problemas asociados con las explotaciones de producción intensiva.

Sistemas de distribución del pienso

Cerditos lactantes

La frescura del pienso y la sapidez de los ingredientes son elementos fundamentales para estimular el consumo, al tiempo que se utiliza el comportamiento investigador de estos animales que llevará a situar el pienso donde los cerditos esperan encontrarlo normalmente, sobre el suelo. Será precisa una zona seca y limpia en el compartimento de los cerditos en la que puede distribuirse el pienso con frecuencia durante el día. Puede usarse harina, gránulos o migajas. Puede evitarse un desperdicio excesivo colocando el pienso sobre varios platos poco profundos, mientras que los comederos pueden ser contraproducentes si el pienso permanece en los mismos –al menos– durante 9 horas ya que en este tiempo envejecerá y resultará poco sabroso. También es importante evitar la posibilidad de que el pienso sea contaminado con excrementos. Los cerditos lactantes ingerirán normalmente pienso suplementario en su compartimento inmediatamente después de haber mamado; por consiguiente, es necesario que todos los cerditos de la camada puedan comer simultáneamente. Las tolvas para autoconsumo *a voluntad*, incluso de tamaño reducido, no son apropiadas para ofrecer pienso a los cerditos lactantes, ya que no cumplen la mayoría, o la totalidad, de los requisitos anteriores. Son preferibles comederos poco profundos, alfombras o simplemente una zona limpia del suelo en la que puede ser barrido con facilidad el pienso no consumido. El agua es un requisito previo al consumo de pienso seco y puede ser proporcionada mediante bebederos accionados con el hocico o por bebederos especiales.

Cerdos destetados

El cerdo destetado obtiene invariablemente su pienso de una tolva para autoconsumo en forma de gránulos secos o migajas, y algunas veces una harina «rica en grasa». Ante la necesidad de estimular el consumo hasta el máximo posible, los primeros alimentos tras el momento del destete serán colocados manualmente en el fondo del comedero, y preferentemente sobre un plato sólido en el suelo delante del comedero de la propia tolva. La distribución de harina de esta forma tres o cuatro veces al día puede proseguir durante 1, 2 ó 3 días hasta que la totalidad de los cerditos comen con entusiasmo. Incluso entonces no se introducirá en la tolva más que el pienso preciso para el consumo durante 24 horas. Cualquier pienso contaminado con excrementos debe ser retirado totalmente. La necesidad de una atención constante determina que se sienta la tentación de colocar el receptáculo de pienso a granel (vagoneta o saco) en el propio local donde viven los cerditos listo para su empleo inmediato. No obstante, esto deberá ser evitado porque el pienso –al encontrarse en el mismo ambiente que los cerditos– se alterará. Las dietas para cerditos lactantes y destetados, en particular, se conservarán en un almacén seco y fresco, y separado de los olores de los cerdos.

Una vez alcanzados los 10 kg de peso vivo, la dieta de los cerditos destetados se cambiará probablemente por otra menos cara, que puede suministrarse en una tolva de forma más convencional. La distribución automática hacia las tolvas mediante tornillos sinfín y tuberías resulta útil al asegurar la distribución de pienso fresco dos veces al día y con la tubería situada bajo el comedero para evitar un suministro excesivo.

El principio de la tolva para autoconsumo presupone que se dispone de pienso *a voluntad*, es decir, durante 24 horas al día. Esto no será así al principio, ya que el comedero será limpiado y permanecerá vacío al menos durante 1 hora cada día. Tampoco debe suponerse que al poder disponer de pienso, el mismo se encontrará siempre accesible para los cerditos. Los cerdos jóvenes prefieren comer y tumbarse juntos; por consiguiente, existe la posibilidad de que los cerdos más tímidos del grupo no puedan disponer de su parte de pienso. Al proporcionar 75 mm de longitud de comedero por cerdito y con una anchura entre las espaldas de 120 mm en un cerdito de 8 kg, resulta evidente que en el mejor de los casos solamente la mitad de los cerditos tendrá acceso al comedero al mismo tiempo.

El agua suele suministrarse mediante bebederos accionados por el hocico en la proporción de uno por cada ocho cerditos.

Los cerdos destetados preferirán ingerir su pienso húmedo, e incluso puede estimularse el consumo por este procedimiento. No obstante, esto tiene el problema del mantenimiento del pienso fresco y sin contaminación. Resulta inevitable que el suministro de pienso húmedo exceda la cantidad que pueden ingerir los cerditos de forma inmediata. Entre dos tomas, el pienso húmedo pierde sapidez. No obstante, si es posible que las tomas sean muy frecuentes, y los cerditos coman de forma vigorosa (normalmente con 10 kg o más de peso vivo), entonces podría considerarse la utilidad de un sistema de distribución de pienso húmedo.

Cerdos en crecimiento y en fase de acabado

Harina o gránulos secos *a voluntad* en tolvas para autoconsumo es el sistema más difundido para la distribución de pienso a cerdos en crecimiento. Suele proporcionarse una longitud de comedero de 60 mm para los cerdos más jóvenes y de 70 mm para los que son más pesados. El sistema funciona de forma automática con tornillos sinfín y tuberías que llevan el pienso desde una tolva a granel situada fuera del edificio. Puede realizarse un cierto grado de limitación en el consumo de pienso dejando solamente una pequeña abertura en la base de la tolva a través de la cual sólo puede fluir el pienso con una velocidad limitada. También puede limitarse el consumo de pienso incrementando el número de cerdos por tolva con lo que aumenta el nivel de competencia entre los animales. Las tolvas para autoconsumo *a voluntad* presentan la longitud de su comedero dividida en porciones individuales mediante barras o particiones sólidas. Esto permite que los cerdos permanezcan en pie juntos, aunque comiendo individualmente. Generalmente, existe una plaza por cada tres cerdos de la cochiquera (o más para cochiqueras mayores). El estímulo del consumo de pienso resulta más problemático y predispone a que se pierda pienso del comedero en la base de la tolva con el consiguiente desperdicio. El comedero puede contaminarse también fácilmente con excrementos si no es inspeccionado y limpiado con regularidad.

En los sistemas de distribución del pienso sobre el suelo no existen comederos, y se coloca pienso seco (gránulos o harina) directamente sobre el suelo de la cochiquera. Esto puede hacerse bien manualmente o mediante un sistema de tornillo sinfín elevado desde una tolva. En ambos casos puede controlarse la cantidad de pienso que se suministra y distribuir la asignación diaria de pienso que precisan los cerdos. El suelo debe mantenerse limpio y seco, y distribuir el pienso con frecuencia (4-8 veces) durante el día para asegurar su rápida desaparición. Las ventajas de los sistemas de alimentación sobre el suelo son su baratura y el ahorro tanto de equipo (comederos costosos) y de espacio en la cochiquera (permitiendo mantener uno o dos cerdos más por cochiquera). Las desventajas consisten en un elevado desperdicio de pienso, tiende a producirse polvo en la atmósfera del edificio y resulta difícil asegurar que todos los cerdos ingieren su asignación de pienso por lo que tiende a aumentar la variabilidad de la tasa de crecimiento entre los cerdos.

El pienso húmedo será consumido más fácilmente que el seco, y también se reducirá su desperdicio. Los comederos para consumo *a voluntad* (tanto de espacio único –un espacio por cada 8-12 cerdos, como de multiespacio– un espacio por cada tres cerdos) pueden estar provistos de bebederos accionados por el hocico sobre el comedero. Este mecanismo permitirá que los cerdos beban y coman al mismo tiempo, y la mezcla de su pienso con agua.

Los sistemas de distribución de pienso húmedo mediante inyección colocan el pienso en el comedero con un contenido de sustancia seca que oscila del 15 al 25%. Resulta evidente que mediante la alimentación con harina deben comer simultáneamente todos los cerdos de la cochiquera. Esto suele conseguirse proporcionando a cada uno de los cerdos de la cochiquera una longitud de comedero desde 150 mm (para los cerdos en crecimiento más jóvenes) hasta 300 mm (para cerdos de hasta 100 kg). El pienso puede distribuirse en el comedero seco, añadiéndole agua en su parte superior, o puede mezclarse en alguna zona más centralizada y bombearse. La mezcla centralizada del pienso con agua y su bombeo es un sistema muy flexible que permite utilizar ingredientes líquidos como productos lácteos, residuos de cervecería, vegetales y subproductos de la industria alimentaria humana. Los ingredientes se mezclan de acuerdo con la especificación de nutrientes precisos y se obtiene una mezcla húmeda que puede ser bombeada. Puede mantenerse la mezcla hasta que es bombeada hacia el edificio en que es precisa.

La asignación de pienso a cada una de la cochiqueras del edificio puede ser controlada de forma manual o automática. En los sistemas manuales puede existir un grifo que regula el flujo de pienso húmedo desde la tubería principal hacia el comedero. Este grifo puede abrirse durante un tiempo previsto para aportar una determinada cantidad de pienso, o la cantidad que los cerdos serán capaces de ingerir en 30 minutos aproximadamente desde que se realiza la distribución. El reparto suele efectuarse dos veces al día. La distribución controlada mediante computadora permite que cada grifo sea accionado desde el punto central de control, y proporcionar una cantidad determinada y conocida de pienso a cada comedero en particular (cochiquera). Así, la alimentación escalonada con incrementos semanales resulta sencilla y automática, y puede ajustarse la cantidad que recibe una cochiquera individual de cerdos. Los sistemas de distribución de pienso mediante tuberías tienen muchas ventajas además de evitar la selección de ingredientes por parte de los cerdos y pueden ser formuladas innumerables dietas. El sistema puede aplicarse bien para limitar el consumo de pienso (cuando resulta preciso evitar el engrasamiento excesivo) o para estimular el consumo de pienso cuando debe alcanzarse una tasa máxima de crecimiento. Manteniendo un acceso total al comedero en que se distribuye un pienso sabroso con un contenido de sustancia seca superior al 18%, y una distribución de dos veces al día como mínimo, el reparto de pienso hasta alcanzar el nivel correspondiente al apetito de los animales (de forma que el comedero quede limpio) se alcanzarán unos consumos diarios de nutrientes muy superiores (hasta de un 10-20%) a los alcanzados con los sistemas de tolvas para autoconsumo *a voluntad.*

Cerdas lactantes

La alimentación individual resulta esencial para que las cerdas lactantes realicen un consumo máximo de pienso y se eviten los extremos de engrasamiento y delgadez que pueden producirse rápidamente cuando las cerdas lactantes son alojadas y alimentadas en grupos. Es corriente la distribución dos veces al día de pienso seco, harina, gránulos o migajas, dispensado manualmente o mediante tornillo sinfín y tubería hacia un comedero situado delante de la jaula de partos. El control de la asignación de pienso es un componente esencial para estimular el consumo sin que sea ingerido un exceso de pienso y se cree inapetencia, por aporte excesivo. Como el consumo voluntario de pienso que realizan las cerdas lactantes es tan variable resulta difícil el control automático y el reparto manual sigue siendo el sistema óptimo. La distribución de pienso húmedo aumentará el consumo (así como la distribución de pienso tres veces al día) y esto puede lograrse repartiendo el pienso a través de tubería, o mediante la simple adición de agua sobre la parte superior del pienso seco una vez colocado en el comedero. Los comederos para las cerdas deben tener una capacidad que les permita contener 3-4 kg de pienso más el agua añadida en la proporción aproximada de 2:1.

Cerdas gestantes

Las cerdas estabuladas pueden recibir su asignación individual en un comedero de unos 500 mm de anchura situado en la parte frontal de la cochiquera. Al no existir la necesidad de que sea máximo el consumo, son comunes los sistemas de alimentación con pienso seco. El alimento puede distribuirse manual o automáticamente mediante tornillo sinfín hacia recipientes situados sobre cada comedero de una cerda. Pueden ajustarse para suministrar cantidades variables y proporcionar una asignación diferente para cada cerda, hecho facilitado al disponer de suministradores individuales de pienso. Como las cerdas gestantes suelen recibir el pienso tan sólo una vez al día, y pueden encontrarse especialmente hambrientas antes de que reciban la asignación diaria de pienso, es posible reducir el ruido si todas las cerdas reciben su alimento de forma instantánea y simultánea. La acumulación del pienso asignado en un pequeño recipiente (1,5-3 kg) situado sobre el comedero permite la activación de un mecanismo de liberación para alimentar al mismo tiempo a todas las cerdas ubicadas en una fila de cochiqueras. Otra alternativa consiste en que todas las cerdas reciban un mismo nivel de pienso, y aquellas que precisen cantidades extra las reciban de forma manual. Las cerdas gestantes estabuladas pueden ser alimentadas también mediante sistemas de distribución de pienso húmedo, siendo preciso asegurar la igualdad del suministro.

Las alternativas representadas por la sujeción de las cerdas mediante collares o su ubicación en compartimentos permiten aplicar diversas novedades en la distribución del pienso. Esto ha sido una consecuencia, al menos en parte, de que los anteriores sistemas de distribución no han resultado satisfactorios para aportar las necesidades individuales de nutrientes a las cerdas gestantes, desde que se usó primero el comedero individual, y después el compartimento para cada cerda.

Las cerdas gestantes pueden ser alimentadas distribuyéndoles gránulos gordos directamente sobre el suelo o en una cama de paja. Los grupos de cerdas alimentadas de esta forma presentan un estado variable de carnes debido a las agresiones entre las mismas. Resulta difícil ajustar el nivel individual de alimentación a no ser mediante la formación de grupos más reducidos de cerdas preparados para un tratamiento especial. La agresividad que se manifiesta en grupos de cerdas alojadas sueltas puede originar también una reducción de la eficacia de la reproducción debido a lesiones físicas.

Los grupos de cerdas mantenidas en corrales pueden disponer cada una de las mismas de un comedero individual. Cuando las cerdas entran en la zona del comedero pueden ser sujetadas y recibir (y consumir) su provisión de pienso. Este sistema sigue siendo la forma más eficaz para asegurar la alimentación individual de las cerdas mantenidas en grupos. Puede conseguirse la automatización con un tornillo sinfín y un contenedor situado sobre cada comedero. Aunque al no ser conocido el ocupante de cada compartimento antes de su entrada, debe distribuirse una cantidad fija a cada cerda, y conseguir el racionamiento individual de forma manual. Los compartimentos para consumo voluntario en los que las cerdas no son sujetadas experimentan problemas derivados de que las cerdas que comen con mayor rapidez salen y atacan el tercio posterior de aquellas que son más lentas al comer. Este problema puede ser aliviado mediante la distribución «lenta de pienso». En este último caso todas las cerdas son alimentadas de forma inmediata cuando el pienso es suministrado lentamente a través de un sistema de tornillo sinfín y tuberías hacia un comedero situado delante de cada compartimento para consumo voluntario. Los gránulos son distribuidos en la cuantía de 100 gramos por minuto durante un periodo de 10-15 minutos, dos veces al día. La lentitud de la distribución asegura que todas las cerdas permanecen en un solo lugar de consumo durante toda la sesión de distribución, asegurando así la igualdad de aporte y evitando la agresión entre las cerdas. Todas las cerdas reciben la misma ración. En algunos compartimentos de alimentación individual en los que las cerdas necesitan un aporte especial puede acelerarse el suministro de pienso.

La identificación individual de las cerdas mediante un marbete electrónico, y la existencia de un distribuidor central controlado electrónicamente, parecen ofrecer la solución óptima. Las cerdas pueden mantenerse en grupos de 20-40 en corrales (preferentemente con paja). Las cerdas pueden recibir, mediante el sistema de control computerizado, cualquier nivel individual diario de pienso que puedan precisar. En consecuencia, las cerdas delgadas pueden recibir fácilmente una asignación más generosa, y limitada las cerdas más engrasadas. El nivel de asignación diaria puede ajustarse según la etapa de gestación. Mediante el panel de control computerizado pueden efectuarse automáticamente cambios en la densidad de nutrientes de la dieta (y en el nivel de pienso aportado a todas las cerdas). La impresora de la computadora informará sobre la cantidad de pienso consumido por cada cerda en el transcurso de cada día. Al penetrar la cerda en la estación de alimentación es identificada y la asignación de pienso, específica para cada animal, cae en su comedero para ser consumida. La caída de pienso puede ser una vez al día, o puede dividirse por el número de posibles visitas a la estación de alimentación. Mecanismos adecuados para la entrada y salida de la estación pueden evitar los ataques por otras cerdas mientras una se encuentra comiendo.

Los sistemas de alimentación electrónica de cerdos, aunque representan un sistema excelente para la distribución, es improbable que sean adoptados de forma universal para la alimentación de cerdas gestantes ya que no carecen de desventajas. Es preciso un entrenamiento antes de que una cerda pueda ser incorporada a un grupo. La alteración constante en la composición del grupo predispone a comportamientos agonísticos, y esto es particularmente estresante para las cerdas recientemente incorporadas al grupo. Pueden producirse encuentros frecuentes entre las cerdas. Las cerdas pueden pasar mucho tiempo formando cola para acceder al comedero. Durante este intervalo en la cola las cerdas se encuentran hambrientas, impacientes y agresivas –un síntoma revelador son las mordeduras de la vulva–. Las cerdas pueden formar cola y visitar el comedero habiendo consumido ya toda su asignación del día. Las cerdas pueden permanecer largos periodos de tiempo en el comedero impidiendo el acceso de otras. Las cerdas que ocupan primeros lugares en el orden jerárquico pueden ocluir la entrada al comedero e impedir su visita a las cerdas situadas un posición inferior. Puede ser costosa la adquisición de la estación de alimentación y del equipo asociado a la misma y requiere un complejo mantenimiento de los elementos mecánicos y de la computadora. El sistema es muy beneficioso si el tamaño del grupo es relativamente reducido, se dispone de espacio abundante por cerda y existe mucho forraje (o paja) además de pienso concentrado, de forma que pueda aliviarse el hambre y evitar un exceso de encuentros agresivos.

Proyectos de alojamientos

El acomodo de los cerdos debe proyectarse de forma que sea fácil el control de la temperatura y de la ventilación, permita el control de enfermedades, proporcione espacio suficiente, tenga en cuenta la manipulación de excrementos y la distribución del pienso. Los medios para conseguir estos hechos son innumerables. Resulta notable, dados los escasos requisitos definitivos en el acomodo de los cerdos, con qué frecuencia los edificios construidos actualmente fallan en una o en otra de las características básicas (aunque quizá cubren los criterios menos importantes –si son moda–).

El alojamiento eficaz de los cerdos es con suma probabilidad el resultado de la experiencia local, junto con una aplicación rigurosa de los principios básicos y de los conocimientos sobre diseños que han tenido éxito en otras regiones y países. En la Figuras 17.7-17.37 se encuentran ejemplos de proyectos de alojamientos que han funcionado de forma eficaz, las medidas se dan en metros.

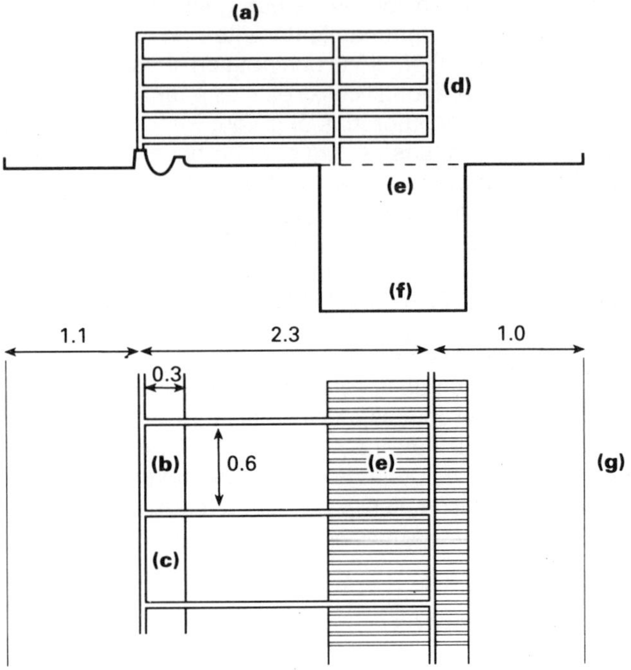

Figura 17.7 Compartimentos para cerdas gestantes: (a) valla metálica para confinar cerdas recién destetadas o gestantes (el acceso al agua suele ser mediante un bebedero accionado por el hocico) (b) situado sobre el comedero; si se producen pérdidas puede abrirse la tubería durante periodos limitados solamente, (c) comedero, (d) puerta en la parte posterior del compartimento para confinar al animal o puede colocarse un collar en el cuello o dorso de la cerda y sujetarse al suelo o a la estructura metálica, (e) listones a través de los que caen los excrementos en la fosa de deyecciones (f). Las cochiqueras para verracos se ubican también en el mismo edificio (g), pudiendo las cerdas pasar caminando hasta los mismos para ser fecundadas, o bien los cerdos pasan caminando a los alojamientos de las cerdas. No se proporciona paja para cama aunque puede suministrarse como forraje en el comedero.

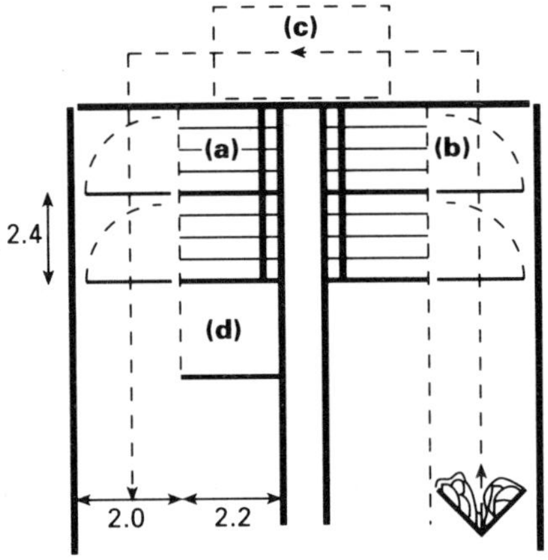

Figura 17.8 Alojamiento para cerdas gestantes sueltas: (a) casetas cubiertas proporcionan sitios individuales para tumbarse y comer a cerdas gestantes alojadas en grupos de cuatro (el acceso a los comederos es a través de una tapadera colgada en el techo de la caseta; la caseta puede disponer o no de paja), (b) patio en el que los excrementos pueden ser rascados automáticamente hacia un tanque para deyecciones (c). Las secciones pueden disponerse de forma que en cada tercera posición (d) se aloje un verraco o para cerdas que precisan cuidados especiales. El agua es preferible situarla en el patio con bebederos accionados por el hocico para evitar su caída sobre la superficie destinada a tumbarse.

Lámina 17.1 Producción porcina extensiva: prado para cerdas gestantes. Nótese la ausencia de vegetación. *Cortesía:* Cotswold Pig Development Company.

Lámina 17.2 Producción extensiva de cerdos: cobertizo para cerda lactante y su camada. *Cortesía:* Cotswold Pig Development Company.

Lámina 17.3 Etapas finales en el proceso de desecación de las deyecciones usando grupos de ventiladores grandes. Japón.

Lámina 17.4 Alojamiento ventilado naturalmente para cerdas gestantes sujetas con collares. Las cerdas son alimentadas manualmente desde una vagoneta de pienso que circula por debajo del pasillo. España.

Lámina 17.5 Ventilación lateral natural en alojamiento para cerdos en crecimiento. La pared móvil es elevada hasta la mitad de su altura; puede bajar hasta el nivel del suelo. En la pared móvil existen tableros contrachapados que pueden ser retirados ante temperaturas particularmente elevadas al disponer de una barra metálica en los mismos. Japón.

Lámina 17.6 Cerdos jóvenes en crecimiento sobre un suelo suspendido de tela metálica con tolvas para autoalimentación *a voluntad.* Europa.

Lámina 17.7 Alojamiento con suelo convencional construido totalmente con listones para cerdos en crecimiento con tolvas para autoconsumo *a voluntad* (llenadas manualmente). Sur de Europa.

Lámina 17.8 Patio con paja muy confortable y cobertizo para alojamiento de cerdos en fase de acabado o para cerdas jóvenes.

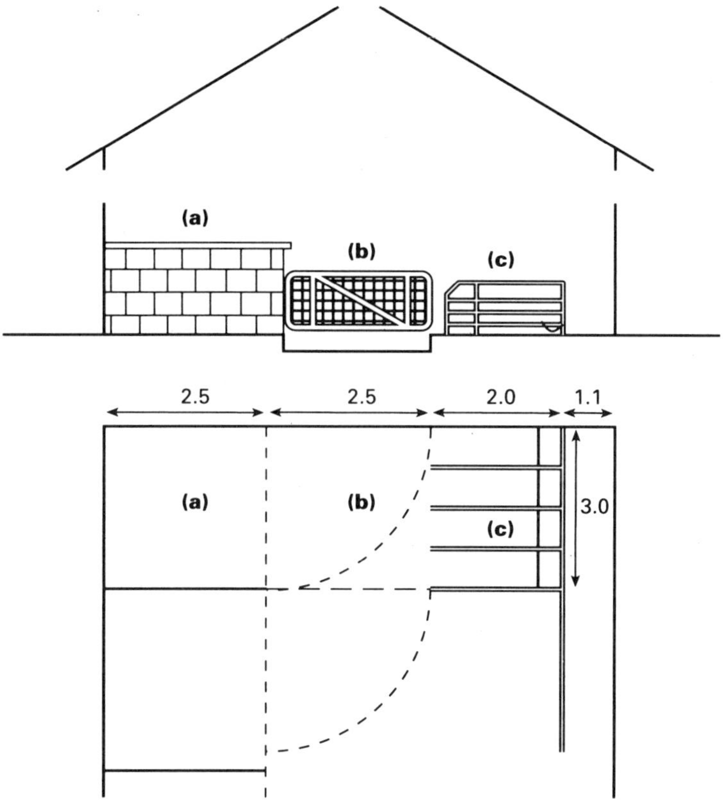

Figura 17.9 Alojamiento para cerdas gestantes sueltas: (a) cama gruesa de paja con caseta cubierta sobre la misma, (b) patio que puede ser con paja y los excrementos se retiran en forma sólida o sin paja y son rascados, (c) comederos individuales. Cada sección está diseñada para alojar a cinco animales. Los bebederos accionados o no con el hocico pueden situarse en el patio. Si las cerdas son transferidas a estas instalaciones inmediatamente después del destete puede disponerse una cochiquera adjunta para el verraco. El mismo diseño puede usarse para un sistema en el que las cerdas son introducidas 7-10 días después del parto y amamantan a sus camadas en grupos comunales de cinco cerdas hasta el destete con 28 ó 35 días.

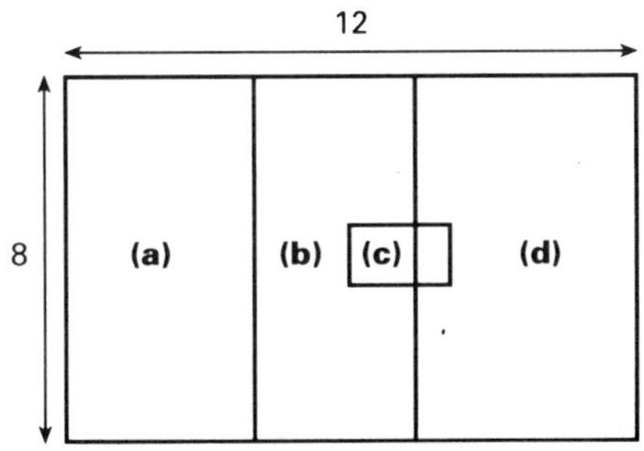

Figura 17.10 Patios con paja provistos de estación para la alimentación electrónica de las cerdas, adecuados para 40 cerdas: (a) zona de casetas cubiertas, (b) zona para tumbarse con paja, (c) dispositivo electrónico para la alimentación de las cerdas con entrada por detrás y salida por delante, (d) zona para deyecciones y espera.

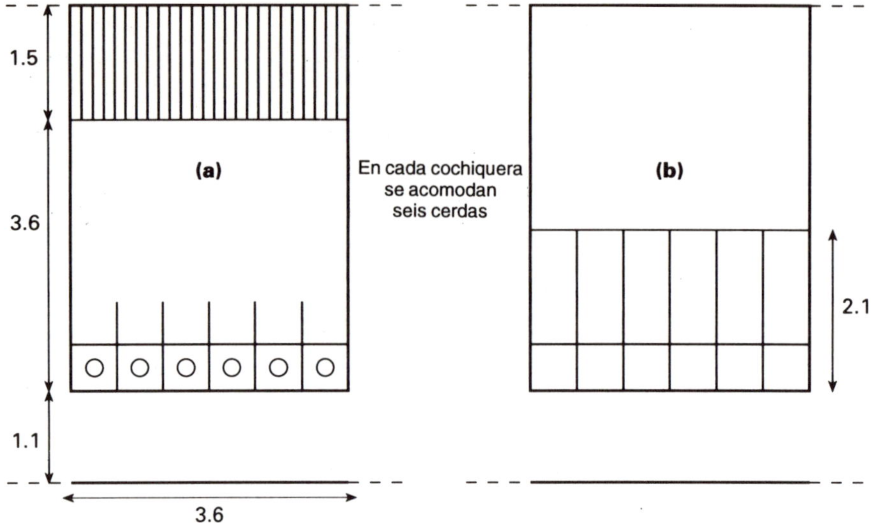

Figura 17.11 Alojamiento para cerdas gestantes: (a) compartimentos para entrada voluntaria y un sistema de alimentación continua lenta, (b) con comederos individuales. El sistema (a) presenta listones, el sistema (b) suelo sólido provisto de paja. La asignación de espacio en el sistema (b), excluyendo los comederos individuales, se limita a 1,8 m^2 por cerda, por lo que las puertas traseras de los comederos individuales se mantendrán abiertas entre las tomas para que las cerdas puedan tumbarse en los mismos. Como el sistema (a) no puede proporcionar niveles diferentes de pienso a las cerdas individuales, los sistemas con comederos continuos lentos dispondrán también de comederos individuales (b) para obviar el problema de los animales que precisan una atención especial.

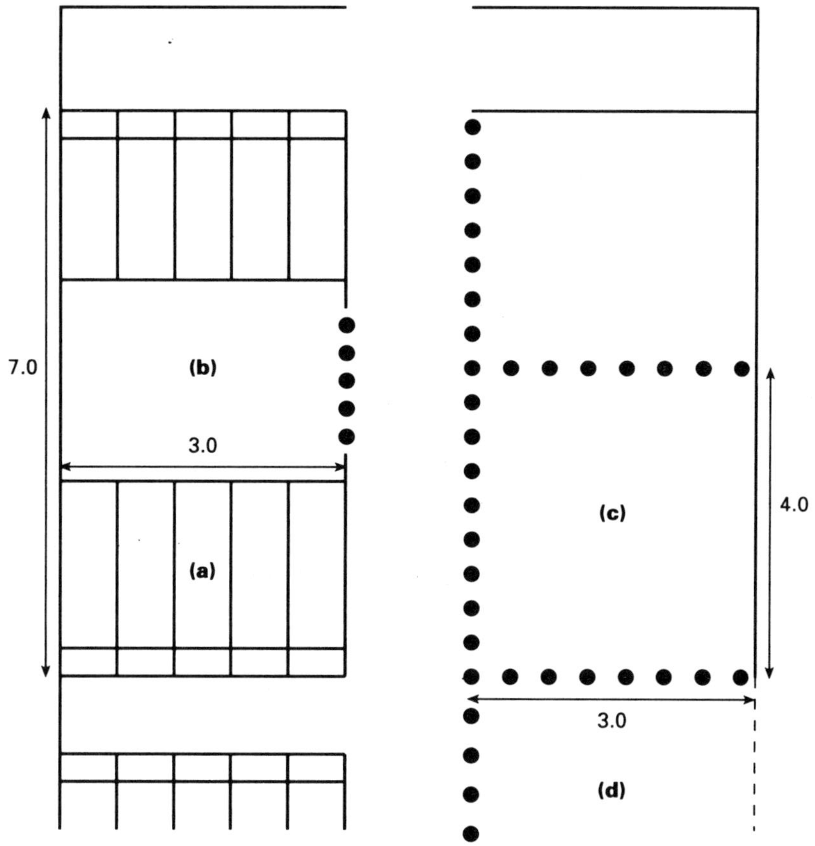

Figura 17.12 Cochiquera con suelo sólido para cubriciones con fácil acceso de los verracos a las cerdas, zonas adecuadas de cubrición y posibilidad de alojamiento en compartimentos o en grupos: (a) compartimentos, (b) zona de trabajo del verraco o cochiquera para un grupo de cerdas, (c) cochiquera para verraco/cubrición, (d) cochiquera para un grupo de cerdas o para un verraco.

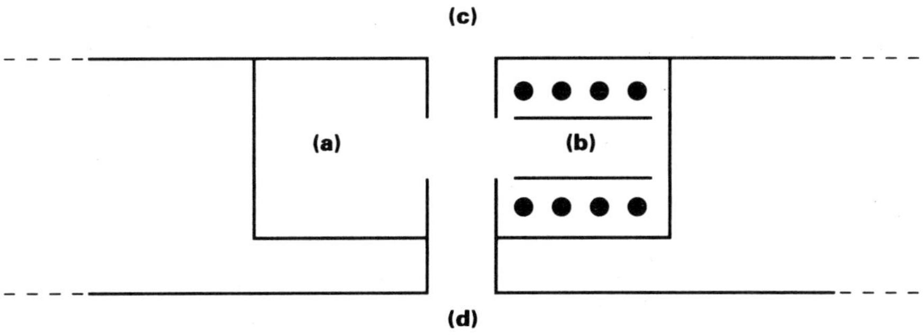

Figura 17.13 Instalaciones para lavado, pesado y medición del espesor de la grasa de las cerdas: (a) zona para trabajos de oficina, (b) jaula y zona de lavado, (c) alojamiento para partos, (d) zona para gestación/cubrición.

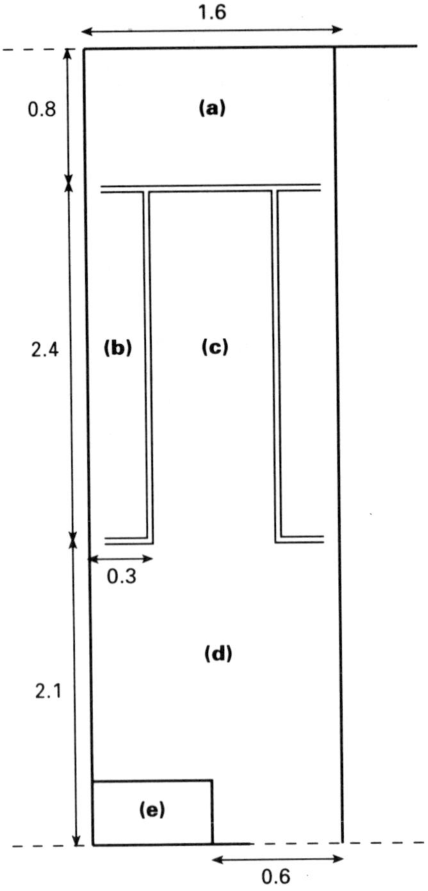

Figura 17.14 Cochiquera de partos: (a) zona de acceso único para comer los cerditos (con lámpara para calefacción encima), (b) barras para la protección de los cerditos, (c) zona para tumbarse la cerda/mamar, (d) zona para defecación/movimiento de la cerda, (e) comedero.

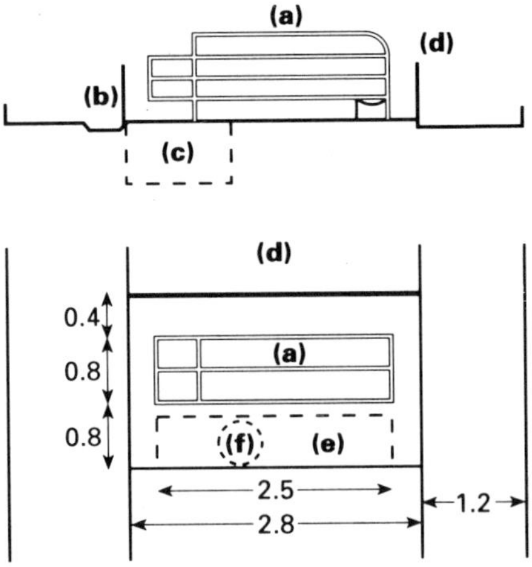

Figura 17.15 Jaula de parto para cerdas lactantes que proporciona un microclima independiente para los lechones y confinamiento de la cerda: (a) la jaula puede disponer de cama con paja o virutas de madera, los excrementos sólidos pueden eliminarse manualmente y la orina fluye hacia un drenaje (b), puede disponer de zona con listones y (c) cámara para deyecciones, (d) valla para confinar a los cerditos, (e) nido especial cubierto, (f) fuente de calor para los cerditos. Se proporcionará a los cerditos agua y pienso desde los 14 días de edad en la zona a la que no tiene acceso la cerda.

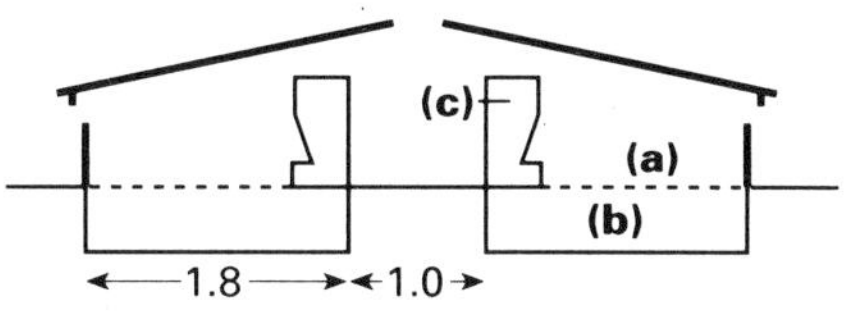

Figura 17.16 Alojamiento intensivo para cerdos recién destetados: (a) el suelo es totalmente de tela metálica, listones de metal o de cemento, con una fosa de deyecciones debajo (b). No puede colocarse cama. Tolvas para alimentación (c) *a voluntad* que forman la parte anterior de la cochiquera y bebederos accionados o no con el hocico en la parte posterior. Los cerdos suelen alojarse en lotes de 8-16. Las cochiqueras tienen 1 m de pasillo.

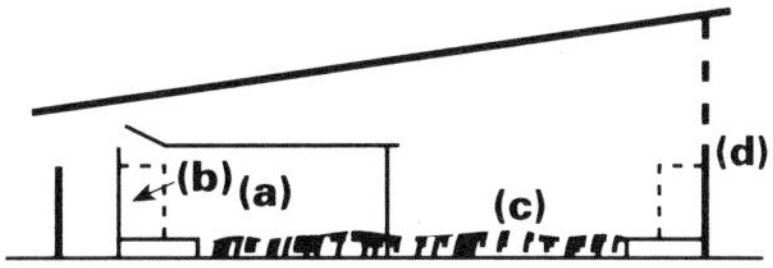

Figura 17.17 Patios tradicionales con paja adecuados para cerdos destetados jóvenes o en crecimiento (particularmente hasta 50-70 kg): (a) caseta con cama gruesa de paja que puede contener también una tolva para alimentación *a voluntad,* sobre un pequeño zócalo (b) de forma alternativa, o además, la tolva comedero puede situarse en el patio (c) con acceso desde la parte anterior (d) el bebedero se sitúa próximo a los comederos. Los excrementos se eliminan desde el patio con la paja. Los cerdos se alojan en grupos de 15-30.

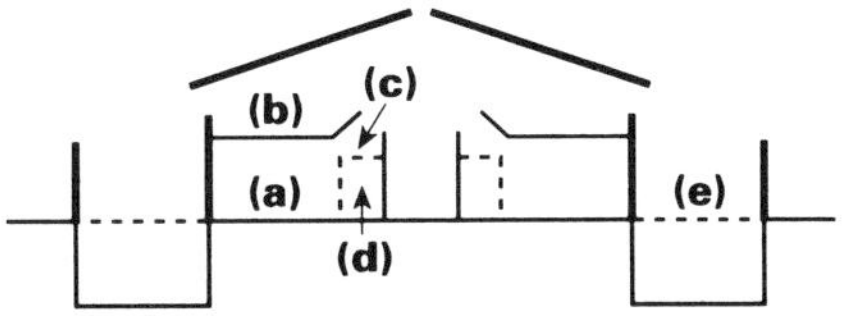

Figura 17.18 Alojamiento para cerdos en crecimiento: (a) zona para tumbarse con suelo sólido que puede disponer de cama de paja o virutas, (b) caseta con tejado sobre la zona para tumbarse con un panel colgado que permite el acceso (c) a tolvas para alimentación *a voluntad* (d). Los cerdos excretan sobre un suelo de listones (o de tela metálica) (e) que puede encontrarse al aire libre como se muestra, o cubierto. Los bebederos suelen situarse sobre los listones.

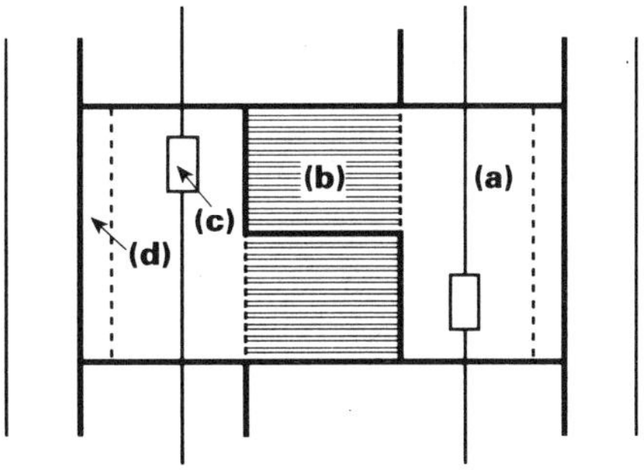

Figura 17.19 Cochiqueras para cerdos en crecimiento: (a) con zona de suelo sólido para tumbarse y (b) con una zona de listones para excretar. Los animales pueden recibir el pienso automáticamente sobre el suelo desde tolvas (c) situadas encima, o en comederos (d) alimentados por tuberías.

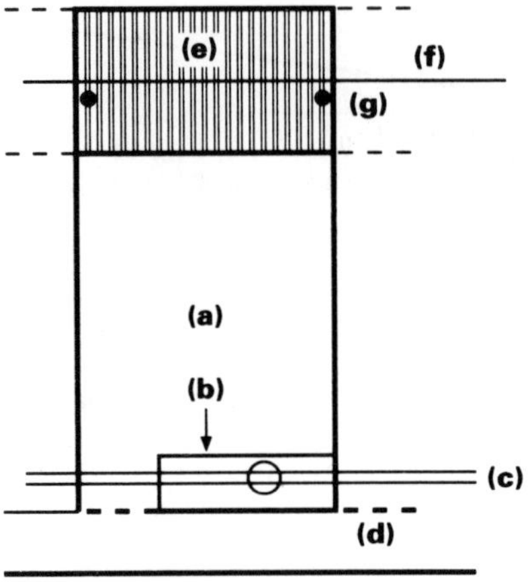

Figura 17.20 Cochiquera para crecimiento/acabado con suelo en parte de listones provista de sistema de alimentación con tolva automática para consumo *a voluntad:* (a) suelo sólido, (b) tolva *a voluntad,* (c) línea para distribución automática de pienso por tornillo sinfín, (d) pasillo, (e) suelo con listones, (f) tubería de agua, (g) bebedero accionado con el hocico.

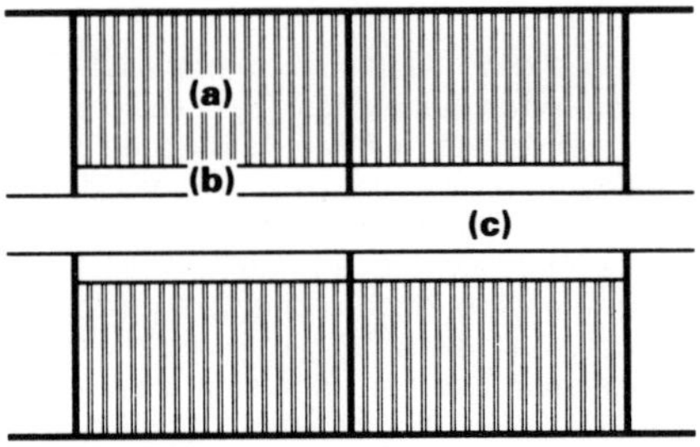

Figura 17.21 Cochiqueras para cerdos en crecimiento: (a) suelo totalmente de listones, (b) comedero adecuado para distribuir por tubería pienso húmedo, (c) alimentación central y pasillo. Cada cochiquera puede contener 8-20 cerdos. Las deyecciones son bombeadas desde debajo de los listones.

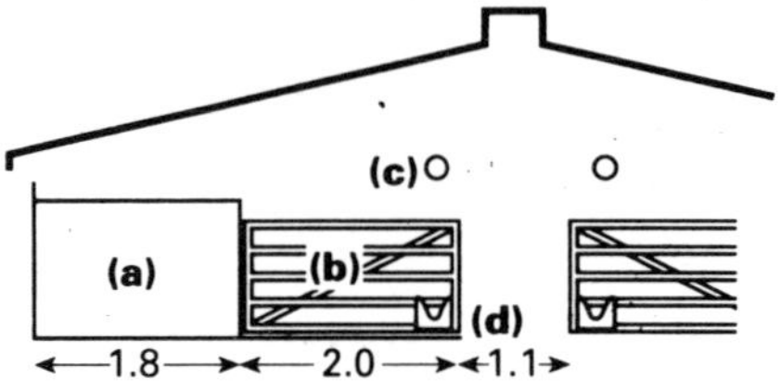

Figura 17.22 Alojamiento con cama de paja para crecimiento/acabado provisto de sistema para distribuir pienso húmedo a través de tubería: (a) caseta con cama de paja, (b) zona para movimiento/excreción (con o sin paja, (c) tubería, (d) comedero.

Figura 17.23 Cerdas gestantes alojadas en grupo en un corral con cama gruesa de paja.

Figura 17.24 Comedero electrónico para cerdas alojadas en grupo con cama de paja.

Figura 17.25 Cochiqueras para alojar cerdas en grupos. Las cerdas quedan protegidas del calor en el interior aunque pueden salir al corral para excretar, beber y comer en comederos individuales. Cada cochiquera es para seis cerdas, y disponen de un espacio generoso.

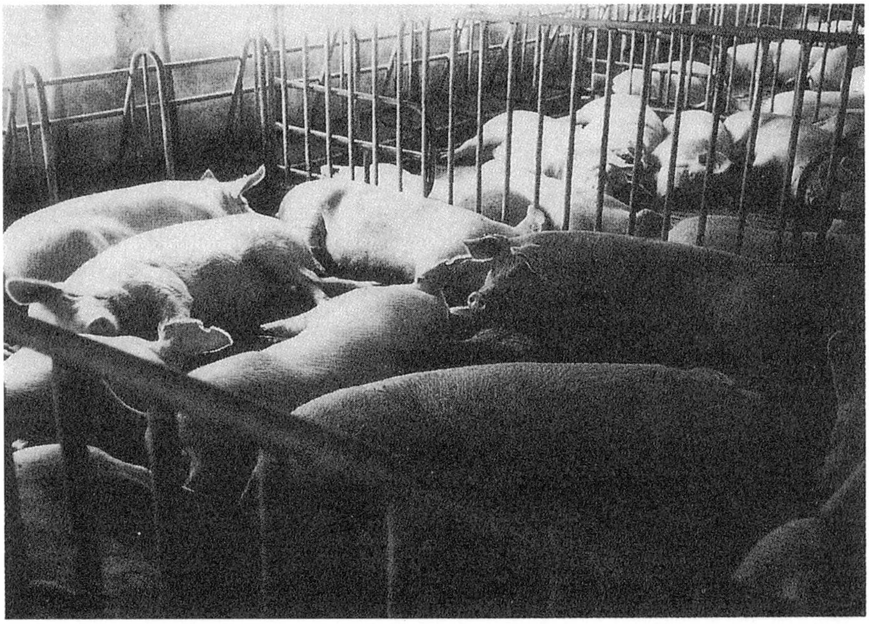

Figura 17.26 Cochiqueras para grupos de cerdas gestantes con suelos totalmente de listones.

Figura 17.27 Jaula de parto para cerda lactante.

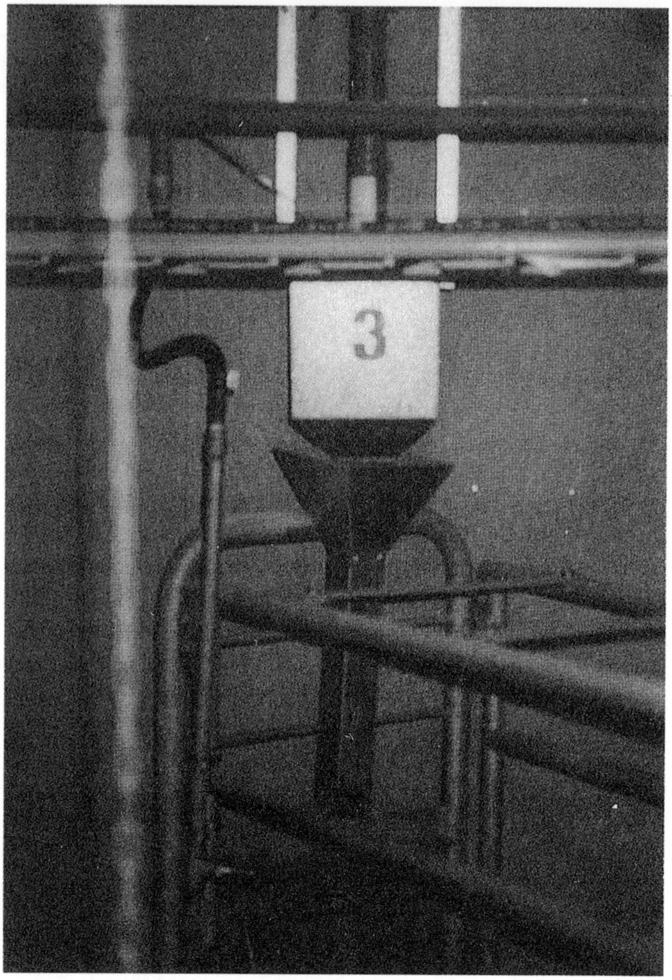

Figura 17.28 Dispositivo de medida para determinar la ración asignada a una cerda lactante alojada en una jaula para parto. El recipiente se rellena dos veces al día mediante un sistema de tornillo sinfín.

Figura 17.29 Suelo metálico suspendido, plastificado y totalmente perforado para cerda lactante y su camada. Véase el pavimento sólido para que se tumben los cerditos (con calefactor encima) y un plato llano para proporcionarles pronto pienso suplementario.

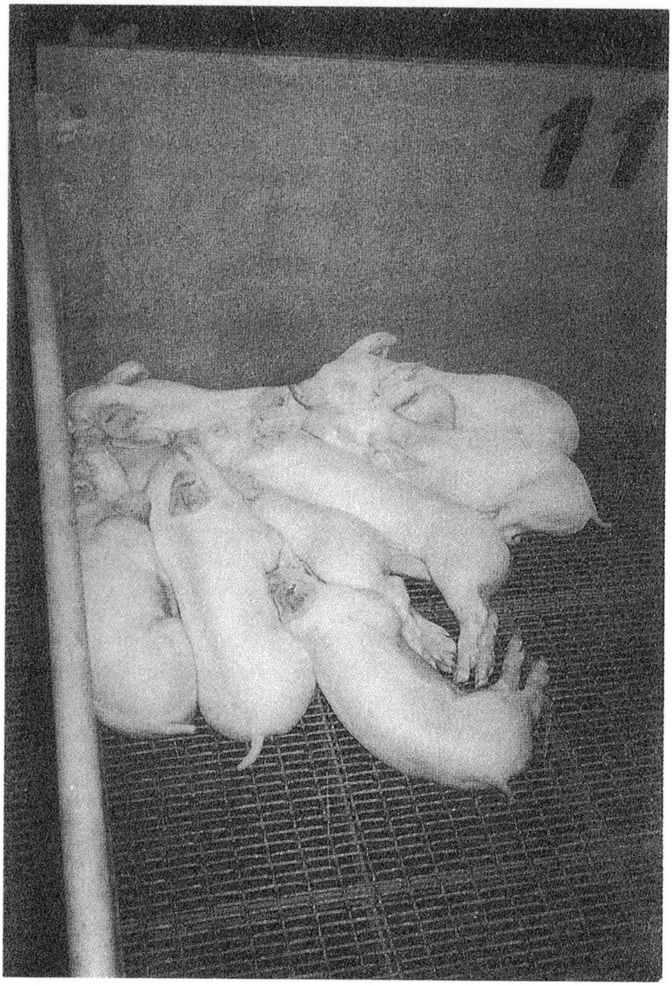

Figura 17.30 Cerditos recién destetados sobre suelo suspendido de tela metálica mostrando que tienen frío.

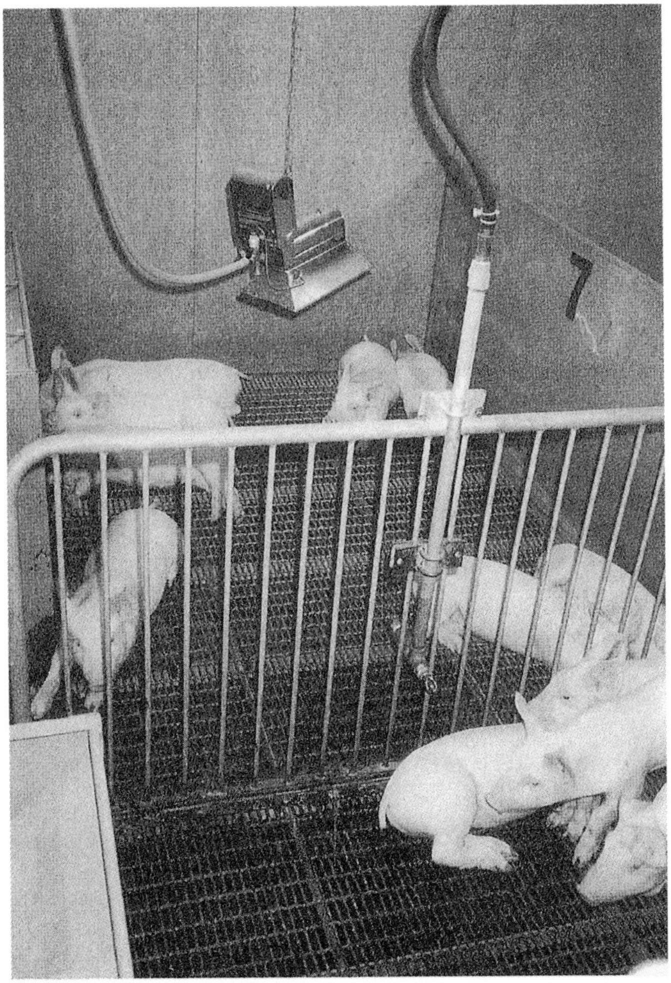

Figura 17.31 Cerditos recién destetados sobre suelo suspendido de tela metálica provistos de un calefactor sobre los animales.

Figura 17.32 Cerdos en crecimiento sobre suelo sólido con zona provista de listones para excreción en la parte posterior. El comedero se sitúa a un lado de la cochiquera para distribución automática de pienso líquido.

Figura 17.33 Cerdos en crecimiento sobre suelo sólido con algo de paja para cama, con zona en la parte posterior para excreción que puede ser rascada, tolva para autoalimentación *a voluntad* con cuatro plazas que se rellena mediante tornillo sinfín y tubería.

Figura 17.34 Cerdos jóvenes en crecimiento sobre suelo totalmente de listones con comedero para autoalimentación y bebederos encima accionados con el hocico. El pienso llega al comedero a través de la tubería central. El agua puede fluir sobre el pienso, al ser activado el bebedero por los cerdos. Existen ocho espacios alrededor del comedero circular. La cochiquera se diseñó para alojar 16-18 cerdos.

Figura 17.35 Cerdos en crecimiento en cochiqueras con suelo sólido que tienen acceso a corrales exteriores. Pienso disponible para consumir según apetito en comederos simples que se rellenan dos veces al día mediante un sistema de tornillo sinfín y tubería.

Figura 17.36 Comedero electrónico para cerdos en crecimiento. El sistema permite registrar el consumo individual de pienso que realizan cerdos alojados en grupos, y resulta especialmente apropiado para piaras núcleo de reproductores e idóneo para los objetivos de la mejora genética en los que resulta útil conocer el consumo individual de pienso del animal candidato a reproductor, además de la tasa de creecimiento y el engrasamiento.

Figura 17.37 Cerdas jóvenes recién llegadas a una explotación extensiva. En cada prado se sitúa una pareja de arcos simples. Nótese también las tolvas para pienso a granel y la zona para oficinas en la parte posterior.

CAPÍTULO 18

Vigilancia del rendimiento de la producción

Introducción

Los registros para vigilar el rendimiento de la producción tienen como objetivos:

1 Informar sobre el rendimiento actual de la explotación y de los cerdos individuales.
2 Informar sobre el rendimiento pasado de la explotación y de los cerdos individuales.
3 Proporcionar una base para el manejo de la producción, para realizar diagnósticos y solucionar problemas.
4 Aportar datos objetivos que permitan la planificación de la política futura.

Entre los problemas particulares de cualquier plan de registros se encuentran los asociados con la identificación de los animales individuales, con el hecho físico de la realización del registro, y con la dificultad para recuperar la información, cuando es necesaria, del lugar donde se anotó (sea un papel o una computadora).

Registros en la explotación

La información obtenida deberá mantenerse, mientras pueda ser necesaria, cerca del lugar de su empleo. La fecha prevista para el parto es un conocimiento esencial sobre una cerda gestante de forma que pueda ser trasladada en el momento oportuno a la zona de parto. Esta información puede anotarse en una tarjeta que se coloca en la cochiquera en que reside la cerda. De manera similar, la fecha correspondiente al destete constituye un conocimiento esencial sobre una cerda lactante. Tras el destete, la ubicación de la cerda en la cochiquera para cubrición próxima a los verracos pone de manifiesto que se encuentra vacía y en situación improductiva. Tras la cubrición la siguiente información importante es la fecha para que vuelva a presentar celo en caso de no haber concebido y, en aquellas cerdas que vuelven a presentar celo, el número de veces que se produce este hecho.

El peso al destete es una información útil aunque, para los fines de manejo, no resulta esencial para todas las camadas. El tiempo previsto y real de permanencia de los cerdos en las cochiqueras de destete, crecimiento y acabado es una información esencial para un manejo cuidadoso y para un control global aunque, con igual importancia, este dato estadístico aporta una conocimiento sobre la tasa de crecimiento que se alcanza. El tiempo de permanencia en las cochiqueras puede ser calculado fácilmente a partir de fechas y de peso, al entrar y al salir de las mismas.

Los síntomas de enfermedad, inapetencia y, por supuesto, los tratamientos veterinarios deben ser anotados inmediatamente y registrados a un lado de la cochiquera. Adquiere una especial importancia registrar todas las prácticas e inoculaciones rutinarias efectuadas por el veterinario tales como administración de antihelmínticos y vacunación contra parvovirus, *E. coli* o erisipela.

Todos estos registros, y en efecto muchos más, pueden incluirse también en los sistemas de registro en fichas que se guardarán en la oficina. Los planes de registro para trabajo de oficina pueden servir para obtener, diariamente, una información sobre el manejo de la unidad productiva que puede prepararse cada mañana para su aplicación. Los registros anotados en la oficina, no obstante, es preferible usarlos siempre como una ayuda, y nunca en sustitución, del registro que puede ser leído delante del cerdo a que hace referencia.

Registros simples

Los registros sencillos y fácilmente accesibles pueden aportar mucha información:

- Una descripción del tipo de ganado puede informar sobre la tasa potencial de crecimiento, calidad de la canal y rendimiento reproductor.
- Los datos procedentes del matadero/envasador de carne informarán sobre pesos reales de acabado, predisposición al engrasamiento, variabilidad del peso final, y variabilidad de la calidad de la canal.
- Los datos correspondientes al destete junto con los datos al enviar los cerdos al matadero informarán sobre la tasa de crecimiento. Incluso careciendo de esta información, el número de cerdos vendidos cada año, junto con el número de plazas disponibles en la unidad de crecimiento, permiten realizar el mismo cálculo.
- El número de cerdos comercializados por año, junto con el número de cerdas reproductoras de la explotación, informarán sobre la productividad de la piara reproductora así como sobre la mortalidad en la unidad de crecimiento.

- Las toneladas de pienso para cerdas adquiridas anualmente, junto con el tamaño de la piara reproductora, informan sobre el empleo del pienso por las cerdas.
- Las toneladas adquiridas anualmente de pienso para crecimiento/acabado, junto con el número de cerdos vendidos al matadero/envasador de carne, informan sobre el índice de transformación del pienso.
- Una apreciación visual de los cerditos lactantes en el momento del destete informa sobre el rendimiento de la lactación.
- Una apreciación visual de la densidad de animales en las cochiqueras informa sobre el rendimiento probable de estos cerdos y sobre la eficacia del manejo
- Una apreciación visual del cerdo en crecimiento, en el momento de trasladarlo del alojamiento para destetados a las cochiqueras de crecimiento, informa sobre la incidencia de enfermedades y sobre el crecimiento tras el destete.
- Una apreciación visual del estado de carnes (y de la variación del mismo) en el momento en el punto de salida hacia el matadero, informa sobre el crecimiento, enfermedades y probable calidad de la canal.
- Una apreciación visual del estado de carnes (y de la variación del mismo) de las cerdas reproductoras al realizar el destete y el parto informa sobre el manejo de la nutrición y alimentación.

Puede obtenerse mucha información sobre la explotación porcina mediante (a) la simple observación y recuento y (b) los registros brutos sobre entradas y salidas totales de pienso. Lo siguiente pone de manifiesto las posibilidades:

> Una explotación de cerdos, que dispone tanto de unidad de reproducción como de crecimiento, registra solamente el pienso adquirido para los cerdos. La unidad recibe un número extra de cerditos transportados desde un productor vecino con 28 días de edad, que llegan a la zona de destetados en la unidad de crecimiento. Los informes recibidos sobre categorización procedentes del envasador de carne permiten conocer que (a) el peso medio de venta es de 100 kg, (b) el 80% de los cerdos reciben el precio correspondiente a la categoría máxima y (c) se venden anualmente 10.500 cerdos para sacrificio. Las entradas semanales de pienso son: 12 Tm de pienso para cerdas, 2,5 Tm de pienso para iniciación, 12,5 Tm de pienso para crecimiento, 50 Tm de pienso para acabado. Los cerditos son destetados con 4 semanas de edad (26-30 días) y son transferidos de la zona de destetados a la de crecimiento con 20 kg y de la de crecimiento a la de acabado con 60 kg. Las cerdas son trasladadas de las cochiqueras de apareamiento al edificio de cerdas gestantes inmediatamente después de ser cubiertas por última vez y cuando ya no presentan celo. Las cerdas pasan del alojamiento de cerdas gestantes al de partos 7 días antes de la fecha prevista para el parto.
>
> En la explotación se encuentran los siguientes cerdos:

Número total de cerdas reproductoras bien gestantes, lactantes o esperando el parto	500
Cerdas esperando salir al matadero por desecho	20

Cerdas jóvenes para reposiciones	60
Verracos	35
Cerdas alojadas en el edificio de gestantes	350
Cerdas en cochiqueras de cubrición	80
Cerdas en cochiqueras de parto	70
Cerditos en cochiqueras de parto	690
Cerdos en locales de destetados	1.323
Cerdos en locales de crecimiento	1.614
Cerdos en locales de acabado	1.909

A partir de estos datos básicos, puede calcularse el rendimiento de las unidades de reproducción y de cebo y compararlo con el rendimiento previsto, según puede apreciarse en las Tablas 18.1 y 18.2. En la parte derecha de la Tabla 18.1 se presentan los datos reales correspondientes a la explotación según los parámetros que pueden ser determinados de forma inmediata en el lugar, junto con aquellos que pueden ser calculados. A la izquierda de la tabla se incluyen los datos estadísticos previstos que podrían esperarse de forma razonable. En la Tabla 18.2 se presentan de forma similar los datos previstos y reales de la unidad de crecimiento.

Tabla 18.1 La piara de cerdas reproductoras. Cálculo de expectativas y determinación de realidades.

Expectativa		*Realidad*	
Cerdas: 500		Cerdas: 500	
Cerdas a eliminar: 17 por mes		Eliminadas: 20	
Cerdas jóvenes: 17 por mes x 2 = 35		Cerdas jóvenes: 60	
Cerdas en cochiqueras de gestación, cubrición y parto, si se esperan 2,25 camadas/cerda/año: 365/2,25 = 162			
115 – 7 = 108 66,7% 28 + 7 = 35 21,6% 19 = 19 11,7% 162 100			
para 100 cerdas se precisan: 67 plazas para cerdas gestantes 22 plazas para parto 12 plazas para cubrición			
para 500 cerdas se precisan: 335 plazas para cerdas gestantes 110 plazas para parto 60 plazas para cubrición		Cerdas gestantes alojadas Cerdas en parto alojadas Cerdas alojadas para cubrir	350 70 80
Porcentaje de tiempo en cochiqueras de gestación	67%	Porcentaje de tiempo en cochiqueras de gestación 350/500 = 70%	
Porcentaje de tiempo en cochiqueras de parto	22%	Porcentaje de tiempo en cochiqueras de parto 70/500 = 14%	
Porcentaje de tiempo en cochiqueras de cubrición	12%	Porcentaje de tiempo en cochiqueras de cubrición 80/500 = 16%	

Tabla 18.1 *(Continuación).*

Expectativa	*Realidad*
Días en cochiqueras de gestación 0,67 × 365 = 245 días Días en cochiqueras de parto 0,22 × 365 = 80 días Días en cochiqueras de apareamiento 0,12 × 365 = 44 días	Días en cochiqueras de gestación 0,70 × 365 = 256 días Días en cochiqueras de parto 0,14 × 365 = 51 días Días en cochiqueras de apareamiento 0,16 × 365 = 58 días
Si las cerdas pasan 28 + 7 = 35 días por camada en cochiqueras de parto, entonces 80/35 = 2,25 camadas/cerda/año.	Si las cerdas pasan 28 + 7 = 35 días en cochiqueras de parto, entonces 51/35 = 1,5 camadas/cerda/año.
	Si los días de gestación son 256, entonces el número esperado de gestaciones es 256/(115 – 7) = 2,4 por año. Como solamente se consiguen 1,5, las cerdas no gestantes deben ocupar plazas de gestantes.
	Las cerdas permanecerán en cochiqueras de apareamiento 13 días o unos 13 × 2,3 = 30 días por año, no 58. Por lo que las cerdas no son cubiertas o no presentan celo.
Cerditos lactantes por camada 10	Cerditos en cochiqueras de parto/cerdas en cochiqueras de parto = 690/70 = 9,9.
Consumo de pienso para cerdas = 1,3 Tm/adulto/año.	Total de cerdos adultos en la explotación = 500 + 20 + 60 + 35 = 615.
	12 Tm de pienso para cerdas por semana × 52/615 = 1 Tm/adulto/año.

Registros en la oficina

Los registros escritos suponen un componente vital para el control del manejo: son el registro permanente de las actividades y rendimientos de cada día de cerdos en particular o de grupos de cerdos. Resulta fácil reunir un exceso de registros escritos de forma errónea y un número insuficiente de forma correcta. Un registro erróneo es aquel que nunca se utiliza (por ej., registros sobre el tamaño de las camadas de cerdas individuales cuando solamente el 10% de todas las eliminaciones son consecuencia de camadas poco numerosas). Un registro correcto es aquel que corresponde a un determinado problema de la explotación (por ej., días transcurridos entre destete y concepción en una piara en la que se venden menos de 22 cerditos por cerda y año).

Registros para selección

Los criadores de cerdos que practican la selección para mejorar el rendimiento necesitan información sobre la que basar la selección. Como la selección es un

Tabla 18.2 La unidad de crecimiento. Cálculo de expectativas y determinación de realidades.

Expectativas	*Realidades*
	Total cerdos vendidos anualmente para sacrificio = 10.500
	Con una pérdida prevista del 5% en la unidad de crecimiento, total de cerdos que llegan anualmente a la unidad = 10.710
	Cerdos destetados alojados 1.323 27% Cerdos en crecimiento alojados 1.614 33% Cerdos en acabado alojados 1.909 39%
	Total cerdos en crecimiento 4.846 100%
7,5 – 100 kg; 2,6 lotes/ año	10.710/4.846 = 2,21 lotes/año
Peso destete con 28 días = 7,5 kg	Si el peso al destete se toma como 7,5 kg, entonces 100 – 7,5 = 92,5 kg de crecimiento es lo conseguido en la unidad de crecimiento
365/2,6 = 140 días por lote	365/2,21 = 165 días por lote 165 días para 92,5 kg = 0,561 kg de ganancia diaria de peso vivo
Con 140 días por lote, entonces:	Con 165 días por lote, entonces:
7,5 – 20 kg con 0,43 kg/día = 30 días en locales para destete	27% de 165 = 45 días para 12,5 kg de ganancia en locales para destete (20 – 7,5) = 0,28 kg diarios de ganancia
20-60 kg con 0,67 kg/día = 60 días alojamiento para ganancia	33% de 165 = 55 días para 40 kg de crecimiento en alojamiento para crecimiento (60 – 20) = 0,73 kg de ganancia diaria
60-100 kg con 0,80 kg/día = 50 días en alojamiento para acabado	39% de 165 = 65 días para ganar 40 kg en alojamiento para acabado (100 – 60) = 0,62 kg de ganancia diaria
	Los problemas son máximos en los alojamientos para destetados, seguidos por los de alojamiento para acabado
Edad con 100 kg = 140 + 28 = 168 días	Edad con 100 kg = 165 + 28 = 193 días
	Pienso consumido 50 + 12,5 + 2,5 = 65 Tm/semana = 3.380 Tm/año
	Ganancia total en los cerdos 92,5 kg × 10.500 cerdos = 971,3 Tm
El índice de transformación del pienso depende de la densidad de la dieta, aunque es inferior a 3,0	Índice de transformación del pienso = 3.380/971,3 = 3,48

esfuerzo a largo plazo y disciplinado, los registros tienen que ser completos. La selección para conseguir un crecimiento más rápido y canales más magras solamente puede realizarse si son registrados cuidadosamente los días transcurridos hasta el sacrificio, el peso y el grosor de la grasa de todos los candidatos a ser seleccionados en el seno de varias líneas de reproductores. Este tipo de registros no suele presentar problemas de principio, serán medidos todos los aspectos que sean apropiados para realizar su medición. Los problemas que se presentan son con mayor frecuencia de naturaleza logística y de costes. En las pruebas de rendimiento de los machos podría considerarse necesaria la determinación del índice de transformación del pienso. Esto supone registrar el consumo de pienso de cada cerdo y cada día. El registro del rendimiento de reproducción de las cerdas, si es completo debe incluir peso al nacer, tamaño de la camada, peso al destete, rendimiento durante la vida útil de la cerda, regularidad de los partos, etc., y precisa asimismo tiempo y esfuerzo.

Registros comerciales

No resulta desdeñable la cantidad de complejos esquemas de registro de los rebaños comerciales. Además del coste que suponen, existe un problema importante correspondiente a la identificación individual de grandes números de animales. Para la mayoría de los productores, el registro deberá ser mínimo y probablemente utilizar un sistema basado en el empleo de la computadora.

Existen dos estadísticas sumamente vitales para la piara comercial:

- Cerdos vendidos anualmente por hembra reproductora. Esto incluye número de cerdos nacidos, regularidad en volver a iniciar una nueva gestación y mortalidad. Se determina conociendo el número de cerdos que salen de la explotación dividido por el número total de hembras reproductoras en la explotación.
- Pienso consumido por cerdo vendido. Esto constituye un factor de la transformación global del pienso, y mide la eficacia de la utilización de la principal materia prima del proceso de producción. Se calcula a partir del total de toneladas de pienso que llegan a la explotación, por mes o por año, dividido por el número total de cerdos que salen de la unidad en el mismo periodo de tiempo.

El conjunto de determinaciones de la eficacia indicará los niveles actuales de rendimiento y mostrará cambios en la productividad, aunque sin permitir identificar las causas de ambos hechos. Para su diagnóstico es preciso realizar exámenes más delicados de aspectos específicos del rendimiento. Los cerdos vendidos por cerda reproductora pueden disminuir como consecuencia de una reducción en el número de cerditos nacidos, por ampliarse el intervalo entre la fecundación y el destete, por aumentar la mortalidad, por mantener en la piara una elevada proporción de cerdas jóvenes para reposiciones sin fecundar o por un freno en la tasa de crecimiento. La utilización del pienso puede ser ineficaz en la piara de cerdos en crecimiento o en la de cerdos reproductores, y podría ser consecuencia del desperdicio de pienso, frío, calidad de los cerdos, nivel de distribución demasiado elevado o demasiado bajo o por la calidad del pienso.

Objetivos

Los productores de cerdos pueden conocer la marcha de sus rendimientos comparándolos con los de otros ganaderos que producen el mismo tipo de cer-

Tabla 18.3 Estadísticas[1] porcinas medias del Reino Unido para piaras que venden con 90 kg de peso vivo (por 100 cerdas en la piara).

Ganado		*Entradas mensuales*	
Cerdas[2]	100	Cerdas jóvenes en la piara	4
Cerdas jóvenes	7,1[3]	Verracos en piara	0,25
Lactantes	153		
Verracos	5,3	*Ventas mensuales*	
		Peso vivo medio al vender (kg)	89
Rendimiento de las cerdas		Número de cerdos vendidos	177
Partos %[4]	83		
Nacidos vivos por camada	10,9	*Salidas mensuales*	
Total nacidos por camada	11,7	Verracos desechados	0,25
% mortalidad nacimiento a destete	10,7	Cerdas desechadas	3,5
		Muertes	0,5
Criados por camada	9,7		
Destetados por cerda y año	22,3	*Rendimiento de la piara de cebo*	
Vendidos por cerda y año	21,2	Existencias (7-89 kg)[5]	707
Núm. cerdas cubiertas mensualmente[6]	23	Lotes por año (7-89 kg)[5]	3,0
		Pienso/ganancia (cebo)	2,4
Éxito en cubriciones (%)	85	Pienso/ganancia (total piaras	
Camadas por cerda y año	2,3	reproducción y cebo)	3,0
Días vacías por año	44	Destetados por cerda y año	22,3
Peso al destete (kg)	6,5	Mortandad (%)	5,2
Edad al destete (días)	25	Ganancia diaria kg) desde nacimiento	0,60
		Total pienso usado (kg mensuales)[7]	48.660
Rendimiento financiero anual por 100 cerdas			
Cerdos vendidos por cerda productiva	21,2		
Venta de cerdas y de verracos (£)	5.970		
Ventas de cerdos acabados[9] (£)	142.000		
Compras de verracos y cerdas jóvenes (£)	9.900		
Incremento en valoración	800		
Costes del pienso (£):			
cerdas y verracos	18.500		
cerditos	440		
crecimiento/acabado	68.700		
Costes variables (£):		Costes fijos (£):	
vet./med.	2.600	mano de obra	13.500
transporte	1.180	contratos	570
energía y agua	3.750	reparación y mantenimiento	4.250
cama	490	renta y leasing	1.020
otros	770	depreciación e interés	4.030
		otros	4.320

[1] Según Easicare Pig Management Year Book.
[2] Tamaño medio de la piara en la muestra de 100 cerdas = 350.
[3] Las hembras jóvenes permanecen en la piara de reproductoras durante un promedio de 45 días entre su entrada y cubrición.
[4] Número paridas/número cubiertas en un periodo equivalente 4 meses antes.
[5] 148 días para venta; menos de 25 hasta 7 kg; ([365/123] = 3,0).
[6] Número medio de eyaculaciones por cerda cubierta es 2,2.
[7] 5,840 Tm (de las que 1,2 Tm se usan para la cerda) para producir 21,2 cerdos vendidos con un peso vivo medio de 89 kg.
[8] Días vacíos = días entre destete y celo más días perdidos por cerdas cubiertas que vuelven a presentar celo.
[9] 2.120 cerdos con 67 kg peso canal a 100 peniques/kg.

Tabla18.4 Razones para desechar cerdas.

Razón para desechar	*Edad al desechar (años)*	*Porcentaje de desechos totales*
Edad avanzada	4	10
Tamaño de la camada	2,5	10
Infertilidad: incluyendo anestro y fallo en la fertilización tras dos retornos al celo	2	35
Extremidades, pezuñas y problemas locomotores asociados	2	25
Otras	2	20

Tabla 18.5 Ingredientes usados en el Reino Unido para la alimentación de los cerdos (1991) (%).

Trigo	33
Cebada	12
Maíz	1
Trigo pienso	14
Subproductos de cereales (cebada y maíz)	3
Subproductos de panadería (trigo y maíz)	1
Harina de soja	17
Harina de colza	2
Habas y guisantes	4
Harina de carne y hueso	2
Harina de pescado	3
Melazas	4
Aceites y grasas	2
Otros	2

dos. En este aspecto, los planes centralizados de registro basados en el uso de la computadora pueden aportar información como la mostrada en la Tabla 18.3, que hace referencia a un sistema particular utilizado en el Reino Unido. Otras estadísticas combinadas similares pueden referirse a las razones para la eliminación de cerdas (Tabla 18.4), a los usos de los ingredientes del pienso (Tabla 18.5) (particularmente útiles para quienes preparan piensos compuestos) o a la composición de la estructura financiera de la unidad productiva (Tabla 18.6).

Determinadas piaras tomadas como ejemplo pueden proporcionar datos más específicos al demostrar en qué forma se alcanza la excelencia (Tabla 18.7).

Los objetivos más generales pueden alcanzarse a partir de dichos datos básicos. En la Tabla 18.8 se enumeran algunos de tales objetivos medios. No obstante, incluso objetivos de esta naturaleza pueden ser inapropiados cuando:

- la explotación es sumamente compleja y ya consiguen rendimientos tan buenos como el objetivo medio, incluso cuando resulta esencial que el rendimiento sea superior al medio para que la explotación sea rentable;
- el objetivo resulta tan superior al rendimiento actual de la explotación que no se considera alcanzable por la dirección de la unidad productiva;

Tabla 18.6 Ejemplo de análisis financiero (en forma de porcentaje de los costes totales).

Piara de reproductores producción de destetados de 30 kg		*Unidad de crecimiento 30-100 kg de peso vivo*	
Gastos totales	100		100
Ingresos totales	110		110
Gastos según porcentaje del total:			
Pienso para cerdas y verracos	30	Compra de 30 destetados	50
Pienso para cerditos hasta 30 kg	30	Pienso	35
Veterinario	4		1
Energía	4		2
Otros	2		2
(Total costes variables	70)	(Total costes variables	90)
Mano de obra	18		4
Edificios y equipo	10		5
Otros	2		1
(Total costes fijos	30)	(Total costes variables	10)

- la explotación no se adapta bien a los sistemas u objetivos de producción media, quizás por ser diferentes las edades para el destete, la calidad del pienso, los tipos de alojamiento, el ganado reproductor, etc.

Los objetivos óptimos pueden ser establecidos con frecuencia en el seno de cada explotación en particular. Pueden ser identificados los rendimientos actuales y añadir un porcentaje alcanzable como objetivo. Esto permitirá un avance gradual y escalonado hacia adelante. Los aspectos individuales de la eficacia de la producción pueden ser individualizados uno a uno para dedicarles una atención especial. Los niveles actuales de rendimiento pueden ser comparados con los objetivos mediante histogramas, gráficos o tablas. Estas ayudas para el manejo, deben encontrarse, por supuesto, a la vista del personal que dirige la explotación. Los progresos hacia los objetivos serán vigilados y, cuando se alcancen, recompensados.

Control rutinario

Las comprobaciones del manejo es preferible diseñarlas de acuerdo con las características individuales del personal dirigente, edificios, problemas a resolver y procesos de la producción. En grandes explotaciones incluso las estadísticas vitales son difíciles de mantener al día: el hecho de que una hembra se encuentre gestante o no, cuándo debe ser destetada una camada, con qué frecuencia se ha utilizado un verraco, qué edad tienen los cerdos en crecimiento de una cochiquera.

El control de mantenimiento se simplifica si la información se incorpora en la estructura física de la explotación; por ejemplo, manteniendo una zona determinada del edificio para las hembras que todavía no se encuentran gestantes, destetar siempre en el mismo día de la semana, introducir en la cochiqueras los cer-

Tabla 18.7 Rendimiento en seis partos de una piara de reproductoras bien manejada – 1990.

	Parto						
	1	*2*	*3*	*4*	*5*	*6*	*Todos*
Número de nacidos vivos	10,1	10,3	11,5	12,2	11,3	11,4	11,0
Nacidos muertos	0,14	0,28	0,23	0,79	1,37	1,90	0,51
Peso al nacer de los cerditos (kg)	1,45	1,47	1,45	1,40	1,37	1,24	1,43
Número de destetados	9,2	9,8	10,1	10,6	10,0	9,9	9,8
Peso medio al destete (kg)	6,56	7,17	6,98	6,83	6,66	6,19	6,82
Días hasta el destete	22	21	21	22	21	21	21
Mortalidad (%) (hasta destete)	9,2	5,5	12,1	13,5	12,3	12,7	10,7
Pienso durante lactación (kg)	110	119	122	137	137	127	122
Puntuación estado de carnes (parto)*	3,67	3,64	3,56	3,96	3,56	4,31	3,70
Puntuación estado de carnes (destete)*	2,95	2,98	2,90	3,13	3,14	3,53	3,02
Peso de la cerda (kg) (parto)	196	230	251	262	267	285	236
Peso de la cerda (kg) (destete)	174	207	226	238	245	263	212
Grasa dorsal (mm) (parto)	23,8	21,2	20,8	20,5	18,3	18,3	20,9
Grasa dorsal (mm) (destete)	17,9	16,6	15,7	15,2	14,9	15,1	16,0

* Escala de 5 puntos.

Tabla 18.8 Ejemplo de objetivos para el rendimiento. Valores correspondientes a 100 hembras reproductoras (cerdas + jóvenes cubiertas).

Hembras jóvenes	5-7
Cerdas cubiertas semanalmente	4-6
Eyaculaciones de los verracos por semana	3-5
Cubriciones por cerda y celo	>2
Número de verracos, incluidos los jóvenes	>5
Cerdas paridas/cerdas cubiertas	>0,8
Cerdas en anestro de hasta 14 días tras el destete	<5
Partos por semana	4-5
Camadas por hembra reproductora y año	>2,2
Cerdos nacidos por camada	>10
Cerdos destetados por camada	>9
Cerdos destetados por mes	>180
Peso al nacer de los cerditos (kg)	>1,2
Peso a los 21 días (kg)	>6
Peso a los 28 días (kg)	>8,5
Intervalo entre destete y cubrición (días)	3-5
Intervalo entre destete y concepción (días)	<12
Número de partos por mes	18-21
Venta anual de cerdos	>1.900
Venta mensual de cerdos	>170
Reposición de reproductores por cuarto de año	<12
Pienso consumido por hembra reproductora y año (Tm)	1,1-1,4
Consumo total de pienso por la piara de reproductores y mes (Tm)	10-11
Consumo anual de pienso por cerdos en crecimiento (Tm)	<550
Consumo mensual de pienso por cerdos en crecimiento (Tm)	<45
Consumo de pienso por cada cerdo en crecimiento en un mes (kg)	<50
Edad a los 100 kg (días)	<160
Índice de conversión del pienso hasta 100 kg usando una dieta con densidad media de nutrientes	<2,8
Índice de conversión del pienso hasta 100 kg usando una dieta con densidad alta de nutrientes	<2,4
Mortalidad desde destete hasta sacrificio (%)	1-2
Tasa de crecimiento desde 5 hasta 15 kg de peso vivo (g/día)	>350
Tasa de crecimiento desde 15 hasta 50 kg de peso vivo (g/día)	>600
Tasa de crecimiento desde 50 hasta 100 kg de peso vivo (g/día)	>800

dos destetados con la fecha prevista de salida, las cochiqueras de cerdos en crecimiento con la fecha prevista de sacrificio, etc.

El manejo táctico día a día requiere tanto un sistema de registro computerizado (o sobre papel) como una estrecha observación día a día de la situación física actual de todos los animales de la explotación. Las tablas que siguen a continuación pretenden ser ejemplos de algunos de los puntos de control sobre los que el manejo parece resultar esencial en la rutina diaria de la unidad de producción (Tablas 18.9, 18.10 y 18.11).

Tabla 18.9 Ejemplo de aspectos del manejo de cerdas gestantes y lactantes y de cerditos lactantes.

Observar	*Considerar*
Cerdas	
Días hasta el parto	Trasladar a locales para maternidad tras 108 días de gestación
Limpieza de locales	Desinfectar y descansar 7 días entre dos partos
Limpieza del cerdo	Lavar y rascar, aplicar tratamientos contra parásitos internos y externos y sarna
Temperatura del local	Necesidades diferentes para cerdas lactantes y lechones
Bienestar del cerdo	Disposición correcta de cochiqueras
Iniciación del parto	Coste-beneficio de prestar atención
Problemas tras el parto	Falta de leche para los lechones, temperatura elevada (superior a 40°C) fiebre en la madre
Disponibilidad de agua	Bebederos, vigilados con regularidad
Días hasta el destete, rendimiento reproductor de la hembra nueva	Datos registrados para tomar decisiones sobre traslado, desecho o cubrición
Enfermedades	Tratamientos rutinarios
Cerditos lactantes	
Completar las tareas rutinarias en los 3 días siguientes al nacimiento	Administración de compuestos de hierro Recorte de los dientes Marcado de las orejas (para registrar al menos la semana de su nacimiento)
Completar las tareas rutinarias en los 15 días siguientes al nacimiento	Castrar si es necesario Proporcionar una dieta muy sabrosa en el comedero propio de los lechones; situar pienso nuevo dos veces al día y atender la limpieza del comedero Proporcionar agua a los lechones
Síntomas de diarrea	Tratamiento Mejorar los niveles de limpieza
Medio ambiente	Cama, temperatura, corrientes
Rendimiento del crecimiento	Los descensos en el suministro de leche materna pueden suplirse aumentando el pienso suplementario en su comedero propio sin acceso para la cerda

Tabla 18.10 Ejemplo de aspectos del manejo de verracos, cerdas en espera de cubrición y cerdas gestantes.

Observar	*Considerar*
Verracos	
Tamaño	Cantidad suministrada de pienso Edad
Deseo de cubrir	Edad Estado sanitario Pienso suministrado Frecuencia de empleo
Número de nacimientos	Frecuencia de empleo Usar 2 machos con la misma hembra
Temperamento	Si es agresivo, comunicar a dirección, comprobar raza Comprobar suministro de agua
Cerdas	
Días entre destete y concepción	Aporte de pienso, especificación del pienso, enfermedades, manejo Política de desecho Tipo de alojamiento
Condición corporal	Aporte de pienso en la lactación
Condición corporal	Aporte de pienso en la gestación
Confirmación de gestación	Comprobar con machos 18-25 días después de las cubriciones anteriores Usar equipo para diagnóstico de gestación
Temperatura del alojamiento	Usar termómetro de máxima y mínima Corrientes Comportamiento de los animales
Bienestar e inquietud	Medio ambiente; espacio disponible Concentración de la dieta, aporte de forraje, pienso disponible
Limpieza	Disposiciones en las cochiqueras
Abrasiones físicas	Disposiciones de las cochiqueras Antagonismo entre grupos
Tiempo desde cubrición	Traslado a locales de parto
Aporte de pienso y agua	Automatización
Enfermedades	Vacunaciones rutinarias

Tabla 18.11 Ejemplo de aspectos del manejo de cerdos destetados y en crecimiento.

Observar	*Considerar*
Adecuación del ambiente	Proporcionar espacio abundante aunque sin que los animales padezcan frío Posibilidades cama gruesa de paja limpia Calidad del alojamiento
Diarrea	Medicación del pienso
Aporte de pienso	Disponer de mayor espacio de comedero, suministro de pienso más fresco y sabroso
Tasas de crecimiento	Temperatura, niveles de enfermedad respiratoria, enfermedades intestinales, bienestar, disposición de comederos, tamaño del grupo, densidad de alojamiento, suministro de agua
Parásitos externos e internos	Tratamiento y dosificación
Canibalismo	Ambiente, material de cama, dieta
Disposición de comederos	Espacio adecuado
Crecimiento lento, tasas variables de crecimiento en las cochiqueras	Enfermedad Mezcla y movimiento muy frecuente Ración o dieta Densidad de alojamiento Medio ambiente Enfermedad Agua
Peso al sacrificio	Comprobar peso

CAPÍTULO 19

Modelos de simulación

Introducción

Los modelos constituyen una necesidad científica primaria: colocar en el dominio de la mente humana una descripción del mundo –biológico y económico– que de otra forma sería difícil de comprender. La multitud de interacciones que se producen en el complejo proceso de producción porcina solamente puede ser comprendida mediante el análisis de sus partes componentes; aunque esto es inadecuado tanto bajo un punto de vista científico como industrial, ni interesa solamente en partes. Los modelos permiten reunir los componentes, y estudiar el conjunto. La creación de metáforas, paradigmas, algoritmos y modelos no es, por supuesto, un hecho científico nuevo que permite explicar fenómenos complejos; resultan básicos para el método científico. El hecho que resulta nuevo es el papel de la computadora en el proceso. Permite sintetizar muchas capas de descripciones cuantitativas y cualitativas de acciones, reacciones e interacciones. En consecuencia, el modelo crea un sistema que es similar en escala al propio proceso industrial (es decir, la producción porcina), por lo que facilita la simulación efectiva. La simulación permite predecir, predecir permite planificar y controlar.

El modelo de simulación constituye un instrumento científico satisfactorio por derecho propio, permitiendo crear y validar conocimientos mediante el desarrollo y comprobación de hipótesis. Una vez creado un modelo de simulación efectivo, tiene igual importancia que se convierta en una parte sumamente útil del manejo de la producción.

Desarrollo de modelos de simulación para predecir respuestas cuantitativas

La consecuencia última del modelo para predicción de respuesta es –a través de la aplicación de la ciencia– el incremento de la rentabilidad de la producción. Los dirigentes de la producción deben decidir las estrategias productivas que proporcionarán el máximo beneficio en el contexto más amplio del ambiente del negocio. Solamente si se conocen los resultados biológicos y monetarios de un cambio en la práctica de la producción puede tomarse una decisión sobre cuál podría ser la práctica óptima de producción.

En general, las respuestas ante los cambios en las prácticas de manejo pueden predecirse mediante uno de dos métodos. El primero tiene como base el precedente histórico, la experiencia previa lleva a la conclusión de que una determinada actuación proporcionará una determinada respuesta. Por desgracia, esto no resulta particularmente útil en la producción de cerdos, ya que cambian rápidamente tanto las circunstancias de la producción como las financieras. El segundo método requiere un conocimiento de las fuerzas causales de la respuesta. Si es conocida la naturaleza de los mecanismos que conducen a una respuesta, entonces pueden predecirse las respuestas. Este método constituye el fundamento de los modelos de simulación. Los modelos pueden representar a la unidad productiva individual, y pueden ser manipulados de una forma similar a como sucedería en la unidad de la vida real. Si el modelo es bueno, las respuestas y resultados simulados reflejarán los hechos que con probabilidad se producirán en la realidad. Mediante este procedimiento los dirigentes de las explotaciones pueden rechazar cursos de actuación que son considerados probablemente como contraproducentes y pueden seleccionar cursos adecuados de actuación entre las diversas soluciones consideradas factibles y vencedoras.

La predicción de la respuesta es sumamente efectiva cuando las causas de las respuestas son relativamente pocas y cuando el sistema se somete a leyes que son relativamente simples. Las fuerzas causales son mínimas, y las actividades operacionales muy próximas a leyes simples, cuando los niveles biológicos son más bajos y más fundamentales. En consecuencia la experimentación aplicada, realizada con niveles biológicos más altos, no es la mejor vía para la creación de algoritmos para la predicción de respuestas. Es preferible usar datos referentes a las capas más bajas de los elementos activos del sistema, y operar por debajo de los niveles de las interacciones.

Los dirigentes de explotaciones que anteriormente hayan tomado decisiones basadas en datos históricos sobre prácticas productivas es probable que cambien sus conceptos previos cuando se decidan a tomar decisiones basadas en la predicción de la respuesta. Todo aquello que presuponían como normas fijas (necesidades de nutrientes, objetivos para la calidad de la canal, etc.) se convierte ahora en variables abiertas a la manipulación. El éxito ya no se determina en términos de proximidad entre los objetivos de producción biológica y los logros de producción biológica, sino en términos de rentabilidad. Los métodos de producción considerados previamente como fines se sitúan ahora donde siempre debieron estar –en la categoría de medios–. Por ejemplo, el esquema para mejorar la producción se inicia con una definición de las necesidades recomendadas de nutrientes. Las dietas son mezcladas según una determinada especificación y distribuidas a los cerdos en una cuantía establecida. Tales normas han sido elaboradas para alimentar cerdos de una determinada calidad. El dirigente de la explotación trabaja suponiendo que es óptima la composición del pienso y que si logra alcanzar el objetivo establecido para la calidad de los cerdos, entonces ha sido bien controlado el sistema de producción y automáticamente se alcanzarán beneficios. Esto no es cierto. Por el contrario, la dirección de la producción porcina requiere, como primera y última medida, establecer un objetivo de beneficios como criterio del éxito. La especificación de nutrientes del pienso, y la asignación de pienso, se convierten ahora en variantes flexibles abiertas a la manipulación, y su definición óptima depende no de unas determinadas recomendaciones sino de las circunstancias específicas de la unidad de producción y de su empresario. El concepto de necesidades de nutrientes pasa del ámbito de la bioquímica de la nutrición al dominio de la economía de la nutrición. La tarea del experto en nutrición consiste en predecir las consecuencias de los cambios en la especificación de los nutrientes de la dieta. La especificación real usada será variable, no predeterminada.

Los productores de cerdos son buenos conocedores de las complejidades originadas por las interrelaciones entre los factores que influyen sobre el crecimiento de los cerdos y la reproducción de las hembras. Por ejemplo, al aumentar los niveles de consumo se acelera la tasa de crecimiento y aumenta la producción, aunque también disminuye la calidad de la canal. El tejido adiposo materno es una buena fuente de nutrientes para el mantenimiento de la lactación, aunque puede alterarse la fertilidad posterior si se utiliza en cuantías excesivas. La relación coste-beneficio del aumento de la asignación de pienso a cerdos en crecimiento o cerdas reproductoras necesita un cálculo profundo que no puede completarse hasta que han sido relacionadas interactivamente las facetas del proceso de producción. Al realizar solamente una parte del cálculo (como la relación entre el consumo de pienso y el engrasamiento) pueden obtenerse conclusiones erróneas. Como consecuencia de las interacciones, el dirigente de la explotación debe conocer de forma simultánea y cuantitativa todos los factores que inciden sobre el proceso de la producción. El establecimiento de recomendaciones para la producción basadas en metas intermedias, tales como tasa de crecimiento, índice de conversión del pienso, calidad de la canal y cambios en el peso de las cerdas, resulta inadecuado bajo el punto de vista del dirigente. Además, constituye un método no satisfactorio de aplicar la suma de conocimientos científicos disponibles.

Para alcanzar la meta de un beneficio máximo, la mejor vía posible debe descubrirse a través del sistema global de producción, no a través simplemente de una de sus partes componentes. La vía óptima cambiará al variar las circunstancias de la producción. Las asignaciones adecuadas de pienso y las especificaciones de la dieta, por ejemplo, es probable que varíen de año en año.

Mediante la simulación del proceso de producción, los modelos pueden permitir al dirigente tomar decisiones tanto a corto plazo (tácticas) como a largo plazo (estratégicas) sobre la base de una mejor información y con un riesgo proporcionalmente menor. Las consecuencias financieras y sobre la producción de las alteraciones en las prácticas de manejo merecen igual consideración, aunque el hecho último de un modelo de manejo será siempre financiero más que biológico. Un modelo no es preciso que llegue a una única solución óptima; más bien, es mejor si presenta opciones abiertas a una toma de decisión y proporciona orientación sobre el resultado probable al tomar dichas opciones. La finalidad principal de un modelo consiste en mostrar la dirección y la magnitud de la respuesta y la sensibilidad del sistema de producción al introducir un cambio táctico o estratégico. Por ejemplo, al pasar de un sistema de alimentación *a voluntad* a otro restringido podría demostrarse mediante un modelo de crecimiento que desciende la tasa de crecimiento de 900 gramos a 750 gramos/día, y que disminuye

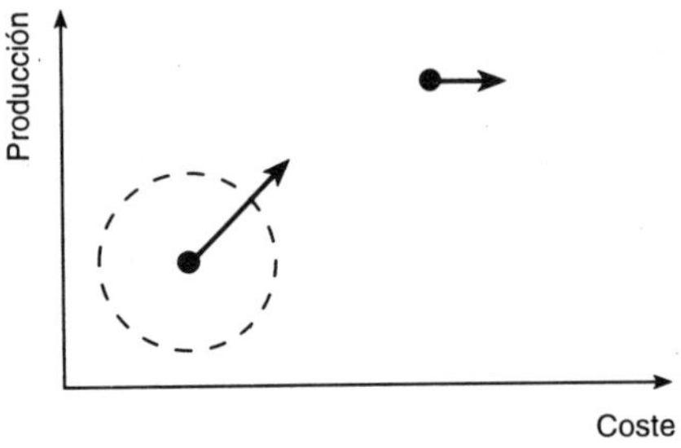

Figura 19.1 El modelo se iniciará desde una situación que se corresponda con el margen de circunstancias existentes en la vida real; es decir, en el interior de los límites de la línea discontinua. Raras veces se consigue una cobertura total y tampoco es necesaria; solamente es preciso que el modelo se inicie desde un punto similar al percibido en la vida real. No obstante, si el punto de iniciación del modelo difiere mucho de la vida real, puede predecirse de forma errónea la magnitud y la direccción de la respuesta.

el espesor de la grasa dorsal de 15 mm a 14 mm. Lo que resulta importante no es tanto que la tasa de crecimiento simulado demuestre ser idéntica a la que se produce en la vida real, sino más bien que (a) desciende tanto la tasa de crecimiento como el engrasamiento, (b) la tasa de crecimiento disminuye en un grado sustancialmente mayor que el engrasamiento y (c) estos efectos pueden ser valorados en términos de sus consecuencias financieras.

No obstante, resulta útil que un modelo pueda ser ajustado al máximo posible a la situación real de la producción. La simulación aportará resultados similares, aunque no idénticos, a los descubiertos en la vida real. Esto es consecuencia de que las respuestas cambian según sea su posición en la escala (Figura 19.1). Por ejemplo, la tasa de crecimiento es más sensible a un cambio en el regimen de alimentación cuando las tasas de crecimiento son bajas que cuando son elevadas; 1 mm de espesor de grasa dorsal sería más importante para cerdos que se encuentran próximos al límite superior de cebamiento.

En general, por consiguiente, los resultados de un modelo de simulación reflejarán de una forma razonablemente estrecha la situación de la vida real que se simula. Sin embargo, no deberá buscarse una réplica exacta, ni la exactitud constituye un requisito necesario para que el modelo cumpla su propósito.

Un modelo podría ser considerado por quien toma decisiones cuando:

- la producción ha de ser óptima, aunque no se sabe si lo es en la actualidad;
- el rendimiento alcanzado difiere del preciso;
- se contempla un cambio en el sistema de producción aunque no son claras las consecuencias del cambio;
- cambian las circunstancias de la producción;
- cambia el mercado hacia el que se dirige el producto;
- cambian los mercados que suministran productos a la explotación porcina.

Un modelo podría ser considerado por el técnico o el científico en producción porcina cuando:

- tienen que planificarse experiencias;
- deben ser identificados pequeños fallos en el conocimiento;
- se precisa una fuente de información para poder ensamblar conocimientos procedentes de orígenes diversos;

- tienen que investigarse fenómenos biológicos y/o sus consecuencias económicas;
- tienen que demostrarse las relaciones entre costes e ingresos.

Realización de diagnóstico y objetivos

Un modelo de simulación predice un hecho futuro. Disponiendo de una definición adecuada de los factores de producción (especialmente alimentación, tipo de cerdos y medio ambiente) y un conocimiento de las relaciones entre los factores de producción y las producciones, se obtiene un cuadro de la respuesta resultante. Las respuestas del modelo pueden servir así como objetivos para el proceso de producción: dado un conjunto de circunstancias definidas es posible describir el nivel de rendimiento. Una mala relación entre sucesos previstos y alcanzados puede ser debido a: una mala definición de los factores de producción; la actuación de fuerzas perturbadoras no prevista en el modelo; o, realmente, errores en el propio modelo. Aunque, con suma frecuencia, una diferencia entre la respuesta prevista y la alcanzada en la práctica identifica simplemente, y mide cuantitativamente, una deficiencia en algunos aspectos del manejo. Además de indicar los costes en el fallo al no ser óptimo el sistema de producción, un modelo puede servir además como medida de diagnóstico para identififcar la zona más probable de sensibilidad que requiere atenciones y soluciones prioritarias.

Transferencia de información

Además de servir de ayuda en la toma de decisiones, los modelos de simulación pueden ser usados también para transferir información e identificar lagunas en el conocimiento. Los modelos de simulación computerizados pueden contener en su seno un amplio campo de conocimientos científicos actuales, y reunir disciplinas y resultados experimentales diferentes. Un modelo puede servir como una biblioteca en la que no es preciso que los libros sean leídos o comprendidos, sino simplemente utilizados. Este medio puede proporcionar una metodología sofisticada a usuarios finales que no necesitan conocer los detalles.

Al no ser necesario disponer de un conocimiento científico profundo puede suceder que se haga un mal uso de los modelos. El constructor del modelo deberá realizar elecciones e incluir información con diversos grados de validez. Como los modelos requieren información en una cadena de hechos, el modelador debe interpolar algunas veces para rellenar lagunas y el usuario puede (peligrosamente) desconocer tales debilidades. No obstante, aunque es importante que quienes preparan modelos sean honestos con los usuarios de los modelos sobre las debilidades (y posibilidades) de sus productos, un modelo no precisa necesariamente ser exactamente correcto para que sea útil. Únicamente es suficiente que una metodología nueva suponga alguna mejora con respecto a la que sustituye.

Existen pocas dudas de que desde ahora las computadoras permitirán transferir una gran masa de información entre científicos y prácticos mediante los modelos de simulación y otras prácticas similares usando la computadora. Si la necesidad de disponer de una información completa supone una cortapisa para un modelo de simulación, esto supone una ventaja al ser identificadas y no ignoradas las lagunas en el conocimiento. Una de las ventajas de un modelo es que requiere la cuantificación de los parámetros de la producción que pueden ser solamente conocidos de forma cualitativa. Los investigadores pueden ser dirigidos hacia aspectos ignorados que precisan un mayor estudio experimental. El análisis de la sensibilidad de los componentes del modelo arrojará luz sobre los aspectos de un sistema que deben ser conocidos con exactitud y aquellos otros que solamente requieren ser conocidos de forma aproximada. Algunas veces sucede que la persecución de un conocimiento científico puede originar un conocimiento incluso más exacto de áreas en las que sería suficiente una aproximación. Por otra parte, aspectos con importancia primaria para la investigación podrían ser (erróneamente) orillados al percibirse su dificultad; o peor, pasados de moda científicamente. Los modelos mediante computadora pueden ayudar en la organización de los recursos para la investigación e impedir que sean estudiados hechos que no son un problema, y evitar la exactitud en determinaciones que no precisan un grado tan elevado de exactitud.

Planificación para preparar modelos

Los modelos de simulación suelen realizarse mediante computadora, y constan de algoritmos en los se mezclan hechos sacados de textos con ecuaciones matemáticas. Las relaciones en el seno de los modelos pueden variar desde la regresión empírica derivada de datos de pruebas de alimentación (por ejemplo, ganancia de peso en relación con el consmo de pienso, tamaño de la camada según el número del parto) hasta secuencias deductivas de descripciones matemáticas relacionadas con los fundamentos de la bioquímica y la fisiología. La regresión empírica tiende a ser estática e inflexible, y estrictamente su mejor empleo consiste en descubrir puntos intermedios en un determinado conjunto de datos. No existe razón para creer que una relación de regresión aportará necesariamente luz sobre la naturaleza de las causas de la respuesta alcanzada.

Las relaciones que conectan los medios de producción con los productos obtenidos pueden ser de tres tipos generales:

- la conexión empírica de los parámetros de producción con elevada exactitud estadística, aunque usando constantes y coeficientes que son absurdos biológicamente;
- la conexión empírica de parámetros de producción mediante el empleo de constantes y coeficientes que son compatibles con las expectativas biológicas;
- la conexión de medios de producción y productos alcanzados a través de sus fuerzas causales; es decir, mediante el empleo de la deducción.

Para que la metodología deductiva sea eficaz, se precisa un conocimiento relativamente completo del sistema. Por consiguiente, aunque más lógico, el método deductivo es probable que contenga una mezcla de hechos exactos, otros menos exactos, hipótesis e incluso conjeturas inspiradas. El empirismo, por otra parte, suele ser una expresión innegable y exacta de una observación pasada; aunque tal expresión puede ser o no ser útil en términos del conocimiento o de la predicción de una respuesta futura.

Los modelos de trabajo tienden a confeccionarse mediante una mezcla de relaciones empíricas y deductivas; aunque cuanto más dependa el modelo del método deductivo, más probablemente aportará información verdadera. La deducción –elaborada mediante relaciones entre medios de producción y producto obtenido a partir del conocimiento de las fuerzas causales– aumenta la flexibilidad de un modelo y permite realizar predicciones con independencia de las circunstancias en que se reunió la información. En consecuencia, dicho modelo puede explicar una amplia gama de interacciones. El mismo método deductivo ayuda también al conocimiento del sistema: ilumina aspectos ignorados y permite analizar la sensibilidad y la definición de componentes cruciales.

Quienes preparan modelos deductivos serán juzgados por su capacidad para construir hipótesis sobre la naturaleza de la vida, porque estas controlarán los algoritmos. Los modelos es preferible realizarlos a nivel de principios básicos. Las nociones preconcebidas sobre el empleo de análisis empíricos de datos correspondientes a pruebas de alimentación es probable que determinen simulaciones menos efectivas. Los modelos deductivos utilizan los conocimientos sobre la ciencia de la producción porcina, y las hipótesis necesarias reflejan la naturaleza de la ciencia incluida en las mismas. El modelo deductivo va más allá que la simple redescripción de fenómenos previamente observados. Evita volver a contar de forma simplista la historia e intenta prever el desarrollo de actividades futuras. Sin embargo, persisten muchos fenómenos que nececitan ser descritos en un modelo aunque no sean conocidas sus fuerzas causales. En este caso las relaciones solamente pueden establecerse de una forma empírica. Resulta evidente según los capítulos anteriores que es más fácil ser deductivo sobre las respuestas del crecimiento a la nutrición que sobre las respuestas equivalentes de la reproducción. Por necesidad, los modelos sobre la reproducción de las cerdas son mucho más empíricos en su estructura que los modelos sobre crecimiento.

El método empírico y deductivo puede ser contrastado con el ejemplo siguiente. Se acepta que según los cerdos crecen se engrasan. Pueden dibujarse relaciones de regresión con el engrasamiento en función del peso vivo. Usando esta relación, puede predecirse el incremento del engrasamiento como consecuencia del aumento de peso. Esta relación empírica lleva a la conclusión de que al sacrificar los cerdos con mayores pesos se obtendrán invariablemente canales más grasas. Por otra parte, para obtener una función deductiva entre engrasamiento y peso vivo, se requiere la identificación de las fuerzas causales. Una razón por la que los animales pueden aparecer más engrasados según pesan más es porque aumenta su apetito, y el consumo extra de pienso determina la producción de grasa. Esto solamente sucederá si ha sido alcanzada la tasa potencial de crecimiento de carne magra. Por consiguiente existen interacciones entre el tipo porcino, el nivel de alimentación y la probabilidad de engrasamiento. Al considerar las fuerzas causales, se aprecia que el engrasamiento no es una función directa del propio peso vivo sino manipulable según el consumo de pienso y el tipo porcino. En un extremo, no es preciso que exista relación entre engrasamiento y peso vivo, los animales con un elevado potencial para el creci-

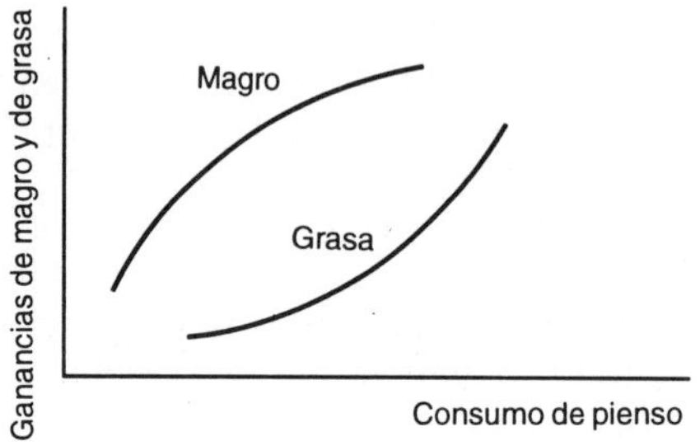

Figura 19.2 Relación entre consumo de pienso y crecimiento: un método empírico.

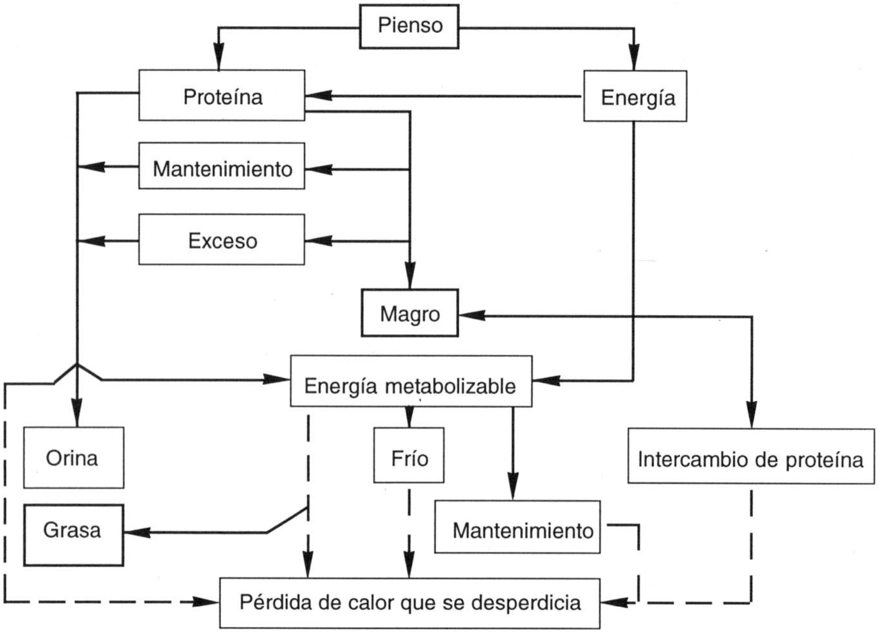

Figura 19.3 Relación entre consumo de pienso y crecimiento: un método deductivo.

miento de tejido magro son capaces de comer hasta saciar su apetito y se mantienen igualmente magros a los 100 kg que a los 20 kg. Los métodos deductivos y empíricos presentan a los dirigentes de las explotaciones propuestas bastante diferentes sobre cómo las canales porcinas pueden ser más magras y sobre las consecuencias que puede tener un incremento en el peso al sacrificar los animales.

Resulta evidente que la determinación empírica de la respuesta del crecimiento al consumo de pienso que se presenta en la Figura 19.2, aunque se trata de un informe totalmente correcto de un resultado experimental, es bastante inadecuada para el tipo de simulación efectiva requerido por quienes dirigen explotaciones porcinas. El método deductivo aparece en la Figura 19.3 en forma de un diagrama de flujo que relaciona el consumo de pienso con el crecimiento. Este segundo procedimiento es más complicado, requiere un conocimiento más profundo de las relaciones y, en consecuencia, es más probable que simule las respuestas de la vida real bajo una amplia gama de circunstancias, incluyendo las que son diferentes de las condiciones originales en que fueron recogidos los datos. El diagrama de flujo demuestra la información que se precisa sobre las relaciones en el sistema. Así, cuando se desea establecer una respuesta definitiva del crecimiento con respecto al consumo de pienso, deben conocerse a nivel de sus fuerzas causales las relaciones entre parejas de factores tales como consumo de pienso y mantenimiento, pienso y termogénesis frente al frío, pienso y crecimiento potencial de tejido magro, pienso y producción de tejido adiposo.

Un modelo impone que sea construido hacia un mejor conocimiento del sistema que se modela; en caso contrario no funcionará de forma efectiva. El científico debe describir un sistema vivo de forma sistemática, y asegurar que todas sus partes se encuentran interrelacionadas de forma que sea un reflejo perfecto de la naturaleza. Una vez construidos, sin embargo, los modelos deben compararse con experimentos de la vida real. Las pruebas tradicionales de respuesta a la nutrición ya no son precisas cuando pueden modelarse efectivamente las fuerzas causales de tales respuestas. Mientras sea posible, los modelos estudiados aquí son deductivos (dependientes de las relaciones causales en forma biológicamente coherente), dinámicos (responden de forma sensible a los cambios en los medios de producción de forma que reflejan la producción porcina real) y deterministas (simulan respuesta al introducir una predicción cuantitativa única de un resultado).

Crecimiento potencial: limitaciones al crecimiento

Los límites a la tasa de crecimiento, descritos por el valor máximo inherente de retención diaria de proteína ($P\hat{r}$, kg) se describen mejor mediante la función de Gompertz:

$$P\hat{r}\ (\text{kg/día}) = Bp.Pt.\log_e(P\hat{t}/Pt)$$

(Ecuación 19.1)

siendo Bp el coeficiente-tasa de Gompertz para la proteína, Pt es la masa presente de proteína (kg) y $P\hat{t}$ es la masa final de proteína (kg) del cerdo adulto. Los valores para Bp pueden variar desde 0,0095 hasta 0,0135, y $P\hat{t}$ desde 32,5 hasta 52,5, dependiendo del sexo y del genotipo (ver también Tabla 3.4). Los valores para $P\hat{r}$ son variables según la función de Gompertz, aumentando rápidamente en los inicios de la vida hasta alcanzar un valor máximo poco después de haber conseguido un tercio del tamaño adulto. La función presenta una meseta superior llana durante buena parte del crecimiento entre 20 y 120 kg, disminuyendo hasta cero cuando se aproxima el estado adulto. El valor máximo (punta) para $P\hat{r}$ ($P\hat{r}$) puede determinarse como:

$$P\hat{r}(kg/día) = (B.P\hat{t})/e$$

(Ecuación 19.2)

Conociendo los dos valores $P\hat{r}$, $P\hat{t}$ puede determinarse el tercer valor B, así:

$$P\hat{t}(kg) = e(P\hat{r})/B$$

(Ecuación 19.3)

$$B = e(P\hat{r})/P\hat{t}$$

(Ecuación 19.4)

Puede percibirse que el crecimiento de la grasa dispone de sus propios cálculos adecuados para $L\hat{t}$ y B (masa de lípidos del adulto y coeficiente de Gompertz) de los que puede obtenerse el valor para $L\hat{r}$ (límite máximo diario de retención de lípidos en un momento dado del crecimiento). No obstante, dicho método no es apropiado para la grasa corporal total, que con frecuencia suele desempeñar el papel de almacén de energía corporal y acomodo del exceso de energía aportada por la dieta con respecto a las necesidades diarias. Probablemente resulta realista sugerir que el límite superior para el crecimiento de los lípidos no necesita ser independiente del impuesto por el apetito.

Resulta más razonable pedir a un modelo una determinada visión del nivel mínimo de crecimiento de lípidos. Aquí puede proponerse que en condiciones normales de crecimiento positivo, y cuando el aporte de nutrientes es insuficiente para alcanzar el crecimiento máximo de proteína ($Pr<P\hat{r}$), el cerdo deseará sin embargo depositar una cierta cantidad de tejido adiposo. Esto determinará el engrasamiento mínimo para el animal. La proposición puede establecerse en términos de un cociente mínimo entre lípidos y proteína en la ganancia diaria de peso vivo $(Lr{:}Pr)_{mín}$ que puede oscilar entre 0,4 y 1,2, dependiendo del sexo y del genotipo (Tabla 3.5). Este cociente puede depender en una pequeña cuantía del tamaño del cerdo y de su grado de maduración, así:

$$(Lr{:}Pr)_{mín} = (Lr{:}Pr)_{mín} + b(Pt)$$

(Ecuación 19.5)

siendo b una pequeña cantidad desconocida.

A menos que $(Lr{:}Pr)_{mín}$ sea particularmente alto y los cerdos alcancen el peso de sacrificio con niveles excesivos de grasa y no obtengan una categoría satisfactoria, cabe esperar que en circunstancias normales Lr será superior a $(Lr{:}Pr)_{mín}$. Cuando $(Lr{:}Pr)_{mín}$ es inferior a 0,9 y la composición corporal en el momento del sacrificio es tal que $Lt<Pt$, es improbable que los cerdos sean considerados excesivamente grasos. Este límite inferior para el crecimiento de la grasa es importante para la calidad de la canal con cerdos de tipo graso (ver Tabla 3.5) destinados a mercados para carne en los que se ejerce discriminación contra la grasa.

En épocas en que la alimentación es deficiente en energía, los cerdos no solamente pueden formar tejido magro sin acumular tejido adiposo sino que realmente pueden ser catabolizados los lípidos (Lr es negativo) para mantener el crecimiento de proteína (Pr es positivo). En estas circunstancias (de catabolismo del tejido adiposo), puede ser importante presentar un modelo que no dependa de Lr:Pr (cociente entre crecimiento de lípidos y proteína) sino de Lt:Pt (cociente entre lípidos y proteína en la masa corporal total). Cuando se carece de mejor información, los valores para $(Lr:Pr)_{mín}$ de la Tabla 3.5 pueden ser usados también para determinar de forma aproximada $(Lt:Pt)_{mín}$. Es notable en este aspecto que se considera necesario que sea Lt:Pt>1 para que sea eficaz la actividad de las cerdas reproductoras.

Debe decirse que una simulación efectiva depende de forma crucial de la caracterización completa y exacta del cerdo que se simula. El cálculo correcto de Pr y $(Lr:Pr)_{mín}$ es fundamental para un modelo de crecimiento, ya que estos parámetros describen las fronteras entre las que funcionará la respuesta a la nutrición.

Rendimiento de los nutrientes (energía y proteína) de la dieta

Energía

Cuando no se conoce el contenido en energía digestible (ED) de una dieta mediante determinaciones directas de la propia dieta o de sus ingredientes, puede postularse (Tabla 8.4 y 8.5) que:

$$\begin{aligned}\text{ED(MJ/kg de SS)} = {} & 0{,}016 \text{ «Almidón» (g/kg)} + 0{,}035 \text{ Aceite (g/kg)} \\ & + 0{,}019 \text{ Proteína (g/kg} + 0{,}001 \text{ Fibra (g/kg)}\end{aligned}$$

(Ecuación 19.6)

que resulta probablemente un poco generosa en su supuesto sobre la digestibilidad de los componentes de la dieta. La fibra en este contexto no es, por supuesto, fibra bruta (FB) sino más bien la fracción mayor de polisacáridos que no son almidón, que puede estar representada por fibra neutro detergente (NDF). Las regresiones empíricas presentadas en el Capítulo 8 han incluido la útil:

$$\begin{aligned}\text{ED(MJ/kg de SS)} = {} & 17{,}5 - 0{,}015\text{NDF} + 0{,}016 \text{ Aceite} + 0{,}008\text{PB} \\ & - 0{,}033 \text{ Cenizas}\end{aligned}$$

(Ecuación 19.7)

y

$$\text{ED(MJ/kg de SS)} = 17{,}0 - 0{,}018\text{NDF} + 0{,}016 \text{ Aceite}$$

(Ecuación 19.8)

siendo PB la proteína bruta. Si ha sido determinada la FB en lugar de NDF, es posible usar la ecuación menos eficaz:

$$ED(MJ/kg\ de\ SS) = 17{,}0 + 0{,}011Aceite - 0{,}041FB$$

(Ecuación 19.9)

El consumo diario de energía es:

$$ED(MJ/día) = n(ED[MJ/kg\ de\ SS])(F[kg/día])$$

(Ecuación19.10)

siendo n la proporción de sustancia seca en el pienso secado al aire y F el consumo de pienso secado al aire. La energía digestible constituye una descripción adecuada del valor energético de un alimento aunque no del rendimiento final de la energía de la dieta para los procesos metabólicos del cerdo. En primer lugar, la ED incluye los 23,6MJ/kg de contenido energético presentes en las porciones de proteína de la dieta digeridas en el íleon ($D_{il}PB$, kg) que no son disponibles de forma inmediata para la transferencia de energía, y realmente buena parte de la misma será, por fortuna, usada para el crecimiento de la proteína (pr) o la síntesis de leche, y en consecuencia no disponible en absoluto para la producción de energía. En segundo lugar, existe un pequeño componente de energía «digerida» aunque no «captada» (como la contenida en los gases producidos mediante la fermentación en el intestino grueso). Puede calcularse la energía carente de proteína (Epf) como:

$$Epf = ED - (23{,}6D_{il}PB) - (0{,}05ED)$$

(Ecuación 19.11)

Como tan solo una parte de la proteína digerida aparece en el crecimiento en forma de Pr, o en la leche, se dispondrá de una porción de energía derivada de la proteína procedente de la desaminación. Si Qd representa el rendimiento energético de la desaminación de la proteína, entonces:

$$Qd = 23{,}6\ Pm - (7\ Pm + 5\ Pm = 11{,}6\ PM)$$

(Ecuación 19.12)

siendo Pm la proteína desaminada y suponiendo que la orina es portadora de 7 MJ/kg de proteína desaminada, y que la energía precisa para la síntesis de urea es de 5 MJ/kg de proteína desaminada.

La energía metabolizable total (EM_t) que puede utilizar el organismo del cerdo puede calcularse como:

$$EM_t(MJ/día) = Qd + 23{,}6Pr + Epf$$

(Ecuación 19.13)

el término 23,6 Pr representa la energía que, aunque metabolizable, es depositada sin embargo como proteína corporal retenida. La tasa de desaminación de la proteína (Pm) depende primero del nivel de suministro de proteína (posible exceso en el aporte) y posteriormente de la calidad de la proteína suministrada (eficacia en la transferencia de proteína digerida a proteína corporal). Este parámetro se determina mejor mediante diferencia:

$$Pm = PBD - Pr$$

(Ecuación 19.14)

es decir, que aunque ha sido digerida no es retenida y debe excretarse mediante procesos de desaminación.

La energía metabolizable utilizable (EM_t) puede ser ofrecida ahora al animal para usarla en apoyo de las necesidades de mantenimiento, retención de proteína, retención de lípidos, productos de la concepción, lactación y termogénesis frente al frío.

Proteína

El contenido de la dieta en proteína puede ser determinado mediante el análisis químico del nitrógeno (PB = 6,25N). La digestibilidad de la PB es variable entre los alimentos y resulta claro que la determinación de la digestibilidad ileal evitará errores en la desaparición del intestino grueso. La digestibilidad ileal de la proteína bruta oscila de 0,3 a 0,9, según fue señalado en el Capítulo 9 y se indica en las Tablas 9.1 y 9.5.

Para conocer el rendimiento de proteína bruta sometida a digestión ileal ($D_{il}PB$):

$$D_{il}PB(kg/día) = (D_{il})(PB[kg/kg\ de\ dieta])(F[kg/día])$$

(Ecuación 19.15)

Un modelo para simular el empleo de la proteína requiere el conocimiento de los aminoácidos digeridos en el íleon y su balance, uno con otro, para calcular V, el valor de la proteína. La proteína ideal total disponible para el metabolismo ($PI_{t)}$, y para mantenimiento, crecimiento de la proteína y reproducción, puede determinarse como:

$$PI_t(kg/día) = (D_{il}))(PB)(F)(V)(v)$$

(Ecuación19.16)

siendo v la eficacia del empleo de la proteína ideal digerida en el íleon para los procesos corporales. Aunque D_{il} puede tener generalmente un valor medio próximo a 0,75 para dietas destinadas a cerdos mixtos, V puede oscilar desde 0,80 para dietas destinadas a cerdos jóvenes hasta 0,65 para dietas destinadas a cerdas (ver Tablas 11.3 y 11..4), y v suele oscilar sobre 0,85 (ver también Capítulo 11).

Necesidades nutricionales de energía

La Figura 19.3 describe un diagrama de flujo correspondiente a los principios generales para la simulación predictiva de la respuesta del crecimiento ante el aporte de nutrientes mediante un modelo deductivo.

El mantenimiento (E_m, MJ de EM) puede cuantificarse como:

$$E_m(\text{MJ de EM}) = 1{,}75Pt^{0{,}75}$$

(Ecuación 19.17)

siendo Pt la masa total de proteína en el momento preciso en que se calculan las necesidades de mantenimiento.

Las necesidades de mantenimiento pueden incrementarse como resultado de una respuesta de termogénesis frente al frío cuando es insuficiente la temperatura ambiental. El coste energético de la termogénesis frente al frío (E_h^I) puede oscilar de 0,012 hasta 0,018 MJ de EM por kg de peso corporal metabólico ($W^{0{,}75}$) por cada grado de frío; el valor superior corresponde a cerdos alojados solos, incluyendo las cerdas:

$$E_h^I = 0{,}012W^{0{,}75}(Tc - Te) \text{ (cerdos en grupos)}$$

(Ecuación 19.18a)

$$E_h^I = 0{,}018W^{0{,}75}(Tc - Te) \text{ (para cerdos individuales)}$$

(Ecuación 19.18b)

así se estima el coste energético en ambientes fríos siento Tc la temperatura de confort y Te la temperatura efectiva (°C). La temperatura de confort depende mucho de la producción de calor (consumo de pienso y tasa de producción) y se expresa como:

$$Tc = 27 - 0{,}6H$$

(Ecuación 19.19)

para cerdos con pesos superiores a 10 kg, siendo H la producción total de calor corporal resultante del trabajo asociado con el mantenimiento, el crecimiento, la gestación y la lactación. El valor de H es mínimo para los cerdos más pequeños que crecen lentamente, y máximo para cerdos mayores que crecen rápidamente. H puede calcularse mediante diferencia cuando toda la energía digerida que no se pierde con la orina, o en forma de gases, se deposita en el organismo en forma de proteína o de lípidos (o en la leche en forma de proteína, lípidos o lactosa de la leche), o abandona el organismo como calor:

$$H = ED - (23{,}6Pr + 39{,}3Lr + 5{,}4My + 7Pm)$$

(Ecuación 19.20)

siendo My el rendimiento lechero (kg de leche/día) en cerdas lactantes (ver más adelante); o:

$$H = E_m + 31Pr + 14Lr + 2{,}3My + 5Pm$$

(Ecuación 19.21)

la ED debe usarse para los procesos corporales o pérdida con la orina:

$$ED = E_m + 54{,}6Pr + 53{,}3Lr + 7{,}7My + 12Pm$$

(Ecuación 19.22)

En estas ecuaciones se han excluido (de forma deliberada) las pequeñas pérdidas variables de ED en forma de gas.

Una vez determinado el valor de H, y disponiendo del cálculo de Tc, queda únicamente la determinación de Te para disponer de los costes completos acumulados de mantenimiento (E_m y de termogénesis frente al frío ($E_h{}^{l}$). Te, la temperatura efectiva, se determina a partir de la temperatura ambiente (T, °C) ajustada según la velocidad del movimiento del aire, el grado de aislamiento del local (Ve) y el tipo de suelo sobre el que debe vivir el cerdo (Vl):

$$Te = T(Ve)(Vl)$$

(Ecuación 19.23)

Los valores correspondientes a Ve y Vl aparecen en la Tabla 11.1 y oscilan entre 0,6 y 1,4.

La tasa probable del empleo de energía para la retención de proteína depende del coste energético de la retención de proteína (E_{Pr}) y de la tasa diaria de retención de proteína (Pr). Pr es, por supuesto, una función del suministro de nutrientes (energía metabolizable y proteína ideal) disponibles para este hecho. Anteriormente ha sido descrito el límite máximo para la retención de proteína (Pr). Tomando 0,44 como la eficiencia de la conversión en energía para la retención de proteína (k_{Pr}), que se considera fija en lugar de variable, entonces la simple ecuación:

$$E_{Pr} = 23{,}6Pr + 31Pr = 54{,}6Pr$$

(Ecuación 19.24)

expresa el coste energético de la retención de proteína (E_{Pr}), 23,6MJ se depositan y 31MJ desaparecen en forma de calor tras el trabajo de la síntesis de proteína.

Considerando que la eficiencia de conversión de la EM de la dieta en lípidos corporales (k_{Lr}) es 0,75, de nuevo una simplificación, entonces la ecuación:

$$E_{Lr} = 39{,}3Lr + 14Lr = 53{,}3Lr$$

(Ecuación 19.25)

expresa el coste energético de la retención de lípidos (E_{Lr}), 39,3MJ se depositan en el tejido adiposo y 14MJ desaparecen en forma de calor.

La tasa del empleo de energía para la retención de lípidos depende del coste energético (E_{Lr}) y de la tasa diaria (Lr). Lr es fundamentalmente una función de la disponibilidad de energía. El orden de prioridad para el destino de la energía metabolizable disponible (EM_t) es probable que sea E_m, $E_h{}^{l}$, E_p, E_{My}, E_{Pr} y finalmente E_{Lr}. Una vez satisfechos el mantenimiento, la termogénesis frente al frío y el objetivo para la retención de proteína (Pr, siempre que también sea adecuado el aporte de proteína ideal), la energía restante puede destinarse a la deposición de grasa. Así en el animal en crecimiento:

$$Lr = (EM_t - [E_m + E_{Pr} + E_h^I]/53,3)$$

(Ecuación 19.26)

Si Pr<Pr como consecuencia de una limitación de la proteína ideal de la dieta, entonces se producirá deposición de grasa aunque todavía no se encuentre satisfecha la demanda prioritaria para Pr. No obstante, si Pr<Pr debido a una limitación en la energía metabolizable de la dieta, entonces la deposición de grasa quedará reducida al límite más bajo establecido por $(Lr{:}Pr)_{mín}$, según ya de ha indicado.

En resumen, la energía metabolizable disponible (EM_t) tras ser corregida para tener en cuenta las pérdidas en forma de gases y con la orina, y para el calor de desaminación, puede repartirse así en el cerdo sometido a crecimiento:

$$EM_t = E_m + E_{Pr} + E_{Lr} + E_h^I$$

(Ecuación 19.27)

Las necesidades de energía para la reproducción en la cerda pueden dividirse entre mantenimiento ($E_m = 1,75Pt^{0,75}$), retención de energía en la carga fetal, crecimiento del tejido mamario y lactación.

$$E_u(MJ/día) = 0,107e^{0,027t}$$

(Ecuación 19.28)

que describe la tasa de deposición de energía en el útero (E_u), siendo t el día de gestación. De igual forma:

$$E_{mam}(MJ/día) = 0,115e^{0,016t}$$

(Ecuación 19.29)

que describe la tasa de deposición de energía en la glándula mamaria (E_{mam}).Dado que tanto k_u como k_{mam} son aproximadamente 0,5, entonces el coste total de la gestación (E_p) es:

$$E_p = (E_u + E_{mam})/0,5$$

(Ecuación 19.30)

Los valores correspondientes a E_p son despreciables en el inicio de la gestación aunque en el día 110 de gestación el valor de E_p totaliza 5,5MJ de EM/día.

El rendimiento lechero (My) en la cerda lactante será una función de las necesidades de la camada de acuerdo con la ecuación:

$$My(kg/día) = (L_{tg})4,1$$

(Ecuación 19.31)

siendo L_{tg} la ganancia diaria en peso vivo de toda la camada (o la ganancia diaria por cerdito × número de cerditos).

Debe establecerse un límite al rendimiento de acuerdo con el potencial de la cerda. El límite de la curva de lactación de una cerda puede describirse como:

$$M\hat{y}(\text{kg/día}) = a.e^{-0,025t}.e^{-e[0,5\ -0,1(t)]}$$

(Ecuación 19.32)

siendo t el día de lactación y variando a según el tipo de cerda, con una oscilación posible entre 18 y 30.

El valor energético de la leche es de 5,4MJ/kg y k_l = 0,7, con lo que el coste energético de la producción de leche (E_{My}) es:

$$E_{My}(\text{MJ de EM/día}) = (My)(7,7)$$

(Ecuación 19.33)

Cuando la dieta no aporta la energía adecuada, los lípidos corporales maternos se convierten en disponibles con una eficacia de 0,85, hecho que supone que 1 kg de lípidos corporales maternos puede usarse para crear (39,3 × 0,85)/5,4 = 6,2 kg de leche.

En casos extremos puede usarse la proteína corporal materna como aporte de energía para la síntesis de leche; la eficacia en este caso no es probablemente superior a 0,5.

Necesidades nutricionales para la proteína

El rendimiento nutritivo total de la proteína procedente de la dieta, expresado en términos de proteína ideal total disponible (PI_t):

$$PI_t(\text{kg/día}) = (D_{il}PB)(F)(V)(v)$$

(Ecuación 19.34)

se emplea para fines de mantenimiento (PI_m), proteína retenida en el crecimiento (PI_{Pr}), retención de proteína en el útero (PI_u) y deposición de proteína en la leche (PI_l):

$$PI_t = PI_m + PI_{Pr} + PI_u + PI_l$$

(Ecuación 19.35)

Como PI_t se construye a partir del conocimiento de la digestibilidad ileal y del valor v correspondiente a la proteína bruta global, existe una aproximación (innecesaria) cuando la digestibilidad ileal (D_{il}), y quizás el valor v, son conocidos para aminoácidos individuales (aa) en piensos individuales. Sería preferible construir

PI_t en base de los nueve aminoácidos esenciales que aparecen a nivel tisular de forma utilizable:

$$\text{aa utilizables}_{(1\text{-}9)} = (D_{il}aa_{(1\text{-}9)})(vaa_{(1\text{-}9)})$$

(Ecuación 19.36)

Éstos pueden sumarse, y calcular el espectro aa total para el valor V mediante comparación con el espectro ideal de los aminoácidos para las actividades de la proteína en mantenimiento y producción.

Las necesidades de proteína para mantenimiento (PI_m) pueden determinarse como:

$$PI_m(\text{kg/día}) = 0{,}0040Pt$$

(Ecuación 19.37)

La proteína ideal necesaria para producción es la usada realmente, cuando ya se han tenido en cuenta los factores V y v para todas las ineficacias:

$$PI_{Pr} = Pr$$

(Ecuación 19.38)

y en el animal en crecimiento toda la proteína ideal disponible se destinará a la retención de proteína:

$$Pr = PI_t - PI_m$$

(Ecuación 19.39)

hasta que Pr = Pr.

La deposición de proteína en los productos de la concepción (Pr_u) mantiene una tasa exponencial según el día de gestación:

$$Pr_u(\text{kg/día}) = 0{,}0036e^{0{,}026t}$$

(Ecuación 19.40)

y

$$PI_u = Pr_u$$

(Ecuación 19.41)

De igual forma, para la deposición en el tejido mamario (Pr_{mam}):

$$Pr_{mam}(\text{kg/día}) = 0{,}000038e^{0{,}059t}$$

(Ecuación 19.42)

y

$$Pl_{mam} = Pr_{mam}$$

(Ecuación 19.43)

Tanto Pr_u como Pr_{mam} abandonan finalmente el organismo del animal, Pr_u en el parto y Pr_{mam} con la orina tras el destete.

La proteína segregada con la leche puede calcularse como:

$$Pl_l = My \times 0{,}055 \times Pr_l$$

(Ecuación 19.44)

siendo 55 gramos de proteína por kilogramo de leche.

Cuando resulta inadecuado el aporte de proteína que proporciona la dieta, la cerda puede disponer de su propia proteína corporal con una eficacia que puede esperarse sea próxima a 0,85.

Consumo de pienso

Cuando los cerdos son racionados para recibir una determinada asignación de pienso, el valor (conocido) del consumo de pienso (F, kg/día) puede ser programado simplemente en un modelo. Esta situación suele ser normal para cerdas gestantes y lactantes, y cada vez resulta más probable para cerdos en crecimiento dada la creciente popularidad de los sistemas totalmente automatizados y controlados mediante computadora capaces de aportar cantidades predeterminadas de pienso, cuidadosamente medidas, bien a cerdos individuales o a cochiqueras que alojan grupos de cerdos. Los niveles de pienso pueden ser incrementados semanalmente con distintos grados de restricción, según se apliquen tácticas óptimas. Los sistemas de distribución automática de pienso pueden ser usados para alimentar cerdos hasta saciar su apetito; es decir, ofrecer a los cerdos tanto pienso como el que serán capaces de ingerir, y al proceder así medir también el consumo de pienso. Los cerdos alimentados mediante sistemas automáticos que aportan cantidades predeterminadas de harinas humedecidas dos otres veces al día consumirán generalmente más pienso que los cerdos que tienen acceso permanente al pienso en una tolva para consumo *a voluntad.*

A pesar de todo, muchos cerdos son alimentados *a voluntad* y no se determina el consumo de pienso que realizan. Como el consumo de pienso es una fuerza crucial en la respuesta del crecimiento, cuando se desconoce el consumo de pienso resulta esencial su predicción exacta.

Generalmente los cerdos jóvenes son alimentados *a voluntad* entre 5 y 50 kg, y con frecuencia hasta que alcanzan 100 kg de peso vivo o más. Tras el destete, los cerditos de 3 semanas pueden consumir no más de 50 gramos diarios, aumentando su consumo en unos 30 gramos diarios hasta alcanzar 20 kg de peso vivo. Si es retrasado el destete hasta las 4 semanas de edad, el consumo inicial será aproximadamente de 100 gramos diarios, y la tasa de incremento de unos 40 gramos diarios. Con 8 semanas y 20 kg de peso vivo, el consumo esperado de pienso se situará en la región de 1,2 kg por cerdo y día. Posteriormente, la cantidad consumida de pienso puede calcularse de distintas formas.

Determinado en la explotación

Como consecuencia de los extremos de variación que presenta el consumo de pienso entre tipos de cerdos, explotaciones y ambientes, y dada la gran importancia de la estimación correcta del valor F, puede ser conveniente con frecuencia realizar investigaciones específicas para determinar este parámetro en la explotación. Esto puede hacerse mediante controles sobre el consumo diario de pienso en determinadas cochiqueras de cerdos con pesos diferentes, y obtener una curva de consumo de pienso. O, de una forma más tosca, puede usarse el suministro total de pienso a diversas categorías de cerdos (destetados, en crecimiento, en fase de acabado) durante un determinado periodo de tiempo para construir una curva simple para el consumo diario de pienso de acuerdo con la tasa de empleo global.

Mediante el cálculo de las necesidades percibidas de nutrientes (energía)

La noción de que un cerdo ingerirá lo que precisa para cubrir las necesidades de nutrientes para mantenimiento, termogénesis frente al frío, crecimiento, gestación y lactación conduce a proponer que:

$$F(\text{kg/día}) = (E_m + E_h{}' + E_{Pr} + E_{Lr} + E_p + E_{My})/EM$$

(Ecuación 19.45)

siendo EM la concentración de energía en el pienso (MJ de EM/kg, 0,96ED, tal como se ingiere). Esta propuesta indica claramente que aumenta el apetito como resultado de un mayor tamaño corporal (mantenimiento), un ambiente frío (termogénesis frente al frío), una elevada tasa de crecimiento (retención de proteína y de lípidos), gestación (particularmente en sus fases avanzadas, y en oposición a la ausencia de gestación) y (marcadamente) lactación.

Aunque los valores considerados como objetivo para Pr son accesibles a través de la determinación de Pr (Ecuación 19.1), y los valores mínimos para Lr pueden calcularse a partir de $(Lr{:}Pr)_{mín}$, resulta más problemático establecer un valor considerado como objetivo para el máximo probable de Lr. Aunque la consideración de que Lr constituye un medio de almacenamiento, absorbiendo el exceso de energía consumida sobre las necesidades directas de mantenimiento y de crecimiento, resulta satisfactoria con un determinado consumo de energía, no lo es para predecir el consumo de energía. En consecuencia, los cerdos que pueden consumir tanto pienso como desean necesitan tener la sensación de que alcanzan el cociente Lr:Pr deseado, incluido para satisfacer el deseo de llenar de grasa los tejidos corporales para su almacenamiento. Para los fines actuales, podría suponerse que $(Lr{:}Pr)_{mín}$ depende del sexo (siendo mayor en el macho castrado que en el entero, e intermedio en la hembra) y del genotipo (es mayor en cerdos no mejorados), y oscila entre los extremos de dos (machos enteros mejorados) y cuatro (machos castrados no mejorados).

Mediante el conocimiento de los límites de la capacidad intestinal

El cálculo de las necesidades percibidas de nutrientes representan el límite superior de la ingestión de pienso controlado por el metabolismo del animal. Puede ser preciso rebajar este límite superior si el volumen del consumo diario de pienso supera la capacidad física del intestino, que puede determinarse como:

$$F(\text{kg/día}) = 0{,}013W/(\text{l} - \text{Coeficiente de digestibilidad})$$

(Ecuación 19.46)

La digestibilidad de la dieta puede oscilar desde 0,90 para la leche y 0,80 para dietas de cerdos jóvenes hasta 0,70 para cerdos en fase de acabado, e incluso tan solo 0,65 para dietas suministradas a cerdas gestantes. Cuando no se conoce la digestibilidad de la dieta, podría ser calculada. La energía bruta de una dieta se encuentra relacionada probablemente con su composición:

$$EB(\text{MJ/kg}) = 39{,}3\ \text{lípidos[kg/kg]} + 23{,}6\ \text{proteína[kg/kg]} + 17{,}5\ (\text{almidón} + \text{fibra[kg/kg]})$$

(Ecuación 19.47)

también puede calcularse de manera similar la ED(MJ) (Ecuaciones 19.7, 19.8 y 19.9). El cociente entre ED y EB es, por supuesto, el coeficiente de digestibilidad.

A partir del punto de vista purista (deductivo) del consumo de pienso, puede proponerse que dentro de los límites de la capacidad intestinal el cerdo ingerirá pienso suficiente para satisfacer sus necesidades percibidas de nutrientes; es decir, la solución para F(kg/día) derivada de la Ecuación 19.45 es inferior que la derivada de la Ecuación 19.46. Si no fuese este el caso, se aplica la Ecuación 19.46. Esta posición requiere modificaciones para tener presentes muchos factores distintos de las necesidades y de la capacidad que influyen sobre el apetito; no siendo los menos importantes la temperatura ambiental, la densidad de población, el manejo y las enfermedades. Estos dos últimos factores no pueden acomodarse mediante deducción, aunque puede intentarse un cierto «arreglo» empírico, particularmente a la luz de los datos procedentes de la determinación en la explotación de los consumos de pienso realmente alcanzados. Resulta evidente, y un problema importante en la predicción del consumo de pienso, que un espacio insuficiente en los comederos, es considerado malo el control del flujo de autoconsumo, el número de cerdos presentes en la cochiquera, el conjunto de la dieta y la totalidad de otros factores bajo el control directo del manejo pueden carecer de sentido al intentar preparar un modelo para el consumo de pienso sobre la base de la biología del cerdo. Sin embargo, puede intentarse la expresión de los dos primeros (espacio y temperatura).

Influencia de la temperatura ambiental

Como el consumo de pienso determina pérdidas de calor hacia el medio ambiente, un ambiente cálido que reduzca la tasa de pérdida de calor corporal inducirá una retroalimentación negativa que reducirá el apetito:

$$\text{Reducción del consumo de pienso (g/día)} = W(Te - Tc)$$

(Ecuación 19.48)

o, más lógicamente, en términos de energía digestible (ED) unos 14MJ/kg de pienso:

$$\text{Reducción de ED (MJ/día)} = W(Te - Tc).0{,}014$$

(Ecuación 19.49)

siendo W el peso vivo, Te la temperatura ambiental efectiva (Ecuación 19.23) y Tc la temperatura de confort (Ecuación 19.19).

Influencia de la densidad de población

La superficie (m^2) ocupada por un cerdo puede expresarse en términos del valor k en la ecuación:

$$\text{Superficie ocupada } (m^2) = kW^{0,67}$$

(Ecuación 19.50)

Generalmente k será 0,05 aproximadamente, que supone lm^2 por 100kgW. Una reducción en k de 0,01 por debajo de 0,05 (es decir, k = 0,04) puede asociarse con un descenso en el consumo de pienso del orden del 8%.

Siendo:

$$k^{l} = 0{,}05 - k$$

(Ecuación 19.51)

entonces:

$$F(\text{kg/día}) = F(\text{kg/día}) - 8(F)k^{l}$$

(Ecuación 19.52)

la reducción de k viene representada por k^{l} y la Ecuación 19.52 proporciona el consumo final (ajustado) de pienso.

Estimaciones empíricas

La determinación de los consumo de pienso de cerdos con distintos pesos, y en diversas condiciones experimentales y prácticas, ha proporcionado una plétora de estimaciones empíricas para F. Según se ha indicado anteriormente, la estimación del consumo de pienso de cerdos jóvenes destetados es problemática como consecuencia de la notable influencia de los factores de manejo en este momento. En consecuencia, la mayoría de las estimaciones se refieren a cerdos creciendo positivamente y con 10 kgW o más.

Las ecuaciones:

$$\text{Consumo de ED (MJ/día)} = 3{,}0W^{0{,}63}$$

(Ecuación 19.53)

y la incluso mejor:

$$\text{Consumo de ED (MJ/día)} = 55(I - e^{-0{,}0204W})$$

(Ecuación 19.54)

sirven como mediciones empíricas del consumo según las necesidades de nutrientes. Cuando la ED es de 14MJ/kg de dieta:

$$F(\text{kg/día}) = 0{,}13W^{0{,}75}$$

(Ecuación 19.55)

El empleo del peso corporal metabólico puede ser ingenuo aunque es práctico, $0{,}14W^{0{,}75}$ es una determinación realista de los límites del apetito.

En condiciones comerciales, los consumos alcanzados de pienso suelen ser inferiores a los límites descritos anteriormente, con frecuencia:

$$F(\text{kg/día}) = aW^{0{,}75}$$

(Ecuación 19.56)

oscilando el valor de a entre 0,09 y 0,11, o:

$$\text{Consumo ED (MJ/día)} = 2{,}4W^{0{,}63}$$

(Ecuación 19.57)

Puede ser conveniente ajustar estos cálculos según el sexo, los cerdos castrados pueden ingerir una cantidad de pienso superior en el 5-15% con respecto a machos o hembras.

Cerdas reproductoras

Las cerdas gestantes suelen recibir una ración limitada, y esta cantidad será conocida normalmente, por lo que no será necesaria su predicción. No obstante, el cálculo del consumo de pienso según las necesidades de nutrientes (Ecuación 19.45) limitadas por la capacidad intestinal (Ecuación 19.46) proporciona un resultado que es probablemente bastante efectivo para las cerdas reproductoras. El consumo de pienso que realizan las cerdas gestantes es influenciado posiblemente por su engrasamiento corporal. El impulso hacia la acumulación de grasa puede ser ajustado adecuadamente mediante la ecuación que calcula F según las necesidades de nutrientes (Ecuación 19.45), en la que el valor para E_{Lr} puede ser bastante elevado. El cociente Lt:Pt puede ser únicamente próximo a 1:1 aunque buscando Lr:Pr de 3:1 o superior para conseguir un Lt:Pt satisfactorio en la masa corporal final para los procesos de reproducción (probablemente Lt:Pt = 1,5-2; o $Lt = 1{,}1Pt^{1,1}$).

Asimismo, las cerdas lactantes suelen recibir una ración limitada, y será conocido su consumo de pienso y no será necesaria su predicción. Aunque deberá permitirse que las cerdas lactantes expresen su apetito si tiene que ser máximo el rendimiento de la lactación. El hecho de que las cerdas lactantes no alcancen el consumo diario de pienso sugerido por las Ecuaciones 19.45, 19.46 y 19.55 (es decir, $0{,}13W^{0,75}$) puede ser consecuencia de tratarse del primer parto (siendo idénticos todos los restantes aspectos, las cerdas primerizas pueden consumir hasta 1kg/día menos que las cerdas multíparas), y (más probablemente) como consecuencia del calor.

En general:

$$F(kg/día) =(0{,}013W/(1 - \text{Coeficiente de digestibilidad}) - W[Te - Tc]/1.000)$$

(Ecuación 19.58)

puede constituir una orientación útil para el límite superior del apetito de la cerda lactante.

Un atajo para calcular la necesidad de nutrientes puede ser a través del tamaño de la camada:

$$F(kg/día) = 0{,}033W^{0,75} + 0{,}7(n)$$

(Ecuación 19.59)

siendo n el número de cerditos en la camada y $0{,}033W^{0,75}$ permite calcular las necesidades de mantenimiento de la cerda. En realidad, las cerdas no suelen aumentar más de 0,4 kg el consumo de pienso por cada cerdito de la camada, indicando que es más pragmático y práctico:

$$F(kg/día) = 0{,}033W^{0,75} + 0{,}4(n)$$

(Ecuación 19.60)

En consecuencia, la Ecuación 19.45 (necesidades de nutrientes) suele carecer con frecuencia de importancia ante el catabolismo tisular para mantener las demandas de la lactación. Resulta bien conocida e importante la influencia de los factores del manejo sobre el consumo de pienso durante la lactación (Capítulo 13).

El consumo de pienso durante la lactación puede requerir también un ajuste según haya sido el consumo durante la gestación o el engrasamiento corporal en el momento del parto. Las cerdas mejor alimentadas durante la gestación y más engrasadas a término realizan menores consumos de pienso durante la lactación:

$$F(kg/día) = F - 0{,}13(P2 - 15)$$

(Ecuación 19.61)

esta Ecuación 19.61 permite ajustar el consumo diario de pienso durante la lactación, y P2 es el espesor de la grasa subcutánea (mm) medido en la localización P2 en el momento del parto.

Composición y crecimiento del peso vivo corporal de los cerdos en crecimiento

La simulación del crecimiento y de sus componentes requiere la caracterización del peso vivo (W) y su composición inicial, que puede ser inmediatamente después del destete y en algún momento posterior. Los cerdos jóvenes pueden contener:

$$\text{Cenizas (At)} = 0{,}03W \text{ (o, } 0{,}20Pt)$$

(Ecuación 19.62)

$$\text{Proteína (Pt)} = 0{,}17W \text{ a } 0{,}15W$$

(Ecuación 19.63)

$$\text{Grasa (Lt)} = 0{,}06W \text{ a } 0{,}18W$$

(Ecuación 19.64)

$$\text{Agua (Yt)} = 0{,}74W \text{ a } 0{,}64W$$

(Ecuación 19.65)

siendo W el peso vivo y >5kg. A menos que se prepare un modelo para crecimiento negativo, se supone que de forma general el crecimiento predicho es positivo. Los cerdos que han perdido grasa (especialmente tras el destete) presentarán valores superiores para Yt y valores inferiores para Lt; un valor para Lt <0,08W indica que se trata de un cerdo delgado, y un valor Lt>0,20W es indicativo de un cerdo engrasado. En el momento del destete los cerdos contendrán generalmente 0,16W de proteína, y 0,16W de lípidos (Lt = Pt).

Dada una predicción satisfactoria para la tasa diaria de retención de proteína (Pr) y de retención de lípidos (Lr), el cuerpo del cerdo puede acumular diariamente:

$$Pt = Pt + Pr$$

(Ecuación 19.66)

$$Lt = Lt + Lr$$

(Ecuación 19.67)

$$At = 0{,}20Pt$$

(Ecuación 19.68)

$$Yt = 4{,}9(Pt^{0{,}855})$$

(Ecuación 19.69)

Los cocientes agua:proteína son aproximadamente 5;1 al nacer, 4,5:1 con 10 kg de peso vivo, y 3,5:1 con 60 kg. El exponente en el cálculo de Yt refleja el descenso del cociente agua:proteína según envejecen los cerdos. Este cociente se relaciona muy probablemente con el grado de maduración de la masa muscular, y con los valores más elevados correspondientes al tamaño adulto (Pt) es probable que pueda apreciarse un ligero incremento en el coeficiente para un determinado valor de Pt.

El cuerpo vacío y completo del cerdo (sin el contenido intestinal) (We) es la suma de sus partes:

$$We(kg) = Pt + Lt + At + Yt$$

(Ecuación 19.70)

Como el contenido intestinal suele representar el 5% aproximadamente del peso corporal, entonces W, el peso vivo, es:

$$W(kg) = 1{,}05We$$

(Ecuación 19.71)

Sin embargo, el contenido intestinal puede ser determinado mejor conociendo el contenido en fibra de la dieta que recibe el animal. La fibra atrae agua hacia el intestino e incrementa el volumen de la sustancia seca en el intestino al descender la tasa de digestión y de avance de la digesta. Puede existir una diferencia del 1-2% en el rendimiento de la canal debido únicamente a los efectos de la variación en el contenido del intestino. Así cuando:

$$W(kg) = We + \text{Contenido intestinal}$$

(Ecuación 19.72)

puede calcularse el contenido intestinal como:

$$\text{Contenido intestinal}(kg) = 0{,}05We + (0{,}05We)(0{,}008[FB\ (g/kg) - 40])$$

(Ecuación 19.73)

Calidad de la canal

La calidad puede valorarse (y recompensarse) en términos de espesor de la grasa (espesor de la grasa subcutánea, generalmente en la localización P2 o equivalente) y/o porcentaje de tejido magro. La cantidad de grasa subcutánea está relacionada con el total de lípidos corporales (Lt):

$$P2(mm) = 0{,}81Lt + 0{,}5$$

(Ecuación 19.74)

Parece ilógico que la relación entre la masa de lípidos (Lt, kg) y el espesor de la grasa dorsal (P2, mm) sea independiente del tamaño corporal (expresado como W, el peso vivo). Así, puede presentarse la relación siguiente:

$$P2(mm) = (73Lt)/W + 0,5$$

(Ecuación 19.75)

que para W = 90 kg es la misma que la Ecuación 19.74, aunque determina que la capa de grasa sea más delgada con pesos superiores a 90 kg y más gruesa con pesos inferiores a 90 kg. Sin embargo, algunos conjuntos de datos han demostrado que una relación simple, como la presentada en la Ecuación 19.74, puede aplicarse a un mayor margen de pesos (W = 70-110 kg). Si esto es así, será porque los cerdos más ligeros depositan más lípidos internamente mientras que los cerdos más pesados depositan más lípidos subcutáneamente, determinando así que la relación final entre espesor de la grasa subcutánea en P2 y masa corporal de lípidos aparezca como independiente del peso corporal.

Para un determinado nivel de lípidos corporales es probable que los cerdos de tipo «compacto» presenten espesores de grasa subcutánea ligeramente superiores y, por supuesto, mayores superficies en el músculo de los lomos, así como rendimientos superiores de la canal y de los porcentajes de carne magra en la media canal. Los cerdos pueden ser clasificados por su «compacidad», o mejor, por su «magrura», según una escala de 5 puntos, siendo adecuada la puntuación de 1 para los tipos porcinos convencionales Large White/Landrace, de 5 para los tipos Pietrain/Landrace Belga, de 2,5 para el primer cruce entre los dos tipos, y valores intermedios según sea apropiado. Algunas estirpes recientes de origen Large White/Landrace, seleccionadas especialmente para ser magrosas, deberán recibir también una buena puntuación en la escala de 5 puntos. Cuando Sm es la puntuación para la magrosidad oscilando de 1 a 5:

$$P2(mm) = (P2)(0,98 + [Sm/50])$$

(Ecuación 19.76)

El porcentaje de carne magra en la canal (Carne magra[%]) puede predecirse a partir de P2 junto con el peso de la canal o el espesor muscular (esto último para los tipos porcinos magrosos):

$$\text{Carne magra } (\%) = 65,5 - 1,15P2 + 0,076Wc$$

(Ecuación 19.77)

siendo Wc el peso de la canal (kg). La inclusión del espesor muscular (M_d, mm) (en el punto P2) proporciona:

$$\text{Carne magra } (\%) = 59 - 0,90P2 + 0,20M_d$$

(Ecuación 19.78)

M_d puede oscilar sobre 45-55 mm para un cerdo de 100 kgW, dependiendo mucho de su tipo.

Cuando no se dispone de la determinación del grosor muscular, la ecuación:

$$\text{Carne magra (\%)} = bP2^{-0,21}$$

(Ecuación 19.79)

puede servir; b es un coeficiente que puede obtenerse a partir de la puntuación para la magrosidad como:

$$b = 90 + 2(Sm)$$

(Ecuación 19.80)

La simulación del valor medio para P2 o porcentaje de carne magra para una población de cerdos puede permitir predecir la categoría media alcanzada por los cerdos según un plan para valorar la calidad, aunque no la importante distribución de los cerdos en sus diversas categorías (Figura 2.20). Esto puede realizarse extendiendo la media prevista a través de una distribución (sesgada) sobre la base de un valor conocido para la variación. La variación es probable que sea específica para determinadas explotaciones, y es preferible obtenerla mediante determinaciones en la explotación.

El porcentaje al sacrificio (KO, %) –es decir, el rendimiento de la canal tras el sacrificio y la evisceración– depende, entre otras cosas, del peso vivo (W, kg), del engrasamiento (P2, mm) y del tipo de cerdo (puntuación para la magrosidad, Sm).

La ecuación simple:

$$KO(\%) = 66 + 0,09W + 0,12P2 + (Sm/2)$$

(Ecuación 19.81)

puede complicarse al introducir el efecto de la fibra de la dieta (FB, kg) sobre la digestibilidad y la carga intestinal de forma que, en lugar del término (0,09W), puede introducirse ahora un cálculo corregido para el contenido intestinal, es decir (0,09[W – 0,05We(0,008(FB – 40)]). En este caso We es el peso corporal vacío tomado a partir de un valor inicial de 0,95W, que refleja un contenido intestinal medio equivalente al 0,5% de la masa viva. El peso de la canal (WC, kg) es, por supuesto:

$$Wc = KO(W)/100$$

(Ecuación 19.82)

A partir de la masa corporal total de proteína y de lípidos (Pt y Lt, kg) podría calcularse aproximadamente el contenido de carne magra diseccionada de la canal (Ld, kg), así como el de grasa (Fd, kg) y el de hueso (Bd, kg):

$$Ld = 2,3Pt$$

(Ecuación 19.83)

$$Fd = 0,89Lt$$

(Ecuación 19.84)

$$Bd = 0,5Pt$$

(Ecuación 19.85)

Otras relaciones útiles son:

$$\text{Sangre (kg)} = 0{,}036We + 0{,}22$$

(Ecuación 19.86)

$$\text{Cabeza (kg)} = 0{,}053We + 1{,}2$$

(Ecuación 19.87)

Diagrama de flujo

En la Figura 19.4 aparece un diagrama de flujo para un posible modelo de crecimiento porcino.

Tentativa de modelo de simulación para predecir el rendimiento de las cerdas reproductoras

Mientras que una buena parte de un modelo de simulación para predecir la respuesta del crecimiento ante un aporte de nutrientes puede ser deductivo (así como dinámico y determinista), la respuesta de las cerdas reproductoras debe predecirse casi totalmente de forma empírica. Esto suele ser consecuencia de que las fuerzas causales de los fenómenos que deben simularse son conocidas de forma imperfecta. La teoría y la práctica de la preparación de modelos se encuentran mucho más avanzadas con respecto a los cerdos en crecimiento que a las cerdas reproductoras. Como la simulación de la reproducción de las cerdas no se ha beneficiado de la validación, a través de la ciencia y de las explotaciones, de la misma forma que ha sido posible para los cerdos productores de carne, podría considerarse que resulta ambicioso describir aquí los preceptos para la preparación de modelos para las cerdas. No obstante, se tienen conocimientos suficientes para adelantar aseveraciones sobre las relaciones de un factor con otro, y para llamar la atención sobre aquellos elementos del sistema que pueden ser conocidos como función de otros elementos del sistema. Las descripciones cualitativas únicamente no resultan muy útiles, por lo que aquí se ha intentado cuantificar las diversas relaciones presentadas. Sin embargo, dicha cuantificación se presenta únicamente como orientación sobre la importancia de las diversas fuerzas que influyen sobre la reproducción de las cerdas. Las constantes, los coeficientes y exponentes que se emplean se considerarán únicamente como estimaciones de las magnitudes de los factores que intervienen.

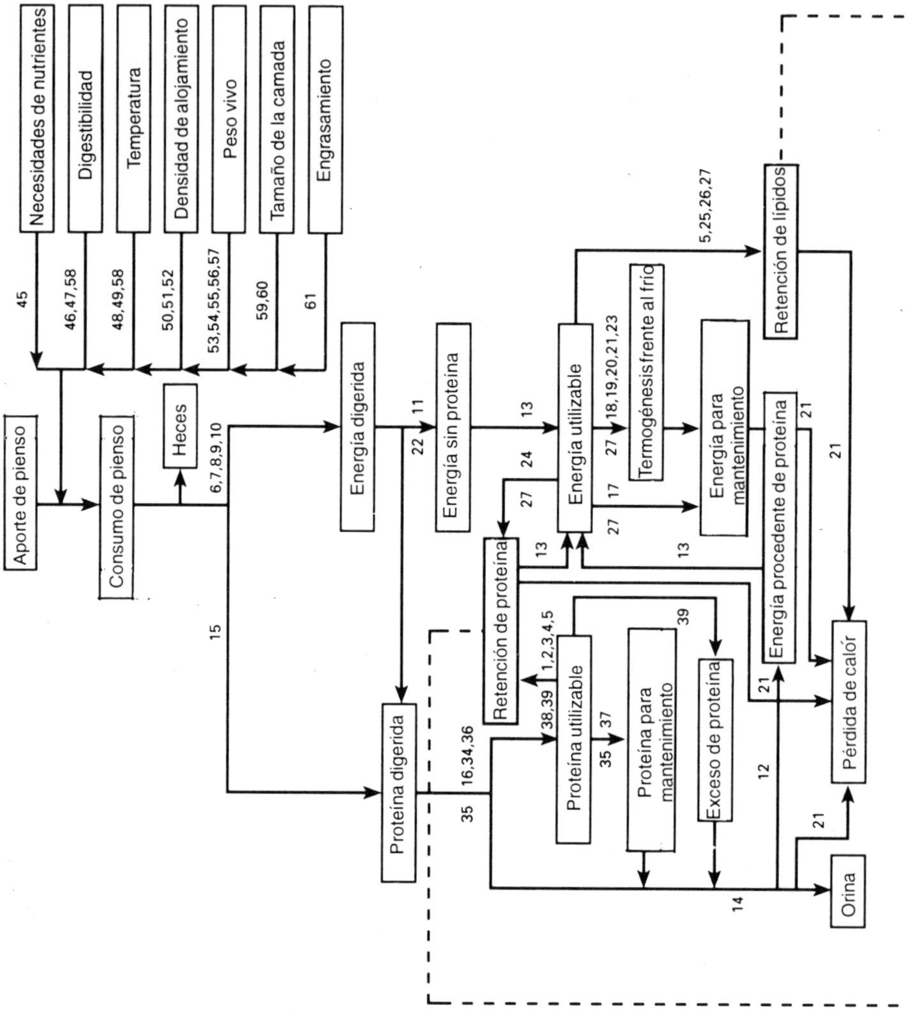
Necesidades de nutrientes
Digestibilidad
Temperatura
Densidad de alojamiento
Peso vivo
Tamaño de la camada
Engrasamiento
45
46,47,58
48,49,58
50,51,52
53,54,55,56,57
59,60
61
Aporte de pienso
Consumo de pienso
Heces
6,7,8,9,10
15
Energía digerida
11
22
Energía sin proteína
13
24
27
Energía utilizable
18,19,20,21,23
27
17
27
5,25,26,27
Retención de lípidos
Termogénesis frente al frío
Energía para mantenimiento
13
Retención de proteína
13
Energía procedente de proteína
21
21
Pérdida de calór
39
1,2,3,4,5
38,39
Proteína utilizable
37
35
Proteína para mantenimiento
Exceso de proteína
21
12
Proteína digerida
16,34,36
35
21
Orina
14

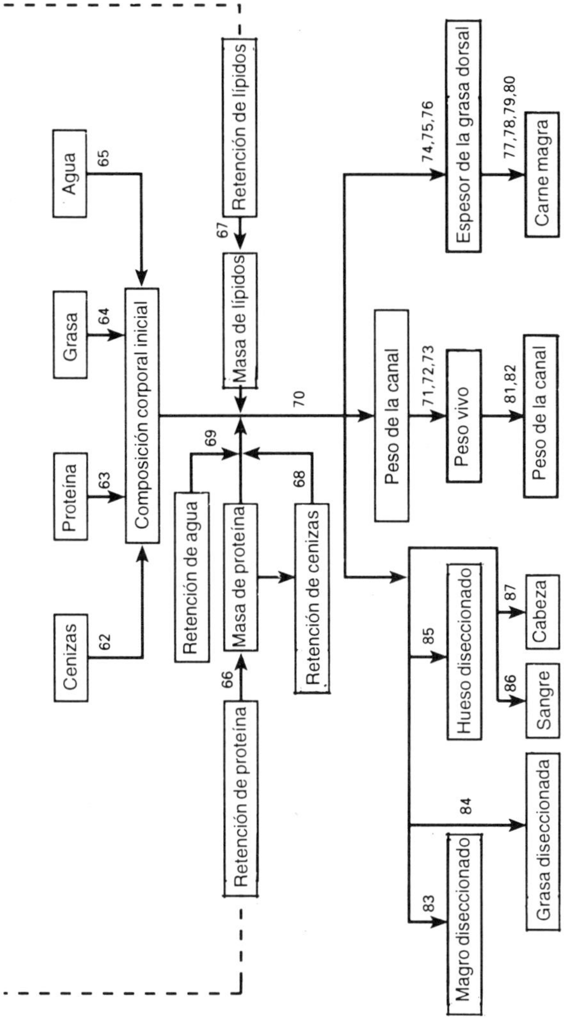

Figura 19.4 Diagrama de flujo correspondiente a un posible modelo para crecimiento de cerdos. Las cifras hacen referencia a los números de las ecuaciones usadas en el texto.

Peso y composición corporal de la cerda

Las cerdas jóvenes híbridas modernas es preferible fecundarlas cuando superan los 220 días de edad, tienen más de 120 kgW y el espesor de su grasa subcutánea en P2 es superior a 14 mm. Con frecuencia no es bien conocida la historia de las cerdas jóvenes que llegan a una piara de reproductoras. El peso (W) puede ser determinado directamente, y si P2 no puede determinarse también directamente, podría predecirse a partir de la puntuación para el estado de carnes (CS, 1-10):

$$P2 \simeq 3CS$$

(Ecuación 19.88)

A partir de P2 y W, puede calcularse Pt y Lt:

$$Pt(kg) = 0{,}19W - 0{,}22P2 - 2{,}3$$

(Ecuación 19.89)

$$Lt(kg) = 0{,}21W + 1{,}5P2 - 20{,}4$$

(Ecuación 19.90)

o:

$$Pt/W = f$$

(Ecuación 19.91)

siendo f = 0,14 en cerdos muy grasos, 0,15 en cerdos grasos, 0,16 en cerdos intermedios y 0,17 en cerdos delgados; y:

$$Lt/W = 0{,}096 + 0{,}008P2$$

(Ecuación 19.92)

El resto del organismo está constituido por agua (Yt) y cenizas (At), que en conjunto pueden calcularse:

$$Yt + At(kg) = 8{,}21Pt^{0{,}79}$$

(Ecuación 19.93)

así:

$$W(kg) = Pt + Lt + 8{,}21Pt^{0{,}79}$$

(Ecuación 19.94)

Desde el momento de la concepción, se ve recortado el crecimiento potencial de proteína ($\hat{Pr}$) de forma que el parámetro B en la tasa de crecimiento de Gompertz queda reducido casi a la mitad del correspondiente al crecimiento no sometido a inhibición. La expresión:

$$P\hat{r}\ (kg/día) = B.Pt.log_e(P\hat{t}/Pt)$$

(Ecuación 19.95)

servirá, cuando $P\hat{t}$ pueda variar entre 35 y 45 kg (Tabla 3.4) y B sea aproximadamente 0,005 (ver también Figura 3.13).

Las cerdas pueden considerarse excesivamente engrasadas si Lt>2Pt, y excesivamente delgadas si Lt<Pt. Determinaciones practicadas recientemente con cerdas híbridas sugieren que, idealmente, la relación entre Lt y Pt deberá ser:

$$Lt(kg) = 1.1Pt^{1.1}$$

(Ecuación 19.96)

La tasa real de acumulación de tejido graso en las cerdas depende mucho del aporte de nutrientes, y el contenido de grasa corporal es un componente vital para predecir la respuesta de la reproducción. Por consiguiente, la Ecuación 19.96 no es predictiva, aunque puede servir para análisis y diagnóstico.

Dado que la deposición de grasa (Lr) se produce de acuerdo con el balance entre demanda y suministro de nutrientes, P2 puede predecirse a partir de Lt o del cociente Lt:Pt (aunque la determinación directa de P2 en cerdas reproductoras que ya han sido recluidas constituye una tarea relativamente sencilla):

$$P2(mm) = 125Lt/W - 12$$

(Ecuación 19.97)

$$P2(mm) = 15,3(Lt:Pt) - 6,3$$

(Ecuación 19.98)

Peso del cerdito al nacer

El peso del cerdito al nacer ejerce una influencia positiva sobre la supervivencia y el peso al destete del cerdito individual; aunque un conjunto de datos (importantes) indica que tiene una influencia positiva mantenida sobre el crecimiento durante toda la vida hasta alcanzar el peso de sacrificio:

$$\text{Ganancia diaria de peso vivo (nacimiento a sacrificio, kg/día)} = 0,42 + 0,12W_b$$

(Ecuación 19.99)

siendo W_b el peso (kg) del cerdito al nacer.

Los pesos al nacer suelen oscilar entre 0,8 y 1,6 kg, y aunque las condiciones *in utero* parecen idénticas para toda la camada, efectos diferenciales sobre la nutrición fetal y el ambiente uterino (incluyendo enfermedades) crearán una distribución normal en el peso al nacer de los cerditos de una misma camada. Cuando es preciso confeccionar un modelo para esta variación (en lugar de simplemente la media), el valor medio puede difundirse a través de una curva adecuada de distribución cuya variación es probable que sea específica para la explotación, y puede juzgarse mejor mediante determinaciones realizadas en la explotación. Mientras el peso medio del cerdito al nacer (W_b puede calcularse mediante una ecuación que ha sido derivada de datos reunidos en cerdas híbridas con unos 180 kgW:

$$W_b(kg) = 0,89 + 0,013ED(MJ/día)$$

(Ecuación 19.100)

siendo ED el consumo diario de energía digestible que realiza la cerda y que indica una relación positiva entre el peso al nacer y el consumo de pienso materno durante la gestación. Cerdas que reciben diariamente 2,2 kg de un pienso con 13,0 MJ de ED/kg en promedio durante toda la gestación cabe esperar, siendo iguales todas las restantes circunstancias, que producirán cerditos con un peso medio al nacer, $W_b = 1,26$.

Se sabe que la alimentación avanzada la gestación ejerce un mayor efecto sobre el peso de los cerditos al nacer que la alimentación durante los inicios de la gestación y, siendo correcta la alimentación en los dos primeros tercios de la gestación, podría considerarse adecuada la siguiente ecuación para ajustar W_b a los efectos del nivel de alimentación durante el final de la gestación:

$$W_b(kg) = W_b + 0,008(ED - 28)$$

(Ecuación 19.101)

El peso medio de los cerditos al nacer es influenciado marcadamente por el tamaño de la camada, las camadas más numerosos proporcionan cerditos con tamaños inferiores al medio (ver también Figura 4.11). Este hecho puede calcularse mediante el empleo de factores de corrección (Tabla19.1), o:

$$W_b(kg) = W_b + 0,04Cerditos\ nacidos - 0,004(Cerditos\ nacidos)^2$$

(Ecuación 19.102)

También podría esperarse que el peso previsto del cerdito al nacer guardase relación de alguna manera con el tamaño corporal materno, ya que ha podido apreciarse que el peso al nacer de cerditos procedentes de razas porcinas grandes es superior al de los que proceden de razas más pequeñas. No obstante, la información cuantitativa sobre este hecho no parece ser especialmente fiable. Se ha sugerido que:

$$W_b(kg) = 0,43 + 0,0053W$$

(Ecuación 19.103)

Tabla 19.1 Correcciones para predecir el peso medio al nacimiento de los cerditos teniendo en cuenta la influencia del tamaño de la camada.

Número de cerditos nacidos (vivos y muertos)[1]	*Corrección (kg) para peso medio al al nacer el cerdito (W_b)*
6	+0,10
8	+0,06
10	0
12	–0,10
14	–0,22
16	–0,40

[1] Solamente se incluirán las muertes perinatales.

siendo W el peso corporal materno en el momento del parto, referido a cerdas con unos 180 kgW que resulta casi ciertamente optimista cuando se usa para cerdas con pesos vivos superiores a 220 kg.

Quizás debería reducirse un 10% el peso al nacer por cada 40 kg de peso corporal materno por encima de 180 kg en el momento del parto:

$$W_b = W_b - (0{,}0025W_b)(180 - W)$$

(Ecuación 19.104)

¡La fuerza de la lógica de esta ecuación no es igualada, sin embargo, por la de sus coeficientes!

Si una cerda recibe 2,2 kg de pienso y se calcula que para producir cerditos con W_b = 1,26 kg y se sabe que el peso corporal materno es de 160 kg en el momento del parto y que ha producido una camada con 11 cerditos nacidos vivos y 1 nacido muerto, entonces el valor para W_b sería = 1,26 – 0,10 – 0,06 = 1,10 kg.

Supervivencia

No todos los cerditos nacidos vivos sobrevivirán hasta el destete. Las pérdidas mínimas alcanzables parecen ser del 5% aproximadamente, siendo frecuentes pérdidas del 8-12% en piaras bien manejadas, y del 15-25% en piaras sometidas a un manejo defectuoso en las que no se dispone de protección para evitar los aplastamientos, el estándar de cuidados es bajo y elevados los niveles de enfermedad. Tiene escasa utilidad determinar con exactitud la supervivencia de los cerditos en unas determinadas circunstancias, aunque al menos deben señalarse los aspectos más importantes. Los cerditos nacidos con pesos reducidos es más probable que no sobrevivan que los nacidos siendo más pesados:

$$\text{Supervivencia (\%)} = 55W_b^{1{,}3}$$

(Ecuación 19.105)

Si los cerditos son susceptibles, la probabilidad de que sean aplastados depende de la medida en que son protegidos (Tabla 19.2). De manera similar, la probabilidad de que los cerditos sucumban ante la exposición a una enfermedad depende de la medida en que se ven expuestos (Tabla19.3). Resulta evidente que estos últimos cálculos son meros factores «engranaje» que solamente pueden ser valorados de forma satisfactoria mediante la observación en la explotación y la recogida de datos apropiados. También es claro que la Ecuación 19.105 y las Tablas 19.2 y 19.3 no pueden utilizarse de forma aditiva; por ejemplo, los cerditos con peso reducido al nacer es más probable que sucumban a las enfermedades. La Ecuación 19.105 es útil al demostrar la probabilidad de supervivencia de los cerditos menores con respecto a los mayores de una camada; aunque el peso medio del cerdito al nacer según se ha predicho anteriormente no es la información necesaria para esta ecuación. (Son los cerditos con pesos inferiores al medio de la camada los más propensos a morir, no la totalidad de los cerditos de camadas con peso inferior a la media). Para establecer juicios sobre la supervivencia resulta vital conocer la variación del peso al nacer del cerdito con respecto a la media de la camada de cada explotación, y que este valor se emplee para difundir el valor medio predicho del peso al nacer a través de una curva adecuada de distribución normal. De esta manera pueden determinarse los pesos probables individuales al nacer y utilizar ecuaciones como la 19.105.

Tabla 19.2 Cálculo del número de cerditos nacidos por camada que pueden ser aplastados y no sobrevivir.

Puntuación para protección	*Número de cerditos aplastados por camada*
1	2,5
2	2,0
3	1,5
4	1,0
5	0,5

Tabla 19.3 Cálculo del número de cerditos nacidos por camada que pueden perderse por enfermedades.

Puntuación para posibilidad	*Número de cerditos perdidos por enfermedad por camada*
1	0,5
2	1,0
3	1,5
4	2,0
5	2,5

Tamaño de la camada (número de cerditos) al nacer

El número de cerditos nacidos por camada depende mucho del tipo racial y de la cuantía de los efectos heteróticos. Las expectativas del nivel base correspondientes al tipo racial dadas en la Tabla 19.4 deben obtenerse, en consecuencia, a partir de datos sobre rendimiento determinados de forma objetiva. Un fenómeno bien conocido al que han prestado atención los expertos en fisiología de la reproducción es la influencia que ejerce el celo puberal en que tiene lugar la concepción sobre el tamaño de la camada de la cerda primípara. Cuando la concepción tiene lugar en el primer celo puberal, el tamaño de la camada es invariable y sustancialmente menor que cuando la concepción tiene lugar en el tercer (o posterior) celo puberal. Siendo X el número del celo puberal en que tiene lugar la concepción, y LS el tamaño de la camada, entonces:

$$\text{LS (número de cerditos nacidos vivos)} = 7{,}6X^{0{,}23}$$

(Ecuación 19.106)

Según se van sucediendo los partos, así sucede con el número de óvulos liberados:

$$\text{Óvulos liberados} = 14{,}5 + 1{,}5 \text{ Número del parto}$$

(Ecuación 19.107)

aunque también aumenta la incidencia de muertes fetales y perinatales. La influencia global del número del parto sobre el tamaño de la camada o número de cerditos nacidos vivos es aproximadamente según la Tabla 19.5. El porcentaje previsto de óvulos liberados que llegan a término, para nacer en forma de cerditos vivos, es aproximadamente igual a 55.

El tamaño de la camada disminuye también por causa del destete precoz y aumenta por el destete tardío. Puede ser que:

$$LS^1 = 0{,}09 \text{ Días} - 3{,}0$$

(Ecuación 19.108)

Tabla 19.4 Cálculo del tamaño de la camada según el tipo racial.

Clasificación del tipo racial	*Número de cerditos nacidos vivos por camada*
Prolificidad baja	8
Prolificidad media	10
Prolificidad buena	11,5
Prolificidad excelente	12,5

Tabla 19.5 Correcciones para la influencia del número del parto sobre el número de cerditos nacidos vivos por camada.

Número del parto	*Corrección para el número de cerditos nacidos vivos por camada (núm. de cerditos)*
1	−1,0
2	−0,5
3	0
4	+0,5
5	+1,0
6	+0,5
7	0
8	−1,0

siendo LS[1] la corrección (número de cerditos) nacidos vivos en una camada que puede calcularse según el número de días transcurridos entre el parto y la siguiente concepción (Días: un número entre 15 y 45).

También se dispone de pruebas sobre la influencia de la nutrición en el tamaño de la camada, aunque es mucho más débil que los efectos nutricionales sobre, por ejemplo, el peso al nacer o el intervalo entre el destete y el celo. La nutrición durante la lactación, y entre el destete y la concepción, puede influir tanto sobre la tasa de ovulación como sobre la supervivencia embrionaria. Así cuando DW es el cambio total experimentado por el peso de la cerda durante la lactación, puede sugerirse que:

$$\text{Número de óvulos liberados} = 23{,}5 + 0{,}7\Delta W$$

(Ecuación 19.109)

La Tabla 19.6 utiliza el engrasamiento de la cerda como una medida común de las consecuencias variables de niveles absolutos de consumo de pienso.

Tabla 19.6 Correcciones para la influencia del engrasamiento de la cerda al concebir sobre el número de cerditos nacidos vivos por camada.

Engrasamiento de la cerda al concebir (mm P2)	*Correcciones al tamaño de la camada (núm. de cerditos)*
<10	−0,5
10-14	0
14-18	+0,5
18-22	0
>26	−0,5

Lactación

La ecuación

$$M\hat{y}(kg/día) = a.e^{-0,025t}.e^{-e(0,5-0,1[t])}$$

(Ecuación 19.110)

establece el límite superior para el rendimiento de la lactación cuando $M\hat{y}$ es el límite del rendimiento lechero potencial, t es el día de lactación, y a es una característica del tamaño de la camada y del tipo racial (oscilando entre 18 y 30). Aunque este límite superior del rendimiento lechero es función de la rapidez con que los cerditos extraen la leche de la ubre, que a su vez depende de su tasa de crecimiento:

$$My(kg/día) = (4,1)(LS)(\text{ganancia diaria del cerdito [kg]})$$

(Ecuación 19.111)

¡El argumento es circular ya que el crecimiento del cerdito es una función del rendimiento lechero!

Los límites para el crecimiento de los cerditos lactantes puede ser preferible considerarlos con independencia del crecimiento posterior al destete porque parece ser que si se utiliza una función de Gompertz, los valores de B son algo mayores:

$$\text{Ganancia diaria del cerdito (kg)} = B.A.e^{-e^{-B(t-t^*)}}.\ \log_e(A/A.e^{-e^{-B(t-t^*)}})$$

(Ecuación 19.112)

pudiendo calcularse t* como:

$$t^*(días) = \log_e(-\log_e[W_b/A])/B$$

(Ecuación 19.113)

En las ecuaciones anteriores A es el peso corporal vivo adulto (Tabla 3.3 y Ecuación 3.1), t es el día correspondiente a la edad del cerdito, W_b es el peso al nacer y B es el coeficiente de crecimiento que probablemente oscila entre 0,014 y 0,019, según el potencial inherente del cerdito para crecer. Las ganancias potenciales del cerdito derivadas de estas ecuaciones aparecen en la Tabla 19.7. La estimación de la tasa de crecimiento del cerdito, obtenida empíricamente por el suministro probable de leche, conduce a un cálculo, comprobado con cerdos blancos cruzados, tal como:

$$\text{Ganancia diaria del cerdito(kg)} = 0,191 - 0,18\Delta P2 - 0,05\Delta W$$

(Ecuación 19.114)

siendo DP2 el cambio en P2 (mm/día) que se produce durante la lactación, y ΔW el cambio del peso corporal de la cerda (kg/día) que tiene lugar durante la lactación.

Tabla 19.7 Potencial de ganancia diaria de peso vivo del cerdito para diversos valores de B_g, y potencial de suministro diario de leche por la cerda con distintos valores de a. Según las ecuaciones del texto. (Procedente de C.T. Whittemore y C.A. Morgan (1990) *Livestock production science* 26, 1).

	Días de post-parto						
	0	*7*	*14*	*21*	*28*	*35*	*42*
Potencial de peso vivo del cerdito (kg)							
B_g = 0,0143	1,2	2,0	3,3	5,0	7,4	10,6	14,5
B_g = 0,0165	1,2	2,2	3,7	6,0	9,3	13,5	19,0
Potencial de ganancia de peso vivo del cerdito (kg/día)							
B_g = 0,0143	0,10	0,15	0,21	0,29	0,39	0,51	0,63
B_g = 0,0165	0,11	0,18	0,27	0,39	0,53	0,60	0,86
Potencial de suministro de leche (kg/día)							
a = 18	3,5	6,7	8,4	8,7	8,1	7,1	6,1
a = 24	4,6	8,9	11,3	11,6	10,8	9,5	8,2

La constante es crucial para la predicción efectiva, y probablemente varía entre los tipos raciales y, realmente, entre las explotaciones. Además, no siempre resulta útil suponer que las cerdas que no pierden peso ni grasa determinarán que sus cerditos crezcan con lentitud. Este será el caso cuando la cerda come menos de lo necesario para satisfacer las demandas de My, aunque no será así cuando los nutrientes ingeridos aportan todos los requisitos para My. La Ecuación 19.114 suele ser una guía útil, sin embargo, ya que la mayoría de las cerdas no consumen sufiente pienso para mantener las demandas de la lactación y, así, el rendimiento lechero (y el crecimiento del cerdito) suelen depender de la tasa de catabolismo de la masa corporal en general, y de los lípidos corporales en particular.

La consecución del rendimiento lechero diario será un resultado bien de la demanda de los cerditos (Ecuación 19.111) o del límite superior de producción (Ecuación 19.110), cualquiera que sea el menor; siempre que no exista limitación nutritiva sobre el rendimiento de la lactación. Cuando existe una limitación nutritiva sobre el rendimiento de la lactación, es razonable partir del supuesto siguiente:

$$My = (EM_t - [E_m + E_{Pr} + E_{Lr} + E_h^{\,1}])7{,}7$$

(Ecuación 19.115)

El pienso consumido por las cerdas durante la lactación suele ser (generalmente) inadecuado para aportar EM_t en cantidad suficiente para cubrir las necesidades de My calculadas bien a partir de las necesidades del cerdito lactante o del rendimiento potencial de la cerda. Esto no supone, sin embargo, que F sea el regulador invariable de My, porque la cerda usará fácilmente sus depósitos corporales de lípidos (y de proteína) para cubrir la diferencia existente entre las necesidades para la biosíntesis de leche y el aporte de energía y de proteína de la dieta.

$$\Delta My(kg) \equiv 6{,}2\Delta Lr(kg)$$

(Ecuación 19.116)

esto supone decir que el empleo de 1 kg de lípidos corporales retenidos permitirá que la cerda sintetice 6,2 kg de leche.

La transformación de la proteína corporal en proteína de la leche tiene lugar con una eficacia de 0,85, y la leche de la cerda contiene 55 gramos de proteína por kg de leche. Por consiguiente, la proteína retenida en 1 kg de leche puede proceder de 65 gramos de proteína del tejido corporal.

Así, los lípidos y la proteína corporales pueden ser usados para complementar la EM_t y la PI_t procedentes de la dieta para alcanzar el rendimiento lechero (My) calculado según las necesidades de los cerditos y el potencial de la cerda (Ecuaciones 19.111 y 19.110). No obstante, este efecto complementario solamente puede producirse si se dispone de depósitos de lípidos y proteína corporales para aportar estas cantidades necesarias y, además, el *nivel* del apoyo proporcionado por la cerda usando sus propios tejidos corporales para el crecimiento de sus cerditos será proporcional a la cuantía de sus depósitos corporales existentes. Las cerdas en buen estado de carnes pueden perder diariamente hasta 1 kg de lípidos y 0,25 kg de proteína. El cociente de las pérdidas parece oscilar desde 2,5 de lípidos por 1 de proteína hasta 10 de lípidos por 1 de proteína, dependiendo del equilibrio entre los nutrientes de la dieta y de los depósitos de nutrientes presentes en el organismo de la cerda.

De forma general, cuando $Lt<Pt$, las cerdas pueden considerarse como delgadas, mientras que cuando $Lt>(2Pt)$, las cerdas pueden considerarse engrasadas. Puede afirmarse que si $Lt/Pt<0{,}7$ entonces no se dispondrá de grasa para mantener My, aunque en cerdas con niveles de engrasamiento superiores a este, la tasa diaria de pérdida de lípidos (ΔLt) precisa para mantener My, podría ser:

$$\Delta Lt(\text{kg/día}) \text{ para mantener el rendimiento lechero} = 0{,}50 - 0{,}7(Lt/Pt)$$

(Ecuación 19.117)

esta última ecuación establece el límite superior de pérdida de peso en 1 kg diario.

Las pérdidas de Pt pueden establecerse en un máximo de 0,25 kg diarios y probablemente con un valor mínimo de 0,1 kg de pérdida de lípidos, porque parece ser normal que se produzca una cierta pérdida de proteína cuando está siendo catabolizado el tejido adiposo, aunque el déficit sea únicamente de energía.

Peso al destete

El peso de la camada en el momento del destete es una función del tamaño de la camada, del peso al nacer de los cerditos y de su crecimiento posterior. La relación con el peso al nacer puede establecerse de la forma siguiente:

$$\text{Tasa de crecimiento del cerdito (kg/día), peso al destete} = 0{,}150 + 0{,}08W_b$$

(Ecuación 19.118)

aunque la constante y el coeficiente serán en gran medida específicos de la explotación y dependientes de otros muchos factores que interactúan. El crecimiento inicial, sin embargo, es principalmente una función de (a) la tasa potencial de crecimiento (Ecuación 19.112) y (b) del rendimiento lechero (Ecuación 19.110), estando relacionados estos dos factores.

Las tasas previstas de crecimiento son deducidas en la Tabla 19.7, mientras que la Ecuación 19.114 constituye una descripción empírica que se relaciona con el peso de la cerda y con sus pérdidas de grasa. Igualmente apropiada sería una relación empírica con el consumo materno de pienso durante la lactación:

$$\text{Tasa de crecimiento del cerdito(kg/día)} = 0{,}150 + 0{,}012F$$

(Ecuación 19.119)

siendo F el consumo diario de pienso durante la lactación. Las deficiencias de dichas ecuaciones han sido tratadas anteriormente en esta sección.

Intervalo entre destete y concepción

La duración de la gestación es una constante biológica bastante invariable de 114-116 días. La duración de la lactación es regulada por el hombre. La predicción del número de camadas que puede producir una cerda reproductora en un año depende, por consiguiente, de la simulación del intervalo entre el destete y la concepción siguiente. Dejando aparte la posibilidad de celo y concepción durante la lactación, el intervalo entre destete y celo alcanza un valor mínimo de 4 días, y suponiendo una tasa de concepción del 100% se aplica el mismo valor al intervalo entre destete y concepción.

Los principales factores que amplían el intervalo entre destete y concepción por encima del valor mínimo son la condición corporal materna, dependiente del agotamiento de la grasa y de la proteína del organismo materno. La relación entre el intervalo destete-celo y el espesor de la grasa subcutánea de la cerda en el momento del destete (P2, mm) puede expresarse como:

Cerdas primíparas:

$$\text{Intervalo destete-celo (días)} = 31{,}3 - 2{,}03P2 + 0{,}043(P2)^2$$

(Ecuación 19.120a)

Cerdas multíparas:

$$\text{Intervalo destete-celo (días)} = 19{,}3 - 1{,}27P2 + 0{,}030(P2)^2$$

(Ecuación 19.120b)

La investigación australiana revisada por R.H. KING pone de manifiesto la importancia de la cantidad de tejidos perdidos durante la lactación, así como los niveles absolutos de proteína y de lípidos presentes en el organismo de la cerda en el momento del destete; así para cerdas primíparas:

$$\text{Intervalo destete-celo (días)} = 7{,}3 - 0{,}39\Delta W$$

(Ecuación 19.121)

$$\text{Intervalo destete-celo (días)} = 9{,}4 - 0{,}59\Delta Lt$$

(Ecuación 19.122)

$$\text{Intervalo destete-celo (días)} = 9{,}6 - 3{,}44\Delta Pt$$

(Ecuación 19.123)

siendo ΔW el cambio total de peso corporal (kg) en la lactación, ΔLt es el cambio total experimentado por la grasa (kg) en la lactación, y ΔPt es el cambio total de la proteína (kg) en la lactación. Si la Ecuación 19.123, que examina la influencia específica de las pérdidas de proteína durante la lactación, se considera como un factor adicional que influye sobre el intervalo destete-celo establecido en la Ecuación 19.121 ó 19.122, entonces el coeficiente $0{,}344\Delta Pt$ podría usarse como un factor de corrección:

$$\text{Intervalo destete-celo (días)} = \text{Intervalo destete-celo (días)} - 3{,}44\Delta Pt$$

(Ecuación 19.124)

o, por cada kilogramo perdido de proteína en el organismo de la cerda durante el curso de la lactación, es preciso añadir otros 3,4 días al intervalo destete-celo.

La duración de la lactación modifica también el intervalo destete-celo (ver Figura 4.20) aunque es probable que esto sea una consecuencia de las pérdidas tisulares en el organismo de la cerda durante la lactación y, en consecuencia, no será considerado de forma independiente.

La pérdida de peso corporal materno en la lactación ejerce un efecto sobre el intervalo destete-celo que es menor en las cerdas engrasadas que en las delgadas. La intensidad de las relaciones anteriores dependerá, por consiguiente, de la condición corporal de la cerda; cuanto más bajo sea el nivel de los depósitos corporales internos, mayores serán los efectos negativos de la pérdida de peso durante la lactación sobre la siguiente fecundación (ver también Figura 15.26). Cualquier efecto del nivel de la alimentación tras el destete puede expresarse mediante una corrección:

$$\text{Intervalo destete-celo (días)} = \text{Intervalo destete-celo (días)} + 40F^{-3{,}0}$$

(Ecuación 19.125)

siendo F el consumo diario de pienso entre el destete y el celo.

Algunos investigadores han demostrado una relación negativa entre el tamaño de la camada y el intervalo destete-celo, que es razonable, aunque resulta difícil pensar que este efecto pueda ser independiente de efectos tales como pérdidas tisulares maternas.

Aunque la mayor parte de la información procedente de datos experimentales hace referencia al intervalo destete-celo que es observado con mayor facilidad, el parámetro clave es en realidad el intervalo destete-concepción. La tasa de concepción es muy variable entre las explotaciones e intensamente influenciada por el manejo del apareamiento y por la existencia de enfermedades crónicas (y agudas) del aparato reproductor. La influencia de la duración de la lactación sobre la tasa de concepción, aunque inferior a los efectos del manejo y de las enfermedades, se encuentra mejor documentada:

Tasa de concepción (%) = 54 + 1,3 duración de la lactación (días)

(Ecuación 19.126)

que puede ser perfectamente independiente de la pérdida de carnes y una función, al menos en parte, de la potencia de las hormonas circulantes durante la lactación si la cerda es destetada antes de alcanzar la producción máxima natural de leche a las 3-4 semanas. De manera similar, los efectos del número de cubriciones (1-3) que se realizan durante el celo:

Tasa de concepción (%) = 63 + 7,5 número de cubriciones durante el celo

(Ecuación 19.127)

Normalmente, la proporción de cerdas cubiertas que paren es del 80% aproximadamente. A partir de los datos obtenidos en la explotación es posible obtener un valor para la tasa de concepción, o bien una aproximación. El número de días que deben añadirse al intervalo destete-celo para estimar el intervalo destete-concepción puede calcularse como:

Intervalo destete-concepción (días) = Intervalo destete-celo + 37 – 0,37 Tasa de concepción (%)

(Ecuación 19.128)

Puede ser posible determinar al menos algunos de los elementos que contribuyen al número de días adicionales entre el intervalo destete-celo y el intervalo destete-concepción, a partir de dos factores que parecen influir notablemente, siendo imposible establecer modelos para los mismos, sobre los principales efectos del manejo y de la enfermedad. Estos factores son la tasa de pérdida de condición corporal tras la lactación y la duración de la lactación. La pérdida de condición corporal (en forma de grasa) en la lactación puede determinarse:

Cerdas primíparas:

$$\text{Días adicionales} = -2\Delta P2 - 4$$

(Ecuación 9.129a)

Cerdas multíparas:

$$\text{Días adicionales} = -2\Delta P2 - 6$$

(Ecuación 9.129b)

Para cada ecuación debe establecerse un valor mínimo de –2, y $\Delta P2$ es el cambio total que ha experimentado la medición materna (mm) en el curso de toda la lactación.

El efecto modificador de la duración de la lactación puede calcularse como:

$$\text{Días adicionales} = 191L^{-1,63}$$

(Ecuación 19.130)

siendo L la duración de la lactación en días. Así:

$$\text{Intervalo destete-concepción (días)} = \text{Intervalo destete-celo (días)} + (-2\Delta P2 - 4) + (191L^{-1,63})$$

(Ecuación 19.131)

Estos dos factores no pueden explicar todos los fallos de la concepción que experimentan las cerdas fecundadas y hasta que no se disponga de más y mejor información sobre este punto la incorporación de un «factor de ajuste» a la tasa de concepción parece ser el único medio probable de reflejar el rendimiento en la explotación. Tales factores de ajuste son determinados y usados mejor en las explotaciones para las que se prepara la simulación.

Peso y engrasamiento materno

La importancia del peso y engrasamiento absolutos de la cerda, y del cambio en los mismos, sobre el rendimiento de la reproducción ha sido descrita perfectamente en las secciones anteriores. Éstos pueden deducirse del conocimiento de los nutrientes consumidos y de los productos obtenidos, según se ha demostrado. Sin embargo, la fragilidad relativa del método deductivo aporta buenas razones para el empleo de ecuaciones empíricas cuando las mismas puedan ser útiles.

Suponiendo que el peso vivo de la cerda en la primera concepción es de 125 kg, y que el espesor de la grasa dorsal (P2) es de 15 mm y que el contenido de ED en el pienso es de 13,2 MJ de ED/kg; y suponiendo además que las espectativas para el crecimiento de la cerda (que pueden alcanzarse o no) son las indicadas en la sección anterior sobre el peso de la cerda y su condición corporal; entonces, el cambio total de la grasa dorsal en P2 durante la gestación (P2, mm) puede calcularse como:

$$\Delta P2 = 4,60F(kg) - 6,90$$

(Ecuación 19.132a)

siendo F el consumo diario de pienso durante la gestación, o:

$$\Delta P2 = 4,14F(kg) - 9,3$$

(Ecuación 19.132b)

que puede resultar especialmente adecuada para cerdas mantenidas en ambientes en los que la temperatura ambiental es inferior a la temperatura de confort.

El cambio en el contenido total de lípidos corporales (ΔLt) ha sido estimado como:

$$\Delta Lt = 15F(kg) - 30$$

(Ecuación 19.133)

El cambio total de peso vivo en la gestación (ΔW, kg) puede calcularse como:

$$\Delta W = 25F(kg) - 27$$

(Ecuación 19.134)

El cambio diario en el espesor de la grasa dorsal en P2 ($\Delta P2$) durante la lactación puede estimarse como

$$\Delta P2 = 0{,}049F - 0{,}396$$

(Ecuación 19.135)

siendo F el consumo diario de pienso durante la lactación. El cambio diario en el peso vivo materno (ΔW) durante la lactación puede estimarse como:

$$\Delta W = 0{,}343F - 1{,}74$$

(Ecuación 19.136)

Pueden conseguirse simulaciones mejores a partir de ecuaciones de predicción más complejas aunque más completas:

$\Delta P2$(mm/día) = −0,0101
−0,0095 (P2, mm en el parto)
+0,037 (F, kg/día)
−0,0178 (número de cerditos en la camada)

(Ecuación 19.137)

y:

ΔW (kg/día) = −0,1360
−0,00535 (W materno en el parto)
+0,362 (F, kg/día)
−0,119 (número de cerditos en la camada)

(Ecuación 19.138)

Una cerda primeriza de 125 kg con 15 mm en P2, que consume 2,5 kg diarios de pienso durante la gestación, puede ganar 4,6 mm en P2 (Ecuación 19.132a) y 35,5 kgW (Ecuación 19.134). Si consume 5 kg diarios de pienso y cría ocho cerditos durante la lactación, perderá diariamente 0,15 mm en P2 (Ecuación 19.135) y

0,025 kgW (Ecuación 19.136), o 4,2 mm en P2 y 0,7 kgW durante los 28 días de lactación. Las pérdidas cuando la lactación es superior a 28 días, calculadas según las Ecuaciones 19.137 y 19.138, son 4,3 mm en P2 y 3,7 kgW, con lo que la cerda primeriza termina la lactación con 125 + 35,5 – 3,7 = 157 kgW y 15 + 4,6 – 4,3 = 15,3 mm en P2. Aunque si recibiese 2,2 kg durante la gestación siguiente, y 5 kg/día durante la lactación posterior para amamantar 11 cerditos, entonces la cerda destetaría su segunda camada con 157 + 28 – 0,6 = 184 kgW y 15,3 + 3,2 – 8,4 = 10,1 mm en P2, hecho que supone (por desgracia) que el posterior intervalo destete-concepción será de 20,4 días (Ecuaciones 19.120b y 19.129b). Estas respuestas, aunque descritas en términos de «una cerda», no hacen referencia a un individuo sino a la respuesta media de una piara de reproductoras que es tratada de la forma descrita. De nuevo, la variación en la respuesta –en la que la descripción correspondiente a una cerda individual se difundirá alrededor de la media– resulta crucial para el empleo de modelos en ambientes prácticos; aunque la información sobre este aspecto de la simulación sigue siendo sumamente específico para la explotación y falto de documentación en gran medida.

Diagrama de flujo

La Figura 19.5 presenta un diagrama de flujo para un modelo correspondiente a una cerda reproductora.

Aspectos periféricos físicos y financieros

Las secciones anteriores han tratado sobre los conceptos, y las relaciones deductivas y empíricas que pueden usarse para la obtención de núcleos biológicos para modelos que simulan la respuesta de la reproducción de cerdos en crecimiento/acabado y de cerdas reproductoras. Antes de que un modelo pueda predecir las consecuencias derivadas del cambio de las circunstancias de la producción en el contexto de un negocio o unidad de producción, es necesario disponer de más información sobre el sistema.

Así, además del «núcleo biológico» ha sido estudiada la simulación de:

- crecimiento de proteína y de tejido magro;
- crecimiento del tejido adiposo;
- deposición uterina;
- rendimiento de la lactación;
- rendimiento de energía procedente de la dieta;
- rendimiento de proteína procedente de la dieta;
- uso de la energía por cerdos en crecimiento;
- uso de la energía por cerdas reproductoras;
- uso de la proteína (aminoácidos) por cerdos en crecimiento;

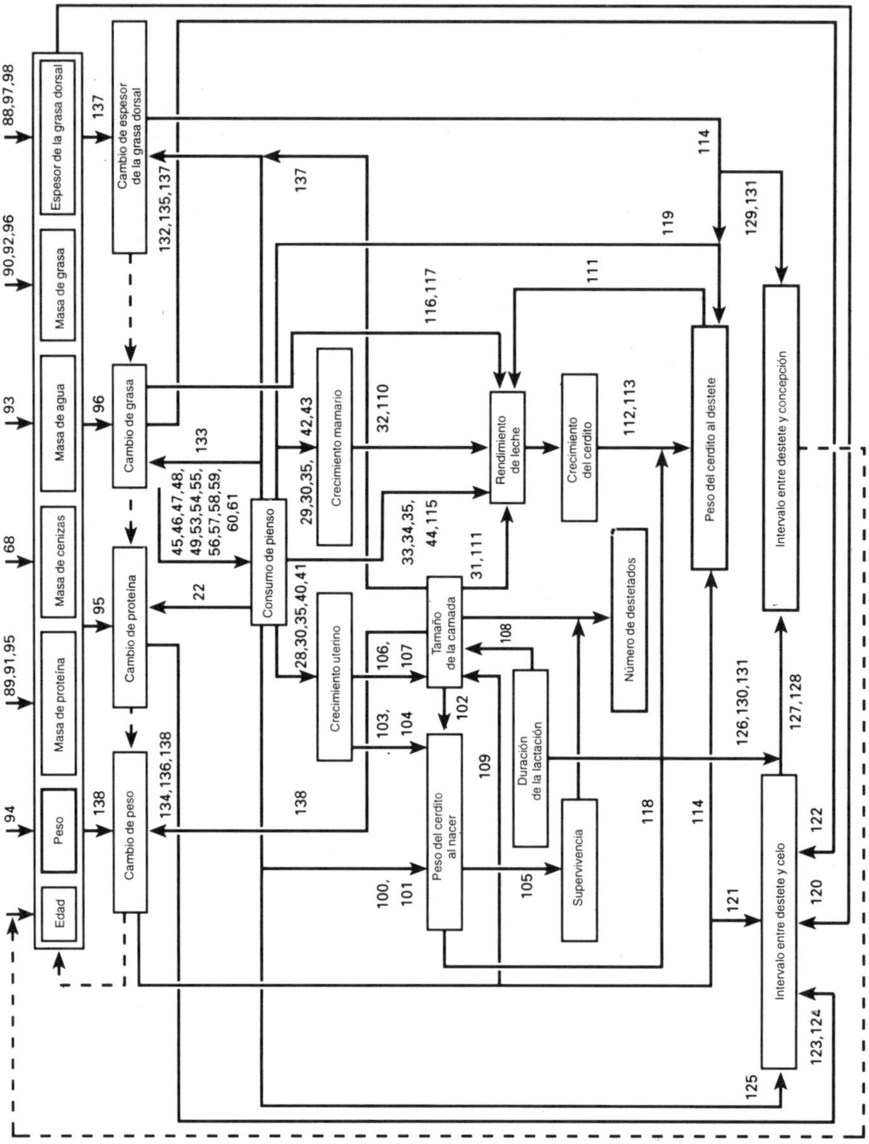

Figura 19.5 Diagrama de flujo correspondiente a un posible modelo para cerdas reproductoras. Las cifras hacen referencia a los números de las ecuaciones usadas en el texto. Un modelo completo impondría el uso de las ecuaciones adicionales que aparecen en la Figura 19.4, y evitar cuidadosamente contar dos veces la influencia de diversos factores sobre un carácter único.

- uso de la proteína (aminoácidos) por cerdas reproductoras;
- consumo de pienso (incluyendo la influencia de factores ambientales);
- la composición del crecimiento;
- calidad de la canal;
- composición corporal de las cerdas reproductoras;
- peso al nacer del cerdito;
- supervivencia del cerdito;
- tamaño de la camada;
- crecimiento del cerdito y peso al destete;
- intervalos destete-celo y destete-concepción;
- cambios en el peso corporal materno de la cerda;
- cambios en la grasa materna de la cerda.

A éstos resulta necesario ahora añadir los aspectos periféricos físicos y financieros, tales como:

- factores de engranaje para el ambiente general de la producción;
- factores de engranaje para la calidad del manejo;
- factores de engranaje para el nivel de enfermedad;
- costes fijos para la unidad de producción (ver Tablas 18.3 y 18.6);
- costes variables por cada cerdo producido (ver Tablas 18.3 y 18.6);
- número de cerdos disponibles;
- coste de los cerdos disponibles;
- factores de manejo, tales como política de castraciones, alimentación según el sexo, refinamiento en el control de la alimentación, desperdicio de pienso, etc.;
- tipo racial y calidad genética de los cerdos en crecimiento y de las cerdas reproductoras;
- calidad del alojamiento;
- clima, tiempo y microclima de los alojamientos (temperatura, humedad relativa, movimiento del aire, calidad del aire);
- número de cerdos por cochiquera, tamaño de las cochiqueras, densidad de cerdos en las cochiqueras, asignación de espacio, disponibilidad de cochiqueras para cerdos de clases diferentes, tasas de utilización de las cochiqueras;
- límites máximo y mínimo de las canales porcinas;
- método de valoración de la calidad de la canal;
- método de pago de la calidad de la canal;
- valor de las cerdas reproductoras desechadas.

Dado este tipo de información con el que se rodea el núcleo biológico, puede construirse un modelo capaz de simular el crecimiento, la calidad de la canal y el rendimiento de la reproducción, y que puede situar las predicciones resultantes en la órbita del manejo del negocio. Esto es lo necesario para que la ciencia y la práctica de la producción porcina se conjunten de forma eficaz.

CAPÍTULO 20

Conclusión

La búsqueda de conocimientos sobre la biología y la economía de la producción de carne procedente de los cerdos es compensadora, no solamente porque supone una ayuda para la profesión agropecuaria y porque puedan comer muchas personas, sino también por el beneficio absoluto derivado del avance científico. Cabe esperar que estos tres objetivos hayan incidido sobre el lector en los capítulos anteriores.

Si se descubre que la ciencia es buena y eficaces las prácticas de producción, no será como resultado de la aplicación de normas sino mediante la comprensión de las fuerzas –económicas y biológicas– que influyen sobre la producción porcina; especialmente a través del conocimiento de las causas de las respuestas del animal ante distintos aspectos de la nutrición, genética, fisiología y ambientes en que se realiza la producción.

La presentación de un manual impreso de instrucciones hubiese sido, por supuesto, más fácil para el autor y para el lector, aunque menos útil. Esto es consecuencia de que la producción mundial de cerdos está sometida a cambios rápidos, y no necesariamente en una dirección. Por ejemplo, aunque es intenso el cambio hacia la producción intensiva en muchos países en los que la industria porcina es joven y elevada la demanda de carne, en otros puede suceder que el cambio se oriente hacia la producción extensiva, y hacia una percepción de la calidad de los productos del cerdo que depende tanto de los sistemas de cuidado de los animales como del valor nutritivo de la carne resultante.

Aunque las características de la producción porcina pueden ser distintas según la ubicación geográfica, son comunes muchos aspectos de la ciencia, y de las metas científicas:

- la importancia de obtener productos derivados del cerdo que se adapten a las demandas de los mercados locales, en lugar de simplemente producir aquello que resulta más conveniente para el ganadero;
- la posibilidad de mejorar el rendimiento reproductor de las cerdas y el crecimiento de los cerdos jóvenes, no tanto para incrementar su potencial sino para alcanzar el potencial del que ya disponen;

- la necesidad de que el crecimiento sea óptimo atendiendo de forma realista a los cocientes entre los costes de producción y los valores del producto, y no buscando simplemente un elevado rendimiento biológico;
- creación mediante mejora genética de diversos tipos porcinos que puedan ser usados mejor para explotar la amplia diversidad existente de circunstancias productivas (todavía existen metas genéticas importantes referidas al rendimiento de la reproducción, tasa de crecimiento y calidad de la canal, y pueden aparecer metas más modernas referidas a resistencia a las enfermedades);
- mejor conocimiento de las relaciones entre consumo de nutrientes y crecimiento y respuesta de la reproducción (una meta enunciada con brevedad aunque requiere un inmenso esfuerzo científico y fuertes inversiones);
- capacidad para determinar de forma efectiva el valor nutritivo real de los alimentos;
- atacar los problemas derivados de las enfermedades, tanto crónicas como agudas; no solamente mediante la obtención de fármacos protectores y curativos sino también descubriendo procedimientos para evitar las enfermedades, y medios para que los cerdos mejoren sus propios mecanismos de defensa contra las enfermedades;
- necesidad de aumentar el consumo de pienso por parte de los cerdos; especialmente los animales jóvenes en crecimiento altamente productivos y las cerdas lactantes.

El interés por el bienestar de los animales no es únicamente una responsabilidad de la humanidad hacia los derechos de los animales que se destinan a producir alimentos, sino también un aspecto de buenas prácticas de manejo. Lamentablemente, los aspectos del comportamiento y bienestar de los cerdos pueden ser sojuzgados algunas veces en beneficio de sistemas de producción más eficaces. Si sucede así, es beneficioso que los productores de cerdos esccuchen la voz de los consumidores.

Resulta evidente que los sistemas de alojamiento no son todavía óptimos. No se conoce el microclima, mientras que las relaciones entre densidad de ganado, sanidad y rendimiento se encuentran cargadas de complejidad. Incluso si existiese un buen conocimiento de las necesidades ambientales del cerdo (que no existe), queda por conocer los sistemas de alojamiento que serían necesarios para proporcionar estas necesidades ambientales.

Por encima de todo, con independencia de la naturaleza de cualquier sistema individual, la producción de cerdos debe ser eficaz en relación con su coste, o no podrá llevarse a efecto. La obtención de resultados óptimos requiere el conocimiento y la manipulación del mercado y hallarse preparados para ser flexibles debido a la naturaleza continuamente cambiante de dicho mercado. El modelo de simulación supone un recurso nuevo de la respuesta científica ante los cambios en las circunstancias de la producción, especialmente nutritivas y genéticas de la piara de reproductoras y de los cerdos en crecimiento. Los modelos pueden incorporarse al cuerpo de conocimientos científicos y esto fortalece más su capacidad en ayuda de unas buenas prácticas de producción. La ciencia de la preparación de modelos mediante computadora será, antes o después, la principal fuerza que influirá sobre la práctica de la alimentación, reproducción y manejo de los cerdos.

Este libro ha sido escrito principalmente en Edimburgo y también en Estados Unidos, Asia, Japón y muchos países del continente europeo. Así, su final ha sido escrito en el norte de Italia, en la patria del jamón seco y curado de Parma elaborado a partir de cerdos que alcanzan 160 kg de peso vivo. El cerdo sirve mejor a la humanidad cuando se conoce con mayor claridad la forma de usar su gran adaptabilidad y diversidad, y cómo explotar mejor su facilidad innata para la domesticación.

APÉNDICE 1

Valores nutritivos orientativos de algunos ingredientes usados para la alimentación de los cerdos

Valores nutritivos orientativos de algunos ingredientes usados para alimentar cerdos: cereales[1].

	Cebada	*Trigo*	*Maíz*
Sustancia seca (g/kg)	860	860	880
Proteína bruta (g/kg)	105	110	90
Digestibilidad fecal de la proteína	0,76	0,82	0,78
Digestibilidad ileal de los aminoácidos	0,72	0,75	0,73
Fibra bruta (g/kg)	45	30	23
Fibra neutro detergente (g/kg)	175	120	90
Aceite (g/kg)	15	16	36
Cenizas (g/kg)	24	18	15
Lisina (g/kg)[5]	3,5 (0,70)	3,0 (0,73)	2,6 (0,70)
Metionina + cistina (g/kg)[5]	3,8 (0,75)	4,0 (0,82)	3,7 (0,82)
Treonina (g/kg)[5]	3,4 (0,63)	3,0 (0,65)	3,3 (0,70)
Triptófano (g/kg)[5]	1,5 (0,73)	1,3 (0,75)	0,8 (0,70)
Isoleucina (g/kg)[5]	5,1 (0,73)	5,0 (0,80)	3,4 (0,78)
Ácido linoleico (g/kg)	9	8	21
Calcio (g/kg)	0,5	0,3	0,2
Fósforo (g/kg)[2]	3,5	3,4	2,4
Energía digestible (MJ/kg)	12,9	14,0	14,5
Inclusión en dietas de iniciación[1]	<0,4	<0,5	<0,5
Inclusión en dietas de crecimiento	<0,6	<0,6	<0,6
Inclusión en dietas de acabado	<0,7	<0,6	<0,6
Inclusión en dietas para cerdas	<0,7	<0,6	<0,6

[1] Los cereales individuales pueden ser incluidos en una cuantía mínima de 250 g/kg para mantener la continuidad en las dietas mezcladas. Los cereales cocidos son más sabrosos y se usarán en dietas de iniciación; la cocción evita la reducción de la ED en cerdos jóvenes, mientras que en otros cerdos aumenta la ED en un 5% y disminuye la digestibilidad de proteína en el 5%.

[2] La disponibilidad del fósforo en los cereales y subproducctos de los mismos suele ser solamente del 50% (o menos).

[3] Puede ser contaminado con cornezuelo.

Avena[15]	*Arroz*	*Centeno*[3]	*Sorgo*[4]	*Yuca/mandioca*
860	870	860	860	900
103	66	110	95	28
0,75	0,70	0,75	0,75	0,40
0,70	0,65	0,65	0,70	0,25
115	15	20	25	45
270	170	140	100	80
42	4	16	35	5
30	8	20	20	70
3,8 (0,67)	2,4 (0,70)	3,8 (0,67)	2,0 (0,75)	0,9 (–)
3,8 (0,78)	2,3 (0,72)	3,5 (0,78)	3,4 (0,85)	0,4 (–)
3,4 (0,58)	2,5 (0,70)	3,5 (0,60)	4,0 (0,75)	0,5 (–)
1,5 (0,65)	0,6 (0,70)	1,4 (0,66)	1,1 (0,75)	0,2 (–)
5,0 (0,72)	3,0 (0,72)	3,3 (0,70)	3,6 (0,85)	0,6 (–)
18	7	7	10	2
1,0	0,7	0,5	0,4	1,0
3,2	1,0	3,5	3,5	1,4
11,4	15,0	13,3	13,0	13,2
<0,4	<0,2	0	0	0
<0,5	<0,3	<0,2	<0,1	<0,1
<0,6	<0,4	<0,3	<0,4	<0,4
<0,6	<0,4	<0,2	<0,3	<0,2

[4] Variedades pobres en tanino. Las variedades ricas en tanino serán menos digestibles, especialmente la digestibilidad ileal de los aminoácidos. La ED puede oscilar de 12 a 14 (variedades amarillas).

[5] La digestibilidad ileal aparece entre paréntesis (todas las determinaciones de la digestibilidad ileal deben ser verificadas).

[15] La digestibilidad y las características de inclusión de la avena desprovista de cáscara son similares a las del trigo.

Valores nutritivos orientativos de algunos ingredientes usados para alimentar cerdos: subproductos[1].

	Granos secos destilería[7]	*Granos de cervecería*	*Pienso de trigo (medianos)*
Sustancia seca (g/kg)	900	900	870
Proteína bruta (g/kg)	290	180	155
Digestibilidad fecal de la proteína	0,60	0,70	0,70
Digestibilidad ileal de los aminoácidos	0,55	0,60	0,60
Fibra bruta (g/kg)	100	120	90
Fibra neutro detergente (g/kg)	275	450	300
Aceite (g/kg)	105	80	40
Cenizas (g/kg)	40	36	46
Lisina (g/kg)[5]	7 (0,50)	5,2 (0,68)	5,8 (0,65)
Metionina + cistina (g/kg)[5]	8 (0,65)	5,6 (0,70)	4,5 (0,75)
Treonina (g/kg)[5]	10 (0,55)	5,5 (0,65)	4,8 (0,60)
Triptófano (g/kg)[5]	1,5 (0,50)	2,1 (0,70)	2,0 (0,70)
Isoleucina (g/kg)[5]	12 (0,64)	6,0 (0,85)	5,3 (0,74)
Ácido linoleico (g/kg)	45	30	20
Calcio (g/kg)	0,5	2,9	1,4
Fósforo (g/kg)[2]	8,0	7,0	7,5
Energía digestible (MJ/kg)	12,5	8,0	11,3
Inclusión en dietas de iniciación	0	0	<0,1
Inclusión en dietas de crecimiento	<0,03	<0,05	<0,2
Inclusión en dietas de acabado	<0,05	<0,1	<0,3
Inclusión en dietas para cerdas	<0,05	<0,1	<0,3

[2] La disponibilidad del fósforo en cereales y subproductos de los mismos suele ser del 50% únicamente (o menor).

[5] La digestibilidad ileal aparece entre paréntesis (todas las determinaciones de la digestibilidad ileal requieren verificación).

[6] Puede provocar que la grasa de la canal sea blanda y/o amarilla.

[7] Algunas muestras pueden contener un nivel elevado de cobre (100 mg/kg).

Salvado de trigo	*Harina de germen de maíz*	*Harina de gluten de maíz*	*Pienso de gluten de maíz*	*Avena cocida*
880	880	900	900	900
150	100	600	210	125
0,60	0,70	0,70	0,65	0,90
0,50	0,63	0,65	0,55	0,80
120	42	25	86	20
450	160	25	350	100
42	100	25	31	60
60	36	20	70	30
4,0 (0,65)	4,8 (–)	11 (0,72)	5,5 (0,50)	4,5 (0,80)
4,2 (0,70)	3,3 (–)	25 (0,80)	8,0 (0,50)	3,7 (0,90)
4,4 (0,60)	4,0 (–)	21 (0,80)	7,0 (0,50)	4,5 (0,75)
2,5 (0,70)	1,2 (–)	3,0 (0,70)	1,3 (0,33)	1,5 (0,80)
6,3 (0,70)	– (–)	25 (0,80)	5,5 (0,60)	5,2 (0,84)
20	70	17	14	18
1,3	0,2	0,5	2,8	0,6
11,0	6,6	3,2	8,0	4,2
9,0	14,1	13,7	11,8	15,5
0	<0,1	0	<0,05	<0,5
<0,1	<0,1	<0,1	<0,1	<0,4
<0,2	<0,1	<0,1[6]	<0,1[6]	<0,4
<0,2	<0,1	<0,2	<0,2	<0,4

(continúa)

Valores nutritivos orientativos de algunos ingredientes usados para alimentar cerdos: subproductos[1]. *(Continuación)*

	Cáscaras de avena	*Pulpa de remolacha*	*Salvado de arroz*
Sustancia seca (g/kg)	880	870	900
Proteína bruta (g/kg)	35	94	145
Digestibilidad fecal de la proteína	0,60	0,50	0,50
Digestibilidad ileal de los aminoácidos	0,50	0,45	0,40
Fibra bruta (g/kg)	280	150	150
Fibra neutro detergente (g/kg)	650	265	320
Aceite (g/kg)	18	5	20
Cenizas (g/kg)	52	62	135
Lisina (g/kg)[5]	0,8 (–)	2,5 (–)	5,0 (–)
Metionina + cistina (g/kg)[5]	0,8 (–)	1,6 (–)	3,4 (–)
Treonina (g/kg)[5]	1,5 (–)	3,2 (–)	4,4 (–)
Triptófano (g/kg)[5]	0,4 (–)	0,1 (–)	1,7 (–)
Isoleucina (g/kg)[5]	– (–)	1,0 (–)	4,5 (–)
Ácido linoleico (g/kg)	–	–	4
Calcio (g/kg)	1,4	5,5	1,9
Fósforo (g/kg)[2]	2,0	0,5	11,0
Energía digestible (MJ/kg)	3,5	10,0	8,0
Inclusión en dietas de iniciación	0	0	<0,05
Inclusión en dietas de crecimiento	<0,05	<0,1	<0,1
Inclusión en dietas de acabado	<0,1	<0,2	<0,1
Inclusión en dietas para cerdas	<0,2	<0,2	<0,2

Patatas cocidas	*Pulpa de harina de gramíneas*
900	900
91	140
0,70	0,36
0,75	0,30
20	173
70	475
4	30
40	90
4,8 (–)	8,0 (0,50)
1,8 (–)	5,3 (0,40)
3,5 (–)	6,4 (0,50)
1,0 (–)	3,2 (–)
3,0 (–)	4,5 (0,50)
–	3
0,8	9,5
1,6	3,0
14,4	6,5
<0,2	<0,1
<0,3	<0,1
<0,3	<0,2
<0,3	<0,2

Valores nutritivos orientativos de algunos ingredientes para alimentación de cerdos: grasas, minerales, melazas y proteínas de origen animal[16].

	Aceite de soja	*Sebo*	*Melazas*	*Harina de pescado*[8]
Sustancia seca (g/kg)	990	990	640	900
Proteína bruta (g/kg)	0	0	30	650
Digestibilidad fecal de la proteína	0	0	0,30	0,92
Digestibilidad ileal de los aminoácidos	0	0	0,25	0,80
Fibra bruta (g/kg)	0	0	0	1
Fibra neutro detergente (g/kg)	0	0	0	0
Aceite (g/kg)	990	990	0	60
Cenizas (g/kg)	0	0	80	180
Lisina (g/kg)[5]	0	0	0,3	47 (0,82)
Metionina + cistina (g/kg)[5]	0	0	0,2	24 (0,85)
Treonina (g/kg)[5]	0	0	0,2	26 (0,82)
Triptófano (g/kg)[5]	0	0	0	7 (0,75)
Isoleucina (g/kg)[5]	0	0	0,2	32 (0,85)
Ácido linoleico (g/kg)	600	25	0	1,8
Calcio (g/kg)	0	0	6,0	65
Fósforo (g/kg)	0	0	0,5	32
Energía digestible (MJ/kg)	36	29	10,0	15,0
Inclusión en dietas de iniciación	<0,1	0	<0,05	>0,08[17]
Inclusión en dietas de crecimiento	<0,1	<0,05	<0,05	>0,05[17]
Inclusión en dietas de acabado	<0,03	<0,05	<0,10	<0,1
Inclusión en dietas para cerdas	<0,05	<0,05	<0,08	<0,1

[5] La digestibilidad ileal aparece entre paréntesis (todas las determinaciones de digestibilidad ileal requieren verificación).

[8] Tanto la composición como la utilización de los aminoácidos digeridos en el íleon son muy variables (40-90%), según sea su origen y tratamiento.

[14] El contenido de proteína resulta especialmente variable según el origen, y cuando se proporciona en forma líquida es variable el contenido de sustancia seca.

[16] Puede suponerse que los aminoácidos artificiales tienen unas digestibilidades fecal e ileal del 100%, L-lisina HCl contiene 780 g de lisina/kg, L-treonina contiene 980 g de treonina/kg, DL-metionina contiene 980 g de metionina/kg y DL-triptófano contiene 800 g de triptófano/kg.

[17] Niveles mínimos solamente si la calidad es máxima.

Harina de arenques	*Harina de carne y hueso*[8]	*Leche desnatada*	*Suero*[14]	*Piedra caliza*	*Fosfato dicálcico*
900	900	950	930	980	975
680	480	340	125	0	0
0,92	0,65	0,95	0,90	0	0
0,80	0,58	0,90	0,85	0	0
1	20	0	0	0	0
0	0	0	0	0	0
85	110	10	42	0	0
100	300	80	85	980	950
52 (0,88)	25 (0,65)	25 (0,95)	8,9 (0,93)	0	0
26 (0,85)	12 (0,73)	12 (0,95)	5,0 (0,93)	0	0
30 (0,80)	16 (0,58)	15 (0,90)	7,3 (0,90)	0	0
6 (0,80)	3 (0,50)	5 (0,85)	2,1 (0,85)	0	0
34 (0,85)	16 (0,67)	24 (0,85)	8,5 (0,85)	0	0
1,5	2,5	0,14	0,42	0	0
29	100	10	8,5	360	230
20	50	8	7,0	0	180
17,5	10,0	16,0	15,5	0	0
>0,08	0	>0,1	>0,05	<0,1	<0,1
>0,05	0	0	<0,2	<0,1	<0,1
<0,1	<0,1	0	<0,2	<0,1	<0,1
<0,1	<0,05	0	<0,2	<0,1	<0,1

Valores nutritivos orientativos de algunos ingredientes para alimentación de cerdos: proteínas vegetales.

	Harina de semillas de soja (extractadas)	*Soja con toda su grasa (estirada)*	*Proteína unicelular*	*Harina de semilla de colza (extractadas)*
Sustancia seca (g/kg)	890	900	900	880
Proteína bruta (g/kg)	440	360	720	360
Digestibilidad fecal de la proteína	0,87	0,85	0,90	0,70
Digestibilidad ileal de los aminoácidos	0,80	0,75	0,80	0,60
Fibra bruta (g/kg)	67	50	5	120
Fibra neutro detergente (g/kg)	140	105	0	250
Aceite (g/kg)	15	175	80	20
Cenizas (g/kg)	55	50	100	77
Lisina (g/kg)[5]	29 (0,85)	24 (0,80)	45 (–)	20 (0,72)
Metionina + cistina (g/kg)[5]	13 (0,85)	11 (0,75)	21 (–)	12 (0,80)
Treonina (g/kg)[5]	17 (0,78)	15 (0,70)	32 (–)	16 (0,68)
Triptófano (g/kg)[5]	6,4 (0,75)	4,9 (0,70)	9,9 (–)	4,5 (0,70)
Isoleucina (g/kg)[5]	22 (0,80)	19 (0,70)	30 (–)	13 (0,75)
Ácido linoleico (g/kg)	5	80	–	3
Calcio (g/kg)	2,7	2,5	10	6,6
Fósforo (g/kg)[2]	6,0	5,5	22	13
Energía digestible (MJ/kg)	14,5	17,0	17,0	11,8
Inclusión en dietas de iniciación	<0,1	<0,1	<0,08	0
Inclusión en dietas de crecimiento	>0,1	<0,2	<0,08	<0,05[9]
Inclusión en dietas de acabado	>0,1	0[6]	<0,08	<0,1[9]
Inclusión en dietas para cerdas	>0,1	<0,2	<0,08	<0,05[9]

[2] La capacidad de utilización del fósforo presente en cereales y subproductos de los mismos suele ser únicamente del 50% (o menos).

[5] La digestibilidad ileal se incluye entre paréntesis (todas las determinaciones de la digestibilidad ileal requieren verificación).

[6] Puede provocar que la grasa de la canal sea blanda y/o amarilla.

[9] La harina de semillas de colza contiene diversos factores antinutricionales incluyendo glucosinolatos, taninos, fibras complejas, carbohidratos complejos y ácido erúcico. Estos compuestos tienen efectos tóxicos y deprimen el apetito. Existen algunas variedades con niveles tóxicos bajos, y doble bajos, que son las que deben utilizarse. Algunas semillas de colza con niveles «bajos» de glucosinolato pueden contener hasta 20 micromoles, niveles que según se ha descubierto originan reducción del rendimiento. Los tratamientos se muestran prometedores para conseguir una mayor detoxificación del material y eliminar sus efectos depresores del apetito; estos productos pueden incluirse en niveles más elevados (añadir 0,05 a los límites que aparecen en la tabla).

Harina de girasol (extractadas)[12]	*Habas*	*Guisantes*	*Girasol con toda su grasa*	*Harina de altramuces (extractadas)*	*Harina de semillas de algodón*
900	860	860	900	900	920
300	260	190	150	300	430
0,75	0,75	0,75	0,75	0,70	0,70
0,65	0,68	0,68	0,65	0,68	0,65
200	80	54	250	150	120
370	150	120	–	–	300
20	13	14	300	60	60
70	34	30	–	30	70
12 (0,68)[13]	14 (0,78)	15 (0,80)	5,1 (–)	12 (0,70)[11]	18 (0,70)[11]
12 (0,85)	5,0 (0,75)	5,0 (0,70)	6,0 (–)	5 (0,65)	12 (0,70)
12 (0,70)	10 (0,70)	9 (0,75)	5,5 (–)	9 (0,75)	14 (0,75)[11]
4 (0,77)	2,3 (0,70)	2,0 (0,70)	2,0 (–)	2 (–)	5 (0,70)[11]
14 (0,77)	10 (–)	9,0 (0,74)	6,4 (–)	11 (0,75)	14 (0,68)
12	7	12	280	40	25
3,8	1,4	0,7	2,0	2,0	2,1
10,3	4,9	3,9	5,0	3,5	13,0
9,0	13,0	13,6	17,0	13,0	13,2
0	0	0	0	0	0
<0,05	<0,05	<0,2	<0,1	<0,05	<0,05
<0,1	<0,2	<0,4	<0[6]	<0,10[10]	<0,10
<0,1	<0,1	<0,3	<0,1	<0,05	<0,05

[10] Niveles superiores de angustifolios.
[11] De los que en la actualidad solamente son disponibles el 60-70% (disponibilidad total del 40% aproximadamente en el caso de las harinas de semillas de algodón y del 50% en las harinas de altramuces).
[12] El contenido de proteína bruta varía con el grado de eliminación de las cáscaras: totalmente sin cáscaras, 400; parcialmente retiradas las cáscaras, 350; con cáscaras, 280.
[13] En la actualidad solamente es disponible el 80% (disponibilidad total sobre el 60%).

APÉNDICE 2

Especificaciones orientativas de los nutrientes en las dietas para cerdos

Especificación de nutrientes (análisis químico) (g/kg).

	Hasta 15 kg[1]	*Hasta 30 kg*[1]	*Hasta 100 kg*[1] *(A)*	*Hasta 160 kg*[1] *(B)*	*Cerdas reproductoras jóvenes/ lactantes*[1]	*Cerdas gestantes*[1]
Proteína bruta	220-260	210-240	160-200	150-180	150-180	130-170
Grasa bruta	50-120	50-100	20-70	20-50	20-70	20-40
Fibra bruta	10-30	10-40	20-80	20-80	30-80	30-80
ED (MJ/kg)	14-17	14-16	13-15	13-15	12-15	11-14
Lisina[2]	13-17	12-15	9-13	6-10	6-10	5-8
Ca	9-15	9-10	8-10	8-10	8-12	8-12
P	7-11	7-10	6-8	6-8	6-8	6-8
Na	1,4-2,5	1,3-2,5	1,2-2,5	1,2-2,5	1,2-2,5	1,2-2,5
Ácido linoleico (aprox.)	10-50	10-50	5-20	5-20	5-30	5-25
Metionina + cistina[2]	6-10	5-8	5-7	4-6	4-6	3-5
Lisina (g/MJ de ED) (aprox.)	0,95	0,85	0,75	0,60	0,60	0,55
Proteína bruta (g/MJ de ED) (aprox.)	16	15	14	12	12,5	12

Vitaminas y elementos traza (a añadir, por tonelada de pienso)[3] *(aprox.)*

Vitamina A 15 millones u.i. (4,5 g de retinol o 50 g de betacaroteno), D_3 2 milones u.i. (0,05 g de colecalciferol), E 0,10 millones u.i. (60 g de D-alfa-tocoferol)[4], K3 (Fitilmenaquinona) 1-3 g,

Tiamina (B_1) 2 g, Riboflavina (B_2) 6 g, Ácido nicotínico 20 g, Ácido pantoténico 15 g, Piridoxina (B_6) 3,0 g, B_{12} 20 mg, Biotina (H) 100-500 mg[5], Ácido fólico 1 g[11], Colina 600 mg[6], Cinc 50-150 g[8], Magnesio 30 g[7], Manganeso 10-50 g, Hierro 50-200 g[8], Cobalto 1 g, Yodo, 0,5 g[9], Selenio 0,25 g, Cobre 5-175 g[10], Hidroxitolueno butilado 125 g. La necesidad de incluir vitamina C está sometida a estudio.

1 Las dietas individuales variarán según las circunstancias de la explotación, el tipo genético del cerdo, el número de dietas diferentes aceptables, y la relación económica coste-beneficio. Las dietas para cerdos de hasta 30 kg y para cerdas lactantes se aportarán en cuantías para satisfacer el apetito. Las dietas para cerdos de hasta 100 kg pueden suministrarse hasta saciar el apetito o ser restringidas durante las etapas finales del crecimiento; la dieta A presenta una mayor especificación que la B y es apropiada para genotipos mejorados. Para conseguir el consumo requerido de nutrientes se precisa una mayor cantidad de una dieta que presenta una densidad más baja de nutrientes.

2 La provisión necesaria de otros aminoácidos esenciales puede conseguirse alcanzando los mínimos siguientes que se expresan en términos relativos en forma de proporciones de las necesidades de lisina (1,00): histidina 0,36; isoleucina 0,57; leucina 1,14; metionina + cistina 0,57 (al menos el 50% como metionina); tirosina + fenilalanina 1,00; treonina 0,64; triptófano 0,18; valina 0,75.

3 Los niveles varían ampliamente según el riesgo de pérdida de actividad y los conocimientos locales. Los promotores del crecimiento, medicamentos, acidificadores de la dieta y probióticos incorporados al pienso pueden ser incluidos según las necesidades locales.

4 Niveles superiores si la dieta presenta cantidades importantes de grasa (especialmente si es insaturada, como norma se aconsejan 30 gramos por cada 1% de ácido linoleico); variación 0,02-0,25 millones de u.i. Las dietas para cerdas reproductoras pueden precisar niveles superiores.

5 500 mg para mantener el rendimiento de la reproducción, hasta 1.000 mg para cerdas reproductoras con problemas en las pezuñas.

6 Oscilación amplia entre 0 y 1.000 g. Se añade un cuarto a una mitad de las necesidades; necesidades totales de unos 1.500 g.

7 Oscilación amplia entre 0 y 500 g; es probable que los ingredientes principales aporten una provisión adecuada.

8 El nivel superior para dietas con cobre añadido; suelen incluirse 100-150 g.

9 0,5-2,0 g, los niveles superiores si la dieta contiene ingredientes bociógenos.

10 El nivel superior para promover el crecimiento. Los niveles de cobre básicos son 10-20 g, el límite para cerdas reproductoras es de 30-40 g.

11 Hasta 5 g para cerdas reproductoras.

APÉNDICE 3

Composiciones orientativas de ingredientes incluidos en dietas para cerdos

Ejemplo de composición de ingredientes (kg/Tm) (los ingredientes pueden diferir según las disponibilidades nacionales y los precios).

	Hasta 15 kg[1]	*Hasta 30 kg*[1]	*Hasta 100 kg*[1] *(A)*	*Hasta 100 kg*[1] *(B)*	*Cerdas reproductoras jóvenes/ lactantes*[1]	*Cerdas gestantes*[1]
Cebada[2] } u otro cereal	0-200	20-300	0-500	0-500	0-500	0-500
Trigo[2] } u otro cereal	50-300[3]	20-300[3]	0-500	0-500	0-500	0-500
Maíz[2] } u otro cereal	10-500	10-500	0-400	0-500	0-500	0-500
Soja con toda su grasa	0-50	50-150	0-100	0-100	0-100	0-100
Harina de soja ext.	0-50	10-100	100-250	50-200	50-200	50-200
Harina de pescado[4]	50-150	100-200	0-100	0-100	0-100	0-100
Suero de leche en polvo[5]	100-200	50-150				
Aceites y grasas para pienso[5]	100-200	0-150		0-30	0-50	0-30
Subproductos de molinería	20-80	10-50	0-30	0-250	0-250	0-300
Productos de hierba/alfalfa	0-100	0-150	0-200	0-100	0-100	0-100
Piedra caliza	1-15	2-15	2-15	2-15	1-15	1-15
Fosfato dicálcico	1-10	2-15	2-15	2-15	1-15	1-15
Sal[6]	0-5	0-5	0-5	0-5	0-5	0-5
Lisina HCl	1-2	1-2	1-2	0-2	0-2	0-1
Vitaminas/minerales	+	+	+	+	+	+

[1] Las dietas individuales variarán según las circunstancias de la explotación, el tipo genético de los cerdos, el número de dietas diferentes aceptables, y la relación económica coste-beneficio. Las dietas para cerdos de hasta 30 kg y para cerdas lactantes se distribuirán para

saciar el apetito. Las dietas para cerdos de hasta 100 kg pueden distribuirse para saciar el apetito o ser restringidas durante las etapas finales del crecimiento; la dieta A presenta una mayor especificación que la B y es adecuada para genotipos mejorados. Para alcanzar el consumo preciso de nutrientes, debe aportarse una mayor cantidad de una dieta con una densidad más baja de nutrientes.

[2] Una buena proporción será cocida hasta 15 kg, se cocerá una menor proporción hasta 30 kg.

[3] La avena desprovista de cáscara es un cereal útil en dietas para cerdos de hasta 30 kg. Posteriormente pueden consumir avena entera.

[4] U otras fuentes de proteína animal. En algunos casos puede ser aconsejable un mínimo de 25.

[5] O un sustitutivo de la leche con grasa añadida. Los niveles superiores están justificados en dietas de iniciación para cerdos desde 14 días de edad hasta 10 kg de peso vivo.

APÉNDICE 4

Fichas descriptivas de materias primas

Fichas descriptivas de materias primas.

Nombre: Cebada (1)		**Nombre: Soja 44 (6)**	
Coste actual:	110	Coste actual:	148
Peso mínimo (kg):	1	Peso mínimo (kg:)	1
Redondeo (kg):	10	Redondeo (kg):	10
Análisis		**Análisis**	
Volumen	100,00	Volumen	100,00
ED	12,90	ED	15,00
PB	107,00	PB	435,00
PBD	77,00	PBD	410,00
Lisina	3,50	Lisina	28,90
Metionina + cistina	3,70	Metionina + cistina	13,20
Metionina	1,7	Metionina	6,6
Treonina	3,30	Treonina	17,10
Triptófano	1,50	Triptófano	6,40
Ácido linoleico	9,00	Ácido linoleico	4,00
Almidón + azúcar	482,00	Almidón + azúcar	108,00
Cobre	4,10	Cobre	22,50
Fósforo	3,40	Fósforo	5,90
Fósforo dispon.	2,00	Fósforo dispon.	3,00
Sodio	0,20	Sodio	0,40
Aceite	15,00	Aceite	13,00
Fibra bruta	45,00	Fibra bruta	67,00
Cenizas	24,00	Cenizas	60,00
Fibra neutro detergente	202,00	Fibra neutro detergente	135,00
Selenio	0,03	Selenio	0,14
Sustancia seca	875,00	Sustancia seca	881,00
Factor calidad granulado	5,00	Factor calidad granulado	4,00

Bibliografía

AFRC 1990 Nutrient requirements of sows and boars. *Nutrn Abs & Revs, Series B: Livestock Feeds & Feeding* **60**:383–406

AFRC 1990 *Advisory booklet, nutrient requirements of sows and boars.* HGM Pubs, Bakewell 31 pp

AFRC 1991 Theory of response to nutrients by farm animals. *Nutrn Abs & Revs, Series B: Livestock Feeds & Feeding* **61**:683–722

ARC 1967 *The nutrient requirements of farm livestock no. 3: Pigs.* Technical reviews and summaries. ARC, HMSO, London 278 pp

ARC 1981 *The nutrient requirements of pigs*: Technical review by an Agricultural Research Council Working Party. CAB, Farnham Royal 307 pp

Baxter S 1984 *Intensive pig production: environmental management and design.* Granada, London 588 pp

Brent G 1982 *The pigman's handbook.* Farming Press, Ipswich 230 pp

Brent G 1986 *Housing the pig.* Farming Press, Ipswich 248 pp

Brody S 1945 *Bioenergetics and growth.* Reinhold, New York 1023 pp

Buttery P J, Haynes N B, Lindsay D B (eds) 1986 *Control and manipulation of animal growth.* Butterworth, London 347 pp

Campbell R G 1988 Nutritional constraints to lean tissue accretion in farm animals. *Nutrn Res Revs* **1**:233–253

Cole D J A, Haresign W (eds) 1985 *Recent developments in pig nutrition.* Butterworth, London 321 pp

Cole D J A, Foxcroft G R, Weir B J 1990 Control of pig reproduction III. *J Reprod & Fertil* Supplement **40**:1–396

English P R, Smith W J, MacLean A 1977 *The sow: improving her efficiency.* Farming Press, Ipswich 311 pp

English P R, Fowler V R, Baxter S, Smith W J 1988 *The growing and finishing pig: improving efficiency.* Farming Press, Ipswich 555 pp

Evans M 1985 *Nutrient composition of feedstuffs for pigs and poultry.* Queensland Dept of Primary Industries, Queensland 134 pp

Falconer D S 1989 *Introduction to quantitative genetics.* Third edition, Longman, London 438 pp

Fisher C, Boorman K N (eds) 1986 *Nutritional requirements of poultry and nutritional research*. Butterworth, London 224 pp

Forbes J M 1986 *The voluntary food intake of farm animals*. Butterworth, London 206 pp

Fraser A F, Broom D M 1990 *Farm animal behaviour and welfare*. Baillière Tindall, London 437 pp

Gardner J A A, Dunkin A C, Lloyd L C (eds) 1990 *Pig production in Australia*. Butterworth, Sydney 358 pp

Hughes P E, Varley M A 1980 *Reproduction in the pig*. Butterworth, London 241 pp

Hunter R H F 1982 *Reproduction of farm animals*. Longman, London 149 pp

Legates J E, Warwick E J 1990 *Breeding and improvement of farm animals*. McGraw-Hill, New York 342 pp

McDonald P, Edwards R A, Greenhalgh J F D 1988 *Animal nutrition*. Longman, London 543 pp

MAFF 1988 *Codes of recommendations for the welfare of livestock: pigs*. MAFF Publications, Alnwick 16 pp

NRC 1979 *Nutrient requirements of swine*. National Academy of Sciences, Washington 52 pp

NRC 1988 *Nutrient requirements of swine*. National Academy Press, Washington 93 pp

Pond W G, Maner J H 1974 *Swine production in temperate and tropical environments*. W H Freeman, San Francisco 646 pp

Sainsbury D 1972 *Pig housing*. Farming Press, Ipswich 212 pp

Sainsbury D, Sainsbury P 1988 *Livestock health and housing*. Baillière Tindall, London 319 pp

Stranks M H, Cooke B C, Fairbairn C B, Fowler N G, Kirby P S, McCracken K J, Morgan C A, Palmer F G, Peers D G 1988 Nutrient allowances for growing pigs. *Res & Dev in Agric* 5:71–88

Taylor D T 1989 *Pig diseases*. Burlington Press, Cambridge 310 pp

UFAW 1988 *Management and welfare of farm animals*. Baillière Tindall, London 260 pp

Verstegen M W A, Henken A M (eds) 1987 *Energy metabolism in farm animals: effects of housing, stress and disease*. Martinus Nijhoff, Dordrecht 500 pp

Walton J R 1987 *A handbook of pig diseases*. Liverpool University Press, Liverpool 166 pp

Whittemore C T, Elsley F W H 1976 *Practical pig nutrition*. Farming Press, Ipswich 190 pp

Whittemore C T 1980 *Lactation of the dairy cow*. Longman, London 94 pp

Whittemore C T 1980 *Pig production: The scientific and practical principles*. Longman, London 145 pp

Whittemore C T 1987 *Elements of pig science*. Longman, London 181 pp

Whittemore C T 1989 *The prediction and understanding of nutritional response in pigs*. DSc Thesis, The University of Newcastle upon Tyne

Wiseman J 1986 *A history of the British pig*. Duckworth, London 118 pp

Wiseman J, Cole C J A (eds) 1990 *Feedstuff evaluation*. Butterworth, London 456 pp

Wood J D, Fisher A V (eds) 1990 *Reducing fat in meat animals*. Elsevier, London 469 pp

Índice alfabético

B

C

CH

D

E

I

J

L

P

Q

R

S

X

Y

Z